微積分

Calculus

作者 / 洪英志、陳彩蓉

 歐亞書局有限公司

序言

　　本書的目標是成為一本讓讀者能明白掌握到「微積分」的「原理與方法」的書籍。本書試著以有限的篇幅讓讀者最大程度地掌握到「微積分」的要點所在。

　　在歷史的過程中，微積分與物理原本共同演進，而後漸漸分化為各種學科。這個歷史原因使得「微積分」成為幾乎所有理工科系的必修學科。

　　本書所討論的題材為大部分「微積分」課程中的核心內容。基於篇幅與實用性的考量，我們在書中「定義」、「定理」或有關的地方做了許多「說明」以闡述有關的「觀念」、「應用時機」與「注意事項」。我們省略某些「大定理」的證明細節，而以有關「定理的應用時機」、「定理應用的注意事項」的討論取代。這是因為對於大部分的讀者而言，如何正確運用這些大定理遠比如何證明它們顯得更為重要。

　　本書第一章提供「學習微積分」所需的基礎數學內容。為了減低讀者的負擔，我們降低了有關「旋轉體的體積」在第五章（單變數函數的積分）的內容分量。有關「旋轉體的體積、表面積」的討論其實放在「多變數函數的微分與積分」的內容中可能會更恰當。關於「外積與角動量」、「曲線長度的計算」的內容則簡要地放在書末附錄中。在第八章「多變數函數的微分與積分」中，我們重點地將注意力放在有關「雙變數函數」的「微分與積分」上，以便讀者能在有限的篇幅中有效地掌握到「多變數函數的微分與積分」的重點所在。

　　本書在各章章末分別選取相關的「高普考微積分考題」、「各校微積分考題」以提供讀者演練的機會。

　　書中註記星號＊的內容為「選擇性」或「進階的」內容。基於篇幅的考量，我們將某些「解法相似的題目」放在「延伸學習」中以提供讀者學習或練習。

　　本書提供兩種引進「自然對數函數」與「自然指數函數」的方法：微分引進方法、積分引進方法。微分引進方法在第三章第四節介紹，而積分引進方法則是在第五章第四節介紹。我們在第三章第三節介紹「反函數的微分」並且介紹「反三角函

數」的微分。我們在第六章第一節以更詳盡的方式重新介紹「反三角函數」與「反三角函數的微分、積分」以便進一步討論積分技巧。

　　本書使用者可以自行選擇以何種方式引進「自然對數函數」、「自然指數函數」、「反三角函數」。

　　我們在第四章第五節介紹羅必達法則（L' Hopital's Rule）以及相關的極限應用。本書使用者可以考慮將「羅必達法則」留待第七章（數列與級數）第一節跟著某些「特殊的極限」一併介紹。這樣的做法可能會讓學習效果更為顯著。

　　感謝嘉淇、至崴、頌英、慧玉、翠宜對這本書的規劃與編校所做出的努力。我們要特別感謝頌英對這本書的編校工作所付出的心力。

作者陳彩蓉、洪英志　謹誌

本書特色

■ 內容精要，闡述核心

本書闡述微積分之核心內涵，明白說明相關定義定理的「觀念」、「應用時機」與「注意事項」，使得讀者能確實掌握微積分原理與方法。

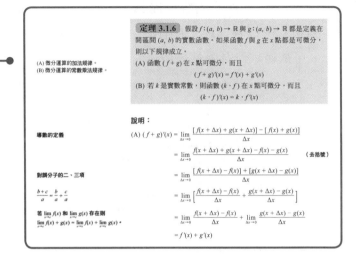

定理 3.1.6 假設 $f:(a, b) \to \mathbb{R}$ 與 $g:(a, b) \to \mathbb{R}$ 都是定義在開區間 (a, b) 的實數函數。如果函數 f 與 g 在 x 點都是可微分，則以下規律成立。

(A) 函數 $(f + g)$ 在 x 點可微分，而且
$$(f + g)'(x) = f'(x) + g'(x)$$
(B) 若 k 是實數常數，則函數 $(k \cdot f)$ 在 x 點可微分，而且
$$(k \cdot f)'(x) = k \cdot f'(x)$$

(A) 微分運算的加法規律。
(B) 微分運算的常數乘法規律。

導數的定義

對調分子的二、三項
$$\frac{b+c}{a} = \frac{b}{a} + \frac{c}{a}$$

若 $\lim_{x \to q} f(x)$ 和 $\lim_{x \to q} g(x)$ 存在則
$\lim_{x \to q} f(x) + g(x) = \lim_{x \to q} f(x) + \lim_{x \to q} g(x)$。

說明：

(A) $(f + g)'(x) = \lim_{\Delta x \to 0} \frac{[f(x + \Delta x) + g(x + \Delta x)] - [f(x) + g(x)]}{\Delta x}$

$= \lim_{\Delta x \to 0} \frac{f(x + \Delta x) + g(x + \Delta x) - f(x) - g(x)}{\Delta x}$ （去括號）

$= \lim_{\Delta x \to 0} \frac{[f(x + \Delta x) - f(x)] + [g(x + \Delta x) - g(x)]}{\Delta x}$

$= \lim_{\Delta x \to 0} \left[\frac{f(x + \Delta x) - f(x)}{\Delta x} + \frac{g(x + \Delta x) - g(x)}{\Delta x} \right]$

$= \lim_{\Delta x \to 0} \frac{f(x + \Delta x) - f(x)}{\Delta x} + \lim_{\Delta x \to 0} \frac{g(x + \Delta x) - g(x)}{\Delta x}$

$= f'(x) + g'(x)$

範例 10 計算函數 $7x^2 - 3 \cdot \sin x$ 在點 $\frac{\pi}{6}$ 的微分。

說明： 令 $f(x) = x^2$ 且 $g(x) = \sin x$，則 $7x^2 - 3 \cdot \sin x$ 可以表示為 $7 \cdot f(x) + (-3) \cdot g(x)$。因此由微分運算的線性規律（定理 3.1.6）可知所求的微分為

$$(7 \cdot f + (-3) \cdot g)'(x) = 7 \cdot f'(x) + (-3) \cdot g'(x)$$
$$= 7 \cdot (2 \cdot x) + (-3) \cdot \cos(x)$$ （解題要點）

因此

$$(7 \cdot f - 3g)'\left(\frac{\pi}{6}\right) = 7 \cdot 2 \cdot \frac{\pi}{6} - 3 \cdot \cos\left(\frac{\pi}{6}\right)$$
$$= \frac{7\pi}{3} - \frac{3\sqrt{3}}{2}$$

解題要點：
- $\frac{dx^n}{dx} = n \cdot x^{n-1}$，其中 n 為正整數。
- $\frac{d}{dx}(\sin x) = \cos x$

■ 例題經典，要點提示

各章提供各類重要題型與輔助圖片，解題過程詳細易懂，且適時提示解題要點與計算計巧，讓微積分解題更容易理解。

範例 7 假設 $f(x) = x$ 其中 $x \in [-2, 5]$。試應用「積分 = 帶有符號的函數圖形面積」的原理求 $\int_{-2}^{0} f(x) \cdot dx$、$\int_{0}^{5} f(x) \cdot dx$、$\int_{-2}^{5} f(x) \cdot dx$。

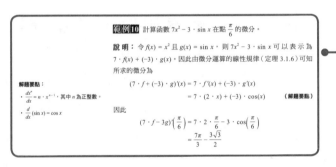

圖 5.1.5B

說明： $[-2, 5] = [-2, 0] \cup [0, 5]$。$f(x) = x$ 在子區間 $[-2, 0]$ 上恆 ≤ 0。$f(x) = x$ 在子區間 $[0, 5]$ 上恆 ≥ 0。

假設「f 的函數圖形」與「x 軸」在 $-2 \leq x \leq 0$ 的範圍中所圍出的區域為 Ω_1，則 Ω_1 是「水平線 x 軸以下」的三角形區域。假設「f 的函數圖形」與「x 軸」在 $0 \leq x \leq 5$ 的範圍中所圍出的區域為 Ω_2，則 Ω_2 是「水平線 x 軸以上」的三角形區域。令 $A(\Omega_k)$ 代表區域 Ω_k 的「帶有符號的函數圖形面積」，則 $A(\Omega_1) \leq 0$ 而且 $A(\Omega_2) \geq 0$。參考圖 5.1.5B。

因此

$$\int_{-2}^{0} f(x) \cdot dx = A(\Omega_1) = \frac{(-2) \cdot 2}{2} = -2$$

■ 延伸學習，加強練習

除了豐富的例題外，並將「解法相似」的題目作為「延伸學習」，提供讀者更多的加強學習與課堂練習之用。

延伸學習 1 假設 $f(x) = \sqrt{x}$ 其中 $x \in [0, 5]$。令 D 為「f 的函數圖形」與「x 軸」在 $0 \leq x \leq 5$ 的範圍中所圍出的區域。將 D 繞著「x 軸」旋轉得到一個旋轉體 K。試求旋轉體 K 的體積。請參考圖 5.6.2B。

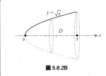

圖 5.6.2B

解答： 旋轉體 K 的體積 $= \int_{0}^{5} \pi \cdot (\sqrt{x})^2 \cdot dx = \int_{0}^{5} \pi \cdot x \cdot dx = \pi \cdot \left[\frac{x^2}{2}\right]_0^5 = \frac{25\pi}{2}$。

■ 星號 ＊ 標記彈性選擇

本書中標記星號＊的內容或題目
等，屬於「選擇性」或「進階的」
部分，可依需求作為彈性學習。

＊第 3 節　反函數的微分規律、反三角函數

本節將介紹反函數的連續性定理與微分規律。接著我們會
應用這些反函數的定理來討論反三角函數（inverse trigonometric
functions）的性質。我們主要討論三個反三角函數：arcsin、arctan、
arcsec。這三個反三角函數的微分結果對於某些特殊形式的積分計算
非常重要。我們將在以後有關積分的章節中再詳細說明。

假設 $f: I \to \mathbb{R}$ 是定義在（有限或無限）的函數。如果函數 f 具有
以下性質：

$$\text{若 } u \neq v \text{，則 } f(u) \neq f(v)$$

我們就說函數 f 是 1-1 函數（one-to-one function）。如果函數 f 具有
以下性質：

$$\text{若 } u < v \text{，則 } f(u) < f(v)$$

＊定理 8.5.1　假設 g 是定義在 $x-y$ 平面 $\mathbb{R}^2$ 上的連續可微分
函數。令 C_g 代表使得 g 取值為 0 的等高集合，假設 ∇g 在 C_g 上
不會出現零向量（所以由定理 8.2.1 可知 C_g 是由曲線所構成的等
高線）。如果

$$D = \{(x, y) \in \mathbb{R}^2 : g(x, y) \leq 0\}$$

是平面上的一個有限區域，則區域 D 是可測量的。

第 4 章習題

1. 已知函數 $f(x) = \sqrt{x^2+9}$，設 $\dfrac{f(4)-f(0)}{4} = f'(c)$，且 $0 < c < 4$，則 $c = ?$
 (A) 1 、(B) $\sqrt{3}$ 、(C) 2 、(D) 3 。【93 二技管一】

2. 若函數 $f(x) = x^2$，$x \in [0, 3]$，求滿足微分均值定理的 c 值為何？
 (A) $\dfrac{\sqrt{3}}{2}$ 、(B) $\dfrac{3}{2}$ 、(C) $\sqrt{3}$ 、(D) 3 。【96 二技管一】

3. 已知函數 $f(x)$ 在開區間 $(0, 3)$ 內為可微分函數。若在區間 $(0, 3)$ 內 $f'(x)$ 恆正，則下列何者必為真？
 (A) $f(1) > f(2)$ 、(B) $f(1) < f(2)$ 、(C) $f(1) < 0$ 、(D) $f(2) > 0$ 。【94 二技管一】

4. 下列敘述何者錯誤？
 (A) 兩個漸增函數之乘積為一漸增函數。
 (B) 若 $f'(0) = 0$，且 $f''(x) > 0$ 對所有 $x \geq 0$ 均成立，則 $f(x)$ 在 $(0, \infty)$ 上為一漸增函數。
 (C) 若 $f'(x) = 0$ 對所有 $x \in (a, b)$ 均成立，則 $f(x)$ 在 (a, b) 上為一常數。
 (D) $y = \sin x$ 之圖形有無限多個反曲點（inflection point）。【87 二技管一】

5. 令 $f(x) = (x^2-1)^3$。
 (A) 試問 f 在何處遞增？何處遞減？
 (B) 試求 f 的最大值與最小值。【90 銘傳】

6. 下列敘述何者正確？
 (A) 若 $f(x)$ 在 $x = c$ 連續，則 $f'(c)$ 存在。
 (B) 若 $f'(c) = 0$，則 $f(c)$ 為相對極值（relative extrema）。
 (C) 若 $f''(c) = 0$，則點 $(c, f(c))$ 為曲線 $y = f(x)$ 之一反曲點（inflection point）。
 (D) 若 $a < x < b$ 時 $f''(x) > 0$，則曲線 $y = f(x)$ 在區間 (a, b) 內凹向上（concave up）。【92 二技管一】

7. 試證明不等式：$|\sin b - \sin a| \leq |b-a|$，$a \in \mathbb{R}$，$b \in \mathbb{R}$。【90 公務人員升官等考試】【88 暨南】

8. x, y 介於 0 和 $\dfrac{\pi}{2}$ 之間，試證 $|\tan x - \tan y| \geq |x-y|$。【77 台大】

9. 設 $f(x)$ 為一函數且其導函數 $f'(x) = \dfrac{x}{1+x^2}$，證證對所有實數 a, b，我們有下列不等式：
 $|f(b)-f(a)| \leq \dfrac{1}{2}|b-a|$。【93 普考 氣象類】

10. 證明 $\dfrac{x}{1+x^2} \leq \arctan x \leq x$ 其中 $x \geq 0$。【81 清大考題中譯】

■ 章末習題精選考古題

各章章末選取各種相關的「高普
考考題」、「各校考題」，提供讀
者演練學習，掌握各種考題。

第 8 章習題

1. 假設 $z = \sqrt{xy+y}$，$x = \cos\theta$，$y = \sin\theta$。利用 Chain Rule 求出當 $\theta = \dfrac{\pi}{2}$ 時 $\dfrac{dz}{d\theta}$ 之值。【94 普考地震氣象】

2. 求函數 $f(x, y) = xy + 2y^2$ 在點 $(x, y) = (1, 2)$ 的方向導數的最大值。【94 高考三級核工類】

3. 令 $u = u(x, y)$，$x = r \cdot \cos\theta$，$y = r \cdot \sin\theta$。假設函數 $u(x, y)$ 之二次偏導數為連續函數。試求 $\dfrac{\partial^2 u}{\partial r \partial \theta}$ 之公式。【98 高考三級核工類】

4. $F(x, y) = x^3 + y^3 - 3x - 3y$，求 F 的相對極值。【95 普考地震氣象】

＊5. 求函數 $f(x, y) = x^2 + 2y^2 - x$，$(x, y) \in D$，D 。

■ EX8.7.7

8. 設 Ω 為以原點為圓心的單位圓域，則重積分 $\iint_\Omega e^{(x^2+y^2)} \cdot dx\,dy$ 之值？【94 高考三級】

■ 輔教光碟供教學參考

1. **中文教學 PPT**：提供詳盡而實用的中文教學 PPT，包含各章的重點摘要與重要圖表，以供授課老師教學上使用，增進教學內容的豐富性與多元性，並使學生更能掌握學習重點。此外，本教學 PPT 可做修改，老師可依不同的教學需求自行編排其內容。

2. **習題詳解**：提供各章習題的詳細解答 WORD 檔，方便老師教學上參考。

3. **例題與習題**：提供各章的例題與習題 PDF 檔，方便老師課後出題時參考。

目錄

■ 第 3 章   微分的意義與運算規律   143

■ 第 4 章   平均值定理與微分的應用、羅必達（L' Hopital）法則   199

第1章 微積分基礎的回顧

第 1 節　集合與實數系

　　微積分學通常被稱為分析學，並被定義為研究函數的科學。微積分基本概念的產生是建立在求瞬間運動和曲線下面積這兩個問題之上，也就是對函數微分與積分，因此函數可說是微積分的主角。在複習函數的概念之前，我們在本節為讀者介紹集合、集合與集合的關係、集合的運算以及數系的發展。

集合

　　一個明確的事物所成的群體，這個群體就稱為一個集合而在集合內的每一個事物稱為**元素**（element），如所有台南一中全體學生所形成的群體稱為集合，但所有聰明的成年人所形成的群體或所有屬害的籃球員所形成的群體都不是集合，這是因為每個人心中認定聰明和屬害皆不一樣，因此我們沒有辦法明確表示什麼叫聰明或屬害。一般而言我們以大寫英文字母 A、B、C … 來表示集合，並且用小寫英文字母 a、b、c … 來表示元素。當元素 x 在集合 A 中時，我們稱 x **屬於**（belongs to）A，記作 $x \in A$，若 x 不屬於 A，則記作 $x \notin A$。一個集合元素的個數可以是有限，像「台南一中全體學生」；也可以是無限的，像「其一條直線上所有的點」。我們稱只含有限個元素的集合為有限集合，而含有無限個元素的集合稱為無限集合。

集合表示法

　　我們常用的集合表示法有列舉法與構造法。

　　列舉法：將構成集合的元素一一列在括弧 {　} 中並利用「，」將每個元素分開的表示法稱為列舉法。例如，由 a, b 和 c 所構成的集合，我們可用列舉法表示成 $\{a, b, c\}$。

　　構造法：假設集合 A 的元素具有共同的特性 P，我們利用特性來表示集合，記作 $A = \{x \mid x$ 具有特性 $P\}$，這種表示法，稱為構造法。

例如：小於 $\dfrac{1}{2}$ 的整數所形成的集合可以用構造法表示成

$$\underbrace{\{x \mid x \text{ 為小於 } \dfrac{1}{2} \text{ 的整數}\}}_{\text{特性 } P}$$

範例 1　$A = \{1, \{2\}, 3\}$，則 $\{2\} \in A$，$2 \notin A$，$3 \in A$。

延伸學習 1　$A = \{\{a, b\}, c\}$ 下列何者正確？

(A) $c \notin A$。(B) $a \in A$。(C) $\{a, b\} \in A$。

解答：

$A = \{\{a, b\}, c\}$，由定義可知 (A) $c \in A$。(B) $a \notin A$。(C) $\{a, b\} \in A$。故選 C。

常用集合

　　空集合（The empty set）：不包含任何元素的集合，以符號 ϕ 或 $\{\ \}$ 表示。

　　宇集（Universe）：所有討論的全體所形成的集合稱為宇集，通常以 **U** 表示。

集合與集合的關係

(1) 子集（Subset）：

　　當集合 A 中的每一個元素都屬於 B 時，稱 A 是 B 的子集（或部分集合），記為 $A \subseteq B$（讀作 A 包含於 B）或 $B \supseteq A$（讀作 B 包含 A）。

　　若 A 為任一集合，則 A 必為其自身的子集，即 $A \subseteq A$，且我們規定 ϕ 是任一集合的子集合，我們以圖 1.1.1 說明子集合。

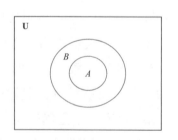

圖 1.1.1　$A \subseteq B \subseteq U$

範例 2　$B = \{a, b, c\}$，則 $a \in B$ 且 $\{a, b\} \subseteq B$，$B \subseteq B$，$\phi \subseteq B$。

延伸學習 2　$A = \{1, \{2\}, 3\}$ 下列何者正確？

(A) $\phi \in A$。(B) $\phi \subseteq A$。(C) $\{2\} \subseteq A$。(D) $\{2\} \in A$。(E) $\{1, 3\} \subseteq A$。

解答：

$A = \{1, \{2\}, 3\}$。(A) 錯誤。A 中的元素有 1, $\{2\}$, 3，故 $\phi \notin A$。(B) 正確。ϕ 是任何集合的子集合，$\therefore \phi \subseteq A$。(C) 錯誤。$\because 2 \notin A$，$\therefore \{2\} \nsubseteq A$。(D) 正確。(E) 正確。$\because 1 \in A$ 且 $3 \in A$，故 $\{1, 3\} \subseteq A$。

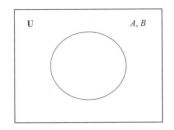

圖 1.1.2　A = B

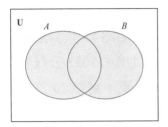

圖 1.1.3　特殊顏色部分表示 $A \cup B$

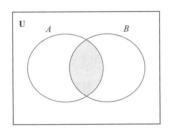

圖 1.1.4　特殊顏色部分表示 $A \cap B$

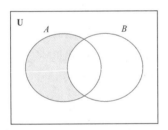

圖 1.1.5　特殊顏色部分表示 $A - B$

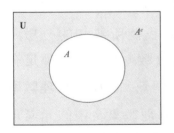

圖 1.1.6　特殊顏色部分表示 A^c

(2) 集合相等：

當構成集合 A 與構成集合 B 的元素完全相同時，我們稱兩集合相等，記作 $A = B$，如圖 1.1.2。

註：集合的相等不考慮元素的排列順序與重複次數，如：

$\{a, b, c\} = \{b, c, a\} = \{a, a, c, b\}$。

集合的運算

集合的運算：聯集、交集、差集、餘集合。

(1) **聯集**（Union）：

兩個集合 A 和 B 的所有元素所形成的集合叫作 A 和 B 的聯集，記作 $A \cup B$，讀作 A 與 B 的聯集，即 $A \cup B = \{x \mid x \in A \text{ 或 } x \in B\}$（圖 1.1.3）。

(2) **交集**（Intersection）：

兩個集合 A 和 B 共同元素所形成的集合叫作 A 和 B 的交集，記作 $A \cap B$，讀作 A 和 B 的交集，即 $A \cap B = \{x \mid x \in A \text{ 且 } x \in B\}$（圖 1.1.4）。

(3) **差集**（Difference）：

所有屬於 A 且不屬於 B 的元素所形成的集合叫作 A 減 B 的差集，記作 $A - B$，即 $A - B = \{x \mid x \in A \text{ 且 } x \notin B\}$（圖 1.1.5）。

(4) **補集**（Complement）：

若 A 為宇集 **U** 的子集，則 A 的補集（或稱餘集）為 **U** $- A = \{x \mid x \in U \text{ 且 } x \notin A\}$，以 A' 或 A^c 或 $\overline{A}$ 表示（圖 1.1.6）。

範例 3

設　$U = \{1, 2, 3, 4, 5, 6, 7, 8, 9, 10\}$

　　$A = \{1, 3, 5, 7, 9\}$

　　$B = \{1, 2, 3, 4, 5\}$

則　$A \cup B = \{1, 2, 3, 4, 5, 7, 9\}$

　　$A \cap B = \{1, 3, 5\}$

　　$A - B = \{7, 9\}$

　　$A^c = \{2, 4, 6, 8, 10\}$

實數

我們可以用「數字」來表示線段的長度或鉛球的重量，因此「數」變成了**度量**（measure）的工具。正整數是自古以來人類用來計數的工具，例如「一頭牛」、「五個人」或是「六個蘋果」，所以正整數又稱為計物數，正整數有無限多個，依大小順序排列為 1, 2, 3…，而 1 是最小的正整數。事實上，我們有時候把正整數叫作**自然數**

（natural numbers），所有正整數所形成的集合稱為自然數集合，記作 $\mathbb{N}$。從自然數衍生出後，又發現了「零」，接下來出現「負整數」。在公元前 2 千年就有人在記帳時用特別符號來記載零。「零」這個記號有兩種存在意義，一種用來表示「無」的狀態，另一種便於表示「位數」，例如二百三十可寫成 230。在日常生活中，某些常用的數與量具有相對或相反的意義，我們可以用符號「+」讀作正，「−」讀作負來描述。例如：以海平面為基準，世界第一高峰聖母峰海拔 8848 公尺，可以用 +8848 公尺表示（+ 通常會省略），世界最深海溝馬里亞那海溝位於海平面下 11035 公尺，可以用 −11035 公尺表示。如果以 0 元為基準，淨賺 20 萬可以記作 +20 萬；虧損 20 萬元可以記作 −20 萬。因此負整數可看成是與正整數意義相反或相對的數。

　　正整數、零和負整數合稱為**整數**（integers），我們以 $\mathbb{Z}$ 來表示所有整數所形成的集合。整數是人類能夠掌握的最基本的數學工具。德國數學家 Kronecker 說過：「只有整數是上帝創造的，其他的都是人類自己製造的」。我國是最早提出負數的國家，在《九章算術》中記載了負數及負數的運算法則。負數產生的原因是由於在解方程組時，經常會有小數減大數的情況發生，為了讓方程組可以繼續解下去，數學家便發明了負數，使得「小數 − 大數」變得有意義。從現代的觀點來看，**負數**（negative numbers）的概念是很簡單的。但是負數的誕生以至人類廣泛地接受負數的概念卻是一段遙遠漫長的路程，負數和零的概念在文藝復興時代才傳入歐洲。經過四、五百年的考驗，直到十九世紀，歐洲人才安心地使用負數與零。

　　我們既然能夠把三尺長的布裁成兩半，我們就應該能夠把 3 兩等份，因此有理數的出現並不令人感到突然。什麼是有理數呢？**有理數**（rational numbers）是可以表示成 $\dfrac{q}{p}$ 的形式的數，其中 p、q 是整數，$p \neq 0$。有理數就是我們所熟知的分數。其中有限小數和循環小數都可以改寫成分數，所以它們都是有理數，如 $0.3 = \dfrac{3}{10}$、$0.\overline{6} = \dfrac{2}{3}$ … 等皆為有理數，而所有有理數所形成的集合稱為有理數集合，記作 $\mathbb{Q}$。有理數集合中的元素可以做加、減、乘、除，不過要注意，0 不能做除數且任兩個有理數都可以比較大小。令人驚奇的是有些線段的長度並不是有理數，如邊長為 1 的正方形的對角線的長度是 $\sqrt{2}$，但 $\sqrt{2}$ 並非有理數，因此有理數是不夠用的，所以人類不得不增加如 $\sqrt{3}$、$\sqrt[5]{3}$、$\sqrt[5]{\sqrt{5}+7}$ 等新的數，並把有理數系擴充到**實數**（real numbers）。不是有理數的實數就叫作**無理數**（irrational numbers），我們將所有實數所形成的集合記為 $\mathbb{R}$。

　　實數集合包括所有的有理數集合和無理數集合，比如 0、−4.8、
$\frac{1}{7}$、$\sqrt{2}$、π 等。實數和有理數一樣，任意兩個實數除了可以比較大
小之外，還可以做加、減、乘、除（不過 0 不能做除數）。從自然
數開始不斷架構直至實數的概念後，我們便可以畫出一個實數家族
圖，如圖 1.1.7。在這個圖上，右方的「數族」是左方的一部分，我
們稱右方的是左方的子集合。例如：正整數是整數的子集合，整數
是有理數的子集合，分別記作 $\mathbb{N} \subseteq \mathbb{Z}$，$\mathbb{Z} \subseteq \mathbb{Q}$，從圖 1.1.7 我們亦可
知

$$\mathbb{N} \subseteq \mathbb{Z} \subseteq \mathbb{Q} \subseteq \mathbb{R}$$

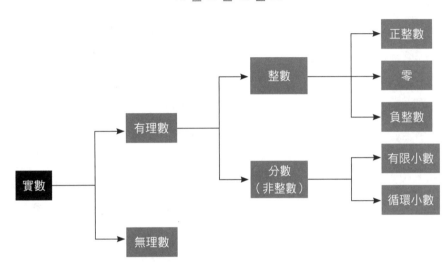

圖 1.1.7

實數的四則運算

　　任意兩個實數可以做加、減、乘、除（不過 0 不能做除數），且
兩個實數做加、減、乘、除運算之後還是實數，在下面我們給出實
數的運算性質：

設 $a, b, c \in \mathbb{R}$
(1) 交換律：$a + b = b + a$，$ab = ba$。
(2) 結合律：$a + b + c = (a + b) + c = a + (b + c)$
　　　　　$abc = (ab)c = a(bc)$
(3) 乘法對加法的分配律：$a(b + c) = ab + ac$。
(4) 消去律：若 $a + c = b + c$，則 $a = b$（加法消去律）
　　　　　若 $ac = bc$，且 $c \neq 0$，則 $a = b$（乘法消去律）

數線

　　如果我們取一條直線（圖 1.1.8），任選一點當作**原點** 0（the

origin），取適當長度當作**單位長度**（a unit lengh），在 0 的右邊一個單位長度的地方標上 1，我們稱 1 為**單位點**（unit point），以原點為起點，我們規定指向單位點的方向稱為**正方向**（positive direction），另一方向為**負方向**（negative direction），並假設所有的實數和數軸上的點成一對一的對應，而這樣得到的直線叫作**實數線**（real number line）。

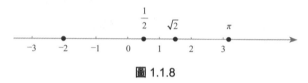

圖 1.1.8

實數的次序性質

若 a 與 b 皆為實數，假設 $b - a$ 為一正數，則稱 a 小於 b，以符號 $a < b$ 來表示，我們也可以說 b 大於 a，用符號 $b > a$ 表示；$a \le b$ 唸成「a 小於或等於 b」，表示 $a < b$ 或 $a = b$（等同於，$b \ge a$）。在幾何上，$a < b$ 表示若在數線上標示 a、b 兩點時，a 位於 b 的左邊（圖 1.1.9A）。設 a、b 與 c 皆為實數，當 $a < b$ 且 $b < c$ 時，我們寫成 $a < b < c$，且此不等式告訴我們若將 a、b、c 三點標在數線上，b 位於 a 的右邊，而 c 位於 b 的右邊（圖 1.1.9B）。

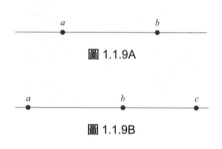

圖 1.1.9A

圖 1.1.9B

$<$、$>$、$\le$、$\ge$ 這些符號稱為不等號，關於實數的次序關係，有下列的基本性質。

定理 1.1.1　設 $a, b, c \in \mathbb{R}$。

(1) 三一律：對於任意兩個實數 a, b、$a < b$、$a = b$、$a > b$，只有一個成立。

(2) 遞移律：$a < b$ 且 $b < c$，則 $a < c$。

(3) 加法律：$a < b$，則 $a + c < b + c$。

(4) 乘法律：

　① 設 $a < b$，$c > 0 \Rightarrow ac < bc$。

　② 設 $a < b$，$c < 0 \Rightarrow ac > bc$（在不等式左右兩側同時乘上一負數時，不等號的方向改變）。

　③ 若 $ab > 0$，或 $\dfrac{a}{b} > 0$，則 a 與 b 同號，也就是說 $a > 0$ 且 $b > 0$ 或 $a < 0$ 且 $b < 0$。

　④ 若 $ab < 0$，或 $\dfrac{a}{b} < 0$，則 a 與 b 異號，也就是說 $a > 0$ 且 $b < 0$ 或 $a < 0$ 且 $b > 0$。

此外，對於不等號「$>$」、「$\ge$」和「$\le$」，上述 (1) 到 (4) 的性質也都成立。

區間

設 a 與 b 皆為實數且 $a < b$，則下面數線上的點集合皆可以用**區間**（intervals）表示，這些集合皆稱為**有限區間**（finite intervals），a、b 稱為其**端點**（endpoint）。

開區間（open interval）：$(a, b) = \{x \mid a < x < b\}$

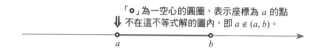

「○」為一空心的圓圈，表示座標為 a 的點
不在這不等式解的圖內，即 $a \notin (a, b)$。

閉區間（closed interval）：$[a, b] = \{x \mid a \le x \le b\}$

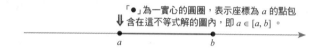

「●」為一實心的圓圈，表示座標為 a 的點包
含在這不等式解的圖內，即 $a \in [a, b]$。

半開（half-open）〔或**半閉**（half-close）〕區間：

$(a, b] = \{x \mid a < x \le b\}$

$[a, b) = \{x \mid a \le x < b\}$

我們稱下面的集合為**無限區間**（infinite intervals）：

設 $a \in \mathbb{R}$，則

$[a, \infty) = \{x \mid x \ge a\}$

$(a, \infty) = \{x \mid x > a\}$

$(-\infty, a] = \{x \mid x \le a\}$

$(-\infty, a) = \{x \mid x < a\}$

$(-\infty, \infty) = \{x \mid x \in \mathbb{R}\}$

例如，$(2, \infty)$ 表示所有大於等於 2 的實數，其中符號 ∞ 唸成「無限大」，而符號 $-\infty$ 唸成「負無限大」。請注意符號 ∞、$-\infty$ 並非實數。

範例 4 若 $A = [-3, 4)$，$B = (0, 5]$，求 (A) $A \cup B$。(B) $A \cap B$。

說明：

(A) 我們分別將集合 A、B 標示在數線上。

因 $A \cup B = \{x \mid x \in A \text{ 或 } x \in B\}$，故數線共同組合的地方即為 $A \cup B = [-3, 5]$（圖 1.1.10A 的特殊顏色部分）。

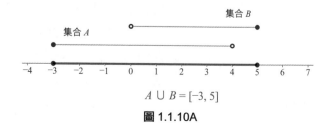

$A \cup B = [-3, 5]$

圖 1.1.10A

(B) 因 $A \cap B = \{x \mid x \in A \text{ 且 } x \in B\}$，故數線重疊的部分即為 $A \cap B$ = (0, 4)（圖 1.1.10B 的特殊顏色部分）。

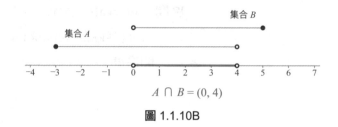

集合 B

集合 A

$A \cap B = (0, 4)$

圖 1.1.10B

延伸學習**3** 設 $\mathbb{R}$ 為宇集，若 $A = (-3, \infty)$，$B = (-\infty, -2) \cup (1, \infty)$，求 (A) $A \cup B$。(B) $A \cap B$。(C) B^c。(D) $A - B$。

解答：(A) $(-\infty, \infty)$。(B) $(-3, -2) \cup (1, \infty)$。(C) $[-2, 1]$。(D) $[-2, 1]$。

習題 1.1

1. 設 $\mathbb{R}$ 為宇集，若 $A = (-3, \infty)$，$B = (-\infty, -2) \cup (1, \infty)$，求：
   (A) $A \cap B$。(B) $A \cup B$。(C) B^c。(D) $A - B$。

2. 設 $A = \{1, 2, 3\}$，寫出集合 A 的所有子集合。

3. 設 $\mathbb{R}$ 為宇集：
   $A = \{(a, b) \mid a = 0\}$、$B = \{(a, b) \mid a^2 + b^2 = 0\}$、$C = \{(a, b) \mid ab = 0\}$，請討論 A、B、C 的包含關係。

4. 設 $x, y \in \mathbb{Q}$ 且 $2x + 3y + 2\sqrt{3}\,y + 8 - 4\sqrt{3} = 0$，求 $x = ?$，$y = ?$

第 2 節　平面座標系與平面上的直線

本單元首先介紹平面直角座標、距離公式，並於最後介紹直線斜率的概念、直線方程式的求法及相關性質，以銜接微積分課程中導數的幾何意義及切線方程式的求法等問題。

平面座標系

直角座標系是法國數學家、哲人笛卡兒 Descartes（1596-1650）發明的，因此直角座標系也稱笛卡兒座標系。首先在平面上畫兩條互相垂直的數線，一條水平（左右延伸），一條鉛直（上下延伸），交點稱為原點 O；水平的數線叫 x 軸（或橫軸），向右為正，向左為負，另一條鉛直的數線叫 y 軸（或縱軸），向上為正，向下為負，如此就建立了直角座標系（笛卡兒座標系），而 x 軸與 y 軸所在的平面就稱為直角座標平面，如圖 1.2.1 所示。

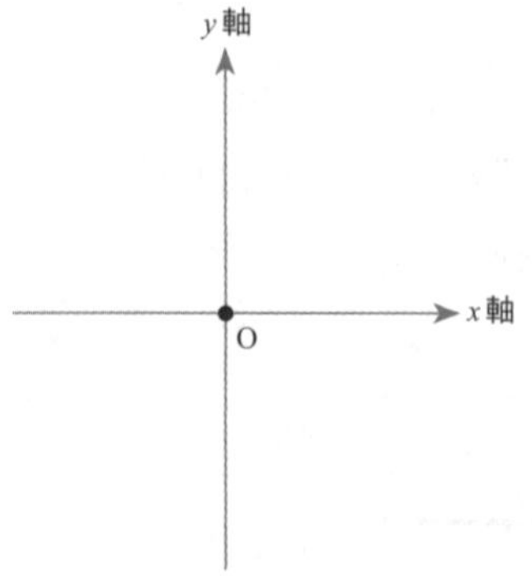

設 P 為直角座標平面上的一點，從 P 點分別向 x 軸、y 軸做

y 軸

x 軸

O

圖 1.2.1

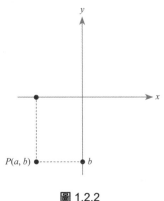

圖 1.2.2

垂線，過 P 的鉛直線與 x 軸交於 a，過 P 的水平線與 y 軸交於 b，用有序數對 (a, b) 來表示 P 點位置，稱 (a, b) 是 P 點的座標，記為 $P(a, b)$，a 稱為 P 點的橫座標（或 x 座標），b 稱為 P 點的縱座標（或 y 座標），如圖 1.2.2 所示。平面上的任一個點的座標都可以用唯一的有序數對來表示，且每一個有序數對 (a, b)，都可在平面上找到唯一一個座標為 (a, b) 的點與之作對應。因此，座標平面上任一點的座標與所有有序數對形成一對一的對應關係。

　　直角座標系中 x 軸與 y 軸將平面分成四個區域，每一個區域稱為象限，由右上方開始，依逆時針方向，分別稱為第一、第二、第三、第四象限。象限的座標正負如圖 1.2.3 所示。

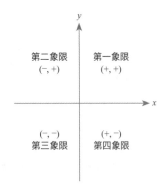

座標平面中的正負代表點在這些象限座標的正負符號，如：x-座標、y-座標皆為負的點位於第三象限。

圖 1.2.3

範例 1　於座標平面上，描出下列各點並指出各點分別在第幾象限或是在何軸上？

$A(3, 6)$、$B(5, -3)$、$C(-2, -3)$、$D(-2, 1)$、$E(1, 0)$、$F(0, -3)$

說明：

　　A 在第一象限

　　B 在第四象限

　　C 在第三象限

　　D 在第二象限

　　E 在 x 軸

　　F 在 y 軸

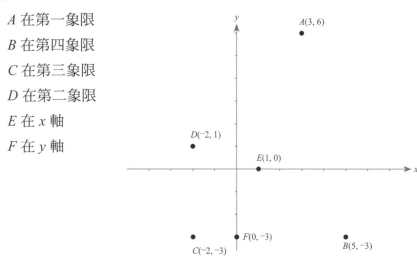

圖 1.2.4

兩點距離公式

　　兩點 $P(x_1, y_1)$、$Q(x_2, y_2)$ 為平面上相異兩點，則 P、Q 兩點間的距離

$$d(P, Q) = \overline{PQ} = \sqrt{(x_1 - x_2)^2 + (y_1 - y_2)^2}$$

說明： 過 Q 點做一鉛直線，另過 P 點做一水平線，兩直線交於 R 點，如圖 1.2.5 所示，則 R 點的座標為 (x_2, y_1)。由數線的距離公式可知

$$\overline{PR} = |x_2 - x_1|，\overline{QR} = |y_2 - y_1|$$

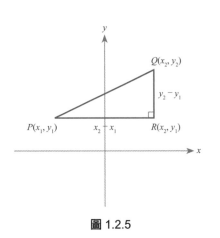

圖 1.2.5

因為 $\triangle PQR$ 為直角三角形，利用畢氏定理可得

$$\overline{PQ}^2 = \overline{PR}^2 + \overline{QR}^2$$
$$= |x_2 - x_1|^2 + |y_2 - y_1|^2$$
$$= (x_2 - x_1)^2 + (y_2 - y_1)^2$$

因此 $d(P, Q) = \overline{PQ} = \sqrt{(x_1 - x_2)^2 + (y_1 - y_2)^2}$

範例 2　已知平面上兩點 $A(2, 3)$、$B(-1, 4)$。設 P 點在 x 軸上，且 $\overline{PA} = \overline{PB}$，求 P 點座標為何？

解題要點：
1. 兩點距離公式設 $P(x_1, y_1)$，$Q(x_2, y_2)$ 為平面上相異兩點，則 $\overline{PQ} = \sqrt{(x_2 - x_1)^2 + (y_2 - y_1)^2}$

說明： 因 P 點在 x 軸上，所以設 P 點座標為 $(a, 0)$
$\because \overline{PA} = \overline{PB}$　$\therefore$ 由距離公式知：

$$\sqrt{(a - 2)^2 + (0 - 3)^2} = \sqrt{(a + 1)^2 + (0 - 4)^2}$$

將上面等式兩邊同時平方得：

$$(a - 2)^2 + 9 = (a + 1)^2 + 16$$

解題要點：
2. $(a \pm b)^2 = a^2 \pm 2ab + b^2$

$$\Rightarrow a^2 - 4a + 4 + 9 = a^2 + 2a + 1 + 16 \quad ((a \pm b)^2 = a^2 \pm 2ab + b^2)$$
$$\Rightarrow -6a = 4$$
$$\Rightarrow a = -\frac{2}{3}$$

因此 P 點座標為 $\left(-\dfrac{2}{3}, 0\right)$。

延伸學習 1　已知平面上兩點 $A(2, 3)$、$B(-1, 4)$。設 P 點在 y 軸上，且 $\overline{PA} = \overline{PB}$，求 P 點座標為何？

解答：

設 P 為 $(0, a)$。$\because \overline{PA} = \overline{PB}$，

$\therefore \sqrt{(0 - 2)^2 + (a - 3)^2} = \sqrt{(0 + 1)^2 + (a - 4)^2}$

$\Rightarrow 4 + (a - 3)^2 = 1 + (a - 4)^2$

$\Rightarrow a^2 - 6a + 13 = a^2 - 8a + 17$

$\Rightarrow 2a = 4$

$\Rightarrow a = 2$

故 P 的座標為 $(0, 2)$。

中點公式

$A(x_1, y_1)$、$B(x_2, y_2)$、P 為 A, B 之中點，則 P 點座標為：

$$\left(\frac{x_1 + x_2}{2}, \frac{y_1 + y_2}{2}\right)$$

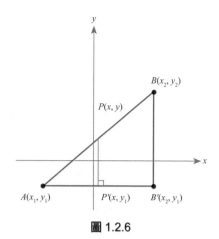

圖 1.2.6

說明：設 P 點座標為 (x, y)，過 A 點做一水平線，並過 P 點做一鉛直線，兩直線交於一點 P'，則可得 P' 的座標為 (x, y_1)。另外，過 B 點做一鉛直線與過 A 點的水平線交於一點 B'，則可得 B' 的座標為 (x_2, y_1)，如圖 1.2.6 所示。因為 $\triangle APP'$ 和 $\triangle ABB'$ 為相似三角形，故 $\dfrac{\overline{AB}}{\overline{AP}} = \dfrac{\overline{AB'}}{\overline{AP'}} = \dfrac{2}{1}$，因此 $\dfrac{\overline{AB'}}{\overline{AP'}} = \dfrac{x_2 - x_1}{x - x_1} = \dfrac{2}{1}$。從左式我們可以得到 $x = \dfrac{x_1 + x_2}{2}$，同理我們可以得到 $y = \dfrac{y_1 + y_2}{2}$。

範例 3　設 $A(3, -4)$ 與 $B(-3, 8)$ 為平面上兩點，且線段 $\overline{AB}$ 之中點為 M，則 M 到點 $C(1, 2)$ 的距離為何？

說明：由中點公式知 M 的座標為 $(0, 2)$，由距離公式可得：

$$\overline{MC} = \sqrt{(1 - 0)^2 + (2 - 2)^2} = 1$$

直線的斜率與直線方程式

在這個主題當中我們要向讀者介紹直線斜率的概念與直線方程式的求法及相關性質。

(1) 斜率

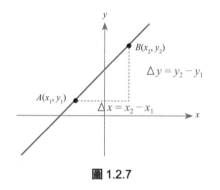

圖 1.2.7

設直線 L 通過相異兩點 $A(x_1, y_1)$ 和 $B(x_2, y_2)$，其中 $x_1 \neq x_2$，我們令 y 的變化量 $\Delta y = y_2 - y_1$，而 x 的變化量為 $\Delta x = x_2 - x_1$ 而直線 L 的斜率 m 定義為

$$m = \frac{y \text{ 變化量}}{x \text{ 變化量}} = \frac{y_2 - y_1}{x_2 - x_1} \quad \text{（參見圖 1.2.7）}$$

註：

1. 點 A 位於點 B 的左邊或右邊都沒有關係，有關係的是分子與分母座標相減的順序要一致。

2. 若直線 AB 為一鉛直線時 $(x_1 = x_2)$，此時我們不規定它的斜率（圖 1.2.8D）。

斜率可以用來表示直線的傾斜程度，非鉛直線 L 在 xy 平面傾斜情形有下列三種（圖 1.2.8A, B, C）：

1. 當 L 由左下往右上傾斜時，斜率大於 0，斜率愈大，傾斜度愈大（圖 1.2.8A）。

2. 當 L 由左上往右下傾斜時，斜率小於 0，斜率愈小，傾斜度愈大（圖 1.2.8B）。

3. 當 L 為水平線時，斜率為 0（圖 1.2.8C）。

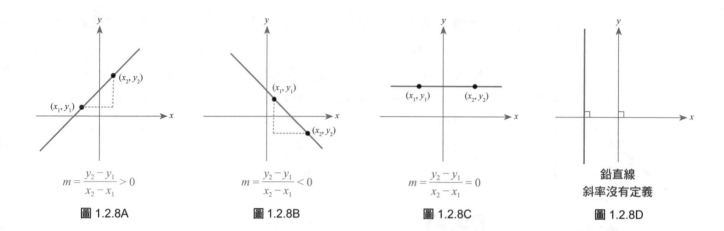

$$m = \frac{y_2 - y_1}{x_2 - x_1} > 0$$

圖 1.2.8A

$$m = \frac{y_2 - y_1}{x_2 - x_1} < 0$$

圖 1.2.8B

$$m = \frac{y_2 - y_1}{x_2 - x_1} = 0$$

圖 1.2.8C

鉛直線
斜率沒有定義

圖 1.2.8D

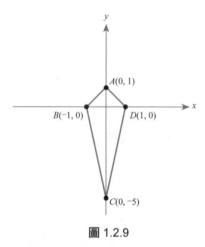

圖 1.2.9

解題秘訣：
過相異兩點 $A(x_1, y_1)$，$B(x_2, y_2)$，$(x_1 \neq x)$ 的直線斜率為 $\dfrac{y_2 - y_1}{x_2 - x_1}$。

範例 4 如圖 1.2.9，$A(0, 1)$、$B(-1, 0)$、$C(0, -5)$、$D(1, 0)$。

(A) 求直線 AB 的斜率。

(B) 求直線 CD 的斜率。

(C) 直線 AB、BC、CD、DA 中斜率最小的直線為何？

說明：

(A) 直線 AB 的斜率為 $\dfrac{0-1}{-1-0} = \dfrac{-1}{-1} = 1$。

(B) 直線 CD 的斜率為 $\dfrac{0-(-5)}{1-0} = \dfrac{5}{1} = 5$。

(C) 直線 BC 的斜率為 $\dfrac{-5-0}{0-(-1)} = -5$，直線 DA 的斜率為 $\dfrac{0-1}{1-0} = -1$。

又由 (A)、(B) 可知 AB 的斜率為 1，CD 的斜率為 5，且由上面結果可知斜率最小的直線為 BC。

(2) 直線互相垂直或互相平行

直線斜率可以用來表示直線的傾斜程度，因此我們可以利用斜率的概念來判斷直線是否互相平行或互相垂直。給定兩條相異**非垂直直線**（nonvertical lines）L_1 和 L_2，其斜率分別為 m_1、m_2，如果 L_1 和 L_2 彼此互相

$$\textbf{平行}（\text{parallel}）L_1 \parallel L_2 \Leftrightarrow m_1 = m_2$$
$$\textbf{垂直}（\text{perpendicular}）L_1 \perp L_2 \Leftrightarrow m_1 \cdot m_2 = -1$$

(3) 截距

直線 L 與 x 軸交點的 x 座標稱為 L 的 x 截距，與 y 軸交點的 y 座標稱為 L 的 y 截距（圖 1.2.10）。

注意：截距不是距離，可以有負的。

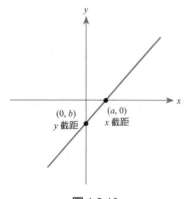

圖 1.2.10

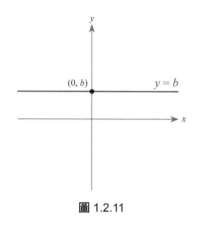

圖 1.2.11

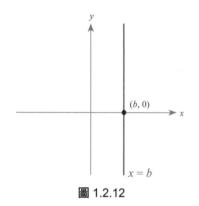

圖 1.2.12

(4) 直線方程式

　　直線上每一個點座標均滿足的數學式，稱為直線方程式。直線方程式的表示法有下列這幾種：

　　水平線的方程式　過點 $(0, b)$ 的水平線方程式為 $y = b$，如圖 1.2.11 所示。

　　鉛直線的方程式　過點 $(b, 0)$ 的鉛直線方程式為 $x = b$，如圖 1.2.12 所示。

　　點斜式　通過點 $A(x_0, y_0)$，且斜率是 m 的直線方程式為
$$y - y_0 = m(x - x_0)$$

　　兩點式　通過兩定點 $A(x_1, y_1)$、$B(x_2, y_2)$ 的直線方程式為
$$(x_2 - x_1)(y - y_1) = (y_2 - y_1)(x - x_1)$$

　　斜截式　直線 L 的斜率為 m，y 截距為 b，則 L 方程式為
$$y = mx + b$$

　　截距式　設直線的 x 截距為 a，y 截距為 b，若 $ab \neq 0$，則 L 方程式為 $\dfrac{x}{a} + \dfrac{y}{b} = 1$。

　　一般式　$ax + by + c = 0$（$a^2 + b^2 \neq 0$）。

註：假設 a，$b \in \mathbb{R}$，直線 $L: ax + by + c = 0$（$a^2 + b^2 \neq 0$），若 $b = 0$ 則 L 是鉛直線，斜率不存在，若 $b \neq 0$，直線 L 的斜率是 $\dfrac{-a}{b}$。若 $a = 0$ 則 L 是水平線，斜率為 0。

範例 5　求過點 $A(3, 0)$、$B(4, 1)$ 的直線方程式以及直線斜率。

說明：設直線方程式為 $y = mx + b$，其中 m 為直線斜率，b 為 y 截距。因直線過 A、B 兩點所以將 A、B 兩點座標代入直線方程式中可得：$\begin{cases} 1 = 4m + b \\ 0 = 3m + b \end{cases}$，解聯立方程式得 $m = 1$，$b = -3$。

因此直線斜率為 1 且直線方程式為 $y = x - 3$。

解題要點：

1. $y = \underset{\substack{\uparrow \\ 斜率}}{m}x + \underset{\substack{\uparrow \\ y\,截距}}{b}$

2. $L_1 \parallel L_2 \Leftrightarrow m_1 = m_2$
   $L_1 \perp L_2 \Leftrightarrow m_1 \cdot m_2 = -1$
   其中 m_1 為直線 L_1 的斜率，m_2 為直線 L_2 的斜率。

3. 點斜式
   $y - y_0 = m(x - x_0)$，其中 m 代表直線斜率，而 (x_0, y_0) 代表直線所過的定點。

範例 6　過點 $(2, 0)$ 且與直線 $y = \dfrac{1}{2}x + 1$ 平行的直線方程式為何？

說明：因 $y = \dfrac{1}{2}x + 1$ 的斜率為 $\dfrac{1}{2}$，又欲求直線與直線 $y = \dfrac{1}{2}x + 1$ 平行，因此可知欲求的直線斜率亦為 $\dfrac{1}{2}$。利用點斜式可知欲求直線方程式為 $y - 0 = \dfrac{1}{2}(x - 2) \Rightarrow y = \dfrac{1}{2}(x - 2)$。

延伸學習 2　求與直線 $x = 2y + 1$ 垂直，且與 x 軸截距為 3 之直線方程式為何？

解答：

直線 $x = 2y + 1$ 的斜率為 $\dfrac{1}{2}$，又欲求直線與 $x = 2y + 1$ 垂直，因此可求得直線斜率為 -2。假設直線方程式為 $y = -2x + b$ 又 x 截距為 3 代表直線通過點 $(3, 0)$，因此 $0 = -6 + b \Rightarrow b = 6$，故直線方程式為 $y = -2x + 6$。

習題 1.2

1. 設 $a > 0$，$b < 0$，求下列各點分別在第幾象限或哪一個軸上？　$A(0, -a^3)$　$B(-ab, b^2)$　$C(a - b, -a)$　$D(b, -b + a)$

2. 假設 A 點座標為 $(1, -3)$，若這個人從 A 點向南移動 3 個單位，並向西移動 2 個單位，到一點 B，請問 B 點座標為何？

3. 設 $A(3, 1)$、$B(0, 2)$：
   (A) 描出 A, B 兩點。
   (B) 求兩點之間的距離。
   (C) 求 AB 的中點座標。
   (D) 求出線段 AB 的中垂線方程式。

4. 求過點 $(-3, 2)$ 且滿足下列各條件的直線方程式：
   (A) 斜率為 -3。
   (B) 平行於 x 軸。
   (C) 垂直於 $2x + 3y = 1$。

第 3 節　函數

　　函數（function）是表現自然與社會現象中「兩量關係」的語言，是數學與現實世界連結的橋梁。因此，函數是數學中最基本最重要的概念之一，同時也是科學數量化的主要工具。在歷史上，函數概念的出現與解析幾何的產生有密切關聯。現在公認最早的函數定義是由德國數學家萊布尼茲給出的，他在 1692 年的論文中，首先採用「函數」（拉丁文 functio，英文 function）一詞，並用函數表示曲線上的點、切線長度、曲率半徑等幾何量。約翰‧伯努利於 1694 年首次提出函數概念，並以字母 n 表示變量 z 的一個函數。後來，尤拉用函數這個名詞來描述任何介入變數與變數之間的等式或關係式，並且採用 $f(x)$ 作為一般函數的符號。

　　所謂的函數是什麼呢？最早的想法認為：一個函數（代數函數）是一個代數式子，只含變數以及加減乘除開方等運算符號，漸漸地，才加進了所謂超越函數，如三角函數、指數函數、對數函數以及反三角函數等等，我們會在往後的章節複習這些超越函數。現今關於函數的定義則更廣泛，且特別強調的重點在於兩個集合間的基本關係的概念上。

函數：定義域與值域

　　函數是用來描述變數與變數之間的關係。例如：彈簧的「彈力」和彈簧的「伸長量」有關；自由下落物體落下的「距離」和經過的「時間」有關。

　　設 x、y 是兩個變數，y 的值是隨著 x 的值依某一種對應規則 f 而唯一決定時，我們稱 y 是 x 的函數記為 $y = f(x)$（讀作「y 等於 f of x」），其中 f 表示函數，x 叫作**自變數**（independent variable），y 叫作**因（應）變數**（dependent variable）。

> **定義 1.3.1**　設 A、B 是非空的集合，若集合 A 中的每個元素 x，在集合 B 中恰有一個元素 y，用某一種規則與之相對應，此種對應規則稱為從 A 映到 B 的函數，記為 $f : A \to B$，集合 A 稱為 f 的定義域，記作 $D(f)$，集合 B 稱為 f 的對應域，而全體函數值 $f(x)$ 所形成的集合稱為 f 的值域，記作
> $$f(A) = \{\, f(x) \mid x \in A \,\} \text{ 或 } R(f)$$
> 注意 $f(A) \subset B$。設 $a \in A$，則 $f(a)$ 稱為函數 f 在 $x = a$ 的函數值。

　　簡單地說，在函數關係中，只要自變數 x 確定了，應變數 y 也就跟著唯一確定了，假設函數 $f : A \to R$ 且 $A \subseteq R$ 時，我們稱函數 f 為**實值函數**（real-valued function）。在微積分課程中我們只討論實值函數，因此在往後的章節裡我們所提的函數都是指實值函數。函數定義的說明如圖 1.3.1 所示。

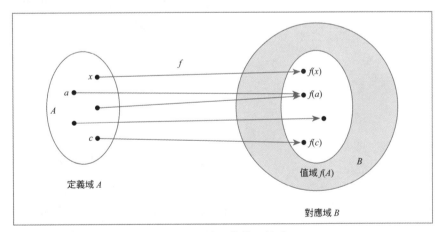

f 為從 A 映到 B 的函數，$f(a)$ 為 a 的函數值。值域 $f(A) = \{ f(x)' \mid x \in A \} \subseteq \mathrm{B}$。

圖 1.3.1

範例 1　$A = \{a, b, c, d\}$，$B = \{1, 2, 3\}$，請判斷下列對應法則何者為由 A 映至 B 的函數？

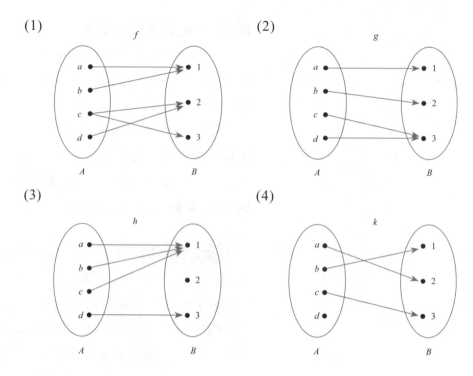

說明：

(1) f 不是函數。因集合 A 中的元素 c 對應了集合 B 中二個元素 2 和 3，違反函數的定義，故 f 不是函數。

(2) g 是函數。因集合 A 中所有元素，在集合 B 中恰有一個元素與之對應（多對一）。

(3) h 是函數。因集合 A 中所有元素，在集合 B 中恰有一個元素與之對應。

(4) k 不是函數。因集合 A 中的元素 d 沒有對應到 B 中的元素，違反函數的定義，故 k 不是函數。

註：(a) 定義域中的每一個元素都要在對應域中找到唯一的元素作對應。

　　(b) 一對一，多對一是函數，但一對多不是函數。

　　函數的表現法有很多種，例如公式、圖形、數表，通常以式子來表達。舉一個簡單的例子，正方形面積公式：「正方形的面積等於其邊長的平方」。今天，我們換個角度來看這個公式，只要正方形邊長確定了，其面積也就唯一確定了，因為兩者之間有面積等於邊長的平方這層關係。這種關係，其實就是「函數」，我們用下面公式來表示這個關係：

$$y = x^2$$

x 與 y 是兩個變數，對於每一個 x 值，都恰只有一個 y 值與其對應，這種「對應關係」就稱為「y 是 x 的函數」，而上述公式的定義域

為 $\mathbb{R}$，值域為 $[0, \infty)$。

範例 2 求下列各函數的定義域與值域。

(A) $f(x) = \sqrt{1-x}$。 (B) $f(x) = \sqrt{1-x^2}$。 (C) $f(x) = \dfrac{1}{x}$。 (D) $f(x) = 3$。

解題要點：
所有讓函數有意義的 x 所形成的集合稱為定義域，$f(x)$ 的範圍稱為值域。

解題祕訣：
1. 根號內的數需大於或等於 0，且根號一定大於或等於 0。
2. 分母需不為 0。

說明：

(A) 當 $1 - x \geq 0$ 時 $f(x) = \sqrt{1-x}$ 才會有意義。故定義域為 $\{x \mid x \leq 1\}$ 或寫成區間 $(-\infty, 1]$，又 $f(x) = \sqrt{1-x}$ 為大於或等於 0 的實數，故值域為 $[0, \infty)$。

(B) 滿足不等式 $1 - x^2 \geq 0$ 的 x 才會讓函數 $f(x) = \sqrt{1-x^2}$ 有意義，因此定義域為 $[-1, 1]$。

又 $\because -1 \leq x \leq 1 \Rightarrow 0 \leq x^2 \leq 1 \Rightarrow 0 \geq -x^2 \geq -1 \Rightarrow 1 \geq 1 - x^2 \geq 0 \Rightarrow 1 \geq \sqrt{1-x^2} \geq 0$，故值域為 $[0, 1]$。

(C) $f(x) = \dfrac{1}{x}$ 在 $x \neq 0$ 才會有意義，故定義域為 $(-\infty, 0) \cup (0, \infty)$。如果 y 為可能的函數值則一定可以找到一個 x 使得

$$\frac{1}{x} = y \Rightarrow xy = 1 \qquad\qquad (\text{等號兩邊同乘 } x)$$

$$\Rightarrow x = \frac{1}{y} \qquad\qquad (y \text{ 需不為 } 0)$$

故當 $y \neq 0$ 時 $x = \dfrac{1}{y}$ 有解，當 $y = 0$ 時 x 無解。所以 $f(x) = \dfrac{1}{x}$ 的值域為 $(-\infty, 0) \cup (0, \infty)$。

(D) 定義域為 $\mathbb{R}$，因為所有 x 都對應到 3，所以 $f(x) = 3$ 的值域為 $\{3\}$。

延伸學習 1 求下列各函數的定義域與值域。

(A) $f(x) = \sqrt{16-x^2}$。 (B) $f(x) = \dfrac{1}{\sqrt{2x-1}}$。

(C) $f(x) = \dfrac{1}{3-x}$。 (D) $f(x) = \dfrac{\sqrt{x-1}}{x^2+2x-3}$。

解答：

(A) $D(f) = [-4, 4]$；$R(f) = [0, 4]$。

當 $16 - x^2 \geq 0$，$f(x) = \sqrt{16-x^2}$ 才會有意義，故 $D(f) = [-4, 4]$，又 $f(x) = \sqrt{16-x^2}$ 為大於或等於 0 的實數，因此 $R(f) = [0, 4]$。

(B) $D(f) = (\dfrac{1}{2}, \infty)$；$R(f) = (0, \infty)$。

當 $2x - 1 > 0$，$f(x) = \dfrac{1}{\sqrt{2x-1}}$（分母需不為 0）才會有意義，故 $D(f) = (\dfrac{1}{2}, \infty)$，又 $\because \sqrt{2x-1}$ 大於等於 0，故 $R(f) = (0, \infty)$。

(C) $D(f) = \mathbb{R} - \{3\}$；$R(f) = \mathbb{R} - \{0\}$。

當 $3 - x \neq 0$ 時，f 才會有意義，故 $D(f) = \mathbb{R} - \{3\}$。如果 y 為可能的一個函數值，則一定可以找到一個 x 使得

$$\frac{1}{3-x} = y \Rightarrow (3-x)\,y = 1$$
$$\Rightarrow -xy = 1 - 3y$$
$$\Rightarrow x = \frac{3y-1}{y} \,(y \text{ 需不為 } 0)$$

故當 $y \neq 0$ 時 $x = 3 - \frac{1}{y}$ 有解。當 $y = 0$ 時 x 無解，故 $f(x) = \frac{1}{3-x}$ 的值域為 $\mathbb{R} - \{0\}$。

(D) $D(f) = (1, \infty)$；$R(f) = (0, \infty)$。

當 $x \geq 1$ 且 $x^2 + 2x - 3 \neq 0$ 時，$f(x) = \dfrac{\sqrt{x-1}}{x^2 + 2x - 3}$ 才會有意義，故 $D(f) = (1, \infty)$，當 $x > 1$ 時，$x^2 + 2x - 3 > 0$，故 $f(x) = \dfrac{\sqrt{x-1}}{x^2 + 2x - 3} > 0$，因此 f 的值域為 $(0, \infty)$。

函數的圖形

設 $y = f(x)$ 為一個函數（x, y 皆為實數），將自變數 x 當作 x 座標而應變數 y 當作 y 座標，在直角座標平面中將所有以 $(x, y) = (x, f(x))$ 為座標的點一一描繪出，就形成函數 f 的圖形。

例如：設函數 $f(x) = x + 1$，在直角座標平面上將所有以 $(x, x + 1)$ 為座標的點一一描繪出，就形成 $f(x) = x + 1$ 的圖形，它的圖形為一直線（圖 1.3.2）。

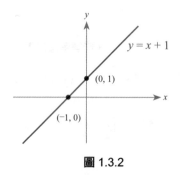

圖 1.3.2

x	...	-4	-1	0	1	2	...
$y = f(x)$	...	-3	0	1	2	3	...

鉛直線檢驗法

由函數的定義可知：函數 $f : A \to B$ 的映射規則是：對於 A 中的每一個元素，必可在 B 中找到唯一的一個元素與之對應。因此對定義域中任何一點 x 做垂直於 x 軸的直線，則直線只會和函數的圖形交於一點 $(x, f(x))$。若有一個過定義域中某一點的鉛直線與圖形有兩個以上的交點就違反了函數的定義，這個圖形不會是一個函數圖形。舉例來說，$x^2 + y^2 = 1$ 為一圓方程式，給定一個 x 值，如 $x = \dfrac{\sqrt{3}}{2}$，則 y 有 $\dfrac{1}{2}$ 以及 $\dfrac{-1}{2}$ 與 $x = \dfrac{\sqrt{3}}{2}$ 對應，但是由函數的定義所述，所以圓不能是某個函數的圖形。因此可知在直角座標平面上並非每一個曲線都是為某一個函數的圖形。

範例 3 下列各圖形中，何者不是 x 的函數圖形？

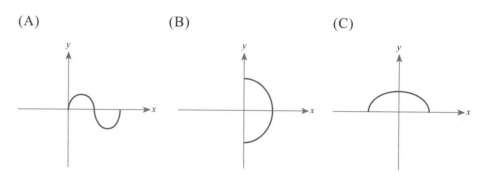

(A) (B) (C)

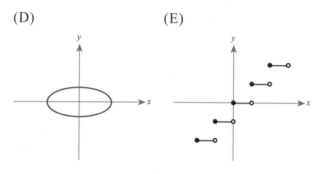

(D) (E)

解題秘訣：
做任意鉛直線，只與圖形有一個交點，才會是函數圖形。

說明： (B)，(D)。

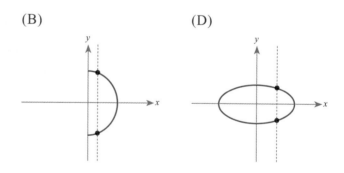

(B) (D)

因 (B)、(D) 中有一條鉛直線與圖形有兩個交點，所以 (B)、(D) 不是 x 的函數圖形。

分段定義函數

將函數的定義域分成若干段，並在每一段定義域中有不同的對應規則，如此所形成的函數稱為分段定義函數。例如絕對值函數就是一分段定義函數，其定義如下：

絕對值函數（absolute function）

$$f(x) = |x| = \begin{cases} x, & \text{若 } x \geq 0 \\ -x, & \text{若 } x < 0 \end{cases}$$

當 $x = 3$ 時，其函數值為 $f(3) = 3$，當 $x = -7$ 時，其對應的函數值為 $f(-7) = -(-7) = 7$。絕對值函數的定義域為 $(-\infty, \infty)$，值域為 $[0, \infty)$，它的圖形如圖 1.3.3 所示。

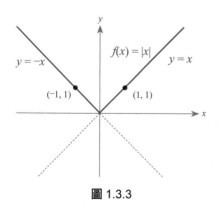

圖 1.3.3

範例 4 對任意實數 x，定義符號 $[\![x]\!]$ 表示不大於 x 的最大整數，若將 x 當成變數，則函數 $f(x) = [\![x]\!]$ 稱為高斯函數。高斯函數亦為分段定義函數，它的定義域為所有實數 $\mathbb{R}$，而值域為 $\mathbb{Z}$。

(A) 求 $[\![1.3]\!]$, $[\![-3.5]\!]$, $[\![2]\!]$ 及 $[\![-\sqrt{2}\,]\!]$ 的值。

(B) 請畫出 $f(x) = [\![x]\!]$ 的圖形。

解題秘訣：分段作圖。

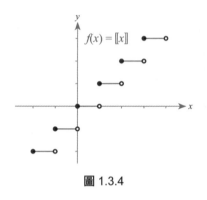

圖 1.3.4

說明：

(A) $[\![1.3]\!] = 1$，$[\![-3.5]\!] = -4$，$[\![2]\!] = 2$，$[\![-\sqrt{2}\,]\!] = -2$。

(B) 若 n 是整數，當 $n \leq x < n + 1$ 時，$f(x) = n$。

例如：

$-2 \leq x < -1 \Rightarrow f(x) = -2$；

$-1 \leq x < 0 \Rightarrow f(x) = -1$；

$0 \leq x < 1 \Rightarrow f(x) = 0$；

$1 \leq x < 2 \Rightarrow f(x) = 1$。

因此 $f(x)$ 的圖形是階梯狀的，如圖 1.3.4。

對稱

對稱的概念可以來自鏡子，當你面對一面鏡子時，真實的你與鏡中的你，就是對稱的。下面我們給予嚴謹的定義：

設 L 為平面上的一直線，P 與 P' 為平面上的兩點，若 P 不為直線 L 上的點且 L 為線段 $\overline{PP'}$ 的中垂線，則 P、P' 互為對 L 的對稱點（圖 1.3.5A）。若 O 為線段 $\overline{PP'}$ 的中點，則 P、P' 互稱為對 O 的對稱點（圖 1.3.5B）。

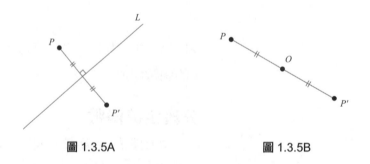

圖 1.3.5A   圖 1.3.5B

範例 5 求點 $P(x_0, y_0)$ 關於 $y = x$ 的對稱點 Q 的座標。

解題要點：
直線 $y = x$ 為 $P(x_0, y_0)$ 和對稱點的中垂線。

說明：

(1) 設對稱點 Q 座標為 (α, β)，$\because$ 直線 $\overleftrightarrow{PQ}$ 垂直直線 $y = x$

$$\therefore \frac{\beta - y_0}{\alpha - x_0} = -1 \Rightarrow \beta - y_0 = -\alpha + x_0 \cdots\cdots ①$$

解題秘訣：
設 Q 的座標為 (α, β)，由
① $\perp$ → 斜率相乘 $= -1$
② 平分 → P、Q 的中點在對稱軸 $y = x$
　上
列出兩條含有 α 及 β 的方程式。

(2) 因 P、Q 的中點落在 $y = x$ 上，故

$$\frac{\alpha + x_0}{2} = \frac{\beta + y_0}{2} \Rightarrow \alpha - \beta = y_0 - x_0 \cdots\cdots ②$$

由 ① ② 可得 $\alpha = y_0$，$\beta = x_0$，故對稱點座標為 (y_0, x_0)。

利用範例 5 中所提的方法我們可得常用對稱點座標：

- (x, y) 對 x 軸的對稱點為 $(x, -y)$。
- (x, y) 對 y 軸的對稱點為 $(-x, y)$。
- (x, y) 對原點的對稱點為 $(-x, -y)$。
- (x, y) 對 $y = x$ 的對稱點為 (y, x)。
- (x, y) 對 $y = -x$ 的對稱點為 $(-y, -x)$。

設 L 為平面上一直線，S 和 S' 為平面上的兩個圖形。

(1) 當 S 上的每一個點對於 L 的對稱點都在圖形 S' 上，且 S' 的每一個點對於 L 的對稱點亦在圖形 S 上，我們稱 S 與 S' 兩圖形對於 L 對稱，而直線 L 稱為對稱軸。

(2) 若 S 上的每一點，對於點 O 之對稱點都在 S' 上；反之亦然，則稱 S 與 S' 兩圖形對於點 O 對稱。

由上述定義我們可得到下列結論：

- $y = -f(x)$ 和 $y = f(x)$ 兩圖形對稱於 x 軸。
- $y = f(-x)$ 和 $y = f(x)$ 兩圖形對稱於 y 軸。
- $y = -f(-x)$ 和 $y = f(x)$ 圖形對稱於原點。
- $x = f(y)$ 和 $y = f(x)$ 圖形對稱於直線 $y = x$。
- $x = -f(-y)$ 和 $y = f(x)$ 兩圖形對稱於直線 $y = -x$。

註：若 S 與其對稱圖形 S' 圖形相同，我們稱 S 為一對稱圖形。

奇函數、偶函數

奇函數及偶函數具有對稱的特性。

定義 1.3.2

(A) 對定義域中每一個 x，若 $f(-x) = f(x)$ 恆成立，則稱 $f(x)$ 為奇函數，奇函數的圖形對稱於原點，如圖 1.3.6A 所示。

(B) 對定義域內每一點 x，若 $f(-x) = f(x)$ 恆成立，則稱 $f(x)$ 為偶函數，偶函數的圖形對稱於 y 軸，如圖 1.3.6B 所示。

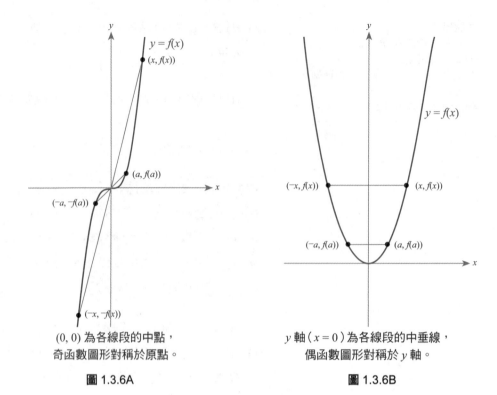

$(0, 0)$ 為各線段的中點，
奇函數圖形對稱於原點。

圖 1.3.6A

y 軸（$x = 0$）為各線段的中垂線，
偶函數圖形對稱於 y 軸。

圖 1.3.6B

範例 6 下列何者正確？

(A) $f(x) = x^3 + 1$ 是奇函數。

(B) $f(x) = x^6 + 5$ 是偶函數。

(C) 若 $f(x)$、$g(x)$ 都是奇函數，則 $f(x) + g(x)$ 為奇函數。

(D) 若 $f(x)$ 是奇函數，而 $g(x)$ 是偶函數，則 $f(x)g(x)$ 為奇函數。

(E) 若 $f(x)$ 為奇函數，則函數 f 的圖形對稱於原點。

解題要點：
奇函數 $\Leftrightarrow f(-x) = -f(x)$
偶函數 $\Leftrightarrow f(-x) = f(x)$

解題秘訣：
奇 ± 奇 ＝ 奇
偶 ± 偶 ＝ 偶
奇 × 偶 ＝ 奇
奇 × 奇 ＝ 偶
偶 × 偶 ＝ 偶

說明：

(A) 錯誤，$\because f(-1) = (-1)^3 + 1 = 0 \neq -f(1)$。

(B) 正確，$\because$ 對於每一個實數 x，$f(-x) = (-x)^6 + 5 = x^6 + 5 = f(x)$ 恆成立。

(C) 正確，令 $h(x) = f(x) + g(x)$，由於函數 h 定義域中的每一個點 x 皆具有 $h(-x) = f(-x) + g(-x) = [-f(x)] + [-g(x)] = -[f(x) + g(x)]$ $= -h(x)$，因此 $f(x) + g(x)$ 為奇函數。

(D) 正確，令 $h(x) = f(x)g(x)$，由於函數 h 定義域中的每一個點 x 皆使得 $h(-x) = f(-x)g(-x) = [-f(x)]g(x) = -[f(x)g(x)] = -h(x)$ 恆成立。因此 $f(x)g(x)$ 為奇函數。

(E) 正確，由奇函數的定義可知：奇函數的圖形對稱於原點。

函數的單調性

當函數圖形是由左方往右方上升，即當 x 由小變大時，對應的函數值也會跟著由小變大，則稱函數為一嚴格遞增函數。當函數圖形是由左方往右方下降，則稱函數為一嚴格遞減函數。

定義 1.3.3　設 I 為函數 $f(x)$ 定義域上的一個區間，x_1 與 x_2 為區間 I 中任意的相異兩點，

(1) 若函數 f 滿足「$x_1 < x_2 \Rightarrow f(x_1) < f(x_2)(f(x_1) \le f(x_2))$」，則稱 f 在 I 上嚴格遞增（遞增）。

(2) 若函數 f 滿足「$x_1 < x_2 \Rightarrow f(x_1) > f(x_2)(f(x_1) \ge f(x_2))$」，則稱 f 在 I 上嚴格遞減（遞減）。

(3) 在 I 上**嚴格遞增**（strictly increasing）、**遞增**（increasing）、**嚴格遞減**（strictly decreasing）、**遞減**（decreasing）的函數都稱為在 I 上的**單調函數**（monotone function）。

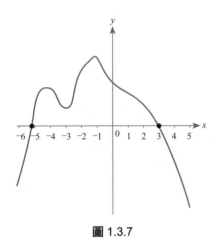

圖 1.3.7

解題秘訣：
1. 在區間 I 中，函數圖形由左往右上升，則函數在 I 為嚴格遞增函數。
2. 在區間 I 中，函數圖形由左往右下降，則函數在 I 為嚴格遞減函數。
3. 遞增或遞減函數皆稱為單調函數。
4. 函數 f 在 x 軸的交點為函數 f 的實根。

範例 7　圖 1.3.7 為一函數 f 的圖形，請問下列敘述何者正確？

(A) $f(x)$ 在 $[-1, 5]$ 是嚴格遞減函數。

(B) $f(x)$ 在 $[-3, -2]$ 是嚴格遞增函數。

(C) 因為 $-5 < -3$ 且 $f(-5) < f(-3)$，則函數 f 在 $[-5, -3]$ 為單調函數。

(D) 在區間 $[-6, 5]$ 上 $f(x) = 0$ 有兩個實根。

說明：

(A) 正確，在 $[-1, 5]$ 上，函數圖形由左方往右方下降，因此可知 f 在 $[-1, 5]$ 為嚴格遞減函數。

(B) 正確，在 $[-3, -2]$ 上，函數圖形由左方往右方上升，因此可知 f 在 $[-3, -2]$ 為嚴格遞增函數。

(C) 錯誤，由於在 $[-5, -3]$ 上，函數圖形並非由左往右上升，亦不是由左往右下降（有些地方上升，有些地方下降），故 f 不是單調函數。

(D) 正確，因為函數 $f(x)$ 在 $[-6, 5]$ 上和 x 軸有兩個交點，所以 $f(x)$ 在 $[-6, 5]$ 有兩個實根。

平移、伸縮

　　某些較複雜的函數圖形可由較簡單的函數圖形利用平移、伸縮或對稱等方式得到。例如，對相同的 x 值，$y = x^2 + 2$ 的 y 值較 x^2 的 y 值多 2，故 $y = x^2 + 2$ 的圖形在形狀上與 $y = x^2$ 的圖形相同，但位於 $y = x^2$ 圖形上方 2 個單位，如圖 1.3.8A 所示。現在，我們考慮水平平移，例如 $y = (x - 1)^2$ 的圖形為 $y = x^2$ 向右平移 1 個單位，如圖 1.3.8B 所示。將 $y = x^2$ 的圖形沿 y 軸方向伸縮 $\frac{1}{2}$ 倍，可以得到 $y = \frac{1}{2}x^2$ 的圖形，如圖 1.3.8C 所示。

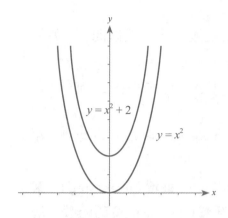

$y = x^2 + 2$ 的圖形與 $y = x^2$ 相同，但位於 $y = x^2$ 圖形上方 2 個單位。

圖 1.3.8A

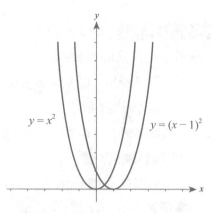

$y = (x - 1)^2$ 的圖形為 $y = x^2$ 圖形向右平移 1 個單位。

圖 1.3.8B

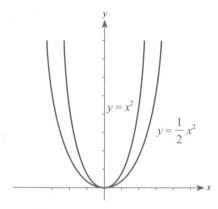

$y = \frac{1}{2} x^2$ 的圖形為 $y = x^2$ 圖形沿 y 軸伸縮 $\frac{1}{2}$ 個單位。

圖 1.3.8C

假設 $c > 0$：

將 $y = f(x)$ 的圖形向上平移 c 單位，得到 $y = f(x) + c$ 的圖形。

將 $y = f(x)$ 的圖形向下平移 c 單位，得到 $y = f(x) - c$ 的圖形。

將 $y = f(x)$ 的圖形向右平移 c 單位，得到 $y = f(x - c)$ 的圖形。

將 $y = f(x)$ 的圖形向左平移 c 單位，得到 $y = f(x + c)$ 的圖形。

將 $y = f(x)$ 的圖形沿 y 軸方向伸縮 c 倍，可得到 $y = c \cdot f(x)$ 的圖形。

函數的合併

函數就像一台機器，可以把我們丟進去的原料加工產生新的物品，我們可以把不同的機器組合起來，函數也可以結合成為新的函數。兩個函數可以用許多的方式合併成新的函數，如函數的四則運算及合成。因此，可以延伸出多樣的函數來表徵具體世界。設 f 與 g 為兩個函數，當 x 落在 f 和 g 的共同的定義域（如圖 1.3.9）時，我們定義函數的四則運算如下：

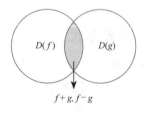

$f \cdot g$ 的定義域

圖 1.3.9

和 $(f + g)(x) = f(x) + g(x)$ 定義域 $D(f) \cap D(g)$

差 $(f - g)(x) = f(x) - g(x)$ 定義域 $D(f) \cap D(g)$

積 $(f \cdot g)(x) = f(x) \cdot g(x)$ 定義域 $D(f) \cap D(g)$

商 $\left(\dfrac{f}{g} \right)(x) = \dfrac{f(x)}{g(x)}$ 定義域為 $D(f) \cap D(g) - \{x \mid g(x) = 0\}$，即為 $D(f) \cap D(g)$ 中所有讓 $g(x) \neq 0$ 的所有數

範例 8 $f(x) = \sqrt{x}$，$g(x) = \dfrac{1}{x}$，請寫出 $f + g$、$f - g$、$f \cdot g$ 及 $\dfrac{f}{g}$。

解題秘訣：
- $\sqrt{x} = x^{\frac{1}{2}}$
- $x^n \cdot x^m = x^{n+m}$ 底相同相乘次方相加。
- $x^n \div x^m = x^{n-m}$，$(x \neq 0)$ 底相同相除次方相減
- $\dfrac{1}{x^n} = x^{-n}$，$x \neq 0$

說明：

∵ f 的定義域 $= [0, \infty)$，g 的定義域為 $(-\infty, 0) \cup (0, \infty)$。

∴ f 和 g 的共同定義域為 $(0, \infty)$（$D(f) \cap D(g)$），當 $x \in (0, \infty)$ 時，我們有 $(f + g)(x) = \sqrt{x} + \dfrac{1}{x}$。

$$(f - g)(x) = \sqrt{x} - \dfrac{1}{x}$$

$$(f \cdot g)(x) = \sqrt{x} \cdot \dfrac{1}{x} = \dfrac{\sqrt{x}}{x} = \dfrac{x^{\frac{1}{2}}}{x} = x^{-\frac{1}{2}}$$

$$\left(\dfrac{f}{g}\right)(x) = \sqrt{x} \div \dfrac{1}{x} = \sqrt{x} \cdot x = x^{\frac{3}{2}}$$

　　合成是結合兩函數的另一個方法，兩個函數經合成後產生的新函數稱為**合成函數**（composite function）。

> **定義 1.3.4**　假設 f 和 g 為兩個函數。設 x 在函數 g 的定義域中，且 $g(x)$ 在函數 f 的定義域中，則 f 和 g 的合成函數 $f \circ g$ 定義為
>
> $$(f \circ g)(x) = f(g(x))$$

　　由定義可知，$f \circ g$ 的定義域為在函數 g 的定義域內的 x 值，同時使得 $g(x)$ 也落在函數 f 的定義域內之所有 x 所形成的集合。

　　我們用下列的符號表示 $f \circ g$ 的定義域：

$$D(f \circ g) = \{x \mid x \in D(g)，且\ g(x) \in D(f)\}$$

如圖 1.3.10 所示。

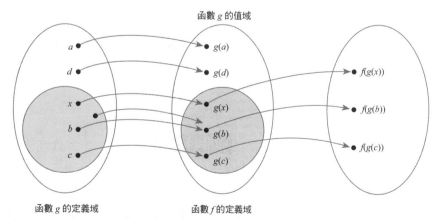

函數 g 的定義域中的子集（灰色部分）為合成函數 $f \circ g$ 的定義域，在 $f \circ g$ 的定義域中的所有元素 x，其函數值 $g(x)$ 一定要落在函數 f 的定義域中（特殊顏色部分）。

圖 1.3.10

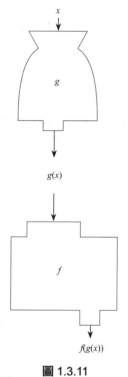

x

g

$g(x)$

f

$f(g(x))$

圖 1.3.11

解題秘訣：
1. 計算 $f \circ g(x)$ 的方法：
　將 $g(x)$ 代入函數 f 的 x 中。
2. 計算 $g \circ f(x)$ 的方法：
　將 $f(x)$ 代入函數 g 的 x 中。

如果我們把函數 f 與 g 想像成兩個機器，當變數（原料）$x \in D(g)$ 時，我們將 x 代入函數 g（機器 g）之後，我們得到 $g(x)$，若是 $g(x) \in D(f)$，則可以再代入函數 f（機器 f），從而得到 $f(g(x))$。因此，那麼當變數（原料）$x \in D(g)$ 代入合成函數 $f \circ g$ 之後，就必須經過兩次加工才會得到產品 $f \circ g(x)$，如圖 1.3.11。

　　是不是任意兩個函數都可以做合成呢？答案是錯的！

　　例如：設 $f(x) = \sqrt{x}$，$g(x) = -x^2 - 1$，因 $g(x) < 0$，所以 $g(x) \notin D(f)$，因此 $f \circ g$ 沒有定義。

範例 9 $f(x) = x^2$，$g(x) = \sqrt{x-1}$，試求 $f \circ g$ 與 $g \circ f$，並求其定義域。

說明： $D(f) = \mathbb{R}$，$D(g) = [1, \infty)$

$\because D(f \circ g) = \{x \mid x \in D(g)$，且 $g(x) \in D(f)\}$，由 $x \in D(g)$ 可知 $x \geq 1$

又因 $g(x) = \sqrt{x-1} \geq 0$ 一定會屬於 f 的定義域，故 $D(f \circ g) = [1, \infty)$

且 $(f \circ g)(x) = f(g(x)) = f(\sqrt{x-1}) = (\sqrt{x-1})^2 = x - 1$

$\because D(g \circ f) = \{x \mid x \in D(f)$，且 $f(x) \in D(g)\}$

$\therefore x \in \mathbb{R}$ 且 $f(x) = x^2$ 需屬於 $D(g)$，故 $x^2 - 1 \geq 0 \Rightarrow x \geq 1$ 或 $x \leq -1$

故 $g \circ f$ 的定義域為 $(-\infty, -1] \cup [1, \infty)$，而

$$(g \circ f)(x) = g(f(x)) = g(x^2) = \sqrt{x^2 - 1}$$

由上述我們可知 $f \circ g$ 和 $g \circ f$ 不見得相等。

延伸學習 2 $f(x) = \sqrt{x-1}$，$g(x) = \sqrt{x}$，求 $f \circ g$ 以及 $D(f \circ g)$。

解答： $f \circ g(x) = f(g(x)) = f(\sqrt{x}) = \sqrt{\sqrt{x} - 1}$ 且 $D(f \circ g) = \{x \mid \sqrt{x} - 1 \geq 0\}$ $= \{x \mid x \geq 1\} = [1, \infty)$。

註：函數的合成可推廣至三個（或三個以上）函數的合成。例如，假設有三個函數 f、g 和 h，則 $f \circ g \circ h$（當有定義時）：$(f \circ g \circ h)(x)$ $= f[g(h(x))]$。

範例 10 假設 $f(x) = \dfrac{1}{x}$，$g(x) = x^2 + 5$，$h(x) = \sin x$，求函數 $f \circ g \circ h$ 為何？

解題秘訣：
要計算 $f \circ g \circ h(x)$，我們先算 $h(x)$，再算 $g(h(x))$，最後再算 $f[g(h(x))]$。

說明： $(f \circ g \circ h)(x) = f[g(h(x))] = f[g(\sin x)]$

$$= f[\sin^2(x) + 5] = \frac{1}{\sin^2(x) + 5}$$

延伸學習 3　假設 $f(x) = \dfrac{1}{x}$，$g(x) = \sqrt{x}$，$h(x) = x^2 + 1$，則 $f \circ g \circ h$ 為何？

解答： $f \circ g \circ h\,(x) = f(g(h(x))) = f(\sqrt{x^2 + 1}\,) = \dfrac{1}{\sqrt{x^2 + 1}}$。

範例 11　假設函數 $F(x) = \sqrt{x^2 + 1}$，請找出函數 f 和 g 使得 $F = f \circ g$，函數 f 稱為外部函數，函數 g 稱為內部函數。

說明： $\because F(x) = (f \circ g)(x) = f(g(x))$，因此 $f(x)$ 為外部函數，$g(x)$ 為內部函數，又函數 F 為 x 平方加 1 再開根號，所以我們令 $g(x) = x^2 + 1$（平方加 1），且 $f(x) = \sqrt{x}$（開根號）。

註：範例 11 中 $f(x) = \sqrt{x}$，$g(x) = x^2 + 1$ 並非唯一的答案。例如：令 $h(x) = \sqrt[4]{x}$，$k(x) = (x^2 + 1)^2$，函數 $h \circ k = F$（請讀者自行檢驗）。

解題秘訣：
若 $F(x) = f(g(x))$ 時，先做的步驟為函數 g，最後的為 f。
合成函數 $f \circ g$ 可看成一個洋蔥，外層為外部函數，內層為內部函數。

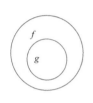
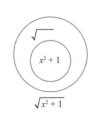

延伸學習 4　假設 $F(x) = \tan^2 x$，請找出函數 f 和 g 使得 $F = f \circ g$。

解答： $f(x) = x^2$，$g(x) = \tan x$。

範例 12　假設函數 $F(x) = \sin^2(3x)$，請找出函數 f、g、h 使得 $F = f \circ g \circ h$。

說明： $\because F(x) = \sin^2(3x) = [\sin(3x)]^2$，即先將 x 乘 3，取 $\sin$，最後再平方，因此

$$h(x) = 3x$$
$$g(x) = \sin x$$
$$f(x) = x^2$$

解題秘訣：
$F = f \circ g \circ h$ 先做的步驟為 h，g 次之，最後的步驟為 f。
合成函數 $f \circ g \circ h$ 可看成一個洋蔥。

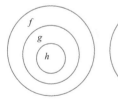
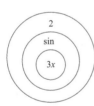

延伸學習 5　假設 $F(x) = \sin^3(2x + 3^x)$，$h(x) = 2x + 3^x$，請找出函數 f、g 使得 $F = f \circ g \circ h$。

解答： $f(x) = x^3$，$g(x) = \sin x$。

一對一函數

若函數 f 定義域中所有不同的點，對應到的函數值也都不相同，我們稱 f 為一對一函數。

> **定義 1.3.5**　設函數 $f = A \rightarrow B$，如果定義域 A 中任兩個元素 x_1、x_2，若 $x_1 \neq x_2$ 時，恆有 $f(x_1) \neq f(x_2)$，則稱 f 為**一對一**（one - to - one）函數。

由定義 1.3.5 可知，如果 f 為一對一函數，定義域中沒有兩個不同的元素有相同的函數值。

範例13　設函數 $f : A \rightarrow \mathbb{R}$，$A$ 為 f 之定義域，$\mathbb{R}$ 為實數集合，請問下列函數何者是從 A 映至 $\mathbb{R}$ 的一對一函數？
(A) $f(x) = 2$。(B) $f(x) = x^3$。(C) $f(x) = |x|$。

說明：

(A) 不管 x 的值是多少，$f(x)$ 恆為 2，故 $f(x) = 2$，不是一對一函數。

(B) 因為任意實數 x_1、x_2，若 $x_1 \neq x_2 \Rightarrow x_1^3 \neq x_2^3$，所以 $f(x) = x^3$ 為一對一函數。

(C) 因為 $1 \neq -1$，但是 $f(1) = f(-1) = 1$，因此 $f(x) = |x|$ 不是一對一函數。

從幾何上來說，如果每一條水平線只與函數圖形交於一點，那麼我們說這個函數是一對一函數（圖 1.3.12）。

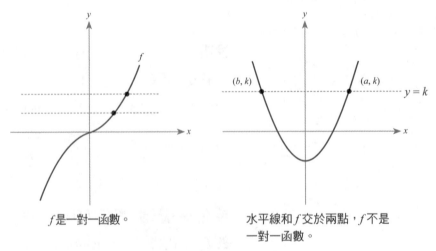

f 是一對一函數。　　　　水平線和 f 交於兩點，f 不是一對一函數。

圖 1.3.12

> 水平線檢驗法：函數 $y = f(x)$ 為一對一 $\Leftrightarrow$ 任一水平線和 f 的圖形，至多交於一點。

所以如果要檢驗是不是一對一函數，那必須同時滿足水平線檢驗法和鉛直線檢驗法。

反函數

一函數能將原料 x 產生物品 $y = f(x)$，如果另有一個函數能將物品 $y = f(x)$ 復原為原料 x，有這樣特性的函數稱為 f 的反函數，以 f^{-1} 來表示。舉例來說：假設 $f(x) = x^3$，f 將定義域內的 x 值自乘三次，藉由函數 $g(x) = \sqrt[3]{x}$ 可將 x^3「回復」成 x，函數 g 就稱為 f 的反函數。從這個例子令 $f(x) = x^3$、$g(x) = \sqrt[3]{x}$，我們會發現函數 f 和 g 的合成會有下列規則：

(i) $g \circ f(x) = g(f(x)) = g(x^3) = \sqrt[3]{x^3} = (x^3)^{\frac{1}{3}} = x$，$\forall\, x \in D(f)$；

且

(ii) $f \circ g(y) = f(g(y)) = f(\sqrt[3]{y}) = (\sqrt[3]{y})^3 = y$，$\forall\, y \in D(g)$。

換句話說，反函數會取消原函數的作用。

定義 1.3.6 假設 $f : A \to B$，其中 A 為定義域，B 為值域。若函數 $g : B \to A$ 滿足：

(i) $(g \circ f)(x) = x$，對函數 f 的定義域 A 中所有元素 x 皆成立；且

(ii) $(f \circ g)(y) = y$，對函數 g 的定義域 B 中所有元素 y 皆成立。

我們稱 g 為 f 的**反函數**（inverse function），以 f^{-1} 表示（英文讀作：f inverse）。

請注意：$f^{-1}(x) \neq \dfrac{1}{f(x)}$，且若 g 為 f 的反函數，則 f 亦為 g 的反函數。以下是有關反函數 f^{-1} 的重要概念：

(i) f 的定義域為 f^{-1} 的值域，而 f^{-1} 的定義域為 f 的值域。

(ii) 若 $f : A \to B$ 為一對一函數（B 為值域），則函數 f 一定有唯一的反函數。

(iii) 如果函數 f 在整個定義域上是嚴格單調（嚴格遞增或嚴格遞減），則 f 具有反函數。

範例 14 求證 $f(x) = \dfrac{x^3 + 5}{2}$ 和 $g(x) = \sqrt[3]{2x - 5}$ 互為反函數。

解題要點：
$F : A \to B$，A 為定義域，B 為值域，若 $g : B \to A$ 滿足：
(1) $(g \circ f)(x) = x, \forall\, x \in A$；
(2) $(f \circ g)(y) = y, \forall\, y \in B$。
則稱 g 為 f 的反函數。

說明：(1) 因為 f 和 g 的定義域和值域皆為 $\mathbb{R}$，因此 $f \circ g$ 和 $g \circ f$ 到處都有定義。

解題秘訣：

1. $\sqrt[n]{a^n} = (a^n)^{\frac{1}{n}} = a^{n \cdot \frac{1}{n}} = a^1 = a$

2. $(\sqrt[n]{a})^n = (a^{\frac{1}{n}})^n = a^1 = a$

$$\therefore (g \circ f)(x) = g(f(x)) = g\left(\frac{x^3 + 5}{2}\right)$$

$$= \sqrt[3]{2\left(\frac{x^3 + 5}{2}\right) - 5}$$

$$= \sqrt[3]{(x^3 + 5) - 5}$$

$$= \sqrt[3]{x^3}$$

$$= x \quad (\forall\, x \in \mathbb{R})$$

且 (2) $(f \circ g)(y) = f(g(y))$

$$= f(\sqrt[3]{2y - 5})$$

$$= \frac{\sqrt[3]{2y - 5} + 5}{2}$$

$$= \frac{2y - 5 + 5}{2} \qquad ((\sqrt[3]{2y - 5})^3 = 2y - 5)$$

$$= y \quad (\forall\, y \in \mathbb{R})$$

由 (1) 和 (2) 可知 $f(x)$ 和 $g(x)$ 互為反函數。

習題 1.3

1. $f(x) = x + \dfrac{1}{x}$，$g(x) = \sqrt{x}$，請寫出 $f + g$，$f - g$，$f \cdot g$ 及 $\dfrac{f}{g}$。

2. $f(x) = \dfrac{x + 5}{x - 3}$，$g(x) = \sqrt{x^2 - 1}$，請求 $f \circ g(\sqrt{5})$ 及 $g \circ f(4)$。

3. $f(x) = -18$，$g(x) = |x|$，求 $f(g(x))$ 及 $g(f(x))$。

4. 請找出函數 $f(x)$ 使得 $f \circ g = h$。

　(A) $g(x) = x + 1$，$h(x) = \dfrac{1}{x + 1}$。

　(B) $g(x) = 4x - 6$，$h(x) = \sqrt[3]{(4x - 6)^4}$。

　(C) $g(x) = 3x$，$h(x) = 2\sin(3x)$。

　(D) $g(x) = \sin x$，$h(x) = \sin^2 x$。

5. 令 $f(x) = \sqrt{x + 5}$，$g(x) = \sin^2 x$，$h(x) = 3x$，求 $f \circ g \circ h$ 的公式。

6. 請找出函數 f、g 及 h 使得 $f \circ g \circ h = F$。

　(A) $F(x) = \sin^2 3x$。

　(B) $F(x) = \dfrac{1}{|x| + 1}$。

7. 請說明 $h(x) = \dfrac{1}{1 + x^2}$ 不是一對一函數。

8. 求證 $f(x) = \dfrac{2x^3 + 3}{2}$ 及 $g(x) = \sqrt[3]{\dfrac{2x - 3}{2}}$ 互為反函數。

第 4 節　多項式函數

函數是表徵兩量關係的基本語言，而多項式函數是在四則運算下最基本的函數，可以直接求值，也是用來逼近一般函數的基本函數。

多項式的意義

設 n 為正整數或 0，而 a_0、a_1、$a_2 \cdots a_n$ 為 $n+1$ 個給定的常數，下面這種形式的函數稱為多項式函數：

$$P(x) = a_n x^n + a_{n-1} x^{n-1} + \cdots + a_1 x + a_0$$

所有多項式函數的定義域皆 $\mathbb{R}$，其中 $a_n x^n$、$a_{n-1} x^{n-1} \cdots a_1 x$、$a_0$ 分稱為此多項式的 n 次項、$n-1$ 次項 … 一次項、常數項，而 a_n、a_{n-1} … a_0 稱為此多項式函數**係數**（coefficients）。當 a_n、a_{n-1} … a_0 皆為整數（有理數、實數）時，$P(x)$ 稱為整係數（有理係數、實數係）多項式函數，並稱 $P(x)$ 為佈於 $\mathbb{Z}(\mathbb{Q}、\mathbb{R})$ 的多項式，記為 $P(x) \in \mathbb{Z}[x](\mathbb{Q}[x]、\mathbb{R}[x])$。

當 $a_n \neq 0$，稱 $P(x)$ 為 n 次多項式函數，$P(x)$ 的次數簡記為 $\deg P(x) = n$，此時的 a_n 叫作 $P(x)$ 的首項係數或領導係數，且 $P(x_0) = a_n x_0^n + a_{n-1} x_0^{n-1} + a_{n-2} x_0^{n-2} + \cdots + a_1 x_0 + a_0$ 稱為 $P(x)$ 在 $x = x_0$ 的值，例如：$P(x) = -3x^5 + 4x + 1$ 為 5 次多項式函數，共 3 項，領導係數為 -3，常數項為 1，且 $P(x)$ 在 $x = 1$ 的值為 2，即 $P(1) = 2$。當 $a \neq 0$ 時，$P(x) = a$ 稱為零次多項式，$P(x) = 0$ 稱為零多項式函數，其次數沒有定義。零多項式函數與零次多項式合稱為**常數函數**（constant function）。$P(x) = a$ 的圖形為過 $(0, a)$，且垂直 y 軸的水平線，如 $p(x) = 2$ 為過 $(0, 2)$ 且垂直 y 軸的水平線。當 $a \neq 0$ 時 $P(x) = ax + b$，稱為一次函數或**線性函數**（linear function），其圖形為一斜直線，而當 $a \neq 0$ 時，$P(x) = ax^2 + bx + c$，叫作**二次函數**（quadratic function），其圖形為一拋物線，當 $a > 0$ 時，拋物線的開口向上；當 $a < 0$ 時，拋物線的開口向下。圖 1.4.1 顯示三個多項式函數的圖形，我們會在第 4 章進一步探討如何繪製高次多項式的圖形。

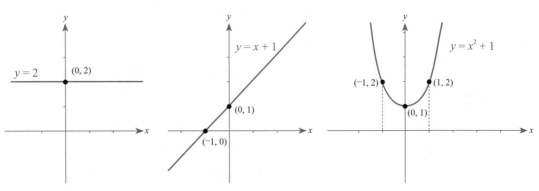

$y = 2$ 為零次函數，其圖形為過定點 $(0, 2)$ 的一水平線。

$y = x + 1$ 為一次函數，其圖形為過定點 $(0, 1)$ 斜率為 1 的斜直線。

$y = x^2 + 1$ 為以 $(0, 1)$ 為頂點，$x = 0$ 為對稱軸的拋物線。

圖 1.4.1A　　　　圖 1.4.1B　　　　圖 1.4.1C

註：若是未知數 x 出現在分母裡、根號裡或是絕對值中，就不能定義為「多項式」。例如：

- $\dfrac{1}{x} + 2x + 1$，因為 x 出現在分母裡，所以不是多項式。
- $\sqrt{x} + x^2 + 3$，因為 x 出現在根號裡，所以不是多項式。
- $|x| + x^2 + 3$，因為 x 出現在絕對值裡，所以不是多項式。

定義 1.4.1（多項式的排列）

一個多項式，先合併同次項，再依各項次數由大而小、由左而右順序排列，此形式稱為降冪排列；依各項次數由小而大、由左而右順序排列稱為升冪排列。

多項式的相等

設 $f(x) = a_n x^n + a_{n-1} x^{n-1} + \cdots + a_1 x + a_0$

$g(x) = b_m x^m + b_{m-1} x^{m-1} + \cdots + b_1 x + b_0$

為兩多項式，其中 a_n、$b_m \neq 0$。

若 $f(x)$ 與 $g(x)$ 的「次數相等」（$n = m$）且 $f(x)$ 與 $g(x)$ 的同次項係數一一相等，即 $a_n = b_m$，$\cdots$，$a_1 = b_1$，$a_0 = b_0$，則稱 $f(x)$ 與 $g(x)$ 相等，記作 $f(x) = g(x)$。

多項式的加法與減法

多項式函數的加、減只需將同次項的係數相加、減即可。例如：$7x^2 + 3x^2 - 4x^2 = (7 + 3 - 4)x^2 = 6x^2$。

範例 1 設 $f(x) = 3x^2 + 4x + 2$，$g(x) = 4x^2 - 1$，求 (A) $f(x) + g(x)$。(B) $f(x) - g(x)$。

解題秘訣：
1. 多項式函數的加、減法是合併同次項。
2. 加→同次項係數相加。
   減→同次項係數相減。
3. 運算符號：正正得正
   　　　　　正負得負
   　　　　　負負得正

說明：

(A) $f(x) + g(x) = (3x^2 + 4x + 2) + (4x^2 - 1)$

$\qquad = 3x^2 + 4x + 2 + 4x^2 - 1$ （去括號）

$\qquad = (3 + 4)x^2 + 4x + (2 - 1)$ （合併同次項）

$\qquad = 7x^2 + 4x + 1$

(B) $f(x) - g(x) = (3x^2 + 4x + 2) - (4x^2 - 1)$

$\qquad = 3x^2 + 4x + 2 - 4x^2 + 1$ （去括號）

$\qquad = (3 - 4)x^2 + 4x + (2 + 1)$ （合併同次項）

$\qquad = -x^2 + 4x + 3$

多項式的乘法

在介紹多項式的乘法之前，我們先回顧實數的運算性質。

設 a、b、c 為實數，實數的運算性質如下：

(1) 交換律：$a + b = b + a$，$a \times b = b \times a$

(2) 結合律：$(a + b) + c = a + (b + c) = a + b + c$

　　　　　$(a \times b) \times c = a \times (b \times c) = a \times b \times c$

(3) 分配律：$a \times (b + c) = \underset{①}{\underline{a \times b}} + \underset{②}{\underline{a \times c}}$

　　　　　$(a + b) \times c = \underset{①}{\underline{a \times c}} + \underset{②}{\underline{b \times c}}$

利用實數的運算性質以及 $x^n \cdot x^m = x^{n+m}$，可以求得多項式的乘積，我們以下面的範例進行解說。

解題秘訣：
多項式相乘：
① 數字和數字相乘。
② $x^n \cdot x^m = x^{n+m}$（乘→次數相加）。
③ $a \times (b + c) = \underset{①}{\underline{a \times b}} + \underset{②}{\underline{a \times c}}$
　$(a + b) \times c = \underset{①}{\underline{a \times c}} + \underset{②}{\underline{b \times c}}$

範例 2　求下列各式的乘積：

(A) $(3x^2) \cdot (-8x^5)$。

(B) $(-2x) \cdot (3x^2 + 4)$。

(C) $(-2x + 1) \cdot (3x^2 + 2)$。

說明：

(A) $3x^2 \cdot (-8x^5) = -24x^7$

(B) $(-2x) \cdot (3x^2 + 4) = \underset{①}{\underline{(-2x) \cdot 3x^2}} + \underset{②}{\underline{(-2x) \cdot 4}} = -6x^3 - 8x$

(C) $(-2x + 1) \cdot (3x^2 + 2) = \underset{①}{\underline{(-2x + 1) \cdot 3x^2}} + \underset{②}{\underline{(-2x + 1) \cdot 2}}$

　　　　　　　　　　　$= (-2x) \cdot 3x^2 + 1 \cdot 3x^2 + (-2x) \cdot 2 + 2$

　　　　　　　　　　　$= -6x^3 + 3x^2 - 4x + 2$

多項式的除法

在小學時，我們會以下面的長除法（直式計算法）來求出 49 除以 12 得到商數 4，餘數 1：

$$
\begin{array}{r}
4 \\
12 \overline{)49} \\
48 \\
\hline
1
\end{array}
$$

同時，我們也知道：$49 = 12 \times 4 + 1$。

在自然數的除法中，我們有下列的規則：

被除數 ＝ 除數 × 商數 ＋ 餘數

其中，商數和餘數為非負整數，且餘數小於除數。

同樣地，在多項式的除法中，我們也有類似的規則：

被除式 = 除式 × 商式 + 餘式

其中，商式的次數等於被除式的次數減去除式的次數，且餘式的次數要小於除式的次數。也就是給定兩個多項式 $f(x)$ 與 $g(x)$，$g(x) \neq 0$ 則存在多項式 $q(x)$、$r(x)$ 使得

$$f(x) = g(x)q(x) + r(x)$$

其中 $r(x) = 0$ 或 $\deg r(x) < \deg g(x)$，我們稱 $q(x)$ 為 $f(x)$ 除以 $g(x)$ 的商式，$r(x)$ 稱為 $f(x)$ 除以 $g(x)$ 的餘式，而 $f(x)$ 與 $g(x)$ 分別稱為被除式與除式。如果 $r(x) = 0$ 則稱 $g(x)$ 是 $f(x)$ 的因式（參見註）。

　　多項式除法通常用長除法或綜合除法運算，由於長除法的運算步驟較多，因此若除式為一次多項式時我們通常使用綜合除法。

　　我們利用下面兩個範例，複習長除法以及綜合除法。

註：若 $g(x)$ 為 $f(x)$ 的因式，則 $ag(x)$ 也是 $f(x)$ 的因式，其中 a 為任意非零的數。

範例 3　利用長除法求 $2x^3 - 5x + 7$ 除以 $x^2 - x + 1$ 的商式及餘式。

說明：

步驟 a：將多項式降冪排列，且缺項補零。

步驟 b：

$$
\begin{array}{r}
\underline{2x} \qquad\qquad\qquad\qquad\quad 2x^3 \div x^2 = 2x \\
x^2 - x + 1 \overline{)\, 2x^3 + 0x^2 - 5x + 7} \quad\text{①} \\
\underline{2x^3 - 2x^2 + 2x} \qquad\quad \text{②}\ 2x \cdot (x^2 - x + 1)
\end{array}
$$

由①－②得 → $2x^2 - 7x + 7$

步驟 c：

$$
\begin{array}{r}
2x + \text{②} \qquad\qquad\qquad\quad 2x^2 \div x^2 = 2 \\
x^2 - x + 1 \overline{)\, 2x^3 + 0x^2 - 5x + 7} \\
\underline{2x^3 - 2x^2 + 2x} \qquad\qquad\qquad \\
2x^2 - 7x + 7 \qquad \text{③} \\
\underline{2x^2 - 2x + 2} \qquad \text{④}\ 2 \cdot (x^2 - x + 1)
\end{array}
$$

由③－④得 ⟶　　$-5x + 5$　　（計算到次數比除式的次數小就可以停止）

故可知 $2x + 2$ 為商式，餘式為 $-5x + 5$。

範例 4　利用綜合除法求 $4x^2 - 3$ 除以 $x - 2$ 的商式及餘式。

說明：

步驟 a：將被除式的首項係數移到橫線下方。

步驟 b：將 4 乘以右上角的 2 得 8 寫在 0 的底下。

步驟 c：將 0 和 8 相加寫在橫線下方。

步驟 d：將 8 和 2 相乘寫在 −3 下方。

步驟 e：將 −3 和 16 相加得 13 寫在橫線下方，13 為餘式。

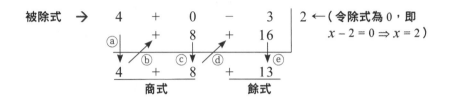

故商式 $4x + 8$，餘式為 13。

註：範例 4 中，若除式改為 $a(x - 2)$，則商式要再除以 a，即商式為 $\dfrac{1}{a}(4x + 8)$，而餘式仍為 13。

延伸學習 1　請利用綜合除法求 $2x^3 - \dfrac{1}{2}x + 1$ 除以 $2x + 1$ 的商式與餘式。

解答：商式：$x^2 - \dfrac{1}{2}x$，餘式：1。

$$
\begin{array}{r|rrrr|r}
& 2 & +\ 0 & -\ \dfrac{1}{2} & +\ 1 & -\dfrac{1}{2} \\
& & -\ 1 & +\ \dfrac{1}{2} & +\ 0 & \\
\hline
2\ | & 2 & -\ 1 & +\ 0 & +\ 1 & \\
\hline
& 1 & -\ \dfrac{1}{2} & +\ 0 & & \text{餘式}
\end{array}
$$

因式分解

　　多項式和整數有很多類似的性質，像是四則運算等等，整數中也有因數和因數分解的概念，然而在多項式裡頭也有類似的概念，那就是所謂的因式分解。

定義 1.4.2（因式與倍式）

給定兩個多項式 $f(x)$ 和 $g(x)$，如果存在多項式 $q(x)$ 滿足

$$f(x) = q(x) \cdot g(x)$$

那麼，我們就說「$g(x)$ 整除 $f(x)$」，用記號表成 $g(x) \mid f(x)$，此時稱 $f(x)$ 是 $g(x)$ 的倍式，而 $g(x)$ 是 $f(x)$ 的因式。

由 於 $-15x^2 + 26x - 7 = (3x - 1)(-5x + 7)$，我 們 稱 $3x - 1$ 與 $-5x^2 + 7$ 皆為 $-15x^2 + 26x - 7$ 的因式，且若一多項式能寫成許多多項式的乘積時，這個步驟稱為此多項式的因式分解，而這些連乘積的多項式皆為此多項式的因式。多項式的因式分解與其係數所佈的數系有很密切的關聯。例如：四次多項式 $f(x) = x^4 - 9$ 之因式分解為

$$x^4 - 9 = (x^2 - 3)(x^2 + 3) \qquad （因式佈於 \mathbb{Z}）$$
$$= (x - \sqrt{3})(x + \sqrt{3})(x^2 + 3) \qquad （因式佈於 \mathbb{R}）$$

設 K 表 $\mathbb{Z}$、$\mathbb{Q}$、$\mathbb{R}$ 中任一數系，一個係數分佈於數系 K 的多項式 $f(x)$，如果可以表成兩個多項式的乘積

$$f(x) = p(x) \cdot q(x)$$

其中 $p(x)$ 與 $q(x)$ 之係數亦佈於 K，且它們的次數都比 $f(x)$ 的次數低，那麼我們就說「$f(x)$ 在 K 內可分解」（或說 $f(x)$ 在 K 內可約），否則就稱 $f(x)$ 在 K 內是不可分解或不可約多項式。例如：$x^2 - 2 = (x - \sqrt{2})(x + \sqrt{2})$ 在 $\mathbb{R}$ 內可約，在 $\mathbb{Q}$ 內不可約。代數學告訴我們，每個實係數多項式都可以分解成一些一次和二次的不可約多項式的乘積（在 $\mathbb{R}$ 內不可約），其中實係數二次多項式 $ax^2 + bx + c$ 不可約的充分必要條件是其判別式 $b^2 - 4ac < 0$。然而要對一個多項式做因式分解有許多方法，有提公因式法、乘法公式法、十字交乘法、配方法、整係數一次因式檢驗法等等，我們利用下表介紹這些方法。

乘法公式及因式分解技巧

1. 提公因式

如果發現每一項都有共同因式時，我們可將此公因式提出。

範例

$$x^4 + x^2 = x^2(x^2 + 1)$$

2. 分組提公因式

當各項沒有公因式時，可嘗試分組，使每組之間有公因式。

範例

$$\underline{x^3 + x^2} + \underline{x + 1}$$
$$= x^2(x + 1) + (x + 1)$$
$$= (x + 1)(x^2 + 1)$$

3. 十字交乘

因這方法大家較熟悉，所以只舉例不做文字說明。

範例

$$5x^2 + 2x - 51$$
$$= (5x + 17)(x - 3)$$

$$\begin{matrix} 5 & & 17 \\ & \times & \\ 1 & & -3 \end{matrix}$$

4. 乘法公式

完全平方

$$(a + b)^2 = a^2 + 2ab + b^2$$
$$(a - b)^2 = a^2 - 2ab + b^2$$

範例

$$4x^2 - 12xy + 9y^2$$
$$= (2x)^2 - 2 \cdot (2x) \cdot (3y) + (3y)^2$$
$$\quad\;\; a^2 \;-\; 2\;\cdot\;\; a \;\;\cdot\;\; b \;\;+\;\; b^2$$
$$= (2x - 3y)^2$$
$$\quad\;\; (a \;-\; b)^2$$

完全立方

$$(a + b)^3 = a^3 + 3ab^2 + 3ab^2 + b^3$$
$$(a - b)^3 = a^3 - 3ab^2 + 3ab^2 - b^3$$

範例

$$8x^3 + 12x^2 + 6x + 1$$
$$= (2x)^3 + 3(2x)^2 \cdot 1 + 3(2x) \cdot 1 + 1^3$$
$$\quad a^3 \ + \ 3 \cdot a^2 \ \cdot b + 3 \cdot a \ \cdot b + b^3$$
$$= (2x + 1)^3$$

平方差

$$a^2 - b^2 = (a + b)(a - b)$$

範例

$$9 - (x + 2)^2 = 3^2 - (x + 2)^2$$
$$\qquad\qquad a^2 \ - \ b^2$$
$$= [3 + (x + 2)] \cdot [3 - (x + 2)]$$
$$\quad (a \ + \ b) \ \cdot \ (a \ - \ b)$$
$$= (3 + x + 2) \cdot (3 - x - 2) \qquad （去括號）$$
$$= (5 + x)(1 - x) \qquad\qquad （化簡）$$

立方和

$$a^3 + b^3 = (a + b)(a^2 - ab + b^2)$$

範例

$$x^3 + 8 = x^3 + 2^3 = (x + 2)(x^2 - x \cdot 2 + 2^2)$$
$$\qquad\qquad\quad (a + b) \ (a^2 - a \cdot b + b^2)$$
$$= (x + 2)(x^2 - 2x + 4)$$

立方差

$$a^3 - b^3 = (a - b)(a^2 + ab + b^2)$$

範例

$$x^3 - 8 = x^2 - 2^3 = (x - 2)(x^2 + x \cdot 2 - 2^2)$$
$$\qquad\qquad\quad (a - b) \ (a^2 + a \cdot b - b^2)$$
$$= (x - 2)(x^2 + 2x - 4)$$

5. **配方法**

利用完全平方公式，再配合平方差公式或前面介紹的方法去處理一些特殊多項式的因式分解。

範例

$$x^2 - 4x + 1$$
$$= (x^2 - 4x + 4) + 1 - 4$$
$$\qquad\qquad （一半）^2$$
$$= (x - 2)^2 - 3$$
$$\qquad\qquad x \text{ 係數的一半}$$
$$= (x - 2)^2 - (\sqrt{3})^2$$
$$= (x - 2 + \sqrt{3})(x - 2 - \sqrt{3}) \ \textbf{平方差公式}：a^2 - b^2 = (a + b)(a - b)$$

6. **整係數一次因式檢驗法**

設 $f(x) = a_n x^n + a_{n-1} x^{n-1} + \cdots + a_1 x + a_0$ 為整係數 n 次多項式，其中 a 與 b 互質 $((a, b) = 1)$ 且 a、b 皆不為零，若 $ax - b$ 為 $f(x)$ 的因式則 a 為 a_n 的因數，b 為 a_0 的因數。

解題秘訣：

- 設 $f(x) = ax^2 + bx + c$（$a \neq 0$）。
  若 $b^2 - 4ac < 0$ 則 $f(x)$ 在 $\mathbb{R}$ 內為不可約多項式。
- 因式定理：
  設 $f(x)$ 為一 n 次多項式（$n \geq 1$），
  $x - a$ 為 $f(x)$ 的因式 $\Leftrightarrow f(a) = 0$。

範例 5　請利用整係數一次因式檢驗法因式分解 $f(x) = x^3 - x^2 - x - 2$

說明：

(1) 首項係數的因數為 ± 1。

(2) 常數項的因數為 $\pm 1, \pm 2$。

(3) 由 (1)(2) 得知 $f(x)$ 可能的因式有 $x \pm 1, x \pm 2, -x \pm 1, -x \pm 2$，但 $x + 1$ 與 $-x - 1$ 在因式中代表同一因式，因此 $f(x)$ 可能的因式只有 $x \pm 1, x \pm 2$。

(4) $\because f(1) = -3, f(-1) = -3, f(2) = 0, f(-2) = -12$
利用因式定理可知 $x - 2$ 為 $f(x)$ 的一次因式。

(5) 利用綜合除法可得

$$
\begin{array}{rrrr|r}
1 & -1 & -1 & -2 & 2 \\
 & +2 & +2 & +2 & \\
\hline
1 & +1 & +1, & +0 &
\end{array}
$$

因此 $x^3 - x^2 - x - 2 = (x - 2)(\underbrace{x^2 + x + 1})$。

　　　　　　　　　　　　不可分解二次多項式

延伸學習 2　請利用整係數一次因式檢驗法因式分解 $f(x) = 2x^3 - 3x^2 - x - 2$。

解答：

$f(x) = 2x^3 - 3x^2 - x - 2$

可能因式為 $x \pm 1, x \pm 2, 2x \pm 1$

$\because f(2) = 16 - 12 - 4 = 0$

$\therefore x - 2$ 為 $f(x)$ 的因式

利用綜合除法可得：$f(x) = (x - 2)(2x^2 + x + 1)$

$$
\begin{array}{rrrr|r}
2 & -3 & -1 & -2 & 2 \\
 & +4 & +2 & +2 & \\
\hline
2 & +1 & +1, & +0 &
\end{array}
$$

習題 1.4

1. 設 $f(x) = ax^2 + 5x + c$，$g(x) = x^2 + bx + 5$，若 $f(x) = g(x)$，求 a、b、c 之值。

2. 設 $f(x) = x^3 + 2x + 5$，$g(x) = x^2 + 1$，請寫出
   (A) $f(x) + g(x)$。(B) $f(x) - g(x)$。
   (C) $f(x) \times g(x)$。(D) $f(x) \div g(x)$。

3. 請利用綜合除法來完成指定的因式分解。
   $$x^3 - x^2 - 4x + 4 = (x - 1)(\quad)(\quad)$$

   因式分解下列多項式：

4. $x^2 - 3x + 2$

5. $(x - 2)^2 - 16$

6. $4x^2 + 8x + 4$

　請利用一次因式檢驗法因式分解第 7 題與第 8 題的多項式：

7. $x^3 - 6x^2 + 11x - 6$

8. $2x^3 - 8x^2 + 11x - 5$

9. 請問下面哪一個多項式在 $\mathbb{R}$ 中不可分解？

(A) $2x^2 + 8x + 9$

(B) $-x^2 + 4x + 5$

(C) $2x^2 + 8x + 7$

第 5 節　分式與有理化

　　在本節，我們將會為讀者複習含分式的運算，以及有理化的技巧。

分式運算

　　設 A 與 B 為二多項式（B 不為零多項式），則形如 $\dfrac{A}{B}$ 的式子稱為有理式或分式，其中 A 稱為分子，B 稱為分母。

　　分式有下列兩種：

(1) 真分式：分子的次數小於分母的次數。

　　例如：$\dfrac{5}{2x + 1}$，$\dfrac{2x + 1}{x^2 + x + 5}$，$\dfrac{4x^3}{x^7 + 2}$。

(2) 假分式：分子的次數大於或等於分母的次數。

　　例如：$\dfrac{x}{x + 1}$，$\dfrac{(x - 1)^2}{x^2 + 1}$，$\dfrac{x^3 - 1}{x^2 - 1}$。

而假分式可經由多項式的除法寫成一個多項式與真分式的和，稱為帶分式。

　　例如：$x + \dfrac{2}{x}$，$2x + 5 + \dfrac{5}{x - 1}$。

　　如果我們將分式中的分子以及分母視為兩個多項式函數，分別以 $f(x)$、$g(x)$ 表示，其中 $g(x)$ 不為零多項式函數則形如 $\dfrac{f(x)}{g(x)}$ 的函數，稱為**有理函數**（rational function）。因多項式函數的定義域為 $(-\infty, \infty)$，因此有理函數的定義域為所有使分母不為零的實數所形成的集合。

　　例如：$f(x) = \dfrac{3x - 2}{x^2 - 3x + 2}$ 為一有理函數，其定義域為 $\mathbb{R} \backslash \{2, 1\}$。

　　有理式的性質與分數非常類似，在做加、減、乘、除等四則運算時，常會利用約分、擴分與通分等手續，我們並會將分式化簡到最簡分式，若一個分式的分子與分母互質則稱為最簡分式。

(1) 約分：一個分式的分子與分母有公因式時，將其公因式同時消去，稱為約分。

例如：$\dfrac{x^2 - x - 2}{x^2 - 1} = \dfrac{(x+1)(x-2)}{(x+1)(x-1)} = \dfrac{x-2}{x-1}$

（分子與分母的公因式為 $x + 1$）。

注意：$\dfrac{2x^2 + 5}{2x + 1} \neq \dfrac{\cancel{2}x^2 + 5}{\cancel{2}x + 1}$

(2) **擴分**：一個分式的分子與分母同時乘一個非零多項式，稱為擴分。

例如：$\dfrac{3}{x+1} = \dfrac{3(x+2)}{(x+1)(x+2)} = \dfrac{3(x+2)}{x^2 + 3x + 2}$ （**分子、分母同乘** $x + 2$）

(3) **通分**：多個分式同時擴分，且將每一個分式的分母變為相同，這個過程稱為通分。我們通常取原來各個分式的分母的最低公倍式作為新分母。

註：設 $f(x)$、$g(x)$ 為非零多項式，如果 $m(x)$ 同時是 $f(x)$、$g(x)$ 的倍式，那麼就稱 $m(x)$ 為 $f(x)$ 與 $g(x)$ 的公倍式。如果 $d(x)$ 為它們公倍式中次數最低的就稱為最低公倍式。

例如：$A = \dfrac{2}{x+1}$，$B = \dfrac{3x+1}{2x+5}$

A 與 B 兩分式的分母分別為 $x + 1$，$2x + 5$，

其最低公倍式為 $(x+1)(2x+5)$。

故 $A = \dfrac{2}{x+1} = \dfrac{2(2x+5)}{(x+1)(2x+5)} = \dfrac{4x+10}{2x^2 + 7x + 5}$

$B = \dfrac{3x+1}{2x+5} = \dfrac{(3x+1)(x+1)}{(2x+5)(x+1)} = \dfrac{3x^2 + 4x + 1}{2x^2 + 7x + 5}$

公式的四則運算

(1) **兩分式的和、差**：先通分，然後計算分子的和、差，如下列各式：

$$\frac{A}{B} \pm \frac{C}{B} = \frac{A \pm C}{B}$$

$$\frac{A}{B} \pm \frac{D}{C} = \frac{AC}{BC} \pm \frac{BD}{BC} \qquad （找公分母）$$

$$= \frac{AC \pm BD}{BC} \quad (B, C \neq 0)$$

(2) **兩分式之積**：分子與分子相乘，分母與分母相乘，如下式：

$$\frac{A}{B} \times \frac{D}{C} = \frac{AD}{BC} \quad (B, C \neq 0)$$

(3) **兩分式之商**：兩分式相除時，將除式的分式顛倒，再與被除式相乘，如下式：

$$\frac{A}{B} \div \frac{D}{C} = \frac{A}{B} \times \frac{C}{D} = \frac{AC}{BD} \quad (B, C, D \neq 0)$$

範例 1 試化簡下列各式：

(A) $\left(1 - \dfrac{8}{x-1} + \dfrac{15}{x-2}\right)\left(1 + \dfrac{3}{x+1} - \dfrac{10}{x+3}\right)$。

(B) $\dfrac{x^2+5x-6}{x^2+5x+4} \div \dfrac{x^2+2x-3}{x^2-x-2} \cdot \dfrac{x^2+7x+12}{x^2+4x-12}$。

說明：

解題要點：

(1) $1 = \dfrac{(x-1)(x-2)}{(x-1)(x-2)}$

(2) $\dfrac{b}{a} \pm \dfrac{d}{c} = \dfrac{bc \pm ad}{ac}$

(3) $\dfrac{b}{a} \div \dfrac{d}{c} = \dfrac{b}{a} \times \dfrac{c}{d}$

(4) $\dfrac{b}{a} \times \dfrac{d}{c} = \dfrac{bd}{ac}$

(5) $\dfrac{ad}{ab} = \dfrac{d}{b}$

但 $\dfrac{a+d}{a+b} \neq \dfrac{\cancel{a}+d}{\cancel{a}+b}$

(A) $\because 1 - \dfrac{8}{x-1} + \dfrac{15}{x-2}$

$= \dfrac{(x-1)(x-2) - 8(x-2) + 15(x-1)}{(x-1)(x-2)}$ （找公分母，並通分）

$= \dfrac{x^2+4x+3}{(x-1)(x-2)} = \dfrac{(x+1)(x+3)}{(x-1)(x-2)}$ （對分子因式分解）

又

$1 + \dfrac{3}{x+1} - \dfrac{10}{x+3}$

$= \dfrac{(x+1)(x+3) + 3(x+3) - 10(x+1)}{(x+1)(x+3)}$ （找公分母，並通分）

$= \dfrac{x^2-3x+2}{(x+1)(x+3)} = \dfrac{(x-2)(x-1)}{(x+1)(x+3)}$ （對分子因式分解）

故原式 $= \dfrac{(x+1)(x+3)}{(x-1)(x-2)} \cdot \dfrac{(x-2)(x-1)}{(x+1)(x+3)} = 1$

(B) 原式 $= \dfrac{(x-1)(x+6)}{(x+4)(x+1)} \div \dfrac{(x-1)(x+3)}{(x-2)(x+1)} \cdot \dfrac{(x+3)(x+4)}{(x-2)(x+6)}$ （對各項的分子、分母因式分解）

$= \dfrac{(x-1)(x+6)}{(x+4)(x+1)} \cdot \dfrac{(x+1)(x-2)}{(x-1)(x+3)} \cdot \dfrac{(x+3)(x+4)}{(x-2)(x+6)}$

$= 1$

延伸學習 1 試化簡下列各式：

(A) $\dfrac{1}{1+x} + \dfrac{2}{1-x^2}$。

(B) $\dfrac{1}{x^2+3x+2} + \dfrac{1}{x^2+5x+6}$。

解答：

(A) $\dfrac{1}{1+x} + \dfrac{2}{1-x^2} = \dfrac{1-x}{1-x^2} + \dfrac{2}{1-x^2} = \dfrac{3-x}{1-x^2}$

(B) $\dfrac{1}{x^2+3x+2} + \dfrac{1}{x^2+5x+6} = \dfrac{1}{(x+2)(x+1)} + \dfrac{1}{(x+2)(x+3)}$

$= \dfrac{(x+3) + (x+1)}{(x+1)(x+2)(x+3)} = \dfrac{2x+4}{(x+1)(x+2)(x+3)} = \dfrac{2}{(x+1)(x+3)}$

範例 2 (A) 求 $f(x) = \dfrac{8x(x^2-4)^2 + 2(-2x+4) \cdot 2(x^2-4) \cdot 2x}{(x^2-4)^4}$ 的定

義域。(B) 求 $f(x)$ 的實根。

解題要點：
(1) $-a - b = -(a + b)$
(2) $ab + ac = a(b + c)$
(3) $\dfrac{a \cdot b}{a} = \dfrac{\cancel{a} \cdot b}{\cancel{a}} = b$

但 $\dfrac{a + b}{a} \neq \dfrac{\cancel{a} + b}{\cancel{a}}$

說明：

(A) $f(x)$ 的定義域為所有使分母不為 0 的實根，因此 f 的定義域為 $\{x \mid x \neq \pm 2\}$。

(B) $f(x) = \dfrac{8x(x^2 - 4)^2 + 2(-2x + 4) \cdot 2(x^2 - 4) \cdot 2x}{(x^2 - 4)^4}$

$= \dfrac{8x(x^2 - 4)^2 - 4(x - 2) \cdot 2(x^2 - 4) \cdot 2x}{(x^2 - 4)^4}$　　（將 $(-2x + 4)$ 提出 -2 得 $-2(x - 2)$）

$= \dfrac{8x(x^2 - 4)^2 - 16x(x - 2)(x^2 - 4)}{(x^2 - 4)^2}$　　（化簡）

$= \dfrac{8x(x^2 - 4)[(x^2 - 4) - 2(x - 2)]}{(x^2 - 4)^4}$　　（提出最高公因式 $8x(x^2 - 4)$）

$= \dfrac{8x(x^2 - 4)(x^2 - 2x)}{(x^2 - 4)^4}$　　（化簡）

$= \dfrac{8x^2(x - 2)}{(x^2 - 4)^3}$　　$(x^2 - 2x = x(x - 2))$

$= \dfrac{8x^2(x - 2)}{[(x - 2)(x + 2)]^3}$　　$a^2 - b^2 = (a - b)(a + b)$

$= \dfrac{8x^2(x - 2)}{(x - 2)^3(x + 2)^3}$　　$(ab)^3 = a^3 b^3$

$= \dfrac{8x^2}{(x - 2)^2(x + 2)^3}$　　（分子、分母同時約掉 $x - 2$）

$\Rightarrow x = 0$，所以 $f(x)$ 只有一實根 $x = 0$。

根式

　　在微積分課程中，對分式微分容易產生「冗長的」展開式，因此如何化簡成易處理的形式是很重要的，在這一節我們為讀者複習根式的定義與運算規則，並利用範例 4 中的實際操作讓讀者知道如何將式子化簡成簡單的形式。

　　若 $x^n = a$（當 n 為正偶數時，必須 $a \geq 0$），則 x 有一根 $\sqrt[n]{a}$，稱為 a 的 n 次方根（n 為正整數）。

　　例：若 $x^2 = a$（$a \geq 0$），則 $\sqrt{a}$ 稱為 a 的平方根。

　　帶有根號的式子稱為根式，如 $\sqrt[n]{a}$，其中 a 稱為被開方式，n 稱為根指數，例如：$\sqrt{2}$, $\sqrt[3]{-2}$, $x + \sqrt{x + 1}$ 等都為根式。

　　根式的運算與國中學過的方根運算完全一樣，但要根號內的值有其特殊的條件限制，如 $\sqrt{x}$ 要成立必須限制 $x \geq 0$。

　　在這邊請讀者特別留意下面的性質：

$$\sqrt{a^2} = |a| \ ; \ (\sqrt{a})^2 = a \ (a \geq 0)$$

如果我們將 $\sqrt[n]{x}$ 中的 x 看成變數，則 $f(x) = \sqrt[n]{x}$ 稱為 n 次方根函數，其中當 $n = 2$ 時 $f(x) = \sqrt{x}$ 稱為**平方根**（square root）函數，其定義域及值域皆為 $[0, \infty)$，而當 $n = 3$ 時 $f(x) = \sqrt[3]{x}$ 稱為**立方根**（cube root）函數，其定義域與值域皆為 $\mathbb{R} = (-\infty, \infty)$。圖 1.5.1 為 $y = \sqrt{x}$ $= x^{\frac{1}{2}}$，$y = x^{\frac{3}{2}} = (x^{\frac{1}{2}})^3$，$y = x^{\frac{2}{3}} = (x^{\frac{1}{3}})^2$ 及 $y = \sqrt[3]{x} = x^{\frac{1}{3}}$ 的圖形。

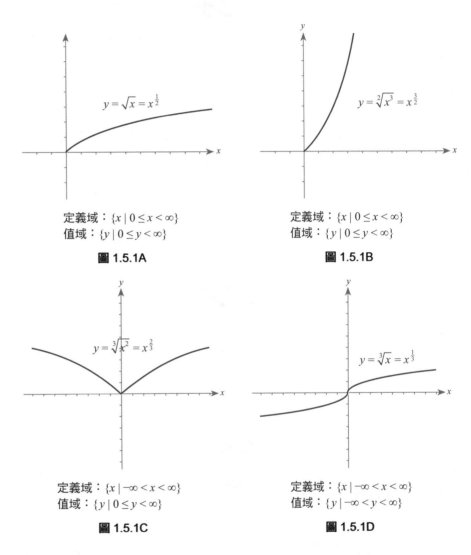

定義域：$\{x \mid 0 \leq x < \infty\}$
值域：$\{y \mid 0 \leq y < \infty\}$

圖 1.5.1A

定義域：$\{x \mid 0 \leq x < \infty\}$
值域：$\{y \mid 0 \leq y < \infty\}$

圖 1.5.1B

定義域：$\{x \mid -\infty < x < \infty\}$
值域：$\{y \mid 0 \leq y < \infty\}$

圖 1.5.1C

定義域：$\{x \mid -\infty < x < \infty\}$
值域：$\{y \mid -\infty < y < \infty\}$

圖 1.5.1D

接下來我們介紹最簡根式、同類根式以及如何將分母有理化。

(1) **最簡根式**：$\sqrt[n]{A}$ 中 A 的因式，無法移到根號外，且 n 亦無法化小。例如：$\sqrt{2}$，$\sqrt[3]{x + 1}$，$\sqrt{xy}\,(xy \geq 0)$ 皆為最簡根式，但 $\sqrt{8}$ 不是最簡根式需改成 $2\sqrt{2}$ 才是最簡根式。

(2) **同類根式**：最簡根式中被開方式與根指數相同者。

　　例如：$-3\sqrt{2}$，$\dfrac{5}{4}\sqrt{2}$ 為同類根式。

　　　　$5\sqrt[3]{x}$，$-4\sqrt[3]{x}$ 亦為同類根式，但 $\sqrt{3}$ 和 $\sqrt{2}$ **不為**同類根式。

註：同類根式才可以經由加減運算合併。

例如：$3\sqrt{2} + 7\sqrt{2} = (3 + 7)\sqrt{2} = 10\sqrt{2}$　　　　（提出公因數$\sqrt{2}$）

$\sqrt[5]{x} - 3\sqrt[5]{x} + 7\sqrt[5]{x} = (1 - 3 + 7)\sqrt[3]{x} = 5\sqrt[3]{x}$

$\sqrt{3} + \sqrt{2} \neq \sqrt{5}$（$\because \sqrt{3}$、$\sqrt{2}$ 不為同類根式所以無法經由加減運算合併）

範例 3 化簡下列各式：

(A) $2\sqrt{8} + \sqrt{36} - 4\sqrt{98}$。(B) $\sqrt[3]{16} + \sqrt[3]{54} - \sqrt[3]{210}$。

解題要點：

(1) 若 $a > 0$，則 $\sqrt{a^2 b} = a\sqrt{b}$

(2) $\sqrt{a^2} = |a|$

(3) $a\sqrt{n} + b\sqrt{n} = (a + b)\sqrt{n}$

(4) $\sqrt[3]{a^3 b} = a\sqrt[3]{b}$

(5) $a\sqrt[3]{n} + b\sqrt[3]{n} = (a + b)\sqrt[3]{n}$

說明：

(A) 原式 $= 2\sqrt{2^2 \cdot 2} + \sqrt{6^2} - 4\sqrt{7^2 \cdot 2}$

$\qquad = 4\sqrt{2} + 6 - 28\sqrt{2}$　　　（若 $a > 0$，則 $\sqrt{a^2 b} = a\sqrt{b}$）

$\qquad = 6 - 24\sqrt{2}$

(B) 原式 $= \sqrt[3]{2^3 \cdot 2} + \sqrt[3]{3^3 \cdot 2} - \sqrt[3]{5^3 \cdot 2}$

$\qquad = 2\sqrt[3]{2} + 3\sqrt[3]{2} - 5\sqrt[3]{2}$　　　（$\sqrt[3]{a^3 b} = a\sqrt[3]{b}$）

$\qquad = (2 + 3 - 5)\sqrt[3]{2} = 0$

範例 4 請求出下列函數的實根：

(A) $f(x) = \dfrac{\sqrt{2x + 1} - \dfrac{x}{\sqrt{2x + 1}}}{2x + 1}$。

(B) $g(x) = \dfrac{3}{2} x^{\frac{1}{2}} - x^{-\frac{1}{2}}$。

解題要點：

(1) $h(x) = \dfrac{1}{\sqrt{x}}$ 的定義域為 $\{x \mid x > 0\}$。

說明：

(A) $f(x)$ 的定義域為 $\left\{ x \mid x > -\dfrac{1}{2} \right\}$，將函數 f 的分子與分母同乘 $\sqrt{2x + 1}$ 可得

$$f(x) = \frac{(2x + 1) - x}{(2x + 1)^{\frac{3}{2}}} = \frac{x + 1}{(2x + 1)^{\frac{3}{2}}}$$

又 $f(x) = 0 \Rightarrow x = -1$，但函數 f 的定義域為 $\left(-\dfrac{1}{2}, \infty \right)$，因此 f 沒有實根。

(2) 若 $x^p - x^q = 0$ 又 $q < p$，則可提出次方較小的 q 使得
$x^p - x^q = x^q(x^{p-q} - 1) = 0$
$\Rightarrow x^q = 0$ 或 $x^{p-q} = 1$
注意：
若 $a - b = 0 \nRightarrow a = 0$ 且 $b = 0$，
需將 $a - b$ 改寫成 $pq = 0$。

(B) $g(x)$ 的定義域為 $\{x \mid x > 0\}$

$g(x) = \dfrac{3}{2} x^{\frac{1}{2}} - x^{-\frac{1}{2}} = x^{-\frac{1}{2}} \cdot \left(\dfrac{3}{2} x - 1 \right) = 0$

$\Rightarrow x = \dfrac{2}{3}$，因此 $x = \dfrac{2}{3}$ 為函數 g 的實根。

注意：$g(x) = \dfrac{3}{2} x^{\frac{1}{2}} - x^{-\frac{1}{2}} = 0$ 時，讀者常會令 $x^{\frac{1}{2}} = 0$ 與 $x^{-\frac{1}{2}} = 0$ 去求解，此方法是錯的！

有理化技巧

在處理含根式的分式時，我們通常會將分母化為有理式，這個過程叫作分母有理化。例如，我們可將下列分式乘以 $\dfrac{\sqrt{3}}{\sqrt{3}}$，使得分母變成一個有理數。

根號在分母	有理化	分母變成有理數
$\dfrac{1}{\sqrt{3}}$ $\Rightarrow$	$\dfrac{1}{\sqrt{3}}\left(\dfrac{\sqrt{3}}{\sqrt{3}}\right)$ $\Rightarrow$	$\dfrac{\sqrt{3}}{3}$

解題秘訣：
- 第 1 和第 2 項的有理化技巧來自於下列運算：
$(\sqrt{a} - \sqrt{b})(\sqrt{a} + \sqrt{b}) = a - b$
- 第 3 至第 6 項的有理化技巧來自於下列運算：
$(\sqrt[3]{a} - \sqrt[3]{b})(\sqrt[3]{a^2} + \sqrt[3]{ab} + \sqrt[3]{b^2})$
$= a - b$
$(\sqrt[3]{a} + \sqrt[3]{b})(\sqrt[3]{a^2} - \sqrt[3]{ab} + \sqrt[3]{b^2})$
$= a + b$

1. 若分母是 $\sqrt{a} - \sqrt{b}$，乘以 $\dfrac{\sqrt{a} + \sqrt{b}}{\sqrt{a} + \sqrt{b}}$

2. 若分母是 $\sqrt{a} + \sqrt{b}$，乘以 $\dfrac{\sqrt{a} - \sqrt{b}}{\sqrt{a} - \sqrt{b}}$

3. 若分母是 $\sqrt[3]{a} - \sqrt[3]{b}$，乘以 $\dfrac{\sqrt[3]{a^2} + \sqrt[3]{ab} + \sqrt[3]{b^2}}{\sqrt[3]{a^2} + \sqrt[3]{ab} + \sqrt[3]{b^2}}$

4. 若分母是 $\sqrt[3]{a} + \sqrt[3]{b}$，乘以 $\dfrac{\sqrt[3]{a^2} - \sqrt[3]{ab} + \sqrt[3]{b^2}}{\sqrt[3]{a^2} - \sqrt[3]{ab} + \sqrt[3]{b^2}}$

5. 若分母是 $\sqrt[3]{a^2} + \sqrt[3]{ab} + \sqrt[3]{b^2}$，乘以 $\dfrac{\sqrt[3]{a} - \sqrt[3]{b}}{\sqrt[3]{a} - \sqrt[3]{b}}$

6. 若分母是 $\sqrt[3]{a^2} - \sqrt[3]{ab} + \sqrt[3]{b^2}$，乘以 $\dfrac{\sqrt[3]{a} + \sqrt[3]{b}}{\sqrt[3]{a} + \sqrt[3]{b}}$

上述準則也適用於分子有理化。

範例 5 將下列根式分母有理化：

(A) $\sqrt{\dfrac{3}{2}} - \sqrt{\dfrac{2}{3}} + \sqrt{\dfrac{1}{24}}$。 (B) $\dfrac{\sqrt{7} - \sqrt{5}}{\sqrt{7} + \sqrt{5}}$。

(C) $\dfrac{1}{\sqrt[3]{2} - 1}$。 (D) $\dfrac{1}{\sqrt[3]{25} - \sqrt[3]{10} + \sqrt[3]{4}}$。

說明：

(A) $\sqrt{\dfrac{3}{2}} - \sqrt{\dfrac{2}{3}} + \sqrt{\dfrac{1}{24}}$

$= \dfrac{\sqrt{3}}{\sqrt{2}} - \dfrac{\sqrt{2}}{\sqrt{3}} + \dfrac{1}{2\sqrt{6}}$ 　　　　$\left(\sqrt{\dfrac{a}{b}} = \dfrac{\sqrt{a}}{\sqrt{b}}，\sqrt{24} = \sqrt{2^2 \cdot 6} = 2\sqrt{6}\right)$

解題要點：

1. 若 $a > 0$，$b > 0$，則 $\sqrt{a} \cdot \sqrt{b} = \sqrt{ab}$

2. $\dfrac{1}{\sqrt{a}} = \dfrac{1}{\sqrt{a}} \times \dfrac{\sqrt{a}}{\sqrt{a}} = \dfrac{\sqrt{a}}{a}$ （$a > 0$）

3. 分母是 $\sqrt{m} + \sqrt{n}$ 時，分子與分母同乘上 $\sqrt{m} - \sqrt{n}$。

4. 分母是 $\sqrt[3]{m} - \sqrt[3]{n}$ 時，分子與分母同乘上 $\sqrt[3]{m^2} + \sqrt[3]{mn} + \sqrt[3]{n^2}$。

5. 分母是 $\sqrt[3]{m^2} - \sqrt[3]{mn} + \sqrt[3]{n^2}$ 時，分子與分母同乘上 $\sqrt[3]{m} + \sqrt[3]{n}$。

$$= \frac{\sqrt{6}}{2} - \frac{\sqrt{6}}{3} + \frac{\sqrt{6}}{12}$$

（**分母有理化**）

$$= \left(\frac{1}{2} - \frac{1}{3} + \frac{1}{12} \right) \sqrt{6} = \frac{\sqrt{6}}{4}$$

(B) 我們對原式的分子和分母同乘 $\sqrt{7} - \sqrt{5}$，並利用平方差公式：

$a^2 - b^2 = (a + b)(a - b)$ 將分母的根號去掉

$$\frac{\sqrt{7} - \sqrt{5}}{\sqrt{7} + \sqrt{5}} \cdot \frac{\sqrt{7} - \sqrt{5}}{\sqrt{7} - \sqrt{5}} = \frac{(\sqrt{7} - \sqrt{5})^2}{(\sqrt{7})^2 - (\sqrt{5})^2}$$

$$= \frac{7 - 2\sqrt{35} + 5}{7 - 5} \qquad (\,(a - b)^2 = a^2 - 2ab + b\,)$$

$$= \frac{12 - 2\sqrt{35}}{2}$$

$$= 6 - \sqrt{35}$$

(C) 我們對原式的分子和分母同乘 $\sqrt[3]{4} + \sqrt[3]{2} + 1$，並利用立方差公式：

$a^3 - b^3 = (a - b)(a^2 + ab + b^2)$ 使分母不含根號，其中令 $a = \sqrt[3]{2}$，$b = 1$，因式

$$\frac{1}{\sqrt[3]{2} - 1} = \frac{1}{\sqrt[3]{2} - 1} \cdot \frac{\sqrt[3]{4} + \sqrt[3]{2} + 1}{\sqrt[3]{4} + \sqrt[3]{2} + 1}$$

$$= \frac{\sqrt[3]{4} + \sqrt[3]{2} + 1}{2 - 1} = \sqrt[3]{4} + \sqrt[3]{2} + 1$$

(D) 因 $\sqrt[3]{25} - \sqrt[3]{10} + \sqrt[3]{4}$ 可看成 $(\sqrt[3]{5})^2 - \sqrt[3]{5} \cdot \sqrt[3]{2} + (\sqrt[3]{2})^2$

因此對原式的分子與分母同乘 $\sqrt[3]{5} + \sqrt[3]{2}$，並可以用立方和公式 $a^3 + b^3 = (a + b)(a^2 - ab + b^2)$ 將分母的根式去掉，其中 $a = \sqrt[3]{5}$，$b = \sqrt[3]{2}$，因此

$$原式 = \frac{1}{\sqrt[3]{25} - \sqrt[3]{10} + \sqrt[3]{4}} \cdot \frac{\sqrt[3]{5} + \sqrt[3]{2}}{\sqrt[3]{5} + \sqrt[3]{2}}$$

$$= \frac{\sqrt[3]{5} + \sqrt[3]{2}}{(\sqrt[3]{5})^3 + (\sqrt[3]{2})^3} = \frac{\sqrt[3]{5} + \sqrt[3]{2}}{7}$$

延伸學習 2 請有理化下列根式：

(A) $\dfrac{1}{\sqrt[3]{3} - 1}$。 (B) $\dfrac{2 - \sqrt{3}}{\sqrt{6} + \sqrt{2}}$。

解答：

(A) $\dfrac{1}{\sqrt[3]{3} - 1} \cdot \dfrac{\sqrt[3]{9} + \sqrt[3]{3} + 1}{\sqrt[3]{9} + \sqrt[3]{3} + 1} = \dfrac{\sqrt[3]{9} + \sqrt[3]{3} + 1}{2}$

$$(B)\ \frac{2-\sqrt{3}}{\sqrt{6}+\sqrt{2}} \cdot \frac{\sqrt{6}-\sqrt{2}}{\sqrt{6}-\sqrt{2}} = \frac{2\sqrt{6}-2\sqrt{2}-3\sqrt{2}+\sqrt{6}}{4}$$

$$= \frac{3\sqrt{6}-5\sqrt{2}}{4}$$

習題 1.5

1. 化簡下列各式：

(A) $\dfrac{1}{x-1} + \dfrac{2}{x+3}$。

(B) $\left(\dfrac{1}{x-1} + \dfrac{2}{x+3} \right)\left(\dfrac{1}{x+1} - \dfrac{2}{x-3} \right)$。

(C) $\dfrac{-4x(2x^2+1)^2 - (-2x^2+1) \cdot 2 \cdot (2x^2+1) \cdot 4x}{(2x^2+1)^4}$

2. 化簡下列各式：

(A) $-\sqrt{12} - 4\sqrt{3} - \sqrt{75} + \sqrt{18}$。

(B) $\sqrt{\dfrac{3}{2}} - \sqrt{\dfrac{3}{4}} + \sqrt{54} + \dfrac{1}{\sqrt{3}}$。

(C) $(\sqrt{2}+\sqrt{5})(\sqrt{75}+\sqrt{5})$。

(D) $-2\sqrt[3]{2} + 5\sqrt[3]{3} - 4\sqrt[3]{3} + 6\sqrt[3]{2}$。

(E) $4\sqrt{7} + \sqrt[3]{96} + \sqrt[3]{\dfrac{7}{27}} - \sqrt[3]{\dfrac{81}{2}}$。

3. 有理化下列各根式的分母：

(A) $\dfrac{1}{\dfrac{\sqrt{3}}{2}+1}$。

(B) $\dfrac{1}{\sqrt[3]{2}+1}$。

(C) $\dfrac{1}{\sqrt[3]{4}-\sqrt[3]{6}+\sqrt[3]{9}}$。

4. 化簡 $\dfrac{1}{\sqrt{5}-2} + \dfrac{6}{\sqrt{5}+\sqrt{11}}$。

第 6 節　不等式

　　本單元裡，我們將學習如何解多項式、分式、絕對值、根式的不等式。這些知識對於以後我們使用「微分」來判斷函數的遞增、遞減、凹向上、凹向下的範圍（將在第四章介紹）是非常重要的。

多項式不等式

　　當 $f(x)$ 是一個實係數 n 次多項式時，$f(x) > 0$，$f(x) \geq 0$，$f(x) < 0$，$f(x) \leq 0$ 都稱為 n 次方不等式。若 α 滿足 $f(\alpha) > (\geq, <, \leq) 0$，稱 α 為不等式 $f(x) > (\geq, <, \leq) 0$ 的一個解。而所謂「解不等式」，意指找出所有滿足不等式的實數解（解集合）。以不等式 $3x - 1 > 0$ 為例，凡是大於 $\dfrac{1}{3}$ 的數都能使得不等式成立，而且也只有這些大於 $\dfrac{1}{3}$ 的數才能滿足此不等式。由於解不等式就是要找出該不等式所有的解。所以，不等式 $3x - 1 > 0$ 的解就是指所有大於 $\dfrac{1}{3}$ 的數。我們以集合 $\left\{ x \mid x > \dfrac{1}{3} \right\}$，或是以開區間 $\left(\dfrac{1}{3}, \infty \right)$ 來表示不等式 $3x - 1 > 0$ 的解。

　　解多項式不等式的方法跟我們解方程式的方法很類似，解不等

式的過程中常會用到定理 1.1.1 來改寫不等式，並將原不等式化簡而改寫成形如

$$x > a，x < a，x \geq a 或 x \leq a$$

的最簡不等式。此時，原不等式的解就是使得化簡後所得的最簡不等式成立的所有數。我們以下面的例子來說明上述的方式。

範例 1 解一元一次不等式 $3x - 1 \geq 5x - 3$。

說明： $\because 3x - 1 \geq 5x - 3$

$\Rightarrow 3x - 1 + 1 \geq 5x - 3 + 1$ 　　　　　　　（兩邊同時加 1）

$\Rightarrow 3x \geq 5x - 2$ 　　　　　　　　　　　　（化簡）

$\Rightarrow 3x - 5x \geq 5x - 2 - 5x$ 　　　　　　（兩邊同時減 $5x$）

$\Rightarrow -2x \geq -2$ 　　　　　　　　　　　　（化簡）

$\Rightarrow x \leq 1$ 　　　　　　　　　　　　（兩邊同時除以 -2）

因此，不等式的解為所有小於或等於 1 的數，我們用區間 $(-\infty, 1]$ 來表示。

範例 2 解不等式 $1 < 3x + 4 < 13$。

說明：

方法（一）：

因為 $1 < 3x + 4 < 13$ 代表 $1 < 3x + 4$ 與 $3x + 4 < 13$ 須同時成立。所以，我們須分別求出不等式 $1 < 3x + 4$ 與 $3x + 4 < 13$ 的解後，再找出解共同的部分（兩個不等式解的交集）。由 $1 < 3x + 4$ 可得 $x > -1$，而由 $3x + 4 < 13$ 可知 $x < 3$。因為 $x > -1$ 和 $x < 3$ 須同時成立，因此原不等式的解為所有大於 -1 且小於 3 的數，我們用開區間 $(-1, 3)$ 表示原不等式的解。

　　本題也可以將方法（一）的計算過程合併成方法（二）。

方法（二）：

$$1 < 3x + 4 < 13$$

$\Rightarrow -3 < 3x < 9$ 　　　　　　　　　　（三邊同時減 4）

$\Rightarrow -1 < x < 3$ 　　　　　　　　　　（三邊同時除 3）

所以，由上面討論可知不等式的解為所有大於 -1 小於 3 的數，即不等式的解集合為開區間 $(-1, 3)$。

解題秘訣：

$f(x) \leq g(x) \leq h(x)$

$\Rightarrow f(x) \leq g(x)$ 且 $g(x) \leq h(x)$

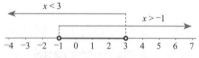

上圖中特殊顏色部分的線段即為集合 $\{x \mid x < 3\}$ 與 $\{x \mid x > -1\}$ 的交集。

二次不等式

　　如何求二次不等式的解呢？若 x^2 項的係數小於 0，在不等式左右兩邊同時乘上 -1 後使 x^2 項的係數變成正數，當然不等號會改向。

因此，我們只需討論 x^2 項的係數為正數的情況即可。為了方便討論，我們假設 $f(x) = ax^2 + bx + c$，其中 $a > 0$，$D = b^2 - 4ac$。

(一)當 $D > 0$，則 $f(x) = 0$ 有兩相異實根 α、β（設 $\alpha < \beta$），函數 f 可分解成 $y = f(x) = a(x - \alpha)(x - \beta)$，而它的圖形與 x 軸交於兩點（如圖 1.6.1），則：

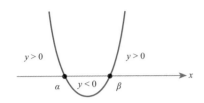

當 $x > \beta$ 或 $x < \alpha$ 時，$y > 0$
當 $\alpha < x < \beta$ 時，$y < 0$

圖 1.6.1

(1) 不等式 $f(x) > 0$ 的解為 $\{x \mid x < \alpha$ 或 $x > \beta\}$。

(2) 不等式 $f(x) < 0$ 的解為 $\{x \mid \alpha < x < \beta\}$。

(3) 不等式 $f(x) \geq 0$ 的解為 $\{x \mid x \leq \alpha$ 或 $x \geq \beta\}$。

(4) 不等式 $f(x) \leq 0$ 的解為 $\{x \mid \alpha \leq x \leq \beta\}$。

我們可以利用下述方法去求得不等式的解：

將 α 與 β 由小到大依序寫在數線上，α 和 β 這兩個點把數線分成下面三個區間，如圖 1.6.2：

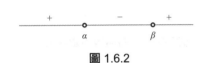

圖 1.6.2

$$(-\infty, \alpha) \cdot (\alpha, \beta) \cdot (\beta, \infty)$$

在每一個區間中任選一個數字，去判斷 $f(x)$ 的正負。若要 $f(x) > 0$ 則選「+」的部分，即 $x < \alpha$ 或 $x > \beta$。如果要 $f(x) < 0$ 則選「−」的部分，即 $\alpha < x < \beta$。

(二)當 $D = 0$ 時，則 $f(x) = 0$ 有重根 α，函數 $y = f(x) = a(x - \alpha)^2$ 的圖形與 x 軸只交於一點（如圖 1.6.3），因此只要 $x \neq \alpha$，$f(x) = a(x - \alpha)^2$ 皆會大於 0，所以我們可以得到下面的結論：

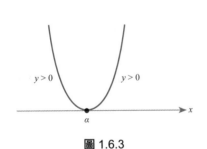

圖 1.6.3

(1) 不等式 $f(x) > 0$ 的解為 $\mathbb{R} - \{\alpha\}$。

(2) 不等式 $f(x) < 0$ 的解為無解。

(3) 不等式 $f(x) \geq 0$ 的解為 $\mathbb{R}$。

(4) 不等式 $f(x) \leq 0$ 的解為 $\{\alpha\}$。

(三)$D < 0$ 時，則 $f(x) = 0$ 沒有實根，函數 $y = f(x)$ 的圖形恆在 x 軸上方（如圖 1.6.4），則：

(1) 不等式 $f(x) > 0$ 的解為 $\mathbb{R}$。

(2) 不等式 $f(x) < 0$ 的解為無解。

(3) 不等式 $f(x) \geq 0$ 的解為 $\mathbb{R}$。

(4) 不等式 $f(x) \leq 0$ 的解為無解。

在下表我們列出二次函數圖形與二次不等式的解，其中領導係數 $a > 0$，$D = b^2 - 4ac$：

	$D > 0$	$D = 0$	$D < 0$
$y = ax^2 + bx + c$ 的圖形	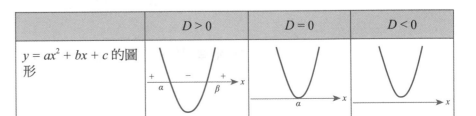		

$y = f(x)$ 恆正

	$D > 0$	$D = 0$	$D < 0$
$ax^2 + bx + c > 0$ 的解	$x < \alpha$ 或 $x > \beta$	$x \neq \alpha$，$x \in \mathbb{R}$	$x \in \mathbb{R}$（恆正）
$ax^2 + bx + c \geq 0$ 的解	$x \leq \alpha$ 或 $x \geq \beta$	$x \in \mathbb{R}$	$x \in \mathbb{R}$
$ax^2 + bx + c < 0$ 的解	$\alpha < x < \beta$	無解	無解
$ax^2 + bx + c \leq 0$ 的解	$\alpha \leq x \leq \beta$	$x = \alpha$	無解

範例 3　解下列不等式：

(A) $-x^2 - 4x + 5 > 0$。(B) $3x^2 + x - 3 \geq 0$。(C) $2x^2 + x + 4 \geq 0$。

解題秘訣：

設 $a > 0$

1. $D = b^2 - 4ac > 0$ 時，
   ① $f(x) > 0 \Rightarrow$ 二根之外。
   ② $f(x) < 0 \Rightarrow$ 二根之內。
2. $D = b^2 - 4ac < 0$ 時，
   配方處理。

說明：

(A) $\because -x^2 - 4x + 5 > 0$

$\Rightarrow x^2 + 4x - 5 < 0$ 　（兩邊同乘 -1，將領導係數變成正數）

$\Rightarrow (x + 5)(x - 1) < 0$ 　（因式分解）

故解集合為 $\{x \mid -5 < x < 1\}$。

(B) 由二次方程式 $ax^2 + bx + c = 0$ 的公式解：$x = \dfrac{-b \pm \sqrt{b^2 - 4ac}}{2a}$ 可

知 $3x^2 + x - 3 = 0$ 有兩相異實根為 $\dfrac{-1 + \sqrt{37}}{6}$、$\dfrac{-1 - \sqrt{37}}{6}$。因此，

$3x^2 + x - 3 \geq 0$ 可寫成

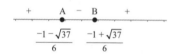

$$3 \cdot \left[x - \left(\dfrac{-1 - \sqrt{37}}{6} \right) \right]\left[x - \left(\dfrac{-1 + \sqrt{37}}{6} \right) \right] \geq 0 \quad \text{（因式分解）}$$

所以，不等式的解為 $\left(-\infty, \dfrac{-1 - \sqrt{37}}{6} \right] \cup \left[\dfrac{-1 + \sqrt{37}}{6}, \infty \right)$。

(C) 由於 $2x^2 + x + 4 = 0$ 的判別式 $D = 1^2 - 4 \cdot 2 \cdot 4 = -31 < 0$，所以 $2x^2 + x + 4 = 0$ 沒有實根，因此我們無法使用本範例中 (A) 與 (B) 的方法來解不等式。但利用配方法，可得

$$2x^2 + x + 4 = 2\left(x^2 + \dfrac{1}{2}x \right) + 4$$

$$= 2\left(x^2 + \dfrac{1}{4} \right)^2 + 4 - \dfrac{1}{8} \quad \text{（配方）}$$

$$= 2\left(x^2 + \dfrac{1}{4} \right)^2 + \dfrac{31}{8} > 0$$

所以對任意實數 x，$2x^2 + x + 4 > 0$ 恆成立，故 $2x^2 + x + 4 \geq 0$ 的解集合為 $\mathbb{R}$。

延伸學習 1　求下列不等式的解：

(A) $-x^2 + 7x - 12 > 0$。(B) $x^2 - 14x + 49 \leq 0$。(C) $-x^2 - 4x + 1 \geq 0$。

解答：

(A) $-x^2 + 7x - 12 > 0 \Rightarrow x^2 - 7x + 12 < 0$

$\Rightarrow (x - 3)(x - 4) < 0 \Rightarrow 3 < x < 4$

故不等式解集合為 $(3, 4)$。

(B) $x^2 - 14x + 49 \leq 0 \Rightarrow (x - 7)^2 \leq 0$，故不等式解集合為 $\{7\}$。

(C) $-x^2 - 4x + 1 \geq 0 \Rightarrow x^2 + 4x - 1 \leq 0$，解 $x^2 + 4x - 1 = 0$ 得

$-2 \pm \sqrt{5} \Rightarrow x^2 + 4x - 1 = (x + 2 - \sqrt{5})(x + 2 + \sqrt{5}) \leq 0$

$\Rightarrow -2 - \sqrt{5} \leq x \leq -2 + \sqrt{5}$

故解集合為 $[2 - \sqrt{5}, 2 + \sqrt{5}]$。

高次多項式不等式

若 $f(x) = a_n x^n + a_{n-1} x^{n-1} + \cdots + a_1 x + a_0$ 是個 n 次實係數多項式，則 $f(x)$ 一定可以因式分解成實係數一次因式或實係數**不可分解**（irreducible）二次因式的乘積，即

$$f(x) = a_n(x - \alpha_1)(x - \alpha_2) \cdots (x - \alpha_k)(x^2 + \beta_1 x + \gamma_1)(x^2 + \beta_2 x + \gamma_2) \cdots (x^2 + \beta_m x + \gamma_m)$$

其中 $k + 2m = n$，且 $x^2 + \beta_1 x + \gamma_1$，$x^2 + \beta_2 x + \gamma_2$，$\cdots$，$x^2 + \beta_m x + \gamma_m$ 一定恆正。由上述可知，要解不等式 $f(x) > 0$，只需要考慮

$$a_n(x - \alpha_1)(x - \alpha_2) \cdots (x - \alpha_k) > 0$$

即可。由上面的解釋可知解高次多項式不等式的步驟如下：

(1) 先將多項式 $f(x)$ 因式分解成實係數一次因式或實係數二次因式的乘積。

(2) 消去 $f(x)$ 中的恆正的因式。

(3) 找出剩下一次因式乘積的根，利用這些解將數線分割成若干個區間，在每一個區間內找一個點當作檢測值來判斷剩下一次因式乘積的正負，由此找出不等式之解。

我們從下面實例說明上述方法。

解題秘訣：

1. 整係數一次因式檢驗法：

設 $f(x) = a_n x^n + a_{n-1} x^{n-1} + \cdots + a_1 x + a$ 為整係數多項式，$a_n \neq 0$。

設 $a, b \in \mathbb{Z}$ 且 $(a, b) = 1$。

若 $ax - b \mid f(x) \Rightarrow a \mid a_n$ 且 $b \mid a_0$。

2. 將方程式的解標示在數線上，在每一個區間找一個數代入

$$f(x) = a_n x^n + \cdots + a_1 x + a_0$$

去判斷正負。

範例 4　不等式 $4x^3 - 2x^2 - 4x - 1 < 0$ 之解為何？

說明：

(1) 利用整係數一次因式檢驗法

將 $4x^3 - 2x^2 - 4x - 1$ 因式分解

或 $4x^3 - 2x^2 - 4x - 1 = (2x + 1)(2x^2 - 2x - 1)$

(2) 解方程式 $4x^3 - 2x^2 - 4x - 1 = 0$

$$\begin{array}{r} 4 - 2 - 4 - 1 \,\big|\, -\dfrac{1}{2} \\ -2 + 2 + 1 \\ \hline 2\,\big|\, 4 - 4 - 2, +0 \\ 2 - 2 - 1 \end{array}$$

$$\Rightarrow (2x + 1)(2x^2 - 2x - 1) = 0$$

$$\Rightarrow 2x + 1 = 0 \text{ 或 } 2x^2 - 2x - 1 = 0$$

$$\Rightarrow x = -\frac{1}{2} \text{ 或 } x = \frac{1 \pm \sqrt{3}}{2}$$

故不等式 $4x^3 - 2x^2 - 4x - 1 < 0$

的解集合為

$$\left(-\infty, -\frac{1}{2}\right) \cup \left(\frac{1 - \sqrt{3}}{2}, \frac{1 + \sqrt{3}}{2}\right)$$

延伸學習 2　求不等式 $x^3 - 5x^2 + 2x + 8 < 0$ 的解集合。

解答：

$(-\infty, -1) \cup (2, 4)$。

(1) 利用整係數一次因式檢驗法，

　　將 $x^3 - 5x^2 + 2x + 8$ 因式分解得

$$x^3 - 5x^2 + 2x + 8 = (x + 1)(x^2 - 6x + 8)$$

$$= (x + 1)(x - 2)(x - 4)$$

$$\begin{array}{r} 1 - 5 + 2 + 8 \underline{|-1} \\ -1 + 6 - 8 \\ \hline 1 - 6 + 8 \, , \, 0 \end{array}$$

(2) $x^3 - 5x^2 + 2x + 8 = 0$ 的解為 $x = -1, 2, 4$，

　　故不等式解為 $\{x \mid x < -1 \text{ 或 } 2 < x < 4\}$。

範例 5　求不等式 $x^6 \cdot (x + 1)^5 (x - 2)^3 < 0$ 的解？

解題秘訣：
分段討論 $f(x)$ 的正負。

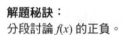

說明：　令 $f(x) = x^6 \cdot (x + 1)^5 (x - 2)^3$，故 $f(x) = 0$ 的解為 $x = 0$，$x = -1$，及 $x = 2$。就 $x < -1$，$-1 < x < 0$，$0 < x < 2$，$x > 2$ 四種情形討論 $f(x)$ 的正負情況，利用下列數線表示

故 $f(x) < 0$ 的解集合為 $(-1, 0) \cup (0, 2)$。

延伸學習 3　解下列不等式：

(A) $(x^2 - 3x + 2)(x^2 + x - 12) \geq 0$。

(B) $(x + 2)(2x - 3)^3(x + 1)(x - 4)^4 > 0$。

解答：

(A) $(x^2 - 3x + 2)(x^2 + x - 12) \geq 0 \Rightarrow (x - 2)(x - 1)(x - 3)(x + 4) \geq 0$

　　故解集合為 $(-\infty, -4] \cup [1, 2] \cup [3, \infty)$。

(B) $(-2, -1) \cup \left(\frac{3}{2}, 4\right) \cup (4, \infty)$。

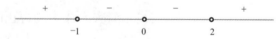

分式不等式

分式不等式的定義

設 $f(x)$、$g(x)$ 為實數多項式，其中 $g(x)$ 不為零多項式，則

$$\frac{f(x)}{g(x)} > 0 \text{，} \frac{f(x)}{g(x)} \geq 0 \text{，} \frac{f(x)}{g(x)} < 0 \text{ 或 } \frac{f(x)}{g(x)} \leq 0$$

等形式稱為分式不等式。

假設不等式 $\frac{f(x)}{g(x)} > 0$，由於 $g(x) \neq 0$（分母不能為 0），因此可知 $g^2(x)$ 恆大於 0。於不等式 $\frac{f(x)}{g(x)} > 0$ 兩邊同時乘上 $g^2(x)$，可得 $\frac{f(x)}{g(x)} \cdot g^2(x) = f(x) \cdot g(x) > 0$。由此我們可以得到下面推論。

推論：不等式 $\frac{f(x)}{g(x)} > 0$ 的解和 $f(x) \cdot g(x) > 0$ 的解相同。對於不等號「$<$」、「$\geq$」和「$\leq$」，推論也都成立。

由上面解釋我們可得解分式不等式的步驟如下：

步驟 1：利用移項與通分，將原本的分式不等式整理成 $\frac{f(x)}{g(x)} > 0$ 的形式。

步驟 2：將 $\frac{f(x)}{g(x)} > 0$ 的形式改成 $f(x) \cdot g(x) > 0$ 的形式（相除改相乘）。

以上步驟對不等號「$<$」、「$\geq$」和「$\leq$」，也都成立。

請注意在解分式方程式時，我們會對整個分式方程式乘以各分母的最低公倍式，以消去各項的分母。但在解分式不等式時，這個做法是行不通的！如下例所示：

若 $\dfrac{2x-1}{x+1} = 1$

$\Rightarrow 2x - 1 = x + 1$ 　　　　　　　　　　（對分式方程式乘以 $x+1$）

$\Rightarrow x = 2$

若利用同樣方法求

$\dfrac{2x-1}{x+1} < 1$

$\Rightarrow 2x - 1 < x + 1$

$\Rightarrow x < 2$

但是當我們用 $x = -2$ 代入不等式中會發現 $\dfrac{-4-1}{-2+1} = 5 \not< 1$，由此可知

$x < 2$ 並不是不等式 $\dfrac{2x-1}{x+1} < 1$ 的解集合。這是因為當 $x + 1 < 0$ 時，對分式不等式同乘以 $x + 1$ 會改變不等號的方向。此不等式正確解法請見本節的範例 6。

範例 6 解下列不等式：

(A) $\dfrac{2x-1}{x+1} < 1$。(B) $\dfrac{4}{x+1} - 2 \le \dfrac{1}{x-2}$。

解題秘訣：

1. $\dfrac{f(x)}{g(x)} \le 0$

   $\Rightarrow f(x)g(x) \le 0$，但 $g(x) \ne 0$

2. 設 $f(x) = ax^2 + bx + c$，$a > 0$

   若 $D = b^2 - 4ac < 0$ 時，$f(x)$ 恆正。

說明：

(A) $\dfrac{2x-1}{x+1} < 1$

$\Rightarrow \dfrac{2x-1}{x+1} - 1 < 0$ （兩邊同時減 1）

$\Rightarrow \dfrac{2x-1-(x+1)}{x+1} < 0$ （通分相減）

$\Rightarrow \dfrac{x-2}{x+1} < 0$ （化簡）

$\Rightarrow (x-2)(x+1) < 0$ （相除改相乘）

$\Rightarrow -1 < x < 2$

(B) $\dfrac{4}{x+1} - 2 \le \dfrac{1}{x-2}$

$\Rightarrow \dfrac{4}{x+1} - 2 - \dfrac{1}{x-2} \le 0$ （兩邊同時減 $\dfrac{1}{x-2}$）

$\Rightarrow \dfrac{4(x-2) - 2(x+1)(x-2) - (x+1)}{(x+1)(x-2)} \le 0$ （通分，並將三項做加減）

$\Rightarrow \dfrac{(-2x^2 + 5x - 5)}{(x+1)(x-2)} \le 0$

$\Rightarrow (-2x^2 + 5x - 5)(x+1)(x-2) \le 0$，且 $x \ne -1, 2$ （相除改相乘）

$\Rightarrow \underset{\underset{\text{恆正}}{\uparrow}}{(2x^2 - 5x + 5)}(x+1)(x-2) \ge 0$，且 $x \ne -1, 2$ （兩邊同乘 -1）

$\Rightarrow (x+1)(x-2) > 0$ （$\because x \ne -1, 2$）

$\Rightarrow x < -1$ 或 $x > 2$

故不等式解集合為 $(-\infty, -1) \cup (2, \infty)$

絕對值不等式

在學習解絕對值不等式之前，我們先複習絕對值的定義以及絕對值的性質。

絕對值的定義

數線上，實數 a 到原點的距離稱為 a 的絕對值，記作 $|a|$。

由定義可知 $|a| = \begin{cases} a, & \text{若 } a \geq 0 \\ -a, & \text{若 } a \leq 0 \end{cases}$，且由絕對值的定義可知實數的絕對值不可以是負的，例如：$|-5| = 5$，$|2| = 2$。下面為讀者列出絕對值的性質。

絕對值的性質

設 a、b 為實數，則

(1) $|a| \geq 0$。

(2) 乘法：$|ab| = |a|\,|b|$。

(3) 除法：$\left|\dfrac{b}{a}\right| = \dfrac{|b|}{|a|}$。

(4) 冪方：$|a|^n = |a^n|$。

(5) 三角不等式：$|a + b| \leq |a| + |b|$。

註：①當 a、b 同號時，$|a + b| = |a| + |b|$。

②絕對值的幾何意義：數線上任一兩點 $A(a)$, $B(b)$，則 A、B 兩點的距離為 $|a - b|$，兩點重疊時距離為 0。

絕對值不等式的定義

未知數在絕對值裡面的不等式，稱為絕對值不等式。

　　由絕對值的幾何意義可知 $|a - b|$ 可用來表示數線上 $A(a)$ 與 $B(b)$ 兩點的距離。$|x| = 3$ 可寫成 $|x - 0| = 3$，所以 x 為數線上與原點的距離為 3 的點。因此，x 可以等於 3 或 -3。同理，介於 -3 與 3 之間的任何一個數都能滿足不等式 $|x| < 3$，也就是說，所有介於 -3 與 3 之間的數都是不等式 $|x| < 3$ 的解。因此，它的解可以圖示如下：

因此對於任何一個正數 a，不等式 $|x| < a$ 的解就是所有介於 $-a$ 與 a 之間的數，並可用集合 $\{x \mid -a < x < a\}$ 或開區間 $(-a, a)$ 來表示。

　　我們將絕對值不等式的幾何意義與圖示整理成下表：

符號	意義	圖示
$\|x\| = a$	x 為與原點的距離等於 a 的點，即 $x = \pm a$	
$\|x\| < a$	x 為與原點的距離小於 a 的點，即 $-a < x < a$	
$\|x\| \leq a$	x 為所有與原點的距離小於或等於 a 的點，即 $-a \leq x \leq a$	
$\|x\| > a$	x 為所有與原點的距離大於 a 的點，即 $x < -a$ 或 $x > a$	

$\lvert x \rvert \geq a$	x 為所有與原點距離大於或等於 a 的點，即 $x \leq -a$ 或 $x \geq a$	
$\lvert x-a \rvert = b$	x 為與 a 點的距離等於 b 的點，即 $x = a \pm b$	
$\lvert x-a \rvert < b$	x 為所有與 a 點距離小於 b 的點，即 $a-b < x < a+b$	
$\lvert x-a \rvert \leq b$	x 為所有與 a 點距離小於或等於 b 的點，即 $a-b \leq x \leq a+b$	
$\lvert x-a \rvert > b$	x 為所有與 a 點距離大於 b 的點，即 $x < a-b$ 或 $x > a+b$	
$\lvert x-a \rvert \geq b$	x 為所有與 a 點距離大於或等於 b 的點，即 $x \leq a-b$ 或 $x \geq a+b$	

註：上表中的 a、b 均為正數。

接下來我們來看解絕對值不等式的步驟：

(1) 將絕對值符號去掉，而去絕對值符號的方法有：
　①利用絕對值的幾何意義去絕對值符號。
　②兩邊平方：若 a、b 均為非負實數，$a < b \Leftrightarrow a^2 < b^2$（須兩邊都是非負實數）。
(2) 按照一般解不等式的方法求解。

範例 7 不等式 $\lvert 2x + 3 \rvert \leq 5$ 的解集合為何？

解題要點：
設 $c \geq 0$
$\lvert ax + b \rvert \leq c \Leftrightarrow -c \leq ax + b \leq c$

說明：$\lvert 2x + 3 \rvert \leq 5$　　　　　　　　　　　　（原不等式）

$\Rightarrow -5 \leq 2x + 3 \leq 5$

$\Rightarrow -8 \leq 2x \leq 2$　　　　　　　　　　（三邊同時減 3）

$\Rightarrow -4 \leq x \leq 1$　　　　　　　　　（三邊同時除以 2）

故不等式的解集合為閉區間 $[-4, 1]$。

範例 8 $\lvert 3x - 1 \rvert < \lvert x + 1 \rvert$

解題秘訣：
若 $\lvert a \rvert \leq \lvert b \rvert$，則 $a^2 \leq b^2$（兩邊平方，去絕對值）。

說明：將不等式 $\lvert 3x - 1 \rvert < \lvert x + 1 \rvert$ 兩邊同時平方得

$(3x - 1)^2 < (x + 1)^2$

$\Rightarrow (3x - 1)^2 - (x + 1)^2 < 0$

$\Rightarrow [(3x - 1) + (x + 1)][(3x - 1) - (x + 1)] < 0$　（平方差：$a^2 - b^2 = (a + b)(a - b)$）

$\Rightarrow 4x \cdot (2x - 2) < 0$

$\Rightarrow 8x(x - 1) < 0$　　　　　　　　　　（提出公因數 2）

$\Rightarrow 0 < x < 1$

故不等式解集合為開區間 $(0, 1)$。

延伸學習 4　求不等式 $|4x - 1| \geq |x - 1|$。

解答：

$|4x - 1| \geq |x - 1| \Rightarrow (4x - 1)^2 \geq (x - 1)^2 \Rightarrow (4x - 1)^2 - (x - 1)^2 \geq 0$

$\Rightarrow (4x - 1 + x - 1)(4x - 1 - x + 1) \geq 0 \Rightarrow (5x - 2)(3x) \geq 0$

$\Rightarrow x \geq \dfrac{2}{5}$ 或 $x \leq 0$，故不等式解集合為 $(-\infty, 0] \cup \left[\dfrac{2}{5}, \infty\right)$。

根式不等式

如果一個不等式的根號內含有未知數，則我們稱此方程式為根式不等式。

解根式不等式的關鍵是去根號，其解題步驟是：

(1) 討論定義域（當 n 是偶數時，要注意到根號內的函數須大於等於 0）。

(2) 兩邊同時 n 次方，將根號去掉後（當 n 是偶數時，須確保兩邊非負）去解不等式。

(3) 將 1 和 2 找出的解集合的交集。

我們利用下面的實例說明：

範例 9　解不等式 $\sqrt{2x - 3} < x - 3$。

解題秘訣：
1. 根號內的數須大於或等於 0。
2. 根式不等式不能直接平方，因為 $a < b$ 與 $a^2 < b^2$ 的解並不相同。
3. 當 $a > 0$, $b > 0$ 時，則 $a < b \Leftrightarrow a^2 < b^2$。

說明：

$\sqrt{2x - 3} < x - 3 \Rightarrow \begin{cases} 2x - 3 \geq 0 & \text{（根號內的數大於或等於 0）} \\ x - 3 > 0 & (x - 3 > \sqrt{2x - 3} \geq 0) \\ 2x - 3 < (x - 3)^2 & \text{（解題秘訣 3，其中 } a = \sqrt{2x - 3}, \\ & \qquad b = x - 3） \end{cases}$

(i)　由 $2x - 3 \geq 0$ 可得 $x \geq \dfrac{3}{2}$

(ii)　由 $x - 3 > 0$ 可得 $x > 3$

(iii)　$2x - 3 < (x - 3)^2 \Rightarrow 2x - 3 < x^2 - 6x + 9$

$\qquad\qquad\qquad\qquad \Rightarrow x^2 - 8x + 12 > 0$

$\qquad\qquad\qquad\qquad \Rightarrow x > 6$ 或 $x < 2$

由於 (i)、(ii)、(iii) 均須成立，所以我們求 (i)、(ii)、(iii) 中解的共同部分如下圖：

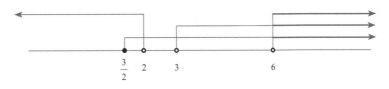

故由 (i)、(ii)、(iii) 可得 $\{x \mid x > 6\}$ 為不等式的解。

延伸學習 5 解不等式 $\sqrt{x^2 - 9} < x - 1$。

解答：$[3, 5)$。

$$\sqrt{x^2 - 9} < x - 1 \Rightarrow \begin{cases} x^2 - 9 \geq 0 \\ x - 1 > 0 \\ x^2 - 9 < (x - 1)^2 \end{cases}$$

(i)　$x^2 - 9 \geq 0 \Rightarrow x \geq 3$ 或 $x \leq -3$

(ii)　$x - 1 > 0 \Rightarrow x > 1$

(iii)　$x^2 - 9 < (x - 1)^2 \Rightarrow x^2 - 9 < x^2 - 2x + 1 \Rightarrow x < 5$

由 (i) (ii) (iii) 得 $\{x \mid 3 \leq x < 5\}$。

習題 1.6

1.　在數線上圖示下列不等式：

　　(A) $-2 < x < 2$。(B) $-1 < x < 3$。

2.　解下列不等式：

　　(A) $4x + 2 \geq 7$。

　　(B) $2x \leq 3x - 2 \leq 4$。

　　(C) $3x^2 - 2x + 5 < 0$。

　　(D) $(x + 3)^3(x - 1)^2(x - 2) < 0$。

　　(E) $(x - 1)^3(x + 2)^4(x - 3)^7 < 0$。

　　(F) $x^3 + 3x^2 + 3x + 9 \leq 0$。

　　(G) $\dfrac{x + 2}{(x^2 + x + 1)(x - 1)} \leq 0$。

　　(H) $\dfrac{x + 1}{x^3 - 4x^2 + 5x - 2} < 0$。

　　(I) $|3x - 2| > 7$。

　　(J) $||x - 2| - 5| \leq 4$。

第 7 節　三角函數

　　三角學是由古希臘時代的天文學家所研創的。促使三角學產生的主要動力來自人們想測量和推算天體的位置與運行軌道，因此在相當長的一個時期裡，三角學隸屬於天文學。十六世紀的歐洲，由於航海、曆法計算的需要，更增加三角學的重要性。如今它已廣泛地應用於天文、地理、航海、物理、建築、測量、工程、航空和音樂。三角學可以說是最實際與最具應用性的數學分支之一。現代比較常用的三角函數有 6 個，其中 $\sin x$ 和 $\cos x$ 還常用於模擬週期函數現象，比如說聲波和分波。在微積分課程中除了會進一步探討其運算性質外，亦會利用三角代換的技巧處理積分的問題。在這一節我們複習角度的大小弧度制以及三角函數的定義與其一些性質。

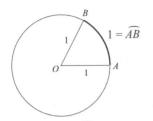

$\overparen{AB}$ 的長度為 1，而 $\overparen{AB}$ 所對的圓角 $\angle AOB$ 的角度就是 1 弳（或 1 弧度）。

圖 1.7.1

角的度量與換算

為了說明角的大小，必須選取角的度量單位，我們常用的度量單位有兩種，一種為**度度量**（六十分制），是將圓周分為 360 等份，每一等份所對應的圓周角稱為一度，以 1° 表示。另一種為**弳度量**（弧度制），做一個半徑為 1 的單位圓，任意取一段弧長，當弧長等於半徑 1 時，我們稱這個弧所對應的圓心角就稱為 1 **弳**（radian），如圖 1.7.1。若一角以弳度表示時，則其角度的單位可以省略不寫，例如：3 弳可以只寫 3，π 弳可以只寫 π。由於單位圓的周長為 2π，因此我們可以得到一個代換式

$$360° = 2\pi \text{（弳度）}$$

同樣地我們可以知道 180° 相當於 π 弳，而 90° 相當於 $\dfrac{\pi}{2}$ 弳。由上面的代換式我們可知

$$1 = \frac{180°}{\pi}\,(\fallingdotseq 57.3°) \quad \text{或} \quad 1° = \frac{\pi}{180°}\,(\fallingdotseq 0.0174533)$$

我們可由計算機得知 $\sin 1° \approx 0.0174524$，這與 1° 的差距不到十萬分之一。所以當弳度 x 很小時，$\sin x \approx x$，換句話說，當 x 很小時，計算 $\sin x$ 可用 x 來估計，這可能是弳度被多人接受的原因之一。$\displaystyle\lim_{x\to 0}\frac{\sin x}{x} = 1$ 在微積分上有重要的應用，我們會在第二章對此性質做嚴謹的證明。在下面我們列出一些常用的角度，並且將角度與弧度都顯示出來，方便讀者做比較。

以度為單位	0°	30°	45°	60°	90°	120°	135°	150°
以弧度為單位	0	$\dfrac{\pi}{6}$	$\dfrac{\pi}{4}$	$\dfrac{\pi}{3}$	$\dfrac{\pi}{2}$	$\dfrac{2\pi}{3}$	$\dfrac{3\pi}{4}$	$\dfrac{5\pi}{6}$
以度為單位	180°	210°	225°	240°	270°	300°	315°	360°
以弧度為單位	π	$\dfrac{7\pi}{6}$	$\dfrac{5\pi}{4}$	$\dfrac{4\pi}{3}$	$\dfrac{3\pi}{2}$	$\dfrac{5\pi}{3}$	$\dfrac{7\pi}{4}$	2π

有向角

$\angle FOE$ 由二射線所組成，如果 $\overrightarrow{OE}$ 表東方，$\overrightarrow{OF}$ 表東北方，我們用 $\angle FOE$ 表示從東方到東北方的方位差（圖 1.7.2）。如果站在 O 點，面向東然後**逆時針**轉到東北方位與先面對東北方位然後順時針轉到東方，這兩起動作是有區別的。為了能夠把這些差異之處也表現出來，我們將角的兩邊 $\overrightarrow{OE}$ 與 $\overrightarrow{OF}$ 給出先後次序，把一個稱為**始邊**，另一個稱為**終邊**。例如，從 $\overrightarrow{OE}$ 轉至 $\overrightarrow{OF}$ 時，$\overrightarrow{OE}$ 是始邊，$\overrightarrow{OF}$

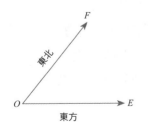

圖 1.7.2

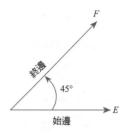

圖 1.7.3A

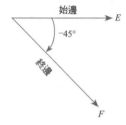

圖 1.7.3B

就是終邊。從始邊轉向終邊就是旋轉方向，此時就可以把角看作是由始邊沿著旋轉方向到終邊的旋轉量，我們規定逆時鐘方向為正，順時鐘方向為負，其中旋轉方向是正的角稱為正向角，簡稱正角；旋轉方向是負的角稱為負向角，簡稱為負角。正向角與負向角合稱為有向角。例如，從東轉至東北方位的有向角是 45°（圖 1.7.3A），從東轉至東南方位的有向角是 −45°（如圖 1.7.3B）。

由於有向角的旋轉量為有向角的角度，所以可以是 225°、−120°、450°、−630° … 等等。像這樣打破 0° 到 180° 之限制的有向角，就稱為廣義角（圖 1.7.4）。當兩廣義角 θ 與 θ_1 具有相同的始邊及終邊時，我們稱 θ 與 θ_1 為同界角。兩個同界角之間一定相差 360° 的倍數，即若 θ 和 θ_1 為同界角，則 $\theta - \theta_1 = 2n\pi$，其中 n 為整數，圖 1.7.5 中的 400° 角與 40° 角、690° 角與 −30° 角都是一對同界角。若 α 為 θ 的正同界角中最小者，我們稱 α 為 θ 的最小正同界角。事實上，任何有向角 θ 都可以找到唯一的最小正同界角。

圖 1.7.4A

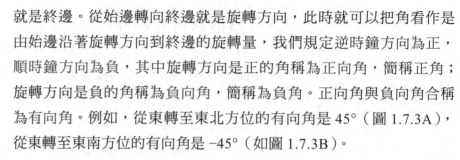

圖 1.7.4B　　　　圖 1.7.4C　　　　圖 1.7.4D

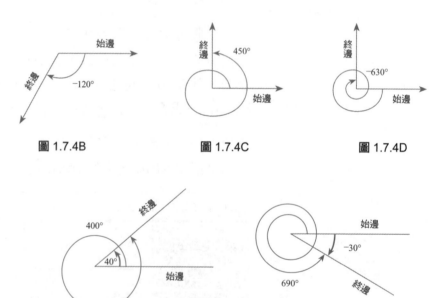

因為 40° 和 400° 有相同的始邊和終邊，所以 400° 和 40° 互為同界角。

圖 1.7.5A

因為 −30° 和 690° 有相同的始邊和終邊，所以 −30° 和 690° 是同界角。

圖 1.7.5B

在座標平面上，若廣義角 θ 的頂點與原點重合，以 x 軸的正向為始邊，則 θ 稱為標準位置角。當標準位置角 θ 的終邊在第一（二、三、四）象限內，我們稱 θ 為第一（二、三、四）象限角，如圖 1.7.6 所示。我們稱終邊在 x 軸或 y 軸上的標準位置角 θ 為象限角，此時 $\theta = \dfrac{\pi}{2} \times n$，其中 n 為整數。

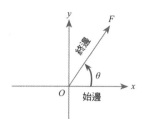
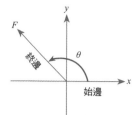

由於 θ 的終邊在第一象限內，故 θ 稱為第一象限角。

A

由於 θ 的終邊在第二象限內，故 θ 稱為第二象限角。

B

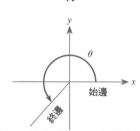
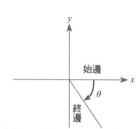

由於 θ 的終邊在第三象限內，故 θ 稱為第三象限角。

C

由於 θ 的終邊在第四象限內，故稱 θ 為第四象限角。

D

圖 1.7.6

註：

θ 是第一象限角 $\Leftrightarrow n \cdot 2\pi < \theta < n \cdot 2\pi + \dfrac{\pi}{2}$，$n \in \mathbb{Z}$

θ 是第二象限角 $\Leftrightarrow n \cdot 2\pi + \dfrac{\pi}{2} < \theta < n \cdot 2\pi + \pi$，$n \in \mathbb{Z}$

θ 是第三象限角 $\Leftrightarrow n \cdot 2\pi + \pi < \theta < n \cdot 2\pi + \dfrac{3\pi}{2}$，$n \in \mathbb{Z}$

θ 是第四象限角 $\Leftrightarrow n \cdot 2\pi + \dfrac{3\pi}{2} < \theta < n \cdot 2\pi + 2\pi$，$n \in \mathbb{Z}$

　　角度的規約：採弧度制。今後本書所涉及的角都採用弧度為單位，當我們說有一個角的角度為 $\dfrac{\pi}{6}$ 時，指的是這個角為 $\dfrac{\pi}{6}$ 弧度（$30°$），而不是 $\dfrac{\pi}{6}$ 度。

六個基本的三角函數

　　在國中的時候，我們曾利用相似三角形的性質引進了銳角三角函數來解決實際的測量問題。現在我們先把這些函數定義複習之後，再將其推廣到廣義角的三角函數。

(1) 銳角三角函數的定義

當 θ 為銳角時，我們用直角三角形三邊的邊長去定義 θ 的六個三角函數（圖 1.7.7）：

正弦函數：$\sin\theta = \dfrac{a}{c}\left(\dfrac{對邊}{斜邊}\right)$　　餘弦函數：$\cos\theta = \dfrac{b}{c}\left(\dfrac{鄰邊}{斜邊}\right)$

正切函數：$\tan\theta = \dfrac{a}{b}\left(\dfrac{對邊}{鄰邊}\right)$　　餘切函數：$\cot\theta = \dfrac{b}{a}\left(\dfrac{鄰邊}{對邊}\right)$

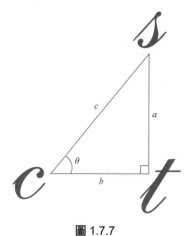

圖 1.7.7

正割函數：$\sec\theta = \dfrac{c}{b}\left(\dfrac{斜邊}{鄰邊}\right)$　餘割函數：$\csc\theta = \dfrac{c}{a}\left(\dfrac{斜邊}{對邊}\right)$

註：

① $\sin\theta$：　　　　　　　　　　　→　$\dfrac{對邊}{斜邊}$

② $\cos\theta$：　　　　　　　　　　　→　$\dfrac{鄰邊}{斜邊}$

③ $\tan\theta$：　　　　　　　　　　　→　$\dfrac{對邊}{鄰邊}$

(2) 廣義三角函數的定義

設 θ 為標準位置角，若 $P(x, y)$ 為 θ 終邊上異於原點 O 的任一點，設 $r = \overline{OP} = \sqrt{x^2 + y^2}$ 如圖 1.7.8，則 θ 的六個廣義三角函數定義如下：

正弦函數：$\sin\theta = \dfrac{y}{r}$　　　　　　餘弦函數：$\cos\theta = \dfrac{x}{r}$

正切函數：$\tan\theta = \dfrac{y}{x}, (x \neq 0)$　餘切函數：$\cot\theta = \dfrac{x}{y}, (y \neq 0)$

正割函數：$\sec\theta = \dfrac{r}{x}, (x \neq 0)$　餘割函數：$\csc\theta = \dfrac{r}{y}, (y \neq 0)$

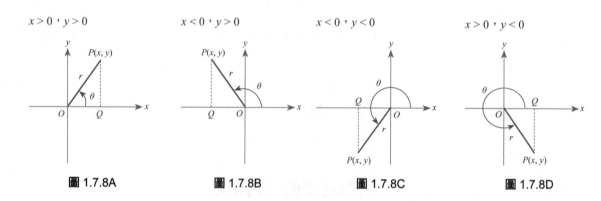

圖 1.7.8A　　　　圖 1.7.8B　　　　圖 1.7.8C　　　　圖 1.7.8D

當 θ 為銳角時，這樣的定義方式跟先前銳角三角函數定義一致，所以銳角三角函數是廣義三角函數的特例。當 $\theta = \dfrac{\pi}{2} + n\pi$，$n$ 為整數時，P 點在 y 軸上，而且 P 點的 x 座標為 0，所以 $\tan\theta = \dfrac{y}{x}$ 與 $\sec\theta = \dfrac{r}{x}$ 都沒有定義。當 $\theta = n\pi$，n 為整數時，P 點在 x 軸上，P 點的 y 座標為 0，此時 $\cot\theta = \dfrac{x}{y}$ 與 $\csc\theta = \dfrac{x}{y}$ 都沒有定義。從廣義的三角函數的定義可知，凡是同界角均有相同的函數值。因此，任意有向角 θ 的三角函數值都可以用它的最小正同界角的三角函數值表示。

註：

1. 我們通常將 $(\sin\theta)^n$ 或 $(\cos\theta)^n$ 以 $\sin^n\theta$ 與 $\cos^n\theta$ 來代替，如 $(\sin\theta)^2$ 以 $\sin^2\theta$ 代替，但請讀者注意到 $\sin^2\theta \neq \sin(\theta^2)$。

2. 計算廣義三角函數值的時候，我們可以選取 θ 終邊上（異於原點）的任一點為 P。

3. 由廣義三角函數的定義可知，標準位置角終邊在不同的象限內，所對應的三角函數值會有正值或負值產生。其中 $\sin\theta$ 之正負隨著 y 座標而變，$\cos\theta$ 之正負隨著 x 座標而變。為了方便讀者學習，將此正負關係整理成表 1.7.1，這個表相當重要，請讀者融會貫通，以利於更進一步的學習。

表 1.7.1　三角函數的正負

象限 ＼ 三角函數	$\sin\theta$	$\cos\theta$	$\tan\theta$	$\cot\theta$	$\sec\theta$	$\csc\theta$
一	+	+	+	+	+	+
二	+	−	−	−	−	+
三	−	−	+	+	−	−
四	−	+	−	−	+	−

4. 象限角的三角函數值：

θ	$\sin\theta$	$\cos\theta$	$\tan\theta$	$\cot\theta$	$\sec\theta$	$\csc\theta$
0	0	1	0	無意義	1	無意義
$\dfrac{\pi}{2}$	1	0	無意義	0	無意義	1
π	0	−1	0	無意義	−1	無意義
$\dfrac{3\pi}{2}$	−1	0	無意義	0	無意義	−1

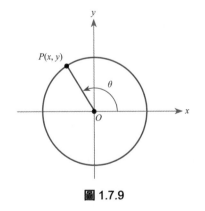

圖 1.7.9

5. 假設圓 O 的圓心為原點、半徑為 r，$P(x, y)$ 為圓上一點，$\overline{OP}$ 與 x 軸正向夾角 θ（圖 1.7.9），因為 $\sin\theta = \dfrac{y}{r}$，$\cos\theta = \dfrac{x}{r}$，所以 $x = r\cos\theta$、$y = r\sin\theta$。特別的是，當 $r = 1$，$x = \cos\theta$，$y = \sin\theta$。

範例 1　試求 $\sin\dfrac{5\pi}{6}$，$\cos\dfrac{5\pi}{6}$ 及 $\tan\dfrac{5\pi}{6}$ 之值。

說明： 設立座標，如圖 1.7.10，$\dfrac{5\pi}{6}$ 是標準位置角。設 $P(x, y)$ 為 $\dfrac{5\pi}{6}$ 終邊上異於原點的一點，取 $\overline{OP} = r = 2$，則 $\overline{OQ} = \sqrt{3}$，$\overline{PQ} = 1$，故

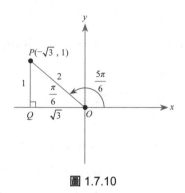

圖 1.7.10

解題要點：
廣義角正弦、餘弦及正切的定義。

$x = -\sqrt{3}$，$y = 1$，故

$$\sin\frac{5\pi}{6} = \frac{y}{r} = \frac{1}{2}$$

$$\cos\frac{5\pi}{6} = \frac{x}{r} = -\frac{\sqrt{3}}{2}$$

$$\tan\frac{5\pi}{6} = \frac{y}{x} = -\frac{1}{\sqrt{3}}$$

延伸學習 1 試求 $\sin\left(-\dfrac{\pi}{3}\right)$、$\cos\left(-\dfrac{\pi}{3}\right)$ 及 $\tan\left(-\dfrac{\pi}{3}\right)$ 的值。

解答： $\sin\left(-\dfrac{\pi}{3}\right) = -\dfrac{\sqrt{3}}{2}$，$\cos\left(-\dfrac{\pi}{3}\right) = \dfrac{1}{2}$，$\tan\left(-\dfrac{\pi}{3}\right) = -\sqrt{3}$。

範例 2 設 $\cos\theta = -\dfrac{3}{5}$ 且 $\tan\theta < 0$，求 $\sin\theta$、$\tan\theta$ 之值。

說明： 因 $\cos\theta < 0$ 且 $\tan\theta < 0$，所以 θ 為第二象限角。

設 θ 為標準位置角，$P(x, y)$ 為終邊上異於原點的一點，$\overline{OP} = r$，$\cos\theta = \dfrac{x}{r} = \dfrac{x}{\overline{OP}}$，取 $\overline{OP} = 5$，$x = -3$，由畢氏定理可知 $\overline{PQ} = \sqrt{5^2 - 3^2}$ $= 4$，因此 $y = 4$，故 $\sin\theta = \dfrac{y}{r} = \dfrac{4}{5}$，$\tan\theta = \dfrac{y}{x} = \dfrac{4}{-3}$（圖 1.7.11）。

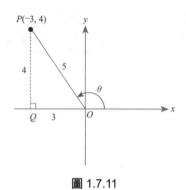

圖 1.7.11

解題秘訣：
1. 決定 θ 是第 n 象限角。
2. 在 θ 終邊上，選取適當的一點 $P(x, y)$。

延伸學習 2 若 $\tan\theta = -\dfrac{3}{4}$ 且 $\sin\theta < 0$，求 $\sin\theta$ 之值。

解答：

$\because \tan\theta = -\dfrac{3}{4}$ 且 $\sin\theta < 0$，$\therefore \theta$ 為第四象限角且 $\sin\theta = -\dfrac{3}{5}$。

任意角的三角函數值

我們先從「介於 $\dfrac{\pi}{2}$ 至 2π 的任意角 α」討論起，再逐步擴大。

1. 若 α 為第二象限角，則 α 可表為 $\pi - \theta$，其中 $0 < \theta < \dfrac{\pi}{2}$。我們稱以原點為圓心而半徑為 1 的圓為單位圓。設 θ 與 $\pi - \theta$ 兩個角的終邊與單位圓的交點分別為 $P(x, y)$ 與 $P'(x', y')$，如圖 1.7.12 所示：設 Q 點與 Q' 點分別為過 P 點與 P' 點的垂線與 x 軸的交點。圖 1.7.12 中 $\triangle POQ \cong \triangle P'OQ'$（ASA），因此 $\overline{OQ} = \overline{OQ'}$，$\overline{PQ} = \overline{P'Q'}$。由廣義三角函數的定義可知：

$$\sin(\pi - \theta) = \frac{y'}{1} = \overline{P'Q'} = \overline{PQ} = \sin(\theta)$$

$$\cos(\pi - \theta) = \frac{x'}{1} = -\overline{OQ'} = -\overline{PQ} = -\cos(\theta)$$

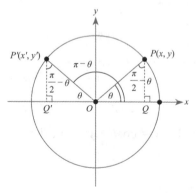

$\because \angle POQ = \angle P'OQ' = \theta$

$\overline{OP} = \overline{OP'} = 1$

$\angle OP'Q' = \angle OPQ = \dfrac{\pi}{2} - \theta$

$\therefore \triangle POQ \cong \triangle P'OQ'$（ASA）

圖 1.7.12

$$\tan(\pi - \theta) = \frac{y'}{x'} = -\tan(\theta)$$

$$\cot(\pi - \theta) = \frac{x'}{y'} = -\cot(\theta)$$

$$\sec(\pi - \theta) = \frac{1}{x'} = -\sec(\theta)$$

$$\csc(\pi - \theta) = \frac{1}{y'} = \csc(\theta)$$

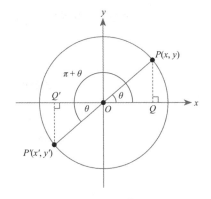

$$\because \angle QOP = \angle P'OQ' = \theta$$

$$\overline{OP} = \overline{OP'} = 1$$

$$\angle OPQ = \angle OP'Q' = \frac{\pi}{2} - \theta$$

$$\therefore \Delta POQ \cong \Delta P'OQ' \ (ASA)$$

圖 1.7.13

2. 若 α 為第三象限角,則 α 可表為 $\pi + \theta$,其中 $0 < \theta < \frac{\pi}{2}$。設 θ 與 $\pi + \theta$ 兩個角的終邊與單位圓的交點分別為 $P(x, y)$ 與 $P'(x', y')$,如圖 1.7.13 所示:

設 Q 點與 Q' 點分別為過 P 點與 P' 點的垂線與 x 軸的交點。圖 1.7.13 中 $\Delta POQ \cong \Delta P'OQ'$($ASA$),因此 $\overline{OQ} = \overline{OQ'}$,$\overline{PQ} = \overline{P'Q'}$。

由廣義三角函數的定義可知:

$$\sin(\pi + \theta) = \frac{y'}{1} = -\overline{P'Q'} = -\overline{PQ} = -\sin(\theta)$$

$$\cos(\pi + \theta) = \frac{x'}{1} = -\overline{OQ'} = -\overline{OQ} = -\cos(\theta)$$

同理可得

$$\tan(\pi + \theta) = \tan(\theta) \text{,} \cot(\pi + \theta) = \cot(\theta)$$

$$\sec(\pi + \theta) = -\sec(\theta) \text{,} \csc(\pi + \theta) = -\csc(\theta)$$

3. 若 α 為第四象限角,則 α 可表為 $2\pi - \theta$,其中 $0 < \theta < \frac{\pi}{2}$。設 θ 與 $2\pi - \theta$ 兩個角的終邊與單位圓的交點分別為 $P(x, y)$ 與 $P'(x', y')$,如圖 1.7.14 所示:

連接 P、P' 兩點,線段 $\overline{PP'}$ 與 x 軸交於一點 Q。圖中 $\Delta POQ \cong \Delta P'OQ$($SAS$),因此 $\overline{PQ} = \overline{P'Q}$。

由廣義三角函數的定義可知:

$$\sin(2\pi - \theta) = \frac{y'}{1} = -\overline{P'Q} = -\overline{PQ} = -\sin(\theta)$$

$$\cos(2\pi - \theta) = \frac{x'}{1} = \overline{OQ} = \cos(\theta)$$

同理可得

$$\tan(2\pi - \theta) = -\tan(\theta) \text{,} \cot(2\pi - \theta) = -\cot(\theta)$$

$$\sec(2\pi - \theta) = \sec(\theta) \text{,} \csc(2\pi - \theta) = -\csc(\theta)$$

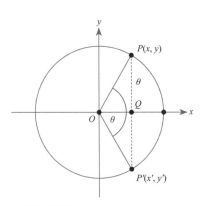

$$\because \overline{OP} = \overline{OP'} = 1$$

$$\angle POQ = \angle P'OQ$$

$$\overline{OQ} = \overline{OQ}$$

$$\therefore \Delta POQ \cong \Delta P'OQ \ (SAS)$$

圖 1.7.14

從廣義角的三角函數的定義可知,凡是同界角均有相同的三角函數值。所以下列公式恆成立:若 n 為一整數,則

$$\begin{cases} \sin(2n\pi + \theta) = \sin(\theta) \\ \cos(2n\pi + \theta) = \cos(\theta) \\ \tan(2n\pi + \theta) = \tan(\theta) \end{cases} \text{,} \begin{cases} \cot(2n\pi + \theta) = \cot(\theta) \\ \sec(2n\pi + \theta) = \sec(\theta) \\ \csc(2n\pi + \theta) = \csc(\theta) \end{cases}$$

我們利用這些性質可以把任意角的三角函數值用此角的最小正同界

角（0 到 2π）的三角函數值表示。

範例 3 求下列三角函數值：

(A) $\sin\left(\dfrac{17\pi}{4}\right)$。 (B) $\tan\left(\dfrac{-16\pi}{3}\right)$。

說明：

(A) $\sin\left(\dfrac{17\pi}{4}\right) = \sin\left(2 \cdot 2\pi + \dfrac{\pi}{4}\right) = \sin\left(\dfrac{\pi}{4}\right)$ 　　（$\dfrac{17\pi}{4}$ 的最小正同界角為 $\dfrac{\pi}{4}$）

$$= \dfrac{1}{\sqrt{2}}$$

(B) $\tan\left(\dfrac{-16\pi}{3}\right) = \tan\left(-3 \cdot 2\pi + \dfrac{2\pi}{3}\right) = \tan\left(\dfrac{2\pi}{3}\right)$ 　　（$\dfrac{-16\pi}{3}$ 的最小正同界角為 $\dfrac{2\pi}{3}$）

$$= \tan\left(\pi - \dfrac{\pi}{3}\right)$$ 　　（$\tan(\pi - \theta) = -\tan(\theta)$）

$$= -\tan\left(\dfrac{\pi}{3}\right) = -\sqrt{3}$$

延伸學習 3 求下列三角函數值：

(A) $\cos\left(\dfrac{19\pi}{4}\right)$。 (B) $\sin\left(\dfrac{-31\pi}{4}\right)$。

解答：

(A) $\cos\left(\dfrac{19\pi}{4}\right) = \cos\left(\dfrac{3\pi}{4}\right) = -\dfrac{1}{\sqrt{2}}$

(B) $\sin\left(-\dfrac{31\pi}{4}\right) = -\sin\left(\dfrac{31\pi}{4}\right) = -\sin\left(-\dfrac{\pi}{4}\right) = \sin\left(\dfrac{\pi}{4}\right) = \dfrac{1}{\sqrt{2}}$

範例 4 設 θ 為任意角，請證明：

$\sin(-\theta) = -\sin(\theta)$ 　　（$\sin(\theta)$ 為奇函數）

$\cos(-\theta) = \cos(\theta)$ 　　（$\cos(\theta)$ 為偶函數）

說明： 設 θ 為第一象限角，而 α 為 θ 的最小正同界角。因此存在一個整數 n，使得 $\theta = 2n\pi + \alpha$，$0 < \alpha < \dfrac{\pi}{2}$。設 α 與 $-\alpha$（$-\theta$ 的同界角）兩個角的終邊與單位圓的交點分別為 $P'(x, y)$ 與 $P(x, y)$，如圖 1.7.15 所示：

連接 P、P' 兩點，線段 $\overline{PP'}$ 與 x 軸交於一點 Q。圖 1.7.15 中 $\Delta P'OQ \cong \Delta POQ$（$SAS$），因此 $\overline{PQ} = \overline{PQ'}$。由廣義三角函數定義之：

$$\sin(-\alpha) = \dfrac{y}{1} = -\overline{PQ} = -\overline{PQ'} = -y' = -\sin(\alpha)$$

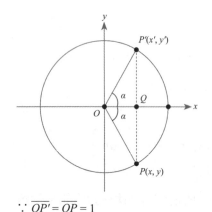

$\because \overline{OP'} = \overline{OP} = 1$

$\angle P'OQ = \angle POQ = \alpha$

$\overline{OQ} = \overline{OQ}$

$\therefore \Delta P'OQ \cong \Delta POQ$（$SAS$）

圖 1.7.15

$$\cos(-\alpha) = \frac{x}{1} = x = x' = \cos(\alpha)$$

由於凡是同界角均有相同的三角函數值，故

$$\sin(-\theta) = \sin(-\alpha) = -\sin(\alpha) = -\sin(\theta)$$

$$\cos(-\theta) = \cos(-\alpha) = \cos(\alpha) = \cos(\theta)$$

同理可證，θ 為任意角

$$\sin(-\theta) = -\sin(\theta)$$

$$\cos(-\theta) = \cos(\theta)$$

恆成立。

範例 5　設 θ 為任意角，請證明：

$$\sin\left(\frac{\pi}{2} + \theta\right) = \cos(\theta)，\cos\left(\frac{\pi}{2} + \theta\right) = -\sin(\theta)。$$

說明： 設 θ 為第一象限角，而 α 為 θ 的最小正同界角，因此存在一個整數 n，使得 $\theta = 2n\pi + \alpha$，$0 < \alpha < \frac{\pi}{2}$。由於 $\frac{\pi}{2} + \theta$ 為第二象限角，因此存在 $0 < \theta' < \frac{\pi}{2}$ 使得 $\alpha + \frac{\pi}{2} = \pi - \theta'$，從左式可知 $\alpha + \theta' = \frac{\pi}{2}$。設 α 與 θ' 兩個角的終邊與單位圓的交點分別為 $P'(x', y')$ 與 $P(x, y)$，如圖 1.7.16 所示：

設 Q 點與 Q' 點分別為過 P 點與 P' 的垂線與 x 交點。由圖 1.7.16 可知

$$\Delta OP'Q' \cong \Delta POQ \text{（ASA）}$$

因此，$y = \overline{PQ} = \overline{OQ'} = x'$，$x = \overline{OQ} = \overline{OP'} = y'$。

由廣義三角函數的定義可知：

$$\sin\left(\frac{\pi}{2} + \theta\right) = \sin\left(\frac{\pi}{2} + \alpha\right) = y = x' = \cos(\alpha) = \cos(\theta)$$

$$\cos\left(\frac{\pi}{2} + \theta\right) = \cos\left(\frac{\pi}{2} + \alpha\right) = -x = -y' = -\sin(\alpha) = -\sin(\theta)$$

同理可知當 θ 為任意角時，範例 5 的等式恆成立。

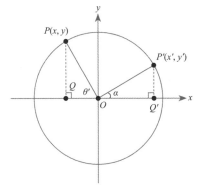

$\because \angle POQ = \angle OP'Q' = \theta'$，

其中 $\theta' = \frac{\pi}{2} - \alpha$。

$\overline{OP} = \overline{OP'} = 1$

$\angle OPQ = \angle P'OQ' = \alpha$

$\therefore \Delta OP'Q' \cong \Delta POQ \text{（ASA）}$

圖 1.7.16

　　利用對稱關係，以及範例 5 與範例 6 的方法，便可導出其他三角函數的關係式如下：

　　設 θ 為任意角，$n \in \mathbb{Z}$，則我們有下列性質：

$$(1) \begin{cases} \sin(2n\pi \pm \theta) = \pm\sin\theta \\ \cos(2n\pi \pm \theta) = \cos\theta \\ \tan(2n\pi \pm \theta) = \pm\tan\theta \end{cases} \begin{cases} \cot(2n\pi \pm \theta) = \pm\cot\theta \\ \sec(2n\pi \pm \theta) = \sec\theta \\ \csc(2n\pi \pm \theta) = \pm\csc\theta \end{cases}$$

$$(2)\begin{cases} \sin(\pi \pm \theta) = \mp\sin\theta \\ \cos(\pi \pm \theta) = -\cos\theta \\ \tan(\pi \pm \theta) = \pm\tan\theta \end{cases} \qquad \begin{cases} \cot(\pi \pm \theta) = \pm\cot\theta \\ \sec(\pi \pm \theta) = -\sec\theta \\ \csc(\pi \pm \theta) = \mp\csc\theta \end{cases}$$

$$(3)\begin{cases} \sin\left(\dfrac{\pi}{2} \pm \theta\right) = \cos\theta \\[2mm] \cos\left(\dfrac{\pi}{2} \pm \theta\right) = \mp\sin\theta \\[2mm] \tan\left(\dfrac{\pi}{2} \pm \theta\right) = \mp\cot\theta \end{cases} \qquad \begin{cases} \cot\left(\dfrac{\pi}{2} \pm \theta\right) = \mp\tan\theta \\[2mm] \sec\left(\dfrac{\pi}{2} \pm \theta\right) = \mp\csc\theta \\[2mm] \csc\left(\dfrac{\pi}{2} \pm \theta\right) = \sec\theta \end{cases}$$

$$(4)\begin{cases} \sin\left(\dfrac{3\pi}{2} \pm \theta\right) = -\cos\theta \\[2mm] \cos\left(\dfrac{3\pi}{2} \pm \theta\right) = \pm\sin\theta \\[2mm] \tan\left(\dfrac{3\pi}{2} \pm \theta\right) = \mp\cot\theta \end{cases} \qquad \begin{cases} \cot\left(\dfrac{3\pi}{2} \pm \theta\right) = \mp\tan\theta \\[2mm] \sec\left(\dfrac{3\pi}{2} \pm \theta\right) = \pm\csc\theta \\[2mm] \csc\left(\dfrac{3\pi}{2} \pm \theta\right) = -\sec\theta \end{cases}$$

上述關係式的記憶方法：

(一) 當角度 $n \cdot \pi \pm \theta$；$n \cdot 2\pi \pm \theta$，$n \in \mathbb{Z}$ 時，

$$\sin \to \sin, \quad \cos \to \cos, \quad \tan \to \tan$$
$$\cot \to \cot, \quad \sec \to \sec, \quad \csc \to \csc$$

當角度為 $\dfrac{\pi}{2} \pm \theta$，$\dfrac{3\pi}{2} \pm \theta$ 時，

$$\sin \to \cos, \quad \cos \to \sin, \quad \tan \to \cot$$
$$\cot \to \tan, \quad \sec \to \csc, \quad \csc \to \cot$$

(二) 等號右邊正負號的判定。以實例解釋：

例 (1)：$\sin(\pi + \theta) = -\sin\theta$

說明： (i) 因角度是 $\pi + \theta$：$\sin \to \sin$。

(ii) 將 θ 視為銳角，$\pi + \theta$ 是第三象限角，$\sin(\pi + \theta) < 0$，故等號右邊取負號。

例 (2)：$\tan\left(\dfrac{3\pi}{2} + \theta\right) = -\cot\theta$

說明： (i) 因角度是 $\dfrac{3\pi}{2} + \theta$：$\tan \to \cot$。

(ii) 將 θ 視為銳角，$\dfrac{3\pi}{2} + \theta$ 是第四象限角，$\tan\left(\dfrac{3\pi}{2} + \theta\right) < 0$，故等號右邊取負號。

範例 6　假設 $\sin(-110°) = k$，請用 k 值表示出 $\tan 610°$ 的值。

說明：

由 $k = \sin(-110°) = -\sin(110°)$　　　　　　　　　　$\left(\sin(-\theta) = -\sin\theta\right)$

$\qquad = -\sin(90° + 20°) = -\cos 20°$　　　　　　$\left(\sin\left(\dfrac{\pi}{2} + \theta\right) = \cos\theta\right)$

得 $\cos 20° = -k$

解題秘訣：
將角度化成銳角，
得到 $\cos 20° = -k$，
再求 $\cot(20°)$。
其中 $\sin(90° + \theta) = \cos\theta$
$\tan(90° + \theta) = -\cot\theta$

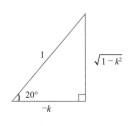

圖 1.7.17

又 $\tan(610°) = \tan(720° - 110°)$

$\qquad\qquad\quad = -\tan(110°)$ $\qquad\qquad$ $(\tan(2n\pi \pm \theta) = \pm\tan\theta)$

$\qquad\qquad\quad = -\tan(90° + 20°)$

$\qquad\qquad\quad = -(-\cot 20°)$ $\qquad\qquad$ $\left(\tan\left(\dfrac{\pi}{2} + \theta\right) = -\cot\theta\right)$

$\qquad\qquad\quad = \cot 20° = \dfrac{-k}{\sqrt{1 - k^2}}$ （參見圖 1.7.17）

註：因 $\sin(-110°) = k$，故 k 小於 0。

延伸學習 4 若 $\cos 881° = k$，則 $\tan - 701° = ?$ （以 k 表示）

解答：

∵ $\cos 881° = \cos 161° = \cos(180° - 19°) = -\cos(19°)$

∴ $-\cos(19°) = k$，而 $\tan(-701°) = \tan(19°)$，

$\qquad$ 因此 $\tan(-701°) = -\dfrac{\sqrt{1 - k^2}}{k}$。

範例 7 假設 $\sin\theta = k$ 且 θ 為第二象限角，請用 k 值表示出 $\tan\theta$、$\cos\theta$。

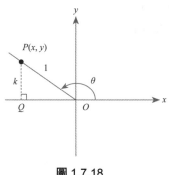

圖 1.7.18

說明： 設 $P(x, y)$ 為 θ 終邊上異於原點的一點（圖 1.7.18），且 $\overline{OP} = r$，因為 $\sin\theta = \dfrac{y}{r} = \dfrac{k}{1}$，所以取 $\overline{OP} = 1$，$y = k$。
由畢氏定理可得 $\overline{OQ} = \sqrt{1 - k^2}$，故 $x = -\sqrt{1 - k^2}$。
因此 $\tan\theta = \dfrac{y}{x} = \dfrac{k}{-\sqrt{1 - k^2}} = \dfrac{-k}{\sqrt{1 - k^2}}$

$\qquad\qquad \cos\theta = \dfrac{x}{r} = \dfrac{-\sqrt{1 - k^2}}{1} = -\sqrt{1 - k^2}$

延伸學習 5 設 $\sec\theta = k$ 且 θ 為第二象限角，請用 k 值表示出 $\tan\theta$、$\sin\theta$。

解答：

$\sec\theta = k$ 且 θ 為第二象限角，設 $P(x, y)$ 為 θ 終邊上異於原點的一點，且 $\overline{OP} = r$，因 $\sec\theta = \dfrac{r}{x} = \dfrac{-k}{-1}$，故取 $r = -k$，$x = -1$，因此 $y = \sqrt{k^2 - 1}$，因此

$\tan\theta = \dfrac{y}{x} = -\sqrt{k^2 - 1}$，$\sin\theta = \dfrac{y}{r} = \dfrac{\sqrt{k^2 - 1}}{-k} = \dfrac{-\sqrt{k^2 - 1}}{k}$

三角函數的圖形

> **週期函數的定義**
> 假設函數 f 的定義域 $A \subseteq \mathbb{R}$，若有一實數 $p \neq 0$ 使 $f(x + p) = f(x)$，$\forall x \in A$ 均成立，則稱 f 為週期函數，設 p 為適合上述性質的最小正數，則稱 p 為 f 的週期。

由定義可知函數 $\sin x$、$\cos x$ 及 $\csc x$ 為週期 2π 的週期函數，而函數 $\tan x$、$\cot x$ 為週期 π 的週期函數。

三角函數的圖形：當我們在座標平面上描繪三角函數圖形時，我們通常把自變數標註成 x，圖 1.7.19 標示出六個三角函數的圖形。

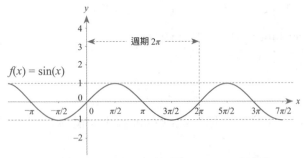

$\sin(x)$ 的定義域為 $(-\infty, +\infty)$，值域為 $[-1, +1]$，週期為 2π，故 $\sin(x + 2n\pi) = \sin(x)$，$\forall n \in \mathbb{Z}$。

圖 1.7.19A

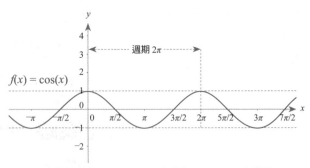

$\cos(x)$ 的定義域為 $(-\infty, +\infty)$，值域為 $[-1, +1]$，週期為 2π，故 $\cos(x + 2n\pi) = \cos(x)$，$\forall n \in \mathbb{Z}$。

圖 1.7.19B

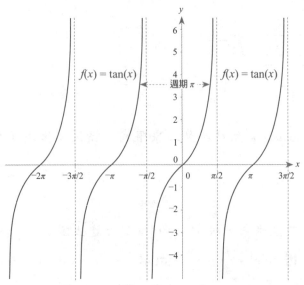

$\tan(x)$ 的定義域為 $\mathbb{R} - \left\{ \dfrac{(2n-1)\pi}{2} \,\middle|\, n \in \mathbb{Z} \right\}$，值域為 $(-\infty, +\infty)$，週期為 π，故 $\tan(x + n\pi) = \tan(x)$，$\forall n \in \mathbb{Z}$，且 $x = \dfrac{\pi}{2} + n\pi$，$\forall n \in \mathbb{Z}$ 為鉛直漸近線。

圖 1.7.19C

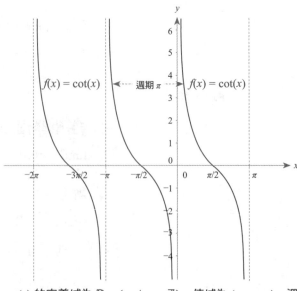

$\cot(x)$ 的定義域為 $\mathbb{R} - \{n\pi \mid n \in \mathbb{Z}\}$，值域為 $(-\infty, +\infty)$，週期為 π，故 $\cot(x + n\pi) = \cot(x)$，$\forall n \in \mathbb{Z}$，且 $x = n\pi$，$\forall n \in \mathbb{Z}$ 為鉛直漸近線。

圖 1.7.19D

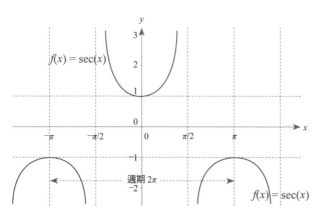

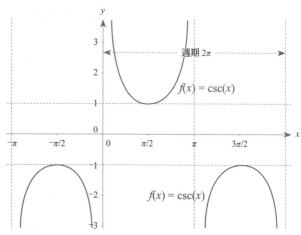

$\sec(x)$ 的定義域為 $\mathbb{R} - \left\{ \dfrac{(2n-1)\pi}{2} \,\middle|\, n \in \mathbb{Z} \right\}$，值域為 $(-\infty, -1] \cup [+1, +\infty)$，週期為 π，故 $\sec(x + n\pi) = \sec(x)$，$\forall n \in \mathbb{Z}$，且 $x = \dfrac{\pi}{2} + n\pi$，$\forall n \in \mathbb{Z}$ 為鉛直漸近線。

$\csc(x)$ 的定義域為 $\mathbb{R} - \{n\pi \mid n \in \mathbb{Z}\}$，值域為 $(-\infty, -1] \cup [+1, +\infty)$，週期為 π，故 $\csc(x + n\pi) = \csc(x)$，$\forall n \in \mathbb{Z}$，且 $x = n\pi$，$\forall n \in \mathbb{Z}$ 為鉛直漸近線。

圖 1.7.19E

圖 1.7.19F

三角函數的基本關係式

在這六個三角函數之間，有下列恆等式：

(1) 倒數關係：$\csc\theta = \dfrac{1}{\sin\theta}$，$\sec\theta = \dfrac{1}{\cos\theta}$，$\cot\theta = \dfrac{1}{\tan\theta}$

(2) 商數關係：$\tan\theta = \dfrac{\sin\theta}{\cos\theta}$，$\cot\theta = \dfrac{\cos\theta}{\sin\theta}$

(3) 平方關係：$\sin^2\theta + \cos^2\theta = 1$，$1 + \tan^2\theta = \sec^2\theta$，$1 + \cot^2\theta = \csc^2\theta$

(4) 餘角關係：$\sin\left(\dfrac{\pi}{2} - \theta\right) = \cos\theta$，$\cos\left(\dfrac{\pi}{2} - \theta\right) = \sin\theta$

$\quad\quad\quad\quad\tan\left(\dfrac{\pi}{2} - \theta\right) = \cot\theta$，$\cot\left(\dfrac{\pi}{2} - \theta\right) = \tan\theta$

$\quad\quad\quad\quad\sec\left(\dfrac{\pi}{2} - \theta\right) = \csc\theta$，$\csc\left(\dfrac{\pi}{2} - \theta\right) = \sec\theta$

(5) 奇、偶函數：$\sin(-\theta) = -\sin\theta$，$\cos(-\theta) = \cos\theta$（範例 4）

(6) 和角公式：設 α、β 為兩任意角，則我們有下列性質：

$$\sin(\alpha \pm \beta) = \sin\alpha\cos\beta \pm \cos\alpha\sin\beta$$

$$\cos(\alpha \pm \beta) = \cos\alpha\cos\beta \mp \sin\alpha\sin\beta$$

(7) 兩倍角公式：

$$\sin\theta = 2\sin\theta\cos\theta$$

$$\cos2\theta = \cos^2\theta - \sin^2\theta = 2\cos^2\theta - 1 = 1 - 2\sin^2\theta$$

(8) 半角公式：

$$\sin^2\theta = \dfrac{1 - \cos2\theta}{2}，\cos^2\theta = \dfrac{1 + \cos2\theta}{2}$$

(9) 積化和差：

$$\sin\alpha\cos\beta = \frac{1}{2}\left[\sin(\alpha+\beta) + \sin(\alpha-\beta)\right]$$

$$\cos\alpha\sin\beta = \frac{1}{2}\left[\sin(\alpha+\beta) - \sin(\alpha-\beta)\right]$$

$$\cos\alpha\cos\beta = \frac{1}{2}\left[\cos(\alpha+\beta) + \cos(\alpha-\beta)\right]$$

$$-\sin\alpha\sin\beta = \frac{1}{2}\left[\cos(\alpha+\beta) - \cos(\alpha-\beta)\right]$$

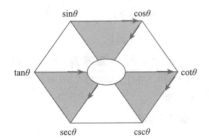

圖 1.7.20

註：我們利用圖 1.7.20 輔助讀者熟記三角函數的恆等式，下面記法
供讀者參考：

(1) 左邊三個函數由上而下為 $\sin\theta$, $\tan\theta$, $\sec\theta$。

(2) 右邊三個函數由上而下為 $\cos\theta$, $\cot\theta$, $\csc\theta$。

(3) 倒數關係：六邊形對角線兩端的函數相乘為 1。

(4) 平方關係：每一個三角形（灰色陰影部分）上方二頂點的函
數平方和為另一頂點的函數平方。

(5) 餘角關係：水平線左右兩端的函數互為餘角關係。

範例 8 試問 $\cos^2\left(\theta - \dfrac{\pi}{4}\right) + \cos^2\left(\theta + \dfrac{\pi}{4}\right)$ 可化簡為何？

說明：

$$\cos^2\left(\theta - \frac{\pi}{4}\right) + \cos^2\left(\theta + \frac{\pi}{4}\right)$$

$$= \frac{1 + \cos\left(2\theta - \frac{\pi}{2}\right)}{2} + \frac{1 + \cos\left(2\theta + \frac{\pi}{2}\right)}{2} \qquad \left(\text{半角公式：} \cos^2\theta = \frac{1+\cos\theta}{2}\right)$$

$$= 1 + \frac{1}{2}\left[\cos\left(2\theta - \frac{\pi}{2}\right) + \cos\left(2\theta + \frac{\pi}{2}\right)\right]$$

$$= 1 + \frac{1}{2}\left[\cos\left(\frac{\pi}{2} - 2\theta\right) + \cos\left(\frac{\pi}{2} + 2\theta\right)\right] \qquad (\cos(-\theta) = \cos(\theta))$$

$$= 1 + \frac{1}{2}\left[\sin(2\theta) - \sin(2\theta)\right] \qquad \left(\cos\left(\frac{\pi}{2} - \theta\right) = \sin\theta\right.$$

$$= 1 \qquad\qquad\qquad\qquad \left.\cos\left(\frac{\pi}{2} + \theta\right) = -\sin\theta\right)$$

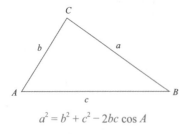

$$a^2 = b^2 + c^2 - 2bc\cos A$$

圖 1.7.21

餘弦定理：

設 ΔABC 三個邊長分別為 $\overline{AB} = c$，$\overline{BC} = a$，及 $\overline{AC} = b$，則

$a^2 = b^2 + c^2 - 2bc\cos A$

$b^2 = a^2 + c^2 - 2ac\cos B$（圖 1.7.21）

$c^2 = a^2 + b^2 - 2ab\cos C$

範例 9 ΔABC 中，$a = 1$，$b = \dfrac{1}{\sqrt{2}}$，$c = \dfrac{1}{\sqrt{3}+1}$，求 $\angle A$ 為幾度（圖 1.7.22）？

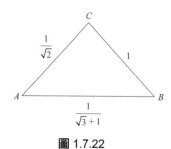

圖 1.7.22

說明：由餘弦定理知：

$$1^2 = \left(\frac{1}{\sqrt{2}}\right)^2 + \left(\frac{1}{\sqrt{3}+1}\right)^2 - 2\left(\frac{1}{\sqrt{2}}\right)\left(\frac{1}{\sqrt{3}+1}\right)\cos A$$

$$\Rightarrow 1 = \frac{1}{2} + \left(\frac{\sqrt{3}-1}{2}\right)^2 - 2\left(\frac{\sqrt{2}}{2}\right)\left(\frac{\sqrt{3}-1}{2}\right)\cos A \quad （解題秘訣 1）$$

$$\Rightarrow 1 = \frac{1}{2} + \frac{3-2\sqrt{3}+1}{4} - \frac{\sqrt{2}(\sqrt{3}-1)}{2}\cos A \quad \left(\left(\frac{b-c}{a}\right)^2 = \frac{(b-c)^2}{a^2} = \frac{b^2-2bc+c^2}{a^2}\right.$$

$$\Rightarrow 1 = \frac{1}{2} + 1 - \frac{\sqrt{3}}{2} - \left(\frac{\sqrt{6}}{2} - \frac{\sqrt{2}}{2}\right)\cos A \qquad \left.其中 \ a=2 \ , \ b=\sqrt{3} \ , \ c=1\right)$$

$$\Rightarrow \frac{\sqrt{3}}{2} - \frac{1}{2} = -\left(\frac{\sqrt{6}-\sqrt{2}}{2}\right)\cos A$$

所以

$$\cos A = -\left(\frac{\sqrt{3}-1}{2}\right) \times \frac{2}{\sqrt{6}-\sqrt{2}}$$

$$= -(\sqrt{3}-1) \cdot \left(\frac{\sqrt{6}+\sqrt{2}}{4}\right) \qquad （解題秘訣 2）$$

$$= -\frac{1}{4}(\sqrt{18}+\sqrt{6}-\sqrt{6}-\sqrt{2}) \qquad （乘開）$$

$$= -\frac{1}{4}(2\sqrt{2}) = -\frac{\sqrt{2}}{2} \ , \ 故 \ A = \frac{3}{4}\pi$$

解題秘訣：

$$1. \ \frac{1}{\sqrt{a}+\sqrt{b}} = \frac{1}{\sqrt{a}+\sqrt{b}} \cdot \frac{\sqrt{a}-\sqrt{b}}{\sqrt{a}-\sqrt{b}}$$

$$= \frac{\sqrt{a}-\sqrt{b}}{a-b}$$

$$2. \ \frac{1}{\sqrt{a}-\sqrt{b}} = \frac{1}{\sqrt{a}-\sqrt{b}} \cdot \frac{\sqrt{a}+\sqrt{b}}{\sqrt{a}+\sqrt{b}}$$

$$= \frac{\sqrt{a}+\sqrt{b}}{a+b}$$

習題 1.7

1. 若 θ 在第二象限，則 $\frac{\theta}{3}$ 在第幾象限？

2. 請求出 $\sec\frac{32\pi}{3}$ 及 $\cot\frac{10\pi}{3}$ 的值。

3. $4\tan\left(-\frac{\pi}{4}\right) + 2\sin\left(\frac{\pi}{6}\right) - 6\cos\left(-\frac{\pi}{3}\right) = ?$

4. $2\cos x - 1 = 0$ 則 x 之解為何？

5. 設 $P(-5, y)$ 為 θ 終邊上的一點，若 $\tan\theta = \sqrt{2}$，試求：$\sin\theta$、$\sec\theta$。

6. 如下圖，單位圓 O 與 y 軸交於 A, B 兩點。角 θ 的頂點為原點，始邊在 x 軸的正向上，終邊為 $\overline{OC}$，直線 $\overline{AC}$ 垂直於 y 軸且與角 θ 的終邊交於 C 點。則下列哪一個函數值為 $\overline{AC}$？

   (A) $|\sin\theta|$。(B) $|\cos\theta|$。(C) $|\tan\theta|$。

   (D) $|\cot\theta|$。(E) $|\sec\theta|$。

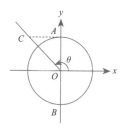

【86 日大（社）】

7. 化簡：$\dfrac{1 + \cos(90° - \theta) + \cos(180° - \theta)}{1 + \sin\theta + \cos(-\theta)} +$

   $\dfrac{1 - \sin(-\theta) + \sin(90° + \theta)}{1 - \sin(180° + \theta) + \cos(180° + \theta)}$

8. 化簡：

   $\dfrac{(a^2 - b^2)\cot(180° - \theta)}{\cot(180° + \theta)} - \dfrac{(a^2 + b^2)\tan(90° - \theta)}{\cot(180° - \theta)}$

9. $\sin(-100°) = k$，$\tan 80° = ?$

10. 假設 $\tan\theta = k$，$-\dfrac{\pi}{2} < \theta < 0$，請用 k 表示出 $\sec\theta$。

11. $\sin^2\beta + \sin^2(\alpha - \beta) + 2\sin\beta\sin(\alpha - \beta)\cos\alpha$ 可化簡為何？

12. 設 $\sin\theta = \dfrac{3}{4}$，且 $\dfrac{\pi}{2} < \theta < \pi$，則 $\cos 2\theta = ?$

13. 若 $\cos\theta = -\dfrac{12}{13}$，且 $\pi < \theta < \dfrac{3\pi}{2}$，則 $\sin\dfrac{\theta}{2} = ?$

第 8 節　指數函數

指數的定義與性質

指數是一個符號，是用來簡化表示很大和很小的數，例如：假設銀行存款月利率為 1% 且以複利計算。如果我們存進 1000 元，一年後，我們領出來的本利和共有 1.01 自乘 12 次再乘上 1000 元。如果要把 1.01 自乘 12 次完全列出來實在很繁雜，為了方便起見我們利用一種記號也就是指數來代替自乘的次數如：$(1.01)^{12}$ 來代替 1.01 自乘 12 次。

一般而言，如果 a 為一實數，n 為一個正整數，則 a^n 表示 n 個 a 的連乘積，即 $\overbrace{a \cdot a \cdot a \cdots a}^{n個} = a^n$，其中 a 稱為 a^n 的底數，n 稱為 a^n 的指數，a^n 就讀作 a 的 n 次方或 a 的乘冪，其中較特別的是，當指數為 2 時唸作 a 的平方，而指數為 3 唸作 a 的立方，3 次方以上則按其次方來唸，如 5^2 讀作 5 的平方，5^3 讀作 5 的立方，5^9 讀作 5 的 9 次方。

正整數指數具有下列的運算性質，我們稱為指數律。

若 $a \cdot b \in \mathbb{R}$，$m \cdot n \in \mathbb{N}$，則

(1) $a^m \cdot a^n = a^{m+n}$　(2) $(a^m)^n = a^{mn}$　(3) $a^n \cdot b^n = (a \cdot b)^n$

例如：$3^{12} \cdot 3^4 = 3^{16}$，$4^5 = (2^2)^5 = 2^{10}$，$3^4 \cdot 2^4 = (2 \cdot 3)^4$。

當我們將底數 a 做適當的限制，即可將指數的範圍由正整數逐步推廣至整數、有理數、實數，而推廣的原則為適當限制 a 使得指數有意義，並且要求新規定的指數記號仍然滿足指數律。底下我們列出指數範圍從正整數至有理數的定義，形如：a^0，a^{-2} $a^{\frac{3}{4}}$，… 等記號的意義。

1. 正指數的定義：若 $a \in \mathbb{R}$，$n \in \mathbb{N}$ $\overbrace{a \cdot a \cdot a \cdots a}^{n個} = a^n$，$a$ 稱為底數，n 稱為指數。

2. 零指數的定義：對於任意不為 0 的實數 a，我們定義 $a^0 = 1$，其中 0^0 無定義。

3. 負指數的定義：對於任意不為 0 的實數 a 和正整數 n，我們定義 $a^{-n} = \dfrac{1}{a^n}$，即 $a^{-n} \times a^n = 1$。

4. 分數指數的定義：設 $a > 0$，$n \in \mathbb{N}$，$n \geq 2$，$m \in \mathbb{Z}$ 時，我們定義 (1) $a^{\frac{1}{n}} = \sqrt[n]{a}$，(2) $a^{\frac{m}{n}} = \sqrt[n]{a^m}$，其中 $\sqrt[n]{a}$ 是方程式 $x^n = a$ 的正實根。

當 $a > 0$，對於所有的有理數 x，我們已經定義了 a^x，例如 $2^{-2} = \dfrac{1}{4}$，$2^0 = 1$，$2^{\frac{1}{2}} = \sqrt{2}$ 等等，接下來我們希望將 x 的範圍擴充到所有的實數，換句話說，我們想要知道 $2^{\sqrt{3}}$、2^{π} 這種符號的意義。對於一般的無理數 x，我們可利用逼近的方法去定義 2^x 的值。例如：考慮有理數數列 $\{a_1 = 1.7, a_2 = 1.73, a_3 = 1.732, \cdots, a_n \cdots\}$ 為一遞增數列，且 $\lim\limits_{n \to \infty} a_n = \sqrt{3}$。因為 $\{2^{1.7}, 2^{1.73}, 2^{1.732}, \cdots, 2^{a_n} \cdots\}$ 都有定義，且 $\{2^{1.7}, 2^{1.73}, 2^{1.732}, \cdots, 2^{a_n} \cdots\}$ 是一個遞增的數列，但比 2^2 小，因此這個數列會越來越接近一個正實數，這個正實數就定義為 $2^{\sqrt{3}}$，它大約等於 3.3220。一般而言，對於任意一正實數 a 與任意一個無理數 x，利用上述定義 $2^{\sqrt{3}}$ 的逼近方法，也可求 a^x 的估計值，進一步還可證明這樣定義無理指數後，指數律依然成立，我們將指數律整理如下：

指數律

當 $a > 0$，$b > 0$，$r, s \in \mathbb{R}$

(1) $a^r a^s = a^{r+s}$　　(2) $(a^r)^s = a^{rs}$　　(3) $a^r b^r = (ab)^r$

(4) $\dfrac{a^r}{a^s} = a^{r-s}$　　(5) $\dfrac{a^r}{b^r} = \left(\dfrac{a}{b}\right)^r$　　(6) $a^{-r} = \dfrac{1}{a^r}$

註：我們在往後章節用更嚴謹的定義方式去定義實數指數，並會對指數律給出證明。

範例 1 下列敘述哪些正確？（多選）

(A) $9^{\frac{3}{2}} = 27$。(B) $(-4)^{\frac{3}{2}} = -8$。(C) $\sqrt[4]{2^6} = \sqrt{2^3}$。

(D) $(-3)^{-1} = \dfrac{-1}{3}$。(E) $(3^5 + 8^{10})^0 = 1$。

說明： (A)、(C)、(D)、(E)。

(A) 正確。$9^{\frac{3}{2}} = (3^2)^{\frac{3}{2}} = 3^3 = 27$。　　　　　　　　（性質 (2)：$(a^r)^s = a^{rs}$）

(B) 錯誤。當指數有理數時，底數需大於 0。

(C) 正確。$\sqrt[4]{2^6} = (2^6)^{\frac{1}{4}} = 2^{\frac{3}{2}} = \sqrt{2^3}$。　　　　　（性質 (2)：$(a^r)^s = a^{rs}$ 且 $\sqrt{a} = a^{\frac{1}{2}}$）

(D) 正確。$(-3)^{-1} = \dfrac{1}{-3} = \dfrac{-1}{3}$。　　　　　　（當 $a \neq 0$，$n \in \mathbb{N}$ 時 $a^{-n} = \dfrac{1}{a^n}$）

(E) 正確。因當 $a \neq 0$ 時 $a^0 = 1$，故 $(3^5 + 8^{10})^0 = 1$。

解題秘訣：
1. 底相同時
   乘→指數相加
2. $(a^n)^m = a^{nm}$
3. $a^n \cdot b^n = (ab)^n$
4. $\sqrt[n]{a} = a^{\frac{1}{n}}$
5. $\frac{1}{a^n} = a^{-n}$

範例 2 請化簡下列各式：

(A) $[a^2 \cdot (a^{-5})^2]^{-1}$。(B) $\sqrt[3]{256} \times \sqrt{\sqrt[3]{64}} \times \left(\frac{1}{32}\right)^{\frac{1}{3}}$。(C) $3^5 \cdot 7^5$。

說明：

(A) $[a^2 \cdot (a^{-5})^2]^{-1} = [a^2 \cdot a^{-10}]^{-1}$ $\qquad\qquad\qquad ((a^m)^n = a^{mn})$

$\qquad\qquad\qquad\qquad = (a^{2-10})^{-1}$ $\qquad\qquad\qquad (a^n \cdot a^m = a^{n+m})$

$\qquad\qquad\qquad\qquad = a^8$ $\qquad\qquad\qquad\qquad\qquad ((a^n)^m = a^{nm})$

(B) 原式 $= (2^8)^{\frac{1}{3}} \cdot ((2^6)^{\frac{1}{3}})^{\frac{1}{2}} \cdot (2^{-5})^{\frac{1}{3}}$ $\qquad (\sqrt[n]{a} = a^{\frac{1}{n}}, \frac{1}{a^n} = a^{-n})$

$\qquad\qquad = 2^{\frac{8}{3}} \cdot 2^1 \cdot 2^{-\frac{5}{3}}$ $\qquad\qquad\qquad\qquad ((a^n)^m = a^{nm})$

$\qquad\qquad = 2^2 = 4$

(C) $3^5 \cdot 7^5 = 21^5$ $\qquad\qquad\qquad\qquad\qquad\qquad (a^n \cdot b^n = (ab)^n)$

延伸學習 1 請化簡下列各式：(A) $\left(\frac{1}{27}\right)^{-\frac{1}{3}} + 25^{\frac{5}{2}} + \left(\frac{1}{729}\right)^{-\frac{1}{3}}$。

(B) $10^{\sqrt{3}+1} \cdot 100^{\frac{-\sqrt{3}}{2}}$。(C) $\sqrt[3]{5} + \sqrt[3]{25} - \frac{2\sqrt[3]{40}}{\sqrt[3]{5}-1}$

解答：

(A) $\left(\frac{1}{27}\right)^{-\frac{1}{3}} + 25^{\frac{5}{2}} + \left(\frac{1}{729}\right)^{-\frac{1}{3}} = (3^{-3})^{-\frac{1}{3}} + (5^2)^{\frac{5}{2}} + (9^{-3})^{-\frac{1}{3}} = 3 + 5^5 + 9 = $

3137

(B) $10^{\sqrt{3}+1} \cdot 100^{\frac{-\sqrt{3}}{2}} = 10^{\sqrt{3}+1} \cdot (10^2)^{\frac{-\sqrt{3}}{2}} = 10^{\sqrt{3}+1} \cdot 10^{-\sqrt{3}} = 10^{\sqrt{3}+1-\sqrt{3}} = $

$10^1 = 10$

(C) $\sqrt[3]{5} + \sqrt[3]{25} - \frac{2\sqrt[3]{40}}{\sqrt[3]{5}-1} = \sqrt[3]{5} + \sqrt[3]{25} - \frac{4\sqrt[3]{5}}{\sqrt[3]{5}-1}$

$= \sqrt[3]{5} + \sqrt[3]{25} - \frac{4\sqrt[3]{5}}{(\sqrt[3]{5}-1)} \cdot \frac{(\sqrt[3]{25} + \sqrt[3]{5} + 1)}{\sqrt[3]{25} + \sqrt[3]{5} + 1}$

$= \sqrt[3]{5} + \sqrt[3]{25} - \frac{4(5 + \sqrt[3]{25} + \sqrt[3]{5})}{4}$

$= \sqrt[3]{5} + \sqrt[3]{25} - 5 - \sqrt[3]{25} - \sqrt[3]{5} = -5$

指數函數的圖形

　　指數函數是數學中重要的函數，許多成長曲線或衰退曲線會以指數函數的形式呈現。例如做細菌培養時細菌總數（近似的）每三個小時翻倍，和汽車的價值每年減少 10% 都可以被表示為一個指數。

　　指數函數的形式如下：

$$f(x) = a^x$$

其中底 a 為大於 0 的實數，我們稱 a 為底數，變數 x 稱為指數，而 $f(x) = a^x$ 稱為以 a 為底數的指數函數，函數 $f(x)$ 的定義域為全體實數（$\mathbb{R}$），值域為全體正實數（$\mathbb{R}^+$）。由指數律 $a^{x_1 + x_2} = a^{x_1} \cdot a^{x_2}$ 可導出指數函數具有 $f(x_1 + x_2) = f(x_1) \cdot f(x_2)$ 的特性，我們可從圖 1.8.1A 及 1.8.1B 觀察到：

(1) 圖形必通過 $(0, 1)$，及另一點 $(1, a)$。

(2) 函數 $f(x) = a^x$ 圖形必在 x 軸上方，即 $y = a^x > 0$。

(3) $f(x) = a^x$ 是一對一函數。在 x 軸上方的任一條水平線都與圖形恰有一個交點，即若 $k > 0$，方程式 $a^x = k$ 恰有一解。

(4) 圖形的凹口恆向上，即圖形上任兩點 A, B 的連線在 A, B 兩點間的圖形上方，如圖 1.8.1 所示。

(5) 單調性：

①當 $a > 1$ 時，$f(x) = a^x$ 為嚴格遞增函數，即 $\alpha > \beta \Leftrightarrow a^\alpha > a^\beta$，其圖形由左而右逐漸升高，越往右邊升高得越快，越往左邊的圖形越接近 x 軸（x 軸為水平漸近線）（圖 1.8.1A）。

②當 $0 < a < 1$ 時，$f(x) = a^x$ 為嚴格遞減函數，即 $\alpha > \beta \Leftrightarrow a^\alpha < a^\beta$，其圖形由右而左逐漸升高越往左邊升高得越快，越往右邊的圖形越接近 x 軸（x 軸為水平漸近線）（圖 1.8.1B）。

$a > 1$ $\qquad\qquad\qquad\qquad\qquad 0 < a < 1$

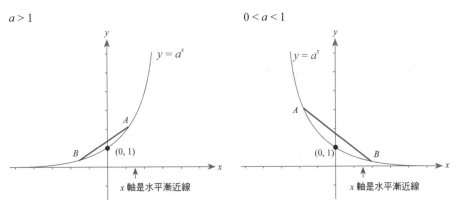

$y = a^x$ 為嚴格遞增函數，圖形凹向上。 $\qquad$ $y = a^x$ 為嚴格遞減函數，圖形凹向上。

圖 1.8.1A $\qquad\qquad\qquad\qquad\qquad$ 圖 1.8.1B

範例 3 設 a 為一正數，$f(x) = a^x$，$x \in \mathbb{R}$，則下列敘述何者正確？

(A) 若 $a > 1$，$x > 0$，則 $f(x) > 1$。

(B) 若 $a > 1$，$x < 0$，則 $0 < f(x) < 1$。

(C) 若 $0 < a < 1$，$x > 0$，則 $0 < f(x) < 1$。

(D) 若 $0 < a < 1$，$x < 0$，則 $f(x) > 1$。

(E) $a^x \neq 0$，$\forall x \in \mathbb{R}$。

解題要點：

1. 當 $a > 1$ 時，$f(x) = a^x$ 為嚴格遞增函數，即 $\alpha < \beta \Leftrightarrow a^\alpha < a^\beta$。

2. 當 $0 < a < 1$ 時，$f(x) = a^x$ 為嚴格遞減函數，即 $\alpha < \beta \Leftrightarrow a^\alpha > a^\beta$。

說明：

(A) 正確。$\because a > 1$，由 $x > 0$ 可知 $a^x > a^0 = 1$，即 $f(x) > 1$。

(B) 正確。$\because a > 1$，由 $x < 0$ 可知 $0 < a^x < a^0 = 1$，即 $0 < f(x) < 1$。

(C) 正確。$\because 0 < a < 1$，由 $x > 0$ 可知 $0 < a^x < a^0 = 1$，即 $0 < f(x) < 1$。

(D) 正確。$\because 0 < a < 1$，由 $x < 0$ 可知 $a^x > a^0 = 1$，即 $f(x) > 1$。

(E) 正確。$\because a > 0 \therefore a^x > 0$，故 $a^x \neq 0$，$\forall x \in \mathbb{R}$。

習題 1.8

1. 化簡下列各式：

   (A) $(4^{\sqrt{2}})^{\sqrt{2}}$。

   (B) $2^{\pi+1} \cdot 2^{-\pi}$。

   (C) $16^{\sqrt{5}} \div 4^{\sqrt{20}}$。

   (D) $(3^{-2})^3 - \left(\dfrac{1}{3}\right)^4 \cdot 3^{-2} + \left(\dfrac{1}{3}\right)^2$。

   (E) $\dfrac{\sqrt{y^3} \cdot \sqrt[3]{x^2}}{\sqrt[6]{x^{-2}} \cdot \sqrt[4]{y^6}}$。

   (F) $\dfrac{\sqrt[3]{108}}{\sqrt[6]{4}} + \dfrac{\sqrt[4]{125}}{\sqrt[4]{80}}$。

   (G) $(x^{-2} + 4)(x^{-2} - 4)$。

2. 若 $a > 0$，$a \neq 1$，且 $\sqrt[4]{\sqrt{a}\sqrt{\dfrac{a}{\sqrt[3]{a^2}}}} = a^x$，求 x 之值為何？

3. 解下列方程式：

   (A) $4^{-2x} = (0.25)^{5x-1}$

   (B) $\sqrt[3]{4^x} = \sqrt{2^{3x+1}}$

   (C) $\dfrac{27(\sqrt{3})^{x^2-5x+2}}{3^x} = 3$

第 9 節　對數函數

　　十五、十六世紀的歐洲，由於天文學研究和地理的大發現，使得航海、貿易發展快速，也因此帶動了天文學和三角學的發展。航海時人們需要進行天文觀測來確定船隻的方位，這些工作都需要大數量的乘、除、開方等運算，這些運算比加減計算繁瑣，頗耗精力、時間且準確度不佳。因此一直有人在探索，研究如何以加減代替乘除。精於化簡複雜計算的納皮爾（John Napier），花了 20 年的時間造出一個對數表，並於 1614 年發表第一本著作——奇妙的對數定律；此表經由倫敦幾何學家布立格斯（Henry Briggs）參與討論改良。這讓複雜的計算大大地簡化。對數的發明直接借「加減」來簡化「乘除」，而有助於天文、航海的龐大數值計算。

　　因此拉普拉斯（Laplace）曾說過：「對數縮短了天文學家的勞力，而增長了他們的壽命」。研究指數函數以及對數函數，使社會學、生物學、天文學諸領域的學者們能利用它們觀察人文活動或自然現象的變化趨勢。我們在此章節介紹對數的觀念與性質，以銜接

往後課程中利用對數運算性質處理導數的運算，即對數微分法。

對數的定義

　　如果 $a > 0$，且 $a \neq 1$，當 $a^x = b$ 時我們用符號 $\log_a b$ 來表示 x，即 $x = \log_a b$。我們稱 $\log_a b$ 為以 a 底時 b 的對數，b 稱為這個對數的真數，而 a 稱為這個對數的底數。我們重述如下：

$$設\ a > 0，a \neq 1，且\ b > 0，若\ a^x = b \Leftrightarrow x = \log_a b$$

舉例來說

$$\log_{10} 10 = 1（因\ 10^1 = 10）$$
$$\log_{10} 100 = 2（因\ 10^2 = 100）$$

對數的性質

　　我們可以利用指數律導出下列對數的性質：

當 $a > 0$，$a \neq 1$，$r > 0$，$s > 0$

(1) $\log_a 1 = 0$

(2) $\log_a a = 1$

(3) $\log_a a^x = x$，$x \in \mathbb{R}$

(4) $a^{\log_a b} = b$，$b > 0$

(5) $\log_a x_1 = \log_a x_2 \Leftrightarrow x_1 = x_2$

(6) $\log_a rs = \log_a r + \log_a s$ 　　　　　　　（積的對數化成對數的和）

(7) $\log_a \dfrac{r}{s} = \log_a r - \log_a s$ 　　　　　　（商的對數化成對數的差）

(8) $\log_a r^t = t \log_a r$（$t \in \mathbb{R}$）　　　　　（乘方的對數化成對數的倍數）

(9) $\log_a r = \dfrac{\log_b r}{\log_b a}$（$0 < b$ 且 $b \neq 1$）　　　　（換底公式）

(10) $\log_{a^m} r^n = \dfrac{n}{m} \log_a r$，（$m, n \in \mathbb{R}$）

範例 1 下列何者正確？

(A) $\log_2 (-3)^2 = 2\log_2 (-3)$。 (B) $\log_a b = \log_{3a} 3b$。

(C) $\log(3 + 4) = \log 3 + \log 4$。 (D) $\log_{25} 49 = \log_5 7$。

(E) $\log_2 3 = \dfrac{1}{\log_3 2}$。

說明：

(A) 錯。$\log_2 (-3)^2 = \log_2 9 = \log_2 3^2 = 2\log_2 3$　（**性質** (8)：$\log_a r^t = t \log_a r$）

(B) 錯。$\log_{3a} 3b = \dfrac{\log_a 3b}{\log_a 3a}$ 　　　　　　（**性質** (9)：$\log_a r = \dfrac{\log_b r}{\log_b a}$）

　　　　　　$= \dfrac{\log_a 3 + \log_a b}{\log_a 3 + \log_a a}$ 　　（**性質** (6)：$\log_a rs = \log_a r + \log_a s$）

$$= \frac{\log_a 3 + \log_a b}{\log_a 3 + 1} \qquad （\textbf{性質}(2)：\log_a a = 1）$$

$$\neq \log_a b$$

(C) 錯。應該是 $\log(3 \times 4) = \log 3 + \log 4$

(D) 對。$\log_{25} 49 = \log_{5^2} 7^2 = \frac{2}{2} \log_5 7$ （**性質** $(10)：\log_{a^m} r^n = \frac{n}{m} \log_a r$）

(E) 對。$\log_2 3 = \frac{\log_3 3}{\log_3 2} = \frac{1}{\log_3 2}$ （**性質** (9) 和**性質** (2)）

註：當 $a > 0$，$a \neq 1$ 且 $b > 0$ 時，$\log_a b$ 才有意義。

範例 2 (A) 求 $\log_4 \frac{28}{15} + \log_4 \frac{3}{14} - \log_4 \frac{2}{5}$ 之值。(B) 請計算 $32^{\frac{\log 3}{\log 2}}$。

說明：

(A) $\log_4 \frac{28}{15} + \log_4 \frac{3}{14} - \log_4 \frac{2}{5}$

$$= \log_4 \frac{28}{15} \cdot \frac{3}{14} \div \frac{2}{5} \qquad \left(\begin{array}{l} \textbf{性質}(6)：\log_a rs = \log_a r + \log_a s \\ \textbf{性質}(7)：\log_a \frac{r}{s} = \log_a r - \log_a s \end{array} \right)$$

$$= \log_4 1 \qquad （\textbf{性質}(1)：\log_a 1 = 0）$$

$$= 0$$

(B) $32^{\frac{\log 3}{\log 2}} = 32^{\log_2 3}$ （**性質** $(9)：\log_a r = \frac{\log_b r}{\log_b a}$）

$$= (2^5)^{\log_2 3}$$

$$= 2^{5\log_2 3} \qquad （(a^m)^n = a^{mn}）$$

$$= 2^{\log_2 3^5} \qquad （\textbf{性質}(8)：\log_a r^t = t\log_a r）$$

$$= 3^5 \qquad （\textbf{性質}(4)：a^{\log_a b} = b）$$

$$= 243$$

延伸學習 1 求 (A) $\log_3 54 + \log_3 6 - 2\log_3 2$ 之值。(B) $\log_{\sqrt{8}} 2 - \log_2 3\log_3 5\log_5 16 + 2^{\log_4 3}$。

解答：

(A) $\log_3 54 + \log_3 6 - 2\log_3 2 = \log_3 54 + \log_3 6 - \log_3 4$

$$= \log_3 54 \times 6 \div 4 = \log_3 27 \times 3 = \log_3 3^4 = 4$$

(B) $\log_{\sqrt{8}} 2 - \log_2 3 \log_3 5 \log_5 16 + 2^{\log_4 3}$

$$= \frac{2}{3} \log_2 2 - \log_2 16 + 2^{\left(\frac{1}{2}\log_2 3\right)}$$

$$= \frac{2}{3} \log_2 2 - \log_2 16 + 2^{\log_2 \sqrt{3}} = \frac{2}{3} - 4 + \sqrt{3} = -\frac{10}{3} + \sqrt{3}$$

對數函數及其圖形

設 $a > 0$，$a \neq 1$，$x > 0$，我們稱 $f(x) = \log_a x$ 為以 a 為底數的對數函數，它的定義域為全體正實數，值域為全體實數。由對數的性

質，我們可發現對數函數有以下特性：

設 $y = f(x) = \log_a x$（$a > 0$，$a \neq 1$，$x > 0$）

若 $x_1 > 0$，$x_2 > 0$，則

(1) $f(x_1 \cdot x_2) = f(x_1) + f(x_2)$（$\log_a x_1 x_2 = \log_a x_1 + \log_a x_2$）

(2) $f\left(\dfrac{x_1}{x_2}\right) = f(x_1) - f(x_2)$（$\log_a \dfrac{x_1}{x_2} = \log_a x_1 - \log_a x_2$）

　　由 $y = \log_a x$ 的圖形（圖 1.9.1A、1.9.1B）可以觀察出：

(1) 圖形必通過 $(1, 0)$，且 y 軸為鉛直漸近線。

(2) 圖形恆在 y 軸右側，即 x 恆大於 0。

(3) $f(x) = \log_a x$ 為一對一函數，也就是說平行 x 軸的每一條水平線皆與圖形恰有一個交點，即當 $\log_a \alpha = \log_a \beta$ 時，則 $\alpha = \beta$。

(4) 凹凸性：

　①當 $a > 1$ 時：圖形的凹口向下。

　②當 $0 < a < 1$ 時：圖形的凹口向上。

(5) 單調性：

　①當 $a > 1$ 時：$f(x) = \log_a x$ 的圖形向右上升，也就是說 $f(x) = \log_a x$ 為嚴格遞增函數，即 $\alpha > \beta > 0 \Leftrightarrow \log_a \alpha > \log_a \beta$（圖 1.9.1A）。

　②當 $0 < a < 1$ 時：$f(x) = \log_a x$ 的圖形向右下降，也就是說 $f(x) = \log_a x$ 為嚴格遞減函數，即 $\alpha > \beta > 0 \Leftrightarrow \log_a \alpha > \log_a \beta$（圖 1.9.1B）。

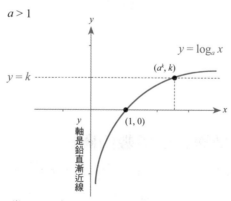

當 $a > 1$ 時，$y = \log_a x$ 為嚴格遞增函數，且凹向下。

圖 1.9.1A

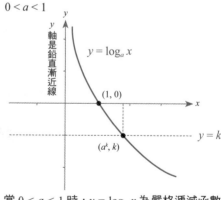

當 $0 < a < 1$ 時，$y = \log_a x$ 為嚴格遞減函數且凹向上。

圖 1.9.1B

範例 3　求函數 $f(x) = \log \dfrac{1-x}{4-x^2}$ 的定義域。

解題要點：

$\log_a b$ 有意義

$\Leftrightarrow$ ① $a > 0$，$a \neq 1$

且 ② $b > 0$

說明：

$\because f(x) = \log \dfrac{1-x}{4-x^2}$ 有意義 $\Leftrightarrow \dfrac{1-x}{4-x^2} > 0$

$$\Leftrightarrow (1-x)(4-x^2) > 0 \qquad\qquad （相除改相乘）$$

$$\Leftrightarrow (1-x)(2-x)(2+x) > 0$$

$$\Leftrightarrow -2 < x < 1 \text{ 或 } x > 2 \qquad \underset{-2\quad 1\quad 2}{\overset{-\ \ \circ\ +\ \circ\ -\ \circ\ +}{\rule{4cm}{0.4pt}}}$$

$\therefore f(x)$ 的定義域為 $\{ x \mid -2 < x < 1 \text{ 或 } x > 2 \}$。

延伸學習 2　求函數 $f(x) = \log_x(2x^2 - 3x - 2)$ 的定義域？

解答： $(2, \infty)$。

$\log_x(2x^2 - 3x - 2)$ 有意義 $\Leftrightarrow \begin{cases} x > 0，x \neq 1 \cdots\cdots\cdots\cdots ① \\ \text{且 } 2x^2 - 3x - 2 > 0 \cdots\cdots\cdots ② \end{cases}$

由 ② 得 $(x-2)(2x+1) > 0$，所以 $x > 2$ 或 $x < -\dfrac{1}{2} \cdots\cdots\cdots ③$

由 ①③ 得 $x > 2$。

範例 4　解 $\log_2(\log_{\frac{1}{3}} x) < 0$。

說明： 因 $\log_{\frac{1}{3}} x$ 為 $\log_2(\log_{\frac{1}{3}} x)$ 的真數，所以 $\log_{\frac{1}{3}} x > 0 \cdots\cdots ①$

因 $\log_2(\log_{\frac{1}{3}} x)$ 為嚴格遞增函數，又因 $\log_2(\log_{\frac{1}{3}} x) < 0 = \log_2 1$，所以

可得 $\log_{\frac{1}{3}} x < 1 \cdots\cdots ②$

由①②可得 $0 < \log_{\frac{1}{3}} x < 1$，即 $\left(\dfrac{1}{3}\right)^1 < x < \left(\dfrac{1}{3}\right)^0$，故 $\dfrac{1}{3} < x < 1$。

解題秘訣：

① $\log_a b$ 有意義
　$\Leftrightarrow a > 0，a \neq 1$ 且 $b > 0$
② 當 $a > 1$ 時，$\log_a b < c$
　$\Leftrightarrow b < a^c$
③ 當 $0 < a < 1$ 時，
　$\log_a b < c \Leftrightarrow b > a^c$

延伸學習 3　$\log_{\frac{1}{2}}(\log_4 x) > -1$。

解答：

$\because \log_{\frac{1}{2}}(\log_4 x) > -1 \Rightarrow 0 < \log_4 x < 2 \Rightarrow 4^0 < x < 4^2$

故 $1 < x < 16$。

對數函數與指數函數的關係

對數函數與指數函數有以下的關係：$y = \log_a x \Leftrightarrow x = a^y$。

從關係式我們可以看到 $y = \log_a x$ 的自變數 x 及應變數 y 分別是以 a 為底數的指數函數的應變數及自變數，即 $y = \log_a x$ 和 $y = a^x$ 互為反函數。如果考慮這兩個函數的圖形，這就是說：

點 (x_0, y_0) 在 $y = \log_a x$ 的圖形上 $\Leftrightarrow$ 點 (y_0, x_0) 在 $y = a^x$ 的圖形上，其中點 (x_0, y_0) 與點 (y_0, x_0) 有一個特別的幾何性質：點 (x_0, y_0) 與點 (y_0, x_0) 對稱於直線 $x = y$，根據這個特性可知 $y = \log_a x$ 的圖形與 $y = a^x$ 的圖形對稱於直線 $x = y$，所以只要將 $y = a^x$ 圖形對直線 $y = x$ 做鏡射所得的相就是 $y = \log_a x$ 的圖形，如下兩圖（圖 1.9.2）所示：

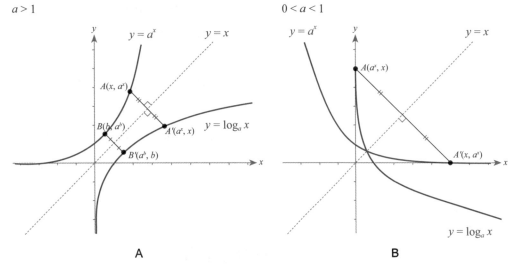

$a > 1$

$0 < a < 1$

A

B

$y = \log_a x$ 和 $y = a^x$ 互為反函數，且 $y = a^x$ 和 $y = \log_a x$ 對稱於直線 $y = x$。

圖 1.9.2

習題 1.9

求下列各題的值：

1. $\log_3 \sqrt{81 \cdot \sqrt[4]{27 \cdot 9^{\frac{-2}{3}}}}$。

2. $(\log_4 9 + \log_{16} 27)(\log_9 16 + \log_{27} 2)$。

3. $\log 7 - \log 36 + 5\log 2 + \log 9 - \log \dfrac{14}{25}$

4. $3\log_2 \sqrt{2} - \log_2 \dfrac{\sqrt{3}}{2} + \dfrac{1}{2} \log_2 3$。

5. $\log_3(\log_9 49) + 2\log_9(\log_7 3^9)$。

6. 求 $\log_{2x+1}(2 + 5x - 3x^2)$ 的定義域。

7. 求函數 $f(x) = \log(\log x)$ 的定義域。

8. $\log_2(x - 1) > \log_4(2x + 1)$。

第10節 平面向量與內積

平面向量表示法

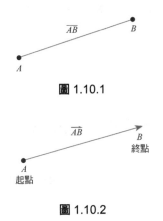

圖 1.10.1

圖 1.10.2

　　向量是數學、物理學和工程科學等多個自然科學中的基本概念，指一個同時具有大小和方向的量，如物理學中的位移、速度、力、動量等，都是向量。圖 1.10.1 中的圖形是一個線段，它有兩個端點，分別是 A 點與 B 點，此線段可以用 $\overline{AB}$ 或 $\overline{BA}$ 來表示。若是在線段上我們在 B 處畫一箭號表示它的方向，如圖 1.10.2，像這樣帶有方向的線段，就稱為從 A 點到 B 點的有向線段，並以 $\overrightarrow{AB}$ 表示。我們稱 A 為有向線段 $\overrightarrow{AB}$ **起點**（initial point），而 B 為有向線段 $\overrightarrow{AB}$ 的**終點**（terminal point）。

　　$\overrightarrow{AB}$ 的長度稱為有向線段的長，以 $\|\overrightarrow{AB}\|$ 表示。向量同時具有向與量，向就是方向，量就是量值（大小），我們可以用一個有向線段來表示一個向量，有向線段的長度可以表示向量的大小，而向量的

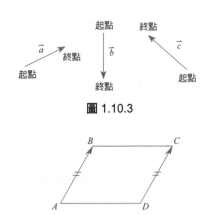

圖 1.10.3

因 $\|\overrightarrow{AB}\| = \|\overrightarrow{CD}\|$，且 $\overrightarrow{AB}$ 和 $\overrightarrow{DC}$ 方向一樣，故 $\overrightarrow{AB} = \overrightarrow{DC}$。

圖 1.10.4

方向也就是有向線段箭頭所指的方向。我們通常以小寫字母 $\vec{a}$、$\vec{b}$、$\vec{c}$、$\vec{u}$、$\vec{v}$、$\vec{w}$ 等表示向量，在圖 1.10.3 中：三個有向線段分別表示三個不同的向量，我們分別以 $\vec{a}$、$\vec{b}$、$\vec{c}$（$\vec{a}$ 讀作向量 a）表示。若兩個有向線段方向一樣，長度也一樣，則所表示的向量也就一樣。

例如圖 1.10.4 中：$ABCD$ 是一平行四邊形，這時有向線段 $\overrightarrow{AB}$ 與 $\overrightarrow{DC}$ 的方向一樣，長度也一樣，所以 $\overrightarrow{AB}$ 與 $\overrightarrow{DC}$ 表示相同的向量。為了方便，有向線段 $\overrightarrow{AB}$ 所表示的向量也記為 $\overrightarrow{AB}$，因此圖 1.10.4 中，向量 $\overrightarrow{AB}$ 與向量 $\overrightarrow{DC}$ 的大小（長度）相等且方向相同，我們稱此兩向量相等，記作向量 $\overrightarrow{AB} = \overrightarrow{DC}$。

向量的加法與減法

任給平面上兩個向量 $\overrightarrow{AB}$、$\overrightarrow{CD}$，將 $\overrightarrow{CD}$ 平移使其始點 C 與 B 點重合，設此時終點 D 落在 E 點，則定義 $\overrightarrow{AB}$、$\overrightarrow{CD}$ 兩向量的和為 $\overrightarrow{AE}$，如圖 1.10.5，圖中所使用的方法，稱為三角形法。

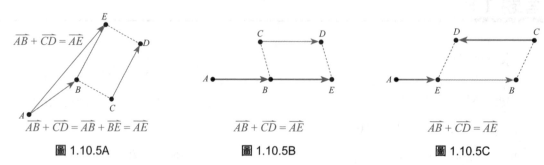

$\overrightarrow{AB} + \overrightarrow{CD} = \overrightarrow{AB} + \overrightarrow{BE} = \overrightarrow{AE}$

圖 1.10.5A

$\overrightarrow{AB} + \overrightarrow{CD} = \overrightarrow{AE}$

圖 1.10.5B

$\overrightarrow{AB} + \overrightarrow{CD} = \overrightarrow{AE}$

圖 1.10.5C

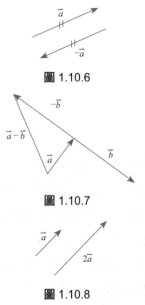

圖 1.10.6

圖 1.10.7

我們稱始點與終點是同一點的向量為零向量，以 $\vec{0}$ 表示，零向量的長度為零，其方向可視為任意方向。一般而言，如果 $\vec{a} = \overrightarrow{AB}$，取 $\vec{b} = \overrightarrow{BA}$，則 $\vec{a} + \vec{b} = \overrightarrow{AB} + \overrightarrow{BA} = \overrightarrow{AA} = \vec{0}$，因此每個向量 $\vec{a}$ 都有一個向量 $\vec{b}$，使得 $\vec{a} + \vec{b} = \vec{0}$，此 $\vec{b}$ 與 $\vec{a}$ 方向相反，長度相同，$\vec{b}$ 以 $-\vec{a}$ 表示。換言之，$-\vec{a}$ 就是與 $\vec{a}$ 方向相反，長度相同的向量，如圖 1.10.6 所示。對向量而言，我們規定兩向量相減為：$\vec{a} - \vec{b} = \vec{a} + (-\vec{b})$，圖 1.10.7 代表 $\vec{a} - \vec{b}$。

向量的係數積

我們可以考慮一向量的倍數，例如：

(1) $\vec{a}$ 的兩倍，以 $2\vec{a}$ 表示，此向量的方向與 $\vec{a}$ 相同，長度為 $\vec{a}$ 的兩倍，如圖 1.10.8 所示。

(2) $\vec{a}$ 的 -3 倍，以 $-3\vec{a}$ 表示，此向量的方向與 $\vec{a}$ 相反，長度為 $\vec{a}$ 的三倍，如圖 1.10.9 所示。

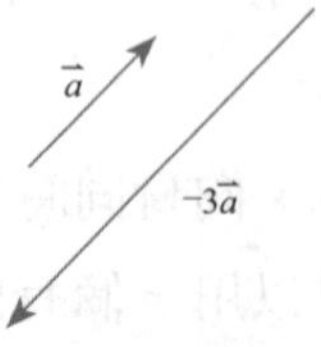

圖 1.10.8

圖 1.10.9

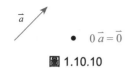

● $0\vec{a} = \vec{0}$

圖 1.10.10

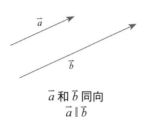

$\vec{a}$ 和 $\vec{b}$ 同向
$\vec{a} \parallel \vec{b}$

圖 1.10.11A

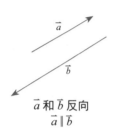

$\vec{a}$ 和 $\vec{b}$ 反向
$\vec{a} \parallel \vec{b}$

圖 1.10.11B

(3) $\vec{a}$ 的 0 倍，以 $0\vec{a}$ 表示，此向量為 $\vec{0}$，如圖 1.10.10 所示。

一般而言，$\vec{a} \neq \vec{0}$ 且 k 為實數時，我們規定：

> (1) 若 $k > 0$ 時，$k\vec{a}$ 與 $\vec{a}$ 方向相同，長度為 $\vec{a}$ 的 k 倍。
> (2) 若 $k < 0$ 時，$k\vec{a}$ 與 $\vec{a}$ 方向相反，長度為 $\vec{a}$ 的 k 倍。
> (3) 若 $k = 0$ 時，$k\vec{a} = \vec{0}$。

又 $\vec{a} = \vec{0}$，$k \in \mathbb{R}$ 時，我們規定 $k\vec{a} = \vec{0}$，即 $k\vec{0} = \vec{0}$。實數 k 與向量 $\vec{a}$ 的乘積 $k\vec{a}$ 稱為向量的係數積。由係數積的定義可知：對任意向量 $\vec{a}$，與任意實數 k，恆有

$$\|k\vec{a}\| = |k|\|\vec{a}\|$$

例如：$\|5\vec{a}\| = 5\|\vec{a}\|$，$\|-\sqrt{2}\,\vec{b}\| = \sqrt{2}\,\|\vec{b}\|$。

> 若 $\vec{a}$、$\vec{b}$ 為兩個非零向量：
> ● 若 $k > 0$ 使得 $\vec{a} = k\vec{b}$，我們稱向量 $\vec{a}$ 與向量 $\vec{b}$ 同向。
> ● 若 $k < 0$ 使得 $\vec{a} = k\vec{b}$，我們稱向量 $\vec{a}$ 與向量 $\vec{b}$ 反向。

當兩個向量同向（圖 1.10.11A）或反向（圖 1.10.11B）時，我們稱這兩個向量平行，以符號 $\vec{a} \parallel \vec{b}$ 表示。

範例 1 已知 $2(\vec{x} + 5\vec{a}) - 3\vec{b} = 2\vec{a} + 6\vec{b}$，試用 $\vec{a}$、$\vec{b}$ 表示 $\vec{x}$。

說明： 原式為 $2(\vec{x} + 5\vec{a}) - 3\vec{b} = 2\vec{a} + 6\vec{b}$ 將左式乘開得

$$2\vec{x} + 10\vec{a} - 3\vec{b} = 2\vec{a} + 6\vec{b}$$

移項整理成

$$2\vec{x} = -8\vec{a} + 9\vec{b}$$

即

$$\vec{x} = -4\vec{a} + \frac{9}{2}\vec{b}$$

延伸學習 1 已知 $3\vec{x} + 2(3\vec{a} + 5\vec{b}) = -2(\vec{x} + 6\vec{b})$，試用 $\vec{a}$、$\vec{b}$ 表示 $\vec{x}$。

解答：

$3\vec{x} + 6\vec{a} + 10\vec{b} = -2\vec{x} - 12\vec{b}$

$5\vec{x} = -6\vec{a} - 22\vec{b}$

$\therefore \vec{x} = -\frac{6}{5}\vec{a} - \frac{22}{5}\vec{b}$

向量相加與向量的係數積和數的運算相似，請看下面的定理。

定理 1.10.1 設 $\vec{a}$、$\vec{b}$、$\vec{c}$ 為平面上的向量，r, s 為實數，則：

(1) $\vec{a} + \vec{b} = \vec{b} + \vec{a}$ （交換律）

(2) $(\vec{a} + \vec{b}) + \vec{c} = \vec{a} + (\vec{b} + \vec{c})$ （結合律）

(3) $\vec{a} + \vec{0} = \vec{0} + \vec{a} = \vec{a}$ （$\vec{0}$ 為加法單位元素）

(4) $\vec{a} + (-\vec{a}) = \vec{0}$ （$-\vec{a}$ 為 $\vec{a}$ 的加法反元素）

(5) $r(s\vec{a}) = (rs)\vec{a}$

(6) $(r + s)\vec{a} = r\vec{a} + s\vec{a}$

(7) $r(\vec{a} + \vec{b}) = r\vec{a} + r\vec{b}$

(8) $1\vec{a} = \vec{a}$，$0\vec{a} = \vec{0}$，$(-1)\vec{a} = -\vec{a}$

平面向量座標表示法

　　許多幾何（圖形）問題可以藉由座標的幫助，利用代數運算去解決。如兩直線的交點可以透過解聯立方程式得其座標。同樣地，在座標平面上討論向量時，向量的加減與內積也能藉由座標的幫助變得更為方便。

　　在平面座標上，如果從 P 點出發移動 $\vec{v}$ 到 Q 點，即 $\vec{v} = \overrightarrow{PQ}$，如圖 1.10.12 所示：我們分別考慮此移動在水平方向的移動量與鉛直方向的移動量，如果水平移動了 a 單位（a 為實數，向右為正，向左為負），鉛直方向移動了 b 單位（b 為實數，向上為正，向下為負），我們就稱 $\vec{v}$ 的 x 分量為 a，y 分量為 b，並且將 $\vec{v}$ 以 (a, b) 表示，即 $\vec{v} = (a, b)$，且向量 $\vec{v}$ 的長度為 $\sqrt{a^2 + b^2}$（圖 1.10.12）。在圖 1.10.13 中，舉了 5 個例子，這裡沒有畫出 x 軸（水平）與 y 軸（鉛直），但在 $\vec{v}$ 旁邊分別標示了 x 分量與 y 分量。

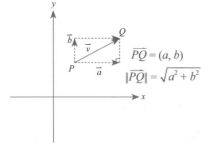

圖 1.10.12

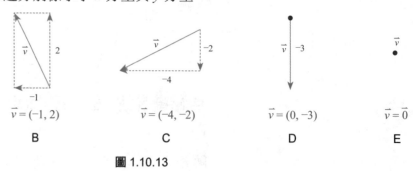

$\vec{v} = (4, 3)$　　　$\vec{v} = (-1, 2)$　　　$\vec{v} = (-4, -2)$　　　$\vec{v} = (0, -3)$　　　$\vec{v} = \vec{0}$

A　　　　　　B　　　　　　C　　　　　　D　　　　　　E

圖 1.10.13

　　由以上說明可以發現：當 $P(x_1, y_1)$，和 $Q(x_2, y_2)$ 是有向線段 $\overrightarrow{PQ}$ 的始點和終點時，則 $\overrightarrow{PQ}$ 所代表的向量 $\vec{v}$ 可以用 $(x_2 - x_1, y_2 - y_1)$ 表示，而向量 $\vec{v}$ 的長度為 $\|\vec{v}\| = \sqrt{(x_2 - x_1)^2 + (y_2 - y_1)^2}$，如果 $\|\vec{v}\| = 1$，則稱 $\vec{v}$ 為**單位向量**（unit vector），而 $\|\vec{v}\| = 0$ 的充要條件為 $\vec{v}$ 是零向量。對於平面上任意一個向量 $\vec{a}$，我們都可以找到唯一的向量 $\overrightarrow{OP}$

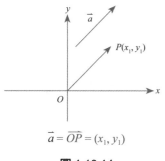

$\vec{a} = \overrightarrow{OP} = (x_1, y_1)$

圖 1.10.14

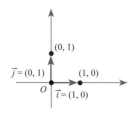

$\vec{j} = (0, 1)$　　$\vec{i} = (1, 0)$

圖 1.10.15

使得 $\vec{a} = \overrightarrow{OP}$，其中 $O(0, 0)$ 為始點，P 為終點，若 P 點的座標為 (x_1, y_1)，則顯然 $\vec{a} = \overrightarrow{OP} = (x_1, y_1)$，如圖 1.10.14 所示。

從上述可以推得兩向量 $\vec{a} = (a_1, a_2)$，$\vec{b} = (b_1, b_2)$ 相等的充要條件為 $a_1 = b_1$ 且 $a_2 = b_2$。

若 $\vec{v} = (v_1, v_2) \neq \vec{0}$，因為

$$\sqrt{\left(\frac{v_1}{\|\vec{v}\|}\right)^2 + \left(\frac{v_2}{\|\vec{v}\|}\right)^2} = \sqrt{\frac{v_1^2 + v_2^2}{\|v\|^2}} = \frac{1}{\|\vec{v}\|}\sqrt{v_1^2 + v_2^2} = \frac{\|\vec{v}\|}{\|\vec{v}\|} = 1$$

因此 $\dfrac{\vec{v}}{\|\vec{v}\|}$ 為和 $\vec{v}$ 相同方向的單位向量。例：若 $\vec{a} = (-3, 4)$，則 $\|\vec{a}\| = 5$，且 $\left(\dfrac{-3}{5}, \dfrac{4}{5}\right)$ 為和 $\vec{a}$ 相同方向的單位向量。在座標平面上，取 $\vec{i} = (1, 0)$，$\vec{j} = (0, 1)$（圖 1.10.15），則 $\vec{i}$ 為 x 軸正向的單位向量，且 $\vec{j}$ 為 y 軸正向的單位向量。若 $\vec{v} = (x, y)$ 為平面上任意的向量，則向量 $\vec{v}$ 可表示如下：

$$\vec{v} = (x, y) = (x, 0) + (0, y) = x(1, 0) + y(0, 1) = x\vec{i} + y\vec{j}$$

$\vec{v} = x\vec{i} + y\vec{j}$ 稱為向量 $\vec{i}$ 和 $\vec{j}$ 的**線性組合**（linear combination），其中純量 x 稱為向量 $\vec{v}$ 的水平分量，而純量 y 稱為向量 $\vec{v}$ 的垂直分量。例如：向量 $(2, 3)$ 就是 2 個向量 $\vec{i}$ 加上 3 個向量 $\vec{j}$，即 $(2, 3) = 2\vec{i} + 3\vec{j}$。

我們可利用 $\vec{i}$ 與 $\vec{j}$ 以及平面向量運算的基本性質，導出以座標表示兩向量加、減及係數積等規則：

設 $\vec{a} = (a_1, a_2)$，$\vec{b} = (b_1, b_2)$ 且 k 為任意實數，則
(1) 向量加法　　$\vec{a} + \vec{b} = (a_1 + b_1, a_2 + b_2)$
(2) 向量減法　　$\vec{a} - \vec{b} = (a_1 - b_1, a_2 - b_2)$
(3) 向量的係數積　$k\vec{a} = (ka_1, ka_2)$

證明：向量以座標表示的加法規則推導如下：
設 $\vec{a} = (a_1, a_2)$，$\vec{b} = (b_1, b_2)$，則
$$\vec{a} + \vec{b} = (a_1\vec{i} + a_2\vec{j}) + (b_1\vec{i} + b_2\vec{j}) = (a_1 + b_1)\vec{i} + (a_2 + b_2)\vec{j}$$
$$= (a_1 + b_1, a_2 + b_2)$$
因此若 $\vec{a} = (a_1, a_2)$，$\vec{b} = (b_1, b_2)$，則 $\vec{a} + \vec{b} = (a_1 + b_1, a_2 + b_2)$，仿加法可推導出向量減法 (2) 與向量係數積 (3)。推導過程留作習題，請讀者自行練習。

範例 2　設 $\vec{a} = 2\vec{i} - 3\vec{j}$，$\vec{b} = -4\vec{i} + \vec{j}$，請用 $\vec{i}$ 和 $\vec{j}$ 表示出 $3\vec{a} - 2\vec{b}$。

說明：$\because$ 因為 $\vec{a} = 2\vec{i} - 3\vec{j}$，$\vec{b} = -4\vec{i} + \vec{j}$，所以
$$3\vec{a} - 2\vec{b} = 3(2\vec{i} - 3\vec{j}) - 2(-4\vec{i} + \vec{j})$$

$$= 6\vec{i} - 9\vec{j} + 8\vec{i} - 2\vec{j}$$
$$= 14\vec{i} - 11\vec{j}$$

延伸學習 2 設 $\vec{a} = -2\vec{i} - 3\vec{j}$，$\vec{b} = -4\vec{i} + \frac{3}{2}\vec{j}$，請利用 $\vec{i}$ 和 $\vec{j}$ 表示出 $2\vec{a} - 2\vec{b}$。

解答：

$\vec{a} = -2\vec{i} - 3\vec{j}$，$\vec{b} = -4\vec{i} + \frac{3}{2}\vec{j}$

$2\vec{a} - 2\vec{b} = 2(\vec{a} - \vec{b}) = 2(2\vec{i} - \frac{9}{2}\vec{j}) = 4\vec{i} - 9\vec{j}$

範例 3 設座標平面上兩點 $A(1, 3)$、$B(6, -9)$，請求向量 $\overrightarrow{AB}$ 以及 $\overrightarrow{AB}$ 的長度。

解題要點：
1. 設 $A(x_1, y_1)$，$B(x_2, y_2)$
   $\Rightarrow \overrightarrow{AB} = (x_2 - x_1, y_2 - y_1)$
2. 設 $\vec{u} = (a, b)$，則
   $\|\vec{u}\| = \sqrt{a^2 + b^2}$。

說明： $\overrightarrow{AB} = (6 - 1, -9 - 3) = (5, -12)$。$\|\overrightarrow{AB}\| = \sqrt{5^2 + (-12)^2} = 13$。

延伸學習 3 設座標平面上兩點 $A(-1, 3)$，$B(5, 8)$，請求向量 $\overrightarrow{AB}$ 以及 $\overrightarrow{AB}$ 的長度。

解答： $\overrightarrow{AB} = (6, 5)$，$\|\overrightarrow{AB}\| = \sqrt{6^2 + 5^2} = \sqrt{61}$。

範例 4 設 $\vec{a} = (a_1, a_2)$，$\vec{b} = (b_1, b_2)$，且 $a_1 a_2 \neq 0$，試證明：

向量 $\vec{a}$ 與 $\vec{b}$ 平行 $(\vec{a} \parallel \vec{b}) \Leftrightarrow \dfrac{b_1}{a_1} = \dfrac{b_2}{a_2}$。

說明：

解題要點：
若 $\vec{a} = t\vec{b}$，$t \in \mathbb{R}$，則稱向量 $\vec{a}$ 與 $\vec{b}$ 平行，以符號 $\vec{a} \parallel \vec{b}$ 表示。

($\Rightarrow$) 因為 $\vec{a} \parallel \vec{b}$ 所以存在一實數 t 使得 $\vec{b} = t\vec{a}$，又因 $\vec{a} = (a_1, a_2)$，$\vec{b} = (b_1, b_2)$，故

$(b_1, b_2) = t(a_1, a_2)$

$\Rightarrow (b_1, b_2) = (ta_1, ta_2)$

$\Rightarrow b_1 = ta_1$ 且 $b_2 = ta_2$

$\Rightarrow t = \dfrac{b_1}{a_1} = \dfrac{b_2}{a_2}$

($\Leftarrow$) 因 $\dfrac{b_1}{a_1} = \dfrac{b_2}{a_2}$，令 $t = \dfrac{b_1}{a_1} = \dfrac{b_2}{a_2} \Rightarrow b_1 = ta_1$ 且 $b_2 = ta_2$

$\Rightarrow (b_1, b_2) = (ta_1, ta_2) = t(a_1, a_2)$

因此 $\vec{a} \parallel \vec{b}$

延伸學習 4 $\vec{a} = (-1, 3)$，$\vec{b} = (3, 5)$ 及 $\vec{c} = (6, 9)$，已知 $(t\vec{a} + 2\vec{b}) \parallel \vec{c}$，請求出實數 t。

解答：

$\vec{ta} + 2\vec{b} = (-t, 3t) + (6, 10) = (-t + 6, 3t + 10)$

$\because \vec{ta} + 2\vec{b} \parallel \vec{c}，\therefore \dfrac{-t + 6}{3t + 10} = \dfrac{6}{9} \Rightarrow t = -\dfrac{2}{9}$

內積

物理學中做功的問題，經常用到內積計算，在圖形學上也常會透過內積計算去求得光線的照射量，向量內積亦是人工智慧領域中的神經網路技術的數學基礎之一。

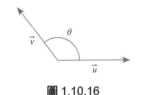

圖 1.10.16

定義 1.10.2 將 $\vec{u}$、$\vec{v}$ 的始點重合，所形成的角度 θ（$0 \leq \theta \leq \pi$），稱為 $\vec{u}$、$\vec{v}$ 的夾角，如圖 1.10.16 所示。

範例 5 正 $\triangle ABC$，求 $\overrightarrow{AB}$ 與 $\overrightarrow{AC}$ 的夾角以及 $\overrightarrow{AB}$ 與 $\overrightarrow{BC}$ 的夾角。

說明：

(A) $\because \overrightarrow{AB}$ 和 $\overrightarrow{AC}$ 始點重合又 $\triangle ABC$ 為一正三角形，故 $\overrightarrow{AB}$ 和 $\overrightarrow{AC}$ 的夾角為 $\dfrac{\pi}{3}$（圖 1.10.17）。

(B) 將 $\overrightarrow{AB}$ 平移使 $\overrightarrow{AB}$ 和 $\overrightarrow{BC}$ 的始點可求出 $\overrightarrow{AB}$ 和 $\overrightarrow{BC}$ 的夾角為 $\dfrac{2\pi}{3}$（圖 1.10.17）。

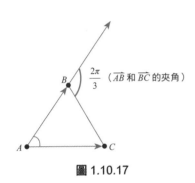

圖 1.10.17

定義 1.10.3 $\vec{u}$ 和 $\vec{v}$ 的內積寫成 $\vec{u} \cdot \vec{v}$，讀作 $\vec{u}$ dot $\vec{v}$，我們將 $\vec{u}$ 和 $\vec{v}$ 的內積定義成 $\vec{u}$ 和 $\vec{v}$ 兩向量的大小與其夾角的餘弦函數的乘積，即 $\vec{u} \cdot \vec{v} = \|\vec{u}\| \|\vec{v}\| \cos\theta$，其中 θ 為 $\vec{u}$、$\vec{v}$ 的夾角。

註：(1) $\vec{u} \cdot \vec{v}$ 是一個實數，不是向量，又因內積的記號是一個點，所以內積也稱為**點積**（dot product）。

(2) 若 $\vec{u}$、$\vec{v} \neq \vec{0}$，$\vec{u} \cdot \vec{v} = 0 \Leftrightarrow \vec{u}$ 和 $\vec{v}$ 正交。

範例 6 邊長 3 的正 $\triangle ABC$，求 (A) $\overrightarrow{AB} \cdot \overrightarrow{AC}$。(B) $\overrightarrow{AB} \cdot \overrightarrow{BC}$。

說明：

(A) $\overrightarrow{AB} \cdot \overrightarrow{AC} = \|\overrightarrow{AB}\| \|\overrightarrow{AC}\| \cos \dfrac{\pi}{3}$

$\qquad\qquad = 3 \cdot 3 \cdot \dfrac{1}{2} = \dfrac{9}{2}$

(B) $\overrightarrow{AB} \cdot \overrightarrow{BC} = \|\overrightarrow{AB}\| \|\overrightarrow{BC}\| \cos \dfrac{2\pi}{3}$

$\qquad\qquad = 3 \cdot 3 \cdot \left(-\dfrac{1}{2}\right) = -\dfrac{9}{2}$

解題要點：

1. $\vec{u} \cdot \vec{v} = \|\vec{u}\| \|\vec{v}\| \cos\theta$
   θ 為 $\vec{u}$、$\vec{v}$ 之間的夾角。
2. 將 $\vec{u}$、$\vec{v}$ 的始點重合，所形成的角度 θ（$0 \leq \theta \leq \pi$）稱為 $\vec{u}$、$\vec{v}$ 的夾角。

定理 1.10.4 內積的座標表示法：

若 $\vec{u} = (x_1, y_1)$、$\vec{v} = (x_2, y_2)$，則 $\vec{u} \cdot \vec{v} = x_1 x_2 + y_1 y_2$。

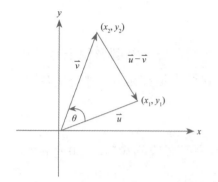

餘弦定理：

$\|\vec{u} - \vec{v}\|^2 = \|\vec{u}\|^2 + \|\vec{v}\|^2 - 2\|\vec{u}\|\|\vec{v}\|\cos\theta$

圖 1.10.18

說明：

$\because \vec{u} = (x_1, y_1)$、$\vec{v} = (x_2, y_2)$

$\therefore \vec{u} - \vec{v} = (x_1 - x_2, y_1 - y_2)$，且 $\|\vec{u}\| = \sqrt{x_1^2 + y_1^2}$，$\|\vec{v}\| = x_2^2 + y_2^2$，

$\|\vec{u} - \vec{v}\|^2 = \sqrt{(x_1 - x_2)^2 + (y_2 - y_1)^2}$

由餘弦定理（圖 1.10.18）可知

$$\cos\theta = \frac{\|\vec{u}\|^2 + \|\vec{v}\|^2 - \|\vec{u} - \vec{v}\|^2}{2\|\vec{u}\|\|\vec{v}\|}$$

又由內積定義知

$$\vec{u} \cdot \vec{v} = \|\vec{u}\|\|\vec{v}\|\cos\theta$$

$$= \|\vec{u}\|\|\vec{v}\|\left(\frac{\|\vec{u}\|^2 + \|\vec{v}\|^2 - \|\vec{u} - \vec{v}\|^2}{2\|\vec{u}\|\|\vec{v}\|}\right)$$

$$= \frac{(x_1^2 + y_1^2) + (x_2^2 + y_2^2) - [(x_1 - x_2)^2 + (y_1 - y_2)^2]}{2}$$

$$= x_1 x_2 + y_1 y_2$$

因此 $\vec{u} \cdot \vec{v} = x_1 x_2 + y_1 y_2$

註：若 $\vec{u} = (x_1, y_1)$，則 $\|\vec{u}\| = \sqrt{x_1^2 + y_1^2}$

範例 7 $\triangle ABC$ 的三頂點 $A(3, -2)$、$B(-1, -4)$、$C(6, -3)$，求

(A) $\overrightarrow{AB} \cdot \overrightarrow{AC}$。(B)$\angle A$。

說明：

因為 $\overrightarrow{AB} = (-1 - 3, -4 + 2) = (-4, -2)$

$\overrightarrow{AC} = (6 - 3, -3 + 2) = (3, -1)$

所以 $\overrightarrow{AB} \cdot \overrightarrow{AC} = -4 \cdot 3 + (-2)(-1) = -12 + 2 = -10$　　　　（**定理** 1.10.4）

且 $\|\overrightarrow{AB}\| = \sqrt{16 + 4} = 2\sqrt{5}$，$\|\overrightarrow{AC}\| = \sqrt{9 + 1} = \sqrt{10}$

由內積定義知：

$\overrightarrow{AB} \cdot \overrightarrow{AC} = \|\overrightarrow{AB}\|\|\overrightarrow{AC}\|\cos\theta$，其中 θ 為 $\angle A$

$\therefore -10 = 2\sqrt{5} \cdot \sqrt{10}\cos\theta$

$\cos\theta = \dfrac{-10}{2\sqrt{50}} = \dfrac{-10}{2 \cdot 5\sqrt{2}} = -\dfrac{1}{\sqrt{2}}$

因此 $\theta = \dfrac{3\pi}{4}$，故 $\angle A = \dfrac{3\pi}{4}$。

延伸學習 5 若二向量 $(2, 1)$、$(a, 3)$ 的夾角為 $\dfrac{\pi}{4}$，請求出 a 值。

解答：

設 $\vec{a} = (2, 1)$，$\vec{b} = (a, 3)$，$\vec{a} \cdot \vec{b} = 2a + 3 = \|\vec{a}\|\|\vec{b}\|\cos\theta$

$\therefore 2a + 3 = \sqrt{5}\sqrt{a^2 + 9} \cdot \dfrac{1}{\sqrt{2}}$

$(2a + 3)^2 = 5(a^2 + 9) \cdot \dfrac{1}{2}$

$4a^2 + 12a + 9 = \dfrac{5a^2 + 45}{2}$

$a = 1$ 或 -9（不合）

我們可以利用內積的定義得到定理 1.10.5。

定理 1.10.5 設 $\vec{u}$、$\vec{v}$ 為兩向量，r 為一純量，則：

1. 交換律：$\vec{u} \cdot \vec{v} = \vec{v} \cdot \vec{u}$
2. 分配律：$\vec{u} \cdot (\vec{v} + \vec{w}) = \vec{u} \cdot \vec{v} + \vec{u} \cdot \vec{w}$
3. $\vec{u} \cdot \vec{0} = 0$
4. $\vec{u} \cdot \vec{u} = \|\vec{u}\|^2 \geq 0$，$\vec{u} \cdot \vec{u} = 0 \Leftrightarrow \vec{u} = \vec{0}$
5. $(r\vec{u}) \cdot \vec{v} = r(\vec{u} \cdot \vec{v})$

範例 8 設 $\vec{u}$、$\vec{v}$ 為兩非零向量。以 $\|\vec{u}\|$ 表 $\vec{u}$ 之長度，若 $\|\vec{u}\| = 2\|\vec{v}\|$ $= \|2\vec{u} + 3\vec{v}\|$ 且 θ 表 $\vec{u}$ 與 $\vec{v}$ 之夾角，則 $\cos\theta = $ _____。　【95 指考甲】

解題要點：
1. $\vec{a} \cdot \vec{a} = \|\vec{a}\|^2$
2. $\vec{u} \cdot \vec{v} = \|\vec{u}\|\|\vec{v}\|\cos\theta$

解題秘訣：
看到向量長度 $\xrightarrow{\text{想}}$ 平方。

說明： 因為 $\|\vec{u}\| = 2\|\vec{v}\| = \|2\vec{u} + 3\vec{v}\|$，我們將左式平方得

$$\|\vec{u}\|^2 = 4\|\vec{v}\|^2 = \|2\vec{u} + 3\vec{v}\|^2$$
$$\Rightarrow \|\vec{u}\|^2 = 4\|\vec{v}\|^2 \cdots\cdots ①$$

且

$$4\|\vec{v}\|^2 = (2\vec{u} + 3\vec{v}) \cdot (2\vec{u} + 3\vec{v}) \qquad (\|\vec{a}\|^2 = \vec{a} \cdot \vec{a})$$
$$= 4\|\vec{v}\|^2 + 12\vec{u} \cdot \vec{v} + 9\|\vec{v}\|^2 \qquad (定理\ 1.10.5)$$
$$= 4\|\vec{u}\|^2 + 12\|\vec{u}\|\|\vec{v}\|\cos\theta + 9\|\vec{v}\|^2 \cdots\cdots ② \quad (\vec{u} \cdot \vec{v} = \|\vec{u}\|\|\vec{v}\|\cos\theta)$$

由①②得：

$$4\|\vec{v}\|^2 = 16\|\vec{v}\|^2 + 12 \times 2\|\vec{v}\|\|\vec{v}\|\cos\theta + 9\|\vec{v}\|^2 \qquad (\|\vec{u}\| = 2\|\vec{v}\|)$$
$$\Rightarrow \cos\theta = -\dfrac{21}{24} = -\dfrac{7}{8}$$

向量的正射影

在這節最後，我們為讀者介紹向量的正射影。

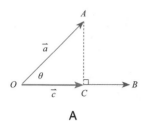

A

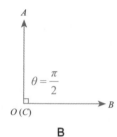

B

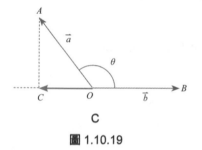

C

圖 1.10.19

定義 1.10.6 設 $\vec{a} = \overrightarrow{OA}$、$\vec{b} = \overrightarrow{OB}$ 為兩向量，$\vec{b} \neq 0$，從 A 點向直線 OB 做一垂線，垂足點為 C 點，C 點稱為 A 點在直線 OB 的投影點，而 $\overrightarrow{OC} = \vec{c}$ 稱為是 $\vec{a}$ 在 $\vec{b}$ 上的正射影，如圖 1.10.19 所示。

從定義我們可知 $\vec{c}$ 滿足兩個條件：(1) $\vec{c} = t\vec{b}$ 且 (2) $(\vec{a} - \vec{c}) \perp \vec{b}$，由這兩個條件我們可以推得 $\vec{a}$ 在 $\vec{b}$ 方向上的正射影（定理 1.10.7）。

定理 1.10.7 設 $\vec{a}$、$\vec{b}$ 為兩向量，$\vec{b} \neq 0$，則 $\vec{a}$ 在 $\vec{b}$ 方向上的正射影 $\vec{c}$ 為

$$\vec{c} = \left(\frac{\vec{a} \cdot \vec{b}}{\|\vec{b}\|^2} \right) \vec{b} = \left(\frac{\vec{a} \cdot \vec{b}}{\|\vec{b}\|} \right) \frac{\vec{b}}{\|\vec{b}\|} = (\|\vec{a}\|\cos\theta) \frac{\vec{b}}{\|\vec{b}\|}$$

說明： 由正射影定義我們可知：$\vec{c} = t\vec{b}$ 且 $(\vec{a} - \vec{c}) \perp \vec{b}$，

故 $(\vec{a} - t\vec{b}) \perp \vec{b} \Rightarrow (\vec{a} - t\vec{b}) \cdot \vec{b} = 0$

$\Rightarrow \vec{a} \cdot \vec{b} - t\vec{b} \cdot \vec{b} = 0$

$\Rightarrow \vec{a} \cdot \vec{b} - t\|\vec{b}\|^2 = 0$ $\qquad\qquad (\vec{b} \cdot \vec{b} = \|\vec{b}\|^2)$

$\Rightarrow t = \dfrac{\vec{a} \cdot \vec{b}}{\|\vec{b}\|^2}$

故 $\vec{c} = \left(\dfrac{\vec{a} \cdot \vec{b}}{\|\vec{b}\|^2} \right) \vec{b} = \left(\dfrac{\vec{a} \cdot \vec{b}}{\|\vec{b}\|} \right) \dfrac{\vec{b}}{\|\vec{b}\|} = (\|\vec{a}\|\cos\theta) \dfrac{\vec{b}}{\|\vec{b}\|}$

註：定理 1.10.7 中，$\|\vec{a}\|\cos\theta$ 可視為 $\vec{a}$ 在 $\vec{b}$ 方向上的投影長度，而 $\dfrac{\vec{b}}{\|\vec{b}\|}$ 為 $\vec{b}$ 方向上的單位向量（與 $\vec{b}$ 同方向且長度為 1）。

範例 9 設 $\vec{a} = (1, -2)$，$\vec{b} = (3, 1)$，求 $\vec{a}$ 在 $\vec{b}$ 方向上的正射影。

解題要點：

1. 若 $\vec{a} = (x_1, y_1)$, $\vec{b} = (x_2, y_2)$，則 $\vec{a} \cdot \vec{b} = x_1 x_2 + y_1 y_2$。

2. 若 $\vec{a} = (x_1, y_1)$，則 $\|\vec{a}\| = \sqrt{x_1^2 + y_1^2}$。

說明： 因 $\vec{a} = (1, -2)$ 且 $\vec{b} = (3, 1)$，所以 $\vec{a} \cdot \vec{b} = 3 - 2 = 1$，且 $\|\vec{b}\|^2 = 9^2 + 1 = 10$。

由正射影公式（定理 1.10.7）可得 $\vec{a}$ 在 $\vec{b}$ 方向上的正射影為

$$\left(\frac{\vec{a} \cdot \vec{b}}{\|\vec{b}\|^2} \right) \vec{b} = \frac{1}{10}(3, 1) = \left(\frac{3}{10}, \frac{1}{10} \right)$$

延伸學習 6 設 $\vec{a} = (1, -2)$，$\vec{b} = (3, 1)$，求 $\vec{b}$ 在 $\vec{a}$ 方向上的正射影。

解答：

$\vec{b}$ 在 $\vec{a}$ 方向的正射影為 $\left(\dfrac{\vec{a} \cdot \vec{b}}{\|\vec{a}\|^2} \right) \vec{a} = \dfrac{1}{5}(1, -2) = \left(\dfrac{1}{5}, -\dfrac{2}{5} \right)$

習題 1.10

1. $A(1, -1)$，$B(-3, -2)$，$C(4, 3)$，求
   $\|\overrightarrow{AB} + 2\overrightarrow{BC}\| = ?$

2. 設 O 為原點，$\overrightarrow{OP}$ 與 x 軸的正向夾角為 $45°$，
   $\overrightarrow{OQ}$ 與 x 軸的正向夾角為 $120°$ 且
   $\|\overrightarrow{OP}\| = \|\overrightarrow{OQ}\| = 2$，求 $\overrightarrow{OP} + \overrightarrow{OQ}$。

3. 請證明 $\|\vec{u} \pm \vec{v}\|^2 = \|\vec{u}\|^2 \pm 2\vec{u} \cdot \vec{v} + \|\vec{v}\|^2$。

4. 設 $A(1, 2)$，$B(4, -3)$，$C(5, 0)$，求 $\overrightarrow{AB} \cdot \overrightarrow{CA}$。

5. 設 $\vec{a}$、$\vec{b}$ 互相垂直，且 $\|\vec{a}\| = \sqrt{6}$，$\|\vec{b}\| = 1$，若
   $t \in \mathbb{R}$ 且 $\vec{a} + (t^2 - 1)\vec{b}$，$-\vec{a} + t\vec{b}$ 互相垂直，求
   $t = ?$

第2章 極限與連續性

在這一章中，我們主要討論**極限**（limit）與**連續性**（continuity）的意義、運算規律以及相關的定理。「極限的觀念」又可以細分為「**左極限**（limit from the left）」、「**右極限**（limit from the right）」。某些極限雖然發散，但是會朝著特定的方向發散，所以我們需要引進「$+\infty$」、「$-\infty$」的觀念。

在第三節中，我們進一步介紹「連續性」與「**連續函數**（continuous function）」的觀念。「連續函數」是微積分課程中最重要的一類函數，具有優良的性質。在微積分課程中，與連續函數有關的定理共有 2 個：「**中間值定理**（Intermediate Value Theorem）」與「**極值定理**（Extreme-Value Theorem）」。我們將應用中間值定理來引進「n **次方根函數**（n-th root function）」並介紹這種函數的連續性（省略證明）。多項式函數、絕對值函數、n 次方根函數、三角函數（在第四節介紹）是本章要介紹的主要的連續函數。極值定理主要用來判斷連續函數的極小值、極大值。在第四節我們將搭配微分的應用進行有系統的討論。

本章最後一節介紹三角函數的連續性，並且介紹「**夾擠定理**（Squeeze Theorem 或 Pinching Theorem）」以計算 $\lim\limits_{x \to 0} \dfrac{\sin x}{x}$、$\lim\limits_{x \to 0} \dfrac{1 - \cos x}{x}$ 這兩個特殊極限。在第三章，讀者就會發現：其實這兩個極限與正弦函數 sin、餘弦函數 cos 的「微分」密切相關。

第 1 節　極限的基本觀念與運算規律 (I)

在本節中我們將介紹極限的觀念、絕對值函數的極限、基本的極限運算規律（函數相加、常數乘函數、函數相乘）、多項式函數的極限。

函數值的極限是一種與趨勢有關的觀念。當我們在討論函數 f 在某個點 c 的極限的時候，函數 f 在 c 點可以是沒有定義的。f 在 c 點的極限完全是由「$f(x)$，其中 $x \neq c$，在變數 $x \neq c$ 往 c 點接近的過程中所形成的趨勢」所決定的。

極限的意義

　　函數 f 在 c 點的極限是由函數值 $f(x)$ 的趨勢，$x \neq c$，所決定的。因此，「函數 f 在 c 點的極限」與 $f(c)$ 沒有任何關係。這表示：即使函數 f 在 c 點沒有定義，我們仍然可以討論 f 在 c 點的極限。函數 f 在 c 點的極限通常以 $\lim_{x \to c} f(x)$ 表示。$\lim_{x \to c} f(x) = \mathscr{L}$ 表示：在變數 $x \neq c$ 往 c 點接近的過程中，函數值 $f(x)$ 會朝著 $\mathscr{L}$ 無限地趨近。

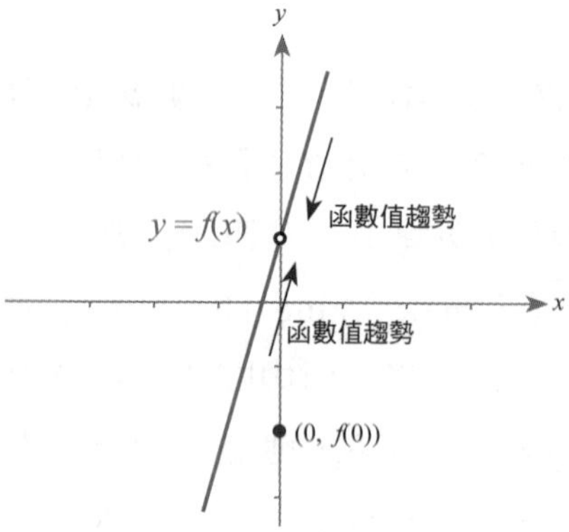

註：極限的「數學定義」放在本節的附錄中。由於「極限的數學定義」對於初學者有些難度，建議在適當的時候才來研讀，效果較佳。

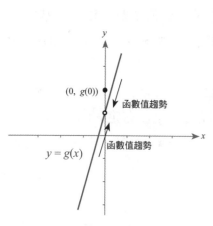

$y = f(x)$　函數值趨勢

函數值趨勢

$(0, f(0))$

圖 2.1.1A

範例 1　假設函數 f 的定義如下：$f(x) = \begin{cases} 1 + 3x, & x \neq 0 \\ -2, & x = 0 \end{cases}$（圖 2.1.1A）。討論函數 f 在 0 這個點的極限：$\lim_{x \to 0} f(x)$。

說明：f 在 0 點的極限是由 $f(x)$，其中 $x \neq 0$，的函數值趨勢所決定的。

$x \neq 0$	-0.1	-0.01	-0.001	…往 0 接近…	0.001	0.01	0.1
$f(x)$	0.7	0.97	0.997	…朝 1 趨近…	1.003	1.03	1.3

由上表可知：在變數 $x \neq 0$ 從 0 的左側或 0 的右側往 0 點接近的過程中，$f(x)$ 會趨近於 1。其實，若 $x \neq 0$ 往 0 點接近，則變數 x 與 0 點的距離 $|x - 0| = |x|$ 會愈來愈接近於 0。因此 $f(x)$ 與 1 的距離

$$|f(x) - 1| = |(1 + 3x) - 1| = |3x| = 3 \cdot |x|$$

同樣會愈來愈接近於 0。這表示函數值 $f(x)$，$x \neq 0$，的趨勢是往 1 無限地趨近。所以我們就把 1 這個值稱為函數 f 在 0 點的極限，並且以 $\lim_{x \to 0} f(x) = 1$ 表示。

請讀者注意：$\lim_{x \to 0} f(x)$ 與 $f(0)$ 沒有任何關係。

延伸學習 1　假設函數 g 的定義如下：$g(x) = \begin{cases} 1 + 3x, & x \neq 0 \\ 2, & x = 0 \end{cases}$（圖 2.1.1B）。請討論函數 g 在 0 這個點的極限 $\lim_{x \to 0} g(x)$。

解答：$\lim_{x \to 0} g(x) = 1$。其實，在 $x \neq 0$ 往 0 點接近的過程中，$g(x)$ 與 1 之間的距離

$$|g(x) - 1| = |(1 + 3x) - 1| = 3 \cdot |x|$$

會隨著 $x \neq 0$ 與 0 點之間的距離 $|x - 0| = |x|$ 而變得愈來愈接近於 0。

$(0, g(0))$　函數值趨勢

$y = g(x)$　函數值趨勢

圖 2.1.1B

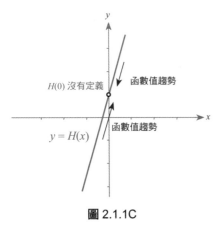

$H(0)$ 沒有定義　函數值趨勢

$y = H(x)$　函數值趨勢

圖 2.1.1C

延伸學習 2　假設函數 H 的定義如下：若 $x \neq 0$ 則 $H(x) = 1 + 3x$。但函數 H 在 0 這個點沒有定義（圖 2.1.1C）。請討論極限 $\lim\limits_{x \to 0} H(x)$。

解答：在 $x \neq 0$ 往 0 點接近的過程中，$H(x)$ 與 1 之間的距離

$$|H(x) - 1| = |(1 + 3x) - 1| = 3 \cdot |x|$$

會隨著 $x \neq 0$ 與 0 點之間的距離 $|x - 0| = |x|$ 而變得愈來愈接近於 0，所以 $\lim\limits_{x \to 0} H(x) = 1$。

　　比較以上二個延伸學習與範例 1，我們觀察到：函數在 c 點的極限是由函數在 c 點左右兩側的函數值的趨勢所決定的。函數「在 c 點的極限」與「在 c 點的函數值」沒有任何關係。

　　由於極限是函數值趨勢的表現，所以具有**唯一性**（uniqueness）。

極限的唯一性（Uniqueness of Limit）。

定理 2.1.1A　假設 f 是個在開區間 (a, c) 與開區間 (c, b) 有定義的函數（但 f 在 c 點未必有定義）。如果 f 在 c 點的極限存在，則 f 在 c 點的極限值是唯一確定的。

說明：如果在 $x \neq c$ 往 c 點接近的過程中，f 的函數值 $f(x)$ 會同時往不同的實數 $\mathcal{L} \neq M$ 接近，則

使用三角不等式 $|u + v| \leq |u| + |v|$。

$$0 < |\mathcal{L} - M| = |\mathcal{L} - f(x) + f(x) - M|$$
$$\leq |\mathcal{L} - f(x)| + |f(x) - M|$$

其中 $|\mathcal{L} - f(x)|$ 與 $|f(x) - M|$ 都會隨著 $x \neq c$ 與 c 點之間的距離 $|x - c|$ 而愈來愈接近於 0。當 $|\mathcal{L} - f(x)|$ 與 $|f(x) - M|$ 都比 $\dfrac{|\mathcal{L} - M|}{2}$ 還要小的時候，我們會得到「矛盾」如下：

$$0 < |\mathcal{L} - M| \leq |\mathcal{L} - f(x)| + |f(x) - M|$$
$$< \frac{|\mathcal{L} - M|}{2} + \frac{|\mathcal{L} - M|}{2} = |\mathcal{L} - M|$$

所以當 f 在 c 點的極限存在的時候，$f(x)$ 不可能同時朝著不同的極限值趨近。故 $\lim\limits_{x \to c} f(x)$ 只會出現單一的實數。■

單側極限：左極限、右極限

　　在討論函數 f 在點 c 的極限的時候，變數 $x \neq c$ 可以從「c 的左側」或「c 的右側」往 c 點接近。如果我們只考慮「變數 $x \neq c$ 從 c 的左側（$x < c$）接近 c 點」的過程中，函數值 $f(x)$ 是否朝某個特定的實數無限地趨近，那我們就是在考慮「左極限」。通常我們以

$$\lim_{x \to c^-} f(x) = \mathcal{L}$$

表示「當 $x < c$ 往點 c 接近的過程中，函數值 $f(x)$ 所趨近的特定實數 $\mathscr{L}$：f 在 c 點的左極限」。如果我們只考慮「變數 $x \neq c$ 從 c 的右側 $(c < x)$ 接近 c 點的過程中，函數值 $f(x)$ 所趨近的特定實數」，那我們就是在考慮函數 f 在 c 點的「右極限」。通常我們以

$$\lim_{x \to c^+} f(x) = M$$

表示「當 $x > c$ 往點 c 接近的過程中，函數值 $f(x)$ 所趨近的特定實數 M：f 在 c 點的右極限」。考慮函數在點 c 的左極限的時候，這個函數只需「在 c 點的左側區間」有定義就可以了。考慮函數在點 c 的右極限的時候，這個函數只需「在 c 點的右側區間」有定義就可以了。在左極限的符號中，「$x \to c^-$」表示「$x < c$ 往 c 點接近」。在右極限的符號中，「$x \to c^+$」表示「$x > c$ 往 c 點接近」。

左極限的唯一性（Uniqueness of Limit from the Left）。

右極限的唯一性（Uniqueness of Limit from the Right）。

定理 2.1.1B

(A) 假設 f 是個在開區間 (a, c) 上有定義的函數。如果 f 在 c 點的左極限 $\lim_{x \to c^-} f(x)$ 存在，則左極限 $\lim_{x \to c^-} f(x)$ 的值是唯一確定的。

(B) 假設 g 是個在開區間 (c, b) 上有定義的函數。如果 g 在 c 點的右極限 $\lim_{x \to c^+} g(x)$ 存在，則右極限 $\lim_{x \to c^+} g(x)$ 的值是唯一確定的。

說明：「左極限的唯一性」、「右極限的唯一性」成立的原因與「極限的唯一性」成立原因相似。請參考定理 2.1.1A 的說明。

　　極限、左極限、右極限都是函數的函數值趨勢的表現，所以，「極限」、「左極限」、「右極限」都具有唯一性的特徵。如果函數的「函數值趨勢」不存在，我們就說「極限」或「左極限」或「右極限」發散或不存在。

小專欄

單側極限的實例：債券的價格

美國債券。

　　債券是最重要的金融資產之一。債券的變現速度快，流動性高，而且價格波動性較小。債券的存續期間從數個月到數十年都有。由於殖利率的變動，債券的價格常常有所波動。但是，當時間越來越接近到期日，債券的價格就會趨近於它的面額：

$$\lim_{t \to M^-} P(t) = F$$

其中，$P(t)$ 是債券價格，M 是到期日，F 是債券的面額。

　　極限與左極限、右極限之間有以下的關係。

「極限存在」⇔「左極限存在」、「右極限存在」並且相等。

定理 2.1.2　假設 f 是在開區間 (a, c) 與開區間 (c, b) 有定義的函數（但 f 在 c 點未必有定義），則以下結果成立。

極限 $\lim_{x \to c} f(x)$ 存在 ⇔ 左極限 $\lim_{x \to c^-} f(x)$ 與右極限 $\lim_{x \to c^+} f(x)$「同時存在」而且「相等」：

$$\lim_{x \to c^-} f(x) = \lim_{x \to c^+} f(x)$$

說明：（⇒）假設 $\lim_{x \to c} f(x)$ 存在，則無論 $x \neq c$ 是從「c 點的左側」或「c 點的右側」往 c 點接近，函數值 $f(x)$ 都會朝著極限值 $\lim_{x \to c} f(x)$ 趨近。故 $\lim_{x \to c^-} f(x)$ 與 $\lim_{x \to c^+} f(x)$ 同時存在並且左極限值與右極限值都是 $\lim_{x \to c} f(x)$。

（⇐）假設 $\lim_{x \to c^-} f(x) = \lim_{x \to c^+} f(x)$，則無論 $x \neq c$ 是「從 c 點的左側」或「從 c 點的右側」往 c 點接近，函數值 $f(x)$ 都是朝著 $\lim_{x \to c^-} f(x) = \lim_{x \to c^+} f(x)$ 這個「共同值」趨近。故 $\lim_{x \to c} f(x)$ 存在並且極限值恰為 $\lim_{x \to c^-} f(x) = \lim_{x \to c^+} f(x)$ 這個「共同值」。∎

範例 2　假設函數 f 在無限開區間 $(-\infty, 0)$ 與 $(0, +\infty)$ 上的定義如下：$f(x) = \dfrac{x}{|x|}$ 其中 $x \neq 0$（函數 f 在 0 這個點沒有定義）。討論 f 在 0 點的左極限 $\lim_{x \to 0^-} f(x)$、右極限 $\lim_{x \to 0^+} f(x)$、極限 $\lim_{x \to 0} f(x)$。參考圖 2.1.2。

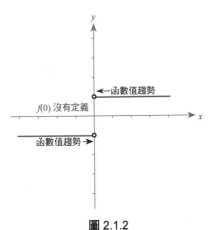

圖 2.1.2

說明：

(A) 如果 $x < 0$，則 $f(x) = \dfrac{x}{|x|} = \dfrac{x}{-x} = -1$。因此，在 $x < 0$ 往 0 接近的過程中，$f(x)$ 的值始終是 -1。這表示：f 在 0 點的「左極限」存在並且值為 -1。

(B) 如果 $x > 0$，則 $f(x) = \dfrac{x}{|x|} = \dfrac{x}{x} = +1$。因此，在 $x > 0$ 往 0 接近的過程中，$f(x)$ 的值始終是 $+1$。這表示：f 在 0 點的「右極限」存在並且值為 $+1$。

(C) 由於 f 在 0 點的左極限與右極限並不相等：$\lim_{x \to 0^-} f(x) = -1 \neq +1 = \lim_{x \to 0^+} f(x)$，定理 2.1.2 告訴我們：$f$ 在 0 點的極限不存在。

延伸學習 3　假設函數 g 的定義如下：$g(x) = \dfrac{x-3}{|x-3|}$ 其中 $x \neq 3$（函數 g 在 3 這個點沒有定義）。討論 g 在 3 這個點的左極限 $\lim_{x \to 3^-} g(x)$、右極限 $\lim_{x \to 3^+} g(x)$、極限 $\lim_{x \to 3} g(x)$。

解答：$\lim_{x \to 3^-} g(x) = -1$ 而且 $\lim_{x \to 3^+} g(x) = +1$。

但是 $\lim_{x \to 3^-} g(x) = -1 \neq +1 = \lim_{x \to 3^+} g(x)$，故 $\lim_{x \to 3} g(x)$ 不存在。

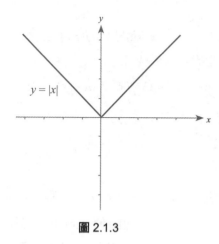

圖 2.1.3

範例 3 說明 $\lim\limits_{x \to c} |x| = |c|$。

說明： 我們將區分「$c > 0$」、「$c = 0$」、「$c < 0$」這三種情況加以說明。

(I)　「$c > 0$」。如果 x 足夠接近 c 點，則 x 必然是 > 0。若 $x > 0$，則 $|x| = x$ 而且 $|c| = c$。所以，當 $x > 0$ 往 c 點接近，則 $|x| = x$ 會朝著 $|c| = c$ 趨近。

(II)　「$c = 0$」。則「條件 $x \to 0$」就相當於「$|x| = |x - 0|$（x 與 0 點之間的距離）愈來愈接近於 0」。所以 $|x|$ 會朝著 $|0| = 0$ 趨近。

(III)　「$c < 0$」。如果 x 足夠接近 c 點，則 x 必然是 < 0。若 $x < 0$，則 $|x| = -x$ 而且「$|x| = -x$ 與 $|c| = -c$ 之間的距離」

$$||x| - |c|| = |-x - (-c)| = |-x + c| = |x - c|$$

等於「x 與 c 點之間的距離」$|x - c|$。所以，當 $x < 0$ 往 c 點接近，則 $|x| = -x$ 會朝著 $|c| = -c$ 趨近。

*補充說明： 更直接的做法如下。$||x| - |c|| \le |x - c|$。當 $x \ne c$ 往 c 點接近（x 與 c 點的距離 $|x - c|$ 愈來愈接近於 0），則 $||x| - |c|| \le |x - c|$（$||x| - |c||$ 就是 $|x|$ 與 $|c|$ 之間的距離）會愈來愈接近於 0。這就說明：如果 $x \to c$，則 $|x| \to |c|$。所以 $\lim\limits_{x \to c} |x| = |c|$。

範例 4 假設函數 f 的定義如下：$f(x) = x^2$ 其中 $x \ne 2$（函數 f 在 2 這個點沒有定義）。討論 $\lim\limits_{x \to 2^-} f(x)$、$\lim\limits_{x \to 2^+} f(x)$、$\lim\limits_{x \to 2} f(x)$，並加以驗證。

說明： f 在 2 這個點的左極限、右極限、極限都是由 f 在 2 這個點的「左側函數值、右側函數值」的趨勢所決定的。

$x \ne 2$	1.9	1.99	1.999	…往 2 接近…	2.001	2.01	2.1
$f(x)$	3.61	3.9601	3.996001	…朝 4 趨近…	4.004001	4.0401	4.41

由上表可以觀察到：$\lim\limits_{x \to 2^-} f(x)$ 可能是 4、$\lim\limits_{x \to 2^+} f(x)$ 可能是 4、$\lim\limits_{x \to 2} f(x)$ 可能是 4。為了驗證這樣的猜測，我們計算函數值 $f(x)$ 與 4 之間的距離：

$$|f(x) - 4| = |x^2 - 4| = |(x + 2) \cdot (x - 2)|$$
$$= |x + 2| \cdot |x - 2| = |(x - 2) + 4| \cdot |x - 2|$$
$$\le (|x - 2| + |4|) \cdot |x - 2|$$

其中出現 2 次的 $|x - 2|$ 這個項恰好是「$x \ne 2$ 與 2 之間的距離」。無論 $x \ne 2$ 是「從 2 的左側」或「從 2 的右側」往 2 接近，我們發現

$$|f(x) - 4| \le (|x - 2| + 4) \cdot |x - 2|$$

都會隨著 $|x - 2|$ 而變得愈來愈小（圖 2.1.4）。這表示：

$$\lim\limits_{x \to 2^-} f(x) = 4 \text{ 而且 } \lim\limits_{x \to 2^+} f(x) = 4$$

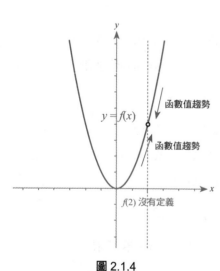

圖 2.1.4

故 $\lim\limits_{x \to 2} f(x)$ 存在並且極限值同樣為 4。

從範例 4 的解題過程可以發現：其實「判斷極限」與「驗證極限」並不是很容易的事。為了更有效率地處理極限問題，我們必須引進「極限的運算規律」。下列是最基本的函數極限。

> 如果 k 是一個實數常數，則
> $$\lim_{x \to c} k = k \ (\lim_{x \to c^-} k = k \text{ 而且 } \lim_{x \to c^+} k = k)$$
> 在任意實數點 c 都成立。
>
> 以下的結果在任意實數點 c 都成立：
> $$\lim_{x \to c} x = c \ (\lim_{x \to c^-} x = c \text{ 而且 } \lim_{x \to c^+} x = c)$$

> **定理 2.1.3**　假設函數 f 與 g 在某個實數點 c 的極限 $\lim\limits_{x \to c} f(x)$ 與 $\lim\limits_{x \to c} g(x)$ 都存在，則我們有以下結果。
> (A) 如果 α 與 β 是實數「常數」，則
> $$\lim_{x \to c} [\alpha \cdot f(x) + \beta \cdot g(x)] = \alpha \cdot [\lim_{x \to c} f(x)] + \beta \cdot [\lim_{x \to c} g(x)]$$
> (B) $\lim\limits_{x \to c} [f(x) \cdot g(x)] = [\lim\limits_{x \to c} f(x)] \cdot [\lim\limits_{x \to c} g(x)]$

說明：假設 $\lim\limits_{x \to c} f(x) = \mathcal{L}$ 而且 $\lim\limits_{x \to c} g(x) = M$。

(A) 我們要說明 $\lim\limits_{x \to c} [\alpha \cdot f(x) + \beta \cdot g(x)] = \alpha \cdot \mathcal{L} + \beta \cdot M$。

三角不等式：$|a + b| \le |a| + |b|$。

$$|\alpha \cdot f(x) + \beta \cdot g(x) - (\alpha \cdot \mathcal{L} + \beta \cdot M)| = |\alpha \cdot (f(x) - \mathcal{L}) + \beta \cdot (g(x) - M)|$$
$$\le |\alpha \cdot (f(x) - \mathcal{L})| + |\beta \cdot (g(x) - M)|$$
$$= |\alpha| \cdot \boxed{|f(x) - \mathcal{L}|} + |\beta| \cdot \boxed{|g(x) - M|}$$
$$\downarrow \qquad\qquad \downarrow$$
$$0 \qquad\qquad 0$$

其中 $|f(x) - \mathcal{L}|$ 與 $|g(x) - M|$ 會隨著「$x \ne c$ 往 c 點接近」而愈來愈接近於 0。故極限 $\lim\limits_{x \to c} [\alpha \cdot f(x) + \beta \cdot g(x)]$ 存在而且極限值為 $\alpha \cdot \mathcal{L} + \beta \cdot M$。

(B) 我們要說明 $\lim\limits_{x \to c} [f(x) \cdot g(x)] = \mathcal{L} \cdot M$。

$$|f(x) \cdot g(x) - \mathcal{L} \cdot M| = |(f(x) \cdot g(x) - \mathcal{L} \cdot g(x)) + (\mathcal{L} \cdot g(x) - \mathcal{L} \cdot M)|$$
$$\le |(f(x) - \mathcal{L}) \cdot g(x)| + |\mathcal{L} \cdot (g(x) - M)|$$
$$= |f(x) - \mathcal{L}| \cdot |g(x)| + |\mathcal{L}| \cdot |g(x) - M|$$

其中 $|g(x)| = |(g(x) - M) + M| \le |g(x) - M| + |M|$。所以

$$|f(x) \cdot g(x) - \mathcal{L} \cdot M| \le \boxed{|f(x) - \mathcal{L}|} \cdot (\boxed{|g(x) - M|} + |M|) + |\mathcal{L}| \cdot \boxed{|g(x) - M|}$$
$$\downarrow \qquad\qquad \downarrow \qquad\qquad\qquad \downarrow$$
$$0 \qquad\qquad 0 \qquad\qquad\qquad 0$$

會隨著「$x \neq c$ 往 c 點接近」而愈來愈接近於 0。故極限 $\lim\limits_{x \to c} [f(x) \cdot g(x)]$ 存在而且極限值為 $\mathscr{L} \cdot M$。　■

讀者請注意：若 $\alpha = 1$ 且 $\beta = 1$，則由定理 2.1.3A 可知

$$\lim_{x \to c} [f(x) + g(x)] = [\lim_{x \to c} f(x)] + [\lim_{x \to c} g(x)]$$

如果我們以「$\alpha = 1$ 且 $\beta = -1$」或「$\alpha = -1$ 且 $\beta = 1$」代入定理 2.1.3A，則可以得到

$$\lim_{x \to c} [f(x) - g(x)] = [\lim_{x \to c} f(x)] - [\lim_{x \to c} g(x)]$$
$$\lim_{x \to c} [-f(x) + g(x)] = -[\lim_{x \to c} f(x)] + [\lim_{x \to c} g(x)]$$

所以定理 2.1.3A 其實已經包含了「函數相加或相減」的極限運算規律了。

範例 5 假設 $\lim\limits_{x \to 5} f(x) = u$ 而且 $\lim\limits_{x \to 5} g(x) = v$。

(A) 計算 $\lim\limits_{x \to 5} (4 \cdot f(x) + 5 \cdot g(x))$。

(B) 計算 $\lim\limits_{x \to 5} (2 \cdot f(x) - 3 \cdot g(x))$。

(C) 計算 $\lim\limits_{x \to 5} (-3 \cdot f(x) + 5 \cdot g(x))$。

(D) 計算 $\lim\limits_{x \to 5} [f(x) \cdot g(x)]$。

說明： 由定理 2.1.3A 可知

(A) $\lim\limits_{x \to 5} (4 \cdot f(x) + 5 \cdot g(x)) = 4u + 5v$。

(B) $\lim\limits_{x \to 5} (2 \cdot f(x) - 3 \cdot g(x)) = 2u - 3v$。

(C) $\lim\limits_{x \to 5} (-3 \cdot f(x) + 5 \cdot g(x)) = -3u + 5v$。

由定理 2.1.3B 可知

(D) $\lim\limits_{x \to 5} [f(x) \cdot g(x)] = u \cdot v$。

延伸學習 4 假設 $\lim\limits_{x \to 5} f(x) = 1$ 而且 $\lim\limits_{x \to 5} g(x) = 2$。

(A) 計算 $\lim\limits_{x \to 5} (4 \cdot f(x) + 5 \cdot g(x))$。

(B) 計算 $\lim\limits_{x \to 5} (2 \cdot f(x) - 3 \cdot g(x))$。

(C) 計算 $\lim\limits_{x \to 5} (-3 \cdot f(x) + 5 \cdot g(x))$。

(D) 計算 $\lim\limits_{x \to 5} [f(x) \cdot g(x)]$。

解答： (A) $4 \cdot 1 + 5 \cdot 2 = 14$。(B) $2 \cdot 1 - 3 \cdot 2 = -4$。(C) $-3 \cdot 1 + 5 \cdot 2 = 7$。(D) $1 \cdot 2 = 2$。

定理 2.1.4　假設 $P(x)$ 是一個多項式函數，則在任意實數點 c 我們有以下結果：

$$\lim_{x \to c} P(x) = P(c)$$

說明： 如果 k 是一個正整數，我們可以重複使用定理 2.1.3B 而得到

$$\lim_{x \to c} x^k = \underbrace{\left(\lim_{x \to c} x \right) \cdots \left(\lim_{x \to c} x \right)}_{k \text{ 次}}$$

$$= \left(\lim_{x \to c} x \right)^k = c^k$$

現在我們使用這個結果 $\lim_{x \to c} x^k = c^k$（其中 k 是正整數）來計算 $\lim_{x \to c} P(x)$ 這個極限。如果多項式函數 $P(x)$ 可以表示為

$$P(x) = a_0 + a_1 \cdot x + \cdots + a_n \cdot x^n$$

則由定理 2.1.3A 可知

$$\lim_{x \to c} P(x) = \left(\lim_{x \to c} a_0 \right) + a_1 \cdot \left(\lim_{x \to c} x \right) + \cdots + a_n \cdot \left(\lim_{x \to c} x^n \right)$$

$$= a_0 + a_1 \cdot c + \cdots + a_n \cdot c^n$$

$$= P(c)$$

所以 $\lim_{x \to c} P(x) = P(c)$。∎

範例 6　(A) 計算 $\lim_{x \to 2} x^3$。(B) 計算 $\lim_{x \to 2} (x^3 - 5x^2 + 3x - 7)$。

說明： 由定理 2.1.4 可知

(A) $\lim_{x \to 2} x^3 = 2^3 = 8$。

(B) $\lim_{x \to 2} (x^3 - 5x^2 + 3x - 7) = 2^3 - 5 \cdot 2^2 + 3 \cdot 2 - 7 = -13$。

延伸學習 5　(A) 計算 $\lim_{x \to 2} x^4$。(B) 計算 $\lim_{x \to 2} (x^4 - x^3 + 3x + 1)$。

解答： (A) $2^4 = 16$。(B) $2^4 - 2^3 + 3 \cdot 2 + 1 = 15$。

重複應用定理 2.1.3B，我們可以得到以下結果。

假設 k 是一個正整數。如果極限 $\lim_{x \to c} f(x)$，則

$$\lim_{x \to c} [f(x)]^k = \underbrace{\left[\lim_{x \to c} f(x) \right] \cdots \left[\lim_{x \to c} f(x) \right]}_{k \text{ 次}}$$

$$= \left[\lim_{x \to c} f(x) \right]^k$$

範例 7 如果 $\lim\limits_{x \to -2} f(x) = 5$ 而且 $\lim\limits_{x \to -2} g(x) = 3$。

(A) 計算 $\lim\limits_{x \to -2} [f(x)]^2$。

(B) 計算 $\lim\limits_{x \to -2} [f(x)]^3$。

(C) 計算 $\lim\limits_{x \to -2} \Big([f(x)]^3 \cdot [g(x)] \Big)$。

說明：

(A) $\lim\limits_{x \to -2} [f(x)]^2 = \Big[\lim\limits_{x \to -2} f(x) \Big]^2 = 5^2 = 25$。

(B) $\lim\limits_{x \to -2} [f(x)]^3 = \Big[\lim\limits_{x \to -2} [f(x)] \Big]^3 = 5^3 = 125$。

(C) $\lim\limits_{x \to -2} \Big([f(x)]^3 \cdot [g(x)] \Big) = \Big(\lim\limits_{x \to -2} [f(x)]^3 \Big) \cdot \Big[\lim\limits_{x \to -2} g(x) \Big]$

$\quad = \Big[\lim\limits_{x \to -2} f(x) \Big]^3 \cdot \Big[\lim\limits_{x \to -2} g(x) \Big] = 5^3 \cdot 3 = 375$。

延伸學習 6 如果 $\lim\limits_{x \to 1} f(x) = 2$ 而且 $\lim\limits_{x \to 1} g(x) = 3$。

(A) 計算 $\lim\limits_{x \to 1} [f(x)]^2$。

(B) 計算 $\lim\limits_{x \to 1} [g(x)]^3$。

(C) 計算 $\lim\limits_{x \to 1} \Big([f(x)]^2 \cdot [g(x)]^3 \Big)$。

解答： (A) $2^2 = 4$。 (B) $3^3 = 27$。 (C) $2^2 \cdot 3^3 = 108$。

　　定理 2.1.3 這種形式的「運算規律」其實對於「左極限」與「右極限」都是成立的。

> 　　如果 $\lim\limits_{x \to c^-} f(x)$ 與 $\lim\limits_{x \to c^-} g(x)$ 都存在，則以下結果成立。
> (A) $\lim\limits_{x \to c^-} [\alpha \cdot f(x) + \beta \cdot g(x)] = \alpha \cdot \Big[\lim\limits_{x \to c^-} f(x) \Big] + \beta \cdot \Big[\lim\limits_{x \to c^-} g(x) \Big]$
> 　　（其中 α 與 β 都是實數常數）。
> (B) $\lim\limits_{x \to c^-} [f(x) \cdot g(x)] = \Big[\lim\limits_{x \to c^-} f(x) \Big] \cdot \Big[\lim\limits_{x \to c^-} g(x) \Big]$。

> 　　如果 $\lim\limits_{x \to c^+} f(x)$ 與 $\lim\limits_{x \to c^+} g(x)$ 都存在，則以下結果成立。
> (A) $\lim\limits_{x \to c^+} [\alpha \cdot f(x) + \beta \cdot g(x)] = \alpha \cdot \Big[\lim\limits_{x \to c^+} f(x) \Big] + \beta \cdot \Big[\lim\limits_{x \to c^+} g(x) \Big]$
> 　　（其中 α 與 β 都是實數常數）。
> (B) $\lim\limits_{x \to c^+} [f(x) \cdot g(x)] = \Big[\lim\limits_{x \to c^+} f(x) \Big] \cdot \Big[\lim\limits_{x \to c^+} g(x) \Big]$。

範例 8 假設 $\lim\limits_{x \to 0^-} f(x) = 3$ 而且 $\lim\limits_{x \to 0^-} g(x) = 2$。

(A) 計算 $\lim\limits_{x \to 0^-} [5 \cdot f(x) + 7 \cdot g(x)]$。

(B) 計算 $\lim\limits_{x \to 0^-} [f(x) \cdot g(x)]$。

說明：

(A) $\lim\limits_{x \to 0^-} [5 \cdot f(x) + 7 \cdot g(x)] = 5 \cdot \left[\lim\limits_{x \to 0^-} f(x) \right] + 7 \cdot \left[\lim\limits_{x \to 0^-} g(x) \right]$
$= 5 \cdot 3 + 7 \cdot 2 = 29$

(B) $\lim\limits_{x \to 0^-} [f(x) \cdot g(x)] = \left[\lim\limits_{x \to 0^-} f(x) \right] \cdot \left[\lim\limits_{x \to 0^-} g(x) \right]$
$= 3 \cdot 2 = 6$

延伸學習 7 假設 $\lim\limits_{x \to 2^+} f(x) = -3$ 而且 $\lim\limits_{x \to 2^+} g(x) = 4$。

(A) 計算 $\lim\limits_{x \to 2^+} [5 \cdot f(x) + 7 \cdot g(x)]$。

(B) 計算 $\lim\limits_{x \to 2^+} [f(x) \cdot g(x)]$。

解答：(A) $5 \cdot (-3) + 7 \cdot 4 = 13$。(B) $(-3) \cdot 4 = -12$。

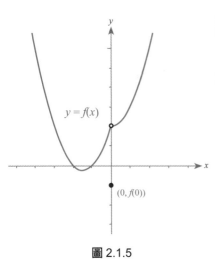

圖 2.1.5

範例 9 假設函數 f 的定義如下：$f(x) = \begin{cases} x^2 + 2, & x > 0 \\ -1, & x = 0 \\ x^2 + 3x + 2, & x < 0 \end{cases}$ （圖

2.1.5）。討論左極限 $\lim\limits_{x \to 0^-} f(x)$、右極限 $\lim\limits_{x \to 0^+} f(x)$、極限 $\lim\limits_{x \to 0} f(x)$。

說明：$f(x)$ 在「0 點的左側」、「0 點的右側」都是以多項式定義的。
由定理 2.1.4 可知

$\lim\limits_{x \to 0^+} f(x) = \lim\limits_{x \to 0^+} (x^2 + 2) = 2$ 而且 $\lim\limits_{x \to 0^-} f(x) = \lim\limits_{x \to 0^-} (x^2 + 3x + 2) = 2$

由於 $\lim\limits_{x \to 0^-} f(x) = \lim\limits_{x \to 0^+} f(x)$，我們由定理 2.1.2 可以得知 $\lim\limits_{x \to 0} f(x)$ 存在並且極限值恰為 $\lim\limits_{x \to 0^-} f(x)$ 與 $\lim\limits_{x \to 0^+} f(x)$ 的共同值 2。

讀者請注意：$\lim\limits_{x \to 0} f(x)$ 與 $f(0)$ 的值之間沒有關係。

附錄：極限的數學定義

假設 f 是定義在開區間 $I = (a, b)$ 的函數。我們分別定義「右極限」、「左極限」、「極限」如下。

● 右極限的數學定義：

假設 $\mathcal{L}$ 是一個實數。則 $\lim\limits_{x \to a^+} f(x) = \mathcal{L}$ 的數學定義為：對於每一個正實數 $\varepsilon > 0$，存在相應的正實數 $\delta > 0$ 使得「若 $x \in I = (a, b)$ 符合條件 $a < x < a + \delta$ 或 $0 < |x - a| < \delta$，則 $|f(x) - \mathcal{L}| < \varepsilon$ 成立」。

● 左極限的數學定義：

假設 $\mathcal{L}$ 是一個實數。則 $\lim\limits_{x \to b^-} f(x) = \mathcal{L}$ 的數學定義為：對於每一個正實數 $\varepsilon > 0$，存在相應的正實數 $\delta > 0$ 使得「若 $x \in I = (a, b)$ 符合條件 $b - \delta < x < b$ 或 $0 < |x - b| < \delta$，則 $|f(x) - \mathcal{L}| < \varepsilon$ 成立」。

● 極限的數學定義：

假設 c 是區間 $I = (a, b)$ 中的一個點。假設 $\mathscr{L}$ 是一個實數。則 $\lim\limits_{x \to c} f(x) = \mathscr{L}$ 的數學定義為：對於每一個正實數 $\varepsilon > 0$，存在相應的正實數 $\delta > 0$ 使得「若 $x \in I = (a, b)$ 符合條件 $0 < |x - c| < \delta$，則

$$|f(x) - \mathscr{L}| < \varepsilon$$

成立」。請讀者特別注意：在這個定義中，由 $0 < |x - c|$ 條件可知：變數 x 不會出現在 c，因此函數 f 在 c 點可以沒有定義。所以極限是與「趨勢」有關的觀念。

習題 2.1

判斷以下函數在「函數值沒有定義的點」的左極限、右極限、極限。（1 ～ 4）

1.　$f(x) = \dfrac{x^2}{|x^2|}$ 其中 $x \neq 0$。

2.　$f(x) = \dfrac{x^3}{|x^3|}$ 其中 $x \neq 0$。

3.　$f(x) = \begin{cases} x^2, & x > 2 \\ -x^3 + 3, & x < 2 \end{cases}$。

4.　$f(x) = \begin{cases} x^2, & x > 2 \\ -x^2 + 8, & x < 2 \end{cases}$。

假設 $\lim\limits_{x \to 3} f(x) = u$ 而且 $\lim\limits_{x \to 3} g(x) = v$，計算以下極限。（5 ～ 10）

5.　$\lim\limits_{x \to 3} [4 \cdot f(x) + 5 \cdot g(x)]$。

6.　$\lim\limits_{x \to 3} [-5 \cdot f(x) + 2 \cdot g(x)]$。

7.　$\lim\limits_{x \to 3} [f(x) \cdot g(x)]$。

8.　$\lim\limits_{x \to 3} \left([f(x)]^2 \cdot [g(x)]^3 \right)$。

9.　$\lim\limits_{x \to 3} \left([f(x)]^3 - 2 \cdot [f(x)]^2 + 3 \cdot f(x) + 7 \right)$。

10.　$\lim\limits_{x \to 3} \left([f(x)]^2 - 2 \cdot f(x) \cdot g(x) + 3 \cdot [g(x)]^2 \right)$。

計算以下各題。（11 ～ 12）

11.　$\lim\limits_{x \to 3^+} (x^3 - x^2 + x + 4)$。

12.　$\lim\limits_{x \to 3^-} \left[(x^2 + 2)^2 \cdot (x^3 - 2)^2 \right]$。

13.　假設 $f(x) = \begin{cases} x^2 + k, & x \geq 2 \\ x^3, & x < 2 \end{cases}$。

(A) 計算 $\lim\limits_{x \to 2^-} f(x)$。

(B) 計算 $\lim\limits_{x \to 2^+} f(x)$。

(C) 決定 k 的值使得 $\lim\limits_{x \to 2} f(x)$ 存在。

第 2 節　特殊的極限符號、極限運算規律 (II)

在本節中我們介紹 $-\infty$、$+\infty$ 以及特殊的極限符號 $\lim\limits_{x \to -\infty}$、$\lim\limits_{x \to +\infty}$ 的意義。然後我們討論極限運算的「除法規律」。最後我們討論 $\lim\limits_{x \to -\infty}$、$\lim\limits_{x \to +\infty}$ 與「左極限」、「右極限」之間的關係。

有關 $-\infty$ 與 $+\infty$ 的符號約定

$+\infty$ 與 $-\infty$ 都只是「符號」，而不是實數。所以本質上並不適用於常見的實數運算規律。我們將 $+\infty$ 稱為正無窮大，代表往正的方向無限地移動。所以 $+\infty$ 代表一個「比任何實數大」的「符號」。有時候我們會將 $+\infty$ 直接簡記為 ∞（稱為「無窮大」）。我們稱 $-\infty$ 為負無窮大，代表往負的方向無限地移動。所以 $-\infty$ 代表一個「比任何實數

小」的「符號」。

　　現在我們將與 $-\infty$、$+\infty$ 有關的極限表示列於下表，其中 c 與 $\mathscr{L}$ 都是實數。

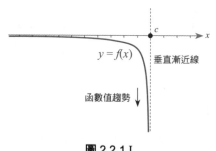

圖 2.2.1 I

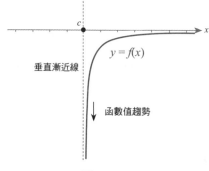

圖 2.2.1 II

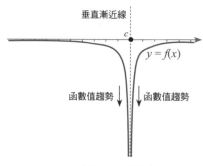

圖 2.2.1 III

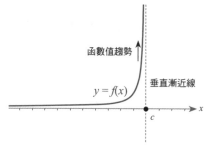

圖 2.2.1 IV

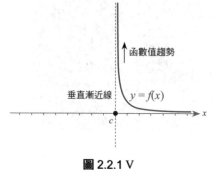

圖 2.2.1 V

(I) $\lim\limits_{x \to c^-} f(x) = -\infty$ （如果 $x \to c^-$ 則 $f(x)$ 發散到 $-\infty$）	在 $x < c$ 從 c 的左側接近 c 的過程中，$f(x)$ 的值會往負的方向無限地移動，參考圖 2.2.1I。
(II) $\lim\limits_{x \to c^+} f(x) = -\infty$ （如果 $x \to c^+$ 則 $f(x)$ 發散到 $-\infty$）	在 $x > c$ 從 c 的右側接近 c 的過程中，$f(x)$ 的值會往負的方向無限地移動，參考圖 2.2.1II。
(III) $\lim\limits_{x \to c} f(x) = -\infty$ （如果 $x \to c$ 則 $f(x)$ 發散到 $-\infty$）	在 $x \neq c$ 從 c 的兩側接近 c 的過程中，$f(x)$ 的值會往負的方向無限地移動，參考圖 2.2.1III。
(IV) $\lim\limits_{x \to c^-} f(x) = +\infty$ （如果 $x \to c^-$ 則 $f(x)$ 發散到 $+\infty$）	在 $x < c$ 從 c 的左側接近 c 的過程中，$f(x)$ 的值會往正的方向無限地移動，參考圖 2.2.1IV。
(V) $\lim\limits_{x \to c^+} f(x) = +\infty$ （如果 $x \to c^+$ 則 $f(x)$ 發散到 $+\infty$）	在 $x > c$ 從 c 的右側接近 c 的過程中，$f(x)$ 的值會往正的方向無限地移動，參考圖 2.2.1V。
(VI) $\lim\limits_{x \to c} f(x) = +\infty$ （如果 $x \to c$ 則 $f(x)$ 發散到 $+\infty$）	在 $x \neq c$ 從 c 的兩側接近 c 的過程中，$f(x)$ 的值會往正的方向無限地移動。
(VII) $\lim\limits_{x \to -\infty} f(x) = \mathscr{L}$ （如果 $x \to -\infty$ 則 $f(x)$ 收斂到 $\mathscr{L}$）	在 x 往負的方向無限地移動的過程中，$f(x)$ 的值會趨近於 $\mathscr{L}$。
(VIII) $\lim\limits_{x \to +\infty} f(x) = \mathscr{L}$ （如果 $x \to +\infty$ 則 $f(x)$ 收斂到 $\mathscr{L}$）	在 x 往正的方向無限地移動的過程中，$f(x)$ 的值會趨近於 $\mathscr{L}$。
(IX) $\lim\limits_{x \to -\infty} f(x) = -\infty$ （如果 $x \to -\infty$ 則 $f(x)$ 發散到 $-\infty$）	在 x 往負的方向無限地移動的過程中，$f(x)$ 的值會往負的方向無限地移動。
(X) $\lim\limits_{x \to +\infty} f(x) = -\infty$ （如果 $x \to +\infty$ 則 $f(x)$ 發散到 $-\infty$）	在 x 往正的方向無限地移動的過程中，$f(x)$ 的值會往負的方向無限地移動。
(XI) $\lim\limits_{x \to -\infty} f(x) = +\infty$ （如果 $x \to -\infty$ 則 $f(x)$ 發散到 $+\infty$）	在 x 往負的方向無限地移動的過程中，$f(x)$ 的值會往正的方向無限地移動。

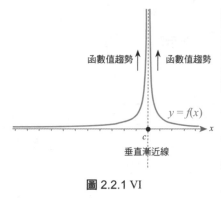

函數值趨勢 ↑ ↑ 函數值趨勢

$y = f(x)$

垂直漸近線

圖 2.2.1 VI

(XII) $\lim\limits_{x \to +\infty} f(x) = +\infty$ （如果 $x \to +\infty$ 則 $f(x)$ 發散到 $+\infty$）	在 x 往正的方向無限地移動的過程中，$f(x)$ 的值會往正的方向無限地移動。

注意：(I) 到 (VI)、(IX) 到 (XII) 都是特殊的「發散」情況：雖然函數值 $f(x)$ 不收斂，但會朝著 $-\infty$ 或 $+\infty$ 的方向發散。在 (I) 到 (VI) 的情況中，函數的圖形會出現**垂直漸近線**（vertical asymptote）$x = c$。請參考圖 2.2.1I 到圖 2.2.1VI。

在情況 (VII)，函數 f 的圖形會在左側出現**水平漸近線**（horizontal asymptote）。在情況 (VIII)，函數 f 的圖形會在右側出現水平漸近線。參考圖 2.2.1VII 與圖 2.2.1VIII。

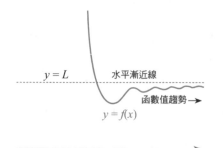

$y = L$ 水平漸近線 $y = f(x)$

← 函數值趨勢

圖 2.2.1 VII

下列是與 $-\infty$ 或 $+\infty$ 有關的基本極限。

(A) $\lim\limits_{x \to -\infty} x = -\infty$ 而且 $\lim\limits_{x \to +\infty} x = +\infty$。

(B) $\lim\limits_{x \to 0^-} \dfrac{1}{x} = -\infty$ 而且 $\lim\limits_{x \to 0^+} \dfrac{1}{x} = +\infty$。

(C) $\lim\limits_{x \to -\infty} \dfrac{1}{x} = 0$ 而且 $\lim\limits_{x \to +\infty} \dfrac{1}{x} = 0$。

$y = L$ 水平漸近線

函數值趨勢 →

$y = f(x)$

圖 2.2.1 VIII

如果 n 是正整數，則以下結果成立。

(A) $\lim\limits_{x \to -\infty} x^n = $「$-\infty$（$n$ 為奇數）」或「$+\infty$（n 為偶數）」而且 $\lim\limits_{x \to +\infty} x^n = +\infty$。

(B) $\lim\limits_{x \to 0^-} \dfrac{1}{x^n} = $「$-\infty$（$n$ 為奇數）」或「$+\infty$（n 為偶數）」而且 $\lim\limits_{x \to 0^+} \dfrac{1}{x^n} = +\infty$。

(C) $\lim\limits_{x \to -\infty} \dfrac{1}{x^n} = 0$ 而且 $\lim\limits_{x \to +\infty} \dfrac{1}{x^n} = 0$。

小專欄

$\lim\limits_{x \to +\infty}$ 形式的極限：位能

由於重力場是保守力，所以在重力場中有一個重要的觀念：「位能」。如果只有一個重力的來源，而且這個源頭的質心位在原點，那麼位能就可以表示為「距離 r」的函數 $U(r)$。通常我們假設：往無窮的地方，位能為 0。以下的等式

$$\lim\limits_{r \to +\infty} U(r) = 0$$

就是「無窮遠處位能為 0」的數學表示。

太陽系。

定理 2.2.1　假設函數 g 在實數 c 點的極限 $\lim\limits_{x \to c} g(x)$ 存在而且極限值為 M：$\lim\limits_{x \to c} g(x) = M$。

(A) 如果極限 $\lim\limits_{x \to c} g(x) = M \neq 0$，則存在正實數 $\delta > 0$ 使得

$$0 < \frac{|M|}{2} < |g(x)| \text{（所以 } \frac{1}{|g(x)|} < \frac{2}{|M|} \text{）}$$

對所有「滿足 $0 < |x - c| < \delta$ 的 x」都成立。

(B) 如果 $\lim\limits_{x \to c} g(x) = M \neq 0$，而且函數 f 在 c 點的極限 $\lim\limits_{x \to c} f(x)$ 存在，則

$$\lim_{x \to c} \frac{f(x)}{g(x)} = \frac{\lim\limits_{x \to c} f(x)}{\lim\limits_{x \to c} g(x)}$$

說明：

(A) 由 $\lim\limits_{x \to c} g(x) = M$，我們知道：如果 $x \neq c$ 足夠接近 c 點，則 $|M - g(x)|$ 會「變得很小（接近於 0）」。所以，對於「足夠小的 $\delta > 0$」我們發現：如果 $0 < |x - c| < \delta$ 則

$$|M - g(x)| < \text{正實數 } \frac{|M|}{2}$$

（注意 $M \neq 0$）。將這個結果應用到三角不等式

$$|M| = |(M - g(x)) + g(x)| \leq |M - g(x)| + |g(x)|$$

我們得到：如果 $0 < |x - c| < \delta$ 則

$$|M| \leq |M - g(x)| + |g(x)| < \frac{|M|}{2} + |g(x)|$$

這表示：如果 $0 < |x - c| < \delta$，則 $\frac{|M|}{2} < |g(x)|$。

(B) 假設 $\lim\limits_{x \to c} f(x)$ 的極限值是 $\mathcal{L}$。如果 $x \neq c$ 滿足 $0 < |x - c| < \delta$ 則 $\frac{1}{|g(x)|} < \frac{2}{|M|}$（(A) 的結果）而且

$$\left| \frac{f(x)}{g(x)} - \frac{\mathcal{L}}{M} \right| = \left| \frac{(f(x) \cdot M - \mathcal{L} \cdot M) + (\mathcal{L} \cdot M - \mathcal{L} \cdot g(x))}{g(x) \cdot M} \right|$$

$$\leq \frac{|(f(x) - \mathcal{L}) \cdot \cancel{M}|}{|g(x) \cdot \cancel{M}|} + \frac{|\mathcal{L} \cdot (M - g(x))|}{|g(x) \cdot M|}$$

$$= \frac{|f(x) - \mathcal{L}|}{|g(x)|} + \frac{|\mathcal{L}|}{|M|} \cdot \frac{|M - g(x)|}{|g(x)|}$$

$$\leq \frac{2}{|M|} \cdot \boxed{|f(x) - \mathcal{L}|} + \frac{|\mathcal{L}|}{|M|} \cdot \frac{2}{|M|} \cdot \boxed{|M - g(x)|}$$
$$\qquad\qquad\qquad \downarrow \qquad\qquad\qquad\qquad\qquad\quad \downarrow$$
$$\qquad\qquad\qquad 0 \qquad\qquad\qquad\qquad\qquad\quad 0$$

由於「$x \neq c$ 往 c 點接近」會使得「$|f(x) - \mathcal{L}|$ 與 $|M - g(x)|$「往 0 趨

近」，我們由以上不等式可以得出：如果「$x \neq c$ 往 c 點接近」則 $\left| \dfrac{f(x)}{g(x)} - \dfrac{\mathcal{L}}{M} \right|$ 會「往 0 趨近」。這就說明 $\displaystyle\lim_{x \to c} \dfrac{f(x)}{g(x)}$ 恰為 $\dfrac{\mathcal{L}}{M}$。 ∎

範例 1 (A) 計算 $\displaystyle\lim_{x \to 0} \dfrac{5x-1}{3x+2}$。(B) 計算 $\displaystyle\lim_{x \to -3} \dfrac{-x+5}{x^2+2}$。
(C) 計算 $\displaystyle\lim_{x \to 2} \dfrac{3x^2-x+7}{x^3+1}$。

說明：

(A) 因為 $\displaystyle\lim_{x \to 0} (3x+2) = 2 \neq 0$，我們發現

$$\lim_{x \to 0} \frac{5x-1}{3x+2} = \frac{\displaystyle\lim_{x \to 0}(5x-1)}{\displaystyle\lim_{x \to 0}(3x+2)} = \frac{-1}{2}$$

(B) 因為 $\displaystyle\lim_{x \to -3} (x^2+2) = 11 \neq 0$，我們發現

$$\lim_{x \to -3} \frac{-x+5}{(x^2+2)} = \frac{\displaystyle\lim_{x \to -3}(-x+5)}{\displaystyle\lim_{x \to -3}(x^2+2)} = \frac{8}{11}$$

(C) 因為 $\displaystyle\lim_{x \to 2} (x^3+1) = 9 \neq 0$，我們發現

$$\lim_{x \to 2} \frac{3x^2-x+7}{x^3+1} = \frac{\displaystyle\lim_{x \to 2}(3x^2-x+7)}{\displaystyle\lim_{x \to 2}(x^3+1)} = \frac{17}{9}$$

延伸學習 1 (A) 計算 $\displaystyle\lim_{x \to -1} \dfrac{1}{x^2+3}$。(B) 計算 $\displaystyle\lim_{x \to 2} \dfrac{3x^2-4}{5x^2+1}$。

解答： (A) $\dfrac{1}{(-1)^2+3} = \dfrac{1}{4}$。(B) $\dfrac{3 \cdot 2^2-4}{5 \cdot 2^2+1} = \dfrac{8}{21}$。

如果 $\displaystyle\lim_{x \to c} g(x) = 0$ 而且 $\displaystyle\lim_{x \to c} f(x) = \mathcal{L}$ 是個非零實數（$\mathcal{L} \neq 0$），則 $\displaystyle\lim_{x \to c} \dfrac{f(x)}{g(x)}$ 必定發散。這是因為 $\displaystyle\lim_{x \to c} \dfrac{|f(x)|}{|g(x)|} = +\infty$。

例如：$\displaystyle\lim_{x \to 0} \dfrac{1}{x}$ 發散。其中 $\displaystyle\lim_{x \to 0^-} \dfrac{1}{x} = -\infty$ 而且 $\displaystyle\lim_{x \to 0^+} \dfrac{1}{x} = +\infty$。其實 $\displaystyle\lim_{x \to 0} \dfrac{1}{|x|} = +\infty$。

如果 $\displaystyle\lim_{x \to c} g(x) = 0$ 而且 $\displaystyle\lim_{x \to c} f(x) = 0$，我們稱這種類型的極限為 $\dfrac{0}{0}$ 形式。處理這種 $\dfrac{0}{0}$ 形式的極限，我們要設法將 $\dfrac{f(x)}{g(x)}$ 改寫成「分母函數極限不為 0」而且「分子函數極限存在」的形式。

$\dfrac{0}{0}$ 的極限形式。

範例 2 計算 $\displaystyle\lim_{x \to 7} \dfrac{x^2-8x+7}{x-7}$。

說明： $\displaystyle\lim_{x \to 7} (x-7) = 0$ 而且 $\displaystyle\lim_{x \to 7} (x^2-8x+7) = 0$。所以我們應該整理 $\dfrac{x^2-8x+7}{x-7}$ 如下：若 $x \neq 7$ 則

$$\frac{x^2 - 8x + 7}{x - 7} = \frac{(x - 7) \cdot (x - 1)}{(x - 7)} = \frac{(x - 1)}{1}$$

其中 $\lim_{x \to 7} 1 = 1 \neq 0$ 而且 $\lim_{x \to 7} (x - 1) = 6$ 極限存在。所以，

$\lim_{x \to 7} \dfrac{x^2 - 8x + 7}{x - 7} = \lim_{x \to 7} \dfrac{(x - 1)}{1} = 6$。

延伸學習 2 計算 $\lim_{x \to 3} \dfrac{x^2 - 4x + 3}{x - 3}$。

解答：如果 $x \neq 3$ 則 $\dfrac{x^2 - 4x + 3}{x - 3} = \dfrac{(x - 3) \cdot (x - 1)}{(x - 3)} = \dfrac{(x - 1)}{1}$。

故答案為 $\lim_{x \to 3} \dfrac{(x - 1)}{1} = 2$。

$\frac{0}{0}$ 的極限形式。

範例 3 計算 $\lim_{x \to 2} \dfrac{x^2 - x - 2}{x^3 - 2x^2 + 3x - 6}$。

說明：分母函數的極限 $\lim_{x \to 2} (x^3 - 2x^2 + 3x - 6) = 0$ 而且分子函數的極限 $\lim_{x \to 2} (x^2 - x - 2) = 0$。注意：如果 $x \neq 2$ 則

$$\frac{x^2 - x - 2}{x^3 - 2x^2 + 3x - 6} = \frac{(x - 2) \cdot (x + 1)}{(x - 2) \cdot (x^2 + 3)} = \frac{x + 1}{x^2 + 3}$$

故「原極限」$= \lim_{x \to 2} \dfrac{x + 1}{x^2 + 3} = \dfrac{2 + 1}{2^2 + 3} = \dfrac{3}{7}$。

延伸學習 3 計算 $\lim_{x \to -2} \dfrac{x^3 + 2x^2 - x - 2}{x^3 + 3x^2 + 3x + 2}$。

解答：如果 $x \neq -2$，則

$$\frac{x^3 + 2x^2 - x - 2}{x^3 + 3x^2 + 3x + 2} = \frac{(x + 2) \cdot (x^2 - 1)}{(x + 2) \cdot (x^2 + x + 1)}$$

故「原極限」$= \lim_{x \to -2} \dfrac{x^2 - 1}{x^2 + x + 1} = \dfrac{3}{3} = 1$。

　　類似定理 2.2.1 的結果其實對於「左極限」或「右極限」都是成立的。

假設 $\lim_{x \to c^-} g(x) = M \neq 0$。

(A) 則存在 $\delta > 0$ 使得 $0 < \dfrac{|M|}{2} < |g(x)|$，所以 $\dfrac{1}{|g(x)|} < \dfrac{2}{|M|}$，對所有 $x \in (-\delta + c, c)$ 都成立。

(B) 如果 $\lim_{x \to c^-} f(x)$ 存在，則 $\lim_{x \to c^-} \dfrac{f(x)}{g(x)} = \dfrac{\lim_{x \to c^-} f(x)}{\lim_{x \to c^-} g(x)}$。

假設 $\lim_{x \to c^+} g(x) = M \neq 0$。

(A) 則存在 $\delta > 0$ 使得 $0 < \dfrac{|M|}{2} < |g(x)|$，所以 $\dfrac{1}{|g(x)|} < \dfrac{2}{|M|}$，對所有 $x \in (c, c + \delta)$ 都成立。

(B) 如果 $\lim_{x \to c^+} f(x)$ 存在，則 $\lim_{x \to c^+} \dfrac{f(x)}{g(x)} = \dfrac{\lim\limits_{x \to c^+} f(x)}{\lim\limits_{x \to c^+} g(x)}$。

範例 4 (A) 計算 $\lim_{x \to 0^-} \dfrac{3x + 5}{\dfrac{x}{|x|} + 7}$。(B) 計算 $\lim_{x \to 0^+} \dfrac{3x + 5}{\dfrac{x}{|x|} + 7}$。

說明：

(A) $\lim_{x \to 0^-} \left(\dfrac{x}{|x|} + 7 \right) = \lim_{x \to 0^-} \left(\dfrac{x}{-x} + 7 \right) = 6 \neq 0$。

故 $\lim_{x \to 0^-} \dfrac{3x + 5}{\dfrac{x}{|x|} + 7} = \dfrac{\lim\limits_{x \to 0^-} (3x + 5)}{\lim\limits_{x \to 0^-} \left(\dfrac{x}{|x|} + 7 \right)} = \dfrac{5}{6}$。

(B) $\lim_{x \to 0^+} \left(\dfrac{x}{|x|} + 7 \right) = \lim_{x \to 0^+} \left(\dfrac{x}{x} + 7 \right) = 8 \neq 0$。

故 $\lim_{x \to 0^+} \dfrac{3x + 5}{\dfrac{x}{|x|} + 7} = \dfrac{\lim\limits_{x \to 0^+} (3x + 5)}{\lim\limits_{x \to 0^+} \left(\dfrac{x}{|x|} + 7 \right)} = \dfrac{5}{8}$。

延伸學習 4 (A) 計算 $\lim_{x \to 2^-} \dfrac{x^2 + x + 1}{\dfrac{x - 2}{|x - 2|} + 3}$。(B) 計算 $\lim_{x \to 2^+} \dfrac{x^2 + x + 1}{\dfrac{x - 2}{|x - 2|} + 3}$。

解答： 注意 $\lim_{x \to 2^-} \dfrac{x - 2}{|x - 2|} = -1$ 而且 $\lim_{x \to 2^+} \dfrac{x - 2}{|x - 2|} = +1$。

故 $\lim_{x \to 2^-} \dfrac{x^2 + x + 1}{\dfrac{x - 2}{|x - 2|} + 3} = \dfrac{4 + 2 + 1}{-1 + 3} = \dfrac{7}{2}$ 而且 $\lim_{x \to 2^+} \dfrac{x^2 + x + 1}{\dfrac{x - 2}{|x - 2|} + 3} = \dfrac{4 + 2 + 1}{1 + 3} = \dfrac{7}{4}$。

由於 $\lim_{t \to 0^-} \dfrac{1}{t} = -\infty$、$\lim_{t \to -\infty} \dfrac{1}{t} = 0$ 與 $\lim_{t \to 0^+} \dfrac{1}{t} = +\infty$、$\lim_{t \to +\infty} \dfrac{1}{t} = 0$，我們注意到「$\lim\limits_{x \to -\infty}$」、「$\lim\limits_{x \to +\infty}$」與「左極限」、「右極限」之間有以下的轉換關係。

令 $g(t) = f\left(\dfrac{1}{t} \right)$ 其中 $t \neq 0$。則

(A) $\lim_{x \to -\infty} f(x) = \lim_{t \to 0^-} f\left(\dfrac{1}{t} \right) = \lim_{t \to 0^-} g(t)$。

(B) $\lim_{x \to +\infty} f(x) = \lim_{t \to 0^+} f\left(\dfrac{1}{t} \right) = \lim_{t \to 0^+} g(t)$。

所以適用於「左極限」與「右極限」的運算規律同樣適用於 $\lim\limits_{x \to -\infty}$ 與 $\lim\limits_{x \to +\infty}$ 這些類型的運算。類似定理 2.1.3 與定理 2.2.1 的結果，其實對於 $\lim\limits_{x \to -\infty}$ 與 $\lim\limits_{x \to +\infty}$ 這些類型的運算都是成立的。

範例 5 假設 $f(x) = \dfrac{3x}{|x| + 2}$，其中 $x \in \mathbb{R}$。定義 $g(t) = f\left(\dfrac{1}{t}\right)$，其中 $t \neq 0$。請驗證以下結果：

(A) $\lim\limits_{x \to -\infty} f(x) = \lim\limits_{t \to 0^-} g(t)$。

(B) $\lim\limits_{x \to +\infty} f(x) = \lim\limits_{t \to 0^+} g(t)$。

解題技巧：

將 $f(x)$ 的分子與分母「同時乘以適當的函數」x^{-1} 以「使得分母函數的極限存在且不為 0」。

說明：如果 $x \neq 0$ 則

$$f(x) = \frac{3x \cdot x^{-1}}{(|x| + 2) \cdot x^{-1}} = \frac{3}{\dfrac{|x|}{x} + \dfrac{2}{x}}$$

由於 $\dfrac{|x|}{x} = -1$（$x < 0$）而且 $\dfrac{|x|}{x} = +1$（$x > 0$），我們發現 $\lim\limits_{x \to -\infty} f(x)$

$= \dfrac{3}{-1 + 0} = -3$ 而且 $\lim\limits_{x \to +\infty} f(x) = \dfrac{3}{1 + 0} = 3$。

如果 $t \neq 0$ 則

$$g(t) = f\left(\frac{1}{t}\right) = \frac{\left(3 \cdot \dfrac{1}{t}\right) \cdot t}{\left(\left|\dfrac{1}{t}\right| + 2\right) \cdot t} = \frac{3}{\dfrac{t}{|t|} + 2t}$$

由於 $\dfrac{t}{|t|} = -1$（$t < 0$）而且 $\dfrac{t}{|t|} = +1$（$t > 0$），我們得到 $\lim\limits_{t \to 0^-} g(t)$

$= \dfrac{3}{-1 + 0} = -3$ 而且 $\lim\limits_{t \to 0^+} g(t) = \dfrac{3}{1 + 0} = 3$。故 $\lim\limits_{x \to -\infty} f(x) = \lim\limits_{t \to 0^-} g(t)$ 而且

$\lim\limits_{x \to +\infty} f(x) = \lim\limits_{t \to 0^+} g(t)$。

習題 2.2

假設 $\lim\limits_{x \to 3} f(x) = u$ 且 $\lim\limits_{x \to 3} g(x) = v$。計算以下各題。（1～2）

1. 如果 $v \neq 0$。

   (A) 計算 $\lim\limits_{x \to 3} \dfrac{f(x)}{g(x)}$。

   (B) 計算 $\lim\limits_{x \to 3} \dfrac{[f(x)]^3}{[g(x)]^2}$。

2. $\lim\limits_{x \to 3} \dfrac{f(x) \cdot g(x)}{[g(x)]^2 + 3}$。

計算以下極限。（3～14）

3. $\lim\limits_{x \to 3} \dfrac{x^2}{x^3 + x}$。

4. $\lim\limits_{x \to 0} \dfrac{x \cdot (x^3 + 2)}{(x^3 + 2)^2 + 5}$。

5. $\lim\limits_{x \to 0^+} \dfrac{x}{|x| + x^2}$。

6. $\lim\limits_{x \to 0^-} \dfrac{x}{|x| + x^2}$。

7. $\lim\limits_{x \to -\infty} \dfrac{x^3 + x^2}{|x|^3 + x}$。

8. $\lim\limits_{x \to +\infty} \dfrac{x^3 + x^2}{|x|^3 + x}$。

9. $\lim\limits_{x \to -\infty} \dfrac{x^3 + 2x + 3}{x^2 + 1}$。

10. $\lim\limits_{x \to +\infty} \dfrac{x^3 + 2x + 3}{x^2 + 1}$。

11. $\lim\limits_{x \to -\infty} \dfrac{3x + 5}{x^2 + 1}$。

12. $\lim\limits_{x \to +\infty} \dfrac{3x + 5}{x^2 + 1}$。

13. $\lim\limits_{x \to 3} \dfrac{x^2 - 5x + 6}{x - 3}$。

14. $\lim\limits_{x \to 2} \dfrac{x^2 - 5x + 6}{x - 2}$。

15. 假設 $f(x) = \begin{cases} 2 + \dfrac{1}{x^3}, & x > 0 \\ -2 + \dfrac{1}{x^3}, & x < 0 \end{cases}$。

    (A) 計算 $\lim\limits_{x \to 0^-} f(x)$。 (B) 計算 $\lim\limits_{x \to 0^+} f(x)$。

    (C) 計算 $\lim\limits_{x \to -\infty} f(x)$。 (D) 計算 $\lim\limits_{x \to +\infty} f(x)$。

    註：f 的函數圖形在左側有「水平漸近線 $y = -2$」，在右側有「水平漸近線 $y = 2$」，並且有「垂直漸近線 $x = 0$」。

第 3 節　連續函數與相關的定理

在本節中我們介紹「**連續性**（continuity）」的觀念及其極限表示、「**中間值定理**（Intermediate-Value Theorem）」及其應用、**n 次方根函數**（n-th root function）及其連續性、「**連續函數**」的基本運算規則、「**合成函數**」的極限運算規律。最後我們介紹「**極值定理**（Extreme-Value Theorem）」。極值定理主要的應用出現在第四章，所以在本節中我們只針對它是「連續函數在有限閉區間」上的重要性質而加以陳述。

本節介紹的連續函數（多項式函數、絕對值函數、n 次方根函數）與三角函數（第四節介紹）、自然指數函數（第三章介紹）、自然對數函數（第三章介紹）構成了微積分課程中「連續函數」的基本資料庫。學好這些函數就可以有效地掌握微積分中各類函數的關鍵性質。

> **定義 2.3.1**　假設 f 是個定義在（有限或無限）區間 I 的函數。如果 c 是區間 I 上的一點，則我們說「函數 f 在 c 點**連續**（continuous）」的條件為：對於每個正實數 $\varepsilon > 0$，存在相應的正實數 $\delta > 0$ 使得「若 $x \in I$ 符合條件 $|x - c| < \delta$ 則
> $$|f(x) - f(c)| < \varepsilon$$
> 成立」。

註：如果函數 f 在 I 上的「每個點」都連續，我們就說「函數 f 在 I 上是一個連續函數」。

說明：區間 I 有 4 種可能的形式：(a, b)、$[a, b)$、$(a, b]$、$[a, b]$。無論 I 是何種形式，區間 I 必然包含開區間 (a, b)。我們稱落在開區間 (a, b) 中的點為 I 的**內部點**（interior point）。點 a 被稱為左側的 I 的**邊界點**（boundary point）。點 b 被稱為右側的 I 的邊界點。如果 I 是 (a, b) 或 $(a, b]$，則區間 I 不包含左側的 I 的邊界點。如果 I 是 (a, b) 或 $[a, b)$，則區間 I 不包含右側的 I 的邊界點。

如果 c 點是 I 的內部點，則函數 f 在 c 點連續這個敘述其實就表示

$$\lim_{x \to c} f(x) = f(c) \text{ 或 } \lim_{x \to c^-} f(x) = f(c) = \lim_{x \to c^+} f(x)$$

如果 c 點是左側的 I 的邊界點：$c = a$，此時函數 f 只在 c 點的右側有定義，所以「函數 f 在 c 點連續」這個敘述其實是表示

$$\lim_{x \to c^+} f(x) = f(c)$$

如果 c 點是右側的 I 的邊界點：$c = b$，此時函數 f 只在 c 點的左側有定義，所以函數 f 在 c 點連續這個敘述其實是表示

$$\lim_{x \to c^-} f(x) = f(c)$$

以上這些「連續性的極限表現方式」的差異，都是由「函數 f 在 c 點（內部點、左側的 I 的邊界點、右側的 I 的邊界點）附近的定義範圍（兩側、右側、左側）」的差異所造成。實際上「函數的連續性」的意義在以上各種情況中並沒有本質上的不同。　■

如果 c 是實數軸上一點，則由第一節範例 3 的結果可知：$\lim_{x \to c} |x| = |c|$。這個結果告訴我們：絕對值函數 $|x|$ 在 c 點連續。由於 c 點可以是實數軸上任選的一點，我們發現

絕對值函數 $|x|$ 在實數軸上任意 c 點連續，所以「絕對值函數」是定義在 $\mathbb{R}$ 上的「連續函數」。

再由定理 2.1.4 可知：$\lim_{x \to c} P(x) = P(c)$ 對任意多項式函數 $P(x)$ 都成立。這表示

多項式函數 $P(x)$ 在實數軸上任意 c 點連續，所以「多項式函數」是定義在 $\mathbb{R}$ 上的「連續函數」。

範例 1　高斯函數 $[\![x]\!]$，$x \in \mathbb{R}$，的定義如下：

$$[\![x]\!] = n，其中 n 是 \le x 的最大整數。$$

（$n \le x < n + 1$）。說明高斯函數在「整數點」並不連續（圖 2.3.1A）。

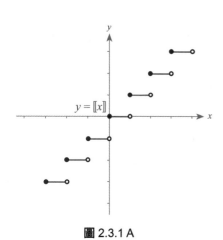

$y = [\![x]\!]$

圖 2.3.1A

說明：假設 m 是一個整數。如果 $m \le x < m + 1$，則 $[\![x]\!] = m$。如果 $m - 1 < x < m$，則 $[\![x]\!] = m - 1$。所以

$$\lim_{x \to m^-} [\![x]\!] = m - 1 < m = \lim_{x \to m^+} [\![x]\!] \text{ 而且 } [\![m]\!] = m = \lim_{x \to m^+} [\![x]\!]$$

但是 $\lim_{x \to m} [\![x]\!]$ 並不存在，因為「左極限 $\ne$ 右極限」。故高斯函數 $[\![x]\!]$ 在整數點的地方不連續。

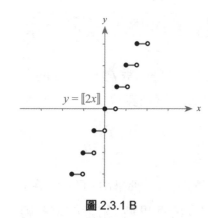

$y = [\![2x]\!]$

圖 2.3.1 B

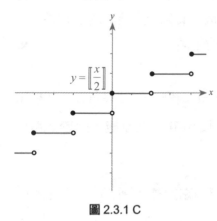

$y = \left[\!\!\left[\dfrac{x}{2}\right]\!\!\right]$

圖 2.3.1 C

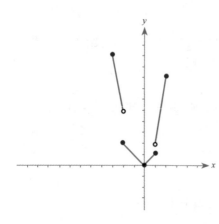

圖 2.3.2

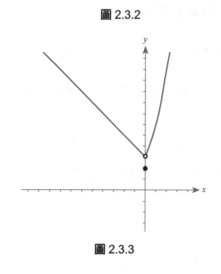

圖 2.3.3

延伸學習 1

(A) 回答以下高斯函數的函數值。$[\![2.5]\!]$、$[\![\pi]\!]$、$[\![-2]\!]$、$[\![-2.5]\!]$、$[\![-\pi]\!]$。

(B) 判斷函數 $f(x) = [\![2x]\!]$，$x \in \mathbb{R}$，的不連續點。

(C) 判斷函數 $g(x) = \left[\!\!\left[\dfrac{x}{2}\right]\!\!\right]$，$x \in \mathbb{R}$，的不連續點。

解答：

(A) $[\![2.5]\!] = 2$、$[\![\pi]\!] = 3$、$[\![-2]\!] = -2$、$[\![-2.5]\!] = -3$、$[\![-\pi]\!] = -4$。

(B) 函數 f 在 $\dfrac{m}{2}$ 的地方（m 為整數），例如 $-\dfrac{3}{2}$、$-\dfrac{2}{2} = -1$、$-\dfrac{1}{2}$、$-\dfrac{0}{2} = 0$、$\dfrac{1}{2}$、$\cdots$，不連續（圖 2.3.1B）。

(C) 函數 g 在偶數 $2m$（m 為整數）的地方不連續（圖 2.3.1C）。

範例 2 假設 $f(x) = \begin{cases} 2x^2, & 1 < x \le 2 \\ |x|, & -2 \le x \le 1 \\ x^2 + 1, & -3 \le x < -2 \end{cases}$（圖 2.3.2）。

判斷函數 f 在以下各點是否連續。(A) 0。(B) −2。(C) 1。(D) −3。(E) 2。

說明：

(A) $\lim\limits_{x \to 0} f(x) = \lim\limits_{x \to 0} |x| = |0| = f(0)$，故 f 在 0 點連續。

(B) $\lim\limits_{x \to (-2)^+} f(x) = \lim\limits_{x \to (-2)^+} |x| = |-2| = f(-2)$，但由定理 2.1.4 可知

$$\lim_{x \to (-2)^-} f(x) = \lim_{x \to (-2)^-} (x^2 + 1) = (-2)^2 + 1 = 5$$

因為 $\lim\limits_{x \to (-2)^-} f(x) \neq \lim\limits_{x \to (-2)^+} f(x)$，$\lim\limits_{x \to -2} f(x)$ 並不存在（發散），所以函數 f 在 −2 這個點並不連續。

(C) $\lim\limits_{x \to 1^-} f(x) = \lim\limits_{x \to 1^-} |x| = 1 = f(1)$，但由定理 2.1.4 可知

$$\lim_{x \to 1^+} f(x) = \lim_{x \to 1^+} (2x^2) = 2 \cdot 1^2 = 2$$

由於 $\lim\limits_{x \to 1^-} f(x) \neq \lim\limits_{x \to 1^+} f(x)$，$\lim\limits_{x \to 1} f(x)$ 並不存在（發散），所以函數 f 在 1 這個點並不連續。

(D) 由定理 2.1.4 可知 $\lim\limits_{x \to (-3)^+} f(x) = \lim\limits_{x \to (-3)^+} (x^2 + 1) = 10 = f(-3)$，所以函數 f 在 −3 這個點連續。

(E) 由定理 2.1.4 可知 $\lim\limits_{x \to 2^-} f(x) = \lim\limits_{x \to 2^-} (2x^2) = 8 = f(2)$，所以函數 f 在 2 這個點連續。

範例 3 假設 $f(x) = \begin{cases} (x+1)^2 + 2, & x > 0 \\ 2, & x = 0 \\ |x| + 3, & x < 0 \end{cases}$，判斷函數 f 在 0 這個點是否連續（圖 2.3.3）。

說明： $\lim\limits_{x \to 0^-} f(x) = \lim\limits_{x \to 0^-} (|x| + 3) = 0 + 3 = 3$ 而且

$$\lim_{x \to 0^+} f(x) = \lim_{x \to 0^+} \left[(x + 1)^2 + 2 \right] = 3$$

所以 $\lim_{x \to 0} f(x)$ 這個極限收斂並且極限值是 3。

但是 $f(0) = 2 \neq 3 = \lim_{x \to 0} f(x)$。故函數 f 在這個點不連續。

以下我們列出函數在定義區間上內部點發生不連續現象的常見形態。

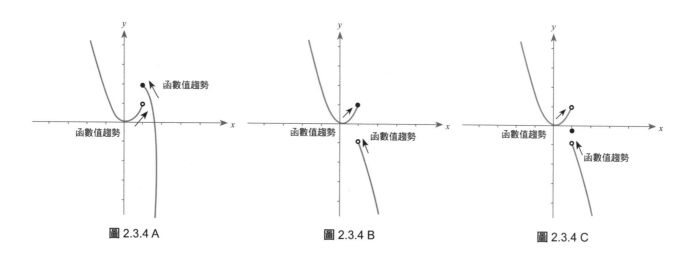

圖 2.3.4 A　　　　　　圖 2.3.4 B　　　　　　圖 2.3.4 C

由連續函數的定義說明，以及之前的數個實例，我們知道連續函數其實是「溫和變化」的函數（而且函數圖形不會出現「斷裂」的現象）。所以連續函數具有某些優良的性質。在微積分課程中，有兩個與連續函數有關的定理最為重要：「中間值定理」、「極值定理」。

中間值定理及其應用

> **定理 2.3.2**　**中間值定理**（Intermediate-Value Theorem）
> 假設 f 是一個定義在區間 I 的連續函數而且 $a < b$ 是區間 I 上的兩個點滿足「$f(a) \neq f(b)$」。如果 K 是一個介於 $f(a)$ 與 $f(b)$ 之間的實數：
> $$\text{「}f(a) < K < f(b)\text{」或「}f(b) < K < f(a)\text{」}$$
> 則在開區間 (a, b) 上「至少存在一個點 c 使得 $f(c) = K$」。

說明：使得 $f(c) = K$ 的點 $c \in (a, b)$ 可能不止一個。如圖 2.3.5 所示。但是中間值定理的重點在於「至少存在一個點」$c \in (a, b)$ 使得 $f(c) = K$。中間值定理成立的原因通常在「高等微積分」才加以討論，所以我們在此不討論定理的證明。

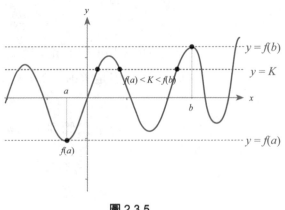

圖 2.3.5

中間值定理常常被用來判斷「連續函數」是否有**零點**（zero locus）存在。常見的形式如下：

勘根定理（Bolzano Theorem）

假設 g 是一個定義在區間 I 的連續函數而且 $a < b$ 是區間 I 上的兩個點使得 $g(a) \cdot g(b) < 0$，則在開區間 (a, b) 上至少「存在一個點 c」使得 $g(c) = 0$。

範例 4 (A) 使用「中間值定理」說明函數 $f(x) = x^2 - \dfrac{9x}{2} + \sqrt{x}$ 在開區間 $(1, 4)$ 上會出現 -2 這個值。(B) 使用「中間值定理」說明函數 $g(x) = x^3 - |x| + 1$ 在開區間 $(-1, +1)$ 上會出現函數值為 0 的點。

說明：

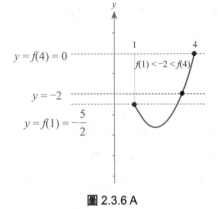

圖 2.3.6 A

(A) $f(1) = 1 - \dfrac{9}{2} + 1 = \dfrac{-5}{2}$。$f(4) = 16 - \dfrac{36}{2} + 2 = 0$。因為 $f(1) < -2 < f(4)$，由「中間值定理」可知存在 $c \in (1, 4)$ 使得 $f(c) = -2$（圖 2.3.6A）。

(B) $g(-1) = -1 - 1 + 1 = -1$。$g(1) = 1 - 1 + 1 = 1$。因為 $g(-1) < 0 < g(1)$（$g(-1) \cdot g(1) < 0$），由「中間值定理」可知，函數 $g(x)$ 在 $(-1, +1)$ 上會出現函數值 0（圖 2.3.6B）。

延伸學習 2

(A) 使用「中間值定理」說明函數 $f(x) = x - \sqrt{x}$ 在開區間 $(0, 4)$ 上會出現 1 這個值（圖 2.3.7A）。

(B) 使用「中間值定理」說明 $g(x) = \dfrac{x^2}{2} - \sqrt{x} - 1$ 這個函數在 $(0, 4)$ 上會出現函數值為 0 的點（圖 2.3.7B）。

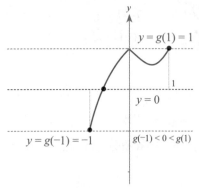

圖 2.3.6 B

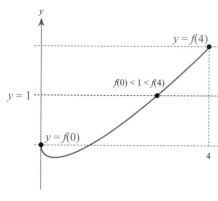

圖 2.3.7 A

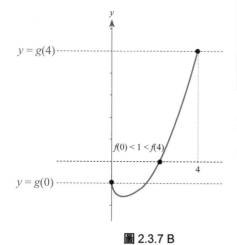

圖 2.3.7 B

解答：

(A) $f(0) = 0 - 0 = 0$。$f(4) = 4 - 2 = 2$。$f(0) < 1 < f(4)$。

(B) $g(0) = -1$。$g(4) = 8 - 2 - 1 = 5$。$g(0) < 0 < g(4)$。

定理 2.3.3　假設 n 是一個正整數。令 $H_n(x) = x^n$ 其中 $x \in \mathbb{R}$，則以下結果成立。

(A) 在無限區間 $[0, +\infty)$ 上，函數 $H_n(x)$ 是個嚴格遞增函數：如果 $0 \leq u < v$，則 $H_n(u) < H_n(v)$。

(B) 如果 $w \geq 0$ 是非負實數，則函數 $H_n(x) - w$ 在無限區間 $[0, +\infty)$ 上「恰好會在單一點」出現函數值 0。我們稱這個點為「w 的 n 次方根」$w^{\frac{1}{n}} = \sqrt[n]{w}$。

說明：

(A) 為了說明 $H_n(x)$ 在區間 $[0, +\infty)$ 上嚴格遞增，我們將指出：若 $0 \leq u < v$ 則 $H_n(u) < H_n(v)$。其實

$$H_n(v) - H_n(u) = (v - u) \cdot [v^{n-1} + v^{n-2} \cdot u + \cdots + u^{n-1}]$$

其中 $(v - u)$ 與 $[v^{n-1} + \cdots + u^{n-1}]$ 都是「正實數」，所以 $H_n(v) - H_n(u)$ 是「正值」。這表示 $H_n(u) < H_n(v)$。

(B) 1. 如果 $w = 0$ 則 $H_n(0) - 0 = 0^n - 0 = 0$。

2. 如果 $w > 0$ 則 $H_n(0) - w < 0$ 而且

$$H_n(1 + w) - w = (1 + w)^n - w > 0$$

所以，在 $w > 0$ 的情況，我們可以由「中間值定理」得知：函數 $H_n(x) - w$ 必然在開區間 $(0, 1 + w)$ 上「某個點出現函數值 0」。

3. 由於 $H_n(x) - w$ 在無限區間 $[0, +\infty)$ 上是「嚴格遞增」（定理中 (A) 的結果），我們發現：函數 $H_n(x) - w$ 在區間 $[0, +\infty)$ 上至多在一個點出現函數值 0（如果 $H_n(c) - w = 0$，則「$H_n(x) - w$ 在區間 $[0, c)$ 上恆 < 0」而且「$H_n(x) - w$ 在區間 $(c, +\infty)$ 上恆 > 0」）。所以函數 $H_n(x) - w$（其中 $w \geq 0$）在無限區間 $[0, +\infty)$ 上「恰好會在單一點出現函數值 0」。∎

*補充說明：

(I) 正整數 n 是偶數。則 $H_n(x) = x^n$ 在 $(-\infty, +\infty) = \mathbb{R}$ 上是個**偶函數**（even function）（圖 2.3.8A）：

$$H_n(-x) = H_n(x)$$

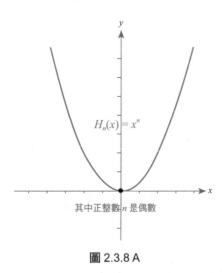

其中正整數 n 是偶數

圖 2.3.8 A

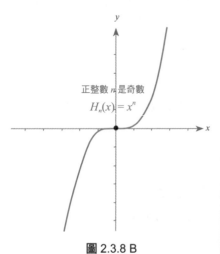

正整數 n 是奇數
$H_n(x) = x^n$

圖 2.3.8 B

所以 $H_n(x) - w$（其中 $w \geq 0$）在區間 $(-\infty, 0]$ 上會在 $-\sqrt[n]{w} = -\left(w^{\frac{1}{n}}\right)$ 出現函數值 0。如果 $w < 0$ 則 $H_n(x) - w$ 在 $(-\infty, +\infty) = \mathbb{R}$ 上「恆為正值而且不會出現函數值 0」。

(II) 正整數 n 是奇數。則 $H_n(x) = x^n$ 在區間 $(-\infty, +\infty) = \mathbb{R}$ 上是個**奇函數**（odd function）（圖 2.3.8B）：

$$H_n(-x) = -H_n(x)$$

由這個性質我們可以得知：$H_n(x) = -H_n(-x)$（其中「$x \leq 0$」而且「$0 \leq -x$」）在區間 $(-\infty, 0]$ 上一樣是嚴格遞增，所以 $H_n(x)$ 在整個 $\mathbb{R}$ 上是「嚴格遞增」。因此，在整個 $\mathbb{R} = (-\infty, +\infty)$ 上，函數 $H_n(x) - w$「至多在一個點取值為 0」。如果 $w \geq 0$，則在 $\mathbb{R} = (-\infty, +\infty)$ 上，函數 $H_n(x) - w$ 只在 $w^{\frac{1}{n}} = \sqrt[n]{w} \in [0, +\infty)$「取值為 0」。如果 $w < 0$，則在 $R = (-\infty, +\infty)$ 上，函數

$$H_n(x) - w = -[H_n(-x) - (-w)]$$

只在 $-\left(-w\right)^{\frac{1}{n}} = -\sqrt[n]{-w} < 0$（其中 $-w > 0$）這個點「取值為 0」。

(III) 由以上 (I)、(II) 的討論我們可以得到以下結論。

> 　　假設 n 是正整數。如果 $w \geq 0$，則「w 的 n 次方根」$w^{\frac{1}{n}} = \sqrt[n]{w}$ 的特徵是：
>
> 　　在區間 $[0, +\infty)$ 上，唯一滿足「自乘 n 次」之後「等於 w」的（≥ 0 的）實數。

> 　　如果正整數 n 是奇數，則任意實數 w 的 n 次方根在 $\mathbb{R}$ 上都「唯一存在」並且滿足 $(w \text{ 的 } n \text{ 次方根})^n = w$。「$-w$ 的 n 次方根」$\sqrt[n]{-w} = (-w)^{\frac{1}{n}}$ 與「w 的 n 次方根」$\sqrt[n]{w} = w^{\frac{1}{n}}$ 之間有以下關係：
> $$(-w)^{\frac{1}{n}} = \sqrt[n]{-w} = -\sqrt[n]{w} = -\left(w^{\frac{1}{n}}\right)$$
> 如果 $w \geq 0$ 則 $w^{\frac{1}{n}} = \sqrt[n]{w} \geq 0$。如果 $w < 0$ 則 $w^{\frac{1}{n}} = \sqrt[n]{w} < 0$。

> 　　如果正整數 n 是偶數，則「負實數的 n 次方根」不存在。如果 $w \geq 0$，則 $(\sqrt[n]{w})^n = w = (-\sqrt[n]{w})^n$（其中 $\sqrt[n]{w} \geq 0$ 而且 $-\sqrt[n]{w} \leq 0$）。

範例 5　討論以下多項式函數在 $\mathbb{R}$ 上取值為 0 的點。

(A) x^2。(B) $x^2 - 9$。(C) $x^4 - 16$。(D) $x^2 + 2 = x^2 - (-2)$ 其中 $-2 < 0$。

說明：

(A) 如果 $x \neq 0$ 則 $x^2 > 0$。故 x^2 只在 0 這個點取值為 0。

(B) $x^2 - 9 = (x + 3) \cdot (x - 3)$。故函數 $x^2 - 9$ 在 $-3 = -\sqrt{9} \in (-\infty, 0)$ 與

$3 = \sqrt{9} \in (0, +\infty)$ 這兩個點取值為 0。

(C) $x^4 - 16 = (x + 2) \cdot (x - 2) \cdot (x^2 + 4)$ 其中 $x^2 + 4$ 在 $\mathbb{R}$ 上恆為正值。

故函數 $x^4 - 16$ 在 $-2 = -\sqrt[4]{16} = -(16)^{\frac{1}{4}} \in (-\infty, 0)$ 與 $2 = \sqrt[4]{16} = (16)^{\frac{1}{4}}$

$\in (0, +\infty)$ 這兩個點取值為 0。

(D) $x^2 + 2$ 在 $\mathbb{R}$ 上恆為正值，所以沒有取值為 0 的點。

範例 6 討論以下多項式函數在 $\mathbb{R}$ 上取值為 0 的點。

(A) x^3。(B) $x^3 - 8$。(C) $x^3 + 27 = x^3 - (-27)$ 其中 $-27 < 0$。

說明：

(A) 如果 $x \neq 0$ 則 $x^3 \neq 0$。故 x^3 只在 0 這個點取值為 0。

(B) $x^3 - 8 = (x - 2) \cdot (x^2 + 2x + 4)$ 其中 $x^2 + 2x + 4 = (x + 1)^2 + 3 \geq 3$

在 $\mathbb{R}$ 上恆為正值。故 $x^3 - 8$ 只在 $2 = \sqrt[3]{8} = 8^{\frac{1}{3}} \in (0, +\infty)$ 這個點

取值為 0。

(C) $x^3 + 27 = (x + 3) \cdot (x^2 - 3x + 9)$ 其中 $x^2 - 3x + 9 = (x - \frac{3}{2})^2 + \frac{27}{4}$

$\geq \frac{27}{4}$ 在 $\mathbb{R}$ 上恆為正值。故 $x^3 + 27$ 只在 $-3 = -\sqrt[3]{27} = -(27)^{\frac{1}{3}}$ 這個

點取值為 0。

延伸學習 3 討論以下多項式函數在 $\mathbb{R}$ 上取值為 0 的點。

(A) $x^2 - 2$。(B) $x^2 - (-2)$。(C) $x^3 - 2$。(D) $x^3 + 2$。

解答：

(A) $-\sqrt{2} \in (-\infty, 0)$ 與 $\sqrt{2} \in (0, +\infty)$。

(B) $x^2 + 2 = x^2 - (-2)$ 在 $\mathbb{R}$ 上恆為正值，所以沒有取值為 0 的點。

(C) $\sqrt[3]{2} = 2^{\frac{1}{3}} \in (0, +\infty)$。

(D) $-\sqrt[3]{2} = -(2^{\frac{1}{3}}) \in (-\infty, 0)$。

n 次方根函數

假設 n 是個正整數。定理 2.3.3 告訴我們：如果 $w \geq 0$，則存在一個「對應的 ≥ 0 的實數」

$$\sqrt[n]{w} = w^{\frac{1}{n}} \in [0, +\infty)$$

使得 $(\sqrt[n]{w})^n = w$。這個對應關係定義了一個在無限區間 $[0, +\infty)$ 上的「n 次方根函數」。這個「n 次方根函數」的特徵是：

「函數值的 n 次方」＝「變數值」

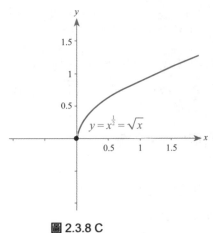

圖 2.3.8 C

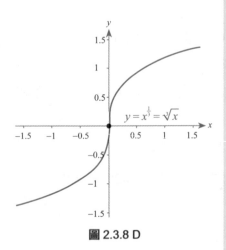

圖 2.3.8 D

如果正整數 n 是奇數，則定理 2.3.3 的「補充說明」告訴我們：$\sqrt[n]{w} = w^{\frac{1}{n}}$ 其實「對每個實數 w 都有定義」。若 $w \geq 0$，則 $\sqrt[n]{w} = w^{\frac{1}{n}} \in [0, +\infty)$。若 $w < 0$，則 $\sqrt[n]{w} = w^{\frac{1}{n}} < 0$ 而且 $\sqrt[n]{w} = -\sqrt[n]{-w}$（「奇函數」特徵）。

> 如果正整數 n 是「奇數」，則 n 次方根函數可以定義在整個 $\mathbb{R} = (-\infty, +\infty)$ 上，而且這個 n 次方根函數是個「奇函數」。

定理 2.3.4

(A) 如果 n 是正整數，則 n 次方根函數是定義在無限區間 $[0, +\infty)$ 上的連續函數（圖 2.3.8C）：

若 $c > 0$ 則 $\lim_{x \to c} x^{\frac{1}{n}} = c^{\frac{1}{n}}$ 而且 $\lim_{x \to 0^+} x^{\frac{1}{n}} = 0^{\frac{1}{n}} = 0$

(B) 如果正整數 n 是奇數，則 n 次方根函數可以定義在整個 $\mathbb{R} = (-\infty, +\infty)$ 上。這個定義在 $\mathbb{R} = (-\infty, +\infty)$ 上的 n 次方根函數是個「奇函數」：

$$(-x)^{\frac{1}{n}} = -\left(x^{\frac{1}{n}}\right)$$

而且這個定義在 $\mathbb{R} = (-\infty, +\infty)$ 上的 n 次方根函數是個連續函數（圖 2.3.8D）：

若 $c \neq 0$ 則 $\lim_{x \to c} x^{\frac{1}{n}} = c^{\frac{1}{n}}$ 而且 $\lim_{x \to 0} x^{\frac{1}{n}} = 0$（$\lim_{x \to 0^-} x^{\frac{1}{n}} = 0 = \lim_{x \to 0^+} x^{\frac{1}{n}}$）

*說明：這個定理的證明細節可以在本節的附錄中找到。如果 n 是「奇數」，則 n 次方根函數在 $\mathbb{R} = (-\infty, +\infty)$ 上的「連續性」其實可以由「n 次方根函數在 $[0, +\infty)$ 上的連續性」與「奇函數」的特質（n 為奇數）導出。 ■

注意：題目 (B)、(D) 的極限都是 $\frac{0}{0}$ 的極限形式。

範例 7 (A) 計算 $\lim_{x \to 7} (\sqrt{x} - \sqrt{7})$。(B) 計算 $\lim_{x \to 7} \dfrac{x - 7}{\sqrt{x} - \sqrt{7}}$。
(C) 計算 $\lim_{x \to 0^+} \sqrt{x}$。(D) 計算 $\lim_{x \to 0^+} \dfrac{(\sqrt{x} + 3)^2 - 9}{\sqrt{x}}$。

說明：

(A) 定理 2.3.4 告訴我們 $\sqrt{x}$ 其中 $x \in [0, +\infty)$ 是連續函數，所以，

$$\lim_{x \to 7} (\sqrt{x} - \sqrt{7}) = (\lim_{x \to 7} \sqrt{x}) - (\lim_{x \to 7} \sqrt{7}) = \sqrt{7} - \sqrt{7} = 0。$$

(B) 注意分母的極限 $\lim_{x \to 7} (\sqrt{x} - \sqrt{7})$ 是 0。如果 $x \neq 7$ 則

$$\frac{x - 7}{\sqrt{x} - \sqrt{7}} = \frac{(x - 7) \cdot (\sqrt{x} + \sqrt{7})}{(\sqrt{x} - \sqrt{7}) \cdot (\sqrt{x} + \sqrt{7})} = \frac{(x - 7) \cdot (\sqrt{x} + \sqrt{7})}{x - 7} = \sqrt{x} + \sqrt{7}$$

所以 $\lim_{x \to 7} \dfrac{x - 7}{\sqrt{x} - \sqrt{7}} = \lim_{x \to 7} (\sqrt{x} + \sqrt{7}) = \sqrt{7} + \sqrt{7} = 2 \cdot \sqrt{7}。$

(C) 定理 2.3.4 告訴我們 $\sqrt{x}$ 是定義在 $[0, +\infty)$ 上的**連續函數**，所以
$$\lim_{x \to 0^+} \sqrt{x} = \sqrt{0} = 0 \text{。}$$

(D) 注意分母的極限 $\lim_{x \to 0^+} \sqrt{x}$ 是 0。如果 $x > 0$ 則
$$\frac{(\sqrt{x} + 3)^2 - 9}{\sqrt{x}} = \frac{(\sqrt{x})^2 + 6 \cdot \sqrt{x} + \cancel{9} - \cancel{9}}{\sqrt{x}}$$
$$= \frac{(\sqrt{x})^2 + 6 \cdot \sqrt{x}}{\sqrt{x}} = \sqrt{x} + 6$$

所以 $\displaystyle\lim_{x \to 0^+} \frac{(\sqrt{x} + 3)^2 - 9}{\sqrt{x}} = \lim_{x \to 0^+} (\sqrt{x} + 6) = 6$ 。

注意：題目 (A)、(B) 都是 $\frac{0}{0}$ 的極限形式。

範例 8 (A) 計算 $\displaystyle\lim_{x \to 0} \frac{(\sqrt[3]{x} + 2)^2 - 4}{\sqrt[3]{x}}$ 。 (B) 計算 $\displaystyle\lim_{x \to 8} \frac{x - 8}{\sqrt[3]{x} - 2}$ 。

說明：

(A) 如果 $x \neq 0$ 則 $\displaystyle\frac{(\sqrt[3]{x} + 2)^2 - 4}{\sqrt[3]{x}} = \frac{(\sqrt[3]{x})^2 + 4 \cdot \sqrt[3]{x} + \cancel{4} - \cancel{4}}{\sqrt[3]{x}}$

$= \displaystyle\frac{(\sqrt[3]{x})^2 + 4 \cdot \sqrt[3]{x}}{\sqrt[3]{x}} = \sqrt[3]{x} + 4$ 。故 $\displaystyle\lim_{x \to 0} \frac{(\sqrt[3]{x} + 2)^2 - 4}{\sqrt[3]{x}} = 4$ 。

(B) 如果 $x \neq 8$ 則
$$\frac{x - 8}{\sqrt[3]{x} - 2} = \frac{(x - 8) \cdot \left[(\sqrt[3]{x})^2 + 2 \cdot \sqrt[3]{x} + 2^2\right]}{(\sqrt[3]{x} - 2) \cdot \left[(\sqrt[3]{x})^2 + 2 \cdot \sqrt[3]{x} + 2^2\right]}$$
$$= \frac{(\cancel{x - 8}) \cdot \left[(\sqrt[3]{x})^2 + 2 \cdot \sqrt[3]{x} + 4\right]}{(\cancel{x - 8})}$$
$$= (\sqrt[3]{x})^2 + 2 \cdot \sqrt[3]{x} + 4$$

故 $\displaystyle\lim_{x \to 8} \frac{x - 8}{\sqrt[3]{x} - 2} = \lim_{x \to 8} \left[(\sqrt[3]{x})^2 + 2 \cdot \sqrt[3]{x} + 4\right] = (\sqrt[3]{8})^2 + 2 \cdot \sqrt[3]{8}$ $+ 4 = 2^2 + 2 \cdot 2 + 4 = 12$ 。

最基本的連續函數運算

> **定理 2.3.5**　假設函數 f 與 g 都是定義在區間 I 上的**連續函數**，則我們有以下結果。
>
> (A) 如果 α 與 β 是**實數常數**，則 $\alpha \cdot f(x) + \beta \cdot g(x)$ 是定義在區間 I 上的**連續函數**。
>
> (B) $f(x) \cdot g(x)$ 是定義在 I 上的**連續函數**。
>
> (C) 如果函數 g 在區間 I 上**恆不為 0**，則 $\dfrac{f(x)}{g(x)}$ 是定義在 I 上的**連續函數**。

說明： 結果 (A)、(B) 是定理 2.1.3（以及有關「左極限」、「右極限」

的類似定理）對連續函數的直接應用（參考定義 2.3.1 的說明：「連續」的「極限表示」）。結果 (C) 是定理 2.2.1（以及有關「左極限」、「右極限」的類似定理）對連續函數的直接應用。　　　　　■

範例 9　請指出以下函數「連續」的區間。

(A) $4x^2 + 5 \cdot \sqrt{x}$。

(B) $3 \cdot |x| + 5 \cdot \sqrt[3]{x} = 3|x| + 5 \cdot (x^{\frac{1}{3}})$。

(C) $(3 + 5 \cdot \sqrt{x}) \cdot (x^3 - 7)$。

(D) $\dfrac{\sqrt{x} + 3}{x^2 - 3x + 2}$。

說明：

(A) 使用定理 2.3.5 A 的結果。

(A) 多項式函數 $4x^2$ 在 $\mathbb{R} = (-\infty, +\infty)$ 上連續。2 次方根函數 $\sqrt{x}$ 在 $[0, +\infty)$ 上連續。所以函數 $4x^2 + 5 \cdot \sqrt{x}$ 在共同的區間 $[0, +\infty)$ 上是連續函數。

(B) 使用定理 2.3.5 A 的結果。

(B) 絕對值函數 $|x|$ 在 $\mathbb{R} = (-\infty, +\infty)$ 上連續。3 次方根函數 $\sqrt[3]{x} = x^{\frac{1}{3}}$ 在整個 $\mathbb{R} = (-\infty, +\infty)$ 上連續。所以，$3 \cdot |x| + 5 \cdot \sqrt[3]{x}$ 在整個 $\mathbb{R} = (-\infty, +\infty)$ 是連續函數。

(C) 使用定理 2.3.5 B 的結果。

(C) $3 + 5\sqrt{x}$ 在區間 $[0, +\infty)$ 上連續。多項式函數 $x^3 - 7$ 在 $\mathbb{R}$ 上連續。所以函數 $(3 + 5\sqrt{x}) \cdot (x^3 - 7)$ 在共同的區間 $[0, +\infty)$ 上是連續函數。

(D) 使用定理 2.3.5 C 的結果。

(D) $\sqrt{x} + 3$ 在區間 $[0, +\infty)$ 上連續。多項式函數

$$x^2 - 3x + 2 = (x - 1) \cdot (x - 2)$$

在整個 $\mathbb{R} = (-\infty, +\infty)$ 上連續。但是「連續函數相除」的時候，分母函數的函數值不可以出現 0。由於函數 $x^2 - 3x + 2$ 在 $(-\infty, 1)$、$(1, 2)$、$(2, +\infty)$ 這三個區間上不為 0（多項式函數 $x^2 - 3x + 2$ 在 1 與 2 這兩個點取值為 0），我們發現函數

$\dfrac{\sqrt{x} + 3}{x^2 - 3x + 2}$ 在 $[0, 1) = (-\infty, 1) \cap [0, +\infty)$、$(1, 2)$、$(2, +\infty)$

這三個區間上是連續函數。

延伸學習 4　請找出以下函數「連續」的區間。

(A) $x^3 + 4\sqrt{x} + 2 \cdot \sqrt[3]{x}$。

(B) $(7 + 2\sqrt{x}) \cdot \dfrac{x}{|x|}$。

(C) $\dfrac{|x|}{x^2 - 1}$。

解答：

(A) $[0, +\infty)$。

(B) $(0, +\infty)$。（$x \geq 0$ 而且 $x \neq 0$）。

(C) $(-\infty, -1)$、$(-1, +1)$、$(1, +\infty)$。

連續函數與函數合成

定理 2.3.6　（合成函數的極限運算規律）

假設 $f: A \to \mathbb{R}$ 與 $g: B \to \mathbb{R}$ 是分別定義在（有限或無限）區間 A 與（有限或無限）區間 B 的函數，而且

$$f(x) \in B$$

對所有 A 中的元素 $x \in A$ 都成立，則我們有以下結果。

(I)　如果 $c \in A$ 是區間 A 的內部點（不是 A 的端點），而且 $\lim\limits_{x \to c} f(x) = \mathscr{L}$ 是區間 B 上的點。如果函數 g 在 $\mathscr{L}$ 點連續，則 $\lim\limits_{x \to c} g(f(x)) = g(\mathscr{L})$。這個結果常被表示為

$$\lim_{x \to c} g(f(x)) = g\left(\lim_{x \to c} f(x) \right)$$

情況 (II)：區間 A 可能不包含左側的「A 的邊界點」。$A = (a, b)$ 或 $A = (a, b]$ 或 $A = [a, b)$ 或 $A = [a, b]$。因此 c 點可能不是 A 上的點。

(II)　如果 c 點是區間 A 的左側的「A 的邊界點」而且 $\lim\limits_{x \to c^+} f(x) = \mathscr{L}$ 是區間 B 上的點。如果函數 g 在 $\mathscr{L}$ 點連續，則 $\lim\limits_{x \to c^+} g(f(x)) = g(\mathscr{L})$。這個結果常被表示為

$$\lim_{x \to c^+} g(f(x)) = g\left(\lim_{x \to c^+} f(x) \right)$$

情況 (III)：區間 A 可能不包含右側的「A 的邊界點」。$A = (a, b)$ 或 $A = [a, b)$ 或 $A = (a, b]$ 或 $A = [a, b]$。因此 c 點可能不是 A 上的點。

(III)　如果 c 點是區間 A 的右側的「A 的邊界點」而且 $\lim\limits_{x \to c^-} f(x) = \mathscr{L}$ 是區間 B 上的點。如果函數 g 在 $\mathscr{L}$ 點連續，則 $\lim\limits_{x \to c^-} g(f(x)) = g(\mathscr{L})$。這個結果常被表示為

$$\lim_{x \to c^-} g(f(x)) = g\left(\lim_{x \to c^-} f(x) \right)$$

(IV)　假設 $c \in A$ 是區間 A 上的點（點 c 可能是區間 A 的內部點、左側的端點、右側的端點）。如果函數 f 在 c 點連續，而且函數 g 在 $f(c)$ 點連續，則合成函數 $(g \circ f)(x) = g(f(x))$ 在 c 點連續。

＊**說明：**(IV) 的結果其實是 (I)、(II)、(III) 結果的直接應用。如果函數 f 在 c 點連續，則（極限、右極限、左極限）$\mathscr{L}$ 就是 $f(c)$。將 $\mathscr{L} = f(c)$ 代入 (I)、(II)、(III) 的結果中就得到 (IV) 的結果。

現在我們討論 (I)、(II)、(III) 這三個結果。雖然情況 (I)、(II)、(III) 的結果表示方式不同，但其實這三個結果的本質是相同的：

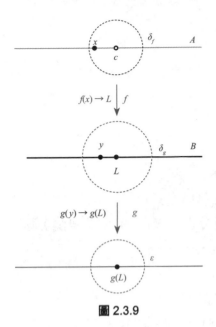

圖 2.3.9

如果函數 g 在「$\mathcal{L}$（函數 $f(x)$ 的極限、右極限、左極限）」這個點連續，則 $g(f(x))$ 會往 $g(\mathcal{L})$ 趨近。

以下我們針對情況 (I) 進行說明。為了說明

$$\text{「如果 } x \to c \text{，則 } g(f(x)) \to g(\mathcal{L})\text{」}$$

我們將指出：對於每一個指定的「誤差範圍 $\varepsilon > 0$」，分別可以找到「相應的 $\delta > 0$」使得「若 $x \neq c$ 與 c 點的距離 $|x - c| < \delta$，則 $g(f(x))$ 與 $g(\mathcal{L})$ 之間的距離 $|g(f(x)) - g(\mathcal{L})|$ 就會 $< \varepsilon$（指定的誤差範圍）」。

由「函數 g 在 $\mathcal{L}$ 點連續」這個假設可知：存在 $\delta_g > 0$ 使得「若 $y \in B$ 滿足 $|y - \mathcal{L}| < \delta_g$，則

$$|g(y) - g(\mathcal{L})| < \varepsilon$$

成立」。但 $\lim\limits_{x \to c} f(x) = \mathcal{L}$ 告訴我們：「如果 $x \neq c$ 足夠接近 c 點，則 $f(x)$ 就會足夠接近 $\mathcal{L}$ 使得 $|f(x) - \mathcal{L}| < \delta_g$ 成立」。所以存在 $\delta_f > 0$ 使得「若 $x \neq c$ 滿足 $|x - c| < \delta_f$，則 $|f(x) - \mathcal{L}| < \delta_g$ 成立」。但 $|f(x) - \mathcal{L}| < \delta_g$ 會造成

$$\left| g(f(x)) - g(\mathcal{L}) \right| < \varepsilon$$

（將 $y = f(x)$ 代入 $|g(y) - g(\mathcal{L})| < \varepsilon$）所以

$$x \neq c \text{ 滿足 } |x - c| < \delta_f \Rightarrow |f(x) - \mathcal{L}| < \delta_g \Rightarrow \left| g(f(x)) - g(\mathcal{L}) \right| < \varepsilon$$

這個 δ_f 就是我們所需要的 δ（圖 2.3.9）。　■

範例 10 假設 $f(x) = (3x^2 + 2) \cdot \dfrac{x}{|x|}$ 其中 $x \neq 0$。如果 $g(y) = y^3$ 其中 $y \in \mathbb{R}$，則合成函數

$$(g \circ f)(x) = g(f(x)) = \left[(3x^2 + 2) \cdot \frac{x}{|x|} \right]^3$$

其中 $x \neq 0$。(A) 計算 $\lim\limits_{x \to 0^+} g(f(x))$。(B) 計算 $\lim\limits_{x \to 0^-} g(f(x))$。

說明：

(A) $\lim\limits_{x \to 0^+} f(x) = \left[\lim\limits_{x \to 0^+} (3x^2 + 2) \right] \cdot \left[\lim\limits_{x \to 0^+} \dfrac{x}{|x|} \right] = 2 \cdot 1 = 2$，而且多項式函數 $g(y) = y^3$ 在 2 這個點連續，所以由「合成函數的極限運算規律」可知 $\lim\limits_{x \to 0^+} g(f(x)) = g\left(\lim\limits_{x \to 0^+} f(x) \right) = g(2) = 2^3 = 8$。

(B) $\lim\limits_{x \to 0^-} f(x) = \left[\lim\limits_{x \to 0^-} (3x^2 + 2) \right] \cdot \left[\lim\limits_{x \to 0^-} \dfrac{x}{|x|} \right] = 2 \cdot (-1) = -2$，而且多項式函數 $g(y) = y^3$ 在 -2 這個點連續，所以由「合成函數的極限運算規律」可知 $\lim\limits_{x \to 0^-} g(f(x)) = g\left(\lim\limits_{x \to 0^-} f(x) \right) = g(-2) = (-2)^3 = -8$。

範例 11 (A) 計算 $\lim\limits_{x \to -1} \sqrt{x^6 + x^4 + 3x^2}$。(B) 計算 $\lim\limits_{x \to 0} \sqrt{x^6 + x^4 + 3x^2}$。

使用合成函數的極限運算規律（定理 2.3.6）。

說明：令 $f(x) = x^6 + x^4 + 3x^2$，其中 $x \in \mathbb{R}$。令 $g(y) = \sqrt{y}$，其中 $y \in [0, +\infty)$。由於 $f(x)$ 在 $\mathbb{R}$ 上的函數值恆 ≥ 0，合成函數 $(g \circ f)(x) = g\big(f(x)\big) = \sqrt{x^6 + x^4 + 3x^2}$（其中 $x \in \mathbb{R}$）是個定義在整個 $\mathbb{R}$ 上的函數。由於多項式函數（定義在 $\mathbb{R}$ 上）與 2 次方根函數（定義在 $[0, +\infty)$ 上）都是連續函數，由「合成函數的極限運算規律」（定理 2.3.6）可知

$$\lim_{x \to c} g\big(f(x)\big) = g\Big(\lim_{x \to c} f(x) \Big) = g\big(f(c)\big)$$

在 $\mathbb{R}$ 上任何一點 c 都成立。

(A) $\lim\limits_{x \to -1} \sqrt{x^6 + x^4 + 3x^2} = \lim\limits_{x \to -1} g\big(f(x)\big) = g\big(f(-1)\big) = g(5) = \sqrt{5}$。

(B) $\lim\limits_{x \to 0} \sqrt{x^6 + x^4 + 3x^2} = \lim\limits_{x \to 0} g\big(f(x)\big) = g\big(f(0)\big) = g(0) = \sqrt{0} = 0$。

由定理 2.3.6IV 我們可以得到以下的重要結果。

定理 2.3.7　（「連續函數的合成」仍然是連續函數）

　　假設 $f : A \to \mathbb{R}$ 與 $g : B \to \mathbb{R}$ 是分別定義在區間 A 與區間 B 的連續函數。如果

$$f(x) \in B$$

對所有 A 中的元素 $x \in A$ 都成立，則合成函數 $(g \circ f)(x) = g\big(f(x)\big)$ 是定義在區間 A 上的連續函數。

說明：我們只需要將定理 2.3.6IV 應用到區間 A 上的每一個點 $c \in A$ 就可以得到這個定理的結果。　■

　　微積分課程中基本的連續函數共有：多項式函數、絕對值函數、n 次方根函數、三角函數（將在第四節介紹）、自然指數函數（將在第三章、第五章介紹）、自然對數函數（將在第三章、第五章介紹）。將 g 以目前已知的連續函數代入定理 2.3.7，我們就得到如下表列的結果。

如果 f 是定義在區間 I 上的連續函數。		
$g(y)$ 是多項式函數	$\Rightarrow$	$g\big(f(x)\big)$ 是 I 上的連續函數
$g(y) = |y|$ 是絕對值函數	$\Rightarrow$	$g\big(f(x)\big) = |f(x)|$ 是 I 上的連續函數
$g(y) = \sqrt[n]{y} = y^{\frac{1}{n}}$ 是 n 次方根函數（其中 n 是偶數）	$\Rightarrow$	如果 $f(x)$ 在 I 上恆 ≥ 0，則 $g\big(f(x)\big) = \sqrt[n]{f(x)} = \big(f(x)\big)^{\frac{1}{n}}$ 是 I 上的連續函數

$g(y) = \sqrt[n]{y} = y^{\frac{1}{n}}$ 是 n 次方根函數（其中 n 是奇數）	$\Rightarrow$	$g\big(f(x)\big) = \sqrt[n]{f(x)} = \big(f(x)\big)^{\frac{1}{n}}$ 是 I 上的連續函數

*讀者必須特別注意：如果正整數 n 是「偶數」，則「$f(x) \geq 0$」是考慮「合成函數 $\sqrt[n]{f(x)}$」的先決條件。

範例 12　(A) 計算 $\lim\limits_{x \to -1} [(x^2 - 2)^3 + (x^2 - 2)^2 + 5]$。

(B) 計算 $\lim\limits_{x \to -2} |(x^3 - 2)^3|$。

說明：

(A) 令 $g(y) = y^3 + y^2 + 5$，令 $f(x) = x^2 - 2$，則合成函數 $g\big(f(x)\big) = (x^2 - 2)^3 + (x^2 - 2)^2 + 5$。由於函數 f 與 g 都是連續函數，所以

$$\lim_{x \to -1} g\big(f(x)\big) = g\Big(\lim_{x \to -1} f(x)\Big) = g\big((-1)^2 - 2\big) = g(-1)$$
$$= (-1)^3 + (-1)^2 + 5 = 5$$

> (B) $|(x^3 - 2)^3|$ 是定義在 $\mathbb{R} = (-\infty, +\infty)$ 上的連續函數。

(B) $|(x^3 - 2)^3|$ 是絕對值函數 $|y|$ 與多項式函數 $(x^3 - 2)^3$ 的合成。所以

$$\lim_{x \to -2} |(x^3 - 2)^3| = \Big| \lim_{x \to -2} (x^3 - 2)^3 \Big|$$
$$= \Big| \big((-2)^3 - 2\big)^3 \Big| = 10^3$$

> 注意：題目 (B)、(C) 的極限都是 $\dfrac{0}{0}$ 的極限形式。

範例 13　(A) 計算 $\lim\limits_{x \to 0^+} \sqrt{x^3 + 2x}$（$\lim\limits_{x \to 0^-} \sqrt{x^3 + 2x}$ 是沒有意義的）。

(B) 計算 $\lim\limits_{x \to 0} \dfrac{\sqrt{x + 3} - \sqrt{3}}{x}$。(C) 計算 $\lim\limits_{x \to 0} \dfrac{\sqrt[3]{x + 8} - 2}{x}$。

說明：

(A) 在區間 $[0, +\infty)$ 上，多項式函數 $x^3 + 2x$ 恆 ≥ 0。所以合成函數 $\sqrt{x^3 + 2x}$ 在 $[0, +\infty)$ 上是連續函數。因此，$\lim\limits_{x \to 0^+} \sqrt{x^3 + 2x} = \sqrt{0^3 + 2 \cdot 0} = 0$。

> (B) $\sqrt{x + 3}$ 是定義在 $[-3, +\infty)$ 上的連續函數。

(B) 分母函數的極限 $\lim\limits_{x \to 0} x = 0$。分子函數的極限 $\lim\limits_{x \to 0} (\sqrt{x + 3} - \sqrt{3})$ $= \sqrt{\lim\limits_{x \to 0} (x + 3)} - \sqrt{3} = \sqrt{3} - \sqrt{3} = 0$。所以這個題目的極限是 $\dfrac{0}{0}$ 的極限形式。如果 $x \neq 0$，則

$$\frac{\sqrt{x + 3} - \sqrt{3}}{x} = \frac{(\sqrt{x + 3} - \sqrt{3}) \cdot (\sqrt{x + 3} + \sqrt{3})}{x \cdot (\sqrt{x + 3} + \sqrt{3})}$$

$$= \frac{(x + 3) - 3}{x \cdot (\sqrt{x + 3} + \sqrt{3})}$$

$$= \frac{\cancel{x}}{\cancel{x} \cdot (\sqrt{x + 3} + \sqrt{3})}$$

$$= \frac{1}{\sqrt{x + 3} + \sqrt{3}}$$

所以

$$\lim_{x \to 0} \frac{\sqrt{x + 3} - \sqrt{3}}{x} = \lim_{x \to 0} \frac{1}{\sqrt{x + 3} + \sqrt{3}} = \frac{1}{\sqrt{0 + 3} + \sqrt{3}} = \frac{1}{2\sqrt{3}}$$

(C) $\sqrt[3]{x + 8}$ 是定義在 $\mathbb{R} = (-\infty, +\infty)$ 上的連續函數。

(C) $\lim_{x \to 0} x = 0$ 而且 $\lim_{x \to 0} \left(\sqrt[3]{x + 8} - 2 \right) = \left(\lim_{x \to 0} \sqrt[3]{x + 8} \right) - 2 = \sqrt[3]{0 + 8} - 2$

$= 2 - 2 = 0$。這個題目同樣是考慮 $\dfrac{0}{0}$ 的極限形式。如果 $x \neq 0$，則

$$\frac{\sqrt[3]{x + 8} - 2}{x} = \frac{(\sqrt[3]{x + 8} - 2) \cdot \left[(\sqrt[3]{x + 8})^2 + 2 \cdot \sqrt[3]{x + 8} + 4 \right]}{x \cdot \left[(\sqrt[3]{x + 8})^2 + 2 \cdot \sqrt[3]{x + 8} + 4 \right]}$$

$$= \frac{(x + 8) - 2^3}{x \cdot \left[(\sqrt[3]{x + 8})^2 + 2 \cdot \sqrt[3]{x + 8} + 4 \right]}$$

$$= \frac{\cancel{x}}{\cancel{x} \cdot \left[(\sqrt[3]{x + 8})^2 + 2 \cdot \sqrt[3]{x + 8} + 4 \right]}$$

$$= \frac{1}{(\sqrt[3]{x + 8})^2 + 2 \cdot \sqrt[3]{x + 8} + 4}$$

所以

$$\lim_{x \to 0} \frac{\sqrt[3]{x + 8} - 2}{x} = \lim_{x \to 0} \frac{1}{(\sqrt[3]{x + 8})^2 + 2 \cdot \sqrt[3]{x + 8} + 4}$$

$$= \frac{1}{(\sqrt[3]{0 + 8})^2 + 2 \cdot \sqrt[3]{0 + 8} + 4} = \frac{1}{12}$$

連續函數在有限閉區間上的極值定理

本書的使用者可以考慮到第四章再回來討論這個「極值定理」。這個定理的應用主要出現在第四章。

> **定理 2.3.8**　極值定理（Extreme-Value Theorem）
>
> 　　假設 $f \colon [a, b] \to \mathbb{R}$ 是定義在有限閉區間 $[a, b]$ 上的連續函數，則以下結果成立。
>
> (I) f 會在 $[a, b]$ 上某個點 α 出現「最小的函數值」：
>
> $$f(\alpha) \leq f(x) \text{ 對所有 } x \in [a, b] \text{ 都成立}$$
>
> 這個「最小的函數值」通常被稱為「函數 f 在區間 $[a, b]$ 上的（絕對）**極小值**（absolute minimum）」。
>
> (II) f 會在 $[a, b]$ 上某個點 β 出現「最大的函數值」：
>
> $$f(x) \leq f(\beta) \text{ 對所有 } x \in [a, b] \text{ 都成立}$$
>
> 這個「最大的函數值」通常被稱為「函數 f 在區間 $[a, b]$ 上的（絕對）**極大值**（absolute maximum）」。

說明：這個定理是大一微積分中非常重要的定理，但這個定理的證明超過大一微積分的範圍。這個極值定理中的兩個假設「連續函數」與「有限閉區間」都是非常關鍵的條件。

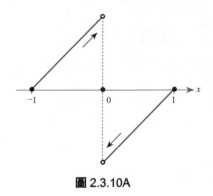

圖 2.3.10A

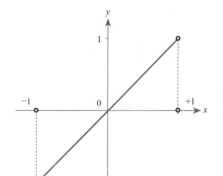

圖 2.3.10B

例 (A)：$u(x) = \begin{cases} x-1, \; 0 < x \leq 1 \\ 0, \; x = 0 \\ x+1, \; -1 \leq x < 0 \end{cases}$

則函數 $u(x)$ 在 $[-1, 0) \cup (0, +1]$ 上連續。但是 u 在 0 這個點不連續。結果函數 $u(x)$ 在 $[-1, +1]$ 上「不會出現極大值」而且「不會出現極小值」，請參考圖 2.3.10A。

例 (B)：$v(x) = x$ 其中 $x \in (-1, +1)$，則 $v(x)$ 在 $(-1, +1)$ 上連續。但是 $(-1, +1)$ 不是有限閉區間。結果函數 $v(x)$ 在 $(-1, +1)$ 上「不會出現極大值」並且「不會出現極小值」，請參考圖 2.3.10B。 ∎

我們將在第四章介紹「極值定理」的應用。

附錄：定理 2.3.4 的證明

(A) 令 $H_n(u) = u^n$ 其中 $u \in [0, +\infty)$。由定理 2.3.3 可知 H_n 是一個嚴格遞增函數。令 $f(x) = \sqrt[n]{x} = x^{\frac{1}{n}}$，其中 $x \in [0, +\infty)$，為「n 次方根函數」，則（f 是 H_n 的「反函數」）

$H_n(f(x)) = (\sqrt[n]{x})^n = x$ 對於任意元素 $x \in [0, +\infty)$ 恆成立

我們先證明「f 其實是一個嚴格遞增函數」如下。如果 $x < y$，則由以上等式可知

$$H_n(f(x)) = x < y = H_n(f(y))$$

注意 $f(x)$ 與 $f(y)$ 之間的「次序關係」共有以下三種可能：

$$f(x) < f(y) \text{ 或 } f(x) = f(y) \text{ 或 } f(x) > f(y)$$

由於 H_n 是嚴格遞增，我們可以得到以下的推論：

「$f(x) = f(y) \Rightarrow H_n(f(x)) = H_n(f(y))$」

或「$f(x) > f(y) \Rightarrow H_n(f(x)) > H_n(f(y))$」

其中 $H_n(f(x)) = H_n(f(y))$ 或 $H_n(f(x)) > H_n(f(y))$ 都與現實 $H_n(f(x)) < H_n(f(y))$ 矛盾。因此，只有 $f(x) < f(y)$ 可以成立。這就證明：f 是一個嚴格遞增函數。

現在我們證明 $\lim\limits_{x \to 0^+} \sqrt[n]{x} = \lim\limits_{x \to 0^+} f(x) = 0 = f(0)$ 如下。對於指定的誤差範圍 $\varepsilon > 0$，我們可以選擇 $\delta = \varepsilon^n > 0$。如果 $0 < x < \delta$，則由「f 是一個嚴格遞增函數」可知 $0 = f(0) < f(x) < f(\delta) = \sqrt[n]{\delta} = \varepsilon$ 因而 $|f(x) - 0| < \varepsilon$。這正是 $\lim\limits_{x \to 0^+} f(x) = 0$ 的數學表述。

假設 $c > 0$。現在我們證明 $\lim\limits_{x \to c} \sqrt[n]{x} = \lim\limits_{x \to c} f(x) = f(c) = \sqrt[n]{c}$ 如下。將 $a = f(x) = \sqrt[n]{x}$ 與 $b = f(c) = \sqrt[n]{c}$ 代入恆等式

$$a^n - b^n = (a - b) \cdot (a^{n-1} + a^{n-2} \cdot b + \cdots + b^{n-1})$$

可知

$$x - c = (\sqrt[n]{x})^n - (\sqrt[n]{c})^n$$

$$= [f(x) - f(c)] \cdot \left([f(x)]^{n-1} + [f(x)]^{n-2} \cdot f(c) + \cdots + [f(c)]^{n-1} \right)$$

對於指定的誤差範圍 $\varepsilon > 0$，我們可以選擇

$$\delta = \min\left\{ c, [f(c)]^{n-1} \cdot \varepsilon \right\} > 0$$

如果 $0 < |x - c| < \delta$，則 $0 \le -\delta + c < x$ 且 $f(x) > 0$ 因而

$$\delta > |x - c| = \left| f(x) - f(c) \right| \cdot \left| [f(x)]^{n-1} + \cdots + [f(c)]^{n-1} \right|$$

$$\ge \left| f(x) - f(c) \right| \cdot [f(c)]^{n-1}$$

其中 $\left| [f(x)]^{n-1} + \cdots + [f(c)]^{n-1} \right| = [f(x)]^{n-1} + \cdots + [f(c)]^{n-1} \ge [f(c)]^{n-1}$。
由此可知：如果 $0 < |x - c| < \delta$，則

$$\varepsilon = \frac{[f(c)]^{n-1} \cdot \varepsilon}{[f(c)]^{n-1}} \ge \frac{\delta}{[f(c)]^{n-1}} > \frac{|x - c|}{[f(c)]^{n-1}} \ge |f(x) - f(c)|$$

這正是所求的 $\lim\limits_{x \to c} \sqrt[n]{x} = \lim\limits_{x \to c} f(x) = f(c) = \sqrt[n]{c}$ 的數學表述。

(B) 如果正整數 n 是「奇數」，則由定理 2.3.3 的補充說明可知「n 次方根函數」可以唯一地定義在 $\mathbb{R} = (-\infty, +\infty)$。令 $g(x) = \sqrt[n]{x}$ 為這個定義在 $\mathbb{R}$ 的「n 次方根函數」。如果 $x \in [0, +\infty)$，則 $g(x) = f(x)$。如果 $x \in (-\infty, 0)$，則

$$g(x) = -g(-x) = -f(-x)$$

我們將使用這個重要的關係式來證明 (B) 的敘述。應用 (A) 的結果可知

$$\lim_{x \to 0^-} \sqrt[n]{x} = \lim_{x \to 0^-} g(x) = \lim_{x \to 0^-} [-f(-x)] = - \lim_{x \to 0^-} f(-x)$$

$$= - \lim_{w \to 0^+} f(w) = -f(0) = 0$$

其中 $w = -x \in (0, +\infty)$。這就證明：$\lim\limits_{x \to 0^-} \sqrt[n]{x} = 0$ 且 $\lim\limits_{x \to 0^+} \sqrt[n]{x} = 0$
因而 $\lim\limits_{x \to 0} \sqrt[n]{x} = 0$。

如果 $c < 0$，則應用 (A) 的結果可知

$$\lim_{x \to c} \sqrt[n]{x} = \lim_{x \to c} g(x) = \lim_{x \to c} [-f(-x)] = - \lim_{x \to c} f(-x)$$

$$= - \lim_{w \to c} f(w) = -f(-c) = g(c) = \sqrt[n]{c}$$

其中 $w = -x \in (0, +\infty)$。這就證明：$\lim\limits_{x \to c} \sqrt[n]{x} = \lim\limits_{x \to c} g(x) = g(c) = \sqrt[n]{c}$。

結合 (A) 的結果可知：當正整數 n 是「奇數」的時候，「n 次方根函數」$g(x) = \sqrt[n]{x}$ 在整個 $\mathbb{R} = (-\infty, +\infty)$ 上的每個點都是連續的。

習題 2.3

1. 假設 $f(x) = \begin{cases} \sqrt{x}, & 0 < x \leq 1 \\ \sqrt{x^2+1}, & -1 < x \leq 0 \\ \sqrt{3}, & x = -1 \end{cases}$，判斷函數 f
   在以下各點是否連續。(A) -1。(B) 0。(C) 1。

2. 假設 $f(x) = \begin{cases} x^2+K, & x \geq 2 \\ x^3, & x < 2 \end{cases}$，請決定 K 的值使
   得函數 $f(x)$ 在 2 這個點連續。

3. 假設 $f(x) = \dfrac{x-9}{\sqrt{x}-3}$，$0 < x$ 且 $x \neq 9$。(A) 計算
   $\lim\limits_{x \to 0^+} f(x)$。(B) 計算 $\lim\limits_{x \to 9} f(x)$。(C) 請定義 $f(9)$
   的值使得函數 f 在 9 這個點連續。

4. 使用中間值定理說明函數 $f(x) = x - \sqrt{x}$ 在開
   區間 $(0, \frac{1}{4})$ 上會出現 $-\frac{1}{6}$ 這個值。

5. 使用中間值定理說明函數 $f(x) = x - \sqrt{x}$ 在開
   區間 $(1, 4)$ 上會出現 $\frac{3}{2}$ 這個值。

*6. 假設正整數 n 是奇數。令 $f(x) = x^n - w$，其
   中 $w < 0$ 是個固定負實數。使用中間值定
   理說明多項式函數 $f(x) = x^n - w$ 在開區間
   $\left(-(1+|w|), 0 \right)$ 上會出現 0 這個值。

7. 使用中間值定理說明多項式函數：
   $f(x) = x^3 + x - 1$ 在開區間 $(0, 1)$ 上有「實數根
   （函數值為 0 的地方）」。

8. 計算 $\lim\limits_{x \to 0^+} \dfrac{(\sqrt{x}+2)^2 - 4}{\sqrt{x}}$。

9. 計算 $\lim\limits_{x \to 1} \dfrac{x-1}{\sqrt[3]{x}-1}$。

10. 假設 $f(x) = \dfrac{x^3 - 5x}{|x|}$，其中 $x \neq 0$。
    如果 $g(y) = y^3 + 2y$。(A) 計算 $\lim\limits_{x \to 0^+} g(f(x))$。
    (B) 計算 $\lim\limits_{x \to 0^-} g(f(x))$。

11. 計算 $\lim\limits_{x \to 2} \sqrt{x^3 - 3x^2 + 5x + 1}$。

12. 計算 $\lim\limits_{x \to 0} \dfrac{\sqrt{x+9} - 3}{x}$。

13. 計算 $\lim\limits_{x \to 2} \dfrac{\sqrt{x+2} - 2}{x-2}$。

14. 計算 $\lim\limits_{x \to 2} \dfrac{\sqrt[3]{x+25} - 3}{x-2}$。

15. 假設 $f(x) = \sqrt{x}$ 其中 $x \geq 0$。
    如果 $g(y) = y^3 + 2y$，計算 $\lim\limits_{x \to 3} g(f(x))$。

16. 如果 $\lim\limits_{x \to 0^+} f(x) = 3$，
    計算 $\lim\limits_{x \to 0^+} \left| \left(f(x)\right)^2 - f(x) - 8 \right|$。

17. 如果 $\lim\limits_{x \to 0^-} f(x) = 2$，計算 $\lim\limits_{x \to 0^-} \left[\left(f(x)\right)^3 + 2f(x) \right]$。

18. 如果 $\lim\limits_{x \to 0} f(x) = 1$，計算 $\lim\limits_{x \to 0} \sqrt{\dfrac{f(x)}{\left(f(x)\right)^2 + 2}}$。

第 4 節　夾擠定理與特殊的三角函數極限

本節主要介紹「夾擠定理」、正弦函數 sin 與餘弦函數 cos 的「連
續性」、特別的「三角函數極限」$\lim\limits_{x \to 0} \dfrac{\sin x}{x}$ 與 $\lim\limits_{x \to 0} \dfrac{1 - \cos x}{x}$。其中
「夾擠定理」是本節主要的處理特殊極限的工具。

定理 2.4.1　夾擠定理（Squeeze Theorem 或 Pinching Theorem）

(I) 如果有三個函數 $u(x)$、$f(x)$、$v(x)$ 在開區間 (a, c) 上維持以下
次序關係：

$$u(x) \leq f(x) \leq v(x)$$

而且 $\lim_{x \to c^-} u(x) = \mathscr{L} = \lim_{x \to c^-} v(x)$，其中 $\mathscr{L}$ 是一個實數，則 $\lim_{x \to c^-} f(x) = \mathscr{L}$。

(II) 如果有三個函數 $u(x)$、$f(x)$、$v(x)$ 在開區間 (c, b) 上維持以下次序關係：

$$u(x) \le f(x) \le v(x)$$

而且 $\lim_{x \to c^+} u(x) = \mathscr{L} = \lim_{x \to c^+} v(x)$，其中 $\mathscr{L}$ 是一個實數，則 $\lim_{x \to c^+} f(x) = \mathscr{L}$。

說明：如果 (I) 與 (II) 的條件同時成立：

$$u(x) \le f(x) \le v(x) \text{ 對於 } x \in (a, c) \cup (c, b) \text{ 恆成立}$$

而且 $\lim_{x \to c} u(x) = \mathscr{L} = \lim_{x \to c} v(x)$，我們就會得到 $\lim_{x \to c} f(x) = \mathscr{L}$ 這樣的結果。

這個定理成立的原因如下。由「$u(x) \le f(x) \le v(x)$」可知

$$\boxed{u(x) - \mathscr{L}} \le f(x) - \mathscr{L} \le \boxed{v(x) - \mathscr{L}}$$
$$\downarrow \qquad\qquad\qquad\qquad \downarrow$$
$$0 \qquad\qquad\qquad\qquad 0$$

其中「$u(x) - \mathscr{L}$」與「$v(x) - \mathscr{L}$」都會趨近於 0。所以夾在「$u(x) - \mathscr{L}$」與「$v(x) - \mathscr{L}$」之間的「$f(x) - \mathscr{L}$」必然會趨近於 0。　∎

範例 1　(A) 假設 $f(x) = \sin\left(\dfrac{1}{x}\right)$，其中 $x \ne 0$。請說明 $\lim_{x \to 0^-} f(x)$ 與 $\lim_{x \to 0^+} f(x)$ 都不存在。(B) 假設 $g(x) = x \cdot \sin\left(\dfrac{1}{x}\right)$ 其中 $x \ne 0$。請使用夾擠定理說明 $\lim_{x \to 0} g(x) = 0$。

說明：正弦函數 sin 是奇函數。所以

$$f(-x) = \sin\left(\frac{1}{-x}\right) = -\sin\left(\frac{1}{x}\right) = -f(x)$$

而且 $g(-x) = (-x) \cdot f(-x) = x \cdot f(x) = g(x)$。所以，在 (A) 小題中我們只需要說明 $\lim_{x \to 0^+} f(x)$ **不存在**，在 (B) 小題中我們只需要說明 $\lim_{x \to 0^+} g(x) = 0$。

(A) 正弦函數 **sin** 是**週期**為 2π 的**週期函數**。如果 $c > 0$，則

$$f\left(\frac{1}{c + 2n\pi}\right) = \sin(c + 2n\pi) = \sin(c) = f\left(\frac{1}{c}\right)$$

對任意**正整數** n 都成立。所以，函數 $f(x) = \sin\left(\dfrac{1}{x}\right)$ 在以下各個區間

$$\left[\frac{1}{4\pi}, \frac{1}{2\pi}\right], \left[\frac{1}{6\pi}, \frac{1}{4\pi}\right], \left[\frac{1}{8\pi}, \frac{1}{6\pi}\right], \cdots$$

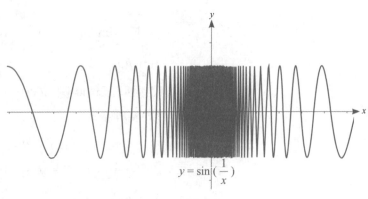

$$y = \sin\left(\frac{1}{x}\right)$$

圖 2.4.1A

都會分別走完 sin 的一個週期。隨著 n 越來越大，函數 $f(x) = \sin\left(\frac{1}{x}\right)$ 走完 sin 的一個週期所使用的區間

$$\left[\frac{1}{(2n+2)\pi}, \frac{1}{2n\pi}\right]$$

的長度 $\frac{1}{2n\pi} - \frac{1}{(2n+2)\pi} = \frac{2}{2n \cdot (2n+2)\pi}$ 會變得「越來越短」。所以 $f(x) = \sin\left(\frac{1}{x}\right)$ 的函數圖形在 $x \to 0^+$ 的過程中會呈現劇烈振盪的現象。參考圖 2.4.1A。由於 $f(x) = \sin\left(\frac{1}{x}\right)$ 的函數值，在 $x \to 0^+$ 的過程中，會一直重複出現 $[-1, +1]$ 中的每個值，所以 $\lim_{x \to 0^+} f(x) = \lim_{x \to 0^+} \sin\left(\frac{1}{x}\right)$ 不存在。

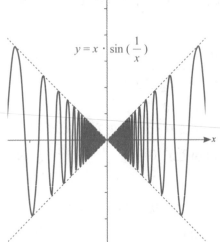

$$y = x \cdot \sin\left(\frac{1}{x}\right)$$

圖 2.4.1B

(B) 如果 $x \neq 0$，則

$$|g(x)| = \left|x \cdot \sin\left(\frac{1}{x}\right)\right| = |x| \cdot \left|\sin\left(\frac{1}{x}\right)\right| \leq |x|$$

所以 $-|x| \leq g(x) = x \cdot \sin\left(\frac{1}{x}\right) \leq |x|$ 在 $(-\infty, 0)$ 與 $(0, +\infty)$ 上恆成立。令 $u(x) = -|x|$ 且 $v(x) = |x|$，則

$$u(x) \leq g(x) \leq v(x)$$

在 $(-\infty, 0) \cup (0, +\infty)$ 上恆成立。而且

$$\lim_{x \to 0^+} u(x) = 0 = \lim_{x \to 0^+} v(x)$$

所以由夾擠定理可知 $\lim_{x \to 0^+} g(x) = 0$（圖 2.4.1B）。

延伸學習 1 使用夾擠定理說明 $\lim_{x \to 0}\left[x^2 \cdot \sin\left(\frac{1}{x}\right)\right] = 0$（圖 2.4.2）。

解答：如果 $x \neq 0$，則 $-x^2 \leq x^2 \cdot \sin\left(\frac{1}{x}\right) \leq x^2$。但是 $\lim_{x \to 0}(-x^2) = 0 = \lim_{x \to 0} x^2$，所以由「夾擠定理」可知 $\lim_{x \to 0}\left[x^2 \cdot \sin\left(\frac{1}{x}\right)\right] = 0$。

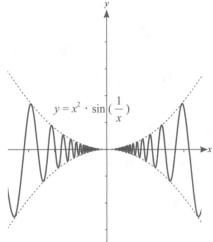

$$y = x^2 \cdot \sin\left(\frac{1}{x}\right)$$

圖 2.4.2

定理 2.4.2

(A) $\lim\limits_{x \to 0^+} \sin x = 0$ 而且 $\lim\limits_{x \to 0^-} \sin x = 0$。所以 $\lim\limits_{x \to 0} \sin x = 0$。

(B) $\lim\limits_{x \to 0} \cos x = 1$。

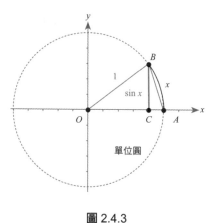

圖 2.4.3

$(\sin x)^2 + (\cos x)^2 = 1$

說明：

(A) 正弦函數 sin 是奇函數。令 $w = -x$，則條件 $x \to 0^-$ 相當於條件 $w \to 0^+$，而且 $\sin x = \sin(-w) = -\sin w$。所以

$$\lim_{x \to 0^-} \sin x = \lim_{w \to 0^+} (-\sin w) = -\lim_{w \to 0^+} \sin w$$

由此可知：如果 $\lim\limits_{w \to 0^+} \sin w = 0$，則 $\lim\limits_{x \to 0^-} \sin x = 0$。

　　現在我們說明 $\lim\limits_{x \to 0^+} \sin x = 0$。所以我們假設 $0 < x < \dfrac{\pi}{2}$。請參考圖 2.4.3。圓弧 $\overparen{AB}$ 的長度 x 大於 $\overline{AB}$ 線段的長度（$\overline{AB}$ 線段的長度是連接 A 點與 B 點的最短距離）。$\overline{AB}$ 線段的長度又大於 $\overline{BC}$ 線段的長度 $\sin x$（ΔABC 是直角三角形，由畢氏定理可知：$\overline{AB}^2 = \overline{BC}^2 + \overline{CA}^2$）。所以

$$0 < \sin x < x$$

其中 $\lim\limits_{x \to 0^+} 0 = 0 = \lim\limits_{x \to 0^+} x$。因此由「夾擠定理」可知 $\lim\limits_{x \to 0^+} \sin x = 0$。

(B) 如果 x 落在開區間 $(-\dfrac{\pi}{2}, \dfrac{\pi}{2})$ 之中，則 $\cos x > 0$ 而且

$$\cos x = \sqrt{1 - (\sin x)^2}$$

令 $f(x) = 1 - (\sin x)^2$，且 $g(y) = \sqrt{y}$，則 $\cos x = \sqrt{1 - (\sin x)^2} = g\big(f(x)\big)$，其中 $g(y) = \sqrt{y}$ 是定義在 $[0, +\infty)$ 上的連續函數。由「合成函數的極限運算規律」可知

$$\lim_{x \to 0} \cos x = \lim_{x \to 0} g\big(f(x)\big) = g\big(\lim_{x \to 0} f(x)\big)$$
$$= g(1 - 0^2) = g(1) = \sqrt{1}$$

所以 $\lim\limits_{x \to 0} \cos x = 1$。 ■

　　由這個定理我們可以得到以下的重要結果。

定理 2.4.3　正弦函數 sin、餘弦函數 cos 在 $\mathbb{R} = (-\infty, +\infty)$ 上的任意 c 點連續，所以「正弦函數 sin」與「餘弦函數 cos」都是定義在 $\mathbb{R}$ 上的連續函數。

說明：令 $\theta = x - c$，則 $x = c + \theta$ 而且「條件 $x \to c$」相當於「條件 $\theta \to 0$」。使用「sin 的和角公式」

$$\sin x = \sin(c + \theta) = (\sin c) \cdot \cos \theta + (\cos c) \cdot \sin \theta$$

可知

$$\lim_{x \to c} \sin x = \lim_{\theta \to 0} \sin(c + \theta)$$

$$= \lim_{\theta \to 0} [(\sin c) \cdot \cos \theta + (\cos c) \cdot \sin \theta]$$

$$= (\sin c) \cdot (\lim_{\theta \to 0} \cos \theta) + (\cos c) \cdot (\lim_{\theta \to 0} \sin \theta)$$

$$= (\sin c) \cdot 1 + (\cos c) \cdot 0 = \sin c$$

所以 $\lim_{x \to c} \sin x = \sin c$。這個結果表示：$\sin x$ 在 c 點連續（圖 2.4.4A）。

使用「cos 的和角公式」

$$\cos x = \cos(c + \theta) = (\cos c) \cdot (\cos \theta) - (\sin c) \cdot (\sin \theta)$$

可知

$$\lim_{x \to c} \cos x = \lim_{\theta \to 0} \cos(c + \theta)$$

$$= \lim_{\theta \to 0} [(\cos c) \cdot (\cos \theta) - (\sin c) \cdot (\sin \theta)]$$

$$= (\cos c) \cdot (\lim_{\theta \to 0} \cos \theta) - (\sin c) \cdot (\lim_{\theta \to 0} \sin \theta)$$

$$= (\cos c) \cdot 1 - (\sin c) \cdot 0 = \cos c$$

所以 $\lim_{x \to c} \cos x = \cos c$。這個結果表示：$\cos x$ 在 c 點連續（圖 2.4.4B）。

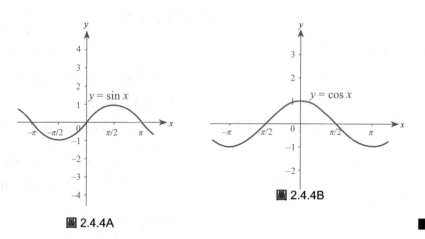

圖 2.4.4A　　　　圖 2.4.4B

■

範例 2 (A) 計算 $\lim\limits_{x \to \frac{\pi}{4}} \dfrac{\sin x}{2 + \cos x}$。(B) 計算 $\lim\limits_{x \to \frac{\pi}{2}} \sqrt{1 - \sin x}$。

說明：

(A) $\sin x$ 與 $\cos x$ 都是連續函數。

(A) $\lim\limits_{x \to \frac{\pi}{4}} \dfrac{\sin x}{2 + \cos x} = \dfrac{\lim\limits_{x \to \frac{\pi}{4}} \sin x}{\lim\limits_{x \to \frac{\pi}{4}} (2 + \cos x)}$

$\qquad = \dfrac{\lim\limits_{x \to \frac{\pi}{4}} \sin x}{2 + (\lim\limits_{x \to \frac{\pi}{4}} \cos x)} = \dfrac{\dfrac{\sqrt{2}}{2}}{2 + \dfrac{\sqrt{2}}{2}}$

$$= \frac{\sqrt{2}}{4 + \sqrt{2}} = \frac{\sqrt{2} \cdot (4 - \sqrt{2})}{(4 + \sqrt{2}) \cdot (4 - \sqrt{2})}$$

$$= \frac{4\sqrt{2} - 2}{16 - 2} = \frac{2\sqrt{2} - 1}{7}$$

(B) 平方根函數（2 次方根函數）是定義在 $[0, +\infty)$ 上的連續函數。使用合成函數的極限運算規律計算 $\lim_{x \to \frac{\pi}{2}} \sqrt{1 - \sin x}$。

(B) $\lim_{x \to \frac{\pi}{2}} \sqrt{1 - \sin x} = \sqrt{\lim_{x \to \frac{\pi}{2}} (1 - \sin x)}$

$$= \sqrt{1 - \lim_{x \to \frac{\pi}{2}} \sin x} = \sqrt{1 - 1} = 0$$

延伸學習 2 　計算 $\lim_{x \to \frac{\pi}{3}} [3(\sin x)^2 + \cos x]$。

解答：

$$3 \cdot \left(\lim_{x \to \frac{\pi}{3}} \sin x \right)^2 + \left(\lim_{x \to \frac{\pi}{3}} \cos x \right) = \frac{9}{4} + \frac{1}{2} = \frac{11}{4} \,\text{。}$$

　　由這個定理我們得知所有的三角函數在「有定義的區間」上都是連續函數（使用定理 2.3.5），請參考圖 2.4.5A 至圖 2.4.5D。

$\tan x = \dfrac{\sin x}{\cos x}$ 在「$\cos x \neq 0$ 的區間」上是連續函數。

$\cot x = \dfrac{\cos x}{\sin x}$ 在「$\sin x \neq 0$ 的區間」上是連續函數。

$\sec x = \dfrac{1}{\cos x}$ 在「$\cos x \neq 0$ 的區間」上是連續函數。

$\csc x = \dfrac{1}{\sin x}$ 在「$\sin x \neq 0$ 的區間」上是連續函數。

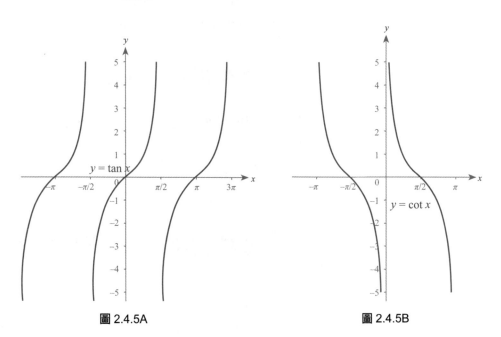

圖 2.4.5A　　　　　　　　　　　　　圖 2.4.5B

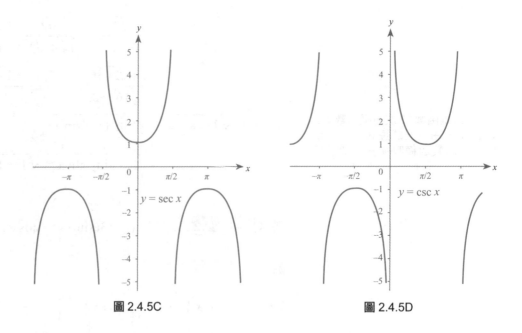

圖 2.4.5C   圖 2.4.5D

範例 3 使用合成函數的極限運算規律計算以下極限。

(A) $\lim\limits_{x \to 1} \sin(x^2 - x + 3)$。

(B) $\lim\limits_{x \to 0} \sqrt{1 + \sec x}$。

(C) $\lim\limits_{x \to -3} \tan(|x + 2|)$。

說明：

(A) sin 是連續函數。

(B)「平方根函數」與 sec 都是連續函數。所以 $\lim\limits_{x \to 0} \sec x = \sec 0 = 1$。

(C) tan 是連續函數。

(A) $\lim\limits_{x \to 1} \sin(x^2 - x + 3) = \sin\left[\lim\limits_{x \to 1}(x^2 - x + 3)\right] = \sin 3$。

(B) $\lim\limits_{x \to 0} \sqrt{1 + \sec x} = \sqrt{\lim\limits_{x \to 0}(1 + \sec x)} = \sqrt{1 + 1} = \sqrt{2}$。

(C) $\lim\limits_{x \to -3} \tan(|x + 2|) = \tan(\lim\limits_{x \to -3}|x + 2|) = \tan(1)$。

延伸學習 3 使用合成函數的極限運算規律計算以下極限。

(A) $\lim\limits_{x \to 1} \cos\left(\dfrac{x \cdot \pi}{x^2 + x + 1}\right)$。 (B) $\lim\limits_{x \to 0} \cot\left(\dfrac{\pi \sqrt{x^2 + 1}}{2}\right)$。

解答：(A) $\cos\left(\dfrac{\pi}{3}\right) = \dfrac{1}{2}$。 (B) $\cot\left(\dfrac{\pi}{2}\right) = 0$

定理 2.4.4 (A) $\lim\limits_{x \to 0} \dfrac{\sin x}{x} = 1$。 (B) $\lim\limits_{x \to 0} \dfrac{1 - \cos x}{x} = 0$。

說明：

(A) 正弦函數 sin 是「奇函數」。令 $w = -x$，則條件 $x \to 0^-$「相當於」條件 $w \to 0^+$，而且 $\dfrac{\sin x}{x} = \dfrac{\sin(-w)}{-w} = \dfrac{-\sin w}{-w} = \dfrac{\sin w}{w}$，所以

$$\lim_{x \to 0^-} \frac{\sin x}{x} = \lim_{w \to 0^+} \frac{\sin w}{w}$$

由此可知：如果 $\lim\limits_{w \to 0^+} \dfrac{\sin w}{w} = 1$，則 $\lim\limits_{x \to 0^-} \dfrac{\sin x}{x} = 1$。

現在我們說明 $\lim\limits_{x \to 0^+} \dfrac{\sin x}{x} = 1$。所以我們假設 $0 < x < \dfrac{\pi}{2}$。請參考圖 2.4.6。注意以下面積的次序關係：

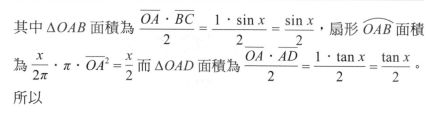

ΔOAB 的面積 $<$ 扇形 $\overarc{OAB}$ 的面積 $< \Delta OAD$ 的面積

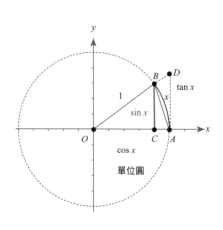

圖 2.4.6

其中 ΔOAB 面積為 $\dfrac{\overline{OA} \cdot \overline{BC}}{2} = \dfrac{1 \cdot \sin x}{2} = \dfrac{\sin x}{2}$，扇形 $\overarc{OAB}$ 面積為 $\dfrac{x}{2\pi} \cdot \pi \cdot \overline{OA}^2 = \dfrac{x}{2}$ 而 ΔOAD 面積為 $\dfrac{\overline{OA} \cdot \overline{AD}}{2} = \dfrac{1 \cdot \tan x}{2} = \dfrac{\tan x}{2}$。所以

$$\frac{\sin x}{2} < \frac{x}{2} < \frac{\tan x}{2} = \frac{\sin x}{2 \cdot \cos x}$$

將以上不等式的「左邊」、「中間」、「右邊」同時乘以 $\dfrac{2}{x}$ 就可以得到

$$\frac{\sin x}{x} < 1 \text{ 而且 } 1 < \frac{\sin x}{x \cdot \cos x}$$

其中 $1 < \dfrac{\sin x}{x \cdot \cos x}$ 表示 $\cos x < \dfrac{\sin x}{x}$。

因此我們發現

$$\cos x < \frac{\sin x}{x} < 1$$

其中 $\lim\limits_{x \to 0^+} \cos x = 1$（定理 2.4.2）而且 $\lim\limits_{x \to 0^+} 1 = 1$。由夾擠定理可知 $\lim\limits_{x \to 0^+} \dfrac{\sin x}{x} = 1$。

(B) 如果 $x \neq 0$，則

$$\frac{1 - \cos x}{x} = \frac{(1 - \cos x) \cdot (1 + \cos x)}{x \cdot (1 + \cos x)}$$

$$= \frac{1 - (\cos x)^2}{x \cdot (1 + \cos x)} = \frac{(\sin x)^2}{x \cdot (1 + \cos x)}$$

所以

(B) 使用 (A) 的結果：$\lim\limits_{x \to 0} \dfrac{\sin x}{x} = 1$。

$$\lim_{x \to 0} \frac{1 - \cos x}{x} = \lim_{x \to 0} \frac{(\sin x) \cdot (\sin x)}{x \cdot (1 + \cos x)}$$

$$= \left(\lim_{x \to 0} \frac{\sin x}{x} \right) \cdot \left(\lim_{x \to 0} \frac{\sin x}{1 + \cos x} \right)$$

$$= 1 \cdot \frac{0}{1 + 1} = 0$$

這就是 (B) 的結果。∎

補充說明：在第三章我們會討論「微分」。其實 $\lim\limits_{x \to 0} \dfrac{\sin x}{x}$ 就是「正

弦函數 sin 在 0 點的微分」，而 $\lim\limits_{x \to 0} \dfrac{(\cos x) - 1}{x}$ 就是「餘弦函數 cos 在 0 點的微分」。

範例 4 計算 $\lim\limits_{x \to 0} \dfrac{\tan x}{x}$。

說明： $\dfrac{\tan x}{x} = \dfrac{\sin x}{x} \cdot \dfrac{1}{\cos x}$。

所以 $\lim\limits_{x \to 0} \dfrac{\tan x}{x} = \left(\lim\limits_{x \to 0} \dfrac{\sin x}{x} \right) \cdot \left(\lim\limits_{x \to 0} \dfrac{1}{\cos x} \right) = 1 \cdot 1 = 1$。

範例 5 (A) 計算 $\lim\limits_{x \to 0} \dfrac{\sin(3x)}{x}$。 (B) 計算 $\lim\limits_{x \to 0} \dfrac{\sin(x^2)}{x}$。

說明：

(A) $\dfrac{\sin(3x)}{x} = 3 \cdot \dfrac{\sin(3x)}{3x}$。令 $\theta = 3x$，則條件 $x \to 0$「相當於」條件 $\theta \to 0$，而且

$$
\begin{aligned}
\lim_{x \to 0} \frac{\sin(3x)}{x} &= \lim_{x \to 0} 3 \cdot \frac{\sin(3x)}{3x} \\
&= 3 \cdot \lim_{x \to 0} \frac{\sin(3x)}{3x} \\
&= 3 \cdot \lim_{\theta \to 0} \frac{\sin \theta}{\theta} = 3 \cdot 1 = 3
\end{aligned}
$$

(B) $\dfrac{\sin(x^2)}{x} = x \cdot \dfrac{\sin(x^2)}{x^2}$。令 $w = x^2$ 則條件 $x \to 0$「相當於」條件 $w \to 0^+$，而且

$$
\begin{aligned}
\lim_{x \to 0} \frac{\sin(x^2)}{x} &= \left(\lim_{x \to 0} x \right) \cdot \left(\lim_{x \to 0} \frac{\sin(x^2)}{x^2} \right) \\
&= \left(\lim_{x \to 0} x \right) \cdot \left(\lim_{w \to 0^+} \frac{\sin w}{w} \right) \\
&= 0 \cdot 1 = 0
\end{aligned}
$$

範例 6 使用 $\lim\limits_{x \to 0} \dfrac{1 - \cos x}{x} = 0$ 這個結果計算 $\lim\limits_{x \to 0} \dfrac{(\sec x) - 1}{x}$。

說明： 若 $x \neq 0$ 而且 $\cos x \neq 0$，則

$$
\frac{(\sec x) - 1}{x} = \frac{\dfrac{1}{\cos x} - 1}{x} \cdot \frac{\cos x}{\cos x} = \frac{1 - \cos x}{x} \cdot \frac{1}{\cos x}
$$

所以

$$
\begin{aligned}
\lim_{x \to 0} \frac{(\sec x) - 1}{x} &= \left(\lim_{x \to 0} \frac{1 - \cos x}{x} \right) \cdot \left(\lim_{x \to 0} \frac{1}{\cos x} \right) \\
&= 0 \cdot 1 = 0
\end{aligned}
$$

習題 2.4

計算以下極限。（1～2）

1. $\lim\limits_{x \to \frac{\pi}{4}} \dfrac{2 + \sin x}{1 + \cos x}$。

2. $\lim\limits_{x \to \frac{\pi}{6}} \dfrac{(\sin x) \cdot (\cos x)}{1 + \cos x}$。

使用「合成函數」的極限運算規律計算以下極限。（3～6）

3. $\lim\limits_{x \to 2} \cos\left(\dfrac{\pi x}{x^2 + 2} \right)$。

4. $\lim\limits_{x \to -\frac{1}{2}} \sin(\pi \cdot |x| + \pi)$。

5. $\lim\limits_{x \to \pi} \left| \dfrac{\cos x}{2 + \cos x} \right|$。

6. $\lim\limits_{x \to \frac{\pi}{4}} \sqrt{2 + (\cos x)^2}$。

計算以下極限。（7～12）

7. $\lim\limits_{x \to 0} \dfrac{x}{\sin x}$。

8. $\lim\limits_{x \to 0} \dfrac{\sin(7x)}{x}$。

9. $\lim\limits_{x \to 0} \dfrac{\sin(x^2)}{x^2}$。

10. $\lim\limits_{x \to 0} \dfrac{\tan(3x)}{x}$。

11. $\lim\limits_{x \to 0} \dfrac{1 - \cos(2x)}{x^2}$。

12. $\lim\limits_{x \to 0} \dfrac{1 - \cos x}{x^2}$。

*13. 如果 $f(x)$ 在 $\mathbb{R}$ 上滿足 $|f(x)| \leq 3$。請說明 $\lim\limits_{x \to 0} x \cdot f(x) = 0$。

第 2 章習題

1. 試求 $\lim\limits_{x \to 1} \sqrt{\dfrac{x^2 + 3x - 4}{x^3 - 1}} = ?$

(A) $\sqrt{\dfrac{7}{6}}$。(B) $\sqrt{\dfrac{4}{3}}$。(C) $\sqrt{\dfrac{3}{2}}$。(D) $\sqrt{\dfrac{5}{3}}$。

【92 二技電子】

2. $\lim\limits_{x \to \infty} \sqrt{x + 1} \left(\sqrt{x} - \sqrt{x - 1} \right)$ 的結果是：

(A) 0。(B) $\dfrac{1}{2}$。(C) 1。(D) ∞。　【93 二技電子】

3. $\lim\limits_{x \to \infty} \dfrac{x + \cos x}{x} = ?$

(A) 1。(B) 0。(C) 2。(D) 不存在。

【86 二技管一】

4. 已知 $f(x) = \dfrac{\sin x}{x}$，$g(x) = \dfrac{x}{\sin x}$，試求 $\lim\limits_{x \to 0} (f(x) - g(x)) = ?$

(A) $-\infty$。(B) 0。(C) 2。(D) ∞。　【96 二技管一】

5. 下列敘述何者錯誤？

(A) 若 $f(c)$ 沒有定義，則 $\lim\limits_{x \to c} f(x)$ 不存在。

(B) 若 $0 \leq f(x) \leq 3x^2 + 2x^4$ 對於所有實數 x 均成立，則 $\lim\limits_{x \to 0} f(x) = 0$。

(C) 若 b 為一實數，且 $\lim\limits_{x \to a} f(x) = b$，則 $\lim\limits_{x \to a} |f(x)| = |b|$。

(D) 若 $\lim\limits_{x \to a} f(x) = \mathcal{L}$，$\lim\limits_{x \to a} f(x) = M$，且 $\mathcal{L}$ 與 M 均為實數，則 $\mathcal{L} = M$。　【87 二技管一】

6. 若 $f(x) = \begin{cases} x + 1, & x < 0 \\ -x^2 + 1, & 0 \leq x \leq 1 \\ \sin(\pi x), & x > 1 \end{cases}$，則 $f(x)$ 之不連續點有幾個？

(A) 0。(B) 1。(C) 2。(D) 無限大。

【92 二技管一】

7. 對函數 $f(x) = \dfrac{x + 1}{x^2 - 3x + 2}$ 而言，$f(x) = ?$

(A) 在 $x \geq 2$ 時連續。(B) 在 $x < 2$ 時連續。

(C) 在 $x = 1$ 處連續。(D) 在 $x = 2$ 處不連續。

【93 二技電子】

8. $\lim\limits_{x \to -\infty} \dfrac{\sqrt{2x^2 + 4}}{x + 5} = ?$

(A) $\sqrt{2}$。(B) $-\sqrt{2}$。(C) ∞。(D) $-\infty$。【84 二技】

第3章 微分的意義與運算規律

本章主要介紹微分的意義、微分的運算規律以及微積分課程中基本的可微分函數。我們要介紹的微分規律主要是與兩個函數之間先進行相加或相減或相乘或相除或合成之後再進行微分這樣的運算有關。而我們要介紹的可微分函數主要包括：多項式函數、三角函數、n 次方根函數、反三角函數、自然指數函數、自然對數函數。在第三節我們會介紹反函數的連續性與微分規律。而且我們會運用這些結果來討論三角函數與反三角函數、自然指數函數與自然對數函數間的反函數關係。

第 1 節 微分的意義與基礎的運算規律

微分（differentiation）源自於對**瞬時速度**（instantaneous speed）與**切線**（tangent）的研究。一般將牛頓（Issac Newton）與萊布尼茲（Gottfried Wilhelm Leibniz）視為微積分的建立者。微分的英文動詞為 differentiate。微分的英文名詞是 differentiation 或 derivative。使用 differentiation 這個字通常含有動作（取微分）之意。derivative 這個字是名詞，為「抽出物、衍生物」的意思，通常被譯為導數或導函數（對函數「取微分」之後所得到的函數）。

> **定義 3.1.1** 假設 $f : (a, b) \to \mathbb{R}$ 是定義在開區間的實數函數。如果 $c \in (a, b)$，則我們定義函數 f 在點 c 的微分或**導數**（derivative）$f'(c)$ 為
>
> $$f'(c) = \lim_{x \to c} \frac{f(x) - f(c)}{x - c}$$
>
> 通常我們以符號 $\dot{f}(c)$ 或 $f'(c)$ 或 $\dfrac{df}{dx}(c)$ 表示 f 在 c 的微分。當 f 在 c 的微分存在（$\lim\limits_{x \to c} \dfrac{f(x) - f(c)}{x - c}$ 存在），我們說「f 在 c 點**可微分**（differentiable）」。

說明：$f(x) - f(c)$ 是函數值 $f(x)$ 與 $f(c)$ 之間的「差（變化）」。所以 $\dfrac{f(x) - f(c)}{x - c}$ 就是在 x 與 c 之間「函數值的平均變化」。因此，

$f'(c) = \lim\limits_{x \to c} \dfrac{f(x) - f(c)}{x - c}$ 其實就是在 c 點「f 的函數值的平均變化的極限」。

$\dfrac{f(x) - f(c)}{x - c}$ 只對 $x \neq c$ 才有定義。

比值 $\dfrac{f(x) - f(c)}{x - c}$ 只有在「分母 $(x - c)$ 不為 $0\,(x \neq c)$」的點才有意義。所以 $\dfrac{f(x) - f(c)}{x - c}$ 其實是個定義在 $(a, c) \cup (c, b)$ 的函數。因此「微分（導數）$f'(c)$ 存在」其實就表示

> 左極限 $\lim\limits_{x \to c^-} \dfrac{f(x) - f(c)}{x - c}$ 與右極限 $\lim\limits_{x \to c^+} \dfrac{f(x) - f(c)}{x - c}$「同時存在」而且「相等」。

早期的科學家常以簡略符號 Δf 代表 $f(x) - f(c)$ 這個「函數值的差」，而且以 Δx 代表 $x - c$ 這個「變數值的差」。Δ 是希臘字母，音為 **delta**，在這裡代表**差**（difference）的意思。在十九世紀以前，人們常使用 $\lim\limits_{\Delta x \to 0} \dfrac{\Delta f}{\Delta x}$ 這樣的符號來表示微分（導數）的定義。由於這樣的表示不是很精確（由 Δf 或 Δx 的表示無法得知 c 點為何），目前已經很少使用。

但是以下關於 $f'(c)$ 的「極限定義」方式仍廣受歡迎。

> $f'(c) = \lim\limits_{\Delta x \to 0} \dfrac{f(c + \Delta x) - f(c)}{\Delta x}$ 其中 $\Delta x = x - c$

令 $\Delta x = x - c$，則 $x = c + \Delta x$。由此可知

$$\text{「條件 } x \to c \text{ 成立」} \Leftrightarrow \text{「條件 } \Delta x \to 0 \text{ 成立」}$$

所以 $\lim\limits_{\Delta x \to 0} \dfrac{f(c + \Delta x) - f(c)}{\Delta x} = \lim\limits_{x \to c} \dfrac{f(x) - f(c)}{x - c}$。 ■

微分在物理上的意義

如果 $f(t)$ 代表一個質點在時間 t 的位置函數，則 $f(t) - f(c)$ 就是質點在時間 c 至時間 t 的位移。而 $\dfrac{f(t) - f(c)}{t - c}$ 就代表質點在時間 c 至時間 t 之間的平均速度。當我們測量平均速度所用的時間差 $t - c$ 愈來愈接近於 0，則相對應的平均速度的極限就被稱為瞬時速度。我們將這個結論總結如下：

> 如果 $f(x)$ 代表質點在時間 x 的位置座標，則 $\lim\limits_{x \to c} \dfrac{f(x) - f(c)}{x - c}$ 就代表質點在時間 c 的瞬時速度。

並不是所有的函數，在任意點，微分都會存在。連續是微分存在的必要條件。

連續性質是微分存在的必要條件，但不是充分條件。這就是說：如果函數 f 在 c 點可微分，則函數 f 在 c 點連續。但是反向命題「 f 在 c 點連續 $\Rightarrow f$ 在 c 點的微分存在」不必然成立。

定理 3.1.2　假設 $f:(a, b) \to \mathbb{R}$ 是定義在開區間 (a, b) 的函數。如果對於 $c \in (a, b)$，微分 $f'(c) = \lim_{x \to c} \dfrac{f(x) - f(c)}{x - c}$ 存在，則函數 f 在 c 點必定連續。

說明： 要說明 f 在 c 點連續相當於要說明 $\lim_{x \to c} f(x) = f(c)$ 或 $\lim_{x \to c} [f(x) - f(c)] = 0$。由於當 $x \neq c$ 的時候，

$$f(x) - f(c) = (x - c) \cdot \frac{f(x) - f(c)}{x - c}$$

因此 $\lim_{x \to c} [f(x) - f(c)] = [\lim_{x \to c} (x - c)] \cdot [\lim_{x \to c} \dfrac{f(x) - f(c)}{x - c}]$

$$= (c - c) \cdot f'(c) = 0 \cdot f'(c) = 0$$

所以當 $f'(c)$ 存在的時候，函數 f 在 c 點必定連續。∎

　　由這個定理可知：想要討論某個函數 f 在某個點 c 的微分是否存在，則 f 在 c 點連續是先決條件。如果 f 在 c 不連續，那麼討論 f 在 c 點的微分就沒有意義了。但是，即使函數 f 在 c 點連續，f 在 c 點的微分仍可能不存在。所以「在 c 點微分存在」是比「在 c 點連續」更強的條件。以下討論幾個典型的例子。

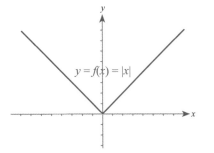

$y = f(x) = |x|$

圖 3.1.1

範例 1　假設 $f(x) = |x|$，$x \in \mathbb{R}$，則函數 f 在 0 這個點的微分 $f'(0)$ 並不存在。

說明： $f'(0) = \lim_{x \to 0} \dfrac{f(x) - f(0)}{x - 0} = \lim_{x \to 0} \dfrac{|x| - |0|}{x - 0} = \lim_{x \to 0} \dfrac{|x|}{x}$。

由於 $\lim_{x \to 0^+} \dfrac{|x|}{x} = +1$ 而且 $\lim_{x \to 0^-} \dfrac{|x|}{x} = -1$，我們發現左極限 $\neq$ 右極限。故 $f'(0) = \lim_{x \to 0} \dfrac{|x|}{x}$ 並不存在。

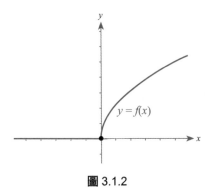

$y = f(x)$

圖 3.1.2

範例 2　假設 $n > 1$ 是正整數，則函數 $f(x) = \begin{cases} \sqrt[n]{x}, & x > 0 \\ 0, & x \leq 0 \end{cases}$ 在 $\mathbb{R}$ 上是個連續函數（第二章的結果）。但是 f 在 0 點的微分 $f'(0)$ 並不存在。

說明： 注意 $\lim_{x \to 0^-} \dfrac{f(x) - f(0)}{x - 0} = \lim_{x \to 0^-} \dfrac{0}{x} = 0$。但是

$$\lim_{x \to 0^+} \frac{f(x) - f(0)}{x - 0} = \lim_{x \to 0^+} \frac{\sqrt[n]{x}}{x} = \lim_{x \to 0^+} \frac{\sqrt[n]{x}}{(\sqrt[n]{x})^n} = \lim_{x \to 0^+} \frac{1}{(\sqrt[n]{x})^{n-1}} = +\infty$$

所以 $f'(0) = \lim_{x \to 0} \dfrac{f(x) - f(0)}{x - 0}$ 並不存在。

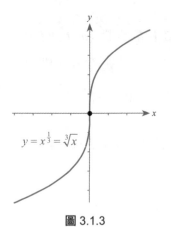

$y = x^{\frac{1}{3}} = \sqrt[3]{x}$

圖 3.1.3

範例 3 3 次方根函數 $f(x) = \sqrt[3]{x}$，$x \in \mathbb{R}$，是個連續函數。雖然 f 在 0 點連續：$\lim_{x \to 0} \sqrt[3]{x} = 0$，但是 f 在 0 點的微分 $f'(0)$ 並不存在。

說明： $x = (\sqrt[3]{x})^3$，所以

$$f'(0) = \lim_{x \to 0} \frac{f(x) - f(0)}{x - 0} = \lim_{x \to 0} \frac{\sqrt[3]{x} - \sqrt[3]{0}}{x - 0}$$

$$= \lim_{x \to 0} \frac{\sqrt[3]{x}}{(\sqrt[3]{x})^3} = \lim_{x \to 0} \frac{1}{(\sqrt[3]{x})^2} = +\infty$$

由此可知 $f'(0)$ 並不存在。

微分與切線斜率

瞭解連續性質是微分存在的必要條件之後，我們接著討論微分與函數圖形的切線間的關聯。

如果函數 f 的圖形 $y = f(x)$ 代表某曲線如圖 3.1.4 所示，則 $\frac{f(x) - f(c)}{x - c}$ 代表「連接 $(c, f(c))$ 與 $(x, f(x))$ 的直線的斜率」。通常「連接 $(c, f(c))$ 與 $(x, f(x))$ 的直線」被稱為割線。

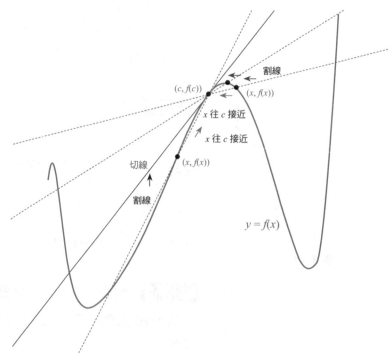

如果極限 $f'(c) = \lim_{x \to c} \frac{f(x) - f(c)}{x - c}$ 存在，那麼當 x 往 c 接近的時候，割線的斜率 $\frac{f(x) - f(c)}{x - c}$ 會朝著切線斜率 $f'(c) = \lim_{x \to c} \frac{f(x) - f(c)}{x - c}$ 接近。

圖 3.1.4

當 $x \neq c$ 往 c 點接近，相應的

$$\text{割線斜率} \; \frac{f(x) - f(c)}{x - c}$$

會隨著變動。所以「函數 f 在 c 點的微分 $f'(c)$ 存在」其實就表示：過 $(c, f(c))$ 點的割線斜率的極限存在。由於這些割線都通過 $(c, f(c))$ 點，當「微分 $f'(c)$ 存在」的時候，我們就會觀察到這些通過 $(c, f(c))$ 點的割線會朝著一條過 $(c, f(c))$ 點的特定直線切線趨近。這條切線的斜率就是 $f'(c)$：「過 $(c, f(c))$ 點的割線斜率」的極限。請參考圖 3.1.4。

關於切線的補充注意事項：如果通過 $(c, f(c))$ 的割線朝著鉛直線趨近，則「f 的函數圖形在 $(c, f(c))$ 點的切線」是存在的，但是「微分 $f'(c)$ 並不會存在」。在這種情況會發生 $\lim\limits_{x \to c} \left| \dfrac{f(x) - f(c)}{x - c} \right| = +\infty$ 的現象。我們將以上結果總結如下（參考圖 3.1.5）：

> 微分 $f'(c)$ 存在 $\Leftrightarrow$ f 的函數圖形在 $(c, f(c))$ 點的切線存在而且斜率為（有限的）實數。如果 f 的函數圖形在 $(c, f(c))$ 點的切線存在而且是鉛直線，則微分 $f'(c)$ 不存在而且
> $$\lim_{x \to c} \left| \frac{f(x) - f(c)}{x - c} \right| = +\infty$$

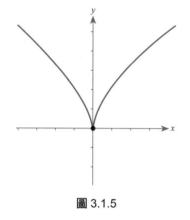

圖 3.1.5

範例 4　(A) 如果函數 g 在 $\mathbb{R}$ 上的函數值恆為 9。請使用導數定義求 $g'(2)$。(B) 如果 $f(x) = x^3$，$x \in \mathbb{R}$。請使用微分定義計算 $f'(5)$。

說明：

(A) $g'(2) = \lim\limits_{x \to 2} \dfrac{g(x) - g(2)}{x - 2} = \lim\limits_{x \to 2} \dfrac{9 - 9}{x - 2} = \lim\limits_{x \to 2} \dfrac{0}{x - 2} = 0$

(B) $f'(5) = \lim\limits_{x \to 5} \dfrac{f(x) - f(5)}{x - 5} = \lim\limits_{x \to 5} \dfrac{x^3 - 5^3}{x - 5}$

$= \lim\limits_{x \to 5} \dfrac{(x - 5) \cdot (x^2 + x \cdot 5 + 5^2)}{(x - 5)}$　　（解題要點）

$= \lim\limits_{x \to 5} (x^2 + x \cdot 5 + 5^2) = 5^2 + 5 \cdot 5 + 5^2$ 　　$\underbrace{}_{\text{共 3 項}}$

$= 3 \cdot 5^2 = 75$

解題要點：
$a^3 - b^3 = (a - b)(a^2 + ab + b^2)$

延伸學習 1　如果 $f(x) = x^2$ 其中 $x \in \mathbb{R}$。請使用微分定義計算 $f'(5)$。

解答： $2 \cdot 5^1 = 10$。

實數值函數 $f : (a, b) \to \mathbb{R}$ 在點 c 的導數定義如下：

$$f'(c) = \lim_{\Delta x \to 0} \frac{f(c + \Delta x) - f(c)}{\Delta x}$$

如果我們在每個 $c \in (a, b)$ 都考慮函數 f 的微分，那麼我們就會得到一個新的函數。我們通常稱呼這個函數為 f 的導函數。

補充說明（導函數的定義）：假設 $f: (a, b) \to \mathbb{R}$ 是定義在開區間的實數值函數。如果函數 f 在開區間 (a, b) 上的每個點的微分都存在：對於 (a, b) 上的每個點 x，極限

$$f'(x) = \lim_{\Delta x \to 0} \frac{f(x + \Delta x) - f(x)}{\Delta x}$$

存在。那麼我們就說「f 是個可微分函數」。

通常我們稱 f' 為「f 的導函數」。除了 $f'(x)$ 以外，我們也常用 $\dfrac{df}{dx}(x)$ 來表示 $f(x)$ 的導函數。如果將 y 視為 $f(x)$，則 $\dfrac{dy}{dx}$ 或 $y'(x)$ 這樣的符號也很常用。

定理 3.1.3　(A) 常數函數的微分為 0。 (B) 假設 n 是正整數而且 $f(x) = x^n$ 其中 $x \in \mathbb{R}$，則 $f'(x) = n \cdot x^{(n-1)}$（如果 $n = 1$，則 $f'(x) = 1$）。

說明：

(A) 如果 g 是個常數函數而且函數值恆為實數 K，則

$$g'(x) = \lim_{\Delta x \to 0} \frac{g(x + \Delta x) - g(x)}{\Delta x} = \lim_{\Delta x \to 0} \frac{K - K}{\Delta x}$$

$$= \lim_{\Delta x \to 0} \frac{0}{\Delta x} = 0$$

(B) 如果 $n = 1$ 而且 $f(x) = x$，則

$$f'(x) = \lim_{\Delta x \to 0} \frac{f(x + \Delta x) - f(x)}{\Delta x} = \lim_{\Delta x \to 0} \frac{(x + \Delta x) - x}{\Delta x}$$

$$= \lim_{\Delta x \to 0} \frac{\Delta x}{\Delta x} = \lim_{\Delta x \to 0} 1 = 1$$

如果正整數 $n > 1$ 而且 $f(x) = x^n$，則使用公式

$a^n - b^n = (a - b) \cdot [a^{n-1} + a^{n-2} \cdot b + \cdots + b^{n-1}]$ 可知

$$f'(x) = \lim_{\Delta x \to 0} \frac{f(x + \Delta x) - f(x)}{\Delta x} = \lim_{\Delta x \to 0} \frac{(x + \Delta x)^n - x^n}{\Delta x}$$

$$= \lim_{\Delta x \to 0} \frac{\Delta x \cdot [(x + \Delta x)^{n-1} + (x + \Delta x)^{n-2} \cdot x + \cdots + x^{n-1}]}{\Delta x} \quad \text{（解題要點 1）}$$

$$= \lim_{\Delta x \to 0} \underbrace{[(x + \Delta x)^{n-1} + (x + \Delta x)^{n-2} \cdot x + \cdots + x^{n-1}]}_{\text{共有 n 項}}$$

$$= x^{(n-1)} + x^{(n-2)} \cdot x + \cdots + x^{(n-1)} \quad \text{（解題要點 2）}$$

解題要點：

1. $a^n - b^n = (a - b) \cdot [a^{n-1} + a^{n-2} \cdot b + \cdots + b^{n-1}]$

令 $a = x + \Delta x$ 且 $b = x$ 可得

$(x + \Delta x)^n - x^n = (x + \Delta x - x)[(x + \Delta x)^{n-1} + \cdots + x^{n-1}]$

$= \Delta x \cdot [(x + \Delta x)^{n-1} + \cdots + x^{n-1}]$

2. $x^\alpha \cdot x^\beta = x^{\alpha + \beta}$

（底相同，相乘次方相加）

3. $\because \underbrace{a + a + \cdots + a}_{\text{共有 } n \text{ 項}} = n \cdot a$

$\therefore \underbrace{x^{n-1} + x^{n-1} + \cdots + x^{n-1}}_{\text{共有 } n \text{ 項}} = n \cdot x^{n-1}$

$$= x^{n-1} + x^{n-1} + \cdots + x^{n-1} = nx^{n-1} \qquad \text{（解題要點 3）}$$

$$\underbrace{\phantom{x^{n-1} + x^{n-1} + \cdots + x^{n-1}}}_{\text{共有 } n \text{ 項}}$$

範例 5　使用定理 3.1.3 計算以下函數的微分。

(A) $f(x) = x^5$，$x \in \mathbb{R}$，求 $f'(2)$ 與 $f'(3)$。

(B) $g(x) = 15$，$x \in \mathbb{R}$，求 $g'(2)$ 與 $g'(3)$。

說明：

(A) $f'(x) = 5 \cdot x^4$。故 $f'(2) = 5 \cdot 2^4 = 80$ 而且 $f'(3) = 5 \cdot 3^4 = 405$。

(B) g 是常數函數，所以 $g'(x)$ 恆為 0。故 $g'(2) = 0$ 而且 $g'(3) = 0$。

延伸學習 2　使用定理 3.1.3 計算以下函數的微分。

(A) $f(x) = x^4$，$x \in \mathbb{R}$，求 $f'(2)$ 與 $f'(3)$。

(B) $g(x) = 9$，$x \in \mathbb{R}$，求 $g'(2)$ 與 $g'(3)$。

解答：

(A) $f'(2) = 32$ 且 $f'(3) = 108$。

(B) $g'(2) = 0$ 而且 $g'(3) = 0$。

範例 6　如果 $f(x) = \sqrt{x}$，$x \in [0, +\infty)$。試計算 $f'(5)$。

說明：
$$
\begin{aligned}
f'(5) &= \lim_{\Delta x \to 0} \frac{f(5 + \Delta x) - f(5)}{\Delta x} \\
&= \lim_{\Delta x \to 0} \frac{\sqrt{5 + \Delta x} - \sqrt{5}}{\Delta x} \\
&= \lim_{\Delta x \to 0} \frac{\sqrt{5 + \Delta x} - \sqrt{5}}{\Delta x} \cdot \frac{\sqrt{5 + \Delta x} + \sqrt{5}}{\sqrt{5 + \Delta x} + \sqrt{5}} \quad \text{（分子與分母同時乘} \\
&\qquad\qquad\qquad\qquad\qquad\qquad\qquad\qquad\qquad \text{上} \sqrt{5 + \Delta x} + \sqrt{5}) \\
&= \lim_{\Delta x \to 0} \frac{(5 + \Delta x) - 5}{\Delta x \cdot (\sqrt{5 + \Delta x} + \sqrt{5})} \quad ((a - b)(a + b) = a^2 - b^2 \\
&\qquad\qquad\qquad\qquad\qquad\qquad\qquad \text{且} (\sqrt{a})^2 = a) \\
&= \lim_{\Delta x \to 0} \frac{\Delta x}{\Delta x \cdot (\sqrt{5 + \Delta x} + \sqrt{5})} \\
&= \lim_{\Delta x \to 0} \frac{1}{\sqrt{5 + \Delta x} + \sqrt{5}} = \frac{1}{\sqrt{5} + \sqrt{5}} = \frac{1}{2\sqrt{5}}
\end{aligned}
$$

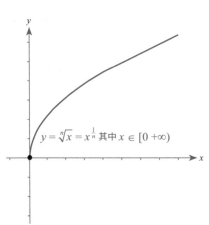

$y = \sqrt[n]{x} = x^{\frac{1}{n}}$ 其中 $x \in [0\ +\infty)$

圖 3.1.6

定理 3.1.4　假設 $n > 1$ 是個正整數而且
$$f(x) = \sqrt[n]{x} = x^{\frac{1}{n}} \text{ 其中 } x \in [0, +\infty)$$
則 $f'(x) = \dfrac{1}{n} \cdot x^{(\frac{1}{n} - 1)}$ 其中 $x \in (0, +\infty)$。（參考圖 3.1.6）。

說明：將 $a = \sqrt[n]{x + \Delta x} = (x + \Delta x)^{\frac{1}{n}}$ 與 $b = \sqrt[n]{x} = x^{\frac{1}{n}}$（其中 $\Delta x \in (-x, +x)$

因而 $0 < x + \Delta x < 2x$）代入以下公式

$$a^n - b^n = (a - b) \cdot [a^{n-1} + a^{n-2} \cdot b + \cdots + b^{n-1}]$$

並計算 $f'(x)$ 如下：

$$f'(x) = \lim_{\Delta x \to 0} \frac{f(x + \Delta x) - f(x)}{\Delta x} = \lim_{\Delta x \to 0} \frac{\sqrt[n]{x + \Delta x} - \sqrt[n]{x}}{\Delta x}$$

$$= \lim_{\Delta x \to 0} \frac{\sqrt[n]{x + \Delta x} - \sqrt[n]{x}}{\Delta x} \cdot \frac{(\sqrt[n]{x + \Delta x})^{n-1} + \cdots + (\sqrt[n]{x})^{n-1}}{(\sqrt[n]{x + \Delta x})^{n-1} + \cdots + (\sqrt[n]{x})^{n-1}}$$

$$= \lim_{\Delta x \to 0} \frac{(\sqrt[n]{x + \Delta x})^{n} - (\sqrt[n]{x})^{n}}{(\Delta x) \cdot [(\sqrt[n]{x + \Delta x})^{n-1} + \cdots + (\sqrt[n]{x})^{n-1}]}$$

$$= \lim_{\Delta x \to 0} \frac{(x + \Delta x) - x}{(\Delta x) \cdot [(\sqrt[n]{x + \Delta x})^{n-1} + \cdots + (\sqrt[n]{x})^{n-1}]}$$

$$= \lim_{\Delta x \to 0} \frac{\Delta x}{\Delta x} \cdot \frac{1}{(\sqrt[n]{x + \Delta x})^{n-1} + \cdots + (\sqrt[n]{x})^{n-1}}$$

$$= \lim_{\Delta x \to 0} \frac{1}{(\sqrt[n]{x + \Delta x})^{n-1} + \cdots + (\sqrt[n]{x})^{n-1}}$$

但 f 是連續函數（第二章的結果），所以 $\lim\limits_{\Delta x \to 0} \sqrt[n]{x + \Delta x} = \sqrt[n]{x}$。因此

$$f'(x) = \lim_{\Delta x \to 0} \frac{1}{(\sqrt[n]{x + \Delta x})^{n-1} + \cdots + (\sqrt[n]{x})^{n-1}}$$

$$= \frac{1}{\lim\limits_{\Delta x \to 0} [(\sqrt[n]{x + \Delta x})^{n-1} + \cdots + (\sqrt[n]{x})^{n-1}]}$$

$$= \frac{1}{[\lim\limits_{\Delta x \to 0} (\sqrt[n]{x + \Delta x})^{n-1}] + \cdots + [\lim\limits_{\Delta x \to 0} (\sqrt[n]{x})^{n-1}]}$$

$$= \frac{1}{(\sqrt[n]{x})^{n-1} + \cdots + (\sqrt[n]{x})^{n-1}}$$

$$= \frac{1}{n \cdot (\sqrt[n]{x})^{n-1}} = \frac{1}{n} \cdot \frac{1}{(\sqrt[n]{x})^{n-1}}$$

$$= \frac{1}{n} \cdot \frac{1}{(x^{\frac{1}{n}})^{(n-1)}} = \frac{1}{n} \cdot \frac{1}{x^{(1-\frac{1}{n})}} \qquad （解題技巧 1）$$

$$= \frac{1}{n} \cdot x^{(-1+\frac{1}{n})} \qquad （解題技巧 2）$$

■

解題技巧：

1. $(x^{\frac{1}{n}})^{(n-1)} = x^{\frac{1}{n}(n-1)}$

    $= x^{1-\frac{1}{n}}$

2. $\dfrac{1}{x^{(1-\frac{1}{n})}} = x^{-(1-\frac{1}{n})}$

    $= x^{-1+\frac{1}{n}}$

範例 7　假設 $f(x) = \sqrt[3]{x} = x^{\frac{1}{3}}$。試用定理 3.1.4 計算 $f'(8)$。

說明：$f'(x) = \dfrac{1}{3} \cdot x^{(\frac{1}{3}-1)} = \dfrac{1}{3} \cdot x^{\frac{-2}{3}}$。將 $c = 8$ 代入這個結果中，得到

$f'(8) = \dfrac{1}{3} \cdot 8^{\frac{-2}{3}} = \dfrac{1}{3} \cdot \dfrac{1}{8^{\frac{2}{3}}} = \dfrac{1}{3} \cdot \dfrac{1}{2^2} = \dfrac{1}{12}$。

延伸學習 3 如果 $f(x) = \sqrt{x} = x^{\frac{1}{2}}$，其中 $x \in [0, +\infty)$。試用定理 3.1.4 計算 $f'(5)$。

解答： $f'(5) = \dfrac{\sqrt{5}}{10}$。

範例 8 如果 $f(x) = \sin x$ 而且 $g(x) = \cos x$ 其中 $x \in \mathbb{R}$。試驗證 $f'(0) = 1$ 而且 $g'(0) = 0$。

說明： 我們將應用在第二章介紹過的兩個極限結果：

$$\lim_{\theta \to 0} \frac{\sin \theta}{\theta} = 1 \ \text{與} \ \lim_{\theta \to 0} \frac{1 - \cos \theta}{\theta} = 0$$

來計算 $f'(0)$ 與 $g'(0)$。

(A) $f'(0) = \lim_{x \to 0} \dfrac{f(x) - f(0)}{x - 0} = \lim_{x \to 0} \dfrac{\sin x - \sin 0}{x} = \lim_{x \to 0} \dfrac{\sin x}{x} = 1$

(B) $g'(0) = \lim_{x \to 0} \dfrac{g(x) - g(0)}{x - 0} = \lim_{x \to 0} \dfrac{\cos x - \cos 0}{x} = \lim_{x \to 0} \dfrac{(\cos x) - 1}{x} = 0$

定理 3.1.5 如果 $f(x) = \sin x$ 而且 $g(x) = \cos x$ 其中 $x \in \mathbb{R}$。則 $f'(x) = \cos x$ 而且 $g'(x) = -\sin x$，其中 x 為任意實數。

說明： 我們將應用第二章介紹過的極限結果：

$$\lim_{\theta \to 0} \frac{\sin \theta}{\theta} = 1 \qquad \lim_{\theta \to 0} \frac{1 - \cos \theta}{\theta} = 0$$

來計算 $f'(x)$ 與 $g'(x)$。

我們使用和角公式

$$\sin(x + \Delta x) = (\sin x) \cdot (\cos \Delta x) + (\cos x) \cdot (\sin \Delta x)$$

來計算 $f'(x)$ 如下：

$$f'(x) = \lim_{\Delta x \to 0} \frac{f(x + \Delta x) - f(x)}{\Delta x} \qquad \text{（導數定義）}$$

$$= \lim_{\Delta x \to 0} \frac{\sin(x + \Delta x) - \sin x}{\Delta x}$$

$$= \lim_{\Delta x \to 0} \frac{(\sin x)(\cos \Delta x) + (\cos x)(\sin \Delta x) - \sin x}{\Delta x} \qquad \text{（合角公式）}$$

$$= \lim_{\Delta x \to 0} \frac{(\sin x)(\cos \Delta x) - \sin x + (\cos x)(\sin \Delta x)}{\Delta x} \qquad \begin{array}{l}\text{（分子第二項與}\\\text{第三項對調）}\end{array}$$

$$= \lim_{\Delta x \to 0} \left[\frac{(\sin x) \cdot [(\cos \Delta x) - 1]}{\Delta x} + \frac{(\cos x) \cdot (\sin \Delta x)}{\Delta x} \right]$$

分子第一項與第二項提出公因式 $\sin x$ 且 $\dfrac{b + c}{a} = \dfrac{b}{a} + \dfrac{c}{a}$。

$$\lim_{x \to c} f(x) + g(x) = \lim_{x \to c} f(x) + \lim_{x \to c} g(x)$$

當 k 為實數，$\lim_{x \to c} kf(x) = k \lim_{x \to c} f(x)$。

$$= \lim_{\Delta x \to 0} \frac{(\sin x)[(\cos \Delta x) - 1]}{\Delta x} + \lim_{\Delta x \to 0} \frac{(\cos x) \cdot (\sin \Delta x)}{\Delta x}$$

$$= (\sin x) \cdot \lim_{\Delta x \to 0} \frac{(\cos \Delta x) - 1}{\Delta x} + (\cos x) \cdot \lim_{\Delta x \to 0} \frac{\sin \Delta x}{\Delta x}$$

$$= \sin x \cdot 0 + (\cos x) \cdot 1 \qquad \left(\lim_{\theta \to 0} \frac{\cos \theta - 1}{\theta} = 0 \text{ 且 } \lim_{\theta \to 0} \frac{\sin \theta}{\theta} = 1 \right)$$

$$= \cos x$$

驗證 $g'(x) = -\sin x$ 的方法與上述方法類似，只是我們改用和角公式 $\cos(x + \Delta x) = (\cos x) \cdot (\cos \Delta x) - (\sin x) \cdot (\sin \Delta x)$ 來計算 $g'(x)$。讀者可以自行練習。 ■

範例 9 計算曲線 $y = \sin x$，$x \in \mathbb{R}$，在點 $\left(\dfrac{\pi}{6}, \dfrac{1}{2} \right)$ 的切線斜率。

說明：令 $f(x) = \sin x$，則 f 的函數圖形 $y = f(x)$ 就是曲線 $y = \sin x$。因此曲線 $y = \sin x$ 在點 $\left(\dfrac{\pi}{6}, \dfrac{1}{2} \right)$ 的切線斜率就是 $f'\left(\dfrac{\pi}{6} \right)$。由定理 3.1.5 可知 $f'(x) = \cos x$。故 $f'\left(\dfrac{\pi}{6} \right) = \cos\left(\dfrac{\pi}{6} \right) = \dfrac{\sqrt{3}}{2}$。參考圖 3.1.7A。

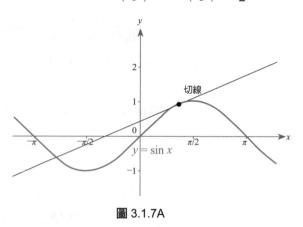

圖 3.1.7A

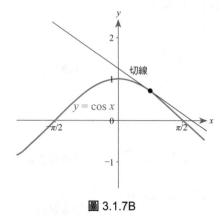

圖 3.1.7B

延伸學習 4 計算曲線 $y = \cos x$，$x \in \mathbb{R}$，在點 $\left(\dfrac{\pi}{6}, \dfrac{\sqrt{3}}{2} \right)$ 的切線斜率。參考圖 3.1.7B。

解答：$-\dfrac{1}{2}$。

微分運算的線性規律

微分運算滿足基本的線性規律，這是極限運算的線性規律的自然結果。

定理 3.1.6　假設 $f:(a, b) \to \mathbb{R}$ 與 $g:(a, b) \to \mathbb{R}$ 都是定義在開區間 (a, b) 的實數函數。如果函數 f 與 g 在 x 點都是可微分，則以下規律成立。

(A) 函數 $(f+g)$ 在 x 點可微分，而且
$$(f+g)'(x) = f'(x) + g'(x)$$
(B) 若 k 是實數常數，則函數 $(k \cdot f)$ 在 x 點可微分，而且
$$(k \cdot f)'(x) = k \cdot f'(x)$$

(A) 微分運算的加法規律。
(B) 微分運算的常數乘法規律。

說明：

導數的定義

(A)
$$
\begin{aligned}
(f+g)'(x) &= \lim_{\Delta x \to 0} \frac{[f(x+\Delta x) + g(x+\Delta x)] - [f(x) + g(x)]}{\Delta x} \\
&= \lim_{\Delta x \to 0} \frac{f(x+\Delta x) + g(x+\Delta x) - f(x) - g(x)}{\Delta x} \quad \text{（去括號）}
\end{aligned}
$$

對調分子的二、三項

$$
\frac{b+c}{a} = \frac{b}{a} + \frac{c}{a}
$$

$$
= \lim_{\Delta x \to 0} \frac{[f(x+\Delta x) - f(x)] + [g(x+\Delta x) - g(x)]}{\Delta x}
$$

若 $\lim\limits_{x \to c} f(x)$ 和 $\lim\limits_{x \to c} g(x)$ 存在則
$\lim\limits_{x \to c} f(x) + g(x) = \lim\limits_{x \to c} f(x) + \lim\limits_{x \to c} g(x)$。

$$
= \lim_{\Delta x \to 0} \left[\frac{f(x+\Delta x) - f(x)}{\Delta x} + \frac{g(x+\Delta x) - g(x)}{\Delta x} \right]
$$

$$
= \lim_{\Delta x \to 0} \frac{f(x+\Delta x) - f(x)}{\Delta x} + \lim_{\Delta x \to 0} \frac{g(x+\Delta x) - g(x)}{\Delta x}
$$

$$
= f'(x) + g'(x)
$$

(B)
$$
(k \cdot f)'(x) = \lim_{\Delta x \to 0} \frac{k \cdot f(x+\Delta x) - k \cdot f(x)}{\Delta x} \quad \text{（導數的定義）}
$$

$$
= \lim_{\Delta x \to 0} k \cdot \left[\frac{f(x+\Delta x) - f(x)}{\Delta x} \right] \quad \text{（提出常數 } k\text{）}
$$

若 $\lim\limits_{x \to c} f(x)$ 存在且 k 為實數
則 $\lim\limits_{x \to c} kf(x) = k \cdot \lim\limits_{x \to c} f(x)$。

$$
= k \cdot \lim_{\Delta x \to 0} \frac{f(x+\Delta x) - f(x)}{\Delta x}
$$

$$
= k \cdot f'(x)
$$

由 (A) 與 (B) 的結果可以得出以下線性規律：

　　如果 α 與 β 是實數常數，則函數 $\alpha \cdot f + \beta \cdot g$ 在 x 的微分存在，而且
$$(\alpha \cdot f + \beta \cdot g)'(x) = \alpha \cdot f'(x) + \beta \cdot g'(x)$$

這個線性規律也告訴我們：$(f-g)'(x) = f'(x) - g'(x)$。這是因為

$f(x) - g(x)$ 可以表示為 $f(x) + (-1) \cdot g(x)$。所以

$$(f-g)'(x) = [f + (-1) \cdot g]'(x) = f'(x) + (-1) \cdot g'(x) = f'(x) - g'(x) \quad \blacksquare$$

範例 **10** 計算函數 $7x^2 - 3 \cdot \sin x$ 在點 $\dfrac{\pi}{6}$ 的微分。

說　明： 令 $f(x) = x^2$ 且 $g(x) = \sin x$，則 $7x^2 - 3 \cdot \sin x$ 可以表示為 $7 \cdot f(x) + (-3) \cdot g(x)$。因此由微分運算的線性規律（定理 3.1.6）可知所求的微分為

$$(7 \cdot f + (-3) \cdot g)'(x) = 7 \cdot f'(x) + (-3) \cdot g'(x)$$
$$= 7 \cdot (2 \cdot x) + (-3) \cdot \cos(x) \qquad （解題要點）$$

因此

$$(7 \cdot f - 3g)'\left(\frac{\pi}{6}\right) = 7 \cdot 2 \cdot \frac{\pi}{6} - 3 \cdot \cos\left(\frac{\pi}{6}\right)$$
$$= \frac{7\pi}{3} - \frac{3\sqrt{3}}{2}$$

解題要點：

- $\dfrac{dx^n}{dx} = n \cdot x^{n-1}$，其中 n 為正整數。

- $\dfrac{d}{dx}(\sin x) = \cos x$

延伸學習 **5** 計算函數 $5x^4 - 7 \cdot \cos x$ 在點 $\dfrac{\pi}{2}$ 的微分。

解答： $\dfrac{5}{2} \cdot \pi^3 + 7$。

　　微分運算的線性規律其實可以推廣到多個函數的情況。假設 $f_1, f_2, \cdots, f_n$ 是 n 個定義在開區間 I 的實數函數，而且這些函數在點 $x \in I$ 的微分都存在。如果 $\gamma_1, \gamma_2, \cdots, \gamma_n$ 是實數常數，則函數 $\gamma_1 \cdot f_1 + \gamma_2 \cdot f_2 + \cdots + \gamma_n \cdot f_n$ 在點 x 的微分存在，而且

$$(\gamma_1 \cdot f_1 + \gamma_2 \cdot f_2 + \cdots + \gamma_n \cdot f_n)'(x) = \gamma_1 \cdot f_1'(x) + \cdots + \gamma_n \cdot f_n'(x)$$

這個結果成立的原因如下：由微分運算的加法規律可知

$$(\gamma_1 \cdot f_1 + \cdots + \gamma_n \cdot f_n)'(x) = (\gamma_1 \cdot f_1)'(x) + \cdots + (\gamma_n \cdot f_n)'(x)$$

再由微分運算的常數乘法規律可知

$$(\gamma_1 \cdot f_1)'(x) + \cdots + (\gamma_n \cdot f_n)'(x) = \gamma_1 \cdot f_1'(x) + \cdots + \gamma_n \cdot f_n'(x)$$

所以 $(\gamma_1 \cdot f_1 + \cdots + \gamma_n \cdot f_n)'(x) = \gamma_1 \cdot f_1'(x) + \cdots + \gamma_n \cdot f_n'(x)$。

範例 **11** 計算 $f(x) = 7x^3 - 3\sin x + 5 \cdot \sqrt{x} + 9$ 在點 π 的微分。

說　明： 令 $f_1(x) = x^3$，$f_2(x) = \sin x$，$f_3(x) = \sqrt{x} = x^{\frac{1}{2}}$，$f_4(x) = 9$，其中 $x \in [0, +\infty)$。則

$$f(x) = 7 \cdot f_1(x) + (-3) \cdot f_2(x) + 5 \cdot f_3(x) + f_4(x)$$

由微分運算的「線性規律」（定理 3.1.6）可知：如果 $x \in (0, +\infty)$，則

$$f'(x) = 7 \cdot f_1'(x) + (-3) \cdot f_2'(x) + 5 \cdot f_3'(x) + f_4'(x)$$
$$= 7 \cdot (3x^2) + (-3) \cdot (\cos x) + 5 \cdot \left(\frac{1}{2\sqrt{x}}\right) + 0 \quad （解題要點）$$

解題要點：

- 若 $f_1(x) = x^n$，$n \in \mathbb{N}$

  則 $f_1'(x) = nx^{n-1}$

- 若 $f_2(x) = \sin x$

  則 $f_2'(x) = \cos x$

- 若 $f_3(x) = x^{\frac{1}{n}}$，$n \in \mathbb{N}$ 且 $x > 0$

  則 $f_3'(x) = \dfrac{1}{n} x^{\frac{1}{n} - 1}$

- $\dfrac{d}{dx}[c] = 0$，其中 c 為常數。

故 $f'(\pi) = 21 \cdot \pi^2 + 3 + \dfrac{5}{2 \cdot \sqrt{\pi}}$。

延伸學習 6 計算 $f(x) = x^2 - 2\cos x + \sqrt[3]{x} + 7$ 在點 8 的微分。

解答： $f'(8) = 16 + 2(\sin 8) + \dfrac{1}{12}$。

定理 3.1.7 假設 n 是正整數。如果

$$f(x) = A_n \cdot x^n + \cdots + A_1 \cdot x + A_0$$

是多項式函數，其中 $A_0, A_1, \cdots, A_n$ 都是實數常數。則 f 在任意實數點 x 的微分為

$$f'(x) = n \cdot A_n \cdot x^{(n-1)} + \cdots + A_1$$

註：常數多項式函數的微分值在任何點都是 0。

說明： 令 $g(x) = A_n \cdot x^n + \cdots + A_1 \cdot x$，則 $f(x) = g(x) + A_0$。由微分運算的**線性規律**（定理 3.1.6）可知

$$f'(x) = g'(x) + 0 \ (\text{常數函數的微分為 } 0)$$

令 $g_k(x) = x^k$，則 $g(x) = A_n \cdot g_n(x) + \cdots + A_1 \cdot g_1(x)$。再次使用微分運算的**線性規律**（定理 3.1.6）可知

$$
\begin{aligned}
g'(x) &= A_n \cdot g'_n(x) + \cdots + A_1 \cdot g'_1(x) \\
&= A_n \cdot n \cdot x^{(n-1)} + \cdots + A_1 \cdot 1 \\
&= n \cdot A_n \cdot x^{(n-1)} + \cdots + A_1
\end{aligned}
$$

所以 $f'(x) = g'(x) = n \cdot A_n \cdot x^{(n-1)} + \cdots + A_1$。　■

計算技巧：

$g'_k(x) = k \cdot x^{(k-1)}$

範例 12 A 計算多項式函數 $f(x) = 3x^5 - 7x^2 + 9$ 在點 2 的微分 $f'(2)$。

說明： 由定理 3.1.7 可知 $f'(x) = 3 \cdot 5 \cdot x^4 - 7 \cdot 2 \cdot x$。

故 $f'(2) = 3 \cdot 5 \cdot 2^4 - 7 \cdot 2 \cdot 2 = 212$。

延伸學習 7 計算多項式函數 $f(x) = 3x^4 - 5x + 2$ 在點 -1 的微分 $f'(-1)$。

解答： -17。

火箭發射圖。

範例12 B　火箭由地表發射，垂直地上升。已知火箭發射後位置距離地面高度為 $h(t) = (27 \cdot t^2 + 100)$ 公尺，其中 t 為發射後所經歷的秒數。試求「火箭發射後 60 秒的瞬時速度」。

說明：$h'(t) = 27 \cdot 2t$。所以 $h'(60) = 27 \cdot 2 \cdot 60 = 3240$。這表示：火箭發射後 60 秒的瞬時速度為 3240 公尺。

高階微分

假設 $f : I \to \mathbb{R}$ 是定義在（有限或無限）開區間 I 的實數函數。如果 f 在開區間 I 上的每個點的微分都存在，我們就會得到一個定義在開區間 I 的新函數 f'。對於 I 上一點 c，我們可以考慮 f' 在 c 點的微分

$$(f')'(c) = \lim_{x \to c} \frac{f'(x) - f'(c)}{x - c}$$

我們稱 f' 在 c 點的微分 $(f')'(c)$ 為「函數 f 在 c 點的**二階微分**（second-order derivative）」並且使用符號 $f''(c)$ 或 $\ddot{f}(c)$ 或 $\dfrac{d^2 f}{dx^2}(c)$ 來表示「函數 f 在 c 點的二階微分」。

註：$\dfrac{d^2 f}{dx^2}$ 的意思是 $\left(\dfrac{d}{dx}\right)^2 f$，取二次微分之意。

二次微分的物理意義是瞬時加速度：平均加速度的極限 $\lim\limits_{x \to c} \dfrac{f'(x) - f'(c)}{x - c}$。其中 $\dfrac{f'(x) - f'(c)}{x - c}$ 是時間 c 至時間 x 之間的平均加速度。

註：我們常以 $\dfrac{df}{dx}$ 代表 f' 這個函數。有時候，f' 或 $\dfrac{df}{dx}$ 會被稱為「f 的一階微分函數」。

範例13　如果 $f(x) = 3x^2 - 7x + 2$。(A) 計算 $f'(x)$。(B) 計算 $f''(c)$。

說明：

(A) $f'(x) = 3 \cdot 2 \cdot x - 7 \cdot 1 = 6x - 7$。

(B) $f''(c) = (f')'(c) = 6$。

延伸學習 8　如果 $f(x) = x^3 - 7x^2 + 5$，請計算 $f''(3)$。

解答：4。

假設 $f : I \to \mathbb{R}$ 是定義在（有限或無限）開區間 I 的實數函數。如果 f 在 I 上的每個點的微分、二階微分都存在，那麼我們就可以考慮

「f'' 在點 $c \in I$ 的微分」：$(f'')'(c) = \lim\limits_{x \to c} \dfrac{f''(x) - f''(c)}{x - c}$ 是否存在。我們稱 f'' 在點 c 的微分 $(f'')'(c)$ 為「函數 f 在 c 點的三階微分」。通常我們以符號 $f'''(c)$ 或 $\dfrac{d^3 f}{dx^3}(c)$ 來表示「函數 f 在 c 點的三階微分」。一般而言，我們以符號 $f^{(k)}(c)$ 或 $\dfrac{d^k f}{dx^k}(c)$ 來表示「函數 f 在 c 點的 k 階微分」（其中 k 是正整數）。$\dfrac{d^k f}{dx^k}$ 表示 $\left(\dfrac{d}{dx}\right)^k f$：對函數 f 進行 k 次微分的意思。

範例 14 如果 $f(x) = \sin x$。(A) 計算 $f'(x)$。(B) 計算 $f''(x)$。(C) 計算 $f'''(x)$。(D) 驗證 $f^{(4)}(x) = f(x)$。

說明：

(A) $f'(x) = \cos x$。

(B) $f''(x) = (f')'(x) = -\sin x$。

(C) $f'''(x) = (f'')'(x) = -\cos x$。

(D) $f^{(4)}(x) = f(x''')'(x) = -(-\sin x) = \sin x$　　　（解題要點）
　　 所以 $f^{(4)}(x) = f(x)$。

解題要點：
$\dfrac{d}{dx}(\sin x) = \cos x$
$\dfrac{d}{dx}(\cos x) = -\sin x$

延伸學習 9 如果 $f(x) = \cos x$。(A) 計算 $f'''(x)$。(B) 驗證 $f^{(4)}(x) = f(x)$。

解答：

(A) $f'''(x) = \sin x$。

(B) $f^{(4)}(x) = \dfrac{d}{dx}[f'''(x)] = \dfrac{d}{dx}[\sin x] = \cos x$。

習題 3.1

1. 假設 $f(x) = x^2 + 5x + 7$。
   (A) 計算 $f'(3)$。(B) 計算 $f'(-2)$。

2. 假設 $f(x) = \sin x$。
   (A) 計算 $f'(0)$。(B) 計算 $f'\left(\dfrac{-\pi}{4}\right)$。

3. 假設 $f(x) = \cos x$。
   (A) 計算 $f'(0)$。(B) 計算 $f'\left(-\dfrac{\pi}{3}\right)$。

4. 假設 $f(x) = \sqrt{x}$ 其中 $x \in [0, +\infty)$。
   (A) 計算 $f'(9)$。(B) 計算 $f'(3)$。

5. 假設 $f(x) = \sqrt[3]{x}$。
   (A) 計算 $f'(8)$。(B) 計算 $f'(27)$。

6. 假設 $f(x) = 5x^2 + 2\sin x - 3\cos x$。
   (A) 計算 $f'(0)$。(B) 計算 $f'\left(\dfrac{\pi}{3}\right)$。

7. 假設 $f(x) = 3x^4 + 2 \cdot \sqrt[3]{x} + 5\sin x$，其中 $x \in [0, +\infty)$。
   (A) 計算 $f'(1)$。(B) 計算 $f'(8)$。

*8. 假設 $f(x) = \begin{cases} x \cdot \sin\left(\dfrac{1}{x}\right), & x \neq 0 \\ 0, & x = 0 \end{cases}$。
   (A) 請說明函數 f 在 0 點連續。
   (B) 請說明 f 在 0 點的微分不存在。

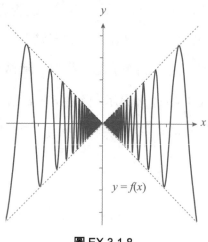

圖 EX 3.1.8

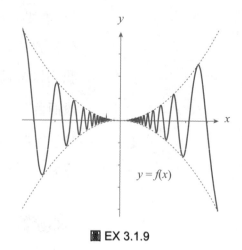

圖 EX 3.1.9

*9. 假設 $f(x) = \begin{cases} x^2 \cdot \sin\left(\dfrac{1}{x}\right) & \text{,} \ x \neq 0 \\ 0 & \text{,} \ x = 0 \end{cases}$ 。

(A) 請說明函數 f 在 0 點連續。

(B) 請說明 f 在 0 點的微分存在而且是 0。

第 2 節　微分的運算規律

在上節中，我們已經討論過微分運算的線性規律（定理 3.1.6）：$(f + g)'(x) = f'(x) + g'(x)$（加法規律）與 $(k \cdot f)'(x) = k \cdot f'(x)$（常數乘法規律），其中 k 是實數常數。在本節中，我們將討論與函數乘法、倒數、除法有關的各種微分運算規律。

> **定理 3.2.1**　（對相乘的函數取微分的運算規律：萊布尼茲法則）
>
> 假設 $f : I \to \mathbb{R}$ 與 $g : I \to \mathbb{R}$ 都是定義在開區間 I 的實數函數。假設 x 是開區間 I 中的一點。如果函數 f 與 g 在點 x 的微分都存在，則函數相乘 $f \cdot g$ 在點 x 的微分 $(f \cdot g)'(x)$ 存在，而且
> $$(f \cdot g)'(x) = f'(x) \cdot g(x) + f(x) \cdot g'(x)$$

這個公式通常被稱為萊布尼茲法則（the Leibniz Rule）。
使用要點：
對數個相乘的函數取微分，應逐次只針對其中一個函數取微分，再將這些結果加總起來。

說明：由定理 3.1.2 我們知道：如果一個函數在點 x 是可微分（微分存在），則這個函數在點 x 必定連續。因此

$$(f \cdot g)'(x) = \lim_{\Delta x \to 0} \frac{(f \cdot g)(x + \Delta x) - (f \cdot g)(x)}{\Delta x}$$

$$= \lim_{\Delta x \to 0} \frac{f(x + \Delta x)g(x + \Delta x) - f(x)g(x)}{\Delta x}$$

$$= \lim_{\Delta x \to 0} \frac{f(x + \Delta x)g(x + \Delta x) - f(x)g(x + \Delta x) + f(x)g(x + \Delta x) - f(x)g(x)}{\Delta x}$$

$$= \lim_{\Delta x \to 0} \left[\left(\frac{f(x + \Delta x) - f(x)}{\Delta x} \right) \cdot g(x + \Delta x) + f(x) \cdot \left(\frac{g(x + \Delta x) - g(x)}{\Delta x} \right) \right]$$

$$= \left[\lim_{\Delta x \to 0} \frac{f(x + \Delta x) - f(x)}{\Delta x} \right] \cdot \left[\lim_{\Delta x \to 0} g(x + \Delta x) \right]$$

計算技巧：
由定理 3.1.2 可知：函數 g 在 x 可微分，則函數 g 在 x 點連續。故 $\lim\limits_{\Delta x \to 0} g(x + \Delta x) = g(x)$。

$$+ f(x) \left[\lim_{\Delta x \to 0} \frac{g(x + \Delta x) - g(x)}{\Delta x} \right]$$

$$= f'(x) \cdot g(x) + f(x) \cdot g'(x) \qquad\qquad （計算技巧）$$

　　這個定理（萊布尼茲法則 Leibniz's Rule）可以推廣如下：假設 $f_1, f_2, \cdots, f_n$ 是 n 個定義在開區間 I 的實數函數，而且這些函數在點 $x \in I$ 的微分都存在。則「這些函數的乘積 $f_1 \cdot f_2 \cdot \cdots \cdot f_n$」是個在 x 點可微分的函數，而且

$$\begin{aligned} (f_1 \cdot f_2 \cdot \cdots \cdot f_n)'(x) = &\, f_1'(x) \cdot f_2(x) \cdot \cdots \cdot f_n(x) + \\ & f_1(x) \cdot f_2'(x) \cdot \cdots \cdot f_n(x) + \\ & \cdots + f_1(x) \cdot f_2(x) \cdot \cdots \cdot f_n'(x) \end{aligned}$$

注意在以上等式的右方，這 n 個函數是逐次地「每次只有其中一個函數被微分」。　　　　■

範例 1　計算函數 $x^3 \cdot \sin x$ 在點 $c \in \mathbb{R}$ 的微分。

說明：令 $f(x) = x^3$ 且 $g(x) = \sin x$，則 $x^3 \cdot \sin x$ 就是 $f(x) \cdot g(x)$。所以由萊布尼茲法則（定理 3.2.1）可知

解題要點：

· $\dfrac{d}{dx}[x^n] = nx^{n-1}$ 其中 n 為正整數。

· $\dfrac{d}{dx}[\sin x] = \cos x$

$$\begin{aligned} (f \cdot g)'(x) &= f'(x) \cdot g(x) + f(x) \cdot g'(x) \\ &= 3x^2 \cdot (\sin x) + x^3 \cdot (\cos x) \qquad （解題要點） \\ (f \cdot g)'(c) &= 3c^2 \cdot (\sin c) + c^3 \cdot (\cos c) \end{aligned}$$

延伸學習 1　計算函數 $f(x) = (x^2 - 3\sqrt{x} + 5) \cdot (\sqrt{x} - \cos x)$ 在點 $c > 0$ 的微分。

解答：$f'(c) = (2c - 3 \cdot \dfrac{1}{2\sqrt{c}}) \cdot (\sqrt{c} - \cos c) +$

$$(c^2 - 3\sqrt{c} + 5) \cdot (\frac{1}{2\sqrt{c}} + \sin c)$$

範例 2　計算函數 $(x^2 + 5) \cdot (\sqrt{x} - 7) \cdot (2 + \sin x)$ 在點 1 的微分。

說明：令 $f_1(x) = x^2 + 5$，$f_2(x) = \sqrt{x} - 7$，$f_3(x) = 2 + \sin x$，則我們要求的就是函數 $(f_1 \cdot f_2 \cdot f_3)$ 在 $x > 0$ 的微分 $(f_1 \cdot f_2 \cdot f_3)'(x)$。由萊布尼茲法則（定理 3.2.1）可知

$$(f_1 \cdot f_2 \cdot f_3)'(x) = (f_1 \cdot f_2)'(x) \cdot f_3(x) +$$
$$(f_1 \cdot f_2)(x) \cdot f_3'(x)$$
$$= [f_1'(x) \cdot f_2(x) + f_1(x) \cdot f_2'(x)] \cdot f_3(x)$$
$$+ f_1(x) \cdot f_2(x) \cdot f_3'(x)$$
$$= f_1'(x) \cdot f_2(x) \cdot f_3(x) +$$
$$f_1(x) \cdot f_2'(x) \cdot f_3(x)$$
$$+ f_1(x) \cdot f_2(x) \cdot f_3'(x)$$

所以

$$(f_1 \cdot f_2 \cdot f_3)'(x) = 2x \cdot (\sqrt{x} - 7) \cdot (2 + \sin x) +$$
$$(x^2 + 5) \cdot \frac{1}{2\sqrt{x}} \cdot (2 + \sin x) +$$
$$(x^2 + 5) \cdot (\sqrt{x} - 7) \cdot \cos x$$

故

$$(f_1 \cdot f_2 \cdot f_3)'(1) = -12 \cdot (2 + \sin 1) + 3 \cdot (2 + \sin 1) - 36 \cdot (\cos 1)$$
$$= -18 - 9 \cdot (\sin 1) - 36 \cdot (\cos 1)$$

定理 3.2.2　假設 $g: I \to \mathbb{R}$ 是定義在開區間 I 的實數值函數。
如果 g 在點 $x \in I$ 可微分，而且

$$g(x) \neq 0$$

則函數 $\dfrac{1}{g}$ 在 x 點的微分 $\left(\dfrac{1}{g}\right)'(x)$ 存在而且

$$\left(\frac{1}{g}\right)'(x) = \frac{-g'(x)}{[g(x)]^2}$$

說明：由 g 在點 x 的微分存在這個條件可知函數 g 在點 x 連續（定理 3.1.2）：

$$\lim_{\Delta x \to 0} g(x + \Delta x) = g(x)$$

由 $g(x) \neq 0$ 這個條件可知存在 $\delta > 0$ 使得

$$0 < \frac{|g(x)|}{2} < |g(x + \Delta x)| \qquad (\text{所以 } g(x + \Delta x) \neq 0)$$

對每個滿足條件 $0 < |(x + \Delta x) - x| < \delta$ 的 I 中元素 $(x + \Delta x)$ 都成立（定理 2.2.1A）。而且

$$\lim_{\Delta x \to 0} \frac{1}{g(x + \Delta x)} = \frac{\lim\limits_{\Delta x \to 0} 1}{\lim\limits_{\Delta x \to 0} g(x + \Delta x)} = \frac{1}{g(x)}$$

（定理 2.2.1B）。現在我們可以計算函數 $\dfrac{1}{g}$ 在 x 點的微分如下：

解題要點：

1. 若 $\lim_{x \to c} f(x)$ 與 $\lim_{x \to c} g(x)$ 存在，則

$\lim_{x \to c} [f(x)g(x)]$
$= [\lim_{x \to c} f(x)] \cdot [\lim_{x \to c} g(x)]$

2. 導數的定義：

$g'(x) = \lim_{\Delta x \to 0} \dfrac{g(x + \Delta x) - g(x)}{\Delta x}$

3. $\lim_{\Delta x \to 0} \dfrac{1}{g(x + \Delta x)} = \dfrac{1}{\lim_{\Delta x \to 0} g(x + \Delta x)}$

$= \dfrac{1}{g(x)}$

$$\left(\frac{1}{g}\right)'(x) = \lim_{\Delta x \to 0} \frac{\dfrac{1}{g(x + \Delta x)} - \dfrac{1}{g(x)}}{\Delta x} = \lim_{\Delta x \to 0} \frac{\dfrac{g(x) - g(x + \Delta x)}{g(x + \Delta x) \cdot g(x)}}{\Delta x}$$

$$= \lim_{\Delta x \to 0} \frac{1}{\Delta x} \left[\frac{g(x) - g(x + \Delta x)}{g(x + \Delta x) \cdot g(x)} \right] \qquad \left(\frac{\frac{c}{b}}{a} = \frac{1}{a} \cdot \frac{c}{b}\right)$$

$$= \lim_{\Delta x \to 0} \left[\frac{g(x) - g(x + \Delta x)}{\Delta x} \cdot \frac{1}{g(x + \Delta x) \cdot g(x)} \right]$$

$$= -\left[\lim_{\Delta x \to 0} \frac{g(x + \Delta x) - g(x)}{\Delta x} \right] \cdot \lim_{\Delta x \to 0} \frac{1}{g(x + \Delta x) \cdot g(x)} \quad (\text{解題要點 1})$$

$$= -g'(x) \cdot \frac{1}{[g(x)]^2} \qquad\qquad (\text{解題要點 2 與 3})$$

範例 3 如果 $g(x) = x^2 + x + \sin x + 3$，試求 $\left(\dfrac{1}{g}\right)'(0)$。

說明： g 在 0 的微分存在而且 $g(0) = 3 \neq 0$。所以由定理 3.2.2 可知

$$\left(\frac{1}{g}\right)'(0) = \frac{-g'(0)}{[g(0)]^2} = \frac{2 \cdot 0 + 1 + \cos 0}{3^2} = \frac{2}{9}$$

其中 $g'(x) = \dfrac{d}{dx}[x^2 + x + \sin x + 3]$

$= 2x + 1 + \cos x + 0$

$= 2x + 1 + \cos x$

延伸學習 2 如果 $g(x) = \sqrt{x}$，試求函數 $\dfrac{1}{g}$ 在 2 的導數。

解答： $\left(\dfrac{1}{g}\right)'(2) = \dfrac{-1}{4\sqrt{2}}$。

範例 4 計算函數 $\sec x$ 在「使得 $\cos c \neq 0$」的點 c 的微分。

解題要點：

$\dfrac{d}{dx}[\cos x] = -\sin x$

說明： 令 $g(x) = \cos x$，則 $\sec x = \dfrac{1}{g(x)}$。由定理 3.2.2 可知函數 $\sec = \dfrac{1}{g}$ 在 c 點的微分為

$$\left(\frac{1}{g}\right)'(c) = \frac{-g'(c)}{[g(c)]^2} = \frac{-(-\sin c)}{(\cos c)^2} \qquad (\text{解題要點})$$

$$= \frac{\sin c}{\cos c} \cdot \frac{1}{\cos c} = (\tan c) \cdot (\sec c)$$

延伸學習 3 計算函數 $\csc x$ 在「使得 $\csc c \neq 0$」的點 c 的微分。

解答： $-(\cot c) \cdot (\csc c)$。

> **定理 3.2.3** 假設 $f:I \to \mathbb{R}$ 與 $g:I \to \mathbb{R}$ 都是定義在開區間 I 的實數函數。如果「函數 f 與 g 在點 $x \in I$ 的微分都存在」而且
>
> $$g(x) \neq 0$$
>
> 則「函數相除 $\dfrac{f}{g}$ 在 x 點的微分存在」而且
>
> $$\left(\frac{f}{g}\right)'(x) = \frac{f'(x) \cdot g(x) - f(x) \cdot g'(x)}{[g(x)]^2}$$

說明：這個結果其實是定理 3.2.1 與定理 3.2.2 的結合應用。因為 $\dfrac{f}{g}$ 可以理解為 $f \cdot \dfrac{1}{g}$ 函數相乘，所以

$$\left(\frac{f}{g}\right)'(x) = \left(f \cdot \frac{1}{g}\right)'(x) = f'(x) \cdot \frac{1}{g(x)} + f(x) \cdot \left(\frac{1}{g}\right)'(x)$$

$$= \frac{f'(x)}{g(x)} + f(x) \cdot \frac{-g'(x)}{[g(x)]^2} \qquad \text{（計算技巧）}$$

從這個結果我們就得到定理 3.2.3。 ■

計算技巧：

- 針對 $f \cdot \dfrac{1}{g}$ 使用萊布尼茲法則。

- $\left(\dfrac{1}{g}\right)'(x) = \dfrac{-g'(x)}{[g(x)]^2}$

範例 5 計算函數 $\dfrac{\sqrt[3]{x}}{x^2 + 2x + 3}$ 在點 c 的微分。

說明：令 $f(x) = \sqrt[3]{x}$ 且 $g(x) = x^2 + 2x + 3$。則

$$\left(\frac{f}{g}\right)'(c) = \frac{\dfrac{1}{3} \cdot \dfrac{\sqrt[3]{c}}{c} \cdot (c^2 + 2c + 3) - \sqrt[3]{c} \cdot (2c + 2)}{(c^2 + 2c + 3)^2} \qquad \text{（解題要點）}$$

解題要點：

- $\left(\dfrac{f}{g}\right)'(x) = \dfrac{f'(x)g(x) - f(x)g'(x)}{g^2(x)}$

- $\dfrac{d}{dx}(\sqrt[3]{x}) = \dfrac{d}{dx}x^{\frac{1}{3}} = \dfrac{1}{3} \cdot x^{[\frac{1}{3} - 1]}$

  $= \dfrac{1}{3} \cdot \dfrac{x^{\frac{1}{3}}}{x} = \dfrac{1}{3}\dfrac{\sqrt[3]{x}}{x}$

- $\dfrac{d}{dx}(x^2 + 2x + 3) = 2x + 2$

延伸學習 4 計算函數 $\dfrac{2 \cdot \cos x}{3 + \sin x}$ 在點 c 的微分。

解答： $\dfrac{-2(\sin c) \cdot (3 + \sin c) - 2(\cos c) \cdot (\cos c)}{(3 + \sin c)^2}$

範例 6 計算函數 $\tan x = \dfrac{\sin x}{\cos x}$ 在「使得 $\cos c \neq 0$」的點 c 的微分。

說明：令 $f(x) = \sin x$ 且 $g(x) = \cos x$。則 $\tan x = \dfrac{f(x)}{g(x)}$。由定理 3.2.3 可知

$$\left(\frac{f}{g}\right)'(c) = \frac{f'(c) \cdot g(c) - f(c) \cdot g'(c)}{[g(c)]^2}$$

$$= \frac{(\cos c) \cdot (\cos c) - (\sin c) \cdot (-\sin c)}{(\cos c)^2} \qquad \text{（解題要點 1）}$$

解題要點：

1. $\dfrac{d}{dx}\sin x = \cos x$

   $\dfrac{d}{dx}\cos x = -\sin x$

2. $\cos^2 x + \sin^2 x = 1$

$$= \frac{1}{(\cos c)^2}$$

（解題要點 2）

$$= \sec^2 c$$

$\left(\sec c = \dfrac{1}{\cos c}\right)$

延伸學習 5　計算函數 $\cot x = \dfrac{\cos x}{\sin x}$ 在使得 $\sin c \neq 0$ 的點 c 的微分。

解答：$-(\csc^2 c)$。

我們將基本三角函數的微分列於下表。其中 $\sin x$、$\cos x$、$\tan x$、$\sec x$ 這四個函數的微分很常使用，讀者須特別留意。

函數	$\sin x$	$\cos x$	$\tan x$	$\cot x$	$\sec x$	$\csc x$
微分	$\cos x$	$-\sin x$	$\sec^2 x$	$-(\csc^2 x)$	$(\tan x) \cdot (\sec x)$	$-(\cot x)(\csc x)$

合成函數的微分規律

定理 3.2.4　**連鎖律**（Chain Rule）

假設 $f : A \to \mathbb{R}$ 與 $g : B \to \mathbb{R}$ 是分別定義在開區間 A 與開區間 B 的函數，而且「$f(x) \in B$ 對每個 A 中的元素 x 都成立」。所以我們可以考慮合成函數 $g \circ f$：$(g \circ f)(x) = g(f(x))$。

如果「f 在點 $c \in A$ 的微分存在」而且「g 在點 $f(c)$ 的微分存在」，則「合成函數 $g \circ f$ 在 c 點的微分存在」而且

$$(g \circ f)'(c) = g'(f(c)) \cdot f'(c)$$

說明：這個定理的關鍵在於如何判讀 $\displaystyle\lim_{x \to c} \frac{(g \circ f)(x) - (g \circ f)(c)}{x - c}$ 這個極限。我們可以分為兩個情況分別討論。

(I) 存在 $\delta > 0$ 使得「若 $x \neq c$ 且 $0 < |x - c| < \delta$，則 $f(x) \neq f(c)$」。

在這種情況，當 $x \neq c$ 滿足 $|x - c| < \delta$（x 與 c 點的距離 $< \delta$），我們就會得到

$$\frac{(g \circ f)(x) - (g \circ f)(c)}{x - c} = \frac{g(f(x)) - g(f(c))}{x - c}$$

$$= \frac{g(f(x)) - g(f(c))}{f(x) - f(c)} \cdot \frac{f(x) - f(c)}{x - c}$$

其中 $\dfrac{f(x) - f(c)}{x - c}$（在 $x \neq c$ 往 c 點接近的過程中）會朝著 $f'(c)$ 趨近。我們接著說明

$$\lim_{x \to c} \frac{g(f(x)) - g(f(c))}{f(x) - f(c)} = g'(f(c))$$

如下：我們知道 $\displaystyle\lim_{u \to f(c)} \frac{g(u) - g(f(c))}{u - f(c)} = g'(f(c))$。

由於 f 在 c 點的微分存在，我們知道函數 f 在 c 點連續（定理 3.1.2）：

如果 $x \to c$，則 $f(x) \to f(c)$

所以（注意 $x \to c$ 會造成 $f(x) \to f(c)$ 的現象）

$$\lim_{x \to c} \frac{g(f(x)) - g(f(c))}{f(x) - f(c)} = \lim_{f(x) \to f(c)} \frac{g(f(x)) - g(f(c))}{f(x) - f(c)}$$

其中 $\displaystyle\lim_{f(x) \to f(c)} \frac{g(f(x)) - g(f(c))}{f(x) - f(c)}$ 相當於「將 u 以 $f(x)$ 代入」

$\displaystyle\lim_{u \to f(c)} \frac{g(u) - g(f(c))}{u - f(c)}$。因此 $\displaystyle\lim_{x \to c} \frac{g(f(x)) - g(f(c))}{f(x) - f(c)} = g'(f(c))$。所以

$$
\begin{aligned}
(g \circ f)'(c) &= \lim_{x \to c} \frac{(g \circ f)(x) - (g \circ f)(c)}{x - c} \\
&= \lim_{x \to c} \left[\frac{g(f(x)) - g(f(c))}{f(x) - f(c)} \cdot \frac{f(x) - f(c)}{x - c} \right] \\
&= \left[\lim_{x \to c} \frac{g(f(x)) - g(f(c))}{f(x) - f(c)} \right] \cdot \left[\lim_{x \to c} \frac{f(x) - f(c)}{x - c} \right] \\
&= g'(f(c)) \cdot f'(c)
\end{aligned}
$$

(II) 不存在 $\delta > 0$ 使得敘述「若 $x \neq c$ 且 $0 < |x - c| < \delta$，則 $f(x) \neq f(c)$」成立。

在這種情況，我們其實可以證明：「$f'(c)$ 必然為 0」而且 $(g \circ f)'(c) = \displaystyle\lim_{x \to c} \frac{g(f(x)) - g(f(c))}{x - c} = 0$（應用 $f'(c) = 0$ 這個結果）。因而得證

$$(g \circ f)'(c) = 0 = g'(f(c)) \cdot f'(c)$$

我們省略「情況 (II)」詳細的證明細節。

注意：連鎖律常以下列形式表示

$$\frac{d(g \circ f)}{dx}(c) = \frac{dg}{du}(f(c)) \cdot \frac{du}{dx}(c)$$

其中 $\dfrac{du}{dx}$ 中的 u 必須以函數 f 代入。

連鎖律的應用非常廣泛。以後的定理 3.2.5、定理 3.2.6、定理 3.2.7 其實都是連鎖律的應用。 ■

範例 7 假設 a 與 b 都是實數常數。計算函數 $\cos(ax + b)$ 在點 c 的微分。

說明： 令 $g(u) = \cos u$ 且 $f(x) = ax + b$。 則 $\cos(ax + b) = g(f(x))$
$= (g \circ f)(x)$。所以

$$(g \circ f)'(c) = g'(f(c)) \cdot f'(c) = -\sin(f(c)) \cdot a \qquad \text{（解題要點）}$$
$$= -\sin(a \cdot c + b) \cdot a$$

解題要點：
$g'(u) = -\sin u$
$f'(x) = a$

延伸學習 6 計算函數 $\tan(3x + \dfrac{\pi}{4})$ 在點 0 的微分。

解答： 令 $g(u) = \tan u$ 且 $f(x) = 3x + \dfrac{\pi}{4}$，則

$$\tan(3x + \frac{\pi}{4}) = g(f(x)) = (g \circ f)(x)$$

$$(g \circ f)'(0) = [\sec(f(0))]^2 \cdot f'(0)$$

$$= \left(\sec \frac{\pi}{4}\right)^2 \cdot 3 = (\sqrt{2})^2 \cdot 3 = 6$$

計算技巧：
$g'(u) = (\sec u)^2$
$f'(0) = 3$

範例 8 計算函數 $(x^2 + 3x + 5)^4$ 在點 -2 的微分。

說明： 令 $g(u) = u^4$ 且 $f(x) = x^2 + 3x + 5$。則 $(x^2 + 3x + 5)^4 = g(f(x))$
$= (g \circ f)(x)$。所以

$$(g \circ f)'(-2) = g'(f(-2)) \cdot f'(-2)$$
$$= 4 \cdot [f(-2)]^3 \cdot (2 \cdot (-2) + 3) \qquad \text{（解題要點）}$$
$$= 4 \cdot 3^3 \cdot (-1) = -108$$

解題要點：
$g'(u) = 4u^3$
$f'(x) = 2x + 3$

> **定理 3.2.5** 假設 $n \neq 0$ 是非零整數，則函數 x^n 在點 $x \neq 0$ 的微分為 $n \cdot x^{(n-1)}$。

說明： 由定理 3.1.3 我們知道本定理的結果在 n 為正整數的情況是成立的。以下我們將假設 n 是負整數。

令 $g(u) = \dfrac{1}{u} = u^{-1}$ 且 $f(x) = x^m$ 其中 $m = -n$ 是正整數。則

$$x^n = \frac{1}{x^m} = g(f(x)) = (g \circ f)(x)$$

其中 $x \neq 0$。由連鎖律（定理 3.2.4）可知

$$(g \circ f)'(x) = g'(f(x)) \cdot f'(x)$$

$$= \frac{-1}{[f(x)]^2} \cdot f'(x) \qquad \text{（解題要點 1）}$$

解題要點：
$1.\ g'(u) = \dfrac{-1}{u^2}$

2. $f'(x) = m \cdot x^{(m-1)}$

3. 由 $m = -n$ 可知 $m + 1 = -n + 1$

　而且

$$\frac{-m}{x^{(m+1)}} = -m \cdot x^{-(m+1)}$$

$$= nx^{(-n+1)}$$

$$= nx^{n-1}$$

$$= -\frac{1}{[x^m]^2} \cdot m \cdot x^{(m-1)} \qquad （解題要點 2）$$

$$= \frac{-m}{x^{(m+1)}} = n \cdot x^{(n-1)} \qquad （解題要點 3）▮$$

範例 9　計算函數 $\dfrac{1}{x^9} = x^{-9}$，其中 $x \neq 0$，在點 $c \neq 0$ 的微分。

說明：由定理 3.2.5 可知函數 x^{-9} 在點 $c \neq 0$ 的微分為 $(-9) \cdot c^{(-9-1)}$ $= -9 \cdot c^{-10} = \dfrac{-9}{c^{10}}$。

延伸學習 7　計算函數 $\dfrac{1}{x^5} = x^{-5}$，其中 $x \neq 0$，在點 $c \neq 0$ 的微分。

解答：$-5 \cdot c^{-6} = \dfrac{-5}{c^6}$。

定理 3.2.6　假設 $n = \dfrac{p}{q} \neq 0$ 是非零有理數，其中 p 是非零整數而且 q 是正整數。則函數 x^n（其中 $x > 0$）在點 $x > 0$ 的微分為 $n \cdot x^{(n-1)}$。

說明：令 $g(u) = u^p$ 且 $f(x) = x^{\frac{1}{q}}$ 其中 $x \in [0, +\infty)$，則 $g'(u) = p \cdot u^{(p-1)}$ 而且 $f'(x) = \dfrac{1}{q} \cdot x^{(\frac{1}{q}-1)}$。注意

$$x^n = x^{\frac{p}{q}} = (x^{\frac{1}{q}})^p = g(f(x)) = (g \circ f)(x)$$

其中 $x > 0$。由連鎖律（定理 3.2.4）可知

$$(g \circ f)'(x) = g'(f(x)) \cdot f'(x) = p \cdot (f(x))^{(p-1)} \cdot \frac{1}{q} \cdot x^{(\frac{1}{q}-1)}$$

$$= p \cdot (x^{\frac{1}{q}})^{(p-1)} \cdot \frac{1}{q} \cdot x^{(\frac{1}{q}-1)} = \frac{p}{q} \cdot x^{(\frac{p}{q}-1)}$$

$$= n \cdot x^{n-1}$$

▮

範例 10　假設 $f(x) = x^{\frac{3}{2}}$ 其中 $x \in [0, +\infty)$。試求 $f'(4)$。

說明：由定理 3.2.6 可知：如果 $x > 0$，則 $f'(x) = \dfrac{3}{2} \cdot x^{\frac{1}{2}}$。

因此 $f'(4) = \dfrac{3}{2} \cdot 4^{\frac{1}{2}} = \dfrac{3}{2} \cdot 2 = 3$。

延伸學習 8　計算函數 $x^{\frac{5}{3}}$ 在點 $c > 0$ 的微分。

解答：$\dfrac{5}{3} \cdot c^{\frac{2}{3}}$。

　　以下的定理告訴我們如何計算奇數次方根函數在一般點 $x \neq 0$ 的微分值。

定理 3.2.7 如果 q 是奇數正整數，則函數 $x^{\frac{1}{q}}$ 在點 $x \neq 0$ 的微分為

$$\frac{1}{q} \cdot x^{\frac{1}{q} - 1}$$

說明： 我們知道這個定理對於 $x > 0$ 是成立的（定理 3.1.4）。以下我們將假設 $x < 0$（所以 $-x > 0$）。

注意奇數次方根函數是奇函數。所以

$$x^{\frac{1}{q}} = ((-1) \cdot -x)^{\frac{1}{q}} = (-1)^{\frac{1}{q}} \cdot (-x)^{\frac{1}{q}} = (-1) \cdot (-x)^{\frac{1}{q}}$$

令 $g(u) = (-1) \cdot u^{\frac{1}{q}}$ 且 $f(x) = -x$ 則函數 $x^{\frac{1}{q}}$ 在 x 的微分就是 $(g \circ f)'(x)$。

由連鎖律（定理 3.2.4）可知

$$(g \circ f)'(x) = g'(f(x)) \cdot f'(x)$$

注意在這個等式中，g' 取值的點是在

$$f(x) = -x > 0$$

解題要點：

1. 由於 $f(x) > 0$，所以計算 $g'(f(x))$ 的時候可以使用定理 3.2.6。

2. $(-x)^{\frac{1}{q} - 1} = \dfrac{(-x)^{\frac{1}{q}}}{-x} = \dfrac{(-1)^{\frac{1}{q}} x^{\frac{1}{q}}}{(-1) \cdot x}$

$= \dfrac{-x^{\frac{1}{q}}}{-x} = \dfrac{x^{\frac{1}{q}}}{x} = x^{\frac{1}{q} - 1}$

所以

$$(g \circ f)'(x) = (-1) \cdot \frac{1}{q} \cdot (-x)^{\frac{1}{q} - 1} \cdot (-1) \qquad \text{（解題要點 1）}$$

$$= \frac{1}{q} \cdot (-x)^{\frac{1}{q} - 1} = \frac{1}{q} \cdot x^{\frac{1}{q} - 1} \qquad \text{（解題要點 2）} \blacksquare$$

範例 11 計算函數 $x^{\frac{1}{3}}$ 在點 -8 的微分。

說明： 由定理 3.2.7 可知這個微分值為

$$\frac{1}{3} \cdot (-8)^{\frac{1}{3} - 1} = \frac{1}{3} \cdot (-8)^{\frac{-2}{3}} = \frac{1}{12}$$

假設 $f : I \to \mathbb{R}$ 是定義在開區間 I 的實數函數而且函數值恆為正值。假設 f 在 $x \in I$ 的微分存在。如果 n 是非零有理數，令 $g(u) = u^n$，則合成函數 $g \circ f$ 在 x 的微分存在而且

$$(g \circ f)'(x) = n \cdot [f(x)]^{(n-1)} \cdot f'(x)$$

注意 $(g \circ f)(x) = [f(x)]^n$。

範例 12 計算函數 $\sqrt{x^2 + 2x + 7}$ 在點 c 的微分。

說明： 令 $g(u) = \sqrt{u}$ 且 $f(x) = x^2 + 2x + 7$，則 $g'(u) = \dfrac{1}{2} u^{\frac{-1}{2}}$ 且 $f'(x) = 2x + 2$。注意 $\sqrt{x^2 + 2x + 7} = g(f(x)) = (g \circ f)(x)$。由連鎖律（定理 3.2.4）可知

$$(g \circ f)'(c) = g'(f(c)) \cdot f'(c)$$
$$= \frac{1}{2}(c^2 + 2c + 7)^{-\frac{1}{2}} \cdot (2c + 2)$$
$$= \frac{c + 1}{\sqrt{c^2 + 2c + 7}}$$

延伸學習 9 計算函數 $(x^2 + 4 + 3\cos x)^{\frac{3}{4}}$ 在點 c 的微分。

解答： $\dfrac{3}{4} \cdot \dfrac{(2c - 3\sin c)}{(c^2 + 4 + 3\cos c)^{\frac{1}{4}}}$。

範例 13 計算函數 $\sin(3x + \sqrt{x})$ 在點 $c > 0$ 的微分。

說明： 令 $g(u) = \sin u$ 且 $f(x) = 3x + \sqrt{x}$，其中 $x \in [0, +\infty)$。則 $\sin(3x + \sqrt{x}) = g(f(x))$。由連鎖律（定理 3.2.4）可知

$$(g \circ f)'(c) = g'(f(c)) \cdot f'(c)$$
$$= \cos(3c + \sqrt{c}) \cdot \left(3 + \frac{1}{2\sqrt{c}}\right) \qquad \text{（解題要點）}$$

解題要點：

· $\dfrac{d}{du}(\sin u) = \cos u$

· $\dfrac{d}{dx}(3x + \sqrt{x}) = \dfrac{d}{dx}[3x + x^{\frac{1}{2}}]$
$= 3 \cdot 1 + \dfrac{1}{2} \cdot x^{\frac{-1}{2}}$

範例 14 計算函數 $\sqrt{x^2 + 3 + \sin(x^3 + 7x + 2)}$ 在點 $c \in \mathbb{R}$ 的微分。

說明： 令 $g(u) = \sqrt{u}$ 其中 $u \in [0, +\infty)$。令

$$f(x) = x^2 + 3 + \sin(x^3 + 7x + 2)$$

則 $(g \circ f)(x) = g(f(x)) = \sqrt{x^2 + 3 + \sin(x^3 + 7x + 2)}$。由連鎖律（定理 3.2.4）可知

$$(g \circ f)'(c) = g'(f(c)) \cdot f'(c) = \frac{1}{2} \cdot \frac{1}{\sqrt{f(c)}} \cdot f'(c)$$
$$= \frac{f'(c)}{2 \cdot \sqrt{c^2 + 3 + \sin(c^3 + 7c + 2)}}$$

計算技巧：

$g'(u) = \dfrac{1}{2\sqrt{u}}$

$f(x)$ 的成分函數 $\sin(x^3 + 7x + 2)$ 可視為 $\sin$ 與 $x^3 + 7x + 2$ 這兩個函數的合成函數。

注意： 出現在 f 中的成分函數 $\sin(x^3 + 7x + 2)$ 可以被視為 $\sin$ 與 $x^3 + 7x + 2$ 這兩個函數的合成。所以

$$f'(x) = 2x + \cos(x^3 + 7x + 2) \cdot \frac{d}{dx}(x^3 + 7x + 2)$$

$$= 2x + \cos(x^3 + 7x + 2) \cdot (3x^2 + 7)$$

故

$$(g \circ f)'(c) = \frac{f'(c)}{2\sqrt{c^2 + 3 + \sin(c^3 + 7c + 2)}}$$

$$= \frac{2c + \cos(c^3 + 7c + 2) \cdot (3c^2 + 7)}{2\sqrt{c^2 + 3 + \sin(c^3 + 7c + 2)}}$$

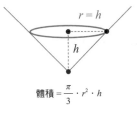

$r = h$

h

體積 $= \frac{\pi}{3} \cdot r^2 \cdot h$

圖 3.2.1A

範例15 A 已知一個很大的圓錐形容器的高度 h 與半徑 r 始終維持 $r = h$ 的關係。參考圖 3.2.1A。將水以 5 m^3/sec 的速度注入這個圓錐形容器中。當水位 h 到達 2 m 的時候，請求出半徑 r 對時間的變化率（m/sec）。

註：高度為 h 而且半徑為 r 的圓錐體的體積是 $\frac{\pi}{3} \cdot r^2 \cdot h$。

說明： 隨著水持續注入圓錐形容器，「水位 h」（以公尺 m 為單位）與「對應的半徑 r」（以公尺 m 為單位）都是時間 t 的函數。因此「水容量的體積 V」（以立方公尺 m^3 為單位）同樣是時間 t 的函數：

$$V(t) = \frac{\pi}{3} \cdot [r(t)]^2 \cdot h(t) = \frac{\pi}{3} \cdot [h(t)]^3 \qquad \text{（注意 } r = h \text{）}$$

將「以上等式」的兩邊「同時對 t 微分」可以得到

$$5 = \frac{dV(t)}{dt} = \frac{d}{dt}\left(\frac{\pi}{3} \cdot [h(t)]^3\right) = \frac{\pi}{3} \cdot 3 \cdot [h(t)]^2 \cdot h'(t)$$

$$= \pi \cdot [h(t)]^2 \cdot h'(t)$$

假設在「時間 c」的時候，水位到達 2 m: $h(c) = 2$。將 $h(c) = 2$ 代入以上等式可知

$$5 = \pi \cdot [h(c)]^2 \cdot h'(c) = \pi \cdot 2^2 \cdot h'(c) \Leftrightarrow h'(c) = \frac{5}{4\pi}$$

由 $r = h$ 可知 $r'(c) = h'(c)$。因此 $r'(c) = \frac{5}{4\pi}$ 為所求的「半徑對時間的變化率（m/sec）」。

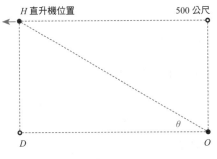

H 直升機位置 　　　　500 公尺

D 　　　　　　　　θ 　 O

圖 3.2.1B

範例15 B 一架直升機在平地 O 點垂直起飛，上升至 500 公尺高度後，水平地朝著空曠的西方直線飛行。在直升機原本起飛的 O 點觀測追蹤直升機與地平面之間的夾角。參考圖 3.2.1B。(A) 試求「觀測仰角為 30°」的時候，「直升機地面投影位置」與 O 點的「水平距離」。(B) 假設在「觀測仰角為 30°」的時候，觀測仰角以「每秒 0.5°的速度」遞減。試求直升機在「觀測仰角為 30° 的時候」的行進速度。

說明： 假設直升機的位置為 H，直升機在地面的垂直投影為 D，追蹤直升機的觀測仰角為「θ 弧度」或 $\left(\theta \cdot \dfrac{360}{2\pi}\right)^\circ$ 角度，假設 $\overline{OD}$ 的長度為 L 公尺。隨著直升機行進，H 與 D 都會跟著改變，因此 θ 與 L（以公尺為單位）都是時間 t 的函數。由於直升機水平地直線飛行，因此

$$\tan \theta(t) = \frac{\overline{DH}}{\overline{OD}} = \frac{500}{L(t)}$$

成立。

假設在「時間 c」的時候，「觀測仰角恰為 30°」：

$$\theta(c) \cdot \frac{360}{2\pi} = \theta(c) \cdot \frac{180}{\pi} = 30 \Leftrightarrow \theta(c) = \frac{\pi}{6}$$

所以 $\tan\theta(c) = \tan \dfrac{\pi}{6} = \dfrac{1}{\sqrt{3}}$。

(A) $\theta(c) = \dfrac{\pi}{6}$。所以 $\dfrac{1}{\sqrt{3}} = \tan\dfrac{\pi}{6} = \dfrac{500}{L(c)}$。因此 $L(c) = 500 \cdot \sqrt{3}$。這表示：「直升機地面投影位置」與 O 點的「水平距離」為 $L(c) = 500 \cdot \sqrt{3}$ 公尺。

(B) 「在觀測仰角為 30° 的時候，觀測仰角以每秒 0.5° 的速度遞減」表示

$$\frac{d}{dt}\left(\theta \cdot \frac{360}{2\pi}\right)\Big|_c = \frac{180}{\pi} \cdot \theta'(c) = -0.5$$

因此 $\theta'(c) = -\dfrac{(0.5) \cdot \pi}{180}$。

使用「連鎖律」將等式 $\tan\theta(t) = \dfrac{500}{L(t)}$ 的兩邊同時對 t 微分可以得到

$$[1 + \tan^2\theta(c)] \cdot \theta'(c) = [\sec^2\theta(c)] \cdot \theta'(c) = \frac{d\tan\theta(t)}{dt}\Big|_c$$

$$= \left(\frac{d}{dt}\frac{500}{L(t)}\right)\Big|_c = -\frac{500 \cdot L'(c)}{L(c) \cdot L(c)}$$

將 $\tan\theta(c) = \dfrac{1}{\sqrt{3}}$ 與 $L(c) = 500 \cdot \sqrt{3}$ 代入以上等式可知

$$\frac{4}{3} \cdot \theta'(c) = \left[1 + \frac{1}{3}\right] \cdot \theta'(c) = -\frac{500 \cdot L'(c)}{(500 \cdot \sqrt{3})^2} = -\frac{L'(c)}{500 \cdot 3}$$

$$\Leftrightarrow \quad L'(c) = -(500 \cdot 4) \cdot \theta'(c)$$

其中 $\theta'(c) = -\dfrac{(0.5) \cdot \pi}{180}$。所以 $L'(c) = \dfrac{500 \cdot 4 \cdot (0.5) \cdot \pi}{180} = \dfrac{50 \cdot \pi}{9}$。這表示：直升機在「時間 c」（觀測仰角恰為 30°）的行進速度

為 $\dfrac{50 \cdot \pi}{9}$ 公尺 / 秒或 $\dfrac{50 \cdot \pi}{9} \cdot \dfrac{60 \cdot 60}{1000} = 20\pi$ 公里 / 時。

附錄：隱函數（Implicit Functions）的微分

在之前我們所討論的函數都是可以明確地表示出來的。現在我們要介紹：如何在函數沒有被明確地表示出來的情況下，有效地進行微分計算的方法。

考慮方程式 $x^2 + y^2 = 9$。這個方程式的解曲線是半徑為 3 且圓心在原點的圓。假設我們要計算這個圓上某個點 A 的切線斜率。那麼我們有 2 種方法來完成這件事。

(I)：在這點附近將圓（解曲線）表示為函數圖形。

(II) 使用隱函數的微分方法（使用連鎖律）。

以下我們將討論這 2 種方法。為了簡化問題，我們假設 A 的座標為 (c, k)，其中 $-3 < c < 3$（所以 A 點落在上半平面或下半平面）。注意點 (c, k) 滿足 $c^2 + k^2 = 9$ 這個方程。

方法 (I)：如果 $k > 0$，則 A 點落在上半圓。令 $u(x) = \sqrt{9 - x^2}$ 其中 $x \in (-3, +3)$。則上半圓可以表示為

$$y = u(x) = \sqrt{9 - x^2}$$

所以在 A 點的切線斜率為

$$u'(c) = \frac{-2c}{2 \cdot \sqrt{9 - c^2}} = \frac{-c}{\sqrt{9 - c^2}}$$

如果 $k < 0$，則 A 點落在下半圓。令 $v(x) = -\sqrt{9 - x^2}$ 其中 $x \in (-3, 3)$。則下半圓可以表示為

$$y = v(x) = -\sqrt{9 - x^2}$$

所以在 A 點的切線斜率為

$$v'(c) = -\frac{-2c}{2 \cdot \sqrt{9 - c^2}} = \frac{c}{\sqrt{9 - c^2}}$$

方法 (II)：我們想像在點 $A = (c, k)$ 附近，**解曲線**可以表示為 $y = f(x)$。則 $(x, f(x))$ 在點 (c, k) 附近會滿足方程

$$x^2 + [f(x)]^2 = 9$$

將這個關係式的兩側函數同時「**在 c 點取微分**」就可以得到 $2c + 2f(c) \cdot f'(c) = 0$。所以 $f'(c) = \dfrac{-c}{f(c)}$。

如果 $k > 0$，則 $f(x)$ 就是 $u(x) = \sqrt{9 - x^2}$。所以

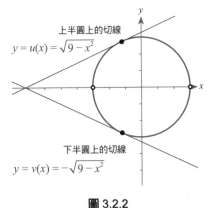

上半圓上的切線

$y = u(x) = \sqrt{9 - x^2}$

下半圓上的切線

$y = v(x) = -\sqrt{9 - x^2}$

圖 3.2.2

$$f'(c) = \frac{-c}{f(c)} = \frac{-c}{\sqrt{9-c^2}}$$

如果 $k < 0$，則 $f(x)$ 就是 $v(x) = -\sqrt{9-x^2}$。所以

$$f'(c) = \frac{-c}{f(c)} = \frac{-c}{-\sqrt{9-c^2}} = \frac{c}{\sqrt{9-c^2}}$$

現在我們發現：無論 $k > 0$ 或 $k < 0$，我們其實都會得到與方法 (I) 完全一致的答案。以上所討論的這個方法叫作隱函數的微分方法。

我們將隱函數的微分方法的做法歸納如下：

1. 將所考慮的方程式表示為 $G(x, y) = 0$。

2. 假設我們要計算在「$G(x, y) = 0$ 的解曲線」上的一點 (c, k) 的切線斜率。我們想像在點 (c, k) 附近，解曲線可以表示為「函數圖形 $y = f(x)$」，則 $(x, f(x))$ 在點 (c, k) 附近會滿足方程

$$G(x, f(x)) = 0$$

注意事項：
點 (c, k) 滿足方程 $G(c, k) = 0$。

令 $\mathcal{E}_f(x) = G(x, f(x))$，則「函數 $\mathcal{E}_f(x)$」滿足 $\mathcal{E}_f(x) = 0$。

3. 對關係式 $\mathcal{E}_f(x) = 0$ 在 c 點取微分（使用連鎖律）就會得到

$$\mathcal{E}_f'(c) = 0$$

注意 $(c, f(c)) = (c, k)$。將 $f(c) = K$ 代入 $\mathcal{E}_f'(c) = 0$ 中，我們就會得到一個以 $f'(c)$ 為未知數的方程式。將含有 $f'(c)$ 的項收集在一起，然後解出 $f'(c)$。如此就可以求得在點 (c, k) 的切線斜率。

範例16 方程式 $\dfrac{x^2}{4} - \dfrac{y^2}{9} = 1$ 的解曲線為雙曲線，試計算解曲線在點 $(2\sqrt{2}, 3)$ 的切線斜率。

說明： 令 $G(x, y) = \dfrac{x^2}{4} - \dfrac{y^2}{9} - 1$，則 $G(x, y) = 0$ 的解曲線恰為原來的雙曲線。$(2\sqrt{2}, 3)$ 是解曲線上的一點，故 $G(2\sqrt{2}, 3) = 0$。

想像在點 $(2\sqrt{2}, 3)$ 附近，解曲線可以表示為「$y = f(x)$ 的函數圖形」。所以 $(x, f(x))$ 在點 (c, k) 附近會滿足

$$G(x, f(x)) = \frac{x^2}{4} - \frac{[f(x)]^2}{9} - 1 = 0$$

令 $\mathcal{E}_f(x) = G(x, f(x)) = \dfrac{x^2}{4} - \dfrac{[f(x)]^2}{9} - 1$，則 $\mathcal{E}_f(x)$ 滿足 $\mathcal{E}_f(x) = 0$。對這個關係式「在 c 點取微分」就會得到

$$\mathcal{E}_f'(c) = \frac{2c}{4} - \frac{2 \cdot f(c) \cdot f'(c)}{9} = 0$$

將 $(c, f(c)) = (2\sqrt{2}, 3)$ 代入上式可以得到

$$0 = \mathcal{E}'_f(c) = \frac{4\sqrt{2}}{4} - \frac{6 \cdot f'(c)}{9} = \sqrt{2} - \frac{2 \cdot f'(c)}{3}$$

其中 $f'(c)$ 是唯一的未知數。所以 $f'(c) = \frac{3\sqrt{2}}{2} = \frac{3}{\sqrt{2}}$ 其中 $c = 2\sqrt{2}$。

範例 17 假設 $G(x, y) = x^2 + x - y^5 - 3y^2 + 2$。試計算 $G(x, y) = 0$ 的解曲線在點 $(-2, 1)$ 的切線斜率。

說明：想像在點 $(-2, 1)$ 附近，解曲線可以表示為「$y = f(x)$ 的函數圖形」。所以 $(x, f(x))$ 在點 $(-2, 1)$ 附近會滿足

$$G(x, f(x)) = x^2 + x - [f(x)]^5 - 3[f(x)]^2 + 2 = 0$$

令 $\mathcal{E}_f(x) = G(x, f(x)) = x^2 + x - [f(x)]^5 - 3[f(x)]^2 + 2$。則在點 $c = -2$ 對「關係式 $\mathcal{E}_f(x) = 0$」取微分可得

$$0 = \mathcal{E}'_f(c) = 2c + 1 - 5 \cdot [f(c)]^4 \cdot f'(c) - 6 \cdot f(c) \cdot f'(c)$$
$$= 2c + 1 - (5 \cdot [f(c)]^4 + 6 \cdot f(c)) \cdot f'(c)$$

將 $(c, f(c)) = (-2, 1)$ 代入上式可知

$$0 = 2 \cdot (-2) + 1 - [5 \cdot 1^4 + 6 \cdot 1] \cdot f'(c)$$
$$= -3 - 11 \cdot f'(c)$$

因此 $f'(c) = \frac{-3}{11}$ 即為所求的切線斜率，其中 $c = -2$。

＊延伸學習 10 假設 $G(x, y) = x^2 + x + y - 2 \cdot e^y$。試計算 $G(x, y) = 0$ 的解曲線在點 $(-2, 0)$ 的切線斜率（牽涉到自然指數函數）。

解答：想像在點 $(-2, 0)$ 附近，解曲線可以表示為 $y = f(x)$ 的函數圖形：

$$\mathcal{E}_f(x) = x^2 + x + f(x) - 2 \cdot e^{f(x)} = 0$$

其中我們定義 $\mathcal{E}_f(x) = G(x, f(x))$。則

$$0 = \mathcal{E}'_f(c) = 2c + 1 + f'(c) - 2 \cdot e^{f(c)} \cdot f'(c)$$
$$= 2c + 1 + [1 - 2 \cdot e^{f(c)}] \cdot f'(c)$$

將 $(c, f(c)) = (-2, 0)$ 代入上式可得

$$0 = -4 + 1 + (1 - 2) \cdot f'(c) = -3 + (-1) \cdot f'(c)$$

故 $f'(c) = -3$ 即為所求的切線斜率，其中 $c = -2$。

習題 3.2

1. 假設 $f(x) = (7 + \sin x)(4 - \cos x)$。計算 $f'(x)$。

2. (A) 假設 $f(x) = \dfrac{1}{x^2 + 3x + 92}$。計算 $f'(x)$。

   (B) 假設 $g(x) = \dfrac{1}{35 + 2\cos x}$。計算 $g'(x)$。

3. 假設 $f(x) = \dfrac{x^3 + 5x^2 - 7}{x^2 + 3x + 92}$。計算 $f'(x)$。

4. 假設 $f(x) = \dfrac{7 - \sin x}{33 + 2\cos x}$。計算 $f'(x)$。

5. (A) 假設 $f(x) = \sqrt[3]{x} + 7x^2$。計算 $f'(x)$。

   (B) 假設 $g(x) = \sqrt[5]{x} + 3\tan x$。計算 $g'(x)$。

6. 假設 $f(x) = \tan x + \sec x$。計算 $f'(x)$。

7. (A) 假設 $f(x) = \sin(8x^3 + 72)$。計算 $f'(x)$。

   (B) 假設 $g(x) = \cos(7x + 38)$。計算 $g'(x)$。

8. 假設 $f(x) = \tan(9x^2 + 2x - \pi)$。計算 $f'(x)$。

9. 假設 $f(x) = \sqrt{x^2 + 3x + 77}$。計算 $f'(x)$。

10. 假設 $f(x) = \sqrt[5]{7 + \cos(x^3 + 8)}$。計算 $f'(x)$。

11. 假設 $f(x) = \dfrac{1}{33 + \sqrt{x^2 + 3x + 59}}$。計算 $f'(x)$。

12. (A) 假設 $f(x) = (\sin x)^7$。計算 $f'(x)$。

    (B) 假設 $g(x) = [\cos(x^3 + 79)]^5$。計算 $g'(x)$。

13. 假設 $f(x) = x^{\frac{2}{5}} + 7x^3$。計算 $f'(x)$。

14. 假設 $g(x) = x^{\frac{9}{5}} + 33x^2 + 5\tan x$。計算 $g'(x)$。

15. 假設 $f(x) = 7 + x^2 + \sin[(5x + 9)^{\frac{2}{3}}]$。計算 $f'(x)$。

*16. 假設 $G(x, y) = -2x + y^2$。考慮 $G(x, y) = 0$ 的解曲線，可得拋物線。

   (A) 使用 $y = \sqrt{2x}$ 的表示方式計算 $\dfrac{dy}{dx}$ 在點 $(2, 2)$ 的值。

   (B) 使用隱函數微分法計算 $\dfrac{dy}{dx}$ 在點 $(2, 2)$ 的值。

* 第 3 節　反函數的微分規律、反三角函數

本節將介紹反函數的連續性定理與微分規律。接著我們會應用這些反函數的定理來討論**反三角函數**（inverse trigonometric functions）的性質。我們主要討論三個反三角函數：arcsin、arctan、arcsec。這三個反三角函數的微分結果對於某些特殊形式的積分計算非常重要。我們將在以後有關積分的章節中再詳細說明。

假設 $f\colon I \to \mathbb{R}$ 是定義在（有限或無限）的函數。如果函數 f 具有以下性質：

若 $u \neq v$，則 $f(u) \neq f(v)$

我們就說函數 f 是 **1-1 函數**（one-to-one function）。如果函數 f 具有以下性質：

若 $u < v$，則 $f(u) < f(v)$

我們就說函數 f 是**嚴格遞增函數**（strictly increasing function）。請讀者注意：

嚴格遞增函數必定是 1-1（一對一）函數，因為嚴格遞增函數會保持「變數與函數值之間的次序關係」。

「1-1（一對一）函數」有個特質：**反函數**（inverse function）必定存在（參考圖 3.3.1）。

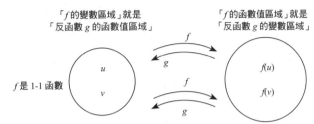

「f的變數區域」就是　　　　　　　　　「f的函數值區域」就是
「反函數 g 的函數值區域」　　　　　　「反函數 g 的變數區域」

f 是 1-1 函數

對每個「f 的函數值區域（反函數 g 的變數區域）」的元素，我們都可以找到唯一的一個「f 的變數區域」的元素作為反函數 g 的函數值

圖 3.3.1

雖然一對一函數 $f: I \to \mathbb{R}$ 的反函數 $g: f(I) \to I$ 必然存在，但是反函數 g 的變數區域 $f(I)$ 卻不必然是區間。當 1-1 函數 f 是連續函數的時候，由於**中間值定理**（Intermediate-Value Theorem）的關係，f 的反函數 $g: f(I) \to I$ 會具有較好的性質。

> **定理 3.3.1**（反函數的連續性定理）
> 假設 $f: I \to \mathbb{R}$ 是定義在（有限或無限）區間 I 的嚴格遞增的連續函數。則 f 的函數值區域 $f(I)$ 必然會形成一個（有限或無限）區間，而且 f 的反函數 $g: f(I) \to I$ 必然是個嚴格遞增的連續函數。

說明：這個定理可以由中間值定理導出。但由於詳細的推導過程較為複雜，我們省略證明細節。　　　　　　　　　　　　　　　　　　■

補充說明：我們現在討論定理 3.3.1 的一個實例。假設 n 是正整數。如果 $f(x) = x^n$ 其中 $x \in [0, +\infty)$，則 f 的反函數 g 就是 n 次方根函數：

$$g(w) = \sqrt[n]{w} = w^{\frac{1}{n}} \text{ 其中 } w \in [0, +\infty)$$

注意 g 的變數區域 $[0, +\infty)$ 其實就是 f 的函數值區域。而且在第二章我們已經說明過：f 的反函數 n 次方根函數 g 是個嚴格遞增的連續函數（定理 2.3.4）。（參考圖 3.3.2A 與圖 3.3.2B）。

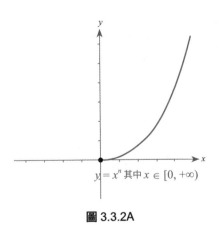

$y = x^n$ 其中 $x \in [0, +\infty)$

圖 3.3.2A

*註：如果 n 是奇數正整數，則 n 次方函數 f 可以是定義在整個 $\mathbb{R}$ 的嚴格遞增的連續函數：

$$f(x) = x^n \text{ 其中 } x \in \mathbb{R} = (-\infty, +\infty)$$

所以 f 的函數值區域是整個 $\mathbb{R}$。因此 f 的反函數 n 次方根函數

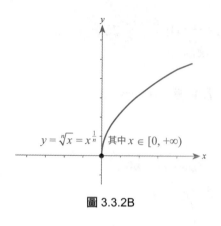

$y = \sqrt[n]{x} = x^{\frac{1}{n}}$ 其中 $x \in [0, +\infty)$

圖 3.3.2B

g 是定義在整個 $\mathbb{R}$（視為 f 的函數值區域）的嚴格遞增的連續函數。∎

假設函數 f 與函數 g 互為彼此的反函數。則以下關係式恆成立。

$$(g \circ f)(x) = x \text{ 而且 } (f \circ g)(y) = y$$

其中「x 落在 f 的定義域中」而「y 落在 f 的值域（g 的定義域）中」。如果 f 是定義在一個區間 I 的嚴格遞增的連續函數，則 f 的函數值區域 $f(I)$ 是一個區間而且 f 的反函數 g 是定義在區間 $f(I)$ 的嚴格遞增的連續函數。

> **定理 3.3.2**　（反函數的微分定理）
>
> 如果 $f : I \to \mathbb{R}$ 是定義在（有限或無限）開區間的嚴格遞增的連續函數，則 f 的函數值區域會是一個（有限或無限）的開區間。而且 f 的反函數 $g : f(I) \to I$ 會是一個嚴格遞增的連續函數。
>
> 　如果函數 f 在點 $c \in I$ 的微分存在而且
>
> $$f'(c) \neq 0$$
>
> 則函數 g 在點 $w = f(c)$ 的微分存在而且
>
> $$g'(w) = \frac{1}{f'(c)} = \frac{1}{f'(g(w))}$$

說明：注意 $f(g(y)) = y$ 對任意 $y \in f(I)$ 都是成立的。所以

$$g'(w) = \lim_{y \to w} \frac{g(y) - g(w)}{y - w} = \lim_{y \to w} \frac{g(y) - g(w)}{f(g(y)) - f(g(w))} \qquad (f(g(y)) = y \text{ 其中 } y \text{ 落在 } f \text{ 的值域})$$

$$= \lim_{y \to w} \left[\frac{1}{\dfrac{f(g(y)) - f(g(w))}{g(y) - g(w)}} \right] = \frac{1}{\displaystyle\lim_{y \to w} \dfrac{f(g(y)) - f(g(w))}{g(y) - g(w)}}$$

從這個計算我們發現：如果

$$\lim_{y \to w} \frac{f(g(y)) - f(g(w))}{g(y) - g(w)} = f'(g(w))$$

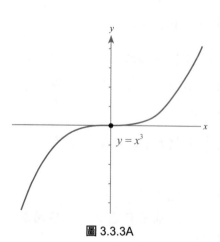

$y = x^3$

圖 3.3.3A

成立，那麼（使用極限運算的除法規律）我們就可以得到

$$g'(w) = \lim_{y \to w} \frac{g(y) - g(w)}{f(g(y)) - f(g(w))} = \frac{1}{f'(g(w))}$$

現在我們要說明 $\displaystyle\lim_{y \to w} \frac{f(g(y)) - f(g(w))}{g(y) - g(w)} = f'(g(w))$ 成立的原因。由反函數的連續性定理（定理 3.3.1）可知：「若 $y \to w$，則 $g(y) \to g(w)$」。所以

$$\lim_{y \to w} \frac{f(g(y)) - f(g(w))}{g(y) - g(w)} = \lim_{g(y) \to g(w)} \frac{f(g(y)) - f(g(w))}{g(y) - g(w)}$$

說明：
由 $w = f(c)$ 可知
$c = g(f(c)) = g(w)$。

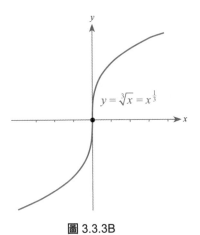

圖 3.3.3B

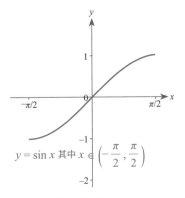

$y = \sin x$ 其中 $x \in \left(-\dfrac{\pi}{2}, \dfrac{\pi}{2}\right)$

圖 3.3.4A

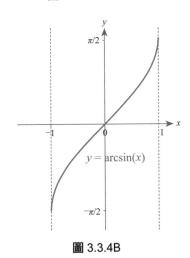

$y = \arcsin(x)$

圖 3.3.4B

$\arcsin(x)$ 表示：使得 $\sin$ 取值為 x 的 arc（弧度）。

使用定理 3.3.2 計算 $\arcsin$ 的微分。
函數 $\sin$ 的微分是 $\cos$。

但「f 在 $c = g(w)$ 這個點微分存在」的條件告訴我們：

$$f'(c) = f'(g(w)) = \lim_{x \to g(w)} \frac{f(x) - f(g(w))}{x - g(w)}$$

這個極限存在。將 x 以 $g(y)$ 代入以上這個極限式就可以得到

$$\lim_{g(y) \to g(w)} \frac{f(g(y)) - f(g(w))}{g(y) - g(w)} = f'(g(w))$$

因此 $\displaystyle\lim_{y \to w} \frac{f(g(y)) - f(g(w))}{g(y) - g(w)} = f'(g(w))$ 成立。

注意：在這個定理中，如果 $f'(c) = 0$，則 $g'(w)$ 不會存在。例如：$f(x) = x^3$ 其中 $x \in \mathbb{R}$。$g(y) = y^{\frac{1}{3}}$ 其中 $y \in \mathbb{R}$。則 f 與 g 互為彼此的反函數，$f'(0) = 0$，但 $g'(0)$ 不存在。參考圖 3.3.3A 與圖 3.3.3B。　∎

範例 1　假設 $f(x) = x^2$，其中 $x \in [0, +\infty)$。計算 f 的反函數 g 在點 $c > 0$ 的微分。

說明： $f(\sqrt{y}) = (\sqrt{y})^2 = y$ 對於所有的 $y \in [0, +\infty)$ 都成立。所以 $g(y) = \sqrt{y}$ 其中 $y \in [0, +\infty)$。由定理 3.3.2 可知 $g'(c) = \dfrac{1}{f'(g(c))} = \dfrac{1}{2\sqrt{c}}$。

反三角函數：arcsin、arctan、arcsec

三角函數都是週期函數。因此，在它們的定義區域上並不是 1-1（一對一）函數，所以不會有反函數。但是，如果適當地限制三角函數的定義區域，使得它們在所限制的區域上成為「1-1」函數，那麼「反函數」就可以存在。

本節所介紹的這些「反三角函數」的微分將會與日後所學的積分有關。因此，我們只介紹三種特殊的「反三角函數」：arcsin、arctan、arcsec。

反正弦函數 arcsin

正弦函數 $\sin$ 在 $\left[-\dfrac{\pi}{2}, +\dfrac{\pi}{2}\right]$ 這個閉區間上是個嚴格遞增的連續函數而且函數值區域是 $[-1, +1]$。所以 $\sin$ 有個連續的反函數

$$\arcsin : [-1, +1] \to \left[-\dfrac{\pi}{2}, \dfrac{\pi}{2}\right]$$

由於 $\sin$ 在開區間 $\left(-\dfrac{\pi}{2}, +\dfrac{\pi}{2}\right)$ 上是個可微分函數而且微分值都不為 0，所以 $\arcsin$ 在點 $c \in (-1, +1)$ 的微分為（參考圖 3.3.4B）

$$(\arcsin)'(c) = \frac{1}{\cos(\arcsin c)} = \frac{1}{\sqrt{1 - [\sin(\arcsin c)]^2}}$$
（參考解題技巧）
$$= \frac{1}{\sqrt{1 - c^2}}$$

解題技巧： 如果 $\theta = \arcsin(c)$，則 $\sin\theta = \sin(\arcsin(c)) = c$。而且 $\cos\theta = \sqrt{1-(\sin\theta)^2}$（因為 $\theta \in \left[-\dfrac{\pi}{2}, +\dfrac{\pi}{2}\right]$，所以 $\cos$ 在 $\left[-\dfrac{\pi}{2}, +\dfrac{\pi}{2}\right]$ 上的函數值恆 ≥ 0）。因此 $\cos\theta = \sqrt{1-c^2}$。

> 如果 $\theta = \arcsin(c)$，則 $\theta \in \left[-\dfrac{\pi}{2}, +\dfrac{\pi}{2}\right]$。所以 $\sin\theta = c$ 而且 $\cos\theta = \sqrt{1-c^2}$。

範例 2 (A) 試求 $\sin(\arcsin \dfrac{-1}{3})$ 與 $\cos(\arcsin \dfrac{-1}{3})$。(B) 計算 $(\arcsin)'(-\dfrac{1}{3})$。

說明：

(A) $\sin(\arcsin c) = c$ 且 $\cos(\arcsin c) = \sqrt{1-\sin^2(\arcsin c)} = \sqrt{1-c^2}$。

所以 $\sin(\arcsin \dfrac{-1}{3}) = \dfrac{-1}{3}$ 而且

$$\cos(\arcsin \dfrac{-1}{3}) = \sqrt{1-\left(\dfrac{-1}{3}\right)^2} = \sqrt{\dfrac{8}{9}} = \dfrac{2\sqrt{2}}{3}$$

(B) 如果 $c \in (-1, +1)$，則 $(\arcsin)'(c) = \dfrac{1}{\sqrt{1-c^2}}$。

所以 $(\arcsin)'\left(\dfrac{-1}{3}\right) = \dfrac{1}{\sqrt{1-\left(\dfrac{-1}{3}\right)^2}} = \dfrac{1}{\sqrt{\dfrac{8}{9}}} = \dfrac{3}{2\sqrt{2}}$。

範例 3 (A) 求 $\arcsin\left(\dfrac{1}{2}\right)$ 的弧度。(B) 計算 $(\arcsin)'\left(\dfrac{1}{2}\right)$。

說明：

(A) $\sin\left(\dfrac{\pi}{6}\right) = \dfrac{1}{2}$。所以 $\arcsin\left(\dfrac{1}{2}\right) = \arcsin\left(\sin\dfrac{\pi}{6}\right) = \dfrac{\pi}{6}$。這是因為 $\arcsin$ 與 $\sin$ 互為彼此的反函數。

(B) 如果 $t \in (-1, +1)$，則 $(\arcsin)'(t) = \dfrac{1}{\sqrt{1-t^2}}$。

故 $(\arcsin)'\left(\dfrac{1}{2}\right) = \dfrac{1}{\sqrt{1-\left(\dfrac{1}{2}\right)^2}} = \dfrac{1}{\sqrt{\dfrac{3}{4}}} = \dfrac{2}{\sqrt{3}}$。

延伸學習 1 (A) 求 $\arcsin\left(\dfrac{1}{\sqrt{2}}\right)$ 的弧度。(B) 計算 $(\arcsin)'\left(\dfrac{1}{\sqrt{2}}\right)$。

解答：

(A) $\arcsin\left(\dfrac{1}{\sqrt{2}}\right) = \dfrac{\pi}{4}$。(B) $(\arcsin)'\left(\dfrac{1}{\sqrt{2}}\right) = \sqrt{2}$。

範例 4　假設 $f(t) = \arcsin(t^3)$ 其中 $t \in [-1, +1]$。試求 $f'(t)$，其中 $t \in (-1, +1)$。

說明：令 $g(u) = \arcsin u$ 且 $u(t) = t^3$，則 $f(t) = g(u(t))$。由連鎖律（定理 3.2.4）可知

$$f'(t) = (\arcsin)'(u(t)) \cdot \frac{du(t)}{dt}$$

$$= \frac{1}{\sqrt{1 - [u(t)]^2}} \cdot 3t^2 = \frac{3t^2}{\sqrt{1 - (t^3)^2}} = \frac{3t^2}{\sqrt{1 - t^6}}$$

解題技巧 A：連鎖律

$$\frac{d}{dt}f(t) = g'(u(t)) \cdot \frac{du(t)}{dt}$$

解題技巧 B：

令 $g(u) = \arcsin u$，則

$$g'(u) = \frac{1}{\sqrt{1 - u^2}}。$$

延伸學習 2　假設 $f(t) = \arcsin(t^2)$ 其中 $t \in [-1, +1]$。試求 $f'(t)$，其中 $t \in (-1, +1)$。

解答：$f'(t) = \dfrac{2t}{\sqrt{1 - t^4}}$。

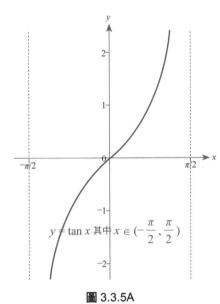

$y = \tan x$ 其中 $x \in \left(-\dfrac{\pi}{2}, \dfrac{\pi}{2}\right)$

圖 3.3.5A

反正切函數 arctan

正切函數 tan 在 $\left(-\dfrac{\pi}{2}, +\dfrac{\pi}{2}\right)$ 的區間上是個嚴格遞增的連續函數，而且函數值區域是整個 $\mathbb{R} = (-\infty, +\infty)$。所以 tan 有個連續的反函數

$$\arctan : \mathbb{R} \to \left(-\frac{\pi}{2}, +\frac{\pi}{2}\right)$$

由於 tan 在開區間 $\left(-\dfrac{\pi}{2}, +\dfrac{\pi}{2}\right)$ 上是個可微分函數而且微分值都不為 0，所以 arctan 在點 $c \in \mathbb{R}$ 的微分為（參考圖 3.3.5B）

$$(\arctan)'(c) = \frac{1}{\sec^2(\arctan c)}$$

$$= \frac{1}{1 + \tan^2(\arctan c)} \qquad (\sec^2\theta = 1 + \tan^2\theta)$$

$$= \frac{1}{1 + c^2}$$

arctan(x) 表示：使得 tan 取值為 x 的 arc（弧度）。

使用定理 3.3.2 計算 arctan 的微分。函數 tan 的微分是 $\sec^2$。

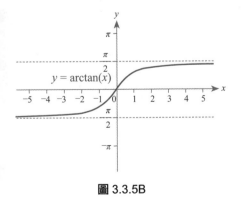

$y = \arctan(x)$

圖 3.3.5B

解題技巧：如果 $\theta = \arctan(c)$，則 $\tan\theta = \tan(\arctan c) = c$。注意由平方關係：$1 + (\tan\theta)^2 = (\sec\theta)^2$ 可知

$$\sec^2\theta = 1 + c^2$$

當 $\theta \in \left(-\dfrac{\pi}{2}, +\dfrac{\pi}{2}\right)$ 的時候，$\sec\theta = \dfrac{1}{\cos\theta} > 0$，所以

$$\sec\theta = \sqrt{1 + c^2} \text{ 而且 } \cos\theta = \frac{1}{\sqrt{1 + c^2}}$$

註：$\sin\theta = (\cos\theta) \cdot (\tan\theta) = \dfrac{c}{\sqrt{1 + c^2}}$。

$$如果 \theta = \arctan(c)，則 \theta \in \left(-\frac{\pi}{2}, +\frac{\pi}{2}\right) 且 \cos\theta = \frac{1}{\sqrt{1+c^2}}。$$

範例 5 (A) 試求 $\cos(\arctan\sqrt{2})$。(B) 計算 $(\arctan)'(\sqrt{2})$。

說明：

(A) 如果 $\theta = \arctan c$，則 $\cos\theta = \dfrac{1}{\sqrt{1+c^2}}$。

所以 $\cos(\arctan\sqrt{2}) = \dfrac{1}{\sqrt{1+(\sqrt{2})^2}} = \dfrac{1}{\sqrt{3}}$。

(B) $(\arctan)'(\sqrt{2}) = \dfrac{1}{1+(\sqrt{2})^2} = \dfrac{1}{3}$。

範例 6 (A) 求 $\arctan\left(\dfrac{-1}{\sqrt{3}}\right)$ 的弧度。(B) 計算 $(\arctan)'\left(\dfrac{-1}{\sqrt{3}}\right)$。

解題技巧：

$\cos\theta = \dfrac{1}{\sqrt{1+\left(\frac{-1}{\sqrt{3}}\right)^2}}$

$= \dfrac{\sqrt{3}}{2}$

說明：

(A) 令 $\theta = \arctan\left(\dfrac{-1}{\sqrt{3}}\right)$，則 $\dfrac{\sin\theta}{\cos\theta} = \tan\theta = \dfrac{-1}{\sqrt{3}}$ 其中 $\cos\theta > 0$。所以

$\cos\theta = \dfrac{\sqrt{3}}{2}$ 且 $\sin\theta = \dfrac{-1}{2}$。故 $\theta = \dfrac{-\pi}{6}$。

(B) $(\arctan)'(c) = \dfrac{1}{1+c^2}$。故 $(\arctan)'\left(\dfrac{-1}{\sqrt{3}}\right) = \dfrac{1}{1+\left(\dfrac{-1}{\sqrt{3}}\right)^2} = \dfrac{1}{1+\dfrac{1}{3}}$

$= \dfrac{3}{4}$。

延伸學習 3 (A) 求 $\arctan(\sqrt{3})$ 的弧度。(B) 計算 $(\arctan)'(\sqrt{3})$。

解答：

(A) 令 $\theta = \arctan(\sqrt{3})$，則 $\dfrac{\sin\theta}{\cos\theta} = \tan\theta = \sqrt{3}$。

$\cos\theta = \dfrac{1}{2}$ 且 $\sin\theta = \dfrac{\sqrt{3}}{2}$，故 $\theta = \dfrac{\pi}{3}$。

(B) $(\arctan)'(\sqrt{3}) = \dfrac{1}{1+(\sqrt{3})^2} = \dfrac{1}{4}$。

範例 7 假設 $f(x) = \arctan(x^3 + 5x + 7)$。試求 $f'(x)$ 其中 $x \in \mathbb{R}$。

解題技巧：

$(\arctan)'(u) = \dfrac{1}{1+u^2}$

$\dfrac{d}{dx}[\arctan u(x)] = \dfrac{1}{1+[u(x)]^2} \cdot \dfrac{du(x)}{dx}$

說明： 由連鎖律（定理 3.2.4）可知

$$f'(x) = (\arctan)'(x^3 + 5x + 7) \cdot (3x^2 + 5)$$

$$= \dfrac{3x^2 + 5}{1 + (x^3 + 5x + 7)^2}$$

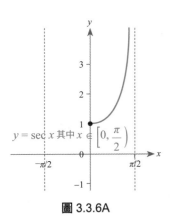

$y = \sec x$ 其中 $x \in \left[0, \dfrac{\pi}{2}\right)$

圖 3.3.6A

$\text{arcsec}(x)$ 表示：使得 sec 取值為 x 的 arc（弧度）。

使用定理 3.3.2 計算 arcsec 的微分。函數 sec 的微分是 sec 乘以 tan。

計算技巧：
使用關係式
$\sec^2\theta = 1 + \tan^2\theta$
計算 $\tan(\text{arcsec}\,c)$。

解題要點：
$1 + (\tan\theta)^2 = (\sec\theta)^2$

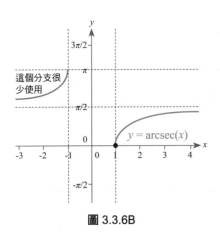

這個分支很少使用

$y = \text{arcsec}(x)$

圖 3.3.6B

延伸學習 4　假設 $f(x) = \arctan(3x + 5)$。試求 $f'(x)$ 其中 $x \in \mathbb{R}$。

解答：由連鎖律（定理 3.2.4）可知 $f'(x) = \dfrac{3}{1 + (3x + 5)^2}$。

反正割函數 arcsec

正割函數 sec 在 $\left[0, +\dfrac{\pi}{2}\right)$ 這個區間上是個嚴格遞增的連續函數，而且函數值區域是 $[1, +\infty)$。所以 sec 有個連續的反函數

$$\text{arcsec}: [1, +\infty) \to \left[0, \dfrac{\pi}{2}\right)$$

由於 sec 在開區間 $\left(0, \dfrac{\pi}{2}\right)$ 上是個可微分函數而且微分值恆不為 0，所以 arcsec 在點 $c \in (1, +\infty)$ 的微分為（參考圖 3.3.6B）

$$\begin{aligned}
(\text{arcsec})'(c) &= \frac{1}{\sec(\text{arcsec}\,c) \cdot \tan(\text{arcsec}\,c)} \\
&= \frac{1}{c \cdot \sqrt{\sec^2(\text{arcsec}\,c) - 1}} \\
&= \frac{1}{c \cdot \sqrt{c^2 - 1}}
\end{aligned}$$

註：雖然有些微積分教科書將 arcsec 的變數區域擴大到 $(-\infty, -1]$ 與 $[+1, +\infty)$ 這兩個區間的聯集，但其實「定義在 $[1, +\infty)$ 上的反正割函數 arcsec」就已經足以讓我們能夠有效處理微積分中有關的實際問題。

解題技巧：如果 $\theta = \text{arcsec}(c)$，則 $\sec\theta = \sec(\text{arcsec}(c)) = c$。所以 $\cos\theta = \dfrac{1}{\sec\theta} = \dfrac{1}{c}$。由於 $1 + (\tan\theta)^2 = (\sec\theta)^2$，而且在 $\left[0, \dfrac{\pi}{2}\right)$ 上 $\tan\theta \geq 0$，我們注意 $\tan\theta = \sqrt{(\sec\theta)^2 - 1} = \sqrt{c^2 - 1}$。

> 如果 $\theta = \text{arcsec}(c)$ 其中 $\theta \in \left[0, \dfrac{\pi}{2}\right)$，則 $\cos\theta = \dfrac{1}{\sec\theta} = \dfrac{1}{c}$ 而且 $\tan\theta = \sqrt{c^2 - 1}$。

範例 8　(A) 求 $\text{arcsec}(\sqrt{2})$ 的弧度。(B) 計算 $(\text{arcsec})'(\sqrt{2})$。

說明：

(A) 令 $\theta = \text{arcsec}\,\sqrt{2}$，則 $\sec\theta = \dfrac{1}{\cos\theta} = \sqrt{2}$。因此

$$\cos\theta = \frac{1}{\sqrt{2}} \text{ 而且 } \theta = \frac{\pi}{4}$$

(B) $(\text{arcsec})'(c) = \dfrac{1}{c \cdot \sqrt{c^2 - 1}}$。所以

$$(\text{arcsec})'(\sqrt{2}) = \frac{1}{\sqrt{2} \cdot \sqrt{(\sqrt{2})^2 - 1}} = \frac{1}{\sqrt{2}}$$

範例 9 (A) 試求 $\cos(\text{arcsec } 3)$ 與 $\tan(\text{arcsec } 3)$。

(B) 計算 $(\text{arcsec})'(3)$。

說明：

(A) 如果 $\theta = \text{arcsec}(c)$，則 $\cos\theta = \dfrac{1}{c}$ 且 $\tan\theta = \sqrt{c^2 - 1}$。　（解題技巧）

　　所以 $\cos(\text{arcsec } 3) = \dfrac{1}{3}$ 且 $\tan(\text{arcsec } 3) = \sqrt{3^2 - 1} = 2\sqrt{2}$

(B) $(\text{arcsec})'(c) = \dfrac{1}{c \cdot \sqrt{c^2 - 1}}$，故 $(\text{arcsec})'(3) = \dfrac{1}{3 \cdot \sqrt{3^2 - 1}} = \dfrac{1}{6 \cdot \sqrt{2}}$。

範例 10 假設 $f(t) = \text{arcsec}(t^2 + 1)$。試求 $f'(t)$。

說明： 由連鎖律（定理 3.2.4）可知

$f'(t) = (\text{arcsec})'(t^2 + 1) \cdot 2t$　　　　　　　　　　（解題技巧）

$\qquad = \dfrac{1}{(t^2 + 1) \cdot \sqrt{(t^2 + 1)^2 - 1}} \cdot 2t = \dfrac{2t}{(t^2 + 1) \cdot \sqrt{t^4 + 2t^2}}$

現在我們將 arcsin、arctan、arcsec 這幾種反三角函數整理如下：

函數	arcsin x	arctan x	arcsec x
變數區域	$[-1, +1]$	$\mathbb{R} = (-\infty, +\infty)$	$[1, +\infty)$
函數值區域	$\left[-\dfrac{\pi}{2}, +\dfrac{\pi}{2}\right]$	$\left(-\dfrac{\pi}{2}, +\dfrac{\pi}{2}\right)$	$\left[0, +\dfrac{\pi}{2}\right)$
可微分區域	$(-1, +1)$	$\mathbb{R} = (-\infty, +\infty)$	$(1, +\infty)$
微分結果	$\dfrac{1}{\sqrt{1 - x^2}}$	$\dfrac{1}{1 + x^2}$	$\dfrac{1}{x \cdot \sqrt{x^2 - 1}}$
合成函數	$(\text{arcsin} \circ f)'(c) = \dfrac{f'(c)}{\sqrt{1 - [f(c)]^2}}$	$(\text{arctan} \circ f)'(c) = \dfrac{f'(c)}{1 + [f(c)]^2}$	$(\text{arcsec} \circ f)'(c) = \dfrac{f'(c)}{f(c) \cdot \sqrt{[f(c)]^2 - 1}}$

習題 3.3

1. 假設 $f(x) = x^3 + 5$ 其中 $x \in \mathbb{R}$。

   (A) 驗證 f 是 1-1 函數。

   (B) 驗證 $g(y) = (y - 5)^{\frac{1}{3}} = \sqrt[3]{y - 5}$ 是 f 的反函數：$(g \circ f)(x) = x$ 而且 $(f \circ g)(y) = y$。

   (C) 使用反函數的微分規律計算 $g'(w)$，其中

   $w \neq 5$（其實 $w \neq 5$ 就表示 $f'(c) \neq 0$，其中 $c = g(w)$）。

2. 在第四章我們會學到 $|\sin(u) - \sin(v)| \leq |u - v|$ 對所有的 $u \in \mathbb{R}$ 與所有的 $v \in \mathbb{R}$ 都成立。

   (A) 使用這個結果驗證 $f(x) = 3x + \sin x$，其中

$x \in \mathbb{R}$ 是 1-1 函數。

(B) 使用反函數的微分規律計算 f 的反函數 g 在點 3π 的微分 $g'(3\pi)$。

3. (A) 計算 $\cos\left(\arcsin \dfrac{1}{5}\right)$。

(B) 計算 $(\arcsin)'\left(\dfrac{1}{5}\right)$。

4. 計算函數 $f(t) = \arcsin(t^3 + t^5)$ 的微分。

5. (A) 計算 $\sec(\arctan -\sqrt{5})$。

(B) 計算 $(\arctan)'(-\sqrt{5})$。

6. 計算函數 $f(t) = \arctan(\sqrt{t^2 + 3})$ 的微分。

7. (A) 計算 $\tan(\text{arcsec } 9)$。

(B) 計算 $(\text{arcsec})'(9)$。

8. 計算函數 $f(t) = \text{arcsec}(5 + \sin t)$ 的微分。

*第 4 節　自然指數函數與自然對數函數

在本節中我們將介紹自然指數函數與自然對數函數。與高中職所介紹的指數函數（只對「有理數」有定義）最大的差異在於：本節所介紹的自然指數函數是定義在「所有的實數」上。在本節中自然對數函數將被視為是自然指數函數的反函數。所以自然對數函數（定義在所有的正實數上）與自然指數函數互為彼此的反函數。

我們將介紹自然指數函數與自然對數函數的基本性質、微分以及它們的基本應用。

自然指數函數（Natural Exponential Function）

在本節中，我們要介紹一個非常特別的函數，通常稱為自然指數函數。這個函數的反函數是個更特別的函數，通常稱為「自然對數函數」。

如何建構出自然指數函數與自然對數函數並不是容易的事。在第五章，引進積分之後，我們會針對自然指數函數與自然對數函數的建構細節加以討論。

雖然建構自然指數函數的過程較為複雜，但它的微分性質卻很容易掌握。在本節中我們將透過以下定理引進自然指數函數。

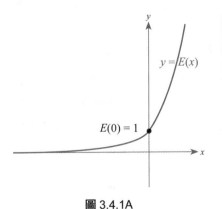

圖 3.4.1A

定理 3.4.1　世界上存在唯一的一個可微分函數
$$E : \mathbb{R} \to (0, +\infty)$$
滿足以下條件：

(A) $E'(x) = E(x)$ 在每個點 $x \in \mathbb{R}$ 都成立。

(B) $E(0) = 1$。

注意：由性質 (A)、(B)、平均值定理（將在第四章介紹）、中間值定理我們可以導出以下結果：

對每一個正實數 $w > 0$，存在唯一的一個相對應的實數 c，使得
$$E(c) = w$$

說明：這個定理的證明將在第五章「透過積分引進自然對數函數與自然指數函數」一節中討論。 ∎

> **定理 3.4.2**　滿足定理 3.4.1 條件的唯一的可微分函數 E 具有以下的**指數性質**（basic exponential identity）：
>
> $$E(x + y) = E(x) \cdot E(y)$$
>
> 對任意實數 x 與實數 y 均成立。

說明：定理 3.4.2 可以由定理 3.4.1 導出。詳細的證明請參考第五章「透過積分引進自然對數函數與自然指數函數」一節的內容。

由這個基本的指數性質我們可以得出以下的運算規律。

$$E(-x) = \frac{1}{E(x)} \; ; \; E(y - x) = \frac{E(y)}{E(x)} \qquad \text{（說明 1、2）}$$

如果 p 是整數而且 q 是正整數，則

$$E(p \cdot x) = [E(x)]^p \text{ 而且 } E\left(\frac{1}{q} \cdot x\right) = [E(x)]^{\frac{1}{q}} \qquad \text{（說明 3、4）}$$

因此

$$E\left(\frac{p}{q} \cdot x\right) = [E(x)]^{\frac{p}{q}} = [\sqrt[q]{E(x)}]^p \qquad \text{（說明 5）}$$

令 $e = E(1) > 0$，由以上的運算規律可知以下等式：

$$E(n) = E(n \cdot 1) = [E(1)]^n = e^n$$

對每個有理數 $n = \dfrac{p}{q}$ 都是成立的。所以 E 這個函數其實是高中職所介紹過的指數函數（只對有理數有定義）的推廣。

有了這個函數 E 之後，我們可以對任意實數 x 定義 e^x 如下：

$$e^x \equiv E(x)$$

這樣的定義放寬了以往指數函數只對有理數才有定義的限制。 ∎

現在我們將自然指數函數的性質重新以 e^x 的形式表示如下：

$$\frac{de^x}{dx} = e^x \qquad \text{（對自然指數函數取微分會得到原來的自然指數函數）}$$

$$e^0 = 1 \qquad \text{（自然指數函數在 0 取值為 1）}$$

$$e^{x+y} = e^x \cdot e^y \qquad \text{（其中 } x \in \mathbb{R} \text{ 且 } y \in \mathbb{R}\text{）}$$

$$e^{-x} = \frac{1}{e^x} \text{ 而且 } e^{y-x} = \frac{e^y}{e^x} \qquad \text{（其中 } x \in \mathbb{R} \text{ 且 } y \in \mathbb{R}\text{）}$$

$$e^{p \cdot x} = (e^x)^p \text{ 而且 } e^{\frac{1}{q} \cdot x} = (e^x)^{\frac{1}{q}} \qquad \text{（} p \in \mathbb{Z} \text{ 且 } q \in \mathbb{N}\text{）}$$

$$e^{\frac{p}{q} \cdot x} = (e^x)^{\frac{p}{q}} \qquad \text{（} p \in \mathbb{Z} \text{ 且 } q \in \mathbb{N}\text{）}$$

說明 1：

$$1 = E(0) = E(x + [-x])$$
$$= E(x) \cdot E(-x) \Rightarrow$$
$$E(-x) = \frac{1}{E(x)}$$

說明 2：

$$E(y - x) = E(y + [-x])$$
$$= E(y) \cdot E(-x)$$
$$= E(y) \cdot \frac{1}{E(x)}$$

說明 3：

$$E(p \cdot x) = E(x + \cdots + x)$$
$$= E(x) \cdot \cdots \cdot E(x)$$
$$= [E(x)]^p$$

說明 4：

$$E(x) = E\left(\frac{x}{q} + \cdots + \frac{x}{q}\right)$$
$$= E\left(\frac{x}{q}\right) \cdot \cdots \cdot E\left(\frac{x}{q}\right)$$
$$= \left[E\left(\frac{x}{q}\right)\right]^q$$

因此 $E\left(\dfrac{x}{q}\right) = [E(x)]^{\frac{1}{q}}$

說明 5：

$$E\left(\frac{p}{q} \cdot x\right) = E\left(\frac{p \cdot x}{q}\right)$$
$$= [E(p \cdot x)]^{\frac{1}{q}} = (([E(x)]^p)^{\frac{1}{q}}$$
$$= [E(x)]^{\frac{p}{q}}$$

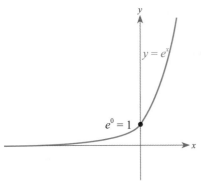

圖 3.4.1B

對每一個「正實數 $w > 0$」，存在「唯一的一個相對應的實數 c」使得 $e^c = E(c) = w$。（參考圖 3.4.1B）。

範例 1 假設 $e^a = 3$ 且 $e^b = 5$。計算以下各小題。
(A) e^{a+b}。(B) e^{-a}。(C) e^{b-a}。(D) e^{5a}。(E) $e^{\frac{b}{3}}$。

說明：
(A) $e^{a+b} = e^a \cdot e^b = 3 \cdot 5 = 15$。
(B) $e^{-a} = \dfrac{1}{e^a} = \dfrac{1}{3}$。
(C) $e^{b-a} = \dfrac{e^b}{e^a} = \dfrac{5}{3}$。
(D) $e^{5a} = (e^a)^5 = 3^5 = 243$。
(E) $e^{\frac{b}{3}} = (e^b)^{\frac{1}{3}} = \sqrt[3]{5}$。

延伸學習 1 假設 $e^a = 4$ 且 $e^b = 27$。計算以下各小題。
(A) e^{a+b}。(B) e^{-a}。(C) e^{b-a}。(D) e^{5a}。(E) $e^{\frac{b}{3}}$。

解答：
(A) $e^{a+b} = 108$。(B) $e^{-a} = \dfrac{1}{4}$。(C) $e^{b-a} = \dfrac{27}{4}$。
(D) $e^{5a} = 4^5 = 1024$。(E) $e^{\frac{b}{3}} = 3$。

範例 2 假設 $e^a = 4$ 且 $e^b = 27$。計算以下各小題。
(A) $e^{0 \cdot a}$。(B) $e^{\frac{2b}{3}}$。(C) $e^{2a - \frac{b}{3}}$。

說明：
(A) $e^{0 \cdot a} = e^0 = 1$。
(B) $e^{\frac{2b}{3}} = (e^b)^{\frac{2}{3}} = (27)^{\frac{2}{3}} = [(27)^{\frac{1}{3}}]^2 = (3)^2 = 9$。
(C) $e^{2a - \frac{b}{3}} = \dfrac{e^{2a}}{e^{\frac{b}{3}}} = \dfrac{(e^a)^2}{(e^b)^{\frac{1}{3}}} = \dfrac{4^2}{(27)^{\frac{1}{3}}} = \dfrac{16}{3}$。

延伸學習 2 假設 $e^a = 4$ 且 $e^b = 27$。計算以下各小題。
(A) $e^{0 \cdot b}$。(B) $e^{\frac{7a}{2}}$。(C) $e^{\frac{7a}{2} - \frac{2b}{3}}$。

解答：
(A) $e^{0 \cdot b} = 1$。(B) $e^{\frac{7a}{2}} = 128$。(C) $e^{\frac{7a}{2} - \frac{2b}{3}} = \dfrac{128}{9}$。

結合連鎖律（定理 3.2.4）與定理 3.4.1 我們得到以下結果。

> 假設 $f : I \to \mathbb{R}$ 是一個定義在開區間 I 的可微分函數，則函數 $e^{f(x)}$ 是一個定義在 I 的可微分函數而且
>
> $$\frac{de^{f(x)}}{dx} = e^{f(x)} \cdot f'(x)$$
>
> 就是說：$(E \circ f)'(c) = E'(f(c)) \cdot f'(c) = E(f(c)) \cdot f'(c)$ 在每個點 $c \in I$ 都成立。

計算技巧：
令 $g(u) = E(u)$，則 $g'(u) = E'(u) = E(u)$。

連鎖律：
$(g \circ f)'(x) = g'(f(x)) \cdot f'(x)$

範例 3　計算函數 $e^{x^2 + 3x + 5}$ 在點 $c \in \mathbb{R}$ 的微分。

說明： 令 $g(u) = e^u$ 且 $f(x) = x^2 + 3x + 5$，則原函數為 $(g \circ f)(x)$。所以由連鎖律（定理 3.2.4）可知

$$(g \circ f)'(c) = g'(f(c)) \cdot f'(c) = e^{c^2 + 3c + 5} \cdot (2c + 3)$$

注意 $g'(u) = e^u$。所以
$g'(f(c)) = e^{f(c)} = e^{c^2 + 3c + 5}$。
由 $f(x) = x^2 + 3x + 5$ 可知
$f'(x) = 2x + 3$。所以 $f'(c) = 2c + 3$。

延伸學習 3　如果 $u(x) = 3x^2 + \sqrt{x} + 2 \cdot \sin x$，其中 $x \in [0, +\infty)$。計算函數 $e^{u(x)}$ 在點 $c > 0$ 的微分。

解答： $e^{u(c)} \cdot u'(c) = e^{(3c^2 + \sqrt{c} + 2\sin c)} \cdot (6c + \frac{1}{2\sqrt{c}} + 2 \cdot \cos c)$。

範例 4　計算函數 $\sqrt{e^x}$ 在點 $c \in \mathbb{R}$ 的微分。

說明：

方法 (I)：令 $g(u) = \sqrt{u} = u^{\frac{1}{2}}$ 且 $f(x) = e^x$，則原函數為 $(g \circ f)(x)$。故所求答案為

$$(g \circ f)'(c) = g'(f(c)) \cdot f'(c)$$

$$= \frac{1}{2\sqrt{f(c)}} \cdot e^c = \frac{(\sqrt{e^c})^2}{2\sqrt{e^c}} = \frac{\sqrt{e^c}}{2}$$

計算技巧：
連鎖律（定理 3.2.4）：
$(g \circ f)'(c) = g'(f(c)) \cdot f'(c)$

$g'(u) = \frac{1}{2} \cdot u^{-\frac{1}{2}} = \frac{1}{2\sqrt{u}}$

$\frac{de^x}{dx} = e^x$。故 $f'(c) = e^c$。

方法 (II)：$\sqrt{e^x} = (e^x)^{\frac{1}{2}} = e^{\frac{x}{2}}$。令 $u(x) = \frac{x}{2}$，則原函數為 $e^{u(x)}$。使用連鎖律（定理 3.2.4）計算可知所求答案為

$$e^{u(c)} \cdot u'(c) = e^{\frac{c}{2}} \cdot \frac{1}{2} = \frac{\sqrt{e^c}}{2}.$$

延伸學習 4　計算函數 $\sqrt[3]{e^x} = e^{\frac{x}{3}}$ 在點 $c \in \mathbb{R}$ 的微分。

解答： $\frac{1}{3} \cdot e^{\frac{c}{3}}$。

自然對數函數（Natural Logarithmic Function）

我們稱自然指數函數 $E:\mathbb{R} \to (0, +\infty)$ 的反函數

$$\mathscr{L}:(0, +\infty) \to \mathbb{R}$$

為自然對數函數。由反函數的連續性定律（定理 3.3.1）與反函數的微分定理（定理 3.3.2）我們知道自然對數函數其實是個連續並且嚴格遞增的可微分函數。

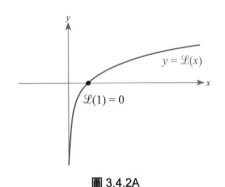

圖 3.4.2A

> **定理 3.4.3**　自然對數函數 $\mathscr{L}:(0, +\infty) \to \mathbb{R} = (-\infty, +\infty)$ 是連續並且嚴格遞增的可微分函數。自然對數函數具有以下的**對數性質**（basic logarithmic identity）：
>
> $$\mathscr{L}(u \cdot v) = \mathscr{L}(u) + \mathscr{L}(v)$$
>
> 對任意正實數 u 與正實數 v 均成立。而且自然對數函數 $\mathscr{L}$ 在點 $w > 0$ 的微分為
>
> $$\mathscr{L}'(w) = \frac{1}{w}$$

說明：我們先導出對數性質如下。令 $x = \mathscr{L}(u)$ 且 $y = \mathscr{L}(v)$，其中 u 與 v 均為正實數。由自然指數函數的指數性質可知

$$E(x + y) = E(x) \cdot E(y) = E(\mathscr{L}(u)) \cdot E(\mathscr{L}(v)) = u \cdot v$$

將 $E(x + y) = u \cdot v$ 代入自然對數函數 $\mathscr{L}$ 就可以得到

$$\mathscr{L}(u) + \mathscr{L}(v) = x + y = \mathscr{L}(E(x + y)) = \mathscr{L}(u \cdot v)$$

這就是所求的對數性質。

計算技巧：
E 與 $\mathscr{L}$ 互為反函數，故 $E(\mathscr{L}(u)) = u$ 且 $E(\mathscr{L}(v)) = v$。同理 $E(\mathscr{L}(x + y)) = x + y$。

現在我們計算自然對數函數 $\mathscr{L}$ 在點 $w > 0$ 的微分。由反函數的微分定理（定理 3.3.2）可以得知

$$\mathscr{L}'(w) = \frac{1}{E'(\mathscr{L}(w))} = \frac{1}{E(\mathscr{L}(w))}$$

計算技巧：
$E'(c) = E(c)$
對任實數 c 均成立。

由 E 與 $\mathscr{L}$ 互為反函數可知 $E(\mathscr{L}(w)) = w$，故 $\mathscr{L}'(w) = \frac{1}{w}$。

由自然對數函數 $\mathscr{L}$ 的對數性質我們可以得出以下的運算規律。

說明 1：
$0 = \mathscr{L}(1) = \mathscr{L}\left(v \cdot \frac{1}{v}\right)$

$= \mathscr{L}(v) + \mathscr{L}\left(\frac{1}{v}\right)$

$\Rightarrow \mathscr{L}\left(\frac{1}{v}\right) = -\mathscr{L}(v)$

$$\mathscr{L}\left(\frac{1}{v}\right) = -\mathscr{L}(v) \;;\; \mathscr{L}\left(\frac{u}{v}\right) = \mathscr{L}(u) - \mathscr{L}(v) \qquad \text{（說明 1、2）}$$

> 假設 p 是整數而且 q 是正整數，則
>
> $$\mathscr{L}(u^p) = p \cdot \mathscr{L}(u) \text{ 而且 } \mathscr{L}(u^{\frac{1}{q}}) = \frac{1}{q} \cdot \mathscr{L}(u) \quad \text{（說明 1、3、4）}$$
>
> $$\mathscr{L}(u^{\frac{p}{q}}) = \frac{p}{q} \cdot \mathscr{L}(u) \qquad \text{（說明 5）}$$

說明 2：

$$\mathcal{L}\left(\frac{u}{v}\right) = \mathcal{L}\left(u \cdot \frac{1}{v}\right)$$
$$= \mathcal{L}(u) + \mathcal{L}\left(\frac{1}{v}\right)$$
$$= \mathcal{L}(u) - \mathcal{L}(v)$$

說明 3：

$$\mathcal{L}(u^p) = \mathcal{L}(u \cdot \cdots \cdot u)$$
$$= \mathcal{L}(u) + \cdots + \mathcal{L}(u)$$
$$= p \cdot \mathcal{L}(u)$$

說明 4：

$$\mathcal{L}(u) = \mathcal{L}(u^{\frac{1}{q}} \cdot \cdots \cdot u^{\frac{1}{q}})$$
$$= q \cdot \mathcal{L}(u^{\frac{1}{q}})$$

所以 $\mathcal{L}(u^{\frac{1}{q}}) = \frac{1}{q} \cdot \mathcal{L}(u)$。

說明 5：

$$\mathcal{L}(u^{\frac{p}{q}}) = \mathcal{L}([u^{\frac{1}{q}}]^p) = p \cdot \mathcal{L}(u^{\frac{1}{q}})$$
$$= p \cdot \frac{1}{q} \mathcal{L}(u)$$
$$= \frac{p}{q} \cdot \mathcal{L}(u)$$

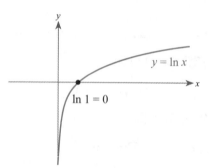

圖 3.4.2B

如果 c 是個實數，則 $w = E(c) > 0$ 是個正實數滿足 $\mathcal{L}(w) = \mathcal{L}(E(c)) = c$。所以

> 對每一個實數 c，存在「唯一的一個相對應的正實數 w」使得
> $$\mathcal{L}(w) = c$$

注意：$1 = E(0)$ 而且 $e = E(1)$。所以 $\mathcal{L}(1) = 0$ 而且 $\mathcal{L}(e) = 1$。　▉

這個自然對數函數 $\mathcal{L}$ 有一個更通用的符號 ln。常常我們會將 $\ln(x)$ 簡記為 $\ln x$。現在我們將自然對數函數 ln 的性質重新表示如下。

> $$\frac{d \ln x}{dx} = \frac{1}{x} \text{ 其中 } x \in (0, +\infty)$$
>
> $\ln(u \cdot v) = \ln(u) + \ln(v)$（其中 $u > 0$ 且 $v > 0$）
>
> $$\ln\left(\frac{1}{v}\right) = -\ln(v) \text{ 而且 } \ln\left(\frac{u}{v}\right) = \ln(u) - \ln(v)$$
>
> $\ln u^p = p \cdot \ln(u)$ 而且 $\ln u^{\frac{1}{q}} = \frac{1}{q} \cdot \ln(u)$（其中 $p \in \mathbb{Z}$ 且 $q \in \mathbb{N}$）
>
> $$\ln u^{\frac{p}{q}} = \frac{p}{q} \cdot \ln(u)$$
>
> 對每一個實數 c，存在「唯一的一個相應的正實數 w」使得 $\ln(w) = c$。
>
> $\ln(1) = 0$ 而且 $\ln(e) = 1$

結合連鎖律（定理 3.2.4）與自然對數函數的微分性質，我們可以得到以下結果。

> 假設 $f: I \to \mathbb{R}$ 是定義在開區間 I 的可微分函數而且函數值恆 > 0，則合成函數 $(\ln \circ f)$ 在點 $c \in I$ 的微分為
> $$(\ln \circ f)'(c) = \frac{f'(c)}{f(c)}$$
> 這個結果常被表示為 $\frac{d \ln f(x)}{dx} = \frac{f'(x)}{f(x)}$（對函數 $\ln f(x)$ 取微分會得到 $\frac{f'(x)}{f(x)}$ 這個形式的導函數）。

範例 5　假設 $\ln(u) = 2$ 且 $\ln(v) = \dfrac{1}{3}$。計算以下各小題。

(A) $\ln(u \cdot v)$。(B) $\ln\left(\dfrac{1}{v}\right)$。(C) $\ln\left(\dfrac{u}{v}\right)$。(D) u。(E) v。

說明：

(A) $\ln(u \cdot v) = \ln(u) + \ln(v) = 2 + \dfrac{1}{3} = \dfrac{7}{3}$。

(B) $\ln\left(\dfrac{1}{v}\right) = -\ln(v) = -\dfrac{1}{3}$。

(C) $\ln\left(\dfrac{u}{v}\right) = \ln(u) - \ln(v) = 2 - \dfrac{1}{3} = \dfrac{5}{3}$。

(D) $\ln(u) = 2$，而且 $\ln(e^2) = 2 \cdot \ln(e) = 2 \cdot 1 = 2$。

　　故 $u = e^2$（自然對數函數 $\ln$ 是 1-1 函數）。

另解：將自然指數函數 E 應用到等式 $\ln(u) = 2$

　　　　可得 $u = E(\ln(u)) = E(2) = e^2$。

計算技巧：

自然對數函數 E 與自然對數函數 $\ln$ 互為反函數。所以
$$E(\ln(u)) = u$$
$$E(\ln(v)) = v$$

(E) $\ln(v) = \dfrac{1}{3}$，而且 $\ln(e^{\frac{1}{3}}) = \dfrac{1}{3} \cdot \ln(e) = \dfrac{1}{3} \cdot 1 = \dfrac{1}{3}$。

　　故 $v = e^{\frac{1}{3}} = \sqrt[3]{e}$（自然對數函數 $\ln$ 是 1-1 函數）。

另解：將自然指數函數 E 應用到 $\ln(v) = \dfrac{1}{3}$

　　　　可得 $v = E(\ln(v)) = E\left(\dfrac{1}{3}\right) = e^{\frac{1}{3}} = \sqrt[3]{e}$。

延伸學習 5　假設 $\ln(u) = -3$ 且 $\ln(v) = \dfrac{1}{2}$。計算以下各小題。

(A) $\ln(u \cdot v)$。(B) $\ln\left(\dfrac{1}{v}\right)$。(C) $\ln\left(\dfrac{u}{v}\right)$。(D) u。(E) v。

解答：

(A) $\dfrac{-5}{2}$。(B) $-\dfrac{1}{2}$。(C) $-\dfrac{7}{2}$。(D) $e^{-3} = \dfrac{1}{e^3}$。(E) $e^{\frac{1}{2}} = \sqrt{e}$。

範例 6 A　計算函數 $\ln\sqrt{(x^2 + 3)^5}$ 在點 $c \in \mathbb{R}$ 的微分。

解題技巧：

如果 $n = \dfrac{p}{q}$ 是有理數，則
$$\ln(u^n) = n \cdot \ln(u)$$
其中 $u > 0$。
$$(\ln \circ f)'(c) = \dfrac{f'(c)}{f(c)}$$

說明：令 $f(x) = (x^2 + 3)$ 且 $g(u) = \ln(u)$ 其中 $u \in (0, +\infty)$。則原函數為

$$\ln([\, f(x)]^{\frac{5}{2}}) = \dfrac{5}{2} \cdot \ln(f(x)) = \dfrac{5}{2} \cdot (g \circ f)(x)$$

由連鎖律（定理 3.2.4）可知所求的微分為

$$\dfrac{5}{2} \cdot (g \circ f)'(c) = \dfrac{5}{2} \cdot \dfrac{1}{f(c)} \cdot f'(c) = \dfrac{5}{2} \cdot \dfrac{2c}{c^2 + 3}$$

$$= \dfrac{5c}{c^2 + 3}$$

延伸學習 6 計算函數 $\ln \dfrac{(2 + \sin x)^4}{\sqrt{x^2 + 3}}$ 在點 $c \in \mathbb{R}$ 的微分。

解答： 原函數可表示為 $4 \cdot \ln(2 + \sin x) - \dfrac{1}{2} \cdot \ln(x^2 + 3)$。故所求微分為 $\dfrac{4 \cdot \cos c}{2 + \sin c} - \dfrac{1}{\cancel{2}} \cdot \dfrac{\cancel{2}c}{c^2 + 3}$。

範例 6 B 放射性元素會漸漸衰變為較穩定的物質。放射性元素的衰變滿足以下規律：

$$\frac{d\,M(t)}{dt} = -k \cdot M(t)$$

其中 $M(t)$ 是放射性元素「在時間 t 的量」，而 k 是衰變反應的「反應速率常數」。這個方程式是一種基本的微分方程式。它的解為

$$M(t) = M_0 \cdot e^{-k \cdot t}$$

其中 M_0 是放射性元素「在方程起始時間 $t = 0$ 的量」。放射性元素從「起始量 M_0」衰變到只剩下 $M_0/2$「所需的時間」被稱為這個放射性元素的 **半衰期**（half-life）。(A) 驗證函數 $M_0 \cdot e^{-k \cdot t}$ 確實是「衰變反應方程式」的解。(B) 試求「半衰期」與 k 的關係。(C) 已知 ^{14}C 的「半衰期」為「5730 年」。試求 ^{14}C 由起始量 M_0 衰變到只剩下 $M_0/1024 = M_0/2^{10}$ 所需的時間 T。

說明：

(A) 令 $f(t) = M_0 \cdot e^{-k \cdot t}$，則 $f(0) = M_0 \cdot e^{-k \cdot 0} = M_0 \cdot e^0 = M_0 \cdot 1 = M_0$ 為放射性元素的「起始量」。使用連鎖律計算「函數 $f(t) = M_0 \cdot e^{-k \cdot t}$ 的微分」可知

$$\frac{d\,f(t)}{dt} = \frac{d}{dt}(M_0 \cdot e^{-k \cdot t}) = M_0\left(\frac{d}{dt}\,e^{-k \cdot t}\right) = M_0 \cdot [-k \cdot e^{-k \cdot t}]$$

$$= -k \cdot (M_0 \cdot e^{-k \cdot t}) = -k \cdot f(t)。$$

因此函數 $M_0 \cdot e^{-k \cdot t}$ 確實滿足「衰變反應方程式」。

(B) 假設「半衰期」為 D，則 $M(D) = M_0 \cdot e^{-k \cdot D} = M_0/2 \Rightarrow e^{-k \cdot D} = \dfrac{1}{2}$。因此，應用「自然指數函數的反函數 $\ln$」到這個「關係式」的兩邊，可知

$$e^{-k \cdot D} = \frac{1}{2} \Rightarrow \ln(e^{-k \cdot D}) = \ln\left(\frac{1}{2}\right) = -\ln 2$$

$$\Rightarrow -k \cdot D = -\ln 2 \Rightarrow D = \frac{\ln 2}{k}$$

其中我們應用 $\ln(e^x) = x$（$\ln$ 是「自然指數函數的反函數」）來得到 $\ln(e^{-k \cdot D}) = -k \cdot D$。所以「半衰期 D」為 $(\ln 2)/k$。

(C) $M(T) = M_0 \cdot e^{-k \cdot T} = M_0/2^{10} \Rightarrow e^{-k \cdot T} = 1/2^{10}$。由 $e^{-k \cdot D} = 1/2$ 可知

$$e^{-k \cdot T} = \frac{1}{2^{10}} = \left(\frac{1}{2}\right)^{10} = (e^{-k \cdot D})^{10} = e^{-k \cdot D \cdot 10}$$

$$\Rightarrow -k \cdot T = -k \cdot D \cdot 10 \Rightarrow T = 10 \cdot D$$

所以 ^{14}C 由 M_0 衰變到只剩下 $M_0/1024$ 所需的時間為「$10 \cdot 5730 = 57300$ 年」。

定理 3.4.4

(A) 函數 $\ln|x|$，其中 $x \in (-\infty, 0) \cup (0, +\infty)$，在點 $c \neq 0$ 的微分為 $\frac{1}{c}$。這個結果常被表示如下：

$$\frac{d \ln|x|}{dx} = \frac{1}{x} \text{ 其中 } x \in (-\infty, 0) \cup (0, +\infty)$$

(B) 假設 $f : I \to \mathbb{R}$ 是定義在開區間 I 的可微分函數而且「f 在 I 上的函數值恆不為 0」，則合成函數 $\ln|f|$ 在點 $c \in I$ 的微分為 $\frac{f'(c)}{f(c)}$。這個結果常被表示如下：

$$\frac{d \ln|f(x)|}{dx} = \frac{f'(x)}{f(x)} \text{ 其中 } f(x) \neq 0$$

說明：

(A) 在「$x \in (0, +\infty)$ 的區域」上，$\ln|x| = \ln x$，所以函數 $\ln|x|$ 在點 $c > 0$ 的微分為 $\frac{1}{c}$。

在「$x \in (-\infty, 0)$ 的區域」上，$\ln|x| = \ln(-x)$，所以函數 $\ln|x|$ 在點 $c < 0$ 的微分為（使用連鎖律）

計算技巧：
使用連鎖律計算 $\ln(-x)$ 的微分。$\frac{1}{-c}$ 是「$\ln$ 在點 $-c$ 的微分值」。函數 $-x$ 對 x 的微分是 -1。

$$\frac{1}{(-c)} \cdot (-1) = \frac{1}{c}$$

(B) 令 $g(u) = \ln|u|$ 其中 $u \in (-\infty, 0) \cup (0, +\infty)$，則 $\ln|f(x)| = g(f(x)) = (g \circ f)(x)$。所以由連鎖律（定理 3.2.4）可知

計算技巧：
使用 (A) 的結果可知
$g'(f(c)) = \frac{1}{f(c)}$

$$(g \circ f)'(c) = g'(f(c)) \cdot f'(c) = \frac{1}{f(c)} \cdot f'(c)$$

因此函數 $\ln|f(x)|$ 在點 $c \in I$ 的微分為 $\frac{f'(c)}{f(c)}$。　■

範例 7　如果 $f(x) = x^3 - 1$。試求函數 $\ln|f(x)|$ 在點 $c \neq 1$ 的微分。

說明：令 $g(u) = \ln|u|$ 其中 $u \neq 0$，則 $\ln|f(x)| = g(f(x))$。由定理 3.4.4B 可知所求的微分為

計算技巧：

$$\frac{d \ln |f(x)|}{dx} = \frac{f'(x)}{f(x)}$$

$$(g \circ f)'(c) = \frac{f'(c)}{f(c)} = \frac{3c^2}{c^3 - 1}$$

延伸學習 7　試求函數 $\ln|\cos x|$（其中 x 落在 $\cos x \neq 0$ 的區域）在使得 $\cos(c) \neq 0$ 的 c 點的微分。

解答： 微分值為 $\dfrac{-\sin c}{\cos c} = -\tan c$。

範例 8　試求函數 $\ln|\sec x + \tan x|$（其中 x 落在 $\sec x + \tan x \neq 0$ 的區域）在使得 $\sec c + \tan c \neq 0$ 的 c 點的微分。

說明： 令 $f(x) = \sec x + \tan x$，則原函數為 $\ln|f(x)|$。由定理 3.4.4B 可知所求的微分為

解題技巧：

$$\frac{d(\sec x)}{dx} = (\sec x) \cdot (\tan x)$$

$$\frac{d(\tan x)}{dx} = (\sec^2 x)$$

$$\frac{f'(c)}{f(c)} = \frac{(\sec c) \cdot (\tan c) + (\sec c)^2}{\sec c + \tan c} \qquad \text{（解題技巧）}$$

$$= \frac{(\sec c) \cdot [\tan c + \sec c]}{[\sec c + \tan c]} = \sec c$$

定理 3.4.4 有許多重要的應用。以下列出一些常見的結果。

(I)　$\dfrac{d \ln|\cos x|}{dx} = -\tan x$（其中 x 落在 $\cos x \neq 0$ 的區域）

(II)　$\dfrac{d \ln|\sin x|}{dx} = \cot x$（其中 x 落在 $\sin x \neq 0$ 的區域）

(III)　$\dfrac{d \ln|\sec x + \tan x|}{dx} = \sec x$（其中 x 落在 $\sec x + \tan x \neq 0$ 的區域）

(IV)　$\dfrac{d \ln|\csc x - \cot x|}{dx} = \csc x$（其中 x 落在 $\csc x - \cot x \neq 0$ 的區域）

讀者可以使用定理 3.4.4 的公式自行加以驗證。

正實數的實數次方的定義與相關的應用

假設 $p \in \mathbb{Z}$（整數）且 $q \in \mathbb{N}$（正整數）。令 $n = \dfrac{p}{q}$，如果 $w > 0$ 是正實數，則

計算技巧：
自然指數函數 E 與自然對數函數 $\ln$ 互為彼此的反函數，故 $E(\ln(w^n)) = w^n$。

$$w^n = E(\ln(w^n)) = E(n \cdot \ln(w)) = e^{n \cdot \ln(w)}$$

這個結果給了我們一個啟示：對於實數 x 我們可以

定義 w^x 為 $E(x \cdot [\ln w]) = e^{x \cdot \ln(w)}$

由這個定義我們發現

$$\frac{dw^x}{dx} = e^{x \cdot \ln(w)} \cdot (\ln w) = w^x \cdot (\ln w)$$

而且得到以下的重要等式

$$\ln(w^x) = \ln(e^{x \cdot \ln(w)}) = \ln(E(x \cdot \ln w)) = x \cdot (\ln w)$$

對任意實數 x 成立（原本只對有理數 x 成立）。

計算技巧：
自然指數函數 E 與自然對數函數 $\ln$ 互為彼此的反函數。故 $\ln(E(x \cdot \ln w)) = x \cdot \ln(w)$。

現在我們定義一般的指數函數如下：如果 $v > 0$ 而且

$$v = w^x = e^{x \cdot \ln w}$$

其中 $w > 0$ 是正實數。則我們

定義 $\log_w v$ 為 x

注意 $\ln v = \ln(e^{x \cdot \ln w}) = \ln(E(x \cdot \ln w)) = x \cdot \ln(w)$。所以

$$\log_w v = x = \frac{\ln v}{\ln w}$$

我們通常稱這個關係式為「換底公式」。

範例 9 試求函數 x^x（其中 $x > 0$）的導函數。

解題技巧：
$x^x = E(\ln x^x)$
$\quad E(x \cdot \ln x)$
$= e^{x \cdot \ln x}$

說明：$x^x = e^{x \cdot \ln x} = (g \circ f)(x)$（參見解題技巧），其中 $g(u) = e^u$ 而且 $f(x) = x \cdot \ln x$。由連鎖律（定理 3.2.4）可知

解題技巧：
$g'(u) = g(u) = e^u$
由萊布尼茲法則可知
$f'(x) = 1 \cdot \ln(x) + x \cdot \dfrac{1}{x}$
$\quad = \ln(x) + 1$

$$(g \circ f)'(x) = g'(f(x)) \cdot f'(x) = e^{x \cdot \ln x} \cdot f'(x)$$
$$= e^{\ln(x^x)} \cdot \left[\ln(x) + x \cdot \frac{1}{x} \right]$$
$$= x^x \cdot [\ln(x) + 1]$$

延伸學習 8 計算函數 $(x^2 + 1)^x$（其中 $x \in \mathbb{R}$）的導函數。

解題技巧：
令 $g(u) = e^u$ 且 $f(x) = x \cdot \ln(x^2 + 1)$。則原函數為 $(g \circ f)(x)$。使用連鎖律計算 $(g \circ f)'(x)$。

解答：$(x^2 + 1)^x$ 可表示為 $e^{x \cdot \ln(x^2 + 1)}$。故所求的微分為

$$(x^2 + 1)^x \cdot \left[\ln(x^2 + 1) + \frac{2x^2}{x^2 + 1} \right]$$

附錄：應用「自然對數函數」計算「數個函數乘積」的微分

> **定理 3.4.5**　假設 $g_1, \cdots, g_n$ 是 n 個定義在（有限或無限）開區間 I 的可微分函數，而且這 n 個函數 $g_1, \cdots, g_n$ 在 I 上的函數值恆不為 0。令
>
> $$g(x) = [g_1(x)]^{d_1} \cdot \; \cdots \; \cdot [g_n(x)]^{d_n}$$
>
> 其中 $d_1, \cdots, d_n$ 都是整數，則函數 g 在點 $c \in I$ 的微分 $g'(c)$ 會滿足以下關係式：
>
> $$\frac{g'(c)}{g(c)} = d_1 \cdot \frac{g_1'(c)}{g_1(c)} + \cdots + d_n \cdot \frac{g_n'(c)}{g_n(c)}$$
>
> 所以 $g'(c) = g(c) \cdot \left[d_1 \cdot \frac{g_1'(c)}{g_1(c)} + \cdots + d_n \cdot \frac{g_n'(c)}{g_n(c)} \right]$

計算技巧：
應用「ln 的對數性質」。

說明： 令 $\phi(u) = \ln|u|$。將等式 $g(x) = [g_1(x)]^{d_1} \cdot \; \cdots \; \cdot [g_n(x)]^{d_n}$ 的兩側分別代入函數 ϕ 中可以得到

$$\begin{aligned}
\ln|g(x)| &= \ln|[g_1(x)]^{d_1} \cdot \; \cdots \; \cdot [g_n(x)]^{d_n}| \\
&= \ln|[g_1(x)]^{d_1}| + \cdots + \ln|[g_n(x)]^{d_n}| \\
&= d_1 \cdot \ln|g_1(x)| + \cdots + d_n \cdot \ln|g_n(x)|
\end{aligned}$$

現在應用定理 3.4.4 來計算以上等式兩側的函數在 c 點的微分就可以得到所求的結果：

$$\frac{g'(c)}{g(c)} = d_1 \cdot \frac{g_1'(c)}{g_1(c)} + \cdots + d_n \cdot \frac{g_n'(c)}{g_n(c)}$$

將等式兩側乘以 $g(c)$ 就得到

$$g'(c) = g(c) \cdot \left[d_1 \cdot \frac{g_1'(c)}{g_1(c)} + \cdots + d_n \cdot \frac{g_n'(c)}{g_n(c)} \right] \qquad ■$$

範例 10 計算函數 $g(x) = \dfrac{(2 + \sin x)^7 \cdot (3x + \sqrt{x})^3}{(x^2 + 3)^5 \cdot (x^3 + 1)^2}$ 在點 $c > 0$ 的微分。

說明： 令 $g_1(x) = 2 + \sin x$，$g_2(x) = 3x + \sqrt{x}$，$g_3(x) = x^2 + 3$，$g_4(x) = x^3 + 1$，其中 $x \in [0, +\infty)$，則

$$g(x) = [g_1(x)]^7 \cdot [g_2(x)]^3 \cdot [g_3(x)]^{-5} \cdot [g_4(x)]^{-2}$$

由定理 3.4.5 可知

$$\frac{g'(c)}{g(c)} = 7 \cdot \frac{g_1'(c)}{g_1(c)} + 3 \cdot \frac{g_2'(c)}{g_2(c)} + (-5) \cdot \frac{g_3'(c)}{g_3(c)} + (-2) \cdot \frac{g_4'(c)}{g_4(c)}$$

解題技巧：

$\dfrac{d}{dx}(\sin x) = \cos x$

$\dfrac{d}{dx}x^n = n \cdot x^{n-1}$

$$= \frac{7 \cos c}{2 + \sin c} + \frac{9 + \dfrac{3}{2\sqrt{c}}}{3c + \sqrt{c}} + \frac{-10c}{c^2 + 3} + \frac{-6c^2}{c^3 + 1} \qquad \text{（解題技巧）}$$

故 $g'(c) = g(c) \cdot \left[\dfrac{7 \cos c}{2 + \sin c} + \dfrac{9 + \dfrac{3}{2\sqrt{c}}}{3c + \sqrt{c}} + \dfrac{-10c}{c^2 + 3} + \dfrac{-6c^2}{c^3 + 1} \right]$。

延伸學習 9　計算函數：$g(x) = (x^3 + x + 7)^3 \cdot (4x^2 + x + 1)^5 \cdot (x^2 + 4x + 5)^2$ 在點 $c \in \mathbb{R}$ 的微分。

解答：令 $g_1(x) = x^3 + x + 7$，$g_2(x) = 4x^2 + x + 1$，$g_3(x) = x^2 + 4x + 5$，則

$$g(x) = [g_1(x)]^3 \cdot [g_2(x)]^5 \cdot [g_3(x)]^2$$

而且

$$g'(c) = g(c) \cdot \left[3 \cdot \frac{g_1'(c)}{g_1(c)} + 5 \cdot \frac{g_2'(c)}{g_2(c)} + 2 \cdot \frac{g_3'(c)}{g_3(c)} \right]$$

$$= g(c) \cdot \left[\frac{3 \cdot (3c^2 + 1)}{c^3 + c + 7} + \frac{5 \cdot (8c + 1)}{4c^2 + c + 1} + \frac{2 \cdot (2c + 4)}{c^2 + 4c + 5} \right]$$

習題 3.4

1. 計算函數 $e^{x^3 + 7} \cdot e^{\sqrt{x}}$ 在點 $c > 0$ 的微分。

2. 計算函數 $\dfrac{e^{3x^2 + x}}{e^{x^2 + 5}}$ 在點 $c \in \mathbb{R}$ 的微分。

3. 計算函數 $\sqrt{e^{x^2 + 2x}}$ 在點 $c \in \mathbb{R}$ 的微分。

4. 假設 $g(u) = u^{\frac{7}{2}}$（其中 $u > 0$）而且 $f(x) = e^{4x}$。計算合成函數 $(g \circ f)$ 在點 c 的微分。

5. 計算函數 $f(x) = \ln \sqrt{e^{x^3 + 4x + 5}}$ 在點 $c \in \mathbb{R}$ 的微分。

6. 計算函數 $f(x) = \ln(x^4 + 3x^2 + 7)^{\frac{3}{5}}$ 在 c 點的微分。

7. 計算函數 $\ln \sqrt{e^{7x}}$ 在點 $c \in \mathbb{R}$ 的微分。

8. 計算函數 $(x^2 + 7)^{x^2}$ 在點 $c \in \mathbb{R}$ 的微分。

9. 計算函數 $g(x) = \dfrac{(x^4 + 3)^2 \cdot (x^3 + x)^4}{(x^2 + 2)^3}$ 在點 $c \neq 0$ 的微分。

10. 使用 e^x 與 e^{-x}，$x \in \mathbb{R} = (-\infty, +\infty)$，我們可以組合出兩個函數：

$$\sinh x = \frac{e^x - e^{-x}}{2} \quad \text{且} \quad \cosh = \frac{e^x + e^{-x}}{2}$$

註：sinh：hyperbolic sine function. cosh：hyperbolic cosine function。

請驗證以下結果。

(A) $(\cosh x)^2 - (\sinh x)^2 = 1$。

(B) $\dfrac{d \sinh x}{dx} = \cosh x$ 且 $\dfrac{d \cosh x}{dx} = \sinh x$。

註：$\cosh x$ 恆為正值。在下一章我們學習「平均值定理」之後，就會知道「微分值恆為正值」的函數必然是嚴格遞增。因此 sinh 具有「連續且可微分的反函數」。

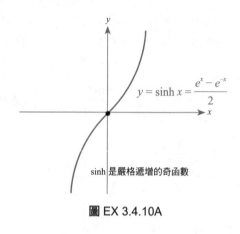

圖 EX 3.4.10A

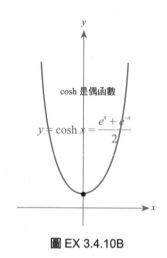

圖 EX 3.4.10B

第 3 章習題

1. $f(x) \begin{cases} (x+1)^2, & x \le 0 \\ (x-1)^2, & x > 0 \end{cases}$，$f'(0) = ?$

   (A) 0。(B) 2。(C) –2。(D) 不存在。

   【86 二技管一】

2. 若 $f(x) = \begin{cases} \sin 2x, & x \le 0 \\ mx, & x > 0 \end{cases}$，在 $x = 0$ 處可微分，則 $m = ?$

   (A) 2。(B) 1。(C) 0。(D) –1。

   【89 二技管一】

3. 若 $y = |x - 5|$，在 $x = 5$ 處，下列何者正確？

   (A) 不連續且不可微分。(B) 連續且可微分。

   (C) 不連續但可微分。(D) 連續但不可微分。

   【89 二技管一，84 二技】

4. 令 $f(x) = x|x|$，則 $f(x)$ 在 $x = 0$ 處為：

   (A) 不連續。(B) 連續而不可微分。

   (C) 可微分且連續。(D) 可微分而不連續。

   【88 二技管一】

5. 已知 $f(x) = |x|$，則 $f'(0)$ 為：

   (A) 1。(B) –1。(C) 0。(D) 不存在。

   【87 二技電子】

6. 若 $f(x) = \sin|x|$，則 $f(x)$ 在下列哪些 x 值上不可微分？

   (A) $x = 0$。(B) $x = n\pi$，n 為非 0 的整數。

   (C) $x = \left(n + \dfrac{1}{2}\right)\pi$，$n$ 為整數。(D) $x < 0$。

   【92 二技電子】

7. 若 $f(x) = \dfrac{x^2}{\sqrt{2x-1}}$，試求導數 $f'(1) = ?$

   (A) 1。(B) $\sqrt{2}$。(C) 2。(D) 2.5。【89 二技電子】

8. $f(x) = x[\sin(\ln x) - \cos(\ln x)]$，則 $f'(1) = ?$

   (A) 1。(B) 0。(C) –1。(D) 不存在。【84 二技】

9. 設 f 為可微分的函數，且 $f(2) = 3$，$f'(2) = 2$，$f'(3) = 4$，則 $(f \circ f)'(2)$ 的值為：

   (A) 12。(B) 8。(C) 4。(D) 0。　【91 二技電子】

10. 已知 $f(1) = 4$ 且 $f'(1) = 2$。若 $g(x) = \dfrac{x}{f(x)}$，則 $g'(1) = ?$

    (A) $\dfrac{-1}{2}$。(B) $\dfrac{-1}{8}$。(C) $\dfrac{1}{8}$。(D) $\dfrac{1}{2}$。【96 二技電子】

11. 若 $f(x) = 2x + \ln x$，且 $g(x)$ 為 $f(x)$ 之反函數，則 $g'(2)$ 之值為：

    (A) $\dfrac{2}{5}$。(B) $\dfrac{1}{\ln 2}$。(C) $\dfrac{1}{2}$。(D) $\dfrac{1}{3}$。

    【87 二技管一】

12. $f(x) = \arctan x$，則 $f'(1) = ?$

    (A) 0。(B) $\dfrac{1}{2}$。(C) 1。(D) 以上皆非。

    【81 二技】

13. 已知 $f(x) = 2 \tan x$，$-\dfrac{\pi}{2} < x < \dfrac{\pi}{2}$，試求

　　$\dfrac{d}{dx} f^{-1}(x) \Big|_{x=2} = ?$

　　(A) $\dfrac{1}{2}$。(B) $\dfrac{2}{5}$。(C) $\dfrac{1}{5}$。(D) $\dfrac{1}{4}$。【92 二技電子】

14. 若 $f(x) = 3^{2x}$，$f'(x) = \dfrac{df(x)}{dx}$，則 $\dfrac{f(x) \cdot \log_e 2}{f'(x)} = ?$

　　(A) 1。(B) $\log_3 \sqrt{2}$。(C) $\log_e \left(\dfrac{2}{3} \right)$。(D) 1.5。

　　【89 二技電子】

15. 若 $f(x) = \sin x$，則 $f(x)$ 的第 2003 階導函數 $f^{(2003)}(x) = ?$

　　(A) $-\sin x$。(B) $-\cos x$。(C) $\sin x$。(D) $\cos x$。

　　【92 二技管一】

16. 試求 $(x - y)(x + 2y) = 4$ 在 $x = 2$，$y = 1$ 時，$\dfrac{dy}{dx}$ 之值為何？

　　(A) $\dfrac{4}{7}$。(B) $\dfrac{5}{2}$。(C) $\dfrac{3}{4}$。(D) $\dfrac{7}{5}$。【86 二技電子】

第4章

平均值定理與微分的應用、羅必達（L' Hopital）法則

本章第一節、第二節主要介紹一階微分的應用：**臨界點定理**（Critical Point Theorem）、**洛爾定理**（Rolle's Theorem）、**平均值定理**（Mean-Value Theorem）、判斷函數的遞增遞減性質、判斷**局部極小值點**（local minimum point）與**局部極大值點**（local maximum point）。

在第三節我們介紹如何使用二階微分判斷函數圖形的凹向上與凹向下、如何使用二階微分判斷臨界點是否是局部極小值點或局部極大值點。在第四節我們介紹如何綜合使用各種微分判斷方法解決在有限閉區間、（有限或無限）開區間、（有限或無限）半開半閉區間上的極值問題或最佳化問題。為了在開區間或半開半閉區間上處理極值問題，通常我們必須判斷「函數值沿著無端點方向的極限」，因此在第五節我們介紹 $\frac{0}{0}$ 形式與 $\frac{\infty}{\infty}$ 形式的**羅必達**（L' Hopital）法則以及有關的基本應用、判斷自然指數函數與自然對數函數發散到 $+\infty$ 的速度。最後我們示範如何使用羅必達法則判斷在開區間或半開半閉區間上的函數之「函數值範圍」。

第1節　臨界點與平均值定理

微分應用的理論基礎是平均值定理。平均值定理可以由洛爾定理導出。洛爾定理與**臨界點**（critical point）的存在有直接且密切的關係。本節將會依序介紹臨界點、洛爾定理、平均值定理。其中，洛爾定理其實是一種較原始形式的平均值定理，並且是由極值定理（第二章）與臨界點定理導出。洛爾定理與平均值定理的應用將在下節介紹。

> **定義 4.1.1**　假設 $g:I \to \mathbb{R}$ 是定義在（有限或無限）開區間 I 的**可微分**（differentiable）函數。如果函數 g 在某個點 $c \in I$ 的微分值為 0：
>
> $$g'(c) = 0$$
>
> 則我們稱呼點 c 為函數 g 的一個臨界點。

臨界點就是函數微分值為 0 的地方。

說明：有些微積分教科書將微分不存在的點納入臨界點的範圍。本書將「微分不存在的點」稱為**奇異點**（singular point）。singular point 在此表示不平滑而顯得奇特的點。　■

範例 **1**　假設 $g(x) = x^2 - 2x - 1 = (x-1)^2 - 2$，$x \in \mathbb{R}$。請找出函數 g 在 $\mathbb{R}$ 上的臨界點。（圖 4.1.1）

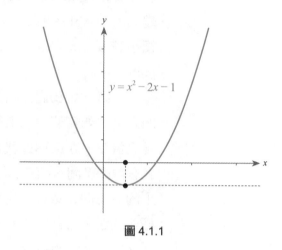

圖 4.1.1

說明：$g'(x) = 2x - 2 = 2 \cdot (x-1)$。函數 g 的臨界點出現的地方就是微分 $g'(x)$ 出現 0 的地方。故函數 g 在 1 這個點出現臨界點。

範例 **2**　假設 $g(x) = \sin x$，$x \in \mathbb{R}$，請找出函數 g 的臨界點。（圖 4.1.2）

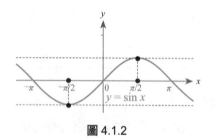

圖 4.1.2

說明：$g'(x) = \cos x$。如果點 c 是函數 g 的臨界點，則 $g'(c) = 0$。因此函數 g 的臨界點出現在 $-\dfrac{\pi}{2} + 2k\pi$ 或 $\dfrac{\pi}{2} + 2k\pi$，$k \in \mathbb{Z}$，的地方。

函數出現臨界點的地方常常是函數出現「轉折」的地方。

延伸學習 **1**

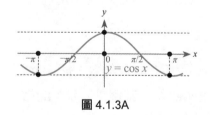

圖 4.1.3A

(A) 假設 $f(x) = \cos x$，$x \in \mathbb{R}$，請找出函數 f 的臨界點。（圖 4.1.3A）

(B) 假設 $g(x) = -x^4 + 4x + 1$，$x \in \mathbb{R}$，請找出函數 g 的臨界點。（圖 4.1.3B）

解答：

(A) 函數 f 的臨界點在 $k \cdot \pi$，$k \in \mathbb{Z}$。

(B) g 的臨界點在 1。

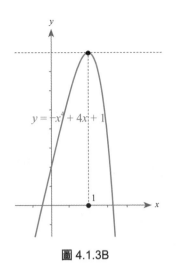

$$y = -x^2 + 4x + 1$$

圖 4.1.3B

有的教科書使用相對極小值（relative minimum）這個名詞來表示局部極小值（local minimum）。

有的教科書使用相對極大值（relative maximum）這個名詞來表示局部極大值（local maximum）。

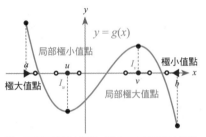

點 a 不是局部極大值點。點 b 不是局部極小值點。

圖 4.1.4

臨界點的觀念與「**局部極值**（local extremum）出現的點」密切相關。現在我們介紹局部極小值點、局部極大值點。

定義 4.1.2　假設 $g: I \to \mathbb{R}$ 是定義在（有限或無限）區間的函數。令 c 為 I 中一點。

(A) 如果 I 之中存在「包含點 c 的開區間 I_c」使得

$$g(c) \leq g(x)$$

對於每個 $x \in I_c$ 都成立，則我們稱點 c 為函數 g 在區間 I 上的一個局部極小值點。$g(c)$ 被稱為函數 g 的一個局部極小值。

(B) 如果 I 之中存在「包含點 c 的開區間 I_c」使得

$$g(x) \leq g(c)$$

對於每個 $x \in I_c$ 都成立，則我們稱點 c 為函數 g 在區間 I 上的一個局部極大值點。$g(c)$ 被稱為函數 g 的一個局部極大值。局部極小值點、局部極大值點都被稱為**局部極值點**（local extremum points）。

說明：由 (A) 的條件與 (B) 的條件，我們注意到：區間 I 的「端點」不可能是局部極值點（局部極小值點或局部極大值點）。因為 I 的端點不可能落在 I 之中的某個開區間內，只能落在 I 之中的半開半閉區間內。如圖 4.1.4 所示。

在圖 4.1.4 中，點 u 是函數 g 的局部極小值點。因為開區間 I_u 落在 I 之中，並且 g 在開區間 I_u 上的極小值在點 u 出現。在圖 4.1.4 中，點 v 是函數 g 的局部極大值點。因為開區間 I_v 落在 I 之中，並且 g 在開區間 I_v 上的極大值在點 v 出現。

在圖 4.1.4 中，雖然在端點 a 的地方，g 的函數值會達到最大，但是點 a 並不是局部極大值點。因為點 a 的左邊受制，無法找到包含 a 而且落在 I 之中的開區間。在圖 4.1.4 中，雖然在端點 b 的地方，g 的函數值會達到最小，但是點 b 並不是局部極小值點。因為點 b 的右邊受制，無法找到包含 b 而且落在 I 之中的開區間。　■

補充說明：為了強化極小值與局部極小值的區別，常常我們會把極小值稱為**絕對極小值**（absolute minimum）。為了強化極大值與局部極大值的區別，常常我們會把極大值稱為**絕對極大值**（absolute maximum）。

臨界點的重要性可以由以下定理看出。

當點 c 是函數 g 的局部極小值點或局部極大值點的時候，這個定理依然適用。由定義 4.1.2 可知：

如果點 c 是 g 在 I 上的局部極小值點，則 c 就是 g 在開區間 I_c 上的極小值點。如果點 c 是 g 在 I 上的局部極大值點，則 c 就是 g 在開區間 I_c 上的極大值點。

定理 4.1.3　臨界點定理（Critical Point Theorem）

假設 $g : I \to \mathbb{R}$ 是定義在（有限或無限）開區間 I 的可微分函數，令 c 為開區間 I 中一點。則以下結果成立。

(A) 如果函數 g 在點 c 出現極小值（或局部極小值），則點 c 是函數 g 的臨界點：$g'(c) = 0$。

(B) 如果函數 g 在點 c 出現極大值（或局部極大值），則點 c 是函數 g 的臨界點：$g'(c) = 0$。

因此可微分函數在開區間上出現「極值（或局部極值）」的點必然是「臨界點」。

說明： 結果 (B) 與結果 (A) 成立的原因相似。因此，結果 (B) 的解釋留給讀者練習（請參考圖 4.1.5B）。以下我們只解釋 (A) 成立的原因，請參考圖 4.1.5A。

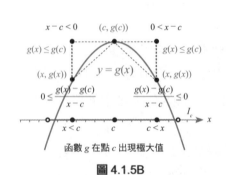

函數 g 在點 c 出現極大值

圖 4.1.5B

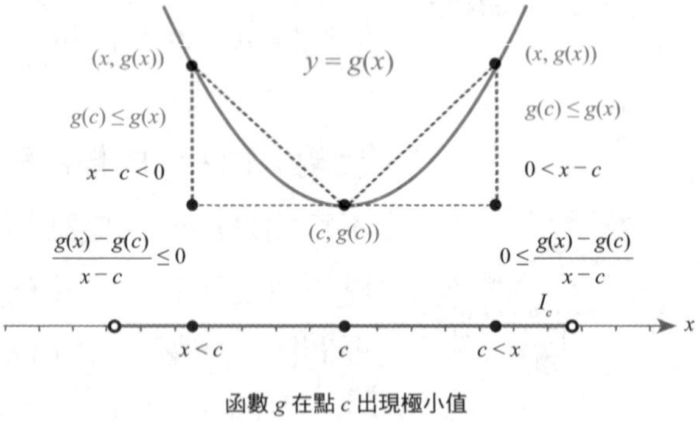

函數 g 在點 c 出現極小值

圖 4.1.5A

若函數 g 在點 c 出現極小值，則當然 $g(c) \leq g(x)$，亦即

$$0 \leq g(x) - g(c)，對所有 x \in I 均成立。$$

但是 $\dfrac{g(x) - g(c)}{x - c}$ 中 $x \neq c$ 的情況並沒有這麼單純。當 $x < c$ 的時候，$(x - c) < 0$，因此

$$\frac{g(x) - g(c)}{(x - c)} \leq 0$$

當 $c < x$ 的時候，$0 < (x - c)$，因此

$$0 \leq \frac{g(x) - g(c)}{(x - c)}$$

由於函數 g 在點 c 的微分存在，於是

$$0 \leq \lim_{x \to c^+} \frac{g(x) - g(c)}{x - c} = g'(c) = \lim_{x \to c^-} \frac{g(x) - g(c)}{x - c} \leq 0$$

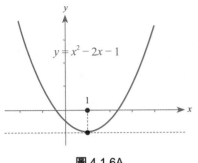

圖 4.1.6A

可微分函數在開區間上出現極小值的
點必然是臨界點。

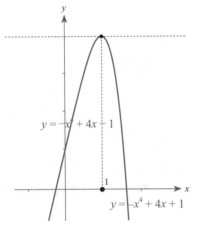

圖 4.1.6B

可微分函數在開區間上出現極大值的
點必然是臨界點。

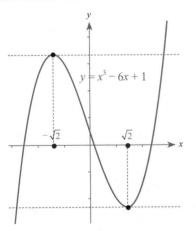

圖 4.1.7

可微分函數在開區間上出現局部極小
值或局部極大值的點必然都是臨界點
（微分值為 0）。

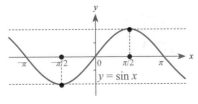

圖 4.1.8

這表示函數 g 在點 c 的微分值必然是 0。因此點 c 是函數 g 的臨界
點。　　　　　　　　　　　　　　　　　　　　　　　　　　　■

範例 3　假設 $g(x) = x^2 - 2x - 1 = (x-1)^2 - 2$，$x \in \mathbb{R}$。請找出函數
g 出現極小值的點的微分值。（圖 4.1.6A）

說明： $g(x) = (x-1)^2 - 2 \geq 0 - 2 = -2$。因此函數 g 的極小值在 1
這個點出現。此時 $g(1)$ 恰為極小值 -2，但

$$g'(x) = 2x - 2 = 2 \cdot (x-1)$$

故 $g'(x)$ 在極小值點 1 的值，如臨界點定理所預測的，恰好為 0。

範例 4　假設 $g(x) = -x^4 + 4x - 1$，$x \in \mathbb{R}$。請找出函數 g 出現極大
值的點的微分值。（圖 4.1.6B）

說明： $g(x) = -(x^2 - 1)^2 - 2x^2 + 4x = -(x^2 - 1)^2 - 2 \cdot (x-1)^2 + 2$。
因此函數 g 的極大值在 1 這個點出現。此時

$$g(1) = -(1^2 - 1)^2 - 2 \cdot (1-1)^2 + 2 = 2$$

恰為極大值 2。但 $g'(x) = -4x^3 + 4 = -4 \cdot (x^3 - 1)$ 恰有一個實根 1。
故 $g'(x)$ 在極大值點 1 的值，如臨界點定理所預測的，恰好為 0。

範例 5　假設 $g(x) = x^3 - 6x + 1$，$x \in \mathbb{R}$。以後我們會說明函數 g 會
在 $-\sqrt{2}$ 這個點出現局部極大值並且在 $\sqrt{2}$ 這個點出現局部極小值。
此外，請讀者注意 $\lim\limits_{x \to -\infty} g(x) = -\infty$ 並且 $\lim\limits_{x \to +\infty} g(x) = +\infty$。參考圖 4.1.7。
(A) 驗證函數 g 在局部極大值點 $-\sqrt{2}$ 的微分值為 0。(B) 驗證函數 g
在局部極小值點 $+\sqrt{2}$ 的微分值為 0。

說明： $g'(x) = 3x^2 - 6 = 3 \cdot (x^2 - 2) = 3 \cdot (x + \sqrt{2})(x - \sqrt{2})$。
故 g 在局部極大值點 $-\sqrt{2}$ 的微分值為 0，並且 g 在局部極小值點 $\sqrt{2}$ 的
微分值為 0。

延伸學習 2　請驗證函數 $f(x) = \sin x$，$x \in \mathbb{R}$，在（局部）極小
值點 $-\dfrac{\pi}{2} + 2k\pi$，$k \in \mathbb{Z}$，微分值為 0。並且在（局部）極大值點
$\dfrac{\pi}{2} + 2k\pi$，$k \in \mathbb{Z}$，微分值為 0。參考圖 4.1.8。

　　瞭解臨界點定理之後，我們接著介紹洛爾定理。其實這個定理
是平均值定理較原始的形式。

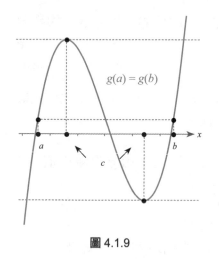

圖 4.1.9

極值定理：在有限閉區間的連續函數必然會在閉區間上的某個點出現極小值，並且會在閉區間上的某個點出現極大值。

定理 4.1.4A 　洛爾定理（Rolle's Theorem）

假設 $g : [a, b] \to \mathbb{R}$ 是定義在有限閉區間 $[a, b]$ 的連續函數，並且函數 g 在開區間 (a, b) 上是可微分函數。如果函數 g 在區間端點的函數值相等：$g(a) = g(b)$，則函數 g 必定在開區間 (a, b) 上的某個點 c 會出現微分值為 0 的現象。

說明：讀者請注意：函數 g 有可能在開區間 (a, b) 上出現多個點微分值為 0 的現象。但是本定理的重點在於：函數 g 至少會在一個點的微分值為 0（請參考圖 4.1.9）。

　　為了發現函數 g 在開區間 (a, b) 上至少會在一個點微分值為 0 的原因，我們考慮連續函數 g 在有限閉區間 $[a, b]$ 的極小值與極大值。由極值定理（定理 2.3.8）我們知道函數 g 會在 $[a, b]$ 上某個點 α 出現極小值並且在 $[a, b]$ 上某個點 β 出現極大值。由於函數 g 在區間端點的函數值相等：$g(a) = g(b)$，我們發現只有兩種情況可能發生。

(I)　g 的極小值點 α 與極大值點 β 都落在區間端點。此時，由於 $g(a) = g(b)$，我們發現 g 其實是個常數函數。因此函數 g 在開區間 (a, b) 上的每個點微分值都是 0。

(II) g 的極小值點 α 與極大值點 β 沒有全部出現在區間端點。此時，函數 g 至少會有一個極值點 c 落在開區間 (a, b) 中。由臨界點定理（定理 4.1.3）可知 $g'(c)$ 必然為 0。

因此我們得到結論：不論是情況 (I) 或情況 (II)，洛爾定理都是成立的。 ∎

　　洛爾定理的例子隨處可見。讀者如果觀察正弦函數 $\sin x$ 或餘弦函數 $\cos x$，就會發現這些函數如果在相異點函數值相等，則在其間必有微分值為 0 的點（出現水平切線）。

　　雖然洛爾定理只是平均值定理（即將介紹）的原始形式，可是它也有很多應用，最常見的一種應用是協助判斷多項式的根的個數。

洛爾定理的直接應用。

　　如果實係數多項式 $f(x)$ 至少有 2 個相異實根 a 與 b，其中 $a < b$，則在開區間 (a, b) 中，f 的微分函數 $f'(x)$ 必然會在某個點 $c \in (a, b)$ 取值為 0：$f'(c) = 0$。

　　因此，一個實係數多項式 $g(x)$ 的微分函數 $g'(x)$ 如果在 $\mathbb{R}$ 上始終不為 0，則多項式 $g(x)$ 在 $\mathbb{R}$ 上至多有一個實根。

定理 4.1.4B 平均值定理（Mean-Value Theorem）

假設 $f : [a, b] \to \mathbb{R}$ 是定義在有限閉區間的連續函數，並且 f 在開區間 (a, b) 上是個可微分函數（對於每個 $x \in (a, b)$，微分值 $f'(x)$ 都存在）。則在開區間 (a, b) 上至少存在一個點 c 使得

$$f'(c) = \frac{f(b) - f(a)}{b - a}$$

因為 $f'(c) = K$，其中 K 恰為函數 f 在 $[a, b]$ 上的平均值。所以這個定理被稱為平均值定理。

說明：令 K 代表 $\dfrac{f(b) - f(a)}{b - a}$ 這個平均值。我們的工作就是要找到 $c \in (a, b)$ 滿足 $f'(c) = K$。為此，我們引進新的函數 g，定義如下：

$$g(x) = f(x) - K \cdot (x - a), \quad x \in [a, b]$$

多項式函數都是連續而且可微分的函數。

兩個連續函數相減依然是連續函數。

兩個可微分函數相減依然是可微分函數。

由於 $K \cdot (x - a)$ 是多項式函數，因此函數 g 在 $[a, b]$ 上依然是個連續函數，並且 g 在開區間 (a, b) 上依然是個可微分函數。此外，這個函數 $g(x)$ 還具有一項性質：$g(a) = g(b)$。現在驗證如下：

$$g(b) = f(b) - K \cdot (b - a) = f(b) - [f(b) - f(a)]$$
$$= f(a) = g(a) \qquad \text{（解題要點）}$$

解題要點：

$$K \cdot (b - a) = \frac{f(b) - f(a)}{b - a} \cdot (b - a)$$
$$= f(b) - f(a)$$

這表示：函數 g 滿足洛爾定理的所有假設。因此，由洛爾定理可知，函數 g 在開區間 (a, b) 上至少會在一個點 c 微分值為 0：

$$g'(c) = 0$$

由於 $0 = g'(c) = f'(c) - K$，我們發現 $f'(c)$ 的值正好是

$$K = \frac{f(b) - f(a)}{b - a} \qquad \blacksquare$$

習題 4.1

請找出以下函數的臨界點。

1. $f(x) = 3x^2 - 6x + 1$　　2. $f(x) = -x^2 + 5x + 3$

3. $f(x) = 3x - x^3$　　4. $f(x) = x^3 - 2x$

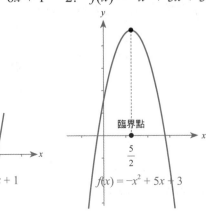

圖 EX 4.1.1

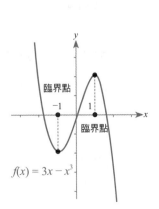

圖 EX 4.1.2

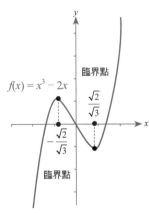

圖 EX 4.1.3

圖 EX 4.1.4

5.　$f(x) = x^4 - 4x$

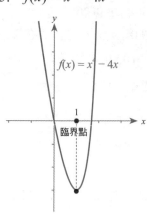

圖 EX 4.1.5

6.　$f(x) = -3x^5 + 5x^3 + 2$

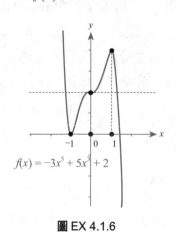

7.　$f(x) = \dfrac{x}{\sqrt{x^4 + 1}}$

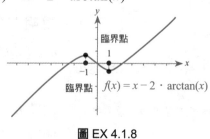

圖 EX 4.1.7

* 8.　$f(x) = x - 2 \cdot \arctan(x)$

圖 EX 4.1.8

第 2 節　平均值定理的應用

可微分函數的「函數值增減」的判斷

使用平均值定理判斷「可微分函數的遞減或遞增」是平均值定理最基本的應用之一。

> **定理 4.2.1**　假設 $f: [a, b] \to \mathbb{R}$ 是定義在有限閉區間 $[a, b]$ 上的連續函數，並且函數 f 在開區間 (a, b) 上是可微分函數（亦即 f 在 (a, b) 上每個點的微分都存在）。則以下結果成立：
>
> (A) 如果 $f'(x)$ 在 (a, b) 上恆為負值，則 $f(a) > f(b)$。
>
> (B) 如果 $f'(x)$ 在 (a, b) 上恆 ≤ 0，則 $f(a) \geq f(b)$。
>
> (C) 如果 $f'(x)$ 在 (a, b) 上恆為正值，則 $f(a) < f(b)$。
>
> (D) 如果 $f'(x)$ 在 (a, b) 上恆 ≥ 0，則 $f(a) \leq f(b)$。
>
> (E) 如果 $f'(x)$ 在 (a, b) 上恆為 0，則 $f(a) = f(b)$。

說明：由平均值定理（定理 4.1.4B）可知存在 $c \in (a, b)$ 使得

$$f'(c) = \frac{f(b) - f(a)}{b - a}。故$$

$$f(b) - f(a) = f'(c) \cdot (b - a)$$

其中 $(b - a)$ 是「正實數」。因此 $f(a)$ 與 $f(b)$ 之間的（大小）次序完全由 $f'(c)$ 決定（注意 c 是開區間 (a, b) 中的點）。將 (A) 至 (E) 的條件

逐次代入上式中，便可以得到相應的結果。　　　■

現在我們要將這個基礎定理應用在可微分函數的增減特質的判斷上。所以我們先來回顧函數遞減、遞增的相關觀念。假設 $f: I \to \mathbb{R}$ 是定義在區間 I 的函數，則我們有以下定義：

(A) f 在 I 上**嚴格遞減**。這表示：如果 $u < v$ 為區間 I 中的兩點，則 $f(u) > f(v)$ 必然成立。

(B) f 在 I 上**遞減**。這表示：如果 $u < v$ 為區間 I 中的兩點，則 $f(u) \geq f(v)$ 必然成立。

(C) f 在 I 上**嚴格遞增**。這表示：如果 $u < v$ 為區間 I 中的兩點，則 $f(u) < f(v)$ 必然成立。

(D) f 在 I 上**遞增**。這表示：如果 $u < v$ 為區間 I 中的兩點，則 $f(u) \leq f(v)$ 必然成立。

(E) f 在 I 上為**常數函數**。這表示：如果 $u < v$ 為區間 I 中的兩點，則 $f(u) = f(v)$ 必然成立。

區間 I 可能是 $[a, b]$、$(a, b]$、$[a, b)$、(a, b) 這些形式的區間。其中 a 可能是有限實數或 $-\infty$，b 可能是有限實數或 $+\infty$。請注意：區間 I 之中所有「不是區間 I 的端點」的點恰好形成開區間 (a, b)。

例如：若 $I = [-2, 3)$，則 $-2, 3$ 稱為區間 I 的端點。$[-2, 3) = \{x: -2 \leq x < 3\}$，則區間 $[-2, 3)$ 中所有「不是區間 $[-2, 3)$ 的端點」的點恰好形成開區間：$(-2, 3) = \{x: -2 < x < 3\}$。

定理 4.2.2　假設 $f: I \to \mathbb{R}$ 是定義在（有限或無限）區間 I 上的連續函數，並且 f 在每個「不是區間 I 的端點」的點 x 都是可微分（亦即微分 $f'(x)$ 存在）。則以下結果成立。

(A) 如果對每個「不是區間 I 的端點」的點 x，$f'(x)$ 恆為負值。則 f 在 I 上嚴格遞減。

(B) 如果對每個「不是區間 I 的端點」的點 x，$f'(x)$ 恆 ≤ 0。則 f 在 I 上遞減。

(C) 如果對每個「不是區間 I 的端點」的點 x，$f'(x)$ 恆為正值。則 f 在 I 上嚴格遞增。

(D) 如果對每個「不是區間 I 的端點」的點 x，$f'(x)$ 恆 ≥ 0。則 f 在 I 上遞增。

(E) 如果對每個「不是區間 I 的端點」的點 x，$f'(x)$ 恆為 0。則 f 在 I 上是個常數函數。

說明：假設 $u < v$ 為 I 上的任意兩個點。則開區間 (u, v) 中沒有任何點會是區間 I 的端點。因此由本定理的假設可知：函數 f 在開區間 (u, v) 上的每個點的微分都存在。所以，我們可以將定理 4.2.1 直接應用到「在有限閉區間 $[u, v]$ 上的函數 $f(x)$」，從而得到 $f(u)$ 與 $f(v)$ 之間的（大小）次序關係。現在分別說明如下：

(A) 的假設 $\Rightarrow f'(x)$ 在 (u, v) 上恆為負值 $\xrightarrow{\text{定理 4.2.1A}} f(u) > f(v)$ 對於 I

上任意兩點 $u < v$ 均成立。這就表示函數 $f(x)$ 在 I 上嚴格遞減。

(B) 的假設 $\Rightarrow f'(x)$ 在 (u, v) 上恆 ≤ 0 $\xrightarrow{\text{定理 4.2.1B}}$ $f(u) \geq f(v)$ 對於 I 上任意兩點 $u < v$ 均成立。這就表示函數 $f(x)$ 在 I 上遞減。

(C) 的假設 $\Rightarrow f'(x)$ 在 (u, v) 上恆為正值 $\xrightarrow{\text{定理 4.2.1C}}$ $f(u) < f(v)$ 對於 I 上任意兩點 $u < v$ 均成立。這就表示函數 $f(x)$ 在 I 上嚴格遞增。

(D) 的假設 $\Rightarrow f'(x)$ 在 (u, v) 上恆 ≥ 0 $\xrightarrow{\text{定理 4.2.1D}}$ $f(u) \leq f(v)$ 對於 I 上任意兩點 $u < v$ 均成立。這就表示函數 $f(x)$ 在 I 上遞增。

(E) 的假設 $\Rightarrow f'(x)$ 在 (u, v) 上恆為 0 $\xrightarrow{\text{定理 4.2.1E}}$ $f(u) = f(v)$ 對於 I 上任意兩點 $u < v$ 均成立。這就表示函數 $f(x)$ 在 I 上是個常數函數。 ∎

範例 1 假設 m 與 k 都是實數常數。令 $f(x) = mx + k$，$x \in \mathbb{R}$。
(A) 若 $f'(x)$ 恆為正值，則 $m > 0$ 並且 f 為嚴格遞增。
(B) 若 $f'(x)$ 恆為負值，則 $m < 0$ 並且 f 為嚴格遞減。
(C) 若 $f'(x)$ 恆為 0，則 $m = 0$ 並且 f 是常數函數。

說明： 這是定理 4.2.2 最基本的代表例。$f'(x) = m$ 恰為直線 $y = f(x) = mx + k$ 的斜率。(A) 若 $f'(x) = m > 0$，則函數 f 為嚴格遞增。(B) 若 $f'(x) = m < 0$，則函數 f 為嚴格遞減。(C) 若 $f'(x) = 0$，則函數 f 是常數函數。

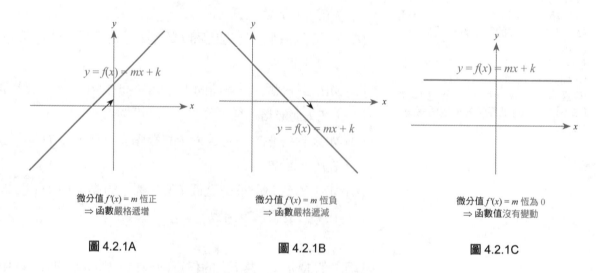

微分值 $f'(x) = m$ 恆正
$\Rightarrow$ 函數嚴格遞增

微分值 $f'(x) = m$ 恆負
$\Rightarrow$ 函數嚴格遞減

微分值 $f'(x) = m$ 恆為 0
$\Rightarrow$ 函數值沒有變動

圖 4.2.1A　　　　　圖 4.2.1B　　　　　圖 4.2.1C

範例 2 A 假設 $f(x) = x^2$，$x \in \mathbb{R}$。(A) 請使用定理 4.2.2 判斷函數 $f(x)$ 的增減特質。(B) 請找出函數 $f(x)$ 的臨界點。(C) 請判斷 $f(x)$ 的臨界點是否為局部極小值點或局部極大值點。

說明： $f'(x) = 2x$。因此，$f'(x)$ 在 $(-\infty, 0)$ 上恆為負，$f'(x)$ 在 $(0, +\infty)$

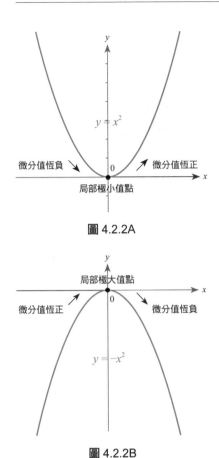

圖 4.2.2A

圖 4.2.2B

上恆為正。(A) 由定理 4.2.2A 與定理 4.2.2C 我們得到：函數 $f(x)$ 在區間 $(-\infty, 0]$ 上嚴格遞減。函數 $f(x)$ 在區間 $[0, +\infty)$ 上嚴格遞增。(B) 因為 $f'(0) = 0$，故 0 點是函數 $f(x)$ 的臨界點。(C) 因為函數 $f(x)$ 在 0 點左側遞減並且在 0 點右側遞增，故 0 點其實是函數 $f(x)$ 的一個局部極小值點。參考圖 4.2.2A。

範例 2 B 假設 $g(x) = -x^2$，$x \in \mathbb{R}$。(A) 請使用定理 4.2.2 判斷函數 $g(x)$ 增減特質。(B) 請找出函數 $g(x)$ 的臨界點。(C) 請判斷 $g(x)$ 的臨界點是否為局部極小值點或局部極大值點。

說明：$g'(x) = -2x$。因此，$g'(x)$ 在 $(-\infty, 0)$ 上恆為正，$g'(x)$ 在 $(0, +\infty)$ 上恆為負。(A) 由定理 4.2.2C 與定理 4.2.2A 我們得到：函數 $g(x)$ 在區間 $(-\infty, 0]$ 上嚴格遞增，函數 $g(x)$ 在區間 $[0, +\infty)$ 上嚴格遞減。(B) $g'(0) = 0$，故 0 點是函數 $g(x)$ 的臨界點。(C) 因為函數 $g(x)$ 在 0 點左側遞增並且在 0 點右側遞減，故 0 點其實是函數 $g(x)$ 的一個局部極大值點。參考圖 4.2.2B。

　　藉著對函數遞減、遞增性質的瞭解來判斷臨界點是否為局部極小值點或局部極大值點，這樣的作法是很常用的方法。現在我們將常見的情況列出。

定理 4.2.3 假設函數 g 在開區間 (a, b) 上連續。令 $c \in (a, b)$ 為開區間 (a, b) 中一點。若函數 g 在 (a, c) 與 (c, b) 上均為可微分函數，則以下結果成立：

	$g'(x)$ 在 (a, c) 上的條件	且	$g'(x)$ 在 (c, b) 上的條件	⇒	點 c 的特質
情況 (I)	恆 ≤ 0	且	恆 ≥ 0	⇒	g 的（局部）極小值點
情況 (II)	恆 ≥ 0	且	恆 ≤ 0	⇒	g 的（局部）極大值點
情況 (III)	恆 < 0	且	恆 < 0	⇒	不是 g 的局部極小值點 不是 g 的局部極大值點
情況 (IV)	恆 > 0	且	恆 > 0	⇒	不是 g 的局部極小值點 不是 g 的局部極大值點

　　較典型的情況 (I) 請參考圖 4.2.3A。較典型的情況 (II) 請參考圖 4.2.3B。典型的情況 (III) 與典型的情況 (IV) 請分別參考圖 4.2.4B 與圖 4.2.4A。

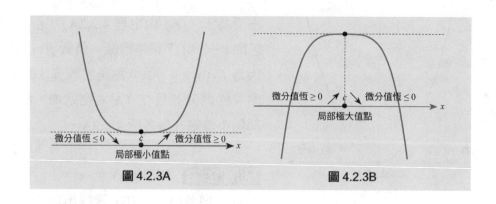

圖 4.2.3A   圖 4.2.3B

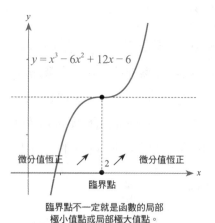

臨界點不一定就是函數的局部
極小值點或局部極大值點。

圖 4.2.4A

範例 3 A 假設 $f(x) = x^3 - 6x^2 + 12x - 6$，$x \in \mathbb{R}$。(A) 請找出函數 f 的遞增區間、遞減區間。(B) 請找出函數 f 的臨界點。並且判斷 f 的臨界點是否是局部極小值點或局部極大值點。參考圖 4.2.4A。

說明：$f'(x) = 3x^2 - 12x + 12 = 3 \cdot (x^2 - 4x + 4) = 3(x - 2)^2$。

(A) 因此，$f'(x)$ 在開區間 $(-\infty, 2)$ 與開區間 $(2, +\infty)$ 上都是恆為正值。由定理 4.2.2 我們知道函數 f 在（半開半閉）區間 $(-\infty, 2]$ 與（半開半閉）區間 $[2, +\infty)$ 上均為嚴格遞增。所以函數 f 在整個 $\mathbb{R}$ 上其實是個嚴格遞增函數。

(B) $f'(x)$ 只有在 $x = 2$ 為 0。故 2 這個點是函數 f 的臨界點。由於函數 f 在 2 這個點的兩側都是嚴格遞增，我們發現 2 這個函數 f 的臨界點不是 f 的局部極小值點或局部極大值點。

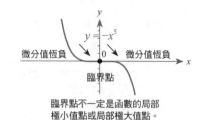

臨界點不一定是函數的局部
極小值點或局部極大值點。

圖 4.2.4B

範例 3 B 假設 $g(x) = -x^5$，$x \in \mathbb{R}$。(A) 請找出函數 g 的遞增區間、遞減區間。(B) 請找出函數 g 的臨界點，並且判斷 g 的臨界點是否是局部極小值點或局部極大值點。參考圖 4.2.4B。

說明：$g'(x) = -5x^4$。(A) 因此 $g'(x)$ 在開區間 $(-\infty, 0)$ 與開區間 $(0, +\infty)$ 上都是恆為負值。由定理 4.2.2 我們知道函數 g 在區間 $(-\infty, 0]$ 與區間 $[0, +\infty)$ 上均為嚴格遞減。所以函數 g 在整個 $\mathbb{R}$ 上其實是個嚴格遞減函數。(B) $g'(x)$ 只有在 $x = 0$ 為 0。故 0 這個點是函數 g 的臨界點。由於函數 g 在 0 這個點的兩側都是嚴格遞減，我們發現 0 這個函數 g 的臨界點不是 g 的局部極小值點或局部極大值點。

範例 4

(A) 討論正切函數 $f(x) = \tan x$，$x \in \left(-\dfrac{\pi}{2}, \dfrac{\pi}{2} \right)$，的遞增、遞減性質。參考圖 4.2.5A。

(B) 討論正割函數 $g(x) = \sec x$，$x \in \left(-\dfrac{\pi}{2}, \dfrac{\pi}{2} \right)$，的遞增、遞減性

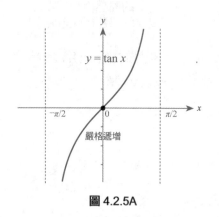

圖 4.2.5A

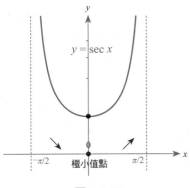

圖 4.2.5B

質。並且找出 $\sec x$ 在 $\left(-\dfrac{\pi}{2}, \dfrac{\pi}{2}\right)$ 上的極小值點。參考圖 4.2.5B。

說明：

(A) $f'(x) = (\sec x)^2$ 在開區間 $\left(-\dfrac{\pi}{2}, \dfrac{\pi}{2}\right)$ 上恆為正值（在 $\left(-\dfrac{\pi}{2}, \dfrac{\pi}{2}\right)$ 上，$\sec x = \dfrac{1}{\cos x}$ 恆 ≥ 1）。由定理 4.2.2C 可知 $\tan x$ 在開區間 $\left(-\dfrac{\pi}{2}, \dfrac{\pi}{2}\right)$ 上嚴格遞增。

(B) $g'(x) = (\tan x) \cdot (\sec x)$。由於 $\sec x$ 在 $\left(-\dfrac{\pi}{2}, \dfrac{\pi}{2}\right)$ 上恆為正值，所以 $g'(x)$ 與 $\tan x$ 一樣，在 $\left(-\dfrac{\pi}{2}, 0\right)$ 上恆為負值並且在 $\left(0, \dfrac{\pi}{2}\right)$ 上恆為正值。由定理 4.2.2A 與 C 可知 $g(x) = \sec x$ 在區間 $\left(-\dfrac{\pi}{2}, 0\right]$ 上嚴格遞減並且在區間 $\left[0, \dfrac{\pi}{2}\right)$ 上嚴格遞增。由定理 4.2.3 的情況 (I) 可知 0 這個點是 $\sec x$ 在 $\left(-\dfrac{\pi}{2}, \dfrac{\pi}{2}\right)$ 上的極小值點。

延伸學習 1

(A) 判斷正弦函數 $\sin x$，$x \in \mathbb{R}$，的遞減、遞增性質。並請找出 $\sin x$ 在 $\mathbb{R}$ 上的局部極小值點、局部極大值點。參考圖 4.2.6A。

(B) 判斷餘弦函數 $\cos x$，$x \in \mathbb{R}$，的遞減、遞增性質。並請找出 $\cos x$ 在 $\mathbb{R}$ 上的局部極小值點、局部極大值點。參考圖 4.2.6B。

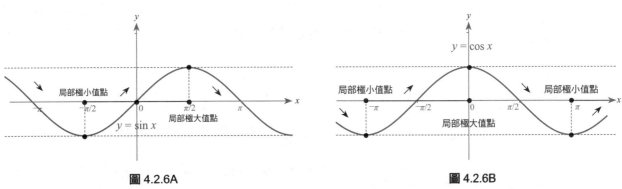

圖 4.2.6A   **圖 4.2.6B**

解答：

(A) $\sin x$ 在區間 $\left[-\dfrac{\pi}{2} + 2k\pi, \dfrac{\pi}{2} + 2k\pi\right]$ 上嚴格遞增並且在區間 $\left[\dfrac{\pi}{2} + 2k\pi, \dfrac{3\pi}{2} + 2k\pi\right]$ 上嚴格遞減（其中 $k \in \mathbb{Z}$ 是整數）。而且 $-\dfrac{\pi}{2} + 2k\pi$ 是局部極小值點而 $\dfrac{\pi}{2} + 2k\pi$ 是局部極大值點。

(B) $\cos x$ 在 區 間 $[-\pi + 2k\pi, 2k\pi]$ 上 嚴 格 遞 增 並 且 在 區 間 $[2k\pi, \pi + 2k\pi]$ 上 嚴 格 遞 減（ 其 中 $k \in \mathbb{Z}$ 是 整 數 ）。 而 且 $-\pi + 2k\pi$ 是 局 部 極 小 值 點 而 $2k\pi$ 是 局 部 極 大 值 點。

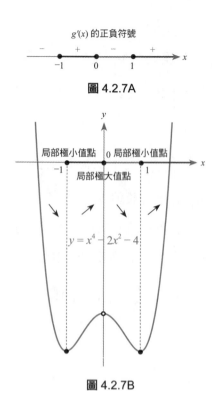

$g'(x)$ 的正負符號

圖 4.2.7A

局部極小值點　　局部極小值點
局部極大值點
$y = x^4 - 2x^2 - 4$

圖 4.2.7B

注意：$\displaystyle\lim_{x \to -\infty} \left[1 - \frac{2}{x^2} - \frac{4}{x^4}\right] = 1$，而且 $\displaystyle\lim_{x \to +\infty} \left[1 - \frac{2}{x^2} - \frac{4}{x^4}\right] = 1$。

範例 5 假設 $g(x) = x^4 - 2x^2 - 4$，$x \in \mathbb{R}$。請討論函數 g 的遞增遞減性質，並判斷 g 的臨界點是否是局部極小值點或局部極大值點。請說明 g 的局部極大值點不是 g 在 $\mathbb{R}$ 上的極大值點。

說明：$g'(x) = 4x^3 - 4x = 4 \cdot x \cdot (x + 1)(x - 1)$。 由 於 $g'(x) = 0 \Leftrightarrow$ $x = -1$ 或 $x = 0$ 或 $x = 1$，因此 g 有 3 個臨界點 $-1, 0, +1$。$g'(x)$ 在 $(-\infty, -1)$ 上恆為負值，$g'(x)$ 在 $(-1, 0)$ 上恆為正值，$g'(x)$ 在 $(0, 1)$ 上恆為負值，$g'(x)$ 在 $(1, +\infty)$ 上恆為正值（圖 4.2.7A）。由定理 4.2.2A 與定理 4.2.2C 可知函數 g 在 $(-\infty, 1]$ 上嚴格遞減，在 $[-1, 0]$ 上嚴格遞增，在 $[0, 1]$ 上嚴格遞減，在 $[1, +\infty]$ 上嚴格遞增。由定理 4.2.3 的情況 (I) 與情況 (II) 可知：-1 是 g 的局部極小值點，0 是 g 的局部極大值點，$+1$ 是 g 的局部極小值點。注意

$$\lim_{x \to -\infty} g(x) = \lim_{x \to -\infty} x^4 \cdot \left[1 - \frac{2}{x^2} - \frac{4}{x^4}\right] = +\infty$$

$$\lim_{x \to +\infty} g(x) = \lim_{x \to +\infty} x^4 \cdot \left[1 - \frac{2}{x^2} - \frac{4}{x^4}\right] = +\infty$$

因此 0 這個點不是函數 g 的極大值點。參考 4.2.7B。

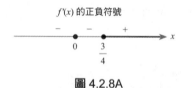

$f'(x)$ 的正負符號

圖 4.2.8A

範例 6 假設 $g(x) = x^4 - x^3 + 2$，$x \in \mathbb{R}$。請討論函數 f 的遞增、遞減性質。並判斷 f 的臨界點是否是局部極小值點或局部極大值點。請指出 f 有一個臨界點不是局部極小值點或局部極大值點。參考圖 4.2.8B。

說明：$f'(x) = 4x^3 - 3x^2 = 4x^2 \cdot \left(x - \frac{3}{4}\right)$。由於 $f'(x) = 0 \Leftrightarrow x = 0$ 或 $x = \frac{3}{4}$，所以 0 與 $\frac{3}{4}$ 是 f 的臨界點。注意 $f'(x)$ 在開區間 $(-\infty, 0)$ 與 $\left(0, \frac{3}{4}\right)$ 上恆為負值（圖 4.2.8A）。由定理 4.2.3 情況 (III) 可知 0 這個點不是局部極小值點或局部極大值點。注意 $f'(x)$ 在 $\left(\frac{3}{4}, +\infty\right)$ 上恆為正值。由定理 4.2.3 情況 (I) 可知 $\frac{3}{4}$ 這個點是 f 的局部極小值點。

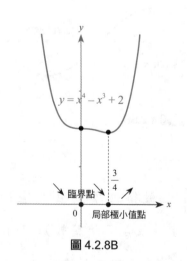

$y = x^4 - x^3 + 2$
臨界點
局部極小值點

圖 4.2.8B

延伸學習 2 假設 $f(x) = \dfrac{x^5}{5} - \dfrac{x^4}{4} - x^3 + \dfrac{3}{2}x^2 - \dfrac{3}{2}$，$x \in \mathbb{R}$，請討論函數 f 的遞增、遞減性質，並判斷 f 的臨界點是否是局部極小值點或局部極大值點。

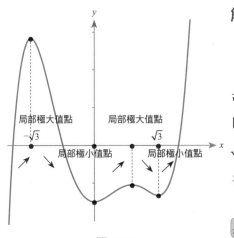

圖 4.2.9

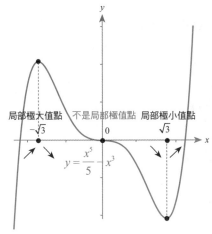

圖 4.2.10

解答：$f'(x) = x^4 - x^3 - 3x^2 + 3x$

$$= (x^2 - x)(x^2 - 3)$$

$$= (x + \sqrt{3})\, x \cdot (x - 1) \cdot (x - \sqrt{3})$$

故函數 f 在區間 $(-\infty, -\sqrt{3}]$、$[0, 1]$、$[\sqrt{3}, +\infty]$ 上嚴格遞增，在區間 $[-\sqrt{3}, 0]$、$[1, \sqrt{3}]$ 上嚴格遞減。f 的臨界點為 $-\sqrt{3}$、0、1、$\sqrt{3}$。其中 $-\sqrt{3}$、1 是局部極大值點，0、$\sqrt{3}$ 是局部極小值點。參考圖 4.2.9。

延伸學習 3　假設 $g(x) = \dfrac{x^5}{5} - x^3$，$x \in \mathbb{R}$。請討論函數 g 的遞增、遞減性質，並判斷 g 的臨界點是否是局部極小值點或局部極大值點。

解答：$g'(x) = x^4 - 3x^2 = x^2 \cdot (x^2 - 3) = (x + \sqrt{3}) \cdot x^2 \cdot (x - \sqrt{3})$。函數 g 在區間 $(-\infty, -\sqrt{3}]$ 與 $[\sqrt{3}, +\infty)$ 上為嚴格遞增，在區間 $[-\sqrt{3}, \sqrt{3}]$ 上為嚴格遞減。g 的臨界點為 $-\sqrt{3}$、0、$\sqrt{3}$。其中 $-\sqrt{3}$ 是局部極大值點，$\sqrt{3}$ 是局部極小值點，但臨界點 0 不是局部極小值點或局部極大值點。參考圖 4.2.10。

*範例 7　請說明：如果 $x \geq 0$，則 $e^x \geq 1 + x$。

說明：令 $f(x) = e^x - (x + 1)$。參考圖 4.2.11。則 $f(0) = e^0 - 1 = 0$ 而且

$$f'(x) = e^x - 1 , \ x \in \mathbb{R}$$

因為 e^x 是個遞增函數而且 $e^0 = 1$，所以對於 $x \geq 0$，$f'(x) = e^x - 1 \geq 0$ 恆成立。由定理 4.2.2D 可知：如果 $x \geq 0$，則 $f(x) \geq f(0) = 0$。這表示：如果 $x \geq 0$，則 $f(x) = e^x - (x + 1) \geq 0$，亦即 $e^x \geq 1 + x$。

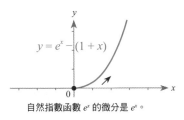

自然指數函數 e^x 的微分是 e^x。

圖 4.2.11

*延伸學習 4　請說明：如果 $x \geq 0$，則 $x \geq \ln(1 + x)$。

解答：令 $g(x) = x - \ln(1 + x)$，$x \in (-1, +\infty)$。（參考圖 4.2.12）。則 $g(0) = 0 - \ln(1 + 0) = 0$ 而且 $g'(x) = 1 - \dfrac{1}{1 + x}$。因此，若 $x > 0$，則 $g'(x) > 0$。由定理 4.2.2C 或 D 可知函數 g 在 $[0, +\infty)$ 上遞增。因此，若 $x \geq 0$，則 $g(x) = x - \ln(1 + x) \geq g(0) = 0$，亦即 $x \geq \ln(1 + x)$。

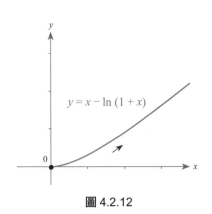

圖 4.2.12

微分相同的函數之間的關係

假設 f 與 g 都是定義在開區間的可微分函數。如果 f 與 g 相差一個常數函數：

$$g(x) = f(x) + k$$

其中 k 是個常數函數，則由微分的基本運算規律可知：

$$g'(x) = f'(x) + 0 = f'(x)$$

反過來說，是否在同一區間上微分相同的兩個可微分函數必然只相差一個常數函數？這個問題的答案是肯定的。

計算技巧：
1. 常數函數的微分為 0。
2. 微分運算的加法規律：
   $(f + h)' = f' + h'$

> **定理 4.2.4**　假設 u 與 v 都是定義在（有限或無限）區間 I 上的連續函數，並且 u 與 v 在每個「不是區間 I 的端點」的點 x 都是可微分（亦即 $u'(x)$ 與 $v'(x)$ 均存在）。如果對於每個「不是區間 I 的端點」的點 x，
>
> $$u'(x) = v'(x)$$
>
> 恆成立，則存在常數函數 C 使得
>
> $$v(x) = u(x) + C$$
>
> 在 I 上始終成立。

區間 I 可能是 $[a, b]$、$(a, b]$、$[a, b)$、(a, b) 這些形式的區間。無論是何種情況，開區間 (a, b) 中的點都不是區間 I 的端點。

說明： 其實這個定理是之前定理 4.2.2E 的直接結果。令

$$f(x) = v(x) - u(x) \text{，} x \in I$$

則對於每個「不是區間 I 的端點」的點 w，

$$f'(w) = v'(w) - u'(w) = 0$$

由定理 4.2.2E 可知 $f(x)$ 其實是個常數函數。令 C 代表這個常數函數 $f(x)$。則 $v(x) = u(x) + [v(x) - u(x)] = u(x) + C$ 在 I 上始終成立。　■

定理 4.2.4 在以後的積分或「微分方程」方面有很多的應用。現在我們只討論部分基本的應用。

範例 8　假設 $g: \mathbb{R} \to \mathbb{R}$ 是個可微分函數，而且 $g'(x) = \cos x$，$x \in \mathbb{R}$。如果 $g(0) = 5$，試求出 $g(x)$。

說明： 我們知道正弦函數 $\sin x$ 的微分恰為 $\cos x$。現在函數 $g(x)$ 的微分與正弦函數 $\sin x$ 相同。由定理 4.2.4 可知

$$g(x) = \sin(x) + C \text{，} x \in \mathbb{R}$$

其中 C 是個常數函數。由 $g(0) = 5$ 可知 $5 = g(0) = \sin(0) + C = C$。

故 $C = 5$。因此 $g(x) = \sin x + 5$。

延伸學習 5　假設 $g : [0, 2] \to \mathbb{R}$ 是個連續函數，並且 g 在開區間 $(0, 2)$ 上是個可微分函數。如果 $g'(x) = x^2$，$x \in (0, 2)$，而且 $g(0) = -2$。求 $g(x)$。提示：令 $f(x) = \dfrac{1}{3} x^3$，則 $f'(x) = x^2$ 與 $g'(x)$ 在 $(0, 2)$ 上相同。

解答： $g(x) = \dfrac{x^3}{3} - 2$。

範例 9　我們知道：如果忽略摩擦力，則在地球上任意拋出一個鉛球，都會得到拋物線軌跡（假設重力加速度為常數 $-g$）。請使用定理 4.2.4 加以說明。參考圖 4.2.13。

說明： 如果鉛球垂直高度為函數 $f : [0, b] \to \mathbb{R}$，其中 b 為常數，則加速度

$$(f')'(t) = f''(t) = -g，t \in (0, b)$$

始終成立。由於函數 $\alpha(t) = -g \cdot t$ 的微分是 $-g$，我們由定理 4.2.4 可以得出 $f'(t)$ 與 $\alpha(t)$ 在開區間 $(0, b)$ 上相差一個常數函數：

$$f'(t) = -g \cdot t + k，t \in (0, b)$$

其中 k 是個常數。令

$$\beta(t) = \frac{-g}{2} \cdot t^2 + kt，t \in [0, b]$$

則 $\beta'(t) = -g \cdot t + k$，$t \in (0, b)$，與 $f'(t)$ 在 $(0, b)$ 上完全相同。再次使用定理 4.2.4 可知 $f(t)$ 與 $\beta(t)$ 在區間 $[0, b]$ 上相差一個常數函數：

$$f(t) = \beta(t) + C = \frac{-g}{2} \cdot t^2 + kt + C，t \in [0, b]$$

其中 C 也是個常數。這表示：$f(t)$ 是個二次多項式，而且領導係數是 $\dfrac{-g}{2}$。故圖形是個拋物線。

圖 4.2.13

將定理 4.2.4 應用到函數 $f(t)$。

延伸學習 6

(A) 假設 $f : \mathbb{R} \to \mathbb{R}$ 是個可微分函數，而且 $f'(x)$ 是個常數函數 k。請說明 $f(x) = kx + C$，$x \in \mathbb{R}$，其中 C 是一個常數函數。

(B) 假設 n 是個固定正整數，如果 $g : \mathbb{R} \to \mathbb{R}$ 是個可微分函數，而且 $g'(x) = x^n$，$x \in \mathbb{R}$。請說明 $g(x) = \dfrac{x^{(n+1)}}{n+1} + C$，$x \in \mathbb{R}$，其

中 C 是個常數函數。

解答：

(A) 函數 kx 的微分為 k，與 $f'(x)$ 相同。因此由定理 4.2.4 可知，$f(x) = kx + C$，其中 C 為常數函數。

(B) 函數 $\dfrac{x^{(n+1)}}{n+1}$ 的微分函數為 $x^n = g'(x)$。由定理 4.2.4 可知 $g(x) = \dfrac{x^{(n+1)}}{n+1} + C$，$x \in \mathbb{R}$，其中 C 是個常數函數。

平均值定理的其他類型應用

範例10 如果 $x \neq y$，則 $|\sin x - \sin y| \leq |x - y|$。

說明：我們可以假設 $x < y$。則由平均值定理（定理 4.1.4B）可知：存在 $c \in (x, y)$ 使得

$$\frac{\sin y - \sin x}{y - x} = \cos c \qquad \text{（解題要點1）}$$

成立。對這個等式的兩側分別取絕對值可得

$$\frac{|\sin y - \sin x|}{|y - x|} = |\cos c| \leq 1 \qquad \text{（解題要點2）}$$

故 $|\sin y - \sin x| \leq |y - x|$ 成立。

解題要點：
1. $\sin x$ 的微分函數是 $\cos x$。
2. $|\cos x| \leq 1$，$\forall x \in \mathbb{R}$。

範例11 如果 $-\dfrac{\pi}{2} < x < y < \dfrac{\pi}{2}$，則 $|y - x| \leq |\tan y - \tan x|$。

說明：由平均值定理（定理 4.1.4B）可知存在 $c \in (x, y)$ 使得

$$\frac{\tan y - \tan x}{y - x} = (\sec c)^2 \qquad \text{（解題要點1）}$$

成立。對這個等式的兩側分別取絕對值可得

$$\frac{|\tan y - \tan x|}{|y - x|} = |\sec c|^2 \geq 1 \qquad \text{（解題要點2）}$$

故 $|\tan y - \tan x| \geq |y - x|$。

解題要點：
1. $\tan x$ 的微分函數是 $(\sec x)^2$。
2. $\sec x \geq 1$，$\forall x \in (-\dfrac{\pi}{2}, \dfrac{\pi}{2})$。

---

* **定理 4.2.5** 廣義平均值定理（Generalized Mean-Value Theorem）

假設 f 與 g 都是定義在有限閉區間 $[a, b]$ 的連續函數，並且 f 與 g 在開區間 (a, b) 上都是可微分函數。如果 $g'(x)$ 在 (a, b) 上恆不為 0：$g'(x) \neq 0$，$\forall x \in (a, b)$，則存在 $c \in (a, b)$ 使得

$$\frac{f(b) - f(a)}{g(b) - g(a)} = \frac{f'(c)}{g'(c)}$$

成立。

說明：這個定理主要應用在**羅必達法則**（L'Hopital's Rule）（我們即將在第五節介紹）的推導。雖然羅必達法則是較深的定理，但是這個廣義平均值定理並不困難。因此，我們將它放在這裡，以示範平均值定理的應用。

由於 $g'(x)$ 在開區間 (a, b) 上恆不為 0，因此由洛爾定理（定理 4.1.4A）可知 $g(a) \neq g(b)$。現在我們引進新函數

$$\Phi(x) = [f(x) - f(a)] - K \cdot [g(x) - g(a)]，\forall x \in [a, b]$$

其中常數 $K = \dfrac{f(b) - f(a)}{g(b) - g(a)}$。讀者可自行驗證：$\Phi$ 是個定義在 $[a, b]$ 上的連續函數，並且在開區間 (a, b) 上是可微分函數。注意

$$\Phi'(x) = f'(x) - K \cdot g'(x)$$

解題要點：
$K \cdot [g(b) - g(a)]$
$= \dfrac{f(b) - f(a)}{g(b) - g(a)} \cdot [g(b) - g(a)]$
$= f(b) - f(a)$

並且 $\Phi(b) = [f(b) - f(a)] - K \cdot [g(b) - g(a)] = 0 = \Phi(a)$（參見解題要點）。

因此，我們可以應用洛爾定理到函數 Φ，得知在開區間 (a, b) 上存在某個點 c 使得

$$0 = \Phi'(c) = f'(c) - K \cdot g'(c)$$

成立。故 $\dfrac{f'(c)}{g'(c)} = K = \dfrac{f(b) - f(a)}{g(b) - g(a)}$。　■

習題 4.2

請判斷以下函數的遞增區間、遞減區間。

1. $f(x) = -x^2 + 5x + 3$

2. $f(x) = -x^3 + 3x^2 + 5$

3. $f(x) = x^3 - 2x$

4. $f(x) = x^3 + 5x + 1$

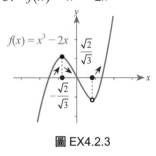

圖 EX4.2.3

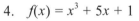

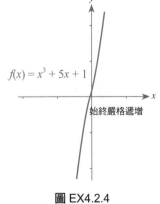

圖 EX4.2.4

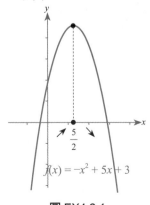

圖 EX4.2.1

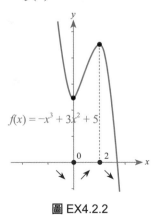

圖 EX4.2.2

5.　$f(x) = \dfrac{x^3}{3} + \sqrt{2}\, x^2 + 2x + 5$

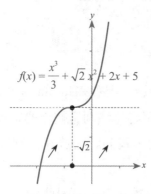

圖 EX4.2.5

6.　$f(x) = -\dfrac{x^3}{3} + x^2 - x + 3$

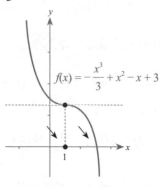

圖 EX4.2.6

7.　$f(x) = (x^2 - 3)^2$　　8.　$f(x) = x^2 \cdot (x - 2)^2$

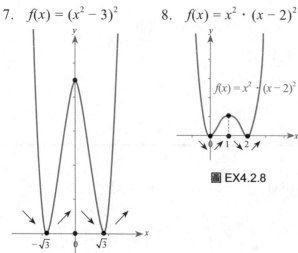

圖 EX4.2.7

圖 EX4.2.8

9.　$f(x) = -3x^5 + 5x^3 + 2$　　10.　$f(x) = x^5 + x^3 + 2$

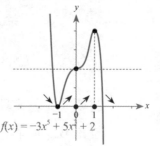

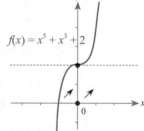

圖 EX4.2.9

圖 EX4.2.10

* 11.　$f(x) = x - 2 \cdot \arctan(x)$

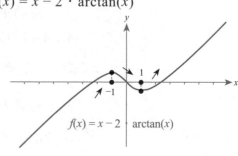

圖 EX4.2.11

12.　$f(x) = x + \dfrac{1}{x}$，$x \in (0, +\infty)$

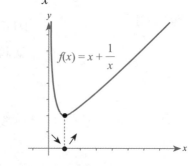

圖 EX4.2.12

13.　$f(x) = \dfrac{x}{\sqrt{x^4 + 1}}$

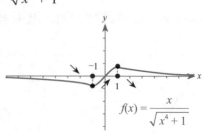

圖 4.2.13

14. $f(x) = \dfrac{1}{x^2 + 1}$

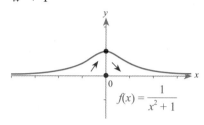

圖 EX4.2.14

請判斷以下函數的臨界點是否是「局部極小值點」或「局部極大值點」。

15. $f(x) = -x^2 + 5x + 3$ 16. $f(x) = -x^3 + 3x^2 + 5$

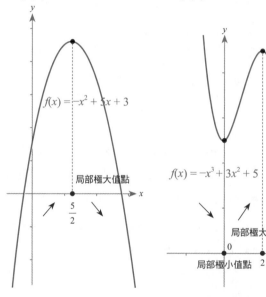

圖 EX4.2.15　　　　圖 EX4.2.16

17. $f(x) = x^3 - 2x$

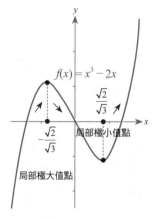

圖 EX4.2.17

18. $f(x) = \dfrac{x^3}{3} + \sqrt{2}\, x^2 + 2x + 5$

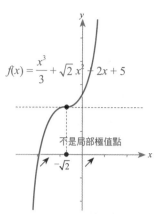

圖 EX4.2.18

19. $f(x) = x^2 \cdot (x - 2)^2$ 20. $f(x) = -3x^5 + 5x^3 + 2$

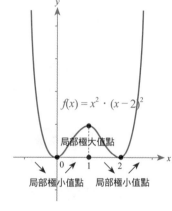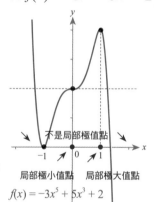

圖 EX4.2.19　　　　圖 EX4.2.20

21. $f(x) = x - 2 \cdot \arctan(x)$

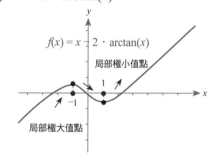

圖 EX4.2.21

22. $f(x) = \dfrac{x}{\sqrt{x^4 + 1}}$

23. $f(x) = \dfrac{1}{x^2 + 1}$

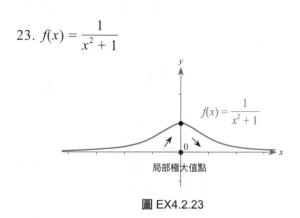

圖 EX4.2.23

24. 假設 $f : \left(-\dfrac{\pi}{2}, \dfrac{\pi}{2} \right) \to \mathbb{R}$ 是個可微分函數。而且 $f'(x) = (\sec x)^2$，如果 $f(0) = 3$，求 $f(x)$。

25. 假設 $f : \mathbb{R} \to \mathbb{R}$ 是個可微分函數。而且 $f'(x) = x^3 + \cos x$。如果 $f(0) = 8$，求 $f(x)$。

第 3 節　函數的二階微分與應用

在前兩節中，我們介紹如何藉由一階微分函數來判斷原函數函數值的增減。在本節中，我們討論二階微分函數對原函數的影響。二階微分函數不會直接影響原函數值的增減，但是會直接影響原函數的一階微分函數的增減。由於之前對二階微分的討論較少，我們先對常見的術語進行說明。

> **定義 4.3.1**　假設 $g : I \to \mathbb{R}$ 是定義在（有限或無限）開區間 I 的可微分函數。如果 g 的一階微分函數 $g'(x)$ 在 I 上依然是個可微分函數（亦即二階微分函數 $g''(x)$ 存在），則我們說 g 是個**二次可微分**（twice differentiable）函數。如果 g 是個二次可微分函數，而且 $g''(x)$ 是連續函數，則我們說 g 是個**二次連續可微分**（twice continuously differentiable）函數。常常我們會以「C^2 函數」這個術語代表「二次連續可微分函數」。

如果我們將定理 4.2.2 應用到二次連續可微分函數的一階微分函數，就會得到定理 4.3.2。

在這個定理中，g 的假設可以放寬為「g 是個二次可微分函數」。

> **定理 4.3.2**　假設 $g : I \to \mathbb{R}$ 是定義在（有限或無限）開區間 I 的二次連續可微分函數（亦即二階微分函數 $g''(x)$ 存在且連續）。則以下結果成立。
>
> (A) 如果 $g''(x)$ 在 I 上恆為負值（$g''(x) < 0$），則 $g'(x)$ 在 I 上嚴格遞減。此時，g 的函數圖形的切線斜率（恰為微分值 $g'(x)$）會呈現嚴格遞減的現象。在這種情況，我們說函數 g **凹向下**（concave downward）。請參考圖 4.3.1A。

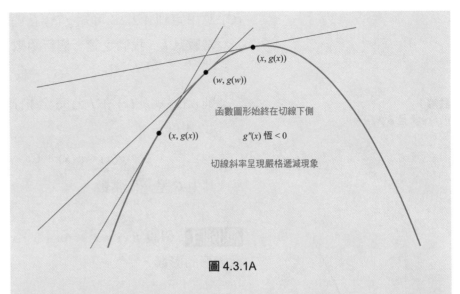

圖 4.3.1A

(B) 如果 $g''(x)$ 在 I 上恆為正值（$g''(x) > 0$），則 $g'(x)$ 在 I 上嚴格遞增。此時，g 的函數圖形的切線斜率（恰為微分值 $g'(x)$）會呈現嚴格遞增的現象。在這種情況我們說函數 g 凹向上（concave upward）。請參考圖 4.3.1B。

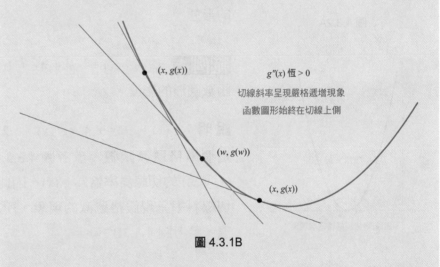

圖 4.3.1B

(C) 如果 $g''(x)$ 恆為 0，則 $g'(x)$ 在 I 上是個常數函數。在這種情況，$g(x)$ 可以表示為 $kx + C$，$x \in I$，其中 k 與 C 都是實數常數。請參考圖 4.3.1C。

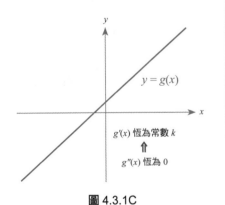

圖 4.3.1C

說明：

(A) 應用定理 4.2.2A 可知 $g'(x)$ 在區間 I 上會嚴格遞減。由於 $g'(x)$ 恰為 g 的函數圖形在點 $(x, g(x))$ 的切線斜率，所以 g 的函數圖形的切線斜率會呈現嚴格遞減的現象。

(B) 應用定理 4.2.2C 可知 $g'(x)$ 在區間 I 上會嚴格遞增。由於 $g'(x)$ 恰為 g 的函數圖形在點 $(x, g(x))$ 的切線斜率，所以 g 的函數圖形會呈現嚴格遞增的現象。

(C) 應用定理 4.2.2E 可知 $g'(x)$ 在區間 I 上是個常數函數。假設這個常數為 k。我們定義一個新函數

$$\phi(x) = kx \text{，} x \in I$$

則 $\phi'(x)$ 與 $g'(x)$ 在 I 上完全相同（參考註解）。因此，由定理 4.2.4 可知

$$g(x) = \phi(x) + C = kx + C \text{，} \forall x \in I$$

其中 C 是一個常數。　　　　　　　　　　　　　　■

註解：

$g'(x) = k$ 且 $\phi'(x) = k$。
故 $\phi'(x) = g'(x)$。

範例 1　假設 $f(x) = x^2 - 6x - 3$，$x \in \mathbb{R}$。請討論 $f''(x)$ 對 $f'(x)$ 與函數圖形的影響。

說明：$f'(x) = 2x - 6$。$f''(x) = 2$ 恆為正值。因此，$f'(x)$ 在 $\mathbb{R}$ 上是個嚴格遞增函數。參考圖 4.3.2A。因為在 f 的函數圖形上過點 $(x, f(x))$ 的切線斜率恰為 $f'(x)$，因此切線斜率，沿著 f 的圖形，呈現嚴格遞增的現象。參考圖 4.3.2B。這種現象使得 f 的函數圖形呈現凹向上的形態。

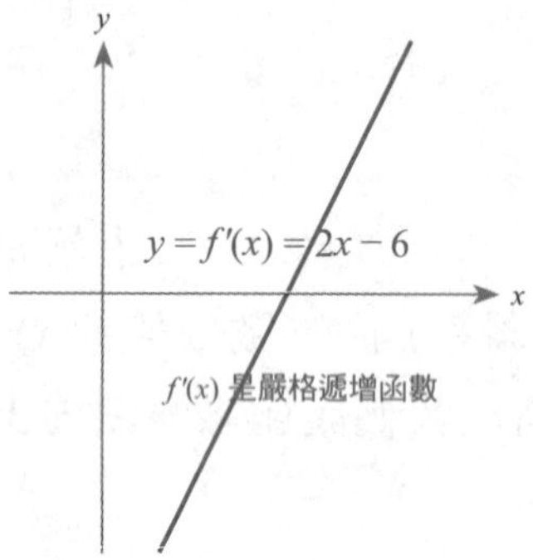

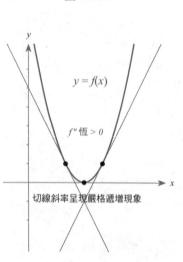

圖 4.3.2A

圖 4.3.2B

範例 2　假設 $g(x) = -x^2 + 4x + 1$，$x \in \mathbb{R}$。請討論 $g''(x)$ 對 $g'(x)$ 與函數圖形的影響。

說明：$g'(x) = -2x + 4$。$g''(x) = -2$ 恆為負值。因此，$g'(x)$ 在 $\mathbb{R}$ 上是個嚴格遞減函數。參考圖 4.3.3A。注意在 g 的函數圖形上過點 $(x, y(x))$ 的切線斜率恰為 $g'(x)$。因此，沿著 g 的函數圖形，我們發現切線斜率呈現嚴格遞減的現象。所以 g 的函數圖形呈現凹向下的形態。參考圖 4.3.3B。

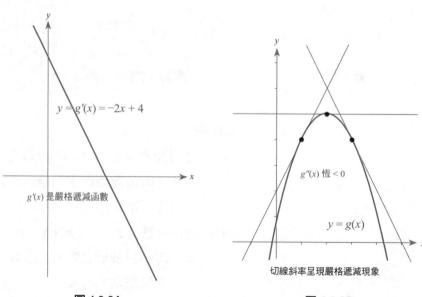

圖 4.3.3A　　　　　　　　　　圖 4.3.3B

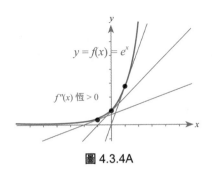

圖 4.3.4A

以下兩個範例中的函數都是嚴格遞增函數。但一個是凹向上函數，另一個是凹向下函數。

*範例 3（自然指數函數是凹向上函數）

令 $f(x) = e^x$，$x \in \mathbb{R}$，為自然指數函數。請討論 $f''(x)$ 對 $f'(x)$ 與函數圖形的影響。參考圖 4.3.4A。

說明：$f'(x) = e^x > 0$ 恆為正值。因此 $f(x)$ 是個嚴格遞增函數。$f''(x)$ $= \dfrac{df'(x)}{dx} = \dfrac{de^x}{dx} = e^x > 0$ 依然恆為正值。這表示 $f'(x)$（亦即函數圖形的切線斜率）是個嚴格遞增函數。因此 f 的函數圖形呈現凹向上的現象。

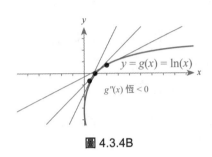

圖 4.3.4B

*範例 4（自然對數函數是凹向下函數）

令 $g(x) = \ln x$，$x > 0$，為自然對數函數。請討論 $g''(x)$ 對 $g'(x)$ 與函數圖形的影響。參考圖 4.3.4B。

說明：$g'(x) = \dfrac{1}{x}$，$x > 0$，恆為正值。因此 $g(x)$ 是個嚴格遞增函數。但

$$g''(x) = \frac{d}{dx}\left(\frac{1}{x}\right) = -\frac{1}{x^2} < 0，其中 x \in (0, \infty)$$

恆為負值。這表示 $g'(x)$（亦即函數圖形的切線斜率）是個嚴格遞減函數。因此 g 的函數圖形呈現凹向下的現象。

延伸學習 1　假設 $f(x) = \sec x$，$-\dfrac{\pi}{2} < x < \dfrac{\pi}{2}$。請判斷 $f(x)$ 是否是凹向下或凹向上函數。參考圖 4.3.5。

解答：凹向上函數。

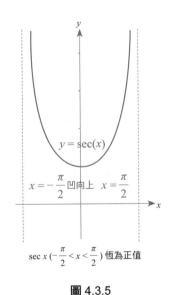

圖 4.3.5

在這個定理中，g 的假設可以放寬為「g 是個二次可微分函數」。

定理 4.3.3　假設 $g : I \to \mathbb{R}$ 是定義在（有限或無限）開區間 I 的二次連續可微分函數。如果函數 g 在開區間 I 中有臨界點 c 存在：$g'(c) = 0$，則以下結果成立。

(A) 若 $g''(x)$ 在 I 上恆為負值（$g''(x) < 0$），則 $c \in I$ 是函數 g 在開區間 I 上唯一的極大值點。圖 4.3.6A。

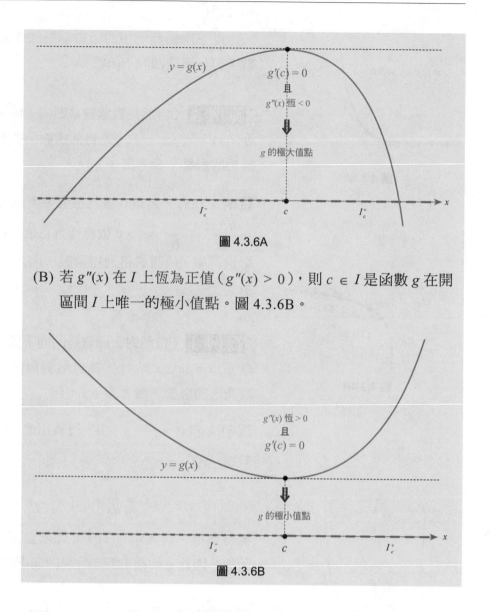

圖 4.3.6A

(B) 若 $g''(x)$ 在 I 上恆為正值（$g''(x) > 0$），則 $c \in I$ 是函數 g 在開區間 I 上唯一的極小值點。圖 4.3.6B。

圖 4.3.6B

說明：(B) 成立的原因與 (A) 成立的原因相似，因此我們只說明 (A) 成立的原因。(B) 成立的原因就留給讀者自行研討練習。

為了以下說明上的方便，我們將開區間 I 分為三部分：

$$I = I_c^- \cup \{c\} \cup I_c^+$$

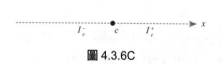

圖 4.3.6C

其中 I_c^- 是 I 上所有 $< c$ 的點所形成的開區間，I_c^+ 是 I 上所有 $> c$ 的點所形成的開區間。參考圖 4.3.6C。因為 $g''(x)$ 在 I 上恆為負值，由定理 4.3.2A 可知，$g'(x)$ 在 I 上嚴格遞減。由於 g 在 I 上有臨界點 c：$g'(c) = 0$，我們發現：若 $x < c$ 則 $g'(x) > 0 = g'(c)$，若 $c < x$ 則 $g'(x) < 0 = g'(c)$。這表示：$g'(x)$ 在 I_c^- 上恆為正值，$g'(x)$ 在 I_c^+ 上恆為負值。由定理 4.2.2C 可知 g 在 I_c^- 上嚴格遞增，由定理 4.2.2A 可知 g 在 I_c^- 上嚴格遞減。故點 c 是函數 g 在 I 上唯一的極大值點。　∎

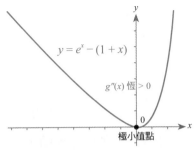

$$y = e^x - (1 + x)$$

$g''(x)$ 恆 > 0

極小值點

圖 4.3.7A

解題要點：

$g'(x) = e^x - 1 = 0 \Leftrightarrow e^x = 1$
$\qquad\qquad\quad \Leftrightarrow x = \ln 1 = 0$

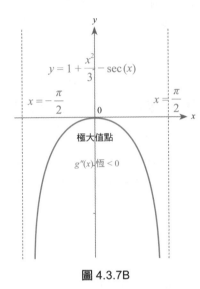

$$y = 1 + \frac{x^2}{3} - \sec(x)$$

$x = -\dfrac{\pi}{2}$　　$x = \dfrac{\pi}{2}$

極大值點

$g''(x)$ 恆 < 0

圖 4.3.7B

題解要點：

1. $(\tan x)^2 \geq 0$ 且 $\sec x \geq 1$ 其中 $x \in \left(-\dfrac{\pi}{2}, \dfrac{\pi}{2}\right)$，所 以 $(\sec x)(\tan x)^2 + (\sec x)(\sec x)^2 \geq 1 \cdot 0^2 + 1 \cdot 1^2 = 1$

2. $a \geq b \Rightarrow -a \leq -b$ 且 $c - a \leq c - b$。我們的計算是以 $a = (\sec x)(\tan x)^2 + (\sec x)(\sec x)^2$，$b = 1$，$c = \dfrac{2}{3}$ 代入 $c - a \leq c - b$。

*範例 **5**　請說明：對任意實數 $x \in \mathbb{R}$ 以下不等式成立（參考圖 4.3.7A）：

$$e^x \geq 1 + x$$

說明： 令 $g(x) = e^x - (1 + x)$。則 $g'(x) = e^x - 1$ 且 $g''(x) = e^x$。因此 $g''(x) = e^x$ 在 $\mathbb{R}$ 上恆為正值。注意 0 這個點是函數 g 在 $\mathbb{R}$ 上的臨界點：$g'(0) = e^0 - 1 = 0$。因此，由定理 4.3.3B 可知，0 這個點是 g 在 $\mathbb{R}$ 上的唯一的極小值點（見解題要點）。故 $g(x) \geq g(0) = e^0 - (1 + 0) = 0$。這表示：$g(x)$ 恆 ≥ 0，亦即 $e^0 \geq (1 + x)$ 在 $\mathbb{R}$ 上恆成立。

範例 **6**　請說明：對任意 $x \in \left(-\dfrac{\pi}{2}, \dfrac{\pi}{2}\right)$ 以下不等式成立（參考圖 4.3.7B）：

$$1 + \frac{x^2}{3} \leq \sec x$$

說明： 令 $g(x) = 1 + \dfrac{x^2}{3} - \sec x$。則 $g'(x) = \dfrac{2x}{3} - (\sec x) \cdot (\tan x)$ 而且 $g''(x) = \dfrac{2}{3} - [(\sec x)(\tan x)^2 + (\sec x)(\sec x)^2]$。由於在開區間 $\left(-\dfrac{\pi}{2}, \dfrac{\pi}{2}\right)$ 上，$\sec x$ 恆 ≥ 1，我們發現

$$g''(x) \leq \frac{2}{3} - [1 \cdot 0^2 + 1 \cdot 1^2] = \frac{2}{3} - 1 = \frac{-1}{3} < 0 \qquad \text{（題解要點 1~2）}$$

這表示 $g(x)$ 是個凹向下函數。注意 0 這個點是 g 在 $\left(-\dfrac{\pi}{2}, \dfrac{\pi}{2}\right)$ 的一個臨界點：$g'(0) = \dfrac{0}{3} - 1 \cdot 0 = 0$。因此，由定理 4.3.3A 可知：0 這個點是 g 在 $\left(-\dfrac{\pi}{2}, \dfrac{\pi}{2}\right)$ 上的唯一的極大值點。故對於 $x \in \left(-\dfrac{\pi}{2}, \dfrac{\pi}{2}\right)$，

$$g(x) \leq g(0) = 1 - 1 = 0$$

恆成立，亦即 $1 + \dfrac{x^2}{3} \leq \sec x$。

*延伸學習 **2**　請說明對任意 $x \in (-1, +\infty)$ 以下不等式成立：

$$\ln(1 + x) \leq x$$

解答： 令 $g(x) = \ln(1 + x) - x$，$x \in (-1, +\infty)$。則 $g'(x) = \dfrac{1}{1 + x} - 1$，而且 $g''(x) = \dfrac{-1}{(1 + x)^2}$。注意：$g''(x)$ 在 $(-1, +\infty)$ 上恆為負值（亦即 $g''(x) < 0$），而且函數 g 在 0 這個點出現臨界點：$g'(0) = 0$。由定

理 4.3.3A 可知 0 是 g 在 $(-1, +\infty)$ 上唯一的極大值點。因此，$g(x)$ $= \ln(1+x) - x$ 在 $(-1, +\infty)$ 上始終 $\leq g(0) = 0$，亦即 $\ln(1+x) \leq x$ 在 $(-1, +\infty)$ 上恆成立。

定理 4.3.4　假設 $g : I \to \mathbb{R}$ 是定義在（有限或無限）開區間 I 的二次連續可微分函數（亦即二階微分函數 $g''(x)$ 存在且連續）。如果函數 g 在開區間 I 中有臨界點 c 存在：$g'(c) = 0$，則以下結果成立。

(A) 若 $g''(c) < 0$，則 c 是函數 g 在 I 上的一個局部極大值點。

(B) 若 $g''(c) > 0$，則 c 是函數 g 在 I 上的一個局部極小值點。

(C) 若 $g''(c) = 0$，則資訊不足，無法直接做出判斷。

說明：這個定理最大的特徵在於我們只需要知道在單一點 c 的二次微分值 $g''(c)$ 的符號（正號或負號）就可以對臨界點 c 的局部極值特徵做出判斷。

　　在情況 (A) 或情況 (B)，我們都假設 $g''(c) \neq 0$。由於 $g''(x)$ 是連續函數，我們可以應用定義 2.3.1 到 $g''(x)$ 這個連續函數而得到一個包含 c 的開區間 I_c 使得不等式

$$|g''(x) - g''(c)| < \frac{|g''(c)|}{2}$$

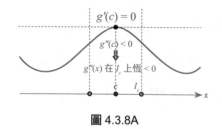

圖 4.3.8A

對每個 $x \in I_c$ 都成立。以下我們針對情況 (A)、情況 (B) 分別討論。請參考圖 4.3.8A 與圖 4.3.8B。

(A) $g''(c) < 0$。此時，若 $x \in I_c$，我們發現

$$g''(x) = g''(x) - g''(c) + g''(c) \leq |g''(x) - g''(c)| + g''(c)$$

$$< \frac{|g''(c)|}{2} + g''(c) = \frac{-g''(c)}{2} + g''(c) = \frac{g''(c)}{2} < 0$$

這表示 $g''(x)$ 在開區間 I_c 上恆為負值。因此，由定理 4.3.3A 可知點 c 是函數 g 在開區間 I_c 上的極大值點。所以，點 c 是函數 g 在開區間 I 上的局部極大值點。參考圖 4.3.8A。

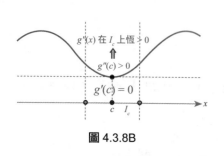

圖 4.3.8B

(B) $g''(c) > 0$。此時，若 $x \in I_c$，我們發現

$$g''(x) = g''(x) - g''(c) + g''(c) \geq -|g''(x) - g''(c)| + g''(c)$$

$$> \frac{-|g''(c)|}{2} + g''(c) = \frac{-g''(c)}{2} + g''(c) = \frac{g''(c)}{2} > 0$$

這表示 $g''(x)$ 在開區間 I_c 上恆為正值。因此，由定理 4.3.3B 可知點 c 是函數 g 在開區間 I_c 上的極小值點。所以，點 c 是函數 g 在

開區間 I 上的局部極小值點。參考圖 4.3.8B。

(C) $g''(c) = 0$。在這種情況下，c 可能不是局部極小值點或局部極大值點。我們將在以下範例中討論。■

在第二節中，我們都是使用一階微分來判斷函數的臨界點是否是局部極小值點或局部極大值點。有了定理 4.3.4，讀者會發現，在大部分情況下，使用二階微分判斷臨界點是否是局部極小值點或局部極大值點是最有效率的方法。

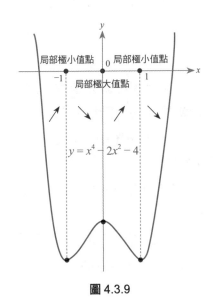

範例 7　假設 $g(x) = x^4 - 2x^2 - 4$，$x \in \mathbb{R}$，請找出函數 g 的臨界點、局部極小值點、局部極大值點。參考圖 4.3.9。

說明：$g'(x) = 4x^3 - 4x = 4x \cdot (x^2 - 1) = 4 \cdot x \cdot (x - 1) \cdot (x + 1)$。因此函數 g 的臨界點共有 -1、0、$+1$ 這 3 個點。但 $g''(x) = 12x^2 - 4$。因此，$g''(-1) = 8 > 0$，$g''(0) = -4 < 0$，$g''(+1) = 8 > 0$。由定理 4.3.4A 與定理 4.3.4B 可知：-1 是局部極小值點，0 是局部極大值點，$+1$ 是局部極小值點。

圖 4.3.9

範例 8　假設 $g(x) = \cos x$，$x \in \mathbb{R}$，請找出函數 g 的臨界點、局部極小值點、局部極大值點。參考圖 4.3.10。

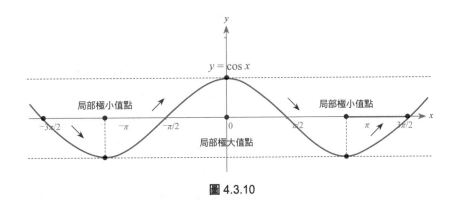

圖 4.3.10

說 明：$g'(x) = -\sin x$ 且 $g''(x) = -\cos x$。注意 $g'(x) = -\sin x = 0 \Leftrightarrow x = k\pi$，$k \in \mathbb{Z}$。故 g 的臨界點落在 $k \cdot \pi$，$k \in \mathbb{Z}$ 這些點。若 $k = 2n$ 是偶數，則 $g''(2n\pi) = -1 < 0$，由定理 4.3.4A 可知，$2n\pi$，$n \in \mathbb{Z}$ 這些點都是 g 在 $\mathbb{R}$ 上的局部極大值點。若 $k = 2n + 1$ 是奇數，則 $g''(2k\pi + \pi) = +1 > 0$，由定理 4.3.4B 可知，$2n\pi + \pi$，$n \in \mathbb{Z}$ 這些點都是函數 g 在 $\mathbb{R}$ 上的局部極小值點。

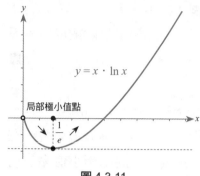

圖 4.3.11

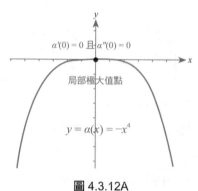

圖 4.3.12A

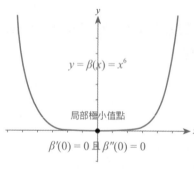

圖 4.3.12B

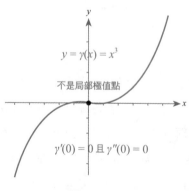

圖 4.3.12C

*範例 9 假設 $g(x) = x \cdot \ln x$，$x > 0$，請找出函數 g 的臨界點、局部極小值點、局部極大值點。參考圖 4.3.11。

說明：$g'(x) = 1 \cdot \ln(x) + x \cdot \dfrac{1}{x} = \ln(x) + 1 = \ln(e \cdot x)$（因為 $1 = \ln e$ 且 $\ln(a \cdot b) = \ln a + \ln b$）。因此，函數 g 只有點 $\dfrac{1}{e}$ 這個臨界點（計算如下）：

$$\ln(e \cdot x) = 0 \Leftrightarrow e \cdot x = 1 \Leftrightarrow x = \frac{1}{e}$$

但 $g''(x) = \dfrac{e}{e \cdot x} = \dfrac{1}{x}$，故 $g''\left(\dfrac{1}{e}\right) = e > 0$。由定理 4.3.4B 可知 $\dfrac{1}{e}$ 這個臨界點是 g 的局部極小值點。

範例 10 在這個範例中，我們考慮 3 個二次連續可微分函數。這 3 個函數都有 0 作為臨界點，並且在 0 這個臨界點的二階微分都是 0。

(A) 假設 $\alpha(x) = -x^4$，$x \in \mathbb{R}$。請驗證 $\alpha'(0) = 0$ 且 $\alpha''(0) = 0$，並說明臨界點 0 是局部極大值點。參考圖 4.3.12A。

(B) 假設 $\beta(0) = x^6$，$x \in \mathbb{R}$。請驗證 $\beta'(0) = 0$ 且 $\beta''(0) = 0$，並說明臨界點 0 是局部極小值點。參考圖 4.3.12B。

(C) 假設 $\gamma(x) = x^3$，$x \in \mathbb{R}$，請驗證 $\gamma'(0) = 0$ 且 $\gamma''(0) = 0$，並說明臨界點 0 不是局部極小值點或局部極大值點。參考圖 4.3.12C。

說明：

(A) $\alpha'(x) = -4x^3$ 且 $\alpha''(x) = -12x^2$，故 $\alpha'(0) = 0$ 且 $\alpha''(0) = 0$。由於 $\alpha(x) = -x^4 \leq 0 = \alpha(0)$，故 0 這個臨界點是（局部）極大值點。

(B) $\beta'(x) = 6x^5$ 且 $\beta''(x) = 30x^4$，故 $\beta'(0) = 0$ 且 $\beta''(0) = 0$。由於 $\beta(x) = x^6 \geq 0 = \beta(0)$，故 0 這個臨界點是（局部）極小值點。

(C) $\gamma'(x) = 3x^2$ 且 $\gamma''(x) = 6x$，故 $\gamma'(0) = 0$ 且 $\gamma''(0) = 0$。若 $x > 0$，則 $\gamma(x) = x^3 > 0 = \gamma(0)$。若 $x < 0$，則 $\gamma(x) = x^3 < 0 = \gamma(0)$。故 0 這個臨界點既不是局部極小值點也不是局部極大值點。

延伸學習 3 假設 $g(x) = -x^5$，$x \in \mathbb{R}$。請驗證 $g'(0) = 0$ 且 $g''(0) = 0$，並說明 0 這個點既不是 f 的局部極小值點也不是 f 的局部極大值點。參考圖 4.3.13。

解答：$g'(x) = -5x^4$ 且 $g''(x) = -20x^3$，因此 $g(0) = 0$ 且 $g''(0) = 0$。若 $x < 0$，則 $g(x) = -x^5 > 0 = g(0)$。若 $x > 0$，則 $g(x) = -x^5 < 0 = g(0)$。故 0 這個臨界點不是局部極小值點或局部極大值點。

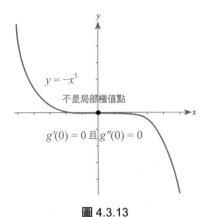

圖 4.3.13

$y = -x^5$

不是局部極值點

$g'(0) = 0$ 且 $g''(0) = 0$

在本節最後，我們要介紹一個術語「**反曲點**（point of inflection）」。假設 $g : I \to \mathbb{R}$ 是定義在（有限或無限）開區間 I 的二次連續可微分函數。令 c 為開區間 I 中一點，如果 $g''(c) = 0$ 並且存在 I 中的開區間 (a, b) 包含點 c 使得 $g''(x)$ 在 (a, c) 與 (c, b) 上恆不為 0 而且符號相反，則我們說點 $(c, g(c))$ 是函數 g 的一個反曲點。由此可知反曲點 $(c, g(c))$ 出現的時候，或者 g 在 (a, c) 上為凹向下並且 g 在 (c, b) 上為凹向上（圖 4.3.14A），或者 g 在 (a, c) 上為凹向上並且 g 在 (c, b) 上為凹向下（圖 4.3.14B）。

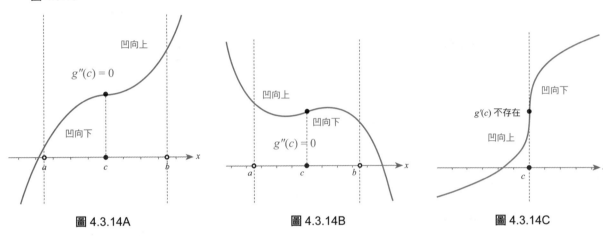

圖 4.3.14A　　　　　圖 4.3.14B　　　　　圖 4.3.14C

有的微積分教科書並不要求函數 g 在點 c 可微分，只要求 g 在點 c 連續。此時 $g'(c)$ 可能並不存在，但 $g''(c)$ 在 (a, c) 與 (c, b) 上存在且恆不為 0 並且符號相反。當這種情況發生的時候，有些微積分教科書依然稱呼點 $(c, g(c))$ 是函數 g 的反曲點。在圖 4.3.14C 中，我們給出一個常見的範例。注意此時函數 g 在 0 這個點的微分不存在（0 是個奇異點）。

習題 4.3

請判斷以下函數凹向下的區間、凹向上的區間。

1. $f(x) = -x^3 + x^2 + 2$ 　　2. $f(x) = \dfrac{x^4}{4} - \dfrac{x^3}{2} - 3x^2 + 1$

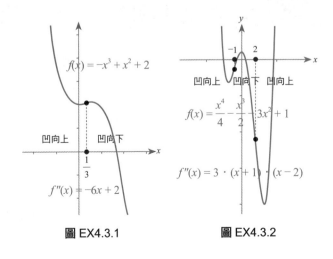

圖 EX4.3.1　　　　　圖 EX4.3.2

3. $f(x) = x + \dfrac{2}{x}$，其中 $x > 0$。

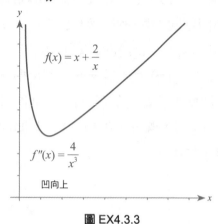

圖 EX4.3.3

4. $f(x) = \arctan x$

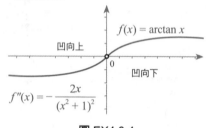

圖 EX4.3.4

請使用定理 4.3.4 找出以下函數的臨界點、局部極小值點、局部極大值點。

5. $f(x) = \dfrac{x^5}{5} - \dfrac{x^4}{4} - x^3 + \dfrac{3}{2}x^2 - \dfrac{3}{2}$

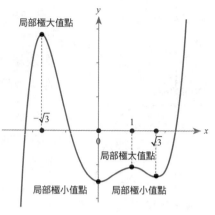

圖 EX4.3.5

6. $f(x) = x + \dfrac{2}{x}$，$x \in (0, +\infty)$

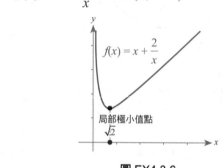

圖 EX4.3.6

7. $f(x) = \dfrac{x}{\sqrt{x^4 + 1}}$　　　【92 二技電子】

圖 EX4.3.7

第 4 節　判斷函數的極小值、極大值、函數值範圍

在本節中，我們討論如何判斷連續函數 g 在（有限或無限）區間 I 的極小值與極大值。我們假設，除了在區間 I 的端點、少數孤立的「奇異點（$g'(x)$ 不存在的點）」以外，g 是個二次連續可微分函數。因此，我們可以分 3 個步驟處理 g 的極小值、極大值問題：

1. 對於區間端點、奇異點，我們必須分開討論。最後再進行全盤考量。

2. 使用臨界點定理找出函數 g 的臨界點（微分存在並且為 0 的點）。

接著使用定理 4.3.4 判斷臨界點是否是局部極小值點或局部極大值點。如果定理 4.3.4 失效（亦即「臨界點退化」的情況），則使用較原始的定理 4.2.3 進行判斷。

當區間 I 不是有限閉區間的時候，函數的極小值或極大值未必存在。因此我們會討論函數值範圍。

3. 區間 I 可能是閉區間、半開半閉區間、開區間。只有當 I 是有限閉區間的時候，由連續函數的極值定理，我們知道 g 的極小值、極大值確實都會存在。如果 I 是半開半閉區間或開區間，則 g 不一定會有極小值或極大值。因此，需要討論「g 的函數值往無端點方向的極限」。

　　請讀者注意：如果 g 在區間 I 上有奇異點，其實我們可以將 I 分為數段「無奇異點（但有端點）的區間」，分別考慮 g 在這些「以奇異點為端點」的區間上的極小值與極大值問題。最後再進行綜合比較。參考圖 4.4.1。

　　有了以上的認識以後，我們以下將不再另行考慮「奇異點」的問題。在本節以下的討論中，我們假設：

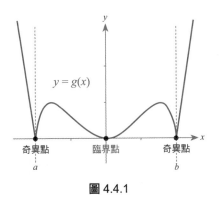

圖 4.4.1

> $f: I \to \mathbb{R}$ 是個定義在（有限或無限）區間的連續函數。而且，除了在區間 I 的端點以外，f 是個二次連續可微分函數。

說明：
將區間 I 分為 $(-\infty, a)$, $[a, b]$, (b, ∞) 三個區間，分別求 g 在 $(-\infty, a)$, $[a, b]$, (b, ∞) 上的極值，最後再比較大小。

(A) I 是有限閉區間 $[a, b]$

　　在這個情況，$f: I \to \mathbb{R}$ 是個定義在有限閉區間的連續函數，並且 f 在開區間 (a, b) 上是個二次連續可微分函數。

　　由連續函數的極值定理可知：f 在有限閉區間 $[a, b]$ 上某些點會出現極小值，f 在有限閉區間 $[a, b]$ 上某些點會出現極大值。這些出現極小值或極大值的極值點可能位在區間的端點，也可能出現在開區間 (a, b) 之中（非端點）。如果 f 的極值點出現在開區間 (a, b) 之中，則由臨界點定理可知 f 在這些點的微分值為 0。將這些「f 的臨界點」依局部極小值點、局部極大值點、反曲點分類後，再與區間端點比較，就可以確認 f 的極小值、極大值所在的位置。

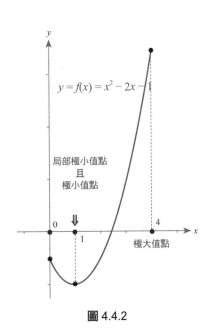

圖 4.4.2

範例 1　討論函數 $f(x) = x^2 - 2x - 1$ 在有限閉區間 $[0, 4]$ 上的局部極小值點、局部極大值點、極小值點、極大值點。參考圖 4.4.2。

說明：$f'(x) = 2x - 2 = 2(x - 1)$。因此 f 在開區間 $(0, 4)$ 上有個臨界點 1。因為 $f''(x) = 2 > 0$，故 1 這個點是 f 在 $(0, 4)$ 上的局部極小值點（定理 4.3.4B 的結果）。比較函數 f 在 0、4（區間端點）、1（臨界點）的函數值可知

$$-2 = f(1) < -1 = f(0) < 7 = f(4)$$

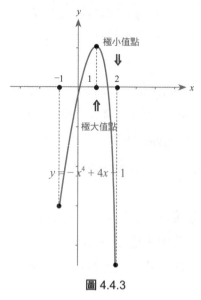

圖 4.4.3

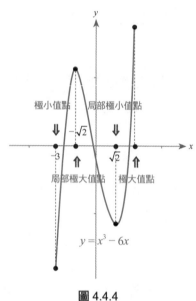

圖 4.4.4

解題要點：
假設 $a > 0$ 且 $b > 0$，則
$a^2 - b^2 = (a - b)(a + b) > 0 \Leftrightarrow a > b$
令 $a = 4\sqrt{2}$，$b = 9$，則 $(4\sqrt{2})^2 = 32 <$
$81 = 9^2$，故 $4\sqrt{2} < 9$。

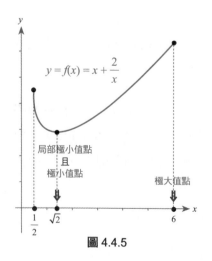

圖 4.4.5

故 f 在 $[0, 4]$ 上的極小值出現在臨界點 1，f 在 $[0, 4]$ 上的極大值出現在區間端點 4。

範例 2　討論函數 $f(x) = -x^4 + 4x - 1$ 在有限閉區間 $[-1, 2]$ 的局部極小值點、局部極大值點、極小值點、極大值點。參考圖 4.4.3。

說明： $f'(x) = -4x^3 + 4 = -4 \cdot (x - 1) \cdot (x^2 + x + 1)$。因此 f 在開區間 $(-1, 2)$ 上有個臨界點 1。因為 $f''(x) = -12x^2$，故 $f''(1) = -12 < 0$。所以 1 這個點是 f 在 $(-1, 2)$ 上的局部極大值點（定理 4.3.4A 的結果）。比較函數 f 在 -1、2（區間端點）、1（臨界點）的函數值可知

$$-9 = f(2) < -6 = f(-1) < 2 = f(1)$$

故 f 在 $[-1, 2]$ 上的極小值出現在區間端點 2，f 在 $[-1, 2]$ 上的極大值出現在臨界點 1。

範例 3　討論函數 $f(x) = x^3 - 6x$ 在有限閉區間 $[-3, 3]$ 的局部極小值點、局部極大值點、極小值點、極大值點。參考圖 4.4.4。

說明： $f'(x) = 3x^2 - 6 = 3 \cdot (x - \sqrt{2}) \cdot (x + \sqrt{2})$。因此，$f$ 在開區間 $(-3, 3)$ 上有兩個臨界點 $-\sqrt{2}$、$\sqrt{2}$。因為 $f''(x) = 6x$，故 $f''(-\sqrt{2}) < 0$ 且 $f''(\sqrt{2}) > 0$。由定理 4.3.4A 可知 $-\sqrt{2}$ 是 f 在 $(-3, 3)$ 上的局部極大值點，由定理 4.3.4B 可知 $\sqrt{2}$ 是 f 在 $(-3, 3)$ 上的局部極小值點。比較函數 f 在 -3、3（區間端點）、$-\sqrt{2}$、$\sqrt{2}$（臨界點）的函數值可知

$$-9 = f(-3) < -4\sqrt{2} = f(\sqrt{2}) < 4\sqrt{2} = f(-\sqrt{2}) < 9 = f(3) \quad \text{（解題要點）}$$

故 f 在 $[-3, 3]$ 上的極小值出現在區間端點 -3，f 在 $[-3, 3]$ 上的極大值出現在區間端點 3。

範例 4　討論函數 $f(x) = x + \dfrac{2}{x}$ 在有限閉區間 $\left[\dfrac{1}{2}, 6\right]$ 的局部極小值點、局部極大值點、極小值點、極大值點。參考圖 4.4.5。

說明： $f'(x) = 1 + \dfrac{-2}{x^2} = \dfrac{1}{x^2} \cdot (x^2 - 2) = \dfrac{1}{x^2} \cdot (x + \sqrt{2})(x - \sqrt{2})$。因此 f 在開區間 $\left(\dfrac{1}{2}, 6\right)$ 上有一個臨界點 $\sqrt{2}$。但 $f''(x) = \dfrac{4}{x^3}$ 且 $f''(\sqrt{2}) = \dfrac{2}{\sqrt{2}} > 0$。由定理 4.3.4B 可知 $\sqrt{2}$ 是函數 f 在 $\left(\dfrac{1}{2}, 6\right)$ 上的局部極小值點。比較 f 在 $\dfrac{1}{2}$、6（區間端點）、$\sqrt{2}$（臨界點）的函數值可知

$$2\sqrt{2} = f(\sqrt{2}) < 4\dfrac{1}{2} = f\left(\dfrac{1}{2}\right) < 6\dfrac{1}{3} = f(6)$$

故函數 f 在 $\left[\dfrac{1}{2}, 6\right]$ 上的極小值出現在臨界點 $\sqrt{2}$，函數 f 在 $\left[\dfrac{1}{2}, 6\right]$ 上的極大值出現在區間端點 6。

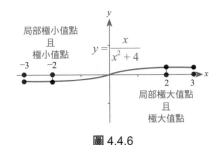

局部極小值點
且
極小值點

$y = \dfrac{x}{x^2+4}$

局部極大值點
且
極大值點

圖 4.4.6

延伸學習 1　討論函數 $f(x) = \dfrac{x}{x^2+4}$ 在有限閉區間 $[-3, 3]$ 的局部極小值點、局部極大值點、極小值點、極大值點。參考圖 4.4.6。

解答：$f'(x) = \dfrac{4-x^2}{(x^2+4)^2} = \dfrac{(2-x)(2+x)}{(x^2+4)^2}$。故函數 f 在 $(-3, 3)$ 上有兩個臨界點 -2、2。$f''(-2) = \dfrac{4}{8^2} = \dfrac{1}{16} > 0$ 且 $f''(2) = \dfrac{-4}{8^2} = \dfrac{-1}{16} < 0$。故 -2 是 f 在 $(-3, 3)$ 上的局部極小值點，2 是 f 在 $(-3, 3)$ 上的局部極大值點。比較 f 在 -3、3（區間端點）、-2、2（臨界點）的函數值可知

$$-\dfrac{1}{4} = f(-2) < \dfrac{-3}{13} = f(-3) < \dfrac{3}{13} = f(3) < \dfrac{1}{4} = f(2)$$

所以，f 在 $[-3, 3]$ 上的極小值出現在 -2，f 在 $[-3, 3]$ 上的極大值出現在 2。參考圖 4.4.6。

(B) I 是（有限或無限）開區間

在這個情況，$f: I \to \mathbb{R}$ 是個連續且二次連續可微分的函數。由於連續函數的極值定理對於開區間並不適用，所以 f 不一定會在 I 上出現極小值或極大值。當 f 在 I 上沒有出現極小值或極大值的時候，通常我們需要進一步討論「當變數 x 往區間 I 兩側（無端點的方向）移動，函數 $f(x)$ 的極限」，才能明確地知道 $f(x)$ 的函數值範圍。

極值定理：定義在有限閉區間的連續函數必然會在區間上某些點出現極小值並且會在某些點出現極大值。

範例 5　討論函數 $f(x) = \dfrac{x^3}{3} - \dfrac{x}{2}$ 在開區間 $(-2, 2)$ 的局部極小值點、局部極大值點、函數值範圍。參考圖 4.4.7。

說明：$f'(x) = x^2 - \dfrac{1}{2} = \left(x + \dfrac{1}{\sqrt{2}}\right) \cdot \left(x - \dfrac{1}{\sqrt{2}}\right)$ 且 $f''(x) = 2x$。因此，f 在開區間 $(-2, 2)$ 有兩個臨界點 $\dfrac{-1}{\sqrt{2}}$、$\dfrac{1}{\sqrt{2}}$。由於 $f''\left(\dfrac{-1}{\sqrt{2}}\right) < 0$ 且 $f''\left(\dfrac{1}{\sqrt{2}}\right) > 0$，由定理 4.3.4 可知 $\dfrac{-1}{\sqrt{2}}$、$\dfrac{1}{\sqrt{2}}$ 分別是 f 在開區間 $(-2, 2)$ 的局部極大值點與局部極小值點。請注意

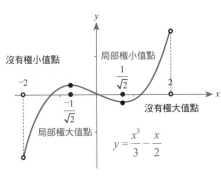

沒有極小值點

局部極小值點
$\dfrac{1}{\sqrt{2}}$

沒有極大值點

$\dfrac{-1}{\sqrt{2}}$

局部極大值點

$y = \dfrac{x^3}{3} - \dfrac{x}{2}$

圖 4.4.7

$$-\dfrac{5}{3} = \lim_{x \to (-2)^+} f(x) < -\dfrac{\sqrt{2}}{6} = f\left(\dfrac{1}{\sqrt{2}}\right) < \dfrac{\sqrt{2}}{6} = f\left(\dfrac{-1}{\sqrt{2}}\right) < \lim_{x \to 2^-} f(x) = \dfrac{5}{3}$$

其實 f 在 $\left(-2, \dfrac{-1}{\sqrt{2}}\right]$ 與 $\left[\dfrac{1}{\sqrt{2}}, 2\right)$ 這兩段區間上都是嚴格遞增。因此，f 的函數值範圍是 $\left(-\dfrac{5}{3}, \dfrac{5}{3}\right)$。請讀者特別注意：$f$ 在 $(-2, 2)$ 上沒有極小值點或極大值點。f 在區間 $(-2, 2)$ 上的左側函數值極限是 $-\dfrac{5}{3}$。f 在開區間 $(-2, 2)$ 上的右側函數值極限是 $\dfrac{5}{3}$。見圖 4.4.7。

　　水平漸近線：當 I 是個無限開區間的時候，「**水平漸近線**」（horizontal asymptote）」與函數 f 在 I 上的極值（極小值、極大值）問題之間有密切關聯。水平漸近線的出現表示：當變數 x 沿著某個無端點的方向（$-\infty$ 或 $+\infty$）無限地延伸的時候，f 的函數值會趨近於某個有限的實數。如果函數 f 在（無限）開區間 I 的兩側都有水平漸近線存在，那麼 f 的函數值必然會落在「有限的範圍」之中。

範例 6 討論函數 $f(x) = \dfrac{x}{\sqrt{x^2+3}} = \dfrac{x}{(x^2+3)^{\frac{1}{2}}}$ 在 $\mathbb{R}$ 上的函數值範圍。

說明：

$$f'(x) = \frac{1 \cdot (x^2+3)^{\frac{1}{2}} - \dfrac{x}{2} \cdot (x^2+3)^{-\frac{1}{2}} \cdot 2x}{x^2+3} \qquad \left(\frac{h}{g}\right)' = \frac{h'g - hg'}{g^2}$$

$$= \frac{(x^2+3)^{-\frac{1}{2}}\left[(x^2+3) - x^2\right]}{x^2+3} \qquad \text{（提出公因式 } (x^2+3)^{-\frac{1}{2}}\text{）}$$

$$= \frac{3}{(x^2+3)^{\frac{3}{2}}} \qquad \text{（化簡）}$$

解題要點：
將 $f(x)$ 的分子、分母同時除以 $|x| = \sqrt{x^2}$ 可以

得到 $f(x) = \dfrac{\dfrac{x}{|x|}}{\sqrt{1 + \dfrac{3}{x^2}}}$

因此 $\displaystyle\lim_{x \to -\infty} \dfrac{\dfrac{x}{|x|}}{\sqrt{1 + \dfrac{3}{x^2}}}$

$= \dfrac{-1}{\sqrt{1+0}}$

$= -1$ 　（若 $x < 0$ 則 $|x| = -x$）

而且 $\displaystyle\lim_{x \to +\infty} \dfrac{\dfrac{x}{|x|}}{\sqrt{1 + \dfrac{3}{x^2}}}$

$= \dfrac{1}{\sqrt{1+0}}$

$= 1$ 　（若 $x > 0$ 則 $|x| = x$）

在 $\mathbb{R}$ 上恆為正值。這表示：f 沒有臨界點。由定理 4.2.2C 可知：f 在 $\mathbb{R}$ 上是個嚴格遞增函數。請留意

$$\lim_{x \to -\infty} f(x) = \lim_{x \to -\infty} \frac{\dfrac{x}{|x|}}{\sqrt{1 + \dfrac{3}{x^2}}} = \lim_{x \to -\infty} \frac{-1}{\sqrt{1 + \dfrac{3}{x^2}}} = -1 \qquad \text{（解題要點）}$$

而且

$$\lim_{x \to +\infty} f(x) = \lim_{x \to +\infty} \frac{\dfrac{x}{|x|}}{\sqrt{1 + \dfrac{3}{x^2}}} = \lim_{x \to +\infty} \frac{+1}{\sqrt{1 + \dfrac{3}{x^2}}} = +1 \qquad \text{（解題要點）}$$

因此 f 在無限開區間 $(-\infty, +\infty)$ 的左右兩側都有水平漸近線存在。參考圖 4.4.8。

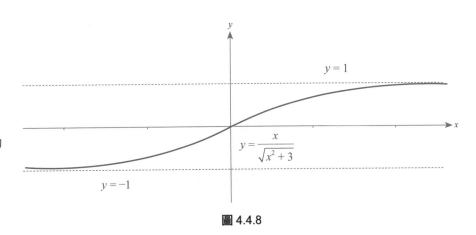

圖 4.4.8

水平漸近線是在變數 x 往 $-\infty$ 或 $+\infty$ 的方向無限地延伸的情況下發生。

　　當 $x \to -\infty$ 的時候，$f(x)$ 會趨近於 -1。當 $x \to +\infty$ 的時候，$f(x)$ 會趨近於 $+1$。由於 f 是嚴格遞增函數，所以 f 的函數值會落在 $(-1, +1)$ 這個有限範圍之中。

　　鉛直漸近線：如果函數 f 在（有限或無限）開區間 I 上有「**鉛直漸近線**（vertical asymptote）」出現，那麼 f 的函數值範圍必然是個無限區間。與水平漸近線不同，鉛直漸近線在變數 x 趨近於某個有限的實數的情況下發生。

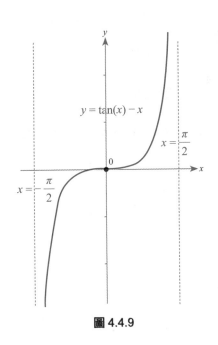

圖 4.4.9

範例 7　討論函數 $f(x) = \tan(x) - x$ 在開區間 $\left(-\dfrac{\pi}{2}, \dfrac{\pi}{2}\right)$ 上的函數值範圍。參考圖 4.4.9。

說明：$f'(x) = (\sec x)^2 - 1$ 在區間 $\left(-\dfrac{\pi}{2}, \dfrac{\pi}{2}\right)$ 上恆 ≥ 0。雖然 f 在 0 有個臨界點，但 $f'(x)$ 在 0 這個點的兩側開區間 $\left(-\dfrac{\pi}{2}, 0\right)$ 與 $\left(0, \dfrac{\pi}{2}\right)$ 上恆為正值，由定理 4.2.3 情況 (IV) 可知 0 這個點不是 f 的局部極值點（參考圖 4.4.9）。其實，由定理 4.2.2C 可知，f 在 $\left(-\dfrac{\pi}{2}, 0\right)$ 與 $\left(0, \dfrac{\pi}{2}\right)$ 這兩個區間上都是嚴格遞增。注意

$$\lim_{x \to \left(-\frac{\pi}{2}\right)^+} f(x) = -\infty \quad 而且 \quad \lim_{x \to \left(\frac{\pi}{2}\right)^-} f(x) = +\infty$$

所以函數 f 在區間 $\left(-\dfrac{\pi}{2}, \dfrac{\pi}{2}\right)$ 兩側都有鉛直漸近線存在。因此 f 的函數值範圍其實是 $(-\infty, +\infty)$。

範例 8　討論函數 $f(x) = \dfrac{1}{x}$ 在開區間 $(0, +\infty)$ 上的函數值範圍。

說明：$f'(x) = -\dfrac{1}{x^2}$ 在開區間 $(0, +\infty)$ 上恆為負值。由定理 4.2.2A 可知 f 在 $(0, +\infty)$ 上是個嚴格遞減函數。注意

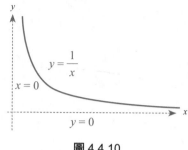

圖 4.4.10

解題要點：
$a^2 - b^2 = (a + b) \cdot (a - b)$
以 $a = \sqrt{3} \cdot x$ 且 $b = \sqrt{2}$ 代入。

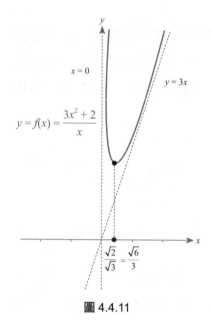

圖 4.4.11

$$\lim_{x \to 0^+} f(x) = \lim_{x \to 0^+} \frac{1}{x} = +\infty \text{ 而且 } \lim_{x \to +\infty} f(x) = \lim_{x \to +\infty} \frac{1}{x} = 0$$

所以，f 在區間 $(0, +\infty)$ 左側有鉛直漸近線 $x = 0$，f 在區間 $(0, +\infty)$ 右側有水平漸近線 $y = 0$。f 的函數值範圍落在 $(0, +\infty)$ 這個區間。參考圖 4.4.10。

範例 9 討論函數 $f(x) = \dfrac{3x^2 + 2}{x} = 3x + \dfrac{2}{x}$ 在開區間 $(0, +\infty)$ 上的函數值範圍。

說明： $f'(x) = 3 - \dfrac{2}{x^2} = \dfrac{3x^2 - 2}{x^2} = \dfrac{(\sqrt{3}\,x + \sqrt{2}) \cdot (\sqrt{3}\,x - \sqrt{2})}{x^2}$（參見解題要點）。

所以 f 在 $(0, +\infty)$ 上有個臨界點 $\dfrac{\sqrt{2}}{\sqrt{3}} = \dfrac{\sqrt{6}}{3}$。但 $f''(x) = \dfrac{4}{x^3}$ 在 $\dfrac{\sqrt{2}}{\sqrt{3}}$ 這個點取值為正，由定理 4.3.4B 可知，$\dfrac{\sqrt{2}}{\sqrt{3}}$ 這個點是函數 f 在 $(0, +\infty)$ 上的一個局部極小值點。因為 $f''(x) = \dfrac{4}{x^3}$ 在開區間 $(0, +\infty)$ 上恆為正值，由定理 4.3.3B 可知，其實 $\dfrac{\sqrt{2}}{\sqrt{3}}$ 這個點是 f 在 $(0, +\infty)$ 上的唯一極小值點。參考圖 4.4.11。請讀者注意

$$\lim_{x \to 0^+} f(x) = \lim_{x \to 0^+} \left(3x + \frac{2}{x}\right) = +\infty$$

並且

$$\lim_{x \to +\infty} f(x) = \lim_{x \to +\infty} \left(3x + \frac{2}{x}\right) = +\infty$$

從圖 4.4.11 可以看出 f 的函數圖形在左側有鉛直漸近線並且在右側有**斜漸近線**（oblique asymptote 或 slant asymptote）。

補充說明： 雖然斜漸近線與水平漸近線都是在變數 x 往 $-\infty$ 或 $+\infty$ 的方向無限延伸的情況下發生，但是在斜漸近線的情況我們會看到 $f(x)$ 的極限是 $-\infty$ 或 $+\infty$，而在水平漸近線的情況我們會看到 $f(x)$ 的極限是個有限的實數值。

延伸學習 2 討論函數 $f(x) = \dfrac{x}{\sqrt{x^2 + 3x + 3}}$ 在 $\mathbb{R}$ 上的局部極小值點、局部極大值點、函數值範圍。

解答： $f'(x) = \dfrac{\frac{3}{2}x + 3}{(x^2 + 3x + 3)^{\frac{3}{2}}}$。故 f 在 $\mathbb{R}$ 上有 -2 這個臨界點。

解題要點：
將 $f(x)$ 的分子、分母同時除以

$|x| = \sqrt{x^2}$ 可得 $f(x) = \dfrac{\dfrac{x}{|x|}}{\sqrt{1 + \dfrac{3}{x} + \dfrac{3}{x^2}}}$

因此

$$\lim_{x \to -\infty} f(x) = \lim_{x \to -\infty} \frac{\dfrac{x}{|x|}}{\sqrt{1 + \dfrac{3}{x} + \dfrac{3}{x^2}}}$$

$$= \frac{-1}{\sqrt{1 + 0 + 0}} = -1$$

而且

$$\lim_{x \to +\infty} f(x) = \lim_{x \to +\infty} \frac{\dfrac{x}{|x|}}{\sqrt{1 + \dfrac{3}{x} + \dfrac{3}{x^2}}}$$

$$= \frac{+1}{\sqrt{1 + 0 + 0}} = 1$$

極值定理： 定義在有限閉區間的連續函數必然會在這個區間上出現極小值點、極大值點。

$f''(-2) = \dfrac{3}{2} > 0$，故 -2 這個點是 f 的局部極小值點（定理 4.3.4B 的結果）。注意

$$-2 = f(-2) < -1 = \lim_{x \to -\infty} f(x) < 1 = \lim_{x \to +\infty} f(x) \qquad \text{（解題要點）}$$

因此 f 的函數值範圍是 $[-2, 1)$，其中 -2 這個點是 f 的極小值點。f 的函數圖形有兩條水平漸近線 $y = -1$ 與 $y = 1$。參考圖 4.4.12。

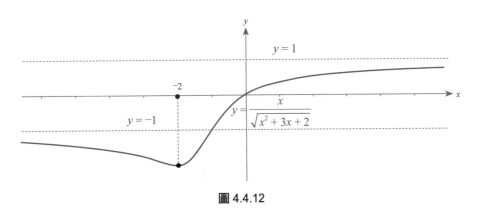

圖 4.4.12

(C) I 是（有限或無限）半開半閉區間

在這個情況，$f: I \to \mathbb{R}$ 是個定義在 I 的連續函數。區間 I 的其中一側具有端點 d。而且從 I 去除這個端點 d 之後所得到的區間 $I \setminus \{d\}$ 是個開區間。注意 f 在這個開區間 $I \setminus \{d\}$ 上是個二次連續可微分函數。連續函數的極值定理對於半開半閉區間並不適用。所以 f 在 I 上不一定會出現極小值或極大值。處理 (C) 這種情況，我們必須結合情況 (A)（有限閉區間）與情況 (B)（開區間）的處理方法。具體的方式如下：

1. 找出 f 在開區間 $I \setminus \{d\}$ 上的臨界點，並判斷這些臨界點的特質（局部極小值點或局部極大值點）。
2. 找出 $f(x)$ 的函數值沿著「無端點方向」的極限。
3. 比較 f 在端點 d 的函數值 $f(d)$、f 在臨界點的函數值、$f(x)$ 沿著「無端點方向」的極限，做出綜合判斷。

解題要點：
1. 使用連鎖律計算 $f(x)$ 的微分。
2. 如果 $a = b$ 則 $a^2 = b^2$。

但 $\left(\dfrac{x}{\sqrt{x^2 + k}} \right)^2 = \dfrac{x^2}{x^2 + k} \neq 1^2$，

所以 $\dfrac{x}{\sqrt{x^2 + k}} \neq 1$。

範例 10 假設 $f(x) = \sqrt{x^2 + k} - x$，$x \in [0, +\infty)$，其中 k 是個正實數。請討論 f 在 $[0, +\infty)$ 上的局部極小值點、局部極大值點、函數值範圍。

說明： $f'(x) = \dfrac{1}{2} \cdot \dfrac{2x}{\sqrt{x^2 + k}} - 1 = \dfrac{x}{\sqrt{x^2 + k}} - 1$。由於 $\dfrac{x}{\sqrt{x^2 + k}}$ 不可能等於 1（參見解題要點），所以 f 在開區間 $(0, +\infty)$ 上沒有臨界點。其實 $f'(x)$ 在 $[0, +\infty)$ 上恆為負值。

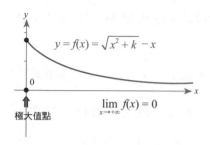

$$y = f(x) = \sqrt{x^2 + k} - x$$

極大值點

$$\lim_{x \to +\infty} f(x) = 0$$

圖 4.4.13

$$\lim_{x \to +\infty} f(x) = \lim_{x \to +\infty} (\sqrt{x^2 + k} - x)$$

$$= \lim_{x \to +\infty} \frac{(\sqrt{x^2 + k} - x) \cdot (\sqrt{x^2 + k} + x)}{(\sqrt{x^2 + k} + x)}$$

$$= \lim_{x \to +\infty} \frac{(x^2 + k) - x^2}{\sqrt{x^2 + k} + x}$$

$$= \lim_{x \to +\infty} \frac{k}{\sqrt{x^2 + k} + x} = 0$$

由於 $f(0) = \sqrt{k} > 0 = \lim_{x \to +\infty} f(x)$，所以 f 在半開半閉區間 $[0, +\infty)$ 上的極大值點出現在 0，但是 f 在區間 $[0, +\infty)$ 上沒有極小值點。$f(x)$ 的函數值範圍是 $(0, \sqrt{k}\,]$。請參考圖 4.4.13。

解題要點：

在 $\left[0, \dfrac{\pi}{2}\right)$ 上，$\sec(x)$ 恆為正值。

故 $f'(x) = 0$

$\Leftrightarrow \sec(x) - \sqrt{2} = 0$

$\Leftrightarrow \sec(x) = \sqrt{2}$

$\Leftrightarrow \cos(x) = \dfrac{1}{\sqrt{2}}$

範例 11　討論函數 $f(x) = \tan(x) - 2x$ 在區間 $\left[0, \dfrac{\pi}{2}\right)$ 上的局部極小值點、局部極大值點、函數值範圍。

說明：$f'(x) = (\sec x)^2 - 2 = [\sec(x) + \sqrt{2}\,] \cdot [\sec(x) - \sqrt{2}\,]$。因此，在開區間 $\left(0, \dfrac{\pi}{2}\right)$ 上，函數 f 恰有一個臨界點 $\dfrac{\pi}{4}$（參見解題要點）。但 $f''(x) = 2 \cdot (\sec x) \cdot (\sec x) \cdot (\tan x)$ 且 $f''\left(\dfrac{\pi}{4}\right) = 4 > 0$。由定理 4.3.4B 可知 $\dfrac{\pi}{4}$ 這個點是個 f 的局部極小值點。我們比較 $f(0)$、$f\left(\dfrac{\pi}{4}\right)$、$\lim\limits_{x \to \left(\frac{\pi}{2}\right)^-} f(x)$ 可知

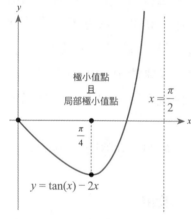

極小值點
且
局部極小值點

$$x = \dfrac{\pi}{2}$$

$$y = \tan(x) - 2x$$

圖 4.4.14

$$1 - \dfrac{\pi}{2} = f\left(\dfrac{\pi}{4}\right) < 0 = f(0) < +\infty = \lim_{x \to \left(\frac{\pi}{2}\right)^-} f(x)$$

因此，f 的函數值範圍是 $\left[1 - \dfrac{\pi}{2}, +\infty\right)$ 而且 f 在 $\dfrac{\pi}{4}$ 這個點出現極小值（亦即 $\dfrac{\pi}{4}$ 是 f 在 $\left(0, \dfrac{\pi}{2}\right)$ 上的極小值點）。請參考圖 4.4.14。

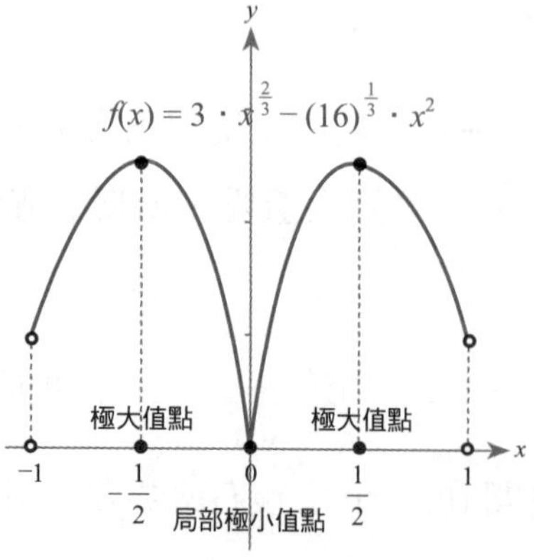

*範例 12　討論函數 $f(x) = 3 \cdot (x^2)^{\frac{1}{3}} - (16)^{\frac{1}{3}} \cdot x^2$ 在開區間 $(-1, 1)$ 上的局部極小值點、局部極大值點、函數值範圍（常常我們會直接把 $(x^2)^{\frac{1}{3}}$ 寫成 $x^{\frac{2}{3}}$，因此 $f(x)$ 可以表示成 $3 \cdot x^{\frac{2}{3}} - (16)^{\frac{1}{3}} \cdot x^2$）。

說明：請讀者先參考圖 4.4.15。讀者是否注意到 $f(x)$ 在 0 這個點不可微分的現象。所以要處理這個題目，我們必須分別討論 $f(x)$ 在半開半閉區間 $(-1, 0]$ 與 $[0, 1)$ 上的函數圖形。由於

$$f(-x) = f(x)$$

$$f(x) = 3 \cdot x^{\frac{2}{3}} - (16)^{\frac{1}{3}} \cdot x^2$$

極大值點　　極大值點

$$-1 \qquad -\dfrac{1}{2} \qquad 0 \qquad \dfrac{1}{2} \qquad 1$$

局部極小值點

圖 4.4.15

對任意實數 x 均成立，所以我們只需要討論 $f(x)$ 在 $[0, 1)$ 上的圖形就可以得到 $f(x)$ 在 $(-1, 0]$ 上的圖形。

若 $x \in (0,1)$，則

$$
\begin{aligned}
f'(x) &= 3 \cdot \frac{2}{3} \cdot x^{-\frac{1}{3}} - (16)^{\frac{1}{3}} \cdot 2x \\
&= 2 \cdot x^{-\frac{1}{3}} - 2^{\frac{4}{3}} \cdot 2x \\
&= 2 \cdot x^{-\frac{1}{3}} \cdot \left[1 - 2^{\frac{4}{3}} \cdot x^{\frac{4}{3}} \right] \\
&= 2 \cdot x^{-\frac{1}{3}} \cdot \left[1 - (2 \cdot x)^{\frac{4}{3}} \right]
\end{aligned}
$$

因此 $f(x)$ 在 $(0, 1)$ 有個臨界點 $\frac{1}{2}$。注意 $f''(x) = -\frac{2}{3} \cdot x^{-\frac{4}{3}} - 2^{\frac{4}{3}} \cdot 2$ 在 $(0, 1)$ 上恆為負值。由定理 4.3.3A 可知 $\frac{1}{2}$ 是 $f(x)$ 在 $(0, 1)$ 上的極大值點。比較 $f\left(\frac{1}{2}\right)$、$f(0)$、$\lim\limits_{x \to 1} f(x)$ 可知

$$
0 = f(0) < \lim_{x \to 1} f(x) = 3 - (16)^{\frac{1}{3}} = 3 - 2^{\frac{4}{3}} < f\left(\frac{1}{2}\right) = 2^{\frac{1}{3}} \qquad \text{（解題要點）}
$$

解題要點：

$3^3 = 27 > 16 = \left[(16)^{\frac{1}{3}}\right]^3$。所以
$3 - (16)^{\frac{1}{3}} > 0$。
$3 < 3 \cdot 2^{\frac{1}{3}} \Rightarrow 3 - 2^{\frac{4}{3}} < 2^{\frac{1}{3}}$

由於 $f(-x) = f(x)$，所以 $f(x)$ 在 $(-1, 1)$ 共有 2 個極大值點 $-\frac{1}{2}$、$\frac{1}{2}$，$f(x)$ 在 $(-1, 1)$ 上有個不可微分的局部極小值點 0（同時是極小值點）。

我們將本節所介紹的如何判斷局部極小值點、局部極大值點、極小值點、極大值點、函數值範圍的方法總結如下：

區間 I 的種類	判斷方法
有限閉區間	比較臨界點、區間端點的函數值
（有限或無限）開區間	比較臨界點函數值、$f(x)$ 沿著兩側（無端點方向）的極限
半開半閉區間	比較臨界點函數值、區間端點函數值、$f(x)$ 沿著無端點方向的極限

補充：基本的極限判斷方法如下：假設 $f(x) = \dfrac{p(x)}{q(x)}$，其中 $p(x)$ 與 $q(x)$ 都是非零的多項式。我們假設 $p(x)$ 的次數是 α，$q(x)$ 的次數是 β。並且假設 $p(x)$ 的領導係數為 u，$q(x)$ 的領導係數為 v。

比較 α 與 β	$\lim\limits_{x \to -\infty} f(x)$ 或 $\lim\limits_{x \to +\infty} f(x)$
$\alpha < \beta$	若 $x \neq 0$，則 $f(x) = \dfrac{\dfrac{p(x)}{x^{\beta}}}{\dfrac{q(x)}{x^{\beta}}}$。因此 $\lim\limits_{x \to -\infty} f(x) = 0$ 且 $\lim\limits_{x \to +\infty} f(x) = 0$。 故 $f(x)$ 的函數圖形會出現水平漸近線 $y = 0$。

比較 α 與 β	$\lim\limits_{x \to -\infty} f(x)$ 或 $\lim\limits_{x \to +\infty} f(x)$
$\alpha = \beta$	若 $x \neq 0$，則 $f(x) = \dfrac{\dfrac{p(x)}{x^\alpha}}{\dfrac{q(x)}{x^\alpha}}$。因此 $\lim\limits_{x \to -\infty} f(x) = \dfrac{u}{v}$ 且 $\lim\limits_{x \to +\infty} f(x) = \dfrac{u}{v}$。 故 $f(x)$ 的函數圖形會出現水平漸近線 $y = \dfrac{u}{v}$。
$\alpha > \beta$	若 $x \neq 0$，則 $f(x) = \dfrac{\dfrac{p(x)}{x^\alpha}}{\dfrac{q(x)}{x^\alpha}}$。因此 $\lim\limits_{x \to -\infty} f(x) = -\infty$ 或 $+\infty$ 而且 $\lim\limits_{x \to +\infty} f(x) = -\infty$ 或 $+\infty$。 注意：如果 $\alpha = \beta + 1$，則 $f(x)$ 的函數圖形會出現斜漸近線。

如果 $q(x)$ 在點 c 的值 $q(c)$ 為 0，而且 $p(c) \neq 0$，則 $\lim\limits_{x \to c^-} f(x) = -\infty$ 或 $+\infty$ 且 $\lim\limits_{x \to c^+} f(x) = -\infty$ 或 $+\infty$。在這種情況，$f(x)$ 的函數圖形會出現垂直漸近線 $x = c$。如果 $q(c) = 0$ 而且 $p(c) = 0$，則將 $p(x)$ 與 $q(x)$ 同時消去 $(x - c)$ 的因式後，再進行比較。

最佳化問題或極值問題

學習過如何處理「極值問題」之後，我們現在處理一些常見的實際問題。

範例 13　求點 $(2, 3)$ 到直線 $\mathscr{L} : x - y + 3 = 0$ 的最短距離。

說明：若 (x, y) 是直線 $\mathscr{L}$ 上一點，則 $x - y + 3 = 0$，故 $y = x + 3$。因此，直線 $\mathscr{L}$ 上的點都可以表示成 $(t, t + 3)$ 的形式，其中 t 是實數。

由畢氏定理可知點 $(2, 3)$ 到直線 $\mathscr{L}$ 上的點 $(t, t + 3)$ 的距離是

$$\sqrt{(t - 2)^2 + (t + 3 - 3)^2} = \sqrt{2t^2 - 4t + 4}$$

令 $f(t) = \sqrt{2t^2 - 4t + 4}$，$t \in \mathbb{R}$。則找出點 $(2,3)$ 到直線 $\mathscr{L}$ 的最短距離相當於找出 $f(t)$ 在開區間 $\mathbb{R} = (-\infty, +\infty)$ 上的極小值。所以，我們討論 $f(t)$ 在開區間 $(-\infty, +\infty)$ 上的臨界點、$\lim\limits_{t \to -\infty} f(t)$、$\lim\limits_{t \to +\infty} f(t)$。

$$f'(t) = \frac{1}{2} \cdot \frac{4t - 4}{\sqrt{2t^2 - 4t + 4}} = \frac{2t - 2}{\sqrt{2t^2 - 4t + 4}}$$

因此 f 在開區間 $(-\infty, +\infty)$ 上有 1 這個臨界點。注意

$$f(t) = \sqrt{2t^2 - 4t + 4} = \sqrt{t^2 \cdot \left(2 - \frac{4}{t} + \frac{4}{t^2}\right)}$$

點 (α, β) 到直線
$ax + by + c = 0$ 的距離公式
為 $\dfrac{|a\alpha + b\beta + c|}{\sqrt{a^2 + b^2}}$ 。

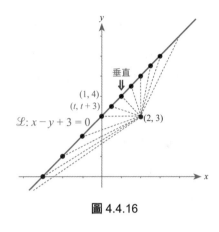

圖 4.4.16

$$= \sqrt{t^2} \cdot \sqrt{\left(2 - \frac{4}{t} + \frac{4}{t^2}\right)}$$

當 $t \to -\infty$ 或 $t \to +\infty$ 的時候，我們發現

$$\sqrt{t^2} = |t| \to +\infty \text{ 而且 } \sqrt{\left(2 - \frac{4}{t} + \frac{4}{t^2}\right)} \to \sqrt{2}$$

因此 $\displaystyle\lim_{t \to -\infty} f(t) = +\infty$ 而且 $\displaystyle\lim_{t \to +\infty} f(t) = +\infty$。所以 $f(t)$ 在 $(-\infty, +\infty)$ 上的極小值必然會出現在 1 這個臨界點。驗證如下：$f''(1) = \sqrt{2} > 0$。由定理 4.3.4B 可知 1 這個點是 $f(t)$ 在 $(-\infty, +\infty)$ 上的局部極小值點。但是

$$\sqrt{2} = f(1) < \lim_{t \to -\infty} f(t) \text{ 而且 } \sqrt{2} = f(1) < \lim_{t \to +\infty} f(t)$$

故 $f(t)$ 確實在 1 出現極小值點。請讀者特別注意：點 $(2, 3)$ 與點 $(1, 1 + 3) = (1, 4)$（對應到 $t = 1$ 的直線 $\mathscr{L}$ 上的點）之間的連線必然與直線 $\mathscr{L}$ 垂直，而且這個最短距離等於 $\dfrac{|2 - 3 + 3|}{\sqrt{1^2 + (-1)^2}}$。參考圖 4.4.16。

範例14 取一長度為 l 的線段圍成一個矩形，問面積最大的矩形是哪一種？參考圖 4.4.17A。

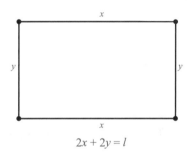

圖 4.4.17A

說明： 如果這個矩形水平方向的邊長為 x，並且這個矩形鉛直方向的邊長為 y，則

$$2x + 2y = l \text{ 其中 } 0 \le x \text{ 且 } 0 \le y$$

因此，$y = \dfrac{(l - 2x)}{2} \ge 0$，也就是 $l - 2x \ge 0$ 或 $x \le \dfrac{l}{2}$。注意這個矩形的面積是 $x \cdot y = x \cdot \dfrac{(l - 2x)}{2}$。

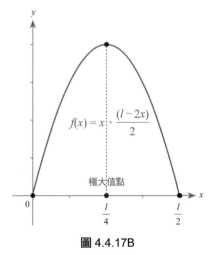

圖 4.4.17B

因此我們定義函數 $f(x) = x \cdot \dfrac{(l - 2x)}{2} = \dfrac{l}{2} \cdot x - x^2$，$x \in \left[0, \dfrac{l}{2}\right]$。要找出面積最大的矩形就相當於要找出 $f(x)$ 在有限閉區間 $\left[0, \dfrac{l}{2}\right]$ 上的極大值。所以，我們討論 $f(x)$ 在開區間 $\left(0, \dfrac{l}{2}\right)$ 上的臨界點、$f(0)$、$f\left(\dfrac{l}{2}\right)$。請參考圖 4.4.17B。

$$f'(x) = \frac{l}{2} - 2x = 2 \cdot \left(\frac{l}{4} - x\right) \text{ 而且 } f''(x) = -2 < 0$$

可見 f 在開區間 $\left(0, \dfrac{l}{2}\right)$ 上有個臨界點 $\dfrac{l}{4}$ 而且 $f''\left(\dfrac{l}{4}\right) < 0$。由定理 4.3.4A 可知 $\dfrac{l}{4}$ 這個臨界點是個局部極大值點。注意

$$f(0) = 0 = f\left(\frac{l}{2}\right) < \frac{l}{4} \cdot \frac{l}{4} = f\left(\frac{l}{4}\right)$$

所以 $f(x)$ 在 $\left[0, \dfrac{l}{2}\right]$ 上的極大值點恰好出現在 $\dfrac{l}{4}$。請讀者注意：當 $x = \dfrac{l}{4}$ 的時候 $y = \dfrac{(l-2x)}{2} = \dfrac{l}{4}$。這表示：具有相同邊長 l 的矩形中，以正方形的面積最大。

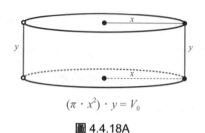

$(\pi \cdot x^2) \cdot y = V_0$

圖 4.4.18A

πx^2 是半徑為 x 的圓盤的面積。$2\pi x$ 是半徑為 x 的圓盤的周長。

範例 15　某家製造商想要製造內容量為 V_0 的圓柱形罐頭。如圖 4.4.18A 所示。其中 $x \geq 0$ 是圓柱形罐頭的底部半徑，$y \geq 0$ 是圓柱形罐頭的高度。請說明如何選擇 x 與 y 使得圓柱罐頭的表面積達到最小（最節省材料）。

說明：圓柱形罐頭的內容量 V_0 等於（底面積 × 高）$\pi x^2 \cdot y = V_0$。而圓柱形罐頭的表面積為（上圓盤面積 + 下圓盤面積 + 側面面積）

$$2 \cdot \pi x^2 + (2\pi x) \cdot y$$

由於 $\pi x^2 \cdot y = V_0$，我們可以 $y = \dfrac{V_0}{\pi x^2}$ 代入上式得到圓柱形罐頭的表面積為

$$2\pi x^2 + (2\pi x) \cdot \frac{V_0}{\pi x^2} = 2\pi x^2 + \frac{2V_0}{x}$$

其中 $x \in (0, +\infty)$。

　　因此我們要選擇 x 與 y 使得圓柱形罐頭的表面積最小，就相當於要找出函數

$$f(x) = 2\pi x^2 + \frac{2V_0}{x} \text{ 其中 } x \in (0, +\infty)$$

的極小值。我們注意（解題要點）

解題要點：

$$\lim_{x \to 0^+} \frac{2V_0}{x} = +\infty$$

$$\lim_{x \to +\infty} 2\pi x^2 = +\infty$$

$$\lim_{x \to 0^+} f(x) = \lim_{x \to 0^+} \left(2\pi x^2 + \frac{2V_0}{x}\right) = +\infty$$

而且

$$\lim_{x \to +\infty} f(x) = \lim_{x \to +\infty} \left(2\pi x^2 + \frac{2V_0}{x}\right) = +\infty$$

現在我們尋找 $f(x)$ 在開區間 $(0, +\infty)$ 上的臨界點。

$$f'(x) = 4\pi x - \frac{2V_0}{x^2}，\text{因此 } f'(x) = 0 \Leftrightarrow 4\pi x = \frac{2V_0}{x^2} \Leftrightarrow x^3 = \frac{V_0}{2\pi}$$

故 $f(x)$ 在 $(0, +\infty)$ 上有 $\left(\dfrac{V_0}{2\pi}\right)^{\frac{1}{3}}$ 這個臨界點。

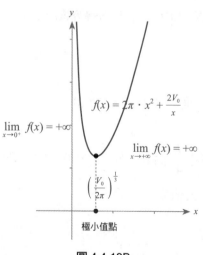

$$\lim_{x \to 0^+} f(x) = +\infty$$

$f(x) = 2\pi \cdot x^2 + \dfrac{2V_0}{x}$

$$\lim_{x \to +\infty} f(x) = +\infty$$

$\left(\dfrac{V_0}{2\pi}\right)^{\frac{1}{3}}$

極小值點

圖 4.4.18B

　　注意 $f''(x) = 4\pi + \dfrac{4V_0}{x^3}$ 在 $(0, +\infty)$ 上恆為正值。由定理 4.3.3B 可知 $\left(\dfrac{V_0}{2\pi}\right)^{\frac{1}{3}}$ 這個點是 $f(x)$ 在 $(0, +\infty)$ 上的唯一極小值點。參考圖 4.4.18B。

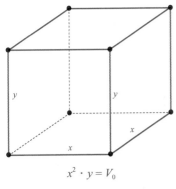

圖 4.4.19A

解題要點：

1. 因為 $\lim\limits_{x \to 0^+} \dfrac{4V_0}{x} = +\infty$

   所以 $\lim\limits_{x \to 0^+} f(x) = +\infty$

2. 因為 $\lim\limits_{x \to +\infty} 2x^2 = +\infty$

   所以 $\lim\limits_{x \to +\infty} f(x) = +\infty$

延伸學習 **3**　某家製造商想要製造內容量為 V_0 的箱子，如圖 4.4.19A 所示。這種箱子的上層與底層都是邊長為 x 的正方形，高度是 y。請說明如何選擇 x 與 y 使得這種箱子的表面積達到最小（最節省材料）。

解答： $x^2 \cdot y = V_0$。將 $y = \dfrac{V_0}{x^2}$ 代入這種箱子的表面積 $2 \cdot x^2 + 4 \cdot xy$ 可得表面積的值為 $2 \cdot x^2 + 4 \cdot xy = 2x^2 + 4x \cdot \dfrac{V_0}{x^2} = 2x^2 + \dfrac{4V_0}{x}$。因此我們定義函數 $f(x) = 2x^2 + \dfrac{4V_0}{x}$，其中 $x \in (0, +\infty)$。我們必須找出 $f(x)$ 在開區間 $(0, +\infty)$ 上的極小值。注意 $\lim\limits_{x \to 0^+} f(x) = +\infty$ 而且 $\lim\limits_{x \to +\infty} f(x) = +\infty$。（解題要點）

　　現在考慮 $f(x)$ 在 $(0, +\infty)$ 上的臨界點。$f'(x) = 4x - \dfrac{4V_0}{x^2} = \dfrac{4}{x^2} \cdot (x^3 - V_0)$。故 $f(x)$ 有個臨界點在 $V_0^{\frac{1}{3}}$。$f''(x) = 4 + \dfrac{8V_0}{x^3}$ 在 $(0, +\infty)$ 上恒為正值。由定理 4.3.3B 可知臨界點 $V_0^{\frac{1}{3}}$ 恰為 $f(x)$ 在 $(0, +\infty)$ 上的極小值點。

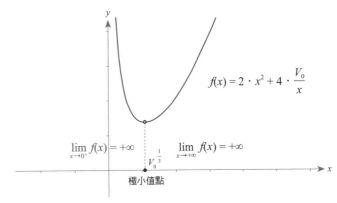

圖 4.4.19B

習題 4.4

　　請討論以下函數在有限閉區間上的局部極小值點、局部極大值點、極小值點、極大值點。

1.　$f(x) = -x^2 + 4x + 3$ 在 $[-1, 4]$ 上。

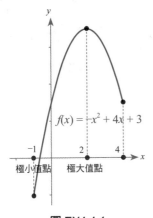

圖 EX4.4.1

2.　$f(x) = x^4 - 2x^2 - 4$ 在 $\left[-\dfrac{5}{2}, \dfrac{5}{2}\right]$ 上。

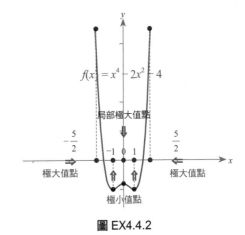

圖 EX4.4.2

3.　$f(x) = x^3$ 在 $[-2, 2]$ 上。

（注意：0 是反曲點，不是局部極值點。）

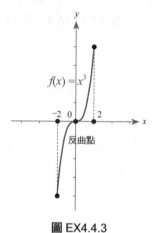

圖 EX4.4.3

4.　$f(x) = x \cdot \sqrt{x + 2}$ 在 $[-2, 2]$ 上。

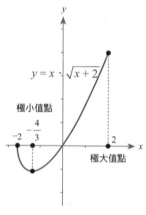

圖 EX4.4.4

5.　$f(x) = \dfrac{x}{x^2 + 1}$ 在 $[-2, 3]$ 上。

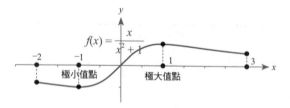

圖 EX4.4.5

6.　$f(x) = \dfrac{x^2}{x^2 + 3}$ 在 $[-2, 3]$ 上。

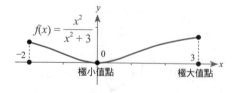

圖 EX4.4.6

7.　$f(x) = x^2 + \dfrac{2}{x}$ 在 $\left[\dfrac{1}{9}, 3 \right]$ 上。

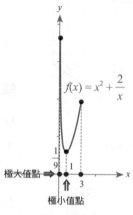

圖 EX4.4.7

請討論以下函數在開區間上的局部極小值點、局部極大值點、函數值範圍。

8.　$f(x) = x^4 - 2x^2 - 4$ 在 $(-2, 2)$ 上。

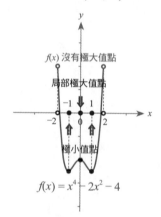

圖 EX4.4.8

9.　$f(x) = \dfrac{1}{x^4 - 2x^2 + 5}$ 在 $(-\infty, +\infty)$ 上。

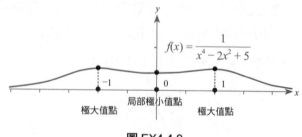

圖 EX4.4.9

10. $f(x) = \dfrac{1}{x^2}$ 在 $(-\infty, 0)$ 與 $(0, +\infty)$ 上。

（注意：$f(x)$ 的函數圖形有垂直漸近線與水平漸近線。）

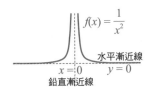

圖 EX4.4.10

11. $f(x) = \dfrac{x^3}{\sqrt{x^2+1}}$ 在 $(-\infty, +\infty)$ 上。

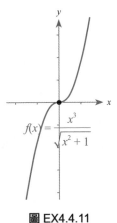

圖 EX4.4.11

12 $f(x) = \dfrac{x}{\sqrt{x^2-2x+2}}$ 在 $(-\infty, +\infty)$ 上。

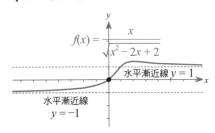

圖 EX4.4.12

13. 在第一象限（$x > 0$ 且 $y > 0$）中的單位圓上選擇一點 $C(x, y)$。將 C 點在水平座標軸與鉛直座標軸上的投影點分別定為 A 與 B。則 O（原點）、A、C、B 形成一個面積為 $x \cdot y$ 的矩形（參考圖 EX4.4.13。請找出第一象限中單位圓上點 $C(x, y)$ 的位置使得矩形 $OACB$ 的面積為最大。

圖 EX4.4.13

*第 5 節　羅必達（L'Hopital）法則與應用

在本節中，我們主要介紹「羅必達法則」與「羅必達法則」在判斷函數極限與函數值範圍的應用。「羅必達法則」有兩種主要形式：$\dfrac{0}{0}$ 形式與 $\dfrac{\infty}{\infty}$ 形式。在這兩種形式的假設下，羅必達法則告訴我們如何使用「函數微分值的比值的極限」來判斷「函數值的比值的極限」。

羅必達法則在使用上非常方便，因此是判斷較困難的極限的一個重要工具。介紹過 $\dfrac{0}{0}$ 形式與 $\dfrac{\infty}{\infty}$ 形式的羅必達法則之後，我們使用羅必達法則來推導有關自然指數函數與自然對數函數的重要性質（定理 4.5.2A 與定理 4.5.2B）。而且我們會介紹常見公式：

$$e = \lim_{n \to +\infty} \left(1 + \frac{1}{n}\right)^n$$

最後，我們介紹如何使用羅必達法則來判斷函數的極小值、極大值、函數值範圍。

Marquis de L'Hopital (1661-1704) 法國數學家。

定理 4.5.1A　　**羅必達法則**（L' Hopital's Rule）（$\frac{0}{0}$ 形式）

假設 $f(x)$ 與 $g(x)$ 都是定義在（有限或無限）開區間 (a, b) 上的**可微分**（differentiable）函數，而且 $g'(x)$ 在 (a, b) 上始終不為 0。其中 a 可以是有限實數或 $-\infty$，而 b 可以是有限實數或 $+\infty$。則以下結果成立：

$\lim_{x \to a^+} \frac{f'(x)}{g'(x)}$ 可以是 $-\infty$ 或 $+\infty$。

(I)　假設 $\lim_{x \to a^+} f(x) = 0$ 而且 $\lim_{x \to a^+} g(x) = 0$。如果 $\lim_{x \to a^+} \frac{f'(x)}{g'(x)}$ 這個極限存在，則 $\lim_{x \to a^+} \frac{f(x)}{g(x)}$ 這個極限會存在並且

$$\lim_{x \to a^+} \frac{f(x)}{g(x)} = \lim_{x \to a^+} \frac{f'(x)}{g'(x)}$$

$\lim_{x \to b^-} \frac{f'(x)}{g'(x)}$ 可以是 $-\infty$ 或 $+\infty$。

(II)　假設 $\lim_{x \to b^-} f(x) = 0$ 而且 $\lim_{x \to b^-} g(x) = 0$。如果 $\lim_{x \to b^-} \frac{f'(x)}{g'(x)}$ 這個極限存在，則 $\lim_{x \to b^-} \frac{f(x)}{g(x)}$ 這個極限會存在並且

$$\lim_{x \to b^-} \frac{f(x)}{g(x)} = \lim_{x \to b^-} \frac{f'(x)}{g'(x)}$$

說明：這個定理可以由廣義平均值定理（定理 4.2.5）導出。在使用這個 $\frac{0}{0}$ 形式的羅必達法則的時候，讀者需要留意：

(I)　$\lim_{x \to a^+} f(x) = 0$ 且 $\lim_{x \to a^+} g(x) = 0$ 必須同時成立。

(II)　$\lim_{x \to b^-} f(x) = 0$ 且 $\lim_{x \to b^-} g(x) = 0$ 必須同時成立。　■

延伸學習 1　（在羅必達法則條件不成立的時候，不可使用羅必達法則。）

解題要點：

$\dfrac{d \sin x}{dx} = \cos x$

$\dfrac{d(x + 3)}{dx} = 1$

$\dfrac{dx}{dx} = 1$

(A)　請檢驗 $\lim_{x \to 0^-} \dfrac{\sin x}{x + 3} \neq \lim_{x \to 0^-} \dfrac{\cos x}{1}$，其中

$$\lim_{x \to 0^-} \sin(x) = 0 \text{ 但是 } \lim_{x \to 0^-} (x + 3) \neq 0$$

(B)　請檢驗 $\lim_{x \to 0^-} \dfrac{\sin x}{x} = \lim_{x \to 0^-} \dfrac{\cos x}{1}$，其中

$$\lim_{x \to 0^-} \sin(x) = 0 \text{ 而且 } \lim_{x \to 0^-} x = 0$$

補充說明：某些特殊的 $\dfrac{0}{0}$ 形式的羅必達法則的應用，其實與 $f(x)$ 的微分計算有直接關係。我們說明如下。

(I) 如果 $g(x) = (x - a)$ 且 $f(a) = 0$，則極限

$$\lim_{x \to a^+} \frac{f(x)}{g(x)} = \lim_{x \to a^+} \frac{f(x) - f(a)}{x - a}$$

其實是函數 $f(x)$ 在 a 點的（右側）微分值。此時羅必達法則告訴我們

$$\lim_{x \to a^+} \frac{f(x) - f(a)}{x - a} = \lim_{x \to a^+} f'(x) \qquad \text{（如果極限存在）}$$

(II) 如果 $g(x) = (x - b)$ 且 $f(b) = 0$，則極限

$$\lim_{x \to b^-} \frac{f(x)}{g(x)} = \lim_{x \to b^-} \frac{f(x) - f(b)}{x - b}$$

其實是函數 $f(x)$ 在 b 點的（左側）微分值。此時羅必達法則告訴我們

$$\lim_{x \to b^-} \frac{f(x) - f(b)}{x - b} = \lim_{x \to b^-} f'(x) \qquad \text{（如果極限存在）}$$

請參考以下的延伸學習。

延伸學習 2　若 $f(x) = \sqrt{2x + 1}$，則 $\displaystyle\lim_{x \to 0} \frac{f(x) - 1}{x} = ?$

(A) -1。(B) $-\dfrac{1}{2}$。(C) $\dfrac{1}{2}$。(D) 1。　　　　【94 二技管一】

解答：（D）。

範例 1　計算 $\displaystyle\lim_{x \to 0^+} \frac{\sin x}{\sqrt{x}}$。

說明：這個題目至少有兩種解法。

(一) 使用羅必達法則：令 $f(x) = \sin x$ 且 $g(x) = \sqrt{x}$，其中

$x \in (0, +\infty)$。則 $\displaystyle\lim_{x \to 0^+} f(x) = 0$ 且 $\displaystyle\lim_{x \to 0^+} g(x) = 0$，而且

$g'(x) = \dfrac{1}{2} \cdot \dfrac{1}{\sqrt{x}}$ 在 $(0, +\infty)$ 始終不為 0。注意

$$\lim_{x \to 0^+} \frac{f'(x)}{g'(x)} = \lim_{x \to 0^+} \frac{\cos(x)}{\dfrac{1}{2} \cdot x^{-\frac{1}{2}}}$$

$$= \lim_{x \to 0^+} \left[2 \cdot \sqrt{x} \cdot \cos(x) \right]$$

$$= 2 \cdot 0 \cdot 1 = 0 \qquad \text{（解題要點 1）}$$

因此由定理 4.5.1A 羅必達法則可知

解題要點：

1. $\displaystyle\lim_{x \to 0^+} \sqrt{x} = \sqrt{\lim_{x \to 0^+} x} = \sqrt{0} = 0$

   $\displaystyle\lim_{x \to 0^+} \cos x = \cos 0 = 1$

2. $\displaystyle\lim_{x \to 0} \frac{\sin x}{x} = 1$

$$\lim_{x \to 0^+} \frac{\sin x}{\sqrt{x}} = \lim_{x \to 0^+} \frac{f'(x)}{g'(x)} = 0$$

（二）不使用羅必達法則：注意

$$\lim_{x \to 0^+} \frac{\sin x}{\sqrt{x}} = \lim_{x \to 0^+} \frac{(\sin x) \cdot \sqrt{x}}{\sqrt{x} \cdot \sqrt{x}} \qquad \text{（分子分母乘以} \sqrt{x} \text{）}$$

$$= \lim_{x \to 0^+} \left[\frac{\sin x}{x} \cdot \sqrt{x} \right] \qquad (\sqrt{x} \cdot \sqrt{x} = x)$$

$$= 1 \cdot \sqrt{0} = 0 \qquad \text{（解題要點 2）}$$

範例 2 計算 $\lim\limits_{x \to 0^-} \dfrac{e^x - 1}{x}$。

說明： 令 $f(x) = e^x - 1$ 且 $g(x) = x$，其中 $x \in (-\infty, 0)$。則

$$\lim_{x \to 0} f(x) = \lim_{x \to 0} (e^x - 1) = 0 \text{ 且 } \lim_{x \to 0^-} g(x) = \lim_{x \to 0^-} x = 0$$

而且 $g'(x) = 1$ 在 $(-\infty, 0)$ 上始終不為 0。注意

$$\lim_{x \to 0^-} \frac{f'(x)}{g'(x)} = \lim_{x \to 0^-} \frac{e^x}{1} = \frac{e^0}{1} = 1$$

另解：

$$\lim_{x \to 0} \frac{e^x - 1}{x} = \lim_{x \to 0} \frac{e^x - e^0}{x} = e^0 = 1$$

（因為 $\dfrac{de^x}{dx} = e^x$）

由羅必達法則（定理 4.5.1A）可知

$$\lim_{x \to 0^-} \frac{e^x - 1}{x} = \lim_{x \to 0^-} \frac{f(x)}{g(x)} = \lim_{x \to 0^-} \frac{f'(x)}{g'(x)} = 1$$

延伸學習 3 計算 $\lim\limits_{x \to 0^+} \dfrac{e^x - 1}{x}$。

解答： 1。

範例 3 計算 $\lim\limits_{x \to 1^-} \dfrac{\ln x}{x - 1}$。

說明： 令 $f(x) = \ln(x)$ 且 $g(x) = x - 1$，其中 $x \in (0, 1)$。

則 $\lim\limits_{x \to 1^-} f(x) = \lim\limits_{x \to 1^-} \ln(x) = 0$ 且 $\lim\limits_{x \to 1^-} g(x) = 0$，而且 $g'(x) = 1$ 在 $(0, 1)$ 上始終不為 0。注意

另解：

$$\lim_{x \to 1^-} \frac{\ln x}{x - 1} = \lim_{x \to 1^-} \frac{\ln(x) - \ln(1)}{x - 1}$$
$$= \frac{1}{1} = 1$$

（因為 $\dfrac{d \ln(x)}{dx} = \dfrac{1}{x}$）

$$\lim_{x \to 1^-} \frac{f'(x)}{g'(x)} = \lim_{x \to 1^-} \frac{\dfrac{1}{x}}{1} = \lim_{x \to 1^-} \frac{1}{x} = \frac{1}{1} = 1$$

由羅必達法則（定理 4.5.1A）可知

$$\lim_{x \to 1^-} \frac{\ln x}{x - 1} = \lim_{x \to 1^-} \frac{f'(x)}{g'(x)} = 1$$

範例 4 計算 $\lim\limits_{n \to +\infty} \dfrac{\sqrt[n]{e} - 1}{\dfrac{1}{n}}$。

說明： $\lim\limits_{n \to +\infty} (\sqrt[n]{e} - 1) = \lim\limits_{n \to +\infty} (e^{\frac{1}{n}} - 1) = e^0 - 1 = 0$ 而且 $\lim\limits_{n \to +\infty} \left(\dfrac{1}{n} \right) = 0$。

因此我們可以使用 $\dfrac{0}{0}$ 形式的羅必達法則來處理這個問題。

令 $f(x) = e^{\frac{1}{x}} - 1$ 且 $g(x) = \dfrac{1}{x}$，其中 $x \in (0, +\infty)$。則 $\lim\limits_{x \to +\infty} f(x) = $

$\lim\limits_{x \to +\infty} (e^{\frac{1}{x}} - 1) = e^0 - 1 = 0$ 而且 $\lim\limits_{x \to +\infty} g(x) = \lim\limits_{x \to +\infty} \dfrac{1}{x} = 0$。

注意：$g'(x) = -\dfrac{1}{x^2}$ 在 $(0, +\infty)$ 始終不為 0。但

$$\lim_{x \to +\infty} \frac{f'(x)}{g'(x)} = \lim_{x \to +\infty} \frac{e^{\frac{1}{x}} \cdot \left(-\dfrac{1}{x^2} \right)}{-\dfrac{1}{x^2}} \qquad \text{（連鎖律）}$$

$$= \lim_{x \to +\infty} e^{\frac{1}{x}} = e^0 = 1$$

連鎖律：
$\dfrac{d}{dx} e^u = e^u \cdot \dfrac{du}{dx}$

因此，由 $\dfrac{0}{0}$ 形式的羅必達法則（定理 4.5.1A）可知（令 $x = n$）

$$\lim_{n \to +\infty} \frac{\sqrt[n]{e} - 1}{\dfrac{1}{n}} = \lim_{x \to +\infty} \frac{e^{\frac{1}{x}} - 1}{\dfrac{1}{x}} = \lim_{x \to +\infty} \frac{f(x)}{g(x)} = \lim_{x \to +\infty} \frac{f'(x)}{g'(x)} = 1$$

解題要點：
使用羅必達法則兩次。

範例 5 計算 $\lim\limits_{x \to 0^+} \dfrac{e^x - (1 + x)}{x^2}$。

說明： 令 $f(x) = e^x - (1 + x)$ 且 $g(x) = x^2$。則 $\lim\limits_{x \to 0^+} f(x) = \lim\limits_{x \to 0^+} [e^x - (1 + x)]$

$= e^0 - (1 + 0) = 0$ 且 $\lim\limits_{x \to 0^+} g(x) = \lim\limits_{x \to 0^+} x^2 = 0$。注意 $g'(x) = 2x$ 在 $(0, +\infty)$

上始終不為 0。

所以由 $\dfrac{0}{0}$ 形式的羅必達法則（定理 4.5.1A）可知 $\lim\limits_{x \to 0^+} \dfrac{f(x)}{g(x)} = $

$\lim\limits_{x \to 0^+} \dfrac{f'(x)}{g'(x)}$。但是

$$\lim_{x \to 0^+} f'(x) = \lim_{x \to 0^+} (e^x - 1) = e^0 - 1 = 0 \text{ 而且 } \lim_{x \to 0^+} g'(x) = \lim_{x \to 0^+} (2x) = 0$$

因此難以確認 $\lim\limits_{x \to 0^+} \dfrac{f'(x)}{g'(x)}$ 的極限。但是請注意：下列的極限

$$\lim_{x \to 0^+} \frac{f''(x)}{g''(x)} = \lim_{x \to 0^+} \frac{e^x}{2} = \frac{e^0}{2} = \frac{1}{2}$$

存在。因此我們應用 $\dfrac{0}{0}$ 形式的羅必達法則（定理 4.5.1A）到 $\lim\limits_{x \to 0^+} \dfrac{f'(x)}{g'(x)}$

這個極限，得到

解題要點：

$$\lim_{x \to 0^+} \frac{e^x - (1+x)}{x^2} \qquad (\frac{0}{0} \text{形式})$$

$$= \lim_{x \to 0^+} \frac{e^x - 1}{2x} \qquad (\text{使用羅必達法則}$$

$$\text{依舊是} \frac{0}{0} \text{形式})$$

$$= \lim_{x \to 0^+} \frac{e^x}{2} \qquad (\text{再使用一次羅必達法則})$$

$$= \frac{1}{2}$$

使用羅必達法則兩次。

$$\lim_{x \to 0^+} \frac{f'(x)}{g'(x)} = \lim_{x \to 0^+} \frac{f''(x)}{g''(x)} = \frac{1}{2}$$

將這個結果 $\lim_{x \to 0^+} \frac{f'(x)}{g'(x)} = \frac{1}{2}$ 代入 $\lim_{x \to 0^+} \frac{f(x)}{g(x)} = \lim_{x \to 0^+} \frac{f'(x)}{g'(x)}$，就可以得到（參見解題要點）

$$\lim_{x \to 0^+} \frac{f(x)}{g(x)} = \lim_{x \to 0^+} \frac{f'(x)}{g'(x)} = \lim_{x \to 0^+} \frac{f''(x)}{g''(x)} = \frac{1}{2}$$

延伸學習 4 計算 $\lim_{x \to 0} \frac{1 - (\cos x)^2}{x \cdot \sin x}$。

解答：令 $f(x) = 1 - (\cos x)^2$ 且 $g(x) = x \cdot \sin(x)$，其中 $x \in \left(\frac{-\pi}{4}, 0 \right)$。則

$$\lim_{x \to 0^-} f'(x) = \lim_{x \to 0^-} [(-2) \cdot (\cos x) \cdot (-\sin x)] = 0$$

且

$$\lim_{x \to 0^-} g'(x) = \lim_{x \to 0^-} (\sin x + x \cdot \cos x) = 0$$

因此無法確認 $\lim_{x \to 0^-} \frac{f'(x)}{g'(x)}$。但是注意

$$\lim_{x \to 0^-} \frac{f''(x)}{g''(x)} = \lim_{x \to 0^-} \frac{2 \cdot [\cos^2(x) - \sin^2(x)]}{2 \cdot \cos(x) - x \cdot \sin(x)}$$

$$= \frac{2 \cdot [1^2 - 0^2]}{2 \cdot 1 - 0} = 1$$

由羅必達法則可知

$$\lim_{x \to 0^-} \frac{f(x)}{g(x)} = \lim_{x \to 0^-} \frac{f'(x)}{g'(x)} = \lim_{x \to 0^-} \frac{f''(x)}{g''(x)} = 1$$

解題要點：

1. $\infty - \infty$ 形式改成 $\frac{0}{0}$ 形式。

2. 使用 $\frac{0}{0}$ 形式的羅必達法則兩次。

$$\lim_{x \to 0^+} \frac{f(x)}{g(x)} = \lim_{x \to 0^+} \frac{f'(x)}{g'(x)}$$

再次使用羅必達法則：

$$\lim_{x \to 0^+} \frac{f'(x)}{g'(x)} = \lim_{x \to 0^+} \frac{(\cos x) - 1}{\sin x + x \cdot \cos x}$$

$$= \lim_{x \to 0^+} \frac{-\sin x}{2 \cos x - x \cdot \sin x}$$

$$= \frac{0}{2 - 0} = 0$$

範例 6 使用羅必達法則計算 $\lim_{x \to 0^+} \left[\frac{1}{x} - \frac{1}{\sin(x)} \right]$（不定型 $\infty - \infty$）。

說明：$\frac{1}{x} - \frac{1}{\sin(x)} = \frac{\sin(x) - x}{x \cdot (\sin x)}$（參見解題要點 1）。令 $f(x) = \sin(x) - x$ 且 $g(x) = x \cdot \sin(x)$，其中 $x \in \left(0, \frac{\pi}{4} \right)$。則

$$\lim_{x \to 0^+} f(x) = \lim_{x \to 0^+} [\sin(x) - x] = 0 \text{ 且 } \lim_{x \to 0^+} g(x) = \lim_{x \to 0^+} [x \cdot \sin(x)] = 0$$

注意

$$\lim_{x \to 0^+} f'(x) = \lim_{x \to 0^+} [\cos(x) - 1] = 1 - 1 = 0$$

而且

$$\lim_{x \to 0^+} g'(x) = \lim_{x \to 0^+} [\sin(x) + x \cdot \cos(x)] = 0 + 0 = 0$$

因此無法立即確認 $\lim_{x \to 0^+} \frac{f'(x)}{g'(x)}$。但是

$$\lim_{x \to 0^+} \frac{f''(x)}{g''(x)} = \lim_{x \to 0^+} \frac{-\sin(x)}{2\cos(x) - x \cdot \sin(x)} = \frac{0}{2 - 0} = 0$$

因此由羅必達法則可知（參見解題要點 2）

$$\lim_{x \to 0^+} \frac{f(x)}{g(x)} = \lim_{x \to 0^+} \frac{f'(x)}{g'(x)} = \lim_{x \to 0^+} \frac{f''(x)}{g''(x)} = 0$$

$\infty - \infty$ 形式

延伸學習 5 計算 $\lim\limits_{x \to 0^+} \left[\dfrac{1}{x} - \dfrac{\cos(x)}{\sin(x)} \right]$。

解答： $\dfrac{1}{x} - \dfrac{\cos(x)}{\sin(x)} = \dfrac{\sin(x) - x \cdot \cos(x)}{x \cdot \sin x}$（$\infty - \infty$ 形式改成 $\dfrac{0}{0}$ 形式）。

令 $f(x) = \sin(x) - x \cdot \cos(x)$ 且 $g(x) = x \cdot \sin(x)$，其中 $x \in \left(0, \dfrac{\pi}{4} \right)$。

則 $\lim\limits_{x \to 0^+} f(x) = 0$ 且 $\lim\limits_{x \to 0^+} g(x) = 0$。

使用 $\dfrac{0}{0}$ 形式的羅必達法則兩次。

$$\lim_{x \to 0^+} \frac{f(x)}{g(x)} = \lim_{x \to 0^+} \frac{f'(x)}{g'(x)} = \lim_{x \to 0^+} \frac{f''(x)}{g''(x)}$$

$$= \lim_{x \to 0^+} \frac{\sin(x) + x \cdot \cos(x)}{2 \cdot \cos(x) + x \cdot (-\sin x)}$$

$$= \frac{0 + 0}{2 + 0} = 0$$

定理 4.5.1B 　羅必達法則（L'Hopital's Rule）（$\dfrac{\infty}{\infty}$ 形式）

假設 $f(x)$ 與 $g(x)$ 都是定義在（有限或無限）開區間 (a, b) 上的可微分函數，而且 $g'(x)$ 在 (a, b) 上始終不為 0。其中 a 可以是有限實數或 $-\infty$，b 可以是有限實數或 $+\infty$。則以下結果成立。

(I) 假設 $\lim\limits_{x \to a^+} f(x) = +\infty$ 或 $-\infty$ 而且 $\lim\limits_{x \to a^+} g(x) = +\infty$ 或 $-\infty$。

讀者請注意：即使 $\lim\limits_{x \to a^+} \dfrac{f'(x)}{g'(x)}$ 是 $-\infty$ 或 $+\infty$，$\lim\limits_{x \to a^+} \dfrac{f(x)}{g(x)} = \lim\limits_{x \to a^+} \dfrac{f'(x)}{g'(x)}$ 依然會成立。

如果 $\lim\limits_{x \to a^+} \dfrac{f'(x)}{g'(x)}$ 這個極限存在，則 $\lim\limits_{x \to a^+} \dfrac{f(x)}{g(x)}$ 這個極限會存在而且

$$\lim_{x \to a^+} \frac{f(x)}{g(x)} = \lim_{x \to a^+} \frac{f'(x)}{g'(x)}$$

(II) 假設 $\lim\limits_{x \to b^-} f(x) = +\infty$ 或 $-\infty$ 而且 $\lim\limits_{x \to b^-} g(x) = +\infty$ 或 $-\infty$。

讀者請注意：即使 $\lim\limits_{x \to b^-} \dfrac{f'(x)}{g'(x)}$ 是 $-\infty$ 或 $+\infty$，$\lim\limits_{x \to b^-} \dfrac{f(x)}{g(x)} = \lim\limits_{x \to b^-} \dfrac{f'(x)}{g'(x)}$ 依然會成立。

如果 $\lim\limits_{x \to b^-} \dfrac{f'(x)}{g'(x)}$ 這個極限存在，則 $\lim\limits_{x \to b^-} \dfrac{f(x)}{g(x)}$ 這個極限會存在而且

$$\lim_{x \to b^-} \frac{f(x)}{g(x)} = \lim_{x \to b^-} \frac{f'(x)}{g'(x)}$$

說明： 這個定理可以使用廣義平均值定理（定理 4.2.5）導出，但是過程較為精細。有興趣的讀者可以參考較深的微積分用書。由於這個推導對於初學者來說比較困難，所以我們不深入討論。在使用這

個 $\frac{\infty}{\infty}$ 形式的羅必達法則的時候，讀者必須留意：

(I) $\lim\limits_{x \to a^+} f(x) = -\infty$ 或 $+\infty$ 且 $\lim\limits_{x \to a^+} g(x) = -\infty$ 或 $+\infty$ 必須同時成立。

(II) $\lim\limits_{x \to b^-} f(x) = -\infty$ 或 $+\infty$ 且 $\lim\limits_{x \to b^-} g(x) = -\infty$ 或 $+\infty$ 必須同時成立。 ▮

延伸學習 6 （如果羅必達法則的假設不成立，不可使用羅必達法則）

(A) 請檢驗 $\lim\limits_{x \to 0^+} \dfrac{2 - x}{x + 3} \neq \lim\limits_{x \to 0^+} \dfrac{-1}{1}$，其中 $\lim\limits_{x \to 0^+} (2 - x) \neq -\infty$ 或 $+\infty$，而且 $\lim\limits_{x \to 0^+} (x + 3) \neq -\infty$ 或 $+\infty$。

(B) 請檢驗 $\lim\limits_{x \to 0^+} \dfrac{2 - \dfrac{1}{x}}{\dfrac{1}{x} + 3} = \lim\limits_{x \to 0^+} \dfrac{\dfrac{1}{x^2}}{\dfrac{-1}{x^2}}$，其中 $\lim\limits_{x \to 0^+} \left(2 - \dfrac{1}{x}\right) = -\infty$，而且 $\lim\limits_{x \to 0^+} \left(\dfrac{1}{x} + 3\right) = +\infty$。

注意：
$$\frac{d\left(2 - \dfrac{1}{x}\right)}{dx} = \frac{1}{x^2}$$
$$\frac{d\left(\dfrac{1}{x} + 3\right)}{dx} = \frac{-1}{x^2}$$

範例 7 計算 $\lim\limits_{x \to +\infty} \dfrac{5x - 2}{3x + 7}$。

說明：

解法 (I)：$\lim\limits_{x \to +\infty} \dfrac{5x - 2}{3x + 7} = \lim\limits_{x \to +\infty} \dfrac{5 - \dfrac{2}{x}}{3 + \dfrac{7}{x}} = \dfrac{5}{3}$。

解法 (II)：由於 $\lim\limits_{x \to +\infty} (5x - 2) = \lim\limits_{x \to +\infty} x \cdot \left(5 - \dfrac{2}{x}\right) = +\infty$ 而且

$\lim\limits_{x \to +\infty} (3x + 7) = \lim\limits_{x \to +\infty} x \cdot \left(3 + \dfrac{7}{x}\right) = +\infty$，我們可以使用 $\dfrac{\infty}{\infty}$ 形式的羅必達法則來計算極限：

$$\lim\limits_{x \to +\infty} \frac{5x - 2}{3x + 7} = \lim\limits_{x \to +\infty} \frac{5}{3} = \frac{5}{3}$$

得到完全一致的答案。

範例 8 計算 $\lim\limits_{x \to +\infty} \dfrac{x}{e^x}$。

說明： 令 $f(x) = x$ 且 $g(x) = e^x$。在第三章我們介紹過自然指數函數 e^x 是個定義在 $\mathbb{R}$ 上的嚴格遞增、連續且可微分的正實數值函數。

$\lim\limits_{x \to -\infty} e^x = 0$ 且 $\lim\limits_{x \to +\infty} e^x = +\infty$。由於 $\lim\limits_{x \to +\infty} x = +\infty$，我們可以使用 $\dfrac{\infty}{\infty}$ 形式的羅必達法則來計算極限：

解題要點：

注意 $\lim\limits_{x \to +\infty} e^x = +\infty$，

故 $\lim\limits_{x \to +\infty} \dfrac{1}{e^x} = 0 = \lim\limits_{x \to +\infty} e^{-x}$。

$$\lim_{x \to +\infty} \frac{x}{e^x} = \lim_{x \to +\infty} \frac{f(x)}{g(x)} = \lim_{x \to +\infty} \frac{f'(x)}{g'(x)}$$

$$= \lim_{x \to +\infty} \frac{1}{e^x} = 0 \qquad \text{（解題要點）}$$

範例 9 計算 $\lim\limits_{x \to +\infty} \dfrac{\ln x}{x}$。

說明： 自然對數函數 $\ln x$ 是自然指數函數的反函數。$\lim\limits_{x \to 0^+} \ln(x) = -\infty$ 且 $\lim\limits_{x \to +\infty} \ln(x) = +\infty$。由於 $\lim\limits_{x \to +\infty} x = +\infty$，我們可以使用 $\dfrac{\infty}{\infty}$ 形式的羅必達法則來計算極限：

$$\lim_{x \to +\infty} \frac{\ln(x)}{x} = \lim_{x \to +\infty} \frac{\dfrac{d(\ln x)}{dx}}{\dfrac{dx}{dx}} = \lim_{x \to +\infty} \frac{\dfrac{1}{x}}{1} = \lim_{x \to +\infty} \frac{1}{x} = 0$$

延伸學習 7 使用 $\dfrac{\infty}{\infty}$ 形式的羅必達法則計算 $\lim\limits_{x \to 0^+} x \cdot \ln(x)$。

解答： 若 $x > 0$ 則 $x \cdot \ln(x) = \dfrac{\ln(x)}{\dfrac{1}{x}}$。現在考慮定義在 $(0, +\infty)$ 上的兩個可微分函數

$$f(x) = \ln(x) \text{ 且 } g(x) = \frac{1}{x}$$

則 $\lim\limits_{x \to 0^+} f(x) = \lim\limits_{x \to 0^+} \ln(x) = -\infty$ 且 $\lim\limits_{x \to 0^+} g(x) = +\infty$。

由 $\dfrac{\infty}{\infty}$ 形式的羅必達法則可知

$$\lim_{x \to 0^+} x \cdot \ln(x) = \lim_{x \to 0^+} \frac{f(x)}{g(x)} = \lim_{x \to 0^+} \frac{f'(x)}{g'(x)}$$

$$= \lim_{x \to 0^+} \frac{\dfrac{1}{x}}{\dfrac{-1}{x^2}} = \lim_{x \to 0^+} (-x) = 0$$

定理 4.5.2A

假設 n 是個正整數，則 $\lim\limits_{x \to +\infty} \dfrac{x^n}{e^x} = 0$。

說明： 這個定理說明：自然指數函數變大的程度比任何多項式函數變大的程度要快。因此，當 x 夠大的時候，e^x 會遠大於 x^n。

　　想要導出這個結果，我們只需要多次應用 $\dfrac{\infty}{\infty}$ 形式的羅必達法則。

令 $f(x) = x^n$ 且 $g(x) = e^x$。則

$$f'(x) = n \cdot x^{(n-1)} , \cdots\cdots , f^{(n-1)}(x) = n! \cdot x , f^{(n)}(x) = n!$$

因此 $\lim\limits_{x \to +\infty} f(x) = +\infty , \cdots\cdots , \lim\limits_{x \to +\infty} f^{(n-1)}(x) = +\infty$。由於

$$g'(x) = e^x , \cdots\cdots , g^{(n-1)}(x) = e^x$$

因此 $\lim\limits_{x \to +\infty} g(x) = +\infty , \cdots\cdots , \lim\limits_{x \to +\infty} g^{(n-1)}(x) = +\infty$

使用 n 次 $\dfrac{\infty}{\infty}$ 形式的羅必達法則可知

$$\lim_{x \to +\infty} \frac{x^n}{e^x} = \lim_{x \to +\infty} \frac{f(x)}{g(x)} = \lim_{x \to +\infty} \frac{f'(x)}{g'(x)} = \cdots\cdots$$

$$= \lim_{x \to +\infty} \frac{f^{(n-1)}(x)}{g^{(n-1)}(x)} = \lim_{x \to +\infty} \frac{f^{(n)}(x)}{g^{(n)}(x)}$$

$$= \lim_{x \to +\infty} \frac{n!}{e^x} = 0 \qquad ■$$

定理 4.5.2B

如果 $\tau > 0$ 是個正實數，則 $\lim\limits_{x \to +\infty} \dfrac{\ln(x)}{x^\tau} = 0$。

說明： 這個定理表明：雖然 $\lim\limits_{x \to +\infty} \ln(x) = +\infty$，但是 $\ln(x)$ 變大的程度其實比任意 n 次方根（n 為正整數）函數 $\sqrt[n]{x}$（取 $\tau = \dfrac{1}{n}$）變大的程度都慢。

令 $f(x) = \ln(x)$ 且 $g(x) = x^\tau$ 為 $(0, +\infty)$ 上的可微分函數。由於

$$\lim_{x \to +\infty} \ln(x) = +\infty \text{ 且 } \lim_{x \to +\infty} x^\tau = +\infty$$

解題要點：

$f'(x) = \dfrac{1}{x}$

$g'(x) = \tau \cdot x^{(\tau - 1)}$

將 $\dfrac{\dfrac{1}{x}}{\tau \cdot x^{(\tau-1)}}$ 的分子、分母分別乘以 x

得到 $\dfrac{1}{\tau \cdot x^\tau}$。

我們可以使用 $\dfrac{\infty}{\infty}$ 形式的羅必達法則得到

$$\lim_{x \to +\infty} \frac{\ln(x)}{x^\tau} = \lim_{x \to +\infty} \frac{f(x)}{g(x)} = \lim_{x \to +\infty} \frac{f'(x)}{g'(x)} = \lim_{x \to +\infty} \frac{\dfrac{1}{x}}{\tau \cdot x^{(\tau - 1)}}$$

$$= \lim_{x \to +\infty} \frac{1}{\tau \cdot x^\tau} = 0 \qquad\qquad （解題要點）$$

所以定理 4.5.2B 成立。　　　　　　　　　　　　　　　　　■

範例 10 計算 $\lim\limits_{x \to +\infty} \dfrac{x^2}{e^x}$（表彰定理 4.5.2A 的方法）。

說明： 我們可以直接應用 $\dfrac{\infty}{\infty}$ 形式的羅必達法則如下：令 $f(x) = x^2$ 且 $g(x) = e^x$。則 $\lim\limits_{x \to +\infty} f(x) = +\infty$、$\lim\limits_{x \to +\infty} g(x) = +\infty$ 且 $\lim\limits_{x \to +\infty} f'(x) = \lim\limits_{x \to +\infty} (2x)$

$$= +\infty \, \text{、} \, \lim_{x \to +\infty} g'(x) = \lim_{x \to +\infty} e^x = +\infty \, \text{。}$$

因此

$$\lim_{x \to +\infty} \frac{x^2}{e^x} = \lim_{x \to +\infty} \frac{f(x)}{g(x)} = \lim_{x \to +\infty} \frac{f'(x)}{g'(x)}$$

$$= \lim_{x \to +\infty} \frac{f''(x)}{g''(x)} = \lim_{x \to +\infty} \frac{2}{e^x}$$

$$= 0$$

範例 11 計算 $\displaystyle\lim_{x \to 0^+} \sqrt{x} \cdot \ln(x)$（定理 4.5.2B 的方法）。

解題要點：

1. 令 $t = \dfrac{1}{x}$。則條件 $x \to 0^+$
   相當於 $t \to +\infty$。

2. $\ln\left(\dfrac{1}{t}\right) = -\ln t$

在解法(I)中，我們使用變數變換
$t = \dfrac{1}{x}$ 並且使用定理 4.5.2B。
在解法(II)中，我們將 $\sqrt{x} \cdot \ln(x)$ 表
示為 $\dfrac{\ln(x)}{x^{-\frac{1}{2}}}$，並且使用 $\dfrac{\infty}{\infty}$ 形式的羅必
達法則。

說明：

解法 (I)： $\displaystyle\lim_{x \to 0^+} \sqrt{x} \cdot \ln(x) = \lim_{t \to +\infty} \frac{1}{\sqrt{t}} \cdot \ln\left(\frac{1}{t}\right)$ 　　　　（解題要點）

$$= \lim_{t \to +\infty} \frac{-\ln(t)}{\sqrt{t}} \qquad \left(\sqrt{t} = t^{\frac{1}{2}}\right)$$

由定理 4.5.2B 可知這個極限是 0。

解法 (II)： 令 $f(x) = \ln(x)$ 且 $g(x) = \dfrac{1}{\sqrt{x}}$ 為 $(0, +\infty)$ 上的可微分函數。

則 $\displaystyle\lim_{x \to 0^+} f(x) = \lim_{x \to 0^+} \ln(x) = -\infty$ 且 $\displaystyle\lim_{x \to 0^+} g(x) = \lim_{x \to 0^+} \frac{1}{\sqrt{x}} = +\infty$。

由 $\dfrac{\infty}{\infty}$ 形式的羅必達法則可知

$$\lim_{x \to 0^+} \sqrt{x} \cdot \ln(x) = \lim_{x \to 0^+} \frac{\ln(x)}{\dfrac{1}{\sqrt{x}}} = \lim_{x \to 0^+} \frac{f(x)}{g(x)}$$

$$= \lim_{x \to 0^+} \frac{f'(x)}{g'(x)} = \lim_{x \to 0^+} \frac{\dfrac{1}{x}}{-\dfrac{1}{2} \cdot x^{-\frac{3}{2}}}$$

$$= \lim_{x \to 0^+} (-2\sqrt{x}) = 0$$

定理 4.5.3

$e = \displaystyle\lim_{n \to +\infty} \left(1 + \frac{1}{n}\right)^n$。若 $c \in \mathbb{R}$，則 $e^c = \displaystyle\lim_{n \to +\infty} \left(1 + \frac{c}{n}\right)^n$。

說明： 這個定理其實是 $\dfrac{0}{0}$ 形式羅必達法則的應用。

令 $f(x) = \ln(1 + c \cdot x)$ 且 $g(x) = x$ 為 $(0, +\infty)$ 上的可微分函數。

則 $\displaystyle\lim_{x \to 0^+} f(x) = \lim_{x \to 0^+} \ln(1 + c \cdot x) = \ln(1 + 0) = 0$ 且 $\displaystyle\lim_{x \to 0^+} g(x) = 0$。

解題要點：

1. 將 $\frac{1}{n}$ 以 x 取代。注意：

   條件「$n \to +\infty$」相當於「$\frac{1}{n} \to 0^+$」。
   因此必須將「$n \to +\infty$」的條件調整
   為「$x \to 0^+$」。

2. 令 E 代表自然指數函數，則我們使
   用了 E 在點 c 的連續性質。
   由於

   $\lim\limits_{n \to +\infty} n \cdot \ln\left(1 + \frac{c}{n}\right) = c$，所以

   $\lim\limits_{n \to +\infty} E\left(n \cdot \ln\left(1 + \frac{c}{n}\right)\right) = E(c)$。

由定理 4.5.1A 可知

$$\lim_{n \to +\infty} n \cdot \ln\left(1 + \frac{c}{n}\right) = \lim_{n \to +\infty} \frac{\ln\left(1 + \frac{c}{n}\right)}{\frac{1}{n}}$$

$$= \lim_{x \to 0^+} \frac{\ln(1 + c \cdot x)}{x} \qquad （解題要點 1）$$

$$= \lim_{x \to 0^+} \frac{f(x)}{g(x)} = \lim_{x \to 0^+} \frac{f'(x)}{g'(x)}$$

$$= \lim_{x \to 0^+} \frac{\frac{c}{1 + cx}}{1} = c$$

由於自然指數函數是連續函數，因此

$$\lim_{n \to +\infty} \left(1 + \frac{c}{n}\right)^n = \lim_{n \to +\infty} e^{\ln\left[\left(1 + \frac{c}{n}\right)^n\right]} \qquad (e^{\ln b} = b)$$

$$= \lim_{n \to +\infty} e^{n \cdot \ln\left(1 + \frac{c}{n}\right)} \qquad (\ln b^r = r \cdot \ln b)$$

$$= e^{\lim\limits_{x \to +\infty} n \cdot \ln\left(1 + \frac{c}{n}\right)} \qquad （解題要點 2）$$

$$= e^c \qquad\qquad\qquad ■$$

延伸學習 8 求極限 $\lim\limits_{n \to +\infty} \left(1 + \frac{3}{n}\right)^n$。

解答： 由定理 4.5.3 可知 $\lim\limits_{n \to +\infty} \left(1 + \frac{3}{n}\right)^n = e^3$。

範例 12 計算 $\lim\limits_{x \to 0^+} x^x$。

題解要點：
自然指數函數與自然對數函數互為反
函數關係。因此 $w = e^{\ln w}$ 對任意正實
數均成立。

說明： 假設 $\tau > 0$ 是個小於 1 的正實數，則 $\lim\limits_{x \to 0^+} \tau^x = \tau^0 = 1$。但是 $\lim\limits_{x \to 0^+} x^\tau = 0$。因此 $\lim\limits_{x \to 0^+} x^x$ 其實是個不易判斷的極限。我們注意 $\lim\limits_{x \to 0^+} x^x = \lim\limits_{x \to 0^+} e^{\ln(x^x)} = \lim\limits_{x \to 0^+} e^{(x \cdot \ln x)}$（參見解題要點）。由於自然指數函數是連續函數，所以我們可以先嘗試計算 $\lim\limits_{x \to 0^+} x \cdot \ln(x) = \lim\limits_{x \to 0^+} \frac{\ln(x)}{\frac{1}{x}}$ 這個極限。

令 $f(x) = \ln(x)$ 且 $g(x) = \frac{1}{x}$ 為 $(0, +\infty)$ 上的可微分函數。由於

$$\lim_{x \to 0^+} f(x) = \lim_{x \to 0^+} \ln(x) = -\infty \text{ 且 } \lim_{x \to 0^+} g(x) = \lim_{x \to 0^+} \frac{1}{x} = +\infty$$

我們可以使用 $\frac{\infty}{\infty}$ 形式的羅必達法則計算如下：

$$\lim_{x \to 0^+} x \cdot \ln(x) = \lim_{x \to 0^+} \frac{\ln(x)}{\dfrac{1}{x}} = \lim_{x \to 0^+} \frac{f(x)}{g(x)}$$

$$= \lim_{x \to 0^+} \frac{f'(x)}{g'(x)} = \lim_{x \to 0^+} \frac{\dfrac{1}{x}}{-\dfrac{1}{x^2}}$$

$$= \lim_{x \to 0^+} (-x) = 0$$

在這一步我們使用了自然指數函數在 0 點的連續性質。

$$\lim_{x \to 0^+} x^x = \lim_{x \to 0^+} e^{\ln(x^x)} = \lim_{x \to 0^+} e^{x \cdot \ln x}$$

$$= e^{\lim\limits_{x \to 0^+} (x \cdot \ln x)}$$

$$= e^0 = 1 \qquad\qquad\text{（自然指數函數是連續函數）}$$

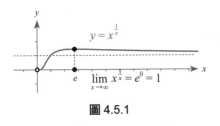

$$y = x^{\frac{1}{x}}$$

$$\lim_{x \to \infty} x^{\frac{1}{x}} = e^0 = 1$$

圖 4.5.1

延伸學習 9 計算 $\displaystyle\lim_{x \to +\infty} x^{\frac{1}{x}}$。

解答：$x^{\frac{1}{x}} = e^{\ln\left(x^{\frac{1}{x}}\right)} = e^{\frac{1}{x} \cdot \ln(x)}$。令 $f(x) = \ln(x)$ 且 $g(x) = x$ 為 $(0, +\infty)$ 上的可微分函數。則 $\displaystyle\lim_{x \to +\infty} f(x) = +\infty$ 且 $\displaystyle\lim_{x \to +\infty} g(x) = +\infty$。由 $\dfrac{\infty}{\infty}$ 形式的羅必達法則（定理 4.5.1B）可知

$$\lim_{x \to +\infty} \frac{1}{x} \cdot \ln(x) = \lim_{x \to +\infty} \frac{f(x)}{g(x)} = \lim_{x \to +\infty} \frac{f'(x)}{g'(x)}$$

$$= \lim_{x \to +\infty} \frac{\dfrac{1}{x}}{1} = 0$$

這一步我們使用了自然指數函數在 0 點的連續性質。

因為自然指數函數是連續函數，所以

$$\lim_{x \to +\infty} x^{\frac{1}{x}} = \lim_{x \to +\infty} e^{\frac{1}{x} \cdot \ln(x)}$$

$$= e^{\lim\limits_{x \to +\infty} \frac{\ln(x)}{x}} = e^0 = 1$$

範例 13 令 $f(x) = x \cdot \ln(x)$ 為定義在 $(0, +\infty)$ 上的可微分函數。

(A) 使用羅必達法則計算 $\displaystyle\lim_{x \to 0^+} f(x)$。

(B) 討論 $f(x)$ 在 $(0, +\infty)$ 上的極小值點、極大值點、函數值範圍。

【83 台大考題】

說明：

(A) $f(x) = \dfrac{\ln(x)}{\dfrac{1}{x}}$ 其中 $\displaystyle\lim_{x \to 0^+} \ln(x) = -\infty$、$\displaystyle\lim_{x \to 0^+} \frac{1}{x} = +\infty$。因此我們可以使用 $\dfrac{\infty}{\infty}$ 形式的羅必達法則（定理 4.5.1A）計算 $\displaystyle\lim_{x \to 0^+} f(x)$ 如下：

$$\lim_{x \to 0^+} f(x) = \lim_{x \to 0^+} \frac{\ln(x)}{\dfrac{1}{x}} = \lim_{x \to 0^+} \frac{\dfrac{1}{x}}{\dfrac{-1}{x^2}} = \lim_{x \to 0^+} (-x) = 0$$

(B) $f'(x) = \ln(x) + x \cdot \dfrac{1}{x} = \ln(x) + 1 = \ln(e \cdot x)$。因此 $f(x)$ 在 $(0, +\infty)$

上有個臨界點 $\dfrac{1}{e}$。注意：$f''(x) = \dfrac{e}{e \cdot x} = \dfrac{1}{x}$ 而且 $f''\left(\dfrac{1}{e}\right) = e > 0$。

由定理 4.3.4B 可知 $\dfrac{1}{e}$ 是 $f(x)$ 在 $(0, +\infty)$ 上的局部極小值點。比

較 $f\left(\dfrac{1}{e}\right)$、$\lim_{x \to 0^+} f(x)$、$\lim_{x \to +\infty} f(x) = \lim_{x \to +\infty} (x \cdot \ln x) = +\infty$ 可知

$$-\dfrac{1}{e} = f\left(\dfrac{1}{e}\right) < 0 = \lim_{x \to 0^+} f(x) < \lim_{x \to +\infty} f(x) = +\infty$$

故 $f(x)$ 在 $(0, +\infty)$ 上有個（絕對）極小值點 $\dfrac{1}{e}$，但是 $f(x)$ 沒有（絕

對）極大值點。$f(x)$ 的函數值範圍是 $\left[-\dfrac{1}{e}, +\infty\right)$。參考圖 4.5.2。

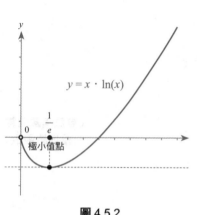

圖 4.5.2

習題 4.5

請使用羅必達法則計算下列極限。

1. $\displaystyle \lim_{x \to 2^+} \frac{x^2 + x - 6}{x - 2}$

2. $\displaystyle \lim_{x \to 0} \frac{\sqrt{9 - x^2} - 3}{x}$

3. $\displaystyle \lim_{x \to +\infty} \frac{x^2 + 3x}{x + 1}$

4. $\displaystyle \lim_{x \to -\infty} \frac{x^3 + 5x}{x^2 + 2}$

5. $\displaystyle \lim_{x \to 0^+} \frac{\sin \sqrt{x}}{x}$

6. $\displaystyle \lim_{x \to 0} \frac{\arctan(x)}{x}$

7. $\displaystyle \lim_{x \to 0^-} \frac{e^{\sin(x)} - 1}{x}$

8. $\displaystyle \lim_{x \to 0} \frac{\ln(1 + x)}{x}$

9. $\displaystyle \lim_{x \to +\infty} x \cdot \sin\left(\frac{1}{x}\right)$

10. $\displaystyle \lim_{x \to 0} \frac{e^x - 1}{\tan(x)}$

11. $\displaystyle \lim_{x \to 0} \frac{\ln(\sec x)}{x^2}$

12. $\displaystyle \lim_{x \to 0} \left[\frac{1}{x} - \frac{1}{\ln(1 + x)} \right]$

13. $\displaystyle \lim_{x \to +\infty} \frac{x^3}{e^x}$

14. $\displaystyle \lim_{x \to +\infty} \frac{x^6}{e^{x^2}}$

15. $\displaystyle \lim_{x \to +\infty} \frac{x^3}{e^{\sqrt{x}}}$

16. $\displaystyle \lim_{x \to +\infty} \frac{\ln(x^3)}{x}$

17. $\displaystyle \lim_{x \to +\infty} \frac{(\ln x)^2}{x}$

18. $\displaystyle \lim_{n \to +\infty} \left(1 + \frac{7}{n}\right)^n$

19. 討論函數 $f(x) = x \cdot e^{-\frac{x}{2}}$ 在區間 $[0, +\infty)$ 上的局部極小值點、局部極大值點、極小值點、極大值點、函數值範圍。參考圖 EX4.5.19。

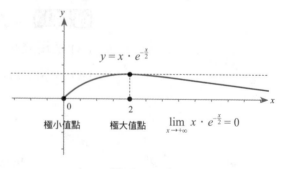

圖 EX4.5.19

*20. 討論函數 $f(x) = x^{\frac{1}{x}}$ 在開區間 $(0, +\infty)$ 上的局部極小值點、局部極大值點、極小值點、極大值點、函數值範圍。參考圖 EX4.5.20。

【92 政大考題】

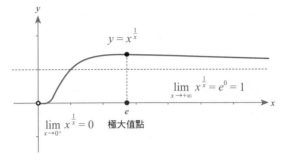

$$\lim_{x \to +\infty} x^{\frac{1}{x}} = e^0 = 1$$

$$\lim_{x \to 0^+} x^{\frac{1}{x}} = 0 \quad 極大值點$$

圖 EX4.5.20

第 4 章習題

1. 已知函數 $f(x) = \sqrt{x^2 + 9}$，設 $\dfrac{f(4) - f(0)}{4} = f'(c)$，且 $0 < c < 4$，則 $c = $？
   (A) 1。(B) $\sqrt{3}$。(C) 2。(D) 3。 【93 二技管一】

2. 若函數 $f(x) = x^2$，$x \in [0, 3]$，求滿足微分均值定理的 c 值為何？
   (A) $\dfrac{\sqrt{3}}{2}$。(B) $\dfrac{3}{2}$。(C) $\sqrt{3}$。(D) 3。

   【96 二技管一】

3. 已知函數 $f(x)$ 在開區間 $(0, 3)$ 內為可微分函數。若在區間 $(0, 3)$ 內 $f'(x)$ 恆正，則下列何者必為真？
   (A) $f(1) > f(2)$。(B) $f(1) < f(2)$。(C) $f(1) < 0$。
   (D) $f(2) > 0$。 【94 二技管一】

4. 下列敘述何者錯誤？
   (A) 兩個漸增函數之乘積為一漸增函數。
   (B) 若 $f'(0) = 0$，且 $f''(x) > 0$ 對於所有 $x \geq 0$ 均成立，則 $f(x)$ 在 $(0, \infty)$ 上為一漸增函數。
   (C) 若 $f'(x) = 0$ 對於所有 $x \in (a, b)$ 均成立，則 $f(x)$ 在 (a, b) 上為一常數。
   (D) $y = \sin x$ 之圖形有無限多個反曲點（inflection point）。 【87 二技管一】

5. 令 $f(x) = (x^2 - 1)^3$。
   (A) 試問 f 在何處遞增？何處遞減？
   (B) 試求 f 的最大值與最小值？ 【90 銘傳】

6. 下列敘述何者正確？
   (A) 若 $f(x)$ 在 $x = c$ 連續，則 $f'(c)$ 存在。
   (B) 若 $f'(c) = 0$，則 $f(c)$ 為相對極值（relative extrema）。
   (C) 若 $f''(c) = 0$，則點 $(c, f(c))$ 為曲線 $y = f(x)$ 之一反曲點（inflection point）。
   (D) 若 $a < x < b$ 時 $f''(x) > 0$，則曲線 $y = f(x)$ 在區間 (a, b) 內凹向上（concave up）。

   【92 二技管一】

7. 試證明不等式：$|\sin b - \sin a| \leq |b - a|$，$a \in \mathbb{R}$，$b \in \mathbb{R}$。 【90 公務人員升官等考試】【88 暨南】

8. x, y 介於 0 和 $\dfrac{\pi}{2}$ 之間，試證 $|\tan x - \tan y| \geq |x - y|$。 【77 台大】

9. 設 $f(x)$ 為一函數且其導函數 $f'(x) = \dfrac{x}{1 + x^2}$。
   證明對所有實數 a, b，我們有下列不等式：
   $$|f(b) - f(a)| \leq \frac{1}{2} |b - a|$$ 【93 普考 氣象類】

10. 證明 $\dfrac{x}{1 + x^2} \leq \arctan x \leq x$ 其中 $x \geq 0$。

【81 清大考題中譯】

11. 令函數 $f(x) = -3x^5 + 5x^3$，求 $f(x)$ 的相對極值（relative extrema）。

【95 普考　地震測報類、氣象類】

12. 曲線 $xy - y = 1$ 在下列何區間內凹口向上（concave upward）？

(A) $(-\infty, 0)$。(B) $(-1, 1)$。

(C) $(0, 2)$。(D) $(1, \infty)$。 【92 二技管一】

13. 求函數 $f(x) = 6x^{\frac{4}{3}} - 3x^{\frac{1}{3}}$ 閉區間 $[-1, 1]$ 的最大值及最小值。 【94 高考　核工類】

14. 試求以下圖形「反曲點」的 x 座標：

$y = \dfrac{1}{3} x^3 + 5x^2 + 24$？

(A) 5。(B) 0。(C) $-\dfrac{10}{3}$。(D) -5。(E) -10。

【95 政大考題中譯】

15. 求出曲線 $y = x^2$ 上最靠近 $(3, 0)$ 之點為何？

(A) $(1, 1)$。(B) $(0, 0)$。(C) $(2, 1)$。(D) $(0, 1)$。

【86 二技電子】【94 政大】

16. 若 $\lim\limits_{x \to 0} \dfrac{1 - \cos x}{x^2 + 3x} = L$，則 $L = $？

(A) 0。(B) $\dfrac{1}{2}$。(C) $\dfrac{1}{3}$。(D) ∞。 【80 二技】

17. 試求 a 值使得 $\lim\limits_{x \to 0} \dfrac{(a^x - 1)}{x} = 1$。

【92 政大考題中譯】

*18. 試求 $\lim\limits_{n \to \infty} \left(1 + \dfrac{2}{n}\right)^{3n}$ 為何？

(A) $2e^3$。(B) $3e^2$。(C) e^6。(D) e^8。

【86 二技電子】

*19. 計算 $\lim\limits_{x \to \infty} (x^3 + 1)^{\frac{2}{\ln x}}$。 【88 交大考題中譯】

積分的原理與應用

本章介紹積分的原理、運算規律、積分的基本性質、積分的含義、微積分基本定理、平面區域的面積計算、積分的「變數變換或變數代換」公式、自然對數函數與自然指數函數的應用、簡單的微分方程與應用、旋轉體的體積計算公式、功與動能。

第 1 節 積分的由來與基礎定理

「分割」、「黎曼和」

考慮有限閉區間 $[a, b]$。如果我們依照次序在區間 $[a, b]$ 選取 $(n + 1)$ 個點 $x_0 < x_1 < \cdots < x_n$ 使得

$$起點 \ x_0 = a \ 而且 \ 終點 \ x_n = b$$

則 $P = \{x_0 = a, x_1, \cdots, x_n = b\}$ 這個集合就被稱為區間 $[a, b]$ 的一個**分割**（partition）。「分割 P」會將區間 $[a, b]$ 切割為 n 個**子區間**（sub-intervals）：

$$[a, b] = [x_0, x_1] \cup \cdots \cup [x_{n-1}, x_n]$$

我們定義「分割 P」的**範數**（norm）$\|P\|$ 如下：

$$\|P\| = \{(x_1 - x_0), \cdots, (x_n - x_{n-1})\} \ 中的最大值$$

這表示：$\|P\|$ 是「分割 P 所切割出的子區間 $[x_0, x_1]$, $\cdots$, $[x_{n-1}, x_n]$ 的最大長度」。由「範數」的定義可以看出：範數越小 $\Leftrightarrow$ 分割就越細。

假設 f 是一個定義在 $[a, b]$ 上的連續函數。如果 $P = \{x_0 = a, x_1, \cdots, x_n = b\}$ 是區間 $[a, b]$ 的一個「分割」，那麼我們可以考慮以下形式的「和（sum）$S_f(P)$」：

$$S_f(P) = f(c_1) \cdot (x_1 - x_0) + \cdots + f(c_n) \cdot (x_n - x_{n-1})$$

其中 $c_1 \in [x_0, x_1]$，$\cdots$，$c_n \in [x_{n-1}, x_n]$ 這些點是我們在 P 所切割出的 n 個「子區間」中所分別選取的點。我們稱呼這樣形式的「和」為「f 相應於分割 P 的一個**黎曼和**（Riemann Sum）」。

「黎曼和 $S_f(P)$」中的「典型項」

$$f(c_k) \cdot (x_k - x_{k-1})$$

可以被理解為「帶有符號的長方形面積」：

$$「帶有符號的高度 \ f(c_k)」乘以「底的長度 \ (x_k - x_{k-1})」$$

其中底的長度 $(x_k - x_{k-1}) \geq 0$。

如果高度 $f(c_k) > 0$，則 $f(c_k) \cdot (x_k - x_{k-1})$ 就是「高度為正值 $f(c_k)$」且「底長 $(x_k - x_{k-1})$」的「正值長方形面積」。如果高度 $f(c_k) = 0$，則 $f(c_k) \cdot (x_k - x_{k-1}) = 0$ 就是「線段的面積」。如果高度 $f(c_k) < 0$，則 $f(c_k) \cdot (x_k - x_{k-1})$ 就是「高度為負值 $f(c_k)$」且「底長 $(x_k - x_{k-1})$」的「負值長方形面積」。請參考圖 5.1.1。

黎曼和：在各個子區間上選取函數 f 在其中一點的函數值

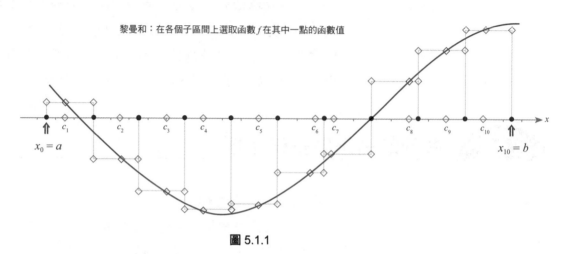

圖 5.1.1

範例 1　假設 $f(x) = x^2$ 其中 $x \in [-2, 5]$。選取區間 $[-2, 5]$ 的一個「分割 P」如下：

$$P = \{x_0 = -2, x_1 = -0.5, x_2 = 1, x_3 = 2, x_4 = 5\}$$

選取 $c_1 = -1.5 \in [-2, -0.5]$，$c_2 = 1 \in [-0.5, 1]$，$c_3 = 1 \in [1, 2]$，$c_4 = 3 \in [2, 5]$。

(A) 試求「分割 P」的範數 $\|P\|$。(B) 試求所對應的黎曼和 $S_f(P)$。

說明：

(A) $[-2, -0.5], [-0.5, 1], [1, 2], [2, 5]$ 這四個區間的「區間長度」分別為 $[-0.5 - (-2)] = 1.5, [1 - (-0.5)] = 1.5, [2 - 1] = 1, [5 - 2] = 3$。所以 $\|P\| = 3$（子區間的最大長度）。

(B) $S_f(P) = f(-1.5) \cdot [-0.5 - (-2)] + f(1) \cdot [1 - (-0.5)] + f(1) \cdot [2 - 1] + f(3) \cdot [5 - 2]$，所以 $S_f(P) = (-1.5)^2 \cdot (1.5) + 1^2 \cdot (1.5) + 1^2 \cdot 1 + 3^2 \cdot 3 = 32.875$。

「下和」、「上和」

假設連續函數 f 在子區間 $[x_{k-1}, x_k]$ 上的「極小值」為 m_k。選取 $\alpha_k \in [x_{k-1}, x_k]$ 使得 $f(\alpha_k) = m_k$。我們以 $L_f(P)$ 這個符號表示以下形式的「黎曼和」：

$$L_f(P) = f(\alpha_1) \cdot (x_1 - x_0) + \cdots + f(\alpha_n) \cdot (x_n - x_{n-1})$$
$$= m_1 \cdot (x_1 - x_0) + \cdots + m_n \cdot (x_n - x_{n-1})$$

並且稱呼這個「黎曼和」為「f 相應於分割 P 的**下和**（Lower Sum）」。

假設連續函數 f 在子區間 $[x_{k-1}, x_k]$ 上的「極大值」為 M_k。選取 $\beta_k \in [x_{k-1}, x_k]$ 使得 $f(\beta_k) = M_k$。我們以 $U_f(P)$ 這個符號表示以下形式的「黎曼和」：

$$U_f(P) = f(\beta_1) \cdot (x_1 - x_0) + \cdots + f(\beta_n) \cdot (x_n - x_{n-1})$$
$$= M_1 \cdot (x_1 - x_0) + \cdots + M_n \cdot (x_n - x_{n-1})$$

並且稱呼這個「黎曼和」為「f 相應於分割 P 的**上和**（Upper Sum）」。

下和：在各個子區間上選取函數 f 的極小值

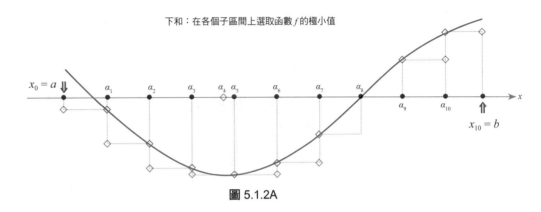

圖 5.1.2A

上和：在各個子區間上選取函數 f 的極大值

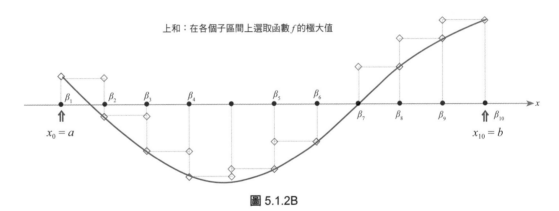

圖 5.1.2B

「下和 $L_f(P)$」與「上和 $U_f(P)$」都是「極端的黎曼和」。對於一般的選擇 $c_1 \in [x_0, x_1]$，$\cdots$，$c_n \in [x_{n-1}, x_n]$ 來說，由於

$$m_1 \leq f(c_1) \leq M_1，\cdots，m_n \leq f(c_n) \leq M_n$$

恆成立，因此以下的「次序關係」

$$L_f(P) \leq S_f(P) = f(c_1) \cdot (x_1 - x_0) + \cdots + f(c_n) \cdot (x_n - x_{n-1}) \leq U_f(P)$$

成立。所以我們得到結論：黎曼和 $S_f(P)$ 可以選取到的「最小值」就是 $L_f(P)$。黎曼和 $S_f(P)$ 可以選取到的「最大值」就是 $U_f(P)$。

範例 2 假設 $f(x) = x$ 其中 $x \in [-2, 5]$。選取區間 $[-2, 5]$ 的一個「分割」：

$$P = \{-2, -1, 1, 2, 5\}$$

(A) 試求所對應的「下和」$L_f(P)$。(B) 試求所對應的「上和」$U_f(P)$。

說明：函數 f 是遞增函數，所以 f 在每個「子區間」上的「極小值」、「極大值」會分別出現在「子區間的左邊端點」、「子區間的右邊端點」。

(A) $L_f(P) = f(-2) \cdot [-1 - (-2)] + f(-1) \cdot [1 - (-1)] + f(1) \cdot [2 - 1] +$
$$f(2) \cdot [5 - 2]$$
$$= (-2) \cdot 1 + (-1) \cdot 2 + 1 \cdot 1 + 2 \cdot 3 = 3$$

(B) $U_f(P) = f(-1) \cdot [-1 - (-2)] + f(1) \cdot [1 - (-1)] + f(2) \cdot [2 - 1] +$
$$f(5) \cdot [5 - 2]$$
$$= (-1) \cdot 1 + 1 \cdot 2 + 2 \cdot 1 + 5 \cdot 3 = 18$$

「帶有符號的函數圖形面積」與「上和」、「下和」之間的關係

假設 f 是定義在有限閉區間 $[a, b]$ 上的連續函數。令 Ω 為「f 的函數圖形」與「x 軸」在 $a \leq x \leq b$ 的範圍中所圍出的區域。請參考圖 5.1.3。

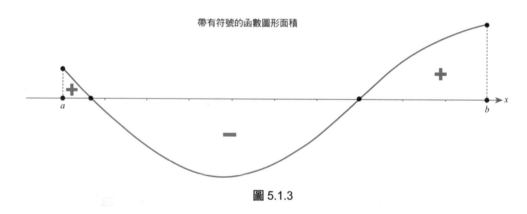

帶有符號的函數圖形面積

圖 5.1.3

我們把「x 軸」想像為「水平線」。「水平線之上的高度」為正值，「水平線之下的高度」為負值。位於「水平線 x 軸以上」的「平面區域的面積」會 ≥ 0，因為「區域相對於水平線的高度 ≥ 0」。位於「水平線 x 軸以下」的「平面區域的面積」會 ≤ 0，因為「區域相對於水平線的高度 ≤ 0」。我們將這樣「以 x 軸為水平線來決定正負值高度」而定出的「函數圖形面積」稱為「帶有符號的函數圖形面積」。

令 $A(\Omega)$ 代表區域 Ω 的「帶有符號的函數圖形面積」。選取 $(n + 1)$ 個點 $x_0 = a < x_1 < \cdots < x_n = b$ 使得 $P = \{x_0 = a, x_1, \cdots, x_n = b\}$ 構成區間 $[a, b]$ 的一個分割。我們可以觀察到以下現象：

(A) 如果 $f \geq 0$，則 $L_f(P) \leq A(\Omega) \leq U_f(P)$。請參考圖 5.1.4A。

(B) 如果 $f \leq 0$，則 $L_f(P) \leq A(\Omega) \leq U_f(P)$。請參考圖 5.1.4B。

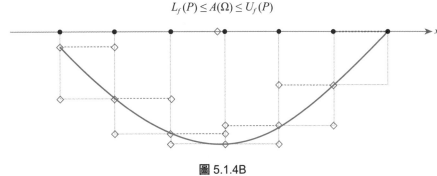

$$L_f(P) \leq A(\Omega) \leq U_f(P)$$

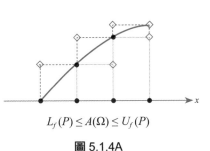

$$L_f(P) \leq A(\Omega) \leq U_f(P)$$

圖 5.1.4A

圖 5.1.4B

(C) 假設 m_k、M_k 分別是連續函數 f 在子區間 $[x_{k-1}, x_k]$ 上的極小值、極大值。假設「f 的函數圖形」與「x 軸」在 $x_{k-1} \leq x \leq x_k$ 的範圍中所圍出的區域為 Ω_k。令 $A(\Omega_k)$ 代表區域 Ω_k 的「帶有符號的函數圖形面積」，則

$$m_k \cdot (x_k - x_{k-1}) \leq A(\Omega_k) \leq M_k \cdot (x_k - x_{k-1})$$

必然成立。因此

$$L_f(P) = m_1 \cdot (x_1 - x_0) + \cdots + m_n \cdot (x_n - x_{n-1}) \leq A(\Omega_1) + \cdots + A(\Omega_n)$$
$$= A(\Omega)$$

而且

$$A(\Omega) = A(\Omega_1) + \cdots + A(\Omega_n) \leq M_1 \cdot (x_1 - x_0) + \cdots + M_n \cdot (x_n - x_{n-1})$$
$$= U_f(P)$$

所以

$$L_f(P) \leq A(\Omega) \leq U_f(P)$$

對於定義在區間 $[a, b]$ 的連續函數 f 恆成立。

使用「黎曼和」、「下和」、「上和」的極限來定義「積分」

定義 5.1.1A 假設 f 是定義在有限閉區間 $[a, b]$ 上的連續函數。P 為區間 $[a, b]$ 的「分割」。如果存在「實數 I」使得

$$\lim_{\|P\| \to 0} L_f(P) = I = \lim_{\|P\| \to 0} U_f(P)$$

成立，那我們就說「函數 f 在區間 $[a, b]$ 的積分存在」。我們稱呼這個 I 為「函數 f 在區間 $[a, b]$ 的**積分**（integral）」。注意：由 $L_f(P) \leq S_f(P) \leq U_f(P)$ 的「次序關係」可以得到以下關於「黎曼和 $S_f(P)$」的極限結果：

$$I = \lim_{\|P\| \to 0} L_f(P) \leq \lim_{\|P\| \to 0} S_f(P) \leq \lim_{\|P\| \to 0} U_f(P) = I$$

$$\Rightarrow \lim_{\|P\| \to 0} S_f(P) = I$$

成立。

通常我們會以「積分符號」
$$\int_a^b f(x) \cdot dx$$
來表示「函數 f 在區間 $[a, b]$ 的積分 I」。

說明：由 $L_f(P) \le U_f(P)$ 這個性質可知：如果 $\lim_{\|P\| \to 0} L_f(P)$ 與 $\lim_{\|P\| \to 0} U_f(P)$ 存在，那麼 $\lim_{\|P\| \to 0} L_f(P) \le \lim_{\|P\| \to 0} U_f(P)$ 必然成立。所以「積分存在」的關鍵在於：

$$\lim_{\|P\| \to 0} L_f(P) = \lim_{\|P\| \to 0} U_f(P) \Leftrightarrow \lim_{\|P\| \to 0} L_f(P) < \lim_{\|P\| \to 0} U_f(P) \text{ 不會發生}$$

而「f 在區間 $[a, b]$ 的積分」就是「下和」與「上和」的「共同極限」。

積分符號 $\int_a^b f(x) \cdot dx$ 源自於黎曼和 $\sum_{k=1}^{n} f(c_k) \cdot (x_k - x_{k-1})$。其中 $\int$ 是「拉長的 S」：表示「**作和**（summation）的極限」。$f(x) \cdot dx$ 可以被理解為「帶有符號的高度 $f(x)$」乘以「底的長度 dx」。$f(x) \cdot dx$ 是「帶有符號的（狹長）長方形面積」$f(c_k) \cdot (x_k - x_{k-1})$ 的觀念延伸。其中 dx 則是「底長 $(x_k - x_{k-1})$」的觀念延伸：dx 表示「變數 x 的**差**（difference）」。

在「積分符號」中，如果我們使用變數 x，那麼「被切割的變數對象」就是 x。如果我們使用變數 t，那麼「被切割的變數對象」就是 t。所以

$$\int_a^b f(t) \cdot dt \text{ 與 } \int_a^b f(x) \cdot dx$$

具有相同的意義：這兩個積分符號都表示「函數 f 在區間 $[a, b]$ 的積分」。

假設「f 的函數圖形」與「x 軸」在 $a \le x \le b$ 的範圍中所圍出的區域為 Ω。令 $A(\Omega)$ 代表區域 Ω 的「帶有符號的函數圖形面積」，則

$$L_f(P) \le A(\Omega) \le U_f(P)$$

對於區間 $[a, b]$ 的任何「分割 P」都成立。因此，當「函數 f 在區間 $[a, b]$ 的積分存在」的時候，我們會得到以下結果：

$$I = \lim_{\|P\| \to 0} L_f(P) \le A(\Omega) \le \lim_{\|P\| \to 0} U_f(P) = I \Rightarrow A(\Omega) = I$$

這表示：積分 $I = \int_a^b f(x) \cdot dx$ 就是「帶有符號的函數圖形面積 $A(\Omega)$」。　■

定理 5.1.1B　假設 f 是一個「常數函數」，則 f 在區間 $[a, b]$ 的積分存在而且
$$\int_a^b f(x) \cdot dx = K \cdot (b - a) \quad \text{（「高度」乘以「底的長度」）}$$
其中 K 為「常數函數 f」的函數值。

說明：假設 $P = \{x_0 = a, x_1, \cdots, x_n = b\}$ 是區間 $[a, b]$ 的一個「分割」。由於「常數函數 f」的函數值恆為 K，所以

$$L_f(P) = K \cdot (x_1 - x_0) + \cdots + K \cdot (x_n - x_{n-1}) = K \cdot (x_n - x_0) = K \cdot (b - a)$$

而且

$$U_f(P) = K \cdot (x_1 - x_0) + \cdots + K \cdot (x_n - x_{n-1}) = K \cdot (x_n - x_0) = K \cdot (b - a)$$

因此

$$\lim_{\|P\| \to 0} L_f(P) = K \cdot (b - a) = \lim_{\|P\| \to 0} U_f(P) \Rightarrow \int_a^b f(x) \cdot dx = K \cdot (b - a) \quad \blacksquare$$

範例 3　(A) 試求 $\int_{-2}^3 7 \cdot dx$。(B) 試求 $\int_{-9}^{-1} -6 \cdot dx$。

說明：

(A) 由定理 5.1.1B 可知 $\int_{-2}^3 7 \cdot dx = 7 \cdot [3 - (-2)] = 7 \cdot 5 = 35$。

(B) 由定理 5.1.1B 可知 $\int_{-9}^{-1} -6 \cdot dx = -6 \cdot [-1 - (-9)] = -6 \cdot 8 = -48$。

範例 4A　假設 $f(x) = x$ 其中 $x \in [0, 5]$。選取區間 $[0, 5]$ 的「平均分割 P_n」如下：

$$P_n = \left\{ x_{0,n} = 0, \ x_{1,n} = \frac{5}{n}, \ \cdots, \ x_{k,n} = \frac{5k}{n}, \ \cdots, \ x_{n,n} = \frac{5n}{n} = 5 \right\}$$

(A) 試求「下和 $L_f(P_n)$」與「上和 $U_f(P_n)$」。(B) 計算 $\lim_{n \to \infty} L_f(P_n)$ 與 $\lim_{n \to \infty} U_f(P_n)$ 以求得 $\int_0^5 f(x) \cdot dx = \dfrac{25}{2}$。

說明：

(A) 分割 P_n 將區間 $[0, 5]$ 平均切割為 n 個「長度分別為 $\dfrac{5-0}{n} = \dfrac{5}{n}$ 的子區間」。注意 f 是**遞增函數**，所以 f 在每個「子區間」上的「**極小值**」、「**極大值**」會分別出現在「子區間的**左邊端點**」、「子區間的**右邊端點**」。因此

$$\sum_{k=1}^n (k-1) = 0 + 1 + \cdots + (n-1)$$
$$= \frac{(n-1) \cdot n}{2}$$

$$\begin{aligned}
L_f(P_n) &= f(0) \cdot \frac{5}{n} + \cdots + f\left(\frac{5(k-1)}{n}\right) \cdot \frac{5}{n} + \cdots + f\left(\frac{5n-5}{n}\right) \cdot \frac{5}{n} \\
&= \sum_{k=1}^n \left[\frac{5(k-1)}{n} \right] \cdot \frac{5}{n} = \sum_{k=1}^n \frac{25}{n^2} \cdot (k-1) = \frac{25}{n^2} \cdot \sum_{k=1}^n (k-1) \\
&= \frac{25}{n^2} \cdot \frac{(n-1) \cdot n}{2} = \frac{25}{2} \cdot \frac{(n-1)}{n} = \frac{25}{2} \cdot \left(1 - \frac{1}{n}\right)
\end{aligned}$$

而且

$$\sum_{k=1}^n k = 1 + 2 + \cdots + n$$
$$= \frac{n \cdot (n+1)}{2}$$

$$\begin{aligned}
U_f(P_n) &= f\left(\frac{5}{n}\right) \cdot \frac{5}{n} + \cdots + f\left(\frac{5k}{n}\right) \cdot \frac{5}{n} + \cdots + f(5) \cdot \frac{5}{n} \\
&= \sum_{k=1}^n \left[\frac{5k}{n} \right] \cdot \frac{5}{n} = \sum_{k=1}^n \frac{25 \cdot k}{n^2} = \frac{25}{n^2} \cdot \sum_{k=1}^n k = \frac{25}{n^2} \cdot \frac{n \cdot (n+1)}{2} \\
&= \frac{25}{2} \cdot \frac{(n+1)}{n} = \frac{25}{2} \cdot \left(1 + \frac{1}{n}\right)
\end{aligned}$$

(B) 因此

$$\lim_{n \to \infty} L_f(P_n) = \lim_{n \to \infty} \left[\frac{25}{2} \cdot \left(1 - \frac{1}{n}\right) \right] = \frac{25}{2} \cdot 1 = \frac{25}{2}$$

且

$$\lim_{n \to \infty} U_f(P_n) = \lim_{n \to \infty} \left[\frac{25}{2} \cdot \left(1 + \frac{1}{n} \right) \right] = \frac{25}{2} \cdot 1 = \frac{25}{2}$$

由 $\lim_{n \to \infty} L_f(P_n) = \frac{25}{2} = \lim_{n \to \infty} U_f(P_n)$ 可知 $\int_0^5 f(x) \cdot dx = \frac{25}{2}$。

範例4B 假設 $f(x) = x$ 其中 $x \in [-2, 0]$。選取區間 $[-2, 0]$ 的「平均分割 Q_n」如下：

$$Q_n = \left\{ x_{0, n} = -2, \; x_{1, n} = -2 + \frac{2}{n}, \; \cdots, \; x_{k, n} = -2 + \frac{2k}{n}, \; \cdots, \; x_{n, n} = -2 + \frac{2n}{n} = 0 \right\}$$

(A) 試求「下和 $L_f(Q_n)$」與「上和 $U_f(Q_n)$」。(B) 計算 $\lim_{n \to \infty} L_f(Q_n)$ 與 $\lim_{n \to \infty} U_f(Q_n)$ 以求得 $\int_{-2}^0 f(x) \cdot dx = -2$。

說明：

(A) 分割 Q_n 將區間 $[-2, 0]$ 平均切割為 n 個「長度分別為 $\frac{0 - (-2)}{n} = \frac{2}{n}$ 的子區間」。注意 f 是遞增函數，所以 f 在每個「子區間」上的「極小值」、「極大值」會分別出現在「子區間的左邊端點」、「子區間的右邊端點」。因此

$$\sum_{k=1}^n (k-1) = 0 + 1 + \cdots + (n-1) = \frac{(n-1) \cdot n}{2}$$

$$L_f(Q_n) = f(-2) \cdot \frac{2}{n} + \cdots + f\left(-2 + \frac{2(k-1)}{n} \right) \cdot \frac{2}{n} + \cdots + f\left(\frac{-2}{n} \right) \cdot \frac{2}{n}$$

$$= \sum_{k=1}^n \left[-2 + \frac{2 \cdot (k-1)}{n} \right] \cdot \frac{2}{n} = \sum_{k=1}^n \frac{-4}{n} + \sum_{k=1}^n \frac{4 \cdot (k-1)}{n^2}$$

$$= \frac{-4}{n} \cdot n + \frac{4}{n^2} \cdot \frac{(n-1) \cdot n}{2} = (-4) + 2 \cdot \frac{n-1}{n}$$

而且

$$\sum_{k=1}^n k = 1 + 2 + \cdots + n = \frac{n \cdot (n+1)}{2}$$

$$U_f(Q_n) = f\left(-2 + \frac{2}{n} \right) \cdot \frac{2}{n} + \cdots + f\left(-2 + \frac{2k}{n} \right) \cdot \frac{2}{n} + \cdots + f(0) \cdot \frac{2}{n}$$

$$= \sum_{k=1}^n \left[-2 + \frac{2k}{n} \right] \cdot \frac{2}{n} = \sum_{k=1}^n \frac{-4}{n} + \sum_{k=1}^n \frac{4 \cdot k}{n^2}$$

$$= \frac{-4}{n} \cdot n + \frac{4}{n^2} \cdot \frac{n \cdot (n+1)}{2} = (-4) + 2 \cdot \frac{n+1}{n}$$

(B) 因此

$$\lim_{n \to \infty} L_f(Q_n) = \lim_{n \to \infty} \left[(-4) + 2 \cdot \frac{n-1}{n} \right] = \lim_{n \to \infty} \left[(-4) + 2 \cdot (1 - \frac{1}{n}) \right]$$
$$= (-4) + 2 \cdot 1 = -2$$

而且

$$\lim_{n \to \infty} U_f(Q_n) = \lim_{n \to \infty} \left[(-4) + 2 \cdot \frac{n+1}{n} \right] = \lim_{n \to \infty} \left[(-4) + 2 \cdot (1 + \frac{1}{n}) \right]$$
$$= (-4) + 2 \cdot 1 = -2$$

由 $\lim_{n \to \infty} L_f(Q_n) = -2 = \lim_{n \to \infty} U_f(Q_n)$ 可知 $\int_{-2}^0 f(x) \cdot dx = -2$。

定理 5.1.1C　（積分相對於「積分區間」的「加法規律」）

假設 f 是定義在有限閉區間 $[a, b]$ 上的連續函數，假設 w 是區間 (a, b) 中一點，則我們有以下結果。

(A) 如果「f 在區間 $[a, w]$ 的積分存在」而且「f 在區間 $[w, b]$ 的積分存在」，則「f 在區間 $[a, b]$ 的積分存在」而且

$$\int_a^b f(x) \cdot dx = \int_a^w f(x) \cdot dx + \int_w^b f(x) \cdot dx$$

(B) 如果「f 在區間 $[a, b]$ 的積分存在」，則「f 在區間 $[a, w]$ 的積分存在」而且「f 在區間 $[w, b]$ 的積分存在」。所以

$$\int_a^b f(x) \cdot dx = \int_a^w f(x) \cdot dx + \int_w^b f(x) \cdot dx$$

說明：證明這個定理需要對「分割」與「黎曼和」進一步討論，所以我們省略定理的證明細節。　　　　　　　　　　　　　　　■

範例 5A　假設 $f(x) = x$ 其中 $x \in [-2, 5]$。由範例 4A、範例 4B 可知 $\int_0^5 f(x) \cdot dx = \dfrac{25}{2}$，而且 $\int_{-2}^0 f(x) \cdot dx = -2$。試應用定理 5.1.1C 計算 $\int_{-2}^5 f(x) \cdot dx$。

說明：由定理 5.1.1C 可知 $\int_{-2}^5 f(x) \cdot dx = \int_{-2}^0 f(x) \cdot dx + \int_0^5 f(x) \cdot dx$ $= (-2) + \dfrac{25}{2} = \dfrac{21}{2}$。

範例 5B　假設 g 是一個定義在區間 $[-4, 5]$ 上的連續函數。已知 $\int_{-4}^5 g(x) \cdot dx = 3$，而且 $\int_{-4}^2 g(x) \cdot dx = 7$。試應用定理 5.1.1C 計算 $\int_2^5 g(x) \cdot dx$。

說明：由定理 5.1.1C 可知

$$\int_{-4}^5 g(x) \cdot dx = \int_{-4}^2 g(x) \cdot dx + \int_2^5 g(x) \cdot dx \Rightarrow 3 = 7 + \int_2^5 g(x) \cdot dx$$

所以 $\int_2^5 g(x) \cdot dx = (-7) + 3 = -4$。

定義 5.1.1D　假設 f 是定義在閉區間 $[c, c]$ 上的函數，我們定義

$$\int_c^c f(x) \cdot dx = 0$$

說明：假設「f 的函數圖形」與「x 軸」在 $c \le x \le c$ 的範圍中所圍出的區域為 Ω，則「區域 Ω」是「底長為 0 的長方形」。因此區域 Ω 的「帶有符號的函數圖形面積」為 0，所以我們定義「f 在區間 $[c, c]$ 的積分」為 0。

注意：由定義 5.1.1D 可知「積分相對於積分區間的加法規律」：

$$\int_a^b f(x) \cdot dx = \int_a^a f(x) \cdot dx + \int_a^b f(x) \cdot dx$$

而且

$$\int_a^b f(x) \cdot dx = \int_a^b f(x) \cdot dx + \int_b^b f(x) \cdot dx$$

對於「$w = a$」或「$w = b$」依然成立。　　　■

定理 5.1.2　（連續函數的積分存在定理）

假設 f 是定義在有限閉區間 $[a, b]$ 上的連續函數，則 $\lim\limits_{\|P\| \to 0} L_f(P)$ 與 $\lim\limits_{\|P\| \to 0} U_f(P)$ 會收斂到相同的實數 I：

$$\lim_{\|P\| \to 0} L_f(P) = I = \lim_{\|P\| \to 0} U_f(P)$$

其中 P 為區間 $[a, b]$ 的「分割」。所以「函數 f 在區間 $[a, b]$ 的積分存在」而且

$$\int_a^b f(x) \cdot dx = \lim_{\|P\| \to 0} S_f(P) = I$$

說明：證明這個定理需要更深入地討論「連續函數」的性質，所以我們省略定理的證明細節。　　　■

積分存在定理（定理 5.1.2）的應用

假設 n 是正整數。我們定義區間 $[a, b]$ 的「平均分割 P_n」如下：

$$P_n = \left\{ x_{0,n} = a, x_{1,n} = a + \frac{b-a}{n}, \cdots, x_{k,n} = a + \frac{k \cdot (b-a)}{n}, \cdots, x_{n,n} \right.$$

$$\left. = a + \frac{n \cdot (b-a)}{n} = b \right\}$$

則分割 P_n 將區間 $[a, b]$ 平均切割為 n 個「長度分別為 $x_{k,n} - x_{k-1,n}$ $= \dfrac{b-a}{n}$ 的子區間」。考慮黎曼和

$$S_f(P_n) = f(c_{1,n}) \cdot (x_{1,n} - x_{0,n}) + \cdots + f(c_{n,n}) \cdot (x_{n,n} - x_{n-1,n})$$

$$= \sum_{k=1}^{n} f(c_{k,n}) \cdot \frac{b-a}{n}$$

其中 $c_{1,n} \in [x_{0,n}, x_{1,n}], \cdots, c_{k,n} \in [x_{k-1,n}, x_{k,n}], \cdots, c_{n,n} \in [x_{n-1,n}, x_{n,n}]$ 這些點是我們在 P_n 所切割出的 n 個「子區間」中所分別選取的點。由積分存在定理（定理 5.1.2）可以得知

$$\lim_{n \to \infty} S_f(P_n) = \int_a^b f(x) \cdot dx$$

我們將在第二節介紹「計算積分」的有力工具：微積分基本定理。因此以上的等式提供一個計算級數極限的可能方法。

範例 6 試將 $\lim\limits_{n \to \infty} \dfrac{2}{n} \cdot \sum\limits_{k=1}^{n} \sin\left(\dfrac{2k-2}{n}\right)$ 表示為「連續函數的積分」。

說明： 考慮 $f(x) = \sin x$ 其中 $x \in [0, 2]$。選取區間 $[0, 2]$ 的「平均分割 P_n」如下：

$$P_n = \left\{ x_{0,n} = 0, \ x_{1,n} = \frac{2}{n}, \cdots, x_{k,n} = \frac{2k}{n}, \cdots, x_{n-1,n} \right.$$
$$\left. = \frac{2n-2}{n}, \ x_{n,n} = \frac{2n}{n} = 2 \right\}$$

選取

$$c_{1,n} = 0 \in [x_{0,n}, x_{1,n}], \cdots, c_{k,n} = \frac{2 \cdot (k-1)}{n} \in [x_{k-1,n}, x_{k,n}], \cdots, c_{n,n}$$
$$= \frac{2n-2}{n} \in [x_{n-1,n}, x_{n,n}]$$

則

$$\text{黎曼和 } S_f(P_n) = \sum_{k=1}^{n} f(c_{k,n}) \cdot \frac{b-a}{n} = \sum_{k=1}^{n} \left[\sin \frac{2 \cdot (k-1)}{n} \right] \cdot \frac{2}{n}$$
$$= \frac{2}{n} \cdot \sum_{k=1}^{n} \sin\left(\frac{2k-2}{n}\right)$$

因此 $\lim\limits_{n \to \infty} \dfrac{2}{n} \cdot \sum\limits_{k=1}^{n} \sin\left(\dfrac{2k-2}{n}\right) = \lim\limits_{n \to \infty} S_f(P_n) = \int_0^2 (\sin x) \cdot dx$。

「積分」與「帶有符號的函數圖形面積」

假設 f 是定義在有限閉區間 $[a, b]$ 上的連續函數。假設我們可以在區間 $[a, b]$ 選取 $(m+1)$ 個點 $w_0 = a < w_1 < \cdots < w_m = b$ 使得 f 在各個子區間 $[w_0, w_1], \cdots, [w_{m-1}, w_m]$ 上分別維持

$$\text{「} f \leq 0 \text{」或「} f \geq 0 \text{」}$$

請參考圖 5.1.5A。

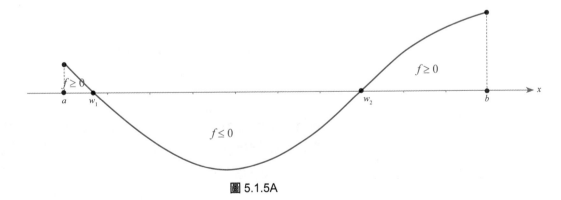

圖 5.1.5A

由積分對於「積分區間」的加法規律（定理 5.1.1B）可知

$$\int_a^b f(x) \cdot dx = \int_{w_0}^{w_1} f(x) \cdot dx + \cdots + \int_{w_{m-1}}^{w_m} f(x) \cdot dx$$

假設「f 的函數圖形」與「x 軸」在 $w_{k-1} \leq x \leq w_k$ 的範圍中所圍出的區域為 Ω_k。令 $A(\Omega_k)$ 代表區域 Ω_k 的「帶有符號的函數圖形面積」，我們可以觀察到以下現象：

(A) 如果「函數 f 在子區間 $[w_{k-1}, w_k]$ 上恆 ≥ 0」，則 $A(\Omega_k) =$「區域 Ω_k 的面積」。

(B) 如果「函數 f 在子區間 $[w_{k-1}, w_k]$ 上恆 ≤ 0」，則

$$A(\Omega_k) = -\text{「區域 } \Omega_k \text{ 的面積」}$$

由此可知「積分」是「帶有符號的函數圖形面積」=「函數圖形在水平線 x 軸以上所圍的面積」減去「函數圖形在水平線 x 軸以下所圍的面積」。

範例 7　假設 $f(x) = x$ 其中 $x \in [-2, 5]$。試應用「積分 = 帶有符號的函數圖形面積」的原理求 $\int_{-2}^{0} f(x) \cdot dx$、$\int_{0}^{5} f(x) \cdot dx$、$\int_{-2}^{5} f(x) \cdot dx$。

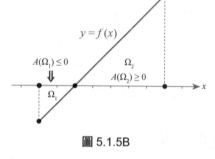

圖 5.1.5B

說明：$[-2, 5] = [-2, 0] \cup [0, 5]$。$f(x) = x$ 在子區間 $[-2, 0]$ 上恆 ≤ 0。$f(x) = x$ 在子區間 $[0, 5]$ 上恆 ≥ 0。

　　假設「f 的函數圖形」與「x 軸」在 $-2 \leq x \leq 0$ 的範圍中所圍出的區域為 Ω_1，則 Ω_1 是「水平線 x 軸以下」的三角形區域。假設「f 的函數圖形」與「x 軸」在 $0 \leq x \leq 5$ 的範圍中所圍出的區域為 Ω_2，則 Ω_2 是「水平線 x 軸以上」的三角形區域。令 $A(\Omega_k)$ 代表區域 Ω_k 的「帶有符號的函數圖形面積」，則 $A(\Omega_1) \leq 0$ 而且 $A(\Omega_2) \geq 0$。參考圖 5.1.5B。

　　因此

$$\int_{-2}^{0} f(x) \cdot dx = A(\Omega_1) = \frac{(-2) \cdot 2}{2} = -2$$

而且

$$\int_{0}^{5} f(x) \cdot dx = A(\Omega_2) = \frac{5 \cdot 5}{2} = \frac{25}{2}$$

所以

$$\int_{-2}^{5} f(x) \cdot dx = \int_{-2}^{0} f(x) \cdot dx + \int_{0}^{5} f(x) \cdot dx$$
$$= A(\Omega_1) + A(\Omega_2) = (-2) + \frac{25}{2} = \frac{21}{2}$$

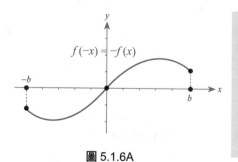

圖 5.1.6A

定理 5.1.3A　（奇函數在左右對稱區間的積分）

假設 f 是定義在「左右對稱區間」$[-b, b]$ 上的連續函數，其中 $b > 0$。如果 f 是「奇函數」：

$$f(-x) = -f(x)，\forall x \in [-b, b]$$

則 $\int_{-b}^{b} f(x) \cdot dx = 0$。請參考圖 5.1.6A。

說明：假設「f 的函數圖形」與「x 軸」在 $-b \leq x \leq 0$ 的範圍中所圍出的區域為 $\Omega_{[-b, 0]}$。令 $A(\Omega_{[-b, 0]})$ 代表區域 $\Omega_{[-b, 0]}$ 的「帶有符號的函數圖形面積」。假設「f 的函數圖形」與「x 軸」在 $0 \leq x \leq b$ 的範圍中所圍出的區域為 $\Omega_{[0, b]}$。令 $A(\Omega_{[0, b]})$ 代表區域 $\Omega_{[0, b]}$ 的「帶有符號的函數圖形面積」，則

$$\int_{-b}^{b} f(x) \cdot dx = \int_{-b}^{0} f(x) \cdot dx + \int_{0}^{b} f(x) \cdot dx = A(\Omega_{[-b, 0]}) + A(\Omega_{[0, b]})$$

由「f 是奇函數」的條件可知 $A(\Omega_{[-b, 0]}) = -A(\Omega_{[0, b]})$，所以 $\int_{-b}^{b} f(x) \cdot dx = 0$。∎

範例8A 試求 $\int_{-\pi}^{\pi} (\sin x^3) \cdot dx$。

說明：令 $f(x) = \sin x^3$，則函數 f 是「奇函數」：

$$f(-x) = \sin (-x)^3 = \sin(-x^3) = -\sin x^3 = -f(x)$$

注意：$[-\pi, \pi]$ 是「左右對稱的區間」，因此由定理 5.1.3A 可知

$$\int_{-\pi}^{\pi} (\sin x^3) \cdot dx = 0$$

定理 5.1.3B （偶函數在左右對稱區間的積分）

假設 f 是定義在「左右對稱區間」$[-b, b]$ 上的連續函數，其中 $b > 0$。如果 f 是「偶函數」：

$$f(-x) = f(x)，\forall x \in [-b, b]$$

則 $\int_{-b}^{b} f(x) \cdot dx = 2 \cdot \int_{0}^{b} f(x) \cdot dx$。請參考圖 5.1.6B。

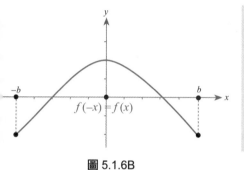

圖 5.1.6B

說明：假設「f 的函數圖形」與「x 軸」在 $-b \leq x \leq 0$ 的範圍中所圍出的區域為 $\Omega_{[-b, 0]}$。令 $A(\Omega_{[-b, 0]})$ 代表區域 $\Omega_{[-b, 0]}$ 的「帶有符號的函數圖形面積」。假設「f 的函數圖形」與「x 軸」在 $0 \leq x \leq b$ 的範圍中所圍出的區域為 $\Omega_{[0, b]}$。令 $A(\Omega_{[0, b]})$ 代表區域 $\Omega_{[0, b]}$ 的「帶有符號的函數圖形面積」。由「f 是偶函數」的條件可知

$$\int_{-b}^{0} f(x) \cdot dx = A(\Omega_{[-b, 0]}) = A(\Omega_{[0, b]}) = \int_{0}^{b} f(x) \cdot dx$$

所以 $\int_{-b}^{b} f(x) \cdot dx = \int_{-b}^{0} f(x) \cdot dx + \int_{0}^{b} f(x) \cdot dx = 2 \cdot \int_{0}^{b} f(x) \cdot dx$。∎

範例8B 試說明 $\int_{-b}^{b} e^{x^2} \cdot dx = 2 \cdot \int_{0}^{b} e^{x^2} \cdot dx$，其中 b 為正實數。

說明：令 $f(x) = e^{x^2}$，則函數 f 是「偶函數」：

$$f(-x) = e^{(-x)^2} = e^{x^2} = f(x)$$

$[-b, b]$ 是「左右對稱的區間」。因此由定理 5.1.3B 可知 $\int_{-b}^{b} e^{x^2} \cdot dx = 2 \cdot \int_{0}^{b} e^{x^2} \cdot dx$。

定義 5.1.3A　假設 f 是定義在有限閉區間 $[a, b]$ 上的連續函數。我們定義

$$\int_b^a f(x) \cdot dx = -\int_a^b f(x) \cdot dx$$

定理 5.1.3B　假設 f 是定義在有限閉區間 $[a, b]$ 上的連續函數，則以下結果對於任意指定的實數 w 成立：

如果積分 $\int_a^w f(x) \cdot dx$ 與積分 $\int_w^b f(x) \cdot dx$ 都存在，則

$$\int_a^b f(x) \cdot dx = \int_a^w f(x) \cdot dx + \int_w^b f(x) \cdot dx$$

（積分相對於積分區間的加法規律）。

說明：定理 5.1.1C 告訴我們：如果 $a < w < b$，則積分相對於「積分區間」的「加法規律」成立。如果「$w = a$」或「$w = b$」，則由定義 5.1.1D 可知：積分相對於「積分區間」的「加法規律」成立。以下我們討論「$w < a$」、「$w > b$」的情況。

● 如果 $w < a$ 而且 f 是定義在有限閉區間 $[w, b]$ 的連續函數，則由定理 5.1.1C（積分相對於「積分區間」的「加法規律」）可知

$$\int_w^b f(x) \cdot dx = \int_w^a f(x) \cdot dx + \int_a^b f(x) \cdot dx$$

所以

$$\int_a^b f(x) \cdot dx = \left[-\int_w^a f(x) \cdot dx \right] + \int_w^b f(x) \cdot dx = \int_a^w f(x) \cdot dx + \int_w^b f(x) \cdot dx$$

● 如果 $b < w$ 而且 f 是定義在有限閉區間 $[a, w]$ 的連續函數，則由定理 5.1.1C（積分相對於「積分區間」的「加法規律」）可知

$$\int_a^w f(x) \cdot dx = \int_a^b f(x) \cdot dx + \int_b^w f(x) \cdot dx$$

所以

$$\int_a^b f(x) \cdot dx = \int_a^w f(x) \cdot dx + \left[-\int_b^w f(x) \cdot dx \right]$$
$$= \int_a^w f(x) \cdot dx + \int_w^b f(x) \cdot dx \qquad ■$$

我們可以擴充「積分相對於積分區間的加法規律」如下：任選 3 個實數 u、v、w。如果 $\int_u^v f(x) \cdot dx$、$\int_u^w f(x) \cdot dx$、$\int_w^v f(x) \cdot dx$ 這三個積分都存在，則

$$\int_u^v f(x) \cdot dx = \int_u^w f(x) \cdot dx + \int_w^v f(x) \cdot dx$$

成立。

習題 5.1

1. 試求 $\int_{-6}^{4} (-5) \cdot dx$。

2. 已知 $\int_{4}^{9} f(x) \cdot dx = -3$ 而且 $\int_{-2}^{4} f(x) \cdot dx = 7$。試求 $\int_{-2}^{9} f(x) \cdot dx$。

3. 已知 $\int_{-2}^{5} g(x) \cdot dx = 3$ 而且 $\int_{3}^{5} g(x) \cdot dx = 7$。試求 $\int_{-2}^{3} g(x) \cdot dx$。

4. 試將 $\displaystyle\lim_{n \to \infty} \sum_{k=1}^{n} \dfrac{\pi \cdot \cos\left(\dfrac{k \cdot \pi}{2n}\right)}{2n}$ 表示為「連續函數的積分」。

5. 試將 $\displaystyle\lim_{n \to \infty} \sum_{k=1}^{n} \dfrac{\sqrt{2 + \dfrac{k}{n}}}{n}$ 表示為「連續函數的積分」。

6. 試求 $\int_{-2}^{2} x \cdot (\cos x) \cdot dx$。

第 2 節　積分的基本規律與微積分基本定理

> ### 定理 5.2.1A （積分比較定理）
>
> 假設 f 與 g 是定義在有限閉區間 $[a, b]$ 上的連續函數。如果 $f \leq g$：
>
> $$f(x) \leq g(x) \text{ 對所有點 } x \in [a, b] \text{ 都成立}$$
>
> 則 $\int_{a}^{b} f(x) \cdot dx \leq \int_{a}^{b} g(x) \cdot dx$。

說明：如果 $P = \{x_0 = a, x_1, \cdots, x_n = b\}$ 是區間 $[a, b]$ 的一個「分割」而且 $c_1 \in [x_0, x_1], \cdots, c_n \in [x_{n-1}, x_n]$ 是我們在 P 所分割出的 n 個「子區間」中所分別選取的點，則由 $f \leq g$ 可知

$$f(c_1) \cdot (x_1 - x_0) + \cdots + f(c_n) \cdot (x_n - x_{n-1})$$
$$\leq g(c_1) \cdot (x_1 - x_0) + \cdots + g(c_n) \cdot (x_n - x_{n-1})$$

所以 $S_f(P) \leq S_g(P)$。因此，$\int_{a}^{b} f(x) \cdot dx = \displaystyle\lim_{\|P\| \to 0} S_f(P) \leq \lim_{\|P\| \to 0} S_g(P) = \int_{a}^{b} g(x) \cdot dx$。∎

範例 1 使用積分比較定理說明 $\int_{0}^{1} x^2 \cdot dx \leq \int_{0}^{1} x \cdot dx$。

說明：令 $f(x) = x^2$ 且 $g(x) = x$。如果 $0 \leq x \leq 1$，則 $f(x) = x^2 \leq x \cdot 1 = x = g(x)$。所以，由「積分比較定理」定理 5.2.1A 可知 $\int_{0}^{1} x^2 \cdot dx \leq \int_{0}^{1} x \cdot dx$。

> ### 定理 5.2.1B　假設 f 是定義在有限閉區間 $[a, b]$ 上的連續函數，則
>
> $$-\int_{a}^{b} |f(x)| \cdot dx \leq \int_{a}^{b} f(x) \cdot dx \leq \int_{a}^{b} |f(x)| \cdot dx$$
>
> 所以

$$\left| \int_a^b f(x) \cdot dx \right| \leq \int_a^b |f(x)| \cdot dx$$

說明：函數 $|f|$ 是連續函數。注意 $-|f| \leq f$，而且 $f \leq |f|$。由定理 5.2.1A 就可以導出 $-\int_a^b |f(x)| \cdot dx \leq \int_a^b f(x) \cdot dx$，而且 $\int_a^b f(x) \cdot dx \leq \int_a^b |f(x)| \cdot dx$。 ∎

> **定理 5.2.1C**　假設 f 是定義在有限閉區間 $[a, b]$ 上的連續函數。如果 α 與 β 是實數常數使得
> $$\alpha \leq f(x) \leq \beta$$
> 對於區間 $[a, b]$ 中的每個點 x 都成立，則
> $$\alpha \cdot (b - a) \leq \int_a^b f(x) \cdot dx \leq \beta \cdot (b - a)$$
> 由此可知：如果連續函數 f 在區間 $[a, b]$ 的極小值、極大值分別是 m、M，則
> $$m \cdot (b - a) \leq \int_a^b f(x) \cdot dx \leq M \cdot (b - a)$$

說明：「$\alpha \leq f(x) \leq \beta$ 對於區間 $[a, b]$ 中的每個點 x 都成立」表示
$$\alpha \leq f \leq \beta$$
其中 α 與 β 都被視為「常數函數」。因此由「積分比較定理」定理 5.2.1A 可知
$$\int_a^b \alpha \cdot dx \leq \int_a^b f(x) \cdot dx \leq \int_a^b \beta \cdot dx$$
定理 5.1.1B（常數函數的積分）告訴我們
$$\int_a^b \alpha \cdot dx = \alpha \cdot (b - a) \text{ 而且 } \int_a^b \beta \cdot dx = \beta \cdot (b - a)$$
所以 $\alpha \cdot (b - a) \leq \int_a^b f(x) \cdot dx \leq \beta \cdot (b - a)$。 ∎

> **定理 5.2.2A**　（微積分基本定理 I）
> 假設 f 是定義在有限閉區間 $[a, b]$ 上的連續函數。定義
> $$F(t) = \int_a^t f(x) \cdot dx \text{ 其中 } t \in [a, b]$$
> 則以下結果成立：
> - F 是定義在區間 $[a, b]$ 上的連續函數。
> - F 在開區間 (a, b) 中的每個點的微分都存在。「F 的導函數」與「被積分函數 f」之間有以下關係：
> $$F'(x) = f(x) \text{ 其中 } x \in (a, b)$$

說明：定理的證明在節末附錄中。以下我們討論這個定理的常見擴充：

(A) 假設 f 是定義在有限閉區間 $[a, b]$ 上的連續函數。在區間 $[a, b]$ 中選定一個點 c，我們定義

$$G(t) = \int_c^t f(x) \cdot dx \text{ 其中 } t \in [a, b]$$

則由「積分相對於積分區間的加法規律」定理 5.1.3B 可知

$$F(x) = \int_a^x f(t) \cdot dt = \int_a^c f(t) \cdot dt + \int_c^x f(t) \cdot dt$$

$$= K + G(x) \Rightarrow G(x) = F(x) - K$$

其中 $K = \int_a^c f(t) \cdot dt$ 是一個常數（與 x 無關）。因此 G 是定義在區間 $[a, b]$ 的連續函數而且具有以下的微分特徵：

$$G'(x) = F'(x) = f(x)$$

對於 $x \in (a, b)$ 都是成立的。當我們將 c 點選定在 a 點的時候，「將 f 積分起來」所得到的函數就是 F。

(B) 假設 f 其實是定義在「開區間 D」上的連續函數。在區間 D 中選定一個點 c，我們定義函數

$$\mathcal{G}(t) = \int_c^t f(x) \cdot dx \text{ 其中 } t \in D$$

則以下結果成立：$\mathcal{G}$ 在開區間 D 中的每個點的微分都存在而且

$$\mathcal{G}'(x) = f(x)$$

對於 $x \in D$ 都是成立的，所以 $\mathcal{G}$ 是一個可微分（因此連續）函數。

(B) 這個結果可以透過 (A) 來直接證明如下：對於指定的 x 點，我們在開區間 D 中選擇兩個點 $a < b$ 使得「$c \in (a, b)$ 而且 $x \in (a, b)$」。則由 (A) 可知

$$\mathcal{G}'(t) = f(t)$$

對於 $t \in (a, b)$ 都是成立的。因此 $\mathcal{G}$ 在 $t = x$ 的微分存在而且 $\mathcal{G}'(x) = f(x)$。　∎

在實際的應用中，微積分基本定理常常以下列的形式出現。

定理 5.2.2B（微積分基本定理 II）

假設 f 是定義在有限閉區間 $[a, b]$ 上的連續函數。如果 H 是定義區間 $[a, b]$ 上的連續函數滿足以下性質：

H 在開區間 (a, b) 中的每個點 t 的微分都存在而且 $H'(t) = f(t)$

則 $\int_a^b f(x) \cdot dx = H(b) - H(a)$。我們常用 $[H(x)]_a^b$ 這個符號來表示 $H(b) - H(a)$：

$$[H(x)]_a^b = H(b) - H(a)$$

說明：定義函數

$$F(t) = \int_a^t f(x) \cdot dx \text{ 其中 } t \in [a, b]$$

由定理 5.2.2A 可知

(A) F 是定義在區間 $[a, b]$ 上的連續函數。

(B) F 在開區間 (a, b) 中的每個點 t 的微分都存在而且 $F'(t) = f(t) = H'(t)$。

因此由定理 4.2.4 可知：存在常數 C 使得

$$H(t) = F(t) + C \text{ 其中 } t \in [a, b]$$

成立。所以

$$H(b) - H(a) = [F(b) + C] - [F(a) + C]$$
$$= F(b) - F(a)$$
$$= \int_a^b f(x) \cdot dx - \int_a^a f(x) \cdot dx$$

其中 $F(a) = \int_a^a f(x) \cdot dx = 0$。因此 $H(b) - H(a) = \int_a^b f(x) \cdot dx$。

注意：如果函數 H 滿足定理 5.2.2B 的條件，我們就稱呼函數 H 為「f 的**反導函數**（anti-derivative）」。　　　　■

不定積分（Indefinite Integrals）符號

由定理 5.2.2B（微積分基本定理）我們知道：想要求出積分 $\int_a^b f(x) \cdot dx$，可以試著找出「f 的反導函數」：

定義在 $[a, b]$ 的連續函數 H 滿足條件「$H'(t) = f(t)$ 其中 $t \in (a, b)$」。

如果函數 H_1 與 H_2 都是「f 的反導函數」，則

$$H_1'(t) = f(t) = H_2'(t) \text{ 其中 } t \in (a, b)$$

因此由定理 4.2.4 可知：存在常數 C 使得

$$H_2(t) = H_1(t) + C \text{ 其中 } t \in [a, b]$$

所以任何兩個「f 的反導函數」間必然「相差某個常數」。早期的科學家常以「不定積分」符號

$$\int f(x) \cdot dx$$

來表達這樣的概念。基本的「不定積分」例子如下。

● 如果「n 是有理數而且 $n \neq -1$」，則 $\int x^n \cdot dx = \dfrac{x^{n+1}}{n+1} + C$。

● $\int (\cos x) \cdot dx = (\sin x) + C$。

● $\int (\sin x) \, dx = (-\cos x) + C$。

● $\int (\sec^2 x) \cdot dx = (\tan x) + C$。

● $\int (\sec x) \cdot (\tan x) \cdot dx = (\sec x) + C$。

● $\int (\csc^2 x) \cdot dx = (-\cot x) + C$。

● $\int (\csc x) \cdot (\cot x) \cdot dx = (-\csc x) + C$。

在實際使用「不定積分（反微分）」這個概念來計算積分的時候，讀者要留意「積分區域不可以碰觸到『被積分函數』無定義的點或不可能連續的點」。

基本的「定積分（Definite Integrals）」計算公式

- 如果 n 是「正整數」，則 $\int_a^b x^n \cdot dx = \left[\dfrac{x^{n+1}}{n+1} \right]_a^b = \dfrac{b^{n+1}}{n+1} - \dfrac{a^{n+1}}{n+1}$。

- 假設 K 是實數常數，則 $\int_a^b K \cdot dx = [K \cdot x]_a^b = K \cdot b - K \cdot a$。

- 假設 n 是「負整數」而且 $n \neq -1$。如果 $0 \notin [a, b]$，則 $\int_a^b x^n \cdot dx = \left[\dfrac{x^{n+1}}{n+1} \right]_a^b$。

- 假設 n 是「正有理數」。如果 $0 \leq a \leq b$，則 $\int_a^b x^n \cdot dx = \left[\dfrac{x^{n+1}}{n+1} \right]_a^b = \dfrac{b^{n+1}}{n+1} - \dfrac{a^{n+1}}{n+1}$。

- 假設 n 是「負有理數」而且 $n \neq -1$。如果 $0 < a \leq b$，則 $\int_a^b x^n \cdot dx = \left[\dfrac{x^{n+1}}{n+1} \right]_a^b$。

- $\int_a^b (\cos x) \cdot dx = [\sin x]_a^b = (\sin b) - (\sin a)$。

- $\int_a^b (\sin x) \cdot dx = [-\cos x]_a^b = (-\cos b) - (-\cos a)$。

- 如果 $\cos x \neq 0$，$\forall x \in [a, b]$，則 $\int_a^b (\sec^2 x) \cdot dx = [\tan x]_a^b = (\tan b) - (\tan a)$。

- 如果 $\cos x \neq 0$，$\forall x \in [a, b]$，則 $\int_a^b (\sec x) \cdot (\tan x) \cdot dx = [\sec x]_a^b = (\sec b) - (\sec a)$。

- 如果 $\sin x \neq 0$，$\forall x \in [a, b]$，則 $\int_a^b (\csc^2 x) \cdot dx = [-\cot x]_a^b = (-\cot b) - (-\cot a)$。

- 如果 $\sin x \neq 0$，$\forall x \in [a, b]$，則 $\int_a^b (\csc x) \cdot (\cot x) \cdot dx = [-\csc x]_a^b = (-\csc b) + (\csc a)$。

範例 2　(A) 計算 $\int_{-1}^6 x^3 \cdot dx$。(B) 計算 $\int_0^4 \sqrt{x} \cdot dx$。(C) 計算 $\int_{-2}^{-1} x^{-3} \cdot dx$。(D) 計算 $\int_1^2 \dfrac{1}{\sqrt{x}} \cdot dx$。

說明：

(A) $\int_{-1}^6 x^3 \cdot dx = \left[\dfrac{x^4}{4} \right]_{-1}^6 = \dfrac{6^4 - (-1)^4}{4} = \dfrac{1295}{4}$。

(B) $\int_0^4 \sqrt{x} \cdot dx = \int_0^4 x^{\frac{1}{2}} \cdot dx = \left[\dfrac{x^{\frac{3}{2}}}{\frac{1}{2} + 1} \right]_0^4 = \dfrac{4^{\frac{3}{2}} - 0^{\frac{3}{2}}}{\frac{3}{2}} = \dfrac{2}{3} \cdot (8 - 0)$

$= \dfrac{16}{3}$。

(C) $\int_{-2}^{-1} x^{-3} \cdot dx = \left[\dfrac{x^{(-3)+1}}{(-3)+1} \right]_{-2}^{-1} = \left[\dfrac{x^{-2}}{-2} \right]_{-2}^{-1} = \dfrac{(-1)^{-2} - (-2)^{-2}}{-2} = \dfrac{1 - \dfrac{1}{4}}{-2}$

$= \dfrac{-3}{8}$。

(D) $\int_1^2 \dfrac{1}{\sqrt{x}} \cdot dx = \int_1^2 x^{\frac{-1}{2}} \cdot dx = \left[\dfrac{x^{\frac{-1}{2}+1}}{\frac{-1}{2}+1} \right]_1^2 = \left[\dfrac{\sqrt{x}}{\frac{1}{2}} \right]_1^2 = 2 \cdot (\sqrt{2}-1)$。

延伸學習 1 (A) 計算 $\int_0^1 x^4 \cdot dx$。(B) 計算 $\int_{-2}^{-1} \dfrac{1}{x^2} \cdot dx$。

解答：

(A) $\int_0^1 x^4 \cdot dx = \dfrac{1}{5}$。

(B) $\int_{-2}^{-1} \dfrac{1}{x^2} \cdot dx = \int_{-2}^{-1} x^{-2} \cdot dx = \left[\dfrac{-1}{x} \right]_{-2}^{-1} = 1 - \dfrac{1}{2} = \dfrac{1}{2}$。

範例 3 (A) 計算 $\int_0^{\frac{\pi}{2}} (\cos x) \cdot dx$。(B) 計算 $\int_0^{\frac{\pi}{2}} (\sin x) \cdot dx$。

說明：

(A) $\int_0^{\frac{\pi}{2}} (\cos x) \cdot dx = [\sin x]_0^{\frac{\pi}{2}} = \left(\sin \dfrac{\pi}{2} \right) - (\sin 0) = 1 - 0 = 1$。

(B) $\int_0^{\frac{\pi}{2}} (\sin x) \cdot dx = [-\cos x]_0^{\frac{\pi}{2}} = \left(-\cos \dfrac{\pi}{2} \right) - (-\cos 0) = (-0) + 1 = 1$。

延伸學習 2 (A) 計算 $\int_0^{\frac{\pi}{4}} (\cos x) \cdot dx$。(B) 計算 $\int_0^{\frac{\pi}{3}} (\sin x) \cdot dx$。

解答：

(A) $\int_0^{\frac{\pi}{4}} (\cos x) \cdot dx = \sin \dfrac{\pi}{4} = \dfrac{1}{\sqrt{2}}$。

(B) $\int_0^{\frac{\pi}{3}} (\sin x) \cdot dx = \left(-\cos \dfrac{\pi}{3} \right) + (\cos 0) = \dfrac{1}{2}$。

範例 4 (A) 計算 $\int_{-\frac{\pi}{4}}^{\frac{\pi}{4}} (\sec^2 x) \cdot dx$。(B) 計算 $\int_0^{\frac{\pi}{4}} (\sec x) \cdot (\tan x) \cdot dx$。

說明：

(A) $\int_{-\frac{\pi}{4}}^{\frac{\pi}{4}} (\sec^2 x) \cdot dx = [\tan x]_{-\frac{\pi}{4}}^{\frac{\pi}{4}} = \left(\tan \dfrac{\pi}{4} \right) - \left(\tan \dfrac{-\pi}{4} \right) = 1 - (-1) = 2$。

(B) $\int_0^{\frac{\pi}{4}} (\sec x) \cdot (\tan x) \cdot dx = [\sec x]_0^{\frac{\pi}{4}} = \left(\sec \dfrac{\pi}{4} \right) - (\sec 0) = \sqrt{2} - 1$。

延伸學習 3 (A) 計算 $\int_0^{\frac{\pi}{4}} (\sec^2 x) \cdot dx$。

(B) 計算 $\int_{-\frac{\pi}{3}}^0 (\sec x) \cdot (\tan x) \cdot dx$。

解答：

(A) $\int_0^{\frac{\pi}{4}} (\sec^2 x) \cdot dx = [\tan x]_0^{\frac{\pi}{4}} = 1 - 0 = 1$。

(B) $\int_{-\frac{\pi}{3}}^0 (\sec x) \cdot (\tan x) \cdot dx = [\sec x]_{-\frac{\pi}{3}}^0 = 1 - 2 = -1$。

範例 5　試求 $\int_0^4 \sqrt{3x+2} \cdot dx$。

說明：令 $G(x) = \dfrac{2}{9} \cdot (3x+2)^{\frac{3}{2}}$ 其中 $x \geq \dfrac{-2}{3}$。令 $g(u) = \dfrac{2}{9} \cdot u^{\frac{3}{2}}$ 且 $u(x) = 3x+2$。則

$$G(x) = \frac{2}{9} \cdot (3x+2)^{\frac{3}{2}} = g(u(x))$$

由連鎖律可知

$$G'(x) = g'(u(x)) \cdot u'(x) = \frac{2}{9} \cdot \frac{3}{2} \cdot (3x+2)^{\frac{1}{2}} \cdot 3 = \sqrt{3x+2}$$

因此由定理 5.2.2B 可知

$$\int_0^4 \sqrt{3x+2} \cdot dx = [G(x)]_0^4 = \frac{2}{9} \cdot \left[(14)^{\frac{3}{2}} - 2^{\frac{3}{2}}\right]$$

範例 6A　假設一部高鐵火車由台南站出發開到嘉義站總共費時 15 分鐘。火車的計速器顯示火車的行進速度函數為 $v(t) = 130 \cdot \sin\left[\dfrac{\pi \cdot t}{900}\right]$（公尺／秒），其中 t 為所經歷的時間（秒）。試求火車在這 15 分鐘內所行駛的距離。

說明：假設火車「在時間 t 秒的時候」所行駛的距離為 $H(t)$ 公尺，則 $H(0) = 0$ 且

$$H'(t) = v(t) = 130 \cdot \sin\left[\frac{\pi \cdot t}{900}\right]$$

由微積分基本定理（定理 5.2.2B）可知

$$\int_0^{900} v(t) \cdot dt = H(900) - H(0) \Rightarrow H(900) = H(0) + \int_0^{900} v(t) \cdot dt$$
$$= 0 + \int_0^{900} v(t) \cdot dt$$

因此火車「在時間 900 秒（等於 15 分鐘）的時候」所行駛的距離為

$$H(900) = 0 + \int_0^{900} v(t) \cdot dt = \int_0^{900} 130 \cdot \sin\left[\frac{\pi \cdot t}{900}\right] \cdot dt$$
$$= \left[-130 \cdot \frac{900}{\pi} \cdot \cos\left[\frac{\pi \cdot t}{900}\right]\right]_0^{900} = -130 \cdot \frac{900}{\pi} \cdot (-1 - 1)$$
$$= \frac{130 \cdot 1800}{\pi} = \frac{234000}{\pi}$$

（公尺）。

範例 6B　一顆小石頭在 0 秒的時候自高空 3000 公尺的高度自由落下，已知「重力加速度」為常數 $g = 10$（公尺／秒^2）。忽略空氣阻力的影響。(A) 試求小石頭在 20 秒的時候的速度（公尺／秒）。(B) 試求小石頭在 20 秒的時候的高度（公尺）。

說明：假設小石頭「在時間 t 秒的時候」的高度為 $H(t)$ 公尺。假設小石頭「在時間 t 秒的時候」的速度為 $v(t)$（公尺／秒），則

$$H'(t) = v(t) \text{ 其中 } H(0) = 3000 \text{ 且 } v(0) = 0$$

由於「重力加速度」為常數 $g = 10$（公尺／秒^2）而且「朝下」，所以
$$v'(t) = -g$$
由微積分基本定理（定理 5.2.2B）與 $v(0) = 0$ 可知
$$\int_0^s (-g) \cdot dt = \int_0^s v'(t) \cdot dt = v(s) - v(0) = v(s)$$
$$\Rightarrow v(s) = \int_0^s (-g) \cdot dt = -g \cdot s$$
因此小石頭「在時間 20 秒的時候」的速度為
$$v(20) = 20 \cdot (-g) = 20 \cdot (-10) = -200 \text{（公尺／秒）}$$
再次應用微積分基本定理（定理 5.2.2B）可知
$$\int_0^{20} v(t) \cdot dt = H(20) - H(0)$$
$$\Rightarrow H(20) = H(0) + \int_0^{20} v(t) \cdot dt$$
$$= 3000 + \int_0^{20} (-g \cdot t) \cdot dt$$
因此小石頭「在時間 20 秒的時候」的高度為
$$H(20) = 3000 + \int_0^{20} (-g \cdot t) \cdot dt = 3000 + \left[\frac{-g \cdot t^2}{2} \right]_0^{20}$$
$$= 3000 - \frac{(10) \cdot 400}{2} = 1000$$
（公尺）。

延伸學習 **4**　一個質點「在時間為 0 秒的時候」由「原點右側 5 公尺的位置」出發在 x 軸上朝右方運動。已知質點的速度函數為 $v(t) = 8t + (\sin t)$（公尺／秒），其中 t 為所經歷的時間（秒）。試求質點「在時間為 10 秒的時候」的位置。

解答：假設質點「在時間 t 秒的時候」的位置為 $H(t)$ 公尺，則
$$H(10) = H(0) + \int_0^{10} v(t) \cdot dt = 5 + \int_0^{10} [8t + \sin t] \cdot dt$$
$$= 5 + [4 \cdot t^2 - \cos t]_0^{10} = 406 - (\cos 10)$$

定理 5.2.3　（積分運算的線性規律）

(A) 假設 f 是定義在有限閉區間 $[a, b]$ 上的連續函數。如果 k 是實數常數，則
$$\int_a^b [k \cdot f(x)] \cdot dx = k \cdot \int_a^b f(x) \cdot dx$$

(B) 假設 f 與 g 是定義在有限閉區間 $[a, b]$ 上的連續函數，則
$$\int_a^b [f(x) + g(x)] \cdot dx = \int_a^b f(x) \cdot dx + \int_a^b g(x) \cdot dx$$

(C) 假設 f 與 g 是定義在有限閉區間 $[a, b]$ 上的連續函數。如果 α 與 β 是實數常數，則
$$\int_a^b [\alpha \cdot f(x) + \beta \cdot g(x)] \cdot dx = \alpha \cdot \int_a^b f(x) \cdot dx + \beta \cdot \int_a^b g(x) \cdot dx$$

說明： (A) 與 (B) 的證明與 (C) 相似，所以我們只證明 (C)。

如果 $P = \{x_0 = a, x_1, \cdots, x_n = b\}$ 是區間 $[a, b]$ 的一個「分割」而且 $c_1 \in [x_0, x_1], \cdots, c_n \in [x_{n-1}, x_n]$ 是我們在 P 所分割出的 n 個「子區間」中所分別選取的點，則所對應的黎曼和 $S_{\alpha \cdot f + \beta \cdot g}(P)$、$S_f(P)$、$S_g(P)$ 之間有以下的關係：

$$
\begin{aligned}
S_{\alpha \cdot f + \beta \cdot g}(P) &= \sum_{k=1}^{n} [\alpha \cdot f(c_k) + \beta \cdot g(c_k)] \cdot (x_k - x_{k-1}) \\
&= \sum_{k=1}^{n} [\alpha \cdot f(c_k) \cdot (x_k - x_{k-1}) + \beta \cdot g(c_k) \cdot (x_k - x_{k-1})] \\
&= \sum_{k=1}^{n} \alpha \cdot f(c_k) \cdot (x_k - x_{k-1}) + \sum_{k=1}^{n} \beta \cdot g(c_k) \cdot (x_k - x_{k-1}) \\
&= \alpha \cdot \left[\sum_{k=1}^{n} f(c_k) \cdot (x_k - x_{k-1}) \right] + \beta \cdot \left[\sum_{k=1}^{n} g(c_k) \cdot (x_k - x_{k-1}) \right] \\
&= \alpha \cdot S_f(P) + \beta \cdot S_g(P)
\end{aligned}
$$

因此由「極限運算的線性規律」可知

$$
\begin{aligned}
\int_a^b [\alpha \cdot f(x) + \beta \cdot g(x)] \cdot dx &= \lim_{\|P\| \to 0} S_{\alpha \cdot f + \beta \cdot g}(P) \\
&= \lim_{\|P\| \to 0} [\alpha \cdot S_f(P) + \beta \cdot S_g(P)] \\
&= \alpha \cdot \lim_{\|P\| \to 0} S_f(P) + \beta \cdot \lim_{\|P\| \to 0} S_g(P) \\
&= \alpha \cdot \int_a^b f(x) \cdot dx + \beta \cdot \int_a^b g(x) \cdot dx
\end{aligned}
$$

這就是我們所要證明的結果。

注意 $f(x) - g(x) = 1 \cdot f(x) + (-1) \cdot g(x)$。因此由 (C) 可知

$$
\begin{aligned}
\int_a^b [f(x) - g(x)] \cdot dx &= \int_a^b [1 \cdot f(x) + (-1) \cdot g(x)] \cdot dx \\
&= 1 \cdot \int_a^b f(x) \cdot dx + (-1) \cdot \int_a^b g(x) \cdot dx \\
&= \int_a^b f(x) \cdot dx - \int_a^b g(x) \cdot dx
\end{aligned}
$$

範例 7 已知 $\int_3^5 f(x) \cdot dx = -2$ 且 $\int_3^5 g(x) \cdot dx = 7$。

(A) 試求 $\int_3^5 6 \cdot f(x) \cdot dx$。　　　　(B) 試求 $\int_3^5 -4 \cdot g(x) \cdot dx$。

(C) 試求 $\int_3^5 [f(x) + g(x)] \cdot dx$。　　(D) 試求 $\int_3^5 [f(x) - g(x)] \cdot dx$。

(E) 試求 $\int_3^5 [4 \cdot f(x) - 3 \cdot g(x)] \cdot dx$。

說明：

(A) $\int_3^5 6 \cdot f(x) \cdot dx = 6 \cdot \int_3^5 f(x) \cdot dx = 6 \cdot (-2) = -12$。

(B) $\int_3^5 -4 \cdot g(x) \cdot dx = (-4) \cdot \int_3^5 g(x) \cdot dx = (-4) \cdot 7 = -28$。

(C) $\int_3^5 [f(x) + g(x)] \cdot dx = \int_3^5 f(x) \cdot dx + \int_3^5 g(x) \cdot dx = (-2) + 7 = 5$。

(D) $\int_3^5 [f(x) - g(x)] \cdot dx = \int_3^5 f(x) \cdot dx - \int_3^5 g(x) \cdot dx = (-2) - 7 = -9$。

(E) $4 \cdot f(x) - 3 \cdot g(x) = 4 \cdot f(x) + (-3) \cdot g(x)$。因此

$$
\int_3^5 [4 \cdot f(x) - 3 \cdot g(x)] \cdot dx = 4 \cdot \int_3^5 f(x) \cdot dx + (-3) \cdot \int_3^5 g(x) \cdot dx
$$

所以 $\int_3^5 [4 \cdot f(x) - 3 \cdot g(x)] \cdot dx = 4 \cdot (-2) + (-3) \cdot 7 = -29$。

延伸學習 5　已知 $\int_3^4 f(x) \cdot dx = -5$ 且 $\int_3^4 g(x) \cdot dx = 1$。(A) 試求 $\int_3^4 [f(x) + g(x)] \cdot dx$。(B) 試求 $\int_3^4 [2 \cdot f(x) - 3 \cdot g(x)] \cdot dx$。

解答：

(A) $\int_3^4 [f(x) + g(x)] \cdot dx = -4$。

(B) $\int_3^4 [2 \cdot f(x) - 3 \cdot g(x)] \cdot dx = -13$。

範例 8　已知 $\int_3^5 f(x) \cdot dx = 6$ 且 $\int_3^5 g(x) \cdot dx = 7$ 且 $\int_3^5 h(x) \cdot dx = -1$。試求 $\int_3^5 [3 \cdot f(x) - 2 \cdot g(x) - 4 \cdot h(x)] \cdot dx$。

說明：$3 \cdot f(x) - 2 \cdot g(x) - 4 \cdot h(x) = 3 \cdot f(x) + (-2) \cdot g(x) + (-4) \cdot h(x)$。
由定理 5.2.1 可知

$$\int_3^5 [3 \cdot f(x) - 2 \cdot g(x) - 4 \cdot h(x)] \cdot dx$$
$$= \int_3^5 [3 \cdot f(x) + (-2) \cdot g(x)] \cdot dx + (-4) \cdot \int_3^5 h(x) \cdot dx$$

再次使用定理 5.2.1 可知

$$\int_3^5 [3 \cdot f(x) + (-2) \cdot g(x)] \cdot dx = 3 \cdot \int_3^5 f(x) \cdot dx + (-2) \cdot \int_3^5 g(x) \cdot dx$$

因此

$$\int_3^5 [3 \cdot f(x) - 2 \cdot g(x) - 4 \cdot h(x)]\, dx$$
$$= 3 \cdot \int_3^5 f(x)\, dx + (-2) \cdot \int_3^5 g(x)\, dx + (-4) \cdot \int_3^5 h(x)\, dx$$
$$= 3 \cdot 6 + (-2) \cdot 7 + (-4) \cdot (-1) = 8$$

延伸學習 6　已知 $\int_3^5 f(x) \cdot dx = 6$ 且 $\int_3^5 g(x) \cdot dx = 7$，而且 $\int_3^5 h(x) \cdot dx = -1$。試求 $\int_3^5 [f(x) + 5 \cdot g(x) - 2 \cdot h(x)] \cdot dx$。

解答：$\int_3^5 [f(x) + 5 \cdot g(x) - 2 \cdot h(x)] \cdot dx = 6 + 5 \cdot 7 + (-2) \cdot (-1) = 43$。

定理 5.2.3 的延伸　假設 $f_1, \cdots, f_m$ 是定義在有限閉區間 $[a, b]$ 上的連續函數。如果 $\alpha_1, \cdots, \alpha_m$ 是實數常數，則

$$\int_a^b [\alpha_1 \cdot f_1(x) + \cdots + \alpha_m \cdot f_m(x)] \cdot dx$$
$$= \alpha_1 \cdot \int_a^b f_1(x) \cdot dx + \cdots + \alpha_m \cdot \int_a^b f_m(x) \cdot dx$$

因此，如果 $p(x) = c_0 + c_1 \cdot x + \cdots + c_m \cdot x^m$ 是多項式函數，則

$$\int_a^b p(x) \cdot dx = c_0 \cdot \int_a^b 1 \cdot dx + c_1 \cdot \int_a^b x \cdot dx + \cdots + c_m \cdot \int_a^b x^m \cdot dx$$
$$= [c_0 \cdot x]_a^b + \left[c_1 \cdot \frac{x^2}{2}\right]_a^b + \cdots + \left[c_m \cdot \frac{x^{m+1}}{m+1}\right]_a^b$$
$$= \left[c_0 \cdot x + c_1 \cdot \frac{x^2}{2} + \cdots + c_m \cdot \frac{x^{m+1}}{m+1}\right]_a^b$$

範例 9 (A) 試求 $\int_0^{\frac{\pi}{3}} [2 \cdot (\sin x) - 3 \cdot (\sec^2 x)] \cdot dx$。

(B) 試求 $\int_0^2 [3 - 2x + 5 \cdot x^7] \cdot dx$。

(C) 試求 $\int_0^{\frac{\pi}{3}} [-3 \cdot (\cos x) + (\sec x) \cdot (\tan x) + 7x] \cdot dx$。

說明：

(A) $\int_0^{\frac{\pi}{3}} [2 \cdot (\sin x) - 3 \cdot (\sec^2 x)] \cdot dx$

$= 2 \cdot \int_0^{\frac{\pi}{3}} (\sin x) \cdot dx + (-3) \cdot \int_0^{\frac{\pi}{3}} (\sec^2 x) \cdot dx$

$= [2 \cdot (-\cos x) + (-3) \cdot (\tan x)]_0^{\frac{\pi}{3}}$

$= 2 \cdot \left[\dfrac{-1}{2} + 1 \right] - 3 \cdot \sqrt{3} = 1 - 3\sqrt{3}$

(B) $\int_0^2 [3 - 2x + 5 \cdot x^7] \cdot dx = \left[3x - 2 \cdot \dfrac{x^2}{2} + 5 \cdot \dfrac{x^8}{8} \right]_0^2$

$= 3 \cdot 2 - 2 \cdot 2 + 5 \cdot \dfrac{2^8}{8} = 162$

(C) $\int_0^{\frac{\pi}{3}} [-3 \cdot (\cos x) + (\sec x) \cdot (\tan x) + 7x] \cdot dx$

$= (-3) \cdot \int_0^{\frac{\pi}{3}} (\cos x) \cdot dx + \int_0^{\frac{\pi}{3}} [(\sec x) \cdot (\tan x)] \cdot dx + 7 \cdot \int_0^{\frac{\pi}{3}} x \cdot dx$

$= (-3) \cdot [\sin x]_0^{\frac{\pi}{3}} + [\sec x]_0^{\frac{\pi}{3}} + 7 \cdot \left[\dfrac{x^2}{2} \right]_0^{\frac{\pi}{3}}$

$= (-3) \cdot \dfrac{\sqrt{3}}{2} + [2 - 1] + 7 \cdot \dfrac{\pi^2}{18}$

應用積分來計算平面區域的面積

　　我們在第一節解釋過「積分」的意義：「積分」是「帶有符號的函數圖形面積」。現在我們說明如何使用「積分」來計算「平面區域的面積」。

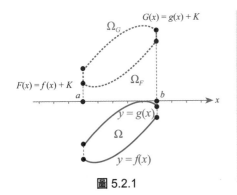

圖 5.2.1

定理 5.2.4　假設 f 與 g 是定義在有限閉區間 $[a, b]$ 上的連續函數而且 $f \le g$：

　　　　$f(x) \le g(x)$ 對所有點 $x \in [a, b]$ 都成立

假設「f 的函數圖形」與「g 的函數圖形」在 $a \le x \le b$ 的範圍中所圍出的區域為 Ω。請參考圖 5.2.1。則

　　　　「區域 Ω 的面積」$= \int_a^b [g(x) - f(x)] \cdot dx$

說明：選擇「足夠大的正實數 K」使得

　　　　$0 \le f(x) + K \le g(x) + K$ 對所有點 $x \in [a, b]$ 都成立

令 $F(x) = f(x) + K$ 且 $G(x) = g(x) + K$。假設「F 的函數圖形」與「x 軸」在 $a \le x \le b$ 的範圍中所圍出的區域為 Ω_F，假設「G 的函數圖形」與「x 軸」在 $a \le x \le b$ 的範圍中所圍出的區域為 Ω_G，則「區域 Ω_F」與

「區域 Ω_G」都是位於「水平線 x 軸以上的區域」。因此

$$\text{「區域 } \Omega_F \text{ 的面積」} = \int_a^b F(x) \cdot dx$$

而且

$$\text{「區域 } \Omega_G \text{ 的面積」} = \int_a^b G(x) \cdot dx$$

假設「G 的函數圖形」與「F 的函數圖形」在 $a \leq x \leq b$ 的範圍中所圍出的區域為 Ω_{G-F}。請參考圖 5.2.1。則「區域 Ω_{G-F}」可以由「區域 Ω 垂直往上平移 K」而得到。因此

$$\text{「區域 } \Omega \text{ 的面積」} = \text{「區域 } \Omega_{G-F} \text{ 的面積」}$$

但是

$$\text{「區域 } \Omega_{G-F} \text{ 的面積」}$$
$$= \text{「區域 } \Omega_G \text{ 的面積」} - \text{「區域 } \Omega_F \text{ 的面積」}$$
$$= \int_a^b G(x) \cdot dx - \int_a^b F(x) \cdot dx = \int_a^b [G(x) - F(x)] \cdot dx$$
$$= \int_a^b [(g(x) + K) - (f(x) + K)] \cdot dx = \int_a^b [g(x) - f(x)] \cdot dx$$

所以

$$\text{「區域 } \Omega \text{ 的面積」} = \int_a^b G(x) \cdot dx - \int_a^b F(x) \cdot dx$$
$$= \int_a^b [g(x) - f(x)] \cdot dx \qquad \blacksquare$$

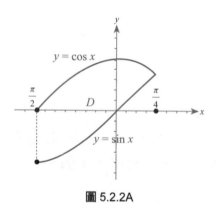

圖 5.2.2A

範例 10 試計算 $y = \cos x$ 與 $y = \sin x$ 在 $\dfrac{-\pi}{2} \leq x \leq \dfrac{\pi}{4}$ 範圍中所圍出的區域 D 的面積。請參考圖 5.2.2A。

說明：令 $f(x) = \sin x$ 且 $g(x) = \cos x$，其中 $\dfrac{-\pi}{2} \leq x \leq \dfrac{\pi}{4}$。則 $f(x) = \sin x \leq \cos x = g(x)$ 在區間 $\left[-\dfrac{\pi}{2}, \dfrac{\pi}{4} \right]$ 上恆成立。請參考圖 5.2.2A。所以

區域 D 的面積
$$= \int_{-\frac{\pi}{2}}^{\frac{\pi}{4}} [g(x) - f(x)] \cdot dx = \int_{-\frac{\pi}{2}}^{\frac{\pi}{4}} [(\cos x) - (\sin x)] \cdot dx$$
$$= [(\sin x) + (\cos x)]_{-\frac{\pi}{2}}^{\frac{\pi}{4}} = \left[\frac{1}{\sqrt{2}} + \frac{1}{\sqrt{2}} \right] - [-1 + 0] = \frac{2}{\sqrt{2}} + 1 = \sqrt{2} + 1$$

延伸學習 7 試計算 $y = \sqrt{x}$ 與 $y = x^2$ 在 $0 \leq x \leq 1$ 範圍中所圍出的區域 D 的面積。請參考圖 5.2.2B。

解答：區域 D 的面積 $= \int_0^1 [\sqrt{x} - x^2] \cdot dx = \left[\dfrac{2 \cdot x^{\frac{3}{2}}}{3} - \dfrac{x^3}{3} \right]_0^1 = \left[\dfrac{2}{3} - \dfrac{1}{3} \right] - 0 = \dfrac{1}{3}$。

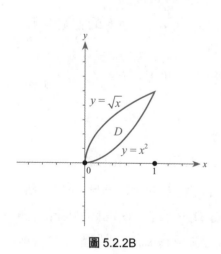

圖 5.2.2B

延伸學習 8 試計算 $y = x^3$ 與 $y = x$ 在 $-1 \leq x \leq 0$ 範圍中所圍出的區域 D 的面積。請參考圖 5.2.2C。

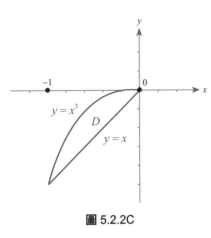

圖 5.2.2C

解答：區域 D 的面積 $= \int_{-1}^{0} [x^3 - x] \cdot dx = \left[\dfrac{x^4}{4} - \dfrac{x^2}{2} \right]_{-1}^{0} = 0 - \left[\dfrac{1}{4} - \dfrac{1}{2} \right]$

$= \dfrac{1}{4}$。

定理 5.2.4 的補充　假設 f 與 g 是定義在有限閉區間 $[a, b]$ 上的連續函數。假設「f 的函數圖形」與「g 的函數圖形」在 $a \le x \le b$ 的範圍中所圍出的區域為 Ω。如果「$f \le g$」不一定成立，那麼我們可以使用

$$\int_a^b |g(x) - f(x)| \cdot dx$$

來計算「區域 Ω 的面積」。

習題 5.2

1. 試說明 $\dfrac{\pi}{4\sqrt{2}} = \int_0^{\frac{\pi}{4}} \dfrac{1}{\sqrt{2}} \cdot dx \le \int_0^{\frac{\pi}{4}} (\cos x) \cdot dx \le \int_0^{\frac{\pi}{4}} 1 \cdot dx = \dfrac{\pi}{4}$。

2. (A) 試求 $\int_0^6 [5 - 7x + 4x^3] \cdot dx$。
   (B) 試求 $\int_{-2}^{-1} x^{-2} \cdot dx$。

3. (A) 試求 $\int_0^4 \sqrt[3]{x} \cdot dx = \int_0^4 x^{\frac{1}{3}} \cdot dx$。
   (B) 試求 $\int_1^8 x^{-\frac{1}{3}} \cdot dx$。

4. (A) 試求 $\int_0^{\frac{\pi}{3}} (\cos x) \cdot dx$。
   (B) 試求 $\int_0^{\frac{\pi}{4}} (\sin x) \cdot dx$。

5. (A) 試求 $\int_0^{\frac{\pi}{3}} (\sec^2 x) \cdot dx$。
   (B) 試求 $\int_0^{0.6} (\sec x) \cdot (\tan x) \cdot dx$。

6. 試求 $\int_0^3 \sqrt{x + 1} \cdot dx$。

7. 一個質點「在時間為 0 秒的時候」由「原點右側 2 公尺的位置」出發在 x 軸上朝右方運動。已知質點的速度函數為 $v(t) = \dfrac{3}{2} \cdot \sqrt{t}$（公尺／秒），其中 t 為所經歷的時間（秒）。試求質點「在時間為 9 秒的時候」的位置。

8. 已知 $\int_3^5 f(x) \cdot dx = 6$，且 $\int_3^5 g(x) \cdot dx = 7$，且 $\int_3^5 h(x) \cdot dx = -1$。
   (A) 試求 $\int_3^5 [4 \cdot f(x) + 3 \cdot g(x)] \cdot dx$。
   (B) 試求 $\int_3^5 [5 \cdot h(x) - 3 \cdot f(x)] \cdot dx$。

9. 試求 $\int_0^4 (\sqrt{x} - 3 \cdot \cos x) \cdot dx$。

10. 試計算 $y = x^2$ 與 $y = x^3$ 在 $-1 \le x \le 1$ 範圍中所圍出的區域 D 的面積。

第 3 節　積分的變數變換

微分的運算有連鎖律，積分的運算有「**變數變換**或**變數代換**（change of variables）」公式。

定理 5.3.1　假設 f 是定義在開區間 D 的連續函數。假設 u 是定義在開區間 I 的可微分函數而且 $u(I) \subset D$：

$$u(t) \in D \text{ 對所有的 } t \in I \text{ 都成立。}$$

固定區間 D 中的兩個點 a 與 b。則我們有以下結果：

(A) $\dfrac{d}{dt}\displaystyle\int_a^{u(t)} f(x) \cdot dx = f(u(t)) \cdot u'(t)$。

(B) $\dfrac{d}{dt}\displaystyle\int_{u(t)}^b f(x) \cdot dx = -f(u(t)) \cdot u'(t)$。

說明：我們定義

$$F(s) = \int_a^s f(x) \cdot dx \text{ 其中 } s \in D$$

則由微積分基本定理（定理 5.2.2A 的常見擴充）可知 F 是可微分函數而且

$$F'(s) = f(s) \text{ 其中 } s \in D$$

令 $H(t) = F(u(t)) = \displaystyle\int_a^{u(t)} f(x) \cdot dx$，則由「連鎖律」可知 H 是可微分函數而且

$$H'(t) = F'(u(t)) \cdot u'(t) = f(u(t)) \cdot u'(t)$$

其中我們使用「$F'(s) = f(s) \Rightarrow F'(u(t)) = f(u(t))$」這個結果。所以

結果 (A) $\dfrac{d}{dt}\displaystyle\int_a^{u(t)} f(x) \cdot dx = \dfrac{d}{dt} F(u(t)) = H'(t) = f(u(t)) \cdot u'(t)$

現在我們證明 (B)。由「積分相對於積分區間的加法規律」（定理 5.1.3B 的擴充）可知

$$\int_a^b f(x) \cdot dx = \int_a^{u(t)} f(x) \cdot dx + \int_{u(t)}^b f(x) \cdot dx = H(t) + \int_{u(t)}^b f(x) \cdot dx$$

因此 $\displaystyle\int_{u(t)}^b f(x) \cdot dx = \int_a^b f(x) \cdot dx - H(t)$ 而且

$$\frac{d}{dt}\int_{u(t)}^b f(x) \cdot dx = \left[\frac{d}{dt}\int_a^b f(x) \cdot dx\right] - \left[\frac{d}{dt}H(t)\right]$$

但是積分 $\displaystyle\int_a^b f(x) \cdot dx$ 是常數（與 t 無關），所以 $\dfrac{d}{dt}\displaystyle\int_a^b f(x) \cdot dx = 0$。因此

$$\frac{d}{dt}\int_{u(t)}^b f(x) \cdot dx = \left[\frac{d}{dt}\int_a^b f(x) \cdot dx\right] - \left[\frac{d}{dt}H(t)\right]$$
$$= -H'(t) = -f(u(t)) \cdot u'(t) \qquad ■$$

範例 1 (A) 試求 $\dfrac{d}{dt}\displaystyle\int_{-2}^{\sin t} x^2 \cdot dx$。(B) 試求 $\dfrac{d}{dt}\displaystyle\int_{\sin t}^0 x^3 \cdot dx$。

說明：

(A) 令 $f(x) = x^2$ 且 $u(t) = \sin t$，則

$$\frac{d}{dt}\int_{-2}^{\sin t} x^2 \cdot dx = f(u(t)) \cdot u'(t) = (\sin t)^2 \cdot (\cos t)$$

(B) 令 $g(x) = x^3$ 且 $v(t) = \sin t$，則

$$\frac{d}{dt}\int_{\sin t}^0 x^3 \cdot dx = -g(v(t)) \cdot v'(t) = -(\sin t)^3 \cdot (\cos t)$$

延伸學習 1 (A) 試求 $\dfrac{d}{dt}\displaystyle\int_0^{\sec t} x \cdot dx$。(B) 試求 $\dfrac{d}{dt}\displaystyle\int_{3t+7}^5 x^4 \cdot dx$。

解答：(A) $\dfrac{d}{dt}\displaystyle\int_0^{\sec t} x \cdot dx = (\sec t) \cdot [(\sec t) \cdot (\tan t)]$。

(B) $\dfrac{d}{dt}\displaystyle\int_{3t+7}^{5} x^4 \cdot dx = -(3t+7)^4 \cdot 3$。

　　我們在微分的運算中曾經討論過「連鎖律」。在積分的運算中與「微分的連鎖律」相應的就是「變數變換或變數代換」公式。

定理 5.3.2　（積分運算的變數變換公式）

假設 f 是定義在開區間 D 的連續函數。假設 u 是定義在開區間 I 的可微分函數而且 $u(I) \subset D$：

$$u(t) \in D \text{ 對所有的 } t \in I \text{ 都成立。}$$

假設 $\alpha \in I$ 且 $\beta \in I$。令 $u(\alpha) = a$ 且 $u(\beta) = b$，則

$$\int_\alpha^\beta f(u(t)) \cdot u'(t) \cdot dt = \int_{u(\alpha)}^{u(\beta)} f(x) \cdot dx = \int_a^b f(x) \cdot dx$$

這個公式常被表示為以下更容易記憶的形式：

$$\int_a^b f(x) \cdot dx = \int_a^b f(u) \cdot du = \int_\alpha^\beta f(u(t)) \cdot \frac{du(t)}{dt} \cdot dt$$

其中 du 轉變為 $\dfrac{du}{dt} \cdot dt$。

說明：我們定義

$$H(t) = \int_a^{u(t)} f(x) \cdot dx = \int_{u(\alpha)}^{u(t)} f(x) \cdot dx \text{ 其中 } t \in I。$$

則由定理 5.3.1A 可知 H 是可微分函數而且

$$H'(t) = \frac{d}{dt}\int_a^{u(t)} f(x) \cdot dx = f(u(t)) \cdot u'(t)$$

因此由微積分基本定理（定理 5.2.2B）可知

$$\int_\alpha^\beta f(u(t)) \cdot u'(t) \cdot dt = H(\beta) - H(\alpha) = \int_{u(\alpha)}^{u(\beta)} f(x) \cdot dx - \int_{u(\alpha)}^{u(\alpha)} f(x) \cdot dx$$

注意 $\displaystyle\int_{u(\alpha)}^{u(\alpha)} f(x) \cdot dx = 0$，所以 $\displaystyle\int_\alpha^\beta f(u(t)) \cdot u'(t) \cdot dt = \int_{u(\alpha)}^{u(\beta)} f(x) \cdot dx$。　∎

基本函數的「變數代換」公式

- 如果 n 是「正整數」，則 $\displaystyle\int_\alpha^\beta [u(t)]^n \cdot u'(t) \cdot dt = \int_{u(\alpha)}^{u(\beta)} x^n \cdot dx$。

- 假設 n 是「負整數」而且 $n \neq -1$。如果 $u(t) \neq 0$，$\forall t \in [\alpha, \beta]$，則
$$\int_\alpha^\beta [u(t)]^n \cdot u'(t) \cdot dt = \int_{u(\alpha)}^{u(\beta)} x^n \cdot dx$$

- 假設 n 是「正有理數」。如果 $u(t) \geq 0$，$\forall t \in [\alpha, \beta]$，則
$$\int_\alpha^\beta [u(t)]^n \cdot u'(t) \cdot dt = \int_{u(\alpha)}^{u(\beta)} x^n \cdot dx$$

- 假設 n 是「負有理數」而且 $n \neq -1$。如果 $u(t) > 0$，$\forall t \in [\alpha, \beta]$，則
$$\int_\alpha^\beta [u(t)]^n \cdot u'(t) \cdot dt = \int_{u(\alpha)}^{u(\beta)} x^n \cdot dx$$

- $\displaystyle\int_\alpha^\beta [\cos u(t)] \cdot u'(t) \cdot dt = \int_{u(\alpha)}^{u(\beta)} (\cos x) \cdot dx$。

- $\displaystyle\int_\alpha^\beta [\sin u(t)] \cdot u'(t) \cdot dt = \int_{u(\alpha)}^{u(\beta)} (\sin x) \cdot dx$。

● 如果 $[\cos u(t)] \neq 0$，$\forall t \in [\alpha, \beta]$，則

$$\int_{\alpha}^{\beta} [\sec u(t)]^2 \cdot u'(t) \cdot dt = \int_{u(\alpha)}^{u(\beta)} (\sec^2 x) \cdot dx$$

● 如果 $[\cos u(t)] \neq 0$，$\forall t \in [\alpha, \beta]$，則

$$\int_{\alpha}^{\beta} [\sec u(t)] \cdot [\tan u(t)] \cdot u'(t) \cdot dt = \int_{u(\alpha)}^{u(\beta)} (\sec x) \cdot (\tan x) \cdot dx$$

● 如果 $[\sin u(t)] \neq 0$，$\forall t \in [\alpha, \beta]$，則

$$\int_{\alpha}^{\beta} [\csc u(t)]^2 \cdot u'(t) \cdot dt = \int_{u(\alpha)}^{u(\beta)} (\csc^2 x) \cdot dx$$

● 如果 $[\sin u(t)] \neq 0$，$\forall t \in [\alpha, \beta]$，則

$$\int_{\alpha}^{\beta} [\csc u(t)] \cdot [\cot u(t)] \cdot u'(t) \cdot dt = \int_{u(\alpha)}^{u(\beta)} (\csc x) \cdot (\cot x) \cdot dx$$

範例 2　試求 $\int_1^2 \dfrac{2t}{(t^2 - 5)^3} \cdot dt$。

說明： 令 $u(t) = t^2 - 5$，則 $u'(t) = 2t$。注意 $\dfrac{2t}{(t^2 - 5)^3} = \dfrac{u'(t)}{[u(t)]^3}$。令 $f(x) = x^{-3}$，則 $f(u(t)) = [u(t)]^{-3}$ 而且

$$\int_1^2 \dfrac{2t}{(t^2 - 5)^3} \cdot dt = \int_1^2 f(u(t)) \cdot u'(t) \cdot dt$$

由「積分運算的變數變換公式」定理 5.3.2 可知

$$\int_1^2 f(u(t)) \cdot u'(t) \cdot dt = \int_{u(1)}^{u(2)} f(x) \cdot dx = \int_{-4}^{-1} x^{-3} \cdot dx$$

$$= \left[\dfrac{x^{-2}}{-2} \right]_{-4}^{-1} = \dfrac{1 - \dfrac{1}{16}}{-2} = -\dfrac{15}{32}$$

所以

$$\int_1^2 \dfrac{2t}{(t^2 - 5)^3} \cdot dt = \int_{-4}^{-1} x^{-3} \cdot dx = \left[\dfrac{x^{-2}}{-2} \right]_{-4}^{-1} = \dfrac{1 - \dfrac{1}{16}}{-2} = -\dfrac{15}{32}$$

範例 3　試求 $\int_0^2 \sqrt{t^2 + 1} \cdot 2t \cdot dt$。

說明： 令 $u(t) = t^2 + 1$ 則 $u'(t) = 2t$。注意 $\sqrt{t^2 + 1} \cdot 2t = \sqrt{u(t)} \cdot u'(t)$。令 $f(x) = \sqrt{x}$，則 $f(u(t)) = \sqrt{u(t)}$ 而且

$$\int_0^2 \sqrt{t^2 + 1} \cdot 2t \cdot dt = \int_0^2 f(u(t)) \cdot u'(t) \cdot dt$$

由「積分運算的變數變換公式」定理 5.3.2 可知

$$\int_0^2 f(u(t)) \cdot u'(t) \cdot dt = \int_{u(0)}^{u(2)} f(x) \cdot dx = \int_1^5 \sqrt{x} \cdot dx$$

$$= \left[\dfrac{2}{3} \cdot x^{\frac{3}{2}} \right]_1^5 = \dfrac{2}{3} \cdot [5^{\frac{3}{2}} - 1]$$

所以 $\int_0^2 \sqrt{t^2 + 1} \cdot 2t \cdot dt = \int_1^5 \sqrt{x} \cdot dx = \left[\dfrac{2}{3} \cdot x^{\frac{3}{2}} \right]_1^5 = \dfrac{2}{3} \cdot [5^{\frac{3}{2}} - 1]$。

範例 4　試求 $\int_{-1}^0 \dfrac{t}{\sqrt{t^2 + 3}} \cdot dt$。

說明： 令 $u(t) = t^2 + 3$，則 $u'(t) = 2t$。注意 $\dfrac{t}{\sqrt{t^2 + 3}} = \dfrac{u'(t)}{2 \cdot \sqrt{u(t)}}$。令

$f(x) = \dfrac{1}{\sqrt{x}}$，則 $f(u(t)) = \dfrac{1}{\sqrt{u(t)}}$ 而且

$$\int_{-1}^{0} \frac{t}{\sqrt{t^2 + 3}} \cdot dt = \frac{1}{2} \cdot \int_{-1}^{0} \frac{u'(t)}{\sqrt{u(t)}} \cdot dt = \frac{1}{2} \cdot \int_{-1}^{0} f(u(t)) \cdot u'(t) \cdot dt$$

由「積分運算的變數變換公式」定理 5.3.2 可知

$$\int_{-1}^{0} f(u(t)) \cdot u'(t) \cdot dt = \int_{u(-1)}^{u(0)} f(x) \cdot dx = \int_{4}^{3} \frac{dx}{\sqrt{x}} = \int_{4}^{3} x^{-\frac{1}{2}} \cdot dx$$

$$= [2 \cdot x^{\frac{1}{2}}]_{4}^{3} = 2\sqrt{3} - 2\sqrt{4}$$

所以 $\displaystyle\int_{-1}^{0} \frac{t}{\sqrt{t^2 + 3}} \cdot dt = \frac{1}{2} \cdot \int_{-1}^{0} \frac{2t}{\sqrt{t^2 + 3}} \cdot dt = \frac{1}{2} \cdot \int_{4}^{3} x^{\frac{-1}{2}} \cdot dx = \sqrt{3} - \sqrt{4}$

$= \sqrt{3} - 2$。

範例 5　試求 $\displaystyle\int_{-2}^{0} [\cos(t^3 - 9t + 7)] \cdot (t^2 - 3) \cdot dt$。

說明：令 $u(t) = t^3 - 9t + 7$，則 $u'(t) = 3t^2 - 9 = 3 \cdot (t^2 - 3)$。注意

$$[\cot(t^3 - 9t + 7)] \cdot (t^2 - 3) = \frac{[\cos(t^3 - 9t + 7)] \cdot 3 \cdot (t^2 - 3)}{3}$$

$$= \frac{[\cos u(t)] \cdot u'(t)}{3}$$

令 $f(x) = \cos x$，則 $f(u(t)) = \cos u(t)$ 而且

$$\int_{-2}^{0} [\cos(t^3 - 9t + 7)] \cdot (t^2 - 3) \cdot dt = \frac{1}{3} \cdot \int_{-2}^{0} f(u(t)) \cdot u'(t) \cdot dt$$

由「積分運算的變數變換公式」定理 5.3.2 可知

$$\int_{-2}^{0} f(u(t)) \cdot u'(t) \cdot dt = \int_{u(-2)}^{u(0)} f(x) \cdot dx = \int_{17}^{7} (\cos x) \cdot dx = [\sin x]_{17}^{7}$$

$$= (\sin 7) - (\sin 17)$$

所以

$$\int_{-2}^{0} [\cos(t^3 - 9t + 7)] \cdot (t^2 - 3) \cdot dt = \frac{1}{3} \cdot \int_{-2}^{0} f(u(t)) \cdot u'(t) \cdot dt$$

$$= \frac{(\sin 7) - (\sin 17)}{3}$$

延伸學習 2　試求 $\displaystyle\int_{-2}^{0} [\sin(4t + 9)] \cdot dt$。

解答：令 $u(t) = 4t + 9$，則 $u'(t) = 4$。注意

$$[\sin(4t + 9)] = \frac{[\sin(4t + 9)] \cdot 4}{4} = \frac{[\sin u(t)] \cdot u'(t)}{4}$$

令 $f(x) = \sin x$，則 $f(u(t)) = [\sin u(t)]$ 而且

$$\int_{-2}^{0} [\sin(4t + 9)] \cdot dt = \frac{1}{4} \cdot \int_{-2}^{0} [\sin(4t + 9)] \cdot 4 \cdot dt$$

$$= \frac{1}{4} \cdot \int_{-2}^{0} f(u(t)) \cdot u'(t) \cdot dt$$

由「積分運算的變數變換公式」定理 5.3.2 可知

$$\int_{-2}^{0} f(u(t)) \cdot u'(t) \cdot dt = \int_{u(-2)}^{u(0)} f(x) \cdot dx = \int_{1}^{9} (\sin x) \cdot dx$$

$$= [-\cos x]_1^9 = -(\cos 9) + (\cos 1)$$

所以 $\int_{-2}^0 [\sin(4t+9)] \cdot dt = \frac{1}{4} \cdot \int_{-2}^0 f(u(t)) \cdot u'(t) \cdot dt = \frac{-(\cos 9) + (\cos 1)}{4}$ 。

範例 6 試求 $\int_0^1 (\sec t^3)^2 \cdot t^2 \cdot dt$ 。

說明：令 $u(t) = t^3$，則 $u'(t) = 3 \cdot t^2$。注意 $(\sec t^3)^2 \cdot t^2 = \dfrac{(\sec t^3)^2 \cdot 3 \cdot t^2}{3}$

$= \dfrac{[\sec u(t)]^2 \cdot u'(t)}{3}$。令 $f(x) = (\sec x)^2$，則 $f(u(t)) = [\sec u(t)]^2$ 而且

$$\int_0^1 (\sec t^3)^2 \cdot t^2 \cdot dt = \frac{1}{3} \cdot \int_0^1 (\sec t^3)^2 \cdot 3 \cdot t^2 \cdot dt$$
$$= \frac{1}{3} \cdot \int_0^1 f(u(t)) \cdot u'(t) \cdot dt$$

由「積分運算的變數變換公式」定理 5.3.2 可知

$$\int_0^1 f(u(t)) \cdot u'(t) \cdot dt = \int_{u(0)}^{u(1)} f(x) \cdot dx = \int_0^1 (\sec x)^2 \cdot dx$$
$$= [\tan x]_0^1 = (\tan 1) - (\tan 0)$$

所以 $\int_0^1 (\sec t^3)^2 \cdot t^2 \cdot dt = \frac{1}{3} \cdot \int_0^1 f(u(t)) \cdot u'(t) \cdot dt = \dfrac{(\tan 1) - (\tan 0)}{3}$

$= \dfrac{\tan 1}{3}$ 。

延伸學習 3 試求 $\int_0^\pi \left(\sec \dfrac{t}{3} \right) \cdot \left(\tan \dfrac{t}{3} \right) \cdot dt$ 。

解答：令 $u(t) = \dfrac{t}{3}$ 且 $f(x) = (\sec x) \cdot (\tan x)$，則

$$f(u(t)) \cdot u'(t) = \left(\sec \frac{t}{3} \right) \cdot \left(\tan \frac{t}{3} \right) \cdot \frac{1}{3}$$

所以

$$\int_0^\pi \left(\sec \frac{t}{3} \right) \cdot \left(\tan \frac{t}{3} \right) \cdot dt = 3 \int_0^\pi \left(\sec \frac{t}{3} \right) \cdot \left(\tan \frac{t}{3} \right) \cdot \frac{1}{3} \cdot dt$$
$$= 3 \cdot \int_0^\pi f(u(t)) \cdot u'(t) \cdot dt$$

由「積分運算的變數變換公式」定理 5.3.2 可知

$$\int_0^\pi f(u(t)) \cdot u'(t) \cdot dt = \int_{u(0)}^{u(\pi)} f(x) \cdot dx = \int_0^{\frac{\pi}{3}} (\sec x) \cdot (\tan x) \cdot dx$$
$$= \left(\sec \frac{\pi}{3} \right) - (\sec 0)$$

所以

$$\int_0^\pi \left(\sec \frac{t}{3} \right) \cdot \left(\tan \frac{t}{3} \right) \cdot dt = 3 \cdot \int_0^\pi f(u(t)) \cdot u'(t) \cdot dt$$
$$= 3 \cdot \left(\sec \frac{\pi}{3} \right) - 3 \cdot (\sec 0)$$
$$= 6 - 3 = 3$$

範例 7 試求 $\int_0^{\frac{\pi}{2}} (\sin^2 t) \cdot (\cos t) \cdot dt$ 。

說明：令 $u(t) = \sin t$，則 $u'(t) = \cos t$。注意

$$(\sin^2 t) \cdot (\cos t) = [u(t)]^2 \cdot u'(t)$$

令 $f(x) = x^2$，則

$$\int_0^{\frac{\pi}{2}} (\sin^2 t) \cdot (\cos t) \cdot dt = \int_0^{\frac{\pi}{2}} f(u(t)) \cdot u'(t) \cdot dt$$

由「積分運算的變數變換公式」定理 5.3.2 可知

$$\int_0^{\frac{\pi}{2}} f(u(t)) \cdot u'(t) \cdot dt = \int_{u(0)}^{u(\frac{\pi}{2})} f(x) \cdot dx = \int_0^1 x^2 \cdot dx = \left[\frac{x^3}{3}\right]_0^1 = \frac{1}{3}$$

所以 $\int_0^{\frac{\pi}{2}} (\sin^2 t) \cdot (\cos t) \cdot dt = \int_0^{\frac{\pi}{2}} f(u(t)) \cdot u'(t) \cdot dt = \int_0^1 x^2 \cdot dx = \frac{1}{3}$。

延伸學習 4　試求 $\int_0^{\frac{\pi}{4}} (\sec^2 t) \cdot (\tan t) \cdot dt$。

解答： 令 $u(t) = \tan t$，則 $u'(t) = \sec^2 t$。注意

$$(\sec^2 t) \cdot (\tan t) = (\tan t) \cdot (\sec^2 t) = [u(t)] \cdot u'(t)$$

令 $f(x) = x$，則 $(\sec^2 t) \cdot (\tan t) = [u(t)] \cdot u'(t) = f(u(t)) \cdot u'(t)$。所以

$$\int_0^{\frac{\pi}{4}} (\sec^2 t) \cdot (\tan t) \cdot dt = \int_0^{\frac{\pi}{4}} f(u(t)) \cdot u'(t) \cdot dt = \int_{u(0)}^{u(\frac{\pi}{4})} f(x) \cdot dx$$
$$= \int_0^1 x \cdot dx = \frac{1}{2}$$

另解： $\int_0^{\frac{\pi}{4}} (\sec^2 t) \cdot (\tan t) \cdot dt = \int_0^{\frac{\pi}{4}} (\sec t) \cdot \frac{d \sec t}{dt} = \int_1^{\sqrt{2}} x \cdot dx$
$$= \frac{[\sqrt{2}]^2 - 1^2}{2} = \frac{1}{2}$$

範例 8　試求 $\int_0^2 \sqrt{t^2 + 1} \cdot t^3 \cdot dt$。

說明： 令 $u(t) = t^2 + 1$，則 $u'(t) = 2t$。注意

$$\sqrt{t^2 + 1} \cdot t^3 = \sqrt{t^2 + 1} \cdot (t^2 + 1 - 1) \cdot t = (t^2 + 1)^{\frac{3}{2}} \cdot t - \sqrt{t^2 + 1} \cdot t$$

因此

$$\sqrt{t^2 + 1} \cdot t^3 = (t^2 + 1)^{\frac{3}{2}} \cdot t - \sqrt{t^2 + 1} \cdot t = \frac{[u(t)]^{\frac{3}{2}} \cdot u'(t)}{2} - \frac{\sqrt{u(t)} \cdot u'(t)}{2}$$

所以

$$\int_0^2 \sqrt{t^2 + 1} \cdot t^3 \cdot dt = \int_0^2 \frac{[u(t)]^{\frac{3}{2}} \cdot u'(t)}{2} \cdot dt - \int_0^2 \frac{\sqrt{u(t)} \cdot u'(t)}{2} \cdot dt$$

令 $f(x) = x^{\frac{3}{2}}$ 且 $g(x) = \sqrt{x}$，則

$$\int_0^2 \sqrt{t^2 + 1} \cdot t^3 \cdot dt$$
$$= \frac{1}{2} \cdot \int_0^2 f(u(t)) \cdot u'(t) \cdot dt - \frac{1}{2} \cdot \int_0^2 g(u(t)) \cdot u'(t) \cdot dt$$

由「積分運算的變數變換公式」定理 5.3.2 可知

$$\int_0^2 f(u(t)) \cdot u'(t) \cdot dt = \int_{u(0)}^{u(2)} f(x) \cdot dx = \int_1^5 x^{\frac{3}{2}} \cdot dx$$
$$= \left[\frac{2}{5} \cdot x^{\frac{5}{2}}\right]_1^5 = \frac{2}{5} \cdot [5^{\frac{5}{2}} - 1]$$

而且

$$\int_0^2 g(u(t)) \cdot u'(t) \cdot dt = \int_{u(0)}^{u(2)} g(x) \cdot dx = \int_1^5 \sqrt{x} \cdot dx$$
$$= \left[\frac{2}{3} \cdot x^{\frac{3}{2}} \right]_1^5 = \frac{2}{3} \cdot [5^{\frac{3}{2}} - 1]$$

所以我們得到

$$\int_0^2 \sqrt{t^2 + 1} \cdot t^3 \cdot dt = \frac{1}{2} \cdot \int_0^2 f(u(t)) \cdot u'(t) \cdot dt - \frac{1}{2} \cdot \int_0^2 g(u(t)) \cdot u'(t) \cdot dt$$
$$= \frac{5^{\frac{5}{2}} - 1}{5} - \frac{5^{\frac{3}{2}} - 1}{3}$$

習題 5.3

1. (A) 試求 $\dfrac{d}{dt} \displaystyle\int_0^{\sin t} x^3 \cdot dx$。

   (B) 試求 $\dfrac{d}{dt} \displaystyle\int_{\sin t}^2 x \cdot dx$。

2. 試求 $\displaystyle\int_2^3 \dfrac{2t}{(t^2 - 1)^2} \cdot dt$。

3. 試求 $\displaystyle\int_0^2 \sqrt{t^2 + 5t + 3} \cdot (2t + 5) \cdot dt$。

4. 試求 $\displaystyle\int_{-1}^0 \dfrac{2t + 2}{\sqrt{t^2 + 2t + 5}} \cdot dt$。

5. 試求 $\displaystyle\int_0^1 [\cos(t^2 - t + 7)] \cdot (2t - 1) \cdot dt$。

6. 試求 $\displaystyle\int_0^1 \dfrac{\sin \sqrt{2t + 3}}{\sqrt{2t + 3}} \cdot dt$。

7. 試求 $\displaystyle\int_0^1 (\sec t^2)^2 \cdot (2t) \cdot dt$。

8. 試求 $\displaystyle\int_0^{\pi} \left(\sec \dfrac{t}{4} \right) \cdot \left(\tan \dfrac{t}{4} \right) \cdot dt$。

9. 試求 $\displaystyle\int_0^{\frac{\pi}{2}} 4 \cdot (\cos^3 t) \cdot (-\sin t) \cdot dt$。

*第 4 節　透過積分引進自然對數函數與自然指數函數

　　在本節中，我們將使用積分來引進「自然對數函數」，而「自然指數函數」則將被定義為「自然對數函數的反函數」。藉由積分方法來引進自然對數函數，我們可以自然地導出定理 3.4.1 與定理 3.4.2 這些在第三章第四節中沒有證明的關鍵定理。本節使用根本的方法來討論自然對數函數與自然指數函數，因此完全不依賴於第三章第四節的內容。

自然對數函數

　　考慮定義在開區間 $(0, +\infty)$ 上的連續函數 $f(t) = \dfrac{1}{t} > 0$。我們使用積分來定義可微分函數 L 如下：

$$L(x) = \int_1^x f(t) \cdot dt = \int_1^x \frac{1}{t} \cdot dt \text{ 其中 } x \in (0, +\infty)$$

參考圖 5.4.1A。

　　由這個定義可以觀察到以下現象：

(I) $L(1) = \displaystyle\int_1^1 \dfrac{1}{t} \cdot dt = 0$。

(II) 如果 $x > 1$，則 $L(x) = \displaystyle\int_1^x \dfrac{1}{t} \cdot dt > 0$。

(III) 如果 $0 < x < 1$，則 $L(x) = \displaystyle\int_1^x \dfrac{1}{t} \cdot dt = -\displaystyle\int_x^1 \dfrac{1}{t} \cdot dt < 0$。

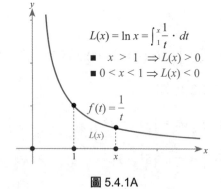

$L(x) = \ln x = \displaystyle\int_1^x \dfrac{1}{t} \cdot dt$

- $x > 1 \Rightarrow L(x) > 0$
- $0 < x < 1 \Rightarrow L(x) < 0$

$f(t) = \dfrac{1}{t}$

$L(x)$

圖 5.4.1A

由微積分基本定理（定理 5.2.2A）可以得知函數 L 具有以下的微分特徵：

(IV) $L'(x) = \dfrac{d}{dx} \displaystyle\int_1^x f(t) \cdot dt = \dfrac{1}{x} > 0$　其中 $x \in (0, +\infty)$。

所以 $L(x)$ 是一個嚴格遞增的可微分函數。

範例 1　(A) $L(2) > 0$ 而且 $L(0.7) < 0$。(B) $L'(3) = \dfrac{1}{3}$ 而且 $L'(0.2) = 5$。

說明：

(A) $2 > 1$，由現象 (II) 可知 $L(2) > 0$。

　　$0 < 0.7 < 1$，由現象 (III) 可知 $L(0.7) < 0$。

(B) 由現象 (IV) 可知 $L'(x) = \dfrac{1}{x} > 0$，因此 $L'(3) = \dfrac{1}{3}$ 而且 $L'(0.2) = \dfrac{1}{0.2} = 5$。

以下的關鍵結果告訴我們：函數 L 具有「對數函數」的特質。

定理 5.4.1A

(A)（對數規律）如果 $a > 0$ 與 $b > 0$ 是正實數，則 $L(a \cdot b) = L(a) + L(b)$。

(B) 如果 $x > 0$ 是正實數，則 $L\left(\dfrac{1}{x}\right) = -L(x)$。

證明：

(A) 我們將使用「積分的變數變換定理」（定理 5.3.2）來導出這個公式。令 $f(t) = \dfrac{1}{t}$。由「函數 L 的定義」與「定理 5.3.2 的擴充」可知

$$L(a \cdot b) = \int_1^{a \cdot b} \frac{1}{t} \cdot dt = \int_1^a \frac{1}{t} \cdot dt + \int_a^{a \cdot b} \frac{1}{t} \cdot dt$$
$$= L(a) + \int_a^{a \cdot b} \frac{1}{t} \cdot dt = L(a) + \int_a^{a \cdot b} f(t) \cdot dt$$

令 $u(s) = a \cdot s$，則 $u(1) = a$ 而且 $u(b) = a \cdot b$。由「積分的變數變換定理」可知

$$\int_a^{a \cdot b} f(t) \cdot dt = \int_{u(1)}^{u(b)} f(t) \cdot dt = \int_1^b f(u(s)) \cdot u'(s) \cdot ds$$

注意 $f(u(s)) = \dfrac{1}{u(s)} = \dfrac{1}{a \cdot s}$ 而且

$$u'(s) = a \Rightarrow \int_1^b f(u(s)) \cdot u'(s) \cdot ds = \int_1^b \frac{a}{a \cdot s} \cdot ds = \int_1^b \frac{1}{s} \cdot ds$$

因此

$$L(a \cdot b) = L(a) + \int_a^{a \cdot b} f(t) \cdot dt = L(a) + \int_1^b f(u(s)) \cdot u'(s) \cdot ds$$

$$= L(a) + \int_1^b \frac{1}{s} \cdot ds = L(a) + L(b)$$

(B) 如果 $x > 0$，則由 (A) 的「對數規律」可知

$$0 = L(1) = L\left(x \cdot \frac{1}{x}\right) = L(x) + L\left(\frac{1}{x}\right) \Rightarrow L\left(\frac{1}{x}\right) = -L(x)$$ ■

注意：如果 $a > 0$ 與 $b > 0$ 為正實數，則由定理 5.4.1A 可知

$$L\left(\frac{b}{a}\right) = L\left(b \cdot \frac{1}{a}\right) = L(b) + L\left(\frac{1}{a}\right) = L(b) - L(a)$$

範例 2 (A) $L(65) = L(5) + L(13)$。(B) $L(0.5) = -L(2)$。
(C) $L(0.4) = L(2) - L(5)$。

說明：

(A) 由定理 5.4.1A 可知 $L(65) = L(5 \cdot 13) = L(5) + L(13)$。
(B) 由定理 5.4.1A 可知 $L(0.5) = L\left(\frac{1}{2}\right) = -L(2)$。
(C) $L(0.4) = L\left(\frac{4}{10}\right) = L\left(2 \cdot \frac{1}{5}\right) = L(2) + L\left(\frac{1}{5}\right) = L(2) - L(5)$。

延伸學習 1 說明以下結果。(A) $L(6) = L(2) + L(3)$。
(B) $L(9) = 2 \cdot L(3)$。(C) $L\left(\frac{2}{9}\right) = L(2) - 2 \cdot L(3)$。

解答：

(A) $6 = 2 \cdot 3$。由定理 5.4.1A 可知 $L(6) = L(2 \cdot 3) = L(2) + L(3)$。

(B) $9 = 3 \cdot 3$。由定理 5.4.1A 可知 $L(9) = L(3 \cdot 3) = L(3) + L(3) = 2 \cdot L(3)$。

(C) $L\left(\frac{2}{9}\right) = L(2) - L(9) = L(2) - L(3 \cdot 3) = L(2) - 2 \cdot L(3)$。

假設 $x > 0$。如果 n 是正整數，則重複應用定理 5.4.1A 可以得知

$$L(x^n) = L(x^n) = L\Big(\underbrace{x \cdots\cdots x}_{n}\Big) = \underbrace{L(x) + \cdots + L(x)}_{n} = n \cdot L(x)$$

由 $0 = L(1) = L\left(x^n \cdot \frac{1}{x^n}\right) = L(x^n) + L\left(\frac{1}{x^n}\right)$ 可知 $L(x^{-n}) = L\left(\frac{1}{x^n}\right) = -L(x^n)$。因此

$$L(x^{-n}) = L\left(\frac{1}{x^n}\right) = -L(x^n) = -n \cdot L(x)$$

綜合以上討論，我們得到以下的重要結果：

如果 $x > 0$ 而且 m 是整數，則 $L(x^m) = m \cdot L(x)$

註：如果 $m = 0$，則 $L(x^0) = L(1) = 0 = 0 \cdot L(x)$ 自然成立。

　　現在，我們要推廣以上的「運算規律」到「有理數」領域。假設 $w > 0$，令 $x = w^{\frac{1}{n}}$ 其中 n 是正整數，則 $w = \left(w^{\frac{1}{n}}\right)^n = x^n$。因此由運算規律「$L(x^n) = n \cdot L(x)$」可以得知

$$L(w) = L(x^n) = n \cdot L(x) \Rightarrow \frac{1}{n} \cdot L(w) = L(x) = L\left(w^{\frac{1}{n}}\right)$$

$$\Rightarrow L\left(w^{\frac{1}{n}}\right) = \frac{1}{n} \cdot L(w)$$

如果 $q = \dfrac{m}{n}$ 是有理數，其中「n 是正整數」而且「m 是整數」，則由以上結果可知

$$L(w^q) = L\left(w^{\frac{m}{n}}\right) = L\left(\left[w^{\frac{1}{n}}\right]^m\right) = L(x^m) = m \cdot L(x) = m \cdot L\left(w^{\frac{1}{n}}\right)$$

$$= m \cdot \frac{1}{n} \cdot L(w) = \frac{m}{n} \cdot L(w)$$

因此我們得到重要的結論：$L(w^q) = \dfrac{m}{n} \cdot L(w) = q \cdot L(w)$。

定理 5.4.1B　假設 $w > 0$ 而且 $q = \dfrac{m}{n}$ 是有理數，則
$$L(w^q) = q \cdot L(w)$$

範例 3　(A) $L(8) = 3 \cdot L(2)$。(B) $L\left(\dfrac{1}{27}\right) = -3 \cdot L(3)$。
(C) $L(\sqrt{27}) = \dfrac{3}{2} \cdot L(3)$。(D) $L(\sqrt{32}) = \dfrac{5}{2} \cdot L(2)$。

說明：

(A) $8 = 2^3$。由定理 5.4.1B 可知 $L(8) = L(2^3) = 3 \cdot L(2)$。

(B) $\dfrac{1}{27} = \dfrac{1}{3^3} = 3^{-3}$。由定理 5.4.1B 可知 $L\left(\dfrac{1}{27}\right) = L(3^{-3}) = -3 \cdot L(3)$。

(C) $\sqrt{27} = (27)^{\frac{1}{2}} = (3^3)^{\frac{1}{2}} = 3^{\frac{3}{2}}$。由定理 5.4.1B 可知 $L(\sqrt{27}) = L(3^{\frac{3}{2}})$ $= \dfrac{3}{2} \cdot L(3)$。

(D) $\sqrt{32} = (32)^{\frac{1}{2}} = (2^5)^{\frac{1}{2}} = 2^{\frac{5}{2}}$。由定理 5.4.1B 可知 $L(\sqrt{32}) = L(2^{\frac{5}{2}})$ $= \dfrac{5}{2} \cdot L(2)$。

延伸學習 2　說明以下結果。(A) $L(81) = 4 \cdot L(3)$。(B) $L\left(\dfrac{1}{25}\right) = -2 \cdot L(5)$。(C) $L(\sqrt{8}) = \dfrac{3}{2} \cdot L(2)$。(D) $L\left(\dfrac{\sqrt{8}}{\sqrt{27}}\right) = \dfrac{3}{2} \cdot L(2) - \dfrac{3}{2} \cdot L(3)$。

解答：

(A) $81 = 3^4$。由定理 5.4.1B 可知 $L(81) = L(3^4) = 4 \cdot L(3)$。

(B) $\dfrac{1}{25} = \dfrac{1}{5^2} = 5^{-2}$。由定理 5.4.1B 可知 $L\left(\dfrac{1}{25}\right) = L(5^{-2}) = -2 \cdot L(5)$。

(C) $\sqrt{8} = (8)^{\frac{1}{2}} = (2^3)^{\frac{1}{2}} = 2^{\frac{3}{2}}$。由定理 5.4.1B 可知 $L(\sqrt{8}) = L(2^{\frac{3}{2}}) = \dfrac{3}{2} \cdot L(2)$。

(D) $L\left(\dfrac{\sqrt{8}}{\sqrt{27}}\right) = L(\sqrt{8}) - L(\sqrt{27})$，$L(\sqrt{8}) = \dfrac{3}{2} \cdot L(2)$ 而 $L(\sqrt{27}) = L(3^{\frac{3}{2}}) = \dfrac{3}{2} \cdot L(3)$。所以

$$L\left(\dfrac{\sqrt{8}}{\sqrt{27}}\right) = L(\sqrt{8}) - L(\sqrt{27}) = \dfrac{3}{2} \cdot L(2) - \dfrac{3}{2} \cdot L(3)$$

定理 5.4.2 （反函數的連續性定理）

假設 $u : I \to \mathbb{R}$ 是一個定義在（有限或無限）開區間 I 的「嚴格遞增的連續函數」，則 u 的函數值區域

$$u(I) = \{u(x) : x \in I\}$$

在 $\mathbb{R} = (-\infty, +\infty)$ 中必然會形成一個（有限或無限）開區間，而且「u 的反函數」（定義在 $u(I)$ 這個開區間的函數）

$$v : u(I) \to I$$

必然是一個「嚴格遞增的連續函數」。

說明：這個定理可用「中間值定理」以反證法的論證導出。由於推導過程較為冗長，我們省略這個定理的證明細節。 ■

定理 5.4.3 $\displaystyle\lim_{x \to +\infty} L(x) = +\infty$ 而且 $\displaystyle\lim_{x \to 0^+} L(x) = -\infty$。

證明：注意 L 是嚴格遞增函數。如果 n 是正整數，則

$$L(2^n) = n \cdot L(2)$$

其中 $L(2) > 0 = L(1)$。因此

$$\lim_{n \to +\infty} L(2^n) = \lim_{n \to +\infty} n \cdot L(2) = +\infty$$

由於 L 是嚴格遞增函數，從 $\displaystyle\lim_{n \to +\infty} L(2^n) = +\infty$ 就可推導出 $\displaystyle\lim_{x \to +\infty} L(x) = +\infty$。

現在計算極限 $\displaystyle\lim_{x \to 0^+} L(x)$。令 $t = \dfrac{1}{x}$，則 $x = \dfrac{1}{t}$。注意 $x \to 0^+ \Leftrightarrow t = \dfrac{1}{x} \to +\infty$。因此

$$\lim_{x \to 0^+} L(x) = \lim_{t \to +\infty} L\left(\dfrac{1}{t}\right) = \lim_{t \to +\infty} [-L(t)] = -\lim_{t \to +\infty} L(t) = -\infty \quad ■$$

結合定理 5.4.2 與定理 5.4.3 可以得知重要結果：

> 函數 L 的函數值區域其實是 $\mathbb{R} = (-\infty, +\infty)$

我們稱呼這個具有「對數規律」特質

> $L(a \cdot b) = L(a) + L(b)$ 其中 $a > 0$ 與 $b > 0$ 是正實數

的函數 L 為**自然對數函數**（natural logarithm function）。人們常以 ln（natural logarithm）這個符號來表示「自然對數函數」而且將 $\ln(x)$ 表示為 $\ln x$。因此

$$L(x) = \int_1^x \frac{1}{t} \cdot dt = \ln(x) \text{ 或 } \ln x \text{ 其中 } x \in (0, +\infty)$$

以下我們列出已知的關於「自然對數函數 ln」的性質：

> - (I) $\ln 1 = \int_1^1 \frac{1}{t} \cdot dt = 0$。
> - (II) 如果 $x > 1$，則 $\ln x > 0$。
> - (III) 如果 $0 < x < 1$，則 $\ln x < 0$。

- 由微積分基本定理（定理 5.2.2A）可知「自然對數函數 ln」具有以下的微分特徵：

> (IV) $\dfrac{d \ln x}{dx} = \dfrac{d}{dx} \int_1^x f(t) \cdot dt = \dfrac{1}{x} > 0$ 其中 $x \in (0, +\infty)$。

因此由定理 5.2.2B 可知：如果 $a > 0$ 且 $b > 0$，則

$$\int_a^b \frac{1}{x} \cdot dx = [\ln x]_a^b = \ln b - \ln a$$

- (A)（對數規律）如果 $a > 0$ 與 $b > 0$ 是正實數，則
$$\ln(a \cdot b) = \ln(a) + \ln(b)$$

- (B) 如果 $x > 0$ 是正實數，則 $\ln\left(\dfrac{1}{x}\right) = -\ln x$（定理 5.4.1A）。

- 如果 $a > 0$ 與 $b > 0$ 為正實數，則由定理 5.4.1A 可知
$$\ln\left(\frac{b}{a}\right) = \ln\left(b \cdot \frac{1}{a}\right) = \ln(b) + \ln\left(\frac{1}{a}\right) = \ln(b) - \ln(a)$$

- 假設 $w > 0$ 而且 $q = \dfrac{m}{n}$ 是有理數，則
$$\ln(w^q) = q \cdot \ln(w) = q \cdot \ln w \text{（定理 5.4.1B）}$$

- $\lim\limits_{x \to +\infty} \ln(x) = +\infty$ 而且 $\lim\limits_{x \to 0^+} \ln(x) = -\infty$（定理 5.4.3）。

「自然對數函數 ln」的函數圖形如圖 5.4.1B。

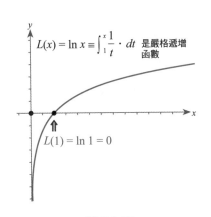

$L(x) = \ln x \equiv \int_1^x \frac{1}{t} \cdot dt$ 是嚴格遞增函數

$L(1) = \ln 1 = 0$

圖 5.4.1B

範例 4 (A) 試求 $\int_{0.5}^{\sqrt{3}} \dfrac{1}{x} \cdot dx$。(B) 計算 $\dfrac{d}{dx} \ln(x^2 + 1)$。(C) 試求 $\int_{-3}^{5} \dfrac{2x}{x^2 + 1} \cdot dx$。

說明：

(A) $\int_{0.5}^{\sqrt{3}} \dfrac{1}{x} \cdot dx = [\ln x]_{0.5}^{\sqrt{3}} = \ln \sqrt{3} - \ln(0.5)$。

注意 $\ln \sqrt{3} = \ln(3^{\frac{1}{2}}) = \dfrac{1}{2} \cdot (\ln 3)$ 而且 $\ln(0.5) = \ln\left(\dfrac{1}{2}\right) = -(\ln 2)$。

所以 $\int_{0.5}^{\sqrt{3}} \dfrac{1}{x} \cdot dx = \ln \sqrt{3} - \ln(0.5) = \dfrac{1}{2} \cdot (\ln 3) + \ln 2$。

(B) 令 $u(x) = x^2 + 1 > 0$，則由連鎖律可知

$$\frac{d \ln u(x)}{dx} = \frac{d \ln u}{du} \cdot \frac{du(x)}{dx} = \frac{1}{u(x)} \cdot u'(x) = \frac{u'(x)}{u(x)} = \frac{2x}{x^2 + 1}$$

(C) 由 (B) 與微積分基本定理（定理 5.2.2B）可知

$$\int_{-3}^{5} \frac{2x}{x^2 + 1} \cdot dx = \int_{-3}^{5} \frac{u'(x)}{u(x)} \cdot dx = [\ln(x^2 + 1)]_{-3}^{5}$$
$$= \ln(5^2 + 1) - \ln((-3)^2 + 1) = \ln 26 - \ln 10$$

自然指數函數

令 $E : \mathbb{R} = (-\infty, +\infty) \to (0, +\infty)$ 為「自然對數函數 $L = \ln$ 的反函數」。由於「自然對數函數 $L = \ln$」是「嚴格遞增」的連續函數，定理 5.4.2 告訴我們：

$E : \mathbb{R} \to (0, +\infty)$ 是一個嚴格遞增的連續函數

由「E 是自然對數函數 $L = \ln$ 的反函數」這個事實可以得知以下結果：

● $E(L(x)) = E(\ln x) = x$ 其中 $x \in (0, +\infty)$。

● $L(E(y)) = \ln(E(y)) = y$ 其中 $y \in \mathbb{R}$。

▲ $E(0) = 1$ 因為 $L(1) = 0$。

定理 5.4.4

(A)（指數規律）$E : \mathbb{R} \to (0, +\infty)$ 滿足以下的運算規律 $E(x + y) = E(x) \cdot E(y)$，對於任意選定的實數 x 與實數 y 都成立。

(B) $E(-t) = \dfrac{1}{E(t)}$ 對於任意實數 t 恆成立。

證明：

(A) 令 $a = E(x)$ 且 $b = E(y)$，其中 x 與 y 都是選定的實數。由「E 是 L 的反函數」這個事實可知

$$E(x) \cdot E(y) = a \cdot b = E(L(a \cdot b))$$

定理 5.4.1A 告訴我們

$$L(a \cdot b) = L(a) + L(b)$$
$$\Rightarrow E(x) \cdot E(y) = a \cdot b = E(L(a \cdot b)) = E(L(a) + L(b))$$

由「E 是 L 的反函數」可知 $x = L(E(x)) = L(a)$ 而且 $y = L(E(y)) = L(b)$。所以

$$E(x) \cdot E(y) = a \cdot b = E(L(a \cdot b)) = E(L(a) + L(b)) = E(x + y)$$

這就證明 $E(x) \cdot E(y) = E(x + y)$。

(B) 將 $x = -t$ 與 $y = t$ 代入「指數規律」(A) 可以得到

$$E(-t) \cdot E(t) = E(-t + t) = E(0) = 1 \Rightarrow E(-t) = \frac{1}{E(t)}$$ ■

範例 5　(A) $E(6 + 5) = E(6) \cdot E(5)$。(B) $E(-2) = \frac{1}{E(2)}$。

說明：由定理 5.4.4 可知。

現在我們討論函數 E 的微分特徵。由「反函數的連續性定理（定理 5.4.2）」可以得到以下結果。

定理 5.4.5 （反函數的微分定理）

假設 $u : I \to \mathbb{R}$ 是一個定義在（有限或無限）開區間 I 的嚴格遞增的連續函數，則 u 的函數值區域

$$u(I) = \{u(x) : x \in I\}$$

在 $\mathbb{R} = (-\infty, +\infty)$ 中必然會形成一個（有限或無限）開區間，而且「u 的反函數」（定義在 $u(I)$ 這個開區間的函數）

$$v : u(I) \to I$$

必然是一個嚴格遞增的連續函數。如果函數 u 在點 $c \in I$ 的微分存在，而且

$$u'(c) \neq 0$$

則函數 v 在「$w = u(c)$」這個點的微分存在，而且

$$v'(w) = \frac{1}{u'(c)} = \frac{1}{u'(v(w))} \text{ 其中 } w = u(c) \Leftrightarrow v(w) = c$$

說明：我們在第三章定理 3.3.2 討論過這個定理的證明。 ■

定理 5.4.6　$E : \mathbb{R} = (-\infty, +\infty) \to (0, +\infty)$ 是一個嚴格遞增的可微分函數。E 具有以下的微分特徵：

$$E'(w) = E(w) \text{ 其中 } w \in \mathbb{R} = (-\infty, +\infty)$$

而且 $E(0) = 1$。

證明：在「反函數的微分定理（定理 5.4.5）」中選擇「$u = L$ 而且 $v = E$」就可得知

$$E'(w) = \frac{1}{L'(E(w))}$$

注意 $L'(x) = \dfrac{1}{x}$。因此

$$L'(E(w)) = \frac{1}{E(w)} \Rightarrow E'(w) = \frac{1}{L'(E(w))} = \frac{1}{\dfrac{1}{E(w)}} = E(w)$$

這就證明 $E'(w) = E(w)$。　　　　　　　　　　　　　　■

範例 6 (A) 試求 $E'(0)$。(B) 試求 $E'(-1)$。

說明：

(A) 由定理 5.4.6 可知 $E'(0) = E(0) = 1$。

(B) 由定理 5.4.6 可知 $E'(-1) = E(-1) = \dfrac{1}{E(1)}$。

> **定理 5.4.7**　假設 $g: I \to \mathbb{R}$ 是一個定義在（有限或無限）開區間 I 的可微分函數。假設 $0 \in I$。如果 g 具有以下的微分特徵：
> $$g'(x) = g(x)，\forall x \in I$$
> 則存在「實數常數 k」使得
> $$g(x) = k \cdot E(x)，\forall x \in I（g 是「自然指數函數」的某個實數倍）$$
> 如果函數 g 還滿足條件 $g(0) = 1$，則 $k = 1$ 而且函數 g 恰好就是函數 E。

證明：令 $H(t) = E(-t) \cdot g(t)$。注意 $E(-t)$ 可以表示為 $E(v(t))$，其中 $v(t) = -t$。所以

$$H(t) = E(-t) \cdot g(t) = E(v(t)) \cdot g(t)$$

我們使用「萊布尼茲法則」與「連鎖律」來計算函數 H 的微分如下：

$$H'(t) = \frac{dE(v(t))}{dt} \cdot g(t) + E(v(t)) \cdot g'(t)$$
$$= [E'(v(t)) \cdot v'(t)] \cdot g(t) + E(-t) \cdot g'(t)$$

注意 $v'(t) = -1$ 而且 $E'(v(t)) \cdot v'(t) = E'(-t) \cdot (-1) = -E'(-t)$。所以

$$H'(t) = [E'(v(t)) \cdot v'(t)] \cdot g(t) + E(-t) \cdot g'(t)$$
$$= -E'(-t) \cdot g(t) + E(-t) \cdot g'(t)$$

由「$g'(t) = g(t)$」可知

$$H'(t) = -E'(-t) \cdot g(t) + E(-t) \cdot g'(t)$$
$$= -E(-t) \cdot g(t) + E(-t) \cdot g(t) = 0$$

這表示：$H(t) = E(-t) \cdot g(t)$ 其實是個「常數函數」。令

$$k = H(0) = E(0) \cdot g(0) = 1 \cdot g(0) = g(0)$$

為這個常數，則「$H(t)$ 恆等於 k」。因此我們得到所求的結果：

$$H(t) = E(-t) \cdot g(t) = k \Rightarrow E(-t) \cdot g(t) = \frac{1}{E(t)} \cdot g(t) = k$$
$$\Rightarrow g(t) = k \cdot E(t)$$

注意：常數 k 就是 $g(0)$。如果 $g(0) = 1$，則 $k = g(0) = 1$。故 $g(t)$ $= 1 \cdot E(t) = E(t)$。　　　　　　　　　　　　　　　　　　■

註：由定理 5.4.7 可知定理 3.4.1 成立。結合定理 5.4.4 可知定理 3.4.2 成立。

我們稱呼 E 這個「自然對數函數 $L = \ln$ 的反函數」為**自然指數函數**（natural exponential function）。「自然指數函數 E」滿足「指數規律」：

$E(x + y) = E(x) \cdot E(y)$ 對於任意選定的實數 x 與實數 y 都成立。

> **定理 5.4.8**　令 $e > 1$ 為使得「自然對數函數 $L = \ln$」取值為 1 的唯一正實數：
> $$L(e) = \ln e = \int_1^e \frac{1}{t} \cdot dt = 1$$
> 如果 $q = \dfrac{m}{n}$ 是有理數（其中 n 是正整數而且 m 是整數），則
> $$E(q) = e^q$$

說明：由「E 是 L 的反函數」可知 $E(L(x)) = x$ 對於任意 $x \in (0, +\infty)$ 都成立。所以

$$e^q = E(L(e^q))$$

由定理 5.4.1B 可知 $L(e^q) = q \cdot L(e) = q \cdot 1 = q$，因此 $e^q = E(L(e^q)) = E(q)$。　　　　　　　　　　　　　　　　　　　　　　■

當 q 是有理數的時候，定理 5.4.8 告訴我們「e 的 q 次方」e^q 恰好等於 $E(q)$：$e^q = E(q)$。因此，當「x 是實數而且不是有理數」的時候，我們就把原本沒有定義的「e 的 x 次方」e^x 定義為 $E(x)$：

$$e^x \equiv E(x)$$

由「E 是連續函數」這個事實可知 $E(x) = \lim_{q \to x} E(q) = \lim_{q \in Q, \, q \to x} E(q)$，因此

$$e^x \equiv E(x) = \lim_{q \in Q, \, q \to x} E(q) = \lim_{q \in Q, \, q \to x} e^q$$

這就是說：e^x 可以被理解為「e 的有理數次方 e^q 的極限」。以上的定義使得 e^x 成為定義在 $\mathbb{R} = (-\infty, +\infty)$ 上的一個連續函數。

以下列出關於「自然指數函數 $e^x = E(x)$」的性質：

● 「自然指數函數 $e^x = E(x)$」是「自然對數函數 $L = \ln$ 的反函數」，因此

$$e^{\ln x} = E(\ln x) = E(L(x)) = x \text{ 而且 } \ln e^y = L(E(y)) = y$$

其中 $x \in (0, +\infty)$ 且 $y \in \mathbb{R} = (-\infty, +\infty)$。

- $e^0 = 1$。如果 $x > 0$，則 $e^x > 1$。如果 $x < 0$，則 $0 < e^x < 1$。

- $\lim\limits_{x \to +\infty} e^x = +\infty$ 而且 $\lim\limits_{x \to -\infty} e^x = 0$。

- 定理 5.4.4：（指數規律）$e^{x+y} = e^x \cdot e^y$ 對於任意選定的「實數 x」與「實數 y」都成立。$e^{-t} = \dfrac{1}{e^t}$ 對於任意「實數 t」恆成立。

- 定理 5.4.6：「自然指數函數 $e^x = E(x)$」是嚴格遞增的可微分函數。「自然指數函數 $e^x = E(x)$」具有以下的微分特徵：

$$\frac{de^w}{dw} = E'(w) = E(w) = e^w \text{ 其中 } w \in \mathbb{R} = (-\infty, +\infty)$$

而且滿足 $e^0 = E(0) = 1$。因此由「微積分基本定理」可知

$$\int_a^b e^w \cdot dw = [E(w)]_a^b = [e^w]_a^b = e^b - e^a$$

- 定理 5.4.7：假設 $g : I \to \mathbb{R}$ 是一個定義在（有限或無限）開區間 I 的可微分函數，假設 $0 \in I$。如果 g 具有微分特徵：

$$g'(x) = g(x)，\forall x \in I$$

則存在「實數常數 k」使得

$$g(x) = k \cdot e^x，\forall x \in I$$

如果函數 g 還滿足條件 $g(0) = 1$，則 $k = 1$ 而且 $g(x) = e^x$。

自然指數函數 $e^x = E(x)$ 的函數圖形如圖 5.4.2 所示。

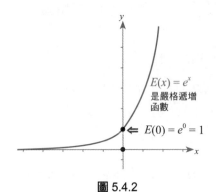

$E(x) = e^x$
是嚴格遞增函數

$E(0) = e^0 = 1$

圖 5.4.2

範例 7　(A) 令 $f(x) = e^x$，試求 $f'(3)$。(B) 令 $g(x) = e^{2x-6}$，試求 $g'(3)$。(C) 試求 $\int_0^5 e^x \cdot dx$。(D) 試求 $\int_0^5 e^{2x-6} \cdot dx$。

說明：

(A) 由定理 5.4.6 可知 $f'(x) = \dfrac{d}{dx} e^x = e^x = f(x)$。因此 $f'(3) = f(3) = e^3$。

(B) 令 $u(x) = 2x - 6$，則 $g(x) = e^{2x-6} = f(u(x))$ 而且 $u'(x) = 2$。由連鎖律可知

$$g'(x) = f'(u(x)) \cdot u'(x) = e^{u(x)} \cdot u'(x) = e^{2x-6} \cdot 2$$

所以 $g'(3) = e^{2 \cdot 3 - 6} \cdot 2 = e^0 \cdot 2 = 1 \cdot 2 = 2$。

(C) $\int_0^5 e^x \cdot dx = [e^x]_0^5 = e^5 - e^0 = e^5 - 1$。

(D) 由 (B) 的結果可知 $g'(x) = e^{2x-6} \cdot 2$，因此

$$\int_0^5 e^{2x-6} \cdot dx = \int_0^5 \frac{g'(x)}{2} \cdot dx = \left[\frac{g(x)}{2}\right]_0^5 = e^4 - e^{-6}$$

延伸學習 3　(A) 令 $f(x) = e^{x^2}$，試求 $f'(x)$。

(B) 試求 $\int_0^5 e^{x^2} \cdot 2x \cdot dx$。

解答：(A) 令 $f'(x) = e^{x^2} \cdot 2x$。(B) $\int_0^5 e^{x^2} \cdot 2x \cdot dx = [e^{x^2}]_0^5 = e^{25} - e^0 = e^{25} - 1$。

範例 8 已知 f 是定義在實數軸 $\mathbb{R} = (-\infty, +\infty)$ 上的可微分函數而且具有微分特徵：$f'(x) = f(x)$。如果 $f(0) = 3$，試求函數 f。

說明：由定理 5.4.7 可知，函數 f 必然是「自然指數函數 e^x」的某個實數倍

$$f(x) = k \cdot e^x$$

其中 k 是一個實數常數。由 $f(0) = 3$ 可知：$f(0) = k \cdot e^0 = k \cdot 1 = 3$，所以 $k = 3$。因此得知 $f(x) = 3 \cdot e^x$。

習題 5.4

1. 假設 $\ln u = 2$ 且 $\ln v = 0.25$。
   (A) 試求 $\ln(u \cdot v)$。(B) 試求 $\ln \dfrac{1}{v}$。
   (C) 試求 $\ln \dfrac{u}{v}$。(D) 試求 $\ln(u^6 \cdot v^3)$。
   (E) 試求 $\ln \sqrt{v}$。

2. (A) 試求 $\lim\limits_{t \to \infty} \ln(t^2)$。(B) 試求 $\lim\limits_{t \to -\infty} \ln \sqrt{t^2}$。
   (C) 試求 $\lim\limits_{t \to 0} \ln(t^2)$。(D) 試求 $\lim\limits_{t \to 0} \ln \sqrt{t^2 + 1}$。

3. (A) 計算 $\dfrac{d}{dx} \ln(3 + x^2)$。
   (B) 計算 $\dfrac{d}{dx} \ln(3 + \cos x)$。

4. (A) 試求 $\displaystyle\int_0^5 \dfrac{2x}{x^2 + 3} \cdot dx$。
   (B) 試求 $\displaystyle\int_0^{\frac{\pi}{2}} \dfrac{-\sin x}{3 + \cos x} \cdot dx$。

5. 假設 $e^a = 3$ 且 $e^b = 5$。
   (A) 試求 e^{a+b}。(B) 試求 e^{-a}。

   (C) 試求 e^{b-a}。(D) 試求 e^{5a}。
   (E) 試求 $e^{\frac{b}{3}}$。

6. 假設 $e^a = 4$ 且 $e^b = 27$。
   (A) 試求 $e^{0 \cdot a}$。(B) 試求 $e^{\frac{2b}{3}}$。
   (C) 試求 $e^{2a - \frac{b}{3}}$。

7. 假設 $\ln u = 2$ 且 $\ln v = 0.25$。
   (A) 試求 $u = e^{\ln u}$。(B) 試求 $v = e^{\ln v}$。
   (C) 試求 $e^{(\ln u) + (\ln v)}$。

8. (A) 試求 $\lim\limits_{t \to \infty} e^{t + (\sin t)}$。(B) 試求 $\lim\limits_{t \to -\infty} e^{t + (\sin t)}$。
   (C) 試求 $\lim\limits_{t \to 0} e^{t + (\sin t)}$。

9. (A) 計算 $\dfrac{d}{dx} e^{\sin x}$。
   (B) 試求 $\displaystyle\int_0^5 e^{(\sin x)} \cdot (\cos x) \cdot dx$。

10. 驗證 $\dfrac{d}{dx} \sqrt{e^x} = \dfrac{d}{dx} (e^x)^{\frac{1}{2}}$ 的答案為 $\dfrac{1}{2} \cdot \dfrac{e^x}{\sqrt{e^x}} = \dfrac{\sqrt{e^x}}{2}$。

第 5 節　自然對數函數與自然指數函數的應用

我們在第三章第四節、第五章第四節介紹過「自然對數函數」與「自然指數函數」。在本節中，我們將介紹「自然對數函數」與「自然指數函數」在「積分計算」與「微分方程」的應用。

我們回顧「自然對數函數」與「自然指數函數」的基本性質。自然對數函數

$$\ln : (0, +\infty) \to \mathbb{R} = (-\infty, +\infty)$$

是定義在開區間 $(0, +\infty)$ 上的「嚴格遞增的可微分函數」，而自然指數函數

$$E : \mathbb{R} = (-\infty, +\infty) \to (0, +\infty)$$

則是定義在 $\mathbb{R} = (-\infty, +\infty)$ 上的「嚴格遞增的可微分函數」。「自然對數函數 ln」與「自然指數函數 E」互為彼此的「反函數」，因此

$$E(\ln x) = x \text{ 而且 } \ln(E(y)) = y$$

其中 $x \in (0, +\infty)$ 且 $y \in \mathbb{R} = (-\infty, +\infty)$。

令 $e > 1$ 為使得「自然對數函數 ln」取值為 1 的唯一正實數：

$$\ln e = \int_1^e \frac{1}{t} \cdot dt = 1$$

我們常以 e^x 來表示 $E(x)$，這是因為：當 $x = \dfrac{m}{n}$ 是有理數（其中「n 是正整數」而且「m 是整數」）的時候，「e 的 x 次方 $e^x = e^{\frac{m}{n}}$」恰好就是 $E(x) = E\left(\dfrac{m}{n}\right)$：

$$e^{\frac{m}{n}} = (e^{\frac{1}{n}})^m = (\sqrt[n]{e})^m \text{ 且 } e^{\frac{m}{n}} = E(\ln e^{\frac{m}{n}}) = E\left(\frac{m}{n} \cdot \ln e\right) = E\left(\frac{m}{n} \cdot 1\right) = E\left(\frac{m}{n}\right) = E(x)$$

因此，當「x 是實數而且不是有理數」的時候，我們就把原本沒有定義的「e 的 x 次方 e^x」定義為 $E(x)$：

$$e^x \equiv E(x)$$

自然對數函數 ln 的基本性質

● $\ln(x) = \int_1^x \dfrac{1}{t} \cdot dt$ 其中 $x \in (0, +\infty)$。我們常以「$\ln x$」表示「$\ln(x)$」。

● $\ln 1 = \int_1^1 \dfrac{1}{t} \cdot dt = 0$。

● 如果 $x > 1$，則 $\ln x = \int_1^x \dfrac{1}{t} \cdot dt > 0$。如果 $0 < x < 1$，則

$$\ln x = \int_1^x \frac{1}{t} \cdot dt = -\int_x^1 \frac{1}{t} \cdot dt < 0$$

● 「自然對數函數 ln」具有微分特徵：$\dfrac{d \ln x}{dx} = \dfrac{d}{dx} \int_1^x \dfrac{1}{t} \cdot dt = \dfrac{1}{x} > 0$，其中 $x \in (0, +\infty)$。如果 $a > 0$ 且 $b > 0$，則

$$\int_a^b \frac{1}{x} \cdot dx = [\ln x]_a^b = \ln b - \ln a$$

● (A)（對數規律）如果 $a > 0$ 與 $b > 0$ 是正實數，則

$$\ln(a \cdot b) = \ln(a) + \ln(b)$$

　(B)　如果 $x > 0$ 是正實數，則 $\ln\left(\dfrac{1}{x}\right) = -\ln x$。

● 如果 $a > 0$ 與 $b > 0$ 為正實數，則

$$\ln\left(\frac{b}{a}\right) = \ln\left(b \cdot \frac{1}{a}\right) = \ln(b) + \ln\left(\frac{1}{a}\right) = \ln(b) - \ln(a)$$

● 假設 $w > 0$ 而且 q 是有理數，則 $\ln(w^q) = q \cdot \ln(w) = q \cdot \ln w$。

● $\lim\limits_{x \to +\infty} \ln(x) = +\infty$ 而且 $\lim\limits_{x \to 0^+} \ln(x) = -\infty$。

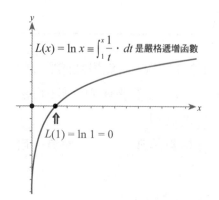

$L(x) = \ln x \equiv \int_1^x \dfrac{1}{t} \cdot dt$ 是嚴格遞增函數

$L(1) = \ln 1 = 0$

圖 5.5.1A

「自然對數函數 ln」的函數圖形如圖 5.5.1A 所示。

自然指數函數 $e^x = E(x)$ 的基本性質

- 「自然指數函數 $e^x = E(x)$」是「自然對數函數 ln 的反函數」，因此
$$e^{\ln x} = E(\ln(x)) = x \text{ 而且 } \ln e^y = \ln(E(y)) = y$$
其中 $x \in (0, +\infty)$ 且 $y \in \mathbb{R} = (-\infty, +\infty)$。

- （指數規律）$e^{x+y} = e^x \cdot e^y$ 對於任意選定的「實數 x」與「實數 y」都成立。$e^{-t} = \dfrac{1}{e^t}$ 對於任意「實數 t」恆成立。

- $e^0 = 1$。如果 $x > 0$，則 $e^x > 1$。如果 $x < 0$，則 $0 < e^x = \dfrac{1}{e^{-x}} < 1$，其中 $e^{-x} > 1$。

- $\displaystyle\lim_{x \to +\infty} e^x = +\infty$ 而且 $\displaystyle\lim_{x \to -\infty} e^x = \lim_{x \to -\infty} \dfrac{1}{e^{-x}} = \lim_{t \to +\infty} \dfrac{1}{e^t} = 0$，其中 $t = -x$。

- 「自然指數函數 $e^x = E(x)$」具有以下的微分特徵：
$$\frac{de^x}{dx} = e^x \text{ 其中 } x \in \mathbb{R} = (-\infty, +\infty)$$
而且滿足 $e^0 = 1$。因此由「微積分基本定理」可知 $\displaystyle\int_a^b e^x \cdot dx = [e^x]_a^b = e^b - e^a$。

- 假設 $g : I \to \mathbb{R}$ 是一個定義在（有限或無限）開區間 I 的可微分函數。假設 $0 \in I$，如果 g 具有微分特徵：
$$g'(x) = g(x) , \ \forall x \in I$$
則存在「實數常數 k」使得
$$g(x) = k \cdot e^x , \ \forall x \in I$$
如果函數 g 還滿足條件 $g(0) = 1$，則 $k = 1$ 而且 $g(x) = e^x$。
自然指數函數的函數圖形如圖 5.5.1B 所示。

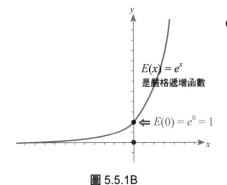

$E(x) = e^x$
是嚴格遞增函數

$\Leftarrow E(0) = e^0 = 1$

圖 5.5.1B

範例 1　(A) 假設 $f(x) = \ln x$，試求 $f'(7)$。(B) 試求 $\displaystyle\int_{0.5}^3 \frac{1}{x} \cdot dx$。
(C) 假設 $g(x) = e^x$，試求 $g'(-3)$。(D) 試求 $\displaystyle\int_{-3}^4 e^x \cdot dx$。

說明：

(A) $f'(x) = \dfrac{1}{x}$，所以 $f'(7) = \dfrac{1}{7}$。

(B) $\displaystyle\int_{0.5}^3 \frac{1}{x} \cdot dx = [\ln x]_{0.5}^3 = (\ln 3) - \ln(0.5)$。注意 $\ln(0.5) = \ln\left(\dfrac{1}{2}\right)$
$= -\ln 2$ 所以 $\displaystyle\int_{0.5}^3 \frac{1}{x} \cdot dx = (\ln 3) - (-\ln 2) = (\ln 3) + (\ln 2) = \ln 6$。

(C) $g'(x) = e^x$，所以 $g'(-3) = e^{-3} = \dfrac{1}{e^3}$。

(D) $\displaystyle\int_{-3}^4 e^x \cdot dx = [e^x]_{-3}^4 = e^4 - e^{-3} = e^4 - \dfrac{1}{e^3}$。

定理 5.5.1A　假設 $u : I \to \mathbb{R}$ 是一個定義在（有限或無限）開區間 I 的可微分函數而且「u 的函數值恆為正值」。如果 a 與 b 是區間 I 上的兩個點，則

$$\int_a^b \frac{u'(x)}{u(x)} \cdot dx = [\ln u(x)]_a^b = \ln u(b) - \ln u(a)$$

證明：令 $f(w) = \ln w$ 其中 $w \in (0, +\infty)$。則 $f'(w) = \dfrac{1}{w}$。由連鎖律可知合成函數 $f(u(x)) = \ln u(x)$ 的微分為

$$\frac{d \ln u(x)}{dx} = f'(u(x)) \cdot u'(x) = \frac{1}{u(x)} \cdot u'(x) = \frac{u'(x)}{u(x)}$$

其中 $f'(u(x)) = \dfrac{1}{u(x)}$。因此由微積分基本定理可知

$$\int_a^b \frac{u'(x)}{u(x)} \cdot dx = [\ln u(x)]_a^b = \ln u(b) - \ln u(a) \qquad ∎$$

範例 2　(A) 試求 $\dfrac{d \ln(3x + 2)}{dx}$。(B) 試求 $\displaystyle\int_0^4 \frac{3}{3x + 2} \cdot dx$。

說明：

(A) 令 $f(w) = \ln w$ 且 $u(x) = 3x + 2$ 則 $f(u(x)) = \ln(u(x)) = \ln(3x + 2)$。因此由「連鎖律」可知

$$\frac{d \ln(3x + 2)}{dx} = f'(u(x)) \cdot u'(x) = \frac{1}{3x + 2} \cdot 3 = \frac{3}{3x + 2}$$

(B) 由 (A) 可知 $\dfrac{d \ln(3x + 2)}{dx} = \dfrac{3}{3x + 2}$ 所以 $\displaystyle\int_0^4 \frac{3}{3x + 2} \cdot dx = [\ln(3x + 2)]_0^4$
$= \ln(14) - \ln(2) = \ln 7$。

範例 3　試求 $\displaystyle\int_0^5 \frac{x^2}{x^3 + 1} \cdot dx$。

說明：令 $f(w) = \ln w$ 且 $u(x) = x^3 + 1$。注意 $u(x) = x^3 + 1$ 在開區間 $(-1, +\infty)$ 上恆大於 0。由連鎖律可知合成函數 $f(u(x)) = \ln(u(x)) = \ln(x^3 + 1)$ 的微分為

$$\frac{d \ln u(x)}{dx} = \frac{u'(x)}{u(x)} = \frac{3x^2}{x^3 + 1}$$

因此，由微積分基本定理可知

$$\int_0^5 \frac{x^2}{x^3 + 1} \cdot dx = \int_0^5 \frac{1}{3} \cdot \frac{3 \cdot x^2}{x^3 + 1} \cdot dx = \frac{1}{3} \cdot \int_0^5 \frac{3 \cdot x^2}{x^3 + 1} \cdot dx$$

$$= \frac{1}{3} \cdot \int_0^5 \frac{u'(x)}{u(x)} \cdot dx = \left[\frac{\ln u(x)}{3} \right]_0^5$$

$$= \left[\frac{\ln(x^3 + 1)}{3} \right]_0^5 = \frac{(\ln 126) - (\ln 1)}{3}$$

$$= \frac{(\ln 126) - 0}{3} = \frac{(\ln 126)}{3}$$

延伸學習 1 試求 $\int_{-3}^{5} \dfrac{2x}{x^2 + 1} \cdot dx$。

解答： 令 $f(w) = \ln w$ 且 $u(x) = x^2 + 1 > 0$，則由連鎖律可知

$$\frac{d \ln u(x)}{dx} = f'(u(x)) \cdot u'(x) = \frac{1}{u(x)} \cdot u'(x) = \frac{u'(x)}{u(x)} = \frac{2x}{x^2 + 1}$$

因此 $\int_{-3}^{5} \dfrac{2x}{x^2 + 1} \cdot dx = \int_{-3}^{5} \dfrac{u'(x)}{u(x)} \cdot dx = [\ln u(x)]_{-3}^{5} = [\ln(x^2 + 1)]_{-3}^{5} = (\ln 26)$

$- (\ln 10)$。

範例 4 試求 $\int_{\frac{\pi}{4}}^{\frac{\pi}{3}} (\tan\theta) \cdot d\theta = \int_{\frac{\pi}{4}}^{\frac{\pi}{3}} \dfrac{\sin\theta}{\cos\theta} \cdot d\theta$。

說明： 令 $u(\theta) = \cos\theta$ 其中 $\theta \in \left(-\dfrac{\pi}{2}, \dfrac{\pi}{2}\right)$，則 $u(\theta) = \cos\theta$ 在開區間 $\left(-\dfrac{\pi}{2}, \dfrac{\pi}{2}\right)$ 上恆大於 0。由連鎖律可知

$$\frac{d \ln(\cos\theta)}{d\theta} = \frac{d \ln u(\theta)}{d\theta} = \frac{u'(x)}{u(x)} = \frac{-\sin\theta}{\cos\theta} = -\tan\theta$$

因此，由微積分基本定理可知

$$\int_{\frac{\pi}{4}}^{\frac{\pi}{3}} (\tan\theta) \cdot d\theta = -\int_{\frac{\pi}{4}}^{\frac{\pi}{3}} (-\tan\theta) \cdot d\theta = -\int_{\frac{\pi}{4}}^{\frac{\pi}{3}} \frac{d \ln(\cos\theta)}{d\theta} \cdot d\theta = [-\ln(\cos\theta)]_{\frac{\pi}{4}}^{\frac{\pi}{3}}$$

$$= -\ln\left(\cos\frac{\pi}{3}\right) - \left[-\ln\left(\cos\frac{\pi}{4}\right)\right] = -\ln\left(\frac{1}{2}\right) + \ln\left(\frac{1}{\sqrt{2}}\right)$$

$$= -(-\ln 2) + (-\ln\sqrt{2})$$

$$= \ln 2 - \ln\sqrt{2} = \ln 2 - \ln(2^{\frac{1}{2}})$$

$$= (\ln 2) - \frac{1}{2} \cdot (\ln 2) = \frac{1}{2} \cdot (\ln 2)$$

$\ln|x|$ 這個函數

自然對數函數 $\ln$ 是定義在「所有正實數」所形成的開區間 $(0, +\infty)$ 上的可微分函數，而 $\ln|x|$ 則是定義在「所有非零實數」所形成的集合

$$\{x \in \mathbb{R} : x \neq 0\} = (-\infty, 0) \cup (0, +\infty)$$

上的可微分函數。令 $f(w) = \ln w$ 且 $g(x) = |x|$，則 $f'(w) = \dfrac{1}{w}$。由連鎖律可知合成函數 $f(g(x)) = \ln|x|$ 的微分為

$$\frac{d \ln|x|}{dx} = f'(g(x)) \cdot g'(x) = \frac{1}{g(x)} \cdot g'(x) = \frac{g'(x)}{g(x)} \text{ 其中 } f'(g(x)) = \frac{1}{g(x)}$$

注意以下的現象：

● 假設 $x \in (0, +\infty)$，則 $g(x) = |x| = x$ 且 $g'(x) = +1$，故 $\dfrac{d \ln|x|}{dx} = \dfrac{g'(x)}{g(x)}$
$= \dfrac{1}{x}$。

● 假設 $x \in (-\infty, 0)$，則 $g(x) = |x| = -x$ 且 $g'(x) = -1$，故 $\dfrac{d \ln|x|}{dx} = \dfrac{g'(x)}{g(x)}$
$= \dfrac{-1}{-x} = \dfrac{1}{x}$。

因此我們得到以下結論。

> **定理 5.5.1B**　定義在 $\{x \in \mathbb{R} : x \neq 0\} = (-\infty, 0) \cup (0, +\infty)$
> 上的可微分函數 $\ln|x|$ 的微分為
>
> $$\frac{d \ln|x|}{dx} = \frac{1}{x} \text{ 其中 } x \in (-\infty, 0) \cup (0, +\infty)$$
>
> 因此由「微積分基本定理」可知：如果「$0 < a < b$」或「$a < b <$
> 0」，則
>
> $$\int_a^b \frac{1}{x} \cdot dx = [\ln|x|]_a^b = \ln|b| - \ln|a| = \ln\left|\frac{b}{a}\right|$$

說明：請讀者注意，a 與 b 必須「同時為正」或「同時為負」。積分
區間 $[a,b]$ 絕對不可以包含 0 這個點。　■

範例 5　試求 $\int_{-3}^{-2} \frac{1}{x} \cdot dx$。

說明：由定理 5.5.1B 可知 $\int_{-3}^{-2} \frac{1}{x} \cdot dx = [\ln|x|]_{-3}^{-2} = (\ln|-2|) - (\ln|-3|)$
$= \ln 2 - \ln 3$。

延伸學習 2　試求 $\int_{-4}^{-1} \frac{1}{x} \cdot dx$。

解答：由定理 5.5.1B 可知 $\int_{-4}^{-1} \frac{1}{x} \cdot dx = [\ln|x|]_{-4}^{-1} = (\ln 1) - (\ln 4) = -\ln 4$。

> **定理 5.5.1C**　假設 $u : I \to \mathbb{R}$ 是一個定義在（有限或無限）
> 開區間 I 的可微分函數而且「u 的函數值恆不為 0」，則
>
> $$\frac{d \ln|u(x)|}{dx} = \frac{u'(x)}{u(x)}$$
>
> 因此由「微積分基本定理」可知：如果 a 與 b 是區間 I 上的兩個
> 點，則
>
> $$\int_a^b \frac{u'(x)}{u(x)} \cdot dx = [\ln|u(x)|]_a^b = \ln|u(b)| - \ln|u(a)| = \ln\left|\frac{u(b)}{u(a)}\right|$$

證明：令 $f(w) = \ln|w|$ 其中 $w \in (-\infty, 0) \cup (0, +\infty)$，則由定理 5.5.1B
可知

$$f'(w) = \frac{1}{w}$$

由連鎖律可知合成函數 $f(u(x)) = \ln|u(x)|$ 的微分為

$$\frac{d \ln|u(x)|}{dx} = f'(u(x)) \cdot u'(x) = \frac{1}{u(x)} \cdot u'(x) = \frac{u'(x)}{u(x)} \text{ 其中 } f'(u(x)) = \frac{1}{u(x)}$$

因此由「微積分基本定理」（定理 5.2.2B）即可得知

$$\int_a^b \frac{u'(x)}{u(x)} \cdot dx = [\ln|u(x)|]_a^b = \ln|u(b)| - \ln|u(a)| = \ln\left|\frac{u(b)}{u(a)}\right|$$

注意：由「連續函數 u 的函數值恆不為 0」這個假設可以得知「u 在開區間 I 上的函數值」必定會「恆為正值」或「恆為負值」。　■

範例 6 試求 $\int_0^5 \frac{x^2}{x^3 - 729} \cdot dx$。

說明： 令 $u(x) = x^3 - 729$，則 $u'(x) = 3 \cdot x^2$ 而且

$$\frac{u'(x)}{u(x)} = \frac{3x^2}{x^3 - 729}$$

注意 $u(x) = x^3 - 9^3$ 在開區間 $(-\infty, 9)$ 上恆小於 0。因此由定理 5.5.1C 可知

$$\int_0^5 \frac{x^2}{x^3 - 729} \cdot dx = \frac{1}{3} \cdot \int_0^5 \frac{3 \cdot x^2}{x^3 - 729} \cdot dx = \frac{1}{3} \cdot \int_0^5 \frac{u'(x)}{u(x)} \cdot dx$$

$$= \frac{1}{3} \cdot [\ln|u(x)|]_0^5 = \frac{1}{3} \cdot [\ln|x^3 - 9^3|]_0^5$$

$$= \frac{\ln|5^3 - 729| - \ln|0^3 - 729|}{3} = \frac{(\ln 604) - (\ln 729)}{3}$$

範例 7 試求 $\int_a^b \frac{\sin x}{3 + \cos x} \cdot dx$。

說明： 令 $u(x) = 3 + \cos x > 0$，則 $u'(x) = -\sin x$ 而且

$$\frac{u'(x)}{u(x)} = \frac{-\sin x}{3 + \cos x}$$

因此由定理 5.5.1C 可知

$$\int_a^b \frac{\sin x}{3 + \cos x} \cdot dx = (-1) \cdot \int_a^b \frac{-\sin x}{3 + \cos x} \cdot dx = (-1) \cdot \int_a^b \frac{u'(x)}{u(x)} \cdot dx$$

$$= -[\ln|u(x)|]_a^b = -[\ln|u(x)|]_a^b$$

$$= -\ln(3 + \cos b) + \ln(3 + \cos a)$$

基本的三角函數積分計算公式

- $\int_a^b (\cos x) \cdot dx = [\sin x]_a^b = (\sin b) - (\sin a)$。
- $\int_a^b (\sin x) \cdot dx = [-\cos x]_a^b = (-\cos b) + (\cos a)$。
- 如果 $\cos x \neq 0$，$\forall x \in [a, b]$，則 $\int_a^b (\sec^2 x) \cdot dx = [\tan x]_a^b = (\tan b) - (\tan a)$。
- 如果 $\cos x \neq 0$，$\forall x \in [a, b]$，則 $\int_a^b (\sec x) \cdot (\tan x) \cdot dx = [\sec x]_a^b = (\sec b) - (\sec a)$。

- 如果 $\sin x \neq 0$，$\forall x \in [a, b]$，則 $\int_a^b (\csc^2 x) \cdot dx = [-\cot x]_a^b = (-\cot b) + (\cot a)$。

- 如果 $\sin x \neq 0$，$\forall x \in [a, b]$，則 $\int_a^b (\csc x) \cdot (\cot x) \cdot dx = [-\csc x]_a^b = (-\csc b) + (\csc a)$。

- ▲ 如果 $\cos x \neq 0$，$\forall x \in [a, b]$，則 $\int_a^b (\tan x) \cdot dx = [-\ln|(\cos x)|]_a^b = (-\ln|\cos b|) + \ln|\cos a|$。

- ▲ 如果 $\sin x \neq 0$，$\forall x \in [a, b]$，則 $\int_a^b (\cot x) \cdot dx = [\ln|(\sin x)|]_a^b = \ln|(\sin b)| - \ln|(\sin a)|$。

- ※ 如果 $\cos x \neq 0$，$\forall x \in [a, b]$，則 $\int_a^b (\sec x) \cdot dx = [\ln|(\sec x) + (\tan x)|]_a^b = \ln|(\sec b) + (\tan b)| - \ln|(\sec a) + (\tan a)|$。

- ※ 如果 $\sin x \neq 0$，$\forall x \in [a, b]$，則 $\int_a^b (\csc x) \cdot dx = [\ln|(\csc x) - (\cot x)|]_a^b = \ln|(\csc b) - (\cot b)| - \ln|(\csc a) - (\cot a)|$。

範例 8A　試求 $\int_0^{\frac{\pi}{3}} (\sec x) \cdot dx$。

說明： 令 $u(x) = (\sec x) + (\tan x)$，則 $u'(x) = (\sec x) \cdot (\tan x) + (\sec x)^2$ 而且

$$\frac{u'(x)}{u(x)} = \frac{(\sec x) \cdot (\tan x) + (\sec x)^2}{(\sec x) + (\tan x)} = \frac{(\sec x) \cdot [(\tan x) + (\sec x)]}{(\sec x) + (\tan x)} = \sec x$$

$u(x) = (\sec x) + (\tan x)$ 在開區間 $\left(-\dfrac{\pi}{2}, \dfrac{\pi}{2}\right)$ 上恆大於 0，因此由定理 5.5.1C 可知

$$\int_0^{\frac{\pi}{3}} (\sec x) \cdot dx = [\ln|(\sec x) + (\tan x)|]_0^{\frac{\pi}{3}} = \ln|2 + \sqrt{3}| - \ln|1 + 0|$$
$$= \ln(2 + \sqrt{3}) - \ln 1 = \ln(2 + \sqrt{3})$$

範例 8B　試求 $\int_2^7 \dfrac{1}{x \cdot \ln x} \cdot dx$。

說明： 令 $f(w) = \dfrac{1}{w}$ 且 $u(x) = \ln x$ 其中 $x > 0$。注意 $f(u(x)) = \dfrac{1}{\ln x}$ 而且 $u'(x) = \dfrac{1}{x}$。因此

$$\int_2^7 \frac{1}{x \cdot \ln x} \cdot dx = \int_2^7 f(u(x)) \cdot u'(x) \cdot dx = \int_{u(2)}^{u(7)} f(u) \cdot du = \int_{\ln 2}^{\ln 7} \frac{1}{u} \cdot du$$
$$= [\ln u]_{\ln 2}^{\ln 7} = \ln(\ln 7) - \ln(\ln 2) = \ln\left(\frac{\ln 7}{\ln 2}\right)$$

定理 5.5.2　假設 $u : I \to \mathbb{R}$ 是一個定義在（有限或無限）開區間 I 的可微分函數。則

$$\int_a^b e^{u(x)} \cdot u'(x) \cdot dx = [e^{u(x)}]_a^b = e^{u(b)} - e^{u(a)}$$

證明：考慮合成函數 $e^{u(x)} = E(u(x))$。由連鎖律可知合成函數 $e^{u(x)}$ $= E(u(x))$ 的微分為

$$\frac{de^{u(x)}}{dx} = \frac{dE(u(x))}{dx} = E'(u(x)) \cdot u'(x) = E(u(x)) \cdot u'(x) = e^{u(x)} \cdot u'(x)$$

由微積分基本定理可知：$\int_a^b e^{u(x)} \cdot u'(x) \cdot dx = [e^{u(x)}]_a^b = e^{u(b)} - e^{u(a)}$。∎

範例9A　「標準常態分佈」的「機率密度函數」為 $f(x) = \frac{1}{\sqrt{2\pi}} \cdot e^{\frac{-x^2}{2}}$ 其中 $x \in \mathbb{R} = (-\infty, +\infty)$。試求 $f'(x)$。

說明：令 $u(x) = \frac{-x^2}{2}$，則 $f(x) = \frac{1}{\sqrt{2\pi}} \cdot e^{u(x)} = \frac{1}{\sqrt{2\pi}} \cdot E(u(x))$ 而且 $u'(x) = \frac{-2x}{2} = -x$。由連鎖律可知

$$f'(x) = \frac{1}{\sqrt{2\pi}} \cdot E'(u(x)) \cdot u'(x) = \frac{1}{\sqrt{2\pi}} \cdot E(u(x)) \cdot u'(x)$$
$$= \frac{1}{\sqrt{2\pi}} \cdot e^{u(x)} \cdot u'(x) = \frac{1}{\sqrt{2\pi}} \cdot e^{\frac{-x^2}{2}} \cdot (-x)$$

範例9B　試求 $\int_0^3 e^{x^2} \cdot 2x \cdot dx$。

說明：令 $f(w) = e^w$ 且 $u(x) = x^2$，則 $f'(w) = e^w$ 且 $u'(x) = 2x$。由連鎖律可知合成函數 $e^{x^2} = f(u(x))$ 的微分為

$$\frac{d}{dx} e^{x^2} = f'(u(x)) \cdot u'(x) = e^{u(x)} \cdot u'(x) = e^{x^2} \cdot (2x)$$

因此由「微積分基本定理」或定理 5.5.2 可知

$$\int_0^3 e^{x^2} \cdot 2x \cdot dx = [e^{x^2}]_0^3 = e^9 - e^0 = e^9 - 1$$

延伸學習3　試求 $\int_0^3 e^{4x+7} \cdot dx$。

解答：$\int_0^3 e^{4x+7} \cdot dx = \frac{1}{4} \cdot [e^{4x+7}]_0^3 = \frac{1}{4} \cdot [e^{19} - e^7] = \frac{e^{19} - e^7}{4}$。

範例10　試求 $\int_0^{\frac{\pi}{2}} e^{\sin x} \cdot (\cos x) \cdot dx$。

說明：令 $f(w) = e^w$ 且 $u(x) = \sin x$，則 $f'(w) = e^w$ 且 $u'(x) = \cos x$。由連鎖律可知合成函數 $e^{\sin x} = f(u(x))$ 的微分為

$$\frac{d}{dx} e^{\sin x} = f'(u(x)) \cdot u'(x) = e^{u(x)} \cdot u'(x) = e^{\sin x} \cdot (\cos x)$$

因此由「微積分基本定理」或定理 5.5.2 可知

$$\int_0^{\frac{\pi}{2}} e^{\sin x} \cdot (\cos x) \cdot dx = [e^{\sin x}]_0^{\frac{\pi}{2}} = e^1 - e^0 = e - 1$$

自然指數函數在微分方程的應用

　　我們還可以使用「自然指數函數」來求解微分方程如下。考慮微

分方程

$$y'(t) + K \cdot y(t) = f(t) \text{ 且 } y(0) = C \text{（初始條件）}$$

其中「K 是實數常數」而 $y(t)$ 為「待解的未知函數」。$y(0) = C$ 這個條件常被稱為**初始條件**（initial condition）：這表示「待解的函數在初始時間的值」。

為了解這個微分方程，我們將微分方程的兩邊分別乘以指數函數 $e^{K \cdot t}$ 得到

$$e^{K \cdot t} \cdot [y'(t) + K \cdot y(t)] = e^{K \cdot t} \cdot f(t)$$
$$\Rightarrow e^{K \cdot t} \cdot y'(t) + e^{K \cdot t} \cdot K \cdot y(t) = e^{K \cdot t} \cdot f(t)$$

注意 $e^{K \cdot t} \cdot y'(t) + e^{K \cdot t} \cdot K \cdot y(t)$ 恰好可以被表示為 $e^{K \cdot t} \cdot y(t)$ 這個函數的微分：

$$\frac{d}{dt}[e^{K \cdot t} \cdot y(t)] = e^{K \cdot t} \cdot K \cdot y(t) + e^{K \cdot t} \cdot y'(t) \text{（萊布尼茲法則）}$$

因此原本的方程式就被改寫為

$$\frac{d}{dt}[e^{K \cdot t} \cdot y(t)] = e^{K \cdot t} \cdot f(t)$$

將這個方程的兩邊分別積分起來就可以得到

$$\int_0^t \frac{d}{ds}[e^{K \cdot s} \cdot y(s)] \cdot ds = \int_0^t e^{K \cdot s} \cdot f(s) \cdot ds$$

由「微積分基本定理」可知

$$e^{K \cdot t} \cdot y(t) - e^{K \cdot 0} \cdot y(0) = [e^{K \cdot s} \cdot y(s)]_0^t = \int_0^t \frac{d}{ds}[e^{K \cdot s} \cdot y(s)] \cdot ds$$
$$= \int_0^t e^{K \cdot s} \cdot f(s) \cdot ds$$

因此

$$e^{K \cdot t} \cdot y(t) = e^{K \cdot 0} \cdot y(0) + \int_0^t e^{K \cdot s} \cdot f(s) \cdot ds = y(0) + \int_0^t e^{K \cdot s} \cdot f(s) \cdot ds$$

所以「微分方程 $y'(t) + K \cdot y(t) = f(t)$ 的解」為

$$y(t) = e^{-K \cdot t} \cdot [y(0) + \int_0^t e^{K \cdot s} \cdot f(s) \cdot ds]$$
$$= C \cdot e^{-K \cdot t} + e^{-K \cdot t} \cdot \int_0^t e^{K \cdot s} \cdot f(s) \cdot ds$$

其中 $C = y(0)$ 為初始條件。

定理 5.5.3 假設 f 是定義在 $\mathbb{R} = (-\infty, +\infty)$ 的連續函數。假設 K 是實數常數。則

$$y'(t) + K \cdot y(t) = f(t) \text{ 且 } y(0) = C \text{（初始條件）}$$

這個微分方程的解為

$$y(t) = e^{-K \cdot t} \cdot [y(0) + \int_0^t e^{K \cdot s} \cdot f(s) \cdot ds]$$
$$= C \cdot e^{-K \cdot t} + e^{-K \cdot t} \cdot \int_0^t e^{K \cdot s} \cdot f(s) \cdot ds$$

其中 $C = y(0)$ 為「初始條件」。

說明：如果我們沒有指定「初始條件 $y(0)$」，那麼

$$C \cdot e^{-K \cdot t} + e^{-K \cdot t} \cdot \int_0^t e^{K \cdot s} \cdot f(s) \cdot ds$$

這個形式的函數就是微分方程 $y'(t) + K \cdot y(t) = f(t)$ 的解，我們稱呼這樣形式的表示為「微分方程 $y'(t) + K \cdot y(t) = f(t)$ 的**通解**（general solution）」。當「連續函數 f 為 0」的時候，微分方程 $y'(t) + K \cdot y(t) = 0$ 的通解為 $C \cdot e^{-K \cdot t}$ 這樣的形式。 ■

範例11 求解微分方程 $y'(t) + 7 \cdot y(t) = t$ 滿足初始條件 $y(0) = 3$。

說明：將微分方程 $y'(t) + 7 \cdot y(t) = t$ 的兩邊分別乘以指數函數 e^{7t} 得到

$$e^{7t} \cdot [y'(t) + 7 \cdot y(t)] = e^{7t} \cdot t$$
$$\Rightarrow \frac{d}{dt}[e^{7t} \cdot y(t)] = e^{7t} \cdot y'(t) + e^{7t} \cdot 7 \cdot y(t) = e^{7t} \cdot t$$

將 $\frac{d}{dt}[e^{7t} \cdot y(t)] = e^{7t} \cdot t$ 這個方程的兩邊分別積分起來就得到

$$\int_0^t \frac{d}{ds}[e^{7s} \cdot y(s)] \cdot ds = \int_0^t e^{7s} \cdot s \cdot ds$$

由「微積分基本定理」可知

$$e^{7t} \cdot y(t) - e^{7 \cdot 0} \cdot y(0) = [e^{7 \cdot s} \cdot y(s)]_0^t = \int_0^t \frac{d}{ds}[e^{7 \cdot s} \cdot y(s)] \cdot ds$$
$$= \int_0^t e^{7 \cdot s} \cdot s \cdot ds$$

因此

$$e^{7t} \cdot y(t) = e^{7 \cdot 0} \cdot y(0) + \int_0^t e^{7 \cdot s} \cdot s \cdot ds = y(0) + \int_0^t e^{7 \cdot s} \cdot s \cdot ds$$
$$= 3 + \int_0^t e^{7 \cdot s} \cdot s \cdot ds$$

其中 $y(0) = 3$。所以微分方程的解為

$$y(t) = e^{-7 \cdot t} \cdot [3 + \int_0^t e^{7s} \cdot s \cdot ds]$$

其中的積分可以計算如下：

$$\int_0^t e^{7 \cdot s} \cdot s \cdot ds = \frac{1}{7} \cdot \left[e^{7s} \cdot s - \frac{e^{7s}}{7}\right]_0^t$$
$$= \frac{1}{7} \cdot \left[\left(e^{7t} \cdot t - \frac{e^{7t}}{7}\right) - \left(e^{7.0} \cdot 0 - \frac{e^{7.0}}{7}\right)\right]$$
$$= \frac{e^{7 \cdot t} \cdot t}{7} - \frac{e^{7t}}{49} + \frac{1}{49}$$

這是因為

$$\frac{1}{7} \cdot \frac{d}{ds}\left[e^{7s} \cdot s - \frac{e^{7s}}{7}\right] = \frac{1}{7} \cdot \left(e^{7s} \cdot 7 \cdot s + e^{7s} \cdot 1 - \frac{e^{7s} \cdot 7}{7}\right)$$
$$= \frac{e^{7s} \cdot 7 \cdot s}{7} = e^{7s} \cdot s$$

所以

$$y(t) = e^{-7 \cdot t} \cdot \left[3 + \int_0^t e^{7s} \cdot s \cdot ds\right] = e^{-7t} \cdot \left[3 + \frac{e^{7 \cdot t} \cdot t}{7} - \frac{e^{7t}}{49} + \frac{1}{49}\right]$$
$$= 3 \cdot e^{-7t} + \frac{t}{7} - \frac{1}{49} + \frac{e^{-7t}}{49}$$

延伸學習 4 求解微分方程 $y'(t) + 7 \cdot y(t) = 5$ 滿足初始條件 $y(0) = 3$。

解答：$\dfrac{d}{dt}[e^{7 \cdot t} \cdot y(t)] = e^{7t} \cdot y'(t) + e^{7t} \cdot 7 \cdot y(t) = 5 \cdot e^{7 \cdot t}$。因此

$$e^{7 \cdot t} \cdot y(t) - 3 = e^{7 \cdot t} \cdot y(t) - e^0 \cdot y(0)$$
$$= \int_0^t \frac{d}{ds}[e^{7s} \cdot y(s)] \cdot ds = \int_0^t 5 \cdot e^{7s} \cdot ds$$
$$= \frac{5 \cdot e^{7t} - 5 \cdot e^0}{7}$$

所以微分方程的解為 $y(t) = 3 \cdot e^{-7t} + e^{-7t} \cdot \dfrac{5 \cdot e^{7t} - 5}{7} = \dfrac{5 + 16 \cdot e^{-7t}}{7}$。

範例 12 放射性元素會漸漸衰變為相對較穩定的物質。假設 $M(t)$ 是某種放射性元素在時間 t 的量，則放射性元素的衰變滿足以下的（微分方程）規律：

$$\frac{dM(t)}{dt} = -K \cdot M(t)$$

其中 K 是衰變反應的「反應速率常數」。假設 M_0 是放射性元素「在方程起始時間的量」。放射性元素從「起始量 M_0」衰變到只剩下 $M_0/2$「所需要的時間」被稱為這個放射性元素的**半衰期**（half-life）。(A) 試解微分方程求出 $M(t)$。(B) 試求「半衰期」與 K 的關係。(C) 已知 ^{14}C 的「半衰期」為「5730 年」，試求 ^{14}C 由起始量 M_0 衰變到只剩下 $M_0/1024 = M_0/2^{10}$ 所需的時間 T。

說明：

(A) 由微分方程 $\dfrac{dM(t)}{dt} = -K \cdot M(t)$ 可知 $M'(t) + K \cdot M(t) = 0$。因此
$$\frac{d}{dt}[e^{K \cdot t} \cdot M(t)] = e^{K \cdot t} \cdot K \cdot M(t) + e^{K \cdot t} \cdot M'(t)$$
$$= e^{K \cdot t} \cdot [K \cdot M(t) + M'(t)] = 0$$

將這個方程的兩邊分別積分起來就可以得到
$$e^{K \cdot t} \cdot M(t) - e^{K \cdot 0} \cdot M(0) = [e^{K \cdot s} \cdot M(s)]_0^t$$
$$= \int_0^t \frac{d}{ds}[e^{K \cdot s} \cdot M(s)] \cdot ds$$
$$= \int_0^t 0 \cdot ds = 0$$

因此
$$e^{K \cdot t} \cdot M(t) = e^{K \cdot 0} \cdot M(0) = M(0)$$
$$\Rightarrow M(t) = e^{-K \cdot t} \cdot M(0) = e^{-K \cdot t} \cdot M_0$$

(B) 假設「半衰期」為 D，則 $M(D) = M_0 \cdot e^{-K \cdot D} = M_0/2 \Rightarrow e^{-K \cdot D} = \dfrac{1}{2}$。因此
$$e^{-K \cdot D} = \frac{1}{2} \Rightarrow \ln(e^{-K \cdot D}) = \ln\left(\frac{1}{2}\right) = -\ln 2$$

$$\Rightarrow -K \cdot D = -\ln 2 \Rightarrow \text{半衰期 } D = \frac{\ln 2}{K}$$

其中我們應用 $\ln(e^x) = x$（$\ln$ 是「自然指數函數的反函數」）來得到 $\ln(e^{-K \cdot D}) = -K \cdot D$。

(C) $M(T) = M_0 \cdot e^{-K \cdot T} = \dfrac{M_0}{2^{10}} \Rightarrow e^{-K \cdot T} = \dfrac{1}{2^{10}} = 2^{-10}$。因此

$$\ln(e^{-K \cdot T}) = \ln(2^{-10}) = -10 \cdot (\ln 2) \Rightarrow -K \cdot T = -10 \cdot (\ln 2)$$

$$\Rightarrow T = \frac{10 \cdot (\ln 2)}{K} = 10 \cdot D$$

所以 ^{14}C 由 M_0 衰變到只剩下 $\dfrac{M_0}{1024}$ 所需的時間為「$10 \cdot 5730 = 57300$ 年」。

範例 13　牛頓冷卻定律（Newton's Law of Cooling）

假設一個微小物體的溫度為 $T(t)$，其中 t 為時間。假設這個微小物體的「周圍環境溫度」為 T_{env}。則這個微小物體的「溫度變化率」會遵循以下規律：

$$\frac{dT(t)}{dt} = -K \cdot [T(t) - T_{env}]$$

其中 K 是這個微小物體與周圍環境間的「熱傳導係數（正實數常數）」。假設這個微小物體的「周圍環境溫度 T_{env}」是定值。(A) 試解微分方程以求出 $T(t)$。(B) 將一杯溫度 70℃ 的熱茶放入恆溫為 −10℃ 的冷凍櫃中。假設這杯熱茶的「溫度變化率」遵循「牛頓冷卻定律」。已知這杯熱茶的溫度從 70℃ 降至 30℃ 費時 300 秒。試求這杯熱茶的溫度從 70℃ 降至 10℃ 所需的時間。

說明：

(A) 我們可以將微分方程 $\dfrac{dT(t)}{dt} = -K \cdot [T(t) - T_{env}]$ 改寫為

$$\frac{dT(t)}{dt} + K \cdot T(t) = K \cdot T_{env} \text{ 或 } T'(t) + K \cdot T(t) = K \cdot T_{env}$$

由此可知

$$\frac{d}{dt}[e^{K \cdot t} \cdot T(t)] = e^{K \cdot t} \cdot K \cdot T(t) + e^{K \cdot t} \cdot T'(t)$$
$$= e^{K \cdot t} \cdot [K \cdot T(t) + T'(t)] = e^{K \cdot t} \cdot K \cdot T_{env}$$

將這個方程的兩邊分別積分起來就可以得到

$$[e^{K \cdot s} \cdot T(s)]_0^t = \int_0^t \frac{d}{ds}[e^{K \cdot s} \cdot T(s)] \cdot ds$$
$$= \int_0^t (e^{K \cdot s} \cdot K \cdot T_{env}) \cdot ds$$
$$= T_{env} \cdot [e^{K \cdot s}]_0^t$$

其中

$$[e^{K \cdot s} \cdot T(s)]_0^t = e^{K \cdot t} \cdot T(t) - e^{K \cdot 0} \cdot T(0)$$

且

$$T_{env} \cdot [e^{K \cdot s}]_0^t = T_{env} \cdot [e^{K \cdot t} - e^{K \cdot 0}]$$

由此可知

$$e^{K \cdot t} \cdot T(t) - T(0) = e^{K \cdot t} \cdot T(t) - e^{K \cdot 0} \cdot T(0)$$
$$= T_{env} \cdot [e^{K \cdot t} - e^{K \cdot 0}]$$
$$= T_{env} \cdot e^{K \cdot t} - T_{env}$$

將以上等式的兩邊分別乘以 $e^{-K \cdot t}$ 就可以得到微分方程的解 $T(t)$ 如下：

$$T(t) - e^{-K \cdot t} \cdot T(0) = T_{env} - e^{-K \cdot t} \cdot T_{env}$$
$$\Rightarrow T(t) = e^{-K \cdot t} \cdot [T(0) - T_{env}] + T_{env}$$

(B) 由微分方程的解 $T(t) = e^{-K \cdot t} \cdot [T(0) - T_{env}] + T_{env}$ 可知

$$T(t) - T_{env} = e^{-K \cdot t} \cdot [T(0) - T_{env}] \Rightarrow T(t) - (-10)$$
$$= e^{-K \cdot t} \cdot [70 - (-10)] = e^{-K \cdot t} \cdot 80$$

其中 $T_{env} = -10$ 而且 $T(0) = 70$。由「熱茶的溫度從 70℃ 降至 30℃ 費時 300 秒」可知

$$30 - (-10) = T(300) - (-10) = e^{-K \cdot 300} \cdot [70 - (-10)]$$
$$\Rightarrow 40 = e^{-K \cdot 300} \cdot 80$$
$$\Rightarrow e^{K \cdot 300} = 2$$

假設「熱茶的溫度從 70℃ 降至 10℃ 所需的時間」為 w 秒，則 w 滿足以下關係式

$$10 - (-10) = T(w) - (-10) = e^{-K \cdot w} \cdot [70 - (-10)]$$
$$\Rightarrow 20 = e^{-K \cdot w} \cdot 80$$
$$\Rightarrow e^{K \cdot w} = 4$$

由 $e^{K \cdot 300} = 2$ 與 $e^{K \cdot w} = 4$ 可以得知

$$e^{K \cdot w} = 4 = 2 \cdot 2 = e^{K \cdot 300} \cdot e^{K \cdot 300} = e^{K \cdot 600}$$
$$\Rightarrow K \cdot w = K \cdot 600$$
$$\Rightarrow w = 600$$

因此「熱茶的溫度從 70℃ 降至 10℃ 所需的時間」為 600 秒。

範例14　一顆石頭在 0 秒的時候自高空自由落下，石頭會受到重力與空氣阻力的影響。令 $v(t)$（公尺／秒）為石頭「在時間 t 秒的時候」的速度。我們可以假設 $v(t)$ 滿足微分方程

$$v'(t) + K \cdot v(t) = -g \text{ 且 } v(0) = 0 \text{（初始條件）}$$

其中 g 為重力加速度常數 10（公尺／秒²）而 K 是與「空氣阻力、石頭質量」有關的係數。(A) 試解微分方程求出 $v(t)$。(B) 假設 K 為 0.2，試求石頭在 20 秒的時候的速度（公尺／秒）。

*註：空氣阻力使得石頭的速度 $v(t)$ 存在極限 $\lim\limits_{t \to \infty} v(t) = \dfrac{-g}{K}$（負值表示朝下）。

說明：

(A) 將微分方程的兩邊分別乘以指數函數 $e^{K \cdot t}$ 得到

$$e^{K \cdot t} \cdot [v'(t) + K \cdot v(t)] = -g \cdot e^{K \cdot t}$$

$$\Rightarrow \frac{d}{dt}[e^{K \cdot t} \cdot v(t)] = -g \cdot e^{K \cdot t}$$

將這個方程的兩邊分別積分起來就可以得到

$$\int_0^t \frac{d}{ds}[e^{K \cdot s} \cdot v(s)] \cdot ds = \int_0^t (-g \cdot e^{K \cdot s}) \cdot ds$$

由「微積分基本定理」可知

$$e^{K \cdot t} \cdot v(t) - e^{K \cdot 0} \cdot v(0) = [e^{K \cdot s} \cdot v(s)]_0^t = \int_0^t \frac{d}{ds}[e^{K \cdot s} \cdot v(s)] \cdot ds$$

$$= \int_0^t (-g \cdot e^{K \cdot s}) \cdot ds = \left[\frac{-g \cdot e^{K \cdot s}}{K}\right]_0^t$$

$$= \frac{-g \cdot e^{K \cdot t} + g \cdot e^{K \cdot 0}}{K}$$

因此

$$e^{K \cdot t} \cdot v(t) = e^{K \cdot 0} \cdot v(0) + \frac{-g \cdot e^{K \cdot t} + g \cdot e^{K \cdot 0}}{K}$$

$$= v(0) + \frac{-g \cdot e^{K \cdot t} + g}{K} = \frac{-g \cdot e^{K \cdot t} + g}{K}$$

其中 $v(0) = 0$。所以 $v(t) = e^{-K \cdot t} \cdot \left(\frac{-g \cdot e^{K \cdot t} + g}{K}\right) = \frac{-g + g \cdot e^{-K \cdot t}}{K}$。

(B) $K = 0.2$。由 $v(t) = \frac{-g + g \cdot e^{-K \cdot t}}{K}$ 可知

$$v(20) = \frac{-10 + (10) \cdot e^{-(0.2) \cdot 20}}{0.2} = \frac{-10 + (10) \cdot e^{-4}}{0.2}$$

$$= -50 + 50 \cdot e^{-4}$$

所以石頭在 20 秒的速度為 $-50 + 50 \cdot e^{-4} \approx -49.1$（公尺／秒）（負值表示朝下）。

*一般的指數函數

　　假設 $w > 0$。如果 $q = \frac{m}{n}$ 是有理數（其中「n 是正整數」而且「m 是整數」）。則由定理 5.4.1B 可知

$$w^q = E(\ln(w^q)) = E(q \cdot \ln(w)) = e^{q \cdot (\ln w)}$$

因此，當「x 是實數而且不是有理數」的時候，我們就把原本沒有定義的「w 的 x 次方 w^x」定義為 $E(x \cdot \ln(w)) = e^{x \cdot (\ln w)}$

$$w^x \equiv E(x \cdot (\ln w)) = e^{x \cdot (\ln w)}$$

這樣的定義使得 $w^x \equiv E(x \cdot (\ln w)) = e^{x \cdot (\ln w)}$ 成為一個連續而且可微分的函數。由這個定義可以得知以下的重要結果：

$$\ln(w^x) \equiv \ln[E(x \cdot (\ln w))] = x \cdot (\ln w)$$

對於 $x \in \mathbb{R} = (-\infty, +\infty)$ 都是成立的。

假設 x 與 y 都是實數，則由以上的定義可以得知

$$(e^x)^y = e^{y \cdot \ln(e^x)}$$

注意「自然指數函數 $e^x = E(x)$」是「自然對數函數 $\ln$」的「反函數」，因此 $\ln(e^x) = \ln(E(x)) = x$。所以我們得到以下的關係式

$$(e^x)^y = e^{y \cdot \ln(e^x)} = e^{y \cdot x} = e^{x \cdot y}$$

我們計算函數 w^x 的微分如下。令 $u(x) = x \cdot (\ln w)$ 則 $u'(x) = \ln w$。注意

$$w^x = e^{x \cdot (\ln w)} = e^{u(x)} = E(u(x))$$

因此由連鎖律可知

$$\frac{dw^x}{dx} = E'(u(x)) \cdot u'(x) = E(u(x)) \cdot u'(x) = e^{u(x)} \cdot (\ln w) = w^x \cdot (\ln w)$$

範例 15 (A) 試求 $\dfrac{d}{dx} 2^x$。(B) 試求 $\displaystyle\int_a^b 2^x \cdot dx$。

說明：

(A) $2^x = e^{\ln 2^x} = e^{x \cdot (\ln 2)}$。令 $f(u) = e^u$ 且 $u(x) = x \cdot (\ln 2)$ 則 $2^x = e^{x \cdot (\ln 2)}$
$= f(u(x))$。注意 $f'(u) = e^u$ 而且 $u'(x) = \ln 2$。因此由連鎖律可知合成函數 $2^x = f(u(x))$ 的微分為

$$\frac{d}{dx} 2^x = f'(u(x)) \cdot u'(x) = e^{u(x)} \cdot u'(x)$$
$$= e^{x \cdot (\ln 2)} \cdot (\ln 2) = 2^x \cdot (\ln 2)$$

(B) 由 (A) 可知 $\dfrac{d}{dx} 2^x = 2^x \cdot (\ln 2)$，因此由微積分基本定理可知

$$\int_a^b 2^x \cdot dx = \frac{1}{\ln 2} \cdot \int_a^b 2^x \cdot (\ln 2) \cdot dx = \frac{1}{\ln 2} \cdot \int_a^b \left(\frac{d}{dx} 2^x \right) \cdot dx$$
$$= \left[\frac{2^x}{\ln 2} \right]_a^b = \frac{2^b - 2^a}{\ln 2}$$

*一般的對數函數

假設 $w > 0$。如果 $x > 0$，則我們將 $\log_w x$ 定義為「使得

$$w^z = x$$

成立的唯一實數 z」。將以上這個等式的兩邊分別取「自然對數 $\ln$」可以得到

$$z \cdot (\ln w) = \ln(w^z) = \ln x \Rightarrow z = \frac{\ln x}{\ln w} \Rightarrow \log_w x = \frac{\ln x}{\ln w}$$

我們常將 $\log_w x = \dfrac{\ln x}{\ln w}$ 這個關係式稱為「換底公式」。

習題 5.5

1. 假設 $\ln u = 2$ 且 $\ln v = 0.25$。
   (A) 試求 $\ln(u \cdot v)$。 (B) 試求 $\ln \dfrac{1}{v}$。
   (C) 試求 $\ln \dfrac{u}{v}$。 (D) 試求 $\ln(u^6 \cdot v^3)$。
   (E) 試求 $\ln \sqrt{v}$。

2. (A) 試求 $\lim\limits_{t \to \infty} \ln(x^2)$。 (B) 試求 $\lim\limits_{t \to -\infty} \ln \sqrt{x^2}$。
   (C) 試求 $\lim\limits_{t \to 0} \ln(x^2)$。 (D) 試求 $\lim\limits_{t \to 0} \ln \sqrt{x^2 + 1}$。

3. (A) 計算 $\dfrac{d}{dx} \ln(3 + x^2)$。
   (B) 計算 $\dfrac{d}{dx} \ln(3 + \cos x)$。

4. (A) 試求 $\displaystyle\int_0^5 \dfrac{2x}{x^2 + 3} \cdot dx$。
   (B) 試求 $\displaystyle\int_0^{\frac{\pi}{2}} \dfrac{-\sin x}{3 + \cos x} \cdot dx$。

5. 假設 $e^a = 3$ 且 $e^b = 5$。
   (A) 試求 e^{a+b}。 (B) 試求 e^{-a}。
   (C) 試求 e^{b-a}。 (D) 試求 e^{5a}。
   (E) 試求 $e^{\frac{b}{3}}$。

6. 假設 $e^a = 4$ 且 $e^b = 27$。
   (A) 試求 $e^{0 \cdot a}$。 (B) 試求 $e^{\frac{2b}{3}}$。
   (C) 試求 $e^{2a - \frac{b}{3}}$。

7. 假設 $\ln u = 2$ 且 $\ln v = 0.25$。
   (A) 試求 $u = e^{\ln u}$。 (B) 試求 $v = e^{\ln v}$。
   (C) 試求 $e^{(\ln u) + (\ln v)}$。

8. (A) 試求 $\lim\limits_{t \to \infty} e^{x + (\sin x)}$。 (B) 試求 $\lim\limits_{t \to -\infty} e^{x + (\sin x)}$。
   (C) 試求 $\lim\limits_{t \to 0} e^{x + (\sin x)}$。

9. (A) 計算 $\dfrac{d}{dx} e^{\sin x}$。
   (B) 試求 $\displaystyle\int_0^5 e^{(\sin x)} \cdot (\cos x) \cdot dx$。

10. 驗證 $\dfrac{d}{dx} \sqrt{e^x}$ 的答案為 $\dfrac{1}{2} \cdot \dfrac{e^x}{\sqrt{e^x}} = \dfrac{\sqrt{e^x}}{2}$。

11. (A) 計算 $\dfrac{d}{dx} e^{x^2 + 3x + 5}$。
    (B) 計算 $\dfrac{d}{dx} \ln \sqrt{(x^2 + 3)^5}$。
    (C) 計算 $\dfrac{d}{dx} \ln|x^3 - 1|$ 其中 $x \neq 1$。

12. 試求 $\displaystyle\int_0^5 \dfrac{4 \cdot x^3}{x^4 + 1} \cdot dx$。

13. 試求 $\displaystyle\int_{\frac{\pi}{4}}^{\frac{\pi}{3}} (\cot \theta) \cdot d\theta = \int_{\frac{\pi}{4}}^{\frac{\pi}{3}} \dfrac{\cos \theta}{\sin \theta} \cdot d\theta$。

14. 試求 $\displaystyle\int_a^b \dfrac{e^x}{e^x + 3} \cdot dx$。

15. 試求 $\displaystyle\int_0^1 \dfrac{2x}{x^2 - 7} \cdot dx$。

16. 試求 $\displaystyle\int_a^b \dfrac{\cos x}{2 + \sin x} \cdot dx$。

17. 試求 $\displaystyle\int_0^{\frac{\pi}{4}} (\sec x) \cdot dx$。

18. 試求 $\displaystyle\int_0^1 e^{x^3} \cdot 3x^2 \cdot dx$。

19. 試求 $\displaystyle\int_0^{\frac{\pi}{4}} e^{\tan x} \cdot (\sec^2 x) \cdot dx$。

20. 求解微分方程 $y'(t) + y(t) = 5$ 滿足初始條件 $y(0) = 3$。

---

* **第 6 節 旋轉體的體積**

本節介紹「平面區域環繞變數軸旋轉的旋轉體體積公式」與「平面區域環繞函數值軸旋轉的旋轉體體積公式」。

環繞「變數軸」旋轉的旋轉體體積

假設 f 是定義在有限閉區間 $[a, b]$ 上的連續函數。令 D 為「f 的函數圖形」與「x 軸」在 $a \le x \le b$ 的範圍中所圍出的區域。請參考圖 5.6.1A。

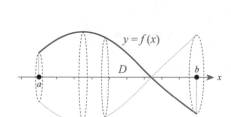

圖 5.6.1A

將 D 繞著「變數軸 x 軸」旋轉可以得到一個旋轉體 K。仿照「黎曼和」的做法，沿著 x 軸將「旋轉體 K」切割成數個「薄片的旋轉體」，可以證明「旋轉體 K 的體積」的計算公式為

$$旋轉體 K 的體積 = \int_a^b \pi \cdot [f(x)]^2 \cdot dx$$

範例 1 假設 $f(x) = 3x$ 其中 $x \in [0, 5]$。令 D 為「f 的函數圖形」與「x 軸」在 $0 \le x \le 5$ 的範圍中所圍出的區域，將 D 繞著「x 軸」旋轉得到一個圓錐體 K。試求圓錐體 K 的體積。請參考圖 5.6.1B。

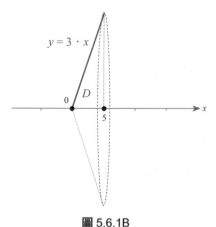

圖 5.6.1B

說明： 令 V 為圓錐體 K 的體積。由以上「旋轉體 K 的體積計算公式」可知

$$V = \int_0^5 \pi \cdot [f(x)]^2 \cdot dx = \int_0^5 \pi \cdot (3x)^2 \cdot dx = \int_0^5 \pi \cdot 9x^2 \cdot dx$$
$$= 3\pi \cdot [x^3]_0^5 = 3\pi \cdot 125 = 375\pi$$

範例 2 試計算「半徑為 r 的實心球體」的體積。

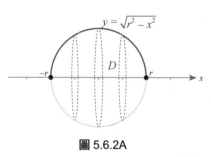

圖 5.6.2A

說明： 令 $f(x) = \sqrt{r^2 - x^2}$ 其中 $x \in [-r, r]$。令 D 為「f 的函數圖形」與「x 軸」在 $-r \le x \le r$ 的範圍中所圍出的區域。請參考圖 5.6.2A。將 D 繞著「x 軸」旋轉可以得到「半徑為 r 的實心球體 K」。令 V 為「半徑為 r 的實心球體 K 的體積」。則

$$V = \int_{-r}^{r} \pi \cdot [f(x)]^2 \cdot dx = \int_{-r}^{r} \pi \cdot \left(\sqrt{r^2 - x^2}\right)^2 \cdot dx = \int_{-r}^{r} \pi \cdot (r^2 - x^2) \cdot dx$$
$$= \pi \cdot \left[r^2 \cdot x - \frac{x^3}{3}\right]_{-r}^{r} = \pi \cdot \left[r^2 \cdot r - \frac{r^3}{3}\right] - \pi \cdot \left[r^2 \cdot (-r) - \frac{(-r)^3}{3}\right]$$
$$= \pi \cdot \frac{6r^3}{3} - \pi \cdot \frac{(2) \cdot r^3}{3} = \frac{4\pi \cdot r^3}{3}$$

延伸學習 1 假設 $f(x) = \sqrt{x}$ 其中 $x \in [0, 5]$。令 D 為「f 的函數圖形」與「x 軸」在 $0 \le x \le 5$ 的範圍中所圍出的區域。將 D 繞著「x 軸」旋轉得到一個旋轉體 K。試求旋轉體 K 的體積。請參考圖 5.6.2B。

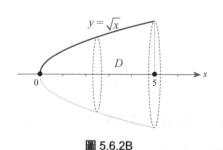

圖 5.6.2B

解答： 旋轉體 K 的體積 $= \int_0^5 \pi \cdot (\sqrt{x})^2 \cdot dx = \int_0^5 \pi \cdot x \cdot dx = \pi \cdot \left[\frac{x^2}{2}\right]_0^5$
$= \frac{25\pi}{2}$。

環繞「函數值軸」旋轉的旋轉體體積

假設 g 是定義在有限閉區間 $[a, b]$ 上的連續函數。我們假設

$$0 \leq g \text{ 而且 } 0 \leq a < b$$

令 Ω 為「g 的函數圖形」與「x 軸」在 $a \leq x \leq b$ 的範圍中所圍出的區域。請參考圖 5.6.3A。

將 Ω 繞著「函數軸 y 軸」旋轉可以得到一個旋轉體 Γ。可以證明「旋轉體 Γ 的體積」的計算公式為

$$\text{旋轉體 } \Gamma \text{ 的體積} = \int_a^b g(x) \cdot (2\pi \cdot x) \cdot dx$$

（這個公式的證明推導在第八章）。

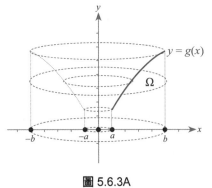

圖 5.6.3A

範例 3 假設 $g(x) = 3x$ 其中 $x \in [0, 5]$。令 Ω 為「g 的函數圖形」與「x 軸」在 $0 \leq x \leq 5$ 的範圍中所圍出的區域。將 Ω 繞著「y 軸」旋轉得到一個旋轉體 Γ。試求旋轉體 Γ 的體積。請參考圖 5.6.3B。

說明：令 V 為旋轉體 Γ 的體積。則

$$V = \int_0^5 g(x) \cdot (2\pi \cdot x) \cdot dx = \int_0^5 (3x) \cdot (2\pi \cdot x) \cdot dx$$
$$= 2\pi \cdot [x^3]_0^5 = 2\pi \cdot 125 = 250\pi$$

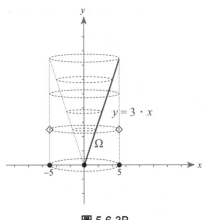

圖 5.6.3B

範例 4 試用「旋轉體 Γ 的體積計算公式」計算「半徑為 r 的實心球體」的體積。

說明：令 $g(x) = \sqrt{r^2 - x^2}$ 其中 $x \in [0, r]$。令 Ω 為「g 的函數圖形」與「x 軸」在 $0 \leq x \leq r$ 的範圍中所圍出的區域。將 Ω 繞著「y 軸」旋轉就可以得到「半徑為 r 的實心球體的上半球」。請參考圖 5.6.4。令 V 為「半徑為 r 的實心球體的上半球」的體積。注意「半徑為 r 的實心球體的體積」為：

「實心球體的上半球體積」+「實心球體的下半球體積」

所以「半徑為 r 的實心球體的體積」$= V + V = 2 \cdot V$。

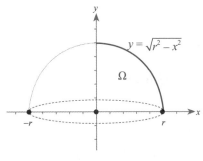

圖 5.6.4

現在我們計算 V 如下：

$$V = \int_0^r g(x) \cdot (2\pi \cdot x) \cdot dx = \int_0^r \sqrt{r^2 - x^2} \cdot (2\pi \cdot x) \cdot dx$$

令 $f(x) = \sqrt{r^2 - x^2} \cdot (2\pi \cdot x)$ 且 $u(\theta) = r \cdot (\sin\theta)$，其中 $\theta \in \left[0, \frac{\pi}{2}\right]$。則

$$u(0) = r \cdot (\sin 0) = 0 \text{ 且 } u\left(\frac{\pi}{2}\right) = r \cdot \left(\sin \frac{\pi}{2}\right) = r$$

由「變數變換公式」定理 5.3.2 可知

$$V = \int_0^r f(x) \cdot dx = \int_{u(0)}^{u(\frac{\pi}{2})} f(u) \cdot du$$
$$= \int_0^{\frac{\pi}{2}} f(u(\theta)) \cdot u'(\theta) \cdot d\theta \text{ 其中 } u'(\theta) = r \cdot (\cos \theta)$$

$$= \int_0^{\frac{\pi}{2}} \sqrt{r^2 - r^2 \cdot (\sin \theta)^2} \cdot [2\pi \cdot r \cdot (\sin \theta)] \cdot r \cdot (\cos \theta) \cdot d\theta$$

注意 $\sqrt{r^2 - r^2 \cdot (\sin \theta)^2} = r \cdot (\cos \theta)$。因此

$$V = \int_0^{\frac{\pi}{2}} \sqrt{r^2 - r^2 \cdot (\sin \theta)^2} \cdot [2\pi \cdot r \cdot (\sin \theta)] \cdot r \cdot (\cos \theta) \cdot d\theta$$

$$= \int_0^{\frac{\pi}{2}} r \cdot (\cos \theta) \cdot 2\pi \cdot r \cdot (\sin \theta) \cdot r(\cos \theta) \cdot d\theta$$

$$= \int_0^{\frac{\pi}{2}} 2\pi \cdot r^3 \cdot (\cos \theta)^2 \cdot (\sin \theta) \cdot d\theta$$

$$= 2\pi \cdot r^3 \cdot \left[\frac{-(\cos \theta)^3}{3} \right]_0^{\frac{\pi}{2}} = 2\pi \cdot r^3 \cdot \frac{1}{3} = \frac{2\pi \cdot r^3}{3}$$

所以「半徑為 r 的實心球體的體積」$= 2 \cdot V = 2 \cdot \dfrac{2\pi \cdot r^3}{3} = \dfrac{4\pi \cdot r^3}{3}$。

這個計算結果與範例 2 的計算結果一致。

習題 5.6

1. 假設 $f(x) = 9x$ 其中 $x \in [0, 5]$。令 D 為「f 的函數圖形」與「x 軸」在 $0 \leq x \leq 5$ 的範圍中所圍出的區域，將 D 繞著「x 軸」旋轉得到一個圓錐體 K。試求圓錐體 K 的體積。

2. 假設 $f(x) = x^2$ 其中 $x \in [0, 5]$。令 D 為「f 的函數圖形」與「x 軸」在 $0 \leq x \leq 5$ 的範圍中所圍出的區域，將 D 繞著「x 軸」旋轉得到一個旋轉體 K。試求旋轉體 K 的體積。

3. 假設 $g(x) = 2 \cdot x^2$ 其中 $x \in [0, 5]$。令 Ω 為「g 的函數圖形」與「x 軸」在 $0 \leq x \leq 5$ 的範圍中所圍出的區域。將 Ω 繞著「y 軸」旋轉得到一個旋轉體 Γ。試求旋轉體 Γ 的體積。

4. 假設 $g(x) = e^{x^2}$ 其中 $x \in [0, 5]$。令 Ω 為「g 的函數圖形」與「x 軸」在 $0 \leq x \leq 5$ 的範圍中所圍出的區域。將 Ω 繞著「y 軸」旋轉得到一個旋轉體 Γ。試求旋轉體 Γ 的體積。

*第 7 節　功與動能

在物理上，我們稱呼「**力**（force）與位移向量的內積的積分為**功**（work）」：

$$功 = \int_\gamma < F, d\gamma >$$

其中「γ 是物體的行進路徑（曲線）」而 $< F, d\gamma >$ 是「力 F 與位移向量 $d\gamma$ 的內積」。現在我們將這樣的想法表示為數學的形式。

假設 $\gamma(t) = (\gamma_1(t), \gamma_2(t), \gamma_3(t))$ 是「物體的行進曲線」，其中 $\gamma_1(t)$、$\gamma_2(t)$、$\gamma_3(t)$ 都是定義在區間 $[a, b]$ 上的可微分函數，而且 $\gamma_1'(t)$、$\gamma_2'(t)$、$\gamma_3'(t)$ 都是連續函數。假設物體在這個行進的過程中受到「力 $F(t) = (F_1(t), F_2(t), F_3(t))$」，其中 $F_1(t)$、$F_2(t)$、$F_3(t)$ 都是定義在區間 $[a, b]$ 的連續函數，則我們定義這個物體在這個「行進曲線 γ」受到「力 F」所做的「功」為

$$\int_a^b < F(t), \gamma'(t) > \cdot dt = \int_a^b [F_1(t) \cdot \gamma_1'(t) + F_2(t) \cdot \gamma_2'(t) + F_3(t) \cdot \gamma_3'(t)] \cdot dt$$

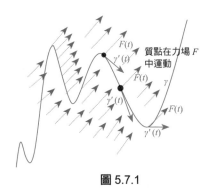

質點在力場 F 中運動

圖 5.7.1

其中 $\gamma'(t) = (\gamma_1'(t), \gamma_2'(t), \gamma_3'(t))$ 是物體行進的**瞬時速度向量**（instaneous speed），而 $< F(t), \gamma'(t) > \cdot dt$ 則是由 $< F(t), d\gamma(t) >$ 做「積分的變數變換」而來。請參考圖 5.7.1。

範例 1 假設物體的行進曲線為 $\gamma(t) = (\cos t, \sin t, 3)$，其中 $t \in [0, 5]$。假設物體在這個行進過程中受到力 $F(t) = (0, 0, 4)$ 的作用。試求力 F 對物體所做的功。

說明：$\gamma'(t) = (\gamma_1'(t), \gamma_2'(t), \gamma_3'(t)) = (-\sin t, \cos t, 0)$。所以
$$< F(t), \gamma'(t) > = 0 \cdot (-\sin t) + 0 \cdot (\cos t) + 4 \cdot 0 = 0$$
因此力 F 對物體所做的功為
$$\int_0^5 < F(t), \gamma'(t) > \cdot dt = \int_0^5 [F_1(t) \cdot \gamma_1'(t) + F_2(t) \cdot \gamma_2'(t) + F_3(t) \cdot \gamma_3'(t)] \cdot dt$$
$$= \int_0^5 0 \cdot dt = 0$$

範例 2 假設物體的行進曲線為 $\gamma(t) = (\cos t, \sin t, 3)$，其中 $t \in [0, 5]$。假設物體在這個行進過程中受到力 $F(t) = (\cos t, \sin t, 0)$ 的作用。試求力 F 對物體所做的功。

說明：$\gamma'(t) = (\gamma_1'(t), \gamma_2'(t), \gamma_3'(t)) = (-\sin t, \cos t, 0)$。所以
$$< F(t), \gamma'(t) > = (\cos t) \cdot (-\sin t) + (\sin t) \cdot (\cos t) + 0 \cdot 0 = 0$$
因此力 F 對物體所做的功為
$$\int_0^5 < F(t), \gamma'(t) > \cdot dt = \int_0^5 [F_1(t) \cdot \gamma_1'(t) + F_2(t) \cdot \gamma_2'(t) + F_3(t) \cdot \gamma_3'(t)] \cdot dt$$
$$= \int_0^5 0 \cdot dt = 0$$

範例 3 假設物體的行進曲線為 $\gamma(t) = (\cos t, \sin t, 3)$，其中 $t \in [0, 5]$。假設物體在這個行進過程中受到力 $F(t) = (-\sin t, \cos t, 0)$ 的作用。試求力 F 對物體所做的功。

說明：$\gamma'(t) = (\gamma_1'(t), \gamma_2'(t), \gamma_3'(t)) = (-\sin t, \cos t, 0)$，所以
$$< F(t), \gamma'(t) > = (-\sin t) \cdot (-\sin t) + (\cos t) \cdot (\cos t) + 0 \cdot 0 = 1$$
因此力 F 對物體所做的功為
$$\int_0^5 < F(t), \gamma'(t) > \cdot dt = \int_0^5 [F_1(t) \cdot \gamma_1'(t) + F_2(t) \cdot \gamma_2'(t) + F_3(t) \cdot \gamma_3'(t)] \cdot dt$$
$$= \int_0^5 1 \cdot dt = 5$$

「功」轉換為「物體動能的改變」

「力 F 對物體所做的功」會改變「物體的動能」。假設物體的質量為 m。假設物體在行進過程中「只受到這個力 F 的作用」。則由牛頓定律可知

$$F(t) = m \cdot \gamma''(t) = (m \cdot \gamma_1''(t), \, m \cdot \gamma_2''(t), \, m \cdot \gamma_3''(t))$$

其中 $\gamma''(t) = \dfrac{d}{dt}\gamma'(t)$ 為物體的「加速度」。因此

$$\int_a^b <F(t), \gamma'(t)> \cdot dt = \int_a^b [F_1(t) \cdot \gamma_1'(t) + F_2(t) \cdot \gamma_2'(t) + F_3(t) \cdot \gamma_3'(t)] \cdot dt$$

$$= \int_a^b [m \cdot \gamma_1''(t) \cdot \gamma_1'(t) + m \cdot \gamma_2''(t) \cdot \gamma_2'(t) + m \cdot \gamma_3''(t) \cdot \gamma_3'(t)] \cdot dt$$

由「萊布尼茲法則」可知

$$\frac{d}{dt}(m \cdot <\gamma'(t), \gamma'(t)>) = \frac{d}{dt}(m \cdot [\gamma_1'(t) \cdot \gamma_1'(t) + \gamma_2'(t) \cdot \gamma_2'(t) + \gamma_3'(t) \cdot \gamma_3'(t)])$$

$$= m \cdot [\gamma_1''(t) \cdot \gamma_1'(t) + \gamma_1'(t) \cdot \gamma_1''(t) + $$
$$\gamma_2''(t) \cdot \gamma_2'(t) + \gamma_2'(t) \cdot \gamma_2''(t) + $$
$$\gamma_3''(t) \cdot \gamma_3'(t) + \gamma_3'(t) \cdot \gamma_3''(t)]$$

$$= 2m \cdot [\gamma_1''(t) \cdot \gamma_1'(t) + \gamma_2''(t) \cdot \gamma_2'(t) + \gamma_3''(t) \cdot \gamma_3'(t)]$$

所以

$$\frac{d}{dt}\left(\frac{m \cdot <\gamma'(t), \gamma'(t)>}{2}\right)$$
$$= m \cdot \gamma_1''(t) \cdot \gamma_1'(t) + m \cdot \gamma_2''(t) \cdot \gamma_2'(t) + m \cdot \gamma_3''(t) \cdot \gamma_3'(t)$$

而且

$$\int_a^b <F(t), \gamma'(t)> \cdot dt = \int_a^b [F_1(t) \cdot \gamma_1'(t) + F_2(t) \cdot \gamma_2'(t) + F_3(t) \cdot \gamma_3'(t)] \cdot dt$$

$$= \int_a^b [m \cdot \gamma_1''(t) \cdot \gamma_1'(t) + m \cdot \gamma_2''(t) \cdot \gamma_2'(t) + m \cdot \gamma_3''(t) \cdot \gamma_3'(t)] \cdot dt$$

$$= \int_a^b \frac{d}{dt}\left(\frac{m \cdot <\gamma'(t), \gamma'(t)>}{2}\right) \cdot dt = \left[\frac{m \cdot <\gamma'(t), \gamma'(t)>}{2}\right]_a^b$$

$$= \frac{m \cdot <\gamma'(b), \gamma'(b)>}{2} - \frac{m \cdot <\gamma'(a), \gamma'(a)>}{2}$$

這表示:「力 F 對物體所做的功」轉換為「物體動能 $\dfrac{m \cdot <\gamma'(t), \gamma'(t)>}{2}$ 的改變」。

習題 5.7

1. 假設物體的行進曲線為 $\gamma(t) = (t, t^2, 3)$ 其中 $t \in [0, 5]$。假設物體在這個行進過程中受到力 $F(t) = (t^2, t, 0)$ 的作用。試求力 F 對物體所做的功。

2. 假設物體的行進曲線為 $\gamma(t) = (6t, t+2, 3)$ 其中 $t \in [0, 5]$。假設物體在這個行進過程中受到力 $F(t) = (\sqrt{t}, 0, t^2)$ 的作用。試求力 F 對物體所做的功。

3. 假設物體的行進曲線為 $\gamma(t) = (\cos t, t^2, \sin t)$ 其中 $t \in [0, 5]$。假設物體在這個行進過程中受到力 $F(t) = (\cos t, 3t, \sin t)$ 的作用。試求力 F 對物體所做的功。

附錄：定理 5.2.2A（微積分基本定理）的證明

我們將依序證明以下結果。

(A) $\lim\limits_{t \to a^+} F(t) = 0 = F(a)$ 而且 $\lim\limits_{t \to b^-} F(t) = F(b)$。所以 F 在區間 $[a, b]$ 的端點連續。

(B) 如果 $t \in (a, b)$，則 $\lim\limits_{s \to t^-} \dfrac{F(s) - F(t)}{s - t} = f(t)$ 且 $\lim\limits_{s \to t^+} \dfrac{F(s) - F(t)}{s - t} = f(t)$。所以 $F'(t) = \lim\limits_{s \to t} \dfrac{F(s) - F(t)}{s - t} = f(t)$。

注意 (B) 這個「微分存在」結果告訴我們：函數 F 必然會在 t 點連續（定理 3.1.2：微分存在 $\Rightarrow$ 連續）。

(A) 的證明

假設 m、M 分別是連續函數 f 在區間 $[a, b]$ 上的極小值、極大值。則 $m \leq f(x) \leq M$ 對於區間 $[a, b]$ 中的每個點 x 都成立。由定理 5.2.1C 可知

$$\int_a^t m \cdot dx \leq F(t) = \int_a^t f(x) \cdot dx \leq \int_a^t M \cdot dx$$

而且

$$\int_t^b m \cdot dx \leq \int_t^b f(x) \cdot dx \leq \int_t^b M \cdot dx$$

其中 m 與 M 都被視為定義在區間 $[a, b]$ 上的「常數函數」。由定理 5.1.1B（常數函數的積分）可知

$$m \cdot (t - a) \leq F(t) = \int_a^t f(x) \cdot dx \leq M \cdot (t - a)$$

而且

$$m \cdot (b - t) \leq \int_t^b f(x) \cdot dx \leq M \cdot (b - t)$$

因此由夾擠定理（定理 2.4.1）可知

$$0 = \lim_{t \to a^+} m(t - a) \leq \lim_{t \to a^+} F(t) \leq \lim_{t \to a^+} M(t - a) = 0$$

$$\Rightarrow \lim_{t \to a^+} F(t) = 0 = \int_a^a f(x) \cdot dx = F(a)$$

而且

$$0 = \lim_{t \to b^-} m \cdot (b - t) \leq \lim_{t \to b^-} \int_t^b f(x) \cdot dx \leq \lim_{t \to b^-} M \cdot (b - t) = 0$$

$$\Rightarrow \lim_{t \to b^-} \int_t^b f(x) \cdot dx = 0$$

但是由定理 5.1.1B（積分對於「積分區間」的「加法規律」）可知

$$F(t) + \int_t^b f(x) \cdot dx = \int_a^t f(x) \cdot dx + \int_t^b f(x) \cdot dx = \int_a^b f(x) \cdot dx = F(b)$$

因此 $F(t) = F(b) - \int_t^b f(x) \cdot dx$ 而且

$$\lim_{t \to b^-} F(t) = \lim_{t \to b^-} [F(b) - \int_t^b f(x) \cdot dx] = F(b) - [\lim_{t \to b^-} \int_t^b f(x) \cdot dx]$$

$$= F(b) - 0 = F(b)$$

(B) 的證明

假設 $t \in (a, b)$，我們將分別證明 $\lim\limits_{s \to t^-} \dfrac{F(s) - F(t)}{s - t} = f(t)$ 而且

$$\lim_{s \to t^+} \frac{F(s) - F(t)}{s - t} = f(t) \text{ 而得到 } \lim_{s \to t} \frac{F(s) - F(t)}{s - t} = f(t) \text{。}$$

● 如果 $s < t$，則由定理 5.1.1B（積分對於「積分區間」的「加法規律」）可知

$$F(t) = \int_a^t f(x) \cdot dx = \int_a^s f(x) \cdot dx + \int_s^t f(x) \cdot dx = F(s) + \int_s^t f(x) \cdot dx$$

因此

$$F(t) - F(s) = \int_s^t f(x) \cdot dx$$

而且

$$\frac{F(s) - F(t)}{s - t} = \frac{F(t) - F(s)}{t - s} = \frac{1}{t - s} \cdot \int_s^t f(x) \cdot dx$$

假設 $m_{[s, t]}$、$M_{[s, t]}$ 分別是連續函數 f 在區間 $[s, t]$ 上的極小值、極大值。則 $m_{[s, t]} \le f(x) \le M_{[s, t]}$ 對於區間 $[s, t]$ 中的每個點 x 都成立。因此由定理 5.2.1C 可知

$$m_{[s, t]} \cdot (t - s) = \int_s^t m_{[s, t]} \cdot dx \le \int_s^t f(x) \cdot dx \le \int_s^t M_{[s, t]} \cdot dx$$
$$= M_{[s, t]} \cdot (t - s)$$

所以

$$m_{[s, t]} = \frac{m_{[s, t]} \cdot (t - s)}{t - s} \le \frac{F(s) - F(t)}{s - t}$$
$$= \frac{1}{t - s} \cdot \int_s^t f(x) \cdot dx \le \frac{M_{[s, t]} \cdot (t - s)}{t - s} = M_{[s, t]}$$

由「函數 f 在 t 點連續」：$\lim_{x \to t} f(x) = f(t)$ 這個條件可知

函數 f 在區間 $[s, t]$ 上的極小值 $m_{[s, t]}$、極大值 $M_{[s, t]}$ 都會趨近於 $f(t)$

因此由夾擠定理（定理 2.4.1）可知

$$f(t) = \lim_{s \to t^-} m_{[s, t]} \le \lim_{s \to t^-} \frac{F(s) - F(t)}{s - t} \le \lim_{s \to t^-} M_{[s, t]} = f(t)$$
$$\Rightarrow \lim_{s \to t^-} \frac{F(s) - F(t)}{s - t} = f(t)$$

● 如果 $t < s$，則由定理 5.1.1B（積分對於「積分區間」的「加法規律」）可知

$$F(s) = \int_a^s f(x) \cdot dx = \int_a^t f(x) \cdot dx + \int_t^s f(x) \cdot dx = F(t) + \int_t^s f(x) \cdot dx$$

因此

$$F(s) - F(t) = \int_t^s f(x) \cdot dx \text{ 而且 } \frac{F(s) - F(t)}{s - t} = \frac{1}{s - t} \cdot \int_t^s f(x) \cdot dx$$

假設 $m_{[t, s]}$、$M_{[t, s]}$ 分別是連續函數 f 在區間 $[t, s]$ 上的極小值、極大值。則 $m_{[t, s]} \le f(x) \le M_{[t, s]}$ 對於區間 $[t, s]$ 中的每個點 x 都成立。由定理 5.2.1C 可知

$$m_{[t, s]} \cdot (s - t) = \int_t^s m_{[t, s]} \cdot dx \le \int_t^s f(x) \cdot dx \le \int_t^s M_{[t, s]} \cdot dx = M_{[t, s]} \cdot (s - t)$$

所以

$$m_{[t,\,s]} = \frac{m_{[t,\,s]} \cdot (s-t)}{s-t} \leq \frac{F(s) - F(t)}{s-t}$$

$$= \frac{1}{s-t} \cdot \int_t^s f(x) \cdot dx \leq \frac{M_{[t,\,s]} \cdot (s-t)}{s-t} = M_{[t,\,s]}$$

由「函數 f 在 t 點連續」：$\lim\limits_{x \to t} f(x) = f(t)$ 這個條件可知

函數 f 在區間 $[t, s]$ 上的極小值 $m_{[t,\,s]}$、極大值 $M_{[t,\,s]}$ 都會趨近於 $f(t)$

因此由定理 2.4.1（夾擠定理）可知

$$f(t) = \lim_{s \to t^+} m_{[t,\,s]} \leq \lim_{s \to t^+} \frac{F(s) - F(t)}{s-t} \leq \lim_{s \to t^+} M_{[t,\,s]} = f(t)$$

$$\Rightarrow \lim_{s \to t^+} \frac{F(s) - F(t)}{s-t} = f(t)$$

第 5 章習題

1. $\lim\limits_{n \to \infty} \sum\limits_{k=1}^{n} \dfrac{1}{n} \cdot \sin \dfrac{k}{n} = ?$

(A) $\int_0^1 \left(\sin \dfrac{1}{x}\right) \cdot dx$。 (B) $\int_0^1 (\sin x) \cdot dx$。

(C) $\int_0^{\frac{\pi}{2}} (\sin x) \cdot dx$。 (D) $\int_0^{\infty} \left(\sin \dfrac{1}{x}\right) \cdot dx$。

【80 二技】

2. $\lim\limits_{n \to \infty} \left(\dfrac{1}{n+1} + \dfrac{1}{n+2} + \cdots + \dfrac{1}{2n}\right)$ 之值為：

(A) 1。 (B) $\ln 2$。 (C) e。 (D) 發散。

【88 二技管一】

3. $\lim\limits_{n \to \infty} \sum\limits_{k=1}^{n} \left(\dfrac{1}{n} \cdot \sqrt{\dfrac{3k}{n} + 1}\right) = ?$

(A) $\dfrac{14}{9}$。 (B) $\dfrac{16}{9}$。 (C) $\dfrac{14}{3}$。 (D) $\dfrac{16}{3}$。

【94 二技管一】

4. 在區間 $[a, b]$ 連續之任意函數 $f(x)$，下列何者恆真？

(A) $\left| \int_a^b f(x) \cdot dx \right| = \int_a^b |f(x)| \cdot dx$。

(B) $\int_a^b x \cdot f(x) \cdot dx = x \cdot \int_a^b f(x) \cdot dx$。

(C) $\int_a^b [f(x)]^2 \cdot dx = \left[\int_a^b f(x) \cdot dx\right]^2$。

(D) 若 $f(x) \geq 0$，$\forall\, x \in [a, b]$，則 $\int_a^b f(x) \cdot dx \geq 0$。

【93 二技管一】

5. 若函數 $f(x)$ 在 $x \in \mathbb{R}$ 均為連續，$\int_a^b f(x) \cdot dx = \alpha$，$\int_b^c f(x) \cdot dx = \beta$，$\int_c^d f(x) \cdot dx = \gamma$，求 $\int_a^c f(x) \cdot dx + \int_b^d f(x) \cdot dx - \int_a^d f(x) \cdot dx = ?$

(A) α。 (B) β。 (C) γ。 (D) $\alpha + \beta + \gamma$。

【96 二技管一】

6. 求 $\dfrac{d}{dx} \int_0^{2x} \sqrt{\cos t} \cdot dt = ?$

(A) $2\sqrt{\cos(2x)} - 1$。 (B) $\sqrt{\cos t}$。

(C) $\sqrt{\cos(2x)} - 1$。 (D) $2\sqrt{\cos(2x)}$。

【93 二技管一】

7. 若 $y = \int_0^{\sin x} \dfrac{dt}{\sqrt{1 - t^2}}$，$|x| < \dfrac{\pi}{2}$，試求 $\dfrac{dy}{dx} = ?$

(A) 0。 (B) 1。 (C) $\dfrac{\pi}{4}$。 (D) -1。 【89 二技管一】

8. 設 $f(x) = \int_0^{x^2} \dfrac{dt}{1 + t^3}$，則 $f'(2) = ?$

(A) $\dfrac{1}{65}$。 (B) $\dfrac{4}{65}$。

(C) $\ln(65)$。 (D) $\arctan(65)$。 【91 二技】

9. $F(x) = \int_4^{x^2} \dfrac{t}{\sqrt{t^3 + 2}} \cdot dt$，則 F 之導數 $\dfrac{d}{dx} F(x)$ 為？

【94 高考 核工類第一試】

10. 求 $f'(1)$ 之值，其中 $f(x) = \int_x^{x^3} e^{t^2} \cdot dt$。

【98 高考 專利師】

11. 求 $\int (2-3x)^5 \cdot dx = ?$

    (A) $-\dfrac{1}{2}(2-3x)^6 + C$。

    (B) $-\dfrac{1}{6}(2-3x)^6 + C$。

    (C) $-\dfrac{1}{18}(2-3x)^6 + C$。

    (D) $\dfrac{1}{18}(2-3x)^6 + C$。　　【92 二技管一】

12. 若 $\int_{-1}^{1} f(x) \cdot dx = 0$，則 $f(x)$ 可為下列哪一個函數？

    (A) $\cos x$。 (B) e^{3x}。 (C) x^2。 (D) $\dfrac{x^3}{1+x^2}$。

    【92 二技管一】

13. $\int_{0}^{2} \dfrac{1}{(2x+1)^2} \cdot dx$ 為：

    (A) 1。 (B) $\dfrac{2}{5}$。 (C) $\dfrac{1}{5}$。 (D) $\dfrac{2}{3}$。

    【87 二技電子】

14. $\int_{\ln 2}^{\ln 5} \dfrac{e^{2x}}{e^{2x}-1} \cdot dx = ?$

    (A) $\dfrac{1}{2}\ln 8$。 (B) $\dfrac{1}{2}\ln(12)$。

    (C) $\ln 4$。 (D) $\ln 8$。　　【94 二技管一】

15. 若 $f(x)$ 為連續函數，且 $\int_{0}^{1} f(x) \cdot dx = 10$，則 $\int_{0}^{1} x \cdot f(x^2) \cdot dx = ?$

    (A) 5。 (B) 10。 (C) 15。 (D) 20。

    【93 二技管一】

16. 若使用代換積分法求 $\int_{2}^{5} \dfrac{\sqrt{x-1}}{x} \cdot dx$，令 $u = \sqrt{x-1}$，則原定積分式可代換為何？

    (A) $\int_{1}^{2} \dfrac{u}{u^2+1} \cdot du$。 (B) $\int_{1}^{2} \dfrac{2u^2}{u^2+1} \cdot du$。

    (C) $\int_{2}^{5} \dfrac{u}{u^2+1} \cdot du$。 (D) $\int_{2}^{5} \dfrac{2u^2}{u^2+1} \cdot du$。

    【92 二技管一】

17. 試求函數 $y = f(x) = x^2 + 2$ 與 $y = g(x) = x$ 在 $0 \le x \le 1$ 所圍的封閉面積。　　【93 輔大】

18. 求函數 $y = x^2$ 與 $y = x$ 所圍成之區域，繞 x 軸旋轉所得旋轉體之體積？

    (A) $\dfrac{2\pi}{15}$。 (B) $\dfrac{\pi}{6}$。 (C) $\dfrac{3\pi}{10}$。 (D) $\dfrac{5\pi}{12}$。

    【95 二技電子】

第6章 常見的積分技巧

本章介紹常見的積分技巧：「反三角函數」、分部積分公式（定理 6.2.1A）與應用、分部積分法在三角函數積分的應用、常用的三角函數代換法。在最後一節中，我們介紹求出所有「有理式函數的積分」的系統性方法。

第 1 節　反三角函數的積分與常用的基本積分公式

我們在第五章討論過多項式函數、自然對數函數、自然指數函數、三角函數的「積分公式」以及這些「積分公式」在「變數變換（變數代換）」情況下的轉變。以下是討論過的「積分公式」：

● 假設 K 是實數常數，則
$$\int_a^b K \cdot dx = [K \cdot x]_a^b = K \cdot b - K \cdot a$$

● 如果 n 是「正整數」，則
$$\int_a^b x^n \cdot dx = \left[\frac{x^{n+1}}{n+1} \right]_a^b = \frac{b^{n+1}}{n+1} - \frac{a^{n+1}}{n+1}$$

● 假設 n 是「負整數」而且 $n \neq -1$，如果 $0 \notin [a, b]$，則
$$\int_a^b x^n \cdot dx = \left[\frac{x^{n+1}}{n+1} \right]_a^b$$

● 假設 n 是「正有理數」，如果 $0 \leq a \leq b$，則
$$\int_a^b x^n \cdot dx = \left[\frac{x^{n+1}}{n+1} \right]_a^b = \frac{b^{n+1}}{n+1} - \frac{a^{n+1}}{n+1}$$

● 假設 n 是「負有理數」而且 $n \neq -1$，如果 $0 < a \leq b$，則
$$\int_a^b x^n \cdot dx = \left[\frac{x^{n+1}}{n+1} \right]_a^b$$

● $\int_a^b (\cos x) \cdot dx = [\sin x]_a^b = (\sin b) - (\sin a)$

● $\int_a^b (\sin x) \cdot dx = [-\cos x]_a^b = (-\cos b) + \cos a$

※ 如果「$0 < a < b$」或「$a < b < 0$」，則
$$\int_a^b \frac{1}{x} \cdot dx = [\ln|x|]_a^b = \ln|b| - \ln|a| = \ln \left| \frac{b}{a} \right|$$

※ $\int_a^b e^x \cdot dx = [e^x]_a^b = e^b - e^a$。

▲ 如果 $\cos x \neq 0$，$\forall x \in [a, b]$，則
$$\int_a^b (\tan x) \cdot dx = [-\ln|(\cos x)|]_a^b = (-\ln|\cos b|) + \ln|\cos a|$$

▲ 如果 $\sin x \neq 0$，$\forall x \in [a, b]$，則

$$\int_a^b (\cot x) \cdot dx = [\ln|(\sin x)|]_a^b = \ln|(\sin b)| - \ln|(\sin a)|$$

※ 如果 $\cos x \neq 0$，$\forall x \in [a, b]$，則

$$\int_a^b (\sec x) \cdot dx = [\ln|(\sec x) + (\tan x)|]_a^b$$
$$= \ln|(\sec b) + (\tan b)| - \ln|(\sec a) + (\tan a)|$$

※ 如果 $\sin x \neq 0$，$\forall x \in [a, b]$，則

$$\int_a^b (\csc x) \cdot dx = [\ln|(\csc x) - (\cot x)|]_a^b$$
$$= \ln|(\csc b) - (\cot b)| - \ln|(\csc a) - (\cot a)|$$

● 如果 $\cos x \neq 0$，$\forall x \in [a, b]$，則

$$\int_a^b (\sec^2 x) \cdot dx = [\tan x]_a^b = (\tan b) - (\tan a)$$

● 如果 $\cos x \neq 0$，$\forall x \in [a, b]$，則

$$\int_a^b (\sec x) \cdot (\tan x) \cdot dx = [\sec x]_a^b = (\sec b) - (\sec a)$$

● 如果 $\sin x \neq 0$，$\forall x \in [a, b]$，則

$$\int_a^b (\csc^2 x) \cdot dx = [-\cot x]_a^b = (-\cot b) + (\cot a)$$

● 如果 $\sin x \neq 0$，$\forall x \in [a, b]$，則

$$\int_a^b (\csc x) \cdot (\cot x) \cdot dx = [-\csc x]_a^b = (-\csc b) + (\csc a)$$

積分運算的「變數變換（變數代換）」公式：

$$\int_a^b f(u(t)) \cdot u'(t) \cdot dt = \int_{u(a)}^{u(b)} f(x) \cdot dx$$

或

$$\int_a^b f(u(t)) \cdot \frac{du(t)}{dt} \cdot dt = \int_{u(a)}^{u(b)} f(u) \cdot du$$

其中 du 轉變為 $\dfrac{du(t)}{dt} \cdot dt$。

　　以下我們要討論「反三角函數（arcsin、arctan、arcsec 這三個函數）」的積分，其中 arctan 的積分與有理式函數的積分有密切的關聯。

反三角函數（arcsin、arctan、arcsec）的積分

　　我們將要討論反三角函數的微分特徵與相關的積分公式。由於「反三角函數」都是「連續函數的反函數」，所以我們從回顧「連續函數的反函數」的基本性質開始討論。

定理 6.1.1A　（反函數的連續性定理）

假設 $u : K \to \mathbb{R}$ 是一個定義在（有限或無限）區間 K 的「嚴格遞增的連續函數」，則 u 的函數值區域

$$u(K) = \{u(x) : x \in K\}$$

在 $\mathbb{R} = (-\infty, +\infty)$ 中必然會形成一個（有限或無限）區間，而且「u 的反函數」（定義在 $u(K)$ 這個區間的函數）

$$v : u(K) \to K$$

必然是一個「嚴格遞增的連續函數」。

說明：這個定理是「定理 5.4.2」的延伸。定理 6.1.1A 與「定理 5.4.2」的證明相似：都是使用「中間值定理」以反證法的論證導出。由於推導過程較為冗長，我們省略這個定理的證明細節。　■

定理 6.1.1B（定理 5.4.5）（反函數的微分定理）

假設 $u : K \to \mathbb{R}$ 是一個定義在（有限或無限）區間 K 的「嚴格遞增的連續函數」，則 u 的函數值區域

$$u(K) = \{u(x) : x \in K\}$$

在 $\mathbb{R} = (-\infty, +\infty)$ 中會形成一個（有限或無限）區間，而且「u 的反函數」（定義在 $u(K)$ 這個區間的函數）

$$v : u(K) \to K$$

必然是一個「嚴格遞增的連續函數」。

　　假設 I 是「包含於 K」的一個開區間，而且函數 u 在「開區間 I」上是個可微分函數。如果函數 u 在點 $c \in I$ 的微分

$$u'(c) \neq 0$$

則「u 的反函數 v」在「$w = u(c)$」這個點的微分存在而且

$$v'(w) = \frac{1}{u'(c)} = \frac{1}{u'(v(w))} \text{ 其中 } w = u(c) \Leftrightarrow v(w) = c$$

說明：我們在第三章定理 3.3.2 討論過這個定理的證明。　■

　　現在我們討論這些「反三角函數（arcsin、arctan、arcsec）」的基本性質、微分特徵與相關的積分公式。

arcsin 函數

考慮「正弦函數 sin」限制在區間 $\left[-\dfrac{\pi}{2}, +\dfrac{\pi}{2}\right]$ 上，則

$$\sin : \left[-\frac{\pi}{2}, +\frac{\pi}{2}\right] \to [-1, +1]$$

這個函數是一個「嚴格遞增的連續函數」。令 arcsin 代表這個函數的「反函數」，則由「反函數的連續性定理（定理 6.1.1A）」可知 arcsin 是定義在區間 $[-1, +1]$ 上的「嚴格遞增的連續函數」。「arcsin x」表

示「使得 sin 取值為 x 的弧度（arc）」。我們常將「arcsin(x)」表示為「arcsin x」（省略括號）。我們有以下的恆等式：

- $\sin(\arcsin x) = x$ 其中 $x \in [-1, +1]$，「arcsin x」＝「使得 sin 取值為 x 的弧度」。

- $\arcsin(\sin \theta) = \theta$ 其中 $\theta \in \left[-\dfrac{\pi}{2}, +\dfrac{\pi}{2} \right]$，「$\theta$」＝「使得 sin 取值為 $\sin\theta$ 的弧度」。

令 $I = \left(-\dfrac{\pi}{2}, +\dfrac{\pi}{2} \right)$，令 $u(\theta) = \sin \theta$ 且 $v(x) = \arcsin x$，則 $u(I)$ $= (-1, +1)$ 而且

$$u'(\theta) = \frac{d \sin \theta}{d\theta} = \cos \theta > 0 \text{ 對於 } \theta \in I = \left(-\frac{\pi}{2}, +\frac{\pi}{2} \right) \text{ 恆成立}$$

因此由定理 6.1.1B 可知（以下的計算會用到 $(\cos \theta)^2 = 1 - (\sin\theta)^2$ 這個恆等式）

$$v'(w) = \frac{1}{u'(v(w))} = \frac{1}{\cos(v(w))} = \frac{1}{\sqrt{1 - [\sin(v(w))]^2}}$$
$$= \frac{1}{\sqrt{1 - [\sin(\arcsin w)]^2}} = \frac{1}{\sqrt{1 - w^2}}$$

其中 $w = (-1, +1)$，所以

$$\frac{d \arcsin x}{dx} = v'(x) = \frac{1}{\sqrt{1 - x^2}} \text{ 其中 } x = (-1, +1)$$

因此由「微積分基本定理」或定理 5.5.2 可知

$$\int_a^b \frac{1}{\sqrt{1 - x^2}} \cdot dx = [\arcsin x]_a^b = (\arcsin b) - (\arcsin a)$$

其中 $-1 < a \le b < +1$。

範例 1 (A) 試求 $\displaystyle\int_0^{0.5} \frac{1}{\sqrt{1 - x^2}} \cdot dx$。(B) 試求 $\displaystyle\int_0^{\frac{\sqrt{3}}{2}} \frac{1}{\sqrt{1 - x^2}} \cdot dx$。

說明：

(A) $\displaystyle\int_0^{0.5} \frac{1}{\sqrt{1 - x^2}} \cdot dx = [\arcsin x]_0^{0.5} = \arcsin (0.5) - \arcsin 0 = \dfrac{\pi}{6} - 0 = \dfrac{\pi}{6}$。

(B) $\displaystyle\int_0^{\frac{\sqrt{3}}{2}} \frac{1}{\sqrt{1 - x^2}} \cdot dx = [\arcsin x]_0^{\frac{\sqrt{3}}{2}} = \arcsin \left(\dfrac{\sqrt{3}}{2} \right) - \arcsin 0 = \dfrac{\pi}{3} - 0$
$= \dfrac{\pi}{3}$。

範例 2 假設 $k > 0$，試求積分 $\displaystyle\int_a^b \frac{1}{\sqrt{k^2 - x^2}} \cdot dx$，其中 $-k < a \le b < k$。

說明：$\dfrac{1}{\sqrt{k^2 - x^2}} = \dfrac{1}{\sqrt{k^2 - k^2 \cdot \left(\dfrac{x}{k}\right)^2}} = \dfrac{1}{k \cdot \sqrt{1 - \left(\dfrac{x}{k}\right)^2}}$，因此我們定義

$$f(u) = \dfrac{1}{\sqrt{1 - u^2}} \text{ 且 } u(x) = \dfrac{x}{k}$$

則 $f(u(x)) = \dfrac{1}{\sqrt{1 - [u(x)]^2}} = \dfrac{1}{\sqrt{1 - \left(\dfrac{x}{k}\right)^2}}$，而且 $u'(x) = \dfrac{1}{k}$，所以

$$\dfrac{1}{\sqrt{k^2 - x^2}} = \dfrac{1}{k \cdot \sqrt{1 - \left(\dfrac{x}{k}\right)^2}} = \dfrac{1}{\sqrt{1 - \left(\dfrac{x}{k}\right)^2}} \cdot \dfrac{1}{k} = f(u(x)) \cdot u'(x)$$

由「變數變換或變數代換」公式（定理 5.3.1）可知

$$\begin{aligned}
\int_a^b \dfrac{1}{\sqrt{k^2 - x^2}} \cdot dx &= \int_a^b f(u(x)) \cdot u'(x) \cdot dx \\
&= \int_{u(a)}^{u(b)} f(u) \cdot du = \int_{u(a)}^{u(b)} \dfrac{1}{\sqrt{1 - u^2}} \cdot du \\
&= [\arcsin u]_{u(a)}^{u(b)} = \arcsin u(b) - \arcsin u(a) \\
&= \arcsin\left(\dfrac{b}{k}\right) - \arcsin\left(\dfrac{a}{k}\right)
\end{aligned}$$

arctan 函數

考慮正切函數 tan 限制在區間 $\left(-\dfrac{\pi}{2}, +\dfrac{\pi}{2}\right)$ 上，則

$$\tan : \left(-\dfrac{\pi}{2}, +\dfrac{\pi}{2}\right) \to \mathbb{R} = (-\infty, +\infty)$$

這個函數是一個「嚴格遞增的連續函數」。令 arctan 代表這個函數的「反函數」，則由「反函數的連續性定理（定理 6.1.1A）」可知 arctan 是定義在 $\mathbb{R} = (-\infty, +\infty)$ 上的「嚴格遞增的連續函數」。「arctan x」表示「使得 tan 取值為 x 的弧度（arc）」。我們常將「arctan(x)」表示為「arctan x」（省略括號）。我們有以下的恆等式：

● $\tan(\arctan x) = x$，其中 $x \in (-\infty, +\infty)$，「arctan x」＝「使得 tan 取值為 x 的弧度」。

● $\arctan(\tan \theta) = \theta$，其中 $\theta \in \left(-\dfrac{\pi}{2}, +\dfrac{\pi}{2}\right)$，「$\theta$」＝「使得 tan 取值為 $\tan \theta$ 的弧度」。

令 $I = \left(-\dfrac{\pi}{2}, +\dfrac{\pi}{2}\right)$，令 $u(\theta) = \tan \theta$ 且 $v(x) = \arctan x$，則 $u(I) = \mathbb{R} = (-\infty, +\infty)$，而且

$$u'(\theta) = \dfrac{d \tan \theta}{d\theta} = (\sec \theta)^2 > 1 \geq 0 \text{ 對於 } \theta \in I = \left(-\dfrac{\pi}{2}, +\dfrac{\pi}{2}\right) \text{ 恆成立}$$

因此由定理 6.1.1B 可知（以下的計算會用到 $(\sec \theta)^2 = 1 + (\tan \theta)^2$ 這個恆等式）

$$v'(w) = \frac{1}{u'(v(w))} = \frac{1}{[\sec(v(w))]^2} = \frac{1}{1 + [\tan(v(w))]^2}$$

$$= \frac{1}{1 + [\tan(\arctan w)]^2} = \frac{1}{1 + w^2}$$

其中 $w \in \mathbb{R} = (-\infty, +\infty)$，所以

$$\frac{d \arctan x}{dx} = v'(x) = \frac{1}{1 + x^2} \text{ 其中 } x \in \mathbb{R} = (-\infty, +\infty)$$

因此由「微積分基本定理」或定理 5.5.2 可知

$$\int_a^b \frac{1}{1 + x^2} \cdot dx = [\arctan x]_a^b = (\arctan b) - (\arctan a)$$

其中 $-\infty < a \le b < +\infty$。

範例 3 (A) 試求 $\int_0^{\sqrt{3}} \frac{1}{1 + x^2} \cdot dx$。(B) 試求 $\int_{-1}^{+1} \frac{1}{1 + x^2} \cdot dx$。

說明：

(A) $\int_0^{\sqrt{3}} \frac{1}{1 + x^2} \cdot dx = [\arctan x]_0^{\sqrt{3}} = \arctan \sqrt{3} - \arctan 0 = \frac{\pi}{3} - 0 = \frac{\pi}{3}$。

(B) $\int_{-1}^{+1} \frac{1}{1 + x^2} \cdot dx = [\arctan x]_{-1}^{+1} = (\arctan 1) - \arctan(-1) = \frac{\pi}{4} - \left(\frac{-\pi}{4}\right)$
$= \frac{\pi}{2}$。

範例 4 假設 $k > 0$，試求積分 $\int_a^b \frac{1}{k^2 + x^2} \cdot dx$，其中 $-\infty < a \le b < +\infty$。

說明： $\frac{1}{k^2 + x^2} = \frac{1}{k^2 + k^2 \cdot \left(\frac{x}{k}\right)^2} = \frac{1}{k^2} \cdot \frac{1}{1 + \left(\frac{x}{k}\right)^2}$，因此我們定義

$$f(u) = \frac{1}{1 + u^2} \text{ 且 } u(x) = \frac{x}{k}$$

則 $f(u(x)) = \dfrac{1}{1 + \left(\frac{x}{k}\right)^2}$ 而且 $u'(x) = \dfrac{1}{k}$，所以

$$\frac{1}{k^2 + x^2} = \frac{1}{k^2} \cdot \frac{1}{1 + \left(\frac{x}{k}\right)^2} = \frac{1}{k} \cdot \frac{1}{1 + \left(\frac{x}{k}\right)^2} \cdot \frac{1}{k} = \frac{f(u(x)) \cdot u'(x)}{k}$$

由「變數變換或變數代換」公式（定理 5.3.1）可知

$$\int_a^b \frac{1}{k^2 + x^2} \cdot dx = \int_a^b \frac{f(u(x)) \cdot u'(x)}{k} \cdot dx$$

$$= \frac{1}{k} \cdot \int_{u(a)}^{u(b)} f(u) \cdot du = \frac{1}{k} \cdot \int_{u(a)}^{u(b)} \frac{1}{1 + u^2} \cdot du$$

$$= \frac{1}{k} \cdot [\arctan u]_{u(a)}^{u(b)} = \frac{\arctan u(b) - \arctan u(a)}{k}$$

$$= \frac{\arctan\left(\dfrac{b}{k}\right) - \arctan\left(\dfrac{a}{k}\right)}{k}$$

arcsec 函數

考慮「正割函數 sec」限制在區間 $\left[0, \dfrac{\pi}{2}\right)$ 上，則

$$\sec : \left[0, \frac{\pi}{2}\right) \to [1, +\infty)$$

這個函數是一個「嚴格遞增的連續函數」。令 arcsec 代表這個函數的「反函數」，則由「反函數的連續性定理（定理 6.1.1A）」可知 arcsec 是定義在 $[1, +\infty)$ 上的「嚴格遞增的連續函數」。「arcsec x」表示「使得 sec 取值為 x 的弧度（arc）」。我們常將「arcsec(x)」表示為「arcsec x」（省略括號）。我們有以下的恆等式：

- $\sec(\text{arcsec } x) = x$ 其中 $x \in [1, +\infty)$，「arcsec x」=「使得 sec 取值為 x 的弧度」。

- $\text{arcsec}(\sec \theta) = \theta$ 其中 $\theta \in \left[0, \dfrac{\pi}{2}\right)$，「$\theta$」=「使得 sec 取值為 $\sec \theta$ 的弧度」。

令 $I = \left(0, \ \dfrac{\pi}{2}\right)$，　令 $u(\theta) = \sec \theta$　且 $v(x) = \text{arcsec } x$，　則 $u(I) = (1, +\infty)$ 而且

$$u'(\theta) = \frac{d \sec \theta}{d\theta} = (\sec \theta) \cdot (\tan \theta) > 0 \ \text{對於} \ \theta \in I = \left(0, \frac{\pi}{2}\right) \text{恆成立}$$

因此由定理 6.1.1B 可知（以下的計算會用到 $(\tan \theta)^2 = (\sec \theta)^2 - 1$ 這個恆等式）

$$v'(w) = \frac{1}{u'(v(w))} = \frac{1}{[\sec(v(w))] \cdot \tan(v(w))}$$

$$= \frac{1}{[\sec(\text{arcsec } w)] \cdot \sqrt{\tan(v(w))^2}}$$

$$= \frac{1}{w \cdot \sqrt{[\sec(v(w))]^2 - 1}}$$

$$= \frac{1}{w \cdot \sqrt{[\sec(\text{arcsec } w)]^2 - 1}}$$

$$= \frac{1}{w \cdot \sqrt{w^2 - 1}}$$

其中 $w \in (1, +\infty)$，所以

$$\frac{d \arcsec x}{dx} = v'(x) = \frac{1}{x \cdot \sqrt{x^2 - 1}} \quad 其中 \ x \in (1, +\infty)$$

因此由「微積分基本定理」或定理 5.5.2 可知

$$\int_a^b \frac{1}{x \cdot \sqrt{x^2 - 1}} \cdot dx = [\arcsec x]_a^b = (\arcsec b) - (\arcsec a)$$

其中 $1 < a \le b < +\infty$。

範例 5 試求 $\int_{\sqrt{2}}^2 \frac{1}{x \cdot \sqrt{x^2 - 1}} \cdot dx$。

說明： $\int_{\sqrt{2}}^2 \frac{1}{x \cdot \sqrt{x^2 - 1}} \cdot dx = [\arcsec x]_{\sqrt{2}}^2 = (\arcsec 2) - \arcsec \sqrt{2}$

$= \frac{\pi}{3} - \frac{\pi}{4} = \frac{\pi}{12}$。

範例 6 假設 $k > 0$，試求積分 $\int_a^b \frac{1}{x \cdot \sqrt{x^2 - k^2}} \cdot dx$，其中 $k < a \le b < +\infty$。

說明：

$$\frac{1}{x \cdot \sqrt{x^2 - k^2}} = \frac{1}{k \cdot \left(\frac{x}{k}\right) \cdot \sqrt{k^2 \cdot \left(\frac{x}{k}\right)^2 - k^2}} = \frac{1}{k^2} \cdot \frac{1}{\left(\frac{x}{k}\right) \cdot \sqrt{\left(\frac{x}{k}\right)^2 - 1}}$$

因此我們定義

$$f(u) = \frac{1}{u \cdot \sqrt{u^2 - 1}} \quad 且 \ u(x) = \frac{x}{k}$$

則 $f(u(x)) = \dfrac{1}{\left(\frac{x}{k}\right) \cdot \sqrt{\left(\frac{x}{k}\right)^2 - 1}}$，而且 $u'(x) = \dfrac{1}{k}$，所以

$$\frac{1}{x \cdot \sqrt{x^2 - k^2}} = \frac{1}{k^2} \cdot \frac{1}{\left(\frac{x}{k}\right) \cdot \sqrt{\left(\frac{x}{k}\right)^2 - 1}}$$

$$= \frac{1}{k} \cdot \frac{1}{\left(\frac{x}{k}\right) \cdot \sqrt{\left(\frac{x}{k}\right)^2 - 1}} \cdot \frac{1}{k} = \frac{f(u(x)) \cdot u'(x)}{k}$$

由「變數變換或變數代換」公式（定理 5.3.1）可知

$$\int_a^b \frac{1}{x \cdot \sqrt{x^2 - k^2}} \cdot dx = \int_a^b \frac{f(u(x)) \cdot u'(x)}{k} \cdot dx = \frac{1}{k} \cdot \int_{u(a)}^{u(b)} f(u) \cdot du$$

$$= \frac{1}{k} \cdot \int_{u(a)}^{u(b)} \frac{1}{u \cdot \sqrt{u^2 - 1}} \cdot du = \frac{1}{k} \cdot [\arcsec u]_{u(a)}^{u(b)}$$

$$= \frac{\operatorname{arcsec} u(b) - \operatorname{arcsec} u(a)}{k}$$

$$= \frac{\operatorname{arcsec}\left(\dfrac{b}{k}\right) - \operatorname{arcsec}\left(\dfrac{a}{k}\right)}{k}$$

我們總結「反三角函數（arcsin、arctan、arcsec）的積分公式」如下：

※ $\displaystyle\int_a^b \frac{1}{\sqrt{1-x^2}} \cdot dx = [\arcsin x]_a^b = (\arcsin b) - (\arcsin a)$，其中

$-1 < a \le b < +1$。

※ 假設 $k > 0$，則

$$\int_a^b \frac{1}{\sqrt{k^2-x^2}} \cdot dx = \left[\arcsin\left(\frac{x}{k}\right)\right]_a^b = \arcsin\left(\frac{b}{k}\right) - \arcsin\left(\frac{a}{k}\right)$$

其中 $-k < a \le b < +k$。

※ $\displaystyle\int_a^b \frac{1}{x^2+1} \cdot dx = [\arctan x]_a^b = (\arctan b) - (\arctan a)$，其中

$-\infty < a \le b < +\infty$。

※ 假設 $k > 0$，則

$$\int_a^b \frac{1}{x^2+k^2} \cdot dx = \left[\frac{\arctan\left(\dfrac{x}{k}\right)}{k}\right]_a^b = \frac{\arctan\left(\dfrac{b}{k}\right) - \arctan\left(\dfrac{a}{k}\right)}{k}$$

其中 $-\infty < a \le b < +\infty$。

※ $\displaystyle\int_a^b \frac{1}{x \cdot \sqrt{x^2-1}} \cdot dx = [\operatorname{arcsec} x]_a^b = (\operatorname{arcsec} b) - (\operatorname{arcsec} a)$，其中

$1 < a \le b < +\infty$。

※ 假設 $k > 0$，則

$$\int_a^b \frac{1}{x \cdot \sqrt{x^2-k^2}} \cdot dx = \left[\frac{\operatorname{arcsec}\left(\dfrac{x}{k}\right)}{k}\right]_a^b = \frac{\operatorname{arcsec}\left(\dfrac{b}{k}\right) - \operatorname{arcsec}\left(\dfrac{a}{k}\right)}{k}$$

其中 $k < a \le b < +\infty$。

範例 7 A 試求 $\displaystyle\int_a^b \frac{2x}{x^2+4} \cdot dx$。

說明： 令 $u(x) = x^2 + 4$，則 $u'(x) = 2x$ 且 $\dfrac{2x}{x^2+4} = \dfrac{u'(x)}{u(x)}$，令 $f(u) = \dfrac{1}{u}$，

則 $f(u(x)) = \dfrac{1}{u(x)}$，由「積分運算的變數變換（變數代換）公式」可知

$$\int_a^b \frac{2x}{x^2+4} \cdot dx = \int_a^b \frac{u'(x)}{u(x)} \cdot dx = \int_a^b f(u(x)) \cdot u'(x) \cdot dx$$

$$= \int_{u(a)}^{u(b)} f(u) \cdot du = \int_{u(a)}^{u(b)} \frac{1}{u} \cdot du$$

$$= [\ln|u|]_{u(a)}^{u(b)} = \ln|b^2 + 4| - \ln|a^2 + 4|$$

$$= \ln(b^2 + 4) - \ln(a^2 + 4)$$

範例 7 B 試求 $\int_a^b \dfrac{2}{x^2+4} \cdot dx$。

說明：$\dfrac{2}{x^2+4} = \dfrac{2}{2^2 \cdot \left(\dfrac{x}{2}\right)^2 + 2^2} = \dfrac{2}{2^2} \cdot \dfrac{1}{\left(\dfrac{x}{2}\right)^2 + 1} = \dfrac{1}{2} \cdot \dfrac{1}{\left(\dfrac{x}{2}\right)^2 + 1}$，令

$f(u) = \dfrac{1}{u^2+1}$ 且 $u(x) = \dfrac{x}{2}$，則 $f(u(x)) = \dfrac{1}{\left(\dfrac{x}{2}\right)^2 + 1}$ 而且 $u'(x) = \dfrac{1}{2}$，所

以 $\dfrac{2}{x^2+4} = u'(x) \cdot f(u(x)) = f(u(x)) \cdot u'(x)$。由「積分運算的變數變換

（變數代換）公式」可知

$$\int_a^b \frac{2}{x^2+4} \cdot dx = \int_a^b f(u(x)) \cdot u'(x) \cdot dx = \int_{u(a)}^{u(b)} f(u) \cdot du = \int_{u(a)}^{u(b)} \frac{1}{u^2+1} \cdot du$$

$$= [\arctan u]_{u(a)}^{u(b)} = \arctan \frac{b}{2} - \arctan \frac{a}{2}$$

範例 7 C 試求 $\int_a^b \dfrac{x^2}{x^2+4} \cdot dx$。

說明：$\dfrac{x^2}{x^2+4} = \dfrac{(x^2+4)-4}{x^2+4} = 1 + \left(\dfrac{-4}{x^2+4}\right)$。應用範例 7B 的結果：

$$\int_a^b \frac{2}{x^2+4} \cdot dx = \left[\arctan \frac{x}{2}\right]_a^b$$

可以得知

$$\int_a^b \frac{x^2}{x^2+4} \cdot dx = \int_a^b \left(1 - \frac{4}{x^2+4}\right) \cdot dx = \int_a^b 1 \cdot dx - \int_a^b \frac{4}{x^2+4} \cdot dx$$

$$= \int_a^b 1 \cdot dx - 2\int_a^b \frac{2}{x^2+4} \cdot dx = \left[x - 2\arctan \frac{x}{2}\right]_a^b$$

$$= \left[b - 2\arctan \frac{b}{2}\right] - \left[a - 2\arctan \frac{a}{2}\right]$$

範例 8 A 試求 $\int_a^b x \cdot [\tan(x^2)] \cdot dx$。

說明：令 $u(x) = x^2$ 且 $f(u) = \tan u$，則 $u'(x) = 2x$ 而且

$$x \cdot [\tan(x^2)] = \frac{u'(x)}{2} \cdot f(u(x)) = \frac{f(u(x)) \cdot u'(x)}{2}$$

由「積分運算的變數變換（變數代換）公式」可知

$$\int_a^b x \cdot [\tan(x^2)] \cdot dx = \int_a^b \frac{f(u(x)) \cdot u'(x)}{2} \cdot dx = \frac{1}{2} \cdot \int_{u(a)}^{u(b)} f(u) \cdot du$$

$$= \frac{1}{2} \cdot \int_{u(a)}^{u(b)} (\tan u) \cdot du$$

$$= \frac{1}{2} \cdot [-\ln|\cos u|]_{u(a)}^{u(b)}$$

$$= \frac{1}{2} \cdot \left[-\ln|\cos b^2| + \ln|\cos a^2|\right]$$

範例 8 B 試求 $\int_a^b [\tan^2(3x)] \cdot dx$。

說明： 令 $u(x) = 3x$ 且 $f(u) = (\tan u)^2 = \tan^2 u$，則 $u'(x) = 3$ 而且

$$[\tan^2(3x)] = \frac{f(u(x)) \cdot u'(x)}{3}$$

注意： $(\sec u)^2 = (\tan u)^2 + 1$ 或 $(\tan u)^2 = (\sec u)^2 - 1$，由「積分運算的變數變換（變數代換）公式」可知

$$\begin{aligned}
\int_a^b [\tan^2(3x)] \cdot dx &= \int_a^b \frac{f(u(x)) \cdot u'(x)}{3} \cdot dx \\
&= \frac{1}{3} \cdot \int_{u(a)}^{u(b)} f(u) \cdot du = \frac{1}{3} \cdot \int_{u(a)}^{u(b)} (\tan u)^2 \cdot du \\
&= \frac{1}{3} \int_{u(a)}^{u(b)} [(\sec u)^2 - 1] \cdot du \\
&= \frac{1}{3} \cdot [\int_{u(a)}^{u(b)} (\sec u)^2 \cdot du - \int_{u(a)}^{u(b)} 1 \cdot du] \\
&= \frac{1}{3} \cdot [(\tan u) - u]_{u(a)}^{u(b)} \\
&= \frac{1}{3} [\tan 3b - 3b - \tan 3a + 3a]
\end{aligned}$$

延伸學習 1 試求 $\int_a^b \frac{x}{(x-1)^2 + 9} \cdot dx$。

解答：

$$\frac{x}{(x-1)^2 + 9} = \frac{(x-1) + 1}{(x-1)^2 + 9} = \frac{(x-1)}{(x-1)^2 + 9} + \frac{1}{3} \cdot \frac{1}{\left[\frac{x-1}{3}\right]^2 + 1} \cdot \frac{1}{3},$$

所以 $\int_a^b \frac{x}{(x-1)^2 + 9} \cdot dx = \left[\frac{\ln((x-1)^2 + 9)}{2} + \frac{\arctan\left(\frac{x-1}{3}\right)}{3}\right]_a^b$。

範例 9 A 試求 $\int_0^{\frac{1}{2}} \frac{2x^3}{\sqrt{1 - x^4}} \cdot dx$。

說明： 令 $u(x) = 1 - x^4$ 且 $f(u) = \frac{1}{\sqrt{u}} = u^{-\frac{1}{2}}$，則 $u'(x) = -4x^3$ 而且

$$\frac{2x^3}{\sqrt{1 - x^4}} = \frac{f(u(x)) \cdot u'(x)}{-2}$$

由「積分運算的變數變換（變數代換）公式」可知

$$\begin{aligned}
\int_0^{\frac{1}{2}} \frac{2x^3}{\sqrt{1 - x^4}} \cdot dx &= \int_0^{\frac{1}{2}} \frac{f(u(x)) \cdot u'(x)}{-2} \cdot dx \\
&= \frac{1}{-2} \cdot \int_{u(0)}^{u(\frac{1}{2})} f(u) \cdot du = -\frac{1}{2} \cdot \int_{u(0)}^{u(\frac{1}{2})} u^{-\frac{1}{2}} \cdot du \\
&= -[u^{\frac{1}{2}}]_{u(0)}^{u(\frac{1}{2})} = -[\sqrt{u}]_1^{\frac{15}{16}} = 1 - \frac{\sqrt{15}}{\sqrt{16}} = 1 - \frac{\sqrt{15}}{4}
\end{aligned}$$

範例 9 B 試求 $\int_0^{\frac{1}{2}} \dfrac{x}{\sqrt{1-x^4}} \cdot dx$。

說明： 令 $u(x) = x^2$ 且 $f(u) = \dfrac{1}{\sqrt{1-u^2}}$，則 $u'(x) = 2x$ 而且

$$\frac{x}{\sqrt{1-x^4}} = \frac{2x}{2 \cdot \sqrt{1-[x^2]^2}} = \frac{f(u(x)) \cdot u'(x)}{2}$$

由「積分運算的變數變換（變數代換）公式」可知

$$\int_0^{\frac{1}{2}} \frac{x}{\sqrt{1-x^4}} \cdot dx = \int_0^{\frac{1}{2}} \frac{f(u(x)) \cdot u'(x)}{2} \cdot dx$$

$$= \frac{1}{2} \cdot \int_{u(0)}^{u(\frac{1}{2})} f(u) \cdot du = \frac{1}{2} \cdot \int_{u(0)}^{u(\frac{1}{2})} \frac{1}{\sqrt{1-u^2}} \cdot du$$

$$= \frac{1}{2} \cdot [\arcsin u]_{u(0)}^{u(\frac{1}{2})} = \left[\frac{\arcsin u}{2} \right]_0^{\frac{1}{4}}$$

$$= \frac{\arcsin \dfrac{1}{4} - \arcsin 0}{2} = \frac{\arcsin \dfrac{1}{4}}{2}$$

延伸學習 2 試求 $\int_0^{\frac{1}{2}} \dfrac{\arcsin x}{\sqrt{1-x^2}} \cdot dx$。

解答： 令 $u(x) = \arcsin x$ 且 $f(u) = u$，則 $u'(x) = \dfrac{1}{\sqrt{1-x^2}}$ 而且 $\dfrac{\arcsin x}{\sqrt{1-x^2}}$

$= f(u(x)) \cdot u'(x)$，所以

$$\int_0^{\frac{1}{2}} \frac{\arcsin x}{\sqrt{1-x^2}} \cdot dx = \int_0^{\frac{1}{2}} f(u(x)) \cdot u'(x) \cdot dx$$

$$= \int_{u(0)}^{u(\frac{1}{2})} f(u) \cdot du = \left[\frac{u^2}{2} \right]_{u(0)}^{u(\frac{1}{2})} = \frac{\pi^2}{72}$$

範例 10 A 試求 $\int_a^b e^x \cdot (\tan e^x) \cdot dx$。

說明： 令 $u(x) = e^x$ 且 $f(u) = \tan u$，則 $u'(x) = e^x$ 而且

$$e^x \cdot (\tan e^x) = u'(x) \cdot f(u(x)) = f(u(x)) \cdot u'(x)$$

由「積分運算的變數變換（變數代換）公式」可知

$$\int_a^b e^x \cdot (\tan e^x) \cdot dx = \int_a^b f(u(x)) \cdot u'(x) \cdot dx$$

$$= \int_{u(a)}^{u(b)} f(u) \cdot du = \int_{u(a)}^{u(b)} (\tan u) \cdot du$$

$$= [-\ln|\cos u|]_{u(a)}^{u(b)}$$

$$= -\ln|\cos e^b| + \ln|\cos e^a|$$

範例 10 B 試求 $\int_a^b \dfrac{\ln x}{x} \cdot dx$，其中 $0 < a \le b$。

說明： 令 $u(x) = \ln x$ 且 $f(u) = u$，則 $u'(x) = \dfrac{1}{x}$ 而且

$$\frac{\ln x}{x} = (\ln x) \cdot \frac{1}{x} = f(u(x)) \cdot u'(x)$$

由「積分運算的變數變換（變數代換）公式」可知

$$\int_a^b \frac{\ln x}{x} \cdot dx = \int_a^b f(u(x)) \cdot u'(x) \cdot dx = \int_{u(a)}^{u(b)} f(u) \cdot du = \int_{u(a)}^{u(b)} u \cdot du$$

$$= \left[\frac{u^2}{2} \right]_{u(a)}^{u(b)} = \left[\frac{u^2}{2} \right]_{\ln a}^{\ln b} = \frac{1}{2} \left[(\ln b)^2 - (\ln a)^2 \right]$$

延伸學習 3　試求 $\int_a^b \frac{1}{x \cdot (\ln x)} \cdot dx$ 其中 $1 < a \le b$。

解答： 令 $u(x) = \ln x$ 且 $f(u) = \frac{1}{u}$，則 $u'(x) = \frac{1}{x}$，而且 $\frac{1}{x \cdot (\ln x)}$

$= \frac{1}{\ln x} \cdot \frac{1}{x} = f(u(x)) \cdot u'(x)$，所以

$$\int_a^b \frac{1}{x \cdot (\ln x)} \cdot dx = \int_a^b f(u(x)) \cdot u'(x) \cdot dx$$

$$= \int_{u(a)}^{u(b)} f(u) \cdot du = \ln(\ln b) - \ln(\ln a)$$

習題 6.1

1. 試求 $\int_a^b e^{-3x} \cdot dx$。

2. 試求 $\int_a^b \frac{1}{\cos^2 x} \cdot dx$，其中 $-\frac{\pi}{2} < a \le b < \frac{\pi}{2}$。

3. 試求 $\int_a^b \frac{\sin x}{5 + 2 \cdot (\cos x)} \cdot dx$。

4. 試求 $\int_a^b \frac{1}{x \cdot (1 + (\ln x)^2)} \cdot dx$ 其中 $0 < a \le b$。

5. 試求 $\int_1^{\sqrt{3}} \frac{1}{(x^2 + 1) \cdot (\arctan x)} \cdot dx$。

6. 試求 $\int_{-1}^0 \frac{1}{x^2 + 2x + 2} \cdot dx$。

7. 試求 $\int_0^{\frac{1}{2}} \frac{1 + x}{\sqrt{1 - x^2}} \cdot dx$。

8. 試求 $\int_0^{\frac{\pi}{4}} (\sec^4 x) \cdot dx$。

第 2 節　分部積分法

本節主要討論「分部積分法」在積分計算方面的應用。

定理 6.2.1A　分部積分法（Integration by Parts）

假設「u 與 v 都是定義在開區間 I 的可微分函數」而且「$u'(x)$ 與 $v'(x)$ 都是連續函數」。如果 $a < b$ 是區間 I 上的兩個點，則

$$\int_a^b u(x) \cdot v'(x) \cdot dx = [u(x) \cdot v(x)]_a^b - \int_a^b u'(x) \cdot v(x) \cdot dx$$

$$= [u(x) \cdot v(x)]_a^b + \int_a^b (-1) \cdot u'(x) \cdot v(x) \cdot dx$$

說明： 由「萊布尼茲法則」可知

$$\frac{d}{dx}[u(x) \cdot v(x)] = u'(x) \cdot v(x) + u(x) \cdot v'(x)$$

將這個等式的兩側分別積分起來並且應用微積分基本定理可以得到

$$[u(x) \cdot v(x)]_a^b = \int_a^b \frac{d[u(x) \cdot v(x)]}{dx} \cdot dx$$

$$= \int_a^b u(x) \cdot v'(x) \cdot dx + \int_a^b u'(x) \cdot v(x) \cdot dx$$

這個結果。從這個等式即可得到所求的結果。　■

「分部積分法」常被用來將「不易計算的積分形式」轉變為「相對容易計算的積分形式」。如果 $\int_a^b u(x) \cdot v'(x) \cdot dx$ 是「不易計算的積分」而且 $\int_a^b u'(x) \cdot v(x) \cdot dx$ 是「相對容易計算的積分」，那麼「使用分部積分公式」就可以將 $\int_a^b u(x) \cdot v'(x) \cdot dx$ 的計算問題轉變為 $\int_a^b u'(x) \cdot v(x) \cdot dx$ 的計算問題。

「分部積分法」的「不定積分版本」可以表示如下：

$$\int u(x) \cdot v'(x) \cdot dx = [u(x) \cdot v(x)] - \int u'(x) \cdot v(x) \cdot dx$$

如果我們將 $v'(x) \cdot dx$、$u'(x) \cdot dx$ 分別以 dv、du 表示，那麼「分部積分法」的「不定積分版本」可以簡略地表示為

$$\int u \cdot dv = [u(x) \cdot v(x)] - \int v \cdot du$$

分部積分法的處理原則

● 如果「被積分函數」中的某些「成分函數」是較難處理的積分形式，可以將這些「成分函數」選擇為「u」。我們可以使用「ILATE」法則來決定「選擇 u」的優先次序。

　I：反三角函數 $\arcsin x$ 或 $\arctan x$ 或 $\operatorname{arcsec} x$。

　L：對數函數 $\ln x$ 或類似的函數。

　A：多項式函數 x^n 或類似的函數。

　T：三角函數 $\sin$ 或 $\cos$ 或 $\tan$ 或 $\cot$ 或 $\sec$ 或 $\csc$。

　E：指數函數 e^x 或類似的函數。

　確定 u 後，將「其餘的成分函數」定為 $v'(x)$。

● 如果「被積分函數」中的某些「成分函數」具有已知的「容易處理的積分形式」，可以將這些「容易處理的積分形式」定為 $v'(x)$。

範例 1 試求 $\int_a^b x \cdot e^x \cdot dx$。

說明： 由「ILATE」法則可知應該考慮 $u(x) = x$ 且 $v'(x) = e^x$。由於

$$v'(x) = e^x \Leftrightarrow v(x) = \int e^x \cdot dx$$

我們可以選擇 $v(x) = e^x$。注意 $u'(x) = 1$，因此

$$\int_a^b x \cdot e^x \cdot dx = \int_a^b u(x) \cdot v'(x) \cdot dx = [u(x) \cdot v(x)]_a^b - \int_a^b u'(x) \cdot v(x) \cdot dx$$

$$= [x \cdot e^x]_a^b - \int_a^b 1 \cdot e^x \cdot dx = [x \cdot e^x]_a^b - [e^x]_a^b$$

$$= be^b - ae^a - e^b + e^a$$

範例 2　試求 $\int_a^b x^2 \cdot e^x \cdot dx$。

說明：由「ILATE」法則可知應該考慮 $u(x) = x^2$ 且 $v'(x) = e^x$。由於

$$v'(x) = e^x \Leftrightarrow v(x) = \int e^x \cdot dx$$

我們可以選擇 $v(x) = e^x$。注意 $u'(x) = 2x$，因此

$$\int_a^b x^2 \cdot e^x \cdot dx = \int_a^b u(x) \cdot v'(x) \cdot dx = [u(x) \cdot v(x)]_a^b - \int_a^b u'(x) \cdot v(x) \cdot dx$$

$$= [x^2 \cdot e^x]_a^b - \int_a^b (2x) \cdot e^x \cdot dx \quad\cdots\cdots\cdots\cdots\cdots\cdots (A)$$

我們必須再次使用「分部積分法」：由「ILATE」法則，我們考慮 $u_1(x) = 2x$ 且 $v_1'(x) = e^x$。由於

$$v_1'(x) = e^x \Leftrightarrow v_1(x) = \int e^x \cdot dx$$

我們可以選擇 $v_1(x) = e^x$。注意 $u_1'(x) = 2$，因此我們得到以下結果

$$\int_a^b (2x) \cdot e^x \cdot dx = \int_a^b u_1(x) \cdot v_1'(x) \cdot dx$$

$$= [u_1(x) \cdot v_1(x)]_a^b - \int_a^b u_1'(x) \cdot v_1(x) \cdot dx$$

$$= [(2x) \cdot e^x]_a^b - \int_a^b 2 \cdot e^x \cdot dx$$

$$= [2x \cdot e^x]_a^b - [2 \cdot e^x]_a^b \quad\cdots\cdots\cdots\cdots\cdots\cdots (B)$$

將這個結果

$$\int_a^b (2x) \cdot e^x \cdot dx = [2x \cdot e^x]_a^b - [2 \cdot e^x]_a^b = [2x \cdot e^x - 2 \cdot e^x]_a^b$$

代入 (A) 即可得到

$$\int_a^b x^2 \cdot e^x \cdot dx = [x^2 \cdot e^x]_a^b - \int_a^b (2x) \cdot e^x \cdot dx$$

$$= [x^2 \cdot e^x]_a^b - [2x \cdot e^x - 2 \cdot e^x]_a^b$$

$$= [x^2 \cdot e^x - 2x \cdot e^x + 2 \cdot e^x]_a^b \quad\cdots\cdots\cdots\cdots\cdots (C)$$

$$= (b^2 e^b - 2be^b + 2e^b) - (a^2 e^a - 2ae^a + 2e^a)$$

範例 3　試求 $\int_a^b x^2 \cdot (\ln x) \cdot dx = \int_a^b (\ln x) \cdot x^2 \cdot dx$，其中 $0 < a < b$。

說明：由「ILATE」法則可知應該考慮 $u(x) = \ln x$ 且 $v'(x) = x^2$。由於

$$v'(x) = x^2 \Leftrightarrow v(x) = \int x^2 \cdot dx$$

我們可以選擇 $v(x) = \dfrac{x^3}{3}$。注意 $u'(x) = \dfrac{1}{x}$，因此

$$\int_a^b x^2 \cdot (\ln x) \cdot dx = \int_a^b (\ln x) \cdot x^2 \cdot dx = \int_a^b u(x) \cdot v'(x) \cdot dx$$

$$= [u(x) \cdot v(x)]_a^b - \int_a^b u'(x) \cdot v(x) \cdot dx$$

$$= \left[(\ln x) \cdot \frac{x^3}{3}\right]_a^b - \int_a^b \frac{1}{x} \cdot \frac{x^3}{3} \cdot dx$$

$$= \left[\frac{(\ln x) \cdot x^3}{3} \right]_a^b - \int_a^b \frac{x^2}{3} \cdot dx$$

$$= \left[\frac{(\ln x) \cdot x^3}{3} \right]_a^b - \left[\frac{x^3}{9} \right]_a^b$$

$$= \left[\frac{(\ln x) \cdot x^3}{3} - \frac{x^3}{9} \right]_a^b$$

$$= \left[\frac{(\ln b) \cdot b^3}{3} - \frac{b^3}{9} \right] - \left[\frac{(\ln a) \cdot a^3}{3} - \frac{a^3}{9} \right]$$

範例 4 試求 $\int_a^b (\ln x) \cdot dx$，其中 $0 < a < b$。

說明： 由「ILATE」法則可知應該考慮 $u(x) = \ln x$ 且 $v'(x) = 1$。由於

$$v'(x) = 1 \Leftrightarrow v(x) = \int 1 \cdot dx$$

我們可以選擇 $v(x) = x$。注意 $u'(x) = \dfrac{1}{x}$，因此

$$\int_a^b (\ln x) \cdot dx = \int_a^b (\ln x) \cdot 1 \cdot dx = \int_a^b u(x) \cdot v'(x) \cdot dx$$

$$= [u(x) \cdot v(x)]_a^b - \int_a^b u'(x) \cdot v(x) \cdot dx$$

$$= [(\ln x) \cdot x]_a^b - \int_a^b \frac{1}{x} \cdot x \cdot dx = [(\ln x) \cdot x]_a^b - \int_a^b 1 \cdot dx$$

$$= [(\ln x) \cdot x]_a^b - [x]_a^b = [(\ln x) \cdot x - x]_a^b$$

$$= [(\ln b) \cdot b - b] - [a (\ln a) - a]$$

多次應用分部積分法的速算法

使用「分部積分法」可以得知

$$\int_a^b u(x) \cdot v'(x) \cdot dx = [u(x) \cdot v(x)]_a^b - \int_a^b u'(x) \cdot v(x) \cdot dx$$

$$= [u(x) \cdot v(x)]_a^b + \int_a^b (-1) \cdot u'(x) \cdot v(x) \cdot dx$$

如果我們需要多次使用「分部積分法」，那麼我們可以考慮以下的圖示速算法：

$(-1)^0 \cdot$	$u(x)$	$***$	$v'(x)$
	$\Downarrow$	$\ddots$	$\Downarrow$
$(-1) \cdot$	$u_1(x) = u'(x)$		$v'_1(x) = v(x)$
	$\Downarrow$	$\ddots$	$\Downarrow$
$(-1)^2 \cdot$	$u_2(x) = u'_1(x)$		$v'_2(x) = v_1(x)$
$\vdots$	$\vdots$	$\vdots$	$\vdots$
	$\Downarrow$	$\ddots$	$\Downarrow$
$(-1)^{n-1} \cdot$	$u_{n-1}(x) = u'_{n-2}(x)$		$v'_{n-1}(x) = v_{n-2}(x)$
	$\Downarrow$	$\ddots$	$\Downarrow$
$(-1)^n \cdot$	$u_n(x) = u'_{n-1}(x)$	$***$	$v'_n(x) = v_{n-1}(x)$

其中

$$u(x) \Rightarrow u_1(x) = u'(x) \Rightarrow u_2(x) = u_1'(x) \Rightarrow \cdots$$

$$\Rightarrow u_{n-1}(x) = u_{n-2}'(x) \Rightarrow u_n(x) = u_{n-1}'(x)$$

是「逐步微分的過程」而

$$v'(x) \Rightarrow v_1'(x) = v(x) \Rightarrow v_2'(x) = v_1(x) \Rightarrow \cdots$$

$$\Rightarrow v_{n-1}'(x) = v_{n-2}(x) \Rightarrow v_n'(x) = v_{n-1}(x)$$

則是「逐步積分的過程」。注意：「藉由 $\because$ 聯繫的函數必須相乘取值」而「藉由 *** 聯繫的函數必須相乘積分」。如此就得到「應用分部積分法 n 次」的計算規律：

$$\int_a^b u(x) \cdot v'(x) \cdot dx = (-1)^0 \cdot [u(x) \cdot v(x)]_a^b + (-1) \cdot [u_1(x) \cdot v_1(x)]_a^b +$$
$$(-1)^2 \cdot [u_2(x) \cdot v_2(x)]_a^b + \cdots +$$
$$(-1)^{n-1} \cdot [u_{n-1}(x) \cdot v_{n-1}(x)]_a^b +$$
$$(-1)^n \cdot \int_a^b [u_n(x) \cdot v_{n-1}(x)] \cdot dx$$

其中「圖示速算法」最左側的「符號項 $(-1)^k$」會「交錯地出現 +1 或 -1」。

範例 5　試求 $\int_a^b x^3 \cdot (\sin x) \cdot dx$。

說明：由「ILATE」法則可知應該考慮 $u(x) = x^3$ 且 $v'(x) = \sin x$。由於

$$v'(x) = \sin x \Leftrightarrow v(x) = \int (\sin x) \cdot dx$$

我們可以選擇 $v(x) = -\cos x$。使用圖示速算法（共使用「分部積分法」4 次）可得：

$(-1)^0 \cdot$	$u(x) = x^3$	***	$v'(x) = \sin x$
	$\Downarrow$	$\ddots$	$\Downarrow$
$(-1) \cdot$	$u_1(x) = 3 \cdot x^2$		$v(x) = -\cos x$
	$\Downarrow$	$\ddots$	$\Downarrow$
$(-1)^2 \cdot$	$u_2(x) = 6 \cdot x$		$v_1(x) = -\sin x$
	$\Downarrow$	$\ddots$	$\Downarrow$
$(-1)^3 \cdot$	$u_3(x) = 6$		$v_2(x) = \cos x$
	$\Downarrow$	$\ddots$	$\Downarrow$
$(-1)^4 \cdot$	$u_4(x) = 0$	***	$v_3(x) = \sin x$

因此我們得到

$$\int_a^b x^3 \cdot (\sin x) \cdot dx = (-1)^0 \cdot [u(x) \cdot v(x)]_a^b + (-1) \cdot [u_1(x) \cdot v_1(x)]_a^b +$$
$$(-1)^2 \cdot [u_2(x) \cdot v_2(x)]_a^b +$$
$$(-1)^3 \cdot [u_3(x) \cdot v_3(x)]_a^b +$$

$$(-1)^4 \cdot \int_a^b [u_4(x) \cdot v_3(x)] \cdot dx$$
$$= (-1)^0 \cdot [x^3 \cdot (-\cos x)]_a^b +$$
$$(-1) \cdot [3 \cdot x^2 \cdot (-\sin x)]_a^b +$$
$$(-1)^2 \cdot [6x \cdot (\cos x)]_a^b + (-1)^3 \cdot [6 \cdot (\sin x)]_a^b +$$
$$(-1)^4 \cdot \int_a^b [0 \cdot (\sin x)] \cdot dx \quad （注意：這個積分為 0）$$
$$= [x^3 \cdot (-\cos x) - 3 \cdot x^2 \cdot (-\sin x) +$$
$$6x \cdot (\cos x) - 6 \cdot (\sin x)]_a^b$$

範例 6　試求 $\int_a^b e^{2x} \cdot (\sin x) \cdot dx = \int_a^b (\sin x) \cdot e^{2x} \cdot dx$。

說明：由「ILATE」法則可知應該考慮 $u(x) = \sin x$ 且 $v'(x) = e^{2x}$。由於

$$v'(x) = e^{2x} \Leftrightarrow v(x) = \int e^{2x} \cdot dx$$

我們可以選擇 $v(x) = \dfrac{e^{2x}}{2}$。注意 $u'(x) = \cos x$，因此

$$\int_a^b e^{2x} \cdot (\sin x) \cdot dx = \int_a^b (\sin x) \cdot e^{2x} \cdot dx = \int_a^b u(x) \cdot v'(x) \cdot dx$$
$$= [u(x) \cdot v(x)]_a^b - \int_a^b u'(x) \cdot v(x) \cdot dx$$
$$= \left[(\sin x) \cdot \frac{e^{2x}}{2}\right]_a^b - \int_a^b (\cos x) \cdot \frac{e^{2x}}{2} \cdot dx \cdots\cdots\cdots (A)$$

我們再次使用「分部積分法」：由「ILATE」法則，我們考慮 $u_1(x) = \cos x$ 且 $v_1'(x) = \dfrac{e^{2x}}{2}$。由於

$$v_1'(x) = \frac{e^{2x}}{2} \Leftrightarrow v_1(x) = \int \frac{e^{2x}}{2} \cdot dx$$

我們可以選擇 $v_1(x) = \dfrac{e^{2x}}{4}$。注意 $u_1'(x) = -\sin x$，因此我們得到以下結果

$$\int_a^b (\cos x) \cdot \frac{e^{2x}}{2} \cdot dx = \int_a^b u_1(x) \cdot v_1'(x) \cdot dx$$
$$= [u_1(x) \cdot v_1(x)]_a^b - \int_a^b u_1'(x) \cdot v_1(x) \cdot dx$$
$$= \left[(\cos x) \cdot \frac{e^{2x}}{4}\right]_a^b - \int_a^b (-\sin x) \cdot \frac{e^{2x}}{4} \cdot dx$$
$$= \left[(\cos x) \cdot \frac{e^{2x}}{4}\right]_a^b + \int_a^b (\sin x) \cdot \frac{e^{2x}}{4} \cdot dx \cdots (B)$$

將 (B) 這個結果

$$\int_a^b (\cos x) \cdot \frac{e^{2x}}{2} \cdot dx = \left[(\cos x) \cdot \frac{e^{2x}}{4}\right]_a^b + \int_a^b (\sin x) \cdot \frac{e^{2x}}{4} \cdot dx$$

代入 (A) 即可得到

$$\int_a^b e^{2x} \cdot (\sin x) \cdot dx = \left[(\sin x) \cdot \frac{e^{2x}}{2} \right]_a^b - \int_a^b (\cos x) \cdot \frac{e^{2x}}{2} \cdot dx$$

$$= \left[(\sin x) \cdot \frac{e^{2x}}{2} \right]_a^b - \left[(\cos x) \cdot \frac{e^{2x}}{4} \right]_a^b -$$

$$\int_a^b (\sin x) \cdot \frac{e^{2x}}{4} \cdot dx \quad \cdots\cdots\cdots\cdots (C)$$

將 (C) 兩側分別加上積分 $\int_a^b (\sin x) \cdot \dfrac{e^{2x}}{4} \cdot dx$ 即可得到

$$\frac{5}{4} \cdot \int_a^b e^{2x} \cdot (\sin x) \cdot dx = \left[(\sin x) \cdot \frac{e^{2x}}{2} \right]_a^b - \left[(\cos x) \cdot \frac{e^{2x}}{4} \right]_a^b$$

$$= \left[\frac{(\sin x) \cdot e^{2x}}{2} - \frac{(\cos x) \cdot e^{2x}}{4} \right]_a^b$$

由此可知

$$\int_a^b e^{2x} \cdot (\sin x) \cdot dx = \frac{4}{5} \cdot \left[\frac{(\sin x) \cdot e^{2x}}{2} - \frac{(\cos x) \cdot e^{2x}}{4} \right]_a^b$$

$$= \left[\frac{2 \cdot (\sin x) \cdot e^{2x}}{5} - \frac{(\cos x) \cdot e^{2x}}{5} \right]_a^b$$

其實我們可以使用速解法（共使用「分部積分法」2 次）如下：

$$(-1)^0 \cdot \qquad \sin x \qquad *** \qquad e^{2x}$$
$$\Downarrow \qquad \ddots \qquad \Downarrow$$
$$(-1) \cdot \qquad \cos x \qquad \qquad \frac{e^{2x}}{2}$$
$$\Downarrow \qquad \ddots \qquad \Downarrow$$
$$(-1)^2 \cdot \qquad -\sin x \qquad *** \qquad \frac{e^{2x}}{4}$$

因此我們得到

$$\int_a^b (\sin x) \cdot e^{2x} \cdot dx = (-1)^0 \cdot \left[(\sin x) \cdot \frac{e^{2x}}{2} \right]_a^b + (-1) \cdot \left[(\cos x) \cdot \frac{e^{2x}}{4} \right]_a^b +$$

$$(-1)^2 \cdot \int_a^b (-\sin x) \cdot \frac{e^{2x}}{4} \cdot dx$$

$$= \left[(\sin x) \cdot \frac{e^{2x}}{2} - (\cos x) \cdot \frac{e^{2x}}{4} \right]_a^b +$$

$$\int_a^b (-\sin x) \cdot \frac{e^{2x}}{4} \cdot dx$$

將這個等式的兩側分別加上積分 $\int_a^b (\sin x) \cdot \dfrac{e^{2x}}{4} \cdot dx$ 即可得到

$$\frac{5}{4} \cdot \int_a^b e^{2x} \cdot (\sin x) \cdot dx = \left[(\sin x) \cdot \frac{e^{2x}}{2}\right]_a^b - \left[(\cos x) \cdot \frac{e^{2x}}{4}\right]_a^b$$

$$= \left[\frac{(\sin x) \cdot e^{2x}}{2} - \frac{(\cos x) \cdot e^{2x}}{4}\right]_a^b$$

延伸學習 1　試求 $\int_a^b e^{2x} \cdot [\cos(3x)] \cdot dx = \int_a^b [\cos(3x)] \cdot e^{2x} \cdot dx$。

解答：考慮 $u(x) = \cos(3x)$ 且 $v'(x) = e^{2x}$。選擇 $v(x) = \dfrac{e^{2x}}{2}$，使用速解法如下：

$(-1)^0 \cdot$	$\cos(3x)$	$***$	e^{2x}
	$\Downarrow$	$\ddots$	$\Downarrow$
$(-1) \cdot$	$-3 \cdot \sin(3x)$		$\dfrac{e^{2x}}{2}$
	$\Downarrow$	$\ddots$	$\Downarrow$
$(-1)^2 \cdot$	$-9 \cdot \cos(3x)$	$***$	$\dfrac{e^{2x}}{4}$

得到 $\int_a^b [\cos(3x)]e^{2x} \cdot dx = \left[[\cos(3x)] \cdot \dfrac{e^{2x}}{2} - [-3 \cdot \sin(3x)] \cdot \dfrac{e^{2x}}{4}\right]_a^b + \int_a^b [-9 \cdot \cos(3x)]\dfrac{e^{2x}}{4} \cdot dx$

所以

$$\int_a^b [\cos(3x)] \cdot e^{2x} \cdot dx = \frac{4}{13} \cdot \left[[\cos(3x)] \cdot \frac{e^{2x}}{2} + [3 \cdot \sin(3x)] \cdot \frac{e^{2x}}{4}\right]_a^b$$

分部積分法的其他常見應用

範例 7　試求 $\int_0^1 (\arctan x) \cdot dx$。

說明：由「ILATE」法則可知應該考慮 $u(x) = \arctan x$ 且 $v'(x) = 1$。由於

$$v'(x) = 1 \Leftrightarrow v(x) = \int 1 \cdot dx$$

我們可以選擇 $v(x) = x$。注意 $u'(x) = \dfrac{1}{1 + x^2}$，因此

$$\int_0^1 (\arctan x) \cdot dx = \int_0^1 (\arctan x) \cdot 1 \cdot dx = \int_0^1 u(x) \cdot v'(x) \cdot dx$$

$$= [u(x) \cdot v(x)]_0^1 - \int_0^1 u'(x) \cdot v(x) \cdot dx$$

$$= [(\arctan x) \cdot x]_0^1 - \int_0^1 \frac{1}{1 + x^2} \cdot x \cdot dx$$

$$= [(\arctan x) \cdot x]_0^1 - \int_0^1 \frac{1}{1 + x^2} \cdot dx$$

由於 $\dfrac{d \ln(1 + x^2)}{dx} = \dfrac{2x}{1 + x^2}$，我們得知

$$\int_0^1 \frac{x}{1+x^2} \cdot dx = \frac{1}{2} \cdot \int_0^1 \frac{2x}{1+x^2} \cdot dx$$

$$= \left[\frac{\ln(1+x^2)}{2} \right]_0^1 = \left[\frac{\ln 2 - \ln 1}{2} \right] = \frac{\ln 2}{2}$$

因此

$$\int_0^1 (\arctan x) \cdot dx = [(\arctan x) \cdot x]_0^1 - \int_0^1 \frac{x}{1+x^2} \cdot dx$$

$$= [(\arctan x) \cdot x]_0^1 - \frac{\ln 2}{2}$$

$$= (\arctan 1) \cdot 1 - (\arctan 0) \cdot 0 - \frac{\ln 2}{2} = \frac{\pi}{4} - \frac{\ln 2}{2}$$

延伸學習 2 試求 $\int_0^1 (\arcsin x) \cdot dx$。

解答： 考慮 $u(x) = \arcsin x$ 且 $v'(x) = 1$。選擇 $v(x) = x$，則 $u'(x) = \frac{1}{\sqrt{1-x^2}}$ 而且

$$\int_0^1 (\arcsin x) \cdot dx = \int_0^1 (\arcsin x) \cdot 1 \cdot dx$$

$$= [(\arcsin x) \cdot x]_0^1 - \int_0^1 \frac{x}{\sqrt{1-x^2}} \cdot dx$$

由 $\dfrac{d\sqrt{1-x^2}}{dx} = \dfrac{1}{2} \cdot \dfrac{-2x}{\sqrt{1-x^2}} = \dfrac{-x}{\sqrt{1-x^2}}$ 可知 $-\int_0^1 \dfrac{x}{\sqrt{1-x^2}} \cdot dx$

$= \left[\sqrt{1-x^2} \right]_0^1 = -1$，所以

$$\int_0^1 (\arcsin x) \cdot dx = [(\arcsin x) \cdot x]_0^1 - \int_0^1 \frac{x}{\sqrt{1-x^2}} \cdot dx$$

$$= [(\arcsin x) \cdot x]_0^1 - 1 = \frac{\pi}{2} - 1$$

*範例 8 試求 $\int_0^{\frac{\pi^2}{4}} \left(\cos \sqrt{x} \right) \cdot dx$。

說明： 令 $x = t^2$ 其中 $0 \le t \le \dfrac{\pi}{2}$，由「積分運算的變數變換公式」（定理 5.3.2）可知

$$\int_0^{\frac{\pi^2}{4}} (\cos \sqrt{x}) \cdot dx = \int_0^{\frac{\pi}{2}} (\cos t) \cdot \frac{dx}{dt} \cdot dt = \int_0^{\frac{\pi}{2}} (\cos t) \cdot (2t) \cdot dt$$

$$= \int_0^{\frac{\pi}{2}} (2t) \cdot (\cot t) \cdot dt$$

由「ILATE」法則可知應該考慮 $u(t) = 2t$ 且 $v'(t) = \cos t$。由於

$$v'(t) = \cos t \Leftrightarrow v(t) = \int (\cos t) \cdot dt$$

我們可以選擇 $v(t) = \sin t$。注意 $u'(t) = 2$，因此

$$\int_0^{\frac{\pi}{2}} (2t) \cdot (\cos t) \cdot dt = \int_0^{\frac{\pi}{2}} u(t) \cdot v'(t) \cdot dt$$

$$= [u(t) \cdot v(t)]_0^{\frac{\pi}{2}} - \int_0^{\frac{\pi}{2}} u'(t) \cdot v(t) \cdot dt$$

$$= [(2t) \cdot (\sin t)]_0^{\frac{\pi}{2}} - \int_0^{\frac{\pi}{2}} 2 \cdot (\sin t) \cdot dt$$

$$= [(2t) \cdot (\sin t)]_0^{\frac{\pi}{2}} + [2 \cdot (\cos t)]_0^{\frac{\pi}{2}}$$

$$= 2 \cdot \frac{\pi}{2} \cdot \left(\sin \frac{\pi}{2}\right) - 2 \cdot 0 \cdot (\sin 0) +$$

$$2 \cdot \left(\cos \frac{\pi}{2}\right) - 2 \cdot (\cos 0) = \pi - 2$$

習題 6.2

1. 試求 $\int_a^b (\arctan x) \cdot x \cdot dx$。

2. 試求 $\int_a^b x \cdot (\sec x)^2 \cdot dx$，其中 $-\frac{\pi}{2} < a \le b < \frac{\pi}{2}$。

3. 試求 $\int_a^b (\ln x) \cdot x^3 \cdot dx$，其中 $0 < a < b$。

4. 試求 $\int_a^b (\cos x) \cdot e^x \cdot dx$。

5. 試求 $\int_a^b x^2 \cdot e^{7x} \cdot dx$。

6. 試求 $\int_a^b (\ln x) \cdot \sqrt{x} \cdot dx$，其中 $0 < a < b$。

7. 試求 $\int_0^1 (\arctan x^3) \cdot x^2 \cdot dx$。

8. 試求 $\int_0^{\frac{\pi}{4}} (\sec^4 x) \cdot dx$。

9. 試求 $\int_1^e [\arcsin (\ln x)] \cdot \frac{1}{x} \cdot dx$。

第 3 節　分部積分法在三角函數積分的應用

本節討論 $(\cos x)^m \cdot (\sin x)^n$ 與 $(\cos x)^m \cdot (\sin x)^n$ 這兩類函數的積分。其中 $m \ge 0$ 與 $n \ge 0$ 都是「非負的整數」。我們主要的工具有：「分部積分法」、三角恆等式 $(\cos x)^2 + (\sin x)^2 = 1$ 與 $(\sec x)^2 = 1 + (\tan x)^2$、「半角公式」$(\cos x)^2 = \dfrac{1 + \cos(2x)}{2}$ 與 $(\sin x)^2 = \dfrac{1 - \cos(2x)}{2}$。

> **(A) 函數 $(\cos x)^m \cdot (\sin x)^n$ 的積分計算方法（其中 $m \ge 0$ 與 $n \ge 0$ 都是整數）。**

我們由 $(\cos x)^m$ 這類函數的積分開始討論。 如果 $m = 1$，則

$$\int_a^b (\cos x) \cdot dx = [(\sin x)]_a^b$$

如果 $m = 2$，則由「半角公式」$(\cos x)^2 = \dfrac{1 + \cos(2x)}{2}$ 可知

$$\int_a^b (\cos x)^2 \cdot dx = \int_a^b \left[\frac{1 + \cos(2x)}{2}\right] \cdot dx = \int_a^b \frac{1}{2} \cdot dx + \int_a^b \frac{\cos(2x)}{2} \cdot dx$$

$$= \left[\frac{x}{2}\right]_a^b + \left[\frac{\sin(2x)}{4}\right]_a^b = \left[\frac{x}{2} + \frac{\sin(2x)}{4}\right]_a^b$$

$$= \left[\frac{x}{2} + \frac{2 \cdot (\sin x) \cdot (\cos x)}{4}\right]_a^b$$

$$= \left[\frac{x}{2} + \frac{(\sin x) \cdot (\cos x)}{2} \right]_a^b$$

如果 $m \geq 3$，我們可以使用以下的「降階公式」來計算 $(\cos x)^m$ 的積分。

定理 6.3.1A　假設 m 是 正整數 而且 $m \geq 3$，則

$$\int_a^b (\cos x)^m \cdot dx = \left[\frac{(\cos x)^{m-1} \cdot (\sin x)}{m} \right]_a^b +$$
$$\frac{(m-1)}{m} \cdot \int_a^b (\cos x)^{m-2} \cdot dx$$

說明：選擇 $u(x) = (\cos x)^{m-1}$ 且 $v(x) = \sin x$，則 $v'(x) = \cos x$ 而且

$$\int_a^b (\cos x)^m \cdot dx = \int_a^b (\cos x)^{m-1} \cdot (\cos x) \cdot dx = \int_a^b u(x) \cdot v'(x) \cdot dx$$
$$= [u(x) \cdot v(x)]_a^b - \int_a^b u'(x) \cdot v(x) \cdot dx$$
$$= [(\cos x)^{m-1} \cdot (\sin x)]_a^b -$$
$$\int_a^b (m-1) \cdot (\cos x)^{m-2} \cdot (-\sin x) \cdot (\sin x) \cdot dx$$
$$= [(\cos x)^{m-1} \cdot (\sin x)]_a^b +$$
$$\int_a^b (m-1) \cdot (\cos x)^{m-2} \cdot (\sin x)^2 \cdot dx$$

其中 $u'(x) = (m-1) \cdot (\cos x)^{m-2} \cdot (-\sin x)$。

由於 $(\sin x)^2 = 1 - (\cos x)^2$，我們得知

$$\int_a^b (\cos x)^m \cdot dx = [(\cos x)^{m-1} \cdot (\sin x)]_a^b +$$
$$\int_a^b (m-1) \cdot (\cos x)^{m-2} \cdot (\sin x)^2 \cdot dx$$
$$= [(\cos x)^{m-1} \cdot (\sin x)]_a^b +$$
$$\int_a^b (m-1) \cdot (\cos x)^{m-2} \cdot [1 - (\cos x)^2] \cdot dx$$
$$= [(\cos x)^{m-1} \cdot (\sin x)]_a^b + (m-1) \cdot$$
$$\int_a^b (\cos x)^{m-2} \cdot dx - (m-1) \cdot \int_a^b (\cos x)^m \cdot dx$$

將以上這個等式的兩側分別加上 $(m-1) \cdot \int_a^b (\cos x)^m \cdot dx$ 即可得到

$$m \cdot \int_a^b (\cos x)^m \cdot dx = [(\cos x)^{m-1} \cdot (\sin x)]_a^b +$$
$$(m-1) \cdot \int_a^b (\cos x)^{m-2} \cdot dx$$

這個結果。由此即可導出所求的降階公式。∎

推論 6.3.1B　使用定理 6.3.1A 與以下的積分公式

$$\int_a^b (\cos x) \cdot dx = [(\sin x)]_a^b \quad 與 \quad \int_a^b (\cos x)^2 \cdot dx$$
$$= \left[\frac{x}{2} + \frac{\sin(2x)}{4} \right]_a^b = \left[\frac{x + (\sin x) \cdot (\cos x)}{2} \right]_a^b$$

就可以求出「所有 $(\cos x)^m$ 的積分」，其中 m 是正整數。

範例 1 試應用「分部積分法」計算 $\int_a^b (\cos x)^3 \cdot dx$。

說明：選擇 $u(x) = (\cos x)^2$ 且 $v(x) = \sin x$，則 $v'(x) = \cos x$ 而且

$$\int_a^b (\cos x)^3 \cdot dx = \int_a^b (\cos x)^2 \cdot (\cos x) \cdot dx = \int_a^b u(x) \cdot v'(x) \cdot dx$$
$$= [u(x) \cdot v(x)]_a^b - \int_a^b u'(x) \cdot v(x) \cdot dx$$
$$= [(\cos x)^2 \cdot (\sin x)]_a^b - \int_a^b 2 \cdot (\cos x) \cdot (-\sin x) \cdot (\sin x) \cdot dx$$
$$= [(\cos x)^2 \cdot (\sin x)]_a^b + \int_a^b 2 \cdot (\cos x) \cdot (\sin x)^2 \cdot dx$$
$$= [(\cos x)^2 \cdot (\sin x)]_a^b + \int_a^b 2 \cdot (\cos x) \cdot [1 - (\cos x)^2] \cdot dx$$
$$= [(\cos x)^2 \cdot (\sin x)]_a^b + 2 \cdot \int_a^b (\cos x) \cdot dx - 2 \cdot \int_a^b (\cos x)^3 \cdot dx$$

將以上這個等式的兩側分別加上 $2 \cdot \int_a^b (\cos x)^3 \cdot dx$ 即可得到

$$3 \cdot \int_a^b (\cos x)^3 \cdot dx = [(\cos x)^2 \cdot (\sin x)]_a^b + 2 \cdot \int_a^b (\cos x) \cdot dx$$
$$= [(\cos x)^2 \cdot (\sin x)]_a^b + [2 \cdot (\sin x)]_a^b$$

所以 $\int_a^b (\cos x)^3 \cdot dx = \left[\dfrac{(\cos x)^2 \cdot (\sin x) + 2 \cdot (\sin x)}{3} \right]_a^b$。

範例 2 試應用定理 6.3.1A 計算 $\int_a^b (\cos x)^4 \cdot dx$。

說明：由定理 6.3.1A 可知

$$\int_a^b (\cos x)^4 \cdot dx = \left[\frac{(\cos x)^3 \cdot (\sin x)}{4} \right]_a^b + \frac{3}{4} \cdot \int_a^b (\cos x)^2 \cdot dx$$

由半角公式 $(\cos x)^2 = \dfrac{1 + \cos(2x)}{2}$ 可知

$$\int_a^b (\cos x)^2 \cdot dx = \int_a^b \left[\frac{1 + \cos(2x)}{2} \right] \cdot dx = \left[\frac{x}{2} + \frac{\sin(2x)}{4} \right]_a^b$$

所以

$$\int_a^b (\cos x)^4 \cdot dx = \left[\frac{(\cos x)^3 \cdot (\sin x)}{4} \right]_a^b + \frac{3}{4} \cdot \int_a^b (\cos x)^2 \cdot dx$$
$$= \left[\frac{(\cos x)^3 \cdot (\sin x)}{4} \right]_a^b + \frac{3}{4} \cdot \left[\frac{x}{2} + \frac{\sin(2x)}{4} \right]_a^b$$
$$= \left[\frac{(\cos x)^3 \cdot (\sin x)}{4} + \frac{3x}{8} + \frac{3 \cdot \sin(2x)}{16} \right]_a^b$$

「降階公式」定理 6.3.1A 並不是求出「$(\cos x)^m$ 的積分」的唯一方法。使用

$$(\cos x)^2 + (\sin x)^2 = 1 \text{ 或 } (\cos x)^2 = \frac{1 + \cos(2x)}{2}$$

$$\text{或 } (\sin x)^2 = \frac{1 - \cos(2x)}{2}$$

來計算 $(\cos x)^m$ 的積分是很常見的方法之一。

範例 3 試應用 $(\cos x)^2 + (\sin x)^2 = 1$ 計算 $\int_a^b (\cos x)^3 \cdot dx$。

說明： $(\cos x)^3 = (\cos x)^2 \cdot (\cos x) = [1 - (\sin x)^2] \cdot (\cos x) = (\cos x) - (\sin x)^2 \cdot (\cos x)$，因此

$$\int_a^b (\cos x)^3 \cdot dx = \int_a^b (\cos x) \cdot dx - \int_a^b (\sin x)^2 \cdot (\cos x) \cdot dx$$

$$= [(\sin x)]_a^b - \int_a^b (\sin x)^2 \cdot \frac{d(\sin x)}{dx} \cdot dx$$

$$= [(\sin x)]_a^b - \left[\frac{(\sin x)^3}{3}\right]_a^b$$

註：$(\sin x) - \dfrac{(\sin x)^3}{3} = \dfrac{2 \cdot (\sin x) + (\sin x) - (\sin x)^3}{3}$

$$= \frac{2 \cdot (\sin x) + (\cos x)^2 \cdot (\sin x)}{3}$$

所以「範例 3」的答案與「範例 1」的結果一致。

範例 4 試應用「半角公式」計算 $\int_a^b (\cos x)^4 \cdot dx$。

說明： 使用半角公式 $(\cos x)^2 = \dfrac{1 + \cos(2x)}{2}$ 與 $[\cos(2x)]^2 = \dfrac{1 + \cos(4x)}{2}$

可以得知

$$(\cos x)^4 = [(\cos x)^2]^2 = \left[\frac{1 + \cos(2x)}{2}\right]^2 = \frac{1 + 2 \cdot \cos(2x) + [\cos(2x)]^2}{4}$$

$$= \frac{1}{4} + \frac{\cos(2x)}{2} + \frac{[\cos(2x)]^2}{4} = \frac{1}{4} + \frac{\cos(2x)}{2} + \frac{1 + \cos(4x)}{8}$$

因此

$$\int_a^b (\cos x)^4 \cdot dx = \int_a^b \left[\frac{1}{4} + \frac{\cos(2x)}{2} + \frac{1 + \cos(4x)}{8}\right] \cdot dx$$

$$= \left[\frac{x}{4} + \frac{\sin(2x)}{4} + \frac{x}{8} + \frac{\sin(4x)}{32}\right]_a^b$$

註：由「和角公式」 $\sin(4x) = 2 \cdot [\cos(2x)] \cdot [\sin(2x)]$ 可知

$$\frac{\sin(2x)}{4} + \frac{\sin(4x)}{32} = \frac{\sin(2x)}{4} + \frac{2 \cdot [\cos(2x)] \cdot [\sin(2x)]}{32}$$

$$= \frac{\sin(2x)}{4} + \frac{[\cos(2x)] \cdot [\sin(2x)]}{16}$$

由「和角公式」$\cos(2x) = (\cos x)^2 - (\sin x)^2 = 2 \cdot (\cos x)^2 - 1$ 可知

$$\frac{[\cos(2x)] \cdot [\sin(2x)]}{16} = \frac{[2 \cdot (\cos x)^2 - 1] \cdot [\sin(2x)]}{16}$$

$$= \frac{-\sin(2x)}{16} + \frac{(\cos x)^2 \cdot [\sin(2x)]}{8}$$

因此

$$\frac{\sin(2x)}{4} + \frac{\sin(4x)}{32} = \frac{\sin(2x)}{4} + \frac{[\cos(2x)] \cdot [\sin(2x)]}{16}$$

$$= \frac{3 \cdot \sin(2x)}{16} + \frac{(\cos x)^2 \cdot [\sin(2x)]}{8}$$

其中

$$\frac{(\cos x)^2 \cdot [\sin(2x)]}{8} = \frac{(\cos x)^2 \cdot [2 \cdot (\sin x) \cdot (\cos x)]}{8}$$

$$= \frac{(\cos x)^3 \cdot (\sin x)}{4}$$

所以「範例 4」的答案與「範例 2」的結果一致。

現在我們討論「$(\cos x)^m \cdot (\sin x)^n$ 的積分計算方法」。其中「n 是正整數」，而且「m 是非負的整數」。將 n 除以 2 可以得到

$$n = 2 \cdot q + r \text{ 其中 餘數 } r \text{ 可能是「0 或 1」}$$

以下我們分別討論這兩種情況。

二項式定理

$(1 + x)^n = \sum\limits_{k=0}^{n} \binom{n}{k} x^k$

其中 $\binom{n}{k} = \dfrac{n!}{k!(n-k)!}$

(A) $r = 1$ 的情況：

由 $(\sin x)^n = [(\sin x)^2]^q \cdot (\sin x) = [1 - (\cos x)^2]^q \cdot (\sin x)$ 可知

$$\int_a^b (\cos x)^m \cdot (\sin x)^n \cdot dx = \int_a^b (\cos x)^m \cdot [1 - (\cos x)^2]^q \cdot (\sin x) \cdot dx$$

$$= \int_a^b (\cos x)^m \cdot (\sin x) \cdot dx +$$

$$\sum_{0 < k \le q} \binom{q}{k} \cdot (-1)^k \cdot \int_a^b (\cos x)^{m + 2k} \cdot (\sin x) \cdot dx$$

注意：如果「w 是非負的整數」，則由微積分基本定理可知

$$\int_a^b (\cos x)^w \cdot (\sin x) \cdot dx = \left[\frac{-(\cos x)^{w + 1}}{w + 1} \right]_a^b$$

因此

$$\int_a^b (\cos x)^m \cdot (\sin x)^n \cdot dx = \int_a^b (\cos x)^m \cdot [1 - (\cos x)^2]^q \cdot (\sin x) \cdot dx$$

$$= \int_a^b (\cos x)^m \cdot (\sin x) \cdot dx +$$

$$\sum_{0 < k \le q} \binom{q}{k} \cdot (-1)^k \cdot \int_a^b (\cos x)^{m + 2k} \cdot (\sin x) \cdot dx$$

$$= \left[-\frac{(\cos x)^{m + 1}}{m + 1} \right]_a^b +$$

$$\sum_{0 < k \le q} \binom{q}{k} \cdot (-1)^k \cdot \left[-\frac{(\cos x)^{m + 2k + 1}}{m + 2k + 1} \right]_a^b$$

(B) $r = 0$ 的情況：

則
$$(\cos x)^m \cdot (\sin x)^n = (\cos x)^m \cdot [(\sin x)^2]^q = (\cos x)^m \cdot [1 - (\cos x)^2]^q$$
因此
$$\int_a^b (\cos x)^m \cdot (\sin x)^n \cdot dx = \int_a^b (\cos x)^m \cdot [1 - (\cos x)^2]^q \cdot dx$$
的積分計算可以應用「推論 6.3.1B」的方法來得到。

範例 5 試應用 $(\cos x)^2 + (\sin x)^2 = 1$ 計算
$\int_a^b (\cos x)^4 \cdot (\sin x)^3 \cdot dx$。

說明：注意

$$
\begin{aligned}
(\cos x)^4 \cdot (\sin x)^3 &= (\cos x)^4 \cdot (\sin x)^2 \cdot (\sin x) \\
&= (\cos x)^4 \cdot [1 - (\cos x)^2] \cdot (\sin x) \\
&= (\cos x)^4 \cdot (\sin x) - (\cos x)^6 \cdot (\sin x)
\end{aligned}
$$

因此

$$
\begin{aligned}
\int_a^b (\cos x)^4 \cdot (\sin x)^3 \cdot dx &= \int_a^b (\cos x)^4 \cdot (\sin x) \cdot dx - \\
&\quad \int_a^b (\cos x)^6 \cdot (\sin x) \cdot dx \\
&= \left[-\frac{(\cos x)^5}{5} \right]_a^b + \left[\frac{(\cos x)^7}{7} \right]_a^b \\
&= \left[\frac{-(\cos x)^5}{5} + \frac{(\cos x)^7}{7} \right]_a^b
\end{aligned}
$$

(B) 函數 $(\sec x)^m \cdot (\tan x)^n$ 的積分計算方法（其中 $m \geq 0$ 與 $n \geq 0$ 都是整數）。

我們由 $(\sec x)^m$ 這類函數的積分開始討論。如果 $m = 1$，則
$$\int_a^b (\sec x) \cdot dx = [\ln|(\sec x) + (\tan x)|]_a^b$$
如果 $m = 2$，則
$$\int_a^b (\sec x)^2 \cdot dx = [(\tan x)]_a^b$$
如果 $m \geq 3$，我們可以使用以下的「降階公式」來計算 $(\sec x)^m$ 的積分。

定理 6.3.2A 假設 $-\dfrac{\pi}{2} < a < b < \dfrac{\pi}{2}$，如果 m 是正整數而且 $m \geq 3$，則

$$
\int_a^b (\sec x)^m \cdot dx = \left[\frac{(\sec x)^{m-2} \cdot (\tan x)}{m-1} \right]_a^b +
$$
$$
\frac{(m-2)}{(m-1)} \cdot \int_a^b (\sec x)^{m-2} \cdot dx
$$

說明：選擇 $u(x) = (\sec x)^{m-2}$ 且 $v(x) = \tan x$，則 $v'(x) = (\sec x)^2$ 而且

$$u(x) \cdot v'(x) = (\sec x)^{m-2} \cdot (\sec x)^2 = (\sec x)^m$$

注意 $u'(x) = (m-2) \cdot (\sec x)^{m-3} \cdot [(\sec x) \cdot (\tan x)]$，因此

$$\int_a^b (\sec x)^m \cdot dx = \int_a^b u(x) \cdot v'(x) \cdot dx$$
$$= [u(x) \cdot v(x)]_a^b - \int_a^b u'(x) \cdot v(x) \cdot dx$$
$$= [(\sec x)^{m-2} \cdot (\tan x)]_a^b -$$
$$\int_a^b (m-2) \cdot (\sec x)^{m-3} \cdot (\sec x) \cdot (\tan x) \cdot (\tan x) \cdot dx$$
$$= [(\sec x)^{m-2} \cdot (\tan x)]_a^b -$$
$$\int_a^b (m-2) \cdot (\sec x)^{m-2} \cdot (\tan x)^2 \cdot dx$$
$$= [(\sec x)^{m-2} \cdot (\tan x)]_a^b -$$
$$\int_a^b (m-2) \cdot (\sec x)^{m-2} \cdot [(\sec x)^2 - 1] \cdot dx$$

其中，我們使用「恆等式 $(\sec x)^2 = (\tan x)^2 + 1$ 來得到 $(\tan x)^2 = (\sec x)^2 - 1$」，因此

$$\int_a^b (\sec x)^m \cdot dx = [(\sec x)^{m-2} \cdot (\tan x)]_a^b -$$
$$\int_a^b (m-2) \cdot (\sec x)^{m-2} \cdot [(\sec x)^2 - 1] \cdot dx$$
$$= [(\sec x)^{m-2} \cdot (\tan x)]_a^b - (m-2) \cdot \int_a^b (\sec x)^m \cdot dx +$$
$$(m-2) \cdot \int_a^b (\sec x)^{m-2} \cdot dx$$

將這個等式的兩側分別加上 $(m-2) \cdot \int_a^b (\sec x)^m \cdot dx$ 即可得到

$$(m-1) \cdot \int_a^b (\sec x)^m \cdot dx = [(\sec x)^{m-2} \cdot (\tan x)]_a^b +$$
$$(m-2) \cdot \int_a^b (\sec x)^{m-2} \cdot dx$$

這個結果。由此即可導出所求的降階公式。　　　■

推論 6.3.2B　使用定理 6.3.2A 與以下的積分公式

$$\int_a^b (\sec x) \cdot dx = [\ln|(\sec x) + (\tan x)|]_a^b \text{ 與 } \int_a^b (\sec x)^2 \cdot dx$$
$$= [(\tan x)]_a^b$$

就可以求出「所有 $(\sec x)^m$ 的積分」，其中 m 是正整數。

範例 6　試應用「分部積分法」計算 $\int_a^b (\sec x)^3 \cdot dx$，其中 $-\dfrac{\pi}{2} < a < b < \dfrac{\pi}{2}$。

說明：選擇 $u(x) = (\sec x)$ 且 $v(x) = \tan x$，則 $v'(x) = (\sec x)^2$ 而且

$$\int_a^b (\sec x)^3 \cdot dx = \int_a^b (\sec x) \cdot (\sec x)^2 \cdot dx = \int_a^b u(x) \cdot v'(x) \cdot dx$$
$$= [u(x) \cdot v(x)]_a^b - \int_a^b u'(x) \cdot v(x) \cdot dx$$
$$= [(\sec x) \cdot (\tan x)]_a^b - \int_a^b [(\sec x) \cdot (\tan x)] \cdot (\tan x) \cdot dx$$
$$= [(\sec x) \cdot (\tan x)]_a^b - \int_a^b (\sec x) \cdot (\tan x)^2 \cdot dx$$

$$= [(\sec x) \cdot (\tan x)]_a^b - \int_a^b (\sec x) \cdot [(\sec x)^2 - 1] \cdot dx$$

$$= [(\sec x) \cdot (\tan x)]_a^b - \int_a^b (\sec x)^3 \cdot dx + \int_a^b (\sec x) \cdot dx$$

將以上這個等式的兩側分別加上 $\int_a^b (\sec x)^3 \cdot dx$ 即可得到

$$2 \cdot \int_a^b (\sec x)^3 \cdot dx = [(\sec x) \cdot (\tan x)]_a^b + \int_a^b (\sec x) \cdot dx$$

$$= [(\sec x) \cdot (\tan x)]_a^b + [\ln|(\sec x) + (\tan x)|]_a^b$$

所以 $\int_a^b (\sec x)^3 \cdot dx = \left[\dfrac{(\sec x) \cdot (\tan x) + \ln|(\sec x) + (\tan x)|}{2} \right]_a^b$。

範例 7 試應用定理 6.3.2A 計算 $\int_a^b (\sec x)^4 \cdot dx$，其中 $-\dfrac{\pi}{2} < a < b < \dfrac{\pi}{2}$。

說明：由定理 6.3.2A 可知

$$\int_a^b (\sec x)^4 \cdot dx = \left[\frac{(\sec x)^2 \cdot (\tan x)}{3} \right]_a^b + \frac{2}{3} \cdot \int_a^b (\sec x)^2 \cdot dx$$

$$= \left[\frac{(\sec x)^2 \cdot (\tan x)}{3} \right]_a^b + \left[\frac{2 \cdot (\tan x)}{3} \right]_a^b$$

現在我們討論「$(\sec x)^m \cdot (\tan x)^n$ 的積分計算方法」。其中「n 是正整數」，而且「m 是非負的整數」。將 n 除以 2 可以得到

$$n = 2 \cdot q + r \text{ 其中餘數 } r \text{ 可能是「0 或 1」}$$

以下我們分別討論這兩種情況。

(A) $r = 1$ 的情況：

由 $(\tan x)^n = [(\tan x)^2]^q \cdot (\tan x) = [(\sec x)^2 - 1]^q \cdot (\tan x)$ 可知

$$\int_a^b (\sec x)^m \cdot (\tan x)^n \cdot dx$$

$$= \int_a^b (\sec x)^m \cdot [(\sec x)^2 - 1]^q \cdot (\tan x) \cdot dx$$

由以上的等式可以看出

$$(\sec x)^m \cdot (\tan x)^n = (\sec x)^m \cdot [(\sec x)^2 - 1]^q \cdot (\tan x)$$

的積分可以表示為下列

$$\int_a^b (\sec x)^w \cdot (\tan x) \cdot dx \text{ 其中 } w \text{ 是「非負的整數」}$$

這種類型的積分的組合。

現在我們說明如何計算 $(\sec x)^w \cdot (\tan x)$ 這類函數的積分。

▼ 如果「$w = 0$」，則由微積分基本定理可知

$$\int_a^b (\tan x) \cdot dx = [-\ln|\cos x|]_a^b$$

▼ 如果「w 是正整數」，則由 $\dfrac{d(\sec x)}{dx} = (\sec x) \cdot (\tan x)$ 可知

$$(\sec x)^w \cdot (\tan x) = (\sec x)^{w-1} \cdot [(\sec x) \cdot (\tan x)]$$

$$= (\sec x)^{w-1} \cdot \frac{d(\sec x)}{dx} = \frac{d}{dx}\left[\frac{(\sec x)^w}{w} \right]$$

因此由微積分基本定理可知

$$\int_a^b (\sec x)^w \cdot (\tan x) \cdot dx = \int_a^b (\sec x)^{w-1} \cdot [(\sec x) \cdot (\tan x)] \cdot dx$$

$$= \left[\frac{(\sec x)^w}{w} \right]_a^b$$

(B) $r = 0$ 的情況：

則

$$(\sec x)^m \cdot (\tan x)^n = (\sec x)^m \cdot [(\tan x)^2]^q$$

$$= (\sec x)^m \cdot [(\sec x)^2 - 1]^q$$

而且

$$\int_a^b (\sec x)^m \cdot (\tan x)^n \cdot dx = \int_a^b (\sec x)^m \cdot [(\sec x)^2 - 1]^q \cdot dx$$

的積分計算可以應用「推論 6.3.2B」的方法來得到。

範例 8 試計算 $\int_a^b (\tan x)^5 \cdot dx$，其中 $-\dfrac{\pi}{2} < a < b < \dfrac{\pi}{2}$。

說明： $(\tan x)^5 = [(\tan x)^2]^2 \cdot (\tan x) = [(\sec x)^2 - 1]^2 \cdot (\tan x)$，因此

$$(\tan x)^5 = (\sec x)^4 \cdot (\tan x) - 2 \cdot (\sec x)^2 \cdot (\tan x) + (\tan x)$$

$$= (\sec x)^3 \cdot [(\sec x) \cdot (\tan x)] - 2 \cdot (\sec x) \cdot [(\sec x) \cdot$$

$$(\tan x)] + (\tan x)$$

$$= (\sec x)^3 \cdot \frac{d(\sec x)}{dx} - 2 \cdot (\sec x) \cdot \frac{d(\sec x)}{dx} + (\tan x)$$

而且

$$\int_a^b (\tan x)^5 \cdot dx = \int_a^b (\sec x)^3 \cdot \frac{d(\sec x)}{dx} \cdot dx - 2 \cdot \int_a^b (\sec x) \cdot$$

$$\frac{d(\sec x)}{dx} \cdot dx + \int_a^b (\tan x) \cdot dx$$

$$= \left[\frac{(\sec x)^4}{4} \right]_a^b - 2 \cdot \left[\frac{(\sec x)^2}{2} \right]_a^b - [\ln|(\cos x)|]_a^b$$

範例 9 A 試求 $\int_a^b (\tan x)^4 \cdot dx$，其中 $-\dfrac{\pi}{2} < a < b < \dfrac{\pi}{2}$。

說明： 注意

$$(\tan x)^4 = [(\sec x)^2 - 1] \cdot (\tan x)^2$$

$$= (\sec x)^2 \cdot (\tan x)^2 - (\tan x)^2$$

$$= (\sec x)^2 \cdot (\tan x)^2 - [(\sec x)^2 - 1]$$

$$= (\sec x)^2 \cdot (\tan x)^2 - (\sec x)^2 + 1$$
$$= (\tan x)^2 \cdot (\sec x)^2 - (\sec x)^2 + 1$$
$$= (\tan x)^2 \cdot \frac{d(\tan x)}{dx} - \frac{d(\tan x)}{dx} + 1$$

因此

$$\int_a^b (\tan x)^4 \cdot dx = \int_a^b (\tan x)^2 \cdot \frac{d(\tan x)}{dx} \cdot dx - \int_a^b \frac{d(\tan x)}{dx} \cdot dx + \int_a^b 1 \cdot dx$$
$$= \left[\frac{(\tan x)^3}{3} \right]_a^b - \left[(\tan x) \right]_a^b + \left[x \right]_a^b$$

範例 9 B 試求 $\int_a^b (\sec x)^4 \cdot (\tan x)^2 \cdot dx$，其中 $-\frac{\pi}{2} < a < b < \frac{\pi}{2}$。

說明：注意

$$(\sec x)^4 \cdot (\tan x)^2 = (\sec x)^2 \cdot [(\tan x)^2 + 1] \cdot (\tan x)^2$$
$$= (\sec x)^2 \cdot (\tan x)^4 + (\sec x)^2 \cdot (\tan x)^2$$
$$= (\tan x)^4 \cdot (\sec x)^2 + (\tan x)^2 \cdot (\sec x)^2$$
$$= (\tan x)^4 \cdot \frac{d(\tan x)}{dx} + (\tan x)^2 \cdot \frac{d(\tan x)}{dx}$$

因此

$$\int_a^b (\sec x)^4 \cdot (\tan x)^2 \cdot dx = \int_a^b (\tan x)^4 \cdot \frac{d(\tan x)}{dx} \cdot dx +$$
$$\int_a^b (\tan x)^2 \cdot \frac{d(\tan x)}{dx} \cdot dx$$
$$= \left[\frac{(\tan x)^5}{5} \right]_a^b + \left[\frac{(\tan x)^3}{3} \right]_a^b$$

*補充：一些相關的三角函數積分

　　計算傅立葉級數的時候，經常會見到 $[\cos(mx)] \cdot [\cos(nx)]$、$[\sin(mx)] \cdot [\cos(nx)]$、$[\sin(mx)] \cdot [\sin(nx)]$ 這類函數的積分，其中 m 與 n 都是整數。我們簡單討論這些函數的積分計算方法如下。

● 如果 $m = n$，我們可以使用「半角公式」來計算這些函數的積分。

※ $\int_a^b [\cos(mx)] \cdot [\cos(mx)] \cdot dx = \int_a^b [\cos(mx)]^2 \cdot dx = \int_a^b \frac{1 + \cos(2mx)}{2} \cdot dx$
$$= \left[\frac{x}{2} + \frac{\sin(2mx)}{4m} \right]_a^b$$

※ $\int_a^b [\sin(mx)] \cdot [\sin(mx)] \cdot dx = \int_a^b [\sin(mx)]^2 \cdot dx = \int_a^b \frac{1 - \cos(2mx)}{2} \cdot dx$
$$= \left[\frac{x}{2} - \frac{\sin(2mx)}{4m} \right]_a^b$$

※ $\int_a^b [\sin(mx)] \cdot [\cos(mx)] \cdot dx = \int_a^b \frac{\sin(2mx)}{2} \cdot dx = \left[-\frac{\cos(2mx)}{4m} \right]_a^b$

● 如果 $m \neq n$，我們可以使用「和角公式」來計算這些函數的積分。

$$※ \int_a^b [\cos(mx)] \cdot [\cos(nx)] \cdot dx = \int_a^b \frac{\cos(mx-nx) + \cos(mx+nx)}{2} \cdot dx$$

$$= \frac{1}{2} \cdot \left[\frac{\sin(mx-nx)}{m-n} + \frac{\sin(mx+nx)}{m+n} \right]_a^b$$

$$※ \int_a^b [\sin(mx)] \cdot [\sin(nx)] \cdot dx = \int_a^b \frac{\cos(mx-nx) + \cos(mx+nx)}{2} \cdot dx$$

$$= \frac{1}{2} \cdot \left[\frac{\sin(mx-nx)}{m-n} - \frac{\sin(mx+nx)}{m+n} \right]_a^b$$

$$※ \int_a^b [\sin(mx)] \cdot [\cos(nx)] \cdot dx = \int_a^b \frac{\sin(mx-nx) + \sin(mx+nx)}{2} \cdot dx$$

$$= \frac{1}{2} \cdot \left[\frac{-\cos(mx-nx)}{m-n} + \frac{-\cos(mx+nx)}{m+n} \right]_a^b$$

範例 10 試求 $\int_a^b [\cos(3x)] \cdot [\cos(4x)] \cdot dx$。

說明： $\int_a^b [\cos(3x)] \cdot [\cos(4x)] \cdot dx = \int_a^b \dfrac{\cos(3x-4x) + \cos(3x+4x)}{2} \cdot dx$

$$= \int_a^b \frac{\cos(-x) + \cos(7x)}{2} \cdot dx$$

$$= \int_a^b \frac{\cos(x) + \cos(7x)}{2} \cdot dx$$

$$= \frac{1}{2} \cdot \left[(\sin x) + \frac{\sin(7x)}{7} \right]_a^b$$

範例 11 試求 $\int_a^b [\sin(4x)] \cdot [\cos(3x)] \cdot dx$。

說明： $\int_a^b [\sin(4x)] \cdot [\cos(3x)] \cdot dx = \int_a^b \dfrac{\sin(4x-3x) + \sin(4x+3x)}{2} \cdot dx$

$$= \int_a^b \frac{\sin(x) + \sin(7x)}{2} \cdot dx$$

$$= \frac{1}{2} \cdot \left[(-\cos x) - \frac{\cos(7x)}{7} \right]_a^b$$

習題 6.3

1. 試求 $\int_a^b (\cos x)^3 \cdot (\sin x) \cdot dx$。

2. 試求 $\int_a^b [\cos(2x)]^3 \cdot [\sin(2x)]^2 \cdot dx$。

3. 試求 $\int_a^b [\sin(4x)]^2 \cdot dx$。

4. 試求 $\int_a^b [\sec(2x)] \cdot dx$，其中 $-\dfrac{\pi}{4} < a \le b < \dfrac{\pi}{4}$。

5. 試求 $\int_a^b [\sec(3x)]^3 \cdot dx$，其中 $-\dfrac{\pi}{6} < a \le b < \dfrac{\pi}{6}$。

6. 試求 $\int_a^b [\sec(2x)]^2 \cdot [\tan(2x)] \cdot dx$，其中 $-\dfrac{\pi}{4} < a \le b < \dfrac{\pi}{4}$。

7. 試求 $\int_0^{\frac{\pi}{9}} [\tan(3x)]^2 \cdot dx$。

8. 試求 $\int_0^{\frac{\pi}{6}} [\sec(2x)]^3 \cdot [\tan(2x)]^3 \cdot dx$。

第 4 節　三角函數代換法

假設「被積分函數」$f(x)$ 是某個特定函數 $w(x)$ 的代數組合：

$$f(x) = Q(w(x))$$

其中 $Q(w)$ 是 w 的「多項式函數」或「有理式函數」。假設 $k > 0$ 是實數常數。本節將討論下列情況

$$w(x) = \sqrt{k^2 - x^2}、w(x) = \sqrt{x^2 + k^2}、w(x) = \sqrt{x^2 - k^2}$$

中常用的「變數變換（變數代換）」積分技巧。在這些情況，我們常分別使用特定的「變數變換（變數代換）」

$$x = k \cdot (\sin \theta)、x = k \cdot (\tan \theta)、x = k \cdot (\sec \theta) \text{ 或 } x = -k \cdot (\sec \theta)$$

來「解開平方根」。

● (A) $f(x) = Q\left(\sqrt{k^2 - x^2}\right)$ 其中 $k > 0$ 為常數。

考慮變數變換（變數代換）$x = u(\theta) = k \cdot (\sin \theta)$：

$$x = k \cdot (\sin \theta) \Leftrightarrow \frac{x}{k} = \sin \theta \Leftrightarrow \arcsin\left(\frac{x}{k}\right) = \theta \text{ 其中 } -\frac{\pi}{2} \leq \theta \leq \frac{\pi}{2}$$

則 $\dfrac{dx}{d\theta} = u'(\theta) = k \cdot (\cos \theta)$，而且由 $(\cos \theta)^2 + (\sin \theta)^2 = 1$ 可知

$$\sqrt{k^2 - x^2} = \sqrt{k^2 - k^2 \cdot (\sin \theta)^2} = \sqrt{k^2 \cdot [1 - (\sin\theta)^2]}$$
$$= k \cdot \sqrt{1 - (\sin \theta)^2} = k \cdot \sqrt{(\cos \theta)^2} = k \cdot |(\cos \theta)|$$
$$= k \cdot (\cos \theta) \geq 0 \text{ 因為 } -\frac{\pi}{2} \leq \theta \leq \frac{\pi}{2}$$

假設 $a = u(\alpha)$ 且 $b = u(\beta)$，由「積分運算的變數變換公式（定理 5.3.2）」可知

$$\int_a^b Q\left(\sqrt{k^2 - x^2}\right) \cdot dx = \int_a^b f(x) \cdot dx = \int_{u(\alpha)}^{u(\beta)} f(x) \cdot dx$$
$$= \int_\alpha^\beta f(u(\theta)) \cdot \frac{dx}{d\theta} \cdot d\theta$$
$$= \int_\alpha^\beta Q(k \cdot (\cos \theta)) \cdot \frac{dx}{d\theta} \cdot d\theta$$
$$= \int_\alpha^\beta Q(k \cdot (\cos \theta)) \cdot [k \cdot (\cos \theta)] \cdot d\theta$$

範例 1　試求 $\int_a^b \sqrt{4 - x^2} \cdot dx$，其中 $-2 \leq a < b \leq 2$。

說明：考慮變數變換（變數代換）

$$x = 2 \cdot (\sin \theta) \Leftrightarrow \frac{x}{2} = \sin \theta \Leftrightarrow \arcsin\left(\frac{x}{2}\right) = \theta \text{ 其中 } -\frac{\pi}{2} \leq \theta \leq \frac{\pi}{2}$$

則 $\dfrac{dx}{d\theta} = 2 \cdot (\cos\theta)$ 而且

$$\sqrt{4-x^2} = \sqrt{2^2 - 2^2 \cdot (\sin\theta)^2} = \sqrt{2^2 \cdot [1 - (\sin\theta)^2]}$$
$$= 2 \cdot \sqrt{1 - (\sin\theta)^2} = 2 \cdot \sqrt{(\cos\theta)^2} = 2 \cdot |(\cos\theta)|$$
$$= 2 \cdot (\cos\theta) \geq 0 \ \text{因為} -\frac{\pi}{2} \leq \theta \leq \frac{\pi}{2}$$

由「積分運算的變數變換公式（定理 5.3.2）」可知

$$\int_a^b \sqrt{4-x^2} \cdot dx = \int_{\arcsin(\frac{a}{2})}^{\arcsin(\frac{b}{2})} \sqrt{2^2 - 2^2 \cdot (\sin\theta)^2} \cdot [2 \cdot (\cos\theta)] \cdot d\theta$$
$$= \int_{\arcsin(\frac{a}{2})}^{\arcsin(\frac{b}{2})} 2 \cdot (\cos\theta) \cdot [2 \cdot (\cos\theta)] \cdot d\theta$$
$$= 4 \cdot \int_{\arcsin(\frac{a}{2})}^{\arcsin(\frac{b}{2})} (\cos\theta)^2 \cdot d\theta$$
$$= 4 \cdot \int_{\arcsin(\frac{a}{2})}^{\arcsin(\frac{b}{2})} \frac{1 + \cos(2\theta)}{2} \cdot d\theta \qquad \text{（半角公式）}$$
$$= 4 \cdot \left[\frac{\theta}{2} + \frac{\sin(2\theta)}{4} \right]_{\arcsin(\frac{a}{2})}^{\arcsin(\frac{b}{2})}$$
$$= [2\theta + \sin(2\theta)]_{\arcsin(\frac{a}{2})}^{\arcsin(\frac{b}{2})}$$

我們可以進一步化簡答案如下：由「倍角公式」可知

$$\sin(2\theta) = 2 \cdot (\sin\theta) \cdot (\cos\theta) = 2 \cdot (\sin\theta) \cdot \sqrt{1 - (\sin\theta)^2}$$

由 $\theta = \arcsin\left(\dfrac{x}{2}\right)$ 可知 $\sin\theta = \sin\left(\arcsin\left(\dfrac{x}{2}\right)\right) = \dfrac{x}{2}$ 而且

$$\sin(2\theta) = 2 \cdot (\sin\theta) \cdot \sqrt{1 - (\sin\theta)^2}$$
$$= 2 \cdot \frac{x}{2} \cdot \sqrt{1 - \left(\frac{x}{2}\right)^2} = \frac{x \cdot \sqrt{4 - x^2}}{2}$$

因此

$$\int_a^b \sqrt{4-x^2} \cdot dx = [2\theta + \sin(2\theta)]_{\arcsin(\frac{a}{2})}^{\arcsin(\frac{b}{2})}$$
$$= \left[2 \cdot \arcsin\left(\frac{x}{2}\right) + \frac{x \cdot \sqrt{4-x^2}}{2} \right]_a^b$$

*範例 2 試求 $\displaystyle\int_a^b \dfrac{x}{\sqrt{-x^2 - 2x + 3}} \cdot dx$，其中 $-3 < a < b < 1$。

說明：$-x^2 - 2x + 3 = -(x^2 + 2x + 1) + 4 = -(x+1)^2 + 2^2$，因此

$$\frac{x}{\sqrt{-x^2 - 2x + 3}} = \frac{(x+1) - 1}{\sqrt{-(x+1)^2 + 2^2}} = \frac{(x+1)}{\sqrt{-(x+1)^2 + 2^2}} + \frac{-1}{\sqrt{-(x+1)^2 + 2^2}}$$

所以

$$\int_a^b \frac{x}{\sqrt{-x^2 - 2x + 3}} \cdot dx = \int_a^b \frac{x+1}{\sqrt{-(x+1)^2 + 2^2}} \cdot dx + \int_a^b \frac{-1}{\sqrt{-(x+1)^2 + 2^2}} \cdot dx$$
$$= \left[-\left(-(x+1)^2 + 2^2\right)^{\frac{1}{2}} \right]_a^b + \int_a^b \frac{-1}{\sqrt{-(x+1)^2 + 2^2}} \cdot dx$$

現在考慮變數變換（變數代換）$x = 2 \cdot (\sin \theta) - 1$：

$$x + 1 = 2 \cdot (\sin \theta) \Leftrightarrow \frac{x + 1}{2} = \sin \theta \Leftrightarrow \arcsin\left(\frac{x + 1}{2}\right) = \theta$$

其中 $-\frac{\pi}{2} \leq \theta \leq \frac{\pi}{2}$，則 $\frac{dx}{d\theta} = 2 \cdot (\cos \theta)$ 而且

$$\frac{-1}{\sqrt{-(x + 1)^2 + 2^2}} = \frac{-1}{\sqrt{-[2 \cdot (\sin \theta)]^2 + 2^2}} = \frac{-1}{\sqrt{2^2 \cdot [-(\sin \theta)^2 + 1]}}$$

$$= \frac{-1}{2 \cdot \sqrt{-(\sin \theta)^2 + 1}} = \frac{-1}{2 \cdot \sqrt{(\cos \theta)^2}} = \frac{-1}{2 \cdot (\cos \theta)}$$

因此由「積分運算的變數變換公式（定理 5.3.2）」可知

$$\int_a^b \frac{-1}{\sqrt{-(x + 1)^2 + 2^2}} \cdot dx = \int_{\arcsin \frac{a+1}{2}}^{\arcsin \frac{b+1}{2}} \frac{-1}{\sqrt{-[2 \cdot (\sin \theta)]^2 + 2^2}} \cdot \frac{dx}{d\theta} \cdot d\theta$$

$$= \int_{\arcsin \frac{a+1}{2}}^{\arcsin \frac{b+1}{2}} \frac{-1}{2 \cdot (\cos \theta)} \cdot [2 \cdot (\cos \theta)] \cdot d\theta$$

$$= \int_{\arcsin \frac{a+1}{2}}^{\arcsin \frac{b+1}{2}} (-1) \cdot d\theta = [-\theta]_{\arcsin \frac{a+1}{2}}^{\arcsin \frac{b+1}{2}}$$

$$= \left[-\arcsin\left(\frac{x + 1}{2}\right)\right]_a^b$$

結論：

$$\int_a^b \frac{x}{\sqrt{-x^2 - 2x + 3}} \cdot dx = \int_a^b \frac{x + 1}{\sqrt{-(x + 1)^2 + 2^2}} \cdot dx + \int_a^b \frac{-1}{\sqrt{-(x + 1)^2 + 2^2}} \cdot dx$$

$$= \left[-\sqrt{-(x + 1)^2 + 2^2}\right]_a^b + \left[-\arcsin\left(\frac{x + 1}{2}\right)\right]_a^b$$

● (B) $f(x) = Q\left(\sqrt{x^2 + k^2}\right)$ 其中 $k > 0$ 為常數。

考慮變數變換（變數代換）

$$x = u(\theta) = k \cdot (\tan \theta) \Leftrightarrow \frac{x}{k} = \tan \theta \Leftrightarrow \arctan\left(\frac{x}{k}\right) = \theta$$

其中 $-\frac{\pi}{2} < \theta < \frac{\pi}{2}$，則 $\frac{dx}{d\theta} = u'(\theta) = k \cdot (\sec \theta)^2$，而且由 $(\sec \theta)^2 = (\tan \theta)^2 + 1$ 可知

$$\sqrt{x^2 + k^2} = \sqrt{k^2 \cdot (\tan \theta)^2 + k^2} = \sqrt{k^2 \cdot [(\tan \theta)^2 + 1]}$$

$$= k \cdot \sqrt{(\tan \theta)^2 + 1} = k \cdot \sqrt{(\sec \theta)^2} = k \cdot |(\sec \theta)|$$

$$= k \cdot (\sec \theta) \geq 1 \text{ 因為 } -\frac{\pi}{2} < \theta < \frac{\pi}{2}$$

假設 $a = u(\alpha)$ 且 $b = u(\beta)$，由「積分運算的變數變換公式（定理 5.3.2）」可知

$$\int_a^b Q\left(\sqrt{x^2 + k^2}\right) \cdot dx = \int_a^b f(x) \cdot dx = \int_{u(\alpha)}^{u(\beta)} f(x) \cdot dx = \int_\alpha^\beta f(u(\theta)) \cdot \frac{dx}{d\theta} \cdot d\theta$$

$$= \int_\alpha^\beta Q(k \cdot (\sec \theta)) \cdot \frac{dx}{d\theta} \cdot d\theta$$

$$= \int_\alpha^\beta Q(k \cdot (\sec \theta)) \cdot [k \cdot (\sec \theta)^2] \cdot d\theta$$

範例 3　試求 $\int_a^b \dfrac{1}{\sqrt{x^2 + 9}} \cdot dx$。

說明： 考慮變數變換（變數代換）

$$x = 3 \cdot (\tan \theta) \Leftrightarrow \frac{x}{3} = \tan \theta \Leftrightarrow \arctan\left(\frac{x}{3}\right) = \theta \quad 其中 -\frac{\pi}{2} < \theta < \frac{\pi}{2}$$

則 $\dfrac{dx}{d\theta} = 3 \cdot (\sec \theta)^2$，而且 $x^2 + 9 = (3 \cdot \tan\theta)^2 + 9 = 9 \cdot [(\tan \theta)^2 + 1]$

$= 9 \cdot (\sec \theta)^2$，所以

$$\frac{1}{\sqrt{x^2 + 9}} = \frac{1}{\sqrt{9 \cdot (\sec \theta)^2}} = \frac{1}{3 \cdot (\sec \theta)}$$

因此由「積分運算的變數變換公式（定理 5.3.2）」可知

$$\int_a^b \frac{1}{\sqrt{x^2 + 9}} \cdot dx = \int_{\arctan(\frac{a}{3})}^{\arctan(\frac{b}{3})} \frac{1}{\sqrt{(3 \cdot \tan \theta)^2 + 9}} \cdot \frac{dx}{d\theta} \cdot d\theta$$

$$= \int_{\arctan(\frac{a}{3})}^{\arctan(\frac{b}{3})} \frac{1}{3 \cdot (\sec \theta)} \cdot [3 \cdot (\sec \theta)^2] \cdot d\theta$$

$$= \int_{\arctan(\frac{a}{3})}^{\arctan(\frac{b}{3})} (\sec \theta) \cdot d\theta = [\ln|(\sec \theta) + (\tan \theta)|]_{\arctan(\frac{a}{3})}^{\arctan(\frac{b}{3})}$$

我們進一步化簡答案如下：注意 $(\sec \theta) = \sqrt{(\sec \theta)^2} = \sqrt{1 + (\tan \theta)^2}$，

由 $\theta = \arctan\left(\dfrac{x}{3}\right)$ 可知 $\tan \theta = \tan\left(\arctan\left(\dfrac{x}{3}\right)\right) = \dfrac{x}{3}$（因為 arctan 與

tan 互為彼此的反函數）。因此

$$[\ln|(\sec \theta) + (\tan \theta)|]_{\arctan(\frac{a}{3})}^{\arctan(\frac{b}{3})} = [\ln|\sqrt{1 + (\tan \theta)^2} + (\tan \theta)|]_{\arctan(\frac{a}{3})}^{\arctan(\frac{b}{3})}$$

$$= \left[\ln\left|\sqrt{1 + \left(\frac{x}{3}\right)^2} + \left(\frac{x}{3}\right)\right|\right]_a^b$$

$$= \left[\ln\left|\frac{\sqrt{9 + x^2} + x}{3}\right|\right]_a^b$$

結論：

$$\int_a^b \frac{1}{(x^2 + 9)^{\frac{1}{2}}} \cdot dx = [\ln|(\sec \theta) + (\tan \theta)|]_{\arctan(\frac{a}{3})}^{\arctan(\frac{b}{3})} = \left[\ln\left|\frac{\sqrt{9 + x^2} + x}{3}\right|\right]_a^b$$

範例 4　試求 $\int_a^b \dfrac{-9}{(x^2 + 9)^{\frac{3}{2}}} \cdot dx$。

說明： 考慮變數變換（變數代換）

$$x = 3 \cdot (\tan \theta) \Leftrightarrow \frac{x}{3} = \tan \theta \Leftrightarrow \arctan\left(\frac{x}{3}\right) = \theta \quad 其中 -\frac{\pi}{2} < \theta < \frac{\pi}{2}$$

則 $\dfrac{dx}{d\theta} = 3 \cdot (\sec \theta)^2$，而且 $x^2 + 9 = (3 \cdot \tan\theta)^2 + 9 = 9 \cdot [(\tan \theta)^2 + 1]$

$= 9 \cdot (\sec \theta)^2$，所以

$$\frac{-9}{(x^2 + 9)^{\frac{3}{2}}} = \frac{-9}{[9 \cdot (\sec \theta)^2]^{\frac{3}{2}}} = \frac{-1}{3 \cdot (\sec \theta)^3}$$

因此由「積分運算的變數變換公式（定理 5.3.2）」可知

$$\int_a^b \frac{-9}{(x^2 + 9)^{\frac{3}{2}}} \cdot dx = \int_{\arctan(\frac{a}{3})}^{\arctan(\frac{b}{3})} \frac{-9}{[(3 \cdot \tan \theta)^2 + 9]^{\frac{3}{2}}} \cdot \frac{dx}{d\theta} \cdot d\theta$$

$$= \int_{\arctan(\frac{a}{3})}^{\arctan(\frac{b}{3})} \frac{-1}{3 \cdot (\sec \theta)^3} \cdot [3 \cdot (\sec \theta)^2] \cdot d\theta$$

$$= \int_{\arctan(\frac{a}{3})}^{\arctan(\frac{b}{3})} \frac{-1}{(\sec \theta)} \cdot d\theta = \int_{\arctan(\frac{a}{3})}^{\arctan(\frac{b}{3})} (-\cos \theta) \cdot d\theta$$

$$= [(-\sin \theta)]_{\arctan(\frac{a}{3})}^{\arctan(\frac{b}{3})}$$

我們進一步化簡答案如下：注意

$$\sin \theta = \frac{\sin \theta}{\cos \theta} \cdot (\cos \theta) = (\tan \theta) \cdot \frac{1}{\sec \theta} = \frac{\tan \theta}{\sqrt{(\sec \theta)^2}} = \frac{\tan \theta}{\sqrt{1 + (\tan \theta)^2}}$$

由 $\theta = \arctan\left(\dfrac{x}{3}\right)$ 可知 $\tan \theta = \tan\left(\arctan\left(\dfrac{x}{3}\right)\right) = \dfrac{x}{3}$（因為 arctan 與 tan 互為彼此的反函數），因此

$$[(-\sin \theta)]_{\arctan(\frac{a}{3})}^{\arctan(\frac{b}{3})} = \left[\frac{-(\tan \theta)}{\sqrt{1 + (\tan \theta)^2}} \right]_{\arctan(\frac{a}{3})}^{\arctan(\frac{b}{3})}$$

$$= \left[\frac{-\left(\dfrac{x}{3}\right)}{\sqrt{1 + \left(\dfrac{x}{3}\right)^2}} \right]_a^b = \left[\frac{-x}{\sqrt{9 + x^2}} \right]_a^b$$

結論：$\displaystyle \int_a^b \frac{-9}{(x^2 + 9)^{\frac{3}{2}}} \cdot dx = [(-\sin \theta)]_{\arctan(\frac{a}{3})}^{\arctan(\frac{b}{3})} = \left[\frac{-x}{\sqrt{9 + x^2}} \right]_a^b$

- (CA) 假設 $k \leq a < b$（積分區間落在正實數區域）而且 $f(x) = Q\left(\sqrt{x^2 - k^2}\right)$，其中 $k > 0$ 為實數常數。

  考慮變數變換（變數代換）$x = u(\theta) = k \cdot (\sec \theta)$：

  $$x = k \cdot (\sec \theta) \Leftrightarrow \frac{x}{k} = \sec \theta \Leftrightarrow \operatorname{arcsec}\left(\frac{x}{k}\right) = \theta \text{ 其中 } 0 \leq \theta < \frac{\pi}{2}$$

則 $\dfrac{dx}{d\theta} = u'(\theta) = k \cdot (\sec \theta) \cdot (\tan \theta)$，而且由 $(\sec \theta)^2 = (\tan \theta)^2 + 1$ 可知

$$\sqrt{x^2 - k^2} = \sqrt{k^2 \cdot (\sec \theta)^2 - k^2} = \sqrt{k^2 \cdot [(\sec \theta)^2 - 1]}$$

$$= k \cdot \sqrt{(\sec \theta)^2 - 1} = k \cdot \sqrt{(\tan \theta)^2}$$

$$= k \cdot |(\tan \theta)| = k \cdot (\tan \theta) \geq 0 \text{ 因為 } 0 \leq \theta < \frac{\pi}{2}$$

假設 $k \le a = u(\alpha) < b = u(\beta)$，由「積分運算的變數變換公式（定理 5.3.2）」可知

$$\int_a^b Q\left(\sqrt{x^2 - k^2}\right) \cdot dx = \int_a^b f(x) \cdot dx = \int_{u(\alpha)}^{u(\beta)} f(x) \cdot dx$$

$$= \int_\alpha^\beta f(u(\theta)) \cdot \frac{dx}{d\theta} \cdot d\theta = \int_\alpha^\beta Q(k \cdot (\tan \theta)) \cdot \frac{dx}{d\theta} \cdot d\theta$$

$$= \int_\alpha^\beta Q(k \cdot (\tan \theta)) \cdot [k \cdot (\sec \theta) \cdot (\tan \theta)] \cdot d\theta$$

範例 5 試求 $\int_a^b \dfrac{1}{x^4 \cdot \sqrt{x^2 - 4}} \cdot dx$，其中 $2 < a < b$。

說明：注意積分區間 $[a, b]$ 落在正實數區域。考慮變數變換（變數代換）

$$x = 2 \cdot (\sec \theta) \Leftrightarrow \frac{x}{2} = \sec \theta \Leftrightarrow \operatorname{arcsec}\left(\frac{x}{2}\right) = \theta \quad \text{其中 } 0 \le \theta < \frac{\pi}{2}$$

則 $\dfrac{dx}{d\theta} = 2 \cdot (\sec \theta) \cdot (\tan \theta)$ 而且

$$x^2 - 4 = (2 \cdot \sec \theta)^2 - 4 = 4 \cdot [(\sec \theta)^2 - 1] = 2^2 \cdot (\tan \theta)^2$$

其中 $\tan \theta \ge 0$。因此由「積分運算的變數變換公式（定理 5.3.2）」可知

$$\int_a^b \frac{1}{x^4 \cdot \sqrt{x^2 - 4}} \cdot dx = \int_{\operatorname{arcsec}(\frac{a}{2})}^{\operatorname{arcsec}(\frac{b}{2})} \frac{1}{[2(\sec \theta)]^4 \cdot \sqrt{2^2 \cdot (\sec \theta)^2 - 4}} \cdot \frac{dx}{d\theta} \cdot d\theta$$

$$= \int_{\operatorname{arcsec}(\frac{a}{2})}^{\operatorname{arcsec}(\frac{b}{2})} \frac{1}{2^4 \cdot (\sec \theta)^3} \cdot d\theta = \int_{\operatorname{arcsec}(\frac{a}{2})}^{\operatorname{arcsec}(\frac{b}{2})} \frac{(\cos \theta)^3}{2^4} \cdot d\theta$$

$$= \int_{\operatorname{arcsec}(\frac{a}{2})}^{\operatorname{arcsec}(\frac{b}{2})} \frac{[1 - (\sin \theta)^2] \cdot (\cos \theta)}{2^4} \cdot d\theta$$

$$= \int_{\operatorname{arcsec}(\frac{a}{2})}^{\operatorname{arcsec}(\frac{b}{2})} \frac{(\cos \theta)}{2^4} \cdot d\theta -$$

$$\int_{\operatorname{arcsec}(\frac{a}{2})}^{\operatorname{arcsec}(\frac{b}{2})} \frac{(\sin \theta)^2 \cdot (\cos \theta)}{2^4} \cdot d\theta$$

$$= \left[\frac{(\sin \theta)}{2^4} \right]_{\operatorname{arcsec}(\frac{a}{2})}^{\operatorname{arcsec}(\frac{b}{2})} - \left[\frac{(\sin \theta)^3}{2^4 \cdot 3} \right]_{\operatorname{arcsec}(\frac{a}{2})}^{\operatorname{arcsec}(\frac{b}{2})}$$

$$= \left[\frac{(\sin \theta)}{2^4} - \frac{(\sin \theta)^3}{2^4 \cdot 3} \right]_{\operatorname{arcsec}(\frac{a}{2})}^{\operatorname{arcsec}(\frac{b}{2})}$$

我們可以進一步化簡答案如下：由 $0 \le \theta < \dfrac{\pi}{2}$ 可知

$$0 \le \sin \theta = \sqrt{1 - (\cos \theta)^2} = \frac{(\sec \theta) \cdot \sqrt{1 - (\cos \theta)^2}}{\sec \theta} = \frac{\sqrt{(\sec \theta)^2 - 1}}{\sec \theta}$$

由 $\theta = \operatorname{arcsec}\left(\dfrac{x}{2}\right)$ 可知 $\sec \theta = \sec\left(\operatorname{arcsec}\left(\dfrac{x}{2}\right)\right) = \dfrac{x}{2}$（因為 arcsec 與 sec 互為彼此的反函數）而且

$$\sin \theta = \frac{\sqrt{(\sec \theta)^2 - 1}}{\sec \theta} = \frac{\sqrt{\left(\frac{x}{2}\right)^2 - 1}}{\left(\frac{x}{2}\right)} = \frac{\sqrt{x^2 - 4}}{x} = \frac{(x^2 - 4)^{\frac{1}{2}}}{x}$$

因此

$$\int_a^b \frac{1}{x^4 \cdot \sqrt{x^2 - 4}} \cdot dx = \left[\frac{(\sin \theta)}{2^4} - \frac{(\sin \theta)^3}{2^4 \cdot 3} \right]_{\operatorname{arcsec}(\frac{a}{2})}^{\operatorname{arcsec}(\frac{b}{2})}$$

$$= \frac{1}{2^4} \cdot \left[\frac{\sqrt{x^2 - 4}}{x} - \frac{(x^2 - 4)^{\frac{3}{2}}}{3 \cdot x^3} \right]_a^b$$

● (CB) 假設 $a < b \leq -k$（積分區間落在負實數區域）而且 $f(x)$ $= Q\left(\sqrt{x^2 - k^2}\right)$，其中 $k > 0$ 為實數常數。

考慮變數變換（變數代換）$x = u(\theta) = -k \cdot (\sec \theta)$：

$$x = -k \cdot (\sec \theta) \Leftrightarrow \frac{-x}{k} = \sec \theta \Leftrightarrow \operatorname{arcsec}\left(\frac{-x}{k}\right) = \theta \text{ 其中 } 0 \leq \theta < \frac{\pi}{2}$$

則 $\frac{dx}{d\theta} = u'(\theta) = -k \cdot (\sec \theta) \cdot (\tan \theta)$，而且由 $(\sec \theta)^2 = (\tan \theta)^2 + 1$ 可知

$$\sqrt{x^2 - k^2} = \sqrt{(-k)^2 \cdot (\sec \theta)^2 - k^2} = \sqrt{k^2 \cdot [(\sec \theta)^2 - 1]}$$

$$= k \cdot \sqrt{(\sec \theta)^2 - 1} = k \cdot \sqrt{(\tan \theta)^2} = k \cdot |(\tan \theta)|$$

$$= k \cdot (\tan \theta) \geq 0 \text{ 因為 } 0 \leq \theta < \frac{\pi}{2}$$

假設 $a = u(\alpha) < b = u(\beta) \leq -k$，由「積分運算的變數變換公式（定理 5.3.2）」可知

$$\int_a^b Q\left(\sqrt{x^2 - k^2}\right) \cdot dx = \int_a^b f(x) \cdot dx = \int_{u(\alpha)}^{u(\beta)} f(x) \cdot dx$$

$$= \int_\alpha^\beta f(u(\theta)) \cdot \frac{dx}{d\theta} \cdot d\theta = \int_\alpha^\beta Q(k \cdot (\tan \theta)) \cdot \frac{dx}{d\theta} \cdot d\theta$$

$$= \int_\alpha^\beta Q(k \cdot (\tan \theta)) \cdot [-k \cdot (\sec \theta) \cdot (\tan \theta)] \cdot d\theta$$

習題 6.4

1. 試求 $\int_a^b \sqrt{1 - 9 \cdot x^2} \cdot dx$ 其中 $-\frac{1}{3} \leq a < b \leq \frac{1}{3}$。

2. 試求 $\int_a^b \frac{1}{\sqrt{4 - 9 \cdot x^2}} \cdot dx$ 其中 $-\frac{2}{3} \leq a < b \leq \frac{2}{3}$。

3. 試求 $\int_a^b \frac{x^3}{(x^2 + 3)^{\frac{3}{2}}} \cdot dx$。

4. 試求 $\int_a^b e^x \cdot \sqrt{e^{2x} + 1} \cdot dx$。

5. 試求 $\int_0^{\sqrt{3}} \frac{x^3}{\sqrt{x^2 + 4}} \cdot dx$。

6. 試求 $\int_0^{\frac{\sqrt{3}}{2}} \frac{t^2}{(1 - t^2)^{\frac{5}{2}}} \cdot dx$。

7. 試求 $\displaystyle\int_2^3 \frac{-2x+3}{\sqrt{-x^2+4x}} \cdot dx$。

9. 試求 $\displaystyle\int_a^b \frac{\sqrt{x-1}}{x+3} \cdot dx$，其中 $1 \le a < b$。

8. 試求 $\displaystyle\int_0^1 \frac{1}{1+x^2} \cdot dx$。

第 5 節　部分分式的積分

　　本節討論「有理式函數的積分」的計算方法。在本節最後我們會看到「有理式函數的積分」全部都可以計算出來。 基於「定理 6.5.1」，我們將「有理式函數的積分」的計算方法建立在四種「特定的真分式」的積分計算方法之上。介紹過這四種「特定的真分式」的積分計算方法之後，基於「定理 6.5.3」，我們就能夠計算所有的「真分式函數的積分」。最後我們就可以計算所有「有理式函數的積分」。

> **定理 6.5.1**　假設 $g(x)$ 是「領導係數為 1」的「實數係數多項式」而且 $\deg g(x) \ge 1$，則 $g(x)$ 必定可以完全分解為
>
> 　　「某些一次多項式」與「某些無實根的二次多項式」的乘積
>
> 其中這些「一次多項式」、「無實根的二次多項式」都是「實數係數多項式」。在多項式 $g(x)$ 的「分解」中出現的「無實根的二次（實數係數）多項式」都是
>
> $$x^2 + 2a \cdot x + b = (x+a)^2 + [-a^2 + b] \text{ 其中 } [-a^2 + b] > 0$$
>
> 這種類型的多項式。令 $k = \sqrt{[-a^2 + b]} > 0$，則
>
> $$x^2 + 2a \cdot x + b = (x+a)^2 + k^2。$$
>
> 　　在多項式 $g(x)$ 的「分解」中出現的這些「一次（實數係數）多項式」或「無實根的二次（實數係數）多項式」都被稱為多項式 $g(x)$ 的**不可約因式**（irreducible factors）。

說明：多項式 $g(x)$ 的「實數係數的因式分解」有以下三種可能。

(A) $g(x)$ 只有「一次（實數係數）多項式的不可約因式」：

$$g(x) = (x - c_1)^{d_1} \cdot \cdots \cdot (x - c_m)^{d_m}$$

其中「c_1、$\cdots$、c_m 是相異實數」而「d_1、$\cdots$、d_m 是正整數」。

(B) $g(x)$ 只有「二次（實數係數）多項式的不可約因式」：

$$g(x) = (x^2 + 2a_1 \cdot x + b_1)^{D_1} \cdot \cdots \cdot (x^2 + 2a_n \cdot x + b_n)^{D_n}$$

其中「$(x^2 + 2a_1 \cdot x + b_1)$、$\cdots$、$(x^2 + 2a_n \cdot x + b_n)$ 是相異的多項式」而「D_1、$\cdots$、D_n 是正整數」。

(C) $g(x)$ 的「不可約因式」同時有「一次（實數係數）多項式」與「二次（實數係數）多項式」：

$$g(x) = (x - c_1)^{d_1} \cdot \cdots \cdot (x - c_m)^{d_m} \cdot (x^2 + 2a_1 \cdot x + b_1)^{D_1} \cdot \cdots \cdot$$
$$(x^2 + 2a_n \cdot x + b_n)^{D_n}$$

其中「$(x - c_1)$、$\cdots$、$(x - c_m)$、$(x^2 + 2a_1 \cdot x + b_1)$、$\cdots$、$(x^2 + 2a_n \cdot x + b_n)$ 是相異的多項式」，而「d_1、$\cdots$、d_m、D_1、$\cdots$、D_n 是正整數」。

請讀者將這個定理視為「物理定律」來接受。本定理的證明不適合在大一的微積分課討論。　∎

範例 1　試將以下的「實數係數多項式」完全分解為「某些一次（實數係數）多項式」與「某些無實根的二次（實數係數）多項式」的乘積。

(A) $x^2 - 5x + 6$。(B) $x^2 + 2x + 1$。(C) $x^2 + 2x + 4$。

(D) $x^3 - 1$。(E) $x^4 + 6x^2 + 9$。

說明：

(A) $x^2 - 5x + 6 = (x - 2) \cdot (x - 3)$，其中 $(x - 2)$ 與 $(x - 3)$ 是相異的「一次（實數係數）多項式」。

(B) $x^2 + 2x + 1 = (x + 1) \cdot (x + 1) = (x + 1)^2$，其中 $(x + 1)$ 是「一次（實數係數）多項式」。

(C) $x^2 + 2x + 4 = (x + 1)^2 + 3$，其中 $3 > 0$。因此 $x^2 + 2x + 4 = (x + 1)^2 + 3$ 本身就是「無實根的二次（實數係數）多項式」。

(D) $x^3 - 1 = (x - 1) \cdot (x^2 + x + 1)$，其中「$(x - 1)$ 是一次（實數係數）多項式」，而「$(x^2 + x + 1) = \left(x + \dfrac{1}{2}\right)^2 + \dfrac{3}{4}$ 則是無實根的二次（實數係數）多項式」。

(E) $x^4 + 6x^2 + 9 = (x^2 + 3) \cdot (x^2 + 3) = (x^2 + 3)^2$，其中 $(x^2 + 3)$ 是「無實根的二次（實數係數）多項式」。

特定的真分式的積分計算方法（一）：分母含單一的「不可約一次因式」

我們考慮分母只含有單一的「一次多項式的不可約因式」的情況：

$$\frac{1}{(x - c)^d}$$

其中「c 為實數」而「d 是正整數」。

▼ 如果 $d = 1$ 而且 $c \notin [A, B]$，則 $\int_A^B \dfrac{1}{(x - c)} \cdot dx = [\ln|x - c|]_A^B$。

▼ 如果 $d > 1$ 而且 $c \notin [A, B]$，則 $\int_A^B \dfrac{1}{(x - c)^d} \cdot dx = \left[\dfrac{(x - c)^{(-d + 1)}}{(-d + 1)} \right]_A^B$。

範例 2　(A) 試求 $\int_0^1 \dfrac{1}{(x - 5)} \cdot dx$。(B) 試求 $\int_0^1 \dfrac{1}{(x - 5)^3} \cdot dx$。

說明：

(A) $\int_0^1 \dfrac{1}{(x - 5)} \cdot dx = [\ln|x - 5|]_0^1 = \ln|1 - 5| - \ln|0 - 5| = \ln 4 - \ln 5$

$= \ln\left(\dfrac{4}{5} \right)$

(B) $\int_0^1 \dfrac{1}{(x - 5)^3} \cdot dx = \left[\dfrac{(x - 5)^{-2}}{-2} \right]_0^1 = \dfrac{(1 - 5)^{-2}}{-2} - \left[\dfrac{(0 - 5)^{-2}}{-2} \right]$

$= \dfrac{-1}{32} - \left(\dfrac{-1}{50} \right) = \dfrac{-9}{800}$

特定的真分式的積分計算方法 (二)：分母含單一的 「不可約二次因式」

假設 $(x + a)^2 + k^2$ 是「無實根的二次 (實數係數) 多項式」，其中 $k > 0$。我們考慮分母只含有單一的「二次多項式的不可約因式」的情況：

$$\frac{\alpha \cdot x + \beta}{[(x + a)^2 + k^2]^D}$$

其中「分子為實數係數的多項式 $\alpha \cdot x + \beta$」而「D 是正整數」。

由於 $\dfrac{d}{dx}[(x + a)^2 + k^2] = 2 \cdot (x + a)$ 我們考慮將 $\alpha \cdot x + \beta$ 拆解為

$$\alpha \cdot x + \beta = \alpha \cdot (x + a) + (-\alpha \cdot a + \beta)$$

因此得到

$$\frac{\alpha \cdot x + \beta}{[(x + a)^2 + k^2]^D} = \frac{\alpha \cdot (x + a)}{[(x + a)^2 + k^2]^D} + \frac{(-\alpha \cdot a + \beta)}{[(x + a)^2 + k^2]^D}$$

所以

$$\int_A^B \frac{\alpha \cdot x + \beta}{[(x + a)^2 + k^2]^D} \cdot dx = \int_A^B \frac{\alpha \cdot (x + a)}{[(x + a)^2 + k^2]^D} \cdot dx +$$

$$\int_A^B \frac{(-\alpha \cdot a + \beta)}{[(x + a)^2 + k^2]^D} \cdot dx$$

$$= \int_A^B \frac{\alpha \cdot (x + a)}{[(x + a)^2 + k^2]^D} \cdot dx +$$

$$C \cdot \int_A^B \frac{1}{[(x + a)^2 + k^2]^D} \cdot dx$$

其中 $C = (-\alpha \cdot a + \beta)$ 是實數常數。我們有以下的積分結果。

▼ 如果 $D = 1$，則 $\int_A^B \dfrac{\alpha \cdot (x + a)}{[(x + a)^2 + k^2]} \cdot dx = \dfrac{\alpha}{2} \cdot [\ln((x + a)^2 + k^2)]_A^B$

▼ 如果 $D > 1$，則 $\int_A^B \dfrac{\alpha \cdot (x + a)}{[(x + a)^2 + k^2]^D} \cdot dx = \dfrac{\alpha}{2} \cdot \left[\dfrac{((x + a)^2 + k^2)^{(-D + 1)}}{(-D + 1)} \right]_A^B$

讀者可以由此看出：$\int_A^B \dfrac{1}{[(x + a)^2 + k^2]^D} \cdot dx$ 的計算是「真分式函數 $\dfrac{\alpha \cdot x + \beta}{[(x + a)^2 + k^2]^D}$ 的積分計算」過程中最後的關鍵所在。

範例 3 A 試求 $\int_A^B \dfrac{x + 1}{x^2 + 2x + 4} \cdot dx$。

說明：$\dfrac{x + 1}{x^2 + 2x + 4} = \dfrac{x + 1}{(x + 1)^2 + 3} = \dfrac{d}{dx} \dfrac{\ln((x + 1)^2 + 3)}{2}$，因此

$$\int_A^B \dfrac{x + 1}{x^2 + 2x + 4} \cdot dx = \left[\dfrac{\ln((x + 1)^2 + 3)}{2} \right]_A^B$$

範例 3 B 試求 $\int_A^B \dfrac{x + 1}{[x^2 + 2x + 4]^2} \cdot dx$。

說明：$\dfrac{x + 1}{[x^2 + 2x + 4]^2} = \dfrac{x + 1}{[(x + 1)^2 + 3]^2} = \dfrac{d}{dx} \dfrac{((x + 1)^2 + 3)^{-1}}{-2}$，因此

$$\int_A^B \dfrac{x + 1}{[x^2 + 2x + 4]^2} \cdot dx = \left[\dfrac{((x + 1)^2 + 3)^{-1}}{-2} \right]_A^B$$

現在我們討論積分 $\int_A^B \dfrac{1}{[(x + a)^2 + k^2]^D} \cdot dx$ 的計算方法。

定理 6.5.2A 假設 a 與 $k > 0$ 都是實數常數，假設 D 是正整數，則以下關於函數 $\dfrac{1}{[(x + a)^2 + k^2]^D}$ 的積分結果成立。

▼ 如果 $D = 1$，則 $\int_A^B \dfrac{1}{(x + a)^2 + k^2} \cdot dx = \dfrac{1}{k} \cdot \left[\arctan\left(\dfrac{x + a}{k} \right) \right]_A^B$

▼ 如果 $D > 1$，則 $\int_A^B \dfrac{1}{[(x + a)^2 + k^2]^D} \cdot dx = \int_{\arctan(\frac{A + a}{k})}^{\arctan(\frac{B + a}{k})} \dfrac{(\cos \theta)^{2D - 2}}{k^{2D - 1}} \cdot d\theta$

說明：考慮變數變換（變數代換）$x = -a + k \cdot (\tan \theta)$：

$$x + a = k \cdot (\tan \theta) \Leftrightarrow \dfrac{x + a}{k} = \tan \theta \Leftrightarrow \arctan\left(\dfrac{x + a}{k} \right) = \theta$$

其中 $-\dfrac{\pi}{2} < \theta < \dfrac{\pi}{2}$，則 $\dfrac{dx}{d\theta} = k \cdot (\sec \theta)^2$。由 $(\sec \theta)^2 = (\tan \theta)^2 + 1$ 可知

$$(x + a)^2 + k^2 = k^2 \cdot (\tan \theta)^2 + k^2 = k^2 \cdot [(\tan \theta)^2 + 1] = k^2 \cdot (\sec \theta)^2$$

因此由「積分運算的變數變換公式（定理 5.3.2）」可知

$$\int_A^B \frac{1}{[(x+a)^2+k^2]^D} \cdot dx = \int_{\arctan(\frac{A+a}{k})}^{\arctan(\frac{B+a}{k})} \frac{1}{[(k \cdot \tan\theta)^2+k^2]^D} \cdot \frac{dx}{d\theta} \cdot d\theta$$

$$= \int_{\arctan(\frac{A+a}{k})}^{\arctan(\frac{B+a}{k})} \frac{1}{[k^2 \cdot (\sec\theta)^2]^D} \cdot k \cdot (\sec\theta)^2 \cdot d\theta$$

$$= \int_{\arctan(\frac{A+a}{k})}^{\arctan(\frac{B+a}{k})} \frac{(\sec\theta)^2}{k^{2D-1} \cdot [(\sec\theta)^2]^D} \cdot d\theta$$

如果 $D = 1$，則

$$\int_A^B \frac{1}{(x+a)^2+k^2} \cdot dx = \int_{\arctan(\frac{A+a}{k})}^{\arctan(\frac{B+a}{k})} \frac{1}{k} \cdot d\theta = \left[\frac{\theta}{k} \right]_{\arctan(\frac{A+a}{k})}^{\arctan(\frac{B+a}{k})}$$

$$= \frac{1}{k} \cdot \left[\arctan\left(\frac{x+a}{k} \right) \right]_A^B$$

如果 $D > 1$，則

$$\int_A^B \frac{1}{[(x+a)^2+k^2]^D} \cdot dx = \int_{\arctan(\frac{A+a}{k})}^{\arctan(\frac{B+a}{k})} \frac{(\sec\theta)^2}{k^{2D-1} \cdot [(\sec\theta)^2]^D} \cdot d\theta$$

$$= \int_{\arctan(\frac{A+a}{k})}^{\arctan(\frac{B+a}{k})} \frac{(\cos\theta)^{2D-2}}{k^{2D-1}} \cdot d\theta$$

這就是我們所要證明的結果。　■

範例 4　試求 $\int_A^B \frac{1}{x^2+2} \cdot dx$。

說明：考慮變數變換（變數代換）

$$x = \sqrt{2} \cdot (\tan\theta) \Leftrightarrow \frac{x}{\sqrt{2}} = \tan\theta \Leftrightarrow \arctan\left(\frac{x}{\sqrt{2}} \right) = \theta \quad 其中 -\frac{\pi}{2} < \theta < \frac{\pi}{2}$$

則 $\frac{dx}{d\theta} = \sqrt{2} \cdot (\sec\theta)^2$。由 $(\sec\theta)^2 = (\tan\theta)^2 + 1$ 可知

$$x^2 + 2 = \left(\sqrt{2} \cdot (\tan\theta) \right)^2 + 2 = 2 \cdot [(\tan\theta)^2 + 1] = 2 \cdot (\sec\theta)^2$$

因此由「積分運算的變數變換公式（定理 5.3.2）」可知

$$\int_A^B \frac{1}{x^2+2} \cdot dx = \int_{\arctan(\frac{A}{\sqrt{2}})}^{\arctan(\frac{B}{\sqrt{2}})} \frac{1}{\left(\sqrt{2} \cdot (\tan\theta) \right)^2 + 2} \cdot \frac{dx}{d\theta} \cdot d\theta$$

$$= \int_{\arctan(\frac{A}{\sqrt{2}})}^{\arctan(\frac{B}{\sqrt{2}})} \frac{1}{2 \cdot (\sec\theta)^2} \cdot \sqrt{2} \cdot (\sec\theta)^2 \cdot d\theta$$

$$= \int_{\arctan(\frac{A}{\sqrt{2}})}^{\arctan(\frac{B}{\sqrt{2}})} \frac{1}{\sqrt{2}} \cdot d\theta = \left[\frac{\theta}{\sqrt{2}} \right]_{\arctan(\frac{A}{\sqrt{2}})}^{\arctan(\frac{B}{\sqrt{2}})} = \frac{1}{\sqrt{2}} \left[\arctan\left(\frac{x}{\sqrt{2}} \right) \right]_A^B$$

範例 5　試求 $\int_A^B \frac{1}{x^2+2x+4} \cdot dx$。

說明：$\frac{1}{x^2+2x+4} = \frac{1}{(x+1)^2+3}$，因此我們考慮變數變換（變數代換）

$$x = -1 + \sqrt{3} \cdot (\tan \theta) \Leftrightarrow x + 1 = \sqrt{3} \cdot (\tan \theta)$$

$$\Leftrightarrow \frac{x+1}{\sqrt{3}} = \tan \theta \Leftrightarrow \arctan\left(\frac{x+1}{\sqrt{3}}\right) = \theta$$

其中 $-\dfrac{\pi}{2} < \theta < \dfrac{\pi}{2}$，則 $\dfrac{dx}{d\theta} = \sqrt{3} \cdot (\sec \theta)^2$。由 $(\sec \theta)^2 = (\tan \theta)^2 + 1$ 可知

$$(x+1)^2 + 3 = [\sqrt{3} \cdot (\tan \theta)]^2 + 3 = 3 \cdot [(\tan\theta)^2 + 1] = 3 \cdot (\sec \theta)^2$$

因此由「積分運算的變數變換公式（定理 5.3.2）」可知

$$\int_A^B \frac{1}{x^2 + 2x + 4} \cdot dx = \int_{\arctan(\frac{A+1}{\sqrt{3}})}^{\arctan(\frac{B+1}{\sqrt{3}})} \frac{1}{\left(\sqrt{3} \cdot (\tan \theta)\right)^2 + 3} \cdot \frac{dx}{d\theta} \cdot d\theta$$

$$= \int_{\arctan(\frac{A+1}{\sqrt{3}})}^{\arctan(\frac{B+1}{\sqrt{3}})} \frac{1}{3 \cdot (\sec \theta)^2} \cdot \sqrt{3} \cdot (\sec \theta)^2 \cdot d\theta$$

$$= \int_{\arctan(\frac{A+1}{\sqrt{3}})}^{\arctan(\frac{B+1}{\sqrt{3}})} \frac{1}{\sqrt{3}} \cdot d\theta = \left[\frac{\theta}{\sqrt{3}} \right]_{\arctan(\frac{A+1}{\sqrt{3}})}^{\arctan(\frac{B+1}{\sqrt{3}})}$$

$$= \frac{1}{\sqrt{3}} \cdot \left[\arctan\left(\frac{x+1}{\sqrt{3}}\right) \right]_A^B$$

推論 6.5.2B　使用定理 6.5.2A 與 定理 6.3.1A 就可以「逐步降階」的方式求出積分

$$\int_A^B \frac{1}{[(x+a)^2 + k^2]^D} \cdot dx = \int_{\arctan(\frac{A+a}{k})}^{\arctan(\frac{B+a}{k})} \frac{[(\cos \theta)^2]^{D-1}}{k^{2D-1}} \cdot d\theta$$

其中「$k > 0$ 為實數常數」而「$D > 1$ 是正整數」。

說明：

※ 如果 $D = 2$，則由半角公式 $(\cos \theta)^2 = \dfrac{1 + \cos(2\theta)}{2}$ 可知

$$\int_A^B \frac{1}{[(x+a)^2 + k^2]^2} \cdot dx = \int_{\arctan(\frac{A+a}{k})}^{\arctan(\frac{B+a}{k})} \frac{(\cos \theta)^2}{k^3} \cdot d\theta$$

$$= \frac{1}{k^3} \cdot \int_{\arctan(\frac{A+a}{k})}^{\arctan(\frac{B+a}{k})} \frac{1 + \cos(2\theta)}{2} \cdot d\theta$$

$$= \frac{1}{k^3} \cdot \left[\frac{\theta}{2} \right]_{\arctan(\frac{A+a}{k})}^{\arctan(\frac{B+a}{k})} + \frac{1}{k^3} \cdot \left[\frac{\sin(2\theta)}{4} \right]_{\arctan(\frac{A+a}{k})}^{\arctan(\frac{B+a}{k})}$$

$$= \frac{1}{k^3} \cdot \left[\frac{\arctan\left(\frac{x+a}{k}\right)}{2} \right]_A^B +$$

$$\frac{1}{k^3} \cdot \left[\frac{1}{2} \cdot \frac{k \cdot (x+a)}{k^2 + (x+a)^2} \right]_A^B$$

其中 $\left[\dfrac{\theta}{2}\right]_{\arctan(\frac{A+a}{k})}^{\arctan(\frac{B+a}{k})} = \left[\dfrac{\arctan\left(\dfrac{x+a}{k}\right)}{2}\right]_A^B$ 容易直接驗證。以下我們說明

$$\left[\dfrac{\sin(2\theta)}{4}\right]_{\arctan(\frac{A+a}{k})}^{\arctan(\frac{B+a}{k})} = \left[\dfrac{1}{2} \cdot \dfrac{k \cdot (x+a)}{k^2 + (x+a)^2}\right]_A^B$$

的化簡方法：將 $\sin(2\theta)$ 以 $\tan\theta$ 的有理式表示，然後應用「arctan 與 tan 互為反函數」這個條件。

由倍角公式 $\sin(2\theta) = 2 \cdot (\sin\theta) \cdot (\cos\theta)$ 可知

$$\left[\dfrac{\sin(2\theta)}{4}\right]_{\arctan(\frac{A+a}{k})}^{\arctan(\frac{B+a}{k})} = \left[\dfrac{(\sin\theta) \cdot (\cos\theta)}{2}\right]_{\arctan(\frac{A+a}{k})}^{\arctan(\frac{B+a}{k})}$$

注意 $(\cos\theta)^2 = \dfrac{1}{(\sec\theta)^2} = \dfrac{1}{1 + (\tan\theta)^2}$ 而且

$$(\sin\theta) \cdot (\cos\theta) = \dfrac{(\sin\theta)}{(\cos\theta)} \cdot (\cos\theta)^2 = (\tan\theta) \cdot \dfrac{1}{(\sec\theta)^2} = \dfrac{(\tan\theta)}{1 + (\tan\theta)^2}$$

由「arctan 與 tan 互為彼此的反函數」可知 $\tan\left(\arctan\dfrac{x+a}{k}\right) = \dfrac{x+a}{k}$ 而且

$$\left[\dfrac{\sin(2\theta)}{4}\right]_{\arctan(\frac{A+a}{k})}^{\arctan(\frac{B+a}{k})} = \left[\dfrac{(\sin\theta) \cdot (\cos\theta)}{2}\right]_{\arctan(\frac{A+a}{k})}^{\arctan(\frac{B+a}{k})}$$

$$= \left[\dfrac{1}{2} \cdot \dfrac{(\tan\theta)}{1 + (\tan\theta)^2}\right]_{\arctan(\frac{A+a}{k})}^{\arctan(\frac{B+a}{k})}$$

$$= \left[\dfrac{1}{2} \cdot \dfrac{\dfrac{x+a}{k}}{1 + \left(\dfrac{x+a}{k}\right)^2}\right]_A^B = \left[\dfrac{1}{2} \cdot \dfrac{k \cdot (x+a)}{k^2 + (x+a)^2}\right]_A^B$$

※ 如果 $D \geq 3$，則我們可以使用定理 6.3.1A 以「逐步降階」的方式來計算積分

$$\int_A^B \dfrac{1}{[(x+a)^2 + k^2]^D} \cdot dx = \int_{\arctan(\frac{A+a}{k})}^{\arctan(\frac{B+a}{k})} \dfrac{(\cos\theta)^{2D-2}}{k^{2D-1}} \cdot d\theta$$

其中 $2D - 2 \geq 4$，由定理 6.3.1A 可知

$$\int_{\arctan(\frac{A+a}{k})}^{\arctan(\frac{B+a}{k})} (\cos\theta)^{2D-2} \cdot d\theta = \dfrac{1}{(2D-2)} \cdot \left[(\cos\theta)^{2D-3} \cdot (\sin\theta)\right]_{\arctan(\frac{A+a}{k})}^{\arctan(\frac{B+a}{k})} +$$

$$\dfrac{(2D-3)}{(2D-2)} \cdot \int_{\arctan(\frac{A+a}{k})}^{\arctan(\frac{B+a}{k})} (\cos\theta)^{2D-4} \cdot d\theta$$

以下將說明

$$\left[(\cos\theta)^{2D-3} \cdot (\sin\theta)\right]_{\arctan(\frac{A+a}{k})}^{\arctan(\frac{B+a}{k})} = \left[\dfrac{k^{2D-3} \cdot (x+a)}{[k^2 + (x+a)^2]^{D-1}}\right]_A^B$$

的化簡方法。至於積分

$$\frac{(2D-3)}{(2D-2)} \cdot \int_{\arctan(\frac{A+a}{k})}^{\arctan(\frac{B+a}{k})} (\cos \theta)^{2D-4} \cdot d\theta$$

則可以透過定理 6.3.1A 以「逐步降階」的方式使用類似的方法進行化簡。最後我們就可以求出 $\int_{\arctan(\frac{A+a}{k})}^{\arctan(\frac{B+a}{k})} (\cos \theta)^{2D-2} \cdot d\theta$，如此就可以求出 $\int_A^B \frac{1}{[(x+a)^2 + k^2]^D} \cdot dx$。

化簡方法：將 $(\cos \theta)^{2D-3} \cdot (\sin \theta)$ 以 $\tan\theta$ 的有理式表示，然後應用「arctan 與 tan 互為反函數」這個條件。

注意 $(\cos \theta)^2 = \frac{1}{1 + (\tan \theta)^2}$ 且 $(\sin \theta) \cdot (\cos \theta) = \frac{(\tan \theta)}{1 + (\tan \theta)^2}$

因此

$$(\cos \theta)^{2D-3} \cdot (\sin \theta) = [(\cos \theta)^2]^{D-2} \cdot (\sin \theta) \cdot (\cos \theta)$$

$$= \left[\frac{1}{1 + (\tan \theta)^2} \right]^{D-2} \cdot \frac{(\tan \theta)}{1 + (\tan \theta)^2}$$

$$= \frac{(\tan \theta)}{[1 + (\tan \theta)^2]^{D-1}}$$

由「arctan 與 tan 互為彼此的反函數」可知 $\tan\left(\arctan \frac{x+a}{k}\right) = \frac{x+a}{k}$

因而

$$\left[(\cos \theta)^{2D-3} \cdot (\sin \theta)\right]_{\arctan(\frac{A+a}{k})}^{\arctan(\frac{B+a}{k})} = \left[\frac{(\tan \theta)}{[1 + (\tan \theta)^2]^{D-1}} \right]_{\arctan(\frac{A+a}{k})}^{\arctan(\frac{B+a}{k})}$$

$$= \left[\frac{\frac{x+a}{k}}{\left[1 + \left(\frac{x+a}{k}\right)^2\right]^{D-1}} \right]_A^B$$

$$= \left[\frac{k^{2D-3} \cdot (x+a)}{[k^2 + (x+a)^2]^{D-1}} \right]_A^B \quad \blacksquare$$

範例 6 試求 $\int_A^B \frac{1}{[x^2 + 1]^2} \cdot dx$。

說明：考慮變數變換（變數代換）

$$x = (\tan \theta) \Leftrightarrow \arctan (x) = \theta \ \ 其中 -\frac{\pi}{2} < \theta < \frac{\pi}{2}$$

則 $\frac{dx}{d\theta} = (\sec \theta)^2$，而且由 $(\sec \theta)^2 = (\tan \theta)^2 + 1$ 可知

$$x^2 + 1 = (\tan \theta)^2 + 1 = (\sec \theta)^2$$

由「積分運算的變數變換公式（定理 5.3.2）」可知

$$\int_A^B \frac{1}{[x^2 + 1]^2} \cdot dx = \int_{\arctan(A)}^{\arctan(B)} \frac{1}{[(\tan \theta)^2 + 1]^2} \cdot \frac{dx}{d\theta} \cdot d\theta$$

$$= \int_{\arctan(A)}^{\arctan(B)} \frac{1}{[(\tan\theta)^2 + 1]^2} \cdot (\sec\theta)^2 \cdot d\theta$$

$$= \int_{\arctan(A)}^{\arctan(B)} \frac{1}{[(\sec\theta)^2]^2} \cdot (\sec\theta)^2 \cdot d\theta$$

$$= \int_{\arctan(A)}^{\arctan(B)} (\cos\theta)^2 \cdot d\theta$$

由半角公式 $(\cos\theta)^2 = \dfrac{1 + \cos(2\theta)}{2}$ 可知

$$\int_{\arctan(A)}^{\arctan(B)} (\cos\theta)^2 \cdot d\theta = \int_{\arctan(A)}^{\arctan(B)} \frac{1 + \cos(2\theta)}{2} \cdot d\theta = \left[\frac{\theta}{2} + \frac{\sin(2\theta)}{4} \right]_{\arctan(A)}^{\arctan(B)}$$

$$= \left[\frac{\theta}{2} + \frac{(\sin\theta)\cdot(\cos\theta)}{2} \right]_{\arctan(A)}^{\arctan(B)}$$

其中我們使用倍角公式 $\sin(2\theta) = 2\cdot(\sin\theta)\cdot(\cos\theta)$。注意

$$(\sin\theta)(\cos\theta) = \frac{(\sin\theta)}{(\cos\theta)} \cdot (\cos\theta)^2 = (\tan\theta) \cdot \frac{1}{(\sec\theta)^2}$$

$$= (\tan\theta) \cdot \frac{1}{1 + (\tan\theta)^2} = \frac{(\tan\theta)}{1 + (\tan\theta)^2}$$

由「arctan 與 tan 互為彼此的反函數」可知 $\tan(\arctan(x)) = x$ 而且

$$\left[\frac{\theta}{2} + \frac{(\sin\theta)\cdot(\cos\theta)}{2} \right]_{\arctan(A)}^{\arctan(B)} = \left[\frac{\theta}{2} \right]_{\arctan(A)}^{\arctan(B)} + \frac{1}{2} \cdot \left[\frac{(\tan\theta)}{1 + (\tan\theta)^2} \right]_{\arctan(A)}^{\arctan(B)}$$

$$= \left[\frac{\arctan(x)}{2} \right]_{A}^{B} + \frac{1}{2} \cdot \left[\frac{x}{1 + x^2} \right]_{A}^{B}$$

所以

$$\int_{A}^{B} \frac{1}{[x^2 + 1]^2} \cdot dx = \int_{\arctan(A)}^{\arctan(B)} (\cos\theta)^2 \cdot d\theta$$

$$= \left[\frac{\arctan(x)}{2} \right]_{A}^{B} + \frac{1}{2} \cdot \left[\frac{x}{1 + x^2} \right]_{A}^{B}$$

特定的真分式的積分計算方法（三）：分母含單一的「不可約一次因式」

　　我們考慮分母只含有單一的「一次多項式的不可約因式」的情況：

$$\frac{u(x)}{(x-c)^d} \qquad （c\text{ 為實數}）$$

其中「d 是正整數」而且「分子 $u(x)$ 的次方 < 分母的次方 d」。

▼ 如果 $d = 1$，由「分子的 $u(x)$ 次方 < 分母的次方 $d = 1$」可知：將 $u(x)$ 除以 $(x - c)$ 會得到

$$u(x) = (x - c) \cdot 0 + r_0$$

其中「餘式 r_0 是實數常數」。所以 $u(x) = r_0$，而且

$$\int_A^B \frac{u(x)}{(x-c)^d} \cdot dx = \int_A^B \frac{r_0}{(x-c)} \cdot dx = r_0 \cdot [\ln|x-c|]_A^B$$

▼ 如果 $d > 1$，我們將 $u(x)$ 除以 $(x-c)$ 就可以得到

$$u(x) = (x-c) \cdot u_1(x) + r_0(x)$$

其中「餘式 $r_0(x)$ 的次方」低於「$(x-c)$ 的次方」，因此 $r_0(x)$ 是實數常數。令 r_0 代表這個實數常數，則

$$\frac{u(x)}{(x-c)^d} = \frac{(x-c) \cdot u_1(x) + r_0}{(x-c)^d} = \frac{u_1(x)}{(x-c)^{d-1}} + \frac{r_0}{(x-c)^d}$$

接下來將 $u_1(x)$ 除以 $(x-c)$ 就可以得到

$$u_1(x) = (x-c) \cdot u_2(x) + r_1(x)$$
$$\Rightarrow u(x) = (x-c) \cdot u_1(x) + r_0(x)$$
$$= (x-c)^2 \cdot u_2(x) + (x-c) \cdot r_1(x) + r_0$$

其中「餘式 $r_1(x)$ 是實數常數」。令 r_1 代表這個實數常數，則

$$\frac{u(x)}{(x-c)^d} = \frac{(x-c)^2 \cdot u_2(x) + (x-c) \cdot r_1 + r_0}{(x-c)^d}$$
$$= \frac{u_2(x)}{(x-c)^{d-2}} + \frac{r_1}{(x-c)^{d-1}} + \frac{r_0}{(x-c)^d}$$

持續這樣的做法直到第 d 步就會得到

$$u_{d-1}(x) = (x-c) \cdot u_d(x) + r_{d-1}(x)$$
$$\Rightarrow u(x) = (x-c)^d \cdot u_d(x) + (x-c)^{d-1} \cdot r_{d-1}(x) + \cdots + r_0$$

其中「餘式 $u_{d-1}(x)$ 是實數常數」。令 r_{d-1} 代表這個實數常數。注意：到第 d 步的時候，我們必然會得到 $u_d(x) = 0$，因為「分子 $u(x)$ 的次方 < 分母的次方 d」。

因此我們可以將真分式 $\dfrac{u(x)}{(x-c)^d}$ 表示為

$$\frac{u(x)}{(x-c)^d} = u_d(x) + \frac{r_{d-1}}{(x-c)} + \cdots + \frac{r_0}{(x-c)^d} = 0 + \frac{r_{d-1}}{(x-c)} + \cdots + \frac{r_0}{(x-c)^d}$$

其中 $u_d(x) = 0$ 而「r_{d-1}、$\cdots$、r_0 都是實數常數」。所以

$$\int_A^B \frac{u(x)}{(x-c)^d} \cdot dx = \int_A^B \frac{r_{d-1}}{(x-c)} \cdot dx + \cdots + \int_A^B \frac{r_0}{(x-c)^d} \cdot dx$$
$$= r_{d-1} \cdot [\ln|x-c|]_A^B + \cdots + r_0 \cdot \left[\frac{(x-c)^{-d+1}}{-d+1} \right]_A^B$$

範例 7　試求 $\displaystyle\int_A^B \frac{2x^2 + 3x + 2}{(x+1)^3} \cdot dx$，其中 $-1 \notin [A, B]$。

說明：將 $2x^2 + 3x + 2$ 除以 $x + 1$ 就可以得到

$$2x^2 + 3x + 2 = (x + 1) \cdot (2x + 1) + 1$$

因此

$$\frac{2x^2 + 3x + 2}{(x + 1)^3} = \frac{(x + 1)(2x + 1) + 1}{(x + 1)^3} = \frac{(2x + 1)}{(x + 1)^2} + \frac{1}{(x + 1)^3}$$

將 $2x + 1$ 除以 $x + 1$ 可以得到

$$2x + 1 = (x + 1) \cdot 2 + (-1)$$
$$\Rightarrow 2x^2 + 3x + 2 = (x + 1)^2 \cdot 2 + (x + 1) \cdot (-1) + 1$$

因此

$$\frac{2x^2 + 3x + 2}{(x + 1)^3} = \frac{(x + 1)^2 \cdot 2 + (x + 1) \cdot (-1) + 1}{(x + 1)^3}$$
$$= \frac{2}{(x + 1)} + \frac{-1}{(x + 1)^2} + \frac{1}{(x + 1)^3}$$

所以

$$\int_A^B \frac{2x^2 + 3x + 2}{(x + 1)^3} \cdot dx = \int_A^B \frac{2}{(x + 1)} \cdot dx + \int_A^B \frac{-1}{(x + 1)^2} \cdot dx + \int_A^B \frac{1}{(x + 1)^3} \cdot dx$$
$$= 2 \cdot \left[\ln|x + 1|\right]_A^B + \left[(x + 1)^{-1}\right]_A^B + \left[\frac{(x + 1)^{-2}}{-2}\right]_A^B$$

特定的真分式的積分計算方法（四）：分母含單一的「不可約二次因式」

假設 $(x + a)^2 + k^2$ 是「無實根的二次（實數係數）多項式」。我們考慮分母只含有單一的「二次多項式的不可約因式」的情況：

$$\frac{v(x)}{[(x + a)^2 + k^2]^D}$$

其中「D 是正整數」而且「分子（實數係數）多項式 $v(x)$ 的次方 < 分母的次方 $2D$」。

▼ 如果 $D = 1$，由「分子的 $v(x)$ 次方 < 分母的次方 $2D = 2$」可知：將 $v(x)$ 除以 $(x + a)^2 + k^2$ 會得到

$$v(x) = [(x + a)^2 + k^2] \cdot 0 + R_0(x)$$

其中「餘式 $R_0(x)$ 的次方」低於 2。假設 $R_0(x) = \alpha_0 \cdot x + \beta_0$，則 $v(x) = R_0(x)$ 而且

$$\int_A^B \frac{v(x)}{(x + a)^2 + k^2} \cdot dx = \int_A^B \frac{\alpha_0 \cdot (x + a) + (-\alpha_0 \cdot a + \beta_0)}{(x + a)^2 + k^2} \cdot dx$$
$$= \int_A^B \frac{\alpha_0 \cdot (x + a)}{(x + a)^2 + k^2} \cdot dx + \int_A^B \frac{(-\alpha_0 \cdot a + \beta_0)}{(x + a)^2 + k^2} \cdot dx$$
$$= \alpha_0 \cdot \left[\frac{\ln|(x + a)^2 + k^2|}{2}\right]_A^B + \int_A^B \frac{(-\alpha_0 \cdot a + \beta_0)}{(x + a)^2 + k^2} \cdot dx$$

其中由定理 6.5.2A 可知

$$\int_A^B \frac{(-\alpha_0 \cdot a + \beta_0)}{(x + a)^2 + k^2} \cdot dx = \frac{(-\alpha_0 \cdot a + \beta)}{k} \cdot \left[\arctan\left(\frac{x + a}{k} \right) \right]_A^B$$

▼ 如果 $D > 1$，我們將 $v(x)$ 除以 $(x + a)^2 + k^2$ 就可以得到

$$v(x) = [(x + a)^2 + k^2] \cdot v_1(x) + R_0(x)$$

其中「餘式 $R_0(x)$ 的次方」低於 2。假設 $R_0(x) = \alpha_0 \cdot x + \beta_0$，則

$$\frac{v(x)}{[(x + a)^2 + k^2]^D} = \frac{[(x + a)^2 + k^2] \cdot v_1(x) + R_0(x)}{[(x + a)^2 + k^2]^D}$$
$$= \frac{v_1(x)}{[(x + a)^2 + k^2]^{D-1}} + \frac{R_0(x)}{[(x + a)^2 + k^2]^D}$$

接下來將 $v_1(x)$ 除以 $(x + a)^2 + k^2$ 就可以得到

$$v_1(x) = [(x + a)^2 + k^2] \cdot v_2(x) + R_1(x)$$

其中「餘式 $R_1(x)$ 的次方」低於 2。因此

$$v(x) = [(x + a)^2 + k^2] \cdot v_1(x) + R_0(x)$$
$$= [(x + a)^2 + k^2]^2 \cdot v_2(x) + [(x + a)^2 + k^2] \cdot R_1(x) + R_0(x)$$

假設 $R_1(x) = \alpha_1 \cdot x + \beta_1$，則

$$\frac{v(x)}{[(x + a)^2 + k^2]^D} = \frac{[(x + a)^2 + k^2]^2 \cdot v_2(x) + [(x + a)^2 + k^2] \cdot R_1(x) + R_0(x)}{[(x + a)^2 + k^2]^D}$$
$$= \frac{v_2(x)}{[(x + a)^2 + k^2]^{D-2}} + \frac{R_1(x)}{[(x + a)^2 + k^2]^{D-1}} +$$
$$\frac{R_0(x)}{[(x + a)^2 + k^2]^D}$$

持續這樣的做法直到第 D 步就會得到

$$v_{D-1}(x) = [(x + a)^2 + k^2] \cdot v_D(x) + R_{D-1}(x)$$

其中「餘式 $R_{D-1}(x)$ 的次方低於 2」。因此

$$v(x) = [(x + a)^2 + k^2]^D \cdot v_D(x) + [(x + a)^2 + k^2]^{D-1} \cdot R_{D-1}(x) + \cdots + R_0(x)$$

注意：由「分子的 $v(x)$ 次方 $< 2D$」可知必然會得到 $v_D(x) = 0$。

假設 $R_{D-1}(x) = \alpha_{D-1} \cdot x + \beta_{D-1}$，則

$$\frac{v(x)}{[(x + a)^2 + k^2]^D} = \frac{R_{D-1}(x)}{(x + a)^2 + k^2} + \cdots + \frac{R_0(x)}{[(x + a)^2 + k^2]^D}$$

而且

$$\int_A^B \frac{v(x)}{[(x + a)^2 + k^2]^D} \cdot dx = \int_A^B \frac{R_{D-1}(x)}{(x + a)^2 + k^2} \cdot dx + \cdots +$$
$$\int_A^B \frac{R_0(x)}{[(x + a)^2 + k^2]^D} \cdot dx$$

$$= \int_A^B \frac{\alpha_{D-1} \cdot x + \beta_{D-1}}{(x+a)^2 + k^2} \cdot dx + \cdots +$$

$$\int_A^B \frac{\alpha_0 \cdot x + \beta_0}{[(x+a)^2 + k^2]^D} \cdot dx$$

其中 $\dfrac{\alpha_{D-1} \cdot x + \beta_{D-1}}{(x+a)^2 + k^2}$、$\cdots$、$\dfrac{\alpha_0 \cdot x + \beta_0}{[(x+a)^2 + k^2]^D}$ 這些真分式函數的積分，都

可以使用「特定的真分式的積分計算方法 (二)」進行計算。

範例 8 試求 $\displaystyle\int_A^B \frac{x^4 + 2x^3 + 2x^2 + 3x + 1}{(x^2 + 1)^3} \cdot dx$。

說明：將 $x^4 + 2x^3 + 2x^2 + 3x + 1$ 除以 $x^2 + 1$ 就可以得到

$$x^4 + 2x^3 + 2x^2 + 3x + 1 = (x^2 + 1) \cdot (x^2 + 2x + 1) + x$$

因此

$$\frac{x^4 + 2x^3 + 2x^2 + 3x + 1}{(x^2 + 1)^3} = \frac{(x^2 + 1) \cdot (x^2 + 2x + 1) + x}{(x^2 + 1)^3}$$

$$= \frac{(x^2 + 2x + 1)}{(x^2 + 1)^2} + \frac{x}{(x^2 + 1)^3}$$

將 $x^2 + 2x + 1$ 除以 $x^2 + 1$ 可以得到

$$x^2 + 2x + 1 = (x^2 + 1) \cdot 1 + 2x$$

$$\Rightarrow x^4 + 2x^3 + 2x^2 + 3x + 1 = (x^2 + 1)^2 \cdot 1 + (x^2 + 1) \cdot 2x + x$$

因此

$$\frac{x^4 + 2x^3 + 2x^2 + 3x + 1}{(x^2 + 1)^3} = \frac{(x^2 + 1)^2 \cdot 1 + (x^2 + 1) \cdot 2x + x}{(x^2 + 1)^3}$$

$$= \frac{1}{(x^2 + 1)} + \frac{2x}{(x^2 + 1)^2} + \frac{x}{(x^2 + 1)^3}$$

所以

$$\int_A^B \frac{x^4 + 2x^3 + 2x^2 + 3x + 1}{(x^2 + 1)^3} \cdot dx = \int_A^B \frac{1}{(x^2 + 1)} \cdot dx + \int_A^B \frac{2x}{(x^2 + 1)^2} \cdot dx$$

$$+ \int_A^B \frac{x}{(x^2 + 1)^3} \cdot dx$$

$$= [\arctan(x)]_A^B + \left[\frac{(x^2 + 1)^{-1}}{-1} \right]_A^B +$$

$$\left[\frac{(x^2 + 1)^{-2}}{-4} \right]_A^B$$

「有理式」的積分與「真分式」的積分

假設 $g(x)$ 是「領導係數為 1」的「實數係數多項式」而且 $\deg g(x)$

≥ 1，假設 $f(x)$ 是實數係數的多項式。將 $f(x)$ 除以 $g(x)$ 可以得到

$$f(x) = Q(x) \cdot g(x) + p(x)$$

其中「商 $Q(x)$」與「餘式 $p(x)$」都是實數係數多項式。因此有理式 $\dfrac{f(x)}{g(x)}$ 可以被拆解為以下形態

$$\frac{f(x)}{g(x)} = \frac{Q(x) \cdot g(x) + p(x)}{g(x)} = Q(x) + \frac{p(x)}{g(x)}$$

其中「$Q(x)$ 是多項式」而「$\dfrac{p(x)}{g(x)}$ 是真分式（分子的次方 < 分母的次方）」。如果「分母函數 $g(x)$ 在區間 $[A, B]$ 恆不為零」，則

$$\int_A^B \frac{f(x)}{g(x)} \cdot dx = \int_A^B \left[Q(x) + \frac{p(x)}{g(x)} \right] \cdot dx = \int_A^B Q(x) \cdot dx + \int_A^B \frac{p(x)}{g(x)} \cdot dx$$

我們已經知道如何計算「多項式函數的積分」，因此「有理式函數 $\dfrac{f(x)}{g(x)}$ 的積分計算」問題就化簡為「真分式函數 $\dfrac{p(x)}{g(x)}$ 的積分計算」問題。以下的定理告訴我們：「真分式的積分計算」問題可以化簡為「特定的真分式的積分計算」問題。

定理 6.5.3　假設 $g(x)$ 是「領導係數為 1」的「實數係數多項式」而且 $\deg g(x) \geq 1$，假設 $p(x)$ 是「實數係數多項式」而且 $\deg p(x) < \deg g(x)$，則以下關於 $\dfrac{p(x)}{g(x)}$ 的「真分式分解」結果成立。而且這些「真分式分解」的方式是唯一確定的。

(A) 如果 $g(x) = (x - c_1)^{d_1} \cdot \cdots \cdot (x - c_m)^{d_m}$ 其中 c_1、$\cdots$、c_m 是相異實數，則 $\dfrac{p(x)}{g(x)}$ 可以被表示為

$$\frac{p(x)}{g(x)} = \frac{u_1(x)}{(x - c_1)^{d_1}} + \cdots + \frac{u_m(x)}{(x - c_m)^{d_m}}$$

其中 $u_1(x)$、$\cdots$、$u_m(x)$ 都是「實數係數多項式」滿足條件「分子的次方 < 分母的次方」：

$$\deg u_1(x) < d_1 \text{、} \cdots \text{、} \deg u_m(x) < d_m$$

(B) 如果 $g(x) = (x^2 + 2a_1 \cdot x + b_1)^{D_1} \cdot \cdots \cdot (x^2 + 2a_n \cdot x + b_n)^{D_n}$，其中 $(x^2 + 2a_1 \cdot x + b_1)$、$\cdots$、$(x^2 + 2a_n \cdot x + b_n)$ 是相異的「無實根的二次（實數係數）多項式」，則 $\dfrac{p(x)}{g(x)}$ 可以被表示為

$$\frac{p(x)}{g(x)} = \frac{v_1(x)}{(x^2 + 2a_1 \cdot x + b_1)^{D_1}} + \cdots + \frac{v_n(x)}{(x^2 + 2a_n \cdot x + b_n)^{D_n}}$$

其中 $v_1(x)$、$\cdots$、$v_n(x)$ 都是「實數係數多項式」滿足條件「分子的次方 < 分母的次方」：

$$\deg v_1(x) < 2 \cdot D_1 \text{、} \cdots \text{、} \deg v_n(x) < 2 \cdot D_n$$

(C) 如果 $g(x) = (x - c_1)^{d_1} \cdot \cdots \cdot (x - c_m)^{d_m} \cdot (x^2 + 2a_1 \cdot x + b_1)^{D_1} \cdot \cdots \cdot (x^2 + 2a_n \cdot x + b_n)^{D_n}$，而且其中 $(x - c_1)$、$\cdots$、$(x - c_m)$、$(x^2 + 2a_1 \cdot x + b_1)$、$\cdots$、$(x^2 + 2a_n \cdot x + b_n)$ 是相異的「不可約因式」，則 $\dfrac{p(x)}{g(x)}$ 可以被表示為

$$\frac{p(x)}{g(x)} = \frac{u_1(x)}{(x - c_1)^{d_1}} + \cdots + \frac{u_m(x)}{(x - c_m)^{d_m}} + \frac{v_1(x)}{(x^2 + 2a_1 \cdot x + b_1)^{D_1}} + \cdots + \frac{v_n(x)}{(x^2 + 2a_n \cdot x + b_n)^{D_n}}$$

其中 $u_1(x)$、$\cdots$、$u_m(x)$、$v_1(x)$、$\cdots$、$v_n(x)$ 都是「實數係數多項式」滿足條件「分子的次方 < 分母的次方」：$\deg u_1(x) < d_1$、$\cdots$、$\deg u_m(x) < d_m$、$\deg v_1(x) < 2 \cdot D_1$、$\cdots$、$\deg v_n(x) < 2 \cdot D_n$。

說明：請讀者將這個定理視為「物理定律」來接受。本定理的證明不適合在大一微積分課討論。　■

定理 6.5.3 告訴我們：遇到「真分式」的積分計算問題，應該先將「真分式」分解為「特定的真分式」之和。然後使用「特定的真分式的積分計算方法（一）、（二）、（三）、（四）」來計算這些「特定的真分式」的積分。如此就可以求出原來的「真分式」的積分。

範例 9 試求 $\displaystyle\int_A^B \frac{x^4 + 2x - 1}{x^2 - 1} \cdot dx$，其中 $-1 \notin [A, B]$ 且 $1 \notin [A, B]$。

說明：將 $x^4 + 2x - 1$ 除以 $x^2 - 1$ 可以得到

$$x^4 + 2x - 1 = (x^2 - 1) \cdot (x^2 + 1) + 2x$$

因此

$$\frac{x^4 + 2x - 1}{x^2 - 1} = \frac{(x^2 - 1) \cdot (x^2 + 1) + 2x}{x^2 - 1} = x^2 + 1 + \frac{2x}{x^2 - 1}$$

其中 $\dfrac{2x}{x^2 - 1}$ 是「真分式」。所以

$$\int_A^B \frac{x^4 + 2x - 1}{x^2 - 1} \cdot dx = \int_A^B (x^2 + 1) \cdot dx + \int_A^B \frac{2x}{x^2 - 1} \cdot dx$$

注意 $x^2 + 1 = (x - 1) \cdot (x + 1)$，由定理 6.5.3 可知真分式 $\dfrac{2x}{x^2 - 1}$ 可以分解為

$$\frac{2x}{x^2 - 1} = \frac{C}{x - 1} + \frac{D}{x + 1}$$

其中 C 與 D 都是實數常數。由於

$$\frac{C}{x-1} + \frac{D}{x+1} = \frac{C \cdot (x+1) + D \cdot (x-1)}{(x-1) \cdot (x+1)} = \frac{(C+D) \cdot x + (C-D)}{(x-1) \cdot (x+1)}$$

我們發現 $2x = (C+D) \cdot x + (C-D)$，比較係數可知：

$$(C+D) = 2 \text{ 而且 } (C-D) = 0$$

所以 $(C+D) + (C-D) = 2 + 0 = 2 \Rightarrow 2C = 2 \Rightarrow C = 1$。將 $C = 1$ 代入 $(C-D) = 0$ 可以得知 $D = 1$，因此得知

$$\frac{2x}{x^2 - 1} = \frac{1}{x-1} + \frac{1}{x+1}$$

所以

$$\int_A^B \frac{x^4 + 2x - 1}{x^2 - 1} \cdot dx = \int_A^B (x^2 + 1) \cdot dx + \int_A^B \frac{2x}{x^2 - 1} \cdot dx$$

$$= \int_A^B (x^2 + 1) \cdot dx + \int_A^B \left(\frac{1}{x-1} + \frac{1}{x+1} \right) \cdot dx$$

$$= \left[\frac{x^3}{3} + x \right]_A^B + [\ln|x-1|]_A^B + [\ln|x+1|]_A^B$$

範例10 試求 $\int_A^B \frac{4x-1}{x^2 + x - 2} \cdot dx$，其中 $-2 \notin [A, B]$ 且 $1 \notin [A, B]$。

說明：$x^2 + x - 2 = (x+2) \cdot (x-1)$，由定理 6.5.3 可知真分式 $\frac{4x-1}{x^2 + x - 2}$ 可以分解為

$$\frac{4x-1}{x^2 + x - 2} = \frac{C}{x+2} + \frac{D}{x-1}$$

其中 C 與 D 都是實數常數。注意

$$\frac{C}{x+2} + \frac{D}{x-1} = \frac{C \cdot (x-1) + D \cdot (x+2)}{(x+2) \cdot (x-1)} = \frac{(C+D) \cdot x + (-C+2D)}{x^2 + x - 2}$$

因此 $(C+D) \cdot x + (-C+2D) = 4x - 1$，比較係數可知：

$$(C+D) = 4 \text{ 而且 } (-C+2D) = -1$$

所以 $(C+D) + (-C+2D) = 4 + (-1) = 3 \Rightarrow 3D = 3 \Rightarrow D = 1$。將 $D = 1$ 代入 $(C+D) = 4$ 可以得知 $(C+1) = 4 \Rightarrow C = 4 - 1 = 3$，因此得知

$$\frac{4x-1}{x^2 + x - 2} = \frac{3}{x+2} + \frac{1}{x-1}$$

所以

$$\int_A^B \frac{4x-1}{x^2 + x - 2} \cdot dx = \int_A^B \frac{3}{x+2} \cdot dx + \int_A^B \frac{1}{x-1} \cdot dx$$

$$= [3 \cdot \ln|x+2|]_A^B + [\ln|x-1|]_A^B$$

範例 11 試求 $\int_A^B \dfrac{x^3 - 2x^2 - 2x - 1}{(x^2 - x) \cdot (x^2 + 1)} \cdot dx$ 其中 $0 \notin [A, B]$ 且 $1 \notin [A, B]$。

說明：$(x^2 - x) \cdot (x^2 + 1) = x \cdot (x - 1) \cdot (x^2 + 1)$，由定理 6.5.3 可知真分式 $\dfrac{x^3 - 2x^2 - 2x - 1}{(x^2 - x) \cdot (x^2 + 1)}$ 可以分解為

$$\frac{x^3 - 2x^2 - 2x - 1}{(x^2 - x) \cdot (x^2 + 1)} = \frac{x^3 - 2x^2 - 2x - 1}{x \cdot (x - 1) \cdot (x^2 + 1)} = \frac{C}{x} + \frac{D}{x - 1} + \frac{\alpha x + \beta}{x^2 + 1}$$

其中 C、D、α、β 都是實數常數。注意

$$\frac{C}{x} + \frac{D}{x - 1} + \frac{\alpha x + \beta}{x^2 + 1}$$

$$= \frac{C \cdot (x - 1) \cdot (x^2 + 1) + D \cdot x \cdot (x^2 + 1) + (\alpha \cdot x + \beta) \cdot x \cdot (x - 1)}{x \cdot (x - 1) \cdot (x^2 + 1)}$$

因此我們得到恆等式

$$\blacktriangle \quad x^3 - 2x^2 - 2x - 1 = C \cdot (x - 1) \cdot (x^2 + 1) + D \cdot x \cdot (x^2 + 1)$$
$$+ (\alpha \cdot x + \beta) \cdot x \cdot (x - 1)$$

將 $x = 0$ 代入「恆等式 ▲」可以得到 $-1 = C \cdot (-1) \cdot (+1) + 0 + 0 = -C$
$\Rightarrow C = 1$，將 $x = 1$ 代入「恆等式 ▲」可以得到

$$-4 = 0 + D \cdot 1 \cdot (1 + 1) + 0 = 2 \cdot D \Rightarrow D = -2$$

由「恆等式 ▲」還可以得知

$$(\alpha \cdot x + \beta) \cdot x \cdot (x - 1) = x^3 - 2x^2 - 2x - 1 - C \cdot (x - 1) \cdot (x^2 + 1)$$
$$- D \cdot x \cdot (x^2 + 1)$$
$$= x^3 - 2x^2 - 2x - 1 - 1 \cdot (x - 1) \cdot (x^2 + 1)$$
$$+ 2 \cdot x \cdot (x^2 + 1)$$
$$= 2x^3 - x^2 - x = x \cdot (2x^2 - x - 1)$$
$$= x \cdot (x - 1) \cdot (2x + 1)$$

這就表示：$(\alpha \cdot x + \beta) \cdot x \cdot (x - 1) = x \cdot (x - 1) \cdot (2x + 1) \Rightarrow (\alpha \cdot x + \beta)$
$= 2x + 1$，所以

$$\frac{x^3 - 2x^2 - 2x - 1}{(x^2 - x) \cdot (x^2 + 1)} = \frac{x^3 - 2x^2 - 2x - 1}{x \cdot (x - 1) \cdot (x^2 + 1)} = \frac{1}{x} + \frac{-2}{x - 1} + \frac{2x + 1}{x^2 + 1}$$

而且

$$\int_A^B \frac{x^3 - 2x^2 - 2x - 1}{(x^2 - x) \cdot (x^2 + 1)} \cdot dx = \int_A^B \frac{1}{x} \cdot dx + \int_A^B \frac{-2}{x - 1} \cdot dx +$$

$$\int_A^B \frac{2x + 1}{x^2 + 1} \cdot dx$$

$$= [\ln|x|]_A^B + (-2) \cdot [\ln|x - 1|]_A^B +$$

$$\int_A^B \frac{2x + 1}{x^2 + 1} \cdot dx$$

其中由「特定的真分式的積分計算方法（二）」可知

$$\int_A^B \frac{2x+1}{x^2+1} \cdot dx = \int_A^B \frac{2x}{x^2+1} \cdot dx + \int_A^B \frac{1}{x^2+1} \cdot dx$$

$$= [\ln|x^2+1|]_A^B + [\arctan(x)]_A^B$$

結論：

$$\int_A^B \frac{x^3-2x^2-2x-1}{(x^2-x)\cdot(x^2+1)} \cdot dx = [\ln|x|]_A^B + (-2)\cdot[\ln|x-1|]_A^B +$$

$$[\ln|x^2+1|]_A^B + [\arctan(x)]_A^B$$

習題 6.5

1. 試求 $\int_A^B \frac{1}{x^2-16} \cdot dx$，其中 $-4 \notin [A, B]$，且 $4 \notin [A, B]$。

2. 試求 $\int_A^B \frac{5-x}{2x^2+x-1} \cdot dx$，其中 $-1 \notin [A, B]$ 且 $\frac{1}{2} \notin [A, B]$。

3. 試求 $\int_A^B \frac{x^2}{(x-1)^2 \cdot (x+1)} \cdot dx$ 其中 $-1 \notin [A, B]$ 且 $1 \notin [A, B]$。

4. 試求 $\int_A^B \frac{1}{x \cdot (x^2+x+1)} \cdot dx$，其中 $0 \notin [A, B]$。

5. 試求 $\int_0^1 \frac{1}{x^3+1} \cdot dx$，其中 $-1 \notin [A, B]$。

6. 試求 $\int_A^B \frac{x^2-3x-8}{x^2-2x+1} \cdot dx$，其中 $1 \notin [A, B]$。

7. 試求 $\int_A^B \frac{x^3+4x^2-4x-1}{(x^2+1)^2} \cdot dx$。

8. 試求 $\int_A^B \frac{3x^5-3x^2+x}{x^3-1} \cdot dx$，其中 $1 \notin [A, B]$。

9. 試求 $\int_0^1 \frac{e^t}{e^{2t}+3\cdot e^t-10} \cdot dt$ 其中 $(\ln 2) \notin [A, B]$。

第 6 章習題

1. 求 $\int_0^2 x^2 \cdot \sqrt{x^3+1} \cdot dx$。　　　【89 二技電子】

2. 求 $\int_0^2 \frac{1}{(2x+1)^2} \cdot dx$。　　　【87 二技電子】

3. 求 $\int_0^1 \frac{\arctan(x)}{1+x^2} \cdot dx$。　　　【88 二技管一】

4. 求 $\int_0^1 \frac{x \cdot \ln(1+x^2)}{1+x^2} \cdot dx$。　　　【92 二技電子】

5. 求 $\int_{-1}^1 x \cdot e^{-x} \cdot dx$。　　　【92 二技管一】

6. 求 $\int_0^{\frac{\pi}{2}} e^x \cdot (\sin x) \cdot dx$。　　　【91 二技管一】

7. 求 $\int_0^1 [\ln(1+x)] \cdot dx$。　　　【92 二技電子】

8. 求 $\int_{-\pi}^{\pi} [\sin(3x)] \cdot [\cos(7x)] \cdot dx$。　【89 二技管一】

9. 求 $\int_3^5 \frac{1}{\sqrt{x^2-9}} \cdot dx$。　　　【85 二技電子】

10. 求 $\int_2^3 \frac{2}{x^2-1} \cdot dx$。　　　【95 二技電子】

11. 求 $\int_0^{\frac{\pi}{4}} \frac{\tan x}{\cos x} \cdot dx$。　　　【92 二技電子】

第 **7** 章

數列與級數

本章介紹數列與級數的基本觀念與應用。本章的主要目標是討論級數的收斂與應用（冪級數與泰勒級數展開），而數列則是討論級數的重要基礎。

第一節討論數列收斂的基本觀念與許多重要的數列極限。第二節介紹實數系的完備性定理、最小上界的觀念、積分檢驗法、比較定理、絕對收斂的觀念與應用、交錯級數。第三節介紹冪級數的理論、常用於判斷冪級數是否收斂的根式檢驗法與比式檢驗法、泰勒級數展開。為了讓讀者能更有效地學習泰勒級數展開（冪級數表示），在本節中我們使用較多的冪級數相關定理以避免傳統方法中常見的有關誤差項的冗長估計。

第 1 節　數列收斂的基本觀念與實例

在本節中我們介紹數列收斂的基本觀念與相關定理，而且我們將要討論許多重要的數列極限。這些基本觀念與數列極限對於本章之後有關「級數收斂」的討論（第二節、第三節）是很重要的基礎。

> **定義 7.1.1**　令 $\mathbb{N}$ 代表所有自然數所形成的集合：
> $$\mathbb{N} = \{1, 2, 3, \cdots\}$$
> **數列**（sequence）就是一個定義在 $\mathbb{N}$（所有正整數）上的函數。通常我們會以符號
> $$(c_n : n \in \mathbb{N})$$
> 來表示一個數列。其中 c_n 就是這個數列（函數）在正整數 n 的（函數）值。

說明：雖然數列就是一個定義在 $\mathbb{N}$ 上的實數值函數，但我們常常會以下列方式來表示一個數列：

$$c_1, c_2, c_3, c_4, c_5, c_6, c_7, c_8, c_9, \cdots$$

其中 c_n 就是這個數列的第 n 項（數列在正整數 n 的函數值）。以下是一些常見的例子。

(1) $(c_n = 3 : n \in \mathbb{N})$。這表示這個數列是常數數列

$$3, 3, 3, 3, 3, 3, 3, 3, 3, \cdots$$

(2) $\left(c_n = \dfrac{1}{n} : n \in \mathbb{N} \right)$。這表示這個數列是

$$1, \frac{1}{2}, \frac{1}{3}, \frac{1}{4}, \frac{1}{5}, \frac{1}{6}, \frac{1}{7}, \frac{1}{8}, \frac{1}{9}, \cdots$$

(3) $\left(c_n = \dfrac{(-1)^n}{n} : n \in \mathbb{N} \right)$。這表示這個數列是

$$-1, \frac{1}{2}, \frac{-1}{3}, \frac{1}{4}, \frac{-1}{5}, \frac{1}{6}, \frac{-1}{7}, \frac{1}{8}, \frac{-1}{9}, \cdots$$

其中「正實數值」、「負實數值」交錯地出現。

數列的表示符號並沒有統一。$\{c_n\}_{n \in \mathbb{N}}$ 或 $\{c_n\}_{n=1}^{\infty}$ 或 $\{c_n : n \in \mathbb{N}\}$ 這樣的數列符號都有人使用。由於這個原因,人們通常在所使用的數列符號前後加上「數列」這個名詞以避免誤解。▮

當我們說一個數列 $(c_n : n \in \mathbb{N})$ 是**遞增數列**(increasing sequence), 我們的意思是「這個數列,作為定義在 $\mathbb{N}$ 上的實數值函數,是一個遞增函數」:

$$(c_n : n \in \mathbb{N}) \text{ 是遞增數列} \Leftrightarrow c_n \leq c_{n+1}, \ \forall n \in \mathbb{N}$$

當我們說一個數列 $(c_n : n \in \mathbb{N})$ 是**遞減數列**(decreasing sequence),我們的意思是「這個數列,作為定義在 $\mathbb{N}$ 上的實數值函數,是一個遞減函數」:

$$(c_n : n \in \mathbb{N}) \text{ 是遞減數列} \Leftrightarrow c_n \geq c_{n+1}, \ \forall n \in \mathbb{N}$$

所以,常數數列既是遞增數列也是遞減數列。反之亦然。

數列的加、減、乘、除與函數的運算一致。假設 $(a_n : n \in \mathbb{N})$ 與 $(b_n : n \in \mathbb{N})$ 是兩個數列,則以下結果成立。

(1) $(a_n + b_n : n \in \mathbb{N})$ 就是 $(a_n : n \in \mathbb{N})$ 與 $(b_n : n \in \mathbb{N})$ 的「數列相加」。

(2) $(a_n - b_n : n \in \mathbb{N})$ 就是數列 $(a_n : n \in \mathbb{N})$ 減去數列 $(b_n : n \in \mathbb{N})$。

(3) $(a_n \cdot b_n : n \in \mathbb{N})$ 就是 $(a_n : n \in \mathbb{N})$ 與 $(b_n : n \in \mathbb{N})$ 的「數列相乘」。

(4) $\left(\dfrac{a_n}{b_n} : n \in \mathbb{N} \right)$ 就是數列 $(a_n : n \in \mathbb{N})$ 除以數列 $(b_n : n \in \mathbb{N})$。其中所有的 b_n 都是非零實數。

(5) 假設 k 是一個實數常數。$(k \cdot a_n : n \in \mathbb{N})$ 就是「數列 $(a_n : n \in \mathbb{N})$ 乘以常數 k」。

我們現在以實例來展示以上所提到的觀念。考慮 $(a_n = n : n \in \mathbb{N})$ 與 $(b_n = -n : n \in \mathbb{N})$ 這兩個數列。

(1) $(a_n = n : n \in \mathbb{N})$ 是個遞增數列。

(2) $(b_n = -n : n \in \mathbb{N})$ 是個遞減數列。

(3) $(c_n = a_n + b_n = 0 : n \in \mathbb{N})$ 是 $(a_n : n \in \mathbb{N})$ 與 $(b_n : n \in \mathbb{N})$ 的數列之和。

(4) $(u_n = a_n - b_n = 2n : n \in \mathbb{N})$ 是數列 $(a_n : n \in \mathbb{N})$ 減去數列 $(b_n : n \in \mathbb{N})$。

(5) $(v_n = a_n \cdot b_n = -n^2 : n \in \mathbb{N})$ 是 $(a_n : n \in \mathbb{N})$ 與 $(b_n : n \in \mathbb{N})$ 的數列相乘。

(6) $(D_n = \dfrac{a_n}{b_n} = -1 : n \in \mathbb{N})$ 是數列 $(a_n : n \in \mathbb{N})$ 除以數列 $(b_n : n \in \mathbb{N})$。

(7) 數列 $(b_n : n \in \mathbb{N})$ 就是數列 $(a_n : n \in \mathbb{N})$ 乘以 -1。

定義 7.1.2　假設 $(c_n : n \in \mathbb{N})$ 是一個數列。

(1) 我們說「當 $n \to +\infty$，則 c_n 會收斂到實數 $\mathcal{L}$」的定義如下：

　　　對於每一個正實數 $\varepsilon > 0$，至少存在一個相應的正整數 n_ε 使得「如果 $n \geq n_\varepsilon$，則 $|c_n - \mathcal{L}| < \varepsilon$」這個敘述成立。

我們通常會以符號 $\lim\limits_{n \to +\infty} c_n = \mathcal{L}$ 或「$c_n \to \mathcal{L}$，當 $n \to +\infty$」來表示以上的收斂條件。或者我們會說「數列 $(c_n : n \in \mathbb{N})$ 收斂到 $\mathcal{L}$」。

(2) 我們說「數列 $(c_n : n \in \mathbb{N})$ **收斂**（converges）」的含義如下：存在某個特定實數 $\mathcal{L}$ 使得

$$\lim_{n \to +\infty} c_n = \mathcal{L}$$

(3) 如果「數列 $(c_n : n \in \mathbb{N})$ 收斂」不成立，我們就說「數列 $(c_n : n \in \mathbb{N})$ **發散**（diverges）」。所以，對一個數列而言，收斂或發散，其中恰有一個情況會成立。

「收斂的數列」的英文：convergent sequence。

「發散的數列」的英文：divergent sequence。

說明：以上 (1)、(2)、(3) 與數列極限有關的定義本質上是仿照函數情況的極限含義而定的。所以 $\lim\limits_{n \to +\infty} c_n$ 的定義與

$$\lim_{x \to +\infty} f(x) \text{ 其中 } f \text{ 是定義在無限區間 } (0, +\infty) \text{ 上的函數}$$

的定義類似。因此數列極限，如同函數極限一樣，具有**唯一性**（uniqueness）這樣的特質：

$$\text{如果 } \lim_{n \to +\infty} c_n = \mathcal{L} \text{ 而且 } \lim_{n \to +\infty} c_n = M \text{，則 } M = \mathcal{L} \text{ 必然成立。}$$

關於數列極限的含義，讀者還需要留意以下的現象：

$$\lim_{n \to +\infty} c_n = 0 \Leftrightarrow \lim_{n \to +\infty} |c_n| = 0$$

這兩個極限表示的含義是一樣的。但如果 $\mathcal{L} \neq 0$，則 $\lim\limits_{n \to +\infty} c_n = \mathcal{L}$ 與 $\lim\limits_{n \to +\infty} |c_n| = \mathcal{L}$ 的含義並不相同。　∎

> **定理 7.1.3** 假設 $0 < r < 1$，則 $\lim\limits_{n \to +\infty} r^n = 0$。

說明：自然指數函數 $E(x) = e^x$ 與自然對數函數 $\ln$ 互為彼此的反函數。所以

$$r^n = E(\ln r^n) = E(n \cdot \ln r) = e^{n \cdot \ln r}$$

其中我們應用 $\ln$ 的對數性質來得到 $\ln r^n = n \cdot \ln r$。由 $0 < r < 1$ 可知 $\ln r < 0$。因此

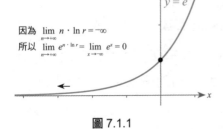

因為 $\lim\limits_{n \to +\infty} n \cdot \ln r = -\infty$
所以 $\lim\limits_{n \to +\infty} e^{n \cdot \ln r} = \lim\limits_{x \to -\infty} e^x = 0$

圖 7.1.1

> $$\lim\limits_{n \to +\infty} (n \cdot \ln r) = -\infty \text{ 而且 } \lim\limits_{n \to +\infty} r^n = \lim\limits_{n \to +\infty} e^{n \cdot \ln r}$$
> $$= \lim\limits_{n \to -\infty} e^x = 0$$

參考圖 7.1.1。 ∎

　　現在我們討論最基本的一類數列：等比數列。假設 $c_n = x^n$ 其中 x 是一個實數。

> (1) 如果 $|x| < 1$，則等比數列 $(c_n : n \in \mathbb{N})$ 會收斂到 0：$\lim\limits_{n \to +\infty} x^n = 0$。
> (2) 如果 $|x| > 1$，則等比數列 $(c_n : n \in \mathbb{N})$ 發散：$\lim\limits_{n \to +\infty} |x^n| = +\infty$。所以 $\lim\limits_{n \to +\infty} x^n$ 不存在。

　　我們應用定理 7.1.3 來說明以上的結果。

(1) 如果 $|x| < 1$，令 $r = \dfrac{1 + |x|}{2}$。則 $0 \leq |x| < r < 1$。因此 $|x^n| = |x|^n < r^n$，但 $\lim\limits_{n \to +\infty} r^n = 0$，所以 $\lim\limits_{n \to +\infty} |x^n| = 0$，因此 $\lim\limits_{n \to +\infty} x^n = 0$。

(2) 如果 $|x| > 1$，則 $|x^n| = |x|^n = E(\ln|x|^n) = E(n \cdot \ln|x|)$。注意 $\ln|x| > 0$，所以 $\lim\limits_{n \to +\infty} n \cdot \ln|x| = +\infty$。因此

$$\lim\limits_{n \to +\infty} |x^n| = \lim\limits_{n \to +\infty} E(n \cdot \ln|x|) = \lim\limits_{n \to +\infty} e^{n \cdot \ln|x|}$$
$$= \lim\limits_{w \to +\infty} e^w = +\infty$$

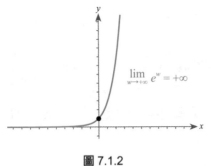

$\lim\limits_{w \to +\infty} e^w = +\infty$

圖 7.1.2

參考圖 7.1.2。

> **範例 1** 假設 x 是一個實數，則數列 $\left(\dfrac{x^n}{n!} : n \in \mathbb{N} \right)$ 會收斂到 0：$\lim\limits_{n \to +\infty} \dfrac{x^n}{n!} = 0$。

說明：假設 m 是大於 $|x|$ 的最小正整數。令 $r = \dfrac{|x|}{m+1}$，則 $0 \leq r < 1$。如果 $n > m$，則

$$\left| \frac{x^n}{n!} \right| = \frac{|x|^n}{n!} = \frac{|x|^m}{m!} \cdot \frac{x^{(n-m)}}{(m+1) \cdot \cdots \cdot n}$$

$$= \frac{|x|^m}{m!} \cdot \frac{|x|}{(m+1)} \cdot \frac{|x|}{(m+2)} \cdot \cdots \cdot \frac{|x|}{n}$$

$$\leq \frac{|x|^m}{m!} \cdot \left(\frac{|x|}{m+1} \right)^{(n-m)} = \frac{|x|^m}{m!} \cdot r^{(n-m)}$$

但由定理 7.1.3 可知 $\lim\limits_{n \to +\infty} \left(\dfrac{|x|}{m+1} \right)^{(n-m)} = \lim\limits_{n \to +\infty} r^{(n-m)} = 0$。所以

$$\lim\limits_{n \to +\infty} \left| \frac{x^n}{n!} \right| = \lim\limits_{n \to +\infty} \frac{|x|^m}{m!} \cdot \left(\frac{|x|}{m+1} \right)^{(n-m)} = 0$$

因此 $\lim\limits_{n \to +\infty} \dfrac{x^n}{n!} = 0$。

數列的極限運算滿足基本的極限運算規律。

數列極限的基本規律：假設 $(a_n : n \in \mathbb{N})$ 與 $(b_n : n \in \mathbb{N})$ 都是收斂的數列，則以下結果成立。

(1) 假設 α 與 β 都是實數常數，則 $(\alpha \cdot a_n + \beta \cdot b_n : n \in \mathbb{N})$ 是收斂數列而且

$$\lim\limits_{n \to \infty} [\alpha \cdot a_n + \beta \cdot b_n] = \alpha \cdot \left[\lim\limits_{n \to \infty} a_n \right] + \beta \cdot \left[\lim\limits_{n \to \infty} b_n \right]$$

(2) $(a_n \cdot b_n : n \in \mathbb{N})$ 是收斂數列而且

$$\lim\limits_{n \to \infty} (a_n \cdot b_n) = \left[\lim\limits_{n \to \infty} a_n \right] \cdot \left[\lim\limits_{n \to \infty} b_n \right]$$

(3) 如果 $\lim\limits_{n \to \infty} b_n \neq 0$ 而且所有的 b_n（其中 $n \in \mathbb{N}$）都是非零實數，則 $\left(\dfrac{a_n}{b_n} : n \in \mathbb{N} \right)$ 是收斂數列而且

$$\lim\limits_{n \to \infty} \frac{a_n}{b_n} = \frac{\lim\limits_{n \to \infty} a_n}{\lim\limits_{n \to \infty} b_n}$$

定理 7.1.4（夾擠定理）

假設 $(a_n : n \in \mathbb{N})$ 與 $(b_n : n \in \mathbb{N})$ 都是收斂數列，而且

$$\lim\limits_{n \to +\infty} a_n = \lim\limits_{n \to +\infty} b_n$$

如果數列 $(u_n : n \in \mathbb{N})$ 滿足以下條件

$$a_n \leq u_n \leq b_n \text{ 對所有「足夠大的正整數 } n \text{」都成立}$$

則 $(u_n : n \in \mathbb{N})$ 是收斂數列而且 $\lim\limits_{n \to +\infty} u_n$ 就是 $\lim\limits_{n \to +\infty} a_n$ 與 $\lim\limits_{n \to +\infty} b_n$ 的共同極限。

說明：這個定理是「函數極限的夾擠定理」的直接結果。 ∎

範例 2 試求數列 $\left(c_n = \dfrac{\sin n}{n} : n \in \mathbb{N} \right)$ 的極限。

說明：$0 \leq |c_n| = \dfrac{|\sin n|}{n} \leq \dfrac{1}{n}$

$$\lim\limits_{n \to +\infty} 0 = 0 = \lim\limits_{n \to +\infty} \frac{1}{n}$$

因此由夾擠定理可知 $\lim\limits_{n \to +\infty} |c_n| = 0$，所以 $\lim\limits_{n \to +\infty} c_n = 0$。

> **定理 7.1.5**（連續函數與數列的合成）
>
> 假設 $(c_n : n \in \mathbb{N})$ 是一個收斂數列而且 $\lim\limits_{n \to \infty} c_n = \mathscr{L}$。假設 g 是一個定義在區間 I 上的函數而且 $\mathscr{L}$ 與「所有的 c_n（其中 $n \in \mathbb{N}$）」都落在區間 I 中。如果函數 g 在 $\mathscr{L}$ 這個點連續，則數列
> $$(g(c_n) : n \in \mathbb{N}) \text{ 收斂而且 } \lim_{n \to \infty} g(c_n) = g(\mathscr{L}) = g(\lim_{n \to \infty} c_n)。$$

說明：函數 g 在 $\mathscr{L}$ 這個連續就表示：
$$\lim_{x \to \mathscr{L}} g(x) = g(\mathscr{L})$$
由於 c_n 朝著 $\mathscr{L}$ 趨近這個條件，我們可以以 $x = c_n$ 代入上式而得到
$$\lim_{n \to \infty} g(c_n) = \lim_{x \to \mathscr{L}} g(x) = g(\mathscr{L})$$
這個所求的結果。 ∎

範例 3 假設 P 是一個正實數：$P > 0$，則數列 $(P^{\frac{1}{n}} : n \in \mathbb{N})$ 會收斂到 1：$\lim\limits_{n \to +\infty} P^{\frac{1}{n}} = 1$。

說明：自然指數函數 $E(x) = e^x$ 與自然對數函數 $\ln$ 互為彼此的反函數。所以
$$P^{\frac{1}{n}} = E(\ln P^{\frac{1}{n}}) = E\left(\frac{1}{n} \cdot \ln P\right) = e^{\frac{1}{n} \cdot \ln P}$$
其中我們應用 $\ln$ 的對數性質來得到 $\ln P^{\frac{1}{n}} = \frac{1}{n} \cdot \ln P$。注意
$$\lim_{n \to +\infty} \frac{1}{n} \cdot \ln P = 0$$
因此由定理 7.1.5 可知
$$\lim_{n \to +\infty} P^{\frac{1}{n}} = \lim_{n \to +\infty} E\left(\frac{1}{n} \cdot \ln P\right) = E\left(\lim_{n \to +\infty} \frac{1}{n} \cdot \ln P\right)$$
$$= E(0) = e^0 = 1$$

> **定理 7.1.6** 數列 $\left(\dfrac{\ln n}{n} : n \in \mathbb{N}\right)$ 會收斂到 0：$\lim\limits_{n \to +\infty} \dfrac{\ln n}{n} = 0$。

說明：我們可以使用羅必達法則（定理 4.5.1B）計算 $\lim\limits_{x \to +\infty} \dfrac{\ln x}{x}$ 如下（注意 $\lim\limits_{x \to +\infty} \ln x = +\infty$ 而且 $\lim\limits_{x \to +\infty} x = +\infty$）：

$$\lim_{x \to +\infty} \frac{\ln x}{x} = \lim_{x \to +\infty} \frac{\dfrac{1}{x}}{1} = \lim_{x \to +\infty} \frac{1}{x} = 0$$

計算技巧：
$\dfrac{d}{dx} \ln x = \dfrac{1}{x}$ 而且
$\dfrac{d}{dx} x = 1$。

所以 $\lim\limits_{n \to +\infty} \dfrac{\ln n}{n} = \lim\limits_{x \to +\infty} \dfrac{\ln x}{x} = 0$。

*補充：如果我們觀察

$$\ln n = (\ln 1) + \ln\left(\frac{2}{1}\right) + \ln\left(\frac{3}{2}\right) + \cdots + \ln\left(\frac{n}{n-1}\right)$$

$$= 0 + \int_1^2 \frac{1}{t} \cdot dt + \int_2^3 \frac{1}{t} \cdot dt + \cdots + \int_{(n-1)}^n \frac{1}{t} \cdot dt$$

$$\leq 0 + \frac{1}{1} + \frac{1}{2} + \cdots + \frac{1}{n-1}$$

其實會發現「$\ln n$ 的成長速度」與 $n = 1 + 1 + 1 + \cdots + 1$（共 n 個）的成長速度相比是越來越小。這個現象其實反映在以上羅必達法則的應用中。　■

定理 7.1.6 還可以推廣如下（使用羅必達法則）：

假設 $c > 0$。則

$$\lim_{n \to +\infty} \frac{\ln n}{n^c} = \lim_{n \to +\infty} \frac{\dfrac{1}{n}}{c \cdot n^{(c-1)}} = \lim_{n \to \infty} \frac{1}{c \cdot n^c} = 0$$

範例 4　數列 $(n^{\frac{1}{n}} = \sqrt[n]{n} : n \in \mathbb{N})$ 會收斂到 1：$\lim\limits_{n \to +\infty} n^{\frac{1}{n}} = 1$。

說明：自然指數函數 $E(x) = e^x$ 與自然對數函數 $\ln$ 互為彼此的反函數，所以

$$n^{\frac{1}{n}} = E(\ln n^{\frac{1}{n}}) = E\left(\frac{1}{n} \cdot \ln n\right) = e^{\frac{1}{n} \cdot \ln n}$$

其中我們應用 $\ln$ 的對數性質來得到 $\ln n^{\frac{1}{n}} = \dfrac{1}{n} \cdot \ln n$。但由定理 7.1.6 我們知道

$$\lim_{n \to +\infty} \frac{1}{n} \cdot \ln n = 0$$

因此由定理 7.1.5 可知

$$\lim_{n \to +\infty} n^{\frac{1}{n}} = \lim_{n \to +\infty} E\left(\frac{1}{n} \cdot \ln n\right) = E\left(\lim_{n \to +\infty} \frac{1}{n} \cdot \ln n\right)$$

$$= E(0) = e^0 = 1$$

範例 5　假設 $0 < u < 1$。令 $c_n = n \cdot u^n$ 則 $\lim\limits_{n \to \infty} c_n = \lim\limits_{n \to \infty} (n \cdot u^n) = 0$。

說明：自然指數函數 $E(x) = e^x$ 與自然對數函數 $\ln$ 互為彼此的反函數。所以

$$n \cdot u^n = E(\ln [n \cdot u^n]) = E([\ln n] + \ln u^n)$$

$$= E([\ln n] + n \cdot \ln u)$$

其中我們應用 $\ln$ 的對數性質來得到 $\ln u^n = n \cdot \ln u$。注意

$$[\ln n] + n \cdot \ln u = n \cdot \left(\frac{\ln n}{n} + \ln u\right)$$

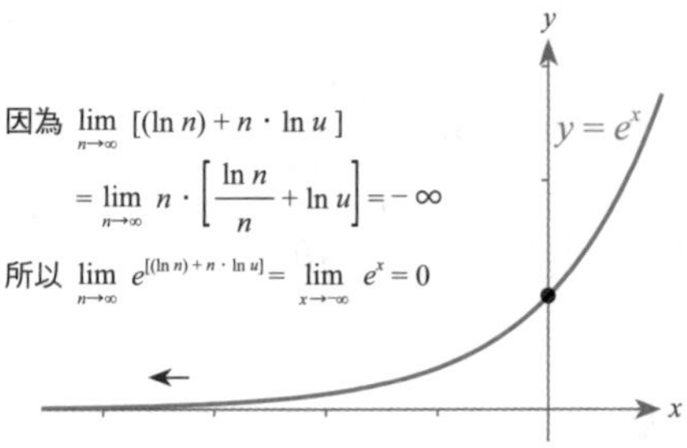

因為 $\lim\limits_{n\to\infty} [(\ln n) + n \cdot \ln u]$

$= \lim\limits_{n\to\infty} n \cdot \left[\dfrac{\ln n}{n} + \ln u \right] = -\infty$

所以 $\lim\limits_{n\to\infty} e^{[(\ln n) + n \cdot \ln u]} = \lim\limits_{x\to\infty} e^x = 0$

圖 7.1.3

其中 $\dfrac{\ln n}{n}$ 會收斂到 0（定理 7.1.6）。由於 $\ln u < 0$（因為 $0 < u < 1$）我們因此得到

$$\lim_{n\to\infty} ([\ln n] + n \cdot \ln u) = -\infty$$

所以

$$\lim_{n\to\infty} n \cdot u^n = \lim_{n\to\infty} E([\ln u] + n \cdot \ln u) = 0$$

參考圖 7.1.3。

使用範例 5 的方法可以證明以下結果。

> 假設 $0 < u < 1$。則
> $$\lim_{n\to\infty} (n^c \cdot u^n) = \lim_{n\to\infty} E(c \cdot [\ln n] + n \cdot [\ln u])$$
> $$= \lim_{n\to\infty} E\left(n \cdot \left[c \cdot \dfrac{\ln n}{n} + \ln u \right]\right)$$
> $$= 0$$
> 對於每個實數 c 都是成立的。其中
> $$\lim_{n\to\infty} \left[c \cdot \dfrac{\ln n}{n} + \ln u \right] = \ln u < 0$$

延伸學習 1　試說明 $\lim\limits_{n\to\infty} \dfrac{\sqrt{n}}{3^n} = 0$。

解答：令 $u = \dfrac{1}{3}$ 且 $c = \dfrac{1}{2}$。則 $\dfrac{\sqrt{n}}{3^n} = n^c \cdot u^n$ 其中 $0 < u < 1$。所以

$$\lim_{n\to\infty} (n^c \cdot u^n) = \lim_{n\to\infty} E(c \cdot [\ln n] + n \cdot [\ln u])$$
$$= \lim_{n\to\infty} E\left(n \left[c \dfrac{\ln n}{n} + \ln u \right]\right)$$
$$= 0$$

其中 $\lim\limits_{n\to\infty} \left(c \cdot \dfrac{\ln n}{n} + \ln u \right) = \ln u < 0$。

定理 7.1.7　數列 $\left(\left(1 + \dfrac{x}{n}\right)^n : n \in \mathbb{N} \right)$ 會收斂到 e^x：
$$\lim_{n\to +\infty} \left(1 + \dfrac{x}{n}\right)^n = e^x$$

說明：自然指數函數 $E(x) = e^x$ 與自然對數函數 $\ln$ 互為彼此的反函數。所以

$$\left(1 + \dfrac{x}{n}\right)^n = E\left(\ln\left(1 + \dfrac{x}{n}\right)^n\right) = E\left(n \cdot \ln\left(1 + \dfrac{x}{n}\right)\right)$$
$$= e^{n \cdot \ln\left(1 + \frac{x}{n}\right)}$$

其中我們應用 $\ln$ 的對數性質來得到

$$\ln\left(1 + \dfrac{x}{n}\right)^n = n \cdot \ln\left(1 + \dfrac{x}{n}\right)$$

令 $H(t) = \ln(1 + t)$，則

$$\lim_{n \to +\infty} n \cdot \ln\left(1 + \frac{x}{n}\right) = \lim_{n \to +\infty} \frac{\ln\left(1 + \dfrac{x}{n}\right) - \ln(1 + 0 \cdot x)}{\dfrac{1}{n} - 0}$$

$$= \lim_{\frac{1}{n} \to 0^+} \frac{H\left(\dfrac{1}{n} \cdot x\right) - H(0 \cdot x)}{\dfrac{1}{n} - 0}$$

$$= \lim_{t \to 0^+} \frac{H(t \cdot x) - H(0 \cdot x)}{t - 0} \qquad （參考解題技巧）$$

$$= H'(0 \cdot x) \cdot x = \frac{1}{1 + 0 \cdot x} \cdot x = x$$

解題技巧：
使用連鎖律計算函數 $H(t \cdot x)$ 對 t 的微分（在 $t = 0$ 這個點）。

因此由定理 7.1.5 可知

$$\lim_{n \to +\infty} \left(1 + \frac{x}{n}\right)^n = \lim_{n \to +\infty} E\left(n \cdot \ln\left(1 + \frac{x}{n}\right)\right)$$

$$= E\left(\lim_{n \to +\infty} n \cdot \ln\left(1 + \frac{x}{n}\right)\right)$$

$$= E(x) = e^x \qquad \blacksquare$$

定義 7.1.8　假設 $(c_n : n \in \mathbb{N})$ 是一個數列。

(1) 如果存在一個非負實數 M 使得

$$|c_n| \le M \quad 對每個正整數 n 都成立$$

我們就說 $(c_n : n \in \mathbb{N})$ 是一個**有界的**（bounded）數列。

(2) 如果存在一個非負實數 M 使得

$$c_n \le M \quad 對每個正整數 n 都成立$$

我們就說 $(c_n : n \in \mathbb{N})$ 這個數列是**上方有界的**（bounded above）。

(3) 如果存在一個非負實數 M 使得

$$-M \le c_n \quad 對每個正整數 n 都成立$$

我們就說 $(c_n : n \in \mathbb{N})$ 這個數列是**下方有界的**（bounded below）。

說明：以上三個條件之間有以下的邏輯關係：

$$(c_n : n \in \mathbb{N}) \text{ 是有界的數列} \iff (c_n : n \in \mathbb{N}) \text{ 是上方有界的}$$
$$\text{而且是下方有界的}$$

　　讀者請注意：遞增數列必然是下方有界的（數列的第一項就是最大下界），而遞減數列必然是上方有界的（數列的第一項就是最小上界）。　■

> **定理 7.1.9**　假設數列 $(c_n : n \in \mathbb{N})$ 是一個收斂數列。則這個數列 $(c_n : n \in \mathbb{N})$ 必然是一個有界的數列：數列 $(c_n : n \in \mathbb{N})$ 是「上方有界的」且「下方有界的」。

說明：令 $\mathscr{L} = \lim\limits_{n \to \infty} c_n$ 為數列 $(c_n : n \in \mathbb{N})$ 的極限。如果我們選取誤差範圍 ε 為 5（可以選擇其他的正實數），則由極限的定義可知，存在一個相應的正整數 m 使得

$$\text{若 } n \geq m \text{ 則 } |c_n - \mathscr{L}| < \varepsilon = 5$$

這個敘述成立。因此，

$$\text{若 } n \geq m \text{ 則 } |c_n| = |c_n - \mathscr{L} + \mathscr{L}| \leq |c_n - \mathscr{L}| + |\mathscr{L}| < 5 + |\mathscr{L}| \text{ 成立}$$

現在我們選取正實數 M 使得

$$5 + |\mathscr{L}| \leq M \text{ 且 } |c_1| \leq M \text{ 且 } \cdots \text{ 且 } |c_m| \leq M$$

則 $|c_n| \leq M$ 對於所有的正整數 n 就都是成立的（如果 $n > m$，則 $|c_n| < 5 + |\mathscr{L}| \leq M$）。所以 $(c_n : n \in \mathbb{N})$ 是一個有界的數列。∎

由這個定理可知以下重要的收斂數列都是「有界的」。

1.　$(x^n : n \in \mathbb{N})$ 其中 $|x| < 1$。$\lim\limits_{n \to +\infty} x^n = 0$。

2.　$\left(\dfrac{x^n}{n!} : n \in \mathbb{N} \right)$ 其中 x 是一個實數。$\lim\limits_{n \to +\infty} \dfrac{x^n}{n!} = 0$。

3.　$\left(P^{\frac{1}{n}} : n \in \mathbb{N} \right)$ 其中 P 是一個正實數。$\lim\limits_{n \to +\infty} P^{\frac{1}{n}} = 1$。

4.　$\left(\dfrac{\ln n}{n} : n \in \mathbb{N} \right)$。$\lim\limits_{n \to +\infty} \dfrac{\ln n}{n} = 0$。

　　補充：假設 $c > 0$，則 $\lim\limits_{n \to \infty} \dfrac{\ln n}{n^c} = 0$。

5.　$\left(n^{\frac{1}{n}} = \sqrt[n]{n} : n \in \mathbb{N} \right)$。$\lim\limits_{n \to \infty} n^{\frac{1}{n}} = \lim\limits_{n \to \infty} \sqrt[n]{n} = 1$。

6.　$(n^c \cdot u^n : n \in \mathbb{N})$ 其中 $0 < u < 1$ 而 c 是一個實數。$\lim\limits_{n \to \infty} (n^c \cdot u^n) = 0$。

7.　$\left(\left(1 + \dfrac{x}{n}\right)^n : n \in \mathbb{N} \right)$ 其中 x 是一個實數。$\lim\limits_{n \to \infty} \left(1 + \dfrac{x}{n}\right)^n = e^x$。

習題 7.1

判斷以下各題數列的極限。

1.　$a_n = \dfrac{5n + 7}{n^2 + 3}$。

2.　$a_n = \dfrac{5n^2 + 7}{n^2 + 3n}$。

3.　$a_n = 3 + \left(\dfrac{2}{5} \right)^n$。

4.　$a_n = \dfrac{\sin(2n)}{2^n}$。

5.　$a_n = \left(\dfrac{1}{3} \right)^n \cdot \sqrt{n}$。

6.　$a_n = \left(\dfrac{-1}{2}\right)^n \cdot \sqrt{n}$。

7.　$a_n = \dfrac{\ln n}{n}$。

8.　$a_n = \dfrac{3 \cdot \ln n}{\sqrt{n}}$。

9.　$a_n = \left(1 + \dfrac{3}{n}\right)^n$。

10.　$c_n = \left(\dfrac{n-3}{n+3}\right)^n$。

第 2 節　級數收斂的基本觀念、絕對收斂級數

在本節中我們首先介紹數列的上界與下界的觀念，接著我們介紹最小上界與最大下界的觀念。然後我們介紹關鍵的實數系的完備性定理（定理 7.2.2），以及這個定理在遞增數列與非負值級數的應用：定理 7.2.4 與定理 7.2.6。

由定理 7.2.6 衍生出一個常用的積分檢驗法（定理 7.2.7）。這個積分檢驗法可以用來判斷 $\displaystyle\sum_{k=1}^{\infty} \dfrac{1}{k^p}$ 這種類型的級數何時會收斂。知道這些基本的級數的收斂或發散性質後，我們接著介紹比較定理（定理 7.2.8）。

最後我們介紹絕對收斂級數的觀念與基本定理（定理 7.2.9）、交錯級數的收斂定理（定理 7.2.10）。絕對收斂這個觀念對於下一節中有關冪級數的收斂問題的討論是非常重要的。

定義 7.2.1　假設 S 是實數系 $\mathbb{R}$ 的一個子集合：S 中的所有元素都是實數，而且 S 不是空集合：S 中至少有一個元素。

(1) 如果實數 a 滿足以下條件

$$a \le x \quad \text{對於 } S \text{ 中的任意元素 } x \text{ 都成立}$$

我們就說 a 是集合 S 的一個**下界**（lower bound）。

(2) 如果實數 b 滿足以下條件

$$x \le b \quad \text{對於 } S \text{ 中的任意元素 } x \text{ 都成立}$$

我們就說 b 是集合 S 的一個**上界**（upper bound）。

(3) 假設 A 是「S 的所有下界」所形成的集合。如果 ℓ 是 A 中的最大元素，我們就說 ℓ 是 S 的**最大下界**（greatest lower bound）。

(4) 假設 B 是「S 的所有上界」所形成的集合。如果 u 是 B 中的最小元素，我們就說 u 是 S 的**最小上界**（least upper bound）。

說明：「S 的所有下界」所形成的集合 A 具有以下性質：

如果 $\alpha \le a$ 而且 $a \in A$，則 $\alpha \in A$（如果 $\alpha \le$「S 的某個下界 a」，則 α 必然是「S 的一個下界」）。

所以 A 有兩種可能：「A 是空集合」或「A 中有無窮多個元素」（如果 A 中至少有一個元素 a，則所有小於 a 的實數都是 A 中的元素）。

「S 的所有上界」所形成的集合 B 具有以下性質：

> 如果 $b \leq \beta$ 而且 $b \in B$，則 $\beta \in B$（如果「S 的某個上界 b」$\leq \beta$，則 β 必然是「S 的一個上界」）。

所以 B 有兩種可能：「B 是空集合」或「B 中有無窮多個元素」（如果 B 中至少有一個元素 b，則所有大於 b 的實數都是 B 中的元素）。　∎

範例 1　假設 S 是所有正整數所形成的集合 $\mathbb{N}$。(A) 試求 S 的所有下界所形成的集合。(B) 試求 S 的所有上界所形成的集合。

說明：S 的所有下界所形成的集合是 $(-\infty, 1]$，但是 S 沒有上界。因此 S 的所有上界所形成的集合是空集合。

延伸學習 1　假設 $S = \left\{ \dfrac{n}{n+1} : n \in \mathbb{N} \right\}$。(A) 試求 S 的所有下界所形成的集合。(B) 試求 S 的所有上界所形成的集合。

解答：由於 n 是正整數，所以 $\dfrac{n}{n+1} = 1 - \dfrac{1}{n+1}$ 滿足以下估計

$$\frac{1}{2} = 1 - \frac{1}{1+1} \leq 1 - \frac{1}{n+1} = \frac{n}{n+1} < 1$$

而且

$$\lim_{n \to \infty} \frac{n}{n+1} = \lim_{n \to \infty} \left[1 - \frac{1}{n+1} \right] = 1$$

因此，(A) S 的所有下界所形成的集合是 $(-\infty, \dfrac{1}{2}]$。(B) S 的所有上界所形成的集合是 $[1, +\infty)$。

> **定理 7.2.2**　（實數系的完備性定理）
>
> 假設 S 是實數系 $\mathbb{R}$ 的一個子集合而且 S 不是空集合，則以下結果成立。
>
> (1) 如果有一個「S 的上界」存在，則所有「S 的上界」之中會存在一個最小的（「S 的最小上界」是存在的）。
>
> (2) 如果有一個「S 的下界」存在，則所有「S 的下界」之中會存在一個最大的（「S 的最大下界」是存在的）。

說明：本定理常被稱為**實數系的完備性定理**（Completeness of the Real Number System）。這是一個深刻的定理。在許多書中，本定理被稱為**公理**（Axiom）。在微積分課程中，讀者可以將這個定理視為

「物理定律」或公理，著重於這個定理的應用。

(1)　令 B 代表所有「S 的上界」所形成的集合：
$$B = \{b \in \mathbb{R} : x \leq b, \forall x \in S\}$$

　　結果 (1) 的內容就是：如果 B 不是空集合，則 B 中必定存在最小元素。這個元素就是「S 的最小上界」。

(2)　令 A 代表所有「S 的下界」所形成的集合：
$$A = \{a \in \mathbb{R} : a \leq x, \forall x \in S\}$$

　　結果 (2) 的內容就是：如果 A 不是空集合，則 A 中必定存在最大元素，這個元素就是「S 的最大下界」。

　　本定理的敘述 (1) 與敘述 (2) 其實是等價的：敘述 (1) 對於實數系的每個子集合都成立 ⇔ 敘述 (2) 對於實數系的每個子集合都成立。原因如下：令
$$-S = \{-x : x \in S\}$$
則以下結果成立。

$$b \text{ 是 } S \text{ 的上界} \Leftrightarrow -b \text{ 是 } -S \text{ 的下界}$$

$$u \text{ 是 } S \text{ 的最小上界} \Leftrightarrow -u \text{ 是 } -S \text{ 的最大下界}$$

所以敘述 (1) 與敘述 (2) 是等價的。　∎

　　實數系的完備性定理（定理 7.2.2）所適用的對象可以是很複雜的集合。例如：
$$S = \{\sin n : n \in \mathbb{N}\}$$
由於正整數 n 不會是 $\dfrac{\pi}{2}$ 的倍數，所以 $\sin n$ 取值不會出現 -1 或 $+1$。但是 $-1 < \sin n < +1$，所以 -1 是集合 S 的一個下界，而且 $+1$ 是集合 S 的一個上界。因此實數系的完備性定理告訴我們：「S 的最大下界」存在而且「S 的最小上界」存在（雖然 S 是個複雜的集合）。

定理 7.2.3　假設 S 是實數系 $\mathbb{R}$ 的一個非空子集合：S 不是空集合。假設 u 是一個實數，則 u 恰好是 S 的最小上界的條件就是以下兩個敘述同時成立。

(1)　u 是 S 的一個上界：$x \leq u$ 對於 S 的每個元素 x 都成立。

(2)　任意指定一個正實數 $\varepsilon > 0$，則 S 中至少存在一個相應的元素　$x \in S$ 滿足以下不等式
$$u - \varepsilon < x \text{（注意 } x \leq u \text{ 必然成立）}$$

說明：

($\Rightarrow$) 假設 u 是 S 的最小上界，則敘述 (1) 自然成立。對於任意指定的正實數 $\varepsilon > 0$，$u - \varepsilon$ 不可能是 S 的上界（因為 u 已經是 S 的「最小的」上界）。所以 S 中至少有一個元素不符合 $x \le u - \varepsilon$，因此 $u - \varepsilon < x$。

($\Leftarrow$) 假設敘述 (1) 與敘述 (2) 都成立，由敘述 (1) 可知 u 是 S 的一個上界。現在我們要使用反證法證明：$u \le$「S 的任意一個上界 w」。

假設 w 是 S 的一個上界，如果 $u \le w$ 不成立，則 $w < u$。但是由敘述 (2) 可知（選取 $\varepsilon = u - w > 0$）：

> 存在 $x \in S$ 滿足 $u - \varepsilon < x \le u$

其中 $u - \varepsilon$ 恰好是 w。但這樣的推論明顯與「w 是 S 的上界」這個假設矛盾，所以 $w < u$ 不可能發生。這就表示：$u \le w$ 必定成立。因此 u 確實是 S 的最小上界。∎

定理 7.2.4　假設 $(c_n : n \in \mathbb{N})$ 是一個遞增數列（所以數列的第一項 c_1 就是數列本身的最大下界），則以下結果成立。

(1) 如果數列 $(c_n : n \in \mathbb{N})$ 沒有上界，則這個數列必定發散（到 $+\infty$）。

(2) 如果數列 $(c_n : n \in \mathbb{N})$ 是上方有界的：

存在實數 b 為集合 $S = \{c_n : n \in \mathbb{N}\}$ 的上界

則數列 $(c_n : n \in \mathbb{N})$ 必定收斂。

說明：定理 7.1.9 告訴我們：收斂的數列必然是上方有界的而且下方有界的。由於 $(c_n : n \in \mathbb{N})$ 是遞增數列，所以已有（最大）下界 c_1。因此「具有上界」就成為數列 $(c_n : n \in \mathbb{N})$ 收斂的必要條件：如果 $(c_n : n \in \mathbb{N})$ 沒有上界，則數列 $(c_n : n \in \mathbb{N})$ 必定發散，這就是敘述 (1)。

以下我們證明敘述 (2)。假設數列 $(c_n : n \in \mathbb{N})$ 有上界 b，則由「實數系的完備性定理（定理 7.2.2）」可知集合

$$S = \{c_n : n \in \mathbb{N}\}$$

會有最小上界。我們假設這個最小上界為 u。則由定理 7.2.3 可知，對於所指定的（誤差範圍）正實數 $\varepsilon > 0$，在 S 中存在某個元素 c_m 使得

$$u - \varepsilon < c_m \le u$$

成立。由於 $(c_n : n \in \mathbb{N})$ 是遞增數列，我們發現

如果 $n \geq m$，則 $u - \varepsilon < c_m \leq c_n \leq u$ 成立，因此 $|c_n - u| < \varepsilon$。

這個結果顯示：$\lim\limits_{n \to +\infty} c_n = u$ 的數學條件成立。所以 $(c_n : n \in \mathbb{N})$ 會收斂到數列本身（集合 S）的最小上界。　■

級數

假設 $(c_n : n \in \mathbb{N})$ 是一個數列，我們可以由這個數列定義一個由「**部分和**（partial sums）s_n」所組成的數列如下：

$$\left(s_n = \sum_{k=1}^{n} c_k : n \in \mathbb{N} \right)$$

(1) 如果數列 $(s_n : n \in \mathbb{N})$ 收斂到實數 $\mathscr{L}$：$\lim\limits_{n \to \infty} s_n = \mathscr{L}$，則我們說**級數**（series）

$$\sum_{k=1}^{\infty} c_k \text{ 收斂到 } \mathscr{L} \text{ 或 } \sum_{k=1}^{\infty} c_k = \mathscr{L}$$

(2) 如果數列 $(s_n : n \in \mathbb{N})$ 發散，則我們說級數

$$\sum_{k=1}^{\infty} c_k \text{ 發散}$$

因此「級數的收斂」與「部分和數列的收斂」密切相關：

$$\sum_{k=1}^{\infty} c_k = \lim_{n \to +\infty} s_n = \lim_{n \to +\infty} \sum_{k=1}^{n} c_k$$

最基本的級數是幾何級數（等比級數）：

如果 $|x| < 1$，則 $\lim\limits_{n \to +\infty} x^n = 0$ 而且

$$1 + \sum_{k=1}^{\infty} x^k = \lim_{n \to +\infty} (1 + \sum_{k=1}^{n} x^k) = \lim_{n \to +\infty} \frac{x^{n+1} - 1}{x - 1} = \frac{1}{1-x}$$

如果 $|x| > 1$，則 $\lim\limits_{n \to +\infty} x^n$ 發散而且

$$1 + \sum_{k=1}^{\infty} x^k = \lim_{n \to +\infty} (1 + \sum_{k=1}^{n} x^n) = \lim_{n \to +\infty} \frac{x^{n+1} - 1}{x - 1} \text{ 發散}$$

定理 7.2.5　假設 $(c_n : n \in \mathbb{N})$ 是一個數列。如果級數 $\sum\limits_{k=1}^{\infty} c_k$ 收斂：$\left(s_n = \sum\limits_{k=1}^{n} c_k : n \in \mathbb{N} \right)$ 收斂，則

$$\lim_{n \to \infty} c_n = 0$$

說明：假設 $\mathscr{L}$ 是 $(s_n : n \in \mathbb{N})$ 的極限。則定理 7.2.5 可以如下導出：

$$\begin{aligned} \lim_{n \to +\infty} c_n &= \lim_{n \to +\infty} (s_n - s_{(n-1)}) \\ &= \lim_{n \to +\infty} s_n - \lim_{n \to +\infty} s_{(n-1)} \\ &= \mathscr{L} - \mathscr{L} = 0 \end{aligned}$$

定理 7.2.5 可以反面敘述如下：

假設 $(c_n : n \in \mathbb{N})$ 是一個數列。如果 $\lim\limits_{n \to \infty} c_n \neq 0$，則級數 $\sum\limits_{k=1}^{\infty} c_k$ 必定發散。

注意：$\lim\limits_{n \to \infty} c_n = 0$ 是級數 $\sum\limits_{k=1}^{\infty} c_k$ 收斂的必要條件而不是充分條件。以下是典型的例子（使用了以後的定理 7.2.7）。

令 $a_n = \dfrac{1}{n}$ 且 $b_n = \dfrac{1}{n^2}$。則 $\lim\limits_{n \to \infty} a_n = 0$ 且 $\lim\limits_{n \to \infty} b_n = 0$。但由積分檢驗法（定理 7.2.7）可知：$\sum\limits_{k=1}^{\infty} a_k$ 發散（範例 3）可是 $\sum\limits_{k=1}^{\infty} b_k$ 收斂（範例 4）。

請讀者特別留意。 ■

範例 2 試應用定理 7.2.5 說明下列級數發散。

(A) $\sum\limits_{k=1}^{\infty} 1^k$。 (B) $\sum\limits_{k=1}^{\infty} (-1)^k$。 (C) $\sum\limits_{k=1}^{\infty} \dfrac{k}{2k+3}$。

說明：

(A) $\lim\limits_{n \to +\infty} 1^n = 1 \neq 0$。

(B) $\lim\limits_{n \to +\infty} (-1)^n$ 發散，所以極限不是 0。

計算技巧：
將分子、分母同時除以 n 就得到
$\dfrac{n}{2n+3} = \dfrac{1}{2 + \dfrac{3}{n}}$。

(C) $\lim\limits_{n \to +\infty} \dfrac{n}{2n+3} = \lim\limits_{n \to +\infty} \dfrac{1}{2 + \dfrac{3}{n}} = \dfrac{1}{2} \neq 0$。

因此由定理 7.2.5 可知以上三個級數都發散。

定理 7.2.6 假設 $(c_n : n \in \mathbb{N})$ 是一個由非負實數構成的數列：
$$c_n \geq 0 \,,\, \forall n \in \mathbb{N}$$
如果級數 $\sum\limits_{k=1}^{\infty} c_k$ 是上方有界的：部分和數列
$$\left(s_n = \sum_{k=1}^{n} c_k : n \in \mathbb{N} \right) \text{ 是上方有界的}$$
則級數 $\sum\limits_{k=1}^{\infty} c_k$ 收斂：
$$\lim_{n \to \infty} s_n = \lim_{n \to \infty} \sum_{k=1}^{n} c_k \text{ 極限存在}$$

注意：如果 $\sum\limits_{k=1}^{\infty} c_k$ 收斂：$(s_n : n \in \mathbb{N})$ 收斂，則由定理 7.1.9 可知 $(s_n : n \in \mathbb{N})$ 是上方有界的且下方有界的。所以 $(s_n : n \in \mathbb{N})$ 是上方有界的這個條件是級數 $\sum\limits_{k=1}^{\infty} c_k$ 收斂的必要條件。

說明： 本定理其實是定理 7.2.4 的直接應用。由於每個 c_n 都 ≥ 0，所以數列 $(s_n : n \in \mathbb{N})$ 其實是一個遞增數列：

注意：$c_{(n+1)} \geq 0$。

$$s_n = \sum_{k=1}^{n} c_k \leq \left[\sum_{k=1}^{n} c_k \right] + c_{(n+1)} = \sum_{k=1}^{n+1} c_k = s_{(n+1)}$$

應用定理 7.2.4 到 $(s_n : n \in \mathbb{N})$ 這個遞增數列就可以得到定理 7.2.6。

定理 7.2.7　積分檢驗法（Integral Test）

假設 f 是一個定義在無限區間 $[1, \infty)$ 上的遞減函數而且 f 的函數值恆為正值。則以下結果成立：

$$級數 \sum_{k=1}^{\infty} f(k) = \lim_{n \to \infty} \sum_{k=1}^{n} f(k) \text{ 收斂}$$
$$\Leftrightarrow 積分 \int_1^{\infty} f(x) \cdot dx = \lim_{n \to \infty} \int_1^{n+1} f(x) \cdot dx \text{ 收斂}$$

說明：我們定義數列 $(u_n : n \in \mathbb{N})$ 如下：$u_n \equiv \int_n^{n+1} f(x) \cdot dx \geq 0$（因為 $f \geq 0$）。由於 f 是遞減函數，因此對於任意 $k \in \mathbb{N}$，

$$f(k+1) = \int_k^{k+1} f(k+1) \cdot dx \leq u_k$$
$$\equiv \int_k^{k+1} f(x) \cdot dx \leq \int_k^{k+1} f(k) \cdot dx = f(k)$$

成立。參考圖 7.2.1。

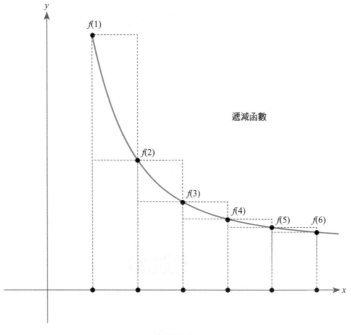

圖 7.2.1

所以 $f(k+1) \leq u_k \leq f(k)$ 而且

$$\sum_{k=1}^{n} f(k+1) \leq \sum_{k=1}^{n} u_k = \sum_{k=1}^{n} \int_k^{k+1} f(x) \cdot dx = \int_1^{n+1} f(x) \cdot dx \leq \sum_{k=1}^{n} f(k)$$

將以上的兩個不等式分別表示如下：

$$\sum_{q=2}^{n+1} f(q) = \sum_{k=1}^{n} f(k+1) \leq \sum_{k=1}^{n} u_k = \int_1^{n+1} f(x) \cdot dx$$

而且

$$\sum_{k=1}^{n} u_k = \int_{1}^{n+1} f(x) \cdot dx \le \sum_{k=1}^{n} f(k)$$

可以發現

$$\sum_{k=1}^{n} u_k = \int_{1}^{n+1} f(x) \cdot dx \le \sum_{k=1}^{n} f(k) \le f(1) + \sum_{q=2}^{n+1} f(q) \le f(1) + \int_{1}^{n+1} f(x) \cdot dx$$

由此可知：如果 $\displaystyle\lim_{n\to\infty} \int_{1}^{n+1} f(x) \cdot dx$ 收斂，則 $\displaystyle f(1) + \int_{1}^{\infty} f(x) \cdot dx =$ $\displaystyle\lim_{n\to\infty}\left[f(1) + \int_{1}^{n+1} f(x) \cdot dx\right]$ 是部分和數列

$$\left(s_n = \sum_{k=1}^{n} f(k) : n \in \mathbb{N} \right) \ 其中 f(k) \ge 0 ， \forall k \in \mathbb{N}$$

的一個上界。因此，由定理 7.2.6 可知級數 $\displaystyle\sum_{k=1}^{\infty} f(k) = \lim_{n\to\infty} \sum_{k=1}^{n} f(k)$ 收斂。反之，如果級數 $\displaystyle\sum_{k=1}^{\infty} f(k) = \lim_{n\to\infty} \sum_{k=1}^{n} f(k)$ 收斂，則 $\displaystyle\sum_{k=1}^{\infty} f(k) = \lim_{n\to\infty} \sum_{k=1}^{n} f(k)$ 是部分和數列

$$\left(\int_{1}^{n+1} f(x) \cdot dx = \sum_{k=1}^{n} u_k : n \in \mathbb{N} \right)$$

的一個上界。因此，由定理 7.2.6 可知 $\displaystyle\lim_{n\to\infty} \int_{1}^{n+1} f(x) \cdot dx = \lim_{n\to\infty} \sum_{k=1}^{n} u_k$ 收斂。 ∎

範例 3　試應用積分檢驗法（定理 7.2.7）說明級數

$$\sum_{k=1}^{\infty} \frac{1}{k} = \lim_{n\to\infty}\left(\frac{1}{1} + \frac{1}{2} + \frac{1}{3} + \cdots + \frac{1}{n} \right)$$

發散。

說明：令 $f(x) = \dfrac{1}{x} > 0$ 其中 $x \in (0, +\infty)$。則 $f(n) = \dfrac{1}{n}$，而且 $\displaystyle\sum_{k=1}^{\infty} \frac{1}{k} = \sum_{k=1}^{\infty} f(k)$。但是

$$\lim_{n\to\infty} \int_{1}^{n} f(x) \cdot dx = \lim_{n\to\infty} \int_{1}^{n} \frac{1}{x} \cdot dx = \lim_{n\to\infty} (\ln n) = +\infty$$

發散。因此由積分檢驗法（定理 7.2.7）可知級數 $\displaystyle\sum_{k=1}^{\infty} \frac{1}{k}$ 發散（到 $+\infty$）。

範例 4　假設 $p > 1$。試應用積分檢驗法說明級數

$$\sum_{k=1}^{\infty} \frac{1}{k^p} = \lim_{n\to\infty}\left[\frac{1}{1^p} + \frac{1}{2^p} + \cdots + \frac{1}{n^p} \right]$$

收斂。

說明：令 $f(x) = \dfrac{1}{x^p} > 0$ 其中 $x \in (0, \infty)$。則 $f(x)$ 在區間 $[1, \infty)$ 上是遞減函數而且 $\displaystyle\sum_{k=1}^{\infty} \frac{1}{k^p} = \sum_{k=1}^{\infty} f(k)$。由 $p > 1$ 可知 $\displaystyle\lim_{n\to\infty} n^{(-p+1)} = \lim_{n\to\infty} \frac{1}{n^{(p-1)}} = 0$，因此

$$\int_{1}^{\infty} f(x) \cdot dx = \lim_{n\to\infty} \int_{1}^{n} f(x) \cdot dx = \lim_{n\to\infty} \int_{1}^{n} \frac{1}{x^p} \cdot dx$$
$$= \lim_{n\to\infty} \frac{n^{(-p+1)} - 1}{-p+1} = \frac{0-1}{-p+1} \ 收斂$$

由積分檢驗法（定理 7.2.7）可知級數 $\displaystyle\sum_{k=1}^{\infty} \frac{1}{k^p}$ 收斂。

延伸學習 2 假設 $0 < p < 1$。應用積分檢驗法說明

$$\sum_{k=1}^{\infty} \frac{1}{k^p} = \lim_{n \to \infty} \left[\frac{1}{1^p} + \frac{1}{2^p} + \cdots + \frac{1}{n^p} \right]$$

發散。

解答： 令 $f(x) = \dfrac{1}{x^p} > 0$ 其中 $x \in (0, \infty)$。則 $f(x)$ 在區間 $[1, \infty)$ 上是遞減函數而且 $\sum\limits_{k=1}^{\infty} \dfrac{1}{k^p} = \sum\limits_{k=1}^{\infty} f(k)$。由 $p < 1$ 可知 $\lim\limits_{n \to \infty} n^{(-p+1)} = \infty$，因此

$$\int_1^{\infty} f(x) \cdot dx = \lim_{n \to \infty} \int_1^n f(x) \cdot dx = \lim_{n \to \infty} \int_1^n \frac{1}{x^p} \cdot dx$$

$$= \lim_{n \to \infty} \frac{n^{(-p+1)} - 1}{-p + 1} = \infty \text{ 發散}$$

由積分檢驗法（定理 7.2.7）可知級數 $\sum\limits_{k=1}^{\infty} \dfrac{1}{k^p}$ 發散。

結論：

如果 $0 < p \leq 1$，則級數 $\sum\limits_{k=1}^{\infty} \dfrac{1}{k^p} = \lim\limits_{n \to \infty} \left[\dfrac{1}{1^p} + \dfrac{1}{2^p} + \cdots + \dfrac{1}{n^p} \right]$ 發散。

如果 $p > 1$，則級數 $\sum\limits_{k=1}^{\infty} \dfrac{1}{k^p} = \lim\limits_{n \to \infty} \left[\dfrac{1}{1^p} + \dfrac{1}{2^p} + \cdots + \dfrac{1}{n^p} \right]$ 收斂。

定理 7.2.8（正實數級數的比較定理）

假設 $(a_n : n \in \mathbb{N})$ 與 $(b_n : n \in \mathbb{N})$ 是由正實數所形成的兩個數列，而且

$$\lim_{n \to \infty} \frac{a_n}{b_n} \text{ 極限存在}$$

如果級數

$$\sum_{k=1}^{\infty} b_k = \lim_{n \to \infty} \sum_{k=1}^{n} b_k \text{ 收斂}$$

則級數 $\sum\limits_{k=1}^{\infty} a_k = \lim\limits_{n \to \infty} \sum\limits_{k=1}^{n} a_k$ 收斂。

說明： 令 $\mathscr{L} = \lim\limits_{n \to \infty} \dfrac{a_n}{b_n}$，則由極限的定義可知：對於指定的誤差範圍 $\varepsilon > 0$，存在相應的正整數 n_ε 使得

$$\text{如果 } n \geq n_\varepsilon \text{，則 } \left| \frac{a_n}{b_n} - \mathscr{L} \right| < \varepsilon \Rightarrow \frac{a_n}{b_n} < \mathscr{L} + \varepsilon$$

成立。現在我們選擇 $\varepsilon = 1 > 0$。則由以上條件可知：存在相應的正整數 m 使得

$$\text{如果 } n \geq m \text{，則 } \frac{a_n}{b_n} < \mathscr{L} + 1 \Leftrightarrow a_n < (\mathscr{L} + 1) \cdot b_n$$

成立。

令 $M = a_1 + \cdots + a_m = \sum_{k=1}^{m} a_k$。由以上結果可知：如果 $n > m$，則

$$\sum_{k=1}^{n} a_k = \sum_{k=1}^{m} a_k + \sum_{k=m+1}^{n} a_k \leq M + \sum_{k=m+1}^{n} (\mathcal{L} + 1) \cdot b_k$$

$$= M + (\mathcal{L} + 1) \cdot \sum_{k=m+1}^{n} b_k \leq M + (\mathcal{L} + 1) \cdot \sum_{k=1}^{\infty} b_k$$

注意：如果 $n \leq m$，則以上估計

$$\sum_{k=1}^{n} a_k \leq \sum_{k=1}^{m} a_k \leq M \leq M + (\mathcal{L} + 1) \cdot \sum_{k=1}^{\infty} b_k$$

自然成立。綜合這些結果，我們知道部分和數列

$$\left(\sum_{k=1}^{n} a_k : n \in \mathbb{N} \right) \text{ 具有上界 } M + (\mathcal{L} + 1) \cdot \sum_{k=1}^{\infty} b_k$$

因此由定理 7.2.6 可知級數 $\sum_{k=1}^{\infty} a_k$ 收斂。 ∎

注意：定理 7.2.8 還有一種常用的反面敘述如下。

正實數級數的比較定理（反面敘述）

假設 $(a_n : n \in \mathbb{N})$ 與 $(b_n : n \in \mathbb{N})$ 是由正實數所形成的兩個數列，而且

$$\lim_{n \to \infty} \frac{a_n}{b_n} \text{ 極限存在}$$

如果級數

$$\sum_{k=1}^{\infty} a_k = \lim_{n \to \infty} \sum_{k=1}^{n} a_k \text{ 發散（到 } +\infty\text{）}$$

則級數 $\sum_{k=1}^{\infty} b_k = \lim_{n \to \infty} \sum_{k=1}^{n} b_k$ 發散（到 $+\infty$）。

範例 5 試應用定理 7.2.8 說明級數 $\sum_{k=1}^{\infty} \dfrac{1}{7 + 3k + k^2}$ 收斂。提示：$\sum_{k=1}^{\infty} \dfrac{1}{k^2}$ 收斂。

說明：令 $a_k = \dfrac{1}{7 + 3k + k^2} > 0$ 且 $b_k = \dfrac{1}{k^2} > 0$。則

$$\lim_{k \to \infty} \frac{a_k}{b_k} = \lim_{k \to \infty} \frac{k^2}{7 + 3k + k^2}$$

$$= \lim_{k \to \infty} \frac{1}{\dfrac{7}{k^2} + \dfrac{3}{k} + 1} = \frac{1}{1} = 1$$

計算技巧：
將分子、分母同時除以 k^2 就得到
$\dfrac{k^2}{7 + 3k + k^2} = \dfrac{1}{\dfrac{7}{k^2} + \dfrac{3}{k} + 1}$。

而且 $\sum_{k=1}^{\infty} \dfrac{1}{k^2}$ 是一個收斂級數（$p = 2 > 1$）。因此，由定理 7.2.8 可知，級數 $\sum_{k=1}^{\infty} \dfrac{1}{7 + 3k + k^2}$ 收斂。

延伸學習 3 試應用定理 7.2.8 說明級數 $\sum_{k=1}^{\infty} \dfrac{\ln k}{7 + k + 3k^2}$ 收斂。

提示：$\displaystyle\sum_{k=1}^{\infty} k^{\frac{-3}{2}}$ 收斂。

解答： 令 $a_k = \dfrac{\ln k}{7 + k + 3k^2} > 0$ 且 $b_k = k^{\frac{-3}{2}} > 0$。則

$$\lim_{k \to \infty} \frac{a_k}{b_k} = \lim_{k \to \infty} \frac{k^{\frac{3}{2}} \cdot (\ln k)}{7 + k + 3k^2}$$

$$= \lim_{k \to \infty} \frac{\dfrac{\ln k}{\sqrt{k}}}{\dfrac{7}{k^2} + \dfrac{1}{k} + 3} = \frac{0}{0 + 0 + 3} = 0$$

但是 $\displaystyle\sum_{k=1}^{\infty} k^{\frac{-3}{2}}$ 是一個收斂級數（$p = \dfrac{3}{2} > 1$）。因此，由定理 7.2.8 可知，級數 $\displaystyle\sum_{k=1}^{\infty} \frac{\ln k}{7 + k + 3k^2}$ 收斂。

計算技巧：
如果 $r > 0$，則 $\displaystyle\lim_{k \to \infty} \frac{\ln k}{k^r} = 0$。

範例 6 試應用定理 7.2.8 說明級數 $\displaystyle\sum_{k=1}^{\infty} \frac{\ln(k + 1)}{k + 1}$ 發散。

說明： 令 $a_k = \dfrac{1}{k + 1} > 0$ 且 $b_k = \dfrac{\ln(k + 1)}{k + 1} > 0$。則

$$\lim_{k \to \infty} \frac{a_k}{b_k} = \lim_{k \to \infty} \frac{1}{\ln(k + 1)} = 0$$

但是 $\displaystyle\sum_{k=1}^{\infty} a_k = \sum_{k=1}^{\infty} \frac{1}{k + 1} = +\infty$ 是一個發散級數（範例 3）。因此由定理 7.2.8 的反面敘述可知級數 $\displaystyle\sum_{k=1}^{\infty} \frac{\ln(k + 1)}{k + 1}$ 發散。

絕對收斂級數

假設 $(c_n : n \in \mathbb{N})$ 是一個數列。我們可以使用這個數列中「每個項 c_n 的絕對值 $|c_n|$」來建造一個（取值恆 ≥ 0）數列 $(|c_n| : n \in \mathbb{N})$。如果

$$\text{級數 } \sum_{k=1}^{\infty} |c_k| \text{ 收斂}$$

我們就稱原級數 $\displaystyle\sum_{k=1}^{\infty} c_k$ 為**絕對收斂**（absolutely convergent）級數。

定理 7.2.9（絕對收斂級數必然是收斂級數）

假設 $(c_n : n \in \mathbb{N})$ 是一個數列而且

$$\sum_{k=1}^{\infty} c_k \text{ 是絕對收斂級數：} \sum_{k=1}^{\infty} |c_k| \text{ 收斂}$$

則級數 $\displaystyle\sum_{k=1}^{\infty} c_k$ 是一個收斂級數。

說明： 令 $a_k = |c_k| + c_k \geq 0$ 且 $b_k = |c_k| \geq 0$，則

$$c_k = (|c_k| + c_k) - |c_k| = a_k - b_k \text{ 而且 } \sum_{k=1}^{n} c_k = \sum_{k=1}^{n} a_k - \sum_{k=1}^{n} b_k$$

所以只要我們知道

$$\lim_{n \to +\infty} \sum_{k=1}^{n} a_k \text{ 收斂而且 } \lim_{n \to +\infty} \sum_{k=1}^{n} b_k \text{ 收斂}$$

則 $\lim\limits_{n\to\infty} \sum\limits_{k=1}^{n} c_k = \left[\lim\limits_{n\to\infty} \sum\limits_{k=1}^{n} a_k \right] - \left[\lim\limits_{n\to\infty} \sum\limits_{k=1}^{n} b_k \right]$ 就會收斂。已知

$$\lim\limits_{n\to\infty} \sum\limits_{k=1}^{n} b_k = \lim\limits_{n\to\infty} \sum\limits_{k=1}^{n} |c_k| \text{ 收斂}$$

所以還需要說明 $\lim\limits_{n\to+\infty} \sum\limits_{k=1}^{n} a_k$ 會收斂。由於 $-|c_k| \le c_k \le |c_k|$，我們得知

$$0 \le |c_k| + c_k = a_k \le |c_k| + |c_k| \Rightarrow \sum\limits_{k=1}^{n} a_k \le 2 \cdot \sum\limits_{k=1}^{n} |c_k|$$

這表示：所有的 a_n 都 ≥ 0 而且部分和數列

$$\left(\sum\limits_{k=1}^{n} a_k : n \in \mathbb{N} \right) \text{具有上界} 2 \cdot \sum\limits_{k=1}^{\infty} |c_k|$$

所以由定理 7.2.6 可知 $\lim\limits_{n\to+\infty} \sum\limits_{k=1}^{n} a_k$ 收斂。這就證明了 $\lim\limits_{n\to\infty} \sum\limits_{k=1}^{n} c_k$ 確實收斂。 ∎

範例 7 試說明 $\sum\limits_{k=1}^{\infty} \dfrac{(-1)^k}{k^3}$ 是收斂級數。

說明：令 $c_k = \dfrac{(-1)^k}{k^3}$。則由範例 4 可知

$$\sum\limits_{k=1}^{\infty} |c_k| = \sum\limits_{k=1}^{\infty} \frac{1}{k^3}$$

是收斂級數。但定理 7.2.9 告訴我們：絕對收斂級數必然是收斂級數。因此 $\sum\limits_{k=1}^{\infty} \dfrac{(-1)^k}{k^3}$ 是收斂級數。

定理 7.2.10（交錯級數的收斂定理）
假設 $(c_n \ge 0 : n \in \mathbb{N})$ 是一個遞減數列。如果

$$\lim\limits_{n\to\infty} c_n = 0$$

則交錯級數 $\sum\limits_{k=1}^{\infty} (-1)^{k+1} \cdot c_k$ 收斂。

說明：由於 $(c_n \ge 0 : n \in \mathbb{N})$ 是一個遞減數列，我們可以定義一個由非負實數所構成的數列 $(u_n \ge 0 : n \in \mathbb{N})$ 如下：

$$u_n \equiv c_{(2n-1)} - c_{2n} \ge 0$$

注意：對應於這個數列的部分和數列 $\left(\sum\limits_{k=1}^{n} u_k : n \in \mathbb{N} \right)$ 是一個遞增數列（因為 $u_k \ge 0$）。由於

$$c_m \ge c_{(m+1)} \text{ 因而 } c_m - c_{(m+1)} \ge 0 \text{ 對所有的 } m \in \mathbb{N} \text{ 都成立}$$

我們發現

$$\sum\limits_{k=1}^{n} u_k = \sum\limits_{k=1}^{n} [c_{(2k-1)} - c_{2k}] = c_1 - [c_2 - c_3] - \cdots - [c_{(2n-2)} - c_{(2n-1)}] - c_{2n}$$
$$\le c_1 - c_{2n} \le c_1$$

這表示：c_1 是遞增數列 $\left(\sum\limits_{k=1}^{n} u_k : n \in \mathbb{N} \right)$ 的一個上界。因此，由定理 7.2.6 可知

$$（做和到偶數項）\lim_{n\to\infty}\sum_{k=1}^{2n}(-1)^{k+1}\cdot c_k=\lim_{n\to\infty}\sum_{k=1}^{n}u_k$$

收斂。但由條件 $\lim_{n\to\infty}c_n=0$ 可知

$$\lim_{n\to\infty}\sum_{k=1}^{2n+1}(-1)^{k+1}\cdot c_k=\lim_{n\to\infty}\sum_{k=1}^{2n}(-1)^{k+1}\cdot c_k+\lim_{n\to\infty}c_{2n+1}$$
$$=\lim_{n\to\infty}\sum_{k=1}^{2n}(-1)^{k+1}\cdot c_k+0$$
$$=\lim_{n\to\infty}\sum_{k=1}^{2n}(-1)^{k+1}\cdot c_k$$

因此

$$（做和到奇數項）\lim_{n\to\infty}\sum_{k=1}^{2n+1}(-1)^{k+1}\cdot c_k$$

與

$$（做和到偶數項）\lim_{n\to\infty}\sum_{k=1}^{2n}(-1)^{k+1}\cdot c_k$$

會收斂到共同的極限。所以交錯級數 $\displaystyle\sum_{k=1}^{\infty}(-1)^{k+1}\cdot c_k=\lim_{n\to\infty}\sum_{k=1}^{n}(-1)^{k+1}\cdot c_k$
收斂。 ∎

交錯級數的有限項和 $\displaystyle\sum_{k=1}^{n}(-1)^{k+1}\cdot c_k$ 與極限 $\displaystyle\sum_{k=1}^{\infty}(-1)^{k+1}\cdot c_k$ 之間的差滿足以下的估計結果。

> *交錯級數極限的估計：假設 $(c_n:n\in\mathbb{N})$ 是一個遞減數列而且所有的 c_n 都 ≥ 0。假設 $\lim_{n\to\infty}c_n=0$。令 $\mathscr{L}$ 代表交錯級數的極限：
> $$\mathscr{L}=\sum_{k=1}^{\infty}(-1)^{k+1}\cdot c_k=\lim_{n\to\infty}s_n \text{ 其中 } s_n=\sum_{k=1}^{n}(-1)^{k+1}\cdot c_k$$
> 則極限 $\mathscr{L}$ 與交錯級數的部分和 s_n 之間的誤差滿足以下估計
> $$|s_n-\mathscr{L}|\leq c_{(n+1)}$$

這個估計結果的證明可以沿著定理 7.2.10 的證明思路而得出。我們省略證明的細節。

範例 8 試應用定理 7.2.10 說明交錯級數
$$\sum_{k=1}^{\infty}(-1)\cdot\frac{(-1)^k}{k}=1-\frac{1}{2}+\frac{1}{3}-\frac{1}{4}+\cdots$$
收斂。

說明：令 $c_k=\dfrac{1}{k}>0$，則 $\left(c_k=\dfrac{1}{k}:k\in\mathbb{N}\right)$ 是一個**遞減數列**而且滿足條件
$$\lim_{n\to\infty}c_n=\lim_{n\to\infty}\frac{1}{n}=0$$

因此由定理 7.2.10 可知所求的**交錯級數**收斂。

> *補充：假設 $(c_n : n \in \mathbb{N})$ 是一個數列。如果級數
>
> $$\sum_{k=1}^{\infty} c_k = \lim_{n \to \infty} \sum_{k=1}^{n} c_k \text{ 收斂}$$
>
> 但是級數
>
> $$\sum_{k=1}^{\infty} |c_k| = \lim_{n \to \infty} \sum_{k=1}^{n} |c_k| \text{ 卻不收斂}$$
>
> 我們就稱級數 $\sum\limits_{k=1}^{\infty} c_k$ 為 **條件收斂級數**（conditionally convergent series）。

$\sum\limits_{k=1}^{\infty} \dfrac{(-1)^{k+1}}{k}$ 這個級數就是一個條件收斂級數。雖然 $\sum\limits_{k=1}^{\infty} \dfrac{(-1)^{k+1}}{k}$ 是收斂級數，但是

$$\sum_{k=1}^{\infty} \left| \frac{(-1)^{k+1}}{k} \right| = \sum_{k=1}^{\infty} \frac{1}{k} = +\infty$$

卻是一個發散級數（參考範例 3）。

習題 7.2

試判斷以下各題（1、2）數列是否是遞增數列。

1. $\left(\ln \dfrac{n}{n+3} : n \in \mathbb{N} \right)$。

2. $(\arctan n : n \in \mathbb{N})$。

試求以下各題（3、4）數列的所有上界所形成的集合。

3. $\left(\ln \dfrac{n}{n+3} : n \in \mathbb{N} \right)$。

4. $(\arctan n : n \in \mathbb{N})$。

試求以下各題（5、6）數列的最小上界。

5. $\left(\ln \dfrac{n}{n+3} : n \in \mathbb{N} \right)$。

6. $(\arctan n : n \in \mathbb{N})$。

假設數列 $(c_n : n \in \mathbb{N})$ 的定義如下：$c_1 = \sqrt{6}$，$c_{n+1} = \sqrt{6 + c_n}$，其中 $n \in \mathbb{N}$。所以 $c_1 = \sqrt{6}$、$c_2 = \sqrt{6 + \sqrt{6}}$、$c_3 = \sqrt{6 + \sqrt{6 + \sqrt{6}}}$、$\cdots$。試做以下各題（7、8、9）。

7. 證明這個數列是遞增數列。

8. 證明 5 是這個數列的一個上界（提示：使用數學歸納法）。

9. 由於這個遞增數列是上方有界的（存在上界 5），定理 7.2.4 告訴我們：這個數列是一個收斂數列。令 $\mathscr{L} = \lim\limits_{n \to \infty} c_n$，試求極限 $\mathscr{L}$。

10. 試應用積分檢驗法說明級數
$$\sum_{k=1}^{\infty} \frac{1}{(k+1) \cdot \ln(k+1)} \text{ 發散}$$

11. 假設 $p > 1$。試應用積分檢驗法說明級數
$$\sum_{k=1}^{\infty} \frac{1}{(k+1) \cdot [\ln(k+1)]^p} \text{ 收斂}$$

12. 試應用比較定理（定理 7.2.8）說明級數
$$\sum_{k=1}^{\infty} \frac{\arctan k}{k^2 + 1} \text{ 收斂}$$

13. 試應用交錯級數收斂定理（定理 7.2.10）說明級數 $\sum\limits_{k=1}^{\infty} (-1)^k \cdot \dfrac{\ln(k+3)}{k+3}$ 收斂。注意這個級數不是絕對收斂：
$$\sum_{k=1}^{\infty} \frac{\ln(k+3)}{k+3} = \sum_{k=1}^{\infty} \left| (-1)^k \cdot \frac{\ln(k+3)}{k+3} \right| \text{ 發散（參考範例 6）。}$$

第 3 節　冪級數與泰勒級數展開

本節的重心在冪級數。我們首先介紹常用於判斷冪級數是否收斂的根式檢驗法（定理 7.3.1）與比式檢驗法（定理 7.3.2）。接著我們正式介紹冪級數與冪級數的收斂半徑這些重要觀念。

有關冪級數的微分定理與積分定理分別出現在定理 7.3.4 與定理 7.3.6。由冪級數的微分定理可以得到冪級數的唯一性定理（定理 7.3.5）：使用冪級數來表示一個函數的時候，冪級數的係數是唯一確定的。

然後我們介紹泰勒級數展開的基本想法（定理 7.3.7）：將一個可以被微分任意多次的函數表示為 n 階泰勒多項式加上「與 n 有關的誤差項」。如果「與 n 有關的誤差項」會隨著 $n \to \infty$ 而趨近於 0，那麼這個函數就可以表示為冪級數：n 階泰勒多項式的極限。

最後我們介紹 e^x、$\cos x$、$\sin x$、$\ln(1 + x)$ 這幾個基本函數的泰勒級數展開，並且示範如何應用定理 7.3.4、定理 7.3.6 與定理 7.3.7 來求得這些函數的冪級數（恰為泰勒級數展開）。

定理 7.3.1　根式檢驗法（Root Test）

假設 $(c_n : n \in \mathbb{N})$ 是一個數列而且極限
$$\rho = \lim_{n \to \infty} |c_n|^{\frac{1}{n}} = \lim_{n \to \infty} \sqrt[n]{|c_n|} \text{ 存在}$$
則以下結果成立。

(1) 如果 $0 \leq \rho < 1$，則 $\sum_{k=1}^{\infty} |c_k|$ 與 $\sum_{k=1}^{\infty} c_k$ 都是收斂級數。

(2) 如果 $1 < \rho$，則 $\sum_{k=1}^{\infty} |c_k|$ 與 $\sum_{k=1}^{\infty} c_k$ 都是發散級數。

說明：

(1) 假設 $0 \leq \rho < 1$。我們可以選取誤差範圍
$$0 < \varepsilon = \frac{1 - \rho}{2}$$
則由極限的定義可知：存在正整數 m 使得

如果 $n \geq m$，則 $\left| |c_n|^{\frac{1}{n}} - \rho \right| < \varepsilon = \frac{1 - \rho}{2}$

成立。令 $r = \rho + \varepsilon = \frac{1 + \rho}{2} < 1$。由以上條件可知：如果 $n \geq m$，則
$$\rho - \varepsilon < |c_n|^{\frac{1}{n}} < \rho + \varepsilon = r < 1 \Rightarrow |c_n| < r^n$$
所以，如果 $n > m$，則
$$\sum_{k=1}^{n} |c_k| = \sum_{k=1}^{m} |c_k| + \sum_{k=m+1}^{n} |c_k| \leq \sum_{k=1}^{m} |c_k| + \sum_{k=m+1}^{n} r^k$$

ρ 是希臘字母，發音為 rho。

$$\leq \sum_{k=1}^{m} |c_k| + \sum_{k=m+1}^{\infty} r^k$$

$$= \sum_{k=1}^{m} |c_k| + r^{(m+1)} \cdot \frac{1}{1-r}$$

注意：如果 $n \leq m$，則 $\sum\limits_{k=1}^{n} |c_k| \leq \sum\limits_{k=1}^{m} |c_k| + \dfrac{r^{(m+1)}}{1-r}$ 自然成立。

以上結果告訴我們：（由非負實數構成的）部分和數列

$$\left(\sum_{k=1}^{n} |c_k| : n \in \mathbb{N} \right) \text{ 具有一個上界 } \sum_{k=1}^{m} |c_k| + \frac{r^{(m+1)}}{1-r}$$

因此由定理 7.2.6 可知級數

$$\sum_{k=1}^{\infty} |c_k| = \lim_{n \to \infty} \sum_{k=1}^{n} |c_k| \text{ 收斂}$$

注意定理 7.2.9 告訴我們：$\sum\limits_{k=1}^{\infty} |c_k|$ 收斂會造成 $\sum\limits_{k=1}^{\infty} c_k$ 必然收斂。所以我們就完成了敘述 (1) 的證明。

(2) 由定理 7.2.5 我們知道 $\lim\limits_{n \to \infty} |c_n| = 0$ 與 $\lim\limits_{n \to \infty} c_n = 0$ 是級數 $\sum\limits_{k=1}^{\infty} |c_k|$ 與 $\sum\limits_{k=1}^{\infty} c_k$ 收斂的必要條件。所以只要我們能從 $1 < \rho$ 這個條件導出

$$\lim_{n \to \infty} |c_n| = +\infty$$

的結果，那麼定理 7.2.5 就告訴我們 $\sum\limits_{k=1}^{\infty} |c_k|$ 與 $\sum\limits_{k=1}^{\infty} c_k$ 都是發散級數。

假設 $1 < \rho$。我們選取誤差範圍

$$0 < \varepsilon = \frac{\rho - 1}{2}$$

則由極限的定義可知：存在正整數 P 使得

如果 $n \geq P$，則 $\left| |c_n|^{\frac{1}{n}} - \rho \right| < \varepsilon = \dfrac{\rho - 1}{2}$

成立。令 $r = \rho - \varepsilon = \dfrac{\rho + 1}{2} > 1$。由以上條件可知：如果 $n \geq P$，則

$$1 < r = \rho - \varepsilon < |c_n|^{\frac{1}{n}} < \rho + \varepsilon \Rightarrow 1 < r^n < |c_n|$$

因為 $r > 1$，這個結果告訴我們 $\lim\limits_{n \to \infty} |c_n| \geq \lim\limits_{n \to \infty} r^n = +\infty$。這就證明了敘述 (2)。　∎

範例 1 假設 $|x| < 1$。試說明級數

$$\sum_{k=1}^{\infty} (-1)^{(k+1)} \cdot \frac{x^k}{k}$$

是絕對收斂級數。

說明：我們使用根式檢驗法（定理 7.3.1）來作判斷。

令 $c_n = (-1)^{(n+1)} \cdot \dfrac{x^n}{n}$。則由於 $\lim\limits_{n \to \infty} n^{\frac{1}{n}} = 1$（第一節範例 4），可知

$$\rho = \lim_{n \to \infty} |c_n|^{\frac{1}{n}} = \lim_{n \to \infty} \frac{|x|}{n^{\frac{1}{n}}} = \frac{|x|}{1} < 1$$

所以 $\sum\limits_{k=1}^{\infty} (-1)^{(k+1)} \cdot \dfrac{x^k}{k}$ 是絕對收斂級數。

λ 是希臘字母，發音為 lambda。

> **定理 7.3.2**　比式檢驗法（Ratio Test）
>
> 假設 $(c_n : n \in \mathbb{N})$ 是一個由非零實數（$c_n \neq 0$）所構成的數列，而且
>
> $$\lambda = \lim_{n \to \infty} \frac{|c_{(n+1)}|}{|c_n|} \text{ 極限存在}$$
>
> 則以下結果成立。
>
> (1) 如果 $0 \leq \lambda < 1$，則 $\sum_{k=1}^{\infty} |c_k|$ 與 $\sum_{k=1}^{\infty} c_k$ 都是收斂級數。
>
> (2) 如果 $1 < \lambda$，則 $\sum_{k=1}^{\infty} |c_k|$ 與 $\sum_{k=1}^{\infty} c_k$ 都是發散級數。

說明：

(1) 假設 $0 \leq \lambda < 1$。我們可以選取誤差範圍

$$\varepsilon = \frac{1 - \lambda}{2} > 0$$

則由極限的定義可知：存在正整數 m 使得

$$\text{如果 } n \geq m \text{，則 } \left| \frac{|c_{(n+1)}|}{|c_n|} - \lambda \right| < \varepsilon = \frac{1 - \lambda}{2}$$

成立。令 $r = \lambda + \varepsilon = \frac{1 + \lambda}{2} < 1$。由以上條件可知：如果 $n \geq m$，則

$$\lambda - \varepsilon < \frac{|c_{(n+1)}|}{|c_n|} < \lambda + \varepsilon = r \Rightarrow |c_{(n+1)}| < r \cdot |c_n|$$

因此，如果 $k > m$，則 $|c_k| \leq r \cdot |c_{(k-1)}| \leq \cdots \leq r^{(k-m)} \cdot |c_m|$。所以，如果 $n > m$，則

$$\sum_{k=1}^{n} |c_k| = \sum_{k=1}^{m} |c_k| + \sum_{k=m+1}^{n} |c_k| \leq \sum_{k=1}^{m} |c_k| + \sum_{k=m+1}^{n} r^{(k-m)} \cdot |c_m|$$

$$\leq \sum_{k=1}^{m} |c_k| + \sum_{k=m+1}^{\infty} |c_m| \cdot r^{(k-m)}$$

$$= \sum_{k=1}^{m} |c_k| + |c_m| \cdot \frac{r}{1-r}$$

注意：如果 $n \leq m$，則 $\sum_{k=1}^{n} |c_k| \leq \sum_{k=1}^{m} |c_k| + |c_m| \cdot \frac{r}{1-r}$ 自然成立。

以上結果告訴我們：（由非負實數構成的）部分和數列

$\left(\sum_{k=1}^{n} |c_k| : n \in \mathbb{N} \right)$ 具有一個上界 $\sum_{k=1}^{m} |c_k| + |c_m| \cdot \frac{r}{1-r}$

因此由定理 7.2.6 可知級數

$$\sum_{k=1}^{\infty} |c_k| = \lim_{n \to \infty} \sum_{k=1}^{n} |c_k| \text{ 收斂}$$

注意定理 7.2.9 告訴我們：$\sum_{k=1}^{\infty} |c_k|$ 收斂會造成 $\sum_{k=1}^{\infty} c_k$ 必然收斂。所以我們就完成了敘述 (1) 的證明。

(2) 由定理 7.2.5 我們知道 $\lim_{n \to \infty} |c_n| = 0$ 與 $\lim_{n \to \infty} c_n = 0$ 是級數 $\sum_{k=1}^{\infty} |c_k|$ 與 $\sum_{k=1}^{\infty} c_k$ 收斂的必要條件。只要我們能從 $1 < \lambda$ 這個條件導出

$$\lim_{n \to \infty} |c_n| = +\infty$$

的結果，那麼定理 7.2.5 就告訴我們 $\sum_{k=1}^{\infty} |c_k|$ 與 $\sum_{k=1}^{\infty} c_k$ 都是發散級數。

假設 $1 < \lambda$。我們選取誤差範圍

$$0 < \varepsilon = \frac{\lambda - 1}{2}$$

則由極限的定義可知：存在正整數 P 使得

$$\text{如果 } n \geq P \text{，則 } \left| \frac{|c_{(n+1)}|}{|c_n|} - \lambda \right| < \varepsilon = \frac{\lambda - 1}{2}$$

成立。令 $r = \lambda - \varepsilon = \frac{\lambda + 1}{2} > 1$。由以上條件可知：如果 $n \geq P$，則

$$1 < r = \lambda - \varepsilon < \frac{|c_{(n+1)}|}{|c_n|} < \lambda + \varepsilon \Rightarrow |c_n| \cdot r < |c_{(n+1)}|$$

因此，如果 $k > P$，則 $|c_k| \geq r \cdot |c_{(k-1)}| \geq \cdots \geq r^{(k-P)} \cdot |c_P|$。所以

$$\lim_{k \to \infty} |c_k| \geq \lim_{k \to \infty} r^{(k-P)} \cdot |c_P| = +\infty$$

這就證明了敘述 (2)。　　　　　　　　　　　　　　　　■

範例 2　假設 $x \in \mathbb{R}$ 是實數。試說明級數 $1 + \sum_{k=1}^{\infty} \frac{x^k}{k!}$ 是絕對收斂級數。

說明：如果 $x = 0$，則所求級數明顯收斂。因此我們要證明的主要結果是：如果 $x \neq 0$，則級數

$$1 + \sum_{k=1}^{\infty} \frac{x^k}{k!}$$

絕對收斂。我們可應用比式檢驗法（定理 7.3.2）來驗證這件事。令 $c_n = \frac{x^n}{n!}$ 其中 $x \neq 0$，則

$$\lim_{n \to \infty} \frac{|c_{(n+1)}|}{|c_n|} = \lim_{n \to \infty} \frac{\dfrac{|x|^{(n+1)}}{(n+1)!}}{\dfrac{|x|^n}{n!}}$$

$$= \lim_{n \to \infty} \frac{|x|}{(n+1)} = 0$$

因此由定理 7.3.2 可知 $1 + \sum_{k=1}^{\infty} \frac{x^k}{k!}$ 確實是絕對收斂級數。

冪級數

假設 c_0 是一個實數常數而且 $(c_n : n \in \mathbb{N})$ 是一個數列，則以下「依賴於變數 x 的級數」

$$c_0 + \sum_{k=1}^{\infty} c_k \cdot x^k = \lim_{n \to \infty} \left[c_0 + \sum_{k=1}^{n} c_k \cdot x^k \right]$$

就被稱為**冪級數**（Power Series）。在那些「使得冪級數收斂」的點 x

所形成的集合上，冪級數就定義了一個函數。例如
$$1 + \sum_{k=1}^{\infty} 1 \cdot x^k = \lim_{n \to \infty} \left[1 + \sum_{k=1}^{n} 1 \cdot x^k \right]$$
就定義了一個位於區間 $(-1, +1)$ 上的函數
$$\frac{1}{1-x}$$
一般而言，判斷「使得冪級數收斂的點 x」所形成的集合，並不是件容易的事情。

定理 7.3.3　假設 c_0 是一個實數常數而且 $(c_n : n \in \mathbb{N})$ 是一個數列。假設 w 是一個非零實數：$w \neq 0$。如果冪級數
$$c_0 + \sum_{k=1}^{\infty} c_k \cdot x^k$$
在 $x = w$ 這個點收斂：
$$c_0 + \sum_{k=1}^{\infty} c_k \cdot w^k = \lim_{n \to \infty} \left[c_0 + \sum_{k=1}^{n} c_k \cdot w^k \right] \text{極限存在}$$
則這個冪級數在開區間 $(-|w|, +|w|)$ 上的每個點都絕對收斂（因此由定理 7.2.9 可知冪級數會收斂）：
$$|c_0| + \sum_{k=1}^{\infty} |c_k| \cdot |x|^k = \lim_{n \to \infty} \left[|c_0| + \sum_{k=1}^{n} |c_k| \cdot |x|^k \right] \text{極限存在}$$
對任意 $x \in (-|w|, +|w|)$ 都成立。

說明：定理 7.2.5 告訴我們：$c_0 + \sum_{k=1}^{\infty} c_k \cdot w^k$ 如果收斂，則
$$\lim_{n \to \infty} c_n \cdot w^n = 0 \text{ 而且 } \lim_{n \to \infty} |c_n| \cdot |w^n| = 0$$
所以，存在正整數 m 使得：
$$\text{若 } n \geq m \text{，則 } |c_n| \cdot |w|^n < 1$$
選取正實數 $M \geq 1$ 使得
$$|c_0| \leq M \text{ 且 } |c_1| \cdot |w| \leq M \text{ 且 } \cdots \text{ 且 } |c_m| \cdot |w|^m \leq M$$
則 $|c_0| \leq M$ 而且
$$|c_k| \cdot |w|^k \leq M$$
對所有的正整數 k 都成立。

對於 $x \in (-|w|, +|w|)$，我們令 $r = \dfrac{|x|}{|w|}$。則 $r < 1$ 而且
$$
\begin{aligned}
|c_0| + \sum_{k=1}^{n} |c_k| \cdot |x|^k &\leq M + \sum_{k=1}^{n} |c_k| \cdot |w|^k \cdot \left(\frac{|x|}{|w|} \right)^k \\
&\leq M + \sum_{k=1}^{n} M \cdot \left(\frac{|x|}{|w|} \right)^k \\
&= M \cdot \left[1 + \sum_{k=1}^{n} r^k \right] \leq M \cdot \left[1 + \sum_{k=1}^{\infty} r^k \right] \\
&= \frac{M}{1-r}
\end{aligned}
$$
這個結果顯示：（由非負實數所構成的）部分和數列
$$\left(|c_0| + \sum_{k=1}^{n} |c_k| \cdot |x|^k : n \in \mathbb{N} \right) \text{ 具有上界 } \frac{M}{1-r}$$

因此由定理 7.2.6 與定理 7.2.9 可知

$$|c_0| + \sum_{k=1}^{\infty} |c_k| \cdot |x|^k \text{ 收斂而且 } c_0 + \sum_{k=1}^{\infty} c_k \cdot x^k \text{ 收斂}$$

至此我們完成了定理 7.3.3 的證明。　　　　　　　　　　　　■

以下我們將應用定理 7.3.3 來介紹一個關於冪級數的重要觀念：冪級數的收斂半徑。

冪級數的收斂半徑

假設 $c_0 + \sum_{k=1}^{\infty} c_k \cdot x^k$ 是一個依賴於 x 的冪級數。我們現在要定義這個冪級數的**收斂半徑**（radius of convergence）並且討論相關的性質。我們考慮以下由正實數所形成的集合

$$\mathscr{C} = \{u > 0 : c_0 + \sum_{k=1}^{\infty} c_k \cdot x^k \text{ 在開區間 } (-u, +u) \text{ 上的}$$
$$\text{每個點 } x \text{ 都是收斂的 }\}$$

這個集合 $\mathscr{C}$ 有以下三種可能情況。

(1) $\mathscr{C}$ 是空集合。在這個情況我們就說這個冪級數的收斂半徑是 0。因為這個冪級數在任意非零實數 $w \neq 0$ 都是發散的（如果這個冪級數在某個非零實數 $w \neq 0$ 是收斂的，則由定理 7.3.3 可知 $|w| \in \mathscr{C}$。這與 $\mathscr{C}$ 是空集合的條件矛盾）。

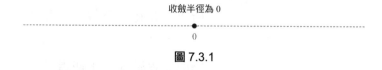

收斂半徑為 0

圖 7.3.1

(2) $\mathscr{C}$ 不是空集合而且 $\mathscr{C}$ 沒有上界。在這個情況我們就說這個冪級數的收斂半徑是 ∞。這是因為這個冪級數在任意實數 x 都是收斂的。原因如下：給定實數 x，由於 $\mathscr{C}$ 沒有上界，所以 $\mathscr{C}$ 中存在正實數 u 使得 $|x| < u$。但由 $\mathscr{C}$ 的定義可知 $|x| < u \Rightarrow x \in (-u, +u)$ $\Rightarrow$ 冪級數在 x 點收斂。

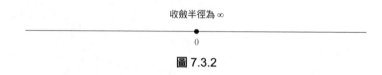

收斂半徑為 ∞

圖 7.3.2

(3) $\mathscr{C}$ 不是空集合而且 $\mathscr{C}$ 具有上界。假設 r 是集合 $\mathscr{C}$ 的最小上界，在這種情況我們就說這個冪級數的收斂半徑是 r。收斂半徑 r 具有下列特徵（參考圖 7.3.3）。

(A) 如果 $|x| < r$，則冪級數在 x 點會收斂：$c_0 + \sum_{k=1}^{\infty} c_k \cdot x^k$ 收斂。

(B) 如果 $|x| > r$，則冪級數在 x 點會發散：$c_0 + \sum_{k=1}^{\infty} c_k \cdot x^k$ 發散。

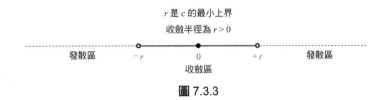

圖 7.3.3

使得結果 (A)、(B) 成立的關鍵原因是定理 7.3.3。以下我們分別針對 (A)、(B) 的情況加以說明。

(A) $|x| < r$ 的情況。

令 $\varepsilon = r - |x|$，則 $\varepsilon > 0$。由定理 7.2.3 可知在 $\mathscr{C}$ 中至少存在一個元素 u 使得

$$|x| = r - \varepsilon < u \le r \text{（注意 } r \text{ 是 } \mathscr{C} \text{ 的最小上界）}$$

因此 $|x| \in (-u, +u)$ 其中 $u \in \mathscr{C}$。由 $\mathscr{C}$ 的定義可知冪級數在這個 x 點收斂。

(B) $|x| > r$ 的情況。

我們使用反證法來證明冪級數在這個 x 點會發散。

如果冪級數在 x 這個點收斂，則由定理 7.3.3 可知：冪級數在開區間 $(-|x|, +|x|)$ 上的每個點都會收斂。所以由集合 $\mathscr{C}$ 的定義可知：$|x|$ 是 $\mathscr{C}$ 中的元素。因此

$$|x| \le \text{集合 } \mathscr{C} \text{ 的最小上界 } r \text{ 必須要成立}$$

但這明顯與 $|x| > r$ 這個原始條件矛盾。

關於收斂半徑的注意事項：

1. 考慮由正實數所形成的集合

$$\mathscr{A} = \{v > 0 : c_0 + \sum_{k=1}^{\infty} c_k \cdot x^k \text{ 在開區間 } (-v, +v) \text{ 上的}$$
$$\text{每個點 } x \text{ 都絕對收斂} \}$$

所以 $v \in \mathscr{A}$ 就表示

$$|c_0| + \sum_{k=1}^{\infty} |c_k| \cdot |x|^k = \lim_{n \to \infty} \left(|c_0| + \sum_{k=1}^{n} |c_k| \cdot |x|^k \right) \text{ 收斂}$$

在每個 $x \in (-v, +v)$ 都成立。

其實我們可以證明（證明細節在章末附錄）

$$\mathscr{A} = \mathscr{C}$$

因此冪級數的「收斂半徑」與「絕對收斂半徑」是相等的。

2. 冪級數在中心點 0 必然收斂：

$$c_0 + \sum_{k=1}^{\infty} c_k \cdot 0^k = \lim_{n\to\infty}\left(c_0 + \sum_{k=1}^{n} c_k \cdot 0^k\right) = c_0$$

所以在判斷冪級數的收斂半徑或「絕對收斂」半徑的時候，我們主要是考慮冪級數在「非零點 $x \neq 0$」是否收斂。

範例 3 試判斷冪級數 $\sum_{k=1}^{\infty}(-1)^{(k+1)} \cdot \dfrac{x^k}{k}$ 的收斂半徑。

說明：我們使用根式檢驗法（定理 7.3.1）來作判斷。

令 $c_n = (-1)^{(n+1)} \cdot \dfrac{x^n}{n}$，則由於 $\lim\limits_{n\to\infty} n^{\frac{1}{n}} = 1$（參考第一節範例 4），可知

$$\lim_{n\to\infty}|c_n|^{\frac{1}{n}} = \lim_{n\to\infty}\frac{|x|}{n^{\frac{1}{n}}} = |x|$$

如果 $|x| < 1$，則冪級數在 x 點絕對收斂（因此收斂）。如果 $|x| > 1$，則冪級數在 x 點發散。因此，這個冪級數的收斂半徑是 1。

補充：在以後的內容中，我們將會發現這個冪級數其實是 $\ln(1+x)$ 在開區間 $(-1, +1)$ 上的冪級數表示。

範例 4 試判斷冪級數 $1 + \sum_{k=1}^{\infty}\dfrac{x^k}{k!}$ 的收斂半徑。

說明：冪級數在 $x = 0$ 這個點必然收斂。因此，我們要判斷的是冪級數在非零點 $x \neq 0$ 是否收斂。以下我們假設 $x \neq 0$。我們將使用比式檢驗法（定理 7.3.2）來作判斷。令 $c_n = \dfrac{x^n}{n!}$ 其中 $x \neq 0$，則

$$\lim_{n\to\infty}\frac{|c_{(n+1)}|}{|c_n|} = \lim_{n\to\infty}\frac{\dfrac{|x|^{(n+1)}}{(n+1)!}}{\dfrac{|x|^n}{n!}}$$
$$= \lim_{n\to\infty}\frac{|x|}{(n+1)} = 0 < 1$$

因此由比式檢驗法（定理 7.3.2）可知這個冪級數在每個非零點 $x \neq 0$ 都是絕對收斂（因此收斂）。所以這個冪級數的收斂半徑是 ∞。

補充：在範例 4 中的這個冪級數在 $\mathbb{R} = (-\infty, +\infty)$ 上定義了一個函數

$$f(x) = 1 + \sum_{k=1}^{\infty}\frac{x^k}{k!} = \lim_{n\to\infty}\left[1 + \sum_{k=1}^{n}\frac{x^k}{k!}\right]$$

其中 $x \in \mathbb{R} = (-\infty, +\infty)$。在以後的內容中，我們將會發現這個函數就是自然指數函數 e^x。

現在我們要應用以上的結果來判斷二個密切相關的冪級數的收斂半徑。

範例 5 試應用 $1 + \sum_{k=1}^{\infty}\dfrac{x^k}{k!}$ 在 $\mathbb{R} = (-\infty, +\infty)$ 上到處絕對收斂的結果

（範例 2 與範例 4）說明以下的冪級數

$$\sum_{k=1}^{\infty} \frac{(-1)^{k+1}}{(2k-1)!} \cdot x^{2k-1}$$

的收斂半徑是 ∞。

補充：我們以後將看到這個冪級數其實就是 $\sin x$ 的級數表示。

說明：令 $f(x) = 1 + \sum_{k=1}^{\infty} \frac{x^k}{k!}$。我們證明：

「在每個實數 $x \in \mathbb{R} = (-\infty, +\infty)$，$f(|x|)$ 是遞增數列

$$\left(\sum_{k=1}^{n} \left| \frac{(-1)^{k+1}}{(2k-1)!} \cdot x^{2k-1} \right| : n \in \mathbb{N} \right)$$

的上界」如下：

$$\sum_{k=1}^{n} \left| \frac{(-1)^{k+1}}{(2k-1)!} \cdot x^{2k-1} \right| = \sum_{k=1}^{n} \frac{|x|^{2k-1}}{(2k-1)!} \leq 1 + \sum_{j=1}^{2n-1} \frac{|x|^j}{j!} \leq 1 + \sum_{j=1}^{\infty} \frac{|x|^j}{j!} = f(|x|)$$

因此，由定理 7.2.4 可知，在每個實數 $x \in \mathbb{R} = (-\infty, +\infty)$，

$$\sum_{k=1}^{\infty} \frac{(-1)^{k+1}}{(2k-1)!} \cdot x^{2k-1} \text{ 絕對收斂（因此收斂）}$$

所以，這個冪級數的收斂半徑是 ∞。

範例 6　試應用 $1 + \sum_{k=1}^{\infty} \frac{x^k}{k!}$ 在 $\mathbb{R} = (-\infty, +\infty)$ 上到處絕對收斂的結果
（範例 2 與範例 4）說明：以下的冪級數

$$1 + \sum_{k=1}^{\infty} \frac{(-1)^k}{(2k)!} \cdot x^{2k}$$

的收斂半徑是 ∞。

補充：我們以後將看到這個冪級數其實就是 $\cos x$ 的冪級數表示。

說明：令 $f(x) = 1 + \sum_{k=1}^{\infty} \frac{x^k}{k!}$。我們將證明：

在每個實數 $x \in \mathbb{R} = (-\infty, +\infty)$，以下的遞增數列

$$\left(1 + \sum_{k=1}^{n} \left| \frac{(-1)^k}{(2k)!} \cdot x^{2k} \right| : n \in \mathbb{N} \right)$$

具有上界 $f(|x|)$。

$$\begin{aligned}
1 + \sum_{k=1}^{n} \left| \frac{(-1)^k}{(2k)!} \cdot x^{2k} \right| &= 1 + \sum_{k=1}^{n} \frac{|x|^{2k}}{(2k)!} \\
&\leq 1 + \sum_{n=1}^{2n} \frac{|x|^n}{n!} \\
&\leq 1 + \sum_{n=1}^{\infty} \frac{|x|^n}{n!} \\
&= f(|x|)
\end{aligned}$$

因此，由定理 7.2.4 可知，在每個實數 $x \in \mathbb{R}$，

$$1 + \sum_{k=1}^{\infty} \frac{(-1)^k}{(2k)!} \cdot x^{2k} \text{ 絕對收斂（因此收斂）}$$

所以，這個冪級數的收斂半徑是 ∞。

定理 7.3.4（冪級數的微分定理）

假設 $c_0 + \sum_{k=1}^{\infty} c_k \cdot x^k$ 是一個依賴於 x 的冪級數而且收斂半徑為 r（其中 $r > 0$ 或 $r = \infty$）。令

$$f(x) = c_0 + \sum_{k=1}^{\infty} c_k \cdot x^k \text{ 其中 } x \in (-r, +r)$$

為冪級數在開區間 $(-r, +r)$ 上所定義的函數，則以下結果成立。

(1) 對原來的冪級數進行「逐項微分」之後就得到

$$c_1 + \sum_{k=2}^{\infty} k \cdot c_k \cdot x^{(k-1)} = c_1 + \sum_{k=1}^{\infty} (k+1) \cdot c_{(k+1)} \cdot x^k$$

這個冪級數。這個冪級數在開區間 $(-r, +r)$ 上的每個點都收斂。

(2) 函數 f 在開區間 $(-r, +r)$ 上是一個可微分函數而且

$$f'(x) = c_1 + \sum_{k=2}^{\infty} k \cdot c_k \cdot x^{(k-1)}$$

正好是「對原來的冪級數進行逐項微分之後所得到的冪級數」。

說明： 這個定理的證明較為複雜，所以我們省略證明的細節。　■

範例 7　假設 $f(x) = 1 + \sum_{k=1}^{\infty} \dfrac{x^k}{k!}$ 其中 $x \in (-\infty, +\infty)$。試應用冪級數的微分定理（定理 7.3.4）驗證

$$f'(x) = f(x)$$

其中 $x \in (-\infty, +\infty)$。

註：以上冪級數的收斂半徑是 ∞。

說明： 由冪級數的微分定理可知

$$\begin{aligned}
f'(x) &= 0 + \sum_{k=1}^{\infty} \frac{1}{k!} \cdot k \cdot x^{(k-1)} \\
&= 1 + \sum_{k=2}^{\infty} \frac{k}{k \cdot (k-1)!} \cdot x^{(k-1)} \\
&= 1 + \sum_{n=1}^{\infty} \frac{1}{n!} \cdot x^n \\
&= f(x)
\end{aligned}$$

由於 $f'(x) = f(x)$，對所有的 $x \in (-\infty, +\infty)$ 成立，而且 $f(0) = 1$，我們由定理 3.4.1 可以得知 $f(x)$ 其實就是自然指數函數 e^x：

$$e^x = 1 + \sum_{k=1}^{\infty} \frac{x^k}{k!}$$

定理 7.3.5（冪級數的唯一性定理）

假設 $c_0 + \sum\limits_{k=1}^{\infty} c_k \cdot x^k$ 是一個依賴於 x 的冪級數而且收斂半徑為 r（其中 $r > 0$ 或 $r = \infty$）。令

$$f(x) = c_0 + \sum_{k=1}^{\infty} c_k \cdot x^k \text{ 其中 } x \in (-r, +r)$$

為冪級數在開區間 $(-r, +r)$ 上所定義的函數。則 $c_0 = f(0)$ 而且

$$c_n = \frac{f^{(n)}(0)}{n!} \text{ 其中 } n \in \mathbb{N} \text{ 是正整數}$$

註：所以使用冪級數的形式來表示一個函數（具有 > 0 或 ∞ 的收斂半徑）的時候，冪級數的所有係數

$$c_0 = f(0) \text{ 以及 } c_n = \frac{f^{(n)}(0)}{n!} \text{ 其中 } n \text{ 是正整數}$$

都是由 f 在 0 點附近的函數行為所唯一決定的。

說明： $f(0) = c_0 + \sum\limits_{k=1}^{\infty} c_k \cdot 0^k = c_0$。由冪級數的微分定理可知 $f'(x) = c_1 + \sum\limits_{k=2}^{\infty} k \cdot c_k \cdot x^{(k-1)}$。所以

$$f'(0) = c_1 + \sum_{k=2}^{\infty} k \cdot c_k \cdot 0^{(k-1)} = c_1$$

如果正整數 $n > 1$，我們對 $c_0 + \sum\limits_{k=1}^{\infty} c_k \cdot x^k$ 應用「冪級數的微分定理」n 次就可以得到

$$f^{(n)}(x) = (n!) \cdot c_n + \sum_{k=n+1}^{\infty} k \cdot (k-1) \cdot \cdots \cdot (k-n+1) \cdot c_k \cdot x^{(k-n)}$$

因此 $f^{(n)}(0) = (n!) \cdot c_n$，所以 $c_n = \dfrac{f^{(n)}(0)}{n!}$。

這個定理常以下列方式出現在應用中。

冪級數表示中係數的唯一性：

假設函數 f 在開區間 $(-r, +r)$ 上具有兩種冪級數表示方式：

$$f(x) = a_0 + \sum_{k=1}^{\infty} a_k \cdot x^k \text{ 而且 } f(x) = b_0 + \sum_{k=1}^{\infty} b_k \cdot x^k$$

則 $a_0 = b_0$ 而且 $a_k = b_k$ 對所有的正整數 k 都成立，這是因為：

$$a_0 = f(0) = b_0 \text{ 而且 } a_k = \frac{f^{(k)}(0)}{k!} = b_k , \forall k \in \mathbb{N}$$

這個「冪級數表示中係數的唯一性」特質對於以後所討論的泰勒級數展開（定理 7.3.7）很重要。這個特質告訴我們：透過任何方式得到的冪級數表示其實都是泰勒級數展開。 ∎

定理 7.3.6（冪級數的積分定理）

假設 $c_0 + \sum\limits_{k=1}^{\infty} c_k \cdot x^k$ 是一個依賴於 x 的冪級數而且收斂半徑為 r（其中 $r > 0$ 或 $r = \infty$）。令

$$f(x) = c_0 + \sum_{k=1}^{\infty} c_k \cdot x^k \ \ \text{其中} \ x \in (-r, +r)$$

為冪級數在開區間 $(-r, +r)$ 上所定義的函數，則以下結果成立。

(1) 對原來的冪級數進行「逐項積分」之後就得到

$$\sum_{k=1}^{\infty} \frac{c_{(n-1)}}{n} \cdot x^n = c_0 \cdot x + \sum_{k=1}^{\infty} c_k \cdot \frac{x^{(k+1)}}{(k+1)}$$

這個冪級數。這個冪級數在開區間 $(-r, +r)$ 上的每個點都收斂。

(2) 函數 f 在開區間 $(-r, +r)$ 上是一個可積分函數而且

$$\int_0^t f(x) \cdot dx = c_0 \cdot t + \sum_{k=1}^{\infty} c_k \cdot \frac{t^{(k+1)}}{(k+1)}$$

對所有的 $t \in (-r, +r)$ 都成立。

說明：這個定理的證明較為複雜，所以我們省略證明的細節。　■

範例 8　試應用冪級數的積分定理（定理 7.3.6）說明

$$\ln(1 + x) = \sum_{k=1}^{\infty} \frac{(-1)^{(k+1)}}{k} \cdot x^k = \frac{x}{1} - \frac{x^2}{2} + \frac{x^3}{3} - \frac{x^4}{4} + \cdots$$

其中 $x \in (-1, +1)$。提示：$\dfrac{1}{1+x} = 1 + \sum\limits_{k=1}^{\infty} (-x)^k$。

【94 公務員普考第二試】

說明：冪級數 $1 + \sum\limits_{k=1}^{\infty} (-x)^k$ 在開區間 $(-1, +1)$ 上的每個點都收斂而且

$$1 + \sum_{k=1}^{\infty} (-x)^k = \lim_{n \to \infty} \left[1 + \sum_{k=1}^{n} (-x)^k \right] = \lim_{n \to \infty} \frac{1 - (-x)^{n+1}}{1 - (-x)} = \frac{1}{1+x}$$

應用冪級數的積分定理對這個等式的兩邊進行積分就得到

$$\begin{aligned}
\int_0^t \frac{1}{1+x} \cdot dx &= \int_0^t \left[1 + \sum_{k=1}^{\infty} (-x)^k \right] \cdot dx \\
&= \int_0^t 1 \cdot dx + \sum_{k=1}^{\infty} \int_0^t (-x)^k \cdot dx \\
&= t + \sum_{k=1}^{\infty} (-1)^k \cdot \frac{t^{(k+1)}}{k+1}
\end{aligned}$$

但是由微積分基本定理可知

$$\int_0^t \frac{1}{1+x} \cdot dx = \ln(1 + t)$$

所以 $\ln(1 + t) = t + \sum\limits_{k=1}^{\infty} (-1)^k \cdot \dfrac{t^{(k+1)}}{k+1} = \sum\limits_{n=1}^{\infty} \dfrac{(-1)^{(n-1)}}{n} \cdot t^n$

> **定理 7.3.7**　假設 f 是一個定義在開區間 $(-r, +r)$ 上的函數（其中 $r > 0$ 或 $r = +\infty$）。如果 f 可以被微分任意多次，則對於正整數 n 與每個 $x \in (-r, +r)$，以下的等式成立：
>
> $$f(x) = f(0) + \sum_{k=1}^{n} \frac{f^{(k)}(0)}{k!} \cdot x^k + R_n(x)$$
>
> 其中 $f^{(k)}(0)$ 是 f 在 0（中心點）的 k 次微分而且
>
> $$R_n(x) = \int_0^x f^{(n+1)}(t) \cdot \frac{(x-t)^n}{n!} \cdot dt$$
>
> $R_n(x)$ 是 $f(x)$ 與多項式 $f(0) + \sum_{k=1}^{n} \frac{f^{(k)}(0)}{k!} \cdot x^k$ 之間的誤差項。

說明：我們通常稱呼多項式

$$\begin{aligned} S_n(x) &= f(0) + \sum_{k=1}^{n} \frac{f^{(k)}(0)}{k!} \cdot x^k \\ &= f(0) + f'(0) \cdot x + \frac{f''(0)}{2!} \cdot x^2 + \cdots + \frac{f^{(n)}(0)}{n!} \cdot x^n \end{aligned}$$

為函數 f 的 n 階**泰勒多項式**（Taylor polynomial），所以 $f(x) = S_n(x) + R_n(x)$ 或 $S_n(x) = f(x) - R_n(x)$。

　　定理 7.3.7 的主要應用是發生在以下的情況：

> 如果 $\lim_{n \to \infty} R_n(x) = 0$，則 $\lim_{n \to \infty} S_n(x) = \lim_{n \to \infty} [f(x) - R_n(x)] = f(x)$。所以
>
> $$\text{無窮級數 } f(0) + \sum_{k=1}^{\infty} \frac{f^{(k)}(0)}{k!} \cdot x^n = \lim_{n \to \infty} S_n(x)$$
>
> 會收斂到 $f(x)$。我們通常稱呼這個級數為 f 的**泰勒級數**（Taylor Series）。

　　我們現在證明定理 7.3.7 如下。應用微積分基本定理可知

$$f(x) = f(0) + \int_0^x f'(t) \cdot dt = f(0) + \int_0^x f'(t) \cdot \frac{d(t-x)}{dt} \cdot dt$$

接著應用分部積分法來計算以上等式右側的積分得到

$$\begin{aligned} f(x) &= f(0) + [f'(t) \cdot (t-x)]\big|_{t=0}^{t=x} - \int_0^x f''(t) \cdot (t-x) \cdot dt \\ &= f(0) + f'(0) \cdot x + \int_0^x f''(t) \cdot (x-t) \cdot dt \\ &= S_1(x) + R_1(x) \end{aligned}$$

現在我們要說明 $S_k(x) + R_k(x) = S_{(k+1)}(x) + R_{(k+1)}(x)$ 對於每個正整數 k 都成立。令

$$u(t) = f^{(k+1)}(t) \text{ 且 } v(t) = \frac{(x-t)^{(k+1)}}{(k+1)!}$$

則 $R_k(x) = -\int_0^x u(t) \cdot v'(t) \cdot dt$。使用分部積分法可知

$$\begin{aligned} R_k(x) &= -u(x) \cdot v(x) + u(0) \cdot v(0) + \int_0^x u'(t) \cdot v(t) \cdot dt \\ &= -u(x) \cdot 0 + u(0) \cdot v(0) + R_{(k+1)}(x) \\ &= f^{(k+1)}(0) \cdot \frac{x^{(k+1)}}{(k+1)!} + R_{(k+1)}(x) \end{aligned}$$

注意 $S_k(x) + f^{(k+1)}(0) \cdot \dfrac{x^{(k+1)}}{(k+1)!} = S_{(k+1)}(x)$。因此由以上的結果可以直接導出

$$S_k(x) + R_k(x) = S_{(k+1)}(x) + R_{(k+1)}(x)$$

應用 $S_k(x) + R_k(x) = S_{(k+1)}(x) + R_{(k+1)}(x)$ 這個關係式（其中 $k = 1, \cdots, n$）到 $f(x) = S_1(x) + R_1(x)$ 就可以得到定理 7.3.7。　■

可以表示為泰勒級數的函數通常被稱為 **解析函數**（analytic function）。直接證明 $\lim\limits_{n \to \infty} R_n(x) = 0$ 並不是一件容易的事。但應用冪級數的理論可以使得某些常見函數的 **泰勒級數展開**（Taylor Series Expansion）

$$f(x) = f(0) + \sum_{k=1}^{\infty} \frac{f^{(k)}(0)}{k!} \cdot x^k$$

易於得到。在範例 7 與範例 8 我們應用定理 7.3.4 與定理 7.3.6 得到 e^x 與 $\ln(1+x)$ 的泰勒級數展開。在這兩個範例中，我們證實 $\lim\limits_{n \to \infty} S_n(x) = f(x)$。因此間接地證明

$$\lim_{n \to \infty} R_n(x) = \lim_{n \to \infty} [f(x) - S_n(x)] = f(x) - \lim_{n \to \infty} S_n(x) = 0$$

以下我們列出幾個常見的泰勒級數展開（冪級數表示）。

$$e^x = 1 + \sum_{k=1}^{\infty} \frac{x^k}{k!} = 1 + \frac{x}{1!} + \frac{x^2}{2!} + \frac{x^3}{3!} + \cdots + \frac{x^n}{n!} + \cdots$$
其中 $x \in (-\infty, +\infty)$。

$$\cos x = 1 + \sum_{k=1}^{\infty} \frac{(-1)^k}{(2k)!} \cdot x^{2k} = 1 - \frac{x^2}{2!} + \frac{x^4}{4!} - \frac{x^6}{6!} + \cdots$$
其中 $x \in (-\infty, +\infty)$。注意這個冪級數只有偶數次方項。

$$\sin x = \sum_{k=1}^{\infty} \frac{(-1)^{(k+1)}}{(2k-1)!} \cdot x^{(2k-1)} = x - \frac{x^3}{3!} + \frac{x^5}{5!} - \cdots$$
其中 $x \in (-\infty, +\infty)$。注意這個冪級數只有奇數次方項。

$$\ln(1+x) = \sum_{k=1}^{\infty} \frac{(-1)^{(k+1)}}{k} \cdot x^k = x - \frac{x^2}{2} + \frac{x^3}{3} - \frac{x^4}{4} + \cdots$$
其中 $x \in (-1, +1)$。

我們現在應用定理 7.3.7 來導出 $\cos x$ 與 $\sin x$ 的泰勒級數展開（冪級數表示）。我們只需要證明：如果 $f(x) = \cos x$ 或 $f(x) = \sin x$，則

$$\lim_{n \to \infty} |R_n(x)| = \lim_{n \to \infty} \left| \int_0^x f^{(n+1)}(t) \cdot \frac{(x-t)^n}{n!} \cdot dt \right| = 0$$

注意：函數 $\cos x$ 與 $\sin x$ 的任意階微分都是以下 4 個函數

$$\cos x \text{ 或 } -\sin x \text{ 或 } -\cos x \text{ 或 } \sin x$$

其中的一個。因此

$$|f^{(n+1)}(t)| \le 1 \quad \text{恆成立}$$

以下分 $x \ge 0$ 或 $x \le 0$ 這兩種情況討論。

(1) 假設 $x \ge 0$，則

$$|R_n(x)| \le \int_0^x |f^{(n+1)}(t)| \cdot \frac{(x-t)^n}{n!} \cdot dt \le \int_0^x \frac{(x-t)^n}{n!} \cdot dt$$

$$= \frac{-(x-t)^{(n+1)}}{(n+1)!} \bigg|_{t=0}^{t=x} = \frac{x^{(n+1)}}{(n+1)!}$$

所以 $\lim_{n \to \infty} |R_n(x)| = 0$。

(2) 假設 $x \le 0$，則

$$|R_n(x)| \le \int_x^0 |f^{(n+1)}(t)| \cdot \frac{(t-x)^n}{n!} \cdot dt \le \int_x^0 \frac{(t-x)^n}{n!} \cdot dt$$

$$= \frac{(t-x)^{(n+1)}}{(n+1)!} \bigg|_{t=x}^{t=0} = \frac{(-x)^{(n+1)}}{(n+1)!} = \frac{|x|^{n+1}}{(n+1)!}$$

所以 $\lim_{n \to \infty} |R_n(x)| = 0$。

補充：由 e^x、$\cos x$、$\sin x$ 這三個函數的冪級數表示，我們可以得到（將冪級數分成偶數次方項之和與奇數次方項之和）

$$e^{i \cdot x} = 1 + \sum_{n=1}^{\infty} \frac{(i \cdot x)^n}{n!} = \left[1 + \sum_{k=1}^{\infty} \frac{(i \cdot x)^{2k}}{(2k)!} \right] + \sum_{k=1}^{\infty} \frac{(i \cdot x)^{2k-1}}{(2k-1)!}$$

$$= \left[1 + \sum_{k=1}^{\infty} \frac{(-1)^k \cdot x^{2k}}{(2k)!} \right] + \sum_{k=1}^{\infty} i \cdot \frac{(-1)^{k-1} \cdot x^{2k-1}}{(2k-1)!}$$

$$= \cos x + i \cdot \sin x$$

這個重要的關係式。這個關係式

$$e^{i \cdot x} = \cos x + i \cdot \sin x$$

被稱為**尤拉**（Euler）公式，在解微分方程方面有重要的應用。　■

範例 9　令 $f(x) = \cos(x^2)$。(A) 試計算 f 在 0 點的 6 次微分 $f^{(6)}(0)$。
(B) 試計算 f 在 0 點的 8 次微分 $f^{(8)}(0)$。
提示：$\cos x = 1 + \sum_{k=1}^{\infty} \frac{(-1)^k}{(2k)!} x^{2k}$。

說明：直接計算 $f^{(6)}(0)$ 或 $f^{(8)}(0)$ 會很麻煩。考慮 $g(x) = \cos x$ 的泰勒級數展開可知

$$g(x) = \cos x = g(0) + \sum_{n=1}^{n} \frac{g^{(n)}(0)}{n!} \cdot x^n$$

$$= 1 + \sum_{k=1}^{\infty} \frac{(-1)^k}{(2k)!} \cdot x^{2k}$$

所以 $f(x)$ 可以表示為冪級數如下：

$$f(x) = \cos(x^2) = g(x^2) = 1 + \sum_{k=1}^{\infty} \frac{(-1)^k}{(2k)!} \cdot (x^2)^{2k}$$

$$= 1 + \sum_{k=1}^{\infty} \frac{(-1)^k}{(2k)!} \cdot x^{4k}$$

但是 $f(x)$ 的標準的泰勒級數為

$$f(x) = f(0) + \sum_{s=1}^{\infty} \frac{f^{(s)}(0)}{s!} \cdot x^s$$

由冪級數的唯一性定理（定理 7.3.5）可知這兩個冪級數表示必然相等。因此

$$\frac{f^{(6)}(0)}{6!} = 0 \text{ 而且 } \frac{f^{(8)}(0)}{8!} = \frac{(-1)^2}{(2 \cdot 2)!} = \frac{1}{4!}$$

所以 $f^{(6)}(0) = 0$ 而且 $f^{(8)}(0) = \frac{8!}{4!}$。

補充說明：假設 f 是一個函數，而且 c 是一個選定的實數。令 $g(t) = f(c + t)$。如果 g 可以表示為冪級數：

$$g(t) = g(0) + \sum_{k=1}^{\infty} \frac{g^{(k)}(0)}{k!} \cdot t^k$$

則 $g(0) = f(c)$ 而且 $g^{(k)}(0) = f^{(k)}(c)$ 對每個自然數 k 都是成立的。令 $x = c + t$，因此 $t = x - c$ 而且

$$f(x) = f(c + t) = g(t) = f(0) + \sum_{k=1}^{\infty} \frac{f^{(k)}(c)}{k!} \cdot (x - c)^k$$

我們通常稱呼這個 $f(x)$ 的級數表示為：以 c 點為中心的 f 的泰勒級數展開（Taylor Series Expansion of f with center c）。

註：以 0 為中心的泰勒級數有時會被稱為馬克勞林級數（Maclaurin Series）。

習題 7.3

試應用根式檢驗法（定理 7.3.1）判斷以下各題（1、2、3）級數是否收斂。

1. $\displaystyle\sum_{k=1}^{\infty} \frac{1}{[\ln(k + 2)]^k}$。

2. $\displaystyle\sum_{k=1}^{\infty} \left[\frac{\ln(k + 2)}{k + 2} \right]^k$。

3. $\displaystyle\sum_{k=1}^{\infty} \frac{k}{[\ln(k + 2)]^k}$。

試應用比式檢驗法（定理 7.3.2）判斷以下各題（4、5、6）級數是否收斂。

4. $\displaystyle\sum_{k=1}^{\infty} \frac{9^k}{k!}$。

5. $\displaystyle\sum_{k=1}^{\infty} \frac{k^3}{3^k}$。

6. $\displaystyle\sum_{k=1}^{\infty} \frac{k!}{k^k}$。

試判斷以下各題（7、8、9、10）冪級數的收斂半徑。

7. $\displaystyle\sum_{k=1}^{\infty} k \cdot x^k$。

8. $\displaystyle\sum_{k=1}^{\infty} \frac{x^k}{k}$。

9. $\displaystyle\sum_{k=1}^{\infty} \frac{2^k \cdot x^k}{k}$。

10. $\displaystyle\sum_{k=1}^{\infty} \frac{k!}{k^k} \cdot x^k$。

11. 假設函數 $f(x)$ 在開區間 $(-r, +r)$ 上可以被表示為 $f(x) = c_0 + \sum_{k=1}^{\infty} c_k \cdot x^k$ 其中 $r > 0$ 或 $r = \infty$。試應用冪級數的唯一性定理（定理 7.3.5）證明：如果 $f(x)$ 是偶函數：$f(-x) = f(x)$，則冪級數中的奇數項係數 $c_{(2n-1)}$ 都是 0（n 是正整數）。

12. 試用冪級數的微分定理（定理 7.3.4）求出函數 $\dfrac{1}{(1+x)^2}$ 在開區間 $(-1, +1)$ 上的冪級數表示。【87 二技電子】

13. 試問 $1 + \sum_{k=1}^{\infty} \dfrac{x^{(2k)}}{k!}$ 所代表的函數。

14. 試求函數 $x \cdot \ln(1 + x^2)$ 的冪級數表示。

15. 試用冪級數的積分定理（定理 7.3.6）求出函數 $\arctan x$ 在 $(-\infty, +\infty)$ 上的冪級數表示。

第 7 章習題

1. 已知數列 $\{a_n\}_{n=1}^{\infty}$ 滿足 $|2a_n - 5n^2| \le 8$，對所有 $n \ge 1$ 均成立。則 $\lim\limits_{n \to \infty} \dfrac{a_n}{n^2} = ?$
(A) $\dfrac{2}{5}$。(B) 2。(C) $\dfrac{5}{2}$。(D) 5。【94 二技管一】

2. 求級數 $\sum_{n=1} \dfrac{2}{4n^2 - 1}$ 之值？ (A) $\dfrac{1}{2}$。(B) 1。(C) 2。(D) 4。【95 二技電子】

3. $\sum_{n=2}^{\infty} \dfrac{1}{n \cdot \log_{10} n} = ?$ (A) 發散。(B) $\dfrac{1}{3}$。(C) $\dfrac{1}{2}$。(D) $\dfrac{2}{3}$。【82 二技】

4. 級數 $\sum_{n=1}^{\infty} \dfrac{\ln n}{n^{\frac{3}{2}}}$ 為：(A) 發散。(B) 收斂。(C) 0。(D) 以上皆非。【81 二技】

5. 下列無窮級數何者為收斂？ (A) $\sum_{n=1}^{\infty} \dfrac{(-1)^n}{n}$。(B) $\sum_{n=1}^{\infty} \dfrac{1}{\sqrt[3]{n}}$。(C) $\sum_{n=1}^{\infty} \dfrac{n-1}{2n+1}$。(D) $\sum_{n=2}^{\infty} \dfrac{1}{\sqrt{n^2-1}}$。【92 二技管一】

6. 分別說明下列級數是否收斂？
(A) $\sum_{n=1}^{\infty} \left(1 + \dfrac{1}{n}\right)^n$。(B) $\sum_{n=1}^{\infty} \dfrac{n^2}{e^n}$。【95 普考 地震氣象】

7. 證明一個級數如果絕對收斂則一定收斂。【90 公務員薦任升官考】

8. $\sum_{n=1}^{\infty} \dfrac{x^{2n}}{2n}$ 的收斂半徑為：(A) 0。(B) 1。(C) 2。(D) ∞。【82 二技】

9. $\sum_{n=1}^{\infty} \dfrac{(n!)^2}{(2n)!} x^n$ 之收斂半徑為：(A) 0。(B) $\dfrac{1}{4}$。(C) 4。(D) ∞。【84 二技】

10. 冪級數 $x + \dfrac{x^2}{2} + \dfrac{x^3}{3} + \cdots + \dfrac{x^n}{n} + \cdots$ 的收斂區間或收斂範圍是：(A) $-\infty < x < \infty$。(B) $-1 \le x \le 1$。(C) $-1 < x \le 1$。(D) $-1 \le x < 1$。【93 二技電子】

11. 設冪級數 $\sum_{n=1}^{\infty} nx^{n-1}$ 在其收斂區間 $(-1, 1)$ 內的和函數為 $S(x)$，則 $S(x) = ?$ (A) $\dfrac{1}{(1-x)^2}$。(B) $\dfrac{1}{1-x}$。(C) $\dfrac{1}{1+x}$。(D) $\dfrac{1}{(1+x)^2}$。【93 二技電子】

12. 若 $f(x) = 2x + \dfrac{4x^2}{2} + \dfrac{8x^3}{3} + \cdots + \dfrac{2^n \cdot x^n}{n} + \cdots$ 且 $x \in \left(\dfrac{-1}{2}, \dfrac{1}{2}\right)$，則 $f(x) = ?$ (A) $\ln(1+2x)$。(B) $-\ln(1+2x)$。(C) $\ln(1-2x)$。(D) $-\ln(1-2x)$。【80 二技】

13. 若 e^{x^2} 的馬克勞林級數（Maclaurin Series）為 $\sum_{n=0}^{\infty} a_n x^n$，則 $a_4 = ?$ (A) $\dfrac{1}{24}$。(B) $\dfrac{1}{2}$。(C) 2。(D) 24。【96 二技電子】

14. 求級數 $\sum_{n=2}^{\infty} \dfrac{n}{3^n} = ?$ (A) $\dfrac{5}{12}$。(B) $\dfrac{5}{11}$。(C) $\dfrac{7}{12}$。(D) $\dfrac{7}{11}$。【96 二技管一】

附錄：收斂半徑「等於」絕對收斂半徑

假設 $c_0 + \sum_{k=1}^{\infty} c_k \cdot x^k$ 是一個依賴於 x 的冪級數。我們定義

$$\mathscr{C} = \{u > 0 : c_0 + \sum_{k=1}^{\infty} c_k \cdot x^k \text{ 在開區間 } (-u, +u)$$

上的每個點 x 都是收斂的 $\}$

我們定義

$$\mathscr{A} = \{v > 0 : c_0 + \sum_{k=1}^{\infty} c_k \cdot x^k \text{ 在開區間 } (-v, +v)$$

上的每個點 x 都是絕對收斂的 $\}$

所以 $v \in \mathscr{A}$ 就表示

$$|c_0| + \sum_{k=1}^{\infty} |c_k| \cdot |x|^k = \lim_{n \to \infty} \left(|c_0| + \sum_{k=1}^{n} |c_k| \cdot |x|^k \right)$$

對每個 $x \in (-v, +v)$ 都成立。

定理 7.2.9 告訴我們：如果冪級數在開區間 $(-v, +v)$ 上的每個點絕對收斂，則冪級數在開區間 $(-v, +v)$ 上的每個點收斂。因此 $\mathscr{A} \subset \mathscr{C}$。

本附錄的主要目的是說明：$\mathscr{A} = \mathscr{C}$，所以我們以下要證明 $\mathscr{A} \supset \mathscr{C}$。

$\mathscr{A} \supset \mathscr{C}$ 的證明

假設 $u \in \mathscr{C}$，我們將應用定理 7.3.3 證明 $u \in \mathscr{A}$。如果 $w \in (-u, +u)$，則 $|w| < u$。令 $t = \dfrac{|w| + u}{2}$，則

$$|w| < t = \frac{|w| + u}{2} < u$$

由於 $t < u$（其中 u 是 $\mathscr{C}$ 中的元素），我們知道冪級數在 t 這個點會收斂。所以由定理 7.3.3 可知冪級數在滿足條件 $w \in (-t, +t)$ 的 w 點會絕對收斂：

$$|c_0| + \sum_{k=1}^{\infty} |c_k| \cdot |w|^k = \lim_{n \to \infty} \left(|c_0| + \sum_{k=1}^{n} |c_k| \cdot |w|^k \right) \text{ 收斂}$$

以上的結果表明：冪級數在開區間 $(-u, +u)$ 上的每個點 w 都會絕對收斂，所以 $u \in \mathscr{A}$。因此 $\mathscr{A} \supset \mathscr{C}$ 成立。

第8章 多變數函數的微分與積分

本章介紹多變數函數(變數多於一個)的基本微分、積分理論。我們將介紹偏微分、連續性條件、可微分條件、連鎖律、連續可微分條件、梯度向量、方向微分、等高集合(線)、等高線的切線、臨界點定理、局部極(小、大)值點、二階偏微分矩陣使用拉格朗日乘子法尋找在「限制條件(等高線)」上的極(小、大)值點、基本的積分理論(黎曼和的收斂)、富比尼定理(1維 + 1維的積分方法)、使用極座標對 $x-y$ 平面上的區域進行積分、多變函數積分的變數變換。

多變數函數的理論要比單變數函數的情況複雜。其中許多題材的細節也不易在大一微積分課討論清楚,因此本章的內容主要以「讓讀者能正確地應用多變數函數的微分、積分方法」為目標。

第1節 偏微分、連續性、可微分條件

在本節中我們討論「單變數函數的連續性條件、微分條件」在多變數函數(變數多於一個)的推廣。由於多變數函數的變數個數較多,因此情況要比單變數函數的情況複雜。將多變數函數限制在「單一變數」上進行(單變數函數方式的)微分就是「偏微分運算」。但一個多變數函數即使對每一個「單一變數」的偏微分都存在,這個函數也不必然是連續函數,所以多變數函數的正確的「可微分條件」不等同於「偏微分條件」。

我們接著介紹多變數函數的正確的「可微分條件」。我們將證實:一個多變數函數如果滿足(正確的)「可微分條件」,則這個多變數函數的「連續性條件」就會成立。此外,我們還將介紹「可微分的多變數函數」的連鎖律。

可惜在實用上,多變數函數的「可微分條件」其實是不易逐點檢驗的。所以我們最後介紹以下定理:如果一個多變數函數的「偏微分函數都是連續函數」,則原函數就會滿足「可微分條件」。我們通常稱呼「具有連續的偏微分函數的多變數函數」為「連續可微分函數」。

偏微分

假設 $f(x, y)$ 是一個定義在平面 $\mathbb{R}^2$ 上的實數函數。仿照單變數函數的微分方式我們可以定義多變數函數的**偏微分**(partial derivatives）如下：

$$\frac{\partial f}{\partial x}(a, b) = \lim_{\Delta x \to 0} \frac{f(a + \Delta x, b) - f(a, b)}{\Delta x}$$

$$\frac{\partial f}{\partial y}(a, b) = \lim_{\Delta y \to 0} \frac{f(a, b + \Delta y) - f(a, b)}{\Delta y}$$

我們稱 $\frac{\partial f}{\partial x}(a, b)$ 為 f 在點 (a, b) 相對於變數 x 的偏微分。我們稱 $\frac{\partial f}{\partial y}(a, b)$ 為 f 在點 (a, b) 相對於變數 y 的偏微分。常常我們會使用更簡化的符號來表示函數的偏微分：

$$f_x(a, b) \equiv \frac{\partial f}{\partial x}(a, b) \text{ 且 } f_y(a, b) \equiv \frac{\partial f}{\partial y}(a, b)$$

偏微分的計算原理：暫時凍結函數中的其他變數（視為常數），然後計算這個函數針對單一變數的微分。當我們凍結函數中的其他變數（視為常數）的時候，其實我們就相當於在考慮單一變數的函數。

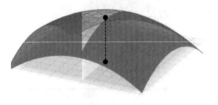

圖 8.1.1A

圖 8.1.1B

令 $u(x) = f(x, b)$ 為單變數函數，則 $\frac{\partial f}{\partial x}(a, b) = \frac{du}{dx}(a)$（圖 8.1.1A）。

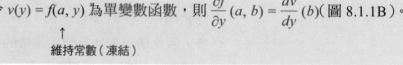
↑
維持常數（凍結）

令 $v(y) = f(a, y)$ 為單變數函數，則 $\frac{\partial f}{\partial y}(a, b) = \frac{dv}{dy}(b)$（圖 8.1.1B）。

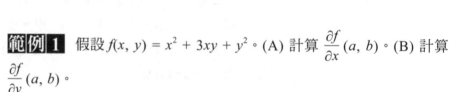
↑
維持常數（凍結）

範例 1 假設 $f(x, y) = x^2 + 3xy + y^2$。(A) 計算 $\frac{\partial f}{\partial x}(a, b)$。(B) 計算 $\frac{\partial f}{\partial y}(a, b)$。

說明：

(A) 令 $u(x) = f(x, b) = x^2 + 3xb + b^2$，則

$$\frac{\partial f}{\partial x}(a, b) = \frac{du}{dx}(a) = 2a + 3b$$

另解：「將 y 視為常數」並且「將 $f(x, y)$ 相對於 x 取微分」可以得到

$$2x + 3y + 0$$

將 $(x, y) = (a, b)$ 代入可得 $2a + 3b$。

(B) 令 $v(y) = f(a, y) = a^2 + 3ay + y^2$，則

$$\frac{\partial f}{\partial y}(a, b) = \frac{dv}{dy}(b) = 3a + 2b$$

另解：「將 x 視為常數」並且「將 $f(x, y)$ 相對於 y 取微分」可以得到

$$3x + 2y$$

將 $(x, y) = (a, b)$ 代入可得 $3a + 2b$。

延伸學習 1　假設 $f(x, y) = x^3 \cdot y^2$。(A) 計算 $\dfrac{\partial f}{\partial x}(a, b)$。(B) 計算 $\dfrac{\partial f}{\partial y}(a, b)$。

解答：

(A) 令 $u(x) = f(x, b) = x^3 b^2$

$u'(x) = \dfrac{\partial f}{\partial x}(x, b) = 3x^2 b^2$

故 $\dfrac{\partial f}{\partial x}(a, b) = u'(a) = 3a^2 b^2$

(B) 令 $v(y) = f(a, y) = a^3 y^2$

$v'(y) = \dfrac{\partial f}{\partial y}(a, y) = 2a^3 y$

故 $\dfrac{\partial f}{\partial y}(a, b) = 2a^3 b$

範例 2　假設 $f(x, y) = x \cdot \sin y$。(A) 計算 $\dfrac{\partial f}{\partial x}(a, b)$。(B) 計算 $\dfrac{\partial f}{\partial y}(a, b)$。

說明：

(A) 令 $u(x) = f(x, b) = x \cdot \sin b$，則

$$\frac{\partial f}{\partial x}(a, b) = \frac{du}{dx}(a) = \sin b$$

另解：「將 y 視為常數」並且「將 $f(x, y)$ 相對於 x 取微分」可以得到

$$\sin y$$

將 $(x, y) = (a, b)$ 代入可得 $\sin b$。

(B) 令 $v(y) = f(a, y) = a \cdot \sin y$，則

$$\frac{\partial f}{\partial y}(a, b) = \frac{dv}{dy}(b) = a \cdot \cos b$$

另解：「將 x 視為常數」並且「將 $f(x, y)$ 相對於 y 取微分」可以得到

$$x \cdot \cos y$$

將 $(x, y) = (a, b)$ 代入可得 $a \cdot \cos b$。

延伸學習 2 假設 $f(x, y) = e^{x+y^2}$。(A) 計算 $\dfrac{\partial f}{\partial x}(a, b)$。(B) 計算 $\dfrac{\partial f}{\partial y}(a, b)$。

解答：

(A) 令 $u(x) = f(x, b) = e^{x+b^2}$

$\quad u'(x) = e^{x+b^2}$

$\quad$ 故 $\dfrac{\partial f}{\partial x}(a, b) = e^{a+b^2}$

(B) 令 $v(y) = f(a, y) = e^{a+y^2}$

$\quad v'(y) = 2ye^{a+y^2}$

$\quad$ 故 $\dfrac{\partial f}{\partial y}(a, b) = 2be^{a+b^2}$

延伸學習 3 假設 $f(x, y) = \ln(x^4 + x^2 \cdot y^2 + 2)$。(A) 計算 $\dfrac{\partial f}{\partial x}(a, b)$。(B) 計算 $\dfrac{\partial f}{\partial y}(a, b)$。

解答：

(A) 令 $u(x) = f(x, b) = \ln(x^4 + x^2 b^2 + 2)$

$$u'(x) = \frac{4x^3 + 2xb^2}{x^4 + x^2 b^2 + 2}$$

$$\therefore \frac{\partial f}{\partial x}(a, b) = u'(a) = \frac{4a^3 + 2ab^2}{a^4 + a^2 b^2 + 2}$$

(B) 令 $v(y) = f(a, y) = \ln(a^4 + a^2 y^2 + 2)$

$$v'(y) = \frac{2a^2 y}{a^4 + a^2 y^2 + 2}$$

$$\therefore \frac{\partial f}{\partial y}(a, b) = \frac{2a^2 b}{a^4 + a^2 b^2 + 2}$$

假設 f 是定義在平面 $\mathbb{R}^2$ 上的實數函數。如果在每一個點 $(a, b) \in \mathbb{R}^2$，f 相對於變數 x 的偏微分 $\dfrac{\partial f}{\partial x}(a, b)$ 都是存在的，那我們就稱

$$\frac{\partial f}{\partial x}$$

為 f 相對於（變數）x 的偏微分函數。如果在每一個點 $(a, b) \in \mathbb{R}^2$，f 相對於變數 y 的偏微分 $\dfrac{\partial f}{\partial y}(a, b)$ 都是存在的，那我們就稱

$$\frac{\partial f}{\partial y}$$

為 f 相對於（變數）y 的偏微分函數。例如：$f(x, y) = x \cdot \sin y$，則 f 相對於 x 的偏微分函數 $\dfrac{\partial f}{\partial x}$ 就是 $\sin y$ 這個函數。而 f 相對於 y 的偏微分函數 $\dfrac{\partial f}{\partial y}$ 就是 $x \cdot \cos y$ 這個函數。

　　由於偏微分的定義方式完全仿照「單變數函數的微分」，所以偏微分具有與「單變數函數的微分」相似的運算規律。

(A) 如果 α 與 β 都是實數常數，則

$$\frac{\partial(\alpha \cdot f + \beta \cdot g)}{\partial x}(a, b) = \alpha \cdot \frac{\partial f}{\partial x}(a, b) + \beta \cdot \frac{\partial g}{\partial x}(a, b)$$

$$\frac{\partial(\alpha \cdot f + \beta \cdot g)}{\partial y}(a, b) = \alpha \cdot \frac{\partial f}{\partial y}(a, b) + \beta \cdot \frac{\partial g}{\partial y}(a, b)$$

(B) $\dfrac{\partial(f \cdot g)}{\partial x}(a, b) = \dfrac{\partial f}{\partial x}(a, b) \cdot g(a, b) + f(a, b) \cdot \dfrac{\partial g}{\partial x}(a, b)$

$$\frac{\partial(f \cdot g)}{\partial y}(a, b) = \frac{\partial f}{\partial y}(a, b) \cdot g(a, b) + f(a, b) \cdot \frac{\partial g}{\partial y}(a, b)$$

(C) 如果 $g(a, b) \neq 0$，則

$$\frac{\partial\left(\dfrac{f}{g}\right)}{\partial x}(a, b) = \frac{\dfrac{\partial f}{\partial x}(a, b) \cdot g(a, b) - f(a, b) \cdot \dfrac{\partial g}{\partial x}(a, b)}{[g(a, b)]^2}$$

$$\frac{\partial\left(\dfrac{f}{g}\right)}{\partial y}(a, b) = \frac{\dfrac{\partial f}{\partial y}(a, b) \cdot g(a, b) - f(a, b) \cdot \dfrac{\partial g}{\partial y}(a, b)}{[g(a, b)]^2}$$

範例 3　假設 $f(x, y) = x^3 \cdot y^2$ 而且 $g(x, y) = e^{x + y^2}$。

(A) 計算 $\dfrac{\partial(f \cdot g)}{\partial x}(a, b)$ 與 $\dfrac{\partial(f \cdot g)}{\partial y}(a, b)$。(B) 令 $H(x, y) = \dfrac{f(x, y)}{g(x, y)}$。計算 $\dfrac{\partial H}{\partial x}(a, b)$ 與 $\dfrac{\partial H}{\partial y}(a, b)$。

說明：

(A) $\dfrac{\partial(f \cdot g)}{\partial x}(a, b) = \dfrac{\partial f}{\partial x}(a, b) \cdot g(a, b) + f(a, b) \cdot \dfrac{\partial g}{\partial x}(a, b)$

$$= 3a^2 \cdot b^2 \cdot e^{a + b^2} + a^3 \cdot b^2 \cdot e^{a + b^2}$$

$$\frac{\partial(f \cdot g)}{\partial y}(a, b) = \frac{\partial f}{\partial y}(a, b) \cdot g(a, b) + f(a, b) \cdot \frac{\partial g}{\partial y}(a, b)$$

$$= 2 \cdot a^3 \cdot b \cdot e^{a + b^2} + a^3 \cdot b^2 \cdot e^{a + b^2} \cdot (2b)$$

(B) $H(x, y) = \dfrac{f(x, y)}{g(x, y)}$，所以

$$\frac{\partial H}{\partial x}(a, b) = \frac{\frac{\partial f}{\partial x}(a, b) \cdot g(a, b) - f(a, b) \cdot \frac{\partial g}{\partial x}(a, b)}{[g(a, b)]^2}$$

$$= \frac{3a^2 \cdot b^2 \cdot e^{a + b^2} - a^3 \cdot b^2 \cdot e^{a + b^2}}{\left(e^{a + b^2}\right)^2}$$

$$= \frac{3a^2 \cdot b^2 - a^3 \cdot b^2}{e^{a + b^2}}$$

$$\frac{\partial H}{\partial y}(a, b) = \frac{\frac{\partial f}{\partial y}(a, b) \cdot g(a, b) - f(a, b) \cdot \frac{\partial g}{\partial y}(a, b)}{[g(a, b)]^2}$$

$$= \frac{2 \cdot a^3 \cdot b \cdot e^{a + b^2} - a^3 \cdot b^2 \cdot e^{a + b^2} \cdot (2b)}{\left(e^{a + b^2}\right)^2}$$

$$= \frac{2 \cdot a^3 \cdot b - 2 \cdot a^3 \cdot b^3}{e^{a + b^2}}$$

多變數函數的連續性

多變數函數的**連續性**（continuity）觀念與「單變數函數的連續性」觀念其實是一致的。我們現在介紹如下。

連續性的觀念：假設 $f(x, y)$ 是定義在平面上的實數函數，則我們說「函數 f 在點 $(a, b) \in \mathbb{R}^2$ **連續**（continuous）」的意思是

> 「當變數 (x, y) 與點 (a, b) 之間的距離小到某個適當的範圍，那麼函數 $f(x, y)$ 與 $f(a, b)$ 之間的距離 $|f(x, y) - f(a, b)|$ 就會縮小到我們（指定）想達到的範圍」。所以 $(x, y) \to (a, b)$ 會使得 $f(x, y) \to f(a, b)$。

以上的連續性觀念是描述性的。為了給出較精確的數學定義我們使用符號

$$\|(x, y) - (a, b)\| = \sqrt{(x - a)^2 + (y - b)^2}$$

來代表點 (x, y) 與點 (a, b) 之間的距離。$\| \quad \|$ 原本是用以表示向量長度的符號。所以 $\|(x, y) - (a, b)\|$ 其實就代表 $(x, y) - (a, b)$ 這個向量的長度，那就是點 (a, b) 與 (x, y) 之間的距離。

連續性的數學定義：函數 f 在 (a, b) 這個點連續的條件為

> 對每一個指定的正實數 $\varepsilon > 0$（誤差範圍），至少存在一個相應的 $\delta > 0$（變數範圍的半徑）使得
>
> $$|f(x, y) - f(a, b)| < \varepsilon$$
>
> 對每個符合條件 $\|(x, y) - (a, b)\| < \delta$ 的點 (x, y) 都成立。

從這個定義可以知道：如果半徑 $r > 0$ 足夠地小，那麼落在「以 (a, b) 為圓心而且以 r 為半徑」的圓盤內所有點的函數值 $f(x, y)$ 都會與 $f(a, b)$ 足夠地接近（圖 8.1.2）。

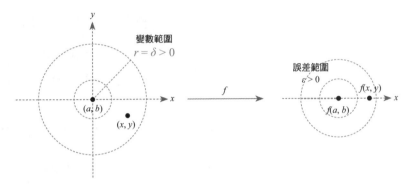

圖 8.1.2

「函數 f 在 (a, b) 點連續」這個條件也可以透過極限的形式表示為

$$\lim_{(x, y) \to (a, b)} f(x, y) = f(a, b)$$

其中 $\lim\limits_{(x, y) \to (a, b)} f(x, y)$ 表示：在 $(x, y) \neq (a, b)$ 往 (a, b) 點接近的過程中，函數值 $f(x, y)$ 所趨近的極限。

我們稱呼一個「在每個（有定義的）點連續」的函數為 **連續函數**（continuous function）。由連續性的定義或觀念可知

> 常數函數在每個點連續（因為常數函數在所有點的函數值都相同），所以常數函數是連續函數。

範例 4

(A) 令 $f(x, y) = x$。說明 f 在任意點 (a, b) 連續，所以 $f(x, y) = x$ 是連續函數。

(B) 令 $g(x, y) = y$。說明 g 在任意點 (a, b) 連續，所以 $g(x, y) = y$ 是連續函數。

說明：

(A) $|f(x, y) - f(a, b)| = |x - a| \leq \sqrt{(x - a)^2 + (y - b)^2} = \|(x, y) - (a, b)\|$，

所以 $(x, y) \to (a, b)$ 會使得 $f(x, y) = x \to f(a, b) = a$。

(B) $|g(x, y) - g(a, b)| = |y - b| \le \sqrt{(x-a)^2 + (y-b)^2} = \|(x, y) - (a, b)\|$，
所以 $(x, y) \to (a, b)$ 會使得 $g(x, y) = y \to g(a, b) = b$。

> 在 $x - y$ 平面 $\mathbb{R}^2$ 上，函數 x 與函數 y 都是連續函數。

注意：$x - y$ 平面上的多項式函數都是由常數函數、函數 x、函數 y 透過加、減、乘這些運算組合而成的。以下的定理敘述連續函數在加、減、乘、除運算下的規律。

> **定理 8.1.1**　假設 f 與 g 是定義在平面 $\mathbb{R}^2$ 上的實數函數。如果 f 與 g 都是連續函數，則以下結果成立。
>
> (A) 若 α 與 β 是實數常數，則 $\alpha \cdot f + \beta \cdot g$ 是平面 $\mathbb{R}^2$ 上的連續函數。
>
> (B) $f \cdot g$ 是平面 $\mathbb{R}^2$ 上的連續函數。
>
> (C) 若 $g(a, b) \ne 0$，則函數 $\dfrac{f}{g}$ 在 (a, b) 這個點連續。
>
> (D) 假設 $H : I \to \mathbb{R}$ 是定義在（有限或無限）區間 I 上的連續函數。如果 f 的函數值都落在 I 中，則合成函數 $H \circ f$ 是平面 $\mathbb{R}^2$ 上的連續函數。

說明： 這個定理成立的原因與「單變數函數」的情況相似。因此我們省略證明細節。

由範例 4 以及本定理的結果 (A)、(B) 可知

> 如果 $p(x, y)$ 是定義在平面 $\mathbb{R}^2$ 上的多項式函數，則 $p(x, y)$ 是連續函數（已知常數函數是連續函數）。

由 (C) 可知：

> 假設 $p(x, y)$ 與 $q(x, y)$ 都是定義在平面 $\mathbb{R}^2$ 上的多項式函數。如果 $q(a, b) \ne 0$，則函數 $\dfrac{p(x, y)}{q(x, y)}$ 在 (a, b) 這個點連續。

假設 $p(x, y)$ 是定義在平面 $\mathbb{R}^2$ 上的多項式函數，由 (D) 可以得到以下結果。

> $|p(x, y)|$ 是平面 $\mathbb{R}^2$ 上的連續函數。

> $\sin p(x, y)$ 與 $\cos p(x, y)$ 都是平面 $\mathbb{R}^2$ 上的連續函數。

假設 $n > 1$ 是正整數，則 $\sqrt[n]{|p(x, y)|} = |p(x, y)|^{\frac{1}{n}}$ 是平面 $\mathbb{R}^2$ 上的連續函數（如果 $p(x, y)$ 在平面 $\mathbb{R}^2$ 上恆 ≥ 0，則 $\sqrt[n]{p(x, y)} = \sqrt[n]{|p(x, y)|}$ 是連續函數）。

$e^{p(x, y)}$ 是定義在平面 $\mathbb{R}^2$ 上的連續函數。

如果 $p(x, y)$ 在 $\mathbb{R}^2$ 上恆 > 0，則 $\ln p(x, y)$ 是連續函數。

以上這些函數都是常見的連續函數。當然，藉由 (A)、(B)、(C)、(D) 的規律，我們還可以組合出更多類型的連續函數。　∎

以下列出連續函數的典型實例。

(1) $x^3 y + 5x^2 y^2 + 2y^4 - 7xy^2 - x^2 + 3y + 9$ 是定義在 $x - y$ 平面上的連續函數。

(2) 函數 $\dfrac{1}{x^2 + y^2}$ 在 $x - y$ 平面上「原點 $(0, 0)$ 以外」的區域連續。

(3) 函數 $\dfrac{x^2 y^2 + 3}{x - y}$ 在 $x - y$ 平面上「直線 $x - y = 0$ 以外」的區域連續。

(4) $|x^2 - y^2|$ 是定義在 $x - y$ 平面上的連續函數。

(5) $\sin(x^2 - y^2)$ 與 $\cos(xy + 2)$ 都是定義在 $x - y$ 平面上的連續函數。

(6) $\sqrt{|x^2 - y^2|}$ 與 $\sqrt{x^2 + y^2}$ 都是定義在 $x - y$ 平面上的連續函數。

(7) $e^{(x^2 + xy - y^2 + 3)}$ 是定義在 $x - y$ 平面上的連續函數。

(8) $\ln(x^2 + xy + y^2 + 3)$ 是定義在 $x - y$ 平面上的連續函數。

單變數函數如果在某個點微分存在，則必在這個點連續（定理 3.1.2）。但是對多變數函數來說，偏微分在某個點存在並不能保證這個多變數函數就會在這個點連續。以下是一個典型的例子。

範例 5　定義函數 f 如下：

$$f(x, y) = \begin{cases} \dfrac{x \cdot y}{x^2 + y^2}，如果 (x, y) \neq (0, 0) \\ 0，如果 (x, y) = (0, 0) \end{cases}$$

(A) 驗證 $\dfrac{\partial f}{\partial x}(0, 0) = 0$ 且 $\dfrac{\partial f}{\partial y}(0, 0) = 0$。(B) 說明 f 在 $(0, 0)$ 點不連續。

說明：

(A) 令 $u(x) = f(x, 0)$。如果 $x \neq 0$ 則 $u(x) = f(x, 0) = \dfrac{x \cdot 0}{x^2 + 0^2} = 0$。

所以 $\dfrac{\partial f}{\partial x}(0, 0) = \dfrac{du}{dx}(0) = \lim_{x \to 0} \dfrac{u(x) - u(0)}{x - 0} = \lim_{x \to 0} \dfrac{0 - 0}{x} = 0$。

令 $v(y) = f(0, y)$。如果 $y \neq 0$ 則 $v(y) = \dfrac{0 \cdot y}{0^2 + y^2} = 0$。

所以 $\dfrac{\partial f}{\partial y}(0, 0) = \dfrac{dv}{dy}(0) = \lim_{y \to 0} \dfrac{v(y) - v(0)}{y - 0} = \lim_{y \to 0} \dfrac{0 - 0}{y} = 0$。

(B) 如果 $t \neq 0$ 則 $f(t, t) = \dfrac{t \cdot t}{t^2 + t^2} = \dfrac{1}{2}$。

在 $t \neq 0$ 往 0 接近的過程中，$(t, t) \neq (0, 0)$ 會朝著原點 $(0, 0)$ 接近，但是 f 的函數值

$$f(t, t) = \frac{1}{2}$$

並不會朝著 $f(0, 0) = 0$ 趨近。所以函數 f 在 $(0, 0)$ 點並不連續。

多變數函數的可微分條件

現在我們討論如何將「單變數函數的可微分條件」這個觀念正確地推廣到多變數函數。假設 g 是定義在開區間 I 的實數函數，則 g 在點 $c \in I$ 的可微分條件為

$$\lim_{x \to c} \frac{g(x) - g(c)}{x - c} \text{ 這個極限存在}$$

如果函數 g 在 c 點的微分存在，則

$$g(x) - g(c) - g'(c) \cdot (x - c)$$

滿足 $\lim\limits_{x \to c} \dfrac{g(x) - g(c) - g'(c) \cdot (x - c)}{x - c} = \lim\limits_{x \to c} \left[\dfrac{g(x) - g(c)}{x - c} - g'(c) \right] = 0$。

反之，如果存在實數 L 使得

$$R_c(x) = g(x) - g(c) - L \cdot (x - c)$$

滿足 $\lim\limits_{x \to c} \dfrac{R_c(x)}{x - c} = 0$，則

計算技巧：
$$\lim_{x \to c} \frac{R_c(x)}{x - c} = 0$$

$$\lim_{x \to c} \frac{g(x) - g(c)}{x - c} = \lim_{x \to c} \frac{L \cdot (x - c) + R_c(x)}{x - c} = \lim_{x \to c} \left(L + \frac{R_c(x)}{x - c} \right) = L$$

所以 g 在 c 點的微分存在而且 $g'(c)$ 為 L。

以上的討論啟發我們如何定義多變數函數的可微分。

定義 8.1.2 假設 $f : \mathbb{R}^2 \to \mathbb{R}$ 是定義在平面的實數函數，則函數 f 在 $(a, b) \in \mathbb{R}^2$ 這個點可微分的條件為：存在平面向量 $\mathbb{W} = (\alpha, \beta)$ 使得

$$R_{(a, b)}(x, y) = f(x, y) - f(a, b) - \langle \mathbb{W}, (x - a, y - b) \rangle$$
$$= f(x, y) - f(a, b) - [\alpha \cdot (x - a) + \beta \cdot (y - b)]$$

（其中 $<\mathbb{W}, (x-a, y-b)>$ 代表向量 $\mathbb{W}$ 與 $(x-a, y-b)$ 的內積）滿足以下極限關係

$$\lim_{(x, y) \to (a, b)} \frac{R_{(a, b)}(x, y)}{\|(x, y) - (a, b)\|} = 0$$

f 在 (a, b) 點可微分這個條件會造成以下的結果（參考定理 8.1.3）：

1. f 在 (a, b) 點連續。

2. $\dfrac{\partial f}{\partial x}(a, b)$ 與 $\dfrac{\partial f}{\partial y}(a, b)$ 都會存在。其實 $\dfrac{\partial f}{\partial x}(a, b) = \alpha$ 而且 $\dfrac{\partial f}{\partial y}(a, b) = \beta$。

由以上的結果可知：使得條件

$$\lim_{(x, y) \to (a, b)} \frac{R_{(a, b)}(x, y)}{\|(x, y) - (a, b)\|} = 0$$

成立的向量 $\mathbb{W}$ 其實是**唯一確定的**（uniquely determined）：

$$\mathbb{W} = \left(\frac{\partial f}{\partial x}(a, b), \frac{\partial f}{\partial y}(a, b) \right)$$

我們稱這個向量 $\mathbb{W}$ 為函數 f 在點 (a, b) 的**梯度向量**（gradient）。通常我們會使用符號 $\nabla f(a, b)$ 或 $(\mathrm{grad}\, f)\,(a, b)$ 來表示 f 在 (a, b) 點的梯度向量。

函數 f 在 (a, b) 點的梯度向量為

$$\nabla f(a, b) = (\mathrm{grad}\, f)\,(a, b) = \left(\frac{\partial f}{\partial x}(a, b), \frac{\partial f}{\partial y}(a, b) \right)$$

註：假設 $f : \mathbb{R}^2 \to \mathbb{R}$ 是定義在平面上的實數函數。如果 f 在每個點 $(a, b) \in \mathbb{R}^2$ 都滿足可微分條件，則我們稱 f 為**可微分函數**（differentiable funciton）。

定理 8.1.3　假設 $f : \mathbb{R}^2 \to \mathbb{R}$ 是定義在 x-y 平面 $\mathbb{R}^2$ 上的實數函數。如果函數 f 在 (a, b) 這個點可微分：
存在平面向量 $\mathbb{W} = (\alpha, \beta)$ 使得

$$R(x, y) = f(x, y) - f(a, b) - [\alpha \cdot (x-a) + \beta \cdot (y-b)]$$

滿足極限關係

$$\lim_{(x, y) \to (a, b)} \frac{R(x, y)}{\|(x, y) - (a, b)\|} = 0$$

則 f 在 (a, b) 點連續而且

$$\frac{\partial f}{\partial x}(a, b) = \alpha \text{，} \frac{\partial f}{\partial y}(a, b) = \beta$$

說明：這個定理的證明在章末的附錄中。　　　　　　　　　■

對多變數函數的可微分條件有了基本的瞭解後，我們現在介紹多變數函數的連鎖律。

> **定理 8.1.4**　**多變數函數的連鎖律**（Chain Rule for Function of Several Variables）
>
> 假設 $u : I \to \mathbb{R}$ 與 $v : I \to \mathbb{R}$ 都是定義在開區間 I 的實數函數而且 u 與 v 在 $c \in I$ 這個點都是可微分。令 (a, b) 代表 $(u(c), v(c))$ 這個點。假設 $f : \mathbb{R}^2 \to \mathbb{R}$ 是定義在平面 $\mathbb{R}^2$ 的實數函數。考慮合成函數
>
> $$g(t) = f(u(t), v(t)) \text{ 其中 } t \in I$$
>
> 如果函數 f 在 $(a, b) = (u(c), v(c))$ 這個點是可微分，則合成函數 g 在 $c \in I$ 這個點是可微分而且微分值
>
> $$g'(c) = \frac{\partial f}{\partial x}(a, b) \cdot u'(c) + \frac{\partial f}{\partial y}(a, b) \cdot v'(c)$$
> $$= \langle \nabla f(a, b), (u'(c), v'(c)) \rangle$$
>
> 恰為 f 在 (a, b) 點的梯度向量 $\nabla f(a, b)$ 與 $(u'(c), v'(c))$ 的內積。

說明：這個定理的證明在章末附錄中。　　　　　　　　　　■

範例 6　已知函數 f 在 $(3, 2)$ 點可微分，而且 $\dfrac{\partial f}{\partial x}(3, 2) = -6$ 且 $\dfrac{\partial f}{\partial y}(3, 2) = 5$。試計算合成函數

$$g(t) = f(t^2 + 4t + 3, -t^2 - 7t + 2)$$

在時間「$t = 0$」時的微分 $g'(0)$。

說明：令 $u(t) = t^2 + 4t + 3$ 且 $v(t) = -t^2 - 7t + 2$，則 u 與 v 都是（單變數）可微分函數而且

$$(u(0), v(0)) = (3, 2)$$

因為（多變數）函數 f 在 $(3, 2)$ 這個點可微分，由定理 8.1.4 可知

$$g'(0) = \frac{\partial f}{\partial x}(3, 2) \cdot u'(0) + \frac{\partial f}{\partial y}(3, 2) \cdot v'(0)$$
$$= (-6) \cdot u'(0) + 5 \cdot v'(0) = (-6) \cdot 4 + 5 \cdot (-7)$$
$$= -59$$

延伸學習 4　已知函數 f 在 $(3, -5)$ 這個點可微分，而且 $\nabla f(3, -5)$ $= (7, 11)$。令 $u(t) = 3t^2$ 且 $v(t) = 5 \cdot \cos(\pi t)$。試計算合成函數

$$g(t) = f(u(t), v(t)) = f(3t^2, 5\cos(\pi t))$$

在 $t = 1$ 這個點的微分 $g'(1)$。

解答：

$g(t) = f(u(t), v(t))$

$u'(1) = 6, v'(1) = -5\pi \sin(\pi \cdot 1) = 0$

$u(1) = 3, v(1) = 5\cos\pi = -5$

因此 $g'(1) = \langle \nabla f(u(1), v(1)), (u'(1), v'(1)) \rangle$
$$= \langle \nabla f(3, -5), (6, 0) \rangle$$
$$= \langle (7, 11), (6, 0) \rangle = 7 \cdot 6 + 11 \cdot 0 = 42$$

範例 7　已知 $f(x, y)$ 是可微分函數而且

$$\nabla f(x, y) = (2xy^3, 3x^2y^2)$$

令 $u(t) = \cos t$ 且 $v(t) = e^t$。試計算合成函數

$$g(t) = f(u(t), v(t)) = f(\cos t, e^t)$$

的微分 $g'(t)$。

說明：由（多變數函數的）連鎖律（定理 8.1.4）可知

$$g'(t) = \langle \nabla f(u(t), v(t)), (u'(t), v'(t)) \rangle$$
$$= \langle \nabla f(\cos t, e^t), (-\sin t, e^t) \rangle$$

其中 $\nabla f(\cos t, e^t) = (2(\cos t) \cdot e^{3t}, 3(\cos t)^2 \cdot e^{2t})$。所以

$$g'(t) = -2 \cdot (\cos t) \cdot (\sin t) \cdot e^{3t} + 3(\cos t)^2 \cdot e^{3t}$$
$$= [-2(\sin t) + 3(\cos t)] \cdot (\cos t) \cdot e^{3t}$$

延伸學習 5　已知 $f(x, y)$ 是可微分函數而且

$$\nabla f(x, y) = (2x, 2y)$$

令 $u(t) = \cos t$ 且 $v(t) = \sin t$。試計算合成函數

$$g(t) = f(u(t), v(t)) = f(\cos t, \sin t)$$

的微分 $g'(t)$。

解答：

$\nabla f(u(t), v(t)) = (2\cos t, 2\sin t)$

$u'(t) = -\sin t, v'(t) = \cos t$

$g'(t) = <\nabla f(u(t), v(t)), (u'(t), v'(t))>$

$\quad = <(2\cos t, 2\sin t), (-\sin t, \cos t)>$

$\quad = -2\cos t \sin t + 2\sin t \cos t$

$\quad = 0$

> **定理 8.1.5**　假設 f 是定義在 $x-y$ 平面 $\mathbb{R}^2$ 上的可微分函數。
> 如果 f 在任意點 $(a, b) \in \mathbb{R}^2$ 的梯度向量都是零向量：
>
> $$\nabla f(a, b) = 0$$
>
> 則 f 在 $x-y$ 平面 $\mathbb{R}^2$ 上其實是個常數函數。

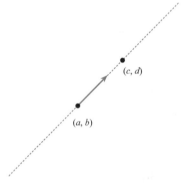

圖 8.1.3

說明：我們只需要證明：f 在平面上任意 2 個點的函數值都相同。如果 (a, b) 與 (c, d) 是平面上 2 個相異點。令 $u(t) = (1 - t) \cdot a + t \cdot c$ 且 $v(t) = (1 - t) \cdot b + t \cdot d$，則 u 與 v 都是（單變數）可微分函數並且連接 (a, b) 與 (c, d) 這 2 個點（參考圖 8.1.3）：

$$(u(0), v(0)) = (a, b) \text{ 且 } (u(1), v(1)) = (c, d)$$

考慮合成函數

$$g(t) = f(u(t), v(t))$$

則由多變數函數的連鎖律（定理 8.1.4）可知

$$g'(t) = <\nabla f(u(t), v(t)), (u'(t), v'(t))>$$

由於 ∇f 在平面上任意點都是零向量，我們發現

$$g'(t) = <(0, 0), (u'(t), v'(t))> = 0$$

這個結果顯示：$g'(t)$ 恆為 0，所以 g 是常數函數。因此 $f(a, b) = g(0)$ 與 $f(c, d) = g(1)$ 的值都相同。這就是我們要得到的結果。　■

　　應用定理 8.1.5 到函數 $g_2(x, y) - g_1(x, y)$，我們可以得到以下

> **推論：**假設 g_1 與 g_2 是定義在 $x-y$ 平面 $\mathbb{R}^2$ 上的兩個可微分函數。
> 如果 ∇g_1 與 ∇g_2 在 $x-y$ 平面上恆相等：
>
> $$\nabla g_1(a, b) = \nabla g_2(a, b)$$
>
> 在 $x-y$ 平面上任意點 (a, b) 都成立，則存在實數常數 C 使得

$$g_2(x, y) = g_1(x, y) + C$$

在 $x - y$ 平面上恆成立（函數 g_2 與 g_1 在 $x - y$ 平面上相差一個固定實數：$g_2 - g_1$ 是一個常數函數）。

　　在現實中，多變數函數的可微分條件並不容易直接驗證，反而偏微分的計算會容易些（因為偏微分的計算與單變數函數的微分相似）。以下的定理告訴我們：原函數的偏微分函數的連續性可以確保原函數的可微分條件。

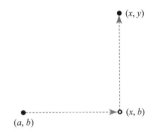

圖 8.1.4

定理 8.1.6　假設 f 是定義在 $x - y$ 平面 $\mathbb{R}^2$ 上的實數函數。如果 f 在 $x - y$ 平面 $\mathbb{R}^2$ 上的「偏微分函數」

$$\frac{\partial f}{\partial x} \text{ 與 } \frac{\partial f}{\partial y}$$

都存在而且都是連續函數，則 f 在 $x - y$ 平面 $\mathbb{R}^2$ 上的每個點 (a, b) 都會滿足可微分條件。因此 f 在 $x - y$ 平面 $\mathbb{R}^2$ 上其實是個可微分函數（圖 8.1.5）。

函數具有 連續的偏微分

↓

函數滿足 可微分條件

↙　　　↘

函數 連續　　　函數的 偏微分存在

圖 8.1.5

說明：這個定理的證明需要在水平方向與垂直方向使用平均值定理。參考圖 8.1.4。證明的細節在章末附錄中。　■

　　我們稱呼「滿足定理 8.1.6 條件」的函數為**連續可微分函數**（continuously differentiable function）。因此

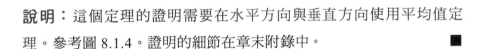

$$f \text{ 是連續可微分函數} \Leftrightarrow \frac{\partial f}{\partial x} \text{ 與 } \frac{\partial f}{\partial y} \text{ 都是連續函數。}$$

注意：由定理 8.1.6 與定理 8.1.3 可知：

　　連續可微分函數都是可微分函數（因而是連續函數）。

　　以下所列定義在 $x - y$ 平面 $\mathbb{R}^2$ 上的函數都是連續可微分函數（因此這些函數都是可微分函數而且是連續函數）。

1. 定義在 $x - y$ 平面 $\mathbb{R}^2$ 上的多項式函數 $p(x, y)$。
2. $\sin(p(x, y))$ 與 $\cos(p(x, y))$。
3. $e^{p(x, y)}$。
4. $\sqrt[n]{q(x, y)}$。其中 $n \in \mathbb{N}$ 而且 $q(x, y)$ 是 $x - y$ 平面 $\mathbb{R}^2$ 上函數值恆 > 0 的多項式函數。
5. $\ln q(x, y)$。其中 $q(x, y)$ 是 $x - y$ 平面 $\mathbb{R}^2$ 上函數值恆 > 0 的多項式函數。

由「偏微分的運算規律」與「連續函數的運算規律」（定理 8.1.1）我們可以組合出更多類型的連續可微分函數。一種常見的情況如下：

> 假設 $f(x, y)$ 與 $g(x, y)$ 都是定義在 $x - y$ 平面上的連續可微分函數，則
>
> $$\frac{f(x, y)}{g(x, y)}$$
>
> 在 $g(x, y) \neq 0$ 的區域上是個連續可微分函數。

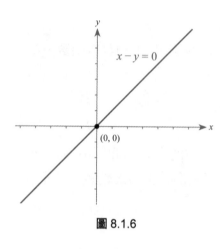

圖 8.1.6

我們列舉實例如下：

1. $x^3 + x^2y - y^3 + 5xy + 2x + 6$。
2. $\sin(x^2 + y^2) + 4\cos(x \cdot y)$。
3. $e^{(x^2 + xy - y^2)}$。
4. $\sqrt{x^2 + y^2 + 1}$。
5. $\ln(x^2 + xy + y^2 + 3)$。
6. $\dfrac{x^2y + e^{(x \cdot y)} + \cos(x^2 + xy^3)}{x - y}$ 在 $x - y = 0$ 以外的平面區域（參考圖 8.1.6）。

習題 8.1

計算以下各題的偏微分函數 $\dfrac{\partial f}{\partial x}$ 與 $\dfrac{\partial f}{\partial y}$。

1. $f(x, y) = x^2 + 3xy + y^2$。

2. $f(x, y) = x^4 + 3x^2y^2 + y^3$。

3. $f(x, y) = e^{(x^2 + y^2)}$。

4. $f(x, y) = \ln(x^4 + x^2 + y^2 + y^4 + 3)$。

5. $f(x, y) = (\cos x) \cdot \sin y$。

6. $f(x, y) = \sin(x^2 + y^2) + \cos(x^2 \cdot y)$。

7. $f(x, y) = \dfrac{e^{x \cdot y}}{1 + x^2 + y^2}$。

8. $f(x, y) = \ln\left[\dfrac{3 + \sin(x \cdot y)}{x^2 + y^2 + 5}\right]$。

使用定理 8.1.1 判斷以下函數為連續函數的區域。

9. $f(x, y) = x^3y + x^2y^2 + e^{(xy^2 + x + 3)} + \sin(xy^2)$。

10. $f(x, y) = \sqrt{|x^3 - y^3 + xy - \cos(x^2 + xy)|}$。

11. $f(x, y) = \dfrac{x^2 + xy + y^2 + 1}{x + y + 3}$。

12. $f(x, y) = \dfrac{x^2 + y^2 + 1}{x^2 - y^2}$。

13. $f(x, y) = \ln(x^2 + y^2)$。

使用（多變數函數的）連鎖律（定理 8.1.4）計算以下各題中合成函數的微分。

14. $f(x, y) = x^2 - xy + 3y^2$，$u(t) = \cos t$ 且 $v(t) = \sin t$。試求函數 $g(t) = f(u(t), v(t))$ 的微分 $g'(t)$。

15. $f(x, y) = \sqrt{xy}$，$u(t) = t^2 + 3$ 且 $v(t) = t$ 其中 $t > 0$。令 $g(t) = f(u(t), v(t))$，試求 $g'(t)$。

16. $f(x, y) = e^x \cdot \sin(y^2)$，$u(t) = t^2$ 且 $v(t) = t$。令 $g(t) = f(u(t), v(t))$，試求 $g'(t)$。

17. $f(x, y) = \ln(x^2 + y^2)$，$u(t) = 3t$ 且 $v(t) = \cos t$。令 $g(t) = f(u(t), v(t))$，試求 $g'(t)$。

使用定理 8.1.6 判斷以下函數在所定義的區域上是否是（連續）可微分函數。

18. $f(x, y) = x^3 y + x^2 y^2 + e^{(xy^2 + x + 3)} + \sin(xy^2)$ 其中 $(x, y) \in \mathbb{R}^2$。

19. $f(x, y) = \dfrac{x^2 + xy + y^2 + 1}{x + y + 3}$ 其中 $(x, y) \in \mathbb{R}^2$ 滿足條件 $x + y + 3 \neq 0$。

20. $f(x, y) = \dfrac{x^2 + y^2 + 1}{x^2 - y^2}$ 其中 $(x, y) \in \mathbb{R}^2$ 滿足條件「$x - y \neq 0$ 且 $x + y \neq 0$」。

21. $f(x, y) = \ln(x^2 + y^2)$ 其中 $(x, y) \in \mathbb{R}^2$ 滿足條件 $(x, y) \neq (0, 0)$（$x \neq 0$ 或 $y \neq 0$）。

第 2 節　梯度向量、方向微分、等高線的切線

在這一節，我們使用多變數函數的連鎖律（定理 8.1.4）說明梯度向量的幾何意義。我們首先介紹方向微分並說明梯度向量的方向就是使得方向微分取得極大值的方向。

接著我們介紹等高集合並說明梯度向量不是零向量這個條件可以確保等高集合呈現曲線（等高線）的形態。然後我們使用多變數函數的連鎖律說明梯度向量與等高線的切線會呈現互相垂直的關係。

梯度向量的幾何意義

假設 $f : \mathbb{R}^2 \to \mathbb{R}$ 是定義在 $x - y$ 平面 $\mathbb{R}^2$ 上的可微分函數，而且 $(a, b) \in \mathbb{R}^2$ 為平面上一點。我們現在來討論 f 在 (a, b) 點的梯度向量

$$\nabla f(a, b) = \left(\frac{\partial f}{\partial x}(a, b), \frac{\partial f}{\partial y}(a, b) \right)$$

的幾何意義。

假設 $u : I \to \mathbb{R}$ 與 $v : I \to \mathbb{R}$ 都是定義在開區間 I 上的可微分函數，則

$$\gamma(t) = (u(t), v(t)) \text{ 其中 } t \in I$$

構成平面 $\mathbb{R}^2$ 上的一條可微分曲線。我們假設 $0 \in I$ 而且 $(u(0), v(0)) = (a, b)$。所以曲線 γ，在時間 $t = 0$ 的時候，恰好穿過 (a, b) 這個點：$\gamma(0) = (u(0), v(0)) = (a, b)$（請參考圖 8.2.1）。

令 $g(t) = f(u(t), v(t))$ 其中 $t \in I$。令 $\gamma'(0) = (u'(0), v'(0))$ 代表曲線 γ 在 $t = 0$ 這個時間的瞬時速度向量。則由多變數函數的連鎖律（定理 8.1.4）可知

$$g'(0) = \langle \nabla f(a, b), (u'(0), v'(0)) \rangle = \langle \nabla f(a, b), \gamma'(0) \rangle$$

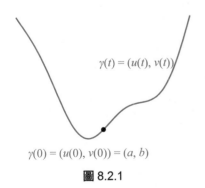

$\gamma(t) = (u(t), v(t))$

$\gamma(0) = (u(0), v(0)) = (a, b)$

圖 8.2.1

令 $\alpha = u'(0)$ 且 $\beta = v'(0)$。如果 $\gamma'(0) = (\alpha, \beta)$ 是單位向量（unit vector）：

$$\|\gamma'(0)\| = \sqrt{\alpha^2 + \beta^2} = 1$$

則我們稱

$$g'(0) = <\nabla f(a, b), (\alpha, \beta)>$$

為函數 f 在 (a, b) 點沿著單位（方向）向量 (α, β) 的 **方向微分**（directional derivative）。注意這個方向微分恰為梯度向量 $\nabla f(a, b)$ 與 (α, β) 的內積。

請參考圖 8.2.2。這個方向微分的意義為：當我們以單位速度向量 (α, β) 穿過 (a, b) 這個點的時候，所觀察到的 f 的函數值的瞬時變化率。

仍然假設 (α, β) 是單位向量。現在我們考慮 f 在 (a, b) 的方向微分的極大值與極小值問題，由柯西不等式可知

$$-\|\nabla f(a, b)\| \cdot \|(\alpha, \beta)\| \le <\nabla f(a, b), (\alpha, \beta)> \le \|\nabla f(a, b)\| \cdot \|(\alpha, \beta)\|$$

但 $\|(\alpha, \beta)\| = 1$。因此

$$-\|\nabla f(a, b)\| \le <\nabla f(a, b), (\alpha, \beta)> \le \|\nabla f(a, b)\|$$

現在我們分 2 種情況討論。

(I) 如果 $\nabla f(a, b)$ 是零向量。則零向量與任何向量的內積都是 0。所以 f 在 (a, b) 點沿著任何方向向量 (α, β) 的方向微分 $<\nabla f(a, b), (\alpha, \beta)>$ 都是 0。

(II) 如果 $\nabla f(a, b)$ 不是零向量。則 f 在 (a, b) 點沿著方向向量 (α, β) 的方向微分為 $\nabla f(a, b)$ 與 (α, β) 的內積：

$$<\nabla f(a, b), (\alpha, \beta)>$$

當 (α, β) 與 $\nabla f(a, b)$ 的方向相同：

$$(\alpha, \beta) = \frac{1}{\|\nabla f(a, b)\|} \cdot \nabla f(a, b)$$

的時候，我們就得到 f 在 (a, b) 點的方向微分的極大值：$\|\nabla f(a, b)\|$。

當 (α, β) 與 $\nabla f(a, b)$ 的方向相反：

$$(\alpha, \beta) = \frac{-1}{\|\nabla f(a, b)\|} \cdot \nabla f(a, b)$$

的時候，我們就得到 f 在 (a, b) 點的方向微分的極小值：$-\|\nabla f(a, b)\|$。

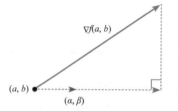

方向微分：$<\nabla f(a, b), (\alpha, \beta)>$

方向微分：梯度向量 $\nabla f(a, b)$ 在單位向量 (α, β) 的投影。

圖 8.2.2

柯西不等式：
$|\vec{a} \cdot \vec{b}| \le |\vec{a}||\vec{b}|$

範例 1　假設 $f(x, y) = x^2 + y^2$，試計算 f 在 $(2, 1)$ 這個點沿著方向向量 $\left(\dfrac{\sqrt{3}}{2}, \dfrac{1}{2}\right)$ 的方向微分。

說明：$\nabla f(x, y) = (2x, 2y)$，所以 $\nabla f(2, 1) = (4, 2)$。因此 f 在 $(2, 1)$ 這個點沿著方向向量 $\left(\dfrac{\sqrt{3}}{2}, \dfrac{1}{2}\right)$ 的方向微分為

$$\left\langle \nabla f(2, 1), \left(\frac{\sqrt{3}}{2}, \frac{1}{2}\right) \right\rangle = \left\langle (4, 2), \left(\frac{\sqrt{3}}{2}, \frac{1}{2}\right) \right\rangle$$
$$= 2\sqrt{3} + 1$$

請參考圖 8.2.3A。

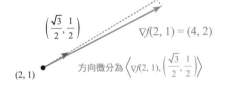

圖 8.2.3A

範例 2　假設 $f(x, y) = x^2 + y^2$，試決定 f 在 $(2, 1)$ 這個點使得方向微分取得極大值的方向向量。

說明：$\nabla f(x, y) = (2x, 2y)$，所以 $\nabla f(2, 1) = (4, 2)$。使得 f 在 $(2, 1)$ 點的方向微分取得極大值的方向向量恰為

$$\frac{1}{\|\nabla f(2, 1)\|} \cdot \nabla f(2, 1) = \frac{1}{\sqrt{4^2 + 2^2}} \cdot (4, 2)$$
$$= \frac{1}{\sqrt{20}} \cdot (4, 2) = \left(\frac{2}{\sqrt{5}}, \frac{1}{\sqrt{5}}\right)$$

參考圖 8.2.3B。

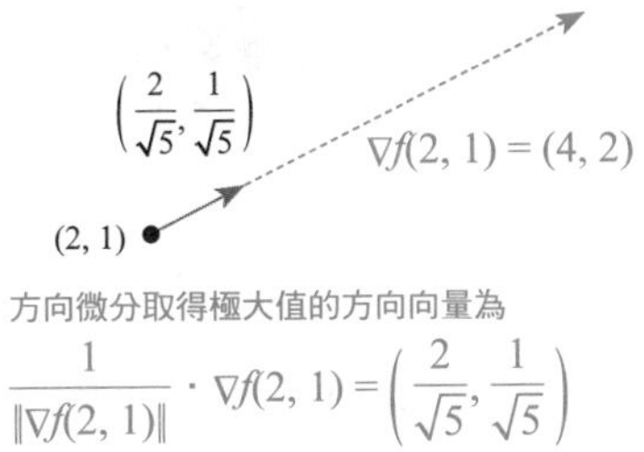

圖 8.2.3B

延伸學習 1　假設 $f(x, y) = x^2 - y^2$。(A) 試計算 f 在 $(2, 1)$ 這個點沿著方向向量 $\left(\dfrac{1}{\sqrt{5}}, \dfrac{-2}{\sqrt{5}}\right)$ 的方向微分。(B) 試決定 f 在 $(2, 1)$ 這個點使得方向微分取得極小值的方向向量。

解答：$\nabla f(x, y) = (2x, -2y)$，所以 $\nabla f(2, 1) = (4, -2)$。

(A) 所求的方向微分為 $\left\langle (4, -2), \left(\dfrac{1}{\sqrt{5}}, \dfrac{-2}{\sqrt{5}}\right) \right\rangle = \dfrac{4}{\sqrt{5}} + \dfrac{4}{\sqrt{5}} = \dfrac{8}{\sqrt{5}}$。

(B) 使得 f 在 $(2, 1)$ 點的方向微分取得極小值的方向向量為

$$\frac{-1}{\|\nabla f(2, 1)\|} \cdot \nabla f(2, 1) = \left(\frac{-2}{\sqrt{5}}, \frac{1}{\sqrt{5}}\right)。$$

等高集合與等高線

假設 $f : \mathbb{R}^2 \to \mathbb{R}$ 是定義在 $x - y$ 平面 $\mathbb{R}^2$ 上的函數，而且 c 是一個實數，則我們稱呼所有在平面 $\mathbb{R}^2$ 上使得 f 取值為 c 的點所形成的集合

$$f^{-1}(c) = \{(x, y) \in \mathbb{R}^2 : f(x, y) = c\}$$

為「函數 f 的一個**等高集合**（level set）」。對應於「不同的 c 值」的
「等高集合」之間是不會相交的：

$$如果\ c_1 \neq c_2，則\ f^{-1}(c_1) \cap f^{-1}(c_2) = \varnothing（空集合）$$

請參考圖 8.2.4。

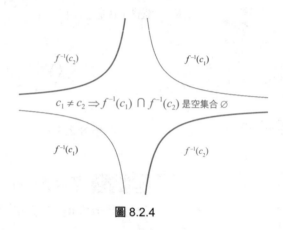

圖 8.2.4

---

*定理 8.2.1　假設 f 是定義在 $x-y$ 平面 $\mathbb{R}^2$ 上的連續可微分
函數。如果 f 在 (a, b) 點的梯度向量

$$\nabla f(a, b)\ 不是零向量：\nabla f(a, b) \neq (0, 0)$$

則等高集合

$$f^{-1}(c) = \{(x, y) \in \mathbb{R}^2 : f(x, y) = c\}\ 其中\ c = f(a, b)$$

在 (a, b) 點的附近會呈現為一條曲線的形態，這表示：$f^{-1}(c)$ 在
(a, b) 點附近可以表示為以下形式

$$(u(t), v(t))$$

其中 u 與 v 都是定義在某個（包含 0 點的）開區間 I 上的連續可
微分函數滿足以下條件：$(u(0), v(0)) = (a, b)$ 而且

$$(u'(0), v'(0))\ 不是零向量$$

說明：這個定理的證明細節通常在高等微積分課程中討論。所以，
以下我們主要討論與這個定理有關的觀念及結果。

（一）：定理 8.2.1 的推論

　　　　這個定理告訴我們：如果梯度向量 ∇f 在 $f^{-1}(c)$ 這個等高集合
　　　　上處處都不是零向量，則等高集合 $f^{-1}(c)$ 其實是由曲線所構
　　　　成的。所以，在這種情況，我們就稱呼等高集合 $f^{-1}(c)$ 為**等
　　　　高線**（level curve）。參考以下圖 8.2.5。

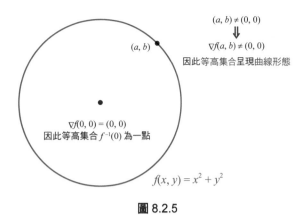

圖 8.2.5

（二）：**切向量**（tangent vector）與**切線**（tangent line）

現在我們解釋切向量與切線的意義。令 γ 代表等高集合 $f^{-1}(c)$，我們知道 γ 在 (a, b) 點附近可以表示為 $(u(t), v(t))$ 其中 $t \in \mathbb{R}$。所以

$$(u(t), v(t)) - (u(0), v(0))$$

就代表在時間從 0 到 t 之間的位移向量。這個向量其實也是連接 $(u(0), v(0))$ 與 $(u(t), v(t))$ 這 2 個（位於 γ 上的）點的割線向量。因此

$$(u'(0), v'(0)) = \lim_{t \to 0} \frac{1}{t} [(u(t), v(t)) - (u(0), v(0))]$$

既代表瞬時速度向量（平均速度向量的極限）也代表一個切向量（調整過的割線向量的極限）。參考圖 8.2.6A。

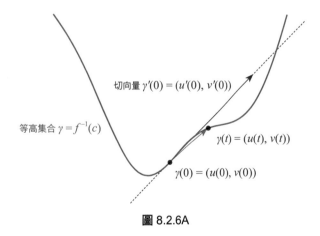

圖 8.2.6A

由於這個切向量 $(u'(0), v'(0))$ 不是零向量，因此 $(u'(0), v'(0))$ 可以延伸出一條過 (a, b) 點的直線。我們通常稱呼這條直線為 γ 在 (a, b) 點的切線。參考圖 8.2.6B。

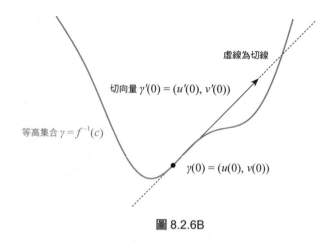

圖 8.2.6B

起始點位於 (a, b) 而且沿著這條切線延伸的向量都被稱為 γ 在 (a, b) 點的一個切向量。γ 在 (a, b) 點的切線可以表示為

$$(a + t \cdot u'(0),\, b + t \cdot v'(0)) = (a, b) + t \cdot (u'(0),\, v'(0))$$
$$其中\ t \in \mathbb{R}$$

（三）：法向量（normal vector）與法線（normal line）

在 (a, b) 點與 γ 的切向量 $(u'(0),\, v'(0))$ 互相垂直的向量通常被我們稱為 γ 在 (a, b) 點的法向量。而在 (a, b) 點與 γ 的切線互相垂直的直線通常被我們稱為 γ 在 (a, b) 點的法線。參考圖 8.2.6C。

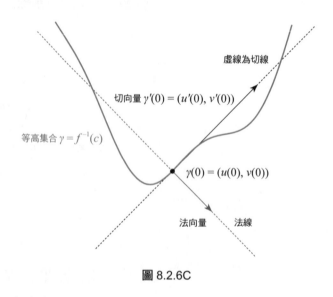

圖 8.2.6C

*範例 3

(A) 假設 $f(x, y) = x^2 + y^2$ 而且 c 為實數。試討論 c 值範圍使得函數 f 的等高集合 $f^{-1}(c)$ 為等高線。

(B) 假設 $g(x, y) = x \cdot y$ 而且 c 為實數。試討論 c 值範圍使得函數 g 的等高集合 $g^{-1}(c)$ 為等高線。

說明：

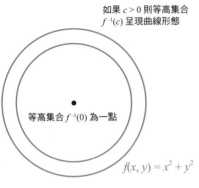

如果 $c > 0$ 則等高集合 $f^{-1}(c)$ 呈現曲線形態

等高集合 $f^{-1}(0)$ 為一點

$f(x, y) = x^2 + y^2$

圖 8.2.7A

(A) $\nabla f(x, y) = (2x, 2y)$，因此 $\nabla f(x, y)$ 只有在 $(x, y) = (0, 0)$ 的情況會出現零向量。但 $f(0, 0) = 0^2 + 0^2 = 0$。這表示：只有等高集合 $f^{-1}(0)$ 上會出現 $\nabla f(x, y)$ 為零向量的點。如果 $c < 0$，則等高集合 $f^{-1}(c)$ 是空集合。如果 $c > 0$，則由定理 8.2.1 可知 $f^{-1}(c)$ 是等高線（由曲線所構成）。請參考圖 8.2.7A。

(B) $\nabla g(x, y) = (y, x)$，因此 $\nabla g(x, y)$ 只有在 $(x, y) = (0, 0)$ 的情況會出現零向量。但 $g(0, 0) = 0 \cdot 0 = 0$。這表示：只有等高集合 $g^{-1}(0)$ 上會出現 $\nabla g(x, y)$ 為零向量的點。如果 $c \neq 0$，則由定理 8.2.1 可知 $g^{-1}(c)$ 是等高線（由曲線所構成）。請參考圖 8.2.7B。

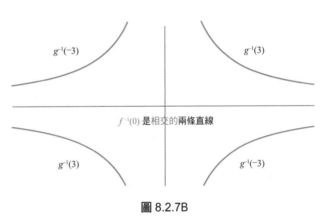

$g^{-1}(-3)$　　　　$g^{-1}(3)$

$f^{-1}(0)$ 是相交的兩條直線

$g^{-1}(3)$　　　　$g^{-1}(-3)$

圖 8.2.7B

範例 4　假設 $f(x, y) = x^2 + y^2$，則 $(\sqrt{3}, 1)$ 為函數 f 的等高線 $f^{-1}(4)$ 上的一點（參考範例 3 的說明）。令 γ 代表 f 的等高線 $f^{-1}(4)$，已知等高線 γ 在 $(\sqrt{3}, 1)$ 這個點附近可以表示為

$$(u(t), v(t)) = \left(2 \cdot \cos\left(t + \frac{\pi}{6}\right), 2 \cdot \sin\left(t + \frac{\pi}{6}\right)\right)$$

的形式。試計算函數 f 的等高線 γ 在 $(\sqrt{3}, 1)$ 這個點的切線與法線。

說明：$u'(t) = -2 \cdot \sin\left(t + \frac{\pi}{6}\right)$ 且 $v'(t) = 2 \cdot \cos\left(t + \frac{\pi}{6}\right)$。所以

$$\begin{aligned}(u'(0), v'(0)) &= \left(-2 \cdot \sin\left(\frac{\pi}{6}\right), 2 \cdot \cos\left(\frac{\pi}{6}\right)\right)\\ &= (-1, \sqrt{3})\end{aligned}$$

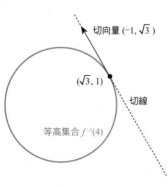

切向量 $(-1, \sqrt{3})$

$(\sqrt{3}, 1)$

切線

等高集合 $f^{-1}(4)$

圖 8.2.8A

是等高線 γ 在點 $(\sqrt{3}, 1)$ 的一個（非零的）切向量。因此等高線 γ 在點 $(\sqrt{3}, 1)$ 的切線為

$$(-t + \sqrt{3}, \sqrt{3} \cdot t + 1) = (\sqrt{3}, 1) + t \cdot (-1, \sqrt{3})$$

其中 $t \in \mathbb{R}$。請參考圖 8.2.8A。

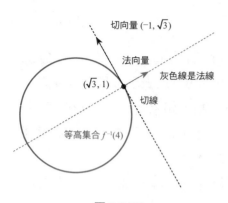

圖 8.2.8B

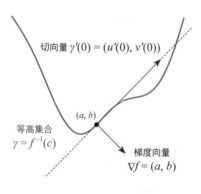

圖 8.2.9A

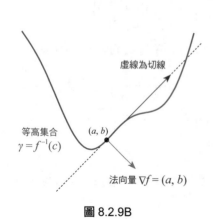

圖 8.2.9B

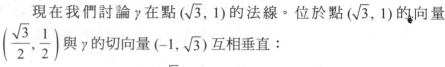

現在我們討論 γ 在點 $(\sqrt{3}, 1)$ 的法線。位於點 $(\sqrt{3}, 1)$ 的向量 $\left(\dfrac{\sqrt{3}}{2}, \dfrac{1}{2}\right)$ 與 γ 的切向量 $(-1, \sqrt{3})$ 互相垂直：

$$\left\langle \left(\frac{\sqrt{3}}{2}, \frac{1}{2}\right), (-1, \sqrt{3}) \right\rangle = 0$$

由此可知：位於點 $(\sqrt{3}, 1)$ 的向量 $\left(\dfrac{\sqrt{3}}{2}, \dfrac{1}{2}\right)$ 是等高線 γ 在點 $(\sqrt{3}, 1)$ 的一個（非零的）法向量。所以 γ 在點 $(\sqrt{3}, 1)$ 的法線可以表示為

$$\left(\frac{\sqrt{3}}{2} \cdot t + \sqrt{3}, \frac{t}{2} + 1\right) = (\sqrt{3}, 1) + t \cdot \left(\frac{\sqrt{3}}{2}, \frac{1}{2}\right)$$

其中 $t \in \mathbb{R}$。請參考圖 8.2.8B。

定理 8.2.2 假設 f 是定義在 $x - y$ 平面 $\mathbb{R}^2$ 上的連續可微分函數，而且 f 在點 (a, b) 的梯度向量 $\nabla f(a, b)$ 不是零向量：

$$\nabla f(a, b) \neq (0, 0)$$

令 γ 代表通過 (a, b) 點的等高集合 $f^{-1}(c)$ 其中 $c = f(a, b)$，則 γ 在 (a, b) 點附近呈現為曲線的形態（定理 8.2.1 的結果），而且 γ 在 (a, b) 點的切線會與 f 的梯度向量 $\nabla f(a, b)$ 在 (a, b) 點互相垂直。參考圖 8.2.9A。所以 $\nabla f(a, b)$ 是等高集合 γ 在 (a, b) 點的一個法向量。

說明：由定理 8.2.1 我們知道 γ 在 (a, b) 點附近可以表示為以下形式

$$(u(t), v(t))$$

其中 u 與 v 都是定義在某個開區間 I（包含 0 點）的連續可微分函數滿足 $(u(0), v(0)) = (a, b)$ 而且 $(u'(0), v'(0))$ 不是零向量。令

$$g(t) = f(u(t), v(t))$$

由多變數函數的連鎖律（定理 8.1.4）可知

$$g'(0) = <\nabla f(a, b), (u'(0), v'(0))>$$

但 $(u(t), v(t))$ 一直位於函數 f 的等高集合 γ 上。所以 $g(t) = f(u(t), v(t))$ 取值恆為常數 c。因此

$$0 = g'(0) = <\nabla f(a, b), (u'(0), v'(0))>$$

由這個結果可知：$\nabla f(a, b)$ 與等高集合 γ 在 (a, b) 點的（非零的）切向量 $(u'(0), v'(0))$ 互相垂直。所以 $\nabla f(a, b)$ 與等高集合 γ 在 (a, b) 點的切線互相垂直。參考圖 8.2.9B。

因此，等高集合（等高線）γ 在 (a, b) 點的切線可以表示為

$$<\nabla f(a, b), (x - a, y - b)> = 0：$$

$$\frac{\partial f}{\partial x}(a, b) \cdot (x - a) + \frac{\partial f}{\partial y}(a, b) \cdot (y - b) = 0$$

由於 $\nabla f(a, b)$ 與等高集合 γ 在 (a, b) 點的切線互相垂直，我們發現 $\nabla f(a, b)$ 其實是等高集合（等高線）γ 在 (a, b) 點的一個法向量。因此等高集合（等高線）γ 在 (a, b) 點的法線可以表示為

$$\left(a + t \cdot \frac{\partial f}{\partial x}(a, b), b + t \cdot \frac{\partial f}{\partial y}(a, b)\right) = (a, b) + t \cdot \nabla f(a, b)$$

其中 $t \in \mathbb{R}$。

參考圖 8.2.9B。　∎

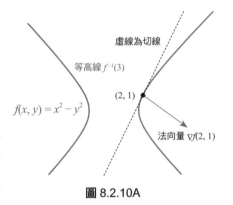

圖 8.2.10A

範例 5　假設 $f(x, y) = x^2 - y^2$。(A) 試求曲線 $x^2 - y^2 = 3$ 在點 $(2, 1)$ 的切線。(B) 試求曲線 $x^2 - y^2 = 3$ 在點 $(2, 1)$ 的法線。

說明： 曲線 $x^2 - y^2 = 3$ 其實就是函數 f 的等高集合（等高線）$f^{-1}(3)$。注意 $\nabla f(x, y) = (2x, -2y)$，所以 $\nabla f(2, 1) = (4, -2)$。

(A) 由定理 8.2.2 可知：曲線 $x^2 - y^2 = 3$ 在 $(2, 1)$ 點的切線為

$$<\nabla f(2, 1), (x - 2, y - 1)> = 0：$$

$$4 \cdot (x - 2) + (-2) \cdot (y - 1) = 0$$

參考圖 8.2.10A。

(B) 由定理 8.2.2 可知：曲線 $x^2 - y^2 = 3$ 在 $(2, 1)$ 點的法線為

$$(2, 1) + t \cdot \nabla f(2, 1) = (2 + 4t, 1 - 2t)$$

其中 $t \in \mathbb{R}$。參考圖 8.2.10B。

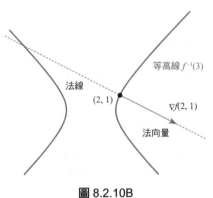

圖 8.2.10B

範例 6　(A) 試求曲線 $x^2 - y = 3$ 在 $(1, -2)$ 這個點的切線。(B) 試求曲線 $x^2 - y = 3$ 在 $(1, -2)$ 點的法線。

說明： 令 $f(x, y) = x^2 - y$，則曲線 $x^2 - y = 3$ 恰為函數 f 的等高集合（等高線）$f^{-1}(3)$。注意 $\nabla f(x, y) = (2x, -1)$，所以 $\nabla f(1, -2) = (2, -1)$。

(A) 由定理 8.2.2 可知：曲線 $x^2 - y = 3$ 在 $(1, -2)$ 點的切線為

$$<\nabla f(1, -2), (x - 1, y + 2)> = 0：$$

$$2(x - 1) + (-1) \cdot (y + 2) = 2x - y - 4 = 0$$

參考圖 8.2.11A。

(B) 由定理 8.2.2 可知：曲線 $x^2 - y = 3$ 在 $(1, -2)$ 點的法線為

$$(1, -2) + t \cdot (2, -1) = (1 + 2t, -2 - t)$$

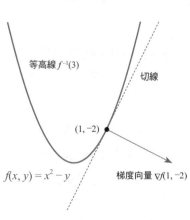

圖 8.2.11A

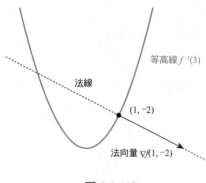

圖 8.2.11B

其中 $t \in \mathbb{R}$。參考圖 8.2.11B。

延伸學習 **2** 試求曲線 $x^4 + y^4 = 5$ 在點 $(1, \sqrt{2})$ 的切線與法線。

解答：

令 $f(x, y) = x^4 + y^4$，$\nabla f(x, y) = (4x^3, 4y^3)$ 且 $\nabla f(1, \sqrt{2}) = (4, 8\sqrt{2})$。

$\therefore$ 切線為：$4(x-1) + 8\sqrt{2} \cdot (y - \sqrt{2}) = 0$。法線為：$(1, \sqrt{2}) + t(4, 8\sqrt{2})$

其中 $t \in \mathbb{R}$。參考圖 8.2.12。

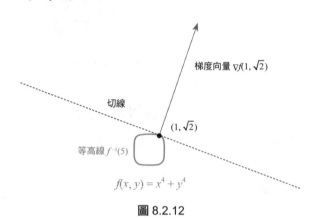

圖 8.2.12

習題 8.2

計算以下函數 f 在 (a, b) 點沿著單位（方向）向量 (α, β) 的方向微分。（1 ～ 2）

1. $f(x, y) = x \cdot y$ 在 $(a, b) = (2, 3)$，而且 $(\alpha, \beta) = \left(\dfrac{-1}{\sqrt{2}}, \dfrac{1}{\sqrt{2}} \right)$。

2. $f(x, y) = x^2 + 3xy + y^2 + 3x + 2y + 3$ 在 $(a, b) = (0, 0)$ 而且 $(\alpha, \beta) = \left(\dfrac{4}{5}, \dfrac{3}{5} \right)$。

3. 假設 $f(x, y) = x \cdot y$。

   (A) 計算 $\nabla f(x, y)$。

   (B) 試決定 f 在 $(2, 3)$ 點使得方向微分取得極大值的單位（方向）向量。

4. 假設 $f(x, y) = x^2 + 3xy + y^2 + 3x + 2y + 3$。

   (A) 計算 $\nabla f(x, y)$。(B) 試決定 f 在 $(0, 0)$ 點使得方向微分取得極小值的單位（方向）向量。

5. 假設 $f(x, y) = x^2 + 3xy + y^2 + 3x + 2y + 3$。試使用定理 8.2.1 驗證：如果 $c \neq 2$，則等高集合 $f^{-1}(c)$ 其實是呈現等高線（曲線）的形態。

   （提示：$\nabla f(x, y) = (2x + 3y + 3, 3x + 2y + 2)$ 只有在「$x = 0$ 且 $y = -1$」的時候才會出現零向量。但 $f(0, -1) = 2$。由定理 8.2.1 可知：如果 $c \neq 2$，則 $f^{-1}(c)$ 都是呈現等高線的形態）

6. 假設 $f(x, y) = x^2 + 3xy + y^2 + 3x + 2y + 3$。

   (A) 計算 $\nabla f(0, 0)$。

   (B) 試求等高線 $f^{-1}(3)$ 在 $(0, 0)$ 點的切線。

7. 計算曲線 $x^3 + y^3 = 9$ 在 $(2, 1)$ 點的切線與法線。

   （提示：令 $f(x, y) = x^3 + y^3$，則等高集合 $f^{-1}(9)$ 恰為曲線 $x^3 + y^3 = 9$。所以我們要求的就是等高曲線（定理 8.2.1） $f^{-1}(9)$ 的切線與法線）

第 3 節　臨界點定理、二階偏微分矩陣、判斷局部極值點

在本節中，我們首先介紹局部極小值點與局部極大值點的觀念。然後我們介紹局部極（小或大）值點發生的必要條件：臨界點定理。

接著我們介紹二次連續可微分函數的觀念並討論二階偏微分運算的次序交換定理。在這個基礎上，我們進一步說明如何使用二階偏微分矩陣來判斷函數的臨界點是否是局部極小值點或局部極大值點或鞍點。這部分的討論其實會牽涉到線性代數有關對稱矩陣對角化的理論。由於讀者可能並沒有線性代數的基礎，所以在討論這些有關二階偏微分矩陣的判斷原則時，我們會先陳述相關的線性代數的結果，然後再討論這些結果在二階偏微分矩陣判斷原則上的應用。

符號約定：假設 (a, b) 為 $x - y$ 平面 $\mathbb{R}^2$ 上一點，而且 $r > 0$。則我們以符號 $B_r(a, b)$ 代表以 (a, b) 點為中心而且以 r 為半徑的實心圓盤（參考圖 8.3.1）：

$$B_r(a, b) = \{(x, y) \in \mathbb{R}^2 : \|(x, y) - (a, b)\| < r\}$$

注意：$B_r(a, b)$ 並不包含圓周上的點（滿足 $\|(x, y) - (a, b)\| = r$ 的點）。

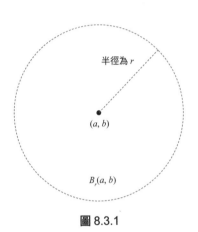

半徑為 r

(a, b)

$B_r(a, b)$

圖 8.3.1

定義 8.3.1　假設 $f : \mathbb{R}^2 \to \mathbb{R}$ 是定義在 $x - y$ 平面 $\mathbb{R}^2$ 上的實數函數。

(A) 如果存在 $\delta > 0$ 使得

$$f(a, b) \leq f(x, y) \text{ 對於任意點 } (x, y) \in B_\delta(a, b)$$

都成立，則我們就稱 (a, b) 這個點為函數 f 在平面 $\mathbb{R}^2$ 上的一個**局部極小值點**（local minimum point）。而函數值 $f(a, b)$ 則被稱為 f 的一個**局部極小值**（local minimum）。

(B) 如果存在 $\delta > 0$ 使得

$$f(x, y) \leq f(a, b) \text{ 對於任意點 } (x, y) \in B_\delta(a, b)$$

都成立，則我們就稱 (a, b) 這個點為函數 f 在平面 $\mathbb{R}^2$ 上的一個**局部極大值點**（local maximum point）；而函數 $f(a, b)$ 則被稱為 f 的一個**局部極大值**（local maximum）。

說明：請參考圖 8.3.2A 與圖 8.3.2B。

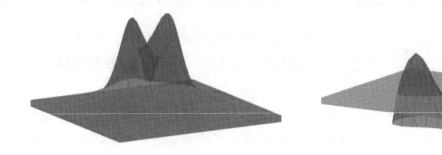

圖 8.3.2A   圖 8.3.2B

請注意：函數在平面上的局部極小值點可能並不是函數在平面上出現最小函數值的地方。函數在平面上的局部極大值點可能並不是函數在平面上出現最大函數值的地方。局部極小值點、局部極大值點都被稱為**局部極值點**（local extremum point）。　　　　　■

定理 8.3.2　　多變數函數的**臨界點定理**（Critical Point Theorem）

假設 f 是定義在 $x - y$ 平面 $\mathbb{R}^2$ 上的可微分函數，令 (a, b) 為平面上的一點。

(A) 如果函數 f 在 (a, b) 這個點出現局部極小值，則函數 f 在 (a, b) 點的梯度向量 $\nabla f(a, b)$ 是零向量：

$$\nabla f(a, b) = \left(\frac{\partial f}{\partial x}(a, b), \frac{\partial f}{\partial y}(a, b) \right) = (0, 0)$$

(B) 如果函數 f 在 (a, b) 這個點出現局部極大值，則函數 f 在 (a, b) 點的梯度向量 $\nabla f(a, b)$ 是零向量：

$$\nabla f(a, b) = \left(\frac{\partial f}{\partial x}(a, b), \frac{\partial f}{\partial y}(a, b) \right) = (0, 0)$$

註：使得 f 的偏微分函數 $\dfrac{\partial f}{\partial x}$ 與 $\dfrac{\partial f}{\partial y}$ 同時為 0 的點通常被稱為函數 f 的**臨界點**（critical point）。這些臨界點就是 f 的梯度向量恰為零向量的所在。這個定理表明：可微分函數 f 的局部極小值點或局部極大值點都是函數 f 的臨界點（f 的梯度向量 ∇f 出現零向量的點）。

註：有的教科書也將連續函數的偏微分不存在的點稱為臨界點。

說明：結果 (A) 與結果 (B) 成立的原因相似。以下我們只針對結果 (A) 的情況（f 在 (a, b) 點出現局部極小值）加以說明。

令 $\alpha(x) = f(x, b)$，則 α 是個可微分的單變數函數並且在 a 點出現

局部極小值。因此由「單變數函數的臨界點定理」可知

$$\alpha'(a) = \frac{\partial f}{\partial x}(a, b) = 0$$

令 $\beta(y) = f(a, y)$，則 β 是個可微分的單變數函數並且在 b 點出現局部極小值。因此由單變數的臨界點定理可知

$$\beta'(b) = \frac{\partial f}{\partial y}(a, b) = 0$$

所以 f 在局部極小值點的梯度向量 $\nabla f(a, b)$ 是零向量。　∎

圖 8.3.3A 與圖 8.3.3B 分別展示了定理 8.3.2 的典型情況。

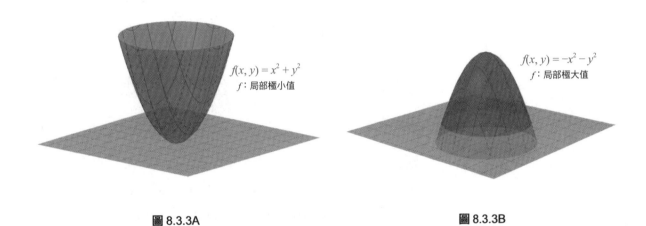

$f(x, y) = x^2 + y^2$
f：局部極小值

$f(x, y) = -x^2 - y^2$
f：局部極大值

圖 8.3.3A　　　　　　　　　　　　　　　　圖 8.3.3B

圖 8.3.3A 展示的是函數出現局部極小值的情況，圖 8.3.3B 展示的是函數出現局部極大值的情況。雖然可微分函數出現局部極小值或局部極大值的地方必然是臨界點（梯度向量為零向量），但可微分函數出現臨界點的地方不必然是局部極小值點或局部極大值點。請參考圖 8.3.3C。

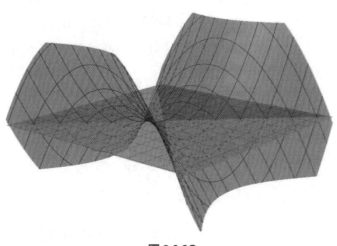

圖 8.3.3C

在圖 8.3.3C 中，可微分函數 $f(x, y) = x^2 - y^2$ 出現臨界點的地方 $(0, 0)$ 並不是局部極小值點或局部極大值點。從 x 軸上觀察函數 f，$f(x, 0) = x^2$ 會在 $(0, 0)$ 點出現（單變數函數的）局部極小值。從 y 軸上觀察函數 f，$f(0, y) = -y^2$ 會在 $(0, 0)$ 點出現（單變數函數的）局部極大值，所以我們稱呼這個臨界點為 f 的**鞍點**（saddle point）。

在介紹過二次連續可微分函數的基本性質後，我們將回來討論如何判斷函數的臨界點是否是局部極小值點或局部極大值點這個問題。

二次連續可微分（多變數）函數

假設 f 是個定義在 $x - y$ 平面 $\mathbb{R}^2$ 上的連續可微分函數：$\dfrac{\partial f}{\partial x}$ 與 $\dfrac{\partial f}{\partial y}$ 都是平面上的連續函數。如果 $\dfrac{\partial f}{\partial x}$ 與 $\dfrac{\partial f}{\partial y}$ 都是連續可微分函數：

$$\frac{\partial}{\partial x}\frac{\partial f}{\partial x}、\frac{\partial}{\partial y}\frac{\partial f}{\partial x}、\frac{\partial}{\partial x}\frac{\partial f}{\partial y}、\frac{\partial}{\partial y}\frac{\partial f}{\partial y} \text{ 都存在而且都是平面 } \mathbb{R}^2 \text{ 上的連}$$

續函數。

則我們稱函數 f 為二次連續可微分函數。常常我們會以 f 是 C^2 函數這樣的方式來表明 f 是二次連續可微分函數這件事情。

為了書寫上的便捷起見，我們常常使用以下符號：

$$\frac{\partial^2 f}{\partial x^2} = \frac{\partial}{\partial x}\frac{\partial f}{\partial x}、\frac{\partial^2 f}{\partial y \partial x} = \frac{\partial}{\partial y}\frac{\partial f}{\partial x}、\frac{\partial^2 f}{\partial x \partial y} = \frac{\partial}{\partial x}\frac{\partial f}{\partial y}、\frac{\partial^2 f}{\partial y^2} = \frac{\partial}{\partial y}\frac{\partial f}{\partial y}$$

來表示函數 f 的二階偏微分。

以下我們討論偏微分運算的次序交換問題（這樣的問題對於單變數函數來說，並不存在）。

> **定理 8.3.3**（偏微分運算的次序交換定理）
>
> 假設 f 是個定義在 $x - y$ 平面 $\mathbb{R}^2$ 上的 C^2 函數（二次連續可微分函數）：f 是連續可微分函數而且 $\dfrac{\partial f}{\partial x}$ 與 $\dfrac{\partial f}{\partial y}$ 都是連續可微分函數。所以二階偏微分函數 $\dfrac{\partial}{\partial x}\dfrac{\partial f}{\partial x}、\dfrac{\partial}{\partial y}\dfrac{\partial f}{\partial x}、\dfrac{\partial}{\partial x}\dfrac{\partial f}{\partial y}、\dfrac{\partial}{\partial y}\dfrac{\partial f}{\partial y}$ 都存在而且都是平面 $\mathbb{R}^2$ 上的連續函數。
>
> 則 $\dfrac{\partial^2 f}{\partial x \partial y} = \dfrac{\partial}{\partial x}\dfrac{\partial f}{\partial y}$ 與 $\dfrac{\partial^2 f}{\partial y \partial x} = \dfrac{\partial}{\partial y}\dfrac{\partial f}{\partial x}$ 這兩個函數在平面 $\mathbb{R}^2$ 上恆相等：
>
> $$\frac{\partial^2 f}{\partial x \partial y}(a, b) = \frac{\partial^2 f}{\partial y \partial x}(a, b)$$
>
> 在平面 $\mathbb{R}^2$ 上的每個點 (a, b) 都成立。

說明：這個定理的證明將列在章末的附錄中。這個定理指出：二次連續可微分函數的二階偏微分運算的次序是可以交換的。　■

範例 1 假設 $f(x, y) = 5x^2 + 9xy + 7y^2$，試驗證定理 8.3.3 的結果：$\dfrac{\partial^2 f}{\partial x \partial y} = \dfrac{\partial^2 f}{\partial y \partial x}$。

說明： $\dfrac{\partial f}{\partial x}(x, y) = 10x + 9y$ 而且 $\dfrac{\partial f}{\partial y}(x, y) = 9x + 14y$。

所以 $\dfrac{\partial^2 f}{\partial y \partial x}(x, y) = 9$ 而且 $\dfrac{\partial^2 f}{\partial x \partial y}(x, y) = 9$。

延伸學習 1 假設 $f(x, y) = \sin(x^2 \cdot y)$，試驗證定理 8.3.3 的結果：$\dfrac{\partial^2 f}{\partial x \partial y} = \dfrac{\partial^2 f}{\partial y \partial x}$。

解答： $\because \dfrac{\partial f}{\partial x}(x, y) = 2xy \cdot \cos(x^2 y)$

$\dfrac{\partial f}{\partial y}(x, y) = x^2 \cdot \cos(x^2 y)$

$\dfrac{\partial^2 f}{\partial x \partial y} = \dfrac{\partial}{\partial x}(x^2 \cos(x^2 y))$

$\qquad = 2x \cos(x^2 y) + x^2(-2xy) \sin(x^2 y)$

$\dfrac{\partial^2 f}{\partial y \partial x} = \dfrac{\partial}{\partial y}(2xy \cos(x^2 y)) = 2x \cos(x^2 y) + 2xy(-x^2)\sin(x^2 y)$

$\therefore \dfrac{\partial^2 f}{\partial x \partial y} = \dfrac{\partial^2 f}{\partial y \partial x}$

假設 f 是個定義在 $x - y$ 平面 $\mathbb{R}^2$ 上的 C^2 函數（二次連續可微分函數），而且 (a, b) 點是函數 f 在平面上一個臨界點：

$$\nabla f(a, b) = \left(\frac{\partial f}{\partial x}(a, b), \frac{\partial f}{\partial y}(a, b) \right) = (0, 0)$$

令 (α, β) 為一個「非零向量」，則

$$(u(t), v(t)) = (a + \alpha \cdot t, b + \beta \cdot t)，其中 t \in \mathbb{R}$$

這條直線會在 $t = 0$ 的時候穿過平面上 (a, b) 這個點。而且單變數函數（參考圖 8.3.4A）

$$g(t) = f(u(t), v(t))，其中 t \in \mathbb{R}$$

在 $t = 0$ 這個點會出現臨界點：

$$g'(0) = \langle \nabla f(a, b), (\alpha, \beta) \rangle = 0 \cdot \alpha + 0 \cdot \beta = 0$$

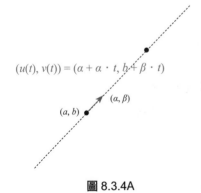

$(u(t), v(t)) = (a + \alpha \cdot t, b + \beta \cdot t)$

(α, β)

(a, b)

圖 8.3.4A

解題技巧：
使用多變數函數的連鎖律（定理 8.1.4）。

其中 (α, β) 是直線 $(u(t), v(t))$ 在 $t = 0$ 的瞬時速度向量。其實單變數函數 g 是個二次連續可微分函數而且（使用多變數函數的連鎖律）

針對 $\dfrac{\partial f}{\partial x}(u(t), v(t))$ 與 $\dfrac{\partial f}{\partial y}(u(t), v(t))$ 分別使用多變數函數的連鎖律（定理 8.1.4）。

$$g''(t) = \frac{d}{dt}\left[\frac{\partial f}{\partial x}(u(t), v(t)) \cdot u'(t) + \frac{\partial f}{\partial y}(u(t), v(t)) \cdot v'(t)\right]$$

$$= \frac{d}{dt}\left[\frac{\partial f}{\partial x}(u(t), v(t)) \cdot \alpha + \frac{\partial f}{\partial y}(u(t), v(t)) \cdot \beta\right]$$

$$= \alpha \cdot \left[\frac{\partial}{\partial x}\frac{\partial f}{\partial x}(u(t), v(t)) \cdot u'(t) + \frac{\partial}{\partial y}\frac{\partial f}{\partial x}(u(t), v(t)) \cdot v'(t)\right] +$$

$$\beta \cdot \left[\frac{\partial}{\partial x}\frac{\partial f}{\partial y}(u(t), v(t)) \cdot u'(t) + \frac{\partial}{\partial y}\frac{\partial f}{\partial y}(u(t), v(t)) \cdot v'(t)\right]$$

所以

$$g''(0) = \alpha \cdot \left[\frac{\partial^2 f}{\partial x^2}(a, b) \cdot \alpha + \frac{\partial^2 f}{\partial y\partial x}(a, b) \cdot \beta\right] +$$

$$\beta \cdot \left[\frac{\partial^2 f}{\partial x\partial y}(a, b) \cdot \alpha + \frac{\partial^2 f}{\partial y^2}(a, b) \cdot \beta\right]$$

由於 $\dfrac{\partial^2 f}{\partial y\partial x}(a, b) = \dfrac{\partial^2 f}{\partial x\partial y}(a, b)$（定理 8.3.3 的結果），我們得到

$$g''(0) = \frac{\partial^2 f}{\partial x^2}(a, b) \cdot \alpha^2 + 2 \cdot \frac{\partial^2 f}{\partial x\partial y}(a, b) \cdot \alpha \cdot \beta + \frac{\partial^2 f}{\partial y^2}(a, b) \cdot \beta^2$$

注意：以上等式的右側其實是一個由係數 $\dfrac{\partial^2 f}{\partial x^2}(a, b)$，$2 \cdot \dfrac{\partial^2 f}{\partial x\partial y}(a, b)$，$\dfrac{\partial^2 f}{\partial y^2}(a, b)$ 所定義的二元二次多項式

$$Q(\alpha, \beta) = \frac{\partial^2 f}{\partial x^2}(a, b) \cdot \alpha^2 + 2 \cdot \frac{\partial^2 f}{\partial x\partial y}(a, b) \cdot \alpha \cdot \beta + \frac{\partial^2 f}{\partial y^2}(a, b) \cdot \beta^2$$

現在回憶單變數函數的二階微分判斷定理（定理 4.3.4）。

(1) 如果 $g''(0) < 0$，則 g 在 $t = 0$ 出現局部極大值。
(2) 如果 $g''(0) > 0$，則 g 在 $t = 0$ 出現局部極小值。

令 $\mathscr{L}_{(\alpha, \beta)}$ 代表通過 (a, b) 點沿著方向向量 (α, β) 伸展的直線。因為 $g''(0) = Q(\alpha, \beta)$，我們發現 $Q(\alpha, \beta)$ 可以用來判斷限制在直線 $\mathscr{L}_{(\alpha, \beta)}$ 上的函數 f 是否在 (a, b) 點出現局部極值。

(1) 如果 $Q(\alpha, \beta) < 0$，則限制在直線 $\mathscr{L}_{(\alpha, \beta)}$ 上的函數 f 會在 (a, b) 點出現在直線 $\mathscr{L}_{(\alpha, \beta)}$ 上的局部極大值。
(2) 如果 $Q(\alpha, \beta) > 0$，則限制在直線 $\mathscr{L}_{(\alpha, \beta)}$ 上的函數 f 會在 (a, b) 點出現在直線 $\mathscr{L}_{(\alpha, \beta)}$ 上的局部極小值。

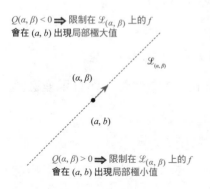

$Q(\alpha, \beta) < 0 \Rightarrow$ 限制在 $\mathscr{L}_{(\alpha, \beta)}$ 上的 f 會在 (a, b) 出現局部極大值

(α, β)

$\mathscr{L}_{(\alpha, \beta)}$

(a, b)

$Q(\alpha, \beta) > 0 \Rightarrow$ 限制在 $\mathscr{L}_{(\alpha, \beta)}$ 上的 f 會在 (a, b) 出現局部極小值

圖 8.3.4B

請參考圖 8.3.4B。

定理 8.3.4　假設 f 是定義在 $x - y$ 平面 $\mathbb{R}^2$ 上的 C^2 函數（二次連續可微分函數），而且 (a, b) 點是函數 f 在平面上的一個臨界點：

$$\nabla f(a, b) = \left(\frac{\partial f}{\partial x}(a, b), \frac{\partial f}{\partial y}(a, b) \right) = (0, 0)$$

令 H 代表函數 f 在 (a, b) 點的二階偏微分矩陣：

$$H = \begin{pmatrix} A & B \\ B & C \end{pmatrix} = \begin{pmatrix} \dfrac{\partial^2 f}{\partial x \partial x}(a, b) & \dfrac{\partial^2 f}{\partial x \partial y}(a, b) \\ \dfrac{\partial^2 f}{\partial y \partial x}(a, b) & \dfrac{\partial^2 f}{\partial y \partial y}(a, b) \end{pmatrix}$$

其中 $A = \dfrac{\partial^2 f}{\partial x \partial x}(a, b)$、$C = \dfrac{\partial^2 f}{\partial y \partial y}(a, b)$ 而且

$$B = \frac{\partial^2 f}{\partial y \partial x}(a, b) = \frac{\partial^2 f}{\partial y \partial x}(a, b) \text{（定理 8.3.3）}$$

令 $\det H$ 代表矩陣 H 的行列式：

$$\det H = A \cdot C - B^2$$

令 trace H 代表矩陣 H 的對角和：

$$\text{trace } H = A + C$$

則以下結果成立。

(I)　如果 $\det H = AC - B^2 > 0$ 而且 trace $H = A + C < 0$，則 (a, b) 點是 f 在 $x - y$ 平面上的局部極大值點。參考圖 8.3.5A。

(II) 如果 $\det H = AC - B^2 > 0$ 而且 trace $H = A + C > 0$，則 (a, b) 點是 f 在 $x - y$ 平面上的局部極小值點。參考圖 8.3.5B。

(III)如果 $\det H = AC - B^2 < 0$，則 (a, b) 點不是 f 的局部極大值點而且不是 f 的局部極小值點。我們通常稱呼這樣的點為 f 在平面上的一個**鞍點**（saddle point）。參考圖 8.3.5C。

圖 8.3.5A

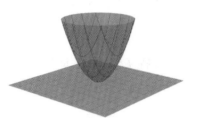

圖 8.3.5B

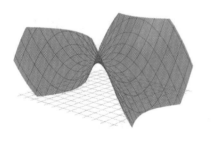

圖 8.3.5C

說明：證明這個定理必須使用線性代數有關對稱矩陣以及座標系變換的結果。因此我們省略證明。　∎

範例 2　假設 $f(x, y) = 4x^2 + 3xy + 5y^2$。試找出函數 f 在 $x - y$ 平面上的臨界點，並判斷這些臨界點是否是局部極大值點或局部極小值點或鞍點。

說明：$\dfrac{\partial f}{\partial x}(x, y) = 8x + 3y$ 而且 $\dfrac{\partial f}{\partial y}(x, y) = 3x + 10y$。求解

$$\nabla f(x, y) = (8x + 3y, 3x + 10y) = (0, 0)$$

可得 $x = 0$ 而且 $y = 0$。因此 f 在平面上恰有一個臨界點 $(0, 0)$。現在計算 f 在 $(0, 0)$ 點的二階偏微分矩陣可得

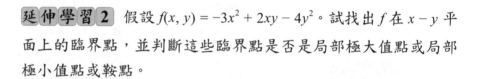

因此

　　$\det H = 8 \cdot 10 - 3^2 = 71 > 0$ 而且 $\operatorname{trace} H = 8 + 10 = 18 > 0$。由定理 8.3.4 可知：臨界點 $(0, 0)$ 是 f 在平面上的一個局部極小值點。參考圖 8.3.6A。

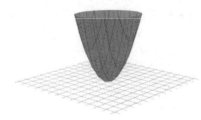

圖 8.3.6A

延伸學習 2　假設 $f(x, y) = -3x^2 + 2xy - 4y^2$。試找出 f 在 $x - y$ 平面上的臨界點，並判斷這些臨界點是否是局部極大值點或局部極小值點或鞍點。

解答：$\nabla f(x, y) = (-6x + 2y, 2x - 8y)$，可解得 f 恰有一個臨界點 $(0, 0)$。函數 f 在 $(0, 0)$ 點的二階偏微分矩陣為

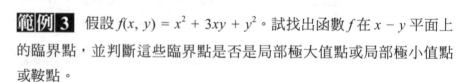

所以 $\det H = 48 - 2^2 = 44 > 0$ 而且 $\operatorname{trace} H = -14 < 0$。由定理 8.3.4 可知臨界點 $(0, 0)$ 是 f 在平面上的一個局部極大值點。參考圖 8.3.6B。

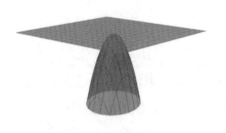

圖 8.3.6B

範例 3　假設 $f(x, y) = x^2 + 3xy + y^2$。試找出函數 f 在 $x - y$ 平面上的臨界點，並判斷這些臨界點是否是局部極大值點或局部極小值點或鞍點。

說明：$\dfrac{\partial f}{\partial x}(x, y) = 2x + 3y$ 而且 $\dfrac{\partial f}{\partial y}(x, y) = 3x + 2y$。求解

$$\nabla f(x, y) = (2x + 3y, 3x + 2y) = (0, 0)$$

可得 $x = 0$ 而且 $y = 0$。因此 f 在平面上恰有一個臨界點 $(0, 0)$。現在計算 f 在 $(0, 0)$ 點的二階偏微分矩陣可得

$$H = \begin{pmatrix} \dfrac{\partial^2 f}{\partial x \partial x}(0, 0) & \dfrac{\partial^2 f}{\partial x \partial y}(0, 0) \\[2mm] \dfrac{\partial^2 f}{\partial y \partial x}(0, 0) & \dfrac{\partial^2 f}{\partial y \partial y}(0, 0) \end{pmatrix} = \begin{pmatrix} 2 & 3 \\ 3 & 2 \end{pmatrix}$$

因此

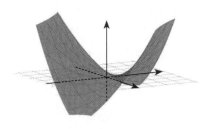

圖 8.3.7

$$\det H = 2 \cdot 2 - 3^2 = -5 < 0$$

由定理 8.3.4 可知：臨界點 $(0, 0)$ 是 f 在平面上的一個鞍點。參考圖 8.3.7。

範例 4 假設 $f(x, y) = -x^4 + 2xy - y^2$。試找出函數 f 在 $x - y$ 平面上的臨界點，並且判斷這些臨界點是否是局部極小值點或局部極大值點或鞍點。

說明： $\dfrac{\partial f}{\partial x}(x, y) = -4x^3 + 2y$ 而且 $\dfrac{\partial f}{\partial y}(x, y) = 2x - 2y$。

求解

$$\nabla f(x, y) = (-4x^3 + 2y, 2x - 2y) = (0, 0)$$

可得 3 個臨界點：

$$A : (0, 0) \quad B : \left(\frac{1}{\sqrt{2}}, \frac{1}{\sqrt{2}}\right) \quad C : \left(\frac{-1}{\sqrt{2}}, \frac{-1}{\sqrt{2}}\right)$$

現在計算函數 f 的二階偏微分矩陣可得

$$H(x, y) = \begin{pmatrix} -12x^2 & 2 \\ 2 & -2 \end{pmatrix}$$

所以 $\det H(x, y) = 24x^2 - 4$ 而且 $\mathrm{trace}\, H(x, y) = -2(6x^2 + 1)$。將 $(0, 0)$、$\left(\dfrac{1}{\sqrt{2}}, \dfrac{1}{\sqrt{2}}\right)$、$\left(\dfrac{-1}{\sqrt{2}}, \dfrac{-1}{\sqrt{2}}\right)$ 分別代入 $\det H(x, y)$ 與 $\mathrm{trace}\, H(x, y)$ 就可以得到下表的結果。

解題技巧：
由 $2x - 2y = 0$ 可知 $y = x$。將 $y = x$ 代入 $-4x^3 + 2y = 0$ 可得
$$-4x^3 + 2x = -2x \cdot (2x^2 - 1)$$
由此即可解得 $x = 0$ 或 $x = \dfrac{1}{\sqrt{2}}$ 或 $x = \dfrac{-1}{\sqrt{2}}$，再將 x 的解代入 $y = x$ 即可求得臨界點座標。

A：$(0, 0)$	$\det H(0, 0) = -4 < 0$	鞍點
B：$\left(\dfrac{1}{\sqrt{2}}, \dfrac{1}{\sqrt{2}}\right)$	$\det H\left(\dfrac{1}{\sqrt{2}}, \dfrac{1}{\sqrt{2}}\right) = 8 > 0$ 且 $\mathrm{trace}\, H\left(\dfrac{1}{\sqrt{2}}, \dfrac{1}{\sqrt{2}}\right) = -8 < 0$	局部極大值點
C：$\left(\dfrac{-1}{\sqrt{2}}, \dfrac{-1}{\sqrt{2}}\right)$	$\det H\left(\dfrac{-1}{\sqrt{2}}, \dfrac{-1}{\sqrt{2}}\right) = 8 > 0$ 且 $\mathrm{trace}\, H\left(\dfrac{-1}{\sqrt{2}}, \dfrac{-1}{\sqrt{2}}\right) = -8 < 0$	局部極大值點

圖 8.3.8

參考圖 8.3.8。

範例 5 假設 $f(x, y) = x \cdot y \cdot e^{-(x^2 + y^2)}$。試找出函數 f 在 $x - y$ 平面上的臨界點，並且判斷這些臨界點是否是局部極小值點或局部極大值點或鞍點。

說明： 令 $g(x, y) = e^{-(x^2 + y^2)}$，則 g 的函數值恆為正值，而且 $f(x, y) =$

$g(x, y) \cdot x \cdot y$。注意

$$\frac{\partial f}{\partial x}(x, y) = g(x, y) \cdot y \cdot (1 - 2x^2)$$

而且

$$\frac{\partial f}{\partial y}(x, y) = g(x, y) \cdot x \cdot (1 - 2y^2)$$

所以求解 $\nabla f(x, y) = (0, 0)$ 相當於求解以下方程組

$$y \cdot (1 - 2x^2) = 0 \text{ 而且 } x \cdot (1 - 2y^2) = 0$$

求解這個方程組可得 5 個臨界點

$$A : (0, 0), B : \left(\frac{1}{\sqrt{2}}, \frac{1}{\sqrt{2}}\right), C : \left(\frac{1}{\sqrt{2}}, \frac{-1}{\sqrt{2}}\right),$$
$$D : \left(\frac{-1}{\sqrt{2}}, \frac{1}{\sqrt{2}}\right), E : \left(\frac{-1}{\sqrt{2}}, \frac{-1}{\sqrt{2}}\right)$$

現在我們計算 f 在 (x, y) 點的二階偏微分矩陣 $H(x, y)$ 可以得到

$$H(x, y) = \begin{pmatrix} g(x, y) \cdot y \cdot (-4x) & g(x, y) \cdot (1 - 2y^2) \\ g(x, y) \cdot (1 - 2x^2) & g(x, y) \cdot x \cdot (-4y) \end{pmatrix} + R(x, y)$$

其中 $R(x, y)$ 是以下的矩陣

$$R(x, y) = \begin{pmatrix} y \cdot (1 - 2x^2) \cdot \dfrac{\partial g}{\partial x}(x, y) & x \cdot (1 - 2y^2) \cdot \dfrac{\partial g}{\partial x}(x, y) \\ y \cdot (1 - 2x^2) \cdot \dfrac{\partial g}{\partial y}(x, y) & x \cdot (1 - 2y^2) \cdot \dfrac{\partial g}{\partial y}(x, y) \end{pmatrix}$$

注意 $R(x, y)$ 在 A、B、C、D、E 這 5 個臨界點都是零矩陣，所以在這 5 個臨界點

$$\det H(x, y) = [g(x, y)]^2 \cdot [16x^2y^2 - (1 - 2x^2)(1 - 2y^2)]$$

而且

$$\text{trace } H(x, y) = g(x, y) \cdot (-8xy)$$

我們將結果列在下表：

A : (0, 0)	$\det H(0, 0) = -1 < 0$	鞍點
B : $\left(\dfrac{1}{\sqrt{2}}, \dfrac{1}{\sqrt{2}}\right)$	$\det H\left(\dfrac{1}{\sqrt{2}}, \dfrac{1}{\sqrt{2}}\right) = 4 \cdot e^{-2} > 0$ 且 $\text{trace } H\left(\dfrac{1}{\sqrt{2}}, \dfrac{1}{\sqrt{2}}\right) = -4 \cdot e^{-1} < 0$	局部極大值點
C : $\left(\dfrac{1}{\sqrt{2}}, \dfrac{-1}{\sqrt{2}}\right)$	$\det H\left(\dfrac{1}{\sqrt{2}}, \dfrac{-1}{\sqrt{2}}\right) = 4 \cdot e^{-2} > 0$ 且 $\text{trace } H\left(\dfrac{1}{\sqrt{2}}, \dfrac{-1}{\sqrt{2}}\right) = 4 \cdot e^{-1} > 0$	局部極小值點

D : $\left(\dfrac{-1}{\sqrt{2}}, \dfrac{1}{\sqrt{2}}\right)$	$\det H\left(\dfrac{-1}{\sqrt{2}}, \dfrac{1}{\sqrt{2}}\right) = 4 \cdot e^{-2} > 0$ 且 $\operatorname{trace} H\left(\dfrac{1}{\sqrt{2}}, \dfrac{-1}{\sqrt{2}}\right) = 4 \cdot e^{-1} > 0$	局部極小值點
E : $\left(\dfrac{-1}{\sqrt{2}}, \dfrac{-1}{\sqrt{2}}\right)$	$\det H\left(\dfrac{-1}{\sqrt{2}}, \dfrac{-1}{\sqrt{2}}\right) = 4 \cdot e^{-2} > 0$ 且 $\operatorname{trace} H\left(\dfrac{-1}{\sqrt{2}}, \dfrac{-1}{\sqrt{2}}\right) = -4 \cdot e^{-1} < 0$	局部極大值點

參考圖 8.3.9。

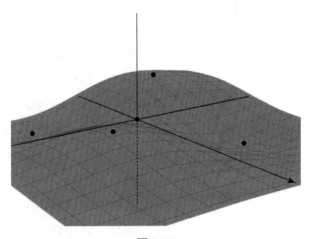

圖 8.3.9

定理 8.3.4 的補充說明：如果定義在 $x - y$ 平面 $\mathbb{R}^2$ 上的 C^2 函數 f 在臨界點 (a, b) 的二階偏微分矩陣

$$H = \begin{pmatrix} A & B \\ B & C \end{pmatrix} = \begin{pmatrix} \dfrac{\partial^2 f}{\partial x \partial x}(a, b) & \dfrac{\partial^2 f}{\partial x \partial y}(a, b) \\ \dfrac{\partial^2 f}{\partial y \partial x}(a, b) & \dfrac{\partial^2 f}{\partial y \partial y}(a, b) \end{pmatrix}$$

出現

$$\det H = A \cdot C - B^2 = 0$$

的現象，則通常難以立即判斷 (a, b) 這個臨界點是否是局部極小值點或局部極大值點或鞍點。以下三種情況的函數 f 都在臨界點 $(0, 0)$ 出現 $\det H = 0$ 的現象。

(1) $f(x, y) = x^4 + y^4$。則 $(0, 0)$ 點是 f 的局部極小值點。

(2) $f(x, y) = -x^4 - y^4$。則 $(0, 0)$ 點是 f 的局部極大值點。

(3) $f(x, y) = x^4 - y^4$。則 $(0, 0)$ 點不是局部極小值點而且不是局部極大值點。

習題 8.3

試找出以下函數在 $x - y$ 平面上的臨界點，並判斷這些臨界點是否是局部極大值點或局部極小值點或鞍點。

1. $f(x, y) = 2x^2 + 3y^2 - 8x + 3$。

2. $f(x, y) = -x^2 - 3y^2 + 6y + 5$。

3. $f(x, y) = x^2 + 3xy + y^2 + 7$。

4. $f(x, y) = xy + 3y^2 + 1$。

5. $f(x, y) = 3xy - x^3 - y^3$。

6. $f(x, y) = 4xy - x^4 - y^4$。

第 4 節　拉格朗日（Lagrange）方法

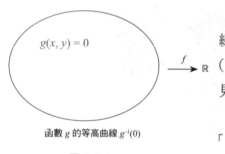

函數 g 的等高曲線 $g^{-1}(0)$

圖 8.4.1

本節要介紹如何找出可微分函數在**限制條件**（constraint）上的極大值或極小值的方法。這個方法通常被稱為拉格朗日（Lagrange）的**乘子法**（Multiplier Method）。

在本節中，我們首先介紹函數在某個限制條件所界定的等高曲線上的極大值點、極小值點的觀念。接著我們說明**拉格朗日定理**（Lagrange's Theorem）的含義與使用方法。最後我們將介紹一些常見的實用問題以說明拉格朗日方法的廣泛應用。

假設 g 是定義在 $x - y$ 平面 $\mathbb{R}^2$ 上的連續可微分函數。令 C_g 代表「使得 g 取值為 0」的等高集合 $g^{-1}(0)$。我們假設 ∇g 在 C_g 上不會出現零向量，則由定理 8.2.1 可知等高集合 C_g 其實是由「曲線」所構成的等高線：在 $x - y$ 平面上的每個點附近，等高集合 C_g 都會呈現為一條曲線的形態。

> **定義 8.4.1**　如果 f 是一個定義在 $x - y$ 平面 $\mathbb{R}^2$ 上的函數，則我們定義限制在 C_g 上的 f 的極大值點與限制在 C_g 上的 f 的極小值點如下。
>
> 　　假設 (a, b) 是 C_g 上的一個點。如果
>
> $$f(x, y) \leq f(a, b)$$
>
> 對於每個 C_g 上的點 (x, y) 都成立，則我們說點 (a, b) 是限制在 C_g 上的 f 的極大值點。
>
> 　　假設 (a, b) 是 C_g 上的一個點。如果
>
> $$f(a, b) \leq f(x, y)$$
>
> 對於每個 C_g 上的點 (x, y) 都成立，則我們說點 (a, b) 是限制在 C_g 上的 f 的極小值點。

說明：如果我們令 F 代表限制在 C_g 上的 f（the restriction of f on C_g）：

$$F(x, y) = \begin{cases} f(x, y)，如果 (x, y) \in C_g \\ 沒有定義，如果 (x, y) \notin C_g \end{cases}$$

則 F 的極大值點恰好是限制在 C_g 上的 f 的極大值點，而且 F 的極小值點恰好是限制在 C_g 上的 f 的極小值點。

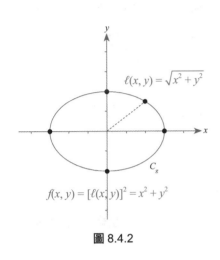

$\ell(x, y) = \sqrt{x^2 + y^2}$

C_g

$f(x, y) = [\ell(x, y)]^2 = x^2 + y^2$

圖 8.4.2

範例 1　假設 $g(x, y) = \dfrac{x^2}{9} + \dfrac{y^2}{4} - 1$ 而且 $f(x, y) = x^2 + y^2$。令 C_g 代表使得 g 取值為 0 的等高集合 $g^{-1}(0)$。試決定限制在 C_g 上的 f 的極小值點與極大值點。

說明：$\nabla g(x, y) = \left(\dfrac{2}{9} x, \dfrac{y}{2} \right)$，所以 $\nabla g(x, y)$ 在 C_g 上不會出現零向量（∇g 只有在 $(0, 0)$ 點會出現零向量，但是 $g(0, 0) = -1 \neq 0$，所以 $(0, 0)$ 點不會落在等高集合 C_g 上）。因此由定理 8.2.1 可知 C_g 其實呈現等高線形態。參考圖 8.4.2。

令 $\ell(x, y)$ 代表 (x, y) 點與原點 $(0, 0)$ 之間的距離，則

$$f(x, y) = \left(\sqrt{x^2 + y^2} \right)^2 = \left[\sqrt{(x - 0)^2 + (y - 0)^2} \right]^2 = [\ell(x, y)]^2$$

所以限制在 C_g 上的 f 出現極小值與極大值的地方恰好就是位在 C_g 上的點 (x, y) 與原點的距離 $\ell(x, y)$ 取得極小值或極大值的地方。

由圖 8.4.2 可知：位於 C_g 上的點 (x, y) 與原點的距離 $\ell(x, y)$ 會在 $(3, 0)$ 與 $(-3, 0)$ 取得極大值，而且在 $(0, 2)$ 與 $(0, -2)$ 取得極小值。因此 $(3, 0)$ 與 $(-3, 0)$ 是限制在 C_g 上的 f 的極大值點，而且 $(0, 2)$ 與 $(0, -2)$ 是限制在 C_g 上的 f 的極小值點。限制在 C_g 上的 f 的極大值與極小值分別是 $f(3, 0) = f(-3, 0) = 9$ 與 $f(0, 2) = f(0, -2) = 4$。

定理 8.4.2　拉格朗日定理（Lagrange's Theorem）

假設 g 是定義在 $x - y$ 平面 $\mathbb{R}^2$ 上的連續可微分函數，令 C_g 代表使得 g 取值為 0 的等高集合：

$$C_g = \{ (x, y) \in \mathbb{R}^2 : g(x, y) = 0 \}$$

我們假設 ∇g 在 C_g 上不會出現零向量（所以等高集合 C_g 是由曲線所構成的等高線）。假設 f 是一個定義在 $x - y$ 平面 $\mathbb{R}^2$ 上的可微分函數，我們令 F 代表限制在 C_g 上的 f：

$$F(x, y) = \begin{cases} f(x, y)，如果 (x, y) \in C_g \\ 沒有定義，如果 (x, y) \notin C_g \end{cases}$$

λ 是希臘字母，讀作 lambda。這個 λ 通常被稱為拉格朗日乘子（Lagrange Multiplier）。

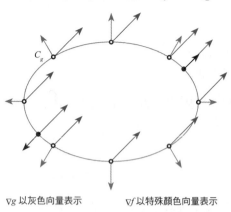

在黑色點 ∇f 與 ∇g 呈現同線關係：$\nabla f = \lambda \cdot \nabla g$

C_g

∇g 以灰色向量表示　　∇f 以特殊顏色向量表示

圖 8.4.3

如果 F 在點 $(a, b) \in C_g$ 出現極大值（f 限制在 C_g 上的極大值）或極小值（f 限制在 C_g 上的極小值），則在 $(a, b) \in C_g$ 這個點會存在實數 λ 使得

$$\nabla f(a, b) = \lambda \cdot \nabla g(a, b)$$

成立。這個結果的含義是：如果 F（限制在 C_g 上的 f）在點 $(a, b) \in C_g$ 出現極大值或極小值，則梯度向量 $\nabla f(a, b)$ 與梯度向量 $\nabla g(a, b)$ 在這個點 (a, b) 必然會落在同一條直線上。參考圖 8.4.3。

說明：因為 ∇g 在 C_g 上的每個點都不是零向量，由定理 8.2.1 可知等高集合 C_g 其實是由曲線所構成的等高線，而且 C_g 在 (a, b) 點附近可以表示為以下形式

$$(u(t), v(t))$$

其中 u 與 v 都是定義在某個開區間 I（包含 0 點）的連續可微分函數滿足 $(u(0), v(0)) = (a, b)$ 而且

$$(u'(0), v'(0)) \text{ 不是零向量}$$

因為 $g(u(t), v(t))$ 恆為 0，由多變數函數的連鎖律（定理 8.1.4）可知

$$0 = \left. \frac{d\, g(u(t), v(t))}{dt} \right|_{t=0} = \langle \nabla g(a, b), (u'(0), v'(0)) \rangle$$

另一方面，函數 $f(u(t), v(t)) = F(u(t), v(t))$ 會在 $t = 0$ 取得極大值或極小值（因 F 在 $(u(0), v(0)) = (a, b) \in C_g$ 這個點取得極大值或極小值），所以由多變數函數的連鎖律（定理 8.1.4）可知

$$0 = \left. \frac{d\, f(u(t), v(t))}{dt} \right|_{t=0} = \langle \nabla f(a, b), (u'(0), v'(0)) \rangle$$

由於 $(u'(0), v'(0))$ 不是零向量，所以 $\nabla f(a, b)$ 與 $\nabla g(a, b)$ 必然都位於 C_g 在 (a, b) 點的法線上。參考圖 8.4.4。

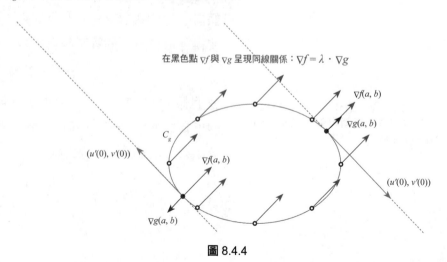

在黑色點 ∇f 與 ∇g 呈現同線關係：$\nabla f = \lambda \cdot \nabla g$

$\nabla f(a, b)$

$\nabla g(a, b)$

C_g

$(u'(0), v'(0))$

$\nabla f(a, b)$

$(u'(0), v'(0))$

$\nabla g(a, b)$

圖 8.4.4

但 $\nabla g(a, b)$ 不是零向量，所以 $\nabla f(a, b)$ 可以表示為 $\nabla g(a, b)$ 的某個實數倍：$\nabla f(a, b) = \lambda \cdot \nabla g(a, b)$。　∎

我們通常稱呼 $g(x, y) = 0$ 這個條件為限制條件以標示考慮 f 的極值問題時所限定的區域。

拉格朗日定理在實際應用上操作方式如下：令

$$H(x, y, \lambda) = f(x, y) - \lambda \cdot g(x, y)$$

為 $3 = 2 + 1$ 個變數 (x, y, λ) 的函數。解以下的方程組

前 2 個方程是拉格朗日定理。
最後的方程是限制條件。

$$\frac{\partial H}{\partial x}(a, b, \lambda) = \frac{\partial f}{\partial x}(a, b) - \lambda \cdot \frac{\partial g}{\partial x}(a, b) = 0 \tag{1}$$

$$\frac{\partial H}{\partial y}(a, b, \lambda) = \frac{\partial f}{\partial y}(a, b) - \lambda \cdot \frac{\partial g}{\partial y}(a, b) = 0 \tag{2}$$

$$\frac{\partial H}{\partial \lambda}(a, b, \lambda) = -g(x, y) = 0 \text{ 或 } g(x, y) = 0 \tag{3}$$

注意前二個方程 (1)、(2) 就是拉格朗日定理的結果：

$$\nabla f(a, b) - \lambda \cdot \nabla g(a, b) = 0$$

而最後的方程 (3) 則是限制條件 $g(a, b) = 0$。應用拉格朗日定理的時候，我們由以上 $3 = 2 + 1$ 個方程式求出 (a, b, λ) 的解。通常我們會解出有限多組解，其中某些解會對應到限制在 C_g 上的 f 的極大值，而某些解會對應到限制在 C_g 上的 f 的極小值。此處 C_g 是限制條件 $g(x, y) = 0$ 所界定的等高線。我們稱呼以上的方法為**拉格朗日方法**（Lagrange's Method）。

範例 2　假設 $g(x, y) = \dfrac{x^2}{9} + \dfrac{y^2}{4} - 1$ 而且 $f(x, y) = x^2 + y^2$。令 C_g 代表使得 g 取值為 0 的等高集合 $g^{-1}(0)$。試使用拉格朗日定理決定限制在 C_g 上的 f 的極小值點與極大值點。

說明：由拉格朗日定理可知：限制在 C_g 上的 f 的極（大或小）值點 (x, y) 會滿足以下條件

解題技巧：
在限制條件 $g(x, y) = 0$ 的情況求 f 的極值：解 $\nabla f(x, y) = \lambda \cdot \nabla g(x, y)$。

$$\frac{\partial f}{\partial x}(x, y) - \lambda \cdot \frac{\partial g}{\partial x}(x, y) = 2x - \lambda \cdot \frac{2}{9}x = 0$$

$$\frac{\partial f}{\partial y}(x, y) - \lambda \cdot \frac{\partial g}{\partial y}(x, y) = 2y - \lambda \cdot \frac{2}{4}y = 0$$

$$g(x, y) = 0 \text{（限制條件）}$$

整理以上方程組可得

$$\left[\begin{array}{l} 2\left(1-\dfrac{\lambda}{9}\right)x = 0 \qquad\qquad (4) \\[2mm] 2\left(1-\dfrac{\lambda}{4}\right)y = 0 \qquad\qquad (5) \\[2mm] g(x, y) = \dfrac{x^2}{9} + \dfrac{y^2}{4} - 1 = 0 \qquad (6) \end{array}\right.$$

解以上方程組可以得到以下結果：

> $(x, y, \lambda) = (0, 0, \lambda)$ 或 $(x, y, \lambda) = (0, y, 4)$
>
> 或 $(x, y, \lambda) = (x, 0, 9)$ 而且滿足
>
> $$g(x, y) = \frac{x^2}{9} + \frac{y^2}{4} - 1 = 0$$

$(x, y, \lambda) = (0, 0, \lambda)$ 明顯不滿足 $g(x, y) = 0$。將 $(x, y, \lambda) = (0, y, 4)$ 或 $(x, y, \lambda) = (x, 0, 9)$ 代入 $g(x, y) = 0$ 可解得 $(x, y, \lambda) = (0, 2, 4)$、$(x, y, \lambda) = (0, -2, 4)$ 或 $(x, y, \lambda) = (3, 0, 9)$、$(x, y, \lambda) = (-3, 0, 9)$。因此

$$(0, 2) \text{、} (0, -2) \text{、} (3, 0) \text{、} (-3, 0)$$

這四個點就是限制在 C_g 上的 f 可能的極大值點或極小值點。比較 f 在這四個點的函數值

$$f(0, 2) = f(0, -2) = 4 < 9 = f(3, 0) = f(-3, 0)$$

可知：$(0, 2)$、$(0, -2)$ 是限制在 C_g 上的 f 的極小值點。$(3, 0)$、$(-3, 0)$ 是限制在 C_g 上的 f 的極大值點。參考圖 8.4.5。

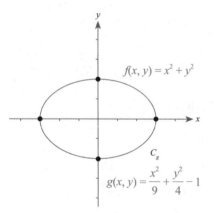

圖 8.4.5

延伸學習 1　試使用拉格朗日定理決定函數 $f(x, y) = x + y$ 在單位圓 $x^2 + y^2 = 1$ 上的極大值、極小值。

解答：令 $g(x, y) = x^2 + y^2 - 1$，則 $g(x, y) = 0$ 即為限制條件。試解以下方程

前 2 個方程是拉格朗日定理，最後的方程是限制條件。

$$\left[\begin{array}{l} \dfrac{\partial f}{\partial x}(x, y) - \lambda \cdot \dfrac{\partial g}{\partial x}(x, y) = 1 - \lambda \cdot 2x = 0 \\[2mm] \dfrac{\partial g}{\partial y}(x, y) - \lambda \cdot \dfrac{\partial g}{\partial y}(x, y) = 1 - \lambda \cdot 2y = 0 \\[2mm] g(x, y) = x^2 + y^2 - 1 \end{array}\right.$$

可得 $x = \dfrac{1}{2\lambda} = y$ 且 $x^2 + y^2 - 1 = \dfrac{1}{2\lambda^2} - 1 = 0$。故

$$(x, y, \lambda) = \left(\frac{1}{\sqrt{2}}, \frac{1}{\sqrt{2}}, \frac{1}{\sqrt{2}}\right) \text{ 或 } (x, y, \lambda) = \left(\frac{-1}{\sqrt{2}}, \frac{-1}{\sqrt{2}}, \frac{-1}{\sqrt{2}}\right)$$

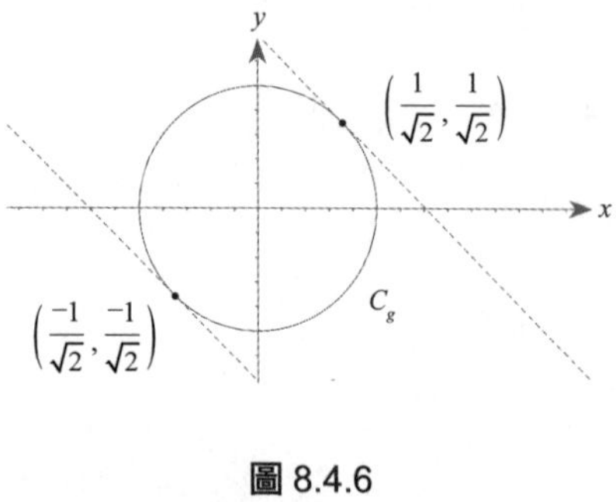

但 $f\left(\dfrac{-1}{\sqrt{2}}, \dfrac{-1}{\sqrt{2}}\right) = -\sqrt{2} < \sqrt{2} = f\left(\dfrac{1}{\sqrt{2}}, \dfrac{1}{\sqrt{2}}\right)$。所以 f 在單位圓 $x^2 + y^2 = 1$ 上的極大值為 $\sqrt{2}$ 而且極小值為 $-\sqrt{2}$。參考圖 8.4.6。

圖 8.4.6

範例 3 試求平面上 (3, 4) 這個點與拋物線 $y = 4 - x^2$ 上的點 (x, y) 之間的最短距離。參考圖 8.4.7。

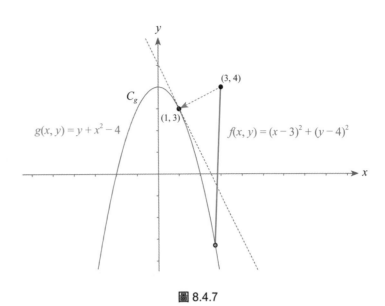

圖 8.4.7

說明：令 $f(x, y) = (x - 3)^2 + (y - 4)^2$，則 $f(x, y)$ 恰為 (x, y) 點與 (3, 4) 這個點之間的距離的平方。所以我們只需要求出 $f(x, y)$ 在拋物線 $y = 4 - x^2$ 上的極小值而且對這個極小值取平方根就可以得到所求的最短距離。

令 $g(x, y) = y + x^2 - 4$，則 $g(x, y) = 0$ 這個限制條件恰好描述拋物線 $y = 4 - x^2$。我們依照拉格朗日定理求解以下方程組

$$\frac{\partial f}{\partial x}(x, y) - \lambda \cdot \frac{\partial g}{\partial x}(x, y) = 2(x - 3) - \lambda \cdot 2x = 0 \tag{7}$$

$$\frac{\partial f}{\partial y}(x, y) - \lambda \cdot \frac{\partial g}{\partial y}(x, y) = 2(y - 4) - \lambda \cdot 1 = 0 \tag{8}$$

$$g(x, y) = y + x^2 - 4 = 0 \tag{9}$$

解題技巧：
在限制條件 $g(x, y) = 0$ 的情況求 f 的極值：解 $\nabla f(x, y) = \lambda \cdot \nabla g(x, y)$。

由 (8)、(9) 可知：$\lambda = 2(y - 4) = 2(-x^2)$。將這個結果代入 (7) 就得到

$$x - 3 = \lambda x = -2x^3 \text{ 或 } 2x^3 + x - 3 = (x - 1)(2x^2 + 2x + 3) = 0$$

由此可以解得 $x = 1$ 且 $\lambda = -2$ 且 $y = 3$。因為 $f(1, 3) = 5$，所以 (3, 4) 與拋物線 $y = 4 - x^2$ 的最短距離就是 $\sqrt{5}$。這個最短距離就出現在拋物線 $y = 4 - x^2$ 上的 $(x, y) = (1, 3)$ 這個點。

範例 4 取一段長度為 ℓ 的繩子圍成一個邊長分別為 x 與 y 的長方形。參考圖 8.4.8。如果長方形的面積為 1，試求繩子長度 ℓ 的極小值。

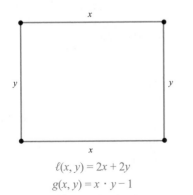
$$\ell(x, y) = 2x + 2y$$
$$g(x, y) = x \cdot y - 1$$
限制條件：$g(x, y) = 0$

圖 8.4.8

說明：繩子的長度 ℓ 是 x 與 y 的函數：$\ell(x, y) = 2x + 2y$。令 $g(x, y) = xy - 1$，則所求即為在限制條件為 $g(x, y) = 0$ 的情況下，求解

$$\ell(x, y) = 2x + 2y \text{ 其中 } x > 0 \text{ 且 } y > 0$$

的極小值。由拉格朗日定理求解以下方程

$$\frac{\partial \ell}{\partial x}(x, y) - \lambda \cdot \frac{\partial g}{\partial x}(x, y) = 2 - \lambda \cdot y = 0 \tag{10}$$

$$\frac{\partial \ell}{\partial y}(x, y) - \lambda \cdot \frac{\partial g}{\partial y}(x, y) = 2 - \lambda \cdot x = 0 \tag{11}$$

$$g(x, y) = xy - 1 = 0 \tag{12}$$

由 (10)、(11) 以及 (12) 可知

$$y = \frac{2}{\lambda} = x \text{ 而且 } g(x, y) = xy - 1 = \left(\frac{2}{\lambda}\right)^2 - 1 = 0$$

所以 $\lambda = 2$ 或 $\lambda = -2$ 而且

$$(x, y, \lambda) = (1, 1, 2) \text{ 或 } (x, y, \lambda) = (-1, -1, -2)$$

但是 $(x, y, \lambda) = (-1, -1, -2)$ 不符合條件 $x > 0$ 且 $y > 0$，故所求 ℓ 的最小值為 $\ell(1, 1) = 4$。

範例 5　在橢圓曲線 $\dfrac{x^2}{25} + \dfrac{y^2}{9} = 1$ 上選取四個點 (x, y)、$(-x, y)$、$(-x, -y)$、$(x, -y)$ 形成一個長方形，如圖 8.4.9 所示。試問長方形何時達到最大面積？

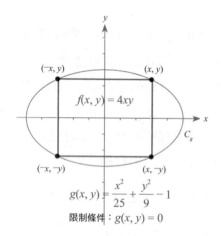

$g(x, y) = \dfrac{x^2}{25} + \dfrac{y^2}{9} - 1$

限制條件：$g(x, y) = 0$

圖 8.4.9

說明： 令 $g(x, y) = \dfrac{x^2}{25} + \dfrac{y^2}{9} - 1$，則限制條件 $g(x, y) = 0$ 就是所考慮的橢圓曲線。令 $f(x, y) = 4xy$，由於 $f(-x, -y) = f(x, y)$ 而且

$$f(-x, y) = f(x, -y) = -f(x, y)$$

我們發現 f 在橢圓曲線 $g(x, y) = 0$ 上的極大值、極小值會分別落在「第一或三象限」、「第二或四象限」，而且 f 在橢圓曲線 $g(x, y) = 0$ 上的極大值、極小值的絕對值必然相等。由於橢圓曲線 $g(x, y) = 0$ 上四個點 (x, y)、$(-x, y)$、$(-x, -y)$、$(x, -y)$ 所形成的長方形的面積是 $|f(x, y)|$，我們要解決 f 在橢圓曲線 $g(x, y) = 0$（限制條件）上的極值問題就可以求得長方形面積 $|f(x, y)| = |4xy|$ 在橢圓曲線 $\dfrac{x^2}{25} + \dfrac{y^2}{9} = 1$ 上的極大值。

現在我們依照拉格朗日定理求解以下方程組

$$\frac{\partial f}{\partial x}(x, y) - \lambda \cdot \frac{\partial g}{\partial x}(x, y) = 4y - \frac{2}{25}\lambda \cdot x = 0 \tag{13}$$

$$\frac{\partial f}{\partial y}(x, y) - \lambda \cdot \frac{\partial g}{\partial y}(x, y) = 4x - \frac{2}{9}\lambda \cdot y = 0 \tag{14}$$

$$g(x, y) = \frac{x^2}{25} + \frac{y^2}{9} - 1 = 0 \tag{15}$$

由 (13)、(14) 可知 $y = \dfrac{\lambda}{50}x$ 且 $x = \dfrac{\lambda}{18}y$。所以

$$y = \frac{\lambda}{50} x = \frac{\lambda^2}{900} y \text{ 而且 } x = \frac{\lambda}{18} y = \frac{\lambda^2}{900} x$$

但由 $g(x, y) = \frac{x^2}{25} + \frac{y^2}{9} - 1 = 0$ 可知：x 與 y 不能同時為 0，所以 $\frac{\lambda^2}{900} = 1$。這表示

$$\lambda = 30 \text{ 或 } \lambda = -30$$

將 $y = \frac{\lambda}{50} x$ 代入 $g(x, y) = 0$ 可以得到

$$\frac{x^2}{25} + \frac{x^2}{25} - 1 = \frac{2}{25} x^2 - 1 = 0$$

因此我們得到四組解：

(1) 如果 $\lambda = 30$，則 $x = \frac{5}{\sqrt{2}}$ 或 $x = \frac{-5}{\sqrt{2}}$ 而且

$$(x, y) = \left(\frac{5}{\sqrt{2}}, \frac{3}{\sqrt{2}} \right) \text{ 或 } (x, y) = \left(\frac{-5}{\sqrt{2}}, \frac{-3}{\sqrt{2}} \right)$$

(2) 如果 $\lambda = -30$，則 $x = \frac{5}{\sqrt{2}}$ 或 $x = \frac{-5}{\sqrt{2}}$ 而且

$$(x, y) = \left(\frac{5}{\sqrt{2}}, \frac{-3}{\sqrt{2}} \right) \text{ 或 } (x, y) = \left(\frac{-5}{\sqrt{2}}, \frac{3}{\sqrt{2}} \right)$$

比較 f 在這四個點的函數值就得到

$$f\left(\frac{5}{\sqrt{2}}, \frac{-3}{\sqrt{2}} \right) = f\left(\frac{-5}{\sqrt{2}}, \frac{3}{\sqrt{2}} \right) = \frac{-15}{2} < \frac{15}{2} = f\left(\frac{5}{\sqrt{2}}, \frac{3}{\sqrt{2}} \right) = f\left(\frac{-5}{\sqrt{2}}, \frac{-3}{\sqrt{2}} \right)$$

而且我們發現 f 在這四個點的函數值（f 在**限制條件** $g(x, y) = 0$ 上的**極小值與極大值**）確實具有相同的**絕對值** $\frac{15}{2}$，這個值 $\frac{15}{2}$ 就是在橢圓曲線 $\frac{x^2}{25} + \frac{y^2}{9} = 1$ 上選取四個點形成長方形的**面積**的**極大值**。

延伸學習 2　試求函數 $f(x, y) = 2x^2 + y^2$ 在直線 $x + 3y - 19 = 0$ 上的極小值。

解答：求解以下方程

$$\left[\begin{array}{l} \dfrac{\partial f}{\partial x} - \lambda \cdot \dfrac{\partial g}{\partial x} = 4x - \lambda \cdot 1 = 0 \\[2mm] \dfrac{\partial f}{\partial y} - \lambda \cdot \dfrac{\partial g}{\partial y} = 2y - \lambda \cdot 3 = 0 \\[2mm] g(x, y) = x + 3y - 19 = 0 \end{array} \right.$$

可得 $4x = \lambda$ 且 $2y = 3\lambda$。由此可知：$12x = 3\lambda = 2y$ 而且 $y = 6x$。將 $y = 6x$ 代入 $g(x, y) = 0$ 可得 $19x - 19 = 0$。因此 $x = 1$ 且 $y = 6$，所求的極小值為 $f(1, 6) = 38$。

習題 8.4

試使用拉格朗日方法解決以下各問題。

1. 求 $f(x, y) = x + y$ 在橢圓曲線 $\dfrac{x^2}{4} + y^2 = 1$ 上的極小值、極大值。

2. 求 $f(x, y) = x \cdot y$ 在橢圓曲線 $x^2 + \dfrac{y^2}{9} = 1$ 上的極大值、極小值。

3. 求 $f(x, y) = x + y$ 在曲線 $x^4 + y^4 = 1$ 上的極大值、極小值。

4. 求 $f(x, y) = xy$ 在曲線 $x^2 + xy + y^2 = 1$ 上的極大值、極小值。

5. 求原點 $(0, 0)$ 與雙曲線 $x^2 + 3xy + y^2 = 1$ 上的點 (x, y) 之間的最短距離。

6. 求 $f(x, y) = x^2 y$ 在曲線 $x^2 + y^2 = 1$ 上的極大值、極小值。

7. 求 $f(x, y) = x^2 + xy + y^2$ 在直線 $2x + 3y - 7 = 0$ 上的極小值。

第 5 節　多變數函數的積分觀念與計算

本節介紹多變數函數的積分觀念與計算方法。為了讓讀者易於瞭解其中的想法，我們將限定於討論定義在 $x - y$ 平面 $\mathbb{R}^2$ 上的函數的積分觀念與計算方法。

我們介紹平面區域的分割、黎曼和，並且將積分定義為黎曼和的極限。為了讓讀者對積分有較完整的認識，我們還介紹可測量的有限平面區域這個觀念。接著我們引進定理 8.5.1 以讓讀者瞭解：常見的平面區域其實都是可測量的。定理 8.5.2 則告訴我們：在可測量的區域上的連續函數的積分是存在的（黎曼和會收斂）。定理 8.5.1 與定理 8.5.2 主要是提供讀者應用到連續函數在常見（平面）區域的積分存在（黎曼和會收斂）性質上。我們不討論這兩個定理的證明。

最後我們介紹多變數函數積分的計算方法：富比尼定理（定理 8.5.3）。富比尼定理讓我們能夠以 1 維 + 1 維的方式來計算積分。

黎曼和與積分的定義

假設 f 是定義在 $x - y$ 平面 $\mathbb{R}^2$ 上的連續函數而且 Ω 是 $x - y$ 平面 $\mathbb{R}^2$ 上的一個有限的區域，則我們依照以下的方式定義 f 在區域 Ω 的積分。

1. 選擇長方形區域 $[a, b] \times [c, d]$ 包含 Ω。其中 $[a, b]$ 與 $[c, d]$ 分別是 x 軸與 y 軸上的有限閉區間。參考圖 8.5.1 與圖 8.5.2。

2. 令 Δ_x 為區間 $[a, b]$ 的一個**分割**（partition），令 Δ_y 為區間 $[c, d]$ 的一個分割，則 $\Delta_x \times \Delta_y$ 構成長方形區域 $[a, b] \times [c, d]$ 的一個分割。如果 Δ_x 與 Δ_y 分別將 $[a, b]$ 與 $[c, d]$ 分割為 m 個子區間與 n 個子區間，則 $\Delta_x \times \Delta_y$ 將 $[a, b] \times [c, d]$ 分割為 $m \times n$ 個較小的子長方形區

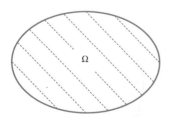

圖 8.5.1

域。我們給予每個子長方形區域一個編號 (i, j)，其中 $i = 1, \cdots, m$ 且 $j = 1, \cdots, n$。參考圖 8.5.2。

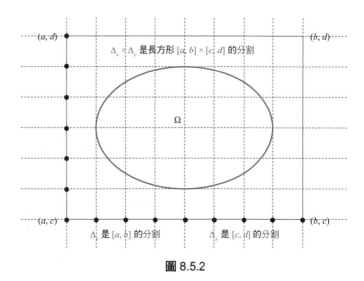

圖 8.5.2

3.定義函數 f_Ω 如下：

$$f_\Omega(x, y) = \begin{cases} f(x, y) \text{，如果 } (x, y) \in \Omega \\ 0 \text{，如果 } (x, y) \notin \Omega \end{cases}$$

在每個編號 (i, j) 的子長方形區域中選擇一點 (x_{ij}^*, y_{ij}^*)，然後考慮作和

$$R_{f_\Omega}(\Delta_x \times \Delta_y) = \sum_{i=1}^{m} \sum_{j=1}^{n} f_\Omega(x_{ij}^*, y_{ij}^*) \cdot A_{ij}$$

其中 A_{ij} 代表第 (i, j) 個子長方形區域的面積。我們通常稱呼這樣形式的作和為 f 在區域 Ω 相對於分割 $\Delta_x \times \Delta_y$ 的一個**黎曼和**（Riemann Sum）。

4.當 $\|\Delta_x\|$ 與 $\|\Delta_y\|$ 變得越來越小（趨近於 0），如果黎曼和 $R_{f_\Omega}(\Delta_x \times \Delta_y)$ 會朝著特定的實數 $\mathscr{L}$ 趨近，我們就說函數 f 在區域 Ω 的積分存在而且積分值是 $\mathscr{L}$。通常我們使用以下符號

$$\iint_\Omega f(x, y) \cdot d(x, y) = \mathscr{L}$$

來表示這樣的意思。其中 $\iint_\Omega f(x, y) \cdot d(x, y)$ 代表 f 在區域 Ω 的積分。在這樣的情況，我們就說 f 在區域 Ω 上是**可積分的**（integrable）函數。

補充：積分 $\iint_\Omega f(x, y) \cdot d(x, y)$ 的值其實與包含 Ω 的長方形區域 $[a, b] \times [c, d]$ 的選擇無關。假設 $[a, b] \subset [a', b']$ 而且 $[c, d] \subset [c', d']$，則在分割長方形區域 $[a', b'] \times [c', d']$ 的過程中，f_Ω 在 Ω 以外的區域的函數值都是 0，所以落在 $[a, b] \times [c, d]$ 以外的子長方形區域對於黎曼和其實沒有實質的貢獻。因此，只要區間 $[a', b']$ 的分割 Δ_x' 包

含 $\{a, b\}$ 而且區間 $[c', d']$ 的分割包含 $\{c, d\}$，那麼

$$R_{f_\Omega}(\Delta'_x \times \Delta'_y) = R_{f_\Omega}(\Delta_x \times \Delta_y)$$

由這個結果可以證明（細節省略）：f_Ω 在長方形區域 $[a', b'] \times [c', d']$ 上黎曼和的極限必然與 f_Ω 在長方形區域 $[a, b] \times [c, d]$ 上黎曼和的極限一致。所以連續函數在有限區域 Ω 的積分定義其實與包含 Ω 的長方形區域的選擇無關。

　　積分運算滿足以下的基本規律：

　　假設 f 與 g 都是定義在 $x - y$ 平面 $\mathbb{R}^2$ 上的連續函數。如果 Ω 是平面上的一個有限區域而且 f 與 g 在 Ω 上都是可積分函數，則對於任選的實數常數 α 與 β，連續函數 $\alpha \cdot f(x, y) + \beta \cdot g(x, y)$ 在 Ω 上都是可積分函數而且

$$\iint_\Omega [\alpha \cdot f(x, y) + \beta \cdot g(x, y)] \cdot d(x, y)$$
$$= \alpha \cdot \iint_\Omega f(x, y) \cdot d(x, y) + \beta \cdot \iint_\Omega g(x, y) \cdot d(x, y)$$

我們通常稱這個規律為積分的線性規律。

可測量的區域與積分存在性

　　假設 D 是 $x - y$ 平面 $\mathbb{R}^2$ 上的一個有限區域。如果 1 這個常數函數在區域 D 的積分

$$\iint_D 1 \cdot d(x, y)$$

存在，我們就說區域 D 是可測量的並且將區域 D 的面積定為這個積分值。參考圖 8.5.3。

　　長方形、三角形、多邊形這些平面域都是可測量的。以下的定理告訴我們圓形、橢圓形這些常見的平面區域同樣都是可測量的。

高度為 1

D 的面積就是 $\iint_D 1 \cdot d(x, y)$

圖 8.5.3

　　*　**定理 8.5.1**　假設 g 是定義在 $x - y$ 平面 $\mathbb{R}^2$ 上的連續可微分函數。令 C_g 代表使得 g 取值為 0 的等高集合，假設 ∇g 在 C_g 上不會出現零向量（所以由定理 8.2.1 可知 C_g 是由曲線所構成的等高線）。如果

$$D = \{(x, y) \in \mathbb{R}^2 : g(x, y) \leq 0\}$$

是平面上的一個有限區域，則區域 D 是可測量的。

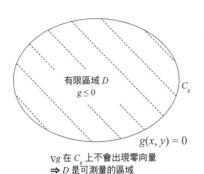

有限區域 D
$g \leq 0$
C_g
$g(x, y) = 0$

∇g 在 C_g 上不會出現零向量
$\Rightarrow$ D 是可測量的區域

圖 8.5.4A

說明：請參考圖 8.5.4A。這個定理可以推廣如下：

假設 $g_1, \cdots, gm$ 都是定義在 $x - y$ 平面 $\mathbb{R}^2$ 上的連續可微分函數。對於 $k = 1$ 或 $\cdots$ 或 $k = m$，我們使用 C_{g_k} 代表使得 g_k 取值為 0 的等高集合。我們假設 ∇g_k 在 C_{g_k} 上不會出現零向量（所以由定理 8.2.1 可知 C_{g_k} 是由曲線所構成的等高線）。令

$$D_k = \{(x, y) \in \mathbb{R}^2 : g_k(x, y) \leq 0\}$$

如果 $\Omega = D_1 \cap \cdots \cap D_m$ 是平面上的一個有限區域，則區域 Ω 是可測量的（參考圖 8.5.4B）。

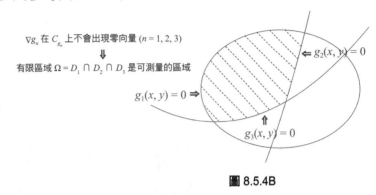

∇g_n 在 C_{g_n} 上不會出現零向量 ($n = 1, 2, 3$)
$\Downarrow$
有限區域 $\Omega = D_1 \cap D_2 \cap D_3$ 是可測量的區域

$g_1(x, y) = 0 \Rightarrow$
$\Leftarrow g_2(x, y) = 0$
$g_3(x, y) = 0$

圖 8.5.4B

定理 8.5.1 以及以上推廣的證明細節通常是在高等微積分課程中討論。所以，讀者可以將定理 8.5.1 以及以上推廣視為物理定律，著重於這些定律在積分上的應用。　■

常見的「可測量的」平面區域的類型如下：

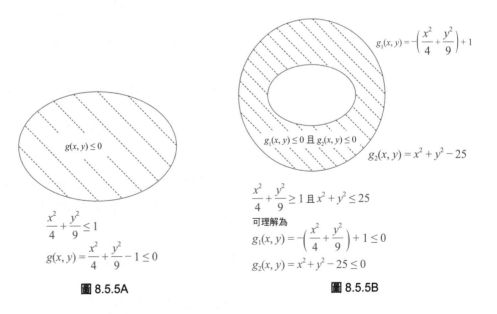

$g(x, y) \leq 0$

$\dfrac{x^2}{4} + \dfrac{y^2}{9} \leq 1$

$g(x, y) = \dfrac{x^2}{4} + \dfrac{y^2}{9} - 1 \leq 0$

圖 8.5.5A

$g_1(x, y) = -\left(\dfrac{x^2}{4} + \dfrac{y^2}{9}\right) + 1$

$g_1(x, y) \leq 0$ 且 $g_2(x, y) \leq 0$

$g_2(x, y) = x^2 + y^2 - 25$

$\dfrac{x^2}{4} + \dfrac{y^2}{9} \geq 1$ 且 $x^2 + y^2 \leq 25$

可理解為

$g_1(x, y) = -\left(\dfrac{x^2}{4} + \dfrac{y^2}{9}\right) + 1 \leq 0$

$g_2(x, y) = x^2 + y^2 - 25 \leq 0$

圖 8.5.5B

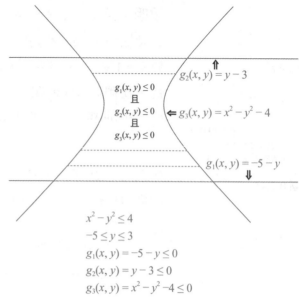

$$x^2 - y^2 \leq 4$$
$$-5 \leq y \leq 3$$
$$g_1(x, y) = -5 - y \leq 0$$
$$g_2(x, y) = y - 3 \leq 0$$
$$g_3(x, y) = x^2 - y^2 - 4 \leq 0$$

圖 8.5.5C

定理 8.5.2A　（積分存在定理）

假設 Ω 是 $x-y$ 平面 $\mathbb{R}^2$ 上的一個可測量的有限區域。如果 f 是定義在 $x-y$ 平面 $\mathbb{R}^2$ 上的連續函數，則 f 在區域 Ω 的積分會存在。

說明：選取長方形區域 $D = [a, b] \times [c, d]$ 包含有限區域 Ω。定義函數 f_Ω 如下：

$$f_\Omega(x, y) = \begin{cases} f(x, y)，如果 (x, y) \in \Omega \\ 0，如果 (x, y) \notin \Omega \end{cases}$$

假設 Δ_x 與 Δ_y 分別是區間 $[a, b]$ 與 $[c, d]$ 的分割。令 $R_{f_\Omega}(\Delta_x \times \Delta_y)$ 代表 f_Ω 對應於分割 $\Delta_x \times \Delta_y$ 的一個黎曼和。這個定理告訴我們：如果 Ω 是可測量的區域而且 f 是連續函數，則存在一個特定的實數 $\mathscr{L}$ 使得

$$\lim_{|\Delta_x| + |\Delta_y| \to 0} R_{f_\Omega}(\Delta_x \times \Delta_y) = \mathscr{L}$$

所以積分 $\iint_\Omega f(x, y) \cdot d(x, y)$ 存在。這個困難的定理的證明細節通常在高等微積分課程中才會討論。讀者可以將這個定理視為物理定理，著重於這個定理在積分上的應用。　■

以下的定理討論可測量的區域與積分的基本性質。

定理 8.5.2B　假設 A 與 B 都是 $x-y$ 平面 $\mathbb{R}^2$ 上的可測量的區域而且 $A \cap B$（A 與 B 的交集）是空集合。假設 C 是 $x-y$ 平面 $\mathbb{R}^2$ 上（零維的）點或（一維的）線段、可微分曲線。假設 f 是定義在 $x-y$ 平面上的連續函數，則以下結果成立。

(1) $A \cup B$（A 與 B 的聯集）是 $x-y$ 平面 $\mathbb{R}^2$ 上的可測量的區域滿足

$$A \cup B \text{ 的面積} = A \text{ 的面積} + B \text{ 的面積}$$

而且

$$\iint_{A \cup B} f(x, y) \cdot d(x, y) = \iint_A f(x, y) \cdot d(x, y) + \iint_B f(x, y) \cdot d(x, y)$$

(2) C 是 $x-y$ 平面 $\mathbb{R}^2$ 上的可測量的區域滿足

$$C \text{ 的面積} = 0 \text{ 而且} \iint_C f(x, y) \cdot d(x, y) = 0$$

說明：這個定理的細節通常在高等微積分課程中才討論。讀者可以將這個定理視為物理定律，著重於這個定理在積分上的應用。 ∎

2 維積分的含義

在介紹單變數函數的積分理論的時候，我們曾經說明單變數連續函數在區間 $[a, b]$ 的積分其實就是這個連續函數的圖形與 x 軸在 $[a, b]$ 區間範圍所圍成的平面區域的帶符號（正或負）面積（水平軸以上為正，水平軸以下為負）。參考圖 8.5.6A。

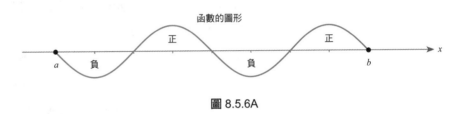

函數的圖形

正　正

a　負　　負　　b　x

圖 8.5.6A

多變數函數的積分同樣具有類似的含義。假設 f 是一個定義在 $x-y$ 平面 $\mathbb{R}^2$ 上的連續函數而且 Ω 是平面上的一個可測量的區域，則 f 在區域 Ω 的積分就是：f 的函數圖形與 $x-y$ 平面在 Ω 區域範圍所圍成的空間區域的帶符號（正或負）體積（水平面以上為正，水平面以下為負）。參考圖 8.5.6B。

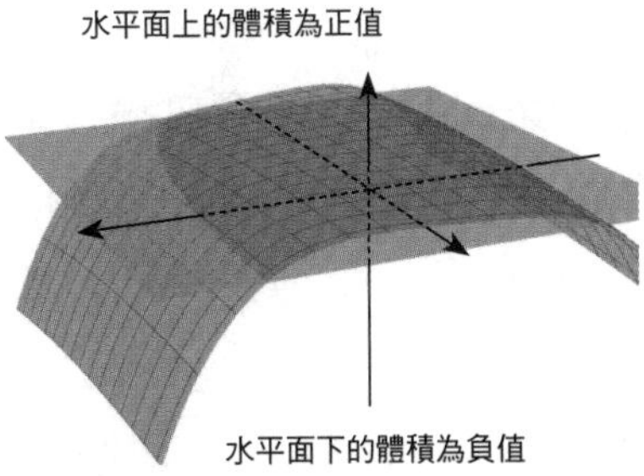

水平面上的體積為正值

水平面下的體積為負值

圖 8.5.6B

富比尼定理

討論過多變數積分的基本觀念後，我們現在介紹計算多變數函數積分的原理：**富比尼定理**（Fubini's Theorem）。

定理 8.5.3（富比尼定理）

假設 F 是定義在長方形區域 $D = [a, b] \times [c, d]$ 上的函數。如果積分 $\iint_D F(x, y) \cdot d(x, y)$ 存在，則

(A) $\iint_D F(x, y) \cdot d(x, y) = \int_a^b \left(\int_c^d F(x, y) \cdot dy \right) dx$

而且
$$(B) \iint_D F(x, y) \cdot d(x, y) = \int_c^d \left(\int_a^b F(x, y) \cdot dx \right) dy$$

說明： 富比尼定理告訴我們如何將高維度的積分化簡為低維度的積分來計算。(A)、(B) 都在表明：2 維的積分可以 1 維 + 1 維的積分方式來計算。參考圖 8.5.7A 與圖 8.5.7B。

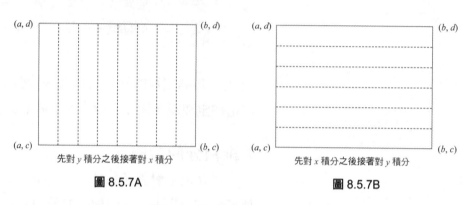

圖 8.5.7A （先對 y 積分之後接著對 x 積分）

圖 8.5.7B （先對 x 積分之後接著對 y 積分）

在 (A) 式中，由於先對變數 y 積分，所以 (A) 式右側中的積分
$$\int_c^d F(x, y) \cdot dy$$
成為一個只依賴於變數 x 的函數。接著，我們將這個只依賴於變數 x 的函數對變數 x 積分。

在 (B) 式中，由於先對變數 x 積分，所以 (B) 式右側中的積分
$$\int_a^b F(x, y) \cdot dx$$
成為一個只依賴於變數 y 的函數。接著，我們將這個只依賴於變數 y 的函數對變數 y 積分。

富比尼定理的證明細節通常在高等微積分課程中才會討論。讀者可以將這個定理視為物理定律，著重於這個定理在積分計算上的應用。∎

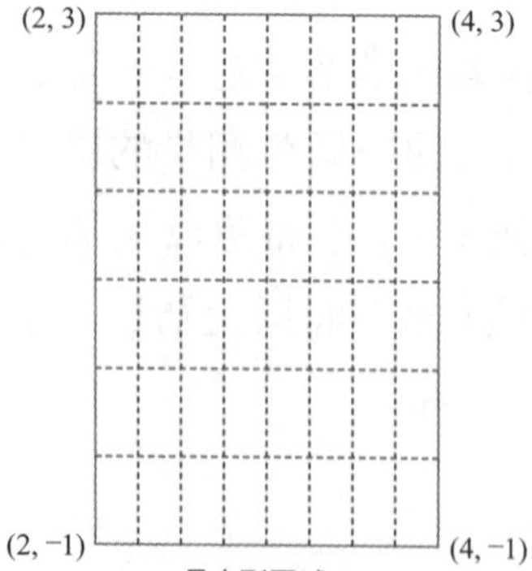

範例 1 假設 $D = \{(x, y) : 2 \leq x \leq 4$ 且 $-1 \leq y \leq 3\}$ 是 $x - y$ 平面 $\mathbb{R}^2$ 上的長方形區域。參考圖 8.5.8A。試依照富比尼定理（定理 8.5.3）中 (A)、(B) 的方式分別計算函數 $f(x, y) = x \cdot y^2$ 在區域 D 上的積分。

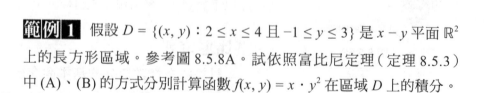

(2, 3) (4, 3) (2, −1) (4, −1) 長方形區域 D

圖 8.5.8A

計算技巧：
在積分 $\int_{-1}^3 x \cdot y^2 \cdot dy$ 中，y 是變數，而 x 被視為常數。所以 $\int_{-1}^3 x \cdot y^2 \cdot dy$
$$= x \cdot \int_{-1}^3 y^2 \cdot dy = x \cdot \left(\frac{1}{3} y^3 \right) \Big|_{y=-1}^{y=3}$$
$$= x \cdot \left(9 + \frac{1}{3} \right)$$
$$= x \cdot \frac{28}{3}$$

說明：
$$(A) \iint_D f(x, y) \cdot d(x, y) = \int_2^4 \left(\int_{-1}^3 x \cdot y^2 \cdot dy \right) dx$$
$$= \int_2^4 \left(x \cdot \int_{-1}^3 y^2 \cdot dy \right) dx = \int_2^4 x \cdot \frac{28}{3} \cdot dx$$
$$= \frac{28}{3} \cdot \int_2^4 x \cdot dx$$

計算技巧：

在積分 $\int_2^4 x \cdot y^2 \cdot dx$ 中，x 是變數，而 y 被視為常數。所以

$$\int_2^4 x \cdot y^2 \cdot dx$$
$$= y^2 \cdot \int_2^4 x \cdot dx$$
$$= y^2 \cdot \left(\frac{1}{2} x^2\right)\Big|_{x=2}^{x=4} = y^2 \cdot (8-2)$$
$$= 6y^2$$

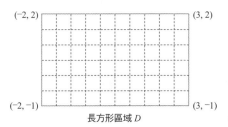

(−2, 2)　　　　　　　　(3, 2)

(−2, −1)　　　　　　　(3, −1)

長方形區域 D

圖 8.5.8B

計算技巧：

在積分 $\int_{-1}^2 \cos(4x+5y) \cdot dy$ 中，y 是變數，而 x 被視為常數。所以

$$\int_{-1}^2 \cos(4x+5y) \cdot dy$$
$$= \frac{1}{5} \cdot \sin(4x+5y)\big|_{y=-1}^{y=2}$$
$$= \frac{1}{5} \cdot [\sin(4x+10) - \sin(4x-5)]$$

計算技巧：

在積分 $\int_{-2}^3 \cos(4x+5y) \cdot dx$ 中，x 是變數，而 y 被視為常數。所以

$$\int_{-2}^3 \cos(4x+5y) \cdot dx$$
$$= \frac{1}{4} \cdot \sin(4x+5y)\big|_{x=-2}^{x=3}$$
$$= \frac{1}{4} \cdot [\sin(12+5y) - \sin(-8+5y)]$$

$$= \frac{28}{3} \cdot \left(\frac{1}{2} x^2\right)\Big|_{x=2}^{x=4}$$
$$= \frac{28}{3} \cdot (8-2) = \frac{28}{3} \cdot 6$$
$$= 56$$

(B) $\displaystyle\iint_D f(x, y) \cdot d(x, y) = \int_{-1}^3 \left(\int_2^4 x \cdot y^2 \cdot dx\right) dy$
$$= \int_{-1}^3 \left(y^2 \cdot \int_2^4 x \cdot dx\right) dy$$
$$= \int_{-1}^3 6y^2 \cdot dy = (2 \cdot y^3)\big|_{y=-1}^{y=3}$$
$$= 2 \cdot (27+1) = 56$$

延伸學習 1　假設 $D = \{(x, y) : -2 \le x \le 3 \text{ 且 } -1 \le y \le 2\}$ 是 $x-y$ 平面 $\mathbb{R}^2$ 上的長方形區域。參考圖 8.5.8B。試用富比尼定理計算 $f(x, y) = \cos(4x+5y)$ 在區域 D 上的積分。

解答：

富比尼定理 (A)：
$$\iint_D f(x, y) \cdot d(x, y) = \int_{-2}^3 \left(\int_{-1}^2 \cos(4x+5y) \cdot dy\right) dx$$
$$= \int_{-2}^3 \frac{1}{5} [\sin(4x+10) - \sin(4x-5)] \cdot dx$$
$$= \frac{-1}{20} [\cos(4x+10) - \cos(4x-5)]\big|_{x=-2}^{x=3}$$
$$= \frac{-1}{20} [\cos(22) - \cos 2 - \cos 7 + \cos(-13)]$$

富比尼定理 (B)：
$$\iint_D f(x, y) \cdot d(x, y) = \int_{-1}^2 \left(\int_{-2}^3 \cos(4x+5y) \cdot dx\right) dy$$
$$= \int_{-1}^2 \frac{1}{4} [\sin(12+5y) - \sin(-8+5y)] \cdot dy$$
$$= \frac{-1}{20} \cdot [\cos(12+5y) - \cos(-8+5y)]\big|_{y=-1}^{y=2}$$
$$= \frac{-1}{20} [\cos(22) - \cos 7 - \cos 2 + \cos(-13)]$$

在實際的應用中，富比尼定理（定理 8.5.3）更常以下列所介紹的形式出現。

假設 f 是定義在 $x-y$ 平面 $\mathbb{R}^2$ 上的連續函數而且 Ω 是 $x-y$ 平面 $\mathbb{R}^2$ 上的一個可測量的有限區域。我們定義函數 f_Ω 如下：

$$f_\Omega(x, y) = \begin{cases} f(x, y)，\text{如果 } (x, y) \in \Omega \\ 0，\text{如果 } (x, y) \notin \Omega \end{cases}$$

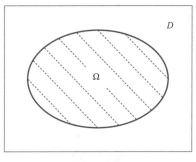

D

Ω

圖 8.5.9A

現在選取長方形區域 $D = [a, b] \times [c, d]$ 包含 Ω。參考圖 8.5.9A。由積分存在定理（定理 8.5.2）我們知道積分

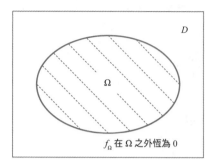

圖 8.5.9B

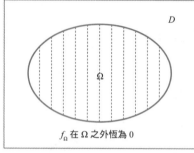

先對 y 積分之後接著對 x 積分

圖 8.5.10A

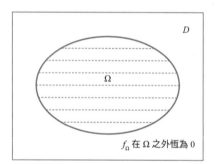

先對 x 積分之後接著對 y 積分

圖 8.5.10B

$$\iint_\Omega f(x, y) \cdot d(x, y) = \iint_D f_\Omega(x, y) \cdot d(x, y)$$

是存在的。所以由富比尼定理（定理 8.5.3）我們知道

(A) $\iint_\Omega f(x, y) \cdot d(x, y) = \iint_D f_\Omega(x, y) \cdot d(x, y) = \int_a^b \left(\int_c^d f_\Omega(x, y) \cdot dy \right) dx$

而且

(B) $\iint_\Omega f(x, y) \cdot d(x, y) = \iint_D f_\Omega(x, y) \cdot d(x, y) = \int_c^d \left(\int_a^b f_\Omega(x, y) \cdot dx \right) dy$

注意：函數 f_Ω 在 Ω 以外的區域的函數值為 0。所以在計算 (A) 式、(B) 式最右側的積分

$$\int_a^b \left(\int_c^d f_\Omega(x, y) \cdot dy \right) dx \text{ 與 } \int_c^d \left(\int_a^b f_\Omega(x, y) \cdot dx \right) dy$$

的時候，我們只需要在長方形 $D = [a, b] \times [c, d]$ 之中的子區域 Ω 上進行積分運算就可以了。參考圖 8.5.10A 與圖 8.5.10B。

　　以下是常見的兩種情況。

(A) 假設 u 與 v 是連續可微分函數而且 $u(x) \leq v(x)$ 在區間 $[a, b]$ 上恆成立。如果 Ω 是由 $y = u(x)$、$y = v(x)$、$x = a$、$x = b$ 這 4 條曲（直）線所圍成的平面區域（參考圖 8.5.10C），則

$$\iint_\Omega f(x, y) \cdot d(x, y) = \int_a^b \left(\int_{u(x)}^{v(x)} f(x, y) \cdot dy \right) dx$$

註：如果 $f(x, y)$ 在 Ω 上恆為 1，則上式就變成

$$\Omega \text{ 的面積} = \iint_\Omega 1 \cdot d(x, y) = \int_a^b [v(x) - u(x)] dx$$

這個在單變數函數積分見過的關係式。

(B) 假設 u 與 v 是連續可微分函數而且 $u(y) \leq v(y)$ 在區間 $[c, d]$ 上恆成立。如果 Ω 是由 $x = u(y)$、$x = v(y)$、$y = c$、$y = d$ 這 4 條曲（直）線所圍成的平面區域（參考圖 8.5.10D），則

$$\iint_\Omega f(x, y) \cdot d(x, y) = \int_c^d \left(\int_{u(y)}^{v(y)} f(x, y) \cdot dx \right) dy$$

註：如果 $f(x, y)$ 在 Ω 上恆為 1，則上式就變成

$$\Omega \text{ 的面積} = \iint_\Omega 1 \cdot d(x, y) = \int_c^d [v(y) - u(y)] dy$$

這個在單變數函數積分見過的關係式。

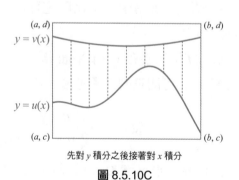

先對 y 積分之後接著對 x 積分

圖 8.5.10C

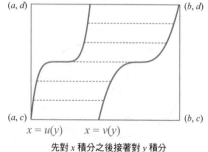

先對 x 積分之後接著對 y 積分

圖 8.5.10D

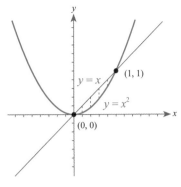

圖 8.5.11A

解題技巧：

在積分 $\int_{x^2}^x (x \cdot y) \cdot dy$ 中，y 是變數，而 x 則被視為常數。所以

$$\int_{x^2}^x (x \cdot y) \cdot dy = x \cdot \int_{x^2}^x y \cdot dy$$

$$= x \cdot \left(\frac{y^2}{2} \Big|_{y=x^2}^{y=x} \right) = x \cdot \left(\frac{x^2}{2} - \frac{x^4}{2} \right)$$

$$= \frac{x^3}{2} - \frac{x^5}{2}$$

範例 2 假設 Ω 是由直線 $y = x$ 與曲線 $y = x^2$ 在第一象限所圍成的區域。參考圖 8.5.11A。試用富比尼定理 (A) 計算 $f(x, y) = xy$ 在區域 Ω 的積分 $\iint_\Omega f(x, y) \cdot d(x, y)$。

說明： 區域 Ω 是由 $u(x) = x^2$ 與 $v(x) = x$ 的圖形在 $x = 0$ 與 $x = 1$ 之間所圍出的圖形。因此，由富比尼定理 (A) 可知

$$\iint_\Omega f(x, y) \cdot d(x, y) = \int_0^1 \left(\int_{u(x)}^{v(x)} f(x, y) \cdot dy \right) dx$$

$$= \int_0^1 \left(\int_{x^2}^x (x \cdot y) \cdot dy \right) dx$$

$$= \int_0^1 x \cdot \left(\frac{y^2}{2} \Big|_{y=x^2}^{y=x} \right) \cdot dx$$

$$= \int_0^1 x \cdot \left(\frac{x^2}{2} - \frac{x^4}{2} \right) \cdot dx = \int_0^1 \left(\frac{x^3}{2} - \frac{x^5}{2} \right) \cdot dx$$

$$= \left(\frac{x^4}{8} - \frac{x^6}{12} \right) \Big|_{x=0}^{x=1}$$

$$= \frac{1}{8} - \frac{1}{12} = \frac{1}{24}$$

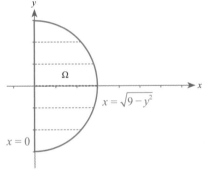

圖 8.5.11B

計算技巧：

在積分 $\int_{u(x)}^{v(x)} (2x + y^3) \cdot dy$ 中，y 是變數，而 x 被視為常數。所以

$$\int_{u(x)}^{v(x)} (2x + y^3) \cdot dx = \left(2xy + \frac{1}{4} y^4 \right) \Big|_{y=u(x)}^{y=v(x)}$$

$$= 4x \cdot \sqrt{9 - x^2} + \frac{1}{4} \cdot [(9 - x^2)^2 - (9 - x^2)^2]$$

$$= 4x \cdot \sqrt{9 - x^2}$$

延伸學習 2 假設 $\Omega = \{(x, y) : 0 \leq x^2 + y^2 \leq 9$ 其中 $0 \leq x \leq 3\}$ 是 $x - y$ 平面上的半圓區域。參考圖 8.5.11B。試用富比尼定理 (A) 計算 $f(x, y) = 2x + y^3$ 在區域 Ω 上的積分。

解答： 令 $u(x) = -\sqrt{9 - x^2}$ 且 $v(x) = \sqrt{9 - x^2}$，則區域 Ω 可以視為 $y = u(x)$ 與 $y = v(x)$ 在 $x = 0$ 與 $x = 3$ 之間所圍出的區域。由富比尼定理 (A) 可知

$$\iint_\Omega f(x, y) \cdot d(x, y) = \int_0^3 \left[\int_{u(x)}^{v(x)} (2x + y^3) \cdot dy \right] dx$$

$$= \int_0^3 4x \cdot \sqrt{9 - x^2} \cdot dx$$

$$= \frac{-4}{3} \cdot (9 - x^2)^{\frac{3}{2}} \Big|_{x=0}^{x=3}$$

$$= \frac{4}{3} \cdot (9 - 0)^{\frac{3}{2}} = \frac{4}{3} \cdot 27 = 36$$

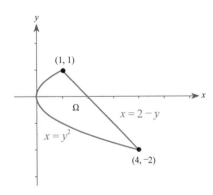

圖 8.5.12A

範例 3 假設 Ω 是由曲線 $x = y^2$ 與直線 $x = 2 - y$ 在平面上所圍出的有限區域。參考圖 8.5.12A。試用富比尼定理 (B) 計算 $f(x, y) = 2x + y^2$ 在區域 Ω 上的積分。

說明： 令 $u(y) = y^2$ 且 $v(y) = 2 - y$，則區域 Ω 可以被描述為

$$\Omega = \{(x, y) \in \mathbb{R}^2 : u(y) \leq x \leq v(y)$$ 其中 $-2 \leq y \leq 1\}$$

因此，由富比尼定理 (B) 我們可以計算 $f(x, y)$ 在區域 Ω 上的積分如下：

解題技巧：

在積分 $\int_{y^2}^{(2-y)} (2x + y^2) \cdot dx$ 中，x 是變數，而 y 則被視為常數。所以

$\int_{y^2}^{(2-y)} (2x + y^2) \cdot dx = (x^2 + y^2 \cdot x)\Big|_{x=y^2}^{x=(2-y)}$

$(2-y)^2 + y^2 \cdot (2-y) - (y^2)^2 - y^2 \cdot y^2$

$= 4 - 4y + 3y^2 - y^3 - 2y^4$

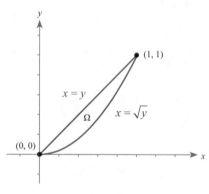

圖 8.5.12B

解題技巧：

在積分 $\int_y^{\sqrt{y}} (x \cdot y) \cdot dx$ 中，x 是變數，而 y 則被視為常數。所以

$\int_y^{\sqrt{y}} (x \cdot y) \cdot dx = y \cdot \int_y^{\sqrt{y}} x \cdot dx$

$= y \cdot \left(\frac{x^2}{2} \Big|_{x=y}^{x=\sqrt{y}} \right) = y \cdot \left(\frac{y}{2} - \frac{y^2}{2} \right)$

$= \frac{1}{2} (y^2 - y^3)$

$$\iint_\Omega f(x, y) \cdot d(x, y) = \int_{-2}^1 \left(\int_{y^2}^{(2-y)} (2x + y^2) \cdot dx \right) dy$$

$$= \int_{-2}^1 [4 - 4y + 3y^2 - y^3 - 2y^4] dy$$

$$= \left[4y - 2y^2 + y^3 - \frac{1}{4} y^4 - \frac{2}{5} y^5 \right]\Big|_{y=-2}^{y=1}$$

$$= \left(3 - \frac{1}{4} - \frac{2}{5} \right) - \left(-28 + \frac{64}{5} \right)$$

$$= \frac{351}{20}$$

延伸學習 3　假設 Ω 是由直線 $x = y$ 與曲線 $x = \sqrt{y}$ 在第一象限所圍成的區域。參考圖 8.5.12B。試用富比尼定理 (B) 計算 $f(x, y) = xy$ 在區域 Ω 的積分 $\iint_\Omega f(x, y) \cdot d(x, y)$，並比較這個積分值與範例 2 所得的結果是否一致。

解答：

$$\iint_\Omega f(x, y) \cdot d(x, y) = \int_0^1 \left[\int_y^{\sqrt{y}} (x \cdot y) \cdot dx \right] dy$$

$$= \int_0^1 y \cdot \left(\frac{x^2}{2} \Big|_{x=y}^{x=\sqrt{y}} \right) \cdot dy$$

$$= \int_0^1 y \cdot \left(\frac{y}{2} - \frac{y^2}{2} \right) \cdot dy$$

$$= \left(\frac{1}{6} y^3 - \frac{1}{8} y^4 \right)\Big|_{y=0}^{y=1}$$

$$= \frac{1}{6} - \frac{1}{8} = \frac{1}{24}$$

這個積分值 $\frac{1}{24}$ 與範例 2 所得的結果一致。

使用富比尼定理（Fubini's Theorem）的注意事項

使用富比尼定理來計算積分

$$\iint_\Omega f(x, y) \cdot d(x, y)$$

的時候，通常要先判斷函數 f 與區域 Ω 比較適合於用富比尼定理 (A) 或富比尼定理 (B)。有的時候，其中一種形式會遠比另一種形式容易計算。所以，讀者如果發現由富比尼定理 (A) 不易算出積分

$$\iint_\Omega f(x, y) \cdot d(x, y)$$

那麼不妨試試富比尼定理 (B)。反之亦然。

範例 4　試求積分 $\int_0^{15} \left(\int_{\frac{x}{3}}^5 \cos(y^2 + 1) \cdot dy \right) dx$。

說明：由富比尼定理 (A) 可知所求的積分可以表示為函數 $f(x, y) = \cos(y^2 + 1)$ 在以下區域

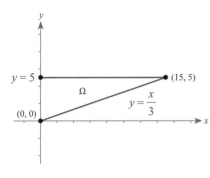

圖 8.5.13

解題技巧：
在 $\int_0^{3y} \cos(y^2 + 1) \cdot dx$ 中，x 是變數，
而 y 則被視為常數。所以
$\int_0^{3y} \cos(y^2 + 1) \cdot dx$
$= \cos(y^2 + 1) \cdot \int_0^{3y} 1 \cdot dx$
$= (3y) \cdot \cos(y^2 + 1)$

$$\Omega = \{(x, y) \in \mathbb{R}^2 : \frac{x}{3} \le y \le 5 \text{ 且 } 0 \le x \le 15\}$$

上的積分：

$$\iint_\Omega f(x, y) \cdot d(x, y) = \int_0^{15} \left(\int_{\frac{x}{3}}^5 \cos(y^2 + 1) \cdot dy \right) dx$$

但區域 Ω 也可以表示為

$$\Omega = \{(x, y) \in \mathbb{R}^2 : 0 \le x \le 3y \text{ 且 } 0 \le y \le 5\}$$

參考圖 8.5.13。所以由富比尼定理可知

$$\iint_\Omega f(x, y) \cdot d(x, y) = \int_0^5 \left(\int_0^{3y} \cos(y^2 + 1) \cdot dx \right) dy$$
$$= \int_0^5 3y \cdot \cos(y^2 + 1) \cdot dy$$
$$= \frac{3}{2} \cdot \sin(y^2 + 1) \Big|_{y=0}^{y=5}$$
$$= \frac{3}{2} \cdot (\sin(26) - \sin(1))$$

因此所求的積分值就是 $\frac{3}{2} \cdot (\sin(26) - \sin(1))$。

習題 8.5

假設 $D = \{(x, y) \in \mathbb{R}^2 : 0 \le x \le 2 \text{ 且 } 1 \le y \le 5\}$。
試計算以下各題的積分。（1～4）

1. $\iint_D 1 \cdot d(x, y)$。

2. $\iint_D x \cdot y \cdot d(x, y)$。

3. $\iint_D \sin(x + y) \cdot d(x, y)$。

4. $\iint_D e^{(x+y)} \cdot d(x, y)$。

假設 $\Omega = \{(x, y) \in \mathbb{R}^2 : x \le y \le \sqrt{x} \text{ 且 } 0 \le x \le 1\}$。
試用富比尼定理 (A) 計算以下各題的積分。（5～7）

5. $\iint_\Omega 1 \cdot d(x, y)$。

6. $\iint_\Omega \sqrt{x \cdot y} \cdot d(x, y)$。

*7. $\iint_\Omega e^x \cdot y \cdot d(x, y)$。

以上的區域 Ω 可表示為 $\{(x, y) \in \mathbb{R}^2 : y^2 \le x \le y \text{ 且 } 0 \le y \le 1\}$。

8. 試用富比尼定理 (B) 計算第 5 題的積分。

9. 試用富比尼定理 (B) 計算第 6 題的積分。

*10. 試用富比尼定理 (B) 計算第 7 題的積分。

試用富比尼定理（改變積分次序）計算以下
各題的積分。

11. $\int_0^2 \left[\int_x^2 \cos\left(\frac{\pi}{3} \cdot y^2 \right) dy \right] dx$。

12. $\int_0^4 \left[\int_{\sqrt{x}}^2 \sin\left(\frac{\pi}{3} \cdot y^3 \right) dy \right] dx$。

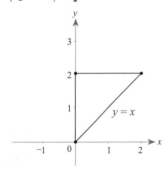

圖 EX8.5.11

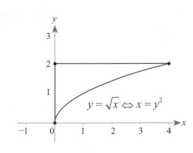

圖 EX 8.5.12

第 6 節　多變數函數積分的變數變換

　　本節討論二維積分的變數變換。我們從應用最廣的「極座標 (r, θ) 平面到直角座標 (x, y) 平面」的積分變數變換開始討論。最後我們討論二維積分變數變換的一般公式。

　　考慮從 (r, θ) 平面到 (x, y) 平面的**映射**（mapping）$\Phi : \mathbb{R}^2 \to \mathbb{R}^2$ 如下：

$$\Phi(r, \theta) = (r \cdot \cos\theta, r \cdot \sin\theta)$$

其中 Φ 的分量函數 $r \cdot \cos\theta$ 與 $r \cdot \sin\theta$ 都是連續可微分函數（多項式函數 r 與三角函數 $\cos\theta$、$\sin\theta$ 的乘積）。

> **定理 8.6.1A**　假設 D 是 (r, θ) 平面上的長方形區域 $[0, k] \times [\alpha, \beta]$，其中 $0 \leq \beta - \alpha < 2\pi$。假設 $\Phi(r, \theta) = (r \cdot \cos\theta, r \cdot \sin\theta)$。令 $\Omega = \Phi(D)$ 為 (x, y) 平面上對應於 D 的區域，參考圖 8.6.1A，則 $\Omega = \Phi(D)$ 的面積為
>
> $$\frac{k^2}{2} \cdot (\beta - \alpha)$$
>
>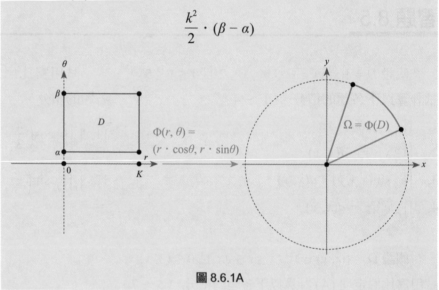
>
> 圖 8.6.1A

說明：$\Omega = \Phi(D)$ 是 (x, y) 平面上的扇形區域，因此 $\Omega = \Phi(D)$ 的面積與扇形的角度 $(\beta - \alpha)$ 為正比關係。令 B 代表 (x, y) 平面上以原點為圓心，半徑為 K 的圓盤區域，則 B 的面積為 $\pi \cdot K^2$，而 $\Omega = \Phi(D)$ 的面積與 B 的面積之間的比值為

$$\frac{\beta - \alpha}{2\pi} \quad （角度 \beta - \alpha 與角度 2\pi 之間的比值）$$

因此 $\Omega = \Phi(D)$ 的面積為 $\pi \cdot K^2 \cdot \dfrac{\beta - \alpha}{2\pi} = \dfrac{K^2}{2} \cdot (\beta - \alpha)$。　■

　　應用定理 8.6.1A 與單變數積分的分割方法，我們可以得到以下的定理。

> ### 定理 8.6.1B
> 假設 $f(\theta) \geq 0$ 是定義在區間 $[\alpha, \beta]$ 上的連續函數，其中 $0 \leq \beta - \alpha < 2\pi$。令 $D = \{(r, \theta) : 0 \leq r \leq f(\theta), \alpha \leq \theta \leq \beta\}$ 為 (r, θ) 平面上的區域。假設
>
> $$\Phi(r, \theta) = (r \cdot \cos\theta, r \cdot \sin\theta)$$
>
> 令 $\Omega = \Phi(D)$ 為 (x, y) 平面上對應於 D 的區域，參考圖 8.6.1B，則
>
> $$\Omega = \Phi(D) \text{ 的面積} = \int_{\alpha}^{\beta} \frac{[f(\theta)]^2}{2} \cdot d\theta$$

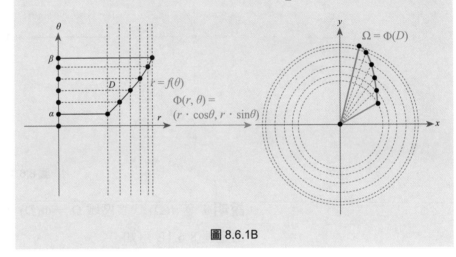

圖 8.6.1B

說明： 將區間 $[\alpha, \beta]$ 進行分割。假設 $[\theta_{i-1}, \theta_i]$ 是分割 $[\alpha, \beta]$ 所得到的一個子區間。令

$$D_i = \{(r, \theta) : 0 \leq r \leq f(\theta), \theta_{i-1} \leq \theta \leq \theta_i\}$$

為所對應的長條狀區域。當分割足夠細緻的時候，$\Phi(D_i)$ 會近似於扇形區域。因此，由定理 8.6.1A 可知：

$$\Phi(D_i) \text{ 的面積近似於} \frac{[f(\theta_i^*)]^2}{2} \cdot (\theta_i - \theta_{i-1})$$

其中 $\theta_{i-1} \leq \theta_i^* \leq \theta_i$。對 $[\alpha, \beta]$ 的分割越來越細的時候，我們會看到

$$\Phi(D) = \sum_i [\Phi(D_i) \text{ 的面積}] \approx \sum_i \frac{[f(\theta_i^*)]^2}{2} \cdot (\theta_i - \theta_{i-1})$$

$$\approx (\text{趨近於}) \int_{\alpha}^{\beta} \frac{[f(\theta)]^2}{2} \cdot d\theta$$

因此得知：$\Omega = \Phi(D)$ 的面積為 $\int_{\alpha}^{\beta} \frac{[f(\theta)]^2}{2} \cdot d\theta$。 ∎

範例 1 (r, θ) 平面上的曲線 $r = 1 - \cos\theta$ 經過映射 $\Phi(r, \theta) = (r \cdot \cos\theta, r \cdot \sin\theta)$ 的作用後會在 (x, y) 平面上形成**心臟線**（cardioid）

。參考圖 8.6.1C。基於歷史上的原因，人們通常仍然以 $r = 1 - \cos\theta$
來表示心臟線在 (x, y) 平面上的圖形。令 D 代表曲線 $r = 1 - \cos\theta$ 在
(r, θ) 平面上與 θ 軸在 $-\pi \leq \theta \leq \pi$ 之間所圍住的區域。令

$$\Omega = \Phi(D)$$

為 (x, y) 平面上心臟線所圍成的區域。試求區域 $\Omega = \Phi(D)$ 的面積。

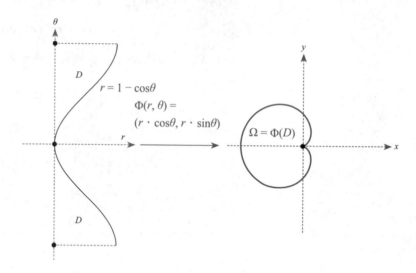

圖 8.6.1C

說明：令 $A(\Omega)$ 代表區域 $\Omega = \Phi(D)$ 的面積。令 $f(\theta) = 1 - \cos\theta$。則
由定理 8.6.1B 可知

$$A(\Omega) = \int_0^{2\pi} \frac{[f(\theta)]^2}{2} \cdot d\theta = \int_{-\pi}^{\pi} \frac{(1 - \cos\theta)^2}{2} \cdot d\theta$$
$$= \frac{1}{2} \cdot \int_{-\pi}^{\pi} [1 - 2\cos\theta + \cos^2\theta] \cdot d\theta$$

其中 $\int_{-\pi}^{\pi} (-2\cos\theta) \cdot d\theta = -2\sin\theta\big|_{\theta=-\pi}^{\theta=\pi} = 0$ 而且

$$\int_{-\pi}^{\pi} (\cos^2\theta) \cdot d\theta = \int_{-\pi}^{\pi} \frac{1 + \cos(2\theta)}{2} \cdot d\theta = \frac{\pi - (-\pi)}{2} + \frac{\sin(2\theta)}{2 \cdot 2}\bigg|_{\theta=-\pi}^{\theta=\pi}$$
$$= \pi + 0 = \pi$$

因此

$$A(\Omega) = \frac{1}{2} \cdot \int_{-\pi}^{\pi} [1 - 2\cos\theta + \cos^2\theta] \cdot d\theta$$

$$= \frac{1}{2} \cdot ([\pi - (-\pi)] + 0 + \pi) = \frac{3\pi}{2}$$

　　以下我們討論面積放大率的觀念。對面積放大率取極限就得到
局部面積放大率。

定理 8.6.2A　令 (c, w) 是 (r, θ) 平面上的一個點。假設 $D = [a, b] \times [\alpha, \beta]$ 是 (r, θ) 平面上包含 (c, w) 的一個長方形區域： $(c, w) \in D$。假設 $\Phi(r, \theta) = (r \cdot \cos\theta, r \cdot \sin\theta)$。令 $\Omega = \Phi(D)$ 為 (x, y) 平面上對應於 D 的區域。參考圖 8.6.2A。令 $A(D)$ 代表區域 D 的面積，令 $A(\Omega)$ 代表區域 $\Omega = \Phi(D)$ 的面積，則

面積放大率 $\dfrac{A(\Omega)}{A(D)}$ 的極限為 c： $\lim\limits_{a \to c \leftarrow b \text{ and } \alpha \to w \leftarrow \beta} \dfrac{A(\Omega)}{A(D)} = c$

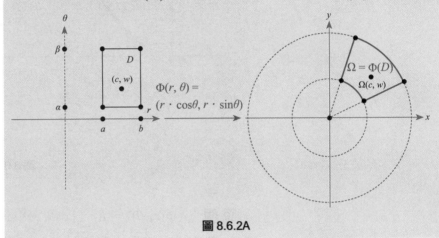

圖 8.6.2A

說明：$A(D) = (b - a) \cdot (\beta - \alpha)$，由定理 8.6.1A 可知

$$A(\Omega) = \frac{b^2 \cdot (\beta - \alpha)}{2} - \frac{a^2 \cdot (\beta - \alpha)}{2} = \frac{(b^2 - a^2) \cdot (\beta - \alpha)}{2}$$

因此

$$\lim_{a \to c \leftarrow b \text{ and } \alpha \to w \leftarrow \beta} \frac{A(\Omega)}{A(D)} = \lim_{a \to c \leftarrow b \text{ and } \alpha \to w \leftarrow \beta} \frac{(b^2 - a^2) \cdot (\beta - \alpha)}{2 \cdot (b - a) \cdot (\beta - \alpha)} = \frac{c + c}{2} = c$$

這個定理告訴我們：當 (r, θ) 平面上的**區域 D 越縮越小**的時候，面積放大率

$$\frac{A(\Omega)}{A(D)}$$

會越來越接近於 c。我們稱呼 c 這個值為**映射 Φ 在 (c, w) 點的局部面積放大率**。 ■

定理 8.6.2B　假設 D 是 (r, θ) 平面上的一個可積分區域。令 $\Phi(r, \theta) = (r \cdot \cos\theta, r \cdot \sin\theta)$，令 $\Omega = \Phi(D)$ 為 (x, y) 平面上對應於 D 的區域。假設 $D \overset{\Phi}{\longrightarrow} \Omega = \Phi(D)$ 這個映射是一對一。參考圖 8.6.2B。則

$$\Omega = \Phi(D) \text{ 的面積} = \iint_D r \cdot d(r, \theta)$$

如果 f 是定義在 (x, y) 平面上的連續函數，則

$$\iint_\Omega f(x, y) \cdot d(x, y) = \iint_D f(r \cdot \cos\theta, r \cdot \sin\theta) \cdot r \cdot d(r, \theta)$$

其中等式右側積分中的 r 源自映射 Φ 在 (r, θ) 點的局部面積放大率 r。

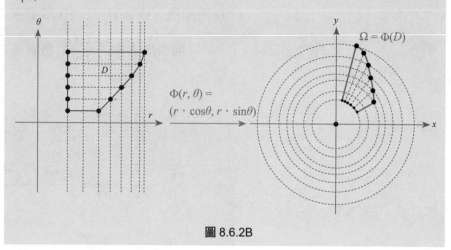

圖 8.6.2B

說明： $f(\Phi(r, \theta)) = f(r \cdot \cos\theta, r \cdot \sin\theta)$。當我們將 (r, θ) 平面分割為許多細小的長方形區域 D_{ij} 的時候，在 (x, y) 平面上的對應區域 $\Omega_{ij} = \Phi(D_{ij})$ 會形成細小的扇形區域。令 (r_{ij}, θ_{ij}) 為在 (r, θ) 平面中位於 D_{ij} 上的一個點。令 $(x_{ij}, y_{ij}) = \Phi(r_{ij}, \theta_{ij})$ 為在 (x, y) 平面中位於 $\Omega_{ij} = \Phi(D_{ij})$ 上的對應點。則

$$f(x_{ij}, y_{ij}) = f(r_{ij} \cdot \cos\theta_{ij}, r_{ij} \cdot \sin\theta_{ij})$$

參考圖 8.6.2B。令 $A(D_{ij})$ 代表區域 D_{ij} 的面積。令 $A(\Omega_{ij})$ 代表區域 Ω_{ij} 的面積。則由定理 8.6.2A 可知

$$\frac{A(\Omega_{ij})}{A(D_{ij})} \approx r_{ij} \text{ 因而 } A(\Omega_{ij}) = \frac{A(\Omega_{ij})}{A(D_{ij})} \cdot A(D_{ij}) \approx r_{ij} \cdot A(D_{ij})$$

所以

$$\begin{aligned} f(x_{ij}, y_{ij}) \cdot A(\Omega_{ij}) &= f(x_{ij}, y_{ij}) \cdot \frac{A(\Omega_{ij})}{A(D_{ij})} \cdot A(D_{ij}) \\ &\approx f(r_{ij} \cdot \cos\theta_{ij}, r_{ij} \cdot \sin\theta_{ij}) \cdot r_{ij} \cdot A(D_{ij}) \end{aligned}$$

當 (r, θ) 平面上的分割越來越細的時候，我們會看到

$$\sum_{i, j} f(x_{ij}, y_{ij}) \cdot A(\Omega_{ij}) \approx \sum_{i, j} f(r_{ij} \cdot \cos\theta_{ij}, r_{ij} \cdot \sin\theta_{ij}) \cdot r_{ij} \cdot A(D_{ij})$$

因此得知：$\iint_\Omega f(x, y) \cdot d(x, y) = \iint_D f(r \cdot \cos\theta, r \cdot \sin\theta) \cdot r \cdot d(r, \theta)$。∎

實際應用定理 8.6.2B 的時候，常會碰到以下情況：映射 $D \xrightarrow{\Phi} \Omega = \Phi(D)$ 不必然是一對一。但是，在 D 中有一塊面積為 0 的子集合 Z 使得映射

$$C \overset{\Phi}{\longrightarrow} \Gamma \equiv \Phi(C) \quad 為一對一的映射$$

其中 C 是「Z 在 D 中的補集合」：$C \cup Z = D$ 而且 $C \cap Z =$ 空集合。以下的定理就是針對這種在實際應用上常見的情況而設定的。

> **定理 8.6.2C**　假設 D 是 (r, θ) 平面上的一個可積分區域。令 $\Phi(r, \theta) = (r \cdot \cos\theta, r \cdot \sin\theta)$。令 $\Omega = \Phi(D)$ 為 (x, y) 平面上對應於 D 的區域。假設 $Z \subset D$ 是 D 的一個子集合而且
>
> $$Z \text{ 的面積為 } 0$$
>
> 令 C 為「Z 在 D 中的補集合」：$C \cup Z = D$ 而且 $C \cap Z =$ 空集合。假設映射
>
> $$C \overset{\Phi}{\longrightarrow} \Gamma \equiv \Phi(C) \quad 是一對一的映射$$
>
> 則 $\Omega = \Phi(D)$ 與 $\Gamma \equiv \Phi(C)$ 具有相同的面積而且
>
> $$\Omega = \Phi(D) \text{ 的面積} = \iint_D r \cdot d(r, \theta)$$
>
> 如果 f 是定義在 (x, y) 平面上的連續函數，則
>
> $$\iint_\Omega f(x, y) \cdot d(x, y) = \iint_D f(r \cdot \cos\theta, r \cdot \sin\theta) \cdot r \cdot d(r, \theta)$$
>
> 其中等式右側積分中的 r 為映射 Φ 在 (r, θ) 點的局部面積放大率。

說明： 由 $D = C \cup Z$ 可知 $\Phi(C) \subset \Phi(D) = \Phi(C) \cup \Phi(Z)$。因此

$$\Gamma \subset \Omega = \Phi(D) = \Gamma \cup \Phi(Z) \text{ 其中 } \Gamma = \Phi(C)$$

由「Z 的面積是 0」的假設可以導出「$\Phi(Z)$ 的面積是 0」的結果。因此，由以上關係式可以得知

Γ 的面積 $\leq \Omega = \Phi(D)$ 的面積 $\leq \Gamma$ 的面積 $+ \Phi(Z)$ 的面積 $= \Gamma$ 的面積

其中 $\Phi(Z)$ 的面積為 0。所以 $\Gamma = \Phi(C)$ 與 $\Omega = \Phi(D)$ 具有相同的面積。由於面積為 0 的集合對積分的貢獻為 0，因此

$$\Omega \text{ 的面積} = \Gamma \text{ 的面積} = \iint_C r \cdot d(r, \theta) = \iint_D r \cdot d(r, \theta)$$

而且

$$\iint_\Omega f(x, y) \cdot d(x, y) = \iint_D f(r \cdot \cos\theta, r \cdot \sin\theta) \cdot r \cdot d(r, \theta)$$

仍然成立。

本定理適用的典型情況如下：$D \subset [0, +\infty) \times [0, 2\pi]$。在這種情況，我們可以選擇

$$Z = D \cap \{(r, \theta) \in D : r = 0 \text{ or } \theta = 2\pi\}$$

則 Z 的面積為 0。參考圖 8.6.2C。令 $C = \{(r, \theta) \in D : 0 < r \text{ and } 0 \leq \theta < 2\pi\}$ 為「Z 在 D 中的補集合」，則映射

$$C \xrightarrow{\Phi} \Gamma \equiv \Phi(C) \quad \text{是一對一的映射}$$

因此，Ω 的面積 $= \iint_D r \cdot d(r, \theta)$ 而且

$$\iint_\Omega f(x, y) \cdot d(x, y) = \iint_D f(r \cdot \cos\theta, r \cdot \sin\theta) \cdot r \cdot d(r, \theta)$$

成立。

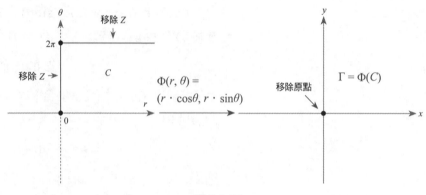

圖 8.6.2C

範例 2　令 $\Omega = \{(x, y) \in \mathbb{R}^2 : 0 \le x, 0 \le y, \text{ and } x^2 + y^2 \le 4\}$，試計算積分 $\iint_\Omega x \cdot y \cdot d(x, y)$。

說明： 令 $D = [0, 2] \times \left[0, \dfrac{\pi}{2}\right]$ 為 (r, θ) 平面上的長方形區域使得 $\Omega = \Phi(D)$，則

$$D \xrightarrow{\Phi} \Omega = \Phi(D)$$

滿足定理 8.6.2C 的條件。參考圖 8.6.2D。

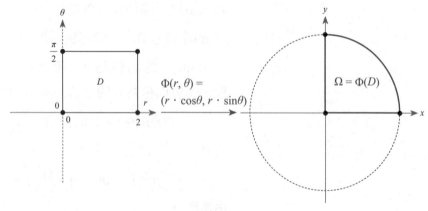

圖 8.6.2D

令 $f(x, y) = x \cdot y$ 為定義在 (x, y) 平面上的連續函數，則由定理 8.6.2C 可知

$$\iint_\Omega f(x, y) \cdot d(x, y) = \iint_D f(r\cos\theta, r\sin\theta) \cdot r \cdot d(r, \theta)$$
$$= \iint_D (r\cos\theta) \cdot (r\sin\theta) \cdot r \cdot d(r, \theta)$$

其中，由富比尼定理（定理 8.5.3）可知，

$$\iint_D (r\cos\theta) \cdot (r\sin\theta) \cdot r \cdot d(r, \theta) = \int_0^{\frac{\pi}{2}} \Big[(\cos\theta) \cdot (\sin\theta) \cdot \int_0^2 r^3 \cdot dr\Big]d\theta$$

但是

$$\int_0^{\frac{\pi}{2}} \Big[(\cos\theta) \cdot (\sin\theta) \cdot \int_0^2 r^3 \cdot dr\Big]d\theta = \int_0^{\frac{\pi}{2}} (\cos\theta) \cdot (\sin\theta) \cdot \frac{2^4}{4} \cdot d\theta$$
$$= \frac{4}{2} \cdot \int_0^{\frac{\pi}{2}} 2 \cdot (\cos\theta) \cdot (\sin\theta) \cdot d\theta$$

其中

$$\frac{4}{2} \cdot \int_0^{\frac{\pi}{2}} 2 \cdot (\cos\theta) \cdot (\sin\theta) \cdot d\theta = \frac{4}{2} \cdot \int_0^{\frac{\pi}{2}} (\sin 2\theta) \cdot d\theta$$
$$= \frac{4}{2} \cdot \frac{-\cos 2\theta}{2} \Big|_{\theta=0}^{\theta=\frac{\pi}{2}}$$
$$= \frac{4}{2} \cdot \frac{-[(-1)-1]}{2} = 2$$

因此 $\iint_\Omega x \cdot y \cdot d(x, y) = 2$。

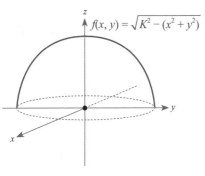
圖 8.6.3

範例 3 試應用極座標計算半徑為 K 的實心球體 B 的體積。

說明： 令 $f(x, y) = \sqrt{K^2 - (x^2 + y^2)}$ 為定義在圓盤

$$\Omega = \{(x, y) \in \mathbb{R}^2 : x^2 + y^2 \le K^2\}$$

上的連續函數，則 f 在圓盤 $\Omega = \{(x, y) \in \mathbb{R}^2 : x^2 + y^2 \le K^2\}$ 上的圖形恰好圍成半個球體。參考圖 8.6.3。因此

$$球體\ B\ 的體積 = 2 \cdot \iint_\Omega f(x, y) \cdot d(x, y)$$

令 $D = [0, K] \times [0, 2\pi]$ 為 (r, θ) 平面上的長方形區域，令 $\Phi(r, \theta) = (r \cdot \cos\theta, r \cdot \sin\theta)$，則 $\Omega = \Phi(D)$ 符合定理 8.6.2C 的條件。因此，由定理 8.6.2C 可知

$$\iint_\Omega f(x, y) \cdot d(x, y) = \iint_D f(r\cos\theta, r\sin\theta) \cdot r \cdot d(r, \theta)$$
$$= \iint_D \sqrt{K^2 - r^2} \cdot r \cdot d(r, \theta)$$

其中，由富比尼定理（定理 8.5.3）可知

$$\iint_D \sqrt{K^2 - r^2} \cdot r \cdot d(r, \theta) = \int_0^{2\pi} \Big[\int_0^K \sqrt{K^2 - r^2} \cdot r \cdot dr\Big] \cdot d\theta$$

但是

$$\int_0^{2\pi} \Big[\int_0^K \sqrt{K^2 - r^2} \cdot r \cdot dr\Big]d\theta = \int_0^{2\pi} \frac{-1}{3} \cdot (K^2 - r^2)^{\frac{3}{2}} \Big|_{r=0}^{r=K} \cdot d\theta$$
$$= \int_0^{2\pi} \frac{K^3}{3} \cdot d\theta = \frac{2\pi \cdot K^3}{3}$$

因此，球體 B 的體積 $= 2 \cdot \iint_\Omega f(x, y) \cdot d(x, y) = 2 \cdot \dfrac{2\pi \cdot K^3}{3} = \dfrac{4\pi \cdot K^3}{3}$。

以下範例與機率統計中的常態分佈有密切關係。這個範例中的積分難以直接計算。我們技巧地使用富比尼定理（定理 8.5.3）與積分的變數變換定理（定理 8.6.2C）來計算這個積分。

*範例 4 試應用極座標計算 $\int_{-\infty}^{+\infty} e^{-x^2} \cdot dx = \sqrt{\pi}$。

說明：令 $K_n = \int_{-n}^{n} e^{-x^2} \cdot dx$。注意：$e^{-x^2} > 0$，其中 $x \in \mathbb{R}$，因此 K_n 是依賴於 n 的遞增函數。以下計算 $\int_{-\infty}^{\infty} e^{-x^2} \cdot dx = \lim_{n \to \infty} K_n = \lim_{n \to \infty} \int_{-n}^{n} e^{-x^2} \cdot dx$。

定義函數 $f(x, y) \equiv e^{-(x^2 + y^2)}$。令 $A_n = [-n, +n] \times [-n, +n]$ 為 (x, y) 平面上的正方形。參考圖 8.6.4，則由富比尼定理（定理 8.5.3）可知

$$\iint_{A_n} f(x, y) \cdot d(x, y) = \int_{-n}^{n} \left[\int_{-n}^{n} e^{-(x^2 + y^2)} \cdot dy \right] \cdot dx$$

其中

$$\int_{-n}^{n} e^{-(x^2 + y^2)} \cdot dy = \int_{-n}^{n} e^{-x^2} \cdot e^{-y^2} \cdot dy = e^{-x^2} \cdot \int_{-n}^{n} e^{-y^2} \cdot dy = e^{-x^2} \cdot K_n$$

因此

$$\iint_{A_n} f(x, y) \cdot d(x, y) = \int_{-n}^{n} \left[\int_{-n}^{n} e^{-(x^2 + y^2)} \cdot dy \right] \cdot dx = \int_{-n}^{n} e^{-x^2} \cdot K_n \cdot dx = K_n \cdot K_n$$

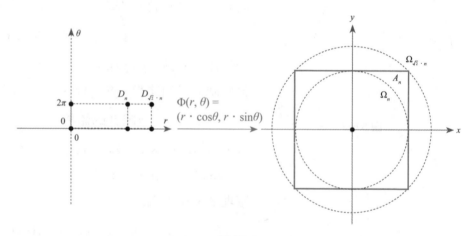

圖 8.6.4

現在我們在 (x, y) 平面上選取兩個圓盤 Ω_n 與 $\Omega_{\sqrt{2} \cdot n}$ 使得 $\Omega_n \subset A_n \subset \Omega_{\sqrt{2} \cdot n}$ 如下：

$$\Omega_n = \{(x, y) \in \mathbb{R}^2 : x^2 + y^2 \leq n^2\} \subset A_n \subset \Omega_{\sqrt{2} \cdot n}$$
$$= \{(x, y) \in \mathbb{R}^2 : x^2 + y^2 \leq 2 \cdot n^2\}$$

參考圖 8.6.4。由於 $f(x, y) = e^{-(x^2 + y^2)}$ 恆為正值，因此

$$\iint_{\Omega_n} f(x, y) \cdot d(x, y) \leq \iint_{A_n} f(x, y) \cdot d(x, y) \leq \iint_{\Omega_{\sqrt{2} \cdot n}} f(x, y) \cdot d(x, y)$$

只要我們能導出

$$\lim_{n \to \infty} \iint_{\Omega_n} f(x, y) \cdot d(x, y) = \pi = \lim_{n \to \infty} \iint_{\Omega_{\sqrt{2} \cdot n}} f(x, y) \cdot d(x, y)$$

這樣的結果，那麼由夾擠原理（定理 2.4.1）就可以知道

$$\pi = \lim_{n \to \infty} \iint_{A_n} f(x, y) \cdot d(x, y) = \lim_{n \to \infty} [K_n \cdot K_n]$$

因此遞增函數 K_n 的極限是 $\sqrt{\pi}$：

$$\lim_{n \to \infty} K_n = \lim_{n \to \infty} \sqrt{K_n \cdot K_n} = \sqrt{\lim_{n \to \infty} [K_n \cdot K_n]} = \sqrt{\pi}$$

令 $D_n = [0, n] \times [0, 2\pi]$ 與 $D_{\sqrt{2} \cdot n} = [0, \sqrt{2} \cdot n] \times [0, 2\pi]$ 為 (r, θ) 平面上的長方形區域。參考圖 8.6.4。則由定理 8.6.2C 可知

$$\iint_{\Omega_n} f(x, y) \cdot d(x, y) = \iint_{D_n} e^{-r^2} \cdot r \cdot d(r, \theta) \text{ 而且}$$
$$\iint_{\Omega_{\sqrt{2} \cdot n}} f(x, y) \cdot d(x, y) = \iint_{D_{\sqrt{2} \cdot n}} e^{-r^2} \cdot r \cdot d(r, \theta)$$

使用富比尼定理（定理 8.5.3）可知

$$\iint_{D_n} e^{-r^2} \cdot r \cdot d(r, \theta) = \int_0^{2\pi} \left[\int_0^n e^{-r^2} \cdot r \cdot dr \right] \cdot d\theta$$
$$= \int_0^{2\pi} \frac{e^0 - e^{-n^2}}{2} \cdot d\theta = \pi \cdot (1 - e^{-n^2})$$

而且

$$\iint_{D_{\sqrt{2} \cdot n}} e^{-r^2} \cdot r \cdot d(r, \theta) = \int_0^{2\pi} \left[\int_0^{\sqrt{2} \cdot n} e^{-r^2} \cdot r \cdot dr \right] \cdot d\theta$$
$$= \int_0^{2\pi} \frac{e^0 - e^{-2 \cdot n^2}}{2} \cdot d\theta = \pi \cdot (1 - e^{-2 \cdot n^2})$$

因此

$$\lim_{n \to \infty} \iint_{D_{\sqrt{2} \cdot n}} e^{-r^2} \cdot r \cdot d(r, \theta) = \lim_{n \to \infty} \pi \cdot (1 - e^{-2 \cdot n^2}) = \pi = \lim_{n \to \infty} \pi \cdot (1 - e^{-n^2})$$
$$= \lim_{n \to \infty} \iint_{D_n} e^{-r^2} \cdot r \cdot d(r, \theta)$$

所以 $\lim_{n \to \infty} \iint_{\Omega_n} f(x, y) \cdot d(x, y) = \pi = \lim_{n \to \infty} \iint_{\Omega_{\sqrt{2} \cdot n}} f(x, y) \cdot d(x, y)$ 確實成立。

---

* **定理 8.6.3**　假設 $\Phi(\alpha, \beta) = (U(\alpha, \beta), V(\alpha, \beta))$ 是從 (α, β) 平面到 (x, y) 平面的一個映射而且 Φ 的分量函數 $U(\alpha, \beta)$ 與 $V(\alpha, \beta)$ 都是連續可微分函數。假設 D 是 (α, β) 平面上一個可積分區域。令 $\Omega = \Phi(D)$ 為 (x, y) 平面上對應於 D 的區域。假設 $D \xrightarrow{\Phi} \Omega = \Phi(D)$ 這個映射是一對一而且「映射 Φ 的一階偏微分矩陣的行列式」

$$J(\alpha, \beta) \equiv \det \begin{pmatrix} \dfrac{\partial U}{\partial \alpha} & \dfrac{\partial U}{\partial \beta} \\ \dfrac{\partial V}{\partial \alpha} & \dfrac{\partial V}{\partial \beta} \end{pmatrix} = \frac{\partial U}{\partial \alpha} \cdot \frac{\partial V}{\partial \beta} - \frac{\partial V}{\partial \alpha} \cdot \frac{\partial U}{\partial \beta}$$

在區域 D 上恆不為 0：$J(\alpha, \beta) \neq 0$，$\forall (\alpha, \beta) \in D$，則 $\Omega = \Phi(D)$ 為 (x, y) 平面上的可積分區域而且

$$\text{區域 } \Omega = \Phi(D) \text{ 的面積} = \iint_D |J(\alpha, \beta)| \cdot d(\alpha, \beta)$$

其中等式右側積分中的 $|J(\alpha, \beta)|$（對 $J(\alpha, \beta)$ 取絕對值）為映射 Φ 在 (α, β) 點的局部面積放大率。如果 f 是定義在 (x, y) 平面上的連續函數，則

$$\iint_\Omega f(x, y) \cdot d(x, y) = \iint_D f(U(\alpha, \beta), V(\alpha, \beta)) \cdot |J(\alpha, \beta)| \cdot d(\alpha, \beta)$$

說明：我們通常稱呼 $J(\alpha, \beta)$ 這個函數為映射 Φ 的 Jacobian。這個定理的證明需要用到線性代數以及較深的數學觀念，因此我們在此不討論相關的證明細節。

以下我們討論 $\Phi(r, \theta) = (r \cdot \cos\theta, r \cdot \sin\theta)$ 這個從 (r, θ) 平面到 (x, y) 平面的連續可微分映射以闡明定理 8.6.3 的意義。令 $U(r, \theta) = r \cdot \cos\theta$ 且 $V(r, \theta) = r \cdot \sin\theta$，則映射 $\Phi(r, \theta) = (r \cdot \cos\theta, r \cdot \sin\theta)$ 的 Jacobian 為

$$J(r, \theta) \equiv \det\begin{pmatrix} \dfrac{\partial U}{\partial r} & \dfrac{\partial U}{\partial \theta} \\ \dfrac{\partial V}{\partial r} & \dfrac{\partial V}{\partial \theta} \end{pmatrix} = \det\begin{pmatrix} \cos\theta & -r \cdot \sin\theta \\ \sin\theta & r \cdot \cos\theta \end{pmatrix}$$
$$= r \cdot \cos^2\theta + r \cdot \sin^2\theta = r$$

因而 $|J(r, \theta)| = |r| = r$。所以定理 8.6.3 告訴我們

$$\text{區域 } \Omega = \Phi(D) \text{ 的面積} = \iint_D |J(r, \theta)| \cdot d(r, \theta) = \iint_D r \cdot d(r, \theta)$$

而且

$$\iint_\Omega f(x, y) \cdot d(x, y) = \iint_D f(U(r, \theta), V(r, \theta)) \cdot |J(r, \theta)| \cdot d(r, \theta)$$
$$= \iint_D f(r \cdot \cos\theta, r \cdot \sin\theta) \cdot r \cdot d(r, \theta)$$

其中 $f(U(\alpha, \theta), V(\alpha, \theta)) = f(r \cdot \cos\theta, r \cdot \sin\theta)$ 而且 $|J(r, \theta)| = r$，這正是定理 8.6.2B 的內容。　■

範例 5 假設 a 與 b 都是正實數。令 $\Omega = \left\{(x, y) \in \mathbb{R}^2 : \dfrac{x^2}{a^2} + \dfrac{y^2}{b^2} \le 1\right\}$ 為 (x, y) 平面上的橢圓形區域，試計算橢圓形區域 Ω 的面積。

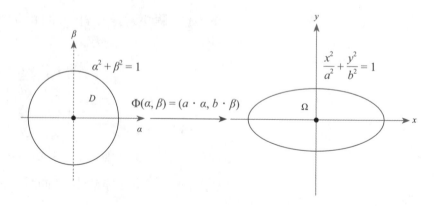

圖 8.6.5

說明：令 $D = \{(\alpha, \beta) \in \mathbb{R}^2 : \alpha^2 + \beta^2 \leq 1\}$ 為 (α, β) 平面上的單位圓區域。定義從 (α, β) 平面到 (x, y) 平面的映射 $\Phi(\alpha, \beta) = (U(\alpha, \beta), V(\alpha, \beta))$ 如下（參考圖 8.6.5）：

$$\Phi(\alpha, \beta) = (a \cdot \alpha, \ b \cdot \beta)$$

其中 $U(\alpha, \beta) = a \cdot \alpha$ 且 $V(\alpha, \beta) = b \cdot \beta$，則 $\Omega = \Phi(D)$ 而且映射 Φ 的 Jacobian 為

$$J(\alpha, \beta) \equiv \det\begin{pmatrix} \dfrac{\partial U}{\partial \alpha} & \dfrac{\partial U}{\partial \beta} \\[2mm] \dfrac{\partial V}{\partial \alpha} & \dfrac{\partial V}{\partial \beta} \end{pmatrix} = \det\begin{pmatrix} a & 0 \\ 0 & b \end{pmatrix} = a \cdot b$$

因此，由定理 8.6.3 可知

$$\text{區域 } \Omega = \Phi(D) \text{ 的面積} = \iint_D |J(\alpha, \beta)| \cdot d(\alpha, \beta)$$
$$= \iint_D a \cdot b \cdot d(\alpha, \beta) = a \cdot b \cdot \pi$$

其中等式右側中的 π 為單位圓區域 D 的面積，所以橢圓形區域 Ω 的面積為 $\pi \cdot a \cdot b$。

習題 8.6

試計算以下各題（1、2）的積分。

1. $\displaystyle\int_0^{\frac{\pi}{2}} \left[\int_0^{\sin\theta} r \cdot dr \right] \cdot d\theta$。

2. $\displaystyle\int_0^{\frac{\pi}{4}} \left[\int_0^{\cos\theta} r^2 \cdot dr \right] \cdot d\theta$。

畫出以下各題（3、4、5）在 (x, y) 平面上的積分區域。然後使用定理 8.6.2C 計算各題（3、4、5）的積分。

3. $\displaystyle\int_0^1 \left[\int_0^{\sqrt{1-y^2}} \frac{1}{2 + x^2 + y^2} \cdot dx \right] \cdot dy$。

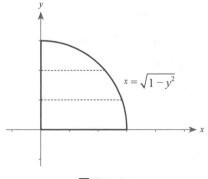

圖 EX8.6.3

4. $\displaystyle\int_0^2 \left[\int_{-\sqrt{4-x^2}}^{\sqrt{4-x^2}} \sqrt{x^2 + y^2} \cdot dy \right] \cdot dx$。

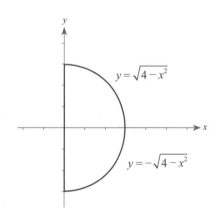

圖 EX8.6.4

5. 令 $f(x, y) = \dfrac{1}{(1 + x^2 + y^2)^2}$，請導出

$$\iint_{\mathbb{R}^2} f(x, y) \cdot d(x, y) = \pi。$$

6. 令 $\Omega = \{(x, y) \in \mathbb{R}^2 : -1 \leq x + y \leq 3, \ 0 \leq x - y \leq 2\}$ 為 (x, y) 平面上的平行四邊形區域。

令 $f(x, y) = x \cdot y$，試用定理 8.6.3 計算

$$\iint_\Omega f(x, y) \cdot d(x, y)。$$

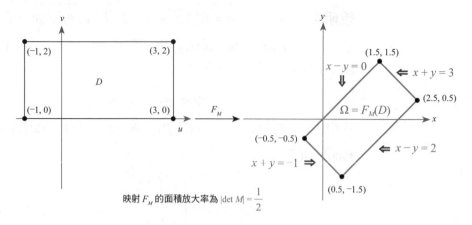

映射 F_M 的面積放大率為 $|\det M| = \dfrac{1}{2}$

圖 EX8.6.6

*附錄（第 6 節補充）：旋轉體體積、曲面面積 與旋轉曲面面積

本附錄簡要地討論旋轉體體積、旋轉體的 Pappus 定理、曲面面積、旋轉曲面面積以及旋轉曲面的 Pappus 定理。

旋轉體體積

假設 Ω 為 (x, y) 平面上的一個可積分區域。假設 F 是定義在 (x, y) 平面上的連續函數而且

$$F(x, y) \geq 0 ， \forall (x, y) \in \Omega$$

則曲面 $z = F(x, y)$ 與 (x, y) 平面在區域 Ω 上圍成的 3 維實體 K 的體積（volume）為

$$\mathrm{Vol}(K) = \iint_\Omega F(x, y) \cdot d(x, y)$$

如果曲面 $z = F(x, y)$ 是一個旋轉面：$\Omega = \left\{(x, y) \in \mathbb{R}^2 : a \leq \sqrt{x^2 + y^2} \leq b\right\}$（其中 $0 \leq a < b$）而且

$$F(x, y) = f\left(\sqrt{x^2 + y^2}\right) \text{ 其中 } f \text{ 是一個單變數的連續函數}$$

則 K 是一個旋轉體而且

旋轉體的體積 $\mathrm{Vol}(K) = \iint_\Omega F(x, y) \cdot d(x, y) = \iint_\Omega f\left(\sqrt{x^2 + y^2}\right) \cdot d(x, y)$

令 $D = [a, b] \times [0, 2\pi]$ 為 (r, θ) 平面上的長方形區域。使用極座標（定理 8.6.2C）來計算以上積分可以得到

旋轉體的體積 $\mathrm{Vol}(K) = \iint_\Omega f\left(\sqrt{x^2 + y^2}\right) \cdot d(x, y) = \iint_D f(r) \cdot r \cdot d(r, \theta)$

其中

$$\iint_D f(r) \cdot r \cdot d(r, \theta) = \int_a^b \left[\int_0^{2\pi} f(r) \cdot r \cdot d\theta\right] \cdot dr = \int_a^b 2\pi \cdot r \cdot f(r) \cdot dr$$

因此我們得到旋轉體的體積公式：

旋轉體的體積 $\mathrm{Vol}(K) = \iint_\Omega f\left(\sqrt{x^2 + y^2}\right) \cdot d(x, y) = \int_a^b 2\pi \cdot r \cdot f(r) \cdot dr$

旋轉體的 Pappus 定理

假設 Ω 是落在 (x, y) 平面第一象限上的一個可積分區域，將區域 Ω 繞著 z 軸旋轉可以得到一個旋轉體 K。令 $w = (p, q)$ 為區域 Ω 的質心：

$$p = \frac{\iint_\Omega x \cdot d(x, z)}{\iint_\Omega 1 \cdot d(x, z)} \text{ 且 } q = \frac{\iint_\Omega z \cdot d(x, z)}{\iint_\Omega 1 \cdot d(x, z)}$$

則 Pappus 定理告訴我們：旋轉體 K 的體積 $= 2\pi \cdot p \cdot ($ 區域 Ω 的面積 $)$。

曲面面積

假設 Ω 為 (x, y) 平面上的一個可積分區域。假設 F 是定義在 (x, y) 平面上的連續可微分函數，我們要計算 $z = F(x, y)$ 這個曲面 S 在區域 Ω 上的**曲面面積**（surface area）。將 (x, y) 平面分割為許多細小的長方形區域 Ω_{ij}，令 (x_{ij}, y_{ij}) 為在 (x, y) 平面中位於 Ω_{ij} 上的一個點，則落在長方形區域 Ω_{ij} 上的曲面 S 的曲面面積近似於

$$\left\| \left(1, 0, \frac{\partial F}{\partial x}(x_{ij}, y_{ij})\right) \times \left(0, 1, \frac{\partial F}{\partial y}(x_{ij}, y_{ij})\right) \right\| \text{（區域 } \Omega_{ij} \text{ 的面積）}$$

其中

$$\left(1, 0, \frac{\partial F}{\partial x}(x_{ij}, y_{ij})\right) \times \left(0, 1, \frac{\partial F}{\partial y}(x_{ij}, y_{ij})\right)$$

為落在曲面 S 上 $(x_{ij}, y_{ij}, F(x_{ij}, y_{ij}))$ 這個點的切向量 $\left(1, 0, \frac{\partial F}{\partial x}(x_{ij}, y_{ij})\right)$ 與切向量 $\left(0, 1, \frac{\partial F}{\partial y}(x_{ij}, y_{ij})\right)$ 的外積，而

$$\left\| \left(1, 0, \frac{\partial F}{\partial x}(x_{ij}, y_{ij})\right) \times \left(0, 1, \frac{\partial F}{\partial y}(x_{ij}, y_{ij})\right) \right\| \text{（外積的長度）}$$

則是向量 $\left(1, 0, \frac{\partial F}{\partial x}(x_{ij}, y_{ij})\right)$ 與向量 $\left(0, 1, \frac{\partial F}{\partial y}(x_{ij}, y_{ij})\right)$ 所張出的平行四邊形的面積。經計算可知

$$\left(1, 0, \frac{\partial F}{\partial x}(x_{ij}, y_{ij})\right) \times \left(0, 1, \frac{\partial F}{\partial y}(x_{ij}, y_{ij})\right) = \left(-\frac{\partial F}{\partial x}(x_{ij}, y_{ij}), -\frac{\partial F}{\partial y}(x_{ij}, y_{ij}), 1\right)$$

因此

$$\left\| \left(1, 0, \frac{\partial F}{\partial x}(x_{ij}, y_{ij})\right) \times \left(0, 1, \frac{\partial F}{\partial y}(x_{ij}, y_{ij})\right) \right\|$$

$$= \sqrt{1 + \left[\frac{\partial F}{\partial x}(x_{ij}, y_{ij})\right]^2 + \left[\frac{\partial F}{\partial y}(x_{ij}, y_{ij})\right]^2}$$

當 (x, y) 平面上的分割越來越細的時候，我們會看到：落在區域 Ω 上的曲面 S 的曲面面積近似於

$$\sum_{i,j} \sqrt{1 + \left[\frac{\partial F}{\partial x}(x_{ij}, y_{ij})\right]^2 + \left[\frac{\partial F}{\partial y}(x_{ij}, y_{ij})\right]^2} \,(\text{區域 } \Omega_{ij} \text{ 的面積})$$

因此我們得到曲面面積公式：

$$\text{Area}(S) = \iint_\Omega \sqrt{1 + \left[\frac{\partial F}{\partial x}(x, y)\right]^2 + \left[\frac{\partial F}{\partial y}(x, y)\right]^2} \cdot d(x, y)$$

其中 $\text{Area}(S)$ 代表「落在區域 Ω 上的曲面 S 的曲面面積」。

旋轉曲面面積

如果曲面 S 是一個旋轉面：$\Omega = \left\{(x, y) \in \mathbb{R}^2 : a \leq \sqrt{x^2 + y^2} \leq b\right\}$（其中 $0 \leq a < b$）而且

$$F(x, y) = f\left(\sqrt{x^2 + y^2}\right) \text{ 其中 } f \text{ 是一個單變數的連續可微分函數}$$

則 $\dfrac{\partial F}{\partial x}(x, y) = f'\left(\sqrt{x^2 + y^2}\right) \cdot \dfrac{x}{\sqrt{x^2 + y^2}}$ 而且

$$\frac{\partial F}{\partial y}(x, y) = f'\left(\sqrt{x^2 + y^2}\right) \cdot \frac{y}{\sqrt{x^2 + y^2}}$$

因此

$$\text{Area}(S) = \iint_\Omega \sqrt{1 + \left[\frac{\partial F}{\partial x}(x, y)\right]^2 + \left[\frac{\partial F}{\partial y}(x, y)\right]^2} \cdot d(x, y)$$

$$= \iint_\Omega \sqrt{1 + \left[f'\left(\sqrt{x^2 + y^2}\right)\right]^2} \cdot d(x, y)$$

令 $D = [a, b] \times [0, 2\pi]$ 為 (r, θ) 平面上的長方形區域，使用極座標（定理 8.6.2C）來計算以上這個積分可以得到

$$\text{Area}(S) = \iint_\Omega \sqrt{1 + \left[f'\left(\sqrt{x^2 + y^2}\right)\right]^2} \cdot d(x, y)$$

$$= \iint_D \sqrt{1 + [f'(r)]^2} \cdot r \cdot d(r, \theta)$$

其中

$$\iint_D \sqrt{1 + [f'(r)]^2} \cdot r \cdot d(r, \theta) = \int_a^b \left[\int_0^{2\pi} \sqrt{1 + [f'(r)]^2} \cdot r \cdot d\theta\right] \cdot dr$$

$$= \int_a^b 2\pi \cdot r \cdot \sqrt{1 + [f'(r)]^2} \cdot dr$$

因此我們得到旋轉面的曲面面積公式：

$$\text{Area}(S) = \int_a^b 2\pi \cdot r \cdot \sqrt{1 + [f'(r)]^2} \cdot dr$$

旋轉曲面的 Pappus 定理

假設 C 是落在 (x, z) 平面第一象限上的一條連續可微分曲線：

$$\gamma(t) = (u(t), v(t)) \, , \, t \in [a, b]$$

其中 u 與 v 都是連續可微分函數而且函數值都是正實數值。將曲線 C 繞著 z 軸旋轉可以得到一個旋轉曲面 S，令 $w = (p, q)$ 為曲線 C 的質心：

$$p = \frac{\int_a^b u(t) \cdot \sqrt{[u'(t)]^2 + [v'(t)]^2} \cdot dt}{\int_a^b \sqrt{[u'(t)]^2 + [v'(t)]^2} \cdot dt}$$

且

$$q = \frac{\int_a^b v(t) \cdot \sqrt{[u'(t)]^2 + [v'(t)]^2} \cdot dt}{\int_a^b \sqrt{[u'(t)]^2 + [v'(t)]^2} \cdot dt}$$

則 Pappus 定理告訴我們：旋轉曲面 S 的曲面面積 $= 2\pi \cdot p \cdot$（曲線 C 的長度）。

第 8 章習題

1. 假設 $z = \sqrt{xy + y}$，$x = \cos\theta$，$y = \sin\theta$。利用 Chain Rule 求出當 $\theta = \dfrac{\pi}{2}$ 時 $\dfrac{dz}{d\theta}$ 之值。

   【94 普考地震氣象】

2. 求函數 $f(x, y) = xy + 2y^2$ 在點 $(x, y) = (1, 2)$ 的方向導數的最大值。 【94 高考三級核工類】

3. 令 $u = u(x, y)$，$x = r \cdot \cos\theta$，$y = r \cdot \sin\theta$。假設函數 $u(x, y)$ 之二次偏導數為連續函數。試求 $\dfrac{\partial^2 u}{\partial r \partial \theta}$ 之公式。 【98 高考三級核工類】

4. $F(x, y) = x^3 + y^3 - 3x - 3y$，求 F 的相對極值。

   【95 普考地震氣象】

*5. 求函數 $f(x, y) = x^2 + 2y^2 - x$，$(x, y) \in D$，$D = \{(x, y) : x^2 + y^2 \leq 1\}$，（在 D 上）之最大值與最小值。 【98 高考三級核工類】

6. 若 $R = \{(x, y) : 0 \leq x \leq 2, 0 \leq y \leq \pi\}$，求 $\iint_R (x + \sin y) dA = ?$ (A) $2 + \pi$。 (B) $4 + \pi$。 (C) $2 + 2\pi$。 (D) $4 + 2\pi$。 【96 二技電子】

7. $\int_0^1 \int_{\sqrt{y}}^1 e^{x^3} \, dx dy = ?$

   (A) $\dfrac{1}{2}(e^3 + 1)$。 (B) $\dfrac{1}{2}(e^3 - 1)$。

   (C) $\dfrac{1}{3}(e - 1)$。 (D) $\dfrac{1}{3}(\sqrt{e} + 1)$。 【88 二技管一】

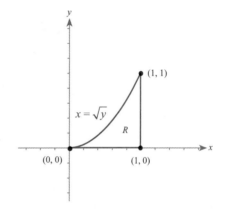

圖 EX8.7.7

8. 設 Ω 為以原點為圓心的單位圓域，則重積分 $\iint_\Omega e^{(x^2 + y^2)} \cdot dx dy$ 之值？ 【94 高考三級】

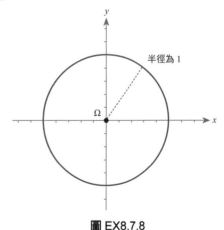

圖 EX8.7.8

9. 求 $\int_0^2 \int_0^{\sqrt{4-x^2}} \sin(x^2+y^2)\,dy\,dx$。　　【92 普考氣象】

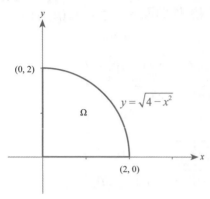

圖 EX8.7.9

附錄：定理 8.1.3、8.1.4、8.1.6、8.3.3 的證明

定理 8.1.3 的證明

令 $r = \|(x,y)-(a,b)\| = \|(x-a,y-b)\| = \sqrt{(x-a)^2+(y-b)^2}$，則 $|x-a| \le r$ 而且 $|y-b| \le r$。由 $f(x,y)-f(a,b) = \alpha \cdot (x-a) + \beta \cdot (y-b) + R(x,y)$ 可知

$$|f(x,y)-f(a,b)| \le |\alpha| \cdot |x-a| + |\beta| \cdot |y-b| + |R(x,y)|$$

$$\le |\alpha| \cdot r + |\beta| \cdot r + r \cdot \frac{|R(x,y)|}{r}$$

其中 $\lim\limits_{(x,y)\to(a,b)} \dfrac{|R(x,y)|}{r} = 0$（$f$ 在 (a,b) 點的可微分條件）。因此，f 在 (a,b) 點連續：

$$\lim_{(x,y)\to(a,b)} |f(x,y)-f(a,b)| \le \lim_{(x,y)\to(a,b)} \left[|\alpha| \cdot r + |\beta| \cdot r + r \cdot \frac{|R(x,y)|}{r} \right] = 0$$

現在我們證明 $\dfrac{\partial f}{\partial x}(a,b) = \alpha$，固定 $y=b$，則 $r = \|(x,b)-(a,b)\| = |x-a|$。由

$$f(x,y)-f(a,b) = \alpha \cdot (x-a) + \beta \cdot (y-b) + R(x,y)$$

可知

$$\frac{f(x,b)-f(a,b)}{x-a} = \frac{\alpha \cdot (x-a)}{x-a} + \frac{\beta \cdot (b-b)}{x-a} + \frac{R(x,b)}{x-a}$$

$$= \alpha + 0 + \frac{|x-a|}{x-a} \cdot \frac{R(x,b)}{|x-a|} = \alpha + \frac{|x-a|}{x-a} \cdot \frac{R(x,b)}{r}$$

其中 $\lim\limits_{(x,y)\to(a,b)} \dfrac{|R(x,y)|}{r} = 0$。因此，得到 $\dfrac{\partial f}{\partial x}(a,b) = \alpha$ 這個結果如下：

$$\lim_{x \to a} \frac{f(x, b) - f(a, b)}{x - a} = \lim_{x \to a} \left[\alpha + \frac{|x - a|}{x - a} \cdot \frac{R(x, b)}{r} \right] = \alpha + 0 = \alpha$$

現在我們證明 $\dfrac{\partial f}{\partial y}(a, b) = \beta$，固定 $x = a$，則 $r = \|(a, y) - (a, b)\|$ $= |y - b|$。由 $f(x, y) - f(a, b) = \alpha \cdot (x - a) + \beta \cdot (y - b) + R(x, y)$ 可知

$$\frac{f(a, y) - f(a, b)}{y - b} = \frac{\alpha \cdot (a - a)}{y - b} + \frac{\beta \cdot (y - b)}{y - b} + \frac{R(a, y)}{y - b}$$

$$= 0 + \beta + \frac{|y - b|}{y - b} \cdot \frac{R(a, y)}{|y - b|} = \beta + \frac{|y - b|}{y - b} \cdot \frac{R(a, y)}{r}$$

其中 $\displaystyle\lim_{(x, y) \to (a, b)} \frac{|R(x, y)|}{r} = 0$。因此，得到 $\dfrac{\partial f}{\partial y}(a, b) = \beta$ 這個結果如下：

$$\lim_{y \to b} \frac{f(a, y) - f(a, b)}{y - b} = \lim_{y \to b} \left[\beta + \frac{|y - b|}{y - b} \cdot \frac{R(a, y)}{r} \right] = \beta + 0 = \beta$$

定理 8.1.4 的證明

假設 $\nabla f(a, b) = (\alpha, \beta)$。將 $x = u(t)$ 與 $y = v(t)$ 代入以下等式

$$f(x, y) - f(a, b) = \alpha \cdot (x - a) + \beta \cdot (y - b) + R(x, y)$$

可知（注意 $u(c) = a$ 而且 $v(c) = b$）

$$\lim_{t \to c} \frac{g(t) - g(c)}{t - c} = \lim_{t \to c} \frac{f(u(t), v(t)) - f(a, b)}{t - c}$$

$$= \lim_{t \to c} \left[\frac{\alpha \cdot [u(t) - u(c)]}{t - c} + \frac{\beta \cdot [v(t) - v(c)]}{t - c} + \frac{R(u(t), v(t))}{t - c} \right]$$

其中

$$\lim_{t \to c} \frac{\alpha \cdot [u(t) - u(c)]}{t - c} = \alpha \cdot u'(c) \text{ 而且 } \lim_{t \to c} \frac{\beta \cdot [v(t) - v(c)]}{t - c} = \beta \cdot v'(c)$$

應用 f 在 (a, b) 點的可微分條件

$$\lim_{(x, y) \to (a, b)} \frac{|R(x, y)|}{r} = 0 \text{ 其中 } r = \|(x, y) - (a, b)\| = \sqrt{(x - a)^2 + (y - b)^2}$$

我們可以證明（*註：如果 $u(t) - a = 0$ 且 $v(t) - b = 0$，則 $R(u(t), v(t))$ $= R(a, b) = 0$）

$$\lim_{t \to c} \frac{R(u(t), v(t))}{t - c} = \lim_{t \to c} \left(\frac{\|u(t) - a, v(t) - b\|}{t - c} \cdot \frac{R(u(t), v(t))}{\|(u(t) - a, v(t) - b)\|} \right) = 0$$

這是因為其中

$$\lim_{t \to c} \left| \frac{\|(u(t) - a, v(t) - b)\|}{t - c} \right| = \lim_{t \to c} \left\| \frac{(u(t) - u(c), v(t) - v(c))}{t - c} \right\|$$

$$= \|(u'(c), v'(c))\|$$

因此，我們得到**連鎖律**（Chain Rule）如下：

$$g'(c) = \lim_{t \to c} \frac{g(t) - g(c)}{t - c} = \alpha \cdot u'(c) + \beta \cdot v'(c) + 0$$

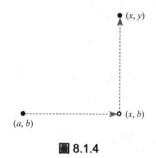

圖 8.1.4

$$= \langle \nabla f(a, b), (u'(c), v'(c)) \rangle$$

定理 8.1.6 的證明

在垂直方向與水平方向分別使用平均值定理可以得知

$$f(x, y) - f(a, b) = [\, f(x, y) - f(x, b)\,] + [\, f(x, b) - f(a, b)\,]$$

$$= (y - b) \cdot \frac{\partial f}{\partial y}(x, v) + (x - a) \cdot \frac{\partial f}{\partial x}(u, b)$$

其中 v 介於 b 與 y 之間而且 u 介於 a 與 x 之間（參考圖 8.1.4）。因此

$$f(x, y) - f(a, b) = \left[\frac{\partial f}{\partial x}(a, b) \right] \cdot (x - a) + \left[\frac{\partial f}{\partial y}(a, b) \right] \cdot (y - b) + R(x, y)$$

其中

$$R(x, y) = \left[-\frac{\partial f}{\partial x}(a, b) + \frac{\partial f}{\partial x}(u, b) \right] \cdot (x - a) +$$

$$\left[-\frac{\partial f}{\partial y}(a, b) + \frac{\partial f}{\partial y}(x, v) \right] \cdot (y - b)$$

由偏微分函數 $\dfrac{\partial f}{\partial x}$ 與 $\dfrac{\partial f}{\partial y}$ 的連續性可知

$$\lim_{(x, y) \to (a, b)} \left[-\frac{\partial f}{\partial x}(a, b) + \frac{\partial f}{\partial x}(u, b) \right] = 0$$

而且

$$\lim_{(x, y) \to (a, b)} \left[-\frac{\partial f}{\partial y}(a, b) + \frac{\partial f}{\partial y}(x, v) \right] = 0$$

令 $r = \|(x, y) - (a, b)\| = \sqrt{(x - a)^2 + (y - b)^2}$，則 $|x - a| \le r$ 而且 $|y - b| \le r$。注意

$$\left| \frac{R(x, y)}{r} \right| \le \left| -\frac{\partial f}{\partial x}(a, b) + \frac{\partial f}{\partial y}(u, b) \right| \cdot \frac{|x - a|}{r} +$$

$$\left| -\frac{\partial f}{\partial y}(a, b) + \frac{\partial f}{\partial y}(x, v) \right| \cdot \frac{|y - b|}{r}$$

因此 $\left| \dfrac{R(x, y)}{r} \right| \le \left| -\dfrac{\partial f}{\partial x}(a, b) + \dfrac{\partial f}{\partial y}(u, b) \right| + \left| -\dfrac{\partial f}{\partial y}(a, b) + \dfrac{\partial f}{\partial y}(x, v) \right|$ 而且

$$\lim_{(x, y) \to (a, b)} \left| \frac{R(x, y)}{r} \right| \le \lim_{(x, y) \to (a, b)} \left| -\frac{\partial f}{\partial x}(a, b) + \frac{\partial f}{\partial y}(u, b) \right| +$$

$$\lim_{(x, y) \to (a, b)} \left| -\frac{\partial f}{\partial y}(a, b) + \frac{\partial f}{\partial y}(x, v) \right| = 0$$

這就證明 f 在 (a, b) 點滿足可微分條件：$\displaystyle\lim_{(x, y) \to (a, b)} \frac{R(x, y)}{\|(x, y) - (a, b)\|} =$

$\displaystyle\lim_{(x, y) \to (a, b)} \frac{R(x, y)}{r} = 0$。

定理 8.3.3 的證明

令 $U(x) = f(x, y) - f(x, b)$，則 $U(x) - U(a) = [\, f(x, y) - f(x, b)\,] -$

$[f(a, y) - f(a, b)]$。令 $V(y) = f(x, y) - f(a, y)$，則 $V(y) - V(b) = [f(x, y) - f(a, y)] - [f(x, b) - f(a, b)]$。由此可知

$$U(x) - U(a) = D(x, y) = V(y) - V(b)$$

其中 $D(x, y) = f(x, y) - f(x, b) - f(a, y) + f(a, b)$。令 $\alpha = x - a \neq 0$ 且 $\beta = y - b \neq 0$，則

$$\frac{U(x) - U(a)}{(x - a) \cdot \beta} = \frac{U(x) - U(a)}{(x - a) \cdot (y - b)} = \frac{D(x, y)}{(x - a) \cdot (y - b)}$$
$$= \frac{V(y) - V(b)}{(x - a) \cdot (y - b)} = \frac{V(y) - V(b)}{\alpha \cdot (y - b)}$$

由平均值定理可知

$$\frac{U(x) - U(a)}{(x - a)} = U'(p) = \frac{\partial f}{\partial x}(p, y) - \frac{\partial f}{\partial x}(p, b)$$

其中 p 介於 a 與 x 之間。再次應用平均值定理可知

$$\frac{U(x) - U(a)}{(x - a) \cdot \beta} = \frac{\frac{\partial f}{\partial x}(p, y) - \frac{\partial f}{\partial x}(p, b)}{y - b} = \frac{\partial}{\partial y}\frac{\partial f}{\partial x}(p, q)$$

其中 q 介於 b 與 y 之間。應用相似的論證可知

$$\frac{V(y) - V(b)}{(y - b)} = \frac{\partial f}{\partial y}(x, t) - \frac{\partial f}{\partial y}(a, t)$$

而且

$$\frac{V(y) - V(b)}{\alpha \cdot (y - b)} = \frac{\frac{\partial f}{\partial y}(x, t) - \frac{\partial f}{\partial y}(a, t)}{x - a} = \frac{\partial}{\partial x}\frac{\partial f}{\partial y}(s, t)$$

其中 t 介於 b 與 y 之間而且 s 介於 a 與 x 之間。因此

$$\lim_{x \to a, y \to b} \frac{U(x) - U(a)}{(x - a) \cdot \beta} = \lim_{x \to a, y \to b} \frac{D(x, y)}{(x - a) \cdot (y - b)} = \lim_{x \to a, y \to b} \frac{V(y) - V(b)}{\alpha \cdot (y - b)}$$

其中

$$\lim_{x \to a, y \to b} \frac{U(x) - U(a)}{(x - a) \cdot \beta} = \lim_{x \to a, y \to b} \frac{\partial^2 f}{\partial y \partial x}(p, q)$$

而且

$$\lim_{x \to a, y \to b} \frac{V(y) - V(b)}{\alpha \cdot (y - b)} = \lim_{x \to a, y \to b} \frac{\partial^2 f}{\partial x \partial y}(s, t)$$

由於 $\dfrac{\partial^2 f}{\partial y \partial x}$ 與 $\dfrac{\partial^2 f}{\partial x \partial y}$ 都是連續函數，因此

$$\lim_{x \to a, y \to b} \frac{U(x) - U(a)}{(x - a) \cdot \beta} = \frac{\partial^2 f}{\partial y \partial x}(a, b) \text{ 而且 } \lim_{x \to a, y \to b} \frac{V(y) - V(b)}{\alpha \cdot (y - b)} = \frac{\partial^2 f}{\partial x \partial y}(a, b)$$

所以 $\dfrac{\partial^2 f}{\partial y \partial x}(a, b) = \lim_{x \to a, y \to b} \dfrac{D(x, y)}{(x - a) \cdot (y - b)} = \dfrac{\partial^2 f}{\partial x \partial y}(a, b)$。

附錄

附錄 A：微積分在力學的應用：外積與角動量

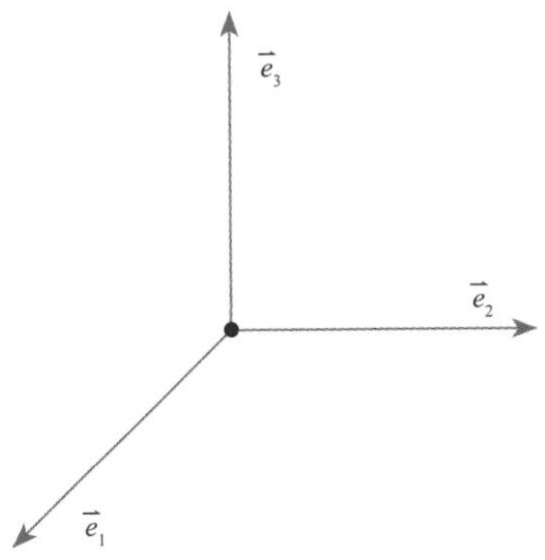

外積的定義

「外積運算 ×」將三維空間 R^3 的「行列式運算 det」與「內積運算 $< , >$」連結起來。令 $\vec{e_1}, \vec{e_2}, \vec{e_3}$ 代表三維空間 R^3 的標準正交基底向量符合「右手定則」。參考圖 A.1。

假設 $\vec{a} = (a_1, a_2, a_3)$ 與 $\vec{b} = (b_1, b_2, b_3)$ 是三維空間 R^3 中的兩個向量。則我們定義

$$\vec{a} \times \vec{b} = \begin{vmatrix} a_1 & a_2 \\ b_1 & b_2 \end{vmatrix} \cdot \vec{e_3} - \begin{vmatrix} a_1 & a_3 \\ b_1 & b_3 \end{vmatrix} \cdot \vec{e_2} + \begin{vmatrix} a_2 & a_3 \\ b_2 & b_3 \end{vmatrix} \cdot \vec{e_3}$$

其中 $\begin{vmatrix} \alpha & \beta \\ u & v \end{vmatrix} = \alpha \cdot v - \beta \cdot u$ 為 2 階行列式。

圖 A.1

> **定理 A.1** 假設 $\vec{a} = (a_1, a_2, a_3)$ 與 $\vec{b} = (b_1, b_2, b_3)$ 是三維空間 R^3 中的兩個向量。則
>
> $$<\vec{a} \times \vec{b}, \vec{w}> = \det(\vec{a}\ \vec{b}\ \vec{w})$$
>
> 對於三維空間 R^3 中的任意向量 $\vec{w} = (w_1, w_2, w_3)$ 恆成立。

證明：我們將 3 階行列式 $\det(\vec{a}\ \vec{b}\ \vec{w})$ 依照 $\vec{w} = (w_1, w_2, w_3)$ 的分量展開如下：

$$\det(\vec{a}\ \vec{b}\ \vec{w}) = \begin{vmatrix} a_1 & a_2 & a_3 \\ b_1 & b_2 & b_3 \\ w_1 & w_2 & w_3 \end{vmatrix}$$

$$= w_1 \cdot \begin{vmatrix} a_2 & a_3 \\ b_2 & b_3 \end{vmatrix} - w_2 \cdot \begin{vmatrix} a_1 & a_3 \\ b_1 & b_3 \end{vmatrix} + w_3 \cdot \begin{vmatrix} a_1 & a_2 \\ b_1 & b_2 \end{vmatrix}$$

容易看出：以上等式的右側的結果剛好就是內積 $<\vec{w}, \vec{a} \times \vec{b}>$。∎

「外積運算」滿足下列的規律：

- $\vec{b} \times \vec{a} = -(\vec{a} \times \vec{b})$。
- $\vec{a} \times \vec{a} = 0$ 而且 $\vec{b} \times \vec{b} = 0$。如果 $\vec{a}$ 與 $\vec{b}$ 在同一直線上，則 $\vec{a} \times \vec{b} = 0$。
- $(\alpha \cdot \vec{a}) \times (\beta \cdot \vec{b}) = (\alpha\beta) \cdot (\vec{a} \times \vec{b})$ 其中 α 與 β 是任意實數。

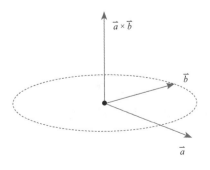

圖 A.2

● 分配律 $\vec{c} \times (\vec{a} + \vec{b}) = \vec{c} \times \vec{a} + \vec{c} \times \vec{b}$。

● 分配律 $(\vec{a} + \vec{b}) \times \vec{c} = \vec{a} \times \vec{c} + \vec{b} \times \vec{c}$。

● $\vec{a} \times \vec{b}$ 同時垂直於 $\vec{a}$ 與 $\vec{b}$。參考圖 A.2。

● $|<\vec{a} \times \vec{b}, \vec{c}>| = |\det(\vec{a}\,\vec{b}\,\vec{c})|$ 是 $\vec{a}, \vec{b}, \vec{c}$ 這三個向量所張出的平行六面體的體積。參考圖 A.3。

　　如果我們將向量 $\vec{c}$ 選為「同時與 $\vec{a}$、$\vec{b}$ 向量垂直的單位向量」（與 $\vec{a} \times \vec{b}$ 向量共線的單位向量），就會得到以下結論：

　　「$\vec{a} \times \vec{b}$ 的長度」就是「$\vec{a}$ 與 $\vec{b}$ 這兩個向量所張出的平行四邊形的面積」。

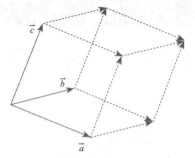

平行六面體體積等於
$|<\vec{a} \times \vec{b}, \vec{c}>| = |\det(\vec{a}\,\vec{b}\,\vec{c})|$

圖 A.3

> **定理 A.2**　假設 $\vec{u}(t)$ 與 $\vec{v}(t)$ 都是依賴於時間變數 t 的「向量值函數」。如果 $\vec{u}(t)$ 與 $\vec{v}(t)$ 對於時間變數 t 的微分
>
> $$\vec{u}\,'(t) \text{ 與 } \vec{v}\,'(t)$$
>
> 都存在，則 $\vec{u}(t) \times \vec{v}(t)$ 對於時間變數 t 的微分存在而且
>
> $$\frac{d}{dt}[\vec{u}(t) \times \vec{v}(t)] = \vec{u}\,'(t) \times \vec{v}(t) + \vec{u}(t) \times \vec{v}\,'(t)$$

*說明：讀者可以使用萊布尼茲法則與定理 A.1 直接驗證這個定理。

■

　　現在我們定義角動量。假設一個質點的位置向量是 $\vec{x}(t) = (x_1(t), x_2(t), x_3(t))$ 而且速度向量是 $\vec{v}(t) = \vec{x}\,'(t) = (x_1'(t), x_2'(t), x_3'(t))$，則我們定義這個質點相對於原點的**角動量**（angular momentum）為

$$\vec{x}(t) \times m \cdot \vec{v}(t)$$

其中 m 是這個質點的**質量**（mass）。注意角動量的微分為

$$\frac{d}{dt}[\vec{x}(t) \times m \cdot \vec{v}(t)] = \vec{x}\,'(t) \times m \cdot \vec{v}(t) + \vec{x}(t) \times m \cdot \vec{v}\,'(t)$$

其中 $\vec{x}\,'(t) = \vec{v}(t)$ 而且 $m \cdot \vec{v}\,'(t) = \vec{F}(t)$ 恰為質點所受到的力。因此

$$\frac{d}{dt}[\vec{x}(t) \times m \cdot \vec{v}(t)] = \vec{v}(t) \times m \cdot \vec{v}(t) + \vec{x}(t) \times \vec{F}(t)$$
$$= \vec{0} + \vec{x}(t) \times \vec{F}(t) = \vec{x}(t) \times \vec{F}(t)$$

我們將 $\vec{x}(t) \times \vec{F}(t)$ 稱為「力 $\vec{F}(t)$ 作用在質點所產生的**力矩**（torque）」。

　　應用牛頓定律可以進一步導出「角動量守恆定律」。牛頓知道「角動量守恆定律」其實就是「克普勒（Kepler）等面積定律」（應用定理 8.6.1B 的面積公式）。

附錄 B：曲線長度的計算

假設 γ 是在三維空間 R^3 中的一條「連續可微分曲線」：

$$\gamma(t) = (u(t), v(t), w(t)) \quad t \in [a, b]$$

其中 $u(t)$、$v(t)$、$w(t)$ 都是「連續而且可微分的函數」，則「曲線 γ 的長度」可以依照以下公式計算得到

$$\text{曲線 } \gamma \text{ 的長度} = \int_a^b \sqrt{[u'(t)]^2 + [v'(t)]^2 + [w'(t)]^2} \cdot dt$$

版權聲明

習題解答

第 1 章

習題 1.1

1. (A) $A \cap B = (-3, -2) \cup (1, \infty)$

   (B) $A \cup B = \mathbb{R}$

   (C) $B^C = [-2, 1)$

   (D) $A - B = [-2, 1)$

2. A 所有的子集合為 ϕ、$\{1\}$、$\{2\}$、$\{3\}$、$\{1, 2\}$、$\{1, 3\}$、$\{2, 3\}$ 及 $\{1, 2, 3\}$。

3. $B \subseteq A \subseteq C$

4. $x = -7$，$y = 2$。

習題 1.2

1. ① A 點在 y 軸上。

   ② $B(-ab, b^2)$ 在第一象限。

   ③ $C(a - b, -a)$ 在第四象限。

   ④ $D(b, -b + a)$ 在第二象限。

2. $B(-1, -6)$

3. (A)

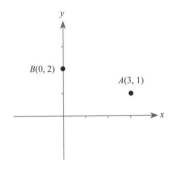

   (B) $\sqrt{10}$

   (C) $(\frac{3}{2}, \frac{3}{2})$

   (D) $y - \frac{3}{2} = 3(x - \frac{3}{2})$

4. (A) $y + 3x = -7$

   (B) $y = 2$

   (C) $2y - 3x = 13$

習題 1.3

1. $f(x) + g(x) = x + x^{-1} + x^{\frac{1}{2}}$

   $f(x) - g(x) = x + x^{-1} - x^{\frac{1}{2}}$

   $f(x) \cdot g(x) = x^{\frac{3}{2}} + x^{-\frac{1}{2}}$

   $\dfrac{f(x)}{g(x)} = x^{\frac{1}{2}} + x^{-\frac{3}{2}}$

2. $f \circ g(\sqrt{5}) = -7$

   $g \circ f(4) = 4\sqrt{5}$

3. $f(g(x)) = -18$

   $g(f(x)) = 18$

4. (A) $f(x) = x^{-1}$

   (B) $f(x) = x^{\frac{4}{3}}$

   (C) $f(x) = 2\sin x$

   (D) $f(x) = x^2$

5. $f \circ g \circ h(x) = \sqrt{\sin^2(3x) + 5}$

6. (A) $f(x) = x^2, g(x) = \sin x, h(x) = 3x$

   (B) $f(x) = \dfrac{1}{x}, g(x) = x + 1, h(x) = |x|$

7. 因 $h(1) = h(-1) = \dfrac{1}{2}$，所以 $h(x)$ 不是一對一函數。

8. 略

習題 1.4

1. $a = 1, b = 5, c = 5$

2. (A) $x^3 + x^2 + 2x + 6$

   (B) $x^3 - x^2 + 2x + 4$

   (C) $x^5 + 3x^3 + 5x^2 + 2x + 5$

   (D) 餘式為 $x + 5$

   　　商式為 x

3. $(x - 2)(x + 2)$

4. $(x - 2)(x - 1)$

5. $(x + 2)(x - 6)$

6. $(2x + 2)^2$

7. $(x - 2)(x - 3)(x - 1)$

8. $(x - 1)(2x^2 - 6x + 5)$

9. (A) 為不可約多項式

(B) 為可約多項式

(C) 為可約多項式

因此只有 (A) 在 $\mathbb{R}$ 不可分解。

習題 1.5

1. (A) $\dfrac{3x + 1}{x^2 + 2x - 3}$

(B) $\dfrac{1}{x^2 - 1} - \dfrac{2}{x^2 - 4x + 3} + \dfrac{2}{x^2 + 4x + 3} - \dfrac{4}{x^2 - 9}$

(C) $\dfrac{16x^5 - 16x^3 - 12x}{(2x^2 + 1)^4}$

2. (A) $-11\sqrt{3} + 3\sqrt{2}$

(B) $\dfrac{-\sqrt{3} + 21\sqrt{6}}{6}$

(C) $5\sqrt{6} + \sqrt{10} + 5\sqrt{15} + 5$

(D) $4\sqrt[3]{2} + \sqrt[3]{3}$

(E) $\dfrac{24\sqrt{7} + 2\sqrt[3]{7} + 3\sqrt[3]{12}}{6}$

3. (A) $4 - 2\sqrt{3}$

(B) $\dfrac{\sqrt[3]{4} - \sqrt[3]{2} + 1}{3}$

(C) $\dfrac{\sqrt[3]{2} + \sqrt[3]{3}}{5}$

4. $2 + \sqrt{11}$

習題 1.6

1. (A)

(B)

2. (A) $\{x \mid x \geq \dfrac{5}{4}\}$

(B) 2

(C) 此不等式無解

(D) $(-3, 2) - \{1\}$

(E) $(1, 3)$

(F) $\{x \mid x \leq -3\}$

(G) $[-2, 1)$

(H) $(-1, 2) - \{1\}$

(I) $x > 3$ 或 $x < \dfrac{-5}{3}$

(J) $[-7, 1]$ 或 $[3, 11]$

習題 1.7

1. 第一象限

2. $\sec \dfrac{32}{3} \pi = -2$

$\cot \dfrac{10}{3} \pi = \dfrac{1}{\sqrt{3}}$

3. -6

4. $\{x \mid x = 2n\pi + \dfrac{\pi}{3}, n \in \mathbb{Z}\} \cup \{x \mid x = 2n\pi + \dfrac{5\pi}{3}, n \in \mathbb{Z}\}$

5. $\sin\theta = -\dfrac{\sqrt{6}}{3}$

$\sec\theta = -\dfrac{\sqrt{3}}{3}$

6. (D)

7. $\dfrac{3 + 4\sin\theta}{\sin^2\theta + 2\sin\theta}$

8. $2b^2$

9. $\dfrac{-k}{\sqrt{1 - k^2}}$

10. $\sqrt{1 + k^2}$

11. $\sin^2\alpha$

12. $\dfrac{-1}{8}$

13. $\dfrac{5\sqrt{26}}{26}$

習題 1.8

1. (A) 16

(B) 2

(C) 1

(D) $\dfrac{1}{9}$

(E) x

(F) $3 \cdot 2^{\frac{1}{3}} + \dfrac{\sqrt{5}}{2}$

(G) $x^{-4} - 16$

2. $\dfrac{1}{6}$

3. (A) $x = \dfrac{1}{3}$

(B) $x = -\dfrac{3}{5}$

(C) $x = 6$ 或 1

習題 1.9

1. $\dfrac{53}{24}$

2. $4\dfrac{1}{12}$

3. 2

4. $\dfrac{5}{2}$

5. 2

6. $\{x|-\dfrac{1}{3} < x < 2$ 且 $x \neq 0\}$

7. $(1, \infty)$

8. $x > 4$

習題 1.10

1. $\sqrt{181}$

2. $\overrightarrow{OP} + \overrightarrow{OQ} = (\sqrt{2} - 1, \sqrt{2} + \sqrt{3})$

3. 略

4. $\overrightarrow{AB} \cdot \overrightarrow{CA} = -22$

5. $t = 2$

第 2 章

習題 2.1

1. 右極限 = 1
   左極限 = 1
   $\therefore \lim\limits_{x \to 0} f(x) = 1$

2. 右極限 = 1
   左極限 = -1
   $\therefore \lim\limits_{x \to 0} f(x)$ 不存在。

3. 右極限 = 4
   左極限 = -5
   $\therefore \lim\limits_{x \to 2} f(x)$ 不存在。

4. 右極限 = 4
   左極限 = 4
   $\therefore \lim\limits_{x \to 2} f(x) = 4$

5. $4u + 5v$

6. $-5u + 2v$

7. uv

8. $u^2 v^3$

9. $u^3 - 2u^2 + 3u + 7$

10. $u^2 - 2uv + 3v^2$

11. 25

12. 75625

13. (A) 8

　　(B) $4 + k$

　　(C) $k = 4$ 可使 $\lim\limits_{x \to 2} f(x)$ 存在。

習題 2.2

1. (A) $\dfrac{u}{v}$

　　(B) $\dfrac{u^3}{v^2}$

2. $\dfrac{uv}{v^2 + 3}$

3. $\dfrac{3}{10}$

4. 0

5. 1

6. -1

7. -1

8. 1

9. $-\infty$

10. ∞

11. 0

12. 0

13. 1

14. -1

15. (A) $-\infty$

　　(B) ∞

　　(C) -2

　　(D) 2

習題 2.3

1. (A) $f(x)$ 在 $x = -1$ 不連續。

　　(B) $f(x)$ 在 $x = 0$ 不連續。

　　(C) $f(x)$ 在 $x = 1$ 連續。

2. $k = 4$

3. (A) 3

　　(B) 0

　　(C) $f(9) = 0$

4. 略

5. 略

6. 略

7. 略

8. 4

9. 3

10. (A) -135

　　(B) 135

11. $\sqrt{7}$

12. $\dfrac{1}{6}$

13. $\dfrac{1}{4}$

14. $\dfrac{1}{27}$

15. $5\sqrt{3}$

16. 2

17. 12

18. $\dfrac{\sqrt{3}}{3}$

習題 2.4

1. $1 - \dfrac{1}{3}\sqrt{2}$

2. $\dfrac{\sqrt{3}}{4 + 2\sqrt{3}}$

3. $\dfrac{1}{2}$

4. -1

5. 1

6. $\dfrac{\sqrt{10}}{2}$

7. 1

8. 7

9. 1

10. 3

11. 2

12. $\dfrac{1}{2}$

13. 略

第 2 章習題

1. (D)

2. (B)

3. (A)

4. (B)

5. (A)

6. (A)

7. (D)

8. (D)

第 3 章

習題 3.1

1. (A) $f'(3) = 11$

　　(B) $f'(-2) = 1$

2. (A) $f'(0) = 1$

　　(B) $f'(\dfrac{-\pi}{4}) = \dfrac{1}{\sqrt{2}}$

3. (A) $f'(0) = 0$

　　(B) $f'(\dfrac{-\pi}{3}) = \dfrac{\sqrt{3}}{2}$

4. (A) $f'(9) = \dfrac{1}{6}$

　　(B) $f'(3) = \dfrac{1}{2 \cdot \sqrt{3}}$

5. (A) $f'(8) = \dfrac{1}{12}$

　　(B) $f'(27) = \dfrac{1}{27}$

6. (A) $f'(0) = 2$

　　(B) $f'(\dfrac{\pi}{3}) = \dfrac{10 \cdot \pi}{3} + 1 + \dfrac{3\sqrt{3}}{2}$

7. (A) $f'(1) = 12 + \dfrac{2}{3} + 5 \cdot \cos 1$

　　(B) $f'(8) = 512 + \dfrac{1}{6} + 5 \cdot (\cos 8)$

8. 略

9. 略

習題 3.2

1. $f'(x) = (\cos x) \cdot (4 - \cos x) + (7 + \sin x) \cdot (\sin x)$

2. (A) $f'(x) = \dfrac{-(2x+3)}{(x^2+3x+92)^2}$

(B) $g'(x) = \dfrac{2 \cdot (\sin x)}{(35 + 2 \cdot \cos x)^2}$

3. $f'(x) =$
$$\dfrac{(3x^2+10x) \cdot (x^2+3x+92) - (x^3+5x^2-7) \cdot (2x+3)}{(x^2+3x+92)^2}$$

4. $f'(x) =$
$$\dfrac{-(\cos x) \cdot (33 + 2 \cdot \cos x) - (7 - \sin x) \cdot (-2 \cdot \sin x)}{(33 + 2 \cdot \cos x)^2}$$

5. (A) $f'(x) = \dfrac{1}{3} \cdot \dfrac{\sqrt[3]{x}}{x} + 14 \cdot x$

(B) $g'(x) = \dfrac{1}{5} \cdot \dfrac{\sqrt[5]{x}}{x} + 3 \cdot (\sec x)^2$

6. $f'(x) = (\sec x) \cdot [(\sec x) + (\tan x)]$

7. $f'(x) = [-\sin(7x + 38)] \cdot 7$

8. $f'(x) = [\sec(9x^2 + 2x - \pi)]^2 \cdot (18x + 2)$

9. $f'(x) = \dfrac{2x+3}{2 \cdot \sqrt{x^2+3x+77}}$

10. $f'(x) =$
$$\dfrac{\sqrt[5]{7 + \cos(x^3+8)}}{5 \cdot [7 + \cos(x^3+8)]} \cdot [-\sin(x^3+8)] \cdot 3x^2$$

11. $f'(x) = \dfrac{-\dfrac{2x+3}{2 \cdot \sqrt{x^2+3x+59}}}{\left[33 + \sqrt{x^2+3x+59}\right]^2}$

12. (A) $f'(x) = 7 \cdot (\sin x)^6 \cdot (\cos x)$

(B) $g'(x) =$
$$5 \cdot [\cos(x^3+79)]^4 \cdot [-\sin(x^3+79)] \cdot 3x^2$$

13. $f'(x) = \dfrac{2}{5} \cdot x^{-\frac{3}{5}} + 21 \cdot x^2$

14. $g'(x) = \dfrac{9}{5} \cdot x^{\frac{4}{5}} + 66 \cdot x + 5 \cdot (\sec x)^2$

15. $f'(x) = 2x + \dfrac{2}{3} \cdot (5x+9)^{-\frac{1}{3}} \cdot 5 \cdot \cos\left[(5x+9)^{\frac{2}{3}}\right]$

16. (A) $\dfrac{1}{2}$

(B) $\dfrac{1}{2}$

習題 3.3

1. (A) 略

(B) 略

(C) $g'(w) = \dfrac{1}{3 \cdot (\sqrt[3]{w-5})^2}$

2. (A) 略

(B) $g'(3\pi) = \dfrac{1}{2}$

3. (A) $\cos(\arcsin \dfrac{1}{5}) = \dfrac{2\sqrt{6}}{5}$

(B) $(\arcsin)'(\dfrac{1}{5}) = \dfrac{5}{2\sqrt{6}}$

4. $f'(t) = \dfrac{3t^2 + 5t^4}{\sqrt{1 - (t^3 + t^5)^2}}$

5. (A) $\sec(\arctan -\sqrt{5}) = \sqrt{6}$

(B) $(\arctan)'(-\sqrt{5}) = \dfrac{1}{6}$

6. $f'(t) = \dfrac{t}{(t^2+4) \cdot \sqrt{t^2+3}}$

7. (A) $\tan(\text{arcsec}\,9) = 4\sqrt{5}$

(B) $(\text{arcsec})'(9) = \dfrac{1}{36\sqrt{5}}$

8. $f'(x) = \dfrac{\cos t}{(5 + \sin t) \cdot \sqrt{(5 + \sin t)^2 - 1}}$

習題 3.4

1. $e^{c^3 + 7 + \sqrt{c}} \cdot (3c^2 + \dfrac{1}{2\sqrt{c}})$

2. $e^{2c^2 + c - 5} \cdot (4c + 1)$

3. $e^{\frac{c^2}{2} + c} \cdot (c + 1)$

4. $14 \cdot e^{14 \cdot c}$

5. $\dfrac{3c^2 + 4}{2}$

6. $f'(c) = \dfrac{3}{5} \cdot \dfrac{4c^3 + 6c}{c^4 + 3c^2 + 7}$

7. $\dfrac{7}{2}$

8. $(c^2 + 7)^{c^2} \cdot \left(2c \cdot \ln(c^2 + 7) + \dfrac{c^2 \cdot 2c}{c^2 + 7}\right)$

9. $g(c) \cdot \left(\dfrac{8 \cdot c^3}{c^4 + 3} + \dfrac{12 \cdot c^2 + 4}{c^3 + c} + \dfrac{-6c}{c^2 + 2}\right)$

10. (A) 略

(B) 略

第 3 章習題

1. (D)

2. (A)

3. (D)

4. (C)

5. (D)

6. (A)

7. (A)

8. (B)

9. (B)

10. (C)

11. (D)

12. (B)

13. (D)

14. (B)

15. (B)

16. (B)

第 4 章

習題 4.1

1. f 的臨界點在 1。

2. f 的臨界點在 $\dfrac{5}{2}$。

3. f 的臨界點在 -1、$+1$。

4. f 的臨界點在 $-\sqrt{\dfrac{2}{3}}$、$\sqrt{\dfrac{2}{3}}$。

5. f 的臨界點在 1。

6. f 的臨界點在 -1、0、1。

7. f 的臨界點在 -1、1。

8. f 的臨界點在 -1、1。

習題 4.2

1. f 在 $\left(-\infty, \dfrac{5}{2}\right]$ 上遞增，f 在 $\left[\dfrac{5}{2}, +\infty\right)$ 上遞減。

2. f 在 $(-\infty, 0]$ 與 $[2, +\infty)$ 上遞減，f 在 $[0, 2]$ 上遞增。

3. f 在 $\left(-\infty, -\dfrac{\sqrt{2}}{\sqrt{3}}\right]$ 與 $\left[\dfrac{\sqrt{2}}{\sqrt{3}}, +\infty\right)$ 上遞增，f 在 $\left[-\dfrac{\sqrt{2}}{\sqrt{3}}, \dfrac{\sqrt{2}}{\sqrt{3}}\right)$ 上遞減。

4. f 在 $(-\infty, \infty)$ 上遞增。

5. f 在 $(-\infty, \infty)$ 上遞增。

6. f 在 $(-\infty, \infty)$ 上遞減。

7. f 在 $(-\infty, -\sqrt{3}\,]$ 與 $[0, \sqrt{3}\,]$ 上遞減，f 在 $[-\sqrt{3}\,, 0]$ 與 $[\sqrt{3}\,, +\infty)$ 上遞增。

8. f 在 $(-\infty, 0]$ 與 $[1, 2]$ 上遞減，f 在 $[0, 1]$ 與 $[2, +\infty)$ 上遞增。

9. f 在 $(-\infty, -1]$ 與 $[1, +\infty)$ 上遞減，f 在 $[-1. 1]$ 上遞增。

10. f 在 $(-\infty, \infty)$ 上遞增。

11. f 在 $(-\infty, -1]$ 與 $[1, +\infty)$ 上遞增，f 在 $[-1, 1)$ 上遞減。

12. f 在 $(0, 1]$ 上遞減，f 在 $[1, +\infty)$ 上遞增。

13. f 在 $(-\infty, -1]$ 與 $[1, +\infty)$ 上遞減，f 在 $[-1, 1]$ 上遞增。

14. f 在 $(-\infty, 0]$ 上遞增，f 在 $[0, +\infty)$ 上遞減。

15. 函數 f 的臨界點為 $\dfrac{5}{2}$。

$\dfrac{5}{2}$ 是函數 f 的局部極大值點。

16. 函數 f 的臨界點為 0、2。

0 是函數 f 的局部極小值點，2 是函數 f 的局部極大值點。

17. 函數 f 的臨界點為 $-\dfrac{\sqrt{2}}{\sqrt{3}}$、$\dfrac{\sqrt{2}}{\sqrt{3}}$。

$-\dfrac{\sqrt{2}}{\sqrt{3}}$ 是函數 f 的局部極大值點，$\dfrac{\sqrt{2}}{\sqrt{3}}$ 是函數 f 的局部極小值點。

18. 函數 f 的臨界點為 $-\sqrt{2}$。

$-\sqrt{2}$ 不是 f 的局部極大值點或局部極小值點。

19. 函數 f 的臨界點為 0、1、2。

0、2 是函數 f 的局部極小值點，1 是函數 f 的局部極大值點。

20. 函數 f 的臨界點為 -1、0、1。

-1 是函數 f 的局部極小值點，1 是函數 f 的局部極大值點，0 不是函數 f 的局部極小值點或局部極大值點。

21. 函數 f 的臨界點為 -1、1。

-1 是函數 f 的局部極大值點，1 是函數 f 的局部極小值點。

22. 函數 f 的臨界點為 -1、1。

　　-1 是函數 f 的局部極小值點，1 是函數 f 的局部極大值點。

23. 函數 f 的臨界點為 0。

　　0 是函數 f 的局部極大值點。

24. $f(x) = (\tan x) + 3$

25. $f(x) = \dfrac{x^4}{4} + \sin x + 8$

習題 4.3

1. f 在 $(-\infty, \dfrac{1}{3})$ 為凹向上，f 在 $(\dfrac{1}{3}, +\infty)$ 為凹向下。

2. f 在 $(-\infty, -1)$ 與 $(2, +\infty)$ 為凹向上，f 在 $(-1, 2)$ 為凹向下。

3. f 在 $(0, +\infty)$ 為凹向上。

4. f 在 $(-\infty, 0)$ 為凹向上，f 在 $(0, +\infty)$ 為凹向下。

5. 函數 f 的臨界點為 $-\sqrt{3}$、0、1、$\sqrt{3}$。

　　$-\sqrt{3}$、1 是函數 f 的局部極大值點，0、$\sqrt{3}$ 是函數 f 的局部極小值點。

6. 函數 f 的臨界點為 $\sqrt{2}$。

　　$\sqrt{2}$ 是函數 f 的局部極小值點。

7. 函數 f 的臨界點為 -1、1。

　　-1 是函數 f 的局部極小值點，1 是函數 f 的局部極大值點。

習題 4.4

1. 2 是函數 f 的局部極大值點。

　　2 是函數 f 的極大值點，-1 是函數 f 的極小值點。

2. -1、1 都是函數 f 的局部極小值點，0 是函數 f 的局部極大值點。

　　$-\dfrac{5}{2}$、$\dfrac{5}{2}$ 都是函數 f 的極大值點，-1、1 都是函數 f 的極小值點。

3. 臨界點 0 並不是 f 的局部極值點。

　　2 是函數 f 的極大值點，-2 是函數 f 的極小值點。

4. $-\dfrac{4}{3}$ 是函數 f 的局部極小值點。

　　2 是函數 f 的極大值點，$-\dfrac{4}{3}$ 是函數 f 的極小值點。

5. -1 是函數 f 的局部極小值點，1 是函數 f 的局部極大值點。

　　1 是函數 f 的極大值點，-1 是函數 f 的極小值點。

6. 0 是函數 f 的局部極小值點。

　　3 是函數 f 的極大值點，0 是函數 f 的極小值點。

7. 1 是函數 f 的局部極小值點。

　　$\dfrac{1}{9}$ 是函數 f 的極大值點，1 是函數 f 的極小值點。

8. -1、1 都是函數 f 的局部極小值點，0 是函數 f 的局部極大值點。

　　-1、1 都是函數 f 的極小值點。函數 f 沒有極大值點。f 的函數值範圍為 $[-5, 4)$。

9. -1、1 都是函數 f 的局部極大值點，0 是函數 f 的局部極小值點。

　　-1、1 都是函數 f 的極大值點。

　　函數 f 沒有極小值點。

　　f 的函數值範圍為 $(0, \dfrac{1}{4}]$。

10. 函數 f 沒有局部極值點。

　　f 的函數值範圍為 $(0, +\infty)$。

11. 臨界點 0 不是 f 的局部極小值或局部極大值點。

　　f 的函數值範圍為 $(+\infty, -\infty)$。

12. 臨界點 2 是 f 的局部極大值點。

　　f 的函數值範圍為 $(-1, \sqrt{2})$。

13. 當 $(x, y) = (\dfrac{1}{\sqrt{2}}, \dfrac{1}{\sqrt{2}})$ 時，O、A、C、B 所圍成的矩形面積會達到最大值 $\dfrac{1}{2}$。

習題 4.5

1. 5

2. 0

3. $+\infty$

4. $-\infty$

5. $+\infty$

6. 1

7. 1

8. 1

9. 1

10. 1

11. $\dfrac{1}{2}$

12. $-\dfrac{1}{2}$

13. 0

14. 0

15. 0

16. 0

17. 0

18. e^7

19. 2 是 f 的局部極大值點。

函數 f 的極小值出現在 0，函數 f 的極大值出現在 2，函數 f 的函數值範圍為 $[0, \dfrac{2}{e}]$。

20. e 是 f 的局部極大值點。

函數 f 的極大值出現在 e，函數 f 沒有極小值，函數 f 的函數值範圍為 $(0, e^{\frac{1}{e}}]$。

第 4 章習題

1. (B)

2. (B)

3. (B)

4. (A)

5. (A) f 在 $(-\infty, 0]$ 上遞減，f 在 $[0, +\infty)$ 上遞增。

(B) f 的極小值為 $f(0) = -1$，f 沒有極大值。

6. (D)

7. 略

8. 略

9. 略

10. 略

11. 函數 f 在 -1 出現相對（局部）極小值 $f(-1) = -2$，函數 f 在 1 出現相對（局部）極大值 $f(1) = 2$。

0 不是函數 f 的相對（局部）極小值點或相對（局部）極大值點。

12. (D)

13. 函數 f 的最（極）大值為 $f(-1) = 9$，函數 f 的最（極）小值為 $f(\dfrac{1}{8}) = -\dfrac{9}{8}$。

14. (D)

15. (A)

16. (A)

17. $a = e$

18. (C)

19. e^6

第 5 章

習題 5.1

1. $\displaystyle\int_{-6}^{4} (-5) \cdot dx = -50$

2. $\displaystyle\int_{-2}^{9} f(x) \cdot dx = 4$

3. $\displaystyle\int_{-2}^{3} g(x) \cdot dx = -4$

4. $\displaystyle\lim_{n \to \infty} \sum_{k=1}^{n} \dfrac{\pi \cdot \cos\left(\dfrac{k \cdot \pi}{2n}\right)}{2n} = \int_{0}^{\frac{\pi}{2}} (\cos x) \cdot dx$

5. $\displaystyle\lim_{n \to \infty} \sum_{k=1}^{n} \dfrac{\sqrt{2 + \dfrac{k}{n}}}{n} = \int_{0}^{1} \sqrt{2 + x} \cdot dx$

6. f 在「對稱區間」的積分 $\displaystyle\int_{-2}^{2} x \cdot (\cos x) \cdot dx$ 為 0。

習題 5.2

1. 略

2. (A) 1200

(B) $\dfrac{1}{2}$

3. (A) $3 \cdot 4^{\frac{1}{3}}$

(B) $\dfrac{9}{2}$

4. (A) $\dfrac{\sqrt{3}}{2}$

(B) $\dfrac{-1}{\sqrt{2}} + 1$

5. (A) $\sqrt{3}$

　 (B) $\sec(0.6) - 1$

6. $\dfrac{14}{3}$

7. 質點「在時間為 9 秒的時候」的位置為 29 公尺。

8. (A) 45

　 (B) -23

9. $\dfrac{16}{3} - 3 \cdot (\sin 4)$

10. 區域 D 的面積為 $\dfrac{2}{3}$

習題 5.3

1. (A) $(\sin t)^3 \cdot (\cos t)$

　 (B) $(\sin t) \cdot (\cos t)$

2. $-\dfrac{1}{8} + \dfrac{1}{3}$

3. $\dfrac{2 \cdot (17)^{\frac{3}{2}} - 2 \cdot 3^{\frac{3}{2}}}{3}$

4. $2\sqrt{5} - 4$

5. 0

6. $-\cos\sqrt{5} + \cos\sqrt{3}$

7. $\tan(1)$

8. $4\sqrt{2} - 4$

9. -1

習題 5.4

1. (A) 2.25

　 (B) -0.25

　 (C) 1.75

　 (D) 12.75

　 (E) 0.125

2. (A) $+\infty$

　 (B) $+\infty$

　 (C) $-\infty$

　 (D) 0

3. (A) $\dfrac{2x}{3 + x^2}$

　 (B) $\dfrac{-\sin x}{3 + \cos x}$

4. (A) $\ln\left(\dfrac{28}{3}\right)$

　 (B) $\ln\left(\dfrac{3}{4}\right)$

5. (A) 15

　 (B) $\dfrac{1}{3}$

　 (C) $\dfrac{5}{3}$

　 (D) 3^5

　 (E) $5^{\frac{1}{3}}$

6. (A) 1

　 (B) 9

　 (C) $\dfrac{16}{3}$

7. (A) e^2

　 (B) $e^{\frac{1}{4}}$

　 (C) $e^2 \cdot e^{\frac{1}{4}}$

8. (A) $+\infty$

　 (B) 0

　 (C) 1

9. (A) $e^{\sin x} \cdot (\cos x)$

　 (B) $e^{(\sin 5)} - 1$

10. 略

習題 5.5

1. (A) 2.25

　 (B) -0.25

　 (C) 1.75

　 (D) 12.75

　 (E) 0.125

2. (A) $+\infty$

　 (B) $+\infty$

　 (C) $-\infty$

　 (D) 0

3. (A) $\dfrac{2x}{3 + x^2}$

　 (B) $\dfrac{-\sin x}{3 + \cos x}$

4. (A) $\ln\left(\dfrac{28}{3}\right)$

　 (B) $\ln\left(\dfrac{3}{4}\right)$

5. (A) 15

(B) $\dfrac{1}{3}$

(C) $\dfrac{5}{3}$

(D) 3^5

(E) $5^{\frac{1}{3}}$

6. (A) 1

(B) 9

(C) $\dfrac{16}{3}$

7. (A) e^2

(B) $e^{\frac{1}{4}}$

(C) $e^2 \cdot e^{\frac{1}{4}}$

8. (A) $+\infty$

(B) 0

(C) 1

9. (A) $e^{\sin x} \cdot (\cos x)$

(B) $e^{(\sin 5)} - 1$

10. 略

11. (A) $e^{x^2 + 3x + 5} \cdot (2x + 3)$

(B) $\dfrac{1}{\sqrt{(x^2+3)^5}} \cdot \dfrac{2}{5} \cdot (x^2 + 3)^{\frac{3}{2}} \cdot 2x$

(C) $\dfrac{3x^2}{x^3 - 1}$

12. $\ln(626)$

13. $\dfrac{1}{2} \cdot [(\ln 3) - (\ln 2)]$

14. $\ln(e^b + 3) - \ln(e^a + 3)$

15. $\ln(6) - \ln(7)$

16. $\ln(2 + \sin b) - \ln(2 + \sin a)$

17. $\ln(\sqrt{2} + 1)$

18. $e - 1$

19. $e - 1$

20. $5 - 2 \cdot e^{-t}$

習題 5.6

1. $V = 3375\pi$

2. $V = 625\pi$

3. $V = 625\pi$

4. $V = \pi \cdot (e^{25} - 1)$

習題 5.7

1. $W = 125$

2. $W = 4 \cdot 5^{\frac{3}{2}}$

3. $W = 250$

第 5 章習題

1. (B)

2. (B)

3. (A)

4. (D)

5. (B)

6. (D)

7. (B)

8. (B)

9. $\dfrac{2 \cdot x^3}{\sqrt{x^6 + 2}}$

10. $e^{x^6} \cdot (3 \cdot x^2) - e^{x^2}$

11. (C)

12. (D)

13. (B)

14. (A)

15. (A)

16. (B)

17. $\dfrac{11}{6}$

18. (A)

第 6 章

習題 6.1

1. $\left[-\dfrac{e^{-3x}}{3} \right]_a^b$

2. $[\tan x]_a^b$

3. $\left[\dfrac{\ln|5 + 2 \cdot (\cos x)|}{-2} \right]_a^b$

4. $\arcsin(\ln b) - \arcsin(\ln a)$

5. $\ln\left(\dfrac{4}{3} \right)$

6. $\dfrac{\pi}{4}$

7. $\dfrac{\pi}{6} - \dfrac{\sqrt{3}}{2} + 1$

8. $\dfrac{4}{3}$

習題 6.2

1. $\left[(\arctan x) \cdot \dfrac{x^2}{2} \right]_a^b + \left[\dfrac{-x + (\arctan x)}{2} \right]_a^b$

2. $\left[x \cdot (\tan x) + \ln(\cos x) \right]_a^b$

3. $\left[(\ln x) \cdot \dfrac{x^4}{4} - \dfrac{x^4}{16} \right]_a^b$

4. $\left[\dfrac{(\cos x) \cdot e^x}{2} \right]_a^b + \left[\dfrac{(\sin x) \cdot e^x}{2} \right]_a^b$

5. $\left[x^2 \cdot \dfrac{e^{7x}}{7} \right]_a^b - \left[(2x) \cdot \dfrac{e^{7x}}{49} \right]_a^b + \left[\dfrac{2 \cdot e^{7x}}{343} \right]_a^b$

6. $\left[(\ln x) \cdot \dfrac{2 \cdot x^{\frac{3}{2}}}{3} - \dfrac{4 \cdot x^{\frac{3}{2}}}{9} \right]_a^b$

7. $\dfrac{\pi}{12} - \dfrac{\ln 2}{6}$

8. $\dfrac{4}{3}$

9. $\dfrac{\pi}{2} - 1$

習題 6.3

1. $\left[-\dfrac{(\cos x)^4}{4} \right]_a^b$

2. $\left[\dfrac{[\sin(2x)]^3}{6} - \dfrac{[\sin(2x)]^5}{10} \right]_a^b$

3. $\left[\dfrac{x}{2} - \dfrac{\sin(8x)}{16} \right]_a^b$

4. $\left[\dfrac{\ln|\sec(2x) + \tan(2x)|}{2} \right]_a^b$

5. $\left[\dfrac{[\sec(3x)] \cdot [\tan(3x)] + \ln|[\sec(3x)] + [\tan(3x)]|}{6} \right]_a^b$

6. $\dfrac{[\tan(2b)]^2 - [\tan(2a)]^2}{4}$

7. $\dfrac{\sqrt{3}}{3} - \dfrac{\pi}{9}$

8. $\dfrac{29}{15}$

習題 6.4

1. $\left[\dfrac{\arcsin(3x)}{6} + \dfrac{(3x) \cdot \sqrt{1 - (3x)^2}}{6} \right]_a^b$

2. $\left[\dfrac{\arcsin \frac{3x}{2}}{3} \right]_a^b$

3. $\left[(x^2 + 3)^{\frac{1}{2}} \right]_a^b + \left[3 \cdot (x^2 + 3)^{-\frac{1}{2}} \right]_a^b$

4. $\left[\dfrac{\sqrt{e^{2x} + 1} \cdot e^x + \ln\left| \sqrt{e^{2x} + 1} + e^x \right|}{2} \right]_a^b$

5. $\left[\dfrac{7^{\frac{3}{2}}}{3} - \dfrac{8}{3} \right] + (8 - 4 \cdot \sqrt{7})$

6. $\sqrt{3}$

7. $2 \cdot \sqrt{3} - 4 - \dfrac{\pi}{6}$

8. $\dfrac{\pi}{4}$

9. $\left[2 \cdot \sqrt{x - 1} + (-4) \cdot \arctan\left(\dfrac{\sqrt{x - 1}}{2} \right) \right]_a^b$

習題 6.5

1. $\left[\dfrac{\ln|x - 4|}{8} \right]_A^B - \left[\dfrac{\ln|x + 4|}{8} \right]_A^B$

2. $\left[\dfrac{3 \cdot \ln|2x - 1|}{2} \right]_A^B - 2 \cdot \left[\ln|x + 1| \right]_A^B$

3. $\left[\dfrac{3 \cdot \ln|x - 1|}{4} \right]_A^B + \left[\dfrac{-1}{2 \cdot (x - 1)} \right]_A^B + \left[\dfrac{\ln|x + 1|}{4} \right]_A^B$

4. $\left[\ln|x| \right]_A^B + \left[\dfrac{-\ln(x^2 + x + 1)}{2} \right]_A^B -$

$\dfrac{1}{\sqrt{3}} \cdot \left[\arctan\left(\dfrac{2x + 1}{\sqrt{3}} \right) \right]_A^B$

5. $\left[\dfrac{\ln|x + 1|}{3} \right]_A^B + \left[\dfrac{-\ln(x^2 - x + 1)}{6} \right]_A^B +$

$\dfrac{1}{\sqrt{3}} \cdot \left[\arctan\left(\dfrac{2x - 1}{\sqrt{3}} \right) \right]_A^B$

6. $\left[x - \ln|x - 1| + \dfrac{10}{(x - 1)} \right]_A^B$

7. $\left[\dfrac{\ln(x^2 + 1)}{2} + 4 \cdot \arctan(x) + \dfrac{5 \cdot (x^2 + 1)^{-1}}{2} \right]_A^B -$

$\dfrac{5}{2} \cdot \left[\arctan(x) + \dfrac{x}{1 + x^2} \right]_A^B$

8. $\left[x^3 + \dfrac{\ln|x - 1|}{3} - \dfrac{\ln(x^2 + x + 1)}{6} \right]_A^B +$

$\dfrac{1}{\sqrt{3}} \cdot \left[\arctan\left(\dfrac{2x + 1}{\sqrt{3}} \right) \right]_A^B$

9. $\left[\dfrac{-\ln|e+5|}{7} + \dfrac{\ln|e-2|}{7} + \dfrac{\ln6}{7} \right]$

第 6 章習題

1. $\dfrac{52}{9}$

2. $\dfrac{2}{5}$

3. $\dfrac{\pi^2}{32}$

4. $\dfrac{(\ln2)^2}{4}$

5. $-2 \cdot e^{-1}$

6. $\dfrac{e^{\frac{\pi}{2}} + 1}{2}$

7. $2 \cdot (\ln2) - 1$

8. 0

9. $\ln3$

10. $(\ln3) - (\ln2)$

11. $\sqrt{2} - 1$

第 7 章

習題 7.1

1. 0

2. 5

3. 3

4. 0

5. 0

6. 0

7. 0

8. 0

9. e^3

10. e^{-6}

習題 7.2

1. 是

2. 是

3. $[0, +\infty)$

4. $[\dfrac{\pi}{2}, +\infty)$

5. 0

6. $\dfrac{\pi}{2}$

7. 略

8. 略

9. $\mathcal{L} = 3$

10. 略

11. 略

12. 略

13. 略

習題 7.3

1. 收斂

2. 收斂

3. 收斂

4. 收斂

5. 收斂

6. 收斂

7. 收斂半徑為 1

8. 收斂半徑為 1

9. 收斂半徑為 $\dfrac{1}{2}$

10. 收斂半徑為 e

11. 略

12. $\dfrac{1}{(1+x)^2} = 1 + \sum\limits_{j=1}^{\infty} (-1)^j \cdot (j+1) \cdot x^j$

13. e^{x^2}

14. $\sum\limits_{k=1}^{\infty} \dfrac{(-1)^{k+1}}{k} \cdot x^{(2k+1)}$

15. $x + \sum\limits_{k=1}^{\infty} \dfrac{(-1)^k}{(2k+1)} \cdot x^{(2k+1)}$

第 7 章習題

1. (C)

2. (B)

3. (A)

4. (B)

5. (A)

6. (A) 級數發散

　 (B) 級數收斂

7. 見定理 7.2.9

8. (B)

9. (C)

10. (D)

11. (A)

12. (D)

13. (B)

14. (A)

第 8 章

習題 8.1

1. $3x + 2y$

2. $6x^2y + 3y^2$

3. $e^{(x^2+y^2)} \cdot 2y$

4. $\dfrac{2y + 4y^3}{x^4 + x^2 + y^2 + y^4 + 3}$

5. $(\cos x) \cdot (\cos y)$

6. $\dfrac{\partial f}{\partial x}(x, y) = [\cos(x^2 + y^2)] \cdot 2x +$
$[-\sin(x^2 \cdot y)] \cdot 2xy$

$\dfrac{\partial f}{\partial y}(x, y) = [\cos(x^2 + y^2)] \cdot 2y +$
$[-\sin(x^2 \cdot y)] \cdot x^2$

7. $\dfrac{\partial f}{\partial x}(x, y) = \dfrac{e^{x \cdot y} \cdot y}{1 + x^2 + y^2} - \dfrac{e^{x \cdot y} \cdot (2x)}{[1 + x^2 + y^2]^2}$

$\dfrac{\partial f}{\partial y}(x, y) = \dfrac{e^{x \cdot y} \cdot x}{1 + x^2 + y^2} - \dfrac{e^{x \cdot y} \cdot (2y)}{[1 + x^2 + y^2]^2}$

8. $\dfrac{\partial f}{\partial x}(x, y) = \dfrac{[\cos(x \cdot y)] \cdot y}{3 + \sin(x \cdot y)} - \dfrac{2x}{x^2 + y^2 + 5}$

$\dfrac{\partial f}{\partial y}(x, y) = \dfrac{[\cos(x \cdot y)] \cdot x}{3 + \sin(x \cdot y)} - \dfrac{2y}{x^2 + y^2 + 5}$

9. $\mathbb{R}^2$

10. $\mathbb{R}^2$

11. $x + y + 3 \neq 0$ 的區域。

12. $x^2 - y^2 \neq 0$ 的區域：$x + y \neq 0$ 且 $x - y \neq 0$ 的區域。

13. $x^2 + y^2 > 0$ 的區域：$(x, y) \neq (0, 0)$ 的區域。

14. $g'(t) = [2 \cdot \cos t - \sin t] \cdot (-\sin t) +$
$[-\cos t + 6 \cdot \sin t] \cdot (\cos t)$

15. $g'(t) = \dfrac{1}{2} \cdot \dfrac{\sqrt{t}}{\sqrt{t^2 + 3}} \cdot 2t + \dfrac{1}{2} \cdot \dfrac{\sqrt{t^2 + 3}}{\sqrt{t}} \cdot 1$

16. $g'(t) = e^{t^2} \cdot [\sin(t^2)] \cdot 2t +$
$e^{t^2} \cdot [\cos(t^2)] \cdot (2t) \cdot 1$

17. $g'(t) = \dfrac{6t}{9t^2 + (\cos t)^2} \cdot 3 + \dfrac{2 \cdot (\cos t) \cdot (-\sin t)}{9t^2 + (\cos t)^2}$

18. 是

19. 是

20. 是

21. 是

習題 8.2

1. $\dfrac{-1}{\sqrt{2}}$

2. $\dfrac{18}{5}$

3. $\left(\dfrac{3}{\sqrt{13}}, \dfrac{2}{\sqrt{13}} \right)$

4. $\left(\dfrac{-3}{\sqrt{13}}, \dfrac{-2}{\sqrt{13}} \right)$

5. 略

6. $3x + 2y = 0$

7. 切線方程為 $12 \cdot (x - 2) + 3 \cdot (y - 1) = 0$。
法線為 $(12t + 2, 3t + 1)$ 其中 t 為實數。

習題 8.3

1. 臨界點 $(2, 0)$ 為局部極小值點。

2. 臨界點 $(0, 1)$ 為局部極大值點。

3. 臨界點 $(0, 0)$ 為鞍點。

4. 臨界點 $(0, 0)$ 為鞍點。

5. 臨界點 $(0, 0)$ 是鞍點。
臨界點 $(1, 1)$ 是局部極大值點。

6. 臨界點 $(0, 0)$ 是鞍點。
臨界點 $(1, 1)$ 與 $(-1, -1)$ 都是局部極大值點。

習題 8.4

1. 極小值為 $-\sqrt{5}$、極大值為 $\sqrt{5}$。

2. 極小值為 $-\dfrac{3}{2}$、極大值為 $\dfrac{3}{2}$。

3. 極小值為 $-2^{\frac{3}{4}}$、極大值為 $2^{\frac{3}{4}}$。

4. 極小值為 -1、極大值為 $\dfrac{1}{3}$。

5. 最短距離為 $\sqrt{\dfrac{2}{5}}$。

6. 極小值為 $\dfrac{-2}{3\sqrt{3}}$、極大值為 $\dfrac{2}{3\sqrt{3}}$。

7. 極小值為 $\dfrac{21}{4}$。

習題 8.5

1. 8

2. 24

3. $-\sin 7 + \sin 5 + \sin 3 - \sin 1$

4. $(e^2 - 1) \cdot (e^5 - e)$

5. $\dfrac{1}{6}$

6. $\dfrac{2}{27}$

7. $\dfrac{1}{2} \cdot (3 - e)$

8. $\dfrac{1}{6}$

9. $\dfrac{2}{27}$

10. $\dfrac{3}{2} - \dfrac{e}{2}$

11. $\dfrac{-3 \cdot \sqrt{3}}{4\pi}$

12. $\dfrac{3}{2\pi}$

習題 8.6

1. $\dfrac{\pi}{8}$

2. $\dfrac{1}{3\sqrt{2}} - \dfrac{1}{18\sqrt{2}}$

3. $\dfrac{\pi}{4} \cdot \ln\left(\dfrac{3}{2}\right)$

4. $\dfrac{8\pi}{3}$

5. π

6. 1

第 8 章習題

1. $\dfrac{-1}{2}$

2. $\sqrt{85}$

3. $\dfrac{\partial^2 u}{\partial r \partial \theta} = \dfrac{\partial^2 u}{\partial x \partial x} \cdot (-r \cdot \sin\theta) \cdot (\cos\theta) +$

$\dfrac{\partial^2 u}{\partial x \partial y} \cdot r \cdot [(\cos\theta)^2 - (\sin\theta)^2] +$

$\dfrac{\partial^2 u}{\partial y \partial y} \cdot (r \cdot \cos\theta) \cdot (\sin\theta) +$

$\dfrac{\partial u}{\partial x} \cdot (-\sin\theta) + \dfrac{\partial u}{\partial y} \cdot (\cos\theta)$

4. F 在 $(1, 1)$ 出現相對極小值 -4。
F 在 $(-1, -1)$ 出現相對極大值 4。

5. 最小值為 $-\dfrac{1}{4}$、最大值為 $\dfrac{9}{4}$。

6. (D)

7. (C)

8. 積分值為 $\pi \cdot (e - 1)$

9. 積分值為 $\dfrac{\pi \cdot [1 - (\cos 4)]}{4}$

索引

國家圖書館出版品預行編目 (CIP) 資料

微積分 / 洪英志 , 陳彩蓉作 . -- 初版 . --
　　新北市 : 歐亞 , 2018.06
　　　面 ；　公分
　　ISBN 978-986-96568-0-1(平裝)

　1. 微積分

314.1　　　　　　　　　　　107008576

微積分

作　　者	洪英志、陳彩蓉
企　　劃	陳慧玉
主　　編	蔡頌英
編　　輯	羅翠宜
封面設計	張珮萁
出 版 者	歐亞書局有限公司
	地址／ 231 新北市新店區寶橋路 235 巷 118 號 5 樓
	電話／ 02-8912-1188
	傳真／ 02-8912-1166
	E-mail ／ eurasia@eurasia.com.tw
總 經 銷	歐亞書局有限公司
出版日期	2018 年 06 月初版一刷
I S B N	978-986-96568-0-1